COLEÇÃO BIOTECNOLOGIA INDUSTRIAL

Blucher

Coordenadores da coleção

Flávio Alterthum

Willibaldo Schmidell

Urgel de Almeida Lima

Iracema de Oliveira Moraes

COLEÇÃO BIOTECNOLOGIA INDUSTRIAL

VOLUME 4

BIOTECNOLOGIA NA PRODUÇÃO DE ALIMENTOS

2ª edição

Organizadora deste volume

Iracema de Oliveira Moraes

Coleção Biotecnologia Industrial, Volume 4 - Biotecnologia na produção de alimentos, 2ª edição

Flávio Alterthum, Willibaldo Schmidell, Urgel de Almeida Lima e Iracema de Oliveira Moraes (coordenadores da coleção)

Editora Edgard Blücher Ltda.

1ª edição - 2001

Imagem da capa: iStockphoto

Publisher Edgard Blücher
Editor Eduardo Blücher
Coordenação editorial Jonatas Eliakim
Produção editorial Isabel Silva
Preparação de texto Maurício Katayama, Cátia de Almeida
Diagramação Roberta Pereira de Paula
Revisão de texto Bárbara Waida
Capa Leandro Cunha

Blucher

Rua Pedroso Alvarenga, 1245, 4º andar
04531-934 - São Paulo - SP - Brasil
Tel.: 55 11 3078-5366
contato@blucher.com.br
www.blucher.com.br

Segundo o Novo Acordo Ortográfico, conforme 5. ed. do *Vocabulário Ortográfico da Língua Portuguesa*, Academia Brasileira de Letras, março de 2009.

Dados Internacionais de Catalogação na Publicação (CIP)
Angélica Ilacqua CRB-8/7057

Biotecnologia na produção de alimentos / coordenadores da coleção Flávio Alterthum...[et al] ; organizadora deste volume: Iracema de Oliveira Moraes. - 2. ed. - São Paulo : Blucher, 2021.
730 p. : il. (Coleção biotecnologia industrial ; vol. 4)

Outros coordenadores: Willibaldo Schmidell, Urgel de Almeida Lima, Iracema de Oliveira Moraes
Bibliografia
ISBN 978-65-5506-152-9 (impresso)
ISBN 978-65-5506-153-6 (eletrônico)

1. Biotecnologia 2. Indústria alimentícia - Biotecnologia 3. Alimentos - Micro-organismos biotecnológicos I. Alterthum, Flávio II. Schmidell, Willibaldo III. Lima, Urgel de Almeida IV. Moraes, Iracema de Oliveira V. Série

21-3454 CDD 660.6

Índices para catálogo sistemático:
1. Biotecnologia

Dedicamos este livro à memória dos professores Eugênio Aquarone e Walter Borzani, predecessores desta série

APRESENTAÇÃO

Esta é a segunda edição da coleção Biotecnologia Industrial. A primeira foi publicada em 2001, em quatro volumes, e foi coordenada por quatro professores da Universidade de São Paulo (USP). Ela secundou a coleção Biotecnologia, iniciada em 1975 e continuada em 1983, com cinco volumes editados.

Coordenada por três professores da USP e por uma professora da Universidade Estadual de Campinas (Unicamp), esta edição segue a orientação inicial, tratando de assuntos de natureza multidisciplinar, visando satisfazer aos interesses de profissionais engajados com temas de biotecnologia, de candidatos a uma especialização profissional, e de estudantes de pós-graduação e de graduação de diferentes formações.

O termo "biotecnologia" tem três origens: *bios* (vida), *tecno* (técnica) e *logos* (razão), e significa "conjunto de conhecimentos, especialmente princípios científicos, que se aplicam a uma determinada atividade biológica". O significado é genérico, pois a tecnologia está presente em todas as atividades em que há vida e qualquer definição estará limitada a um setor de conhecimentos.

Como dizia a primeira edição, "para o estudo de tecnologias de transformação de matérias-primas há diversas definições aplicáveis, emitidas por profissionais ou por instituições". "A característica multidisciplinar não significa a justaposição de conhecimentos de profissionais especializados em áreas específicas, mas a integração das técnicas de cada campo de atuação." Observa-se na biotecnologia uma integração entre ciência e técnicas e, para entendê-la, é necessário identificar quais são as atividades envolvidas e a estudar.

Nesta edição, procuramos ater-nos à "Biotecnologia Industrial, em que as matérias-primas a trabalhar são produtos ao natural ou são um material derivado de processamento biotecnológico prévio. Como exemplo, a transformação direta de sucos de frutas em bebidas alcoólicas fermentadas e, posteriormente, seu uso como matérias-primas elaboradas, para obter outros produtos, tais como os fermentados acéticos".

Nosso objetivo foi atualizar os itens abordados pela primeira edição que sofreram modernização e introduzir novos temas de interesse imediato, bem como distribuir a matéria de forma mais ajustada a cada volume. São apresentados novos assuntos de responsabilidade de colaboradores especializados e altamente capacitados.

Em muitos capítulos deixou de ser usada a terminologia "fermentação", a qual foi substituída por "bioprocesso", mais consentânea com as técnicas utilizadas na conservação de produtos, na obtenção de novos manufaturados e na ação de agentes causadores das modificações da matéria-prima ou de sua transformação em produtos econômica e tecnicamente adequados. O termo "fermentação" continua a ser usado na descrição dos processos clássicos, como a obtenção de etanol, vinho, cerveja, vinagre e produtos correlatos.

As fermentações propriamente ditas são bioprocessos com intervenção de microrganismos, mas as atividades que levam à produção de enzimas comerciais e os processos enzimáticos que presidem determinadas atividades do processo biológico, e que propiciam transformações sem ação direta de microrganismos, são bioprocessos não caracterizados como fermentação. São exemplos o escurecimento do chá durante seu beneficiamento, a alteração de produtos alimentares, a obtenção de macromoléculas, como antibióticos e vitaminas, e os processos de multiplicação celular e síntese de lipídeos, polissacarídeos e surfactantes.

A presente coleção, como a anterior, é constituída de quatro volumes.

O primeiro – *Fundamentos* – aborda temas fundamentais, indispensáveis ao estudo de bioprocessos.

O segundo – *Engenharia bioquímica* – engloba problemas de engenharia envolvidos nos bioprocessos e outros complementares para o desenvolvimento industrial.

O terceiro – *Processos fermentativos e enzimáticos* – e o quarto – *Biotecnologia na produção de alimentos* – volumes, como na edição anterior, foram destinados à descrição de bioprocessos de interesse e importância industrial.

Todos os temas foram tratados de modo a fornecer informações julgadas relevantes para os que desejam conhecimentos técnicos sobre processos biotecnológicos, para a iniciação e a formação de profissionais e para o aperfeiçoamento de técnicos já engajados na industrialização de produtos obtidos por meio de bioprocessos.

Os coordenadores

2020

CONTEÚDO

CAPÍTULO 1
Generalidades sobre bebidas alcoólicas

Eugênio Aquarone
Iracema de Oliveira Moraes

1.1 INTRODUÇÃO

Este capítulo refere-se especificamente às bebidas alcoólicas e às indústrias para sua obtenção, perpassando a legislação que as rege. Bebidas alcoólicas são tão antigas quanto a humanidade e tão numerosas como suas etnias. Fenícios, assírios, babilônios, hebreus, egípcios, chineses, germanos, gregos e romanos as mencionaram e praticamente todo povo tem as suas, a partir das fontes naturais próprias de açúcares e amiláceos, como frutas, cana, milho, trigo, arroz, batata, centeio, aveia, cevada e mesmo raízes e folhas.

Nem todas as indústrias de fermentação alcoólica têm por finalidade obter, a partir de carboidratos, etanol em concentração máxima. Em muitos casos, outras substâncias, geralmente de ação organoléptica, que se formam ou que permanecem no produto final são pelo menos tão importantes quanto o álcool etílico, e esse produto final é muito mais valioso comercialmente que o da indústria alcooleira, ou seja, agrega valor ao processo, produto ou matéria-prima. Deve-se lembrar, aliás, que esses produtos da fermentação alcoólica se originavam na Antiguidade de processos espontâneos de fermentação (a primitiva fase industrial empregava métodos empíricos), e só muitos séculos depois começaram a ser usadas técnicas industriais – os métodos da biotecnologia.

Os autores consultados acerca do uso dos processos biotecnológicos são unânimes em ressaltar que, enquanto na obtenção do álcool sempre existe, em potencial, a competição com os métodos sintéticos, na fabricação de bebidas alcoólicas só se pode pensar em processos fermentativos, pois, insistindo no que anteriormente foi dito, diversos outros produtos formam-se nessas fermentações, resultando, por associação, em bebidas com quantidades diversas de várias substâncias, com aromas e sabores variados – aquilo que alguns chamam de buquê.

Assim, uma mistura de água e etanol evidentemente não é uma bebida, mas também não o é uma solução hidroalcoólica contendo essas substâncias quando ali colocadas artificialmente. A principal característica de uma bebida alcoólica é o fato de ser obtida por fermentação, o que, para cada caso, faz aparecer em proporção harmônica substâncias nobres que lhe dão os caracteres organolépticos. Essas substâncias se completam, conforme o tipo de bebida, com as que se formam durante o envelhecimento.

Daí a importância fundamental que têm a matéria-prima e sua origem nesse tipo de indústria, bem como a maneira de preparação de mosto e, em alguns casos, o armazenamento do produto: o grau de maturação e o tipo de uma fruta, a relação entre as quantidades de cereais, e até mesmo o conteúdo de sais minerais de uma água diluente e o tipo de madeira de um tonel, por exemplo.

Não pode nem deve ser esquecida a importância vital do microrganismo, pois, embora geralmente se usem leveduras – às vezes associadas a bactérias –, conforme a bebida usam-se diversas espécies de microrganismo e varia-se até mesmo o gênero. A Coleção de Culturas Tropical da Fundação André Tosello (CCT/FAT) tem em seu acervo cerca de 8 mil linhagens de microrganismos úteis para a produção de bebidas e outros bioprodutos, e seu catálogo se encontra online.[1]

É interessante lembrar que, apesar da antiguidade do conhecimento das bebidas alcoólicas, só há pouco mais de um século ocorreu a descoberta da existência e do fundamental papel do microrganismo em sua obtenção.

Alguns capítulos deste volume estão especificamente dedicados à tecnologia das bebidas alcoólicas de maior consumo no mundo, que, portanto, são consideradas as mais importantes.

Este capítulo que inicia o Volume 4 da série tem por finalidade classificar e definir algumas das diversas bebidas alcoólicas e relacioná-las entre si.

1.2 LEGISLAÇÃO BRASILEIRA

Além dos autores clássicos, o capítulo valer-se-á da legislação brasileira, frisando que, em praticamente todos os países, as bebidas alcoólicas sofrem um controle, às vezes severo, por meio de leis e regulamentos. A legislação que trata do assunto encontra-se na seção de Referências e é interessante consultar a compilação da legislação realizada por Andréia de Oliveira Gerk, da Superintendência Federal de Agricultura do Rio de Janeiro, subordinada à Divisão de Defesa Agropecuária do Serviço de Inspeção e Sanidade Vegetal (SFA-RJ/DDA/SISV), e publicada por Nelson

---

[1] Disponível em: www.fat.org.br. Acesso em: 1 mar. 2019.

Luiz Abdon Pinto, do respectivo órgão no estado de Pernambuco (SFA-PE/DDA/SISV) (GERK; PINTO, 2014).

No caso de obtenção de bebidas, segundo Almeida-Muradian e Penteado (2015), deverá ser feito o registro primeiramente das unidades fabris. Este será requerido à SFA dos estados, instruindo-se com os documentos exigidos o processo, que será vistoriado com o fim de atestar as regularidades exigidas pela legislação.

A bebida alcoólica, em nosso país, é definida como um produto refrescante, aperitivo ou estimulante destinado à ingestão humana no estado líquido, sem finalidade medicamentosa e contendo mais de meio grau Gay-Lussac (GL) de álcool etílico. Assim, por exemplo, a cerveja e a sidra são refrescantes; os amargos são aperitivos; e os vinhos, os licores e as aguardentes são estimulantes. A definição, como está, incluiria uma infinidade de produtos, mesmo os completamente artificiais.

Por isso, a mesma legislação padroniza essa definição por meio de uma classificação restritiva. Além disso, exige que o álcool lá mencionado seja "álcool etílico potável", que é o produto obtido por destilo-retificação de mosto fermentado. É também imposto que, entre todas as bebidas alcoólicas, só os licores possam ser artificiais.

Em alguns países, como nos Estados Unidos, as chamadas "bebidas malteadas" incluem tipos de cerveja semelhantes à *pilsener* com conteúdo alcoólico abaixo de 0,5%, chamados de "bebida de cereal", "quase cerveja" ou cerveja sem álcool, que estariam fora dessa definição oficial, embora essa mesma legislação, ao classificar as cervejas, inclua entre elas a cerveja sem álcool!

Podem ser incluídas entre as bebidas alcoólicas as álcool-ácidas provenientes da fermentação de leite. Análogo ao saquê, que será mencionado entre "outros fermentados" das "bebidas fermentadas" da legislação brasileira, existe o "vinho de arroz" chinês. Nesse caso, a chamada levedura chinesa é preparada misturando farinha de arroz com ervas e substâncias aromáticas pulverizadas, que, após certo tempo, se recobrem de leveduras, lactobacilos e fungos do gênero *Rhizopus*.

As bebidas alcoólicas são geralmente classificadas em dois grandes grupos: fermentadas e destiladas. Todas são obtidas por fermentação, mas nas últimas, chamadas de aguardentes, o mosto fermentado sofre algum processo de destilação. A Instrução Normativa n. 34, de 29 de novembro de 2012, "Aprova o Regulamento Técnico de Identidade e Qualidade das bebidas fermentadas: fermentado de fruta; fermentado de fruta licoroso; fermentado de fruta composto; sidra; hidromel; fermentado de cana; saquê ou sake" (BRASIL, 2012).

Alguns autores, principalmente anglo-saxônicos, chamam de bebidas alcoólicas somente as não destiladas, reservando para as outras o nome de "espíritos".

A legislação brasileira faz uma classificacão mista: fermentadas, por mistura e fermento-destiladas, sendo essas últimas ainda subdivididas em destiladas e destilo-retificadas.

Os exemplos mencionados em cada caso são os seguintes:

- fermentadas: cerveja, sidra, hidromel, fermentado de frutas e outros fermentados;
- por mistura: licor, amargo e aperitivo, aguardente composta e bebidas mistas;

- destiladas: aguardente de cana ou caninha, rum, uísque, *arac*, conhaque, graspa ou bagaceira, pisco, aguardente de frutas, tequila e tiquira;
- destilo-retificadas: vodca, genebra, gim, *steinhaeger*, *aquavit* e *corn*.

1.3 CERVEJAS

A cerveja, da qual existem diversos tipos, é obtida pela fermentação alcoólica do mosto de malte de cevada (*Hordeum vulgare*) e água potável, por ação de levedura, com adição de lúpulo (*Humulus lupulus*). O malte da cevada e o lúpulo podem ser substituídos pelos seus extratos. Parte da cevada pode ser substituída por outros cereais, principalmente arroz (*Oryza sativa*), trigo (*Triticum aestivum*), centeio (*Secale cereale*), milho (*Zea mays*), sorgo (*Sorghum vulgare*) e aveia (*Avena sativa*), mas também soja (*Glycine max*), mandioca (*Manihot esculenta*) e batata (*Solanum tuberosum*). No Brasil, são permitidos pela legislação federal os seis primeiros substitutos. A lei paulista (BRASIL, 1978) refere-se à cevada e a cereais maltados genericamente, como faz, aliás, a legislação alemã desde o século XVI.

Quando se fala em fermentação alta e fermentação baixa (na cerveja), significa a temperatura em que se dá a fermentação: 12 a 15 °C no primeiro caso e 5 a 10 °C no segundo. Há, porém, cervejas de fermentação baixa com graus alcoólicos superiores a algumas de fermentação alta. Por exemplo, a *bock* (4,5% de álcool) e a *pilsener* (3,6%) são preparadas em fermentação baixa, enquanto a *malzbier* (1% a 1,5%) e a chamada cerveja bávara branca (2% a 2,5%) são preparadas em fermentação alta. A concentração alcoólica massa/volume varia bastante conforme o tipo, indo de 0% (casos especiais) a 8%, também como tipo extremo. O normal é de 3% a 5%.

Na legislação, em que as cervejas estão classificadas de várias maneiras (quanto ao tipo de fermentação, ao extrato primitivo, ao teor de extrato, à cor e ao teor alcoólico), a porcentagem máxima não é indicada.

Além dos diversos tipos de cerveja internacionalmente conhecidos (*ale*, *münchen*, *porter*, *bock*, *weis*, *stout*, *pilsen*, *malzbier* etc.), deve-se mencionar também as cervejas não carbonatadas, além de algumas cervejas ácidas típicas (*lambic*, *faro*, *mars*) de uso na Bélgica e arredores.

Existem ainda algumas bebidas análogas às cervejas, características de determinadas regiões do globo, que serão indicadas a seguir com a denominação de origem. *Ginger-beer*, da Inglaterra e da Suíça, obtida pela fermentação de solução aquosa açucarada (de 10% a 20%) na presença de gengibre (*Zingiber officinale*). Embora esteja mais para um vinho, por sua matéria-prima açucarada, é descrita aqui por ter a palavra cerveja em sua denominação. A levedura da fermentação é o *Saccharomyces pyriformis*, existente no próprio gengibre e que dá baixa concentração alcoólica. Formam-se ainda pequenas porções de ácidos acético e lático, devido à presença no mesmo vegetal do *Lactobacillus vermiformis*. É um caso típico de simbiose entre uma levedura e uma bactéria.

É o que acontece também com a cerveja branca de Berlim de fermentação alta, porém com baixo teor alcoólico (1,5% a 2%), em que a fermentação de trigo e cevada em partes iguais é conduzida por uma mistura de leveduras e lactobacilos. No Brasil, existe bebida análoga, com o nome de gengibirra ou cerveja de barbante.

O *sonti* é uma cerveja de arroz preparada na Índia; além de algumas leveduras, age inicialmente o *Rhizopus sonti*. Outras cervejas de arroz são o *oo*, da Tailândia, em que a banana é às vezes usada como aromatizante; o *binuburan*, das Filipinas, em que, além de leveduras, agem também bactérias; o *kanji* e o *pchwai*, da Índia, sendo o segundo com alto teor alcoólico, em que, para a sacarificação, age o *Mucor*, além do *Rhizopus*; o *torani*, também indiano, que é fermentado por leveduras dos gêneros *Candida*, *Hansenula* e *Geotrichum*, além de fungos dos gêneros *Aspergillus* e *Penicillium* e bactérias láticas – essa bebida cozida com vegetais e especiarias leva ao já mencionado *kanji*; o *okelehao*, do Havaí, em que, além do arroz e da cordilina (*Cordyline terminalis*), há melaço e leite de coco; e o *rakshi*, do Nepal, com elevado teor alcoólico, usado em cerimônias religiosas.

O *pombe* é uma bebida africana obtida a partir da fermentação de milho germinado, que contém pequenas concentrações de álcool. Essa bebida tem cerca de 2,5% de álcool, além de 0,5% de ácidos orgânicos e menos de 1,5% de açúcares. Também da África (Moçambique) é a *masata*, obtida da *Yucca* sp. previamente mastigada pelas anciãs. Similarmente, na América do Sul os indígenas preparam a *chicara*, que é uma bebida em que a sacarificação do milho se dá pelas enzimas diastásicas da saliva durante a mastigação dos grãos pelas mulheres mais velhas das tribos. Cerveja mais alcoólica, preparada de forma análoga, é a *sora*. Também de milho são a *thumba*, de Bengala ocidental, na Índia, e a *braga*, da Romênia. A *cassava* ou aipim (*Manihot palmata*) fermentada dá, por sua vez, o *kahiri*. No Brasil, produz-se a tiquira a partir de mandioca mastigada pelos indígenas.

Na América do Sul há uma bebida obtida pela fermentação do feijão (*Phaseolus vulgaris*) denominada *kuva*. Na Rússia e em países limítrofes são preparadas bebidas de baixo teor alcoólico a partir da fermentação de decoctos de farinhas ou misturas de farinhas diversas, por exemplo, de centeio e de cevada germinados e até de beterraba (*Beta vulgaris*), aromatizadas com casca de laranja. A da Rússia tem o nome de *kvass*, com 1% de álcool, 0,4% de ácido lático e 0,1% de ácido acético. A bebida análoga dos Bálcãs é a *busa* e a da Finlândia é a *kalja*. No Japão, são fabricados o *awamori* e o *uri*, pela fermentação de batatas-doces (*Ipomoea batatas*).

Neste volume, o Capítulo 4 dedica-se especificamente à produção de cerveja.

1.4 VINHOS

Outra bebida alcoólica fermentada de ainda maior difusão é o vinho, obtido genericamente pela fermentação alcoólica de um suco de fruta natural madura, principalmente a uva (*Vitis vinifera*). Há quem defenda, aliás, que o nome vinho seja reservado só para a bebida proveniente da uva. No entanto, o vinho mais antigo que se conhece não era proveniente de fruta, mas de mel.

Diversas legislações, como a brasileira e a norte-americana, só permitem que se use o termo vinho *tout court* para o fermentado proveniente das uvas. Naqueles provenientes de outros sucos deve-se indicar o nome da fruta. Em alguns poucos casos existe um nome especial; assim, o fermentado de mel é chamado de hidromel e o de maçã leva o nome de sidra e tem até 8% de etanol, havendo ainda menção a vinhos obtidos de outras partes do vegetal, como o de raízes de dente-de-leão. A sidra e o hidromel são classificados como "outras bebidas obtidas por fermentação".

É possível fazer vinho com qualquer fruta que contenha açúcar, havendo registros com: maçã (*Malus sylvestris*), damasco (*Prunus armeniaca*), murtinho (*Eugenia arenaria*), amora (*Morus nigra*), cassis (*Ribes nigrum*), amarena (*Prunus cerasus*), groselha (*Ribes rubrum*), sirijuba (*Berberis laurina*), pêssego (*Prunus persica*), pera (*Pyrus communis*), diversas variedades de ameixa (*Prunus domestica*), framboesa (*Rubus idaeus*), morango (*Fragaria vesca*, *F. virginiana*), rosa-canina (*Rubus canina*) e mirtilo (*Vaccinium myrtillus*), as quais podem ser acrescidas de frutas tropicais, como banana (*Musa* spp.), caqui (*Diospyros kaki*), jabuticaba (*Myrciaria califlora*), caju (*Anacardium occidentalis*) e manga (*Mangifera indica*), de laranjas (*Citrus sinensis*), entre outras (AQUARONE, 2001).

Muitos são os tipos de vinho existentes de acordo com a uva e a região de onde provêm, com a concentração alcoólica final, com as modificações que sofrem conforme o tipo de fermentação e mesmo com determinadas adições que se lhe fazem. A legislação brasileira divide-os quanto à classe em: de mesa, champanha e espumantes, licorosos e compostos, podendo em cada caso ser tintos, rosados ou brancos. Um bom champanha é aquele cuja fermentação se dá na garrafa (vidro, paredes grossas). Neste ponto torna-se útil ressaltar que, embora a legislação brasileira use essa denominação, o termo é pleiteado, até em juízo, unicamente para os vinhos espumantes fabricados na região de Champagne, na França.

Normalmente, os vinhos têm uma concentração alcoólica de 10% a 13% volume/volume (ou graus GL). Existem, entretanto, vinhos de mais baixo teor (de 5% a 7%), principalmente entre os de fruta, e com concentração de até 20% entre os licorosos. Na legislação brasileira, o vinho de mesa e o champanha devem ter entre 10 °GL e 13 °GL. Os outros espumantes devem estar entre 7% e 10% (moscatel espumante) ou entre 10 °GL e 12,5 °GL (espumante gaseificado).

O vinho licoroso deve ter uma graduação alcoólica de 14 °GL a 18 °GL, com adição máxima de 10% do volume total do produto em álcool etílico potável. O Ministério da Agricultura proibiu a adição de álcool de cana ou açúcar aos vinhos entre 1978 e 1982 e, durante esse tempo, só álcool vínico pôde ser usado como corretivo do teor alcoólico. Alguns vinhos licorosos importantes são: marsala, málaga, xerez, porto, entre outros.

Os vinhos compostos (vermute, quinado ou gemado) devem ter uma concentração entre 15 °GL e 20 °GL, sendo no máximo 60% dessa concentração por adição do álcool potável (até 1982, só álcool vínico) expresso em etanol. O vermute, cujo nome provém do alemão *Wermut* (absinto) – que, por sua vez, se origina de uma palavra grega que significa amargor –, contém o aroma natural de diversas plantas, como:

raiz de genciana (*Gentiana lutea*), mirra (*Commiphora myrrha*), cardo (*Centaurea melitensis*), manjerona (*Origanum majorana*), raiz de ruibarbo (*Rheum palmatum*), córtex de quina (*Cinchona calisaya*), raiz de cálamo (*Acorus calamus*), cascas de frutas cítricas como laranjas (*Citrus aurantium* e *C. sinensis*) e limão (*C. limonum*), suco de folhas de babosa (*Aloe vera*), bálsamo de tolu (*Myroxylon balsamum*), córtex de canela (*Cinnamomum zeylanicum*), noz-moscada (*Myristica fragrans*), cravo (*Eugenia caryophillata*), lenho de sândalo (*Santalum album*), estigmas de açafrão (*Crocus sativus*), rizoma de gengibre (*Zingiber officinale*), frutos da baunilha (*Vanilla* spp.), sementes e frutos de cardamomo (*Elettaria cardamomum*), sementes de anis-estrelado (*Illicium anisatum*), raízes de angélica (*Angelica archangelica*), sementes de cumaru (*Dipteryx odorata*), sementes de funcho (*Foeniculum vulgare*) etc. A presença e a concentração dessas plantas variam conforme o tipo e a proveniência do vermute. O vermute deve ter absinto ou losna (*Artemisia absinthium*) como constituinte aromático predominante, o quinado deve conter quina (*Cinchona* e seus híbridos) e o gemado, gema de ovo.

A jeropiga, que em português também significa vinho ordinário, é definida na lei como a bebida elaborada com mosto de uva parcialmente fermentado, adicionado de álcool etílico potável (para suspender a fermentação). Sua graduação alcoólica não pode ultrapassar 18 °GL e deve ter um teor mínimo de açúcar de 7 g por 100 mL.

Para os vinhos de fruta, a legislação brasileira estabelece graduação entre 10 °GL e 13 °GL obtida por fermentação do mosto de frutas frescas e sãs, e a adição de sacarose pode ser no máximo igual ao teor de açúcares da fruta.

Existe ainda o vinho de fruta gaseificado, em que se adiciona anidrido carbônico, e o vinho de fruta licoroso, cuja graduação alcoólica vai de 13 °GL a 18 °GL; esse último, que pode ser doce ou seco, admite adição de álcool etílico potável, caramelo e sacarose.

Temos ainda outros fermentados, alguns deles relacionados a seguir.

O hidromel, segundo o Decreto n. 6.871, de 4 de julho de 2009, "é a bebida com graduação alcoólica de quatro a catorze por cento em volume, a vinte graus Celsius, obtida pela fermentação alcoólica de solução de mel de abelha, sais nutrientes e água potável" (BRASIL, 2009). A Instrução Normativa n. 34, de 29 novembro de 2012, estabelece os parâmetros legais para o hidromel, além de ressaltar que não é permitido o uso de açúcar (sacarose) para a elaboracão dessa bebida (BRASIL, 2012). De acordo com esse instrumento legal, o hidromel pode ser classificado em seco ou suave, de acordo com a quantidade de açúcar na bebida.

O saquê, obtido pela fermentação alcoólica de um mosto de arroz sacarificado pelo *Aspergillus oryzae*, pode ter de 14 °GL a 26 °GL, com adição ou não de etanol potável. Essa bebida pode ser classificada em seca ou licorosa, de acordo com o teor de sacarose adicionada. É interessante dizer que essa bebida de origem japonesa é classificada por alguns pesquisadores entre as cervejas, por ser proveniente de uma matéria-prima amilácea, e por outros entre os vinhos, por seu teor de álcool. Na legislação pátria, está entre as bebidas com adição de destilado alcoólico, junto com o fermentado de fruta licoroso (até 18% de álcool) e o fermentado de fruta composto (até 20% de álcool).

O fermentado de cana é a bebida obtida pela fermentação do mosto de caldo de cana (*Saccharum officinale*), podendo ter, no máximo, 14 °GL.

O fermentado de fruta, com graduação alcoólica máxima de 14 °GL, é a bebida obtida pela fermentação do mosto de frutas adicionado de sacarose e água potável.

A sidra é obtida pela fermentação alcoólica do mosto de maçãs, adicionado ou não de, no máximo, 30% de suco de pera. Deve ter de 4 °GL a 8 °GL. Como se vê, essa bebida não deixa de ser um vinho de fruta, com concentração alcoólica menor. Como os demais vinhos de fruta, deve partir de material fresco e são e poderá ser adicionado de sacarose até, no máximo, a quantidade de açúcares contida na fruta. A sidra pode ser gaseificada, mas a denominação sidra-champanha não é permitida.

O Capítulo 3 ("Sidras"), de César Luis Girardi, Tatiane Timm Storch e Camila Pegoraro (Embrapa Uva e Vinho de Bento Gonçalves), se aprofunda no tema da obtenção da sidra.

Outras bebidas regionais do tipo vinho, não mencionadas na legislação brasileira, são: o *pulque*, bebida das regiões hispano-americanas, principalmente México, que provém da fermentação natural do suco doce de agave (*Agave americana*) e chega a ter 6% de álcool, sendo às vezes adicionado de mel e sucos de frutas; o mezcal, também do México, que provém da fermentação do agave; o tibi, ou tibicos, que é um kefir de água; e o *sorgho*, bebida da Manchúria obtida do *Sorghum saccharatum* fermentado.

Existem ainda vinhos de palma, entre eles o *laghbi*, do Norte da África, obtido de fermentação espontânea da linfa de tamareira fêmea (*Phoenix dactylifera*) por *Saccharomyces laghbi*, variedades de *S. carlsbergensis* e *Schizosaccharomyces pombe*. Contém de 5% a 6% de álcool e cerca de 0,5% de ácidos orgânicos.

O vinho de dente-de-leão (*Taraxacum officinale*) é obtido da fermentação alcoólica de um extrato aquoso das flores dessa planta, adicionado de açúcar e substâncias aromatizantes. O *toddy* é o vinho de palma obtido pela fermentação alcoólica do leite de coco ou das inflorescências das palmas do coqueiro (*Cocos nucifera*). Outros vinhos de palma são o *shima* (AQUARONE, 2001), de Moçambique, e o *chonte*, do Equador.

O Capítulo 2 ("Vinhos") trata o assunto da produção de vinho com mais propriedade e profundidade.

1.5 BEBIDAS POR MISTURA

O licor é obtido pela mistura ou redestilação do álcool etílico potável com substâncias de origem animal ou vegetal adicionadas de aromatizantes, saborizantes e corantes previstos na legislação (a legislação paulista refere-se só a açúcar e mel e não menciona corante, mas "substâncias alimentícias"). Em lugar de álcool etílico potável pode ser empregada aguardente simples desodorizada. A graduação alcoólica deve ficar entre 15 °GL e 54 °GL.

Quanto à concentração de açúcares (calculados em sacarose), os licores classificam-se em: seco (de 3 a 10 g por 100 ml), doce ou fino (de 11 a 35 g por 100 ml) e creme (acima de 35 g por 100 ml). Quando há uma saturação de açúcares, o licor toma a denominação de escarchado ou cristalizado.

Existem estas outras exigências com relação às denominações de licores:

- *cherry* deve ter por base cereja (*Prunus cerasus*);
- curaçau deve ter por base casca de laranja amarga (*Citrus aurantium*);
- *kümel* deve ter por base semente de alcaravia (*Carum carvi*);
- *maraschino* deve ter por base destilado de cereja;
- *peppermint* deve ter por base menta (*Mentha arvensis*);
- ratafia deve ter por base frutas frescas maceradas.

Ainda são previstas na legislação as denominações:

- *apricot*, *peach*, *prunelle*, *noix*, cassis, anis (anisete com no mínimo 350 g de açúcar por litro) e *avocat* (licor à base de ovo);
- licor ouro.

O licor ouro deve ter "adicionadas lâminas de ouro puro". Os finíssimos e genuínos flocos de ouro de 24 quilates tornam esses licores únicos e excitantes. Dado que não há mistura de outros metais, sendo os flocos compostos por 100% de ouro, não existe qualquer risco para a saúde. Podem ser consumidos em *shot* ou com gelo. Quando utilizado como aditivo alimentar, o ouro é rotulado E175 (veja na lista de aditivos alimentares, Codex Alimentarius, WIKIPEDIA, [20--]). Apesar de contestado pela medicina moderna, o ouro nativo é conhecido por ser não tóxico para os seres humanos e pode passar através do trato digestivo inalterado, ao contrário da maioria dos outros metais pesados (LQES, 2005).

O Goldschläger é um licor de canela (43,5% de álcool) com flocos muito finos, ainda visíveis, de ouro flutuante. A quantidade de ouro é de cerca de 13 mg em um litro. Foi produzido na Suíça até inícios da década de 1990, quando a marca foi adquirida pela Diageo, que continuou a produção de aguardente Goldschläger na Itália. Desde 2008, é uma marca da Global Brands, sendo produzida na Suíça novamente. A palavra *goldschläger* ("batedor de ouro") designa a profissão de fabricantes de folha de ouro, que batem barras de ouro até obter folhas muito finas, medidas com micrômetro (OFICINA70.COM, 2015).

É interessante lembrar que, pelas características exigidas, estão incluídas entre os licores as bebidas denominadas, em alguns outros países, como "cordiais". Na realidade, os cordiais seriam tipos de licores menos aromáticos (AQUARONE, 2001), obtidos a partir de vegetais como a alcaravia (ou *kümel*), de odor mais agudo. Pode-se dizer genericamente que licores e cordiais são bebidas obtidas por mistura de substâncias aromáticas:

- destilando um macerado das substâncias em álcool e colorindo;
- fazendo infusão de substâncias que perderiam o aroma na destilação em solução hidroalcoólica, filtrando e colorindo;
- adicionando óleos essenciais ao álcool e colorindo.

O amargo é uma bebida obtida por infusão, maceração ou destilação alcoólica de vegetais amargos com graduação entre 25 °GL e 50 °GL. Quando os vegetais empregados em sua obtenção forem predominantemente aperitivos e aromáticos, o amargo tem o nome de aperitivo e a graduação alcoólica pode iniciar em 20 °GL, sempre com o máximo de 50 °GL.

A legislação de 1997 unifica o amargo e o aperitivo com o nome de aperitivo, obtido a partir de ervas amargas ou aromáticas e com concentrações variando de 0,5% a 54% em álcool, chamando de *fernet* ou *bitter* aquele com predominância de ervas amargas (BRASIL, 1997).

A legislação paulista já diferencia o aperitivo, definido como o produto preparado com vinho, aguardente e outras bebidas alcoólicas por simples mistura ou adicionado de sucos de frutas, sementes ou outras partes de vegetais inócuos, leite de coco, ovos e outras substâncias aperitivas. Inclui as batidas e os coquetéis. Seria um tipo de bebida mista, contemplada na legislação federal.

Entre os aperitivos são citados, além do *bitter*, o *bitter-soda*, em que houve adição de água gaseificada para levar a graduação alcoólica a no máximo 15%; o ferroquina, com no mínimo 1,2 g de citrato de ferro amoniacal e 50 mg de quinina calculada em sulfato de quinina por litro; e o *fernet*, com 40 °GL a 50 °GL (18 °GL a 54 °GL na legislação paulista) e até 50 g de açúcar por litro. Esse último é obtido principalmente por maceração de folhas de babosa, além de numerosas outras plantas, analogamente ao vermute já descrito, enquanto no *bitter* estão aromas naturais de várias plantas e ervas, como genciana, ruibarbo, absinto, canela, limão, cardamomo, tangerina (*Citrus nobilis*), quina etc., em misturas diferentes conforme o tipo; às vezes se faz destilação. Na legislação paulista, o *bitter* e o *fernet* são bebidas diferenciadas dos amargos.

Ainda entre as bebidas por mistura é citada a aguardente composta, resultante da adição à aguardente de substâncias vegetais previstas em ato administrativo e constantes do rótulo. Tal bebida pode ter de 38 °GL a 54 °GL, no máximo 30 g de açúcar por litro e ser colorida por caramelo.

Para fechar o grupo, temos as bebidas mistas ou coquetel, que nada mais são que a mistura de duas bebidas alcoólicas, devendo ter entre 0,5 °GL e 54 °GL. Quando gaseificada pode ter no máximo 15 °GL. Entre as mistas está a batida (15 °GL a 36 °GL), com 5% de açúcar no mínimo. A caipirinha é uma batida com suco de limão.

1.6 BEBIDAS DESTILADAS

Todas as bebidas destiladas devem ter sempre entre 38 °GL e 54 °GL de álcool. Entre elas, no Brasil, se sobressai a caninha, cachaça ou aguardente de cana, que se obtém por destilação do mosto fermentado de cana-de-açúcar, tendo no máximo 6 g de açúcar por litro; uma concentração maior de açúcar implica a adjetivação adoçada na denominação. A legislação do estado de São Paulo não cita a cachaça.

O Capítulo 5 ("Aguardentes de cana-de-açúcar"), de Urgel de Almeida Lima, se aprofunda nesse assunto.

A aguardente de melaço, diferentemente da anterior, provém de mosto fermentado do melaço da fabricação do açúcar de cana, mas tem os mesmos limites de concentração em álcool e em açúcar. O coeficiente de congêneres (voláteis, compostos secundários, furfural etc.) não pode ser inferior a 2 g/L.

A legislação nacional permite que as bebidas provenham do "destilado alcoólico simples", definido como uma aguardente de elevado teor alcoólico (54 °GL a 95 °GL), potável, destinado à elaboração de bebidas e obtido da destilação de mostos fermentados. Em um litro, os teores máximos são: 50 mg para o furfural, 2 g para o metanol. Chama-se ainda de mosto fermentável a substância de origem vegetal ou animal que contém elemento açucarado ou amiláceo suscetível de transformar-se principalmente em álcool etílico pela ação de leveduras.

Com a mesma finalidade pode ser empregado o *grain whisky*, que é um destilado alcoólico de cereais com 54% a 95% de álcool, envelhecido em tonéis de carvalho de capacidade máxima de 700 L por período mínimo de 2 anos.

Conforme a matéria-prima de que provenha, existe destilado alcoólico simples de cana, de melaço, de cereais (milho, trigo, aveia, centeio, arroz, cevada e outros malteados ou não), de frutas, de tubérculos (beterraba, batata e outros, bem como de raiz de mandioca) e de vegetal (caules, folhas e outras partes do vegetal).

O rum é obtido, segundo a legislação brasileira, de destilado alcoólico simples de melaço ou dos de caldo de cana e de melaço; deve ser envelhecido em recipiente de carvalho ou madeira equivalente, podendo ser adicionado de até 6 g de açúcar por litro e de caramelo. O coeficiente de congêneres segue a mesma porcentagem das aguardentes anteriores; abaixo disso é rum leve e acima (até 5 g/L), pesado. Para ter a designação de extra ou extravelho, o envelhecimento deve se dar por pelo menos dois anos nos recipientes indicados. Podem existir ainda runs de uso culinário com, no mínimo, 75 °GL de graduação alcoólica. O rum é considerado uma das mais antigas bebidas destiladas conhecidas. Vários autores dão grande importância, na formação adequada do aroma dessa bebida, a determinados gêneros e espécies de leveduras empregadas em sua fermentação. Mesmo bactérias como o *Clostridium saccharobutyricum* e outros clostrídios teriam um papel importante, associados às leveduras. Deve-se ressaltar, de qualquer modo, que nas publicações de língua inglesa o nome rum abarca todas as bebidas destiladas obtidas a partir de mosto fermentado proveniente de cana, estando, pois, incluídas as nossas aguardentes, caninha e cachaça.

A legislação brasileira define genericamente uísque como o destilado alcoólico simples de cereais, com 38% a 54% de álcool, parcial ou totalmente malteado, envelhecido e adicionado ou não de caramelo.

Prevê os seguintes tipos:

- Uísque malte puro (*malt whisky* ou *straight malt whisky*), que é o produto elaborado unicamente com cevada malteada envelhecida adicionado ou não de água potável e com no mínimo 3,5 g de congêneres por litro de álcool.
- Uísque cortado (*blended whisky*), que é obtido pela mistura de um mínimo de 30% de uísque malte puro com destilado alcoólico simples de cereais e/ou álcool etílico potável, envelhecidos ou não, com coeficiente de congêneres de no mínimo 1 g/L de álcool. É interessante ressaltar que esse tipo de mistura tem por finalidade reduzir o óleo fúsel e o acetaldeído, tornando o uísque mais aceitável para o consumidor.
- Uísque tipo *bourbon* (*straight bourbon whisky*), que é obtido de um mínimo de 50% de destilado alcoólico simples de milho misturado com álcool etílico potável, com 1,5 g/L de congêneres, envelhecido no mínimo por 2 anos.
- Uísque de cereais, que é obtido a partir de cereais reconhecidos internacionalmente na produção de uísque sacarificados por diástases de cevada malteada, podendo ter também outras enzimas, e destilado em alambique ou coluna, envelhecido no mínimo por 2 anos e com coeficiente de congêneres não inferior a 1 g/L de álcool.

A legislação brasileira, portanto, introduz a possibilidade, inexistente nos países classicamente produtores de uísque (Escócia, Irlanda, Estados Unidos e Canadá), do emprego de álcool de cana na fabricação dessa bebida.

Além dos tipos indicados em nossa legislação, o uísque, que é uma bebida de origem escocesa, mas que se vulgarizou muito nos Estados Unidos, encontra-se nesse último país em diversos outros tipos, vários deles indicados na legislação norte-americana.

O *arac* é uma bebida obtida de destilado alcoólico simples redestilado em presença de anis (*Pimpinella anisum*) e aromatizado ou não com suco de palma, extratos ou essências naturais. Trata-se de uma aguardente de origem javanesa, semelhante a outra preparada na China com a "levedura" chinesa (*chiizu*). A legislação brasileira fala mais genericamente em bebida obtida pela adição ao destilado alcoólico simples, ou ao álcool etílico potável, de extrato de substâncias aromáticas. Deve ter entre 36% e 54% em álcool e no mínimo 1,5 g de congêneres por litro de álcool. Pode ter até 30 g de açúcares por litro (com mais de 6 g/L deve incluir o termo "adoçada").

Nos Estados Unidos, dão o nome de *Arrack* ao destilado do *toddy*, já visto entre as bebidas tipo vinho. Na realidade, *arac* é um nome bastante genérico, incluindo bebidas não destiladas.

Conhaque é a bebida proveniente do destilado alcoólico simples envelhecido de vinho. Para muitos, conhaque e *brandy* são sinônimos, podendo ser obtidos a partir de qualquer vinho de fruta, ou então o conhaque é um tipo especial de *brandy* originário de uma região da França. *Armagnac* é um *brandy* também de origem francesa em que, ao contrário do conhaque, a destilação é feita de um vinho filtrado, portanto, sem levedura residual.

A graspa ou bagaceira é obtida de destilado alcoólico de bagaço de uva fermentado ou pela destilação do bagaço e da borra da produção de vinho, podendo ser adicionada de no máximo 10 g de açúcar por litro. Isso é o que diz a legislação, porém é comum que essas duas denominações, na prática, definam bebidas diferentes: enquanto a bagaceira provém de fermentação e destilação do bagaço de uva, a graspa é o destilado das borras de uvas fermentadas.

Segundo a legislação pátria, o pisco é a bebida obtida da destilação do mosto de uvas fermentadas, adicionado ou não de resíduos de fermentação.

A aguardente de frutas é obtida do destilado alcoólico simples da fruta, levando o termo "simples" e o nome da matéria-prima. Com o envelhecimento, pode ser colocada na denominação as palavras "envelhecida" ou "*brandy*". Alguns tipos mencionados na legislação: *slivovitz*, *mirabelle*, *estsch* para a de ameixas; *kirch* para a de cereja; *calvados* para a de maçã; *peach brandy* para a de pêssego; e *pear brandy* para a de pera.

A tequila obtém-se do destilado alcoólico simples de um cacto típico da América Central, o agave (*Agave tequilana*), ou pela destilação do mosto de seu suco fermentado. Essa bebida, de origem mexicana, provém originariamente da destilação do já mencionado *pulque*. Quando a concentração resultante for menor que 51% em álcool, pode-se adicionar álcool etílico. Pode-se adicionar até 30 g de açúcar por litro; acima de 6 g/L deve ter a denominação "adoçada". A concentração de congêneres, em relação ao etanol, deve estar entre 2 g e 6,5 g por litro.

A tiquira, da Região Norte do Brasil, obtém-se do destilado alcoólico simples de mosto fermentado de mandioca (*Manihot utilissima*), hidrolisada previamente por fungos. Os açúcares e os congêneres são análogos aos da tequila. Também no México existe o sotol, análogo à tiquira brasileira.

Shochu é a bebida obtida por destilação de mosto fermentado de arroz, tendo de 15 a 35 °GL. Pode ser adicionada de açúcares.

A vodca é a bebida obtida pela retificação do destilado alcoólico simples de cereais ou de tubérculos, ou ainda do álcool etílico potável. Contém de 36% a 54% de etanol. Em sua fabricação, a vodca deverá ser submetida a tratamento por carvão ativo e poderá ser aromatizada. Pela definição dessa bebida, nota-se que é a mais geral em relação à matéria-prima, que, na prática, é toda aquela capaz de produzir etanol por fermentação após hidrólise enzimática. Essa generalização é possível devido ao emprego obrigatório de carvão ativo, que fornece uma solução hidroalcoólica praticamente desprovida da grande maioria das impurezas, sem sabor ou aroma pronunciados. Deve ter no máximo 500 mg de congêneres.

A genebra é obtida pela redestilação e retificação do destilado alcoólico simples de cereais ou pela redestilação de uma mistura de no mínimo 30% do destilado alcoólico simples de cereais com álcool etílico potável, em ambos os casos na presença de bagas de zimbro (*Juniperus communis*) com ou sem outras substâncias vegetais aromáticas; pode ser adicionada de no máximo 15 g de açúcar por litro. Congêneres: no máximo 1,5 g/L de álcool.

Chama-se gim à bebida obtida pela redestilação do álcool etílico potável na presença de bagas de zimbro e outras substâncias vegetais aromáticas. O gim doce ou cordial contém de 6 a 15 g de açúcar por litro, e o gim seco, no máximo 6 g de açúcar por litro. Numerosas são as substâncias aromáticas vegetais que se empregam na fabricação do gim, além do zimbro: angélica, anis (*Pimpinella anisum*), coentro (*Coriandrum sativum*), cardamomo, alcaçuz (*Glycyrrhiza glabra*), funcho etc. Em alguns países o zimbro pode ser substituído pela terebintina (da resina de *Pinus* spp.).

O *steinhäeger* é obtido pela redestilação do destilado alcoólico simples de cereais ou pela redestilação e retificação do álcool etílico potável, sempre na presença do mosto fermentado contendo bagas de zimbro.

Aquavit é a bebida obtida pela destilação e retificação do álcool etílico potável na presença de sementes de alcaravia e outras substâncias vegetais aromáticas; pode ser adicionada de até 30 g de açúcar por litro.

Leva o nome de *corn* a bebida obtida pela retificação do destilado alcoólico simples de cereais ou pela retificação de uma mistura de no mínimo 30% de destilado simples de cereais com álcool etílico potável, podendo ser aromatizado.

Outras bebidas destiladas ou destilo-retificadas são as *schnapps*, obtidas de mosto de batatas hidrolisadas por pressão e posteriormente malteadas. São comuns na Holanda, na Alemanha e em outros países da Europa central.

Uma bebida obtida por fermentação de centeio, outros cereais e ocasionalmente milho leva o nome de *kornbranntwein* em diversos países da Europa, como Holanda e Alemanha. A fabricação é semelhante à do uísque.

Pela destilação do *oo*, já mencionado entre as cervejas, obtém-se o *lao rong*. Pela destilação do *kefir*, obtém-se o *shhow*, e pela do *kumis*, o *ariki*. O *kefir* e o *kumis* descrevem-se no próximo item e são bebidas álcool-ácidas.

O Capítulo 6 trata de outros destilados alcoólicos e suas características com maior profundidade.

1.7 BEBIDAS ÁLCOOL-ÁCIDAS

Entre as bebidas denominadas álcool-ácidas, provenientes de fermentação de leite, as mais importantes são as listadas a seguir.

O *kefir*, a bebida mais conhecida, muito consumido na Rússia, é obtido geralmente pela fermentação do leite de cabra quase sempre desnatado; etimologicamente, o nome vem de *ket* (bem-estar em turco). É uma bebida agradável, contendo, no Brasil, até 1,5% de etanol, até 1,3% de ácido lático e anidrido carbônico. Na versão que é preparada na região do Cáucaso e em outros países, as concentrações são menores que no Brasil: até 0,8% de etanol e até 0,9% de ácido lático. O fermento do *kefir*, chamado vulgarmente de grãos ou grânulos, contém diversos microrganismos, entre os quais *Lactococcus lactis*, *S. cremoris*, *Leuconostoc dextranicum* e *Bacillus kefir*, e diversas leveduras, como o *Saccharomyces fragilis*, e é usado na proporção de 20 g por litro de leite. Esses grânulos são obtidos adicionando pedaços de estômago de vitela ou carneiro ao leite em agitação até que ele não mais coagule. O coágulo é retirado e substituído por nova porção de leite. A operação é repetida até que nas paredes do recipiente se forme uma crosta, que é retirada e pode ser seca ao sol. Esses grânulos duram até um ano. Os grãos secos devem, porém, ser rejuvenescidos no momento do uso, isto é, suspensos em água morna e depois em leite para tornarem-se elásticos. A fermentação do *kefir* deve durar no máximo 48 horas para dar um produto de bom paladar.

O *kumis* é uma bebida soviética semelhante ao *kefir*, mas preparado com leite fresco de jumenta ou, às vezes, de camela e mesmo de cabra. O fermento, usado nas mesmas proporções que o de *kefir*, pode ser obtido misturando farinha de trigo com mel e levedura de cerveja. É mais concentrado em etanol (até 2,5%) e em ácido lático (até 1,8%). Tanto no *kefir* como no *kumis* há uma peptonização parcial das proteínas.

O *lebem* é produto do norte da África e do Egito, sendo obtido a partir de leite de vaca ou, às vezes, de cabra, búfala ou ovelha. Possui quantidades muito pequenas de álcool em relação aos ácidos orgânicos, principalmente o lático.

O *kos*, da Albânia, é uma bebida obtida do leite de ovelha ou vaca, também com pequena concentração alcoólica.

O *taete* é uma bebida dos países nórdicos, contendo ácido lático e álcool e de consistência viscosa.

O Capítulo 7, de Sabrina Neves Casarotti, Luana Faria Silva, Vivian Ribeiro Diamantino, Aline Teodoro de Paula e Ana Lúcia Barretto Penna (da Universidade Estadual Paulista "Júlio de Mesquita Filho" – Unesp), trata de bioprocessos na produção de leites fermentados com maior propriedade.

1.8 ADITIVOS INTENCIONAIS PERMITIDOS EM BEBIDAS

A legislação federal brasileira permite a adição às bebidas de várias substâncias com finalidades diversas, quais sejam, conservar, intensificar ou aprimorar suas características: acidulantes, antioxidantes, antiumectantes, corantes, espumíferos, estabilizantes, aromatizantes e flavorizantes, clarificantes, espessantes, enzimas, aditivos para conservação, gases e sais.

Os aditivos estão regulamentados pela Diretoria Colegiada da Agência Nacional de Vigilância Sanitária (Anvisa) nas resoluções e nas portarias vigentes, a seguir discriminadas:

Resolução n. 04, de 24 de novembro de 1988.

O conselho Nacional de Saúde, no uso das atribuições que lhe confere o Decreto n.º 93.933, de 14/01/87, e de acordo com o disposto nos artigos 24 e 66 do Decreto-Lei n.º 986, de 21 de outubro de 1969, e no decreto n.º 55.871, de 26 de março de 1965, Resolve:

1 – Aprovar a revisão das Tabelas I, III, IV e V referente a Aditivos Intencionais, bem como os Anexos I, II, III e VII, todas do Decreto n.º 55.871, de 26 de março de 1995.

2 – Revogar as Portarias, Resoluções e Comunicados, constantes dos Anexos V e VI.

3 – As substâncias relacionadas na forma do Anexo VII, passam a ser consideradas, também, como coadjuvantes da tecnologia de fabricação. (BRASIL, 1988)

Resolução – RDC n. 5, de 4 de fevereiro de 2013.

Aprova o uso de aditivos alimentares com suas respectivas funções e limites máximos para bebidas alcoólicas (exceto as fermentadas). (BRASIL, 2013)

Outras portarias e resoluções: Portaria n. 07/1989-SVS/MS; Resolução n. 234/2002 ANVS/MS; Resolução n. 251/1999-ANVS/MS; Resolução n. 386/1999; Resolução RDC n. 05/2007 – Bebidas não alcoólicas; Resolução RDC n. 04/2007 – Vinagres; Resolução RDC n. 01/2001 – Realçadores de sabor; Resolução RDC n. 18/2008 – Aditivos edulcorantes.

1.9 CONSOLIDAÇÃO DAS NORMAS DE BEBIDAS

Em 2019, pela Norma Operacional n. 1, foi aprovada a Consolidação das Normas de Bebidas para fins de inspeção e fiscalização agropecuária, bem como elaborado o Anexo à Norma Interna DIPOV n. 01/2019 (BRASIL, 2019a; 2019b).

REFERÊNCIAS

ADITIVOS INTENCIONAIS PERMITIDOS EM BEBIDAS. Disponível em: <http://www.ivegetal.com.br/aditivos_intencionais.htm>. Acesso em: 17 nov. 2016.

ALMEIDA-MURADIAN, L; PENTEADO, M. del V. *Vigilância Sanitária* – Tópicos sobre legislação e análise de alimentos. 2. ed. Rio de Janeiro: Guanabara-Koogan, 2015.

AQUARONE, E. Generalidades sobre bebidas alcoólicas. In: AQUARONE, E. et al. (Ed.). *Biotecnologia na produção de alimentos*. São Paulo: Blucher, 2001. p. 1-19. (Série Biotecnologia Industrial, v. 4).

BRASIL. Decreto Estadual (São Paulo) n. 12.486, de 20 de outubro de 1978, que aprova Normas Técnicas Especiais Relativas a Alimentos e Bebidas.

BRASIL. Ministério da Saúde; Conselho Nacional de Saúde. *Resolução* n. 04, de 24 de novembro de 1988.

BRASIL. Decreto n. 2.314, de 4 de setembro de 1997. Regulamenta a Lei n. 8.918, de 14 de julho de 1994, que dispõe sobre a padronização, a classificação, o registro, a inspeção, a produção e a fiscalização de bebibas.

BRASIL. Decreto n. 6.871, de 4 de junho de 2009. Regulamenta a Lei n. 8.918, de 14 de julho de 1994, que dispõe sobre a padronização, a classificação, o registro, a inspeção, a produção e a fiscalização de bebidas.

BRASIL. Ministério da Agricultura, Pecuária e Abastecimento. Decreto n. 6.871, de 04 de junho de 2009. Regulamenta a Lei n. 8.918, de 14 julho de 1994. Dispõe sobre a padronização, a classificação, o registro, a inspeção, a produção e a fiscalização de bebidas. *Diário Oficial da República Federativa do Brasil*, Brasília, DF, 5 jun. 2009. Disponível em: <http://gpex.aduaneiras. com. br/gpex/gpex.dll/infobase/atos/decreto/decreto6871_09/ dec%2006871_ 09_01. pdf>. Acesso em: 25 jan. 2017.

BRASIL. Ministério da Agricultura, Pecuária e Abastecimento. Instrução Normativa n. 34, de 29 de novembro de 2012. Aprova o Regulamento Técnico de Identidade e Qualidade das bebidas fermentadas: fermentado de fruta; fermentado de fruta licoroso; fermentado de fruta composto; sidra; hidromel; fermentado de cana; saquê ou sake. *Diário Oficial da República Federativa do Brasil*, Brasília, DF, 23 nov. 2012. Seção 1, p. 3.

BRASIL. Ministério da Saúde; Agência Nacional de Vigilância Sanitária. Resolução RDC n. 5, de 4 de fevereiro de 2013. Aprova o uso de aditivos alimentares com suas respectivas funções e limites máximos para bebidas alcoólicas (exceto as fermentadas).

BRASIL. Decreto n. 8.198, de 20 de fevereiro de 2014. Regulamenta a Lei n. 7.678, de 08 de novembro de 1988, que dispõe sobre a produção, circulação e comercialização do vinho, e derivados da uva e do vinho.

BRASIL. Instrução Normativa n. 48, de 31 de agosto de 2018. Altera algumas disposições da Instrução Normativa n. 14, de 8 de fevereiro de 2018, que estabelece a Complementação dos Padrões de Identidade e Qualidade do Vinho e Derivados da Uva e do Vinho.

BRASIL. Norma Operacional n. 1, de 24 de janeiro de 2019a. Aprova a Consolidação das Normas de bebidas, fermentados acéticos, vinhos e derivados da uva e do vinho, nacionais e importados a ser utilizada pela inspeção e fiscalização agropecuária e pelos administrados, na forma do Anexo desta norma.

BRASIL. Anexo à Norma Interna DIPOV n. 01, de 15 de agosto de 2019b. Consolidação das Normas de Bebidas, Fermentados Acéticos, Vinho e Derivados da Uva e do Vinho.

BRUNELLI, L. T. Caracterização físico-química, energética e sensorial de hidromel. Tese (Doutorado) – Faculdade de Ciências Agronômicas da Universidade Estadual Paulista "Júlio de Mesquita Filho" (Unesp), Botucatu, 2015.

GERK, A. O.; PINTO, N. L. A. Legislação geral da inspeção vegetal. [S.l.: s.n.], 2014. Disponível em: http://www.ivegetal.com.br/p4.htm. Acesso em: 17 nov. 2016.

INMETRO. Disponível em: http://www.inmetro.gov.br/legislacao/. Acesso em: 6 mar. 2019.

LQES. *Breve história dos usos medicinais do ouro.* [20--]. Disponível em: https://lqes.iqm.unicamp.br/canal_cientifico/lqes_cultural/lqes_cultural_cultura_quimica9-1.html. Acesso em: 28 jul. 2021.

MERCOSUL. Disponível em: http://www.mercosul.gov.br/normativa. Acesso em: 6 mar. 2019.

OFICINA70.COM. *Bebidas alcoólicas que contêm ouro.* 2015. Disponível em: https://www.oficina70.com/2015/12/bebidas-alcoolicas-que-contem-ouro.html. Acesso em: 27 maio 2021.

SAÚDE LEGIS. Disponível em: http://portal2.saude.gov.br/saudelegis/leg_norma_pesq_consulta.cfm. Acesso em: 6 mar. 2019.

SISLEGIS. Disponível em: http://sistemasweb.agricultura.gov.br/sislegis/action/detalhaAto.do.method=abreLegislacaoFederal&chave=50674&tipoLegis=A. Acesso em: 6 mar. 2019.

VISALEGIS. Disponível em: http://portal.anvisa.gov.br/legislacao#/. Acesso em: 6 mar. 2019.

WIKIPEDIA. *International Numbering System for Food Additives.* [20--]. Disponível em: https://en.wikipedia.org/wiki/International_Numbering_System_for_Food_Additives. Acesso em: 28 jul. 2021.

CAPÍTULO 2
Vinhos

Maurício Bonatto Machado de Castilhos

Vanildo Luiz Del Bianchi

Neste capítulo vamos falar um pouco sobre a produção de vinho, suas características, seus componentes, seu processo de elaboração e as análises comumente realizadas. O texto visa introduzir o leitor nesse universo temático tão rico e com tantos detalhes, que possui uma infinidade de textos, artigos e livros disponíveis para quem quiser se aprofundar posteriormente. Para um contato mais direto com o leitor, sugerimos também o acesso ao site www.ibilce.unesp.br/produtos-fermentados/vinho, no qual disponibilizamos informações adicionais ao texto, como roteiros de aulas práticas, glossário, vídeos educativos e *links* de interesse. Esperamos que o texto seja de fácil leitura, embora alguns conceitos não o sejam, e que, ao final, o leitor saiba discorrer em detalhes sobre essa bebida tão complexa e apreciada no mundo todo. Boa leitura!

2.1 CONSIDERAÇÕES INICIAIS

O vinho pode ser considerado uma das bebidas mais complexas, pois são tantos tipos diferentes, com variedade de sabores e aromas, que qualquer generalização deve ser complementada com um estudo mais detalhado.

De acordo com a legislação brasileira, o vinho é a bebida obtida pela fermentação alcoólica do mosto de uva sã, fresca e madura, e sua classificação é dada de três formas:

- quanto à classe: vinho fino, leve, de mesa, espumante, frisante, gaseificado, licoroso e composto;
- quanto à cor: vinho tinto, rosado (*rosé* ou clarete) e branco;
- quanto ao teor de açúcares: *nature*, *extra-brut*, *brut*, seco (*sec* ou *dry*), meio doce (meio seco ou *demi-sec*), suave e doce.

Sugerimos a leitura detalhada dessa legislação para que o leitor saiba diferenciar cada um desses tipos citados (BRASIL, 2004, 2014).

É interessante ressaltar que o termo "vinho" só pode ser utilizado para o produto obtido a partir de uvas. O termo utilizado para os produtos obtidos por outras frutas é "fermentado" (por exemplo, fermentado de abacaxi).

Embora seja constituído basicamente de água e etanol, a presença de inúmeros compostos minoritários é responsável por promover as características químicas e sensoriais que possibilitam diferenciar um produto de outro.

Com tantas opções, inúmeros são os fatores que influenciam a preferência por determinado tipo de vinho, que podem ser divididos em dois grupos:

- fatores extrínsecos (reputação, região e/ou propaganda);
- fatores intrínsecos (idade do vinho, cor, perfil químico, aroma e/ou safra). Os fatores intrínsecos, exceto a safra, estão diretamente ligados à tecnologia de vinificação e, por isso, são objeto de diversas pesquisas direcionadas ao estudo dessa bebida (JOVER; MONTES; FUENTES, 2004).

O vinho, principalmente o tinto, tem tido algum destaque devido às atribuições de biofuncionalidade, em boa parte pelo denominado "paradoxo francês": indivíduos franceses adeptos de uma dieta rica em gorduras saturadas, semelhante à dos americanos e ingleses, apresentaram incidência de mortalidade por doenças coronárias isquêmicas tão baixa quanto a dos povos asiáticos. Essa baixa incidência foi associada ao consumo diário da bebida, sendo a causa atribuída aos compostos fenólicos presentes (RENAUD; LORGERIL, 1992).

Para iniciarmos o passo a passo sobre o tema, apresentamos, em primeiro lugar, informações sobre os diferentes tipos de uvas e sobre o processo de colheita.

2.2 MATÉRIA-PRIMA E COLHEITA

A uva constitui a matéria-prima para a elaboração de vinhos, e o seu estágio de maturação é o primeiro fator observado para determinar a qualidade final do vinho produzido. De uma forma geral, o tempo de maturação da uva depende de alguns fatores ambientais, como o tipo e as características do solo, o clima e também a espécie da videira (ROUBELAKIS-ANGELAKIS, 2001).

A uva é organizada na forma de cachos e cada baga é fixada na ráquis (inflorescência) por um pequeno pedicelo que tem a função de nutrir a uva. A estrutura do cacho depende do tamanho do pedicelo, ou seja, se for longo e fino, as uvas no cacho apresentam-se espalhadas, se for pequeno, o cacho geralmente apresenta-se em forma compacta (RIBÉREAU-GAYON et al., 2006) (Figura 2.1).

Na película da uva, há uma cera impermeável conhecida como pruína e nela são encontradas leveduras que estão naturalmente presentes, geralmente advindas da videira e do local onde as uvas foram cultivadas. Essas leveduras participam do processo de fermentação alcoólica logo que a uva é esmagada, já que entram em contato com os seus respectivos substratos, os açúcares fermentescíveis, que são transformados em etanol e anidrido carbônico (CO_2) (JACKSON, 2014).

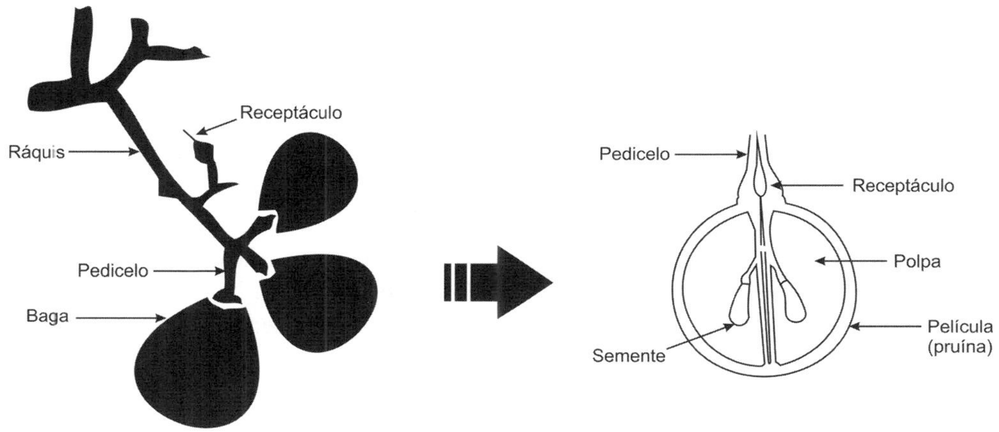

Figura 2.1 Desenho esquemático do cacho da uva.

Fonte: adaptada de Ribéreau-Gayon et al. (2006).

A videira pertence à família das *Vitaceae*, gênero *Vitis*, e as espécies de uvas mais conhecidas são as europeias, também conhecidas como *Vitis vinifera*, responsáveis pela produção de vinhos finos, e as uvas de mesa americanas, responsáveis pela elaboração de vinhos de mesa como *Vitis labrusca*, *Vitis riparia*, *Vitis aestivalis*, *Vitis berlandieri* e seus híbridos com uvas viníferas (JACKSON, 2014).

As uvas americanas e híbridas são também cultivadas em áreas como o leste norte-americano, América Central, Brasil (maior parte) e outros países da América do Sul onde as condições ambientais não são favoráveis à viticultura tradicional de clima temperado. A variedade dos vinhos de mesa se dá, em grande parte, pela variedade de tipos de uvas, cada uma com características específicas, servindo tanto para a elaboração de vinhos varietais como de vinhos de corte (mistura de dois ou mais vinhos com a finalidade de melhorar ou corrigir as características de vinhos pré-elaborados).

O Brasil se destaca por apresentar dois tipos de panoramas de produção de vinhos: o clássico e o das regiões emergentes.

O primeiro é delimitado pela Região Sul, comumente conhecida como o polo de produção vinícola, representada principalmente pelo estado do Rio Grande do Sul.

Esse estado abriga a serra gaúcha, a maior e mais importante região vinícola do país, caracterizada pelo clima temperado, que é responsável por grande parte da produção dos vinhos brasileiros, tanto de uvas europeias como de uvas americanas.

O segundo panorama é caracterizado por regiões tropicais, de clima quente e úmido, especializadas na produção de uvas americanas e viníferas (principalmente Cabernet Sauvignon e Shiraz) e seus respectivos produtos, como sucos, geleias, vinagres e vinhos. Dessas regiões, espalhadas pelo Brasil, destacam-se o Vale do Submédio do Rio São Francisco, no Nordeste brasileiro, e o interior paulista (TONIETTO; CAMARGO, 2006; CAMARGO, 2004).

2.2.1 UVAS VINÍFERAS

A produtividade das uvas viníferas é geralmente baixa e o seu cultivo demanda intensos cuidados desde o solo até o manejo da videira. A relevante reputação dessas uvas está centrada no fato de apresentarem características distintas que promovem vinhos balanceados com alto potencial de guarda. A maioria das espécies viníferas é proveniente da França, entretanto, existem cultivares de origem espanhola, italiana e portuguesa que têm sua importância no cenário mundial de produção vinícola. Devido ao grande número de uvas viníferas existentes mundialmente, somente algumas das mais conhecidas e importantes serão abordadas nesta seção.

2.2.1.1 Uvas tintas

Cabernet Sauvignon: sob condições normais de cultivo, a uva promove ao vinho um aroma de violeta e, sob condições adversas, há relevância do aroma de pimentão. As bagas são pequenas, ácidas, com sementes e possuem uma película espessa de coloração negro-azulada. Seus cachos são de pequenos a medianos, cilíndricos e compactos com pedúnculos médios a longos (JACKSON, 2014).

Merlot: sua principal característica é apresentar menor quantidade de taninos, promovendo vinhos com menor adstringência e textura mais macia. Os aromas característicos que os vinhos elaborados com Merlot apresentam são de frutas vermelho-escuras, como amora, cereja e cassis, e aromas florais de rosas. Quando envelhecido em carvalho, o vinho pode apresentar notas de chocolate, cacau e cedro (SANTOS; SANTANA, 2014).

Grenache: conhecida na Espanha como *Garnacha*, apresenta pouco poder tânico e geralmente é misturada com vinhos elaborados de uvas com poder de taninos mais elevado. É uma espécie que chama a atenção dos produtores, pois pode apresentar não somente a película, mas também a polpa tinta, conhecida como *Garnacha tintonera*. Apresenta aromas típicos de pimenta-do-reino, ervas e óleo de linhaça (FIGUEIREDO-GONZÁLEZ et al., 2014).

Pinot Noir: sob condições ótimas de cultivo, produz vinhos com aromas específicos de morangos, cerejas, ameixas e levemente apimentados. É um cultivar também utilizado na elaboração de vinhos espumantes e rosados (BOWERS; BANDMAN; MEREDITH, 1993).

Syrah (Shiraz): quando elaborado com a uva madura, o vinho Syrah apresenta-se complexo, aromático, tânico, estruturado e com acidez moderada, com potencial para ser envelhecido em barricas de carvalho. Geralmente tem aromas que recordam ameixa, figo, especiarias e pimenta-do-reino preta. Dependendo da região produtora, o vinho pode conter aromas de chocolate, notas florais e um leve toque de menta (MIELE; MIOLO, 2003; SOARES; LEÃO, 2009).

Tannat: o nome Tannat está relacionado ao elevado nível de taninos presente na composição dessa uva, sendo essas substâncias transferidas ao vinho ao longo do processo de vinificação. O vinho torna-se áspero e excessivamente tânico e adstringente, mas, quando envelhecido em barricas de carvalho, essas características são atenuadas, resultando em um vinho redondo, suave e agradável. Apresenta aromas de amora e framboesa (SOARES; LEÃO, 2009).

Tempranillo: é uma uva que amadurece mais cedo (*temprano*, do espanhol) e é a principal representante da produção de vinhos espanhola. Apresenta aroma de framboesa (SANTOS, 2014).

2.2.1.2 Uvas brancas

Chardonnay: apresenta um aroma de frutas frescas, é utilizada na elaboração de vinhos finos e é um dos componentes de espumantes e do *Champagne*, o vinho espumante da região da França que leva o mesmo nome. Sob condições ótimas de cultivo, o vinho elaborado mostra características que remetem a várias frutas, como maçã, pera e melão (JACKSON, 2014).

Riesling: é considerada, ao lado da Chardonnay, uma das mais importantes uvas brancas do mundo. Seu vinho pode apresentar aroma de maçã fresca ou de casca de lima, além de aromas do tipo resinoso ou mineral, desenvolvendo um toque aromático de petróleo (SANTOS, 2014).

Sauvignon Blanc: essa uva expressa aroma característico de pimenta-verde e aroma intenso e marcante de frutas tropicais como o abacaxi e o maracujá. Além disso, pode apresentar toques herbáceos, sendo essa característica mais intensa em uvas cultivadas em regiões mais frias. Clones da Sauvignon Blanc podem exibir características florais (ALBERT, 2012; SANTOS; SANTANA, 2014; SANTOS, 2014).

Chenin Blanc: é um dos cultivares com maior versatilidade por apresentar elevada acidez, favorecendo a produção de vinhos de diversos tipos como secos, suaves, de sobremesa e *brandies*. No seu período ideal de maturação, chega a atingir valores de açúcares superiores aos de outras uvas (18 graus Brix). Exibe aromas de pêssego branco (principal descritor aromático), abacaxi, manga, damasco, flores brancas e aspargo (SANTOS, 2014; LIMA et al., 2005), com toques de maçã-verde, nozes, avelãs e amêndoas (ALBERT, 2012).

Gewürztraminer: sua película rosada é uma característica peculiar que facilita a sua identificação entre as demais uvas brancas. É a mais aromática delas e apresenta aromas de lichia, rosa e gengibre (ALBERT, 2012; SANTOS; SANTANA, 2014).

Muscat: também conhecida como Moscatel, é o único cultivar que, após a fermentação, apresenta aroma de uva fresca. Adaptou-se muito bem no Brasil e é caracterizada por um aroma pungente, sendo utilizada para a elaboração de vinhos doces e de sobremesa (SANTOS, 2014).

2.2.2 UVAS AMERICANAS

As uvas americanas são também conhecidas como uvas rústicas, e esse adjetivo está diretamente relacionado à resistência que elas apresentam a determinadas doenças que geralmente acometem as videiras e a uva, como a antracnose, o míldio e alguns tipos de podridão. Os cultivares americanos apresentam algumas vantagens em relação aos europeus por possuírem certa flexibilidade na produção, pois podem ser programados para serem colhidos duas vezes ao ano, e forte adaptação ao clima quente, típico da maioria das regiões do Brasil (CAMARGO, 2004). Apresentam, porém, como desvantagens, o baixo teor de sólidos solúveis no estágio ideal de maturação e o baixo potencial de cor (CAMARGO; MAIA; NACHTIGAL, 2005; DE CASTILHOS et al., 2015).

2.2.2.1 Uvas tintas

Isabel: possui várias aplicações, como produção de vinhos tintos comuns, suco de uva, vinagre, geleia e consumo *in natura*. O vinho elaborado por esse cultivar apresenta aroma e sabor foxados[1] típicos, além de aroma e sabor de uva ou framboesa. O vinho e o suco desse cultivar não exibem intensa coloração (RIZZON; MIELE; MENEGUZZO, 2000).

Bordô: apresenta maturação precoce e é bastante resistente ao míldio e à antracnose. Apesar de apresentar baixo teor de açúcares em seu estágio ideal de maturação, uma de suas características mais marcantes é o elevado poder corante e, por isso, é comumente utilizada em cortes com o vinho Isabel (DE CASTILHOS et al., 2015; RIZZON; ZANUZ; MANFREDINI, 1994).

BRS Violeta: a polpa da BRS Violeta apresenta coloração violeta com notas aromáticas de framboesa. As uvas chegam a atingir de 19 a 21 graus Brix em seu estágio ideal de maturação. O vinho e o suco desse cultivar adquirem elevada coloração violácea, sendo muito empregado em cortes de vinhos e de sucos elaborados principalmente com o cultivar Isabel (CAMARGO; MAIA; NACHTIGAL, 2005).

---

[1] O termo foxado remete ao termo "*foxy*", que, em inglês, significa odor selvagem, de animal, que lembra casaco de pele.

BRS Carmem: no seu estágio ideal de maturação, apresenta teor de sólidos solúveis em torno de 19 graus Brix, sendo empregada na elaboração de sucos e de vinhos de mesa e, como a BRS Violeta, é utilizada para corte de vinhos e sucos com deficiência de cor (CAMARGO; MAIA; RITSCHEL, 2008).

BRS Rúbea: é empregada na elaboração de sucos e vinhos de mesa, sendo agente de corte em vinhos com pouca coloração. Apresenta baixo potencial glucométrico, em torno de 15 graus Brix, na sua fase ideal de maturação (CAMARGO; DIAS, 1999).

BRS Cora: o sabor dessa uva lembra framboesa, típico dos cultivares americanos. Mostra-se resistente à antracnose, mas sensível à requeima e à ferrugem (*Phakopsora euvitis*). Em plena maturação, exprime sabor agradável e mosto intensamente colorido, com teor de sólidos solúveis em torno de 18 a 20 graus Brix. Utilizada para melhorar o potencial de coloração de sucos e vinhos deficientes nessa característica, como o vinho Isabel (CAMARGO; MAIA, 2004).

BRS Morena: é um cultivar que apresenta elevada produtividade e equilíbrio na relação açúcar/acidez, conferindo-lhe um sabor típico de frutas vermelhas. Possui um elevado potencial glucométrico, podendo atingir mais de 20 graus Brix em seu estágio ideal de maturação (CAMARGO, 2005).

2.2.2.2 Uvas brancas

Niágara: é a principal uva americana utilizada para a produção de vinho branco de mesa. Apresenta aroma e sabor foxados, característicos de framboesa (JACKSON, 2014).

BRS Clara: com coloração verde-amarelada, com película de espessura média e incolor, esse cultivar tem como característica o sabor que lembra a uva Moscatel, muito utilizada na elaboração de espumantes doces. É uma uva vigorosa e fértil, mostrando-se altamente adaptável às regiões de clima tropical. Alcança mais de 20 graus Brix em seu estágio ideal de maturação (CAMARGO, 2005).

2.2.3 COLHEITA DAS UVAS (VINDIMA)

Dependendo das condições climáticas do local e das características da uva, podem ocorrer uma ou duas vindimas por ano. Por exemplo, na Região Sul do Brasil efetua-se apenas uma colheita, enquanto, em regiões mais quentes (Bahia, noroeste paulista), pode haver duas vindimas, uma entre junho e agosto e a outra entre dezembro e março. Como são estações distintas (uma chuvosa e outra predominantemente seca), os vinhos elaborados, mesmo sendo de um mesmo cultivar, podem apresentar características diferentes (RITSCHEL, 2013).

A vindima ocorre de acordo com a análise de concentração de açúcar, visando avaliar o estado de maturação da uva. O processo pode ser feito de forma manual ou mecanizada, o tempo entre a colheita e o processamento deve ser o menor possível (menos de 24 horas) e o acondicionamento e o transporte das uvas colhidas não podem causar a ruptura das cascas, pois isso favorece a disseminação de microrganismos, geralmente indesejável no decorrer do processo. Uvas que sofreram algum tipo de dano devem ser avaliadas na etapa de seleção, pois podem influenciar diretamente a qualidade microbiológica do vinho ao longo do processo de vinificação (RIBÉREAU-GAYON, 2006).

Geralmente, o aconselhável é realizar a vindima nas primeiras horas da manhã ou da noite, sem incidência solar e com temperaturas mais amenas para evitar a proliferação de microrganismos que possam se desenvolver com o calor (JACKSON, 2014).

2.3 O PROCESSO DE VINIFICAÇÃO EM TINTO

O processo de vinificação engloba inúmeras etapas e caracteriza-se por um procedimento complexo do ponto de vista tecnológico, pois muitas dessas etapas, em determinados momentos, ocorrem de forma simultânea. É importante ressaltar que o processo aplicado para a elaboração do vinho varia de acordo com alguns fatores, como o produto desejado, a região de elaboração, o estado sanitário da uva e até mesmo as características peculiares das próprias vinícolas.

A Figura 2.2 mostra o processo de vinificação em tinto sob a ótica ilustrativa, contemplando as etapas possíveis de serem realizadas.

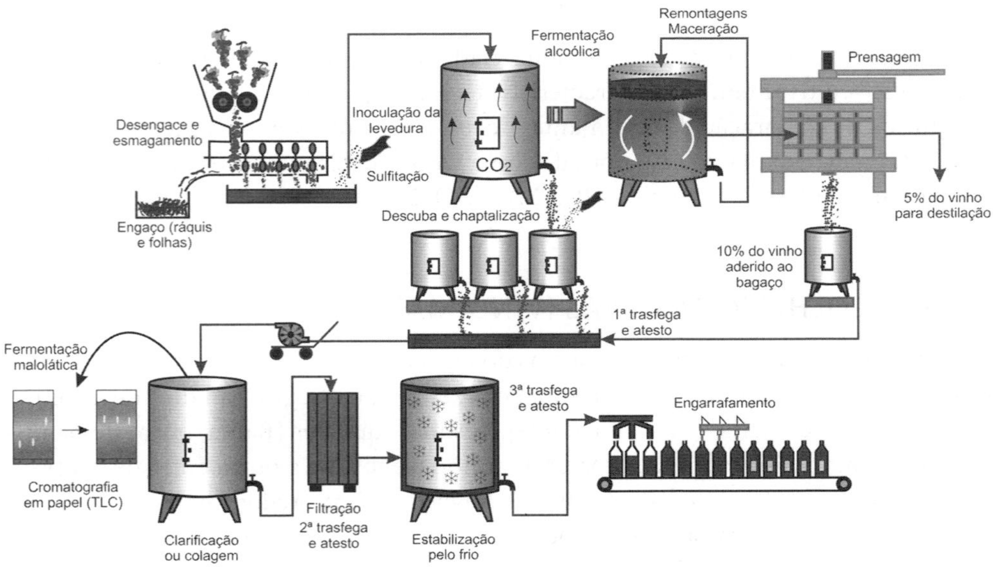

Figura 2.2 Processo de vinificação em tinto sob ótica ilustrativa com as etapas possivelmente realizadas.

2.3.1 RECEPÇÃO DA MATÉRIA-PRIMA

As uvas colhidas são transportadas cuidadosamente até a vinícola e, antes do início de seu processamento, efetua-se:

- a caracterização da matéria-prima, principalmente teor de açúcar e acidez, visando verificar o estágio de maturação da uva com o objetivo de optar ou não pela correção de açúcar do mosto (chaptalização) e avaliar o seu estado sanitário;
- a pesagem da quantidade recebida para o cálculo do rendimento do processo de vinificação (GUERRA, 2010).

2.3.2 DESENGACE E ESMAGAMENTO

O desengace é a separação entre o engaço e as bagas. É realizado por um equipamento denominado desengaçadeira-esmagadeira, e a retirada do engaço (ráquis), que é a estrutura que sustenta as bagas da uva, promove uma série de vantagens para o processo de vinificação. Uma delas é a minimização da transferência de taninos contidos no engaço, que promovem aumento do amargor e da adstringência. Além disso, por possuir baixa quantidade de açúcares, o engaço não influencia positivamente no aumento do teor alcoólico do vinho (RIZZON, 2006).

Como os compostos que promovem coloração ao vinho tinto localizam-se na película, exceto em algumas variedades como a *Garnacha tintonera* (CASTILLO-MUÑOZ et al., 2009) e a uva híbrida BRS Violeta (CAMARGO; MAIA; NACHTIGAL, 2005), que apresentam polpa colorida, a presença do engaço provoca a diminuição da cor do vinho, devido à absorção das antocianinas presentes na película da uva pela superfície de lignina que o compõe.

O esmagamento da uva consiste em romper a baga para liberar o mosto, dispersar as células de leveduras que se localizam na pruína (cera impermeável que recobre a baga) e favorecer a multiplicação celular, contribuindo para o início da fermentação alcoólica. O efeito mais significativo dessa etapa é a contribuição ao processo de maceração, que permite o aumento da superfície de contato entre o mosto e o bagaço, facilitando a dissolução dos taninos e das antocianinas presentes na parte sólida (CATALUÑA, 1988).

2.3.3 SULFITAÇÃO

Consiste na adição de dióxido de enxofre (SO_2) ao mosto com o objetivo de evitar o crescimento de microrganismos que possam contaminar o vinho no momento do processo fermentativo. Além disso, é considerado o melhor agente antimicrobiano para o vinho, apesar de não controlar o crescimento de algumas espécies de leveduras que não beneficiam o processo de elaboração (HENICK-KLING, 1998; LEHMANN, 1987).

O SO_2 possui atividade antioxidante, evitando que o oxigênio do ar altere as características do vinho, como o frescor e o sabor frutado típico dos vinhos de uvas americanas. A quantidade de dióxido de enxofre empregada nessa etapa de vinificação difere de acordo com a condição sanitária das uvas, variando de 5 g/hL até 20 g/hL de mosto (JACKSON, 2014; CAILLÉ et al., 2010; LEE et al., 2006; FAVRE et al., 2014).[2]

2.3.4 FERMENTAÇÃO ALCOÓLICA

A reação de fermentação alcoólica é basicamente caracterizada pela transformação dos açúcares contidos no mosto pela ação de leveduras, sendo a *Saccharomyces cerevisiae* a mais conhecida, produzindo duas moléculas de etanol e de anidrido carbônico.

$$C_6H_{12}O_6 \longrightarrow 2\ C_2H_5OH + 2\ CO_2 + 2\ ATP + \text{energia sob forma de calor}$$

A fermentação alcoólica inicia-se logo após o esmagamento das uvas, por meio do contato dos açúcares fermentescíveis com as leveduras autóctones (selvagens) existentes na pruína. No entanto, na maioria dos processos de vinificação, as leveduras são inoculadas na forma isolada, seca e ativa, a fim de garantir a população de microrganismos necessária para que ocorra a formação do etanol (JACKSON, 2014).

Alguns estudos mostram que a quantidade de levedura inoculada depende da uva a ser vinificada e do processo de vinificação utilizado, sendo empregadas quantidades entre 10 g/hL e 25 g/hL de mosto (CAILLÉ et al., 2010; BORAZAN; BOZAN, 2013).

Quando se emprega o método de fermentação natural, inúmeras leveduras participam do processo fermentativo. Dentre elas, destacam-se os gêneros *Hanseniaspora*, *Hansenula*, *Kluyveromyces*, *Pichia*, entre outros. Entretanto, quando se opta pela introdução de culturas isoladas, a mais utilizada é a *Saccharomyces*, por apresentar propriedades de osmotolerância e relativa insensibilidade a alta acidez e a baixas concentrações de oxigênio (KREGGER VAN-RIJ, 1984).

Para a elaboração de vinhos tintos, a melhor faixa de temperatura do processo situa-se entre 25 e 30 °C (RIBÉREAU-GAYON, 2006).

A reação de fermentação alcoólica pode ser dividida em quatro fases: lag, log, estacionária e de declínio (JACKSON, 2014).

- *Fase lag:* caracteriza-se pela adaptação das leveduras ao mosto fermentativo.
- *Fase log:* adaptadas ao meio, as leveduras iniciam sua reprodução até que as condições se tornem desfavoráveis ao seu crescimento e desenvolvimento.
- *Fase estacionária:* nessa fase, o conteúdo de substrato diminui e o álcool formado se torna tóxico às leveduras, o que reduz sua taxa de divisão celular e as aproxima da taxa de inativação.

---

[2] É comum, na produção vinícola, utilizar para volumes a dimensão hectolitro, que equivale a 100 litros.

- *Fase de declínio:* com a exaustão de parte dos nutrientes do meio e o aumento dos metabólitos tóxicos ao microrganismo, ocorre a diminuição da massa celular.

Enólogos preferem dividir a fermentação alcoólica em duas fases: a fase tumultuosa (fases lag e log) e a fase lenta (fases estacionária e de declínio).

A fase tumultuosa é caracterizada pela elevada produção de álcool etílico devido à considerável atividade das leveduras contidas no meio, pelo grande desprendimento de anidrido carbônico e pela elevação da temperatura.

Devido ao grande desprendimento de CO_2, as bolhas de gás colaboram para o direcionamento dos sólidos para a parte superior do fermentador, formando o que se chama de "chapéu" e limitando a área de contato entre a parte sólida e o mosto. Desse modo, faz-se necessária a prática da remontagem, que melhora o processo de extração dos pigmentos contidos nas cascas das uvas e aumenta a atividade das leveduras contidas no meio (ROSIER, 1993; AMARANTE, 1983).

2.3.5 REMONTAGEM

Consiste na movimentação da parte líquida por meio da retirada do mosto pela parte inferior do reator, reintroduzindo-o na parte superior. Essa movimentação do mosto promove a "quebra" do chapéu, evitando que o bagaço resseque, o que possibilitaria a incorporação de ar e o consequente desenvolvimento de bactérias (JACKSON, 2014).

2.3.6 MACERAÇÃO

Concomitantemente com a remontagem, ocorre a etapa de maceração, na qual a parte sólida (película e semente) permanece em contato com o mosto. Nessa etapa, ocorre a diluição de compostos da película e da semente para o mosto, permitindo que o líquido incorpore, por contato, todos os componentes retidos na casca. Na maceração, são extraídos os componentes da cor, que são formados basicamente por compostos fenólicos (RIZZON; MANFROI, 2006).

O tempo de contato da parte sólida com o mosto acarreta diferentes respostas químicas e sensoriais no produto final, ou seja, quanto maior o tempo de maceração, maior será a extração dos compostos fenólicos, resultando em um vinho com características de cor e adstringência mais marcantes.

Para vinhos de uvas americanas, o tempo de maceração empregado varia de 3 a 7 dias, tempo suficiente para possibilitar a extração de antocianinas e de taninos a níveis que não influenciem de forma negativa os atributos sensoriais do vinho (RIZZON; ZANUZ; MANFREDINI, 1994; DE CASTILHOS et al., 2013; DE CASTILHOS; CONTI-SILVA; DEL BIANCHI, 2012). Vários fatores como o tipo de uva e as características sensoriais almejadas influenciam de forma significativa o tempo de maceração aplicado no processo fermentativo, podendo atingir tempos superiores a 40 dias (KUDO; SODEYAMA, 2002; BECKETT, 2008).

2.3.7 DESCUBA

Caracteriza-se pela separação do vinho primário e do bagaço, realizada por meio do escoamento do mosto pela parte inferior do fermentador. Essa etapa efetua-se quando se observa a queda da temperatura e a paralisação do desprendimento de gás carbônico e da diminuição da densidade do mosto. A densidade do mosto é uma das propriedades mais empregadas para se determinar o estágio ideal da descuba, que pode estar compreendida entre 1,010 e 1,040 g/cm^3. O bagaço resultante da separação pode ser prensado e o vinho advindo da prensagem pode ou não ser incorporado ao vinho primário (RIBÉREAU-GAYON et al., 2006; RIZZON; MANFROI, 2006).

2.3.8 PRENSAGEM

A prensagem nem sempre é aplicada pelos vitivinicultores, pois o vinho resultante desse processo pode não apresentar qualidade similar ao vinho primário. O ganho de rendimento do processo, em média, é próximo a 15%, sendo que os primeiros 10% de vinho prensado apresentam qualidade semelhante ao vinho primário, possibilitando sua incorporação ao volume total extraído da descuba. No entanto, os outros 5%, quando adicionados ao vinho primário, podem acarretar sabor vegetal e herbáceo, além de propiciar elevado sabor adstringente à bebida (RIBÉREAU-GAYON et al., 2006).

Todas as propriedades químicas, exceto o teor alcoólico, apresentam-se em maiores quantidades no vinho de prensagem: o teor alcoólico diminui cerca de 40%, o teor de açúcares redutores aumenta de forma considerável, fato que se dá pelo esmagamento de bagas que não foram esmagadas durante o processo inicial da fermentação alcoólica, a acidez volátil do vinho prensado é superior, facilitando contaminações microbiológicas, a maior concentração de minerais aumenta o pH, além do aumento de compostos nitrogenados e de compostos fenólicos (antocianinas e taninos) (RIBÉREAU-GAYON et al., 2006).

2.3.9 TRASFEGA E ATESTO

As trasfegas são de fundamental importância para a vinificação em tinto, pois têm como objetivo separar o vinho das partículas que decantam ao longo do processo de estabilização (borra). Tal separação evita defeitos de aroma e sabor nos vinhos, além de garantir boa limpidez (RIZZON; ZANUZ; MANFREDINI, 1994) (Figura 2.3).

A borra é composta de vestígios da casca da uva, sementes, leveduras, pectinas, mucilagens, ácidos e outras substâncias sólidas. Além disso, o contato com a borra por tempo demasiado pode proporcionar problemas de acetificação.

O ideal é realizar três trasfegas ao longo da vinificação em tinto, sendo a primeira de 20 a 30 dias após o esmagamento das uvas. Nessa trasfega, deve-se incorporar oxigênio (ar) para que haja a completa fermentação do açúcar e o total desprendimento do anidrido carbônico. A segunda trasfega tem como finalidade principal remover os depósitos resultantes de algum processo clarificante. Essa operação deve ser realizada cerca de 10 dias após a primeira trasfega, minimizando o contato do agente clarificante com o vinho, para evitar possíveis alterações sensoriais indesejáveis na bebida. Antes de proceder com a segunda trasfega, o vinho é submetido ao processo de fermentação malolática, que consiste na transformação do ácido málico em ácido lático, com a finalidade de melhorar aspectos sensoriais de sabor. A terceira trasfega é realizada após o tratamento pelo frio com o objetivo de separar os sais de bitartarato de potássio formados pelo processo físico a baixas temperaturas (ROSIER, 1993).

O ato de completar o volume dos fermentadores após cada trasfega é chamado de atesto e tem por objetivo minimizar o contato do ar com o vinho, evitando possíveis oxidações. O vinho de atesto deve ser do mesmo cultivar e da mesma qualidade do vinho trasfegado (RIZZON; MENEGUZZO, 2006).

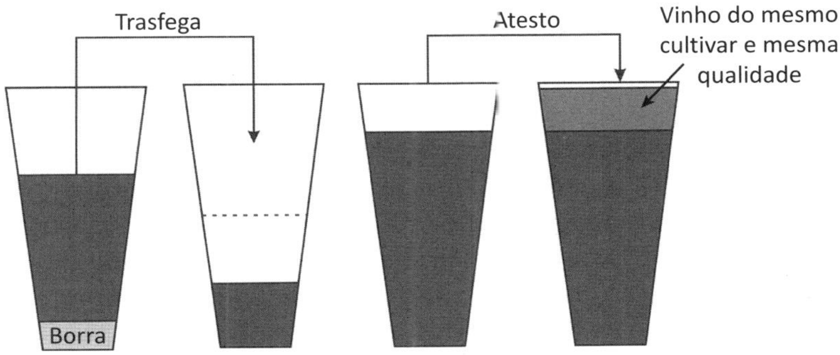

Figura 2.3 Ilustração esquemática da trasfega e do atesto.

2.3.10 COLAGEM E CLARIFICAÇÃO

Essa etapa é caracterizada por dois tipos de estabilização: a polifenólica e a proteica. A estabilização polifenólica tem por objetivo adicionar preparados proteicos que reagem com compostos fenólicos, formando substâncias de maior peso molecular que sedimentam com outras partículas e diminuindo a turbidez, a adstringência e o amargor do vinho. Os agentes tradicionalmente utilizados são preparados comerciais à base de gelatina, caseína, cola de peixe e clara de ovo. No entanto, devido a restrições alergênicas, preparados proteicos de origem vegetal, como carvão ativado e proteína extraída de batata, têm sido empregados.

A estabilização proteica tem por objetivo complexar proteínas, peptídeos e aminoácidos que estão presentes em altas quantidades em vinhos recém-elaborados. Nesse caso, a clarificação com bentonite é a mais utilizada, com a finalidade de promover a estabilização proteica e eliminar a turbidez (GUERRA, 2010).

Usualmente, a filtração é empregada após a etapa de colagem ou clarificação, com o objetivo de separar os materiais decantados e suspensos no vinho, minimizando a sua turbidez. É a prática mais utilizada para a retirada de micropartículas orgânicas e inorgânicas, embora seja dispensada por muitas vinícolas, pois vários atributos do vinho são retirados nessa etapa (GUERRA, 2010; MANFROI, 2010).

2.3.11 FERMENTAÇÃO MALOLÁTICA

A fermentação malolática é a segunda fermentação do processo de vinificação e consiste na descarboxilação do ácido málico em ácido lático, promovendo a substituição do sabor agressivo do ácido málico pela sensação menos agressiva do ácido lático (JACKSON, 2014) (Figura 2.4).

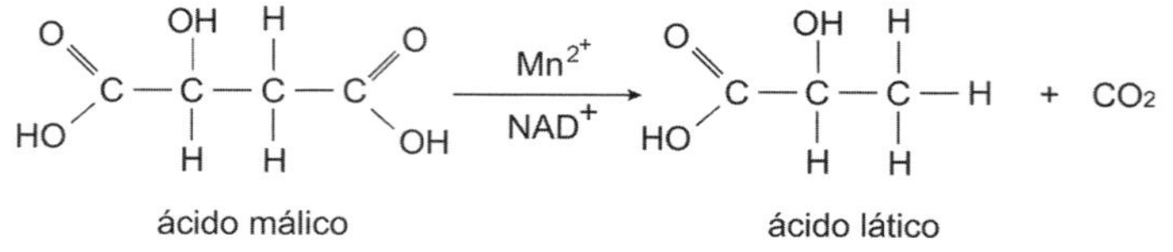

Figura 2.4 Reação característica da fermentação malolática.

Tal reação se dá pela ação de bactérias ácido-láticas (BAL), sendo a principal delas a *Oenococcus oeni*. A fermentação malolática pode se iniciar logo após a fermentação alcoólica, de forma espontânea ou induzida. O modo espontâneo está diretamente ligado ao desenvolvimento de BAL no meio favorecido pela autólise das leveduras que participaram da fermentação alcoólica. Esse processo de autodestruição libera compostos nitrogenados, peptídeos e aminoácidos que servem de nutriente para o desenvolvimento desse tipo de bactéria. O modo induzido utiliza uma quantidade de inóculo de BAL em torno de 0,5 g/hL e de nutrientes necessários para o desenvolvimento e a multiplicação das BAL em torno de 5 g/hL (RIBÉREAU-GAYON et al., 2006; JACKSON, 2014).

Esse processo ocorre à temperatura ambiente, e a duração depende da concentração de ácido málico e da quantidade de BAL existente. A finalização da malolática pode ser observada por cromatografia em papel, por análise de espectrofotometria ou por cromatografia líquida de alta eficiência (HPLC).

Essa reação de descarboxilação provoca três efeitos no vinho: redução da acidez e influência tanto na estabilidade microbiológica como nas características sensoriais.

A redução da acidez e, por conseguinte, o aumento do pH promovem a suavização das sensações bucais, além de influenciar a coloração dos vinhos.

A fermentação malolática também diminui a estabilidade microbiológica, ou seja, com o aumento do pH (acima de 3,7), o vinho se torna um meio mais favorável para a contaminação por microrganismos como bactérias acéticas, por exemplo. Assim, a prática da sulfitação se faz necessária após o término do processo malolático. Nessa fase, a quantidade de metabissulfito empregada situa-se em torno de 8 g/hL (JACKSON, 2014).

No âmbito das alterações sensoriais, há diversas discussões acerca da influência do processo de descarboxilação na produção de diversos compostos que podem impactar de forma negativa o aroma e o sabor dos vinhos. Um desses compostos é o diacetil, sintetizado no final da fermentação malolática e que, em concentrações entre 1 e 4 mg/L, pode promover aroma de manteiga ou castanhas ao vinho, caracterizando um defeito (JACKSON, 2014).

Além disso, outros compostos podem ser sintetizados, como acetaldeído, acetoína, 2-butanol, acetato de etila, 1-hexanol e ácido acético, sendo esse último associado ao metabolismo do ácido cítrico. Nesse contexto, a formação desses compostos está interligada com os tipos de linhagens bacterianas envolvidas no processo de transformação do ácido málico em lático (JACKSON, 2014).

2.3.12 ESTABILIZAÇÃO PELO FRIO

Quando resfriados, os vinhos sofrem um processo físico de formação de sais de potássio ou de cálcio a partir da reação com o ácido tartárico (Figura 2.5). Assim, para evitar o acúmulo de sais de bitartarato no fundo das garrafas, que influenciaria negativamente a aceitação sensorial da aparência do vinho, utiliza-se o que se denomina "estabilização pelo frio". Esse processo torna a cristalização dos sais de bitartarato de potássio mais acelerada (JACKSON, 2014; GUERRA, 2010).

Recomenda-se que o vinho permaneça sob refrigeração em temperatura próxima do seu ponto de congelamento. Usualmente, utiliza-se a temperatura de –5 °C durante determinado período. Esse tempo depende tanto das condições de acidez inicial como do estado final a ser alcançado (JACKSON, 2014; GUERRA, 2010).

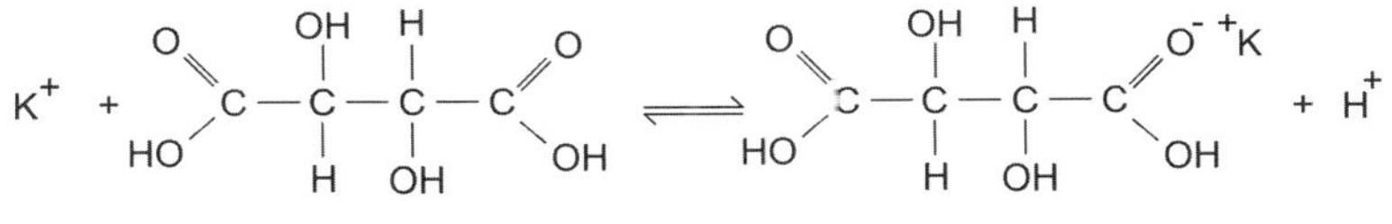

Figura 2.5 Reação de formação dos sais de bitartarato de potássio.

Empiricamente, há uma fórmula para determinar a temperatura a ser empregada para se efetuar a estabilização tartárica:

$$\text{Temperatura (°C)} = -\left(\frac{\acute{a}lcool}{2} - 1\right)$$

Mesmo assim, faltam estudos sobre o efeito da estabilização tartárica nas propriedades físico-químicas e sensoriais dos vinhos, visto que tais efeitos são dependentes da temperatura utilizada, do tempo de exposição dos vinhos ao tratamento de frio e, provavelmente, do cultivar e do processo de vinificação empregados.

2.3.13 ENGARRAFAMENTO

O engarrafamento consiste em colocar em um recipiente certa quantidade de vinho, deixando um espaço vazio, necessário para eventual dilatação e para aplicar o sistema de vedação. No momento do engarrafamento, é possível que certa quantidade de oxigênio presente no ar entre em contato com o vinho, formando uma mínima quantidade de acetaldeído. Esse composto é transformado em substâncias não aromáticas com o tempo de envelhecimento na garrafa, proporcionando qualidade sensorial ao vinho e evitando a formação de aromas estranhos (JACKSON, 2014).

Atualmente, a indústria enológica possui vários equipamentos que arrolham e engarrafam os vinhos, até mesmo com bicos injetores de gás inerte que expulsam o oxigênio existente no espaço livre, a fim de garantir a qualidade do vinho engarrafado.

Em relação aos recipientes utilizados, os mais comuns são garrafas de vidro de coloração escura nos tamanhos de 750 mL. Existem outros volumes, como os de 350 mL, 500 mL e 1.500 mL. Para o fechamento hermético das garrafas, utilizam-se rolhas de cortiça ou, mais recentemente, tampas de rosca (*screw caps*) e rolhas de material sintético, sendo essas últimas destinadas a vinhos jovens. Após o arrolhamento, as garrafas devem permanecer por alguns dias na posição vertical a fim de possibilitar o ajuste da rolha ao gargalo da garrafa e, posteriormente, devem ser colocadas na posição horizontal em ambiente fresco e escuro com temperatura máxima de 16 °C (GUERRA, 2010; GUERRA; BARNABÉ, 2005).

2.3.14 ETAPAS ADICIONAIS

2.3.14.1 Chaptalização

O vinho é produto da transformação do açúcar da uva em etanol e produtos secundários, sendo necessários cerca de 18 g/L de açúcar da uva para se obter 1,0% (volume/volume) de álcool, o que equivale a 1 grau Gay-Lussac (GL) (DE CASTILHOS et al., 2013; GUERRA; BARNABÉ, 2005). De acordo com a legislação brasileira, o teor alcoólico deve estar compreendido na faixa de 8,6% a 14,0% (v/v) (BRASIL, 2004).

Dificilmente as uvas americanas atingem esse teor elevado de açúcares no auge do seu amadurecimento, sendo necessária a adição de sacarose no mosto fermentativo para ajustar o teor alcoólico do vinho. Esse processo é chamado de chaptalização e, de acordo com a legislação brasileira, tal prática somente pode ser empregada para ajustes de até 3,0% (v/v) (ou seja, no máximo 54 g/L) (BRASIL, 2004).

A sacarose é rapidamente convertida em quantidades equimolares de glicose e frutose, que são metabolizadas pelas leveduras no processo fermentativo. Além disso, o aumento do teor alcoólico resulta no aumento do corpo do vinho e da extração de compostos polifenólicos. Para a vinificação em tinto, a tendência é a inserção da sacarose realizada em iguais proporções em duas etapas, durante a fermentação tumultuosa e após a descuba (JACKSON, 2014).

A chaptalização é uma prática proibida na Europa e questionada por enólogos europeus, devido à falta de informações sobre a sua influência nas propriedades físico-químicas e nas características sensoriais do vinho. Normalmente as uvas viníferas atingem o teor de açúcar suficiente para obter o teor alcoólico acima de 10% (v/v), sendo a adoção dessa prática desnecessária por produtores europeus. No entanto, é muito empregada em países produtores de vinhos na América Latina, incluindo o Brasil.

2.3.14.2 Cortes (*assemblages*)

A etapa de corte consiste na mistura de dois ou mais vinhos com o objetivo de obter um produto bem equilibrado e harmonicso. Em muitos casos, um vinho atinge um padrão qualitativo que dispensa o corte, porém, se essa operação for realizada criteriosamente, em geral se obtém um incremento positivo ao produto (ROSIER, 1993).

Normalmente, os vinhos são elaborados em lotes varietais, ou seja, do mesmo cultivar e, após a estabilização, os vinhos podem ser cortados (misturados). Um exemplo disso é o corte entre o vinho do cultivar Bordô e o da uva Isabel, usualmente empregado nas vinícolas brasileiras, a fim de promover maior corpo e maior coloração ao vinho Isabel (RIZZON; ZANUZ; MANFREDINI, 1994).

2.3.14.3 Maturação em carvalho

A maturação dos vinhos tintos em barricas de carvalho é uma etapa que está inserida na gestão do oxigênio ao longo do processo de vinificação. A micro-oxigenação é um fenômeno indispensável para a obtenção de vinhos de qualidade, pois reações de oxidação ao longo da maturação levam à evolução da cor e da qualidade sensorial do vinho (JACKSON, 2014; GUERRA, 2010).

As barricas de carvalho possibilitam a entrada lenta e gradual de pequenas quantidades de oxigênio pelos microporos da madeira, possibilitando fenômenos de oxirredução, responsáveis pela evolução e pela estabilização química dos vinhos. Além do oxigênio, pequenas quantidades de taninos (poliméricos, elagitaninos ou taninos elágicos) são transferidos da madeira para o vinho, tornando-os sensorialmente únicos. Desse modo, vinhos de guarda, ou seja, com potencial de maturação, podem ser armazenados em barricas de carvalho para a estabilização da cor e para a melhoria das características sensoriais por meio da incorporação de compostos da madeira que influenciarão positivamente o sabor e o aroma da bebida. Os vinhos de mesa não apresentam tal potencial de guarda, sendo envelhecidos somente em garrafas (GUERRA, 2010; DE CASTILHOS et al., 2013).

2.3.15 ASPECTOS GERAIS DA PRODUÇÃO DE VINHOS BRANCOS

O processo de produção de vinhos brancos é semelhante ao de vinhos tintos, com a peculiaridade de serem produzidos exclusivamente pela fermentação alcoólica do mosto advindo do esmagamento da uva, ou seja, sem a presença da parte sólida (bagaço). É a ausência do contato da película com o mosto durante a fermentação alcoólica que difere os vinhos brancos dos tintos, e não a coloração da uva propriamente dita. Assim, é possível obter vinhos brancos de uvas brancas ou de uvas tintas, com a exigência de que a uva tinta seja cuidadosamente manejada para que não haja transferência de pigmentos presentes na película para o mosto fermentativo. Esse é o caso dos vinhos *blancs de noirs* provenientes da região de Champagne, França, elaborados a partir de uvas tintas do cultivar Pinot (ALBERT, 2012; SANTOS, 2014).

O processo de produção de vinhos brancos tem por objetivo extrair seletivamente os componentes da uva para o vinho a fim de evitar a transferência de antocianinas da película para o mosto. Assim, é importante que o mosto fermentativo seja separado das cascas imediatamente após o esmagamento das uvas.

A transformação da uva em vinho branco compreende as etapas de recepção das uvas e pesagem para o cálculo do rendimento do processo; extração do mosto, que compreende as etapas de desengace, esmagamento e prensagem; sulfitação; limpeza do mosto; inserção de enzimas e fermentação alcoólica; estabilização; clarificação e/ou filtração e engarrafamento (MANFROI, 2010).

As uvas são recepcionadas na vinícola e pesadas para a determinação do rendimento do processo de vinificação. Seu estado sanitário é avaliado, bem como parâmetros de qualidade, como teor de açúcar e acidez.

Após esses primeiros passos, realiza-se a extração do mosto, que compreende as etapas de desengace, esmagamento e prensagem. A etapa de desengace caracteriza-se pela retirada do engaço (ráquis), pois sua participação no processo de elaboração do vinho branco resultaria em vinhos com elevada adstringência, devido à elevada concentração de taninos.

O esmagamento é a primeira etapa na qual ocorre a separação do mosto e das partes sólidas da uva (cascas e sementes). Após o esmagamento, a prensagem é realizada quase que exclusivamente antes da fermentação na vinificação em branco. A realização dessa etapa tem por objetivo evitar o contato do mosto extraído da polpa com a película das bagas das uvas (MANFROI, 2010).

Logo após a liberação do mosto, realiza-se a sulfitação, com o objetivo de minimizar a probabilidade de contaminação microbiológica no mosto. Simultaneamente à sulfitação, ocorre a maceração (contato entre o mosto e as partes sólidas), que, por sua vez, não é totalmente ausente no processo de vinificação em branco. A maceração geralmente é feita a temperaturas amenas (em torno de 15 °C) ou a temperaturas mais baixas (em torno de 5 °C). O tempo de maceração varia de 2 a 24 horas, sendo mais comumente aplicado entre 4 e 12 horas.

Posteriormente à etapa de maceração, é possível adicionar alguns tipos de enzimas ao mosto, como as pectinolíticas ou celulolíticas, com a finalidade de aumentar o rendimento do processo e facilitar a etapa de limpeza do mosto com o uso de preparados clarificantes. A inserção de enzimas não é obrigatória, sendo uma etapa que nem sempre é feita nas vinícolas (JACKSON, 2014; SANTOS, 2014; MANFROI, 2010).

Após o período de maceração com ou sem adição de enzimas, o mosto é clarificado. A etapa de clarificação é também chamada de *débourbage* e completa as etapas que são realizadas anteriormente à fermentação alcoólica. O objetivo da clarificação é limitar os efeitos negativos da maceração e, além disso, eliminar as partículas em suspensão no mosto. Essas partículas devem ser eliminadas pois podem trazer efeitos prejudiciais ao vinho que será produzido, principalmente no que se refere à formação de aromas e sabores estranhos.

Portanto, para retardar o início natural da fermentação, auxiliando na etapa de clarificação, devem ser efetuados a refrigeração do mosto, a limpeza das instalações da vinícola, o cuidadoso manuseio das uvas e a utilização correta do SO_2.

A clarificação pode ser aplicada por meio dinâmico, pela utilização de operações como filtração e centrifugação; ou por meio estático, pelo uso de preparados clarificantes como a mistura sílica/gelatina ou a bentonite (MANFROI, 2010).

A fermentação alcoólica, então, é realizada após a clarificação do mosto. Essa etapa é caracterizada basicamente pela transformação do mosto em vinho pela ação de leveduras.

Usualmente, a fermentação alcoólica dos vinhos brancos é feita em temperaturas menores que a dos vinhos tintos, ou seja, em torno de 15 a 20 °C. O uso dessa faixa de temperatura traz vantagens para a produção do vinho branco de qualidade, já que possibilita a diminuição dos fenômenos de maceração ocasionados pelas borras e a inibição da ação de enzimas oxidativas (JACKSON, 2014; MANFROI, 2010).

Com o término da fermentação alcoólica, o vinho passa por diversas etapas de estabilização, que compreendem todos os passos para tornar o vinho mais límpido e de qualidade. Essas etapas incluem clarificação, fermentação malolática, estabilização tartárica, sendo todas elas seguidas de trasfegas e atestos.

Posteriormente às etapas de estabilização, o vinho, dependendo do cultivar e das características que se deseja, pode ou não ser direcionado para as barricas de carvalho, para passar por um período de maturação. Caso ocorra essa etapa, o vinho adquire características ímpares por meio da troca com os componentes existentes no carvalho e da mudança dos compostos responsáveis pela cor e pelo aroma mediante a micro-oxigenação. Em seguida, o vinho é engarrafado e envelhecido por determinado período na ausência de oxigênio (ambiente redutivo), finalizando a sua produção (RIBÉREAU-GAYON et al., 2006; SANTOS, 2014; MANFROI, 2010).

De uma forma geral, a vinificação em branco, portanto, difere da vinificação em tinto basicamente por ser um processo no qual a maceração ocorre com ausência das películas e por tratamentos pré-fermentativos a baixas temperaturas. Em outras palavras, a arte de produzir vinho branco de qualidade está no modo de manejo das uvas e no modo como é feita a clarificação do mosto, pois deve, simultaneamente, extrair e preservar o potencial qualitativo da uva.

2.4 COMPOSIÇÃO QUÍMICA DOS VINHOS

As características que permitem diferenciar os vinhos são determinadas por substâncias componentes da uva (compostos primários), resultantes do processo fermentativo (compostos secundários) e oriundas das etapas posteriores ao processo de fermentação alcoólica, como a maturação em barricas de carvalho (compostos terciários). A grande maioria dos compostos químicos encontrados nos vinhos é resultado dos processos fermentativos realizados pelas leveduras, no entanto, outros podem se manter intactos ao longo do processo de vinificação, responsáveis pelo caráter varietal do vinho, ou se complexar e formar novas substâncias, que serão responsáveis pelas características ímpares dos vinhos (JACKSON, 2014).

2.4.1 ÁCIDOS

A acidez do vinho é um dos maiores contribuintes para sua qualidade e sua estabilidade, visto que está ligada à preservação microbiológica, pois torna o vinho um ambiente impróprio para o desenvolvimento de microrganismos. Inúmeros ácidos são encontrados no vinho, sendo eles advindos da uva, como os ácidos tartárico, málico, cítrico, D-glucônico, cumárico e cafeico, ou do processo fermentativo, como os ácidos pirúvico, lático, succínico, acético, citramálico, oxaloacético e fumárico (RIBÉREAU-GAYON et al., 2006).

Sensorialmente, os ácidos não somente produzem um sabor refrescante, mas também modificam a percepção de outros sabores e das sensações bucais, principalmente na redução da percepção de doçura do vinho (RIBÉREAU-GAYON et al., 2006).

A acidez do vinho é dividida em total, volátil e fixa, sendo a acidez total determinada pela soma da volátil com a fixa.

Os ácidos orgânicos não voláteis, ou fixos, são responsáveis pelo controle do pH do vinho, variando de 3,1 a 3,4 em vinhos brancos e de 3,4 a 3,6 em vinhos tintos. Uma das funções do pH é a manutenção da cor dos vinhos, visto que, à medida que o pH do vinho aumenta, as antocianinas perdem sua coloração avermelhada, tornando-se azuladas (JACKSON, 2014). Seus principais representantes são os ácidos tartárico, succínico, málico e lático.

Durante o período de maturação, o ácido tartárico, majoritário na uva, não modifica seu teor, sendo complexado em sais de bitartarato de potássio somente na estabilização pelo frio. O ácido málico é o indicativo do amadurecimento da uva, pois decresce ao longo do período de maturação. O ácido succínico é praticamente estável nos vinhos e não sofre mudanças significativas na sua quantidade ao longo do processo de transformação da uva em vinho. O ácido lático é proveniente da reação de descarboxilação característica da fermentação malolática, na qual bactérias ácido-láticas transformam o ácido málico diretamente em ácido lático, promovendo maior maciez ao vinho (JACKSON, 2014).

De uma forma geral, a contribuição de cada ácido para a acidez total do vinho se dá pela sua força iônica, que, por sua vez, caracteriza o seu grau de dissociação e seu potencial para a formação de diversos sais.

Os ácidos voláteis indicam a sanidade do vinho, ou seja, que ele não sofreu nenhum tipo de contaminação microbiológica que afetasse seu comportamento químico a ponto de ser descartado. De acordo com a legislação brasileira, o teor de acidez volátil que os vinhos devem apresentar é, no máximo, de 20 meq/L ou cerca de 1,2 g/L de ácido acético equivalente (BRASIL, 2004; RIBÉREAU-GAYON et al., 2006).

Além do ácido acético, outros ácidos, como o fórmico, o butírico e o propiônico, podem estar envolvidos na quantificação da acidez volátil. No entanto, a produção desses ácidos é irrisória se comparada à produção de ácido acético e, assim, a acidez volátil é quantificada em equivalentes de ácido acético, por ser o majoritário da série de ácidos voláteis envolvidos no processo de vinificação.

O ácido acético é produto da oxidação do etanol por bactérias acéticas aeróbias, contribuindo também para o aumento da acidez volátil. Adicionalmente, é um bioproduto do metabolismo das leveduras durante a fermentação alcoólica e um produto formado a partir da hidrólise química de hemiceluloses durante a maturação do vinho em barricas de carvalho (JACKSON, 2014).

Além do processo de fermentação alcoólica, a fermentação malolática também produz certa quantidade de ácido acético devido à quebra da molécula de ácido cítrico pela ação das bactérias ácido-láticas. Uma elevada acidez volátil também pode ser ocasionada pela ação de bactérias láticas anaeróbias por meio do rompimento de moléculas de açúcares redutores, ácido tartárico e glicerol (RIBÉREAU-GAYON et al., 2006; ZOECKLEIN et al., 1994; AMERINE; BERG; CRUESS, 1967).

2.4.2 ÁLCOOIS E COMPOSTOS VOLÁTEIS

O etanol representa 99,5% do álcool contido no vinho, sendo 0,5% distribuído entre metanol e álcoois superiores como glicerol, álcool isobutílico, álcool feniletílico e álcool isoamílico (JACKSON, 2014).

A afinidade do etanol pela água e sua solubilidade, por meio das ligações de hidrogênio, fazem dessa substância um poderoso agente desidratante. Essa propriedade é útil em complexar proteínas e polissacarídeos e, ainda, promover ação desinfetante no vinho, que, juntamente com a acidez, possibilita o envelhecimento da bebida por anos sem haver qualquer tipo de contaminação, desde que mantidas condições que possibilitem a sanidade do vinho, ou seja, acondicionado em garrafas (ambiente redutivo, sem contato com oxigênio). Além disso, o etanol atua como solvente na extração de pigmentos, taninos e compostos voláteis existentes nas películas das uvas, sendo importante para estabilidade, maturação, envelhecimento e aperfeiçoamento sensorial do vinho (JACKSON, 2014).

O álcool metílico ou metanol não é considerado um produto majoritário no vinho, pois sua concentração gira em torno de 0,1 a 0,2 g/L e não possui expressão sensorial. A legislação brasileira preconiza o teor máximo de metanol de 0,35 g/L (BRASIL, 2004).

Essa substância direciona especial atenção dos produtores de vinhos, visto que o metabolismo do metanol pode ocasionar a formação de formaldeído e ácido fórmico, que são substâncias tóxicas ao organismo humano e afetam o sistema nervoso central.

Geralmente, o metanol encontrado no vinho é resultado da hidrólise enzimática dos grupos metila das pectinas por meio da seguinte reação simplificada: $-OCH_3 + H_2O \rightarrow -OH + CH_3OH$. A quantidade de metanol produzida está diretamente relacionada à quantidade de pectina existente nas películas das uvas, sendo as uvas americanas (*Vitis labrusca*) e seus híbridos as que apresentam maior quantidade de pectina. O uso de enzimas pectinolíticas com o objetivo de otimizar o rendimento do processo de vinificação e facilitar o processo de clarificação do vinho e a maceração acentuada e prolongada das cascas pode influenciar na produção desse álcool de elevada toxicidade (RIZZON; ZANUZ; MANFREDINI, 1994).

Álcoois com mais de dois átomos de carbono na molécula, chamados de álcoois superiores, são formados a partir da ação das leveduras no processo de fermentação alcoólica. Essas substâncias podem ser formadas diretamente pelo consumo dos açúcares pela levedura.

Entre os álcoois superiores, os polióis destacam-se por apresentar várias hidroxilas ligadas à molécula por ligações de hidrogênio, que conferem maior ponto de ebulição a essas substâncias e maior viscosidade ao vinho. Entre os polióis encontrados no vinho, o glicerol é o mais conhecido e o mais abundante na bebida. Formado durante o processo fermentativo, o glicerol apresenta três átomos de carbono e afeta o sabor do vinho, havendo aumento do amargor devido à interação da acroleína, produto de degradação do glicerol por reação dupla de desidratação (Figura 2.6), com taninos (compostos fenólicos) (JACKSON, 2014).

Outras características importantes vinculadas a essa substância são a sensação de preenchimento bucal no momento da degustação do vinho, tornando-o mais encorpado e oleoso, e o aumento da sensação do gosto doce (NIEUWOUDT et al., 2002; NOBLE; BURSICK, 1984; LUBBERS; VERRET; VOILLEY, 2001; HATZAKIS; ARCHAVLIS; DAIS, 2007).

Outros álcoois superiores apresentam grande importância para o sabor e o aroma do vinho, como os álcoois com quatro carbonos na cadeia (C4), o 2,3-butanodiol e o eritritol, que apresentam estado de equilíbrio químico com a acetoína e o diacetil, responsáveis pelo odor de leite e manteiga, respectivamente. Álcoois com mais de quatro carbonos apresentam influência sensorial desconhecida no vinho devido a sua produção irrisória, sendo os principais representantes o arabitol (C5), o manitol (C6), o sorbitol (C6) e o meso-inositol (C6).

Entre os compostos voláteis mais importantes no vinho, além dos álcoois, listam-se os ácidos graxos e os ésteres.

Traços de ácidos graxos de cadeia insaturada são encontrados nos vinhos, sendo os principais representantes os ácidos oleico (C18 com única insaturação) e linoleico (C18 com dupla insaturação), ambos encontrados na pruína, cera impermeável que recobre a baga da uva (RIBÉREAU-GAYON et al., 2006).

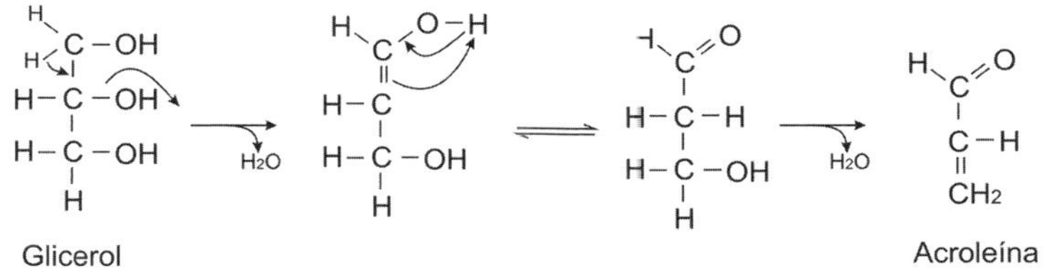

Figura 2.6 Reação de desidratação dupla do glicerol em acroleína.

Fonte: adaptada de Ribéreau-Gayon et al. (2006).

Os ésteres são formados pela reação entre uma função álcool e uma função ácido com a eliminação de uma molécula de água, caracterizando a reação de esterificação. A quantidade de ésteres presentes no vinho é relevante, sendo o acetato de etila um dos mais comuns e pesquisados. O antranilato de metila é o éster característico das uvas americanas e é responsável pelo sabor e pelo aroma frutados típicos dos vinhos de mesa. De uma forma geral, os ésteres possuem duas origens: esterificação enzimática durante o processo de fermentação e esterificação química durante o processo de maturação do vinho em barricas de carvalho. Outros compostos em menor quantidade, como aldeídos e cetonas, acetais e lactonas, fazem parte da composição do vinho e podem contribuir de forma discreta para o perfil sensorial da bebida (RIBÉREAU-GAYON et al., 2006; JACKSON, 2014).

2.4.3 AÇÚCARES

Os açúcares consistem em moléculas polifuncionais, pois participam de inúmeras reações químicas, bioquímicas e metabólicas. Os carboidratos são os precursores dos ácidos orgânicos, sendo a glicose precursora dos ácidos cítrico, málico e succínico via glicólise aeróbia. Além disso, os açúcares são precursores dos compostos fenólicos e de alguns aminoácidos de cadeia aromática, como a tirosina, a fenilalanina e o triptofano. Durante a fermentação alcoólica, os açúcares fermentescíveis glicose e frutose são metabolizados, gerando etanol e outros bioprodutos. Outros açúcares apresentam em sua estrutura uma função aldeído ou cetona que os tornam incapazes de ser fermentados diretamente pelas leveduras do vinho. Geralmente, esses açúcares são pentoses como arabinose, ramnose e xilose (RIBÉREAU-GAYON et al., 2006; JACKSON, 2014).

Um exemplo clássico de açúcar encontrado nas uvas é a sacarose, que se apresenta nas folhas dos vinhedos e é hidrolisada no momento de sua transferência para a baga da uva, formando os açúcares essenciais para a fermentação: glicose e frutose. Essa reação de hidrólise pode ser química ou enzimática. Dentre os dissacarídeos mais encontrados nas uvas e nos vinhos, destacam-se os redutores melibiose (galactose + glicose), maltose (glicose + glicose) e lactose (glicose + galactose), e os não redutores rafinose (frutose + melibiose), trealose (glicose + glicose) e sacarose (frutose + glicose). Todos apresentam-se em pequenas quantidades nos vinhos, sendo a sacarose a principal representante (RIBÉREAU-GAYON et al., 2006; JACKSON, 2014; ZOECKLEIN et al., 1994).

O açúcar encontra-se distribuído de forma desigual na baga da uva, sendo a zona mais próxima à casca a que contém maior quantidade, e, à medida que se aproxima do centro da baga, a concentração de açúcares diminui. A quantidade de açúcar da uva depende de vários fatores, como variedade, maturidade e sanidade da fruta. Espécies como *Vitis vinifera* atingem teores de açúcar em torno de 20% ou mais em seu ponto ótimo de maturação. Uvas da espécie *Vitis labrusca* e seus híbridos raramente atingem esse nível de concentração de açúcar para a fermentação, sendo necessária a chaptalização (JACKSON, 2014).

Os açúcares podem acarretar severas mudanças nos vinhos, principalmente no que se refere à coloração e à volatilização de compostos aromáticos. A reação de Maillard pode ocorrer entre um açúcar redutor e um grupo amino proveniente de aminoácidos e proteínas. O grupo amino age como um catalisador, induzindo a desidratação do açúcar redutor e promovendo a formação de compostos altamente reativos como as melanoidinas. Esses compostos podem sofrer ciclização e formar substâncias odoríferas como os furfuraldeídos. Reações de condensação e polimerização subsequentes com outros compostos nucleofílicos direcionam a formação de pigmentos marrons ao vinho. Essa mudança na coloração pelo aumento do índice de escurecimento do vinho, que, por sua vez, pode ser medido com técnicas de espectrofotometria, se dá tanto por via enzimática, pela ação da polifenoloxidase (PPO), quanto por via não enzimática, por reação de Maillard ou oxidações químicas (FIGUEIREDO-GONZÁLEZ; CANCHO-GRANDE; SIMAL-GÁNDARA, 2013).

O uso alternativo de calor para otimizar a extração de compostos fenólicos da uva para o mosto pode promover a formação desses compostos e influenciar sobremaneira os atributos sensoriais dos vinhos produzidos por esse tipo de técnica (FIGUEIREDO-GONZÁLEZ; CANCHO-GRANDE; SIMAL-GÁNDARA, 2013).

2.4.4 COMPOSTOS FENÓLICOS

Os compostos fenólicos afetam a aparência, o sabor, o corpo, o aroma e as propriedades antimicrobianas dos vinhos. Esses compostos originários da uva e/ou oriundos das barricas de carvalho no processo de maturação, raramente advindos do metabolismo das leveduras, conferem cor aos vinhos e sofrem diversas mudanças ao longo do processo de vinificação.

O perfil fenólico depende de vários fatores, como espécie e variedade da uva, local da vindima, sistema de cultura, clima, solo e método empregado para a extração desses compostos. Além desses fatores, o perfil fenólico também é influenciado por reações químicas e enzimáticas que ocorrem ao longo do processo de vinificação, bem como na etapa de maturação e envelhecimento do vinho (CHEYNIER; FULCRAND, 2000; GARRIDO; BORGES, 2013).

Os compostos fenólicos são divididos, basicamente, em dois grandes grupos:

a) *Flavonoides:* encontrados principalmente nas películas e nas sementes das uvas e raramente na polpa. São destaques desse grupo as antocianinas, os flavonóis e os flavan-3-óis (também chamados de flavanóis).

b) *Não flavonoides:* encontrados na polpa da uva, são representados pelos ácidos fenólicos, sendo o cinâmico e o benzoico os mais importantes, além de estilbenos como o resveratrol, encontrado na película.

2.4.4.1 Flavonoides

Os flavonoides são caracterizados por uma estrutura C6-C3-C6, ou seja, dois anéis fenólicos ligados por um anel pirano central contendo oxigênio em sua estrutura. De acordo com o estado de oxidação do anel C, o flavonoide pode se apresentar como 2-fenil-benzopirano (Figura 2.7A) ou 2-fenil-benzopirona (Figura 2.7B).

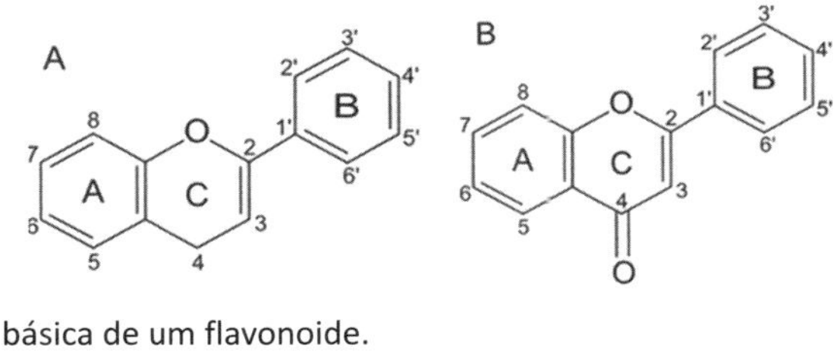

Figura 2.7 Estrutura básica de um flavonoide.

Fonte: adaptada de Lago-Vanzela et al. (2014).

2.4.4.1.1 Antocianinas

As antocianinas são denominadas de forma diferenciada de acordo com os substituintes que compõem a molécula de aglicona (antocianidina), constituída de dois anéis fenólicos A e B e um anel pirano heterocíclico (C). A Tabela 2.1 mostra as possíveis antocianinas encontradas nas uvas e nos vinhos de acordo com seus respectivos substituintes (HARBORNE; WILLIAMS, 1995; LAGO-VANZELA et al., 2014).

Tabela 2.1 Antocianidinas mais comuns nas uvas

Estrutura básica da aglicona	Antocianidina	Grupos substituintes
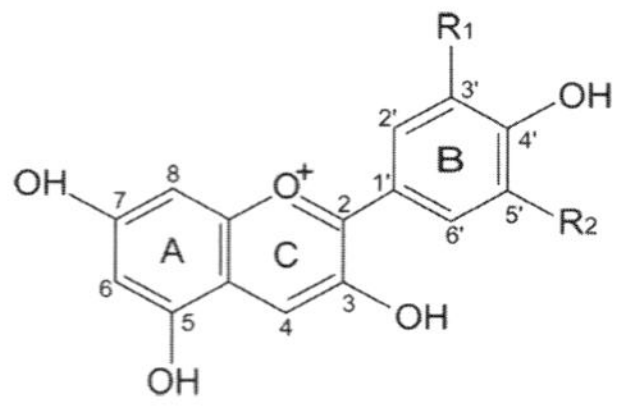	Pelargonidina	R1 = R2 = H
	Cianidina	R1 = OH; R2 = H
	Peonidina	R1 = OCH3; R2 = H
	Delfinidina	R1 = R2 = OH
	Petunidina	R1 = OH; R2 = OCH3
	Malvidina	R1 = OCH3; R2 = OCH3

Fonte: adaptada de Lago-Vanzela et al. (2014).

As antocianinas podem ser alvo de reações para formar outros compostos que influenciam, principalmente, a coloração dos vinhos tintos. Esses compostos são chamados de piranoantocianinas e apresentam um anel pirano que liga a molécula da antocianina a um precursor (composto que apresente uma ligação dupla polarizada). Entre os principais precursores, o ácido pirúvico e o acetaldeído são os mais conhecidos, sendo estes os metabólitos das leveduras; no entanto, pesquisas mostram a ação de ácidos hidroxicinâmicos como precursores, resultando na formação de hidroxifenilpiranoantocianinas. A principal relação desses compostos com as características sensoriais dos vinhos é a mudança da coloração avermelhado-violeta para um alaranjado-telha, característico de vinhos envelhecidos em barricas de carvalho (BLANCO-VEGA et al., 2011).

2.4.4.1.2 Flavonóis

Apresentam a mesma estrutura básica da antocianidina, diferenciando-se apenas pela presença de um grupo carbonila no anel C. Os flavonóis apresentam-se nas uvas sob seis diferentes formas glicosiladas (Tabela 2.2) (LAGO-VANZELA et al., 2014; CASTILLO-MUÑOZ et al., 2007; MATTIVI et al., 2006).

A produção dos flavonóis é induzida de acordo com a incidência de luz nas uvas durante o cultivo. Isso explica a diferente quantidade de flavonóis em uma mesma variedade de uva, cultivada e colhida no mesmo período (PRICE et al., 1995). São encontrados nas uvas sob a forma de 3-glicosídeo e, embora de forma menos importante que as antocianinas, influenciam consideravelmente a coloração dos vinhos, participando de fenômenos de copigmentação e efetivamente como agentes antioxidantes (BOULTON, 2001; SCHWARZ, 2005; BURDA; OLESZEK, 2001).

Tabela 2.2 Estrutura dos flavonóis nas uvas

Estrutura básica da aglicona	Flavonol aglicona	Grupos substituintes
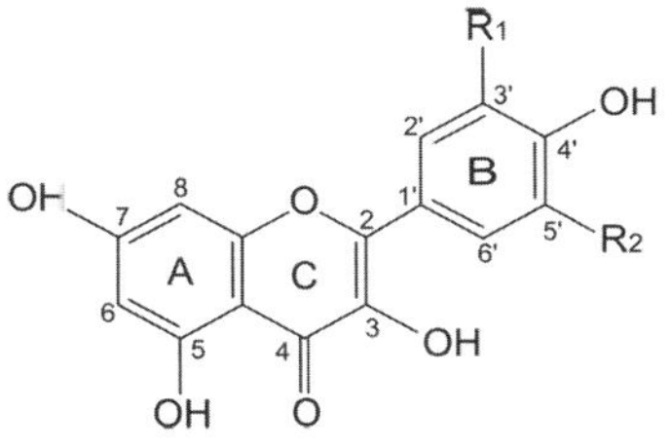	Caempferol	R1 = R2 = H
	Quercetina	R1 = OH; R2 = H
	Isoramnetina	R1 = OCH_3; R2 = H
	Miricetina	R1 = R2 = OH
	Laricitina	R1 = OCH_3; R2 = OH
	Siringetina	R1 = R2 = OCH_3

Fonte: adaptada de Lago-Vanzela et al. (2014).

2.4.4.1.3 Flavan-3-óis

Encontrados em larga escala nas sementes e nos engaços das uvas, sendo sua unidade fundamental o 2-fenil-benzopirano (Figura 2.7A). A catequina e a epicatequina são os mais abundantes nas uvas e nos vinhos e podem apresentar-se esterificados com ácido gálico ($C_7H_6O_5$). Contribuem significativamente para a adstringência, o amargor, a pungência e a persistência dos vinhos (Tabela 2.3).

Tabela 2.3 Exemplos dos principais flavan-3-óis encontrados nas uvas e nos vinhos

Estrutura básica da aglicona	Flavan-3-ol aglicona	Grupos substituintes
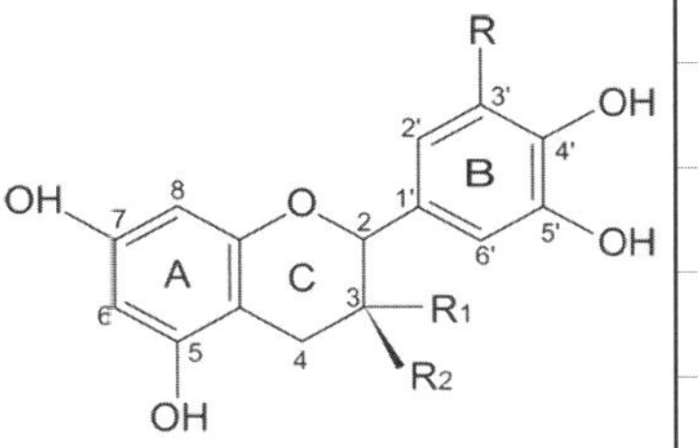	Catequina	R = H; R1 = OH; R2 = H
	Epicatequina	R = H; R1 = H; R2 = OH
	Epicatequina-3-galato	R = H; R1 = H; R2 = O-galoil
	Galocatequina	R = OH; R1 = OH; R2 = H
	Epigalocatequina	R = OH; R1 = H; R2 = OH
	Galocatequina-3-galato	R = OH; R1 = H; R2 = O-galoil
	Epigalocatequina-3-galato	R = OH; R1 = O-galoil; R2 = H

Fonte: adaptada de Lago-Vanzela et al. (2014).

A associação de unidades de catequina e epicatequina forma compostos chamados de proantocianidinas ou taninos condensados. Essa associação pode ser entre duas, três ou mais estruturas, formando dímeros, trímeros, oligômeros ou polímeros, respectivamente (TERRIER; PONCET-LEGRAND; CHEYNIER, 2009).

As possíveis ligações entre esses compostos e suas diferentes configurações influenciam de forma significativa a coloração, o amargor e a adstringência dos vinhos tintos, sendo esta caracterizada pela interação entre as proteínas salivares e os flavan-3-óis, promovendo a desestruturação dessas proteínas e reduzindo a lubrificação que causa a sensação de constrição do palato. Há evidências de que flavan-3-óis de menor peso molecular estejam diretamente interligados com a sensação de amargor do vinho, ao passo que flavan-3-óis que apresentam maiores cadeias carbônicas estejam interligados com a sensação de adstringência. Além disso, sugere-se que, quanto maior a acidez do vinho (em referência à presença de ácidos hidroxicinâmicos e seus derivados – HCAD), menor será a sensação de adstringência no palato e vice-versa (GONZALO-DIAGO; DIZY; FERNÁNDEZ-ZURBANO, 2014; MCRAE; KENNEDY, 2011).

2.4.4.2 Não flavonoides

As principais substâncias pertencentes a esse grupo são os ácidos fenólicos – hidroxibenzoicos e hidroxicinâmicos (HCAD), em suas formas livres ou esterificadas, e os estilbenos.

2.4.4.2.1 Ácidos fenólicos

São encontrados na película e nas sementes das uvas, destacando-se o ácido gálico e seus ésteres (galatos) como representantes da classe do ácido hidroxibenzoico, e os ácidos cumárico, cafeico, ferúlico e sinápico como representantes da classe dos ácidos hidroxicinâmicos (JACKSON, 2014; DE BEER et al., 2002). A Tabela 2.4 mostra os ácidos fenólicos com seus respectivos substituintes.

Tais compostos não conferem mudanças significativas ao sabor ou à qualidade do vinho, no entanto, eles podem sofrer diversas reações químicas que, em conjunto com os produtos do metabolismo dos açúcares pelas leveduras no processo fermentativo, podem acarretar a formação de compostos que conferem aroma diferenciado ao vinho, como o de animal ou de couro (LAGO-VANZELA et al., 2014).

Tabela 2.4 Ácidos fenólicos encontrados nas uvas

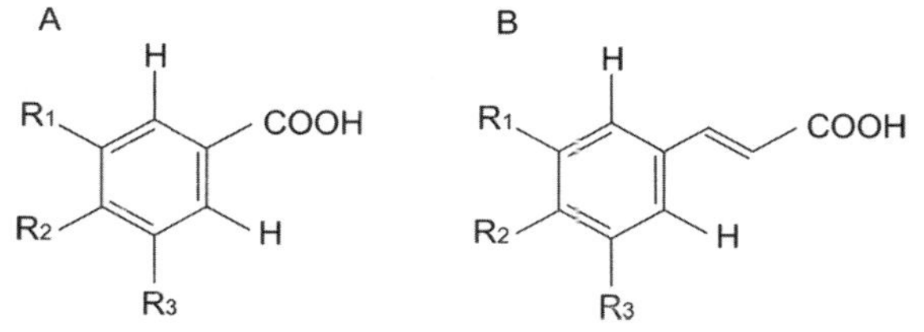

Componentes	Substituintes		
A) Ácido hidroxibenzoico (C6-C1)	R1	R2	R3
Gálico	OH	OH	OH
B) Ácido hidroxicinâmico (C6-C3)	R1	R2	R3
Cumárico	H	OH	H
Cafeico	OH	OH	H
Ferúlico	O-CH3	OH	H
Sinápico	O-CH3	OH	O-CH3

Fonte: adaptada de Lago-Vanzela et al. (2014).

2.4.4.2.2 *Estilbenos*

Os estilbenos apresentam estrutura molecular composta de dois anéis benzênicos separados por uma ligação com dois carbonos (Figura 2.8). Essas substâncias são sintetizadas nas películas e nas sementes das uvas sob condições de estresse da videira, como contaminação microbiana, danos mecânicos e, principalmente, incidência de radiação ultravioleta. Essas condições desfavoráveis são essenciais para a produção dos estilbenos em concentrações suficientes para que exerçam suas atividades biofuncionais (BRAVO, 1996).

Dentre os principais compostos da classe dos estilbenos, destacam-se o resveratrol (trans-3,5,4'-trihidroxiestilbeno), o piceido (trans-3,5,4'-trihidroxiestilbeno-3-*O*-β-D-glucosídeo) e a astringina (trans-3,3',5,4'-tetrahidroxiestilbeno-3-*O*-β-D-glucosídeo). Estudos têm sido realizados a fim de avaliar a biofuncionalidade do resveratrol e de seus isômeros no que se refere à atividade antioxidante e à sua capacidade de prevenir doenças cardiovasculares e alguns tipos de câncer. Há evidências de que a capacidade antioxidante do vinho está diretamente relacionada ao tipo de composto fenólico presente, visto que um composto pode apresentar relevante atividade antioxidante em pequenas concentrações, e à concentração global desses compostos. Nesse contexto, além do resveratrol, sugere-se que a eficiência antioxidante de um vinho esteja ligada aos flavan-3-óis e a algumas frações de antocianinas (DE LA LASTRA; VILLEGAS, 2007; BAUR; SINCLAIR, 2006; NIXDORF; HERMOSÍN-GUTIÉRREZ, 2010).

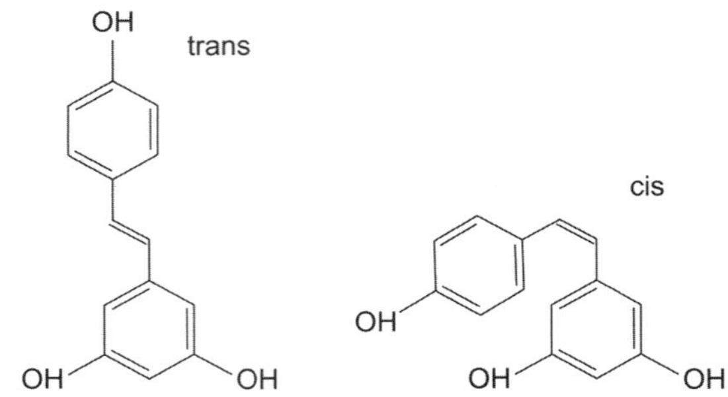

Figura 2.8 Estrutura do resveratrol nas suas formas *cis* e *trans* (natural).

Fonte: adaptada de Lago-Vanzela et al. (2014).

2.4.5 MINERAIS E MATÉRIAS PÉCTICAS

As uvas podem apresentar inúmeros minerais em sua composição, e estes podem ser transferidos ao vinho durante o processo de vinificação, acarretando mudanças significativas no perfil sensorial. É possível encontrar potássio em variedades cultivadas em climas quentes, sulfatos decorrentes da aplicação de fungicidas para o controle de doenças das videiras, cálcio em vinhos armazenados em tanques de cimento, cloro e sódio provenientes do uso de colunas de troca iônica, cobre e ferro provenientes do contato do vinho com materiais corroídos e alumínio pela utilização de bentonite como agente clarificante. Esses minerais podem interferir sensorialmente, visto que, por exemplo, quantidades elevadas de cobre e ferro podem proporcionar sabor adstringente ao vinho e concentrações elevadas de sulfato podem gerar um leve gosto amargo (JACKSON, 2014).

Além dos minerais, matérias pécticas podem ser encontradas no mosto, e sua quantidade é estabelecida pelo estágio de maturação da uva. Vinhos obtidos de uvas maduras são suaves e fluidos, enquanto os vinhos procedentes de uvas pouco maduras são duros e difíceis de beber. Geralmente, as pectinas são responsáveis por promover a turbidez do vinho, e substâncias cristalizadas (coaguladas), como proteínas e gomas, podem influenciar negativamente sua qualidade visual (CATALUÑA, 1988; SOUSA, 2000).

2.5 ANÁLISES FÍSICO-QUÍMICAS DE VINHOS

Inúmeros compostos existentes nos vinhos apresentam-se em concentrações mínimas, na ordem de mg/L ou até mesmo de μg/L, sendo necessárias técnicas de alta eficiência para identificar e quantificar tais compostos. Existem algumas propriedades físico-químicas que são quantificadas a fim de avaliar se esses vinhos atendem aos requisitos legislativos. Outras propriedades são determinadas a título de caracterização do vinho, visto que influenciam demasiadamente os aspectos sensoriais dos vinhos como um todo (DE CASTILHOS et al., 2015).

A legislação brasileira preconiza alguns limites que devem ser respeitados para que o vinho apresente, no final da vinificação, um padrão de qualidade aceitável. Um vinho de mesa, por exemplo, deverá conter um teor alcoólico entre 8,6% e 14% (v/v), acidez total entre 40 e 130 meq/L, acidez volátil máxima de 20 meq/L, nível máximo de sulfatos totais, expressos em sulfato de potássio, de 1,2 g/L e ausência de corantes artificiais. Além dessas propriedades químicas, o vinho não pode ser adulterado com inserção de água ou outros líquidos, visto que há uma relação chamada de "relação álcool em peso/extrato seco reduzido"[3] que permite avaliar a ocorrência de adulterações no vinho, sendo o nível máximo aceitável de 4,8 (BRASIL, 2004).

A Tabela 2.5 apresenta as propriedades físico-químicas que caracterizam os vinhos e os respectivos métodos para sua quantificação.

Tabela 2.5 Métodos empregados para a quantificação de algumas das mais importantes propriedades físico-químicas dos vinhos

Propriedade	Método	Equipamentos	Referência
Teor alcoólico (°GL ou %v/v)	Gravimetria[1]	Picnômetro e balança analítica	Brasil (1986); AOAC (2005)
Acidez total (meq/L ou g/L de ácido tartárico)	Titulometria	Aparelho de titulometria	Brasil (1986); AOAC (2005)
Acidez volátil (meq/L ou g/L de ácido acético)	Destilação e titulometria	Destilação de arraste a vapor e aparelho de titulometria	Brasil (1986); AOAC (2005)
Extrato seco	Gravimetria	Cápsulas de porcelana e banho termostático	Brasil (1986); AOAC (2005)
Açúcares redutores	Titulometria (Lane-Eynon)	Aparelho de titulometria e chapa de aquecimento com agitação	Brasil (1986); AOAC (2005)
Compostos fenólicos totais	Espectrofotometria	Espectrofotômetro	Slinkard; Singleton (1977)

[1] Este método também pode ser realizado pela utilização de um densímetro digital.

O extrato seco é o resíduo resultante do processo de evaporação do vinho e está relacionado aos compostos que são responsáveis pelo corpo e pela estrutura da bebida. Estudos mostraram a influência de diversas propriedades físico-químicas no

[3] O extrato seco reduzido é igual ao extrato seco subtraído do teor de açúcares redutores.

extrato seco de vinhos e, consequentemente, na sensação de corpo da bebida. Teor alcoólico, teor de açúcares redutores e até mesmo quantidade de compostos fenólicos podem influenciar positiva ou negativamente o corpo do vinho, acarretando mudanças na sua densidade e no extrato seco. Vinhos com valores de extrato seco entre 20 e 30 g/L podem ser considerados leves ou não encorpados ao paladar e vinhos com extrato seco superior a 30 g/L são considerados encorpados (DE CASTILHOS et al., 2013; ZOECKLEIN, 1994; YANNIOTIS, 2007).

Além desses métodos usualmente realizados para obter tais parâmetros enológicos, outras propriedades são determinadas a fim de avaliar características pontuais dos vinhos, como cor, aroma e atividade antioxidante, determinadas por algumas substâncias específicas, como os compostos fenólicos (NIXDORF; HERMOSÍN-GUTIÉRREZ, 2010; MAKRIS; KALLITHRAKA; KEFALAS, 2006).

Nesse contexto, a ciência enológica vem desenvolvendo técnicas de alta eficiência e magnitude com o objetivo de identificar e quantificar os compostos fenólicos a fim de observar a sua relação com a atividade antioxidante. Uma das técnicas mais conhecidas atualmente empregada é a cromatografia líquida de alta eficiência (CLAE, ou *High Performance Liquid Chromatography* - HPLC) acoplada à espectrometria de massas (*Mass Spectrometry* - MS) (COLLINS; BRAGA; BONATO, 1995).

2.6 ASPECTOS SENSORIAIS

A análise sensorial pode ser direcionada para diversos objetivos, como classificar determinado vinho de acordo com suas características gerais, como cor, aroma, sabor; verificar algum tipo de alteração química ou microbiana; avaliar componentes desejáveis e indesejáveis por meio da análise de tratamentos e etapas do processo de vinificação; e estabelecer a qualidade do vinho como um todo. Assim, a análise sensorial pode ser realizada de diversas maneiras, desde uma análise superficial, verificando se o vinho é bom ou ruim, até uma análise mais elaborada e complexa com a utilização de inferência estatística para obter conclusões mais objetivas e embasadas (AMERINE; BERG; CRUESS, 1967; MANFROI, 2004).

Para muitos enólogos, a degustação deve complementar a análise físico-química ou vice-versa, visto que vinhos com semelhante composição química podem apresentar atributos sensoriais totalmente divergentes (GUERRA; BARNABÉ, 2005).

No caso particular dos vinhos, os três sentidos que devem ser utilizados para a avaliação da qualidade são: visão, olfato e paladar.

A visão está vinculada à observação de cinco aspectos: limpidez, brilho, cor, viscosidade e presença de gás. A limpidez está vinculada à presença de materiais suspensos no vinho e é avaliada colocando a taça de vinho sobre uma superfície branca. A cor é visualizada pela ascensão da taça à altura dos olhos, analisando o líquido de todos os ângulos possíveis. A viscosidade é analisada pela formação de "lágrimas" na parede da taça, promovendo a ideia de estrutura do vinho pela presença de glicerol, etanol e açúcares. O brilho é avaliado pela incidência direta de uma luz branca na superfície do vinho no interior da taça. A presença de gás é observada pela ascensão da taça ao nível dos olhos do julgador (MANFROI, 2004; MIELE, 2006).

As substâncias presentes no vinho devem apresentar caráter volátil, solubilidade e propriedades aromáticas em concentrações que possam ser percebidas pelo sentido mais complexo do ser humano: o olfato.

Existem duas maneiras de direcionar os aromas até o complexo olfativo: pela aspiração direta (ortonasal) ou pela via indireta (retronasal). A via direta consiste na aspiração do vinho em repouso, seguida de movimentos giratórios com a taça para liberar os compostos aromáticos. A via indireta consiste na colocação de uma pequena quantidade de vinho na boca, seguida de uma leve aspiração de ar, direcionando os compostos aromáticos para o centro olfativo (MANFROI, 2004; CÔRTE REAL, 2001).

O aroma do vinho pode ser classificado em quatro diferentes tipos: o primário, proveniente da uva; o pré-fermentativo, que se desenvolve entre os períodos de vindima e início da fermentação; o secundário, proveniente das reações de fermentação alcoólica e malolática; e o terciário, proveniente do envelhecimento do vinho.

Cada um desses tipos de aroma é perceptível de forma diferenciada de julgador para julgador. Essa diferença é dada pelo limiar olfativo de cada um dos julgadores, sendo este a concentração na qual a presença de cada substância é percebida, também chamado de *threshold* (JACKSON, 2014; AMERINE; ROESSLER, 1983).

A análise gustativa informa sobre as sensações gusto-olfativas e táteis da bebida por meio da ação das papilas gustativas, que identificam os cinco gostos básicos: doce, salgado, ácido, amargo e umami, além da percepção da persistência do gosto e do equilíbrio do vinho.

As sensações táteis exercem também uma função muito importante na degustação de vinhos, sendo as sensações de calor, de adstringência e de pungência as mais importantes. A sensação de calor é provocada pelo alto teor alcoólico, quando a relação álcool/acidez é maior que 1. Quando essa relação é menor que 1, a sensação predominante é de frescor, vinculada à predominância da acidez do vinho. A sensação de adstringência é provocada pela perda do poder lubrificante da saliva por meio da complexação dos taninos pelas proteínas existentes na saliva. A pungência é característica da presença de gás carbônico no vinho, pela sensação provocada pelo etanol ou pelo excesso de anidrido sulfuroso (JACKSON, 2014; MANFROI, 2004).

Todas essas características sensoriais são avaliadas de diversas formas por julgadores ou por meros consumidores. Muitas metodologias empregadas estão vinculadas ao tipo de degustação que é realizada. No caso de degustação de qualidade, a avaliação dos vinhos é feita pela utilização de cartões com atributos predefinidos por expressões consagradas na literatura enológica.

Muitos enólogos elaboram glossários com termos que indicam adjetivos aos vinhos vinculados aos níveis máximos e mínimos referentes às propriedades vinculadas a cada sentido do julgador. Esse tipo de análise é empregado para fins de classificação dos vinhos em *rankings* enológicos.

Estudos científicos utilizam metodologias sensoriais com significativo aporte da estatística e de modelos matemáticos, sendo a análise descritiva quantitativa (ADQ) uma das técnicas mais empregadas. Essa técnica seleciona um painel de julgadores qualificados que fornecem uma descrição sensorial completa relativa a todos os sentidos, além de contribuir para a designação de componentes importantes para a aceitação dos produtos. O objetivo principal é obter um painel de julgadores que sigam um padrão homogêneo de degustação, ou seja, apresentem a capacidade de avaliar os vinhos de forma consoante, sem intensas variações. Além disso, devem apresentar capacidade de discriminar as amostras em um nível de significância e, ao mesmo tempo, boa repetibilidade (STONE; SIDEL, 2004).

O estudo sensorial dos vinhos também pode ser baseado na avaliação da aceitação das amostras com o objetivo de observar o comportamento de um grupo de consumidores que, por sua vez, apresentem o hábito de beber vinho.

Esse teste sensorial é baseado na avaliação de atributos como aparência, aroma, corpo, sabor e aceitação global de diversos vinhos, além da intenção de compra, utilizando uma escala hedônica estruturada. Esse tipo de abordagem sensorial apresenta resultados de interesse sob a ótica do consumidor, sendo possível observar o potencial mercadológico dos vinhos. Para essa metodologia, estatísticas uni e multivariadas também são empregadas a fim de observar a formação de grupos de consumidores que prefiram um grupo a outro de vinho com base em algumas características como idade, preferências e hábitos (DE CASTILHOS et al., 2013; DE CASTILHOS; CONTI-SILVA; DEL BIANCHI, 2012).

Nesse contexto, verifica-se a importância da aplicação da análise sensorial para diferentes formas de avaliação dos vinhos, visto que cada uma das metodologias mencionadas apresenta sua singularidade e sua especificidade, concordando com a complexidade que o vinho exige. A aplicação dessas técnicas é de suma importância para elucidar os componentes que são realmente atrativos nos vinhos.

REFERÊNCIAS

ALBERT, A. Z. *O admirável mundo novo do vinho*: e as regiões emergentes. 4. ed. São Paulo: Editora Senac São Paulo, 2012.

AMARANTE, J. O. A. *Vinhos*: do Brasil e do mundo, para conhecer e beber. São Paulo: Summus Editorial, 1983.

AMERINE, M. A.; ROESSLER, E. B. *Wines*: their sensory evaluation. San Francisco: Freeman, 1983.

AMERINE, M. A.; BERG, H. W.; CRUESS, W. V. *The technology of wine making*. 2. ed. Westport: AVI, 1967.

ANDERSEN, O. M.; MARKHAM, K. R. (Ed.). *Flavonoids*: chemistry, biochemistry and applications. Florida: Boca Raton, 2010.

AOAC – Association of Official Agricultural Chemists. *Official methods of analysis of the AOAC International*. Washington, 2005.

BAUR, J. A.; SINCLAIR, D. A. Therapeutic potential of resveratrol: the in vivo evidence. *Nature reviews Drug Discovery*, London, v. 5, n. 6, p. 493-506, 2006.

BECKETT, N. *1001 vinhos para beber antes de morrer*. Rio de Janeiro: Sextante, 2008.

BLANCO-VEGA, D. et al. HPLC-DAD-ESI-MS/MS characterization of pyranoanthocyanins pigments formed in model wine. *Journal of Agricultural and Food Chemistry*, Easton, v. 59, p. 9523-9531, 2011.

BORAZAN, A. A.; BOZAN, B. The influence of pectolytic enzyme addittion and prefermentative mash heating during the winemaking process on the phenolic composition of Okuzgozu red wine. *Food Chemistry*, London, v. 138, p. 389-95, 2013.

BOULTON, R. The copigmentation of anthocyanins and its role in the color of red wine: a critical review. *American Journal of Enology and Viticulture*, Davis, v. 52, n. 2, p. 67-87, 2001.

BOWERS, J. E.; BANDMAN, E. B.; MEREDITH, C. P. DNA fingerprint characterization of some wine grape cultivars. *American Journal of Enology and Viticulture*, Davis, v. 44, p. 266- 274, 1993.

BRASIL. Portaria n. 76, de 27 de novembro de 1986. Aprova os métodos analíticos que passam a constituir padrões oficiais para análise de bebidas e vinagres estabelecidos pelo Decreto n. 73267 de 06 de dezembro de 1973. *Diário Oficial da União*, Brasília, DF, 1986, seção 1, p. 18152-18173.

BRASIL. Lei n. 10.970, de 12 de novembro de 2004. Altera dispositivos da Lei n. 7678 de 8 de novembro de 1988, que dispõe sobre a produção, circulação e comercialização do vinho e derivados de uva e do vinho, e dá outras providências. *Diário Oficial da União*, Brasília, DF, 2004.

BRASIL. Decreto n. 8.198, de 20 de fevereiro de 2014. Regulamenta a Lei n. 7678, de 8 de novembro de 1988, que dispõe sobre a produção, circulação e comercialização do vinho e derivados da uva e do vinho. *Diário Oficial da União*, Brasília, DF, 2014.

BRAVO, A. E. Resveratrol in wine: contribution to potential cardiovascular protective activity. *Alimentaria*, Madrid, v. 269, p. 71-72, 1996.

BURDA, S.; OLESZEK, W. Antioxidant and antiradical activities of flavonoids. *Journal of Agricultural and Food Chemistry*, Easton, v. 49, n. 6, p. 2774-2779, 2001.

CAILLÉ, S. et al. Sensory characteristics changes of red Grenache wines submitted to different oxygen exposures pre and post bottling. *Analytica Chimica Acta*, Amsterdam, v. 660, p. 35-42, 2010.

CAMARGO, U. A. Técnicas de produção vitícola com ciclos sucessivos em condições tropicais. In: WORKSHOP INTERNACIONAL DE PESQUISA, 1., 2004, Petrolina e Recife. *Anais*... Petrolina e Recife: 2004.

CAMARGO, U. A. Uvas sem semente: cultivares BRS Morena, BRS Clara e BRS Linda. *Sistemas de Produção*, v. 8, 2005.

CAMARGO, U. A.; DIAS, M. F. *BRS Rúbea*. Bento Gonçalves: Comunicado Técnico 33, 1999.

CAMARGO, U. A.; MAIA, J. D. G. *BRS Cora*: nova cultivar de uva para suco adaptada a climas tropicais. Bento Gonçalves: Embrapa Uva e Vinho, 2004.

CAMARGO, U. A.; MAIA, J. D. G.; NACHTIGAL, J. C. *BRS Violeta*: nova cultivar de uva para suco e vinho de mesa. Bento Gonçalves: Embrapa Uva e Vinho, 2005.

CAMARGO, U. A.; MAIA, J. D. G.; RITSCHEL, P. S. *BRS Carmem*: nova cultivar de uva tardia para suco. Bento Gonçalves: Embrapa Uva e Vinho, 2008.

CASTILLO-MUÑOZ, N. et al. Flavonol profiles of *Vitis vinifera* red grapes and their single-cultivar wines. *Journal of Agricultural and Food Chemistry*, Easton, v. 55, n. 3, p. 992-1002, 2007.

CASTILLO-MUÑOZ, N. et al. Red-color related phenolic composition of Garnacha Tintonera (*Vitis vinifera L.*) grapes and red wines. *Journal of Agricultural and Food Chemistry*, Easton, v. 57, p. 7883-7891, 2009.

CATALUÑA, E. *As uvas e os vinhos*. Rio de Janeiro: Editora Globo, 1988.

CHEYNIER, V.; FULCRAND, H. Oxidación de los polifenoles en los mostos y los vinos. In: FLANZY, C. (Coord.). *Enología*: fundamentos científicos y tecnológicos. Madrid: AMV Ediciones, 2000. p. 369-376.

COLLINS, C. H.; BRAGA, G. L.; BONATO, P. S. *Introdução a métodos cromatográficos*. 6. ed. Campinas: Editora da Unicamp, 1995.

CÔRTE REAL, M. *Degustação de vinhos*: uma iniciação à análise sensorial. 6. ed. Porto Alegre: AGE, 2001.

DE BEER, D. et al. Phenolic compounds: A review of their possible role as in vivo antioxidants of wine. *South African Journal of Enology and Viticulture*, Stellenbosch, v. 23, n. 2, p. 48-61, 2002.

DE CASTILHOS, M. B. M. et al. Influence of two different vinification procedures on the physicochemical and sensory properties of Brazilian non-Vitis vinifera red wines. *Lebensmittel-Wissenschaft & Technologie*, London, v. 54, n. 2, p. 360-366, 2013.

DE CASTILHOS, M. B. M. et al. Pre-drying and submerged cap winemaking: effects on polyphenolic compounds and sensory descriptors. Part II: BRS Carmem and Bordô (*Vitis labrusca L.*). *Food Research International*, Barking, v. 76, p. 697-708, 2015.

DE CASTILHOS, M. B. M.; CONTI-SILVA, A. C.; DEL BIANCHI, V. L. Effect of grape pre- drying and static pomace contact on physicochemical properties and sensory acceptance of Brazilian (Bordô and Isabel) red wines. *European Food Research and Technology*, Berlin, v. 235, p. 345-354, 2012.

DE LA LASTRA, C. A.; VILLEGAS, I. Resveratrol as an antioxidant and pro-oxidant agent: mechanisms and clinical implications. *Biochemical Society Transactions*, London, v. 35, p. 1156-1160, 2007.

FAVRE, G. et al. Low molecular-weight phenols in Tannat wines made by alternative winemaking procedures. *Food Chemistry*, London, v. 158, p. 504-512, 2014.

FIGUEIREDO-GONZÁLEZ, M. et al. Garnacha tintonera-based sweet wines: detailed phenolic composition by HPLC/DAD-ESI/MS analysis. *Food Chemistry*, London, v. 143, p. 282-292, 2014.

FIGUEIREDO-GONZÁLEZ, M.; CANCHO-GRANDE, B.; SIMAL-GÁNDARA, J. Effects on colour and phenolic composition of sugar concentration processes in dried--on- or dried-off-vine grapes and their aged or not natural sweet wines. *Trends in Food Science & Technology*, Cambridge, v. 31, p. 36-54, 2013.

GARRIDO, J.; BORGES, F. Wine and grape polyphenols – A chemical perspective. *Food Research International*, Barking, v. 54, n. 2, p. 1844-1858, 2013.

GONZALO-DIAGO, A.; DIZY, M.; FERNÁNDEZ-ZURBANO, P. Contribution of low molecular weight phenols to bitter taste and mouthfeel properties in red wines. *Food Chemistry*, London, v. 154, p. 187-198, 2014.

GUERRA, C. C. Vinho tinto. In: VENTURINI FILHO, W. G. (Org.). *Bebidas alcoólicas*: ciência e tecnologia. São Paulo: Blucher, 2010. cap. 11.

GUERRA, C. C.; BARNABÉ, D. Vinho. In: VENTURINI FILHO, W. G. (Ed.). *Tecnologia de bebidas*. São Paulo: Blucher, 2005. p. 423-51.

HARBORNE, J. B.; WILLIAMS, C. A. Anthocyanins and other flavonoids. *Natural Product Reports*, London, v. 12, p. 639-657, 1995.

HATZAKIS, E.; ARCHAVLIS, E.; DAIS, P. Determination of glycerol in wines using P-NMR Spectroscopy. *Journal of the American Oil Chemists' Society*, New York, v. 84, n. 7, p. 615-619, 2007.

HENICK-KLING, T. et al. Selective effects of sulfur dioxide and yeast starter culture addition on indigenous yeast populations and sensory characteristics of wine. *Journal of Applied Microbiology*, Oxford, v. 84, p. 865-876, 1998.

JACKSON, R. S. *Wine science*: principles and applications. 4. ed. San Diego: Academic Press, 2014.

JOVER, A. J. V.; MONTES, F. J. L.; FUENTES, M. M. F. Measuring perceptions of quality in food products: the case of red wine. *Food Quality and Preference*, Oxford, v. 15, p. 453-469, 2004.

KREGGER VAN-RIJ, N. J. W. *The yeasts, a taxonomic study*. Amsterdam: Elsevier Science Publishers, 1984.

KUDO, M.; SODEYAMA, M. Weight distribution of red wine polyphenols affected by length of maceration. *American Journal of Enology and Viticulture*, Davis, v. 53, 2002.

LAGO-VANZELA, E. S., et al. Phenolic compounds in grapes and wines: chemical and biochemical characteristics and technological quality. In: J. S. CÂMARA (Ed.). *Grapes*: production, phenolic composition and potential biomedical effects. New York: Nova Science Publishers, 2014. p. 47-105.

LAGO-VANZELA, E. S., et al. Chromatic characteristics and color-related phenolic composition of Brazilian young red wines made from the hybrid grape cultivar BRS Violeta ("BRS Rúbea" × "IAC 1398-21"). *Food Research International*, Barking, v. 54, n. 1, p. 33-43, 2013.

LEE, S. J. et al. Development of Korean red wines using *Vitis labrusca* varieties: instrumental and sensory characterization. *Food Chemistry*, London, v. 94, p. 385-393, 2006.

LEHMANN, F. L. Secondary fermentations retarded by high levels of free sulfur dioxide. *Australian and New Zealand Wine Industry Journal*, v. 2, p. 52-53, 1987.

LESSCHAEVE, I.; NOBLE, A. C. Polyphenols: factors influencing their sensory properties and their effects on food and beverage preferences. *American Society for Clinical Nutrition*, Bethesda, v. 81, p. 330S-335S, 2005.

LIMA, M. A. C. et al. Evolução de compostos químicos durante a maturação de uvas para vinho tinto produzidos no Vale do São Francisco. In: CONGRESSO BRASILEIRO DE FISIOLOGIA VEGETAL, 10., 2005. *Resumos expandidos...* Recife: UFRPE, 2005.

LUBBERS, S.; VERRET, C.; VOILLEY, A. The effect of glycerol on the perceived aroma of a model wine and a white wine. *Lebensmittel-Wissenschaft & Technologie*, London, v. 34, n. 4, p. 262-265, 2001.

MAKRIS, D. P.; KALLITHRAKA, S.; KEFALAS, P. Flavonols in grapes, grape products and wines: Burden, profile and influential parameters. *Journal of Food Composition and Analysis*, San Diego, v. 19, p. 396-404, 2006.

MANFROI, V. *Degustação de vinhos*. Porto Alegre: Editora da UFRGS, 2004.

MANFROI, V. Vinho branco. In: VENTURINI FILHO, W. G. (Org.). *Bebidas alcoólicas*: ciência e tecnologia. São Paulo: Blucher, 2010. cap. 7.

MANFROI, V. et al. Influência de taninos enológicos em diferentes dosagens e épocas distintas de aplicação nas características físico-químicas do vinho Cabernet Sauvignon. *Ciência e Tecnologia de Alimentos*, Campinas, v. 30, n. 1, p. 127-135, 2010.

MATTIVI, F. et al. Metabolite profiling of grape: Flavonols and anthocyanins. *Journal of Agricultural and Food Chemistry*, Easton, v. 54, p. 7692-7702, 2006.

MCRAE, J. M.; KENNEDY, J. A. Wine and grape tannin interactions with salivary proteins and their impact on astringency: a review of current research. *Molecules*, Basel, v. 16, p. 2348-2364, 2011.

MIELE, A. *Técnicas de análise sensorial de vinhos e espumantes*. Bento Gonçalves: Embrapa Uva e Vinho, 2006.

MIELE, A.; MIOLO, A. *O sabor do vinho*. Bento Gonçalves: Vinícola Miolo; Embrapa Uva e Vinho, 2003.

NIEUWOUDT, H. et al. Glycerol and wine quality: fact and fiction. *Wynboer*, Stellenbosch, v. 9, p. 96-101, 2002.

NIXDORF, S. L.; HERMOSÍN-GUTIÉRREZ, I. Brazilian red wines made from the hybrid grape cultivar Isabel: phenolic composition and antioxidant capacity. *Analytica Chimica Acta*, Amsterdam, v. 659, n. 1-2, p. 208-215, 2010.

NOBLE, A. C.; BURSICK, G. F. The contribution of glycerol to perceived viscosity and sweetness in white wine. *American Journal of Enology and Viticulture*, Davis, v. 35, n. 2, p. 110-112, 1984.

OIV – Organisation Internationale de la Vigne et du Vin. *Statistical report on world vitivinivulture*. [S.l.: s.n.], 2014.

PERIN, J. Compte rendu de quelques essais de réfrigération des vins. *Vigneron Champenois*, Epernay, v. 98, p. 97-101, 1977.

PRICE, S. F. et al. Cluster sun exposure and quercetin in Pinot noir grapes and wine. *American Journal of Enology and Viticulture*, Davis, v. 46, n. 2, p. 187-194, 1995.

RENAUD, S.; LORGERIL, M. Wine, alcohol, platelets and the French paradox for coronary heart disease. *The Lancet*, London, v. 21, n. 7, p. 692-696, 1992.

RIBÉREAU-GAYON, P. et al. *Handbook of Enology*: The chemistry of wine, stabilization and treatments. Chichester: John Wiley & Sons, 2006.

RITSCHEL, P. et al. *BRS Isis*: nova cultivar de uva de mesa vermelha, sem sementes e tolerante ao míldio. Bento Gonçalves: Embrapa Uva e Vinho, 2013.

RIZZON, L. A. *Sistema de produção de vinho tinto*: recebimento da uva. Bento Gonçalves: Embrapa Uva e Vinho, 2006.

RIZZON, L. A.; MENEGUZZO, J. *Sistema de produção de vinho tinto*: estabilização do vinho. Bento Gonçalves: Embrapa Uva e Vinho, 2006.

RIZZON, L. A.; MIELE, A.; MENEGUZZO, J. Avaliação da uva cv. Isabel para a elaboração de vinho tinto. *Ciência e Tecnologia de Alimentos*, Campinas, v. 20, n. 1, 2000.

RIZZON, L. A.; ZANUZ, M. C.; MANFREDINI, S. *Como elaborar vinho de qualidade na pequena propriedade*. Bento Gonçalves: Embrapa Uva e Vinho, 1994.

RIZZON, L. A.; MANFROI, L. *Sistema de produção de vinho tinto*: fermentação. Bento Gonçalves: Embrapa Uva e Vinho, 2006.

ROSIER, J. P. *Manual de elaboração de vinho para pequenas cantinas*. 2. ed. Florianópolis: Epagri, 1993.

ROUBELAKIS-ANGELAKIS, K. A. *Molecular biology & biotechnology of the grapevine*. Dordrecht: Kluwer Academic Publishers, 2001.

SANTOS, J. I. *Vinhos*: o essencial. 9. ed. São Paulo: Editora Senac São Paulo, 2014.

SANTOS, J. I.; SANTANA, J. M. *Comida e Vinho*: harmonização essencial. 4. ed. São Paulo: Editora Senac São Paulo, 2014.

SCHWARZ, M. et al. Effect of copigments and grape cultivar on the color of red wines fermented after the addition of copigments. *Journal of Agricultural and Food Chemistry*, Easton, v. 53, n. 21, p. 8372-8381, 2005.

SLINKARD, K.; SINGLETON, V. L. Total phenol analysis: automation and comparison with manual methods. *American Journal of Enology and Viticulture*, Davis, v. 28, p. 49-55, 1977.

SOARES, J. M.; LEÃO, P. C. S. *A Vitivinicultura no semiárido brasileiro*. Petrolina: Embrapa Semi-Árido, 2009.

SOUSA, S. I. *Vinho*: aprenda a degustar. São Paulo: Market Press, 2000.

STONE; H.; SIDEL, J. L. *Sensory evaluation practices*. 3. ed. San Diego: Academic Press, 2004.

TERRIER, N.; PONCET-LEGRAND, C.; CHEYNIER, V. Flavanols, flavonols and dihydroflavonols. In: MORENO-ARRIBAS, M. V. POLO, C. *Wine chemistry and biochemistry*. New York: Springer, 2009. p. 463-507.

TONIETTO, J.; CAMARGO, U. A. Vinhos tropicais no Brasil e no mundo. *Bon Vivant*, v. 8, n. 94, p. 15, 2006.

YANNIOTIS, S. et al. Effect of ethanol, dry extract and glycerol on the viscosity of wine. *Journal of Food Engineering*, Essex, v. 81, p. 399-403, 2007.

ZOECKLEIN, B. W. et al. *Wine analysis and production*. New York: Chapman & Hall, 1994.

CAPÍTULO 3
Sidras

César Luis Girardi

Tatiane Timm Storch

Camila Pegoraro

3.1 INTRODUÇÃO

O objetivo deste capítulo é abordar a tecnologia utilizada para elaboração da bebida fermentada alcoólica de maçã, denominada sidra. Este produto, já consolidado em outros países, pode ganhar destaque também no Brasil devido à produção crescente de maçã no país. A sidra apresenta peculiaridades de acordo com o local onde é produzida, sendo a matéria-prima e os processos fermentativo e de gaseificação os fatores que apresentam maior influência no produto final. Assim, essas etapas de produção serão mais detalhadas neste capítulo.

O processamento e a obtenção de bebidas preparadas à base de maçã apresentam-se como excelente alternativa para diversificação, agregação de valor e aproveitamento de maçãs descartadas no processo de classificação devido à baixa aceitação do consumo *in natura*. Embora esses frutos mantenham suas propriedades intrínsecas com relação aos indicadores de qualidade (teores de açúcar, ácidos e compostos fenólicos), eles normalmente apresentam formato e coloração desuniformes, tamanho pequeno, cicatrizes provenientes de danos provocados por insetos, pássaros, granizo, tratos culturais e transporte inadequado, sintomas de doenças e problemas fisiológicos (LAZZAROTTO et al., 2012, p. 1).

A produção de maçãs no Brasil tem aumentado significativamente nas últimas décadas. Assim, houve um aprimoramento nos critérios de padronização e classificação dos frutos para o consumo *in natura*. Esses dois fatores contribuíram para o aumento no número de frutos descartados, os quais, por outro lado, apresentam potencial para a industrialização (PROTZEK et al., 1999). Assim, a elaboração da sidra é uma alternativa para a utilização desses frutos (LAZZAROTTO et al., 2012, p. 1).

No Brasil, se por um lado a sidra é considerada por alguns consumidores um produto de qualidade inferior (LAZZAROTTO et al., 2012, p. 1), por outro ela é confundida com espumante por muitas pessoas, sendo consumida principalmente nas festas de fim de ano, consistindo em um produto sazonal (IBRAVIN; CORPORACION VITIVINICOLA ARGENTINA, 2008, p. 7-11). Já em outros países, o produto é bem diferenciado e apreciado pelos consumidores. Assim, existem exemplos de produtos tradicionais e de qualidade notável, como a sidra de Astúrias da Espanha, as sidras inglesas e irlandesas, a sidra francesa (*cidre*), o *Apfelwein* alemão (SILVA, 2004), a *cidre du Québec* (LEROUX; PERRON, 2009, p. 1-255), entre outros. As diferenças entre as sidras desses países se devem à matéria-prima e à tecnologia de produção, as quais são amparadas pelas legislações de cada país, que apresentam parâmetros e definições diferentes (NOGUEIRA; WOSIACKI, 2010, p. 114).

Apesar de não existirem estatísticas adequadas sobre a produção de sidra no Brasil, ela é produzida em escala industrial no país, sendo que uma empresa, a CRS Brands, lidera o mercado de sidra e destaca-se como uma das maiores empresas de bebidas da América Latina (CRS BRANDS, 2015).

A legislação brasileira define como sidra a bebida com graduação alcoólica de 4% a 8% em volume a 20 °C obtida pela fermentação alcoólica do mosto de maçã fresca, sã e madura, do suco concentrado de maçã ou ambos, com ou sem a adição de água (BRASIL, 2009). São permitidos os seguintes aditivos: SO_2 (0,035 g.100 mL^{-1}) e ácido sórbico (0,05 g.100 mL^{-1}) (BRASIL, 1988).

Como mencionado anteriormente, neste capítulo busca-se abordar as tecnologias utilizadas na elaboração de sidra, enfatizando os aspectos relacionados à matéria-prima e aos processos fermentativos visando ao entendimento do processo para obtenção de um produto de qualidade. Serão incluídos nesta abordagem os processamentos adotados no Brasil e na França.

3.2 MATÉRIA-PRIMA

3.2.1 MAÇÃ

A produção da maçã brasileira está concentrada em áreas altas no Sul do país com aproximadamente 33.000 hectares plantados. Na safra de 2018, a produção nacional ficou entre 1 milhão e 1,1 milhão de toneladas, sendo as cultivares Gala e Fuji responsáveis por mais de 95% da produção (ABPM, 2018).

Foi no final da década de 1960 que o Brasil, então importador de maçãs, teve seu primeiro pomar implantado (KIST et al., 2015, p. 14-15). A partir daí, a produção aumentou significativamente, gerando um volume considerável de frutos descartados no processo de classificação para o consumo *in natura*. Esses são frutos com tamanho inapropriado, manchas e deformações que não alteram sua composição química, sendo, portanto, aptos para a produção de derivados, como a sidra (LAZZAROTTO et al., 2012, p. 1).

Diferente de países europeus, onde existem cultivares específicos e adequados para o processamento de sidra, no Brasil os cultivares Gala e Fuji são os mais utilizados devido ao grande volume de produção. Em países como França, Inglaterra e Espanha, os cultivares destinados à elaboração de sidra diferem daqueles para o consumo *in natura* pela riqueza em polifenóis, que são os compostos que conferem corpo à bebida, bem como as sensações de amargor e adstringência, característicos da sidra francesa, a qual geralmente é obtida por *assemblage* de cultivares. Essa mistura de cultivares para a elaboração da sidra nesses países é baseada nas contribuições que cada um poderá fornecer às características desejadas ao produto final, principalmente relacionadas à cor e ao sabor. As variedades de maçã para a elaboração de sidra na França são classificadas em amargas, doce-amargas, doces e ácidas, sendo que a combinação destas em diferentes proporções resulta em produtos de características distintas, como sidra *standard*, sidra ácida, sidra amarga e sidra *rond* (redonda) (BAUDUIN, 2006, p.12; LEROUX; PERRON, 2009, p. 22). Diferente das sidras europeias, a também renomada sidra do Québec (*cidre du Québec*) em geral é elaborada a partir dos mesmos cultivares que são destinados ao consumo *in natura*, as chamadas maçãs de mesa. Assim, destacam-se a Gala e alguns de seus clones devido ao seu alto potencial aromático e sua elevada concentração de açúcares. Porém, da mesma forma que nos países europeus, no Québec os cultivares de maçã são rigorosamente selecionados em função de suas características para a obtenção de uma bebida de alta qualidade, e muitas vezes típica de determinada região, com sabor, cor e aroma únicos (LEROUX; PERRON, 2009, p. 21-25).

Os frutos dos cultivares Gala e Fuji, produzidos em larga escala no Brasil e empregadas na elaboração de sidra, como já mencionado, são aqueles impróprios para o consumo *in natura*. Muitas vezes chegam a apresentar problemas fitossanitários e defeitos que consistem em porta de entrada para microrganismos. Nesse sentido, alguns autores estimam que microrganismos e toxinas, como a patulina, seriam eliminados no processamento da sidra (SILVA, 2004, p. 5), logo não seria um problema o uso de frutos com esses defeitos. Esses cultivares são considerados doces e de fraco potencial para industrialização, por apresentarem reduzida acidez e baixos teores de compostos fenólicos (PAGANINI et al., 2004; VIEIRA et al., 2011). Esses são alguns fatores que explicam a baixa qualidade da sidra brasileira (LAZZAROTTO et al., 2012, p. 1).

Em relação ao momento ótimo de colheita, é importante que os frutos estejam maduros, principalmente se o processamento for imediato. Isso porque, com o avanço da maturação, o amido é convertido em açúcares fermentescíveis. No caso dos cultivares nos quais não acontece a regressão completa do amido antes da colheita, estes devem ser armazenados para terminarem o processo e alcançarem o máximo de açúcares fermentescíveis. Porém, embora o principal parâmetro de colheita seja a regressão do amido (Figura 3.1), que deverá ser completa, outros fatores, como a firmeza de polpa, também devem ser levados em consideração (BAUDUIN, 2006, p. 15). A firmeza da polpa é dependente das alterações da parede celular dos frutos e diminui consideravelmente durante o amadurecimento, devido à quebra dos polissacarídeos que compõem a parede celular, principalmente a pectina. Na maçã, substancial perda de firmeza de polpa é observada mesmo após a colheita (GIRARDI et al., 2015, p. 3). Além de tornar os frutos mais suscetíveis ao ataque de patógenos, uma firmeza de polpa muito baixa é indesejada para o processamento da sidra, pois frutos muito moles tendem a formar uma espécie de purê no momento da prensagem, o que pode ocasionar significativa queda no rendimento da extração (BAUDUIN, 2006, p. 14). Dessa forma, é preciso levar em consideração que, se os frutos forem armazenados por longos períodos antes do processamento, eles deverão ser colhidos em estádio de maturação menos avançado, com maior firmeza de polpa e acidez. Nesse caso, a regressão do amido só será completa durante o armazenamento. Em relação à acidez mais elevada nos frutos colhidos em estádio menos avançado de maturação, esta pode ser desejável na obtenção de mais frescor no produto final.

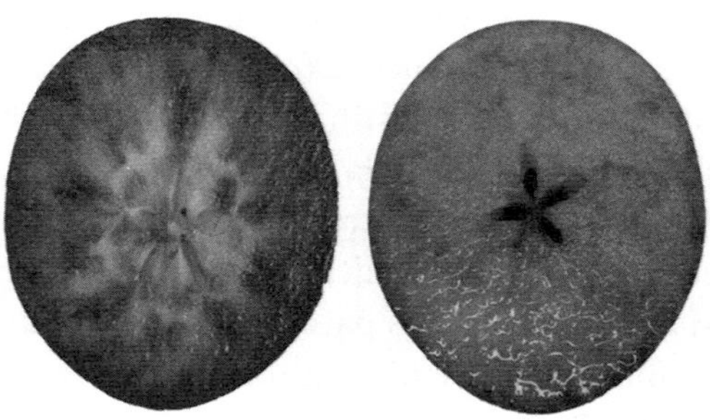

Figura 3.1 Maçãs Gala submetidas ao teste de regressão do amido. Esquerda: início da regressão do amido. Direita: regressão completa, com o amido convertido em açúcares.

Na França, é uma prática comum deixar os frutos destinados à produção de sidra amadurecerem completamente na árvore até a queda, sendo então recolhidos do chão. O contato dos frutos com o solo é prejudicial devido aos microrganismos presentes neste, que podem infectar os frutos, comprometendo sua qualidade fitossanitária. Assim, atualmente é recomendada a colheita dos frutos quando estes ainda estão anexos à árvore, ou o uso de receptáculos, que evitam o contato do fruto com o solo (BAUDUIN, 2011).

3.2.2 ÁGUA

Como na elaboração das demais bebidas, a água destinada à produção da sidra brasileira deverá atender ao padrão oficial de potabilidade (BRASIL, 2009). Antes da utilização da água, esta deve ser analisada quanto a coloração, turbidez, dureza, pH, alcalinidade, odor e sabor. Além disso, deve-se proceder a análises microbiológicas, para definir o tipo de tratamento a ser empregado.

3.2.3 LEVEDURA

A fermentação que ocorre durante o processo de elaboração da sidra é resultado do metabolismo de diferentes microrganismos, representados principalmente por leveduras. Como será discutido na próxima seção, a fermentação da sidra pode ocorrer em duas etapas, a fermentação principal (oxidativa + alcóolica) e a fermentação malolática (maturação). De acordo com o processamento utilizado, a fermentação principal do suco de maçã pode ser feita a partir da microbiota natural ou adicionando-se leveduras puras e selecionadas. As diferentes espécies microbianas envolvidas na fermentação vão determinar o sabor da sidra (VALLES et al., 2007).

Dentre os microrganismos encontrados no mosto de maçã, podem-se destacar as leveduras *Saccharomyces cerevisiae* var. *uvarum*, *Hanseniaspora valbyensis*, *Kloeckera apiculata*, *Torulopsis* spp., *Metschnikowia pulcherrima*, *Pichia* spp., *Hansenula* spp. e *Brettanomyces* spp., as bactérias ácido-láticas *Oenococcus oeni*, *Leuconostoc* spp., *Lactobacillus* spp. e *Pediococcus* spp., além de algumas bactérias ácido-acéticas como *Acetobacter aceti* e *Gluconobacter oxydans* (MICHEL; BIZEAU; DRILLEAU, 1988).

Durante o estágio inicial da fermentação principal (oxidativa) ocorre o crescimento de leveduras com baixa ação fermentativa, como as pertencentes aos gêneros *Kloeckera*, *Candida*, *Pichia*, *Hansenula*, *Hanseniaspora* e *Metschnikowia*. Na fermentação alcóolica, as leveduras oxidativas são substituídas por leveduras fermentativas como a *Saccharomyces cerevisiae* var. *uvarum* (NOGUEIRA, 2003; VALLES et al., 2007). As leveduras que atuam na fermentação oxidativa (não *Saccharomyces*) são responsáveis pelos aromas frutados e florais e pela clarificação do mosto por flotação, com liberação de CO_2, enquanto as leveduras que atuam na fermentação alcóolica (*Saccharomyces*) transformam o açúcar em álcool (NOGUEIRA, 2003; DIERINGS, 2008).

O aumento na concentração de etanol pode ser obtido pela substituição de leveduras não *Saccharomyces* por leveduras *Saccharomyces* (PINA et al., 2004). O tempo de ação de leveduras não *Saccharomyces* varia em função de espécie, estirpe, população inicial, disponibilidade de O_2, temperatura e pH (CIANI; FATICHENTI, 1998). É interessante ressaltar ainda que o processo de sulfitagem, comum no processamento da sidra brasileira, inibe o crescimento desses microrganismos.

Na fermentação alcóolica, leveduras *Saccharomyces* assimilam prontamente açúcares simples como glicose e frutose e apresentam atividade invertásica, convertendo sacarose em glicose e frutose (MARC, 1982). Leveduras naturais do gênero *Saccharomyces* estão presentes no mosto, no entanto, a utilização de estirpes isoladas de *Saccharomyces cerevisiae* é uma estratégia interessante para manter a qualidade de bebidas fermentadas. Assim, as leveduras locais selecionadas são mais competitivas devido à aclimatação às condições ambientais, controle da fermentação, preservação da contribuição positiva das leveduras selvagens/naturais e manutenção das propriedades sensoriais típicas da região (VALLES, 2008).

Após a fermentação alcoólica tem início a fermentação malolática, processo microbiológico responsável por redução da acidez, estabilidade microbiológica e melhoramento das características sensoriais, como o aumento no *flavor* (VERSARI; PARPINELLO; CATTANEO, 1999). A *Oenococcus oeni* é uma das bactérias mais tolerantes às condições de fermentação malolática, ou seja, tolera ambiente com baixo pH, baixa temperatura, alto nível de SO_2 e presença de etanol, além das interações antagônicas com as leveduras *Saccharomyces*. Nessa etapa também estão presentes bactérias pertencentes aos gêneros *Pediococcus* e *Lactobacillus* (DIERINGS, 2008), porém em menores populações.

3.3 PROCESSAMENTO

O processamento da sidra, como já mencionado, varia de acordo com o país, bem como com as características desejadas no produto final. Além da qualidade da matéria-prima, que já foi discutida em seção anterior, algumas etapas do processamento também contribuem para a obtenção de produtos com diferentes características. Embora sejam os processos fermentativos as principais etapas que influenciam no tipo de produto final, outros métodos também podem variar, por exemplo, a obtenção do mosto. O grau alcoólico é outro fator que varia entre os diferentes tipos de sidra. Assim, no Brasil, as sidras podem apresentar graduação alcoólica variando de 4% a 8% (BRASIL, 2012), porém em outros países podem ser encontradas sidras com grau alcoólico de até 20%, as chamadas sidras aperitivo. Nestas, a alta graduação alcóolica é resultado unicamente da fermentação ou de fermentação + adição de álcool (LEROUX; PERRON, 2009, p. 28). O grau alcoólico é parâmetro que classifica as sidras francesas em quatro grandes grupos: doces (bebida leve, com menos de 3% em álcool), *demi-sec* (bebida equilibrada, com grau alcoólico em torno de 4%), *brut* (encorpada e refrescante, com graduação alcoólica em torno de 5%) e seca ou tradicional, com mais de 5% em álcool (SZKARADEK et al., 2014, p. 26).

Em relação à obtenção do mosto, um produto que vem ganhando destaque é a *cidre de glace*, do Québec. Esta bebida de caráter licoroso é um produto nobre e pode apresentar até 13% de álcool. O inverno rigoroso do Québec é um aliado no processo de elaboração desse tipo de sidra, que é obtido pela fermentação de um mosto concentrado. Essa concentração do mosto é obtida por etapas de crioconcentração ou crioextração. A primeira consiste em manter o suco de maçã no frio (parte externa das unidades processadoras), passando por ciclos sucessivos de congelamento e descongelamento durante meses até finalmente congelar, permitindo a separação da água e do açúcar, sendo obtido um xarope de maçã rico em açúcares e aromas. A crioextração, por sua vez, consiste em prensar maçãs congeladas em temperaturas entre –6 e –12 °C. Nesse caso, as maçãs podem já ser colhidas congeladas, ou colhidas, armazenadas e, depois, congeladas naturalmente (exterior) (LEROUX; PERRON, 2009, p. 35-36).

As sidras também se diferenciam em relação à presença e/ou ao método de obtenção de gás carbônico (CO_2), existindo as sidras tranquilas (sem gás) e as sidras espumantes ou efervescentes (LEROUX; PERRON, 2009, p. 33-34). Essas últimas podem ser elaboradas por gaseificação artificial (carbonatação) ou natural. Na gaseificação natural, o CO_2 é obtido por fermentação, que pode ser em tanques (método *charmat*) ou dentro das garrafas (método *champenoise*) (SAVI, 2014). Esses métodos serão discutidos em maiores detalhes na seção "Gaseificação e engarrafamento".

Como já mencionado, a sidra francesa é considerada a melhor do mundo (SILVA, 2004). Então, nas seções seguintes serão abordadas as etapas mais comuns de processamento de sidra no Brasil e na França. A Figura 3.2 apresenta de forma resumida esses dois tipos de processamento.

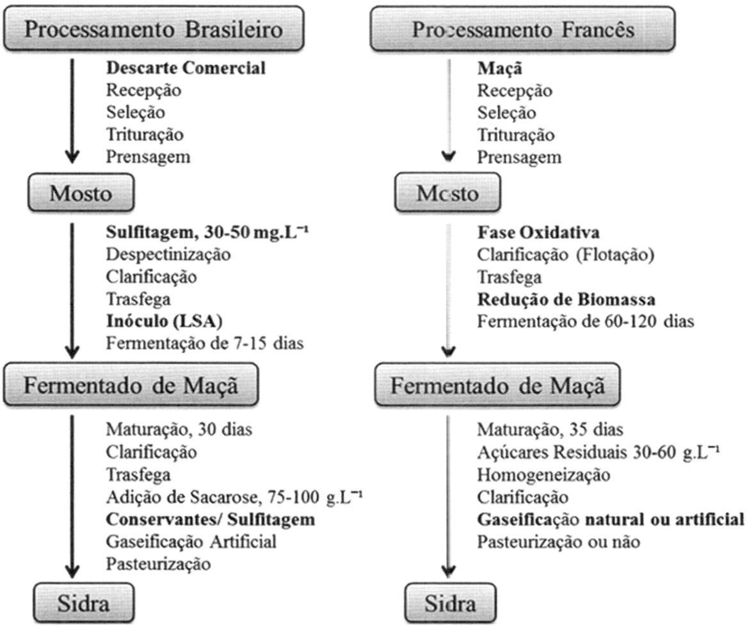

Figura 3.2 Fluxogramas de processamento de sidra no Brasil e na França.

Fonte: adaptada de Nogueira e Wosiacki (2010, p. 116).

3.3.1 OBTENÇÃO DO MOSTO

De modo geral, a obtenção do mosto compreende as etapas de recepção dos frutos, lavagem e seleção destes, desintegração dos tecidos e prensagem (NOGUEIRA; WOSIACKI, 2010, p. 122; BAUDUIN, 2006, p. 14-23).

A etapa de lavagem tem como objetivo retirar as impurezas mais grosseiras, como terra, pedras e outras sujidades provenientes da colheita. Pode ser feita por imersão em tanques ou por aspersão, sempre com água potável (BAUDUIN, 2006, p. 17; SILVA, 2004). Quando realizada em tanques, uma agitação facilita o desprendimento das sujidades, que descem para o fundo do tanque, juntamente com os frutos que apresentam podridões. Os frutos limpos e sãos, por sua vez, flutuam na superfície. Após a lavagem, uma seleção dos frutos é feita, sendo indicado descartar aqueles com sinais de podridão, os quais, entre outros prejuízos, conferem sabor indesejável ao produto final (Figura 3.3) (BAUDUIN, 2006, p.18). No Brasil, as maçãs impróprias para consumo *in natura* (ou seja, destinadas à elaboração de sidra) são conduzidas às unidades processadoras, lavadas por aspersão e diretamente enviadas para a trituração em moinhos (SILVA, 2004).

A próxima etapa, que consiste na desintegração dos tecidos, tem por objetivo a quebra das paredes celulares, facilitando a extração do mosto na etapa seguinte, a prensagem (BAUDUIN, 2006, p. 18). Outro objetivo é acelerar a extração de compostos fenólicos presentes na casca da maçã. Pode ser feita por moagem em moinhos tipo martelo ou por trituração. Os trituradores podem ser constituídos de raladores ou facas, contra os quais os frutos são projetados, ou por moinhos de rolos dentados ou engrenagens que giram em sentido inverso um ao outro (SAVI, 2014; BAUDUIN, 2006, p. 18). Independentemente do equipamento que será utilizado, é importante que forneça uma massa suficientemente fina e regular (Figura 3.3), sem transformar os frutos em um purê, o que também depende da firmeza de polpa dos frutos, como já discutido anteriormente (BAUDUIN, 2006, p. 18).

No Brasil, a sidra vem sendo elaborada da mesma maneira desde 1970, quando o processo foi adequado para assemelhar-se ao dos vinhos brancos frisantes ou espumantes. Por isso, a cor formada pelo escurecimento enzimático é eliminada mediante adição de metabissulfito de potássio durante a trituração (SAVI, 2014). Já na França, onde a sidra apresenta características próprias, a formação de cor é desejável. Assim, uma etapa chamada de *cuvage* pode ser acrescentada ao processamento, entre a trituração e a prensagem. A *cuvage* consiste em deixar a massa triturada em contato com o O_2 atmosférico. Ocorre em tanques e pode durar de 2 a 8 horas, de acordo com a temperatura ambiente, sendo que, quanto mais elevada, menor o tempo de *cuvage*. Tem como objetivo escurecer a massa triturada para um consequente aumento de coloração no mosto. Esse escurecimento é resultado da oxidação de polifenóis catalisada pela enzima polifenoloxidase, liberada durante a trituração, quando os polifenóis também são liberados. Essa etapa, apesar de apresentar vantagens na elaboração da sidra francesa, não é obrigatória, e deve-se ter o cuidado de só a realizar quando os frutos forem sãos e o processamento ocorrer em ótimas condições de higiene e sanidade tanto da matéria-prima quanto dos equipamentos. Caso contrário, o contato com o O_2 promoverá o desenvolvimento de bactérias acéticas que causam um indesejável sabor à bebida (BAUDUIN, 2006, p. 19).

Além disso, durante a etapa de desintegração dos tecidos por maceração ou trituração, enzimas comerciais contendo pectinases e celulases podem ser adicionadas à massa com o intuito de diminuir a rigidez da parede celular, o que aumenta o rendimento do mosto (SAVI, 2014).

Por fim, a prensagem é realizada comprimindo a massa triturada utilizando-se de uma prensa contra um elemento que permita a drenagem e a evacuação do mosto. Os tipos de prensa se diferenciam pelo sistema de pressão (parafuso central, cilindro, haste, rolos etc.), pela energia utilizada (manual, hidráulica ou elétrica) e pela natureza do elemento drenante (tela e/ou grade) (BAUDUIN, 2006, p. 19-23). Prensas de pistão ou de esteira também podem ser utilizadas nesta etapa (SILVA, 2004). Na Figura 3.3 estão apresentadas as etapas de lavagem, trituração e prensagem, sendo essa última realizada em sistema de rolos contra uma tela como elemento drenante.

Figura 3.3 Etapas da elaboração do mosto. A) maçãs sendo lavadas (imersão e aspersão) e encaminhadas para o triturador; B) prensagem com rolos; C) massa triturada sendo prensada contra o material drenante; e D) recuperação do mosto.

3.3.2 FERMENTAÇÃO

Dependendo do processamento utilizado (sidra brasileira ou sidra francesa), o mosto é submetido a diferentes tratamentos visando à obtenção de fermentado de maçã. O processo fermentativo pode ocorrer em duas etapas, a fermentação principal, que compreende as fermentações oxidativa e alcoólica, e a fermentação malolática (SAVI, 2014).

Na obtenção da sidra francesa, a fermentação principal inicia com a fermentação oxidativa, responsável pela produção de aromas frutais e florais. Essa etapa corresponde a um estágio prévio à produção de álcool, e é realizada por leveduras não *Saccharomyces* encontradas na microbiota selvagem presente nas frutas, as quais participam do processo de clarificação por flotação por meio da produção de CO_2. A fermentação oxidativa tem duração de 5 a 15 dias, com consumo de aproximadamente 10 g.L^{-1} de açúcares (DIERINGS, 2008).

O processo utilizado para a elaboração da sidra brasileira envolve a utilização de anidro sulfuroso, SO_2 (sulfitagem), o qual apresenta ação antisséptica sobre a microbiota selvagem (DIERINGS, 2008), impedindo que a fermentação oxidativa ocorra, resultando em sidra com aroma neutro ou pouco típico. O SO_2 é utilizado em função das suas propriedades antisséptica, antioxidante e antioxidásica. A concentração de SO_2 varia de 30-50 mg.L^{-1}, não devendo ser utilizado em excesso para não prejudicar a qualidade final do produto (HERRERO; GARCIA; DÍAZ, 2003; SAVI, 2014).

A pectina, juntamente com outros compostos de parede celular, apresenta a capacidade de se ligar a pigmentos derivados da oxidação dos compostos fenólicos, resultando em um produto escurecido. Para evitar esse problema, a sidra brasileira é submetida ao processo de despectinização, que envolve reações de hidrólise enzimática e betaeliminação, as quais resultam na redução de tamanho e na descaracterização dos polissacarídeos como substâncias coloidais (CARVALHO et al., 2011).

Após a despectinização, o mosto é clarificado e trasfegado. As etapas de clarificação e trasfega do mosto são realizadas em ambos os processamentos (sidra francesa e sidra brasileira). A clarificação é feita por flotação ou colagem. O método de flotação é o mais utilizado, e tem como princípio a ação de desmetoxilação das substâncias pécticas pelo sistema pectinolítico da matéria-prima ou pela adição de enzimas comerciais, que promovem modificações estruturais, causando uma geleificação (NOGUEIRA; WOSIACKI, 2010, p. 123). O gel formado prende partículas de polpa, leveduras e bactérias. Quando a fermentação oxidativa ocorre, a formação de CO_2 diminui a densidade do gel, fazendo com que ele suba à superfície formando uma espuma marrom chamada de chapéu marrom (NOGUEIRA, 1998). Para que seja possível visualizar o chapéu marrom, esse procedimento deve ser feito em tanques transparentes. Além disso, são preferidos tanques verticais (mais altos do que largos), para que o chapéu fique mais compacto e resistente (Figura 3.4) (BAUDUIN, 2006, p. 29). Após a formação do chapéu e da borra, o mosto clarificado é retirado do tanque por meio de uma válvula colocada logo acima da borra ou de uma bomba de baixo fluxo, para não aspirar a borra. A utilização de canos transparentes permite controlar que o mosto em passagem esteja bem límpido. A trasfega é interrompida quando ocorre a aspiração de borra ou chapéu (Figura 3.4) (BAUDUIN, 2006, p. 30). A formação de chapéu marrom não ocorre no processamento da sidra brasileira, já que ela passa pela etapa de sulfitagem.

Após clarificação, o mosto é trasfegado para tanques de aço inox onde ocorrerá a fermentação alcóolica. Na sidra brasileira a fermentação alcóolica é iniciada com inoculação de leveduras puras selecionadas secas e ativas (LSA), que devem ser reativadas durante 15 a 20 minutos em água ou mosto na temperatura de 38 a 40 °C. Essas linhagens de *Saccharomyces cerevisiae* devem apresentar rápida fermentação, capacidade de concluir fermentação, poder de sedimentação ao final do processo, tolerância a álcool e SO_2, ação sobre bactérias malolácticas, entre outras características. A fermentação ocorre de forma rápida (7-15 dias) e total (consumo total de açúcares), com formação de aroma de fermento, resultando em grande intensidade de aroma indesejável ao final da fermentação (SAVI, 2014).

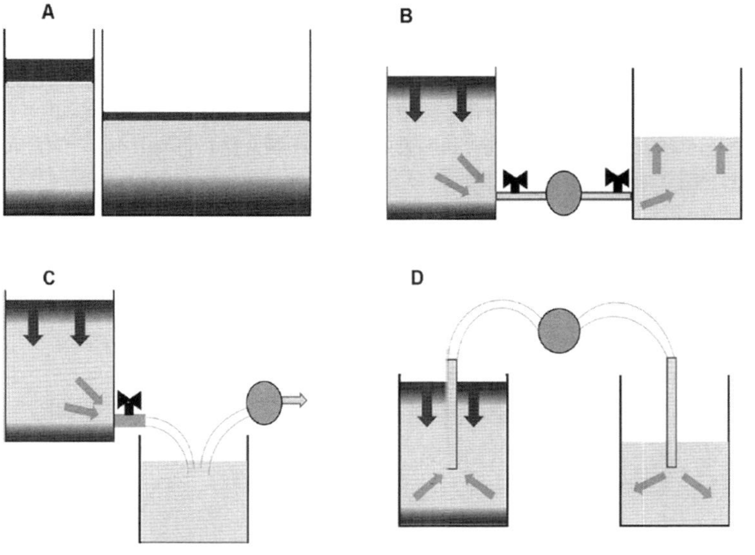

Figura 3.4 Representação esquemática do processo de clarificação da sidra: A) influência da utilização de tanque vertical mais alto do que largo e mais largo do que alto na formação do chapéu marrom; B, C e D) diferentes sistemas de trasfega.

Fonte: adaptada de Bauduin (2006, p. 31).

Na sidra francesa, a fermentação é conduzida pela microbiota endógena. Durante esse processo há uma redução da biomassa para que o processo ocorra de forma lenta (60-120 dias), com manutenção de açúcares residuais, visando a um produto de maior qualidade sensorial. A obtenção de uma sidra que ainda conserve uma parte dos açúcares até o engarrafamento permite equilibrar o sabor. Esse açúcar residual atenua as sensações bucais de acidez agressiva e amargor. No conceito francês, para se obter sucesso na fermentação, ela deverá ser interrompida antes do consumo total de açúcares. Assim, é importante que ocorra a redução da biomassa e de nitrogênio assimilável durante a fermentação, para que posteriormente o produto permaneça estável na garrafa. É desejável também, nesse processo, que a fermentação ocorra de forma lenta para um melhor desenvolvimento dos aromas (MOINET, 2009, p. 104). A redução da velocidade de fermentação pode ser obtida por diminuição da temperatura, flotação, trasfegas, centrifugações e filtrações (NOGUEIRA; WOSIACKI, 2010, p. 127), sendo as duas últimas as mais eficazes.

Na fermentação alcóolica produzida por *Saccharomyces cerevisiae*, açúcares simples são degradados no interior do citoplasma, e a sacarose é hidrolisada pela invertase presente na membrana plasmática (Figura 3.5) (MARC, 1982). Esse processo visa à produção de energia para a manutenção das funções vitais da levedura e tem como produtos finais etanol, CO_2 e produtos secundários (OETTERER; ALCARDE, 2006, p. 75).

A fermentação ocorre na porção solúvel do citoplasma das leveduras, onde a glicose e a frutose são substratos diretos da glicólise (via de Embden-Meyerhof-Parnas), via bioquímica catalisada por diferentes enzimas cuja função é a fosforilação desses açúcares. Os açúcares fosfatados são transformados em piruvato, que em anaerobiose é orientado para a produção de etanol. A enzima piruvato descarboxilase é responsável pela descarboxilação de piruvato a acetaldeído, o qual é reduzido a etanol pela ação da enzima álcool desidrogenase, formando NAD+ (Figura 3.5) (NOGUEIRA; WOSIACKI, 2010, p. 131).

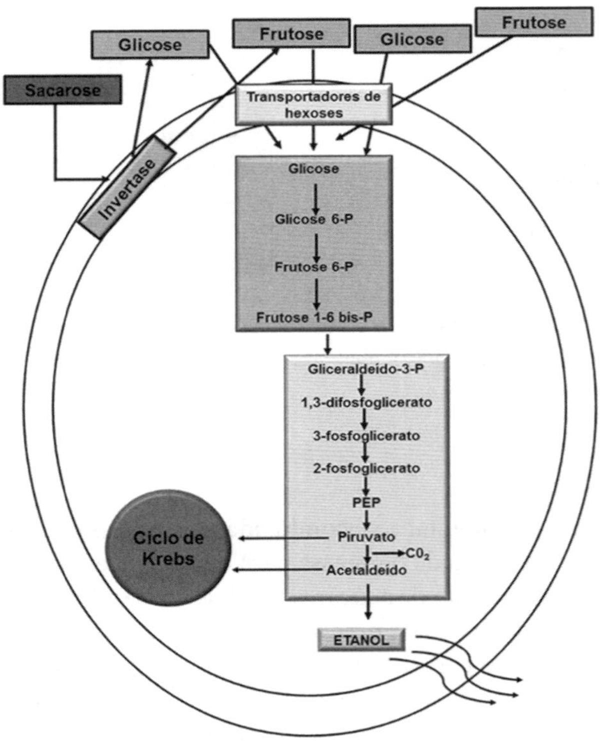

Figura 3.5 Esquema representativo do processo fermentativo em leveduras *Saccharomyces*.

Fonte: adaptada de Nogueira e Wosiacki (2010, p. 130).

Além dos carboidratos, os compostos nitrogenados presentes no mosto são essenciais para o crescimento e o metabolismo das leveduras, e a falta desses compostos é uma das causas da fermentação lenta e, em alguns casos, da interrupção do processo (ALBERTI, 2011). Por outro lado, o excesso de nitrogênio pode levar a um aumento na população de leveduras, podendo prejudicar o processo fermentativo. Dessa forma, é importante fazer um controle da concentração de nitrogênio no mosto e, quando esta não estiver dentro dos limites considerados normais (75 a 155 mg.L^{-1}) (NOGUEIRA; WOSIACKI, 2010, p. 132), pode-se adicionar nitrogênio ou proceder à mistura de mostos com diferentes concentrações desse nutriente.

Apesar de pertencerem ao grupo de leveduras anaeróbias facultativas, *Saccharomyces cerevisiae* necessitam de baixas concentrações de O_2 (10 mg.L^{-1}) para se reproduzir e produzir energia. O O_2 é necessário para a síntese de esteróis e ácidos graxos insaturados (fatores de crescimento em anaerobiose) essenciais para a integridade da membrana plasmática. Adicionalmente, o O_2 é utilizado na via respiratória das leveduras, a qual é necessária para manutenção e multiplicação destas (NOGUEIRA; WOSIACKI, 2010, p. 134-135). Além de influenciar na atividade biológica das leveduras, o O_2 tem ação química e bioquímica sobre o mosto. Como mencionado anteriormente, na presença de O_2 enzimas polifenoloxidases endógenas oxidam os compostos fenólicos presentes no mosto de maçã em compostos escuros (ALBERTI, 2011).

Fatores como temperatura, pH e concentração de etanol também apresentam grande influência no metabolismo das leveduras e, consequentemente, no processo fermentativo. A temperatura influencia a permeabilidade da membrana das leveduras, ou seja, altas temperaturas resultam no aumento da permeabilidade da membrana, e temperaturas mais baixas resultam em diminuição desta (FAIRBAIRN, 2012). Leveduras com menor permeabilidade na membrana são menos suscetíveis ao etanol, porém apresentam maior dificuldade no transporte de nutrientes essenciais, levando a um declínio na atividade metabólica (fermentação lenta) (ANGIOLETTO, 2013). Dessa forma, quando o processo fermentativo é conduzido em temperaturas abaixo de 15 °C, tem-se fermentação lenta e, como consequência, um produto mais aromático, além da formação de pequenas e desejáveis bolhas chamadas tecnicamente de *perlage* (NOGUEIRA, 2003; CORTÉS et al., 2010).

O pH tem influência no controle de microrganismos contaminantes, no crescimento das leveduras, na velocidade da fermentação e na formação de subprodutos. Um baixo valor de pH durante a fermentação pode auxiliar no controle da contaminação bacteriana, uma vez que bactérias láticas se desenvolvem em pH na faixa de 6,0 e leveduras *Saccharomyces cerevisiae* apresentam um bom rendimento na produção alcoólica em pH acima de 3,8 (ANGIOLETTO, 2013).

O aumento na concentração de etanol durante a fermentação resulta em estresse químico para as leveduras. A prevalência de leveduras *Saccharomyces* durante a fermentação de suco de maçã se deve à tolerância dessas leveduras à alta concentração de etanol, o que está associado à capacidade das células de modificar a composição lipídica da membrana plasmática para responder ao efeito do etanol (PINA et al., 2004).

Após a fermentação alcóolica é feita a maturação, também conhecida como fermentação secundária ou fermentação malolática. Essa etapa é realizada tanto no processamento da sidra brasileira quanto no da sidra francesa. Nessa fase, bactérias pertencentes ao gênero *Oenococcus*, principalmente *Oenococcus oeni*, fazem a conversão do ácido L-málico em ácido L-lático por meio de uma reação de descarboxilação (LIU, 2002; DIERINGS, 2008), resultando na desacidificação da sidra, deixando o produto menos agressivo ao paladar. A fermentação malolática é iniciada quando a população de bactérias encontra-se em aproximadamente 10^6 ufc.mL^{-1} (VERSARI; PARPINELLO; CATTANEO, 1999), sendo inibida ou retardada com populações menores (REMIZE et al., 2006).

A fermentação malolática tem atividade máxima em temperatura de 20 a 25 °C, e a velocidade de conversão do ácido L-málico em ácido L-lático é máxima em pH menor que 4,5. Em condições francesas, a fermentação malolática pode durar de 3 a 6 meses, com consumo limitado de açúcares (2 a 4 g.L^{-1} ao mês), em meio que contém 30 a 50 g.L^{-1} de açúcares, teor alcóolico de 2% a 3%, pH entre 3,8 e 4,2 e presença de microbiota complexa. O controle de bactérias maloláticas pode ser feito pela adição de SO_2, cuja concentração varia de acordo com o pH do meio (DIERINGS, 2008).

3.3.3 GASEIFICAÇÃO E ENGARRAFAMENTO

Após a etapa de fermentação, a sidra base perde sua leve refrescância, a qual é recuperada pela gaseificação, que pode ser artificial ou natural (BAUDUIN, 2006, p. 43; LEROUX; PERRON, 2009, p. 29; SAVI, 2014). É importante lembrar que as sidras denominadas tranquilas não passam pelo processo de gaseificação (LEROUX; PERRON, 2009, p. 33). No Brasil, é realizada a gaseificação artificial, chamada de carbonatação, que é feita no momento do engarrafamento (SAVI, 2014). O processo ocorre em equipamentos chamados saturadores, e a concentração de CO_2 chega a 5 g.L^{-1} no produto final (NOGUEIRA; WOSIACKI, 2010, p. 138). Porém, quando o processo é artificial, a perda de CO_2 ocorre mais rapidamente (SAVI, 2014). Na gaseificação natural, a formação de CO_2 se dá por fermentação, podendo ser pelos métodos *charmat* ou *champenoise*. O primeiro consiste na fermentação da sidra base em tanques fechados que suportem a pressão do CO_2 (Figura 3.6A). No segundo método, a fermentação ocorre quando o produto já está engarrafado. Nesse processo, uma mistura de leveduras e açúcar é adicionada às garrafas contendo a sidra base. As garrafas são então fechadas com tampa corona (semelhantes às de cerveja) e mantidas em temperatura de 12 a 14 °C por cerca de 1 a 3 meses, dependendo da temperatura e do grau alcoólico da sidra base utilizada (Figura 3.6B). Nesse período ocorrerá a fermentação e a consequente formação de CO_2, que ficará aprisionado nas garrafas. Passado esse período, observa-se um depósito formado pelas leveduras, o que nem sempre é desejável que permaneça no produto (SAVI, 2014). Assim, alguns autores classificam os métodos de gaseificação natural em três tipos em vez de dois. Nessa classificação estão incluídos o método *charmat*, como já explicado, o *champenoise*, como processo idêntico ao que é realizado na elaboração dos vinhos espumantes, ou seja, fermentação na garrafa com posterior eliminação da levedura, e o método clássico, semelhante ao *champenoise*, porém sem retirar as leveduras da garrafa (LEROUX; PERRON, 2009, p. 29). Esse último é o comumente utilizado na França (BAUDUIN, 2006, p. 48). No caso em que as leveduras são retiradas, após o período de fermentação as garrafas são dispostas de forma inclinada para que as leveduras sejam conduzidas para o bico (Figura 3.6). Essa inclinação é aumentada progressivamente ao longo do tempo por meio do processo de *remuage*, que consiste em, diariamente, proceder a uma rotação nas garrafas dispondo-as cada vez mais inclinadas, até ficarem em uma posição vertical, com a tampa voltada para baixo. Depois disso, os bicos das garrafas são imersos em uma solução hidroalcóolica a –20 °C por aproximadamente 5 minutos. Em seguida, com o bico voltado para cima, é retirada a tampa e a pressão presente no líquido expulsa o depósito congelado contendo as leveduras. Se necessário, é adicionado o "licor de expedição", o volume da garrafa é uniformizado e adiciona-se a nova tampa. Esse método é utilizado na Espanha para a elaboração da sidra das Astúrias, e no Brasil é empregado na produção de vinhos espumantes (SAVI, 2014).

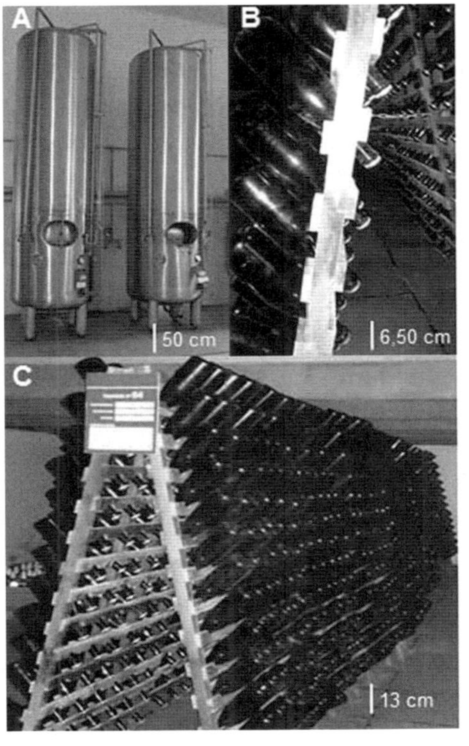

Figura 3.6 Gaseificação natural. A) Tanques utilizados na formação do CO_2 pelo método *charmat*; B e C) garrafas dispostas de forma inclinada durante a gaseificação natural pelo método *champenoise*.

Na produção da sidra francesa pelos métodos *champenoise* ou clássico, nem sempre as leveduras são adicionadas às garrafas. Em alguns casos, a fermentação é feita por leveduras provenientes da própria sidra base que sobreviveram aos processos de clarificação, as chamadas leveduras selvagens. Já nos casos em que são adicionadas LSA, estas são acrescentadas à sidra base antes do engarrafamento. Nesse caso, anteriormente à adição das leveduras a sidra é filtrada a fim de eliminar a flora selvagem (leveduras e bactérias). A adição de açúcar não acontece, pois a fermentação alcoólica da sidra francesa não esgota os açúcares, como já mencionado anteriormente (BAUDUIN, 2006, p. 43).

Para se obter a efervescência desejada, a pressão obtida pela formação de CO_2 deve ser de 2 a 4 atm a 10 °C. Abaixo desse valor o produto será fracamente efervescente, e acima ocorrerão problemas de transbordamento da bebida na abertura da garrafa, sendo que, em casos extremos, pode ocorrer a explosão da garrafa (BAUDUIN, 2006, p. 43). Na legislação brasileira é recomendada uma pressão de CO_2 de 2 a 3 atm no produto final.

As garrafas para o acondicionamento final da sidra devem ser devidamente higienizadas para não representarem perigo de contaminação por microrganismos deteriorantes. Elas podem ser previamente tratadas com solução de SO_2 a 500 $mg.L^{-1}$ por algumas horas (BAUDUIN, 2006, p. 47). Quando a gaseificação é natural em garrafas (métodos *champenoise* ou clássico), não existe necessidade de equipamento específico de enchimento destas. Porém, no caso da gaseificação artificial, são utilizadas máquinas chamadas de *tireuses* isobáricas, com ou sem ajuste do nível de gás carbônico. Nesse processo, o líquido em baixa temperatura é mantido em pressão superior à pressão de saturação para evitar a perda de gás e a formação de espuma durante a transferência do líquido para a garrafa. Primeiramente, a garrafa é colocada sob pressão para então o líquido ser transvasado para o seu interior, no momento em que a pressão da garrafa é a mesma do reservatório. Depois, a sidra é fechada e rotulada, estando pronta para a comercialização (NOGUEIRA; WOSIACKI, 2010, p. 137). É importante que seja deixado um espaço livre de 2 a 3 cm de altura entre a tampa e a bebida para o caso de ocorrer dilatação da sidra devido às variações de temperatura às quais ela poderá ser submetida antes do consumo (BAUDUIN, 2006, p. 47). As tampas podem ser de diferentes tipos, como mecânicas em porcelana, plástico, cortiça e cápsulas metálicas, sendo que, na Europa, a mais comum é a rolha de cortiça e, no Brasil, a rolha de plástico, ambas possuindo uma gaiola de metal com a função de fixá-las e de fornecer segurança em relação aos problemas que podem ocorrer devido à alta pressão interna (NOGUEIRA; WOSIACKI, 2010, p. 138; BAUDUIN, 2006, p. 48).

Uma vez terminado o processamento e o envase, as garrafas devem ser armazenadas em local fresco a uma temperatura inferior a 15 °C. Elas podem ser mantidas em pé ou deitadas, sendo que o armazenamento em pé apresenta algumas vantagens, como permitir o escape de gás em caso de sobrepressão, evitando a explosão da garrafa. Outra vantagem, aplicável às sidras francesas obtidas pelo método clássico, é o depósito das leveduras no fundo da garrafa, o que, além de melhorar a aparência da bebida, também ajuda a evitar os riscos de transbordamento quando da abertura da garrafa (BAUDUIN, 2006, p. 48).

3.3.4 ESTABILIZAÇÃO MICROBIANA

Na França, geralmente, as linhas de processamento de sidra não apresentam a etapa de pasteurização, mas contam com a adição de SO_2 na forma de metabissulfito de potássio para garantir a proteção do produto contra os microrganismos deteriorantes, principalmente. Essa adição é realizada antes do engarrafamento. Adicionalmente, a incorporação de 10% de maçãs ácidas na formulação da sidra francesa é indicada para reduzir a população bacteriana, que é mais sensível que as leveduras ao meio ácido. A adição de SO_2 é uma maneira de eliminar seletivamente as bactérias, que são mais sensíveis ao SO_2 que as leveduras, não prejudicando assim a produção de gás por fermentação nas garrafas (BAUDUIN, 2006, p. 46, 51).

Além disso, mesmo que alguns autores afirmem que a presença de patulina não persiste na sidra após a fermentação alcoólica (BAUDUIN, 2011; SILVA, 2004), alguns trabalhos já demonstraram a presença da toxina em sidras francesas. A patulina é uma micotoxina produzida por diferentes espécies de fungos, principalmente *Penicillium expansum*, e está relacionada à incidência de câncer no esôfago. Sua presença em três de cinco amostras de sidra francesa artesanal e em uma de cinco amostras de sidra francesa industrial deve-se a algumas práticas de produção, principalmente relacionadas à matéria-prima, já que, como mencionado, muitas vezes os produtores deixam os frutos caírem das árvores para então coletá-los. Esse contato com o solo aumenta a possibilidade de contaminação por fungos produtores da micotoxina. Outro aspecto é que a polpa, muitas vezes, é estocada por horas antes de ser prensada e fermentada, o que acarretaria no crescimento de bolores. Além disso, as fermentações na elaboração da sidra francesa geralmente são conduzidas por leveduras selvagens que são intolerantes ao álcool (STINSON et al., 1978). Estudos posteriores demonstraram que o processo fermentativo por *Saccharomyces cerevisiae* é capaz de degradar de 93% a 99% da toxina inicial (CELLI et al., 2009).

Dessa forma, um maior cuidado com a matéria-prima pode reduzir substancialmente o risco de presença de patulina na sidra.

3.3.5 ROTULAGEM E LEGISLAÇÃO

Após o engarrafamento, a embalagem recebe o rótulo. Os rótulos são elementos indicadores que apresentam informações ao consumidor no momento da compra e, além disso, têm função publicitária. A rotulagem é obrigatória e regulamentada pela legislação brasileira por órgãos como o Ministério da Saúde, que atua por meio da Agência Nacional de Vigilância Sanitária (Anvisa), o Ministério da Agricultura, Pecuária e Abastecimento (Mapa) e o Instituto Nacional de Metrologia, Normalização e Qualidade Industrial (Inmetro).

No rótulo deverá conter o nome empresarial do produtor ou fabricante, do padronizador, do envasilhador ou engarrafador ou do importador; o endereço do produtor ou fabricante, do padronizador, do envasilhador ou engarrafador ou do importador; o número do registro do produto no Mapa; a denominação do produto; a marca comercial; os ingredientes; a expressão: "Indústria Brasileira", por extenso ou abreviada; o conteúdo, expresso na unidade de medida correspondente; a graduação alcoólica, expressa em porcentagem de volume alcoólico; a identificação do lote ou da partida; e a frase de advertência: "Evite o consumo excessivo de álcool" (BRASIL, 2009). Deverá constar ainda a expressão relacionada ao teor de açúcar (seco ou suave); a expressão "gaseificada" (caso seja gaseificada); e as expressões "Sem álcool" e "Pode conter álcool até 0,5% v/v" (caso seja desalcoolizada) (BRASIL, 2012). Além disso, deverá reiterar que a venda e o consumo do produto são indicados apenas para maiores de 18 anos.

Ficam proibidas as expressões artesanal, caseiro, familiar, natural ou 100% natural, *premium*, *extra-premium*, reserva e reserva especial, entre outras. É vedada ainda a menção ao nome da unidade da federação ou da região em que a bebida foi elaborada, exceto quando consistir em indicação geográfica registrada no Instituto Nacional da Propriedade Industrial (BRASIL, 2012).

Além das informações obrigatórias, o produtor deve elaborar um rótulo atraente para o consumidor, transformando-o em uma ferramenta publicitária. Nesse sentido, as cores, os desenhos, o material e o tipo de impressão devem ser levados em consideração. No entanto, por se tratar de produto de consumo restrito e impróprio para determinados públicos e situações, o rótulo deverá ser estruturado de maneira socialmente responsável, sem se afastar da finalidade de difundir marca e características.

A sidra brasileira deve atender aos padrões de identidade e qualidade estabelecidos pela legislação (Tabela 3.1). A água e o açúcar são ingredientes permitidos para a elaboração da bebida, sendo que a água será destinada exclusivamente a padronização do grau Brix do mosto a ser fermentado, redução da graduação alcóolica do produto final ou diluição da matéria-prima concentrada. O açúcar permitido é a sacarose, podendo ser substituído por açúcar invertido, glicose, frutose ou maltose. É permitido o uso de aditivo e coadjuvante de tecnologia de fabricação (BRASIL, 2012).

Tabela 3.1 Padrões de identidade e qualidade da sidra brasileira

Item	Parâmetro	Limite mínimo	Limite máximo	Classificação
1	Acidez total em meq.L^{-1}	50	130	–
2	Acidez volátil em meq.L^{-1}	–	30	–
3	Anidro sulfuroso total em g.L^{-1}	–	0,35	–
4	Cloretos totais em g.L^{-1}	–	0,5	–
5	Extrato seco reduzido em g.L^{-1}	15	–	–
6	Cinzas em g.L^{-1}	1,5	–	–
7	Graduação alcóolica em % v/v a 20 °C	4	8	–
8	Pressão em atm	2	3	Gaseificada
9	Teor de açúcar em g.L^{-1}	–	≤ 20	Seca
		> 20	–	Doce ou suave

Fonte: adaptada de Brasil (2012).

3.3.6 DESORDENS DECORRENTES DE CONTAMINAÇÃO MICROBIANA

A composição do mosto, bem como a temperatura de processamento, facilitam a contaminação bacteriana, resultando em diferentes defeitos. Uma desordem específica da sidra é a *framboisé* ou *sickness*, causada por bactérias *Acetobacter rancens* e *Zymomonas anaerobia* var. *pomacea*. Essa desordem se caracteriza por elevada concentração de acetaldeído e formação de viscosidade branca, acompanhadas por aroma de framboesa, casca de banana ou limão podre (COTON; COTON, 2003).

Microrganismos dos gêneros *Lactobacillus*, *Leuconostoc*, *Pediococcus*, *Streptococcus* e *Oenococcus oeni* encontrados em vinhos e sidras têm sido identificados como causadores de "gordura" (*graisse* ou *ropiness*) em função de produzirem β-1,3-glucano de alto peso molecular a partir de açúcares residuais. Consequentemente, a bebida fica com uma textura viscosa e espessa (BLÄTTEL et al., 2011).

O aumento da população das bactérias láticas (principalmente *Oenococcus oeni*) juntamente com o alto teor de açúcares presentes durante a fermentação malolática podem provocar o aparecimento de "picada lática" (*piqûre lactique*). A ação de *Gluconobacter oxydans* no início da fermentação alcoólica e *Acetobacter aceti* no fim da fermentação malolática são responsáveis pela oxidação do álcool do mosto ou da sidra em ácido acético, processo conhecido como "picada acética". A degradação do glicerol em 3-hidroxipropionaldeído pela ação de *Lactobacillus brevis* e *Lactobacillus colinoides* causa um sabor amargo e desagradável, conhecido como "picada acroleica" (NOGUEIRA; WOSIACKI, 2010, p. 138).

Para evitar o aparecimento dessas desordens são necessários procedimentos de higiene de matéria-prima, manipuladores, utensílios e equipamentos, manejo da temperatura durante o processamento e utilização de SO_2.

3.4 DESAFIOS PARA A OBTENÇÃO DE SIDRA DE ALTA QUALIDADE

Um dos maiores problemas da sidra brasileira está associado à impressão de que é uma bebida alternativa de menor custo para os vinhos espumantes. Como já ressaltado, em outros países a sidra tem a sua própria identidade, sendo um produto tradicional, de qualidade notável e muitas vezes nobre. Nesse sentido, seria interessante a elaboração de uma sidra que resgatasse as características da bebida. Para isso, são necessárias mudanças em todo o processo de produção, desde a seleção da matéria-prima até o engarrafamento. Aliado a essas mudanças, um trabalho de marketing deve ser conduzido para divulgar o produto com um apelo diferente do que vem sendo utilizado para a sidra brasileira atual.

Em relação à matéria-prima, destaca-se a importância da utilização de frutos livres de podridões ou riscos fitossanitários. Embora eles devam apresentar o máximo possível de açúcares fermentescíveis, não podem estar em sobrematuração, quando a firmeza de polpa é muito baixa, o que dificulta a extração do mosto, além de tornar os frutos mais suscetíveis ao ataque microbiano. Outro grande desafio para a sidra brasileira é a falta de cultivares com maior acidez e mais compostos fenólicos. Como já mencionado, utilizar misturas de cultivares com características diferentes é importante para obter sabor, cor e aromas desejáveis e equilibrados. Os cultivares mais disponíveis atualmente no Brasil, Gala e Fuji, apresentam características muito similares com respeito ao alto teor de açúcar e a baixos índices de acidez e compostos fenólicos.

O processo fermentativo também poderia ser adaptado, de modo a obter um produto mais aromático e sem gosto de fermento. Assim, a etapa de sulfitagem que antecede a fermentação alcoólica poderia ser eliminada, visando à manutenção da microbiota selvagem, responsável pela produção de aromas. Mais uma vez, é interessante ressaltar que a sulfitagem foi acrescentada ao processamento da sidra brasileira com o intuito de evitar o escurecimento, para que, assim, a bebida se assemelhasse aos vinhos brancos espumantes.

Por último, uma gaseificação natural incrementaria a qualidade do produto, já que o gás permanece por mais tempo na garrafa quando produzido de maneira natural por fermentação.

Assim, se a qualidade da sidra for incrementada no Brasil, ela terá potencial para alcançar novos mercados e agregar valor ao setor, podendo ser produzida mesmo em pequenas propriedades, de maneira artesanal, como é feito na Europa.

REFERÊNCIAS

ALBERTI, A. *Efeito do nitrogênio e do oxigênio na elaboração de fermentados de maçã.* 2011. 86 p. Dissertação (Mestrado) – Programa de Pós-Graduação em Ciência e Tecnologia de Alimentos, Universidade Estadual de Ponta Grossa, 2011.

ANGIOLETTO, E. *Isolamento e caracterização de leveduras para produção de sidra.* 2013. 105 p. Dissertação (Mestrado) – Programa de Pós-Graduação em Biotecnologia e Biociências, Universidade Federal de Santa Catarina, 2013.

ABPM – Associação Brasileira de Produtores de Maçã. Disponível em: <http://www.abpm.org.br/>. Acesso em: 26 ago. 2015.

BAUDUIN, R. *Guide pratique de la fabrication du cidre.* Sees: Centre Technique des Productions Cidricoles, 2006.

BAUDUIN, R. Incidence des conditions de récolte et de stockage sur la qualité des fruits à transformer et des produits finis (2nde partie sur l'incidence des conditions de récolte et de stockage sur la qualité des moûts et des cidres). *Pomme a Cidre*, Sees, n. 28, p. 1-3, jul. 2011.

BLÄTTEL, V. et al. β-1,3-Glucanase from *Delftia tsuruhatensis* Strain MV01 and its potential application in vinification. *Applied and Environmental Microbiology*, Washington, v. 77, n. 3, p. 983-990, fev. 2011.

BRASIL. Agência Nacional de Vigilância Sanitária. Resolução CNS/MS n. 04, de 24 de novembro de 1988. Aprova a revisão das Tabelas I, III, IV e V referentes a Aditivos Intencionais, bem como os Anexos I, II, III e VII, todas do Decreto n. 55.871, de 26 de março de 1965. *Diário Oficial da União*, Brasília, DF, 19 dez. 1988. Seção 1.

BRASIL. Ministério da Agricultura, Pecuária e Abastecimento. Decreto n. 6.871, de 4 de junho de 2009. Regulamenta a Lei n. 8.918, de 14 de julho de 1994, que dispõe sobre a padronização, a classificação, o registro, a inspeção, a produção e a fiscalização de bebidas. *Diário Oficial da União*, Brasília, DF, 5 jun. 2009. Seção 1.

BRASIL. Ministério da Agricultura, Pecuária e Abastecimento. Instrução Normativa MAPA n. 34, de 29 de novembro de 2012. Estabelece, na forma desta Instrução Normativa e das tabelas 1, 2, 3, 4, 5, 6, 7, 8 e 9 constantes do seu Anexo I, a complementação dos padrões de identidade e qualidade para bebidas fermentadas. *Diário Oficial da União*, Brasília, DF, 30 nov. 2012.

CARVALHO, J. R. et al. Efeito da clarificação com gelatina no teor de compostos fenólicos e na atividade antioxidante de fermentados de maçãs. *Brazilian Journal of Food Technology*, Campinas, v. 14, n. 1, p. 41-49, jan./mar. 2011.

CELLI, M. G. et al. Patulina: incidência e controle em derivados de maçã. *Semina: Ciências Agrárias*, Londrina, v. 30, n. 1, p. 135-162, jan./mar. 2009.

CIANI, M.; FATICHENTI, F. Seletive sugar comsumption by apiculate yeast. *The Society for Applied Microbiology*, Oxford, v. 28, n. 3, p. 203-206, mar. 1998.

CORTÉS, S. et al. Fermentation kinetics and chemical characterisation of *vino tostado*, a traditional sweet wine from Galicia (NW Spain). *Journal of the Science of Food and Agriculture*, London, v. 90, n. 1, p. 121-131, jan. 2010.

COTON, E.; COTON, M. Microbiological origin of "framboisé" in french ciders. *Journal of the Institute of Brewing*, London, v. 109, n. 4, p. 299-304, 2003.

DIERINGS, L. R. *Abordagem microbiológica da fermentação oxidativa, alcóolica e malolática no processamento da Sidra*. 2008. 115 p. Dissertação (Mestrado) – Programa de Pós-Graduação em Ciência e Tecnologia de Alimentos, Universidade Estadual de Ponta Grossa, 2008.

FAIRBAIRN, S. *Stress, fermentation performance and aroma production by yeast*. 2012. 94 p. Dissertação – Institute of Wine Biotechnology, Faculty of AgriSciences, Stellenbosch University, 2012.

FAO – Food and Agricultural Organization of the United Nations. *Production Apple 2012*. Disponível em: <http://faostat.fao.org/site/339/default.aspx>. Acesso em: 26 ago. 2015.

GIRARDI, C. L. et al. *Conservação da qualidade pós-colheita de maçãs*. Bento Gonçalves: Embrapa, 2015. Circular Técnica 114.

HERRERO, M.; GARCIA, L. A.; DÍAZ, M. Malolactic bioconversion using a *Oenococcus oeni* strain for cider production: effect of yeast extract supplementation. *Journal of Industrial Microbiology & Biotechnology*, Berlim, v. 30, n. 12, p. 699-704, jan. 2003.

IBRAVIN; CORPORACION VITIVINICOLA ARGENTINA. *Estudo do mercado brasileiro de vinhos tranquilos e vinhos espumantes.* [S.l.], 2008. Relatório Quantitativo. MarketAnalysis.

KIST, B. B. et al. *Anuário brasileiro da maçã 2015*. Santa Cruz do Sul: Editora Gazeta Santa Cruz, 2015.

LAZZAROTTO, J. J. et al. *Sidra com padrão tecnológico diferenciado*: uma avaliação junto ao setor produtivo da maçã brasileira. Bento Gonçalves: Embrapa, 2012. Circular Técnica 91.

LEROUX, G.; PERRON, A. *Cidres du Québec*. Montréal: Modus Vivendi, 2009.

LIU, S. Q. Malolactic fermentation wine – beyond deaciditication. *Journal of Applied Microbiology*, Oxford, v. 92, n. 4, p. 589-601, abr. 2002.

MARC, I. La levure em fermentation: étude bibliographique. *Bios*, Unadilha, v. 13, n. 10, p. 45, 1982.

MICHEL, A.; BIZEAU, C.; DRILLEAU, J. F. Flore levurienne présente dans les cidreries de l'ouest de la France. *Sciences des Aliments*, Paris, v. 8, p. 359-368, 1988.

MOINET, F. *Produire & vendre le cidre*. Paris: Editions France Agricole, 2009.

NOGUEIRA, A. *Inovações tecnológicas no processamento de sidra*. Agroindústria da maçã. 1998. 58 p. Monografia – Departamento de Zootecnia e Tecnologia de Alimentos, Universidade Estadual de Ponta Grossa, 1998.

NOGUEIRA, A. *Tecnologia sidrícola*: efeito de diferentes concentrações de oxigênio e nitrogênio na fermentação lenta da sidra. 2003. 210 p. Tese (Doutorado) – Processos Biotecnológicos Agroindustriais, Universidade Federal do Paraná, 2003.

NOGUEIRA, A.; WOSIACKI, G. Sidra. In: VENTURINI FILHO, W. G (Org.). *Bebidas alcóolicas*: ciência e tecnologia. São Paulo: Blucher, 2010. vol.1, cap. 6, p. 113-142.

OETTERER, M.; ALCARDE, A. R. Tecnologia da fabricação da cerveja. In: OETTERER, M.; REGITANO-D'ARCE, M. A. B.; SPOTO, M. H. F. *Fundamentos da ciência e tecnologia de alimentos*. São Paulo: Manole, 2006. cap. 2, p. 51-98.

PAGANINI, C. et al. Análise da aptidão industrial de seis cultivares de maçãs, considerando suas avaliações físico-químicas (dados da safra 2001/2002). *Ciência e Agrotecnologia*, Lavras, v. 28, n. 6, p. 1336-1343, nov./dez. 2004.

PINA, C. et al. Ethanol tolerance of five non-Saccharomyces wine yeasts in comparison with a strain of Saccharomyces cerevisiae – influence of different culture conditions. *Food Microbiology*, London, v. 21, n. 4, p. 439-447, ago. 2004.

PROTZEK, E. C. et al. Avaliação sensorial de suco de maçã produzido a partir de rejeitos de produção. *Boletim do CEPPA*, v. 17, n. 1, p. 59-70, 1999.

REMIZE, F. et al. *Oenococcus oeni* preference for peptides: quantitative and qualitative analyses of nitrogen assimilation. *Archives of Microbiology*, Berlim, v. 185, n. 6, p. 459-469, maio 2006.

SAVI, C. C. Elaboração de sidra pelo método Champenoise utilizando leveduras livres e encapsuladas. 2014. 89 p. Tese (Doutorado) – Programa de Pós-Graduação em Engenharia Química, Universidade Federal de Santa Catarina, 2014.

SILVA, N. C. C. *Avaliação do processo biotecnológico e determinação das condições da desalcoolização da bebida obtida por fermentação controlada de suco de maçã.* 2004. 120 p. Tese (Doutorado) – Programa de Pós-Graduação em Processos Biotecnológicos Agroindustriais, Universidade Federal do Paraná, 2004.

STINSON, E. E. et al. Disappearance of patulin during alcoholic fermentation of apple juice. *Applied and Environmental Microbiology*, Washington, v. 36, n. 4, p. 620-622, out. 1978.

SZKARADEK, I. et al. *Guide de l'amateur de cidre.* Paris: Les Nouvelles Editions de l'Université, 2014.

VALLES, B. S. Screening of cider yeasts for sparkling cider production (Champenoise method). *Food Microbiology*, London, v. 25, n. 5, p. 690-697, mar. 2008.

VALLES, B. S. et al. Yeast species associated with the spontaneous fermentation of cider. *Food Microbiology*, London, v. 24, n. 1, p. 25-31, abr. 2007.

VERSARI, A.; PARPINELLO, G. P.; CATTANEO, M. Leuconostoc oenos and malolactic fermentation in wine: a review. *Journal of Industrial Microbiology & Biotechnology*, Berlim, v. 23, p. 447-455, jul. 1999.

VIEIRA, R. G. et al. Chemical pattern of brazilian apples. A chemometric approach based on the Fuji and Gala varieties. *Ciência e Tecnologia de Alimentos*, Campinas, v. 31, n. 2, p. 418-426, abr./jun. 2011.

CAPÍTULO 4
Cervejas

Vanildo Luiz Del Bianchi

Guilherme Lorencini Schuina

Pelo fato de a cerveja ser a bebida alcoólica mais consumida e pelo crescimento da produção artesanal de cerveja no mundo, há uma facilidade muito grande em se aprofundar na arte de elaboração de uma boa e específica cerveja, seja por meio de leitura de livros, artigos científicos ou comerciais, sites especializados ou, por que não, colocando a "mão na massa" (ou "no malte"). Neste capítulo, vamos conversar um pouco sobre produção de cervejas, falando a respeito de suas características, seus componentes, seu processo de elaboração e as análises comumente realizadas. Esperamos que o texto seja fácil de ser lido e que, ao final, o leitor possa discorrer sobre detalhes dessa bebida tão apreciada no mundo todo. Para um contato mais direto com o leitor, sugerimos também o acesso ao site www.ibilce.unesp.br/produtos-fermentados/cerveja, no qual disponibilizamos informações adicionais ao texto, como roteiros de aulas práticas, vídeos educativos e *links* de interesse. Boa leitura!

4.1 INTRODUÇÃO

A cerveja é uma das bebidas mais antigas de que se tem conhecimento. Relata-se sua fabricação na região da Mesopotâmia (atual Iraque) e indícios de produção na China, por volta de 7000 a.C. (LIVENS, 2016).

Certamente, o desenvolvimento da cerveja ocorreu em conjunto com o desenvolvimento da agricultura e da produção de grãos. Porém, em seu início, ela não tinha o aspecto e as características que são conhecidos hoje, pois era um produto fermentado feito naturalmente a partir de cereais, frutas e mel.

O processo cervejeiro foi se aperfeiçoando ao longo dos milênios. Na Idade Média, era uma atividade exclusivamente caseira, sendo que os primeiros desenvolvimentos do processo em maior escala e o aperfeiçoamento das técnicas de produção ocorreram em mosteiros, locais onde existia maior atividade intelectual na época. Um exemplo disso é o lúpulo: os primeiros relatos de uso dessa matéria-prima no processo cervejeiro são feitos pela monja Hildegarde de Bingen, no século IX (MORADO, 2009).

Com o aumento da produção e da comercialização de cerveja, surgiu também a necessidade de controlar o processo e de aperfeiçoar a bebida. Aparecem leis que regulamentam sua produção e sua comercialização, como a *Reinheitsgebot*, conhecida também como lei da pureza, que preconizava que, para ser considerada cerveja, a bebida deveria conter como matérias-primas apenas malte de cevada, lúpulo e água (OLIVER, 2020). Com uma grande diversidade de estilos e marcas, a cerveja se tornou a bebida alcoólica mais consumida mundialmente, sendo produzida em todos os continentes.

No Brasil, há relatos de que ela foi introduzida pelos holandeses, no século XVI, embora, por se tratar de uma colônia, a produção e a comercialização dependesse da aprovação de Portugal, que priorizava o consumo de vinhos. Após a vinda da família real, no século XIX, tem-se o registro da criação de cervejarias nas regiões Sul e Sudeste. A bebida se popularizou tanto que, em 2020, chegou a uma produção de 14,1 bilhões de litros, representando 1,6% do PIB nacional e sendo responsável por 2,7 milhões de empregos (CERVBRASIL, 2020).

O Decreto n. 6871, de 4 de junho de 2009, regulamenta a Lei n. 8.918, de 14 de julho de 1994, que dispõe sobre a padronização, a classificação, o registro, a inspeção e a fiscalização de bebidas. Nessa lei, estão definidos todos os parâmetros legais para a produção e a comercialização de cerveja no Brasil.

Assim, de acordo com a legislação brasileira, a cerveja é definida como uma bebida obtida pela fermentação alcoólica do mosto cervejeiro oriundo de malte de cevada e água potável, por ação de levedura, com adição de lúpulo. Segundo a mesma legislação, parte do malte de cevada utilizado pode ser substituída por adjuntos, desde que não ultrapassem 45% em relação ao extrato primitivo (BRASIL, 2009).

Outros pontos importantes contidos na legislação são a classificação da cerveja quanto ao teor de extrato primitivo (leve, comum, extra ou forte), à cor (clara, escura ou colorida), à fermentação (de alta ou de baixa fermentação), ao teor alcoólico (sem ou com álcool) e à proporção de malte de cevada (cerveja puro malte, cerveja ou cerveja com o nome do vegetal predominante).

Em 2019, foi publicada a Instrução Normativa n. 65, de 10 de dezembro de 2019, que estabelece os padrões de identidade e qualidade para produtos de cervejaria. Sugerimos a leitura detalhada dessas legislações para que o leitor saiba diferenciar cada um desses tipos citados, como também acompanhar as possíveis atualizações e alterações da lei a respeito do produto.

4.2 MATÉRIAS-PRIMAS

4.2.1 CEVADA

A cevada é originária do Oriente Médio, sendo uma planta da família das gramíneas e pertencente ao gênero *Hordeum*. É considerada um dos cereais mais importantes do mundo. A planta de cevada pode chegar a 1 metro de altura, apresentando-se na forma de seis ou de duas fileiras (Figura 4.1). A cevada de seis fileiras apresenta grãos com formatos desiguais devido à falta de espaço para o crescimento. Já os grãos da cevada de duas fileiras apresentam maior homogeneidade, menores teores de nitrogénio e um crescimento mais simétrico (LIVENS, 2016).

Figura 4.1 Cevada de seis e de duas fileiras

O grão de cevada é constituído basicamente por casca, pericarpo, endosperma, embrião e camada de aleurona (Figura 4.2).

A casca e o pericarpo são constituídos essencialmente de celulose e têm a função de proteger o grão e regular as trocas líquidas e gasosas (e, consequentemente, a dormência e a germinação). No processo cervejeiro, são importantes por formarem a camada filtrante do mosto após a mosturação (KUNZE, 2006).

O endosperma é constituído essencialmente por amido, que funciona como reserva de nutrientes para o grão, e, para a produção de cerveja, vai servir de substrato para a fermentação alcoólica (JÄÄSKELÄINEN et al., 2013).

A camada de aleurona é composta por uma fina camada de células ricas em proteínas, niacina, ácidos fítico e fosfórico e auxilia no processo de produção e liberação das enzimas do grão (DANERI-CASTRO et al., 2016).

Por fim, o embrião, encontrado na parte terminal, rico em sais minerais e vitaminas, constitui a parte "viva" do grão, ou seja, a que possui a capacidade de se desenvolver quando as condições se tornam propícias, resultando no processo fisiológico de germinação e liberação das enzimas necessárias ao desenvolvimento da planta e que serão importantes ao processo cervejeiro.

A cevada em sua forma natural não possui as características adequadas para ser empregada na fabricação da cerveja, sendo necessário efetuar a maltagem dos grãos para a liberação das enzimas essenciais ao processo.

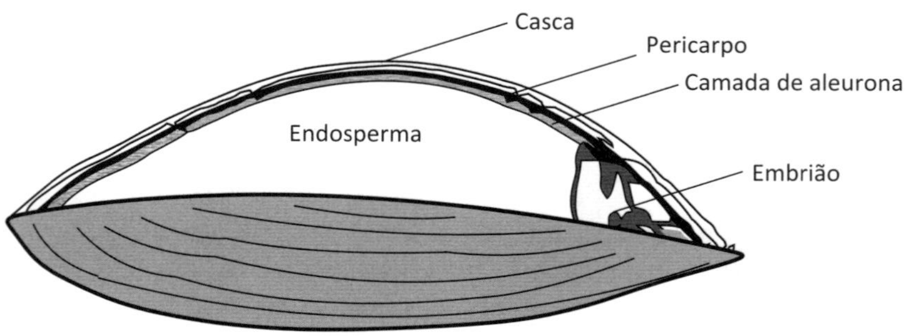

Figura 4.2 Estrutura do grão de cevada.

Fonte: adaptada de Kunze (2006).

4.2.2 MALTE E O PROCESSO DE MALTAGEM

A maltagem é a etapa de germinação controlada do grão que propicia a ocorrência das alterações necessárias para o processo cervejeiro (KUNZE, 2006), como a produção e a ativação de enzimas capazes de hidrolisar as cadeias de proteínas e amidos em aminoácidos e açúcares indispensáveis à fermentação (BELETI; DUARTE; GEORG-KRAEMER, 2012). Neste capítulo, tratamos sobre a maltagem da cevada. No entanto, esse processo pode ser feito para o trigo, o centeio, o arroz, entre outros grãos.

O processo de maltagem pode ser dividido em três etapas: maceração, germinação e secagem. Na etapa de maceração, os grãos são imersos em água para absorver umidade (de 13% iniciais para 45%, aproximadamente), pois essa elevação é imprescindível para a etapa de germinação, uma vez que o grão não consegue germinar em condições de baixa umidade (BOULTON; QUAIN, 2008).

A maceração ocorre alternando-se ciclos de imersão em água com ciclos de drenagem, para que a umidade possa ser absorvida de forma homogênea no grão, uma vez que o embrião absorve água mais rapidamente que o endosperma (PRIEST; STEWART, 2006).

A germinação é o processo fisiológico de transformação do grão de cevada em uma nova planta, em que ocorre o desenvolvimento da radícula e da acrospira, além da liberação de enzimas que irão hidrolisar as proteínas e o amido presentes no grão para transformá-los em substrato necessário para a nova planta (OLIVER, 2020).

Os principais fatores que afetam a germinação e que são controlados pelo processo são: temperatura, teor de umidade, ventilação e tempo de germinação. Todos esses fatores são de extrema importância e influenciam diretamente a qualidade do malte produzido.

A produção de enzimas ao longo do processo de germinação é catalisada por ações de hormônios liberados pelo embrião. Esses hormônios são constituídos de ácido giberélico ou substâncias similares, por isso, uma etapa adicional de indução da produção de enzimas pode ser a agregação desses compostos como aditivos durante o processo de maltagem.

As enzimas mais importantes formadas ao longo do processo são: as glucanases, responsáveis por hidrolisar a parede celular do endosperma amiláceo liberando o acesso das amilases ao amido presente no endosperma; as amilases (alfa e beta), responsáveis pela transformação do amido em açúcares; e as proteases, que hidrolisam as proteínas, liberando aminoácidos essenciais no meio.

Por fim, o processo de maltagem se encerra na etapa de secagem, quando é feita a retirada da umidade do malte verde por meio de ar de secagem, interrompendo suas atividades fisiológicas, visando o armazenamento da matéria-prima.

Essa etapa também é responsável por prover características desejáveis ao malte, como cor, aroma e sabor. Por exemplo, maltes escuros sofrem reação de Maillard e caramelização, que promovem características peculiares a eles (CARVALHO et al., 2014).

Os maltes podem ser divididos basicamente em maltes base e maltes especiais. Os maltes base são aqueles presentes em maior quantidade nas formulações e são as principais fontes de enzimas, açúcares fermentescíveis e aminoácidos. Os maltes especiais, por sua vez, estão presentes em pequena quantidade nas formulações, para propiciar características sensoriais específicas, como cor, sabor, viscosidade e aroma, típicas de cada estilo de cerveja (BRIGGS et al., 2004). A Tabela 4.1 apresenta os principais tipos de malte utilizados.

Tabela 4.1 Tipos de malte, classificação e utilização

Tipo de malte	Classificação do malte	Utilização
Pilsner	Malte base	Pode ser usado em qualquer tipo cerveja, tem alto poder enzimático.
Crystal	Malte especial	Confere cor dourada, aroma e sabor caramelo.
Defumado	Malte especial	Transmite sabor e aroma de defumado para a cerveja.
Viena	Malte base	Possui bom poder enzimático, usado para cervejas âmbar.
Carapils	Malte especial	Auxilia na formação e na retenção de espuma e no corpo da cerveja.
Caramelo	Malte especial	Confere cor dourada, aroma e sabor caramelo.
Acidulado	Malte especial	Reduz o pH do mosto, com uso em cervejas ácidas.
Munique	Malte base	É indicado para cervejas alemãs, como a *Albier* e a *Dunkel*.
Chocolate	Malte especial	Confere cor, aroma e sabor, sendo utilizado em cervejas escuras.
Preto	Malte especial	Confere cor, aroma e sabor, sendo utilizado em cervejas escuras.
Caramunich	Malte especial	Confere cor dourada, aroma e sabor caramelo.
Pale ale	Malte base	É um malte com alto poder enzimático, indicado para *ales*.
Biscuit	Malte especial	Confere aroma e sabor torrado na cerveja, lembrando biscoito.

Fonte: baseada em Dislaken (2016).

4.2.3 LÚPULO

O lúpulo é um dos constituintes mais importantes da cerveja, mas só passou a fazer parte da sua formulação a partir do século IX. No século VIII, era comum a utilização de uma mistura chamada *gruit* (que continha alecrim, gengibre, artemísia, aquilea e urze) (OLIVER, 2020). A partir de então, o lúpulo começou a ser usado, muito provavelmente, mais por suas propriedades de conservação que por seu sabor amargo (MORADO, 2009)

O lúpulo (*Humulus lupulus*) é uma planta trepadeira pertencente à família *Cannabaceae*. Sua principal área de cultivo localiza-se em duas faixas: entre os paralelos 35° e 55° tanto no hemisfério Sul como no hemisfério Norte, sendo menos comum sua produção em diversos países, como no Brasil. Os principais países produtores de lúpulo são Alemanha, Estados Unidos, República Tcheca e China, sendo responsáveis por 62.850 hectares de lúpulo plantados em 2015 (HOPSTEINER, 2020).

Vale ressaltar também que o lúpulo é uma planta dioica, ou seja, existem plantas masculinas e femininas. Para o processo cervejeiro, o lúpulo é constituído pelos cones da inflorescência do *Humulus lupulus*, em sua forma natural ou industrializada (Figura 4.3), sendo utilizada no processo somente a estrutura das inflorescências femininas.

Contidas nesses cones estão as lupulinas, que são partículas formadas por resinas e óleos essenciais que conferem à cerveja aroma e amargor característicos do lúpulo.

Figura 4.3 Representação da flor feminina do lúpulo.

As resinas e os óleos essenciais são as partes mais importantes do lúpulo para o processo cervejeiro. Em relação às resinas, estas são compostas pelos α-ácidos e β-ácidos, que estão presentes em diferentes proporções de acordo com a variedade do lúpulo.

O α-ácidos são isomerizados no processo de fervura em iso-α-ácidos (Figura 4.4) (OLADOKUN et al., 2016), considerados mais amargos que os ácidos originais, sendo responsáveis pela maior parte do amargor detectado na cerveja. Os principais iso-α-ácidos encontrados na cerveja são os isômeros cis e trans da iso-co-humulona, iso-humulona e iso-ad-humulona.

Os β-ácidos também agregam gosto amargo à cerveja, só que em níveis muito menores em comparação aos α-ácidos. Sua principal ação na cerveja está ligada ao efeito bacteriostático, auxiliando na inibição da contaminação bacteriana do mosto (DE KEUKELEIRE et al., 2007).

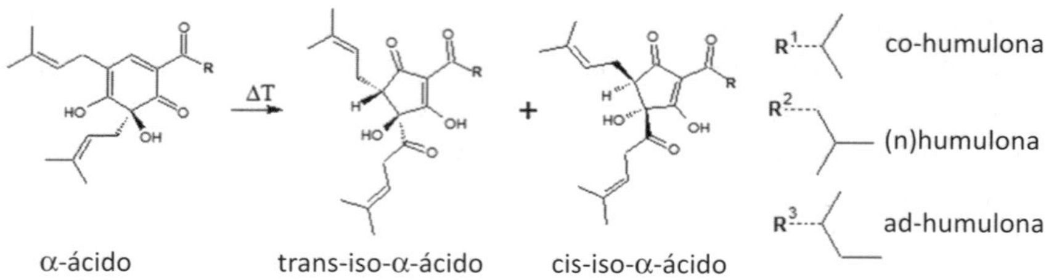

Figura 4.4 Estrutura química dos α-ácidos: indução térmica que ocorre durante a fervura do mosto.

Os óleos essenciais concedem ao mosto e à cerveja o aroma típico do lúpulo. Esses óleos são de natureza complexa, com numerosos compostos que contribuem para o aroma da cerveja. Um exemplo é o linalol, caracterizado como responsável por um aroma floral (DRESEL et al., 2015). Além das contribuições já citadas, o lúpulo também atua na estabilidade da espuma e como fonte de compostos antioxidantes.

Apesar de todos os efeitos benéficos, deve-se ressaltar que algumas substâncias do lúpulo são muito suscetíveis à oxidação, causando defeito sensorial na bebida, conhecido como *light-struck*, resultado do armazenamento incorreto da cerveja (GROS; COLLIN, 2012).

Em relação à forma de utilização no processo cervejeiro, podem-se classificar as variedades de lúpulo em dois grandes grupos, um chamado de lúpulo de amargor, com maior concentração de α-ácidos, e outro denominado lúpulo de aroma, geralmente adicionado em processos de lupulagem tardia, no final da mosturação (BRIGGS et al., 2004), embora algumas variedades desenvolvidas possam ter ambas as aplicações.

Como exemplo de lúpulo de amargor, podem ser citadas as variedades Magnum e Nugget, que possuem teores de α-ácidos comumente acima de 10%. Como exemplos de lúpulo de aroma, tem-se o Saaz e o Tradition, que possuem porcentagem de α-ácidos normalmente inferior a 7%.

4.2.4 ADJUNTO

O uso de adjuntos no processo cervejeiro é uma prática comum em muitas cervejarias para, de modo geral, diminuir os custos de produção (SLEIMAN; VENTURINI FILHO, 2004). Porém, com o aumento do número de cervejas artesanais, criou-se a demanda de utilização de adjuntos "especiais", que visam conferir ao produto características sensoriais peculiares.

Os adjuntos são todas as substâncias adicionadas ao mosto com o objetivo de substituir o malte de cevada como fonte de carboidrato. Podem ser subdivididos em adjuntos amiláceos e adjuntos açucarados.

Em relação aos adjuntos amiláceos, podem ser citados o trigo, o milho, o arroz e a cevada não malteada (ALMEIDA E SILVA, 2005). Geralmente são adicionados ao processo durante a mosturação, visto que necessitam sofrer ação enzimática. Deve-se ter atenção à temperatura de gelatinização de cada um deles, pois, dependendo desta, pode ser necessário fazer a gelatinização separadamente (PRIEST; STEWART, 2006).

Os adjuntos açucarados, por sua vez, não necessitam sofrer hidrólise, o que é vantajoso para o processo. Os principais adjuntos açucarados são o xarope de maltose e o açúcar invertido. A adição deles na fabricação da cerveja pode ser feita diretamente na etapa de fervura, diminuindo a necessidade enzimática e de espaço físico durante a mosturação (SLEIMAN; VENTURINI FILHO, 2004). Além desses exemplos citados, é conhecida a utilização de mel, banana, caldo de cana, arroz preto e abóbora, entre muitos outros.

Por fim, quando se deseja obter sabor e aroma mais pronunciados do adjunto escolhido, pode-se fazer a adição deste diretamente no processo de fermentação primária ou secundária da cerveja. O uso do adjunto fora das etapas quentes da fabricação propicia uma retenção adicional das suas características sensoriais.

Além de adjuntos, podem ser também adicionados condimentos para denotar características sensoriais peculiares à bebida.

4.2.5 ÁGUA

A água, sem dúvida, é a principal matéria-prima, constituindo cerca de 89% a 98% da cerveja. Além disso, se considerarmos a água utilizada para limpeza, aquecimento, caldeira e outros fins, aumenta-se ainda mais sua importância para o processo cervejeiro.

Historicamente, as cervejarias sempre se alocaram próximas a fontes de água de excelente qualidade. A composição da água local impactou muitos estilos clássicos europeus de cervejas, como a da região de Pilsen, na República Tcheca, e a de Burton, na Inglaterra, entre muitas outras. Em Pilsen, a água muito mole, com muito pouco mineral, caracterizou a produção clássica de *lagers*. Em Burton, a água de dureza muito elevada caracterizou a região pela produção de cervejas *ales* claras e amargas.

Hoje, é possível ajustar a composição da água da forma desejada com o uso de ações químicas e físicas. Apesar disso, a qualidade da água ainda é um fator levado em consideração por grandes cervejarias na escolha do local de instalação da fábrica, pois isso impacta no custo de tratamento desse líquido. No Brasil, a maior parte das regiões dispõe de águas com poucos sais, adequadas à produção das cervejas *lager*.

Os minerais presentes na água cervejeira podem afetar diretamente o sabor e o aroma da bebida. A Tabela 4.2 apresenta os principais minerais e suas contribuições à bebida.

Tabela 4.2 Minerais encontrados na água e sua contribuição à cerveja

Minerais	Características na cerveja
Cálcio (Ca^{2+})	Diminui o pH e auxilia em uma melhor sedimentação do *trub* e da levedura.
Magnésio (Mg^{2+})	É necessário a algumas enzimas, porém, em excesso, pode aumentar o sabor e o aroma amargos/ácidos.
Sódio (Na^{+})	Intensifica o sabor salgado em altas concentrações, mas, em concentrações moderadas, pode conferir certa doçura e aumentar a palatabilidade.
Potássio (K^{+}):	Confere características semelhantes ao sódio.
Ferro (Fe^{2+}):	Pode transmitir aroma metálico e causar turvação no mosto.
Zinco (Zn^{2+})	É necessário à levedura em baixas concentrações, mas, em concentrações elevadas, pode ser tóxico.
Bicarbonato (HCO^{3-})	Aumenta o pH e pode atrapalhar a formação do *trub* e a filtração, sendo indesejável em altas concentrações.
Sulfato (SO_4^{2+})	Confere característica mais seca/adstringente e um amargor mais agradável. Porém, pode ser metabolizado e transmitir sabor e aroma de sulfeto.
Cloreto (Cl^{-})	Aumenta a palatabilidade e a doçura, mas, em altas concentrações, pode inibir a levedura.

Fonte: baseada em Briggs et al. (2004) e Oliver (2020).

4.2.6 LEVEDURAS

As leveduras, responsáveis por transformar o mosto cervejeiro em produto final, são seres unicelulares pertencentes ao reino Fungi, geralmente do gênero *Saccharomyces*, usados na produção de bebidas fermentadas e fermento-destiladas. As leveduras utilizadas na fabricação da cerveja, de forma geral, podem ser classificadas como *ale* (levedura de alta fermentação) e *lager* (levedura de baixa fermentação) (CASAREGOLA et al., 2001).

Essa divisão se dá por algumas características específicas: a) temperatura do processo fermentativo – as *ales* são utilizadas para fermentar o mosto entre 18 a 22 °C e as *lagers*, entre 7 a 15 °C; b) tempo de fermentação – geralmente de 3 a 5 dias para *ale* e de 7 a 10 dias para *lager*; c) posição da levedura ao final do processo fermentativo – as *lagers* se depositam no fundo da dorna, enquanto as *ales* ficam na superfície do mosto, porém essa última variação tem se tornado menos usual.

Ainda podem-se diferenciar esses microrganismos pela capacidade de, nas *lagers*, fermentar melibiose, enquanto nas *ales*, não (ALMEIDA E SILVA, 2005).

As características sensoriais denotadas por elas na cerveja são outro aspecto importante: as *ales* tendem a deixar a cerveja com sabor mais frutado e característico da estirpe; as *lagers* se caracterizam por não passar tantos aspectos sensoriais à cerveja, obtendo-se uma bebida com característica mais neutra.

Com o crescimento das cervejarias artesanais, tem aumentado a utilização de leveduras selvagens, como as do gênero *Brettanomyces*, *Kluyveromyces*, *Candida* ou *Zygosaccharomyces*.

No caso da *Brettanomyces*, esse gênero de levedura era utilizado apenas em cervejas de fermentação espontânea, pois tem por característica realizar tanto a fermentação alcoólica quanto a via metabólica do ácido acético, obtendo-se, com isso, um sabor único a alguns tipos de cerveja, como as *lambic* (STEENSELS et al., 2015). Novamente, com o crescimento do segmento de cervejas artesanais, a utilização de *Brettanomyces* de forma isolada na cerveja também tem se tornado comum.

Outra técnica que vem sendo utilizada, principalmente pelo ramo das cervejarias artesanais, é a aplicação de bactérias láticas para a acidificação do mosto. *Lactobacillus brevis, Lactobacillus rhamnosus*, entre outros, vêm sendo utilizados para produção das cervejas ácidas, denominadas no mercado, pelo termo em inglês como *sour*. De forma geral, esses microrganismos podem estar presentes em um processo de fermentação espontânea, ou, em uso mais atual, é feita uma fermentação lática, depois faz-se a fervura para "esterilizar" o mosto, e segue-se com uma fermentação alcoólica com as leveduras já citadas.

4.3 TIPOS DE CERVEJA

A produção de cerveja tem início na seleção das matérias-primas, que estará de acordo com o estilo que se deseja produzir. Cada estilo possui características sensoriais específicas que são conferidas à bebida por meio de uma seleção criteriosa da mistura de ingredientes utilizados.

De forma geral, podem-se dividir as cervejas em três classes distintas: as *ales*, as *lagers* e as de fermentação espontânea. Entre as três classes, existem 120 estilos e, entre estes, mais de 4 mil variações (MORADO, 2009).

As cervejas *lagers*, em geral, são mais leves e com menos corpo, podendo apresentar diferentes cores, aromas e sabores. Dentre as representantes dessa classe, podem ser citadas a *pilsen*, a *dunkel*, a *bock* e a *schwarzbier*.

As cervejas *pilsen*, douradas e brilhantes, apresentam leve amargor e sabor mais pronunciado de malte. Esse estilo é originário da cidade de Pilsen, na República Tcheca.

Dunkel é um estilo de cerveja tradicional de Munique, Alemanha. Sua cor varia de cobre a marrom-escura, frequentemente com um tom avermelhado. É uma clássica *lager* castanha que se desenvolveu como uma cerveja escura e com mais ênfase no malte.

As *schwarzbiers* são cervejas escuras feitas com a adição de maltes torrados. Essas cervejas balanceiam sabores de torrefação, como chocolate, café e cacau, com um amargor moderado. Apresentam, em geral, corpo baixo e paladar seco.

As cervejas *bock* são uma família de cervejas com versões claras (*heller bock*) e escuras (*dunkler bock*). São caracterizadas, de forma geral, por ter aromas maltados, médio corpo e teor alcoólico mais elevado.

As cervejas *ale*, por sua vez, possuem geralmente maior corpo, sabor mais frutado e maior contribuição da levedura no sabor da bebida. Podem ser citadas como representantes dessa classe a *pale ale*, a *weissbier* e a *stout*.

A *pale ale*, de origem inglesa, é um dos estilos de cerveja mais antigos do mundo. A expressão *pale ale* é utilizada para indicar uma cerveja *ale* mais clara. Esse estilo de cerveja se expandiu, criando estilos derivados tanto na Inglaterra como nos Estados Unidos, dentre os quais podemos citar: *IPA* (*India pale ale*), *English pale ale*, *imperial IPA*, *golden pale ale*, *American pale ale*, *American IPA*, *double IPA*, entre outras.

As principais características desse estilo são: coloração dourada a acobreada e notas terrosas e herbais (quando inglesas) ou cítricas e frutadas (quando americanas) provenientes do lúpulo. O amargor do lúpulo é de médio a alto no aroma e no sabor. Apresenta corpo médio e o sabor e o aroma do malte variam de médio a baixo. Fornece um suave toque de caramelo. Dependendo do estilo, notas frutadas no aroma e no sabor vão de moderadas a fortes, sempre buscando o equilíbrio da cerveja (OLIVER, 2020).

Weizenbier ou *weissbier* são cervejas de trigo típicas da Alemanha. Caracterizam-se por apresentar sabor frutado que lembra banana e cravo e ótima formação de espuma. Em sua grande maioria, não são filtradas (*hefeweizen*), embora também existam versões filtradas (*kristallweizen*), a versão *bock* (*weizenbock*) e versões escuras (*dunkelweizen*) (PRIEST; STEWART, 2006).

Stout é um estilo típico do Reino Unido e da Irlanda, que possui muitas variantes de estilo, como *sweet stout*, *foreign extra stout*, *American stout*, *oatmeal stout* ou *Russian imperial stout*. De forma geral, são cervejas que apresentam sabores de torrefação (café, chocolate), podendo ter corpo alto ou baixo e teor alcoólico alto ou baixo, dependendo do estilo produzido (DISLAKEN, 2016).

As de fermentação espontânea têm maior produção, de forma geral, na Bélgica. São cervejas mais ácidas e possuem um paladar peculiar, devido ao tipo de processo fermentativo (STEENSELS et al., 2015).

4.4 PROCESSAMENTO

Uma vez escolhido o estilo a ser produzido, bem como os ingredientes utilizados, inicia-se a produção. O fluxograma do processo cervejeiro pode ser subdividido em onze etapas: moagem, mosturação, clarificação (filtragem), fervura, *whirlpool* e resfriamento, fermentação, maturação, filtragem, pasteurização e envase (Figura 4.5).

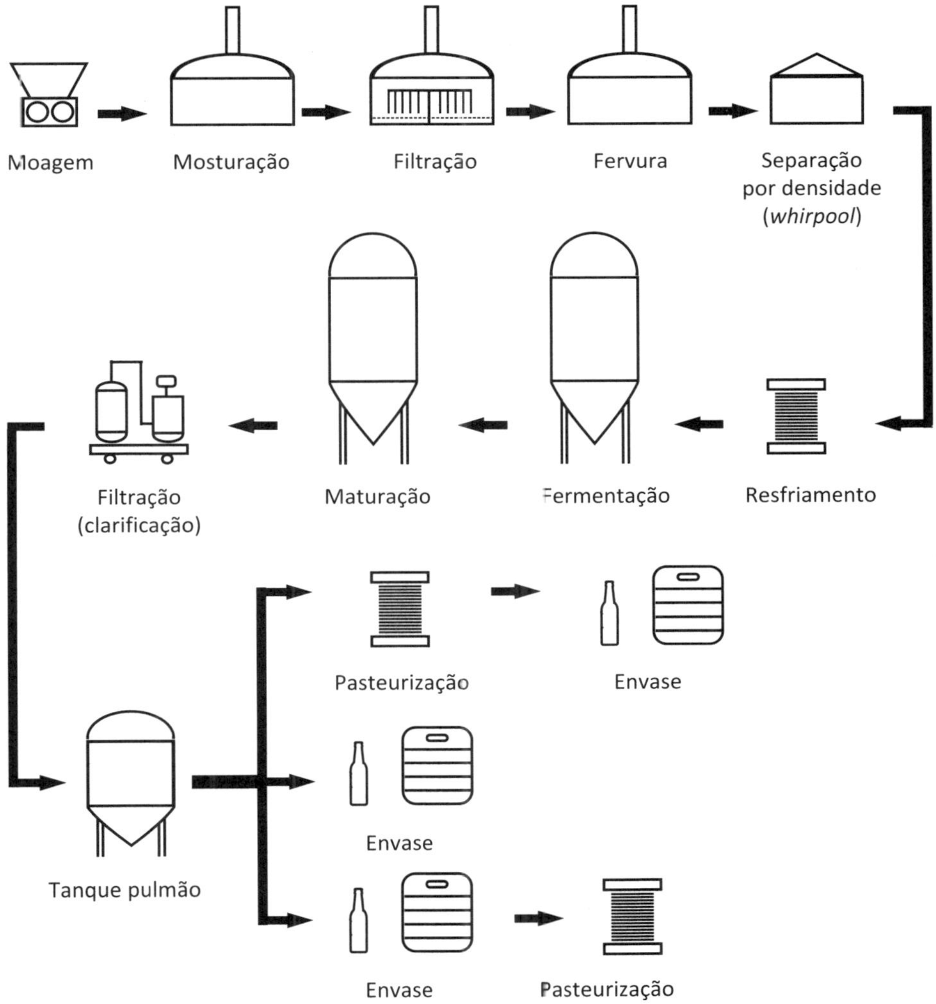

Figura 4.5 Fluxograma da fabricação de cerveja.

4.4.1 MOAGEM

O malte, ou a mistura de maltes/adjuntos a serem utilizados, necessita ser quebrado para propiciar uma melhor ação enzimática e facilitar a extração dos compostos de interesse para o mosto. Nessa fase, deve-se controlar o tamanho das partículas obtidas, pois em uma moagem muito grossa perde-se rendimento na extração de açúcares e uma moagem muito fina pode ocasionar problemas na filtração.

A moagem é feita, de forma geral, em moinho de rolo (Figura 4.6b), utilizado para obter uma quebra satisfatória do endosperma do grão sem comprometer a casca, que é utilizada como camada filtrante na mosturação. O moinho de rolos pode ser formado apenas por dois rolos ou, em outras configurações, de quatro a seis rolos (PRIEST; STEWART, 2006).

Algumas cervejarias utilizam moinho de martelo (Figura 4.6a) para obter um produto de gramatura menor, aumentando dessa forma o rendimento da mosturação. Por outro lado, aumenta-se também o nível de β-glucanos, o que pode atrapalhar a filtração posterior (BRIGGS et al., 2004).

Em processo artesanal, é frequente a utilização do moinho de discos (Figura 4.6c), devido ao seu baixo custo.

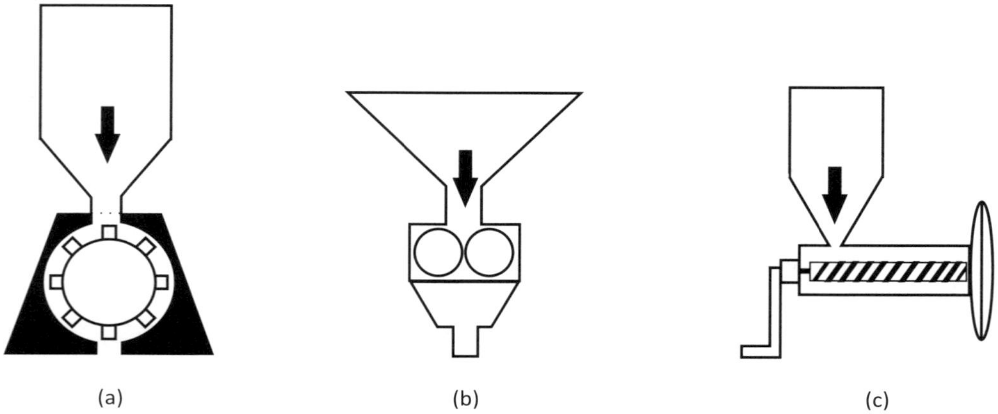

Figura 4.6 Moinhos de a) martelo; b) rolo; e c) disco.

O processo de moagem pode ser realizado de forma seca ou úmida. Na moagem seca, os grãos secos são selecionados e moídos sem nenhuma preparação prévia. No processo de moagem úmida, há uma umidificação prévia do grão, pois dessa forma a casca fica mais maleável, sendo possível obter uma moagem mais fina do amido sem comprometer a sua estrutura.

4.4.2 MOSTURAÇÃO

Os grãos moídos são suspensos em água e aquecidos em temperatura controlada, com o objetivo principal de realizar a hidrólise do amido em açúcares a serem fermentados pela levedura.

As principais reações que acontecem nessa etapa são catalisadas por enzimas. A mosturação consiste em deixar a mistura malte/água em temperaturas adequadas para a atuação de cada enzima, para se obter, ao final, um mosto rico em nutrientes. Esse processo pode ser efetuado tanto por infusão como por decocção.

A infusão consiste no aquecimento conjunto da mistura de água/grãos e no repouso dessa mistura na temperatura desejada. Por exemplo, em um processo de mostura em que se deseja atuação de β-amilase por 30 minutos e de α-amilase por 30 minutos, a mistura de malte será aquecida (geralmente a 1 °C/min) até aproximadamente 62 °C e permanecerá em repouso nessa temperatura, havendo, após o tempo determinado, um novo aquecimento e uma nova estabilização em aproximadamente 68 °C (Figura 4.7).

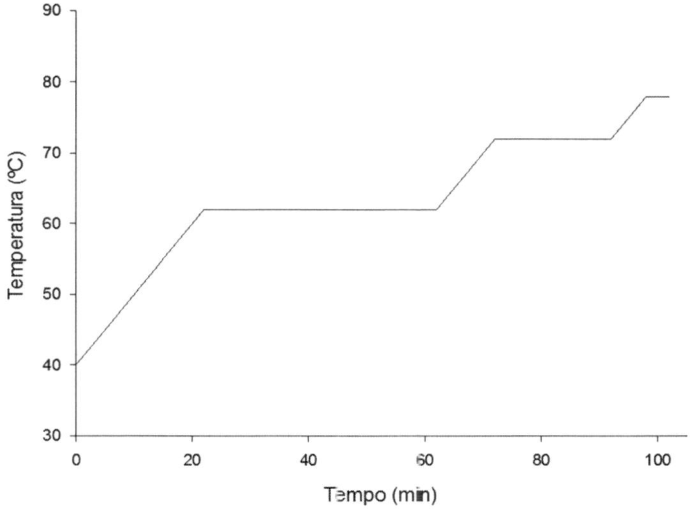

Figura 4.7 Curva de mosturação por infusão múltipla.

O processo descrito é denominado infusão múltipla e pode conter quantas rampas o cervejeiro considerar necessárias. O processo no qual é utilizada somente uma rampa é denominado infusão simples.

O processo de decocção também irá possuir as fases de repouso enzimático da mesma forma que o processo de infusão. A diferença entre os dois processos está na separação parcial da mistura água/grãos (ou água/adjunto), sendo a água aquecida à temperatura de ebulição e posteriormente misturada ao restante, para fazer com que todo o mosto alcance a temperatura desejada de mostura (Figura 4.8). Da mesma forma, a decocção pode ser simples, dupla ou múltipla.

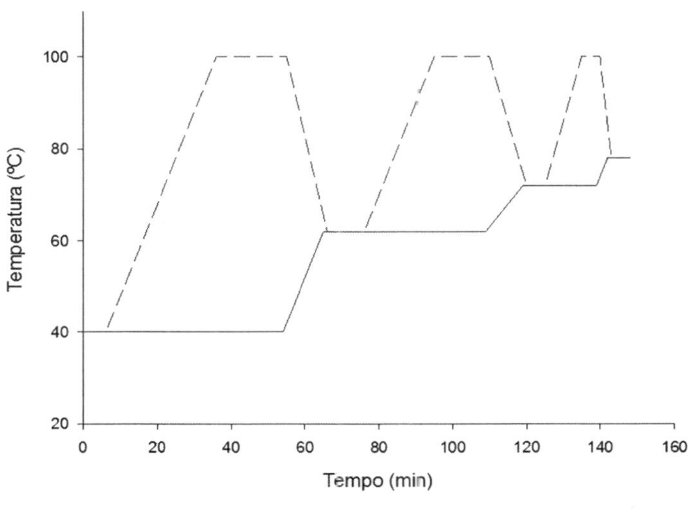

Figura 4.8 Curva de mosturação por decocção.

As principais enzimas provenientes do malte são as glucanases, as proteases e as amilases. As glucanases (temperatura de atuação em torno de 45 °C) são enzimas responsáveis pela hidrólise dos β-glucanos – polímero que é o principal componente da parede celular do endosperma do grão da cevada. A hidrólise eficiente desse polímero é importante pois, caso sua degradação seja ineficiente, a atuação das enzimas amilolíticas fica dificultada, reduzindo o rendimento da mostura, além de aumentar a viscosidade do mosto e da cerveja, gerando problemas de filtração e turbidez na bebida.

As proteases (atuação por volta de 52 °C), por sua vez, são responsáveis pela hidrólise das proteínas em peptídeos e aminoácidos, os quais são nutrientes importantes para o desenvolvimento da levedura cervejeira. Além disso, as proteínas estão diretamente ligadas à espuma da cerveja. Logo, uma hidrólise excessiva pode ocasionar menores qualidade e estabilidade de espuma (JONES, 2005).

As amilases são as enzimas de maior importância no processo de mosturação, pois são as responsáveis por tornar a mistura água/malte, rica em amido, em um mosto repleto de açúcares fermentescíveis. O processo de sacarificação ocorre com a gelatinização do grânulo de amido e a subsequente atuação das enzimas (KUNZE, 2006), promovendo a liquefação e a sacarificação do mosto (Figura 4.9).

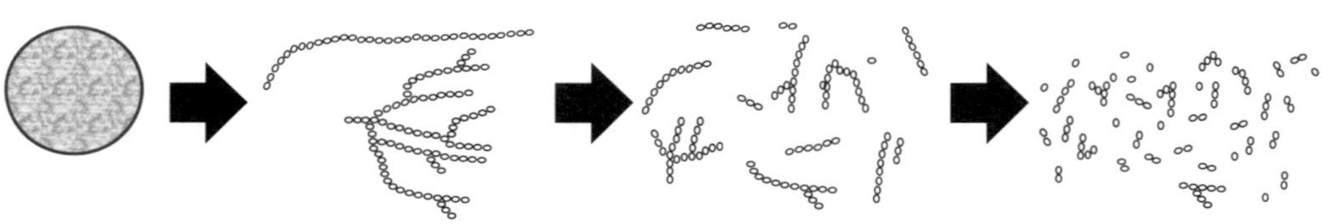

Figura 4.9 Sacarificação do amido durante a mosturação.

Fonte: adaptada de Kunze (2006).

A gelatinização é um processo no qual o grânulo de amido, insolúvel em água fria, é submetido ao aquecimento na presença de água em excesso. Com o aquecimento, os grânulos começam a absorver água e a inchar. O contínuo aquecimento do mosto promove maior absorção da água, maior inchaço do grânulo e a lixiviação de amilose, até a ruptura total da estrutura do grânulo de amido.

A Figura 4.10 mostra as faixas de temperatura de gelatinização de amidos de diferentes fontes. Pode-se observar que nem todos os amidos gelatinizam em temperaturas usualmente empregadas na mosturação. Em caso de utilização desses adjuntos, deve-se então realizar uma gelatinização paralela, efetuando a mosturação por decocção.

A hidrólise enzimática é realizada principalmente pela ação das enzimas α e β-amilase no meio. A α-amilase (temperatura de atuação em torno de 68 °C) é uma endoenzima – atua no interior da molécula – que catalisa as reações de rompimento das ligações α-1,4 glicosídicas, liberando no meio dextrinas, maltotriose, maltose e glicose (Figura 4.11). Essa enzima não é capaz de romper as ligações α-1,6 presentes na amilopectina.

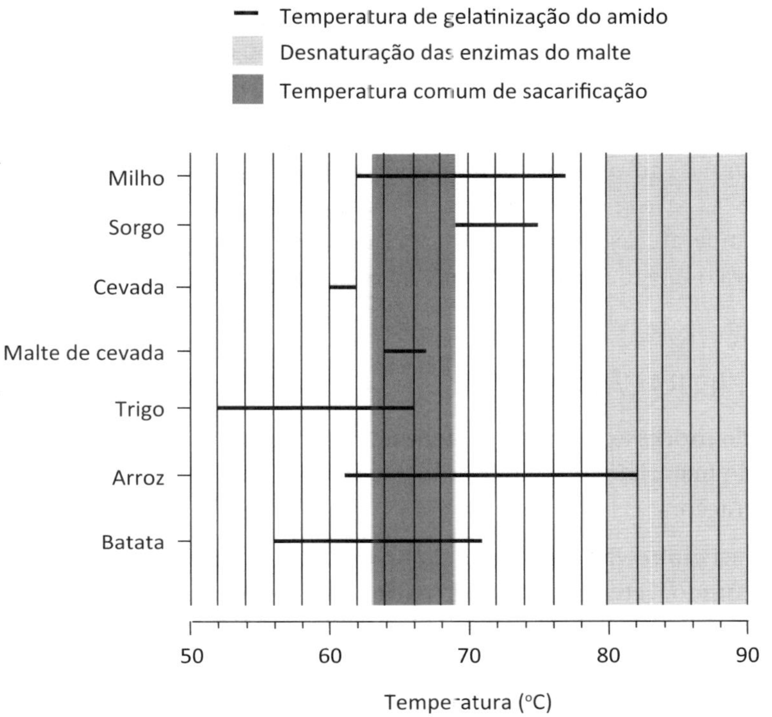

Figura 4.10 Temperatura de gelatinização de alguns amidos em relação à temperatura de mosturação.

Fonte: adaptada de Briggs et al. (2004).

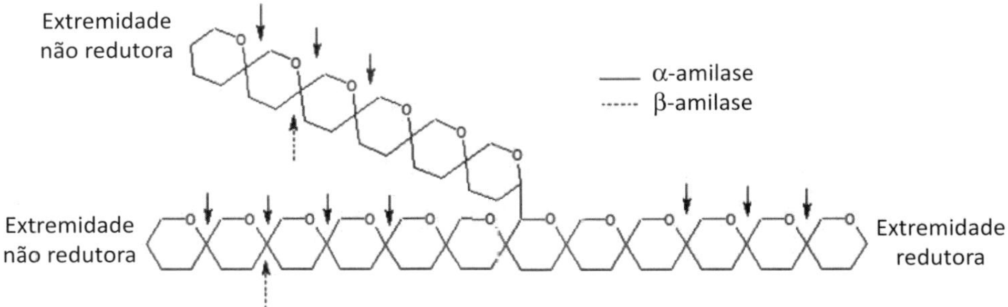

Figura 4.11 Atuação da α-amilase e da β-amilase na cadeia de amilopectina.

A β-amilase (faixa de atuação em torno de 62 °C), por sua vez, é uma exoenzima – age na extremidade da molécula – que hidrolisa ligações α-1,4 a partir da extremidade não redutora, produzindo maltose (Figura 4.11). Essa enzima também não é capaz de hidrolisar ligações α-1,6 (MOHAN et al., 2005).

Dessa forma, o mosto ao final do processo de sacarificação é composto por açúcares fermentescíveis, maltose em sua maioria, que serão utilizados pelas leveduras para sua síntese metabólica, e por dextrinas e dextrinas-limite, as quais estarão no produto final colaborando para o corpo e a doçura da cerveja (DE KEUKELEIRE, 2000).

Ao término da ação enzimática desejada, o mosto deve ser aquecido a aproximadamente 75-78 °C para realizar a inativação das enzimas presentes e a filtração do mosto. O uso de temperaturas acima de 80 °C pode acarretar a migração de taninos da casca de malte para o mosto, deixando a cerveja com sensação de uma bebida mais seca.

4.4.3 FILTRAÇÃO

Ao fim do processo de mosturação, é necessário separar o mosto rico em açúcares da casca e do material não solubilizado. De forma geral, esse processo é realizado em tinas de filtração.

Essas tinas são recipientes contendo um fundo falso perfurado que permite a passagem do líquido, retendo as cascas. A camada de cascas é utilizada como camada filtrante do mosto.

Ao final do processo, com o objetivo de aumentar a extração dos açúcares que ainda ficam retidos na camada filtrante, realiza-se a lavagem das cascas, até o mosto atingir aproximadamente extrato 1 °P[1] na saída da tina de filtração (PRIEST; STEWART, 2006).

São gerados cerca de 200 g de bagaço de malte seco para cada litro de cerveja produzida, o que resulta em um grande volume de material, cuja destinação tem sido para alimentação animal e para disposição em plantações como adubo.

4.4.4 FERVURA

Após o processo de filtração, tem-se um mosto rico em açúcares necessários ao processo fermentativo. Então, inicia-se a fervura, na qual o mosto é levado à ebulição, permanecendo geralmente por 1 a 2 horas para que todas as transformações necessárias ocorram.

Dentre essas transformações, pode ser citada, por exemplo, a esterilização do mosto (DISLAKEN, 2016). Ao ficarem em temperatura de ebulição por tanto tempo, espera-se que os microrganismos contaminantes, como bactérias e leveduras selvagens, sejam inativados, permitindo a atuação específica da levedura cervejeira a ser adicionada (BOULTON; QUAIN, 2008).

---

[1] Um grau Plato corresponde a 1 grama de açúcar em 100 mL de mosto cervejeiro.

Além dos microrganismos, as enzimas ainda presentes no mosto também são inativadas, e essa inativação é desejável pois todas as alterações proporcionadas por elas, conduzidas pelo cervejeiro, já ocorreram no processo de mostura (OLIVER, 2020).

Além disso, a fervura promove a evaporação de água, resultando na diminuição de 4% a 8% do volume inicial de mosto, que auxilia a atingir a concentração ideal do teor de açúcar desejado para o processo de fermentação.

Outro fato importante na evaporação da água é a remoção de compostos voláteis do mosto. O dimetil sulfeto (DMS), formado pela decomposição térmica da S-metil-metionina, presente em maltes *lager*, no processo de ebulição, é perdido por evaporação. Caso ele não seja totalmente eliminado, conferirá "sabor de vegetal cozido" à bebida, o que é considerado um sabor desagradável (*off-flavor*) para grande parte das cervejas (BRIGGS et al., 2004; MORADO, 2009).

Também na fervura se adiciona o lúpulo, que irá conferir amargor característico, aroma e sabor à bebida e também ajudará na conservação do produto.

O lúpulo é adicionado em duas etapas: no início da fervura, quando confere amargor à bebida, para que ocorra uma melhor conversão dos α-ácidos em iso-α-ácidos, e ao final (*late hopping*), quando confere aroma, para que os compostos aromáticos ali presentes não sejam perdidos por volatilização.

De forma geral, os lúpulos adicionados no início da fervura são variedades que possuem maior proporção de α-ácidos. A transformação dos α-ácidos em iso-α-ácidos é uma sucessão de reações químicas que necessita de tempo e calor (JASKULA et al., 2008). Ela envolve uma transferência de prótons, uma tautomerização, um rearranjo α-ceto e, por fim, outra transferência de prótons (Figura 4.12).

Os óleos essenciais e os β-ácidos do lúpulo também são extraídos ao longo da etapa de fervura e se incorporam à bebida para conferir características sensoriais e de conservação ao produto (DE KEUKELEIRE, 2000).

Outra modificação resultante do processo de fervura é a remoção de material proteico, pois, caso este não seja removido, a estabilidade coloidal da cerveja, a filtração e a clarificação serão prejudicadas. O processo de agregação e precipitação das proteínas pode ocorrer por forças intermoleculares entre duas proteínas ou por interações destas com polifenóis (IIMURE et al., 2012).

Algumas proteínas ou complexos proteicos coagulam com o simples aquecimento (*hot break*), formando o denominado "*trub* quente" (JAKUBOWSKI et al., 2016). Outras, por sua vez, coagulam após o resfriamento do mosto (*cold break*), formando o "*trub* frio". Para facilitar a remoção do *trub*, podem-se adicionar substâncias, como carragenina, que vão intensificar a aglomeração dos flocos a serem precipitados.

Outras alterações importantes ainda ocorrem no processo de fervura, como a redução do pH do mosto, a alteração de cor e sabor, propiciadas pela reação de Maillard, e a caramelização de açúcares (PRIEST; STEWART, 2006).

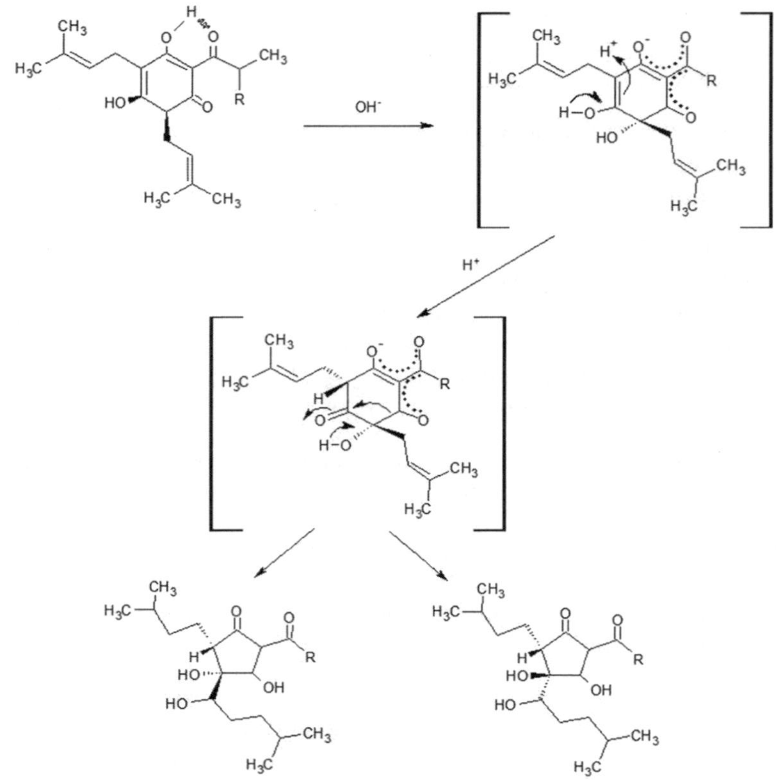

cis-iso-α-ácido trans-iso-α-ácido

R =	**α-ácido**
$CH\ (CH_3)_2$	co-humulona
$CH_2CH(CH_3)_2$	humulona
$CH\ (CH_3)\ C_2H_5$	ad-humulona

Figura 4.12 Isomerização das humulonas para produção dos iso-α-ácidos no mosto.

Fonte: adaptada de Jaskula et al. (2008).

Assim, os objetivos da fervura podem ser sintetizados em:

- inativar enzimas;
- extrair e isomerizar compostos derivados de lúpulos;
- esterilizar o mosto;
- coagular material proteico e formar complexos com polifenóis (*trub*);
- formar cor e sabor característicos;
- concentrar o mosto por evaporação;
- evaporar as substâncias voláteis indesejáveis.

4.4.5 *WHIRLPOOL* E RESFRIAMENTO

O *whirlpool* é um equipamento que funciona por ação da força centrípeta. O mosto, após a etapa de fervura, é bombeado de modo tangencial no *whirlpool*, impondo um fluxo de forma circular (redemoinho), sendo o *trub* separado por diferença de densidade (PRIEST; STEWART, 2006). Após a separação do *trub* no *whirlpool*, o mosto é resfriado rapidamente até a temperatura de fermentação, processo realizado em trocadores de calor, sendo o mais comum o de placas.

Em processo artesanal, o mosto é resfriado com uma serpentina (*chiller*) e, em seguida, agitado de forma circular vigorosa para o *trub* se posicionar na parte central no fundo do recipiente, separando-o de modo similar ao processo industrial (DISLAKEN, 2016).

O resfriamento deve ser realizado o mais rápido possível até a temperatura de inoculação da levedura. Pode-se também realizar a aeração do mosto antes da inoculação da levedura, reduzindo a fase lag do processo fermentativo e melhorando a adaptação do microrganismo ao meio.

4.4.6 FERMENTAÇÃO

O mosto rico em açúcares, "esterilizado" e à temperatura de inoculação da levedura, é então submetido ao processo de fermentação. Essa é a principal etapa do processo produtivo, na qual ocorrem as principais alterações químicas, como a formação de etanol e de diversos subprodutos do metabolismo da levedura, que farão parte do sabor e do aroma da cerveja.

Por se tratar de um microrganismo anaeróbio facultativo, no início do processo, o oxigênio dissolvido no mosto auxilia a fase de adaptação da levedura ao meio, favorecendo o crescimento celular, junto com a formação de CO_2 e água. Tem-se assim o processo de respiração, que acontece por meio da via glicolítica (via de Embden-Meyerhof), seguida do ciclo de Krebs (BRIGGS et al., 2004).

Com o esgotamento do oxigênio, a levedura passa a atuar em anaerobiose. A principal via bioquímica para uma célula de levedura produzir energia na ausência de oxigênio é a fermentação alcoólica (PRIEST; STEWART, 2006). Nesse processo, ao final da via glicolítica, o piruvato é convertido em etanol e CO_2.

Via de Embden-Meyerhof

GLICOSE $\rightarrow$ 2 PIRUVATO

Fermentação alcoólica

2 PIRUVATO $\rightarrow$ 2 ETANOL + 2 CO_2

Durante o processo fermentativo, além da produção de etanol, há vários outros compostos que são formados por vias metabólicas secundárias. Podem ser excretados, durante a fermentação, álcoois, ésteres, aminas, ácidos orgânicos, fenóis, compostos de enxofre, compostos carbonílicos, entre outros. Muitos deles devem ter seus níveis controlados, para estarem presentes somente em proporções aceitáveis no produto final (LEÇA et al., 2015).

Vários fatores podem influenciar a proporção de produção de cada metabólito presente, como a cepa de levedura, a temperatura de incubação, a quantidade e o tipo do adjunto, o pH e a densidade do mosto, a presença de oxigênio, entre outros (LEI; ZHAO; YU, 2012). O conhecimento do metabolismo da levedura é importante para se obter um produto com os metabólitos formados de acordo com as características desejadas.

De modo geral, o processo cervejeiro é realizado em batelada. Nesse modo de condução, as células são adicionadas ao mosto, no fermentador, em uma concentração de substrato já definida para o processo. Outras formas de processo seriam a batelada alimentada, em que o mosto é adicionado às leveduras já presentes no reator, e o contínuo, com constantes introdução de mosto e retirada de produto fermentado.

As leveduras utilizadas passam pelas fases lag, exponencial, estacionária e de declínio (Figura 4.13).

A inoculação do microrganismo se dá geralmente na ordem de 10^7 células por mililitro. No começo do processo, os microrganismos irão se adaptar ao meio rico em nutrientes e produzir as enzimas necessárias para utilizar os nutrientes disponíveis (fase denominada lag). Logo em seguida, há uma pequena fase de transição e o microrganismo entra em fase de crescimento exponencial, que se dá devido à presença de nutrientes em concentrações adequadas no mosto. Com o passar do tempo, devido ao esgotamento de nutrientes ou de inibição pelo produto formado, a taxa de crescimento vai diminuindo, chegando-se à fase estacionária (LIVENS, 2016).

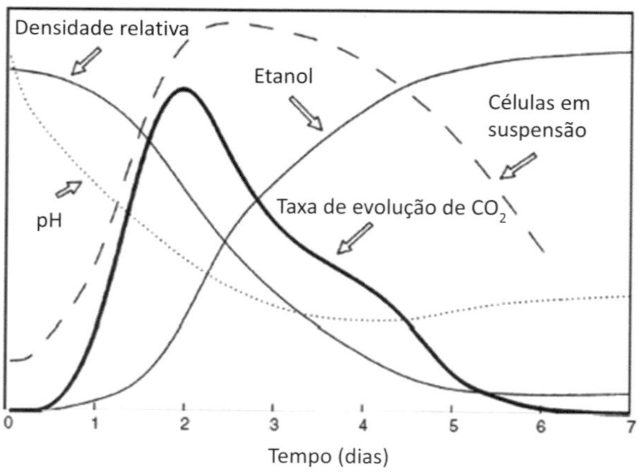

Figura 4.13 Cinética da fermentação de cerveja.

Fonte: adaptada de Priest e Stewart (2006).

Com o aumento das condições não favoráveis, a taxa de crescimento de leveduras começa a diminuir, chegando-se à última fase, a de declínio, em que a taxa de crescimento é menor que a taxa de morte de células (LIVENS, 2016).

Em relação ao substrato, tem-se a produção de álcool juntamente com o crescimento da levedura. Logo, a maior taxa de produção de etanol ocorre no período de crescimento exponencial do microrganismo (PRIEST; STEWART, 2006).

Para a cerveja, pode ser diferenciado ainda o processo fermentativo de *ales* e *lagers*. De modo geral, a fermentação que ocorre em temperaturas mais elevadas propicia a maior formação de diferentes compostos, enquanto na fermentação em temperaturas mais baixas há uma menor produção destes.

Diferentemente da produção de álcool e de vinho, na qual se calcula o teor alcoólico de acordo com o rendimento estequiométrico (1 grama de açúcar gera 0,511 grama de álcool) e o rendimento do processo, que leva em consideração também o uso do açúcar para o crescimento celular e a geração de outros compostos (em geral, 90%), na produção de cerveja deve-se também considerar uma quantidade de carboidratos que não serão transformados em açúcares fermentescíveis, no caso, as dextrinas, que transmitem sensação de maior corpo na cerveja. A quantidade de dextrinas geradas vai depender do tipo de malte empregado e da forma de mosturação utilizada.

4.4.7 MATURAÇÃO

O processo de maturação pode ser simplificado como uma fase de arredondamento do aroma e do sabor da cerveja. Nessa etapa, a cerveja "verde" proveniente da fermentação sofre alterações que promovem a redução de compostos indesejáveis tornando a cerveja final "madura" (BRIGGS et al., 2004).

Antigamente, eram necessários meses para efetuar a etapa de maturação. Com a melhoria do processo, essa etapa pode ser finalizada satisfatoriamente em menor tempo.

Ao final da fermentação, a levedura que se acumulou na dorna é separada da cerveja, que é resfriada a temperaturas mais baixas para que ocorram as alterações necessárias.

Pode ocorrer uma fermentação secundária, para atenuação final de carboidratos fermentescíveis e formação de CO_2 e outros compostos desejáveis, além do condicionamento da cerveja a baixas temperaturas (OLIVER, 2020).

Essas condições promovem alterações importantes em compostos responsáveis por sabor e aroma da bebida. Por exemplo, o diacetil e a 2,3-pentanodiona (dicetonas vicinais), que são compostos indesejáveis em cervejas *lagers*, podem ser encontrados em maior quantidade em *ales*, sendo parte do sabor característico.

No caso do diacetil, ao longo da maturação, ocorre a sua reassimilação pela levedura, sendo reduzido enzimaticamente para butanodiol, composto que não tem praticamente nenhum impacto no sabor. Além disso, ao final da fermentação, pode ser estimulada a conversão dos precursores em diacetil, por meio da elevação da temperatura a aproximadamente 15 °C, deixando-o mais rapidamente disponível para ser reassimilado.

Os compostos de enxofre sofrem alterações ao longo do processo de maturação: geralmente, as concentrações indesejáveis de sulfeto de hidrogênio são reduzidas durante os períodos de armazenamento a frio entre 5 e 7 dias.

Os acetaldeídos, compostos indesejáveis em altas concentrações, também são reduzidos ao longo da maturação: em um processo comum, o nível desses compostos diminuirá para concentrações entre 2 e 7 mg L^{-1} (RODMAN; GEROGIORGIS, 2016).

Além das alterações que acontecem naturalmente no processo de maturação, outras modificações podem ocorrer devido à adição de substâncias à cerveja: a cor pode ser ajustada usando corante caramelo; o amargor, alterado pela utilização de extratos de lúpulo isomerizados; e o aroma e o sabor, ajustados por meio do processo de lupulagem a frio (*dry-hopping*).

A técnica de *dry-hopping* consiste na adição de lúpulo ao longo do processo de maturação da cerveja. Essa prática é originária da Inglaterra e seus primeiros registros se dão no século XIX. A técnica era utilizada principalmente com o intuito de aumentar a estabilidade microbiológica da cerveja, contudo, não foi muito difundida e absorvida entre as cervejarias do mundo. Com o aparecimento e o sucesso dos cervejeiros artesanais americanos (*craft brewers*), e a busca destes por produtos com mais aromas, o *dry-hopping* voltou a ser utilizado, tornando-se prática comum entre *craft brewers* do mundo inteiro (MITTER; COCUZZA, 2013).

No mais, a maturação também proporciona a clarificação da cerveja, por meio da precipitação de leveduras, proteínas e demais sólidos insolúveis.

Ao término da maturação, ainda são necessárias algumas etapas para finalizar a cerveja, como a clarificação, com o intuito de remover partículas suspensas, a carbonatação, para ajustar o nível de gás carbônico dissolvido, o envase em recipientes apropriados e a pasteurização, caso necessária.

4.4.8 CLARIFICAÇÃO

Alguns compostos que causam turbidez na bebida ainda estão presentes na cerveja ao final da maturação. Caso seja desejável a clarificação, o processo pode ser realizado por diferentes técnicas, usadas de forma única ou em conjunto com outras.

A clarificação por sedimentação é uma técnica bastante simples, porém pouco eficiente. A cerveja armazenada a baixas temperaturas propicia a floculação de compostos insolúveis. Para facilitar esse processo, são utilizados clarificantes, compostos que aderem às proteínas auxiliando a floculação de complexos insolúveis. Um dos principais agentes clarificantes adicionados é a sílica gel. Em cervejarias artesanais, o uso de gelatina incolor é uma prática comum.

Outro composto muito usado é a polivinilpolipirrolidona (PVPP), que tem a capacidade de adsorver taninos e polifenóis presentes na cerveja, que poderiam se complexar com proteínas, causando posterior turvação.

Para melhorar a estabilidade coloidal da cerveja, pode-se usar PVPP e sílica gel em conjunto, uma vez que a sílica gel atua sobre as proteínas presentes no mosto. Podem-se empregar ainda enzimas proteolíticas, bentonite, ácido tânico, proteínas de alto peso molecular e outras substâncias para evitar a turvação da cerveja, pois todas possuem atuação sobre as proteínas ou sobre os polifenóis presentes na bebida.

Processos mais complexos, como filtração e centrifugação do mosto, também podem ser utilizados para incrementar a separação das substâncias que causam turbidez.

4.4.9 CARBONATAÇÃO

A presença de dióxido de carbono é muito importante na cerveja, pois afeta diretamente a percepção sensorial. Encontra-se, geralmente, dissolvido na bebida, em quantidades entre 1 e 1,5 kg hL^{-1}. Essa quantidade dissolvida segue a lei de Henry, que diz que, a uma dada temperatura, a solubilidade de um gás dissolvido em um líquido é diretamente proporcional à pressão parcial do gás acima do líquido. Logo, o teor de CO_2 dissolvido na cerveja depende da pressão e da temperatura desta.

De forma geral, após a maturação, todos os processos são realizados buscando preservar o CO_2 dissolvido. Porém, normalmente é necessário realizar um ajuste em seu teor para que a cerveja apresente a carbonatação adequada. Esse ajuste é feito por injeção de CO_2 na linha de processo, utilizando diferentes formas de gaseificação (PRIEST; STEWART, 2006).

Algumas microcervejarias e cervejarias artesanais utilizam ainda o processo denominado *priming*, que consiste na adição de açúcar à cerveja engarrafada não pasteurizada. A cerveja sofrerá nova fermentação, que produzirá o CO_2 desejável para a bebida.

Outros gases podem ser adicionados à cerveja, e o mais comum é o nitrogênio, que altera a característica de formação de espuma da bebida.

4.4.10 PASTEURIZAÇÃO

A pasteurização é um método de conservação de alimentos por meio de aquecimento moderado (abaixo de 100 °C) por determinado tempo. Essa técnica visa eliminar possíveis microrganismos indesejáveis ao produto.

Em alguns casos, a etapa de pasteurização não é obrigatória, sendo possível comercializar o produto não pasteurizado desde que os cuidados apropriados, bem como boas práticas de higiene e qualidade, sejam mantidos ao longo do processo e o tempo para o consumo esteja bem informado.

A pasteurização da cerveja propicia um aumento na vida útil e uma maior estabilidade, embora ocorram algumas alterações sensoriais decorrentes do seu aquecimento. No processo de fabricação, essa etapa pode ocorrer antes ou após o envase. Para cervejas acondicionadas em barril, utiliza-se a pasteurização antes do envase, denominada pasteurização *flash*. Para cervejas acondicionadas em latas ou garrafas, é utilizada, mais comumente, a pasteurização pós-envase.

A pasteurização *flash* é uma técnica em que a cerveja é aquecida a temperaturas em torno de 70 °C por alguns segundos e, em seguida, resfriada e acondicionada em barris. Para isso, são utilizados trocadores de calor de placas para promover os rápidos aquecimento e resfriamento do liquido.

A pasteurização com a cerveja dentro dos recipientes é realizada em túneis. Nesse processo, as garrafas ou latas passam por um túnel de pasteurização, onde inicialmente é borrifada água quente para promover o aquecimento lento da bebida até uma temperatura em torno de 60 °C, mantendo-se essa condição por alguns minutos. Em seguida, é borrifada água fria para promover o resfriamento. Esse processo é mais lento, pois a troca térmica é dificultada pelo volume de líquido e pela embalagem.

4.4.11 ENVASE

A cerveja pode ser armazenada em diferentes recipientes, e os mais comuns são latas, garrafas e barris. O uso de cada um destes depende da escolha da empresa e/ou da aceitação do consumidor. Em relação à garrafa, deve-se ter o cuidado com sua exposição à luz (GROS; COLLIN, 2012). O mais aconselhável é a utilização de garrafa âmbar. Produtos armazenados em recipientes claros podem sofrer oxidação, sendo que, para evitar esse tipo de problema, são utilizados lúpulos especiais.

4.5 ANÁLISES FÍSICO-QUÍMICAS

Ao longo do processo de produção, podem ser realizadas várias análises para controlar a qualidade do produto, para avaliar desde a qualidade da água e do grão de cevada até a embalagem e o produto final. Em relação à cerveja, existem duas instituições que padronizam de forma geral as análises a serem realizadas: a European Brewery Convention (EBC) e a American Society of Brewing Chemists (ASBC).

Entre as várias análises, podem ser efetuadas desde a medida do pH até a quantificação de compostos por cromatografia. Na rotina da cervejaria, podem-se descrever como as principais análises realizadas: os teores de extrato (primitivo ou original, aparente e real), a atenuação (real e aparente), a cor, o pH, a turbidez, o teor alcoólico e o amargor da cerveja.

4.5.1 TEOR DE EXTRATO

Os teores de extrato representam a quantidade de açúcar presente na cerveja. O extrato original ou primitivo é o teor de açúcar presente no mosto antes do processo fermentativo. Os extratos aparente e real representam o teor de açúcar ao final do processo, sendo que o extrato aparente é avaliado na cerveja pronta, e o real, devido à densidade do álcool ser menor que a da água, necessita que a cerveja pronta seja destilada e o conteúdo de álcool substituído por água destilada, obtendo o mesmo volume inicial.

A forma mais comum de realizar essa análise é por leitura da densidade, utilizando picnômetros ou densímetros. Para a cerveja, essa medida é expressa em graus Plato (°P), que expressa a quantidade de açúcar presente na cerveja ou no mosto em porcentagem, sendo 1 °P igual a 1 g de açúcar em 100 g de cerveja. Está diretamente correlacionado à densidade: 1 °P equivale a, aproximadamente, 1,004, aumentando em 0,004 a cada Plato, ou seja, um mosto com 15 °P terá uma densidade aproximada de 1,061. Como, ao longo do processo, há o consumo de açúcares e a produção de álcool, o que modifica totalmente o meio que está sendo fermentado, pode ser utilizada uma equação que relaciona mais precisamente a densidade medida com os graus Plato.

4.5.2 ATENUAÇÃO

A atenuação correlaciona a quantidade de açúcar inicial com a que foi consumida pela levedura no processo fermentativo, sendo expressa pela relação entre o extrato aparente (atenuação aparente) ou real (atenuação real) e o extrato original.

4.5.3 COR

A cor da cerveja pode analisada, de forma geral, por leitura direta em espectrofotômetro a 430 nm ou por meio de uma escala de cores predeterminadas (a olho nu ou por meio de um colorímetro). Para o uso de espectrofotômetro, existem duas escalas-padrão: uma é a EBC, utilizada pela European Brewery Convention, e outra a SRM, utilizada pela American Society of Brewing Chemists. Para o uso de escala de cores, utiliza-se o sistema de graus Lovibond (°L).

4.5.4 AMARGOR

A quantificação do amargor da cerveja é efetuada por meio da extração dos iso-α-ácidos com isoctano em meio acidificado, sendo avaliada por leitura em espectrofotômetro a 275 nm. O amargor da cerveja é expresso geralmente utilizando a escala *International Biterness Unit* (IBU).

4.5.5 DEMAIS ANÁLISES

Além das análises descritas, podem ser realizadas diversas outras para controlar e monitorar a qualidade da cerveja, como a alcalinidade da água, o índice de diacetil na maturação, a turbidez da cerveja, as análises microbiológicas durante todo o processo, citando apenas alguns exemplos. Todas estas estão descritas de forma detalhada tanto pela EBC quanto pela ASBC.

4.6 ANÁLISE SENSORIAL

A avaliação sensorial é a aplicação do conhecimento e da experiência em diversas disciplinas científicas como a estatística, a fisiologia, o comportamento humano, entre outras, e utiliza os sentidos humanos como "instrumentos" de medida. A avaliação sensorial deve fazer parte da garantia de qualidade do produto, por determinar importantes aspectos sobre ele, como as características e a aceitação do produto por parte dos consumidores.

Essas análises podem ser mais elaboradas, com inferência estatística, ou por meio de degustações mais simples, com o intuito de verificar possíveis diferenças e/ou a aceitabilidade de um produto.

De uma forma geral, ao degustar uma cerveja, alguns aspectos devem ser considerados, como a aparência, o aroma, o sabor e as sensações bucais.

Em relação à aparência, observa-se: a) a cor da cerveja, que varia de acordo com o estilo desejado; b) a turbidez, que está geralmente ligada à clarificação da cerveja, podendo ser translúcida ou turva; c) a espuma, sendo o tamanho das bolhas, a altura, a cor e a estabilidade os aspectos a serem observados.

Extremamente importantes na avaliação da cerveja, diversos odores e aromas podem ser percebidos, alguns provenientes dos maltes e do lúpulo utilizados e outros formados durante a fermentação. Como exemplos, podem ser encontrados aromas herbais, frutados, de caramelo, de banana, de cravo, de pão, de café e de chocolate, entre outros. Cada aroma denota uma característica específica e varia de acordo com o estilo da cerveja que está sendo degustada.

Ao ingerir a cerveja, podem ser percebidos os gostos básicos, as sensações bucais e o sabor da bebida. Os gostos básicos são o amargo, o doce, o salgado, o ácido e o umami, sendo os mais facilmente observados o amargor, a doçura e a acidez. As sensações bucais, percebidas na boca, geralmente estão associadas às características físicas e químicas dos produtos, como o metálico, que é a sensação de metal na cavidade da boca, e o pungente, sensação causada devido à carbonatação da bebida. Ainda podem ser percebidas características adstringente e alcoólica, entre outras.

Por fim, na boca, podem-se perceber questões táteis, como o corpo da bebida, relacionado diretamente à sua viscosidade, e os sabores, que englobam aromas, gostos e sensações bucais. Estes, como os aromas, podem ser distintos e provenientes de diferentes etapas do processo, denotando, dessa forma, as características de cada bebida.

4.6.1 SABORES E AROMAS DESAGRADÁVEIS

Entre a gama de sabores e aromas que podem estar presentes na cerveja, alguns, considerados desagradáveis, são denominados *off-flavors*. De uma forma geral, são características indesejáveis, porém vão variar de acordo com o estilo de cerveja. Por exemplo, o sabor amanteigado é um *off-flavor* para cervejas *lager*, porém, em pequena quantidade, faz parte do sabor de algumas cervejas *ale*.

Na Tabela 4.3 são citados alguns dos principais *off-flavors* encontrados.

Tabela 4.3 Principais sabores e aromas desagradáveis notados em cervejas

Off-flavor	Sabor característico
Diacetil	Manteiga, rançoso
DMS	Vegetal cozido, milho cozido
Metálico	Metálico, sangue, tinta
Lightstruck (oxidação pela luz)	Gambá, mofo, borracha queimada
Oxidado	Papelão, papel molhado
Alcoólico	Calor do etanol e dos álcoois superiores
Adstringente	Tanino, boca seca
Acetaldeído	Maçã verde, uvas verdes, solvente
Solvente	Esmalte, acetona
Sulfúrico	Ovo podre, fósforo queimado, esgoto
Acético	Vinagre
Isovalérico	Chulé, queijo, queijo podre, suor
Butírico	Rançoso, vômito de bebê
Caprílico	Cabra, cera, sebo, sabão de coco

REFERÊNCIAS

ALMEIDA E SILVA, J. B. Cerveja. In: VENTURINI FILHO, W. G. (Ed.). *Tecnologia de bebidas*: matéria-prima, processamento, BPF/APPCC, legislação e mercado. São Paulo: Blucher, 2005. p. 374-382.

BELETI, M. A.; DUARTE, F.; GEORG-KRAEMER, J. E. A temperatura no desenvolvimento da atividade das enzimas (1-3, 1-4)-β-glucanases e na degradação de β-glucanos durante a malteação. *Ciência Rural*, v. 42, n. 3, p. 467-473, 2012.

BOULTON, C.; QUAIN, D. *Brewing Yeast and Fermentation*. New York: John Wiley & Sons, 2008.

BRASIL. Decreto n. 6.871, de 4 de junho de 2009. Regulamenta a Lei n. 8.918, de 14 de julho de 1994, que dispõe sobre a padronização, a classificação, o registro, a inspeção, a produção e a fiscalização de bebidas. *Diário Oficial da União*, Brasília, DF, 2009.

BRIGGS, D. E. et al. *Brewing*: science and practice. Cambridge: Woodhead Publishing, 2004.

CARVALHO, D. O. et al. Further insights into the role of melanoidins on the antioxidant potential of barley malt. *Food Chemistry*, v. 160, p. 127-133, 2014.

CASAREGOLA, S. et al. Analysis of the constitution of the beer yeast genome by PCR, sequencing and subtelomeric sequence hybridization. *International Journal of Systematic and Evolutionary Microbiology*, v. 51, n. 4, p. 1607-1618, 2001.

CERVBRASIL. Dados do Setor Cervejeiro Nacional. Disponível em: http://www.cervbrasil.org.br/novo_site/dados-do-setor/. Acesso em: 10 jun. 2021.

DANERI-CASTRO, S. N. et al. Activity-based protein profiling of hydrolytic enzymes induced by gibberellic acid in isolated aleurone layers of malting barley. *FEBS Letters*, ago. 2016.

DE KEUKELEIRE, D. Fundamentals of beer and hop chemistry. *Química Nova*, v. 23, n. 1, p. 108-112, 2000.

DE KEUKELEIRE, J. et al. Relevance of organic farming and effect of climatological conditions on the formation of alpha-acids, beta-acids, desmethylxanthohumol, and xanthohumol in hop (*Humulus lupulus* L.). *Journal of Agricultural and Food Chemistry*, v. 55, n. 1, p. 61-66, 10 jan. 2007.

DISLAKEN, D. *Manual do cervejeiro caseiro*. [S.l.: s.n.], 2016.

DRESEL, M. et al. Comparison of the analytical profiles of volatiles in single-hopped worts and beers as a function of the hop variety. *Brewing Science*, v. 68, n. 1-2, p. 8-28, 2015.

GROS, J.; COLLIN, S. Identification of a new light-struck off-flavour in "light-stable" beers. *Cerevisia*, v. 37, n. 1, p. 10-14, 2012.

HOPSTEINER. *Guidelines for Hop Buying*. [s.l.]: Hopsteiner, 2020.

IIMURE, T. et al. Proteome analysis of the wort boiling process. *Food Research International*, v. 45, n. 1, p. 262-271, 2012.

JÄÄSKELÄINEN, A. S. et al. Endosperm and aleurone cell structure in barley and wheat as studied by optical and Raman microscopy. *Journal of Cereal Science*, v. 57, n. 3, p. 543-550, 2013.

JAKUBOWSKI, M. et al. An assessment of the potential of shadow sizing analysis and Particle Image Velocimetry (PIV) to characterise hot trub morphology. *Journal of Food Engineering*, v. 173, p. 34-41, 2016.

JASKULA, B. et al. A kinetic study on the isomerization of hop α-acids. *Journal of Agricultural and Food Chemistry*, v. 56, n. 15, p. 6408-6415, ago. 2008.

JONES, B. L. Endoproteases of barley and malt. *Journal of Cereal Science*, v. 42, n. 2, p. 139-156, 2005.

KUNZE, W. La cerveza terminada. In: KUNZE, W. (Ed.). *Tecnología para cerveceros y malteros*. Berlin: VLB Berlin, 2006. p. 826-885.

LEÇA, J. M. et al. Optimal design of experiments applied to headspace solid phase microextraction for the quantification of vicinal diketones in beer through gas chromatography-mass spectrometric detection. *Analytica Chimica Acta*, v. 887, p. 101-110, ago. 2015.

LEI, H.; ZHAO, H.; YU, Z. Effects of wort gravity and nitrogen level on fermentation performance of brewer's yeast and the formation of flavor volatiles. *Applied Biochemistry and Biotechnology*, v. 166, n. 6, p. 1562-1574, 2012.

LIVENS, S. Beer: fermentation. In: CABALLERO, B.; FINGLAS, P. M.; TOLDRA, F. (Ed.). *Encyclopedia of food and health*. Amsterdam: Elsevier, 2016. p. 339-344.

MITTER, W.; COCUZZA, S. Dry hopping – A study of various parameters. *Brewing and Beverage Industry International*, v. 4, p. 70-74, 2013.

MOHAN, B. H. et al. Characteristics of native and enzymatically hydrolyzed ragi (Eleusine coracana) and rice (Oryza sativa) starches. *Carbohydrate Polymers*, v. 59, n. 1, p. 43-50, 2005.

MORADO, R. *Larousse da cerveja*. 1. ed. São Paulo: Larousse, 2009.

OLADOKUN, O. et al. Modification of perceived beer bitterness intensity, character and temporal profile by hop aroma extract. *Food Research International*, v. 86, p. 104-111, 2016.

OLIVER, G. (Org.). *O guia Oxford da cerveja*. São Paulo: Blucher, 2020.

PRIEST, F. G.; STEWART, G. G. *Handbook of brewing*. 2. ed. Boca Raton: CRC Press, 2006.

RODMAN, A. D.; GEROGIORGIS, D. I. Dynamic simulation and visualisation of fermentation: effect of process conditions on beer quality. *IFAC-PapersOnLine*, v. 49, n. 7, p. 615-620, 2016.

SLEIMAN, M.; VENTURINI FILHO, W. G. Utilização de extratos de malte na fabricação de cerveja: avaliação físico-química e sensorial. *Brazilian Journal of Food Technology*, Campinas, v. 7, n. 2, p. 2003-2004, 2004.

STEENSELS, J. et al. *Brettanomyces* yeasts: from spoilage organisms to valuable contributors to industrial fermentations. *International Journal of Food Microbiology*, v. 206, p. 24-38, 2015.

CAPÍTULO 5
Aguardentes de cana-de-açúcar

Urgel de Almeida Lima

5.1 INTRODUÇÃO

Oficialmente, podem ser produzidas no Brasil duas aguardentes de cana-de-açúcar. A única diferença entre elas é a definição da matéria-prima e dos limites do teor de álcool. São elas: a *aguardente* e a *cachaça*.

De acordo com a legislação que dispõe sobre padronização, classificação, registro, inspeção, produção e fiscalização de bebidas, as aguardentes são bebidas alcoólicas destiladas (BRASIL, 2009).

O artigo 52 do capítulo sobre aguardente da lei destaca que *aguardente de cana-de-açúcar* é a bebida com graduação entre 38% e 54% de álcool em volume a 20 °C, obtida por rebaixamento do teor alcoólico do destilado alcoólico simples ou pela destilação do mosto fermentado de caldo de cana-de-açúcar, podendo ter adição de açúcares até 6 gramas por litro, expressos em sacarose. O artigo 75 do mesmo capítulo aponta que *destilado alcoólico simples* de origem agrícola é o produto com graduação alcoólica superior a 54%, podendo ir até 95% em volume a 20 °C. Tem como destino a elaboração de bebida alcoólica. O artigo 53 trata da *cachaça*. Segundo o texto, o termo é a denominação típica e exclusiva da aguardente de cana com graduação alcoólica entre 38% e 48% em volume a 20 °C. É obtida pela destilação do mosto fermentado de caldo de cana-de-açúcar e tem características organolépticas peculiares, podendo ser adicionada de açúcares até 6 gramas por litro.

A diferença entre as bebidas está definida na maneira de obtê-la e no teor alcoólico máximo admitido para cada uma. A cachaça é obtida apenas por destilação do mosto fermentado de cana. Quanto ao teor alcoólico, o máximo é de 54% na aguardente e de 48% na cachaça. No entanto, é difícil diferenciá-las por esse critério, pois é raro serem encontradas no comércio aguardentes de qualquer natureza com teor alcoólico superior a 40%-41% de álcool em volume.

Oficialmente, podem ser fabricados os dois tipos de bebida, porém, na prática, por definição, há apenas uma, porque os destilados encontrados à venda apresentam graduação alcoólica entre 39% e 40%, dificilmente menos. É raro encontrar destilado com mais de 41% de álcool à venda; localizar alguma com 54% é excepcional. A diferença legal é engenhosa e demonstra que aguardente é a mesma coisa que cachaça, a bebida típica nacional. Ela se tornou tão especial que um neologismo foi criado, *cachacier*, para identificar o *escanção* (*sommelier*) da cachaça.

O termo "cachaça" é antigo, derivado de operações industriais de aproveitamento ou eliminação de resíduos. Inicialmente, a denominação se referia ao destilado do fermentado de melaço ou de borras de melaço, considerado de pior qualidade em relação ao obtido diretamente da garapa, barato e de amplo consumo. Por essa razão se chama "cachaceiro" aos bebedores imoderados. É ainda um vocábulo de som agradável, fácil de falar em qualquer idioma. Talvez por isso um consumidor estrangeiro tenha tido a ideia de patentear o nome para usá-lo alhures, possivelmente para outra bebida. Esse requerimento de patente criou uma reação que culminou em processos, que terminaram em fixar para a bebida, definitivamente, o conceito de bebida típica brasileira não patenteável.

Era preciso, então, dar-lhe uma definição, que foi a indicada na legislação. Desse modo, cachaça, de significado até pejorativo no passado, tornou-se vocábulo nobre que estimulou o consumo da bebida em altas rodas sociais. Atualmente, poucos usam a palavra aguardente, e as pessoas afirmam com orgulho que gostam de consumir cachaça. Com o passar do tempo, esse termo ofuscará "aguardente de cana".

Os destilados de cana, populares, além da nomenclatura oficial, recebem outras, em número ilimitado, registradas ou não nos dicionários, que poderiam ser classificadas como epítetos, como "água que passarinho não bebe", "amansa sogra", "marvada". São os mais diversos, com significados estranhos, eróticos, espontâneos, criados em uma rodada de bebida em um bar, mas de entendimento imediato e chistoso. Alguns têm grande duração; outros desaparecem logo depois de emitidos.

A produção de destilados de cana para consumo como bebida é enorme, realizada em instalações domésticas, rurais e industriais. Pode-se afirmar que é fabricada em todos os estados da federação, em valores nominais que vão de litros por mês a milhares de litros por hora. Não se encontra estatística para o total produzido e, ressalvada essa condição, estima-se que seja maior que um bilhão de litros por ano e que o consumo por habitante/ano é maior que 10 litros. É um volume extraordinário em um país que tem pouco mais de 200 milhões de habitantes. Essas cifras revelam a importância econômica da bebida.

5.2 UM POUCO DE HISTÓRIA

5.2.1 ORIGEM DA FABRICAÇÃO DA AGUARDENTE DE CANA NO BRASIL

Não há certeza sobre a data de instalação da primeira destilaria no Brasil, mas há referências sobre a construção de engenhos de açúcar. No século XVI, diversos donatários de terras trouxeram cana-de-açúcar para suas propriedades e estimularam a construção de engenhos.

Martim Afonso de Souza, por muito tempo, foi considerado o responsável por importar as primeiras mudas da ilha da Madeira, em 1532. Ele as plantou na Capitania de São Vicente, onde teria sido montado o primeiro engenho de açúcar denominado São Jorge dos Erasmos. Com base nessa informação, deduziu-se que ali teria sido feita a primeira destilação para produção de aguardente. Essa afirmação foi defendida pelo autor, até que encontrou outra que a desfez, mostrando que a cana teria sido primeiramente plantada no Nordeste brasileiro, onde foram construídos engenhos. Dali se exportava açúcar para Portugal em 1516.

Essa versão nega a Martim Afonso de Souza a primazia do plantio da cana-de-açúcar no Brasil, porque fora plantada antes na Bahia e em Pernambuco, vinda de Cabo Verde.

As informações sobre a fabricação açúcar no Nordeste antes de 1532 são encontradas em várias páginas da internet, com citações de distinguidos historiadores, todavia, ainda não foi encontrado registro do responsável pela iniciativa de produzir bebida destilada derivada da cana. Tampouco se tem notícia se era feita de mel sobrante da cristalização do açúcar ou diretamente do caldo. Outra dúvida repousa sobre quando e quem teria importado um alambique e se um aparelho desses teria sido construído de cerâmica de barro cozido.

O Engenho São Jorge dos Erasmos, que teria sido o primeiro engenho construído, na realidade parece ter sido o terceiro. Suas ruínas estão sob a guarda da Universidade de São Paulo, em Santos/SP (Figura 5.1).

Figura 5.1 Ruínas do Engenho São Jorge dos Erasmos.

Fonte: o autor.

5.2.2 EVOLUÇÃO

Até a Segunda Guerra Mundial (1939-1945), a indústria de aguardente era eminentemente rural, distribuída por numerosas instalações de pequeno volume de produção, pouco avançadas tecnicamente e de operação tradicional repassada ao longo de gerações. Havia destilarias em que a fermentação do caldo era feita em cochos escavados em toras, como cochos de distribuição de sal para gado, dispostos em locais cobertos com menos de 2 m de pé-direito. Em outras, o aparelho de destilação era uma coluna para destilação contínua feita de quadros de madeira superpostos e separados por chapa perfurada, fixada sobre uma caixa metálica de aço-carbono no lugar da caldeira, assentada sobre fornalha de alvenaria para aquecimento a fogo nu. Nas duas instalações visitadas pelo autor, obtinha-se aguardente com muito trabalho e pequeno rendimento.

Nessas fábricas o proprietário e sua família plantavam a cana-de-açúcar, produziam a aguardente e a comercializavam. Alguns produtores a engarrafavam, e havia poucos engarrafadores autônomos. O produto apresentava as mais variadas características de paladar e aroma, e algumas fábricas eram mais afamadas que outras por conta da qualidade peculiar que apresentavam. Os destilados eram armazenados em tonéis de madeira de lei de diversas espécies, geralmente regionais, e vendidos no varejo.

Não havia propriamente envelhecimento, mas muitos produtores fabricavam aguardente que gozava de fama por sua qualidade, desenvolvida por conta da longa estocagem propiciada por comercialização cada vez mais lenta e pouco volumosa. O armazenamento causava melhoria das características organolépticas, e as diferentes madeiras dos recipientes contribuíam para essa melhoria com suas características peculiares. Entretanto, não havia características regionais nem padrões de qualidade fixados. A legislação sempre procurou fixar normas de qualidade pelos teores de impurezas voláteis, mas essa prática não é suficiente para definir características de aroma e sabor.

Quando a aguardente era produzida em pequenos volumes, em destilarias equipadas com alambiques simples, não havia produção verdadeiramente empresarial. É possível definir essa produção como familiar, conduzida por técnica tradicional, passada ao longo de gerações. Hoje poderia ser chamada de técnica artesanal, não sem certa razão.

As aguardentes não eram iguais nem da melhor qualidade; as melhores eram produzidas por quem tinha mais aptidão, mais arte, técnica robustecida por observação e cuidados tecnológicos, ainda que incipientes perto do que é conhecido atualmente. Os cuidados iniciavam na lavoura pela qualidade tecnológica da cana, pela forma de interpretar sua adequada maturação e determinar o momento adequado de colheita, pelo esmero em transporte, armazenamento, moagem, assepsia das fábricas e condução do trabalho de preparação dos fermentos e de alimentação das dornas, e pela técnica de aquecimento dos aparelhos destiladores. As madeiras dos tonéis também tinham sua responsabilidade na qualidade do destilado.

Ao final da Segunda Guerra Mundial, a população havia aumentado muito, bem como a demanda de destilado. Em consequência, aumentaram as lavouras de cana e a capacidade de produção das fábricas. Esse fenômeno foi mais notável no estado de São Paulo, onde os pequenos alambiques simples passaram a ser substituídos por aparelhos múltiplos de destilação. Moendas foram adicionadas às destilarias existentes e novas fábricas passaram a ser construídas com melhores salas de fermentação, maior capacidade, secção de extração do caldo com maior número de unidades esmagadoras e uso de embebição para aumentar a capacidade de extração da sacarose. Os pequenos alambiques cederam lugar a grandes instalações equipadas com colunas de destilação contínua, em vez de alambiques múltiplos. A produção primitiva de 200 a mil litros por dia de doze horas passou a 5 mil litros, ou mais, por hora, em turnos de 24 horas, em empresas de grande porte e safras que duravam de 150 a 180 dias. Ao mesmo tempo, surgiram grandes empresas autônomas de engarrafamento, com capacidade de engarrafar e distribuir comercialmente 400 mil garrafas de 600 mL por dia, ou mais. Também apareceram marcas comerciais conhecidas em todo o país de dimensão continental.

Como consequência desse aumento de produção, surgiu demanda técnica e científica para apoiar o desenvolvimento. Muitas pesquisas foram executadas nas áreas de fermentação alcoólica do caldo de cana, e muitos foram os conhecimentos adquiridos com relação a extração do caldo, purificação, fermentação, desinfecção, técnicas de destilação, busca de leveduras apropriadas e selecionadas. Esses estudos contribuíram para o aperfeiçoamento técnico da antiga e rotineira indústria. Seu acervo foi muito importante quando a indústria de álcool etílico no Brasil foi solicitada a incrementar suas atividades visando à produção de etanol para uso como combustível líquido alternativo e renovável. As destilarias autônomas de grande capacidade para produzir álcool diretamente do caldo de cana usaram as tecnologias desenvolvidas para a fermentação direta do caldo, prática corrente nas destilarias de aguardente.

5.3 MATÉRIA-PRIMA

No Brasil, a matéria-prima para produção de aguardente é a cana-de-açúcar, que encerra açúcares, com predomínio de sacarose nas canas maduras. É um dissacarídeo, carboidrato de forma geral $C_{12}H_{22}O_{11}$, composto de uma molécula de glicose e de uma de frutose. Por ação da luz, em presença de água, minerais e clorofila, o dióxido de carbono da atmosfera é transformado em carboidrato.

A sacarose é formada nas folhas por ação das enzimas sintetase de sacarose e sintetase de sacarose fosfato. Sua migração para os órgãos de reserva e sua utilização para as atividades fisiológicas da planta, como respiração, crescimento, síntese de proteínas e de lipídeos, são realizadas por reações presididas por outras enzimas, as invertases. Por ação das invertases, a molécula de sacarose é desdobrada em uma molécula de glicose e outra de frutose, em partes iguais.

A cana-de-açúcar é uma planta sacarina por excelência, anual, explorada há séculos para extração da sacarose. É importante no Brasil desde o período colonial. Ela viceja em todo o país, porém, com regiões de destaque para o aproveitamento econômico: Sudeste, Centro-Oeste e Nordeste.

A área de canavial de que uma fábrica necessita é calculada tomando-se por base o rendimento agrícola médio de três colheitas (também denominadas cortes), o período de safra, o rendimento industrial médio e a produção diária de aguardente. O rendimento médio dos canaviais é de 80-85 t/ha ou mais, segundo a região e o manejo da cultura. O período de safra varia por influência de muitos fatores, mas, para efeito de cálculo, pode ser considerado como 120 dias. Dependendo de clima, variedades e períodos pluviais, as safras podem se estender por 150 dias, ou mais, excepcionalmente. Já o rendimento industrial médio varia amplamente por muitas razões, mas para um cálculo prévio da área de cultivo a ser colhida anualmente pode ser admitido o valor de 100 litros de aguardente por tonelada de cana. A produção diária de aguardente varia de acordo com a capacidade da instalação, mas entra no cálculo da área de plantio necessária.

Com conhecimento desses elementos, é possível saber, aproximadamente, a área que deve ser mantida com cana para corte anual. Uma vez calculada a área, resta saber como dividi-la em talhões de modo racional. Os talhões são as subáreas plantadas com cana e divididas pelos carreadores. Normalmente, as destilarias reservam 25% de sua área para renovação do canavial.

O tamanho dos talhões e sua configuração devem ser o mais uniformes possível e atender às exigências do sistema de colheita. A colheita mecanizada, cada vez mais presente, apropriada para grandes fabricantes, influi na maneira de dividir a área plantada com cana. O projeto de canavial deve contemplar exigências para facilitar os trabalhos agrícolas e a distribuição dos serviços, permitindo controle mais apurado e emprestando mais beleza à plantação. Não é simples obter perfeita uniformização e é praticamente impossível adotar a mesma conformação para todos os talhões em virtude da influência das condições locais de cada propriedade, com destaque para a topografia. Não se pode esquecer que a aguardente é fabricada em pequenas indústrias, domésticas e rurais, ou em grandes destilarias, que abastecem a maior parte do que é comercializado, em grandes volumes e a baixo preço.

A área dos talhões é variável e orientada no sentido de facilitar todos os trabalhos agrícolas, desde a derrubada nos terrenos virgens até a aração nos terrenos já cultivados, a escolha e a definição das áreas de proteção. Não se pode esquecer o equilíbrio entre a implantação da cultura e a execução das operações mecanizadas. No estado de São Paulo, pelo menos, as terras já têm tradição da cultura com cana, e algumas das recomendações apontadas estão superadas.

A cana-de-açúcar é uma gramínea perene pertencente ao gênero *Saccharum*, própria de climas tropicais e subtropicais. É composta de uma parte subterrânea (rizoma), formada por colmos, e de uma parte aérea, também caracterizada por colmos. Há várias espécies do gênero *Saccharum* (*S. officinarum*, *S. spontaneum*, *S. robustum*), mas as canas cultivadas a partir do primeiro quartel do século XX são variedades híbridas. Nelas procura-se aliar a rusticidade de algumas espécies, como *S. spontaneum*, às boas qualidades das variedades nobres derivadas de *S. officinarum*. A *S. spontaneum* parece ser a única ainda existente em estado silvestre, no sudeste da Ásia.

A Figura 5.2 representa um pedaço de colmo (caule aéreo) com suas diferentes partes anatômicas

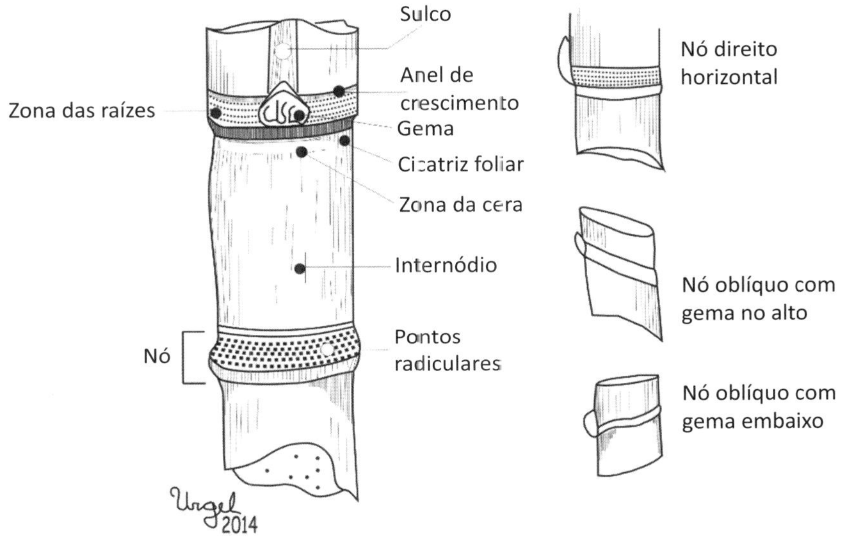

Figura 5.2 Segmento de colmo de cana-de-açúcar com suas partes anatômicas.

5.4 COMPOSIÇÃO DA CANA-DE-AÇÚCAR

A cana inteira apresenta a composição centesimal expressa na Tabela 5.1.

Tabela 5.1 Composição da cana-de-açúcar madura, normal e sadia, em g/100 g

Componentes	Média	Mínima	Máxima
Água	74,5	65,0	75,0
Açúcares totais	14,0	12,0	18,0
Sacarose	12,5	11,0	18,0
Glicose	0,9	0,2	1,0
Frutose	0,6	0,0	0,6
Fibras	10,0	8,0	14,0
Celulose	5,5		

(*continua*)

Tabela 5.1 Composição da cana-de-açúcar madura, normal e sadia, em g/100 g (*continuação*)

Componentes	Média	Mínima	Máxima
Lignina	2,0		
Pentosana (xilana)	2,0		
Goma da cana (arabana)	0,5		
Cinzas	0,5	0,4	0,8
SiO_2	0,25		
K_2O	0,12		
P_2O_5	0,07		
CaO	0,02		
SO_3	0,02		
Na_2O	0,01		
MgO	0,01		
Cl	Traços		
Fe_2O_3	Traços		
Matérias nitrogenadas	0,4	0,3	0,6
Aminoácidos, como ácido aspártico	0,2		
Albuminoides	0,12		
Amidas, como asparagina	0,07		
Ácido nítrico	0,01		
Amoníaco	Traços		
Corpos xânticos	Traços		
Gorduras e ceras	0,20	0,15	0,25
Substâncias pécticas, gomas, mucilagens	0,20	0,15	0,25
Ácidos combinados em málico, succínico e outros	0,12	0,10	0,15
Ácidos livres em málico, succínico e outros	0,08	0,06	0,10
Matérias corantes não dosadas: clorofila, antocianina, sacaretina Stenwald, polifenóis ou substâncias cromógenas			

Fonte: adaptada de Leme Jr.; Borges (1965).

Para o trabalho industrial, leva-se mais em consideração a composição tecnológica da cana, entendendo-a como constituída de fibra e caldo. Desse ponto de vista, a fibra é definida como a matéria seca da cana insolúvel em água, e o caldo, como a água e os sólidos nela dissolvidos, como na Tabela 5.2.

Tabela 5.2 Composição tecnológica da cana-de-açúcar madura, normal e sadia, em g/100 g

Cana inteira
Fibra – 8 a 14
Caldo – 86 a 92
Caldo
Água – 75 a 82
Sólidos em solução – 18 a 25
Sólidos
Açúcares totais – 15,5 a 23,5
Sacarose – 14,5 a 22
Glicose – 0,3 a 1,1
Frutose – 0,0 a 0,7
Não açúcares – 1,5 a 2,5 de matérias nitrogenadas, aminoácidos, sais minerais, substâncias pécticas, gomas e mucilagens, ácidos livres, matérias corantes, gorduras e cera.

Fonte: adaptada de Leme Jr. e Borges (1965).

Como matéria-prima, a cana deve conter o máximo de sacarose, que é o elemento mais importante. Para a produção de açúcar, interessa o açúcar cristalizável. Para a indústria de bebida destilada, ou para a fabricação de etanol, o máximo de sacarose garante o maior rendimento. A maior riqueza em sacarose é conseguida com a plena maturação.

5.5 QUALIDADE DA MATÉRIA-PRIMA

A qualidade da cana como matéria-prima é medida por seu teor em sacarose e seu estado fitossanitário, que influi na riqueza em açúcar. Também há vários outros fatores que a afetam.

A maturação é fator de relevância na cana como matéria-prima para a indústria canavieira. O teor de sacarose depende da maturação e das condições de conservação dos colmos. A cana verde apresenta baixo rendimento agrícola, tem caldo pobre em sacarose e rico em açúcares redutores. Com a cana madura, ocorre o contrário.

Após o corte, as canas sofrem alterações, que se dão de acordo com o tempo que decorre entre a colheita e a extração do caldo. A intensidade da alteração depende da variedade, do modo de conservar, em abrigo ou não, das condições climáticas reinantes e de outros fatores. As alterações são mínimas até a morte das células; depois disso, a decomposição ocorre rapidamente. Nas condições brasileiras, o máximo de espera recomendável desde o corte até a obtenção do caldo é de três dias.

As canas caídas, deitadas por ação de fatores diversos, como por serem mais longas e pesadas em razão de maior crescimento e por conta de fortes ventos e chuvas, sofrem alterações de composição, com reflexo na riqueza de sacarose. Amadurecimento mais lento e enraizamento de gomos deitados influem na composição. A incidência de doenças e a infestação de pragas afetam a qualidade da matéria-prima, não só por redução do teor de sacarose como também por redução da estatura, prejuízo na fotossíntese e destruição das fibras, entre outros.

5.6 MATURAÇÃO DA CANA

Por suas características intrínsecas, as variedades são consideradas precoces, médias ou tardias, de acordo com a época de maturação, independentemente dos fatores que afetam a cultura. Os planos de colheita devem levar esse fato em consideração para obter melhores rendimentos agrícolas e industriais.

Há várias maneiras de determinar a maturação da cana-de-açúcar, como a aparência e a idade do canavial. Também é possível usar refratômetro de campo e análises químicas.

A aparência e a idade se restringem às propriedades que exploram a fabricação de pequena quantidade de aguardente. Embora o canavial mude de aspecto com a maturação, o método é falho, porque são muitos os fatores que afetam a aparência. Já a maturação pela idade leva em consideração o ciclo vegetativo e as características de precocidade ou não. Como essas características também são afetadas pelos diversos fatores que influem na vegetação, a determinação da maturação pela idade também é falha, obsoleta e não usada por indústrias de grande porte.

O uso de refratômetro de campo é simples, fácil, barato e cômodo. O aparelho mede a refração de um raio de luz através de um líquido, e a medida é o índice de refração. Esse índice varia de acordo com a concentração dos solutos. Os refratômetros de campo medem o índice de refração, mas a leitura é fornecida em uma escala em graus Brix, que indicam a percentagem de sacarose em soluções aquosas puras do açúcar. Pelo fato de o caldo de cana não ser uma solução aquosa pura de sacarose, mas uma mistura de diversos compostos em solução, os graus Brix representam percentagem de sólidos em solução ou sólidos solúveis.

O caldo de cana é um líquido de composição variável de acordo com o desenvolvimento da planta, ou seja, varia durante a maturação. Para avaliar o estádio de maturação de um canavial, são feitas medições periódicas do caldo. O canavial é considerado maduro, com grande probabilidade de certeza, quando a média das medições periódicas for 18 °Brix ou superior.

As análises químicas são meios precisos e seguros de avaliar a maturação. O refratômetro é um elemento auxiliar. Pela análise química, são determinados a sacarose e os açúcares redutores (glicose e frutose), que são diretamente fermentescíveis. A maturação da cana é avaliada pela interpretação dos resultados analíticos. Há várias interpretações, e em uma delas a cana é considerada madura quando apresenta, no máximo, 1% de redutores e, no mínimo, 15,3 de Pol (sacarose aparente) e 85 de pureza. No início da safra são admitidos mínimo de 18 °Brix, 14,4 de Pol, 80 de pureza e máximo de 1,5% de redutores. A cana perfeitamente madura apresenta menos de 1% de açúcares redutores, representados por glicose em sua maior proporção.

Em realidade, pelos métodos analíticos comuns, a cana madura pode não apresentar frutose, apenas glicose.

5.7 ESCOLHA DAS VARIEDADES DE CANA

A escolha de variedades tem grande importância e merece muita atenção. É fundamental optar por uma variedade, com sua condição de vegetação, e a distribuição percentual das áreas, considerando precoces, médias e tardias, para organizar as tarefas de colheita e abastecimento da indústria de forma constante e uniforme.

É possível que a variedade da cana influa nas características organolépticas da aguardente, mas não são conhecidas pesquisas sistemáticas que confirmem essa expectativa. As variedades são híbridas, de vida útil limitada por suas condições genéticas. Por essa razão, o critério de possível influência sobre a qualidade do destilado não é a melhor forma de escolha.

Há variedades que fermentam melhor e outras que conseguem sobreviver economicamente por longo período, mas isso não garante sua larga duração como componente do canavial. A escolha, portanto, deve ser feita por critérios de precocidade, crescimento, riqueza sacarina, adaptabilidade aos solos da propriedade e às exigências de cultivo e boa despalha. Também devem ser eretas e ter boa perfilhação em cortes sucessivos, bem como boa resistência a pragas e doenças. Há ainda características que atestam as vantagens de seu uso. O critério racional para escolha das variedades a usar em uma destilaria é o exame dos diferentes fatores em conjunto e a melhor somatória de vantagens para o cultivo.

De forma indicativa, mesmo um tanto vaga, pode ser considerado adequado plantar canas de maturação precoce em 10% da área total, canas de maturação média em 70% e canas de maturação tardia em 20%. A distribuição proporcional, independentemente das diversas maneiras de serem manejadas as variedades, permite sua colheita nas melhores condições de maturação. A maior riqueza sacarina aumenta o rendimento industrial, facilita o trabalho e leva a melhor qualidade do produto e mais vantagens econômicas.

5.8 TECNOLOGIA DE FABRICAÇÃO DAS AGUARDENTES

Para alcançar melhores resultados na fabricação, a matéria-prima deve estar perfeitamente madura, em satisfatórias condições fitossanitárias e tecnológicas, ou seja, deve ser recém-colhida e não apresentar deterioração. A fabricação dos dois tipos de destilado (aguardente e cachaça) passa por diversas operações, como descritas a seguir.

5.8.1 EXTRAÇÃO DO CALDO DA CANA

A extração é feita por esmagamento direto em moendas. Para obter boa eficiência, com alta extração de caldo, é preciso saber escolher a moenda, qualquer que seja o tamanho, o tipo, o modelo e a capacidade. O sucesso da fábrica depende dessa escolha, pois o rendimento menor ou maior de aguardente está ligado à extração do caldo e, consequentemente, da sacarose. A moenda deve possibilitar o máximo de extração econômica do açúcar contido no colmo da cana. O número de unidades esmagadoras do conjunto de moendas depende da capacidade da fábrica.

As destilarias tradicionais de aguardente, de pequena capacidade, comumente denominadas artesanais, em geral possuem um único terno de moenda, alimentado manualmente sem nenhum preparo da cana para moagem. Ele extrai de 35% a 45% do caldo da cana. Destilaria nova e bem regulada tem capacidade de produção de 350 a 450 litros de caldo por tonelada de cana.

Essas destilarias operam com elevado déficit; muito açúcar deixa de ser extraído e o rendimento em aguardente é baixo. À medida que a demanda pelo aumento da produção de destilado cresce, são adicionadas unidades esmagadoras, aparelhos preparadores da cana (facas e desfibradores) e embebição. Em destilarias de grande porte a extração chega a mil litros de caldo por tonelada de cana e alta extração da sacarose.

5.8.1.1 Difusão

Outra técnica de extração de cana é por meio de difusão, que em simples descrição é a lavagem do açúcar contido na cana após sua desintegração em equipamentos especiais – não se trata de moagem. Essa técnica já é usada com sucesso em algumas destilarias de aguardente.

Em uma destilaria não muito grande, com capacidade de moagem de aproximadamente 120 toneladas de cana por dia e produção de cerca de 2 milhões de litros de destilado, o uso de difusor resultou em aumento de 16% de destilado. Esse resultado foi conseguido em uma safra de cinco meses, em que a extração em tandem de nove rolos (três moendas) com embebição foi de 84%, já com um difusor o resultado foi de 97%.

A Figura 5.3 representa um difusor construído pela indústria LABORE, em Piracicaba (SP), usado em diversas fábricas.

Figura 5.3 Difusor LABORE para destilarias de aguardente.

Fonte: LABORE [20--].

5.8.2 PREPARO DO MOSTO

Tecnologicamente, todo líquido suscetível a fermentação é denominado mosto. O caldo de cana obtido nas moendas e coado é um mosto natural. A água de lavagem (ou de maceração) que sai dos difusores pode ser um mosto natural, se tiver diluição e temperatura adequadas.

Comumente, os difusores são usados em usinas de açúcar para extrair a sacarose que é recolhida como material cristalizável ao término de um complexo processo. Os colmos de cana são desfibrados e submetidos a lixiviação com água aquecida em temperatura suficientemente alta para dissolver a sacarose e separá-la das fibras. Na sequência da fabricação do açúcar, a alta temperatura não constitui problema. Porém, em uma destilaria autônoma de álcool ou em uma destilaria de aguardente, a temperatura é um obstáculo a contornar, por resfriamento, para obter caldo suscetível de fermentar em condições adequadas. As leveduras são mesófilas e têm bom desempenho em temperatura variável de 28 °C a 32 °C.

Teoricamente, o mosto deve ser isento de microrganismos, o que pode ser obtido por esterilização. Entretanto, a esterilização não é comumente feita, o que obriga o uso de medidas para que o meio de fermentação seja completamente favorável à levedura alcoólica, em detrimento dos microrganismos prejudiciais. Baixa contaminação inicial dos mostos é conseguida com medidas de asseio na fabricação, como limpeza cuidadosa das esteiras, das mesas alimentadoras de cana, dos aparelhos preparadores da cana para moagem, dos desfibradores, das moendas e dos difusores, quando for o caso. Depósitos de caldo, bombas e canalizações que ficam em contato direto com o caldo merecem o mesmo cuidado. Nas pequenas instalações, a lavagem cotidiana de moenda, condutores de caldo, depósitos, bombas e canalizações é obrigatória para boa desinfecção.

Nas grandes instalações essa assepsia deve ser seguida, mas não é tarefa de extrema facilidade. A grande quantidade de matéria-prima manuseada e a colheita e a carga mecânicas dos caminhões trazem muitas impurezas para a destilaria, incluindo areia e solo. Lavagem da cana e instalação de caixas de decantação para eliminação de areia e terra por outros métodos podem ser necessárias. O trabalho da indústria é contínuo durante 24 horas, porém, nem sempre sobra tempo para lavagem das esteiras, das unidades esmagadoras e de outros auxiliares da extração do caldo. A difusão pode apresentar as mesmas dificuldades e outras decorrentes do processo de extração do caldo.

A técnica de corte da cana crua sem queima melhorou significativamente a qualidade da matéria-prima. Esse sistema pode ser comparado com o de cortar e enfeixar os colmos, encontrado apenas em fábricas de pequena capacidade. Todo esse trabalho é acrescido das operações de correção do mosto com relação a acidez e adição de nutrientes, para oferecer condições propícias ao desenvolvimento das leveduras e de sua atividade fermentativa, adição de desinfetantes e antibióticos, isto é, um conjunto de atividades que transforma o mosto natural em um meio de cultura, substrato adequado ao bom desempenho dos microrganismos fermentadores.

5.8.2.1 Composição química do caldo

O caldo é um líquido opaco, de cor variável do pardo ao verde-escuro, espumoso, viscoso, de reação ácida e paladar doce.

A opacidade se dá por conta da presença de coloides constituídos de proteínas, pentosanas, pectina e componentes inorgânicos como a sílica.

A cor é consequência da presença de matérias corantes naturais, como clorofila, sacaretina, antocianina, compostos polifenólicos e terra, que acompanham os colmos do campo à industrialização. Lavagem, sopro e colheita da cana crua diminuem a quantidade de terra, mas pode haver contaminação com outros tipos de impurezas, como palha, que não é totalmente eliminada na colheita mecanizada. A intensidade da cor depende do tom da casca da cana e do vigor da embebição, combinada com as condições de preparação para moagem e esmagamento. Enzimas oxidantes, compostos polifenólicos e contato com o ferro dos equipamentos também influem.

O caráter espumoso ocorre em razão da oclusão de ar por ação de não açúcares, como as proteínas. A viscosidade é determinada pela presença de matérias gomosas, como albumina, pectina, cera e sílica coloidal, e é um dos fatores que dificultam a filtrabilidade do caldo natural. A reação ácida, demonstrada pelo pH, é variável de 4,8 a 6, com média entre 5,2 e 5,8. O pH é menor nas canas verdes, passadas, que sofrem com geadas, queimadas após diversos dias e deterioradas. Nas canas maduras e em perfeita condição de sanidade, o pH é constante no intervalo citado. Já a doçura é resultado da predominância de açúcares entre o material sólido dissolvido no caldo. A composição tecnológica da cana já foi apresentada na Tabela 5.2.

Como já exposto, para boa fermentação, as canas devem estar perfeitamente maduras. Nelas, o teor de redutores é inferior a 1% e o teor de sacarose é de 14% para mais. As canas não devem ser colhidas com menos de 18% de sólidos em solução ou 18 °Brix, quando medidos com refratômetro ou com areômetro (aproximadamente 14% de açúcares).

Alguns ensaios de fermentação com caldo de cana com teor de sólidos inferior a 18 °Brix resultaram negativos, com mau desempenho dos inóculos, falta de crescimento das leveduras, fermentação incompleta dos açúcares e pequena formação de etanol, mesmo com adição de corretivos do mosto, desinfecção com ácido sulfúrico e troca de inóculos. Quando os caldos mostraram concentração de sólidos igual e/ou superior a 18 °Brix, a fermentação mostrou desempenho satisfatório. Os sólidos dos caldos variam dentro de amplos limites como consequência de condições de cultivo da cana, clima, solo, extração e outros.

5.8.2.2 Microflora do caldo

O caldo extraído encerra contaminação natural, predominantemente de leveduras e bactérias. Algumas são encontradas no caldo bruto, mas não no caldo misto, e vice-versa.

O caldo bruto é o caldo sem diluição nem tratamento, obtido nas moendas únicas ou no primeiro terno de moendas de equipamento de extração com mais de uma unidade esmagadora. O caldo misto resulta da mistura dos caldos obtidos em cada unidade esmagadora e é comumente diluído com água de embebição empregada para aumentar a extração da sacarose. A carga microbiana é geralmente maior no caldo bruto, porque a água de embebição comumente tem pequena incidência de microrganismos. Em geral, o caldo é misto após o segundo terno de moendas, pois já começa a receber embebição.

Entre as leveduras, são encontrados os gêneros *Candida*, *Criptococcus*, *Hansenula*, *Rhodotorula*, *Saccharomyces* e *Torulopsis*. As bactérias mais frequentes são *Leuconostoc mesenteroides* e *Leuconostoc dextranicum*; há referências à presença de *Streptococcus*. A presença de contaminantes justifica a adoção de medidas rigorosas de higienização, como já comentado.

5.8.3 CORREÇÃO DO MOSTO

A cachaça já foi produzida após fermentação de mostos de melaço, ao ponto de ser identificada como produto obtido do resíduo da fabricação do açúcar. Hoje é basicamente produzida com caldo de cana. Para preparar um mosto de melaço e para a produção de etanol industrial, dilui-se com água. Alguns autores recomendam usar vinhaça na diluição, mas esse uso é restrito à obtenção de certos tipos de rum.

A correção de um mosto visa a diversos fatores, como os apresentados a seguir.

5.8.3.1 Decantação

Embora coado após o esmagamento das canas, o mosto deve ser separado de impurezas grosseiras e pesadas em suspensão, das quais a terra é a mais importante. Isso se dá por conta dos danos que podem ser causados a bombas e canalizações, além de ser veículo de contaminações.

5.8.3.2 Diluição

É uma operação necessária quando o caldo é muito rico em açúcares. Quanto mais açúcar, mais álcool deve se formar. Entretanto, alta riqueza em açúcar pode levar a um teor de álcool prejudicial à atividade fermentativa das leveduras e causar fermentações incompletas ou mais demoradas. Os aparelhos de destilação se sujam mais e exigem limpezas mais frequentes. As fermentações incompletas conduzem a mais açúcares não fermentados e redução do rendimento industrial. Concentração sacarina mais alta exige o emprego de leveduras especializadas.

De forma geral, os mostos devem ser diluídos entre 12 °Brix e 18 °Brix, mas esse grau de diluição não exime o caldo bruto de acusar o mínimo de 18 °Brix. Menos que isso indica falta de maturação da matéria-prima. Diluição exagerada é inconveniente, pois exige maior volume de recipientes de fermentação, mais água e maior consumo de vapor. Oferece ainda mais facilidade de contaminações, com reflexos no custo de produção. A água de embebição, em geral, faz parte do processo de diluição.

5.8.3.3 Temperatura

A natureza das leveduras comanda os limites em que se desenvolvem e exercem adequadamente suas atividades; a temperatura dos mostos é fator importante a ser observado durante o processo fermentativo. A bibliografia, sobretudo internacional, cita 26 °C e 30 °C como limites adequados para bom desempenho. Entretanto, muitas vezes esses limites são ultrapassados, e isso é comum no Brasil. No inverno há estados em que a temperatura média é mais baixa que o mínimo recomendado; em outras estações o máximo é ultrapassado. Por vezes, a água de açudes e cursos d'água chega a 32 °C ou mais.

Para que as fermentações ocorram adequadamente, é necessário que as destilarias disponham de facilidades para aquecer ou resfriar os mostos. O ajuste da temperatura é feito pelo aquecimento do mosto antes de alimentar um inóculo, nas dornas, ou pelo resfriamento do mosto, também nas dornas, por meio de trocadores de calor de diversos tipos.

Um artifício, sempre perseguido, é encontrar leveduras capazes de trabalhar bem em temperatura superior ao máximo recomendado. Há referência a leveduras aptas a trabalhar em temperaturas mais altas, até 37 °C. A manutenção dos valores adequados de temperatura exige despesas frequentemente elevadas.

5.8.3.4 Acidez do mosto

Há relação entre a acidez dos mostos e o ótimo desenvolvimento das leveduras. Reação neutra ou alcalina é desfavorável a leveduras e favorável a bactérias. Os meios com pH entre 4,5 e 5 favorecem fermentações alcoólicas industrialmente puras, regulares, completas e rápidas, com redução do desenvolvimento de microrganismos prejudiciais, sobretudo de bactérias acéticas e láticas. O pH do caldo é em geral mais alto, até 5,6, porém favorável à fermentação.

O tratamento dos inóculos com ácido, em valores inferiores de pH, favorece a fermentação. Geralmente não é feito tratamento do volume total do mosto em fermentação para regular o pH.

5.8.3.5 Adição de sais minerais

Adicionar sais minerais é vantajoso para corrigir deficiências que o caldo geralmente apresenta. De modo geral, a adição não é feita em todo o volume de mosto, mas nos pés-de-cuba ou, periodicamente, nas dornas de fermentação. Considera-se adequada a adição de 1 g de sulfato de amônio por litro de inóculo ou de 200 g por mil litros de caldo, mais a parte solúvel de 20 g de superfosfato simples por mil litros de caldo. Fosfato de amônio e ureia também podem ser usados em vez do sulfato de amônio. Pesquisas diversas parecem confirmar que a ureia age como precursor da formação de carbamato de etila, entendido como cancerígeno, que é encontrado no destilado; se confirmada essa ação do sal, sua adição aos mostos é desaconselhada.

A adição de sais de magnésio, manganês e cobalto demonstrou estimular a atividade fermentativa das leveduras. Esses sais, geralmente na forma de sulfato, são adicionados em proporção de 0,2 g de sulfato de magnésio e 0,01 g de sulfato de manganês e de cobalto por litro de pé-de-cuba, que representa 20% do volume total das dornas.

5.8.3.6 Desinfetantes

É conveniente a adição de desinfetantes ao mosto, para protegê-lo da ação de contaminantes. Os desinfetantes devem ser inócuos às leveduras nas doses usadas e de ação efetiva contra bactérias. A bibliografia cita fluoreto de sódio, sulfato de cobre, colofônia e hexaclorofeno como desinfetantes eficazes. Os que têm ação residual são aconselhados para uso periódico.

5.8.3.7 Antibióticos

Alguns antibióticos foram ensaiados em mostos em fermentação alcoólica com bons resultados, como o cloranfenicol e a penicilina. Dos antibióticos, o mais usado e mais econômico é a penicilina, da qual a forma ácida é a mais recomendada por ter ação mais eficaz. As doses mais usadas são de 500 UI a 1.000 UI por litro de mosto.

5.8.3.8 Vitaminas

Uma complementação vitamínica ao mosto, principalmente do grupo B, estimula o crescimento e a atividade das leveduras. A adição de vitaminas ao mosto pode ser feita diretamente em proporção de 50 g por mil litros. No Brasil é costume adicionar vitaminas por meio de farelo de arroz, rico em vitaminas B_1, B_6 e ácido pantotênico.

Para evitar entupimento de canalizações e bombas, é aconselhável adicionar o farelo a cada ciclo de fermentação, envolto em sacos de tecido de malha grossa. Essa prática tem sido usada com sucesso em destilarias de pequena capacidade.

A adição de vitaminas associada a sais de amônio conduz a resultados mais expressivos que a adição de sais e vitaminas isoladamente. Essa influência é notada diretamente em diversas variedades de cana e diferentes estirpes de levedura usadas como agentes de fermentação.

5.8.3.9 Ebulição do caldo

Há destilarias que adotam a técnica de aquecer o caldo extraído como forma de preparar a fermentação. Depois de extraído, coado e sujeito a uma eliminação de impurezas grosseiras, o caldo é aquecido até ebulição e resfriado. Essa operação causa precipitação de coloides que são eliminados por decantação e sedimentação, gerando um caldo mais claro, menos turvo, com a mesma riqueza sacarina e que fermenta de modo mais fácil que o caldo bruto. Essa operação é conhecida por defecação e, depois dela, o caldo é resfriado a 30 °C e enviado à fermentação.

5.8.4 AGENTES DE FERMENTAÇÃO

A fermentação dos mostos preparados não ocorre espontaneamente, só depois da inoculação com leveduras. Elas são previamente multiplicadas por técnica própria em mostos de crescimento, até volume suficiente para conduzir a fermentação de forma eficaz e econômica (Volume 3, Capítulo 1).

Na forma líquida, denominada lêvedo alcoólico, pé, pé-de-fermento, pé-de-cuba ou simplesmente fermento, as leveduras separadas do meio de crescimento e adquiridas como fermento prensado são adicionadas ao mosto na proporção de 10 g a 20 g de massa por litro de mosto. Quando a adição é feita na forma de fermento granulado seco, são seguidas as mesmas proporções. Geralmente, o fermento granulado seco demora um pouco mais para iniciar a fermentação que o fermento prensado fresco e úmido.

Modernamente, é possível adquirir leveduras puras e selecionadas na condição de liofilizadas que, como o fermento prensado ou granulado seco, permitem preparar fermentos rapidamente. Os precedentes devem ser submetidos a operações de multiplicação até estarem em condições de serem inoculados em grandes volumes de caldo.

A escolha do agente de fermentação depende da natureza do mosto, das condições locais da destilaria e do fim a que se destina o produto fabricado. Essa escolha é importante para o início dos trabalhos, porque ao longo da safra a população microbiana nas dornas varia muito. É interessante observar que fermentações começadas com fermento prensado fresco, fermento caipira, fermento caipira misto e leveduras selecionadas conduzem ao mesmo desempenho depois de alguns ciclos de fermentação ou, como se diz na prática, depois de algumas "corridas".

Entende-se que, ao longo dos ciclos de fermentação, o caldo de cana vai sendo lentamente "contaminado" pelas leveduras nativas e regionais, que se desenvolvem, superpõem e dominam o processo fermentativo. Isso ocorre em qualquer região do país, com predominância de microrganismos naturalmente adaptados às condições ambientais locais. Não é difícil entender por que há destilarias que não esterilizam os mostos nem mantêm condições de assepsia adequadas para fermentações puras, ou seja, com a manutenção de uma única variedade de leveduras.

Como já exposto, mostos muito ricos em açúcar exigem tipos de leveduras resistentes a altas concentrações de álcool para que a fermentação seja processada de modo normal. Se o mosto é de caldo de cana, as melhores leveduras devem ser isoladas de mostos em plena fermentação, de preferência não diluídos e da própria região.

Com relação às condições locais, são fundamentais o tipo da instalação, as condições de trabalho e os conhecimentos técnicos da mão de obra. O uso de fermentos puros e selecionados é prejudicado em fábricas que não possuem pessoal habilitado, bem como condições higiênicas e técnicas adequadas.

Em grandes destilarias brasileiras e até em pequenas fábricas, é comum o uso de fermentos selecionados no início da safra. No entanto, há ainda um grande número que trabalha com leveduras de panificação, prensadas e com fermentos naturais, denominados fermentos caipiras. Esse tipo de fermento é preparado por técnicas que obedecem a "receitas" próprias das pessoas que têm prática na fabricação de aguardente em pequenas destilarias, muitas artesanais. São os pés-de-cuba preparados com leveduras autóctones. Há quem as considere selvagens, mas essa denominação é imprópria, pois muitas leveduras puras e selecionadas distribuídas por institutos técnicos e científicos têm origem nessas preparações.

Entre as leveduras naturais, regionais, constam diversas espécies, das quais *Saccharomyces*, *Schizosaccharomyces* e *Hansenula* são os gêneros mais importantes. As espécies usadas são de *Saccharomyces cerevisiae*; anteriormente, havia outras denominações, como *Saccharomyces carlsbergensis* e *Saccharomyces uvarum*, todas reclassificadas como *cerevisiae*.

As transformações produzidas pelas leveduras dependem de suas condições vitais e, por consequência, de sua nutrição. O produtor de aguardente deve conhecer suas exigências para executar convenientemente a correção dos mostos e obter os melhores resultados. Além da nutrição, agentes físicos e químicos atuam sobre as leveduras, como o ar, a temperatura, a reação do meio e a ação dos antissépticos e dos próprios produtos da fermentação.

A maior parte desses itens já foi comentada. Quanto ao ar, em sua presença, as leveduras exercem intensa atividade de multiplicação e baixo poder fermentativo. Em ausência de ar ocorre o inverso. Durante o preparo do pé-de-cuba (inóculo), é conveniente haver aeração e baixa concentração de açúcares; na fermentação, é forçoso evitar aeração e haver adequada concentração de açúcares para a produção econômica de álcool.

Dos produtos da fermentação, o gás carbônico produzido contribui para manter ambiente anaeróbio nos recipientes de fermentação, favorável ao processo. O álcool aumenta de concentração gradativamente do início ao fim da fermentação e exerce efeito variável sobre a atividade fermentativa. À medida que o teor alcoólico aumenta, sua ação vai se tornando inibidora; há leveduras produtoras de vinho de uva que podem fermentar até produzir 16% de álcool em volume, mas de forma lenta e por longo período. Em uma destilaria de aguardente a concentração de açúcar no mosto é mantida para produzir de 7% a 8% de álcool em volume, garantindo fermentações rápidas e sadias em condições econômicas.

5.9 PRÁTICA DA FERMENTAÇÃO DO CALDO DE CANA

A fermentação do caldo de cana para produção de aguardente é primordialmente alcoólica, iniciada no momento em que o inóculo entra em contato com o mosto convenientemente preparado. O inóculo é preparado segundo técnicas regionais ou com fermentos selecionados. O preparo do inóculo com fermento de panificação e leveduras puras pode ser consultado no Capítulo 1 do Volume 3 desta coleção, que trata da produção do etanol.

Nas pequenas destilarias de aguardente, é comum fermentar com microrganismos naturais que acompanham a matéria-prima e, obviamente, seus caldos. No jargão próprio chama-se fermento caipira.

5.9.1 FERMENTO CAIPIRA

Nesse tipo de fermento, a quantidade de leveduras que ocorrem naturalmente na cana, impropriamente denominadas selvagens, é pequena e causa insucessos na prática. Para aumentar seu número, há tratamentos adequados em numerosas variantes, que demandam tempo e técnica cuidadosa, embora rústica.

Entre as muitas maneiras de preparar o fermento caipira, está a descrita a seguir, em que se pode obter 200 litros de inóculo. Em um recipiente limpo de madeira, ferro ou plástico são colocados e misturados a seco 200 g de farelo de arroz, 200 g de fubá comum e 200 g de sulfato de amônio e 20 g de superfosfato triplo. À mistura é adicionado o caldo de seis a oito laranjas azedas ou limões sem sementes nem detritos para formar uma pasta que é transferida para um saco de algodão ou juta, fechado por um cordel. O saco é preso a um peso qualquer e, em seguida, coberto com 50 litros de caldo de cana madura diluídos com água à metade da riqueza em açúcar e aquecidos entre 30 °C e 32 °C. O conjunto é deixado em repouso em local com temperatura ambiente ao redor de 30 °C, coberto por um pano úmido. Para menor volume de inóculo, a proporção dos ingredientes a adicionar é calculada com base nos dados oferecidos.

Depois de algumas horas percebe-se a formação de espuma superficial, consequência da fermentação do caldo de cana. Quando a fermentação termina, outro volume de caldo preparado da mesma forma é adicionado até que seja obtido um volume suficiente para completar uma dorna. A fermentação prossegue até o final dos açúcares presentes, e o caldo fermentado é retirado para destilação após a sedimentação das leveduras no fundo do recipiente. Está preparado o fermento caipira, que daí em diante recebe novas cargas de caldo de cana preparado como descrito para encher todos os recipientes e dar início à produção industrial.

5.9.2 SALA DE FERMENTAÇÃO

Devem-se distinguir as pequenas destilarias das grandes empresas que fabricam milhares de litros de destilado por hora. O aumento da capacidade de produção das destilarias ajudou no desenvolvimento de técnicas de construção que não exigem sala de fermentação. As dornas podem ser instaladas ao ar livre, providas de isolamento para não sofrer influência das variações ambientais de temperatura e equipadas com trocadores de calor para regular a temperatura da fermentação.

Em pequenas destilarias, os recipientes de fermentação, ou dornas, geralmente são colocados em salas de fermentação, construídas de acordo com normas técnicas recomendadas pela literatura e pela prática, válidas para todas as destilarias, da menor à maior. Devem ter piso cimentado liso, com declive para escoamento das águas de lavagem e coletores para essas águas. As paredes devem ser lisas e revestidas com material resistente à água e que permita limpeza perfeita. É preciso haver janelas amplas para garantir iluminação e circulação de ar sem formar correntes que possam causar queda brusca de temperatura e prejuízos à fermentação. A sala deve ter espaço suficiente para instalação de dornas, pré-fermentadores, centrífugas e outros equipamentos. É necessário pé-direito alto e abundância de água para garantir assepsia, diluições e outros trabalhos. A construção da sala depende de vários fatores, sendo um deles a situação geográfica, responsável por variações climáticas que podem afetar o bioprocesso.

A adoção da técnica de fermentação contínua exige a construção de locais de fermentação de acordo com o projeto dos fermentadores e as necessidades de supervisão das operações. É possível operar sem salas de fermentação, mas deve haver abrigos para centrífugas, laboratório, pré-fermentadores e outros.

5.9.3 DORNAS DE FERMENTAÇÃO

As dornas podem ser fechadas ou abertas. Sua construção depende de fatores como localização geográfica, capacidade de produção da destilaria e existência de um galpão para abrigá-las. Qualquer recipiente onde se recolha o caldo para fermentar é uma dorna. Caixa de cimento, de plástico e de fibra, caixas construídas com pranchões de madeira, tonéis de madeira e até cochos escavados em troncos de madeira fazem parte da grande variedade de recipientes usados para realizar a fermentação, mas muitos pertencem à história. O material de construção não é da maior importância, mas é fundamental manter a fermentação nesses recipientes em perfeitas condições de assepsia e sanidade.

O aço-carbono é o material amplamente empregado na fabricação das dornas de qualquer capacidade. Tem longa duração, permite lavagem e desinfecção e não oferece condições para retenção de focos de microrganismos indesejáveis. As dornas construídas com aço-carbono são de fácil manutenção, não exigem proteções especiais nem retoques frequentes. Na entressafra, a caiação interna é ótima proteção.

As dornas de qualquer capacidade devem possuir sistema de aquecimento e refrigeração, para manter a temperatura dos mostos nos limites adequados para o bom desempenho das leveduras. Dependendo do volume do caldo em fermentação, o controle da temperatura pode ser feito com simples isolamento térmico, por meio de serpentinas internas ou de trocadores de calor de alto desempenho.

Não se deve culpar o material de construção do equipamento por defeitos decorrentes da falta de conhecimento técnico fundamental para desenvolver boas fermentações.

5.10 VINHOS

Os vinhos são misturas hidroalcoólicas complexas. Por definição tecnológica, são obtidos pela fermentação de açúcares por leveduras. Nas destilarias de aguardente de cana, o material a destilar consta de caldo de cana fermentado com 8% de álcool em volume, em geral. Quando se trata de outros mostos, há vinho de frutas, de mel ou de melaço. Com mostos de melaço, os vinhos podem ter maior concentração de álcool.

Sua composição depende da matéria-prima de onde foram originados, porém é possível generalizar que encerram componentes líquidos, sólidos e gasosos. Os gases presentes em pequena proporção são dióxido de carbono dissolvido e ar ocluso ou dissolvido.

Os líquidos são água, em proporção de 90% ou mais, álcool em teor de 6% a 10%, e materiais não alcoólicos provenientes do bioprocesso alcoólico e de fermentações secundárias ou contaminantes, em proporção de 1% a 3%. Esta é bem pequena em quantidade, mas de grande importância em relação à qualidade organoléptica dos destilados. Os componentes não alcoólicos são: ácidos succínico, acético, lático e butírico, ésteres desses ácidos, glicerol, álcoois amílico, isoamílico, butílico, isobutílico, propílico e isopropílico, aldeído acético e furfural. Muitas dessas substâncias, em mínimos teores, entram na composição dos destilados e conferem ou alteram suas qualidades de aroma e paladar.

Os componentes sólidos são açúcares não fermentados, sais minerais e materiais nitrogenados em solução. Além deles, há impurezas grosseiras, como terra e bagacilho, insetos e leveduras que se mantêm em suspensão. Em outra definição, os vinhos são compostos de substâncias fixas e voláteis; os fixos são sólidos em solução e suspensão e os voláteis são gases e líquidos.

Um vinho de caldo de cana resultante de uma boa fermentação deve acusar 0 °Brix. Os areômetros usados para medir a densidade podem acusar valor inferior a zero, porque o álcool que se formou pela fermentação diminui a densidade do líquido. Esse fato ocorre frequentemente quando a medida é tomada em temperatura superior à de aferição dos densímetros usados. O vinho deve ser isento de açúcares redutores e revelar teor mínimo de infermentados; precisa ainda acusar acidez sulfúrica entre 2 g e 3 g por litro, pH variável de 3,8 a 4,8 e mínimo de acidez volátil. O teor alcoólico deve variar de 6% a 8%. A variação da acidez sulfúrica maior que 1,5 g a 2 g por litro do início ao fim do ciclo de fermentação indica contaminação.

5.11 AGUARDENTES

A aguardente ou cachaça, isto é, o destilado, é uma mistura de álcool e água com impurezas voláteis, designadas de produtos secundários, constituídos de álcoois superiores ou óleo fúsel, aldeídos, ésteres, ácidos e furfural. Também são denominados não alcoólicos ou produtos congêneres.

A legislação determina que o teor dos produtos secundários não seja inferior a 0,2 g nem superior a 0,65 g por 100 mL de álcool anidro contido na bebida. O máximo permitido para cada componente independente é fixado em g/100 mL de álcool anidro na bebida. A Tabela 5.3 traz alguns índices.

Tabela 5.3 Índice (em g) de álcool presente em alguns produtos

Acidez volátil expressa em ácido acético	0,150
Ésteres expressos em acetato de etila	0,200
Aldeídos expressos em aldeído acético	0,030
Furfural	0,005
Álcoois superiores	0,300

Além desses componentes, a legislação prevê, como aditivos incidentais, a presença de, no máximo, 0,25 mL de álcool metílico por 100 mL de álcool anidro e 5 mg de cobre por litro da bebida.

Há duas décadas, ou pouco mais, a literatura internacional alertou para a presença de outra substância nos destilados, que ainda não havia sido percebida. Depois de detectada, foi considerada como um risco à saúde pública por ser potencialmente cancerígena, com potencialidade a ser confirmada. Trata-se do carbamato de etila, ou uretano, que se forma naturalmente em alimentos e bebidas fermentados, como pães, azeitonas, leites fermentados, vinhos, saquês, uísques e aguardentes originadas de diferentes matérias-primas (sucos, grãos, raízes e tubérculos). Desde a identificação do carbamato de etila, muitas pesquisas vêm sendo feitas para tentar identificar como se origina. No Brasil, as pesquisas se intensificam sobre sua origem e sua ocorrência nas aguardentes.

Também há vários métodos que visam eliminar o uretano dos destilados. Surgiram, assim, técnicas de bidestilação e de dupla destilação. Em descrição rápida e simples, na primeira técnica, o destilado obtido em primeira destilação é diluído com água e submetido a nova destilação. O carbamato, que é um produto de cauda (alta temperatura de ebulição), permanece na flegmaça, enquanto o novo destilado passa a acusar alta redução no teor de carbamato. Na dupla destilação, que na indústria de conhaque significa *repasse*, faz-se a destilação do vinho até obter um destilado de 25% a 30% de álcool em volume e, depois, uma nova destilação. Nesse caso, também há forte eliminação do componente incidental carbamato.

Quando se faz a destilação dos vinhos, é importante realizar a operação da forma mais lenta possível, dentro de um período econômico. As destilações lentas conduzem à obtenção de maior rendimento em destilados: destilados mais ricos em aroma e menos ricos em componentes secundários ou destilados de melhores qualidades organolépticas. Com essa técnica, comparações entre destilações lentas e rápidas conduzidas de maneira tradicional sobre mostos fermentados mostraram que as operações menos rápidas conseguiram produzir destilados com menor quantidade de carbamato, abaixo do limite estabelecido pela legislação.

Pela Instrução Normativa n. 13, de 29 de junho de 2005, e pelo Decreto Federal n. 2.314, de 4 de setembro de 1997, as aguardentes poderiam conter até 150 µg de carbamato de etila por litro da bebida (BRASIL, 2005; 1997). Nova decisão ampliou esse máximo para 210 µg/L. O estabelecimento de limites é salutar para o país que é grande produtor de destilados e investe em ações que visam à exportação de sua bebida típica e à preservação da saúde.

Há muitos trabalhos que discutem a quantidade de carbamato de etila que os consumidores podem ingerir diariamente, mas nem todos são concordes, havendo uns que dizem que a ingestão diária não deve ultrapassar 18 µg, o que equivale a ingerir 100 mL de destilado com 180 µg de carbamato de etila por litro, e outros que, como Zimmerli e Schlatter (1991) consideram que um adulto ingere de 10 a 20 nanogramas (0,1 µg a 0,2 µg) de carbamato de etila por quilo de peso corporal, sendo o pão a principal fonte. Um adulto de 70 kg ingeriria de 7 µg a 14 µg do contaminante. A origem do carbamato de etila em alimentos e destilados ainda é obscura e motivo de constantes investigações. Análises de muitos destilados de cana-de-açúcar acusam mais de 1.000 µg de carbamato de etila por litro; já análises de bebidas domésticas feitas de drupas (frutas com caroço) chegam a mais de 5 mil $\mu g/L^{-1}$.

Tão importante quanto determinar a origem do contaminante é encontrar processos para impedir sua formação ou para diminuir seu teor nos destilados. O processo de bidestilação é um recurso, bem como a adoção de técnicas apuradas de destilação, como indicadas por Lima et al. (2012). Isso significa que destilação lenta conduz a um destilado menos rico em carbamato.

5.12 DESTILAÇÃO

Em simples definição, significa a geração de vapores de um corpo por meio de fonte de calor e seu recolhimento no estado líquido após condensação. Na indústria de destilados, é a remoção do álcool dos mostos fermentados de cana-de-açúcar (vinhos). Trata-se de operação complexa porque, além de água e etanol, há outros líquidos em solução, ou mistura, embora em quantidades mínimas em comparação com os teores de água e de álcool. Quando o líquido é simples, o ponto de ebulição é constante enquanto dura a vaporização, mas, quando se trata de líquido composto, o ponto de ebulição varia à medida que os componentes mais voláteis são vaporizados.

O conhecimento desses princípios gerais permite entender como funciona a destilação industrial para a produção de álcool etílico, ou seja, a separação de uma substância volátil de outras mais ou menos voláteis. Na indústria busca-se separar o álcool etílico com menor ou maior concentração da maior parte das impurezas que o acompanham no vinho. Na prática, há três tipos principais de destilado alcoólico: aguardente ou flegma, álcool retificado e álcool anidro ou absoluto. São obtidos com diferentes aparelhos, porém obedecendo ao requisito geral da operação unitária. A separação do etanol dos vinhos é feita de duas maneiras: por destilação simples, também denominada periódica (descontínua), e por destilação metódica, ou sistemática (comumente contínua).

Os flegmas[1] obtidos por destilação simples e por destilação metódica usualmente contêm impurezas voláteis que são eliminadas por operação denominada retificação, que obtém álcool mais puro. Para retirar maus aromas e porções reminiscentes de impurezas voláteis, o destilado é depurado por filtração em carvão ativo ou por outros processos. Nesse caso, a operação deve ser cuidadosamente conduzida, evitando-se encher demasiadamente a caldeira do alambique e aquecer o vinho muito rapidamente, para evitar regurgitamento e perda do trabalho. Na prática, diz-se que o alambique "vomitou", e o destilado deve retornar à caldeira para recomeço da operação. Nos aparelhos aquecidos a fogo direto, o perigo de regurgitação é maior, porque é difícil controlar a intensidade do aquecimento.

A aguardente pode também adquirir gosto de queimado, por causa de produtos empireumáticos oriundos do excesso de calor e pirogenados resultantes de superaquecimento concentrado em determinadas áreas de contato da chapa metálica do aparelho com as chamas.

1 Líquidos alcoólicos destilados dos vinhos, não possuem fixação de concentração de álcool.

5.12.1 DESTILAÇÃO SIMPLES

A destilação simples é uma operação unitária pela qual os vapores gerados por aquecimento se mantêm em equilíbrio e em íntimo contato com o líquido gerador, mas, por conta da separação das fases, não há retorno ao líquido gerador. A destilação como operação unitária pode ser simples sem significar destilação de um líquido simples.

Essa destilação, como descrita e demonstrada, não tem utilidade industrial prática. Pode ser realizada em retortas ou em aparelhos especialmente construídos para remover os vapores do recipiente onde foram gerados, como na Figura 5.4, sem possibilidade de retorno ao líquido original.

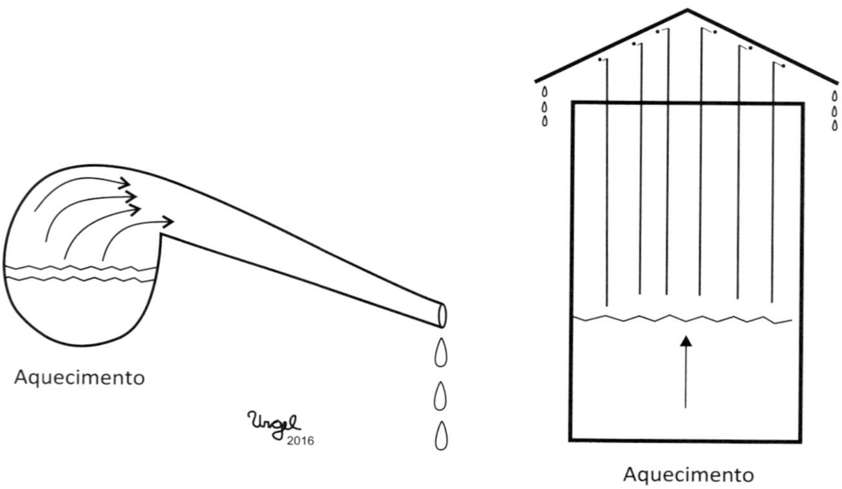

Figura 5.4 Esquema de retorta e dispositivo de retirada do condensado sem retorno ao líquido gerador.

Na indústria, a operação conhecida como destilação simples é realizada para obtenção de destilados, ou flegmas, com concentração de álcool mais elevada que a contida nos vinhos. Na prática, é feita para a produção de aguardente em alambiques denominados simples, construídos com um único recipiente. Nessa operação, o destilado tem baixa concentração de álcool e, para alcançar alto teor, é necessário realizar outras destilações. A destilação é intermitente ou descontínua em alambiques simples, comuns em pequenas destilarias. Nas destilarias de grande capacidade com diversos alambiques, também é descontínua.

5.12.2 ALAMBIQUE SIMPLES

O alambique simples esquematizado na Figura 5.5 apresenta quatro partes principais: caldeira, capitel, alonga e serpentina, para condensação final e resfriamento do líquido condensado.

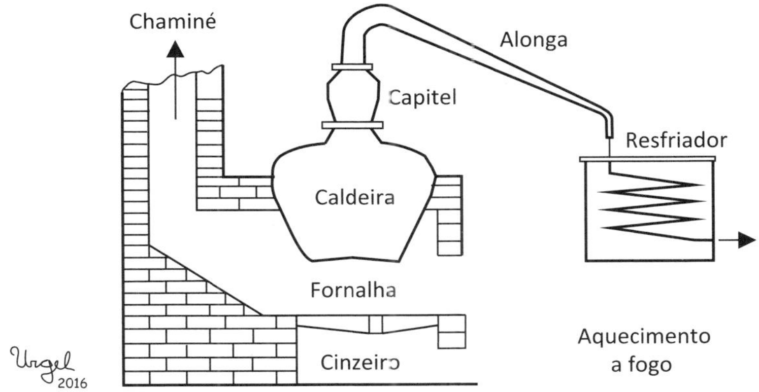

Figura 5.5 Alambique simples.

A caldeira é tradicionalmente construída de cobre, com chapa lisa ou batida para confeccionar diferentes modelos. No estado de São Paulo eram conhecidos três tipos, denominados cebola, alegria e caldeira. Cebola é a caldeira boleada, de chapa batida, com um perfil assemelhado ao da hortaliça que dá nome ao modelo. Alegria era o aparelho construído com uma caldeira cilíndrica de chapa lisa, vertical, fechada por peça troncônica de chapa lisa, encimada pelo capitel; o nome vem do caldeireiro que construiu esse tipo de caldeira pela primeira vez. O alambique tipo caldeira é construído com caldeira cilíndrica horizontal e capitel também cilíndrico. O formato caldeira é de fácil construção e foi usado por décadas no estado de São Paulo, onde era construído em grandes dimensões, muitas vezes com capacidade ao redor de 5 mil litros de mosto fermentado. Esse tipo de alambique foi responsável pelo aumento da capacidade produtiva industrial de aguardente, em razão da facilidade de carga e da instalação de vários aparelhos em paralelo nas indústrias que queriam aumentar sua capacidade produtiva.

Capitel, elmo ou capacete é uma peça boleada de formato artístico, quando feito de chapa martelada, ou de formato cilíndrico, quando construído de chapa lisa. Nesse caso é fixado verticalmente sobre a caldeira e tem dimensões mais longas ou mais curtas de acordo com o fabricante. O capitel é a parte intermediária ligada à alonga.

Alonga é um tubo que recolhe os vapores da caldeira e os encaminha para o exterior. É também referida como pescoço de cisne, por conta do formato recurvo como era construída nos aparelhos mais antigos. Atualmente, é reta, ligeiramente inclinada e fixada a uma serpentina que serve para finalização da condensação dos vapores e resfriamento à temperatura ambiente.

A serpentina é um tubo de pequeno diâmetro enrolado em diversas espirais e mergulhado em um recipiente de água fria. Possui entrada inferior e saída superior contínua.

Um alambique simples ainda é dotado de uma porta de carga, uma janela de visita, um registro quebra-vácuo, um registro de descarga e um termômetro. A porta de carga pode se resumir a um registro provido de funil para o carregamento de vinho;

a janela de visita é uma abertura dotada de tampa com vedante e parafusos de fechamento, usada para lavagem do interior da caldeira; o registro quebra-vácuo é usado para aliviar a depressão interna da caldeira depois de desligado o aquecimento e antes da abertura do registro de descarga. O equilíbrio de pressão é necessário para evitar esmagamento da caldeira em razão da pressão atmosférica durante a descarga da vinhaça.

5.12.3 FUNCIONAMENTO DE UM ALAMBIQUE SIMPLES

A destilação é realizada pelo aquecimento de uma carga de vinho na caldeira até gerar vapores, que são coletados após condensados e frios. Para bem descrever o funcionamento de um alambique simples, distinguem-se duas fases: alambique frio e vazio e alambique quente e recém-descarregado.

5.12.3.1 Alambique frio e vazio

É condição da primeira carga do dia. O registro de descarga e a janela de visita do alambique são fechados. Permanecem abertos o registro quebra-vácuo e o registro da tomada de alimentação, por onde o vinho é carregado na caldeira até, aproximadamente, dois terços de seu volume total. O espaço acima da carga de vinho funciona como câmara de vapores.

Feita a carga, são fechados os demais registros abertos e iniciado o aquecimento. Ao mesmo tempo, é iniciada a passagem da água pelo recipiente que contém a serpentina de condensação e resfriamento dos vapores. O aquecimento é feito por fogo nu originado da queima do bagaço resultante da moagem dos colmos de cana. É um combustível mais barato, pois é residual. Esse bagaço geralmente fica amontoado em locais chamados bagaceiras, onde perdem umidade pela exposição ao calor solar. Carvão e lenha podem ser usados, mas o combustível predominante é o bagaço residual.

Um termômetro registra a elevação de temperatura na caldeira. Ao redor de 90 °C, a parede superior da caldeira e do capitel estão bem quentes por conta da circulação dos vapores em seu interior. Ao atingir a alonga, ela também se aquece ao longo de sua extensão até o início da serpentina. Daí em diante, os vapores condensados seguem para a saída, onde são recolhidos frios em um recipiente próprio. Durante a operação, são colhidas amostras do destilado em breves intervalos para serem examinadas com um alcoômetro. Quando o líquido frio (mistura das frações destiladas) acusa graduação de aproximadamente 45% de álcool em volume na caixa de recepção, a destilação é dada como terminada e o material condensado e frio é enviado para o depósito como cachaça ou aguardente, dependendo da graduação final. Para obter a graduação alcoólica real do destilado, é necessária a medição da temperatura, para conferir o teor alcoólico em tabelas próprias.

Ao final da operação, ainda há pequena percentagem de álcool no líquido residual na caldeira do alambique. Esse álcool é perdido se o alambique for descarregado e a vinhaça despejada como resíduo. Para melhorar o rendimento, a destilação é continuada até que o destilado apresente graduação muito baixa, embora nunca atingindo 0% de álcool. Denominado água fraca, de aspecto opalescente e com mau odor, é recolhido à parte para ser adicionado ao vinho na próxima destilação ou armazenado até que haja volume para nova carga completa do alambique. Da destilação da água fraca, é possível obter destilado de qualidade satisfatória, se forem tomados cuidados especiais, de acordo com a observação do destilador. O costume de retirar a água fraca e juntar o volume recolhido à destilação seguinte causa aumento de impurezas secundárias a serem destiladas. A melhor solução é armazenar toda a água fraca até obter um volume suficiente para alimentar nova carga completa do aparelho destilador, pois esse tipo de água pode ser corrigido (mistura com vinho, neutralização) para constituir mistura hidroalcoólica de boas características e garantir destilado de boa qualidade organoléptica.

Os destilados encerram outros componentes além de água e álcool, em pequenas proporções, que são denominados componentes secundários ou congêneres, responsáveis por características de aroma e sabor. Aldeídos, ésteres, ácidos orgânicos e álcoois superiores são considerados componentes secundários dos destilados. Cada um deles, componentes do vinho, tem temperatura de ebulição específica e serviria para a separação fracionada se destilasse exatamente naquele ponto de ebulição e não houvesse o fenômeno de azeotropia, que causa destilação de duas ou mais substâncias em conjunto. A intensidade do aquecimento e, em consequência, a velocidade da destilação afetam a composição do destilado em relação ao teor dos componentes secundários.

Cabeça é o nome dado às primeiras porções destiladas; as porções finais, com características próprias de odor e paladar, são denominadas caudas.

5.12.3.2 Alambique aquecido a fogo

A segunda operação é a que foi denominada operação com alambique aquecido a fogo.

A descarga da destilação anterior (primeira) não deve ser total; um volume residual é mantido no interior do alambique quente. Antes da descarga da caldeira após a destilação, é feita a redução das chamas, para que a chapa metálica não continue a ser aquecida. Se o líquido residual (vinhaça) for totalmente drenado, as brasas e o restante de combustível ainda em fogo superaquecem a chapa metálica, com risco de queima de material residual e de deposição.

Ao recarregar o alambique, a primeira porção do vinho que entra em contato com a chapa metálica quente superaquece e queima, formando compostos pirogenados, entre os quais furfural, que é um aldeído. Quando presente, integra a constituição dos componentes secundários com efeito negativo sobre as características organolépticas do destilado. Para evitar isso, ao descarregar o alambique, deve ser tomado o cuidado de deixar um pouco de vinhaça na caldeira. Ao recarregar, a nova carga de vinho vem sobre a vinhaça, que, mesmo ainda em ebulição, sofre resfriamento e não conduz à formação de compostos empireumáticos ou pirogenados. Tampouco há deposição de crostas de material orgânico queimado sobre fundo e paredes do aparelho. Menos sujo, o aparelho contribui para a destilação de bebida com melhor qualidade.

Esse inconveniente não ocorre quando o alambique simples é aquecido a vapor proveniente de um gerador.

5.12.4 DESTILAÇÃO NO INTERIOR DO ALAMBIQUE

Uma solução hidroalcoólica, ao vaporizar, emite vapores com riqueza alcoólica mais elevada que a do líquido gerador.

Com os vinhos ocorre o mesmo. Um vinho com 8% de álcool em volume (temperatura de ebulição a ±93 °C) emite vapores com riqueza alcoólica de 24% a 33% de álcool em volume; esses vapores são mais ricos que o vinho. Se a destilação fosse exatamente simples, os destilados (bebida) teriam riqueza alcoólica bem inferior à dos destilados comerciais, que a legislação define como entre 38% e 54%.

A Figura 5.5 facilita a compreensão. A destilação simples não ocorre por causa da arquitetura do alambique simples, constituída de caldeira, capitel e alonga metálicos (aço inoxidável ou cobre), dos quais apenas a caldeira recebe aquecimento direto. Os demais estão em contato com a atmosfera, que se encarrega de dissipar parte do calor carreado pelo destilado. Ao dissipar o calor, os vapores tendem a condensar nas paredes do aparelho como líquido mais rico em álcool e com temperatura de ebulição mais baixa que a do vinho. Esse líquido condensado nas paredes tende a voltar à caldeira pela simples ação da gravidade, mas, como é mais rico em álcool e mais volátil (temperatura de ebulição em 88,3 °C-84,1 °C), gera vapores mais ricos em álcool (78,1%-69,3%). Esse retorno caracteriza a retrogradação ou deflegmação (o líquido destilado de maior concentração em álcool é denominado flegma). Pelo contínuo aquecimento na caldeira, há continuidade da emissão de vapores a partir dos condensados parciais, que vão finalmente se condensar na alonga, resfriar na serpentina e ser coletados na saída.

Esse comportamento segue continuamente se a destilação não é descontínua. Sendo descontínua, à medida que os vapores são condensados e retirados, a riqueza alcoólica do vinho diminui e sua temperatura de ebulição aumenta. Por sua vez, os vapores emitidos ficam cada vez mais pobres em álcool, e sua temperatura de ebulição mais alta.

Em resumo, com o desenvolver da destilação, o destilado de cabeça é o mais rico em álcool e o de cauda, o mais pobre. A destilação é dada como terminada quando o líquido frio coletado à saída do alambique mostra riqueza alcoólica entre 38% e 54% de álcool em volume. Nesse ponto, o aquecimento é desligado e o aparelho é descarregado. Para isso, primeiro se faz a abertura do registro quebra-vácuo, para que a pressão interna da caldeira se equilibre com a pressão atmosférica. Do contrário, a pressão atmosférica amassa o alambique. Em seguida, é feita a descarga do aparelho, possibilitando a segunda operação.

5.12.5 DESVANTAGENS DE UM ALAMBIQUE SIMPLES

Os alambiques simples são largamente empregados na produção do que se convencionou denominar cachaça artesanal, que é a produção de aguardente em pequenas destilarias. Tal denominação não é perfeita, porque a obtenção de uma bebida de boa qualidade exige mais que arte em qualquer volume ou instalação; exige conhecimentos e técnicas para execução de boa fermentação e condução adequada da destilação para qualquer volume de produção, de poucos litros diários a milhares de litros por hora de trabalho.

Um inconveniente dos aparelhos simples é o maior gasto de combustível, quando comparado com aparelhos dotados de recuperadores de calor. São os mais dispendiosos em termos de energia calorífica, embora nem sempre isso seja levado em consideração, pois o combustível é comumente bagaço de cana, considerado sem valor financeiro. Esse gasto é menor quando se trata de aparelho aquecido a vapor.

A pequena capacidade de produção também é uma desvantagem.

5.12.6 EVOLUÇÃO DOS ALAMBIQUES

Os alambiques simples são considerados evolução quando comparados com os alambiques primitivos (ver Capítulo 6, deste volume). Ao longo de muitas décadas de produção industrial de aguardente, algumas inovações foram introduzidas visando ao aprimoramento da obtenção do destilado, à economia do processo e ao aumento da produção da destilaria. Em outras palavras, aumento do rendimento industrial. A indústria brasileira de aguardente é conservadora com relação aos alambiques em uso, que são aparelhos de apenas uma caldeira e raramente equipados com preaquecedor de vinho, adotado em indústrias europeias desde o século XIX.

Há crença de que as melhores aguardentes são produzidas em alambiques e, como requinte, em alambiques de cerâmica de barro cozido, como o mostrado na Figura 5.6, que faz parte do patrimônio do Departamento de Agroindústria, Alimentos e Nutrição da Escola Superior de Agricultura Luiz de Queiroz da Universidade de São Paulo.

Não é fácil encontrar informações a respeito de quando esses alambiques de cerâmica de barro queimado foram introduzidos. Tampouco se sabe a data de sua primeira construção, suas características e seu desempenho. Entretanto, é possível estabelecer algumas considerações. Os alambiques de barro geralmente são pequenos e com pequena capacidade. Não se tem conhecimento de alambiques de barro de grande capacidade; sua estrutura em vasos de grande volume certamente seria frágil e de difícil manejo e manutenção. A alonga da foto (Figura 5.6) não é a original, mas pode-se observar a imagem e o desenho em corte de um antigo alambique de cerâmica de barro queimado. A ausência de oleiro para refazer a alonga foi o motivo da adaptação observada, que se trata de um condensador de vidro envolto por uma camisa metálica.

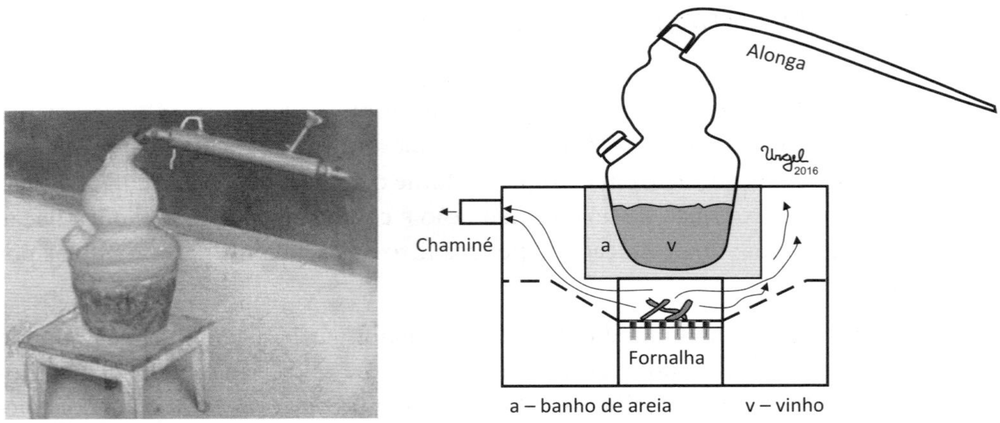

Figura 5.6 Alambique de cerâmica de barro queimado.

Fonte: o autor.

A destilação em alambiques de barro contribui para a obtenção de um destilado de boa qualidade, justamente por causa de sua fragilidade e da necessidade de muito cuidado no uso do aparelho, que começa pela forma de aquecer. O aquecimento é a fogo nu e a aplicação de fogo direto sobre as paredes da cerâmica pode causar sobreaquecimentos locais, que podem resultar em quebra ou trincas. É aconselhável que o aquecimento seja indireto, e a maneira adequada é fazê-lo por meio de um banho de areia construído sobre a fornalha no qual se deve inserir a caldeira. O calor é aplicado no banho de areia, que o transmite suave e constantemente para a superfície cerâmica. Por mais intenso que seja o fogo, o calor não é mais forte que aquele que a peça de barro sofreu ao ser cozida. Por essa razão, não há risco de trincas.

Usando a técnica já descrita para a recarga do aparelho quente, iniciam-se destilações em série. A descarga é feita por meio de sifão, na falta de registro de descarga. A destilação em aparelho de barro cozido é extremamente lenta e, em consequência, produz bebida de excelente qualidade.

5.12.7 ALAMBIQUE COM PREAQUECEDOR DE VINHO

Este tipo de aparelho tem um corpo para aproveitar o calor da destilação do vinho. O alambique charentês é um exemplo (Figura 5.7). Ele é constituído de um alambique simples ao qual se associa outro corpo de capacidade de carga igual à da caldeira do destilador, situado em plano superior e ligado ao primeiro corpo por tubulação, com um registro de vedação de passagem. A alonga termina em uma serpentina que mergulha no vinho do segundo corpo, serve de condensador para os vapores alcoólicos e causa seu aquecimento. A subsequente destilação é realizada com vinho quente em menor tempo, economizando calor. A serpentina é ligada a outra, de refrigeração, mergulhada em banho de água.

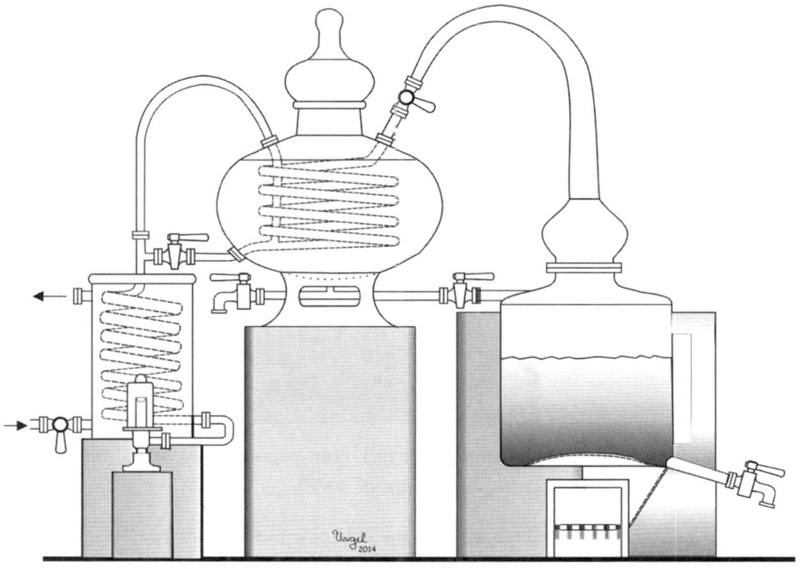

Figura 5.7 Alambique charentês.

Fonte: adaptada de Mariller (1948).

5.12.8 ALAMBIQUE DE TRÊS CORPOS

No fim do século XIX, mais um corpo foi adicionado ao alambique industrial (Figuras 5.8 e 5.9), que passou a ser denominado alambique deflegmador, usado para obter líquidos alcoólicos de alto grau. Essa modificação foi uma evolução importante dos aparelhos de produção de aguardente.

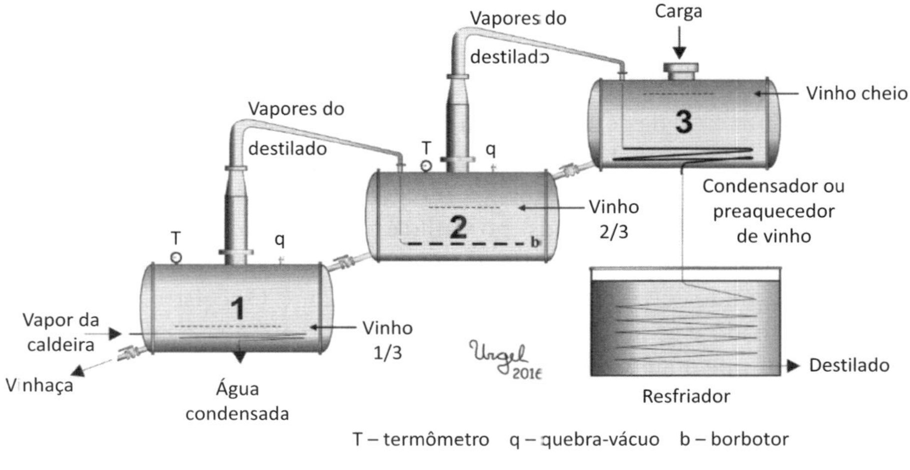

Figura 5.8 Alambique de três corpos.

Fonte: o autor.

Figura 5.9 Alambique de três corpos (em expedição), com capacidade para 5 mil litros de vinho em cada caldeira. Fabricado por Codistil Ltda., na década de 1950.

Fonte: cedida pela filha do artífice do alambique, segundo da esquerda para a direita – Américo Perissinotto.

De fácil manuseio, esse tipo de aparelho reúne em uma só operação a destilação, o preaquecimento de vinho e a recuperação de calor significativa.

Os três corpos exibem a mesma capacidade volumétrica – eram comuns aparelhos com capacidade de 5 mil litros em cada corpo – e são interligados, cada corpo instalado em plano superior ao anterior. Embora fosse possível construí-los para aquecimento a fogo nu, esses alambiques eram em geral construídos para aquecimento a vapor, um processo altamente vantajoso, limpo e fácil de controlar.

No estado de São Paulo, foi muito usado na década de 1950. Lamenta-se que atualmente as pequenas destilarias brasileiras desconheçam seu uso.

5.12.9 FUNCIONAMENTO DE UM ALAMBIQUE DE TRÊS CORPOS

Ao começar um ciclo de destilação – ou uma corrida, como se usa no jargão industrial –, o aparelho está completamente vazio e as tubulações que ligam um corpo ao outro, abertas. Para iniciar o enchimento, o registro de saída do corpo inferior é fechado (os demais continuam abertos) e o vinho é bombeado até completar meia carga no primeiro corpo. O registro de passagem do segundo para o primeiro é fechado e se faz a carga do segundo corpo até dois terços de seu volume. O registro do terceiro para o segundo é fechado e se faz a carga no terceiro corpo até quase encher todo o seu volume; sobra um pequeno espaço vazio para a dilatação volumétrica, que acontece na operação do alambique.

O vinho no primeiro corpo é aquecido até a ebulição pela passagem de vapor em uma serpentina. Os vapores alcoólicos formados ascendem pelo capitel e passam para o segundo corpo por meio da alonga, que termina em um tubo perfurado (borbotor), por onde borbulham e levam o vinho à ebulição. Como o primeiro corpo não recebe carga completa de vinho, todo o álcool do caldo fermentado passa ao segundo corpo, e o primeiro começa a trabalhar como gerador de vapor antes do término da destilação; esse vapor de água é gerado da vinhaça, que não contém álcool residual. Os vapores alcoólicos do segundo corpo passam para uma serpentina mergulhada no vinho do terceiro corpo, onde condensam e transmitem seu calor ao vinho, que é preaquecido para nova destilação sucessiva, economizando calor e combustível.

Os vapores que atravessam a serpentina condensadora seguem como líquido quente para outra serpentina mergulhada em banho de água fria, onde o destilado é resfriado à temperatura próxima de 30 °C e passa a uma caixa receptora. Quando o volume de destilado acusa de 38% a 54% de álcool em volume, a operação é dada como terminada e o aquecimento é desligado. Encaminha-se o destilado ao armazenamento e a vinhaça do primeiro corpo é descarregada. Antes de descarregar, os registros de equilíbrio da pressão interna são abertos para evitar esmagamento do alambique. Em seguida, é aberto o registro de descarga do primeiro corpo. Se os registros de equilíbrio da pressão, os quebra-vácuos, não forem abertos, a pressão atmosférica maior que a pressão interna pode deformar o aparelho metálico.

Em continuação, o registro de descarga da vinhaça é fechado e o registro de comunicação do segundo para o primeiro corpo é aberto até completar metade de seu volume. Em seguida, abre-se o registro do terceiro para o segundo corpo até completar dois terços de seu volume, quando se fecha a passagem. O bombeamento de vinho é feito até completar a carga do terceiro corpo. O alambique está pronto para nova destilação e abre-se o registro de injeção de vapor na serpentina de aquecimento no primeiro corpo. Isso é feito sucessivamente, enquanto houver mosto fermentado disponível.

Por desconhecimento do correto funcionamento de um alambique de três corpos, houve quem dividisse esses aparelhos para ficar com dois alambiques simples, ao pensar que dois simples rendessem mais que um único de três corpos. Esse equívoco foi encontrado em uma indústria, na qual se provou a redução do rendimento e a maior complexidade do trabalho.

5.12.10 VANTAGENS DO ALAMBIQUE DE TRÊS CORPOS

Os alambiques de três corpos oferecem algumas vantagens, como grande economia de tempo, maior número de operações por dia, melhor controle das operações, eliminação da separação de destilados de cabeça e de cauda e economia de calor na destilaria, com reflexo sobre gasto de combustível e maior sobra. Economiza calor e combustível de forma significativa.

Em única operação, destila a aguardente sem necessidade de recolher água fraca para voltar essa fração ao vinho, com o propósito de aumentar o rendimento da operação, sem afetar a qualidade da aguardente. Sua construção permite funcionamento bem equilibrado, perfeito controle de vazão do destilado e obtenção de bebida alcoólica de boa qualidade.

5.13 DESTILAÇÃO METÓDICA OU SISTEMÁTICA

Para melhorar o rendimento na obtenção de destilado e gastar menos combustível, a destilação metódica ou sistemática permite obter em uma única operação destilados de alta concentração em álcool. Para isso, são empregados alambiques retificadores (Figura 5.10) e colunas de destilação (Figura 5.11).

Flegmas, obtidos por destilação simples e destilação metódica, contêm impurezas voláteis que são eliminadas por retificação. Para retirar maus aromas e últimas porções de impurezas voláteis, o destilado é depurado por filtração em carvão ativado ou por outros processos especiais, entre os quais novas destilações e, possivelmente, filtração em peneiras moleculares.

Destilação metódica não significa destilação contínua. É aplicada ao vinho de maneira descontínua em alambiques retificadores, ou de forma contínua em colunas de destilação. Pela destilação sistemática, o destilado obtido de uma carga de vinho passa através de outra, aquece-a, provoca sua fervura e a produção de outro destilado mais rico em álcool que o primeiro, e assim sucessivamente. Essa maneira de trabalhar é a base da destilação contínua, em colunas. A concentração do destilado final pode ser mais elevada que a do obtido em alambique simples. Alambiques retificadores (Figura 5.10) são descontínuos, mas em uma única operação permitem obter flegmas de elevada concentração alcoólica, com 90% ou mais.

A destilação metódica, que já era empregada nos países produtores de rum, passou a ser usada no Brasil após a Segunda Guerra Mundial, por efeito do surto de desenvolvimento na indústria de aguardente, decorrente da crescente demanda e do aumento populacional. No estado de São Paulo, a produção de aguardente aumentava de modo célere pelo uso de alambiques de grande capacidade, alambiques de três corpos com capacidade de 5 mil litros ou mais por corpo, e instalação paralela de mais de um conjunto de alambiques. Na sequência, foram instaladas destilarias de grande capacidade para produzir bebida destilada por método contínuo, em colunas, como na fabricação de álcool industrial.

5.13.1 ALAMBIQUES RETIFICADORES

São constituídos de uma caldeira sobre a qual é instalado um dispositivo que concentra os vapores gerados na caldeira. Esse dispositivo pode ser uma bola, uma lentilha, um sistema de resfriamento, um tronco de concentração cheio de guarnições, bandejas perfuradas ou bandejas providas de calotas, como nas colunas de destilação. Os alambiques retificadores são comumente usados para produção de aguardente de fruta. Produzem em uma única operação destilados com mais de 90% de álcool em volume e dispensam a técnica conhecida como bidestilação.

Quando os órgãos retificadores não são usados, os alambiques retificadores tomam o caráter de alambique simples. Quando usados para destilar mostos fermentados e não peneirados de frutas, os alambiques retificadores de pequena capacidade podem ser equipados com caldeira dotada de movimento basculante para facilitar a descarga do material residual. A tampa pode ter um dispositivo de agitação manual ou mecânica para mostos espessos, facilitando sua fervura e diminuindo os riscos de queima do material em aquecimento.

O aparelho esquematizado na Figura 5.10 apresenta uma caldeira (a), um tronco de concentração (tc), um condensador deflegmador (c) e um resfriador (rf). A aguardente flui de uma proveta onde fica um alcoômetro que mede continuamente a riqueza alcoólica do destilado e monitora o trabalho da destilação. O aquecimento da caldeira pode ser feito por fogo direto, parede dupla ou serpentina de vapor. Janela de visita, quebra-vácuo, termômetro e registro de alimentação complementam a caldeira. O tronco de retificação pode ser de guarnições, provido de pratos perfurados ou de bandejas com calotas e sifões. Esse sistema de calotas e sifões é mais comum e oferece a vantagem de não descarregar o tronco de retificação quando cessa o aquecimento.

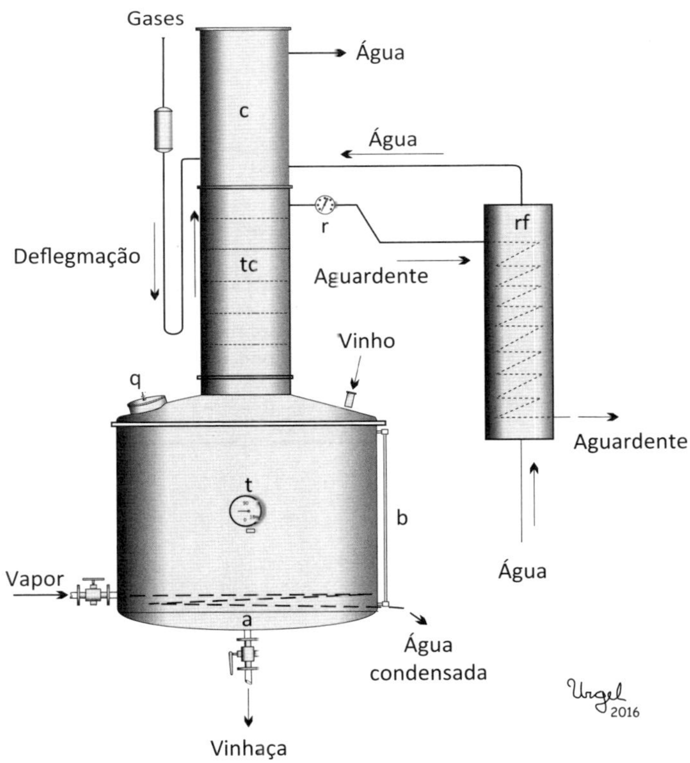

a – Caldeira b – Nível c – Condensador t – Termômetro q – Quebra-vácuo

rf – refrigerador tc – Tronco de concentração r – Registro de fluxo do destilado

Figura 5.10 Alambique retificador.

As calotas têm diferentes desenhos, de acordo com a dimensão dos aparelhos e o fabricante. Em descrição simples, são constituídas de uma base e da calota propriamente dita, ilustradas na Figura 5.11. São montadas nas bandejas em número variável e distribuídas de forma a facilitar a circulação do vinho. A base da calota, também conhecida como chaminé, é um segmento de tubo com diâmetro igual ao da perfuração do prato, recortado em uma das extremidades, onde uma pequena chapa diametral é soldada para servir de fixação da calota. Pela outra extremidade, é mandrilada no prato. A calota, também denominada caneca, é feita com um disco de metal devidamente repuxado para dar uma forma específica, de acordo com o projeto do fabricante, e aparafusada à chaminé com a concavidade voltada para baixo.

Próximo da linha circunferencial do prato, uma perfuração recebe um segmento de tubo de comprimento quase igual ao da distância de um prato a outro, chamado de sifão. Sua extremidade superior é ligeiramente mais alta que a borda inferior da calota, formando uma junta hidráulica. A extremidade inferior se abre na bandeja inferior (Figura 5.11).

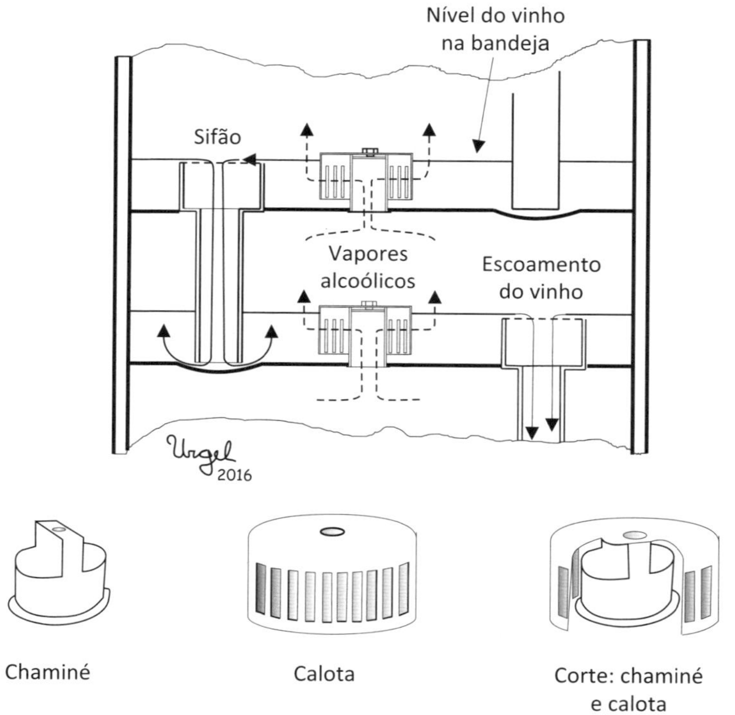

Figura 5.11 Representação gráfica em corte de um gomo de coluna e calotas.

5.13.2 FUNCIONAMENTO DE UM ALAMBIQUE RETIFICADOR

O registro de descarga da caldeira é fechado, o quebra-vácuo fica mantido aberto e o vinho é bombeado para a caldeira até um volume desejado, controlado pela altura indicada em um indicador de nível externo. A água de condensação e resfriamento é posta a circular do resfriador ao condensador. O quebra-vácuo e o registro de passagem da aguardente do condensador para o resfriador são fechados e o vapor é introduzido em fluxo adequado, controlado por um registro de admissão. A admissão de vapor é controlada de maneira que, na saída da serpentina de aquecimento, haja apenas eliminação de água condensada, sem escape de vapor. A serpentina pode também terminar em um purgador de descarga automática.

Após a ebulição, os vapores originados do vinho se elevam no tronco de concentração pelas calotas e sifões. Ao passar de um prato a outro, encontram a superfície mais fria, condensam e enchem os pratos com líquido alcoólico. Quando as bandejas estão cheias, os vapores não sobem mais pelos sifões, apenas pelas calotas. Eles condensam no líquido já existente, em seguida o aquecem e causam a formação de vapores mais ricos que passam às bandejas superiores. O excesso da condensação volta às bandejas inferiores e à caldeira por meio dos sifões.

O borbulhamento em cada bandeja causa enriquecimento alcoólico crescente, à medida que os vapores passam de uma para outra. Do topo do tronco retificador, os vapores seguem para um condensador deflegmador que resfria o condensado e o faz voltar por um sifão ao prato superior, de onde é encaminhado ao resfriador pelo registro regulador de vazão (r). Do resfriador, o flegma passa ao exterior através da proveta medidora. A concentração alcoólica do flegma depende da regulagem do registro r e da rapidez da destilação.

Ao passo que se esgota o vinho (destilação descontínua), a concentração do destilado diminui. Entretanto, interrompendo o fluxo do destilado pelo fechamento do registro r, ocorre nova deflegmação e o grau torna a subir. Com mais de uma dessas interrupções, é possível esgotar todo o álcool do vinho e, ao final, a graduação do destilado tem a concentração que se deseja, sem necessidade de separação de frações e de água fraca. Atingida a graduação alcoólica desejada para o destilado, a admissão de vapor é interrompida, o quebra-vácuo é aberto e se faz a descarga da vinhaça, que não deve acusar presença de álcool.

Se não forem feitas retrogradações periódicas, o aparelho retificador opera como destilador simples. Entretanto, nas bandejas de retificação resta certa quantidade de flegma de baixo grau, que é o ponto de partida das destilações subsequentes. Operando com retrogradação, o aparelho realiza uma destilação metódica, embora de forma descontínua.

5.13.3 DESTILAÇÃO CONTÍNUA: COLUNAS PARA PRODUÇÃO DE AGUARDENTE

A destilação contínua é a operação completa da destilação metódica, obedecendo ao princípio da extração vapor-líquido em contracorrente. É executada em aparelhos denominados colunas por causa de sua arquitetura.

Foi adotada na produção de aguardente no estado de São Paulo após o fim da Segunda Guerra Mundial; em seguida, passou a ser usada no norte do estado do Paraná. O aumento populacional elevou a demanda pela bebida e causou um surto de desenvolvimento na indústria de aguardente, que, para atender ao aumento de produção, substituiu os alambiques por colunas de destilação contínua.

As primeiras colunas atenderam rapidamente à demanda, mas houve reação do mercado, por conta da perda de aroma e sabor que garantiam a qualidade tradicional. A recusa dos consumidores preocupou os fabricantes de aparelhos de destilação pela subsistência do sistema. A aguardente obtida era um destilado rico em álcool e pobre em aroma, porque as colunas eram próprias para produzir álcool industrial (colunas de alto grau) e retificavam em parte o destilado, ou seja, eliminavam parte dos congêneres responsáveis pelas características organolépticas.

A solução foi modificar o projeto. As colunas foram redesenhadas para produzir flegmas de baixo grau, não retificado, e para conter impurezas voláteis em quantidade suficiente para manter a qualidade de aroma e sabor necessária no destilado. A aguardente passou a ser destilada em colunas de baixo grau, e as características organolépticas do destilado se mostraram similares às de uma aguardente obtida em alambique. Assim, a qualidade da aguardente foi restaurada.

Contudo, a destilação contínua pode afetar a qualidade do destilado por outra razão. A construção das colunas permite aumentar a capacidade de produção pela aplicação de maior quantidade de calor. Mais calor aumenta a velocidade e a capacidade de destilação, porém esse artifício altera a composição da fração não alcoólica e causa prejuízo à qualidade pelo aumento de congêneres. O defeito é corrigível pelo controle operacional da destilação, sem ultrapassar a capacidade nominal calculada para o aparelho.

Em um alambique, essa capacidade não é ultrapassada durante a operação de destilação. Se há aumento da intensidade de aquecimento, o aparelho corre o risco de regurgitar, provocando perda de operação. Nas colunas não é habitual a regurgitação; se acontecer, a passagem do vinho de uma bandeja a outra limpa o destilado de modo diferente do que ocorre nos alambiques. Entretanto, se não for mantido bom controle, pode ocorrer o defeito descrito no parágrafo anterior.

Em outros termos, das colunas com mais intensidade de aquecimento, o destilado sai limpo e claro, mas o teor de congêneres é alterado, sobretudo no que diz respeito aos álcoois superiores e aos limites legais de impurezas voláteis que ultrapassam o permitido. Esse inconveniente é contornável com bom controle do aquecimento do aparelho. Todavia, a euforia para aumentar a capacidade de destilação e elevar o ganho geralmente supera os cuidados tecnológicos, e o destilado de aparelhos contínuos é prejudicado em relação à qualidade organoléptica.

Enquanto os alambiques retificadores são de pequena capacidade, as colunas de destilação têm grandes dimensões e capacidade de milhares de litros por hora de trabalho, operando 24 horas diárias. São constituídas de um cilindro vertical formado de gomos (Figuras 5.12 e 5.13), providos de bandejas perfuradas ou sifões e calotas. Os gomos e as bandejas formam uma série de aparelhos de destilação simples superpostos, um destilando para dentro do outro, para cima, pelas calotas, recebendo o líquido a destilar daquele que fica imediatamente acima.

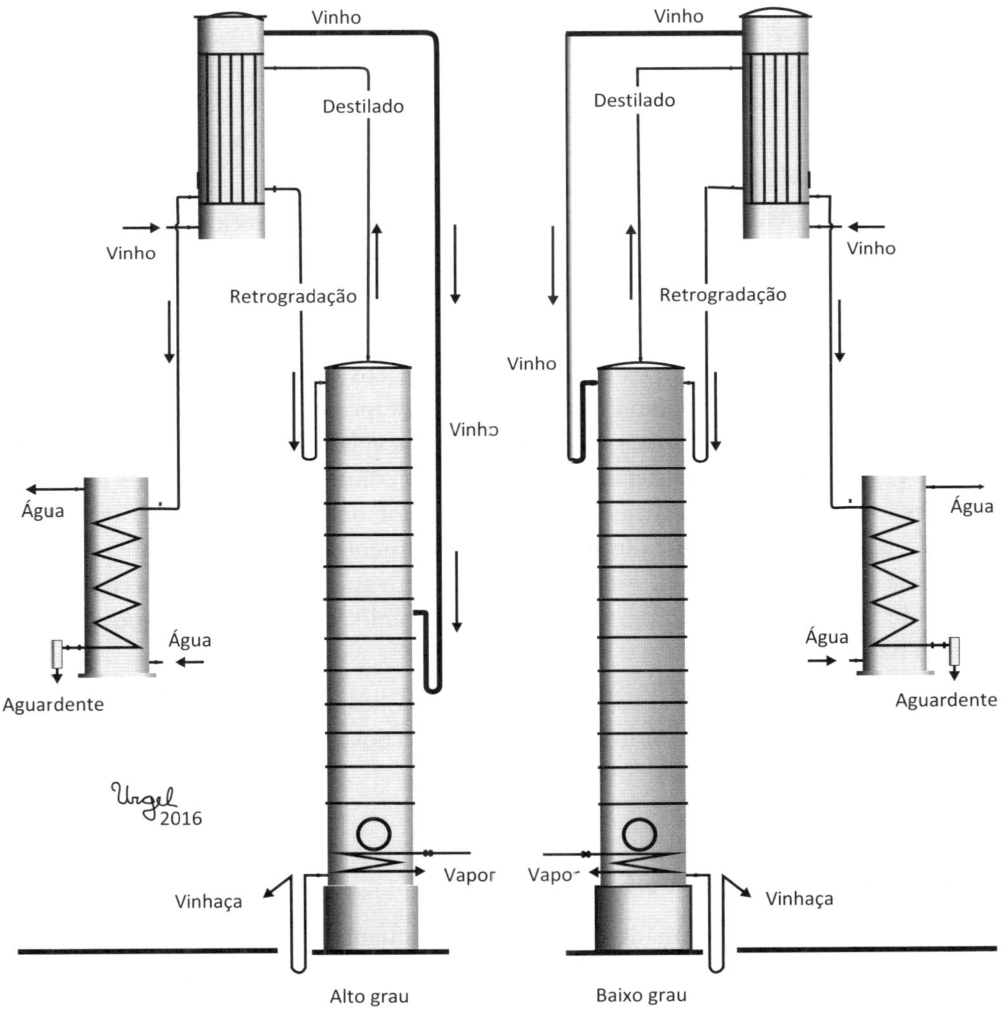

Figura 5.12 Esquema de colunas de destilação de alto e baixo graus.

O aquecimento é feito pela base com vapor d'água gerado em caldeiras por meio de serpentinas, trocador de calor indireto ou injeção por borbotores (tubos perfurados). Pelas calotas, sobem os vapores alcoólicos, que ficam mais ricos à medida que passam de uma bandeja para outra superior. O vinho desce pelos sifões em contracorrente e fica mais pobre em álcool à medida que passa para uma bandeja inferior.

Da base da coluna, sai vinhaça continuamente, constituída principalmente de água e substâncias que estavam em solução ou em suspensão no caldo fermentado. É admitida a perda máxima de 0,5% de álcool na vinhaça.

O destilado é retirado continuamente pelo topo de coluna e passa por um condensador tubular alimentado continuamente por vinho frio conduzido à coluna. No condensador os vapores alcoólicos condensam e cedem seu calor ao vinho, trabalhando como preaquecedor de vinho, ou "esquenta-vinho". O condensado é dividido em duas partes: uma volta à coluna por uma garrafa separadora, para manter a estabilidade da concentração alcoólica na cabeça da coluna, e a outra segue para outro condensador, para o resfriador e depois para os depósitos. O retorno é denominado deflegmação, refluxo ou retrogradação.

Se a alimentação da coluna é feita pelo topo, os vapores ali emitidos têm baixa concentração, e a coluna é denominada de baixo grau. Se a alimentação é feita na parte mediana, a coluna é dividida em dois troncos: inferior, de esgotamento do álcool, e superior, onde aumenta a graduação alcoólica dos vapores.

Se a coluna é de alto grau, os vapores são mais ricos em álcool e geralmente mais puros. Em uma coluna de baixo grau, são emitidos vapores menos concentrados, não retificados, que são condensados com as impurezas voláteis de cabeça; as impurezas de cauda são eliminadas em parte na vinhaça. Nas colunas de alto grau, os produtos de cabeça são geralmente retirados no condensador deflegmador, e o destilado ou flegma é parcialmente purificado e retirado lateralmente do tronco de concentração. A vinhaça é descarregada continuamente na base, por sifão, que regula a permanência de líquido na base da coluna para receber a fonte de calor e gerar vapores que aquecem o vinho na primeira bandeja.

Em uma coluna de destilação, a graduação alcoólica maior ou menor é obtida de acordo com o número de pratos ou bandejas superpostos. Um número maior eleva mais a concentração alcoólica dos vapores.

5.14 CONTROLE DA DESTILAÇÃO

A destilação é supervisionada pela medição frequente do grau alcoólico do destilado durante a operação. Embora a legislação fixe a graduação da aguardente de 38% a 54%, o destilado deve ser obtido próximo de 50%, para compensar as variações de graduação por causa da temperatura, das perdas de álcool no armazenamento e da possível diminuição do teor alcoólico no momento do engarrafamento.

O destilado que sai do aparelho de destilação é uma mistura de água e álcool etílico, impura pela presença de componentes secundários em mínimas proporções, se compradas com os teores do álcool e da água. A aguardente comercial, além desses componentes, encerra outros materiais, como adoçantes, corantes e extratos, quando armazenada em vasilhame de madeira. Essas duas situações criam condições diferentes para a determinação do grau alcoólico, ou seja, da concentração de álcool na bebida.

5.14.1 AGUARDENTE RECÉM-DESTILADA

Neste caso, a utilização de alcoômetro permite conhecer diretamente a percentagem de álcool no destilado. Os alcoômetros são areômetros, isto é, aparelhos de vidro constituídos de um flutuador superposto por haste, também de vidro, com uma escala graduada em seu interior. Na base do flutuador, há um peso que permite mantê-lo na posição vertical quando mergulhado em um líquido.

A graduação da escala mede diretamente o teor de álcool em determinada temperatura, na qual o alcoômetro foi graduado. Há tabelas que fornecem a correspondência entre a densidade relativa (peso específico) e as percentagens de álcool em volume e peso. Os laboratórios de análises dispõem de densímetros eletrônicos que medem a densidade do destilado e a traduzem em percentagem de álcool em volume, com a temperatura corrigida.

Há várias escalas alcoométricas, como Cartier, Sikes, Gay Lussac, *proof* e ponderal. Por muito tempo, a escala mais difundida no Brasil foi a Gay Lussac, pela qual os valores medidos representam percentagem de álcool puro em uma solução de álcool em água, medida a 15 °C. Essa escala está em desuso, embora ainda muito citada erroneamente. Foi substituída pela escala centesimal a 20 °C, pela qual a riqueza alcoólica da aguardente e da cachaça é indicada em percentagem de álcool em volume a 20 °C.

A graduação alcoólica depende da densidade do destilado, que é influenciada pela temperatura do líquido: se a temperatura diminui, a densidade aumenta; se a temperatura aumenta, a densidade diminui. Por causa disso, a determinação do grau alcoólico real de uma aguardente deve ser feita na temperatura de aferição do aparelho. A leitura da escala deve ser corrigida por meio de tabela adequada.

As escalas dos alcoômetros são graduadas em determinadas temperaturas, motivo pelo qual suas leituras são reais quando a temperatura do destilado é a mesma da aferição do aparelho. Significa que, se o destilado for medido a 20 °C e o areômetro é aferido a 20 °C, a leitura na escala representa a graduação alcoólica real a 20 °C. Se a mesma aguardente estiver a 23 °C, o grau alcoólico fica alterado para mais, porque a densidade do destilado diminui, o aparelho mergulha mais e acusa leitura mais alta. Ao contrário, se a temperatura da aguardente for de 17 °C, sua densidade aumenta, o alcoômetro afunda menos e a leitura é menor, ou seja, acusa menor concentração de álcool. Nos três casos, há três leituras diferentes para uma mesma graduação alcoólica, sendo real a que for lida a 20 °C. Em medidas a 23 °C e 17 °C, o grau alcoólico se denomina aparente.

Para evitar erros que provocam inconvenientes no momento de parar a destilação no alambique ou na comercialização, a medição do grau alcoólico do destilado deve ser feita ao mesmo tempo que a medição de sua temperatura. Com o auxílio de uma tabela própria denominada Força Real dos Líquidos Alcoólicos, é possível conhecer a concentração real de álcool no destilado. Ao usar essa tabela, é necessário saber se ela se refere à graduação a 15 °C ou a 20 °C, ou seja, adequada para areômetros aferidos a 15 °C ou a 20 °C.

Quando o areômetro é mergulhado no destilado, o líquido ascende na haste e forma o que se chama menisco. Para que a leitura do alcoômetro seja correta, é preciso que seja feita em ângulo, de baixo para cima, procurando ver a leitura do traço da escala na base do menisco, como indica a Figura 5.13.

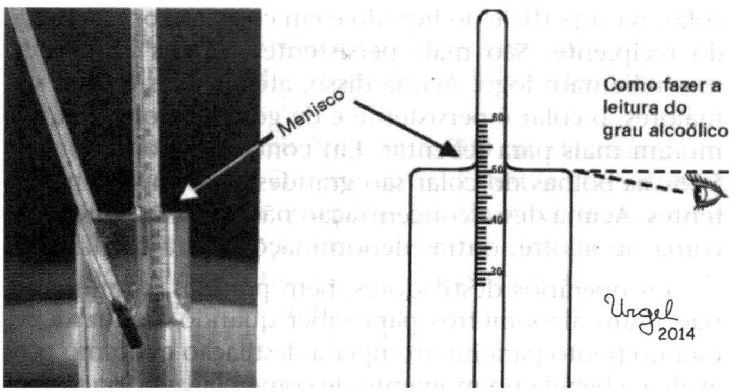

Figura 5.13 Leitura da graduação alcoólica com alcoômetro.

Fonte: o autor.

A graduação alcoólica pode ser avaliada pela aparência de bolhas que se formam quando um destilado é agitado dentro de um recipiente. As bolhas, também denominadas aljofre, aljôfar ou colar, apresentam-se como pérolas minúsculas com diâmetro e persistência variável, de acordo com a graduação alcoólica.

Em destilado de baixo teor alcoólico, as pérolas são minúsculas e desaparecem quase de imediato; em alto teor são formadas grandes bolhas, de alguns milímetros, que também desaparecem rapidamente. Em um destilado de média concentração alcoólica (40%-43%), são formadas bolhas com diâmetro aproximado de 1 mm e aparência de colar, persistentes por alguns segundos

Quando os alcoômetros não eram muito usados, os encarregados pela destilação acertavam o ponto de interrupção da destilação ou de comercialização do produto por meio da observação do aspecto da coroa (aljofre), formada independentemente da temperatura, por efeito da concentração de álcool; era questão de tensão superficial. Na Figura 5.14, as bolhas são de um destilado com 45% de álcool em volume. Com menor graduação, o "colar" apresenta pérolas menores, que diminuem de diâmetro à medida que a concentração alcoólica decresce. A 39%, são menores que 1 mm e desaparecem assim que a agitação cessa.

Figura 5.14 Colar, aljôfar ou aljofre (minúsculas pérolas).

Fonte: o autor.

Com base nesse conhecimento e nessa prática, os operadores da destilação determinavam a graduação alcoólica de uma aguardente com precisão. Quando os alcoômetros começaram a ser usados rotineiramente, os erros eram frequentes, porque se media a graduação alcoólica sem conjugá-la com a temperatura e uma tabela de correção.

5.14.2 AGUARDENTE COMERCIAL

O grau alcoólico de uma aguardente comercial geralmente não pode ser avaliado diretamente com alcoômetro nem pelo colar, porque há várias causas de erro. A adição de açúcar, caramelo, extrato de madeira ou outro bonificador para homogeneizar lotes de destilado antes do engarrafamento altera o peso específico, a graduação lida pelo alcoômetro e a formação da coroa. Ocorre o mesmo com as aguardentes envelhecidas. A análise laboratorial resolve o impasse.

5.15 APARELHOS DE COBRE E DE AÇO INOXIDÁVEL

A presença de cobre nos destilados é considerada defeito, e seu teor na aguardente deve ser limitado, sobretudo para exportação. Para evitar a presença do metal, a solução encontrada foi construir aparelhos de aço inoxidável. Quando essa decisão foi tomada, os destilados apresentaram odores estranhos e deduziu-se imediatamente que o inconveniente era causado pelo material do aparelho, pois não ocorria nos aparelhos de cobre. Os maus odores desaparecem durante o armazenamento nos tonéis, mas quando a aguardente não é armazenada por tempo suficiente, o problema persiste até a comercialização.

O mau odor decorre da presença de compostos de enxofre nos destilados, comumente identificados como mercaptanas. Não têm origem na destilação, e sim em vinhos de má qualidade obtidos com fermentação malconduzida, mau preparo do mosto e contaminações bacterianas que respondem pela formação de sulfetos. A formação de ácido sulfídrico é, às vezes, tão intensa que aparelhos e tubulações de cobre se enegrecem totalmente mediante exposição ao ambiente.

Infelizmente, a geração dos maus odores continua a ser atribuída aos aparelhos de aço e não às técnicas de fermentação. Experimentos mostraram que mostos e fermentos tecnicamente bem preparados, aliados a boa supervisão no controle dos parâmetros da operação, conduziram a processamento rápido e produção de vinhos de boa qualidade. Dessa forma, são obtidos destilados isentos de maus odores.

Para eliminar o inconveniente, introduz-se, geralmente na saída da aguardente, um dispositivo de cobre que retém os compostos sulfurados de mau odor. Não há contraindicação, porém, é mais adequado procurar melhorar a tecnologia de produção do vinho.

5.16 QUALIDADE DA AGUARDENTE

Qualidade é a propriedade, atributo ou condição de uma coisa capaz de distingui-la de outras e de lhe determinar a natureza numa escala de valores que permite avaliar e, consequentemente, aprovar, aceitar ou recusar qualquer coisa.

Assim, afirmar que se deve ou que se busca produzir aguardente de qualidade não torna tudo perfeitamente claro. Se qualidade é a característica de algo, no caso de bebidas, é preferível defini-la como um conjunto de características, como aroma, paladar e cor, que identificam ou destacam o produto. Quando se trata de uma aguardente, sua qualidade pode ser adjetivada como má, medíocre, mediana, boa e ótima. A aprovação da qualidade depende da aceitação individual das características pelo consumidor. Por essa razão, não é lícito dizer que uma aguardente é a melhor de todas. A definição de melhor é pessoal; a melhor para um indivíduo ou para um grupo não o é para outros.

Desse modo, ao enfatizar que é preciso produzir aguardente de boa aceitação, é necessário afirmar que se deve buscar produzir aguardente de boa ou ótima qualidade, e não simplesmente produzir aguardente de qualidade. Isso porque intrinsicamente o destilado possui uma qualidade, que pode ser má, medíocre, mediana, boa ou ótima. Outros adjetivos podem ser adicionados, de acordo com a inventividade de cada fabricante ou consumidor, como extra, superior, *premium* e outros.

Muitas pesquisas mostram que a natureza e a composição dos vinhos respondem de maneira marcante pela variação do coeficiente não alcoólico das aguardentes de cana, com destilação feita de forma contínua ou descontínua. Estudos revelaram que a maneira de destilar, depois da natureza e da composição dos vinhos, é um dos fatores mais importantes e que mais influi no coeficiente não alcoólico dos destilados de cana. A modificação da forma de destilar em um mesmo aparelho produz destilados de qualidade diferente com um mesmo vinho.

Destilação lenta conduz a maior rendimento e aumenta o coeficiente não álcool em ésteres e álcoois superiores. Destilação rápida, além de diminuir o rendimento – isto é, produzir menos aguardente –, leva à obtenção de destilado com menor coeficiente não álcool, mais ácido, mais rico em álcoois superiores e mais pobre em ésteres e aldeídos. A destilação lenta contribui para a redução do teor de carbamato de etila na bebida. O envelhecimento auxilia na melhoria dos destilados.

5.17 INFLUÊNCIA DA FORMA DE DESTILAR

A maneira de destilar exerce influência na composição do destilado e em sua qualidade, em operação que pode ser realizada em aparelhos descontínuos ou contínuos. A condução da operação exige cuidados apurados que são aperfeiçoados pela experiência no manejo dos aparelhos destiladores.

Entretanto, segundo Lima (1964), há um cuidado que se pode tomar como regra geral para qualquer tipo de aparelho. Trata-se da velocidade com que se executa a destilação. Comparando operações realizadas rapidamente com outras executadas em menor velocidade, foi possível concluir que a destilação lenta dos mostos fermentados conduz a:

- maior rendimento industrial de aguardente, com relativa redução da capacidade útil de destilação da fábrica;
- produção de destilado inicialmente de graduação alcoólica proporcional à lentidão da operação;
- aumento do coeficiente não alcoólico;
- produção de aguardente menos ácida e mais perfumada, em razão de maior riqueza em ésteres e menor teor de álcoois superiores e furfural.

Ao contrário, a destilação rápida provoca:

- menor rendimento industrial de aguardente e maior capacidade útil de destilação da fábrica, ou seja, destila mais volume de vinho por unidade de tempo, embora com menos rendimento em destilado;
- produção de destilado inicialmente de grau alcoólico inferior, proporcional à velocidade da operação;
- fabricação de destilado com menor coeficiente não álcool, às vezes inferior ao exigido legalmente;
- produção de destilado mais ácido e menos perfumado, mais rico em álcoois superiores e com menor teor de ésteres e aldeídos.

O tipo de aparelho, por si só, mantidas constantes todas as demais variáveis, não influi no coeficiente não álcool. As diferenças que podem ocorrer são consequência de vários fatores, como vinhos diferentes, sistema de destilação diferente, habilidade e conhecimentos técnicos diversos entre vários operadores. A fonte de aquecimento, quando bem controlada, não mostrou influência substancial no coeficiente não álcool do destilado de cana.

A Tabela 5.3 apresenta informação diversa do que se afirmou, mas não indica qual foi o ritmo dado à operação de destilação nem o tipo de aquecimento. Se os dois aparelhos tiveram a mesma fonte de calor, não há informação sobre a velocidade da destilação. No entanto, é possível inferir que a operação foi menos rápida na coluna de destilação.

Tabela 5.3 Composição química de aguardentes destiladas de um mesmo vinho em coluna e em alambique simples

Componente	Coluna	Alambique
Etanol em % v/v a 20 °C	42,01	42,19
Acetaldeído*	11,44	18,24
Acetato de etila*	20,79	29,15
Metanol*	6,86	11,17
2-butanol*	0,87	3,47
1-propanol*	54,61	87,19
Isobutanol*	35,71	53,65
1-butanol*	0,44	1,24
Álcool isoamílico*	122,47	184,32
Ácido acético*	29,81	47,88
Furfural*	0,01	0,02
Álcoois superiores*	212,79	325,16
Coeficiente de congêneres*	274,84	420,45
Carbamato de etila**	40,75	95,45
Cobre***	0,68	2,41

* em mg/100 mL de álcool anidro. ** em µg/L. *** em mg/L.

Fonte: adaptada de Alcarde (2014).

Uma pesquisa (LIMA et al., 2012) ratificou o que foi afirmado sobre a influência da velocidade da destilação na composição dos destilados de cana-de-açúcar e no teor de carbamato de etila. Com relação a esse componente, que ocorre nas aguardentes em teores muito variáveis, a destilação lenta reduziu consideravelmente sua presença no destilado.

Os dados apresentados na Tabela 5.3 podem ter sido obtidos com as destilações realizadas em diferentes velocidades e em menor velocidade na coluna de destilação. As informações de composição das aguardentes levam a essa dedução, e fica confirmado que o teor de carbamato de etila foi reduzido por conta de destilação mais lenta.

5.18 RENDIMENTO EM AGUARDENTE

O rendimento é sempre expresso em termos de litros de destilado produzidos por peso de cana moída ou volume de vinho destilado, mas ambos são conceitos falhos, porque unidades de medida diferentes são comparadas: o volume de caldo varia de acordo com a extração e a riqueza de açúcar da cana é variável. A referência à percentagem de álcool expressa de 38° GL a 54° GL (a 15 °C) ou de 38% a 54% (a 20 °C) de álcool em volume também contribui para a falha na expressão do rendimento em aguardente.

A forma correta é expressar o rendimento em termos de produção de aguardente de determinada graduação alcoólica por quilo de açúcar fermentado, ou quilo de álcool anidro produzido por quilo de açúcar fermentado. Para estabelecer esse tipo de controle de rendimento da fermentação, precisa-se adotar controle analítico rigoroso na destilaria, o que não é comum em fábricas de aguardente.

5.19 ENVELHECIMENTO

Por melhor que tenha sido a fermentação e por mais apurada que tenha sido a técnica de destilação, o produto final, sobretudo o recém-destilado, tem sempre sabor ardente e seco. Nunca é suave, agradável, fino, "redondo", em consequência do elevado teor alcoólico. Essa é a característica da aguardente comum comercializada no Brasil.

O repouso do destilado melhora sua qualidade, porque alguns de seus componentes são eliminados por evaporação natural, por movimentação ou por transferência entre recipientes, que provocam aeração ou agitação. Armazenamento prolongado em recipientes herméticos de vidro, por exemplo, não altera a composição química da bebida nem melhora suas características de qualidade, porém, a guarda em tonéis de madeira altera o aroma e o sabor, de acordo com o tempo de armazenamento.

As transformações afetam cor, volume, peso específico e teores de álcool, extrato, acidez, ésteres, álcoois superiores, aldeídos, furfural e coeficiente de impurezas. Em resumo, repouso prolongado causa alteração nas características do destilado e cria condições específicas de qualidade.

O envelhecimento ocorre por armazenamento prolongado em recipientes apropriados que, por tradição, são de madeira de diferentes volumes. Envelhecimento causa maturação do destilado caracterizada de imediato por alteração no volume original e na concentração alcoólica. É aceito que sejam formadas mínimas porções de produtos secundários durante o envelhecimento, causando o "amaciamento" da bebida e o "gosto redondo".

O único tipo de envelhecimento válido é o natural. Industrialmente é feito em tonéis de madeira, nos quais, em contato com o ar, a aguardente é oxidada, perde álcool, concentra as impurezas voláteis e é enriquecida de extrato de madeira, que a colore e contribui para suas qualidades organolépticas. É preciso, no entanto, saber que apenas a aquisição do sabor de madeira não significa amadurecimento nem envelhecimento.

Tradicionalmente, depois de terminada a destilação, a aguardente era levada para os tonéis de armazenamento, onde repousava por tempo não determinado. Quanto mais tempo era armazenada, mais qualidade adquiria; o tempo de armazenamento dependia da comercialização. A bebida sofria maturação com melhoria de qualidade organoléptica. Esse procedimento não é executado atualmente em sua totalidade. Entretanto, há um movimento intenso que busca produzir aguardente de boa qualidade voltado, principalmente, às instituições de pesquisa e médios e pequenos produtores, mas há grandes indústrias investindo muito nessa proposta.

Ao associar envelhecimento e técnica apurada de fabricação, o produtor assegura a qualidade necessária para o mercado de exportação. Sem esse aprimoramento, é difícil alinhar a aguardente típica do país com outras bebidas destiladas, como conhaque, uísque e rum. O rum não envelhecido, apreciado na Martinica e em Guadalupe, não encontra na França o mesmo mercado conquistado pelo rum envelhecido. Conhaque, uísque, *brandy* e rum são envelhecidos em tonéis de carvalho de pequeno volume. A aguardente brasileira envelhecida em tonéis de carvalho também é bebida de paladar e aroma de alta qualidade. Porém, para o envelhecimento nesses tonéis ser viável, é preciso conquistar mercado com preço que cubra todos os custos, incluindo a importação da madeira, a fabricação dos barris e os edifícios de armazenamento e envelhecimento, ou o custo da importação de barris ou tonéis já fabricados.

É preciso levar em conta que a aguardente comum custa muito pouco, é consumida em grande volume e com rapidez entre a produção e a venda. É competição difícil, trabalhosa. Consideramos ainda que a atração internacional parece ser mais pelos coquetéis preparados com limão que pelo destilado em si, envelhecido ou não. Dada a enorme produção e a rapidez com que a bebida é produzida e consumida ao natural, é discutível a viabilidade do envelhecimento de toda a produção do país.

Uma pesquisa (LIMA, 1982) sobre envelhecimento de aguardente em grandes volumes, em tonéis de madeiras de lei encontradas no Brasil, comprovou que, em período relativamente curto, a aguardente adquire excelentes características e boa aceitação, da mesma forma que a envelhecida em pequenos recipientes. Porém, mais estudos são necessários.

A aceitação da bebida envelhecida comprovou que o uso de essências florestais do país é viável para envelhecimento comercial, servindo para fixação de padrões de buquê tipicamente nacional. Também ficou comprovado que é viável e racional fazer o envelhecimento da aguardente por mistura, isto é, envelhecer certo volume e cortá-lo com aguardente comum; a bebida obtida por esse meio apresenta boas características organolépticas e comerciais.

Nas maiores regiões produtoras de aguardente, não há costume de envelhecê-la. Grandes engarrafadores que acondicionam milhões de litros da bebida para o mercado a armazenam em tanques de aço-carbono, protegidos internamente contra corrosão, por tempo suficiente para aguardar o momento de engarrafar. Na ocasião, é feita a mistura do conteúdo de diversos tanques para homogeneizar grande lote de aguardente, ao mesmo tempo que se realiza corte com água e adição de açúcar ou caramelo, de acordo com o permitido pela legislação. Com essas providências, são vendidos lotes de grandes volumes com qualidade homogênea, porém sem qualidade de envelhecimento.

5.20 MADEIRAS EXÓTICAS

A tradição e a experiência demonstraram que envelhecimento em tonéis de madeira de lei brasileira (e há muita) é factível, aceitável e adequado para criar tipos especiais e regionais. Entretanto, a proibição do corte das essências tradicionais para armazenar e envelhecer a bebida é um empecilho. Plantada, uma essência florestal adequada tem crescimento lento e leva dezenas de anos para atingir o porte adequado para corte e uso em tanoaria; as existentes estão sob proibição de corte visando preservá-las e evitar sua extinção.

No Brasil, há grande expansão de estudos florestais com madeiras não nativas, de crescimento rápido, para grande multiplicidade de usos além de papel e celulose. Há estudos para uso em construção civil, produção de postes, mourões e dormentes, fabricação de móveis e madeiramento.

Foi desenvolvido um projeto para estudar a viabilidade de uso em tanoaria (LIMA, 1982). Os resultados foram positivos. A armazenagem de aguardente em tonéis feitos de madeira de algumas espécies de eucaliptos demonstrou adequação da madeira para a construção dos tonéis e para a qualidade do destilado armazenado. O projeto foi iniciado com tonéis de pequena capacidade, porém com visão futura para a construção de tonéis de grande capacidade e observação do comportamento da madeira em recipientes de grandes volumes. Nesse sentido as pesquisas devem continuar. Em relação à qualidade do destilado armazenado, não há dúvidas quanto à sua adequação.

5.21 TIPOS REGIONAIS DE AGUARDENTES

O envelhecimento em tonéis de madeira de lei brasileira seria adequado para criar tipos especiais e regionais, mas os empecilhos citados parecem inviabilizar tal projeto. Um tipo regional é dependente de condições de matéria-prima, variedades, condições ambientais e climáticas, mas ainda não se conhecem pesquisas com esse objetivo.

É possível que as condições climáticas e de solo do Brasil influam na qualidade da aguardente, como acontece na Escócia com os uísques e na França com o conhaque e o armanhaque. Nesses países há pequenos territórios, ditos *terroirs*, em que o ambiente, além da técnica de preparação, comunica qualidades específicas, ou únicas, aos destilados. É possível que haja em nosso país regiões limitadas com essa perspectiva.

Segundo esse raciocínio, é viável pensar na produção de tipos regionais, com qualidades definidas controladas por órgão oficial, cuja responsabilidade é fiscalizar a homogeneização da bebida, seu envelhecimento e sua distribuição. Ao término de um prazo estipulado, a emissão de certificado oficial de envelhecimento permitiria engarrafamento com garantia de origem. Seria a produção de bebida padronizada e com tipo definido, capaz de rivalizar com outros destilados e conquistar mercados externos.

Outro tipo de bebida com perspectivas de boa qualidade é a envelhecida por mistura. É um novo tipo preparado com cortes de destilado envelhecido e bebida recém-destilada em proporções diversas e com características definidas.

Produzir bebida envelhecida é questão de tempo; não é possível envelhecer sem a passagem do tempo. Estabelecer tradição de envelhecimento demanda mais de uma geração, mas assegura boa qualidade e procura. Não é possível produzir hoje, envelhecer amanhã e vender no dia seguinte; é necessário criar um sistema que traga retorno no futuro. Dessa maneira foram criadas as bebidas destiladas envelhecidas, de comércio garantido.

Há mais de sessenta anos o assunto envelhecimento de aguardente vem sendo discutido e aconselhado. Atualmente, parece estar se desenvolvendo interesse por essa oportunidade. Entretanto, não há motivo para paralisar a fabricação da bebida comum, de consumo generalizado em larga escala. Se os produtores tivessem seguido o que era recomendado, haveria no Brasil um mercado de bebida de elevada qualidade, sem paralisação da produção de aguardente comum e com bom retorno financeiro e econômico.

5.22 PADRÕES DE IDENTIDADE

Os padrões de identidade e qualidade definidos pela Decreto n. 2.314 (BRASIL, 1997) estão contidos na Tabela 5.4.

Tabela 5.4 Padrões de identidade e qualidade de bebidas alcoólicas fermento-destiladas e destilo--retificadas

Bebidas	Impurezas voláteis (em mg por 100 mL de álcool anidro na bebida)							
	Acidez (máximo)	Ésteres (máximo)	Aldeídos (máximo)	Furfural (máximo)	Álcoois superiores		Não alcoólico	
					Máximo	Mínimo	Máximo	Mínimo
Aguardente de cana	0,150	0,200	0,030	0,005	0,300	–	0,650	0,200
Aguardente de cereais	–	–	–	–	–	–	0,650	0,200
Aguardente de frutas	0,100	0,250	0,030	0,005	0,300	–	0,600	0,200
Aguardente de melaço	0,150	0,200	0,030	0,005	0,300	–	0,650	0,200
Acquavit	–	–	–	–	–		0,150	–
Arac	0,100	0,200	0,020	0,005	0,200	–	0,500	0,200
Conhaque	0,100	0,200	0,020	0,005	0,300	0,120	0,500	0,250
Corn	–	–	–	–	–		0,150	–
Genebra	–	–	–	–	–		0,150	–
Gim	–	–	–	–	–		0,050	–
Graspa	0,150	0,350	0,020	0,005	0,300	0,120	0,650	0,120
Pisco	0,100	0,200	0,020	0,005	0,300	0,120	0,500	0,250
Rum leve	0,150	0,200	0,02	0,005	0,200	–	0,500	0,040
Rum pesado	–	–	–	–	–	–	0,500	0,200
Steinhäeger	–	–	–	–	–		0,150	–
Tequila	0,150	0,200	0,020	0,050	0,300	–	0,600	0,200
Tiquira	0,150	0,200	0,020	0,050	0,200	–	0,500	0,200
Uísque	0,150	0,150	0,020	0,005	0,300	–	0,600	0,250
Vodca	–	–	–	–	–		0,050	–

Tabela 5.5 Padrão de identidade e qualidade de cachaça e aguardente de cana

Componente	Mínimo	Máximo
Limites expressos em mg/100 mL de etanol anidro na bebida		
Congêneres		
Acidez volátil em ácido acético	–	150
Ésteres em acetato de etila	–	200
Aldeídos em acetaldeído	–	30
Furfural + hidroximetilfurfural	–	5
Álcoois superiores*	–	360
Congêneres**	200	650
Contaminantes		
Metanol (álcool metílico)	–	20
1-butanol (álcool n-butílico)	–	3
2-butanol (álcool sec-butílico)	–	10
2-propenal (acroleína)	–	5
Cobre	–	5 mg/L
Chumbo	–	200 µg/L
Arsênio	–	100 µg/L
Carbamato de etila	–	210 µg/L

*Álcoois superiores: soma dos álcoois isobutílico (2-metilpropanol), isoamílicos (2-metil-1-butanol e 3-metil-1--butanol) e n-propílico (1-propanol).
**Congêneres: [acidez volátil + ésteres + aldeídos + (furfural + hidroximetilfurfural) + álcoois superiores]

Fonte: Brasil (2009).

REFERÊNCIAS

ALCARDE, A. R. *Cachaça:* ciência, tecnologia e arte. São Paulo: Blucher, 2014, 96 p.

ALLEN, H. W. *White wines and cognacs*. Londres: Constable, 1952, 278 p.

AQUARONE, E. Generalidades sobre bebidas alcoólicas. In: AQUARONE, E.; BORZANI, W.; SCHMIDELL, W.; LIMA, U. A. (Coord.). *Biotecnologia industrial*. São Paulo: Blucher, 2001. p. 1-19. (Vol. 4: Biotecnologia na produção de alimentos).

ARROYO, R. *Studies on rum*. Rio Piedras: Agricultural Station/Universidade de Puerto Rico, 1945, 272 p.

BRASIL. Decreto n. 2.314, de 4 de setembro de 1997. Regulamenta a Lei n. 8.918, de 14 de julho de 1994, que dispõe sobre a padronização, a classificação, o registro, a inspeção, a produção e a fiscalização de bebidas. *Diário Oficial da União*, Brasília, DF, jul. 1997.

BRASIL. Ministério da Agricultura, Pecuária e Desenvolvimento. Instrução Normativa n. 13, de 29 de junho de 2005. Aprova o Regulamento Técnico para Fixação dos Padrões de Identidade e Qualidade para Aguardente de Cana e para Cachaça. *Diário Oficial da União*, Brasília, DF, jun. 2005.

BRASIL. Decreto n. 6.871, de 4 de junho de 2009. Regulamenta a Lei n. 8.918, de 14 de julho de 1994, que dispõe sobre a padronização, a classificação, o registro, a inspeção, a produção e a fiscalização de bebidas. *Diário Oficial [da] República Federativa do Brasil*, Poder Executivo, Brasília, DF, 4 jun. 2009.

CAVALCANTE, M. S. *A verdadeira história da cachaça*. São Paulo: Sá Editora, 2011, 608 p.

GONÇALVES DE LIMA, O. Estudo de identificação dos mofos sacarificantes do amido na elaboração da aguardente Tiquira, uma bebida regional do Maranhão. *Soc. Biol. Pern.*, Recife, v. 1, p. 11-30, 1943.

GONÇALVES DE LIMA, O. *Pulque, Balchê e Pajauaru na etnobiologia das bebidas e dos alimentos fermentados*. Recife: Universidade Federal de Pernambuco, 1975, 405 p.

GROSSMAN, H. J. *Grossman's guide to wines, spirits and beers*. Nova York: Charles Schreibner's Sons, 1940, 404 p.

LABORE. *Construtora de destilarias em Piracicaba*, SP. Piracicaba, [20--].

LEME JR., J. L.; BORGES. J. M. *Açúcar de cana*. Viçosa: Universidade Rural do Estado de Minas Gerais, 1965, 328 p.

LIMA, U. A. *Aguardente:* fabricação em pequenas destilarias. Piracicaba: FEALQ, 1999, 187 p.

LIMA, U. A. Cachaça, bebida brasileira: histórico e desenvolvimento. In: BRAZILIAN MEETING ON CHEMISTRY OF FOODS AND BEVERAGES/CONFERENCE OF NATIONAL INSTITUTE OF SCIENCE & TECHNOLOGY FOR TROPICAL FRUITS, 10./5., 2014, Aracaju. *Anais*... Aracaju: [s.n.], 2014a.

LIMA, U. A. Componentes secundários nas aguardentes de cana. In: SIPAL, 5., 2005, Campos do Jordão. *Anais*... Campos do Jordão: [s.n.], 2005.

LIMA, U. A. Destilação dos vinhos. In: ALMEIDA, J. R. *Fermentação do caldo de cana*. Piracicaba: Instituto Zimotécnico, 1962a, 2 v. (3ª Semana de Fermentação Alcoólica) [mimeografado].

LIMA, U. A. Emprego de Emulsan Al no preparo dos pés-de-cuba com fermento selecionado. *Rev. Tec. Bebidas*, São Paulo, v. 5, p. 23-28, 1958a.

LIMA, U. A. Envelhecimento de aguardentes em grandes volumes. *Rev. Tec. Bebidas*, São Paulo, v. 6, p. 4-7, 1982.

LIMA, U. A. *Estudo dos principais fatores que afetam os componentes do coeficiente não álcool das aguardentes de cana*. Tese (Apresentada em Concurso de Provimento de Cátedra) – Escola Superior de Agricultura Luiz de Queiroz, Piracicaba, 1964.

LIMA, U. A. Fermentation and distinguished beverages attainment. In: BRAZILIAN MEETING ON CHEMISTRY OF FOOD AND BEVERAGES, 7., 2008, Lorena. *Anais*... Lorena: [s.n.], 2008.

LIMA, U. A. Método prático para conservação de fermento nas dornas de alvenaria. *Rev. Tec. Bebidas*, São Paulo, v. 7, p. 61-66, 1960.

LIMA, U. A. Necessidade da criação de um tipo regional de aguardente. *O Solo*, Piracicaba, v. 53, p. 109-115, 1961.

LIMA, U. A. Notes on the development of an emblematic Brazilian alcoholic beverage: cachaça. In: BRAZILIAN MEETING ON CHEMISTRY OF FOODS AND BEVERAGES/CONFERENCE OF NATIONAL INSTITUTE OF SCIENCE & TECHNOLOGY FOR TROPICAL FRUITS, 10./5., 2014, Aracaju. *Anais*... Aracaju: [s.n.], 2014b.

LIMA, U. A. Preparação dos mostos. In: ALMEIDA, J. R. *Fermentação do caldo de cana*. Piracicaba: Instituto Zimotécnico, 1962b, 2 v. (3ª Semana de Fermentação Alcoólica) [mimeografado].

LIMA, U. A. Preparo do fermento caipira-misto e condução da fermentação alcoólica. *Rev. Tec. Bebidas*, São Paulo, v. 7, p. 36-49, 1958b.

LIMA, U. A. Produção de etanol. In: LIMA, U. A.; AQUARONE. E.; BORZANI, W.; SCHMIDELL, W. (Coord.). *Biotecnologia industrial*. São Paulo: Blucher, 2001. p 1-43. (Vol. 3: Processos fermentativos e enzimáticos).

LIMA, U. A.; NOVAES, F. V. Ensaios de destilação em aparelhos de aço inoxidável e de cobre. *Revista Brasileira de Alimentos e Bebidas*, v. 6, n. 83, p. 3-4, 1974.

LIMA, U. A.; TEIXEIRA; C. G.; BERTOZZI, J. C.; FRANCO, D. W. Carbamato de etila nas aguardentes. In: BRAZILIAN MEETING ON CHEMISTRY OF FOOD AND BEVERAGES, 7., 2008, Lorena. *Anais*... Lorena: [s.n.], 2008.

LIMA, U. A. et al. Influence of fast and slow distillation on ethyl carbamate content and on coefficient of no alcohol components in Brazilian sugarcane spirits. *Journal of the Institute of Brewing*, v. 18, n. 3, p. 305-308, 2012.

MARILLER, C. *Manuel du distillateur*. 3. ed. Paris: J.-B.Baillière, 1948.

MELONI, G. *L'industria dell Alcole*. Milão: Ulrico Hoepli, 1953. (Vol. 2: Impianti di Produzione e Transformazione. Le materie prime – Le Acquaviti).

VILLASANTI, J. C. *La caña Paraguaya*. Assunção: Fac. Química y Farmacia, 1944, 54 p. (Mimeografado).

ZIMMERLI, B.; SCHLATTER, J. Ethyl carbamate: analytical methodology, occurrence, formation, biological activity and risk assessment. *Mutation Research*, n. 259, p. 325-350, 1991.

CAPÍTULO 6
Outros destilados alcoólicos

Urgel de Almeida Lima

6.1 INTRODUÇÃO

Os destilados se caracterizam por serem bebidas alcoólicas de alto teor, apreciadas em todos os países e produzidas com diferentes matérias-primas. Possuem graduação alcoólica entre 38% e 54% de álcool em volume a 20 °C. São obtidos pelo rebaixamento do teor alcoólico do destilado alcoólico simples ou pela destilação de um mosto fermentado. No caso da aguardente de cana e da cachaça, segundo a legislação, devem ser denominadas pela matéria-prima de origem e identificadas como bebida adoçada, envelhecida, de cereal, de melaço, de vegetal, de rapadura e de melado.

Os dados históricos sobre bebidas alcoólicas são imprecisos e, às vezes, envolvidos em clima de poesia ou fantasia. É difícil saber quando foram obtidas as primeiras bebidas alcoólicas fermentadas. A história anuncia a existência do vinho e da cerveja como bebidas fermentadas de origem multimilenar, porém não esclarece qual teria surgido primeiro, embora haja citações sobre seu uso antes da era cristã. O vinho provavelmente surgiu primeiro, porque o suco de frutas fermenta sem tratamento especial. Basta haver exsudação do caldo açucarado para uma fermentação ocorrer pela ação dos organismos vivos presentes. As cervejas são feitas com material amiláceo composto de associação de açúcares simples, porém, é necessário liberá-los para que sirvam de substrato bioprocessável pelas leveduras, e isso exige manipulação mais complexa que esmagar frutas.

Sobre a origem dos destilados, há imprecisão também. Com relação ao álcool em si, há certa concordância por parte dos autores em aceitar os árabes como seus descobridores, porém se acredita que egípcios, caldeus, gregos e chineses praticavam a destilação antes de Cristo.

O fato de se concordar que os árabes descobriram o álcool provavelmente se deve às descrições mais precisas sobre ele obtidas de autores árabes do século X. Em tais descrições, haveria a origem dos primitivos vocábulos dos quais derivaram os termos álcool e alambique. As primeiras menções ao álcool na Europa datam do século XII.

Os aparelhos destilatórios primitivos eram muito simples, constituídos de uma caldeira e um tubo longo, reto, recurvado ou helicoidal, que mergulhava ou não em recipientes cheios de água. O aquecimento era feito com esterco, exposição ao sol, banho-maria, banho de areia aquecida ou fogo direto. O líquido destilado era condensado e resfriado no tubo de destilação pela ação do ar, de trapos molhados ou submersão do tubo em recipiente com água. A Figura 6.1 exemplifica o que foi dito.

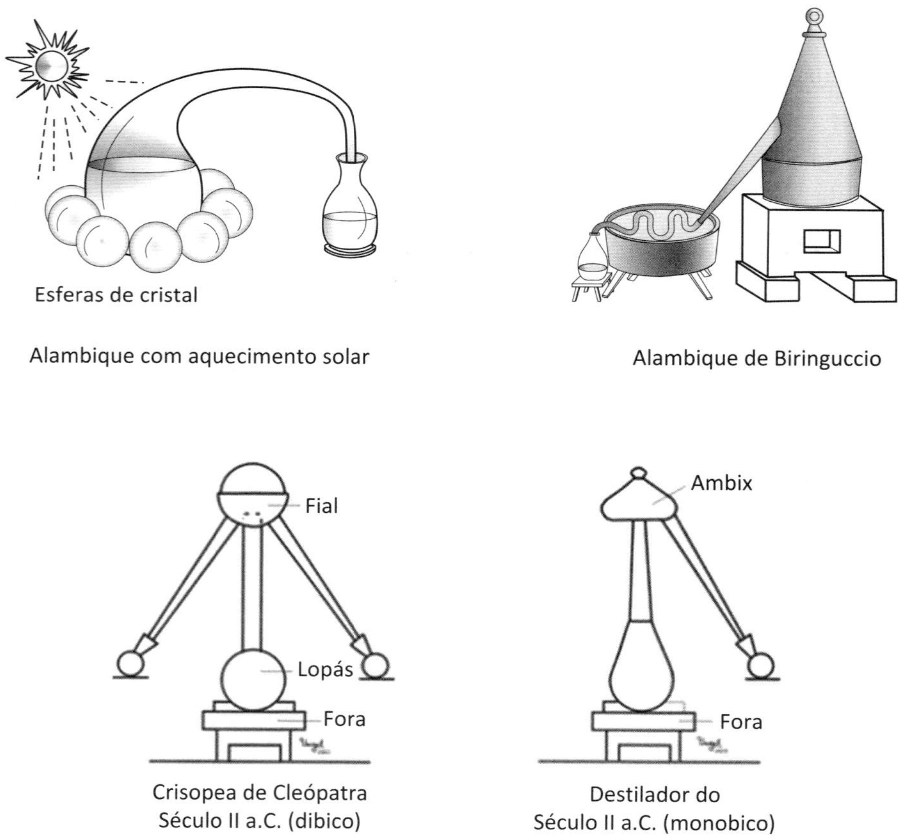

Figura 6.1 Alambiques primitivos.

Fonte: adaptada de Meloni (1953).

A ideia de destilações sucessivas para obter líquido com alta concentração de álcool em uma única operação parece ter sido desenvolvida com sucesso no século XVII, embora destiladores múltiplos tivessem sido usados anteriormente, como alambiques duplos e de bicos.

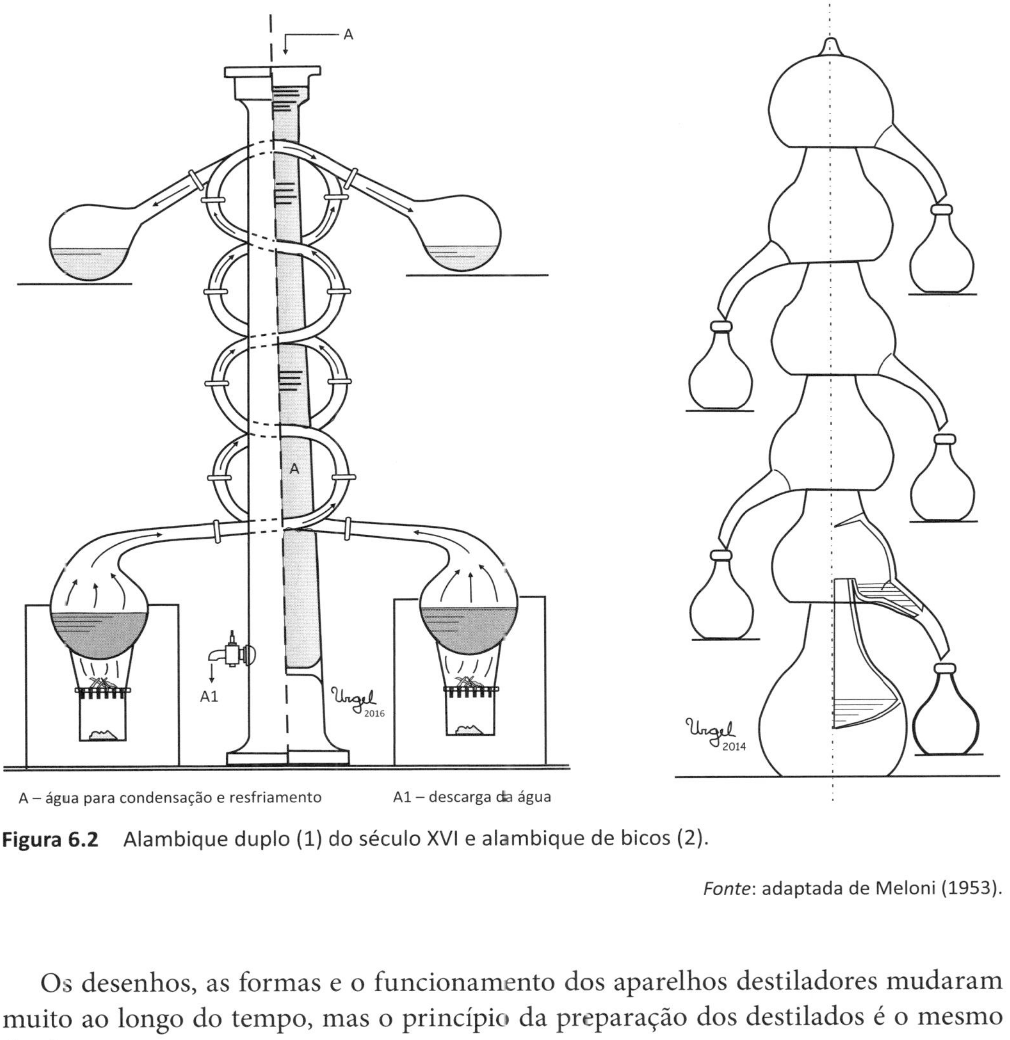

Figura 6.2 Alambique duplo (1) do século XVI e alambique de bicos (2).

Fonte: adaptada de Meloni (1953).

Os desenhos, as formas e o funcionamento dos aparelhos destiladores mudaram muito ao longo do tempo, mas o princípio da preparação dos destilados é o mesmo desde suas origens.

A produção de aguardentes comerciais deve ter começado nas áreas vinícolas e nas regiões produtoras de produtos amiláceos e bebidas fermentadas praticamente ao mesmo tempo. Nessa época, a denominação dos destilados era "água da vida": *acqua-viti*, em italiano; *eau-de-vie*, em francês; *uisge beatha*, em gaélico.

6.2 CLASSIFICAÇÃO DAS BEBIDAS ALCOÓLICAS E DAS AGUARDENTES

São denominados bebidas alcoólicas os líquidos potáveis que contêm de 0,5% a 75% de álcool em volume. O teor de álcool pode ser em razão de fermentação, destilação ou adição. Levando em consideração as dificuldades sempre presentes quando se deseja estabelecer uma classificação, é possível agrupar as bebidas alcoólicas de acordo com a forma de sua obtenção. Assim:

- *Bebidas fermentadas*: são as preparadas por fermentação e operações posteriores de clarificação e acabamento. Entre elas, o vinho (obtido de uvas), a sidra (obtida de maçãs e peras ou de sua mistura), os fermentados de outras frutas, os fermentados obtidos de grãos, de outras partes de vegetais e de seiva e os fermentados de mel.
- *Bebidas destiladas*: são obtidas por destilação de vinhos, de fermentados de frutas, grãos, tubérculos e raízes, de seiva, de mel e de diversas substâncias açucaradas, como caldo de cana-de-açúcar e subprodutos da indústria do açúcar.
- *Bebidas alcoólicas por mistura ou compostos*: são resultado de misturas de bebidas alcoólicas com sucos ou aromatizantes, misturas de mais de uma bebida alcoólica e destilação de bebidas alcoólicas em presença de aromatizantes.

As bebidas destiladas são normalmente aguardentes, classificadas de acordo com sua matéria-prima, como:

- *Frutas*: quando obtidas por destilação de fermentados de uva, maçã, cereja e ameixa, recebem nomes específicos; também podem ser de vinhos de quaisquer outras frutas. Conhaque, *pisco*, *kirsch* e *ketsch* são exemplos.
- *Amiláceos*: obtidas pela destilação de fermentados de grãos, tubérculos e raízes amiláceas; algumas têm nomes específicos, como uísque e tiquira.
- *Agave*: obtidas pela destilação da seiva fermentada de agave; a mais conhecida é a tequila.
- *Melaço de cana-de-açúcar*: conseguidas pela destilação de melaços fermentados de cana-de-açúcar, como os runs. Esses melaços são subprodutos da fabricação de açúcar, originados de forma diferente dos melaços das usinas brasileiras, onde é comum a clarificação por sulfitação.
- *Caldo de cana-de-açúcar*: obtidas por destilação direta do caldo de cana fermentado.

Essas classificações não são definitivas.

6.3 DEFINIÇÃO DE AGUARDENTE

As aguardentes são bebidas alcoólicas obtidas por destilação de um líquido que contém álcool etílico em sua composição. Também são encontradas em outros países, onde recebem nomes como *spirits*, em inglês; *spiritueux* ou *eaux-de-vie*, em francês;

acquaviti, em italiano; *schnaps*, em alemão. De maneira geral, o conteúdo em álcool deriva da fermentação dos açúcares contidos na matéria-prima. O teor alcoólico das aguardentes varia, mas é todo ou quase todo separado do líquido fermentado por destilação. Nessa operação, inevitavelmente são destiladas algumas substâncias que acompanham o álcool, denominadas impurezas ou impurezas voláteis. Em proporção mínima quando comparadas com a presença do álcool etílico, conferem suas próprias características de aroma e sabor aos destilados, sendo modificadas ou intensificadas pela maturação ou pelo envelhecimento em tonéis de madeira, sob condições adequadas.

As aguardentes são bebidas fortes, de fácil conservação, de época e região de origem duvidosas, no entanto, seu consumo é universal. Em geral, apresentam teor alcoólico de 38% a 54%; comercialmente é comum encontrar a graduação de 41%. O paladar e os aromas são diversos, bem como as matérias-primas de que são obtidas, mas o efeito é o mesmo.

6.4 BEBIDAS FERMENTO-DESTILADAS E DESTILO-RETIFICADAS

A legislação brasileira sobre bebidas (Lei n. 8.918, de 14 de julho de 1994) apresenta, no Capítulo VII, a Seção III, em que se trata de bebidas alcoólicas destiladas, incluindo as aguardentes, e a Seção IV, que aborda as bebidas destiladas retificadas. No Capítulo VIII são tratados os destilados alcoólicos em geral, sendo apresentadas as definições de álcool potável, destilado alcoólico simples e produtos específicos. Essa legislação define e regulamenta todas as bebidas destiladas e retificadas comumente encontradas no comércio.

6.4.1 ÁLCOOL POTÁVEL DE ORIGEM AGRÍCOLA

É um produto com graduação alcoólica mínima de 95% de álcool em volume a 20 °C. Obtém-se por destilo-retificação de mosto de matéria-prima de origem agrícola, açucarada ou amilácea. Resulta de fermentação alcoólica, da retificação de aguardente ou de destilado alcoólico simples (art. 73 da Lei n. 8.918).

6.4.2 DESTILADO ALCOÓLICO SIMPLES

Trata-se de produto com graduação alcoólica superior a 54% e inferior a 94% de álcool em volume a 20 °C. Destina-se a elaborar outras bebidas alcoólicas. É obtido pela destilação simples ou por destilo-retificação parcial seletiva de mosto ou de subproduto proveniente de matéria-prima agrícola açucarada ou amilácea, que sofreu fermentação alcoólica (art. 75 da Lei n. 8.918).

Não há especificação sobre os coeficientes de congêneres dos destilados, motivo pelo qual seus limites obedecem aos definidos por legislação anterior (Lei n. 5.823, de 14 de novembro de 1972, e Decreto n. 73.267, de 6 de dezembro de 1973), pela qual os limites dos congêneres dos destilados, quando necessário, são estabelecidos em ato administrativo complementar. Por essa razão, ainda que venham a ser apenas índices de comparação, os valores encontrados neste capítulo são os estabelecidos pelas legislações de 1972 e 1973.

A lei define o teor alcoólico em percentagem de álcool etílico na bebida medida a 20 °C. Legislação anterior se referia ao teor alcoólico como graus Gay Lussac (°GL), que significam teor alcoólico em percentagem de álcool em volume medida a 15 °C. Aqui, podem ser encontradas as duas formas, que representam teores reais próximos, porém medidos em temperaturas diferentes. As densidades de misturas hidroalcoólicas diferem com a variação da temperatura.

Nos destilados alcoólicos simples são admitidos os teores máximos de 5 mg de furfural e de 200 mg de álcool metílico por 100 mL de álcool anidro, com exceção dos provenientes de mostos fermentados de frutas ou de bagaço de uva, cujo limite aceitável é de 700 mg por 100 mL de álcool anidro. A legislação de 1972/1973 admitia o máximo de 5 mg de ácido cianídrico por 100 mL de álcool anidro contido no destilado.

O destilado alcoólico simples recebe a denominação de acordo com a matéria-prima da qual é originado e não deve conter aditivos em desacordo com a legislação específica. Pode ser envelhecido em tonéis de carvalho ou de outras madeiras apropriadas e é classificado como destilado simples de cana, melaço, vinho, bagaço de uva, frutas, tubérculos e outras partes de vegetais.

6.4.3 MOSTO

É uma substância de origem vegetal ou animal (mel de abelhas) que contém elemento amiláceo ou açucarado suscetível a sofrer transformação, principalmente em álcool etílico, pela ação de leveduras. Ao mosto, podem ser adicionadas substâncias destinadas a favorecer o processo de fermentação, desde que não interfiram no destilado; é proibido o uso de álcool de qualquer natureza.

6.4.4 BEBIDAS FERMENTO-DESTILADAS

Nesta classificação se enquadram: conhaque, graspa ou bagaceira, *pisco*, *arac*, aguardentes de frutas, uísque, rum, tequila, tiquira, aguardente de melaço e aguardente de cana ou caninha.

6.4.4.1 Conhaque

Pela legislação brasileira, conhaque é a bebida com graduação alcoólica de 38 °GL a 54 °GL obtida do destilado simples de vinho ou de aguardente de vinho envelhecida. As legislações recentes não citam o conhaque, por se tratar de bebida produzida por técnica específica e privativa de regiões da França. No entanto, definem *brandy* de fruta, ou aguardente de fruta, como a bebida alcoólica com 38% a 54% de álcool em volume a 20 °C obtida de destilado simples de frutas ou de mosto fermentado de frutas. Tecnicamente, de acordo com a bibliografia, *brandy* sem outro qualificativo é a bebida obtida do destilado simples de vinho, devidamente envelhecido.

A destilação deve ser feita de maneira que o destilado tenha aroma e sabor dos elementos voláteis naturais contidos no mosto fermentado, oriundos da fermentação, ou formados durante a destilação. O destilado alcoólico simples de vinho e a aguardente devem ser envelhecidos em tonéis de carvalho, ou de madeira equivalente, por prazos fixados pela legislação. Em legislação brasileira anterior, para bebida produzida no país, eram especificados o teor alcoólico e a composição do coeficiente não álcool, que não podia ser inferior a 0,25 g nem superior a 0,65 g por 100 mL de álcool anidro contido na bebida. Os limites estabelecidos para as impurezas em 100 mL de álcool anidro na bebida eram: 0,1 g de acidez volátil expressa em ácido acético; 0,2 g de ésteres em acetato de etila; 0,02 g de aldeídos em aldeído acético; 0,005 g de furfural; 0,3 g de álcoois superiores. O teor máximo de álcool metílico permitido era de 0,5 mL por 100 mL de álcool anidro e a presença tolerada de cobre era de no máximo 0,005 g por litro da bebida.

Assim, o conhaque é um *brandy*, ou seja, um destilado obtido de vinho, seguido de um apropriado envelhecimento em tonéis de carvalho. É preciso esclarecer que todo conhaque é um *brandy*, mas nem todos os *brandies* são conhaques.

A bebida recebeu esse nome porque é produzida na região de Cognac, na França. Entre os "espirituosos", é uma das bebidas mais finas e mais famosas. Sua obtenção obedece a rígidos padrões de produção, de envelhecimento e de comercialização. Os vinhos usados na destilação são obtidos de uvas brancas e produzidos dentro dos limites geográficos dos departamentos franceses de Charente e Charente-Maritime, e bem no centro dessas duas regiões está a cidade de Cognac. A qualidade da bebida é atribuída ao processo de destilação e à combinação de solo, clima e outras condições relacionadas à vegetação das vinhas naquela região, onde há seis locais de produção conhecidos como Grande Champagne, Petite Champagne, Borderies, Fins Bois, Bois Ordinaires e Bon Bois; entretanto, esses locais são mais comumente denominados *terroir*.

Na área de Cognac, o pequeno produtor de uvas geralmente tem seu aparelho destilador. Os grandes destiladores compram o destilado dos fazendeiros, feito sob controle e supervisão do governo francês. As uvas são colhidas, prensadas, fermentadas e destiladas nos alambiques, com cascas, sementes e engaços. As impurezas auxiliam na obtenção das características do *brandy*.

Nos alambiques de cobre de tipo especial e antigo, conhecido como alambique charentês (Charentais), são feitas duas destilações (Figura 6.3). A primeira se dá até que o líquido destilado, límpido, marque no alcoômetro graduação alcoólica média próxima de 30 °GL. Então, o produto é destilado novamente, com fracionamento em três porções. A primeira, denominada *cabeça*, inicia com 78 °GL a 88 °GL e é separada com 70 °GL a 76,5 °GL. O volume produzido e recolhido representa perto de 5% do destilado inicial colocado na caldeira. A segunda porção, chamada *coração* ou produtos de coração, compreende as porções que destilam de 76,5 °GL até 50 °GL e produzem destilado de 67,8 °GL a 70,3 °GL. Esse destilado constitui a aguardente mais fina; ele contém produtos odorantes úteis que contribuem para a qualidade do produto final, como ácidos graxos, ésteres, aldeídos, furfural e álcoois superiores. A terceira, denominada *cauda* ou produtos de cauda, reúne todos os produtos que destilam entre 50 °GL e 10 °GL e resulta em um destilado de 18 °GL a 31,6 °GL. Essa fração corresponde a aproximadamente 10% do volume do líquido na caldeira. A destilação e a redestilação são operações descontínuas. Há referência a aparelhos contínuos para produção de conhaque, mas eles não se generalizaram.

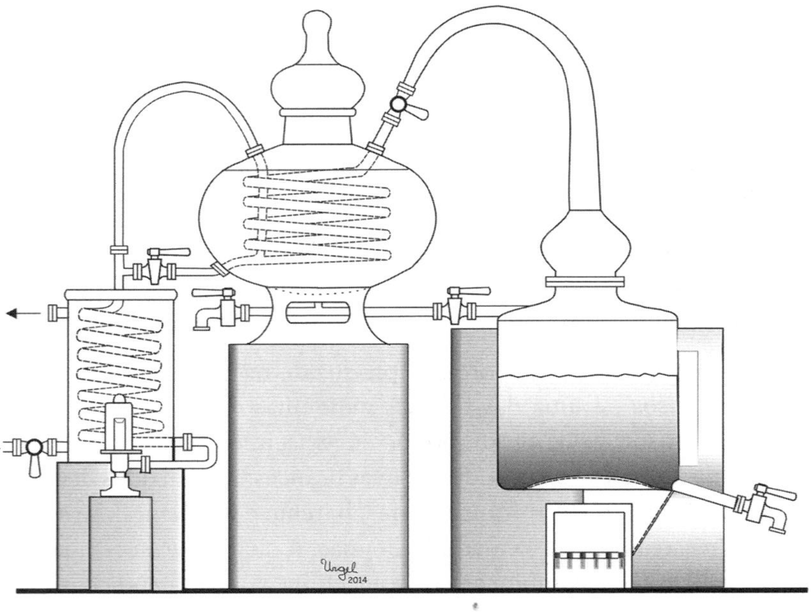

Figura 6.3 Alambique charentês (Charentais).

Os produtos de coração são destinados ao envelhecimento, e os de cabeça e de cauda voltam à caldeira na destilação seguinte. O envelhecimento é feito em tonéis de carvalho provenientes de Limoges (França) com capacidade aproximada de 500 litros. Durante o envelhecimento, há redução da graduação alcoólica (1% ao ano), mudança de cor e alteração do aroma e do sabor até alcançar a característica final, que o degustador classifica como "flores de uvas".

Como a qualidade é uma característica exigida de uma bebida fina, os conhaques devem ter padrão permanente para atender ao mercado. Esse padrão é atingido pela mistura de lotes de bebidas envelhecidas. Tal mistura (*coupage*, em francês, ou *blending*, em inglês) é feita alguns meses antes do engarrafamento em grandes tonéis de carvalho, onde a graduação alcoólica é reduzida pela adição de água destilada até 40%-44% e se faz a adição de caramelo, se for necessário, para manter o padrão de cor.

A mistura é agitada periodicamente e, após alguns meses, se estiver perfeitamente homogeneizada, é engarrafada e comercializada.

As casas engarrafadoras não produzem todo o conhaque que vendem, pois muito é adquirido de pequenos produtores e reunido para distribuição com uma marca tradicional, após a operação de envelhecimento. Comumente, as garrafas de conhaque levam rótulos com letras e estrelas. As estrelas não significam tempo de envelhecimento, mas padrões de cada casa engarrafadora. As letras são de palavras inglesas e indicam a qualidade: E (*especial*), F (*fine*), V (*very*), O (*old*), S (*superior* ou *special*), P (*pale*), X (*extra*) e C (*cognac*). As classificações de envelhecimento são feitas de acordo com o tempo em que a bebida permanece em repouso, e as letras também são utilizadas nessas definições. A seguir, os tipos de classificações que constam nos rótulos:

- ☆☆☆ (três estrelas): até cinco anos de envelhecimento;
- V.O. (*very old*): mais de cinco anos de envelhecimento;
- V.S.O. (*very special old*): mais de quinze anos de envelhecimento;
- V.S.O.P. (*very special old pale*): mais de vinte anos de envelhecimento;
- V.V.S.O.P. (*very very special old pale*): mais de 25 anos de envelhecimento;
- X.O. (*extra old*): mais de trinta anos de envelhecimento. Muitos produtores não usam esta indicação e preferem classificar conhaques acima de trinta anos como V.V.S.O.P.

Essa classificação não é absoluta, pois o tempo de envelhecimento depende de cada lote da bebida. Ela se refere comumente à mistura dos destilados usados em cada engarrafamento.

6.4.4.2 Armanhaque

O armanhaque (*armagnac*) é um *brandy* famoso, similar ao conhaque, produzido no departamento de Gers, a sudoeste de Bordeaux (França). Durante sua preparação, as operações de destilação, redestilação e separação de frações podem ser contínuas, ao contrário do conhaque, cuja produção é quase totalmente feita em operações descontínuas. O destilado é envelhecido em tonéis de carvalho da região da Gasconha (França). Seu sabor é mais seco, diferente do conhaque.

6.4.4.3 *Brandy*

Brandy é a bebida com 38 °GL a 54 °GL produzida por destilação de vinhos de até 13 °GL, sadios, límpidos, ou contendo suas próprias borras, envelhecida em barris de carvalho ou de madeira de características semelhantes. Ainda segundo a lei, os atributos semelhantes devem ser definidos pelo órgão competente, e o envelhecimento precisa ser feito por um período mínimo de seis meses em tonéis com volume máximo de 600 litros. A legislação de outros países exige no mínimo um ano.

Como já apontamos, a legislação brasileira não é clara quanto a *brandy* e conhaque e pode dificultar a interpretação dos dois vocábulos, definindo os dois produtos da mesma maneira, com base na graduação alcoólica. É preciso levar em conta a dificuldade de tradução de termos de outro idioma. Se a legislação não esclarece dúvidas, pode aumentá-las ao admitir os compostos denominados conhaque de alcatrão, alcatrão e mel, gengibre, entre outros. Deve-se abolir quaisquer denominações de conhaque e adotar apenas *brandy*.

Tecnicamente, *brandy* é destilado de vinho envelhecido e, em sua produção, não são empregados os melhores vinhos, destinados à mesa. Nos países vinícolas o destilado mais comumente consumido é o *brandy*, destilado em alambiques ou em aparelhos contínuos. Os desenhos dos aparelhos variam muito entre os fabricantes e as regiões produtoras. As substâncias voláteis dos vinhos destilam em conjunto com o álcool e colaboram na formação do buquê da bebida.

De acordo com alguns autores, a palavra *brandy* tem origem holandesa. Em alguns dicionários a tradução para português é conhaque. Em língua inglesa, a aguardente vínica da região de Cognac é conhecida por *cognac brandy*. O *brandy* francês de outras regiões é denominado *marc* e pode se confundir com bagaceira. Na Itália chama *grappa* ou *arzenti*, palavra esta que se afirma ser derivada de *acqua ardens*, *acqua arzenti* e *acqua ardente*; os italianos apontam que seus *arzenti* não devem nada aos melhores *cognacs*. Na Espanha, os *brandies* são produzidos na região de Xerez. Na Califórnia (Estados Unidos), onde são vendidos como *grappa*, são destilados em aparelhos contínuos e armazenados em tonéis parafinados para não adquirir cor durante o armazenamento. Na Grécia, são aromatizados; o mais comum é denominado *metaxa*, que é escuro, doce e de aroma resinoso; quando aromatizado com anis é chamado *ouzo*. Com adição de água ficam opalescentes.

No Brasil, bons *brandies* são produzidos no Rio Grande do Sul. A legislação brasileira de 1972/1973 não especifica os valores do coeficiente não álcool, mas se sabe que deve obedecer às recomendações para o conhaque: não inferior a 0,25 g nem superior a 0,65 g por 100 mL de álcool anidro. Os limites das impurezas voláteis são fixados em: 0,1 g de acidez volátil em ácido acético; 0,02 g de aldeídos em aldeído acético; 0,2 g de ésteres em acetato de etila; 0,005 g de furfural; 0,3 g de álcoois superiores com mínimo de 0,12 g. O produto não pode apresentar mais de 0,5 mL de álcool metílico nem mais de 0,005 g de cobre por litro de destilado.

6.4.4.4 Graspa ou bagaceira

Não prevista na atual legislação, é uma bebida com 38% a 54% de álcool em volume a 20 °C obtida do destilado alcoólico simples de bagaço de uva fermentada ou pela destilação do bagaço ou da borra da produção do vinho. Suas impurezas não podem ser inferiores a 0,25 g nem superiores a 0,65 g por 100 mL de álcool anidro; os limites previstos são os mesmos do conhaque.

6.4.4.5 *Pisco*

É uma bebida obtida pela destilação de mostos de uvas fermentadas, adicionados ou não dos resíduos da fermentação. Trata-se do *brandy* típico do Peru, de alta graduação alcoólica e geralmente não envelhecido. As impurezas seguem o previsto para o conhaque.

6.4.4.6 *Arac* (áraque)

A antiga legislação define o áraque como bebida alcoólica com 38% a 54% de álcool em volume obtida de destilado alcoólico simples e redestilado em presença de anis. É aromatizado ou não com suco de palma, extratos ou essências naturais e pode conter até 30 g de açúcares por litro; quando o teor de açúcar for superior a 6 g/L, deve ser identificado como "adoçado". Seu teor de impurezas e seus limites são similares aos do conhaque.

A legislação registra a grafia *arac*, mas em português o nome da bebida é araca e áraque, designando aguardente obtida de arroz fermentado. Por definição, araca e *arac* são diferentes. Também pode ser uma bebida obtida pela adição de substâncias aromáticas ao destilado alcoólico simples ou álcool etílico potável.

Há várias bebidas com o nome de *arac*, como a *Batavia arrack*, produzida em Java, na Indonésia, com melaço de cana-de-açúcar e arroz. Essa bebida é envelhecida por três ou quatro anos. Na Escandinávia, o *arac* é usado com xaropes e aromatizantes e é denominado *arrack punsch*. Também há o *okolehao* produzido no Havaí com melaço de cana, *koji* de arroz e suco do rizoma de uma planta conhecida como *ti (ti root)* – *Colocasia esculenta* var. *antiquorum* (inhame), obtido após assada; é uma bebida escura de gosto defumado. O *white okolehao* é obtido com água de coco em lugar do suco de raiz de *ti*; é uma bebida clara e, como o *okolehao*, envelhecida em tonéis de carvalho branco.

Além de *arac*, a bibliografia registra a bebida *arak* ou *araq*, que é um destilado com 50% a 60% de álcool em volume, incolor, não adicionado de açúcares e com sabor de anis. É comum no Oriente Médio (Israel, Palestina, Líbano, Iraque, Jordânia e Síria). Similar ao *ouzo*, da Grécia, e ao *raki*, da Turquia, costuma ser consumido com água, o que lhe confere aspecto leitoso. Com grafia parecida, há ainda o *arrack*, de Bali, e o *aragh*, consumido em Armênia, Irã, Azerbaijão e Geórgia.

6.4.4.7 Aguardente *brandy* de frutas

Tecnicamente, é aguardente envelhecida de frutas ou *brandy* acrescido da identificação da fruta. Encerra de 38% a 54% de álcool em volume e é obtida do destilado simples ou envelhecido de frutas. O coeficiente não álcool é fixado em 200 mg a 650 mg por 100 mL de álcool anidro contido na bebida, e o teor das impurezas obedece ao recomendado para o conhaque. É necessário observar que a forma de fermentar e de destilar pode causar aumento do teor de metanol. O conteúdo de pectina na fruta é considerado responsável pela formação de metanol.

A bebida não sujeita a envelhecimento é simplesmente denominada aguardente, seguida do nome da fruta da qual é originada. Algumas aguardentes de frutas recebem denominações especiais, como *slivovitz*, *mirabelle* ou *quetsch*, que levam ameixas. Há ainda *kirsch* ou *kirschwasser*, de cerejas; *calvados*, obtido de sidra ou de suco de maçã e pera fermentados separadamente ou em mistura; e *rake-brandy*, produzido com mistura de frutas.

No Brasil, não há costume de produzir aguardente de frutas, mas há várias que permitem obter destilado de boas características organolépticas, sobretudo quando envelhecidas. Sua produção já foi objeto de pesquisas. O envelhecimento em tonéis de madeira de lei confere buquê especial, segundo a espécie usada na fabricação dos barris.

6.4.4.8 *Kirsch*

Esta aguardente de cerejas é comumente produzida em países como Suíça, Alemanha, França e Inglaterra, onde é conhecida como *cherry brandy*. Na Dalmácia (Croácia), é usada a variedade marasca, de onde a bebida ganha a denominação marasquino. É produzida pela fermentação da polpa das frutas durante alguns dias, sem as sementes, com posterior destilação. Ao suco fermentado de marascas é comum a adição de sucos de frutas fermentados e folhas de cerejeiras cortadas e sem o pedúnculo. Pela destilação dessa matéria-prima, é obtido um líquido alcoólico forte, chamado extrato de Giotta, com o qual é preparado o marasquino. O *cherry brandy* é obtido da mesma forma.

O *kirsch* é preparado de maneira semelhante, porém com adição de pequena quantidade de avelãs amassadas e moídas. Elas passam ao destilado pouca quantidade de ácido cianídrico e de aldeído benzoico sob a forma de benzaldeído cianidrina, produzido durante a destilação. Isso confere à bebida o buquê característico. Para melhorar seu sabor, é usual redestilá-la uma ou duas vezes. De modo geral, o *kirsch* encerra de 3 g a 4 g de ácido cianídrico por litro da bebida; o destilado obtido com a mistura de avelãs não contém muito mais. Entretanto, para ser comercializado, não pode conter mais de 0,5 g de ácido cianídrico por litro nem apresentar nitrobenzol ou metais nocivos.

No norte da Europa são encontrados destilados comercializados como *kirsch* e *cherry brandy*, porém são imitações ou sucedâneos preparados com a mistura de aguardente e essências.

Na legislação, ainda são encontradas as grafias *cherry-brandy*, *kierch*, *kirchs*, *dirchvasse* e *dirchwasser*. É necessário levar em consideração o desconhecimento de outros idiomas, que pode levar a grafias diferentes, de fidelidade discutível.

6.4.4.9 *Slivovitz*

É uma aguardente de ameixas produzida na França, na Alemanha, nos Bálcãs e na Europa Central, onde é conhecida também como *raki*, *quetsch* (Alsácia) e *zwetschenwasser*. Ácido cianídrico é encontrado em sua composição, mas em menor teor que no *kirsch*.

Na Suíça, na Alemanha e na França, o suco de ameixa é fermentado com avelãs, o que confere aroma peculiar ao destilado. Nos países que constituíram a antiga Iugoslávia, em que a fermentação também é conduzida em presença de avelãs no mosto, são produzidos dois tipos de bebidas: por destilação e por redestilação. A primeira, que encerra de 20% a 30% de álcool em volume, é denominada *meka schlivovitza* e contém mais impurezas e alto teor de ácido cianídrico; a segunda é preparada por duas ou mais destilações sucessivas e conhecida como *liouta slivovitza*, contendo de 40% a 50% de álcool em volume e menos impurezas e ácido cianídrico.

6.4.4.10 Aguardente de maçã

Com odor da fruta, esta aguardente é conhecida como *applejack* nos Estados Unidos e como *calvados* na França, onde é produzida na Normandia. A legislação distingue *apple brandy* e *calvados* de *pear brandy*, aguardente de pera. Essas bebidas são diferentes pelo método de obtenção e pelo envelhecimento.

A aguardente *calvados* é feita com polpa de maçã fermentada ou pela destilação de sidra em alambiques. Em primeira destilação, é produzido um destilado de baixo grau, que é redestilado até 70-80 °GL, envelhecido por dez anos em barris de carvalho e diluído com água até 50 °GL. A bibliografia ensina que o *calvados* pode ser feito com polpa de peras e com mistura de ambas as frutas. O *applejack*, por sua vez, é preparado pela destilação de mosto de polpa de maçãs fermentado e envelhecido por dois a cinco anos em tonéis de carvalho.

6.4.4.11 Uísque

Pela legislação, uísque é uma bebida com teor de 38% a 54% de álcool em volume a 20 °C obtida de destilados simples de cereais envelhecidos, parcial ou totalmente maltados, podendo haver adição de álcool potável de origem agrícola, de destilado simples de cereais, de água para redução da graduação alcoólica e de caramelo para correção da cor. O envelhecimento é geralmente feito em barris de carvalho.

A denominação uísque de malte puro (*malt whisky* ou *straight malt whisky*) é privativa do produto envelhecido e elaborado unicamente com cevada maltada, podendo haver adição de água potável. Uísque cortado tipo escocês (*blended Scotch type whisky*) é a bebida obtida pela mistura de um mínimo de 30% de uísque de malte, proveniente de cevada maltada parcial ou totalmente turfada, com destilado alcoólico simples de cereais envelhecido ou álcool etílico potável. Uísque *Bourbon* (*straight Bourbon whisky*) é a bebida obtida com um mínimo de 50% de destilado alcoólico simples de milho e álcool etílico potável. O álcool etílico adicionado pode ser envelhecido.

Essas descrições podem ser encontradas em legislações brasileiras, mas em sua origem, o uísque é uma bebida produzida segundo técnicas tradicionais e cuidadosas. A palavra *whiskey/whisky* é objeto de polêmica entre irlandeses e escoceses. Os antigos registros irlandeses guardam a grafia *uisce beatha*, e os escoceses, *uisge baugh*.

Em gaélico, *uisge beatha* significa "água da vida", como *acquaviti* e *eau-de-vie*, em outros idiomas.

A bebida produzida na Escócia recebe a denominação *whisky*, grafia reservada para a bebida produzida com técnica própria e específica. Em qualquer outra região o produto assemelhado recebe o nome *whiskey*. Na Escócia, o *whisky* é fabricado em quatro regiões principais: Highlands, Lowlands, Campbelltown e Islay.

Primariamente era produzido com cevada e depois passou a ser feito com cevada e outros cereais, incluindo o milho. Quando é obtido com centeio, é conhecido com *rye-whisky*. As operações para a produção de *whisky* compreendem maltagem, produção do mosto (mosturação) por gomificação do material amiláceo e sacarificação por malte, fermentação, destilação, envelhecimento e cortes ou mistura (*blending*).

Malte é a semente de um cereal germinado; a germinação da semente ativa a liberação de enzimas capazes de hidrolisar o amido e produzir açúcares necessários ao metabolismo da planta. A maltagem é a operação que consiste em provocar a germinação em condições de temperatura, umidade, aeração e iluminação controladas. Gera maltose e glicose, açúcares fermentescíveis (ver Volume 3, Capítulo 2). A germinação é interrompida quando a gêmula apresenta desenvolvimento igual a três quartos do comprimento do grão. Então os grãos são transferidos para uma estufa, na qual, dispostos em prateleiras, são submetidos a secagem com ar quente e fumo proveniente da queima de turfa. Depois de secas as sementes guardam o aroma acre da fumaça, que passa ao produto durante a destilação. Cada região produtora de *whisky* na Escócia usa um grau de defumação diferente e característico.

Após a secagem, as pequenas radículas dos grãos maltados são eliminadas e o malte é enviado para armazenamento, de onde é retirado para moagem. Em seguida, é executada a maceração e feito o cozimento para liquefazer e sacarificar o amido pela ação das enzimas do malte. O líquido é drenado, resfriado e conduzido às dornas, onde é fermentado por ação de leveduras selecionadas. Após a fermentação, a "cerveja" obtida é conduzida à destilaria, onde é feita uma primeira destilação, como se dá com os conhaques franceses; depois, faz-se uma redestilação, com separação dos produtos de coração. Os produtos de cabeça e de cauda são adicionados a outra "cerveja" antes de sua destilação.

O *whisky* com 70-75 °GL é posto para envelhecer em barris de carvalho branco americano de 150 a 500 litros, novos ou velhos. É comum, no armazenamento, usar barris utilizados no transporte de vinhos de Xerez ou do Porto, após reduzir o grau alcoólico do destilado para 60 °GL, aproximadamente.

Até meados do século XX, todos os uísques escoceses eram *straight whiskies*, produzidos exclusivamente com cevada maltada. Depois foi iniciada a prática do *blending*, isto é, a mistura de uísques de diversas procedências. O consumo de *blended whiskies* se tornou comum na Inglaterra e em todo o mundo. A partir do momento que houve forte aumento do consumo, foi introduzida a prática de misturar aos uísques de malte (*malt whiskies*) *whiskeys* obtidos de outros grãos, sobretudo de milho não maltado. O malte de cevada é rico em enzimas e tem a capacidade de sacarificar um volume de amido muito maior que apenas o amido dos próprios grãos maltados. Essa capacidade é aproveitada para sacarificar os sucedâneos da cevada para obtenção de destilados (*whiskeys*) com as mesmas técnicas de destilação, que são envelhecidos e usados nas misturas (*blendings*). São realmente *whiskeys* e não apenas destilados neutros. As destilarias de *whiskeys* têm alta capacidade de destilação, embora sejam em menor número que as destilarias de *whisky* na Escócia. Os destilados comercializados na Grã-Bretanha são vendidos a partir de três anos de envelhecimento.

Os uísques cortados contêm de 30% a 50% de uísque de malte. O objetivo de sua produção é baratear o custo e obter uma bebida mais leve, mais atrativa ao consumo que os uísques escoceses pesados e muito defumados produzidos originalmente.

A qualidade do *whisky* não depende essencialmente do período de envelhecimento, mas da proporção dos uísques das diversas procedências; uma bebida envelhecida por dez anos não é necessariamente melhor que uma envelhecida por três anos. A qualidade depende do degustador responsável pela realização da mistura.

Na Irlanda também são produzidos uísques com cevada maltada, cevada não maltada, trigo, aveia e centeio. Na Irlanda do Norte, a produção é feita apenas de cevada. Com relação aos escoceses, a não defumação do malte durante a secagem é a principal diferença do uísque irlandês; também as misturas são feitas com uísques da própria destilaria ou com *whiskeys* feitos com outros grãos que não a cevada.

Os uísques americanos começaram a ser produzidos no século XVII, mas a industrialização se desenvolveu no século XVIII. Inicialmente eram produzidos com cevada e centeio e, depois, com centeio e milho. O primeiro uísque de milho foi obtido no estado de Kentucky, em Georgetown, no condado de Bourbon, de onde surgiu a designação de *Bourbon* para os uísques de milho. O processo de fabricação é similar ao de outros uísques de grãos. A princípio é produzido um destilado de 70 °GL a 75 °GL em alambiques ou em colunas de destilação, que depois é diluído com água pura de poços e colocado para envelhecer em barris de carvalho branco queimados internamente.

No Brasil, a legislação registra uísque, *whisky* e *whiskey* como a bebida com 38% a 54% de álcool em volume, sem distinção; há ainda uísque malte puro, *whisky* puro de malte, uísque cortado ou *blended whisky*, *grain whisky*, *Bourbon whisky*, *Bourbon whiskey*. Para os engarrafadores no país, há *Canadian whisky*, *Scotch whisky* e *Irish whisky*, elaborados com destilados importados e adicionados de água para baixar o teor alcoólico. Entretanto, existem no comércio brasileiro uísques nacionais, em geral obtidos pela mistura de uísque de malte importado com destilado alcoólico simples de cereais ou obtido de álcoois neutros de cana-de-açúcar, de alta pureza. A qualidade deriva do cuidado com que são feitos os cortes, da proporção de uísque de malte e do uso do álcool neutro ou de destilado alcoólico simples envelhecido.

6.4.4.12 Rum

Rum, *rhun* ou *ron* é a bebida que tem entre 36% e 54% de álcool em volume a 20 °C obtida do destilado alcoólico simples ou por destilação de mostos de melaço ou de caldo de cana-de-açúcar e melaço, envelhecido total ou parcialmente. Anteriormente, era recomendado o envelhecimento em tonéis de carvalho ou de madeira equivalente e esse rum era denominado velho; o rum extra velho era envelhecido em tonéis de madeira adequada, por tempo não inferior a dois anos. Rum com graduação alcoólica mínima de 75 °GL devia ser destinado à utilização culinária. Com tal graduação, o rum pode ser usado para cortes. É uma aguardente proveniente da fermentação alcoólica e da destilação de mostos de melaço e xaropes da fabricação de açúcar; pode-se usar diretamente caldo de cana-de-açúcar fermentado.

Em sua origem, é uma bebida de importante valor econômico, e sua fabricação obedece a técnicas bem definidas. Denominado originalmente *tafia* e *guildive*, subsistiram os nomes tafiá e rum, o último de reconhecimento universal. A bebida, fabricada principalmente no mar das Caraíbas, desde a Guiana Francesa até Porto Rico, é típica de regiões bem demarcadas, como Martinica, Guadalupe, Porto Rico, Jamaica e Cuba, importantes por causa do volume de produção. Também é produzido na região de Demerara (Guiana) e nas ilhas africanas de Madagascar, Maurício e Reunião. Nas regiões de origem francesa, como Martinica e Guadalupe, há dois tipos de rum: o rum agrícola e o industrial.

6.4.4.12.1 Rum agrícola

Recebem esta denominação os runs produzidos em destilarias que usam caldo de cana cru e cozido ou que usam xarope obtido pela evaporação do caldo.

Nas destilarias que trabalham com caldo bruto, este é coado em peneiras de tela metálica para eliminar o bagaço, diluído com água ou com certa quantidade de vinhaça (resíduo líquido da destilação), tratado com ácido sulfúrico e sulfato de amônio e enviado às dornas de fermentação. O caldo chamado de cozido é tratado e fervido, sem cal. A operação é conhecida como defecação, pois provoca a precipitação de coloides e clarificação por sedimentação. O caldo é resfriado a 28 °C-30 °C e enviado à fermentação. Quando a matéria-prima é xarope, ocorre defecação com adição de leite de cal, decantação, filtração e evaporação a 80 °Brix-85 °Brix em evaporadores de múltiplo efeito. Antes de ser enviado à fermentação, o xarope é diluído com água e vinhaça e tratado com ácido sulfúrico e sais de amônio. Após a fermentação, o vinho é destilado, podendo haver separação de produtos de coração, que representam de 20% a 25% do álcool contido no mosto fermentado.

Nas rumerias agrícolas são produzidos o rum branco e o rum envelhecido. O branco é mais apreciado pelos consumidores locais, enquanto que o envelhecido é apropriado para exportação, sobretudo para a Europa, onde é hábito chamar de rum o produto mais encorpado. O rum branco ou os produtos de coração convenientemente envelhecidos têm excelente qualidade de sabor e aroma.

6.4.4.12.2 Rum industrial

A matéria-prima para a produção de rum industrial é sempre o melaço, subproduto da fabricação de açúcar por processo sem sulfitação. A destilaria pode ser anexa, mas uma parte importante do volume total de rum é obtida em destilarias autônomas, instaladas especialmente para produzir a bebida.

Os mostos são preparados por diluição com água e vinhaça, bem como adição de ácido sulfúrico e sais de amônio. Após a fermentação realizada com leveduras selecionadas, os vinhos são destilados para produzir um líquido alcoólico com 55 °GL a 60 °GL, que é enviado para os locais de envelhecimento, onde são armazenados em barris de carvalho de 200 litros aproximadamente. O aroma dos runs varia de uma para outra rumeria.

Na Europa, são preferidos os runs produzidos com melaços, envelhecidos, encorpados e com buquê característico.

Em datas muito antigas, os runs apresentavam "sabor a couro", porque, antes do uso de madeira para armazenar, o destilado era estocado em odres de couro de boi. Atualmente, são produzidos em destilarias de grande capacidade, sob técnicas cuidadosas de fermentação, destilação e envelhecimento. Os runs velhos, cortados, apresentam sabor e aroma variáveis de acordo com o fabricante, mas obedecendo a padrões de qualidade bem definidos. No comércio são encontrados runs velhos, pesados e encorpados, runs envelhecidos leves e runs brancos, com características próprias das regiões produtoras (Martinica, Guadalupe, Porto Rico, Haiti, Cuba, Jamaica etc.).

Da Martinica vem o rum conhecido com *grand arôme* (grande aroma), obtido pela fermentação dos mostos sem adição de qualquer produto estranho para corrigi-los. Envelhecido, tem grau alcoólico entre 55 °GL e 75 °GL e elevado teor de substâncias não álcool; de acordo com a literatura, é um licor de fina qualidade, que pode ser utilizado para abonar outras bebidas ou para a produção de runs de alta qualidade por meio de cortes com álcool neutro envelhecido ou não.

Pela legislação, os runs são classificados em: rum leve (*light rum*), com o máximo de 200 mg de substâncias não álcool por 100 mL de álcool anidro na bebida; rum pesado (*heavy rum*), com 200 mg a 500 mg de substâncias não álcool por 100 mL de álcool anidro na bebida; e rum envelhecido, ou rum velho, bebida envelhecida parcial ou totalmente por, no mínimo, dois anos.

6.4.4.13 Tequila

Originária do México, é uma bebida com álcool entre 36% e 54% em volume a 20 °C obtida de destilado alcoólico simples de agave ou de destilação do suco fermentado de agave (*Agave sisalana*).

Das plantas com três a quatro anos, são colhidas as "cabeças", ou seja, a penca sem as folhas, com 10 kg a 15 kg. São submetidas a aquecimento com vapor direto por vinte horas, com a finalidade de hidrolisar o suco, que é amargo e picante. Depois da hidrólise, as cabeças são passadas por cilindros ou moendas para extrair o caldo, que é fermentado com pequena quantidade de fibras em suspensão, para adquirir gosto característico, como diz a bibliografia. A fermentação dura de dois a quatro dias com a flora microbiana natural e, em seguida, o caldo fermentado é destilado e engarrafado sem envelhecimento. Alguns autores consideram a tequila um produto de destilação do *pulque*, bebida alcoólica fermentada obtida do suco de agave, que exsuda quando é feita uma escavação no caule, depois de colhido o pendão floral.

Na Venezuela é produzida uma bebida denominada *cocuy*, também obtida por fermentação e suco de agave (*Agave cocui*), com 45% a 50% de álcool em volume. As folhas do agave são cortadas e as cabeças, separadas e submetidas a aquecimento, para hidrolisar o suco. O processo rudimentar aconselha a abrir um buraco no solo, enchê-lo de lenha e cobri-lo com pedras planas, sobre as quais são colocadas as cabeças, que são cobertas com folhas e terra fina. A lenha é acesa e, com o calor gerado, o cozimento se dá por três a quatro dias. Depois disso, as cabeças são retiradas e prensadas para se obter um caldo doce com mais de 20% de açúcares, diferente do suco amargo e picante original do agave. O líquido é colocado em recipientes de fermentação e ao final de três a cinco dias é destilado. A aguardente de 45 °GL a 50 °GL é engarrafada diretamente, sem envelhecimento.

6.4.4.14 Tiquira

É uma bebida com 36% a 54% de álcool em volume obtida de destilado simples de mosto fermentado de mandioca.

Comum no estado do Maranhão, é elaborada com raízes de mandioca destinadas à fabricação de farinha de mesa. As raízes são lavadas e separadas da película parda, ralada em raladores próprios e prensadas para eliminar uma parte da água, que leva parte do princípio tóxico cianídrico. A massa prensada, com 50% de umidade, é esfarelada e distribuída em chapas quentes na forma de bolos de 30 cm de diâmetro e 3 cm a 4 cm de espessura. Pelo aquecimento, feito uniformemente virando a massa de um lado a outro, o amido gomifica e forma um bloco coeso chamado de beiju, dextrinizado em suas superfícies externas.

Os beijus são armazenados em lugar escuro, mas quente o suficiente para o crescimento de fungos filamentosos, originados de esporos da flora microbiana natural da região. A bibliografia indica a presença de *Neurospora sitophila*, *Aspergillus oryzae* e *Aspergillus niger* como as principais espécies desenvolvidas sobre os beijus. Após alguns dias, o micélio desenvolvido superficialmente penetra na massa e causa sua sacarificação por via enzimática. Então, os beijus são transferidos para recipientes de fermentação (cochos de madeira) e cobertos com água. Após repouso de algumas horas, o meio é agitado e abandonado à fermentação natural, que dura de dois a três dias. Depois, é feita a destilação em alambiques e o destilado é engarrafado sem envelhecer.

Como é comum serem usados alambiques aquecidos a fogo direto, o meio fermentado é coado antes da destilação, para separar fibras e pedaços de raiz. O alambique pode também ser aquecido por dispositivo, como o banho de areia, que evite o contato com o fogo direto e a formação de zonas de superaquecimento com geração de produtos empireumáticos.

6.4.4.15 Aguardente paraguaia

A *caña paraguaya*, razoavelmente conhecida no Brasil, é um produto envelhecido por pelo menos três anos em tonéis de carvalho ou outras madeiras apropriadas. É obtida por fermentação de xarope de caldo de cana-de-açúcar e conveniente destilação, com graduação alcoólica não superior a 60% de álcool em volume e corte com água potável a 50% de álcool em volume.

Trata-se de um produto de exportação, mas a bibliografia também se refere à *caña común*. Esta é obtida pela destilação de mosto fermentado de xarope de cana-de-açúcar até 60 °GL e corte com água potável a até 50 °GL. A *caña paraguaya* é produzida pelo envelhecimento da *caña común*.

A fabricação da *caña paraguaya* obedece a processos similares aos do rum. Há produção agrícola e produção industrial. A produção agrícola é caracterizada pela concentração do caldo em tachos, o que causa clarificação apenas pelo aquecimento. Em grandes instalações, a defecação é feita a quente com adição de leite de cal. O caldo purificado é concentrado em aparelhos de multiplo efeito a mais de 75 °Brix, como informado pela literatura disponível. O mosto é preparado pela diluição do xarope em água e depois fermentado com leveduras selecionadas. A destilação é feita em aparelhos contínuos com separação de uma fração de coração, que é envelhecida em tonéis de carvalho antes da comercialização.

Aguardiente é a bebida obtida pelo corte do álcool retificado puro e neutro de melaço, de xarope ou de fécula com água potável até 50 °GL.

6.4.4.16 Aguardente de melaço

É uma bebida com teor alcoólico de 38% a 54% de álcool a 20 °C obtida do destilado alcoólico simples do mosto fermentado do melaço, subproduto da produção do açúcar de cana, podendo receber adição de 6 g de açúcar por litro. Com mais de 6 g de açúcar por litro, recebe o termo "adoçada" em seu nome.

Sua produção segue as mesmas técnicas de produção da aguardente de cana, porém com melaço diluído com água. Em legislação anterior, recebia a denominação de cachaça e era considerada inferior à aguardente obtida com a fermentação do caldo de cana. Estima-se que não é mais produto de fabricação comum. Atualmente, a denominação cachaça foi estendida à aguardente de cana (ver Capítulo 5 deste volume).

6.4.5 BEBIDAS DESTILO-RETIFICADAS

A legislação considera destilo-retificadas as seguintes bebidas: vodca, genebra, *corn*, *steinhäeger* e *acquavit*.

6.4.5.1 Vodca

A vodca ou *vodka*, pela legislação brasileira, é a bebida com 36% a 54% de álcool em volume a 20 °C obtida de álcool etílico potável de origem agrícola ou de destilados alcoólicos simples retificados, de origem agrícola. A seguir, são filtrados, ou não, através de carvão ativo. É permitida a presença máxima de 50 mg de coeficiente não álcool por 100 mL de álcool anidro no destilado. Pode ser aromatizada com substâncias naturais de origem vegetal e receber até 2 g por litro de açúcares adicionais. Anteriormente, a legislação previa um teor máximo de 0,25 mL de álcool metílico por 100 mL de vodca e de 5 mg de cobre por litro do produto como aditivos incidentais.

Vodca é substantivo eslavo, diminutivo de *voda*, que significa água. A bebida teria tido origem em países do nordeste, do centro e do leste da Europa, sobretudo Rússia e Polônia. É composta de água e álcool etílico e obtida de grãos (comumente de trigo), batatas e, às vezes, frutas e açúcar.

De acordo com a bibliografia, excepcionalmente pode conter traços de impurezas voláteis e de substâncias flavorizantes. É bebida comum em países como República Tcheca, Ucrânia, Estônia, Lituânia e outros que constituíam a União Soviética. Seu teor alcoólico, em geral, é de 40% de álcool em volume, ou algo próximo desse valor.

Tradicionalmente, é consumida pura, sem diluição, sorvida de uma vez de pequenos copos. Em determinadas ocasiões, é aromatizada com ervas especiais adequadas gastronomicamente a certos pratos.

É obtida pela destilação de mostos fermentados de trigo com até 75% de álcool em volume, em seguida, é filtrada através de carvão ativo e cortada com água potável até a graduação de engarrafamento, ao redor de 50% de álcool em volume (alguns chegam a 40%). A filtração sobre carvão tem por fim atenuar os caracteres organolépticos da matéria-prima.

Por ser destilado neutro, é uma solução hidroalcoólica quase pura que não tem sabor e aroma pronunciados, embora sejam ardentes e secos. Quando aromatizada com pedaços de uma erva denominada *zubrowka* (*bison grass* ou *sweet grass*, em inglês), a bebida é simplesmente identificada como *zubrowka*. Trata-se da planta *Hierochloe odorata*; ela deve ser seca, e o limbo de uma folha é engarrafado com a bebida para aromatizá-la, tornando-a muito agradável, adocicada pela presença de cumarina.

6.4.5.2 Gim

Pela legislação, gim ou *gin* é a bebida com 35% a 54% de álcool em volume a 20 °C obtida pela redestilação de álcool potável de origem agrícola na presença de bagas de zimbro (*Juniperus communis*) ou pela adição de extrato de bagas de zimbro, com ou sem outros materiais vegetais aromáticos, ao álcool etílico potável de origem agrícola. Em ambos os casos, o sabor de zimbro deve ser preponderante, podendo receber adição de até 15 g de açúcar por litro.

Em uma definição simples, gim é aguardente aromatizada com bagas de zimbro que contém o óleo essencial da baga, seu sabor e seu aroma. É bebida característica dos Países Baixos, onde recebe o nome de *genever*; na França, é conhecida como *genièvre*; na Bélgica e na Alemanha, como *steinhäeger*; na Hungria e na Morávia, como *borovicz ka*; na Áustria, é chamada de *kranebitter*. Na região de Zara, na Dalmácia (Croácia), é encontrada uma variação conhecida por *roob coccola*.

Em português, escreve-se gim, mas a legislação brasileira registra *gin*, como em inglês, e estabelece diferenças entre *gin*, genebra e *steinhäeger*. Quando foi introduzida na Inglaterra, a bebida recebeu a designação comum de *gin*. Como já mencionado, o gim é de origem holandesa, feito com álcool muito puro e um aromatizante. A aromatização é feita pela passagem dos vapores alcoólicos por bagas de zimbro, como na genebra. Surgiu no século XVII como forma de produzir bebida de bom paladar e de baixo preço, acessível a pessoas com poucos recursos, que só podiam adquirir bebidas de mau sabor.

Entre os tipos da bebida, são identificados gim destilado, obtido exclusivamente por destilação, *London dry gin*, gim seco (*dry gin*) e gim doce (*old Ton gin* ou gim cordial). O teor de coeficiente não álcool não pode ser superior a 50 mg calculados por 100 mL de álcool anidro no destilado. Pela legislação anterior, gim doce tem de 6 g a 15 g de açúcar por litro e gim seco apresenta até 6 g de açúcar por litro do produto.

Os gins são aguardentes de cereais aromatizadas com zimbro, mas não são propriamente aguardentes de zimbro. A maneira de prepará-los, bem como a matéria-prima, variam de um país a outro.

Na Inglaterra há três tipos de gim. De modo geral, é feito com 75% de milho, 15% de malte e 10% de outros grãos. O mosto é fermentado como na produção de uísque, destilado e retificado até 90 °GL, e diluído com água até 60 °GL. Em seguida, é redestilado em alambique, em presença de aromatizantes compostos de bagas de zimbro ou da mistura delas com sementes de coentro, cardamomo, anis, alcaravia (cominho), raízes de angélica e de íris, amêndoas amargas, casca de cássia, erva-doce, alcaçuz e cascas de laranjas doces e amargas. O destilado de mais de 60 °GL é diluído com água destilada.

De acordo com a história, um homem chamado Tom Collins, que viveu na Inglaterra no século XVIII, teria adicionado xarope ao gim e dado origem ao tipo denominado *old Tom*, reconhecido na legislação brasileira, embora com a grafia *old Ton*.

O gim holandês é preparado com adição de zimbro ao mosto por moagem das bagas com malte. A bibliografia não é precisa quanto à composição dos mostos. Para alguns autores, é constituído de malte de cevada; para outros, de 70% de grãos (40% de milho e 30% de centeio) mais 30% de malte. O destilado de sabor forte e característico é obtido com 45 °GL a 48 °GL, muito rico em coeficiente não álcool, o que explica a diferença entre *genebra* e *gin* na legislação brasileira.

Na França, a proporção é de 75% de centeio e 25% de malte de cevada. O centeio é cozido em pressão atmosférica, sacarificado e fermentado por bactérias láticas em presença de vinhaça e água de lavagem. A fermentação lática é interrompida por aquecimento a 67,5 °C, e o mosto denso e turvo é resfriado e submetido a fermentação alcoólica com leveduras. A destilação é feita em colunas, e os vapores passam por dispositivos denominados anisadores, onde estão colocadas as bagas de zimbro destinadas a aromatizar o destilado. Geralmente, o destilado é redestilado para eliminar excesso de aromas e obter um produto claro. Os produtos de cabeça são redestilados em alambique.

Nos Estados Unidos o gim é produzido pela destilação de álcool neutro de grãos a 95% de álcool em volume, diluído com água a 60% de álcool. Os vapores destilados passam por aromatizantes (zimbro, coentro, angélica, cascas de laranja e outros), arrastando seus óleos essenciais. O novo destilado é diluído com água a uma concentração de 40% a 48% de álcool em volume.

O gim não é submetido a envelhecimento.

6.4.5.3 Genebra

Trata-se de uma bebida com álcool em volume a 20 °C entre 35% e 54% obtida de destilados simples de cereais, redestilados total ou parcialmente na presença de bagas de zimbro, misturado ou não a outras substâncias aromáticas naturais, e até 15 g de açúcar por litro. O coeficiente não álcool máximo é de 150 mg por 100 mL de álcool anidro na bebida, e as características organolépticas do zimbro devem ser perceptíveis, mesmo que atenuadas.

6.4.5.4 Aguardente de zimbro

Esta aguardente é produzida por fermentação e destilação de mosto preparado com bagas frescas ou secas. Elas são esmagadas em cilindros, tratadas com água quente e inoculadas com leveduras. A fermentação tarda de dez a catorze dias. O destilado contém muito óleo essencial, que deve ser separado para não turvar a bebida com teor alcoólico de 45% a 50% de álcool em volume. Após a separação do óleo por filtração em amianto ou material similar, a retificação parcial produz destilado de boa qualidade.

A aguardente de zimbro produzida na Alemanha não é comercializada, mas usada para aromatizar o álcool retificado, na proporção de uma parte para dez de álcool, para produzir *steinhäeger.*

6.4.5.5 *Steinhäeger*

Tem entre 35% e 54% de álcool em volume a 20 °C e é obtido pela retificação do destilado alcoólico simples de cereais ou por álcool etílico potável adicionado de substâncias aromáticas naturais. Em ambos os casos, é produzido em presença de mosto fermentado contendo bagas de zimbro. O coeficiente não álcool máximo é de 150 mg por 100 mL de álcool anidro na bebida.

6.4.5.6 *Corn*

Apresentando também a grafia *korn*, é uma bebida que tem entre 35% e 54% de álcool em volume a 20 °C obtida pela retificação do destilado alcoólico simples de cereais ou pela retificação de mistura de um mínimo de 30% de destilado alcoólico simples de cereais com álcool etílico potável de origem agrícola. Pode ser aromatizado com substâncias naturais de origem vegetal. O coeficiente não álcool máximo é de 150 mg por 100 mL de álcool anidro na bebida.

Na Alemanha é conhecido como *kornbrantwein* e elaborado por fermentação de cevada, centeio, trigo ou aveia depois de maltados.

6.4.5.7 *Acquavit*

Também denominada pela legislação como *akuavit*, *akvavit* ou *acquavitae*, é obtida por destilação ou redestilação de álcool etílico potável de origem agrícola em presença de sementes de alcaravia (*Carum carvi*) ou cominho (*Cuminum cyminum*). Pode ser produzida pela aromatização de álcool etílico potável, retificado com extrato de sementes de alcaravia. Em ambos os casos, podem ser adicionadas outras substâncias aromáticas e até 30 g de açúcar por litro. O coeficiente não álcool máximo é de 150 mg por 100 mL de álcool anidro na bebida.

A *acquavit* é uma bebida típica da Escandinávia, obtida de grãos ou de batata e aromatizada principalmente com alcaravia. Cascas de limão ou de laranja e cardamomo são menos usados.

6.4.5.8 *Baijiu*

Bebida destilada clara produzida no sul da China. É obtida, principalmente, por fermentação de sorgo. Outros grãos podem ser usados, geralmente em mistura (cevada, arroz, arroz glutinoso, milheto, lágrimas, esta última popularmente conhecida como capim-de-contas, contas-de-rosário, conta-de-lágrimas, lágrima-de-nossa-senhora, lágrima-de-jó, capim-rosário, capim-missanga, capiá, biurá, biuri). A graduação alcoólica é alta e pode atingir de 40% a 60% de etanol em volume, mas em geral é encontrada no teor mais baixo.

6.4.5.9 *Maotai*

Tido como o primeiro destilado produzido na China em grande escala, teria origem na dinastia Qing (1644-1911). É produzida com sorgo ou mistura de cereais, com técnica similar à de outros produtos de grãos. A fermentação é iniciada com inóculos que contêm diferentes microrganismos, incluindo fungos sacarificantes, bactérias e leveduras. Sua graduação alcoólica é similar à de outros destilados.

6.5 OUTRAS AGUARDENTES

Há outras bebidas que não foram abordadas porque não foram encontradas descrições do método de fabricação. Em realidade, é possível que não sejam bebidas fermento-destiladas, mas apenas fermentadas. Por exemplo, foram encontradas menções a saquê, do Japão, e chicha, da América do Sul, como aguardentes, quando são apenas fermentadas. É possível que a grafia de algumas bebidas não esteja correta, pois foi encontrada uma citação de *cachara* no Brasil, feita de melaço, em alusão evidente à cachaça.

Das bebidas não apresentadas aqui, podemos destacar as seguintes:

- Aguardente de arroz, típica de países asiáticos.
- Aguardente de genciana, produzida em regiões alpinas por destilação de mosto fermentado de açúcar e água, com adição de raízes de genciana (*Gentiana lutea* ou *purpurea*).
- *Azaka*, *arsa* ou *arki*, da antiga Tartária (Ásia Central), destilada de leite fermentado de égua ou jumenta.
- *Bessabesse*, feita de caldo de cana e típica de Madagascar.
- *Goldwasser*, da Polônia (Gdansk), produzida de cereais e aromatizada.
- *Holerca*, da região da Transilvânia, feita de cevada e frutas.
- *Fen liquor* típica da China e feita com grãos.
- *Kero tiang*, de caldo de sorgo, feita na China.
- *Mahamari*, produzida em Moçambique a partir de bananas.
- *Statkviatrava*, obtida de ervas do gênero *Camciatca*.
- *Squidam*, dos Países Baixos, obtida de cereais e aromatizada com zimbro.
- *Tepache*, típica do México, produzida pela destilação de mostos de uva ou de milho.
- *Trostu*, da região do Reno, feita de uva e sucos de diversas gramíneas.

Ainda é válido citar os destilados feitos em ambientes domésticos, populares, não industrializados, obtidos por técnicas rudimentares, sem denominação específica, mas largamente apreciados em suas zonas de produção. São exemplos as bebidas obtidas pela fermentação de mistura de várias frutas, bem maduras ou nem tanto, uniformes em sua maturação ou não, empregadas para aproveitar sobras de pomares. A fermentação leva semanas e, depois, o mosto misto é destilado ao gosto e ao modo do produtor. São destilados populares e sempre apreciados. Os aparelhos de destilação são igualmente artesanais.

REFERÊNCIAS

ALLEN, H. W. *White wines and Cognacs*. Londres: Constable, 1952. 278 p.

AQUARONE, E. Generalidades sobre bebidas alcoólicas. In: AQUARONE, E.; BORZANI, W.; SCHMIDELL, W.; LIMA, U. A. (Coord.). *Biotecnologia industrial*. São Paulo: Blucher, 2001. p. 1-19. (Vol. 4: Biotecnologia na Produção de Alimentos).

ARROYO, R. *Studies on Rum*. Research Bulletin n. 5, Universidade de Porto Rico/ Agricultural Experiment Station, 1945. 272 p.

BRASIL. *Lei n. 5.823*, de 14 de novembro de 1972. Dispõe sobre a padronização, classificação, inspeção e registro de bebidas, e dá outras providências.

BRASIL. *Decreto n. 73.267*, de 6 de dezembro de 1973. Regulamenta a Lei n. 5.823, de 14 de novembro de 1972.

BRASIL. *Lei n. 8.918*, de 14 de julho de 1994. Dispõe sobre a padronização, a classificação, o registro, a inspeção, a produção e a fiscalização de bebidas, autoriza a criação da Comissão Intersetorial de Bebidas e dá outras providências.

BRASIL. Decreto n. 6.871, de 4 de junho de 2009. Regulamenta a Lei n. 8.918, de 14 de julho de 1994, que dispõe sobre a padronização, a classificação, o registro, a inspeção, a produção e a fiscalização de bebidas. *Diário Oficial da União*, Poder Executivo, Brasília, DF, 4 jun. 2009.

GROSSMAN, H. J. *Grossman's Guide to Wines, Spirits and Beers*. Nova York: Charles Schreibner's Sons, 1940. 404 p.

GONÇALVES DE LIMA, O. Estudo de identificação dos mofos sacarificantes do amido na elaboração da aguardente Tiquira, uma bebida regional do Maranhão. *Anais da Sociedade de Biologia de Pernambuco*, Recife, v. 4, n. 1, p. 11-30, 1943.

GONÇALVES DE LIMA, O. *Pulque, Bauchê e Pajauaru na etnobiologia das bebidas e dos alimentos fermentados*. Recife: Universidade Federal de Pernambuco, 1975. 405 p.

LIMA, U. A. Aguardentes. In: AQUARONE, E.; BORZANI, W.; SCHMIDELL, W.; LIMA, U. A. (Coord.). *Biotecnologia industrial*. São Paulo: Blucher, 2001. p. 145-182. (Vol. 4: Biotecnologia na Produção de Alimentos).

MELONI, G. *L'industria dell'alcole*. Milão: Hoepli, 1953. (Vol. 2: Impianti di produzione e transformazione: le materie prime, le acquaviti), 689 p.

VILLASANTI, J. C. *La caña paraguaya*. Assunção: Fac. Química y Farmacia, 1944. 54 p. (Mimeografado).

CAPÍTULO 7
Leites fermentados

Sabrina Neves Casarotti

Luana Faria Silva

Vivian Ribeiro Diamantino

Aline Teodoro de Paula

Ana Lúcia Barretto Penna

7.1 INTRODUÇÃO

Os leites fermentados envolvem diversos produtos de base láctea, como iogurte, leite cultivado, leite acidófilo, *kumys*, *kefir* e coalhada, que são fermentados por culturas específicas. Esses produtos têm merecido destaque tanto pelo aumento significativo no mercado e na diversidade da produção quanto pelo efeito benéfico à saúde.

Os consumidores modernos demandam alimentos seguros, minimamente processados, de alta qualidade, e também que apresentem propriedades funcionais. Paralelamente, nos últimos anos, a indústria de laticínios tem buscado incrementar e ampliar sua gama de produtos lácteos, com o objetivo de atender a essa demanda do mercado consumidor por produtos inovadores. Os leites fermentados estão entre aqueles que atendem a essa expectativa, com grande número de lançamentos de produtos inovadores: leites fermentados por probióticos, leites fermentados por culturas produtoras de substâncias antimicrobianas, de vitaminas e/ou de peptídeos bioativos, ou ainda leites fermentados adicionados de novos ingredientes (frutas não convencionais, hortaliças, ácidos graxos, prebióticos, fibras dietéticas, entre outros).

Este capítulo tem o objetivo de ampliar o conhecimento sobre características, processo de produção, requisitos legais e inovações em leites fermentados a fim de assegurar o desenvolvimento de produtos inovadores, nutricionalmente saudáveis e promotores da saúde.

7.2 CULTURAS UTILIZADAS EM LEITES FERMENTADOS

7.2.1 BACTÉRIAS ÁCIDO-LÁTICAS, BACTÉRIAS ACÉTICAS, BIFIDOBACTÉRIAS E FUNGOS LEVEDURIFORMES

As bactérias ácido-láticas (BAL) são microrganismos com baixo conteúdo de guanina e citosina (GC) no DNA, Gram-positivos, bacilares ou cocos, desprovidos de citocromo, não esporulantes e catalase-negativos. Compõem um grupo bastante heterogêneo quando se refere à capacidade de assimilar oxigênio, podendo ser anaeróbias, anaeróbias facultativas, aeróbias ou microaerófilas. De acordo com a temperatura ótima de desenvolvimento, são definidas como mesofílicas (20-30 °C) ou termofílicas (35-45 °C). São consideradas bactérias extremamente exigentes, pois necessitam de nutrientes específicos, como aminoácidos e vitaminas. Caracterizam-se por apresentar alta tolerância a ácidos e incapacidade de sintetizar porfirinas. São microrganismos estritamente fermentadores, produzindo ácido lático como o principal produto metabólico. Os gêneros mais comuns de BAL presentes em alimentos são *Lactobacillus, Lactococcus, Streptococcus, Enterococcus, Pediococcus, Leuconostoc* e *Oenococcus* (PAPADIMITRIOU et al., 2016).

Os integrantes do grupo das BAL são subdivididos em dois grupos distintos de acordo com o metabolismo do carboidrato que apresentam: homofermentativos e heterofermentativos. As bactérias homofermentativas transformam os carboidratos principalmente em ácido lático, enquanto as bactérias heterofermentativas produzem, além do ácido lático, CO_2, etanol, ácido acético e citrato a partir da glicose (AYYASH et al., 2018). As BAL homofermentativas são as principais utilizadas como culturas *starters* na produção de leites fermentados por sua capacidade de produzir elevados teores de ácido lático e, consequentemente, rápida redução dos valores de pH. Por outro lado, apesar de as BAL heterofermentativas produzirem CO_2, que pode resultar em estufamento indesejado da embalagem do produto, elas podem ser importantes para a produção de inúmeros compostos aromatizantes (FARAG et al., 2019).

As bifidobactérias compartilham características fisiológicas, bioquímicas e também alguns nichos ecológicos, como o trato gastrointestinal, com as BAL típicas, entretanto apresentam diferenças no conteúdo de GC na sequência do DNA ribossomal e geralmente crescem e sobrevivem em ambientes menos ácidos que *Lactobacillus* sp. (GOMAND et al., 2019).

Apenas algumas espécies de bactérias acéticas e de fungos leveduriformes são utilizadas na produção de leites fermentados. As bactérias acéticas, como a *Acetobacter* sp., geralmente estão presentes em produtos que envolvem as fermentações acética e alcoólica, como *kefir* e *kumys*. Essas bactérias são Gram-negativas, móveis e aeróbias e realizam a oxidação de álcoois, produzindo ácido acético. Algumas espécies podem produzir vitaminas B_{12}, estimulando o desenvolvimento de outros microrganismos presentes nos grãos de *kefir* (TAMIME; SKRIVER; NILSSON, 2006; MARQUES et al., 2010). Os fungos leveduriformes, como o *Saccharomyces* sp., são microrganismos eucarióticos, unicelulares, classificados como ascomicetos ou basidiomicetos. Geralmente são células esféricas, ovais ou cilíndricas e a divisão celular é binária. Esses microrganismos estão usualmente presentes em *kefir* e *kumys*, apresentam tolerância a baixas temperaturas e acidez, fermentam a lactose ou a galactose, assimilam ácidos orgânicos (ácidos succínico, lático e cítrico) e possuem atividade proteolítica e lipolítica (MARQUES et al., 2010).

A Tabela 7.1 apresenta algumas características das principais culturas usadas na produção dos leites fermentados, bem como os seus principais metabólitos.

Tabela 7.1 Algumas características de microrganismos usados no leite fermentado e seus principais metabólitos

Cultura lática	Classificação (temperatura)	Classificação (metabolismo)	Metabólito	Produtos lácteos fermentados
Lactococcus sp.[a]	Mesofílico	Homo	L (+) lactato	Coallhada
Leuconostoc sp.[b]	Mesofílico	Hetero	D (–) lactato, diacetil	*Kefir*
P. acidilactici	Mesofílico	Homo	DL lactato	Iogurte, leite fermentado, *kefir*
St. thermophilus	Termofílico	Homo	L (+) lactato, acetaldeído, diacetil	Iogurte, leite fermentado, *kefir*
Lb. delbrueckii sp.	Termofílico	Homo	L (+) lactato, acetaldeído, diacetil	Iogurte, *kumys*
Lactobacillus sp.[c]	Mesofílico	Homo	DL lactato	*Kefir*, Iogurte, leite acidófilo
Lactobacillus sp.[d]	Termofílico	Homo	DL lactato	Iogurte, *kefir*
Bifidobacterium sp.	Termofílico	Hetero	L (+) lactato, acetato	Iogurte, leite fermentado, *kefir*
Enterococcus sp.	Mesofílico	Homo	L (+) lactato	Leite fermentado, *kefir*
A. acetic e *A. rasens*	Mesofílico		Acetato, CO_2	*Kefir*
Candida sp.	Mesofílico		Etanol, propanol, CO_2, acetona	*Kefir*, *kumys*
Saccharomyces sp.	Mesofílico		Etanol, propanol, CO_2, acetona	*Kefir*, *kumys*
Kluyveromyces sp.	Mesofílico		Etanol, propanol, CO_2, acetona	*Kefir*, *kumys*

[a] *Lactococccus lactis* subsp. *lactis* biovar *diacetylactis* produzem diacetil e CO_2. [b] *Leuconostoc mesenteroides* subsp. *cremoris* produz etanol. [c] *c Lactobacillus (Lb.) acidophilus*, *Lb. gasseri* e *Lb. johnsonii*, *Lacticaseibacillus (L.) casei* e *L. paracasei*, e *Limosilactobacillus reuteri* (anteriormente denominados *Lactobacillus*) apresentam linhagens com propriedades probióticas. [d] *Lb. helveticus*, *L. rhamnosus*, *Limosilactobacillus fermentum* e *Lactiplantibacillus plantarum* (anteriormente denominados *Lactobacillus*) apresentam linhagens com propriedades probióticas. Homo – homofermentativo. Hetero – heterofermentativo.

Fonte: adaptada de Tamime, Skriver e Nilsson (2006).

A principal função dessas culturas em leites fermentados é a acidificação do leite até um valor de pH próximo a 4,5, o que impede o desenvolvimento de microrganismos indesejáveis, por efeito bacteriostático ou bactericida, resultando em produtos seguros, com vida de prateleira prolongada. Com o abaixamento do valor de pH, ocorre a formação do gel no leite. Nesse contexto, as culturas empregadas influenciam diretamente as características de textura, sabor e aroma do produto final e necessitam de diferentes temperaturas ótimas de crescimento para produzirem ácidos e/ou outros compostos específicos de cada cultura (TAMIME, 2002; CRUZ et al., 2011; PAPADIMITRIOU et al., 2016).

Adicionalmente, as diferentes culturas láticas empregadas podem produzir outros compostos importantes para a qualidade dos leites fermentados, como: a) bacteriocinas usadas como bioconservantes capazes de estender a vida de prateleira do leite fermentado, além de aumentar a sua segurança; b) diferentes ácidos orgânicos, compostos carbonílicos, peptídeos e/ou aminoácidos e ácidos graxos, que conferem características sensoriais particulares a cada produto; c) produção de exopolissacarídeos (EPS) que contribuem para melhores propriedades reológicas, como textura e consistência – estudos demonstram que leites fermentados produzidos com culturas produtoras de EPS apresentam maior viscosidade e menor grau de sinérese; d) produção de biopeptídeos que conferem propriedades dietéticas, funcionais e nutracêuticas ao leite fermentado (TAMIME; SKRIVER; NILSSON, 2006; PAPADIMITRIOU et al., 2016). Assim, além de importância tecnológica, as BAL são reconhecidas como seguras (*Generally Recognized as Safe* – GRAS) e têm sido amplamente aplicadas em alimentos pelo seu potencial benefício à saúde humana (probiótico). Para isso, as culturas precisam ser viáveis e funcionais e/ou induzir efeitos positivos na saúde (GOMAND et al., 2019).

7.2.2 CULTURAS PROBIÓTICAS

A possibilidade do consumo de microrganismos vivos em produtos fermentados, capazes de manter o equilíbrio entre bactérias patogênicas e não patogênicas, fez com que as BAL passassem a ser estudadas em relação a seus possíveis efeitos probióticos. Probióticos são "micro-organismos que, quando administrados em quantidades adequadas, conferem efeitos específicos e benéficos no consumidor" (FAO/WHO, 2002). É importante salientar que esses efeitos benéficos são dependentes da linhagem utilizada. Contudo, para ser considerado um microrganismo probiótico, os efeitos benéficos da cultura devem ser comprovados cientificamente, e essas propriedades terapêuticas são efetivas somente a partir de um consumo regular dos produtos probióticos. Além disso, uma cultura probiótica pode não ser efetiva ou segura em todas as situações de uso (CRUZ et al., 2011) e os seus mecanismos de ação necessitam ser mais bem elucidados.

Diversos estudos têm descrito os possíveis efeitos terapêuticos proporcionados por bactérias probióticas, destacando-se o efeito positivo na modulação da microbiota do trato gastrointestinal (supressão de microrganismos patogênicos, controle de doenças inflamatórias intestinais, prevenção do câncer), na imunomodulação (alívio de sintomas alergênicos, aumento da imunidade), nos efeitos metabólicos (efeito antiobesidade, redução nos níveis de glicose e colesterol sérico), entre outros efeitos (alívio dos sintomas do autismo e prevenção de doenças bucais) (PENNA et al., 2014).

Em relação aos efeitos nutricionais, algumas propriedades têm se destacado, como o aumento da biodisponibilidade de zinco, ferro, fósforo, manganês, cobre e cálcio, da digestibilidade de proteínas e da síntese de vitaminas (RADULOVIĆ et al., 2014).

Bactérias pertencentes à família *Lactobacillaceae* e ao gênero *Bifidobacterium* são as mais frequentemente empregadas como probióticos em alimentos. Outros microrganismos pertencem aos gêneros *Leuconostoc* (*Leuc. mesenteroides*), *Enterococcus* (*E. faecium*) e *Saccharomyces* (*S. boulardii*). As espécies geralmente caracterizadas como probióticas estão apresentadas na Tabela 7.2.

Tabela 7.2 Bactérias caracterizadas como probióticas

Lactobacillaceae	*Bifidobacterium*	*Enterococcus*
Lactobacillus acidophilus	*B. animalis*	*E. faecium*
Lactobacillus helveticus	*B. bifidum*	
Lacticaseibacillus casei Shirota	*B. longum*	
Lacticaseibacillus casei var. *defensis*	*B. infantis*	
Lacticaseibacillus rhamnosus	*B. lactis*	
Lacticaseibacillus paracasei		
Lactiplantibacillus plantarum		

7.3 TIPOS DE LEITES FERMENTADOS

Os leites fermentados são definidos como "produtos resultantes da fermentação do leite pasteurizado ou esterilizado, por meio da ação de culturas específicas, compostas por bactérias láticas", de acordo com os padrões de identidade e qualidade (PIQ) de leites fermentados. Esses microrganismos devem ser viáveis, ativos e abundantes no produto final durante seu prazo de validade. Para a produção dos diversos tipos de leite fermentado, pode ser utilizado leite *in natura* ou leite reconstituído, adicionado ou não de outros produtos de origem láctea, bem como de outras substâncias alimentícias recomendadas pela tecnologia atual de produção de leites fermentados e que não interfiram no processo de fermentação do leite pelos microrganismos empregados (BRASIL, 2007).

Dentro da categoria de leites fermentados, de acordo com a legislação brasileira, são incluídos os seguintes produtos: iogurte, leite fermentado ou cultivado, leite acidófilo, coalhada, *kefir* e *kumys* (BRASIL, 2007). As principais características dos bioprocessos (cultura iniciadora, tratamento térmico, temperatura e tempo de fermentação) usados para produção de leites fermentados são apresentadas na Tabela 7.3.

Tabela 7.3 Principais características dos bioprocessos usados para produção de leites fermentados

	Iogurte	**Leite fermentado ou cultivado**	**Leite acidófilo**	**Coalhada**	***Kefir***	***Kumys***
Microrganismo	*St. thermophilus, Lb. delbrueckii* subsp. *bulgaricus*	*Lb. acidophilus, L. casei, Bifidobacterium* sp., *St. thermophilus*	*Lb. acidophilus*	BAL mesofílicas individuais ou mistas, *Lactococcus* sp.	Grãos de *kefir*[a] ou *Lentilactobacillus kefiri, Leuconostoc* sp., *Lactococcus* sp., *Acetobacter* sp.	*L. delbrueckii* subsp. *bulgaricus, Kluyveromyces marxianus*[b]
Tratamento térmico	85 °C/20-30 min 90-95 °C/5-10 min 115 °C/3 seg	90-95 °C/5-10 min 75 °C/15 seg 145 °C/2 seg	120 °C/15 min 95 °C/1 h 145 °C/2 seg	120 °C/15 min 145 °C/2 seg	95 °C/5 min	90 °C/2-3 min
Temperatura de inoculação	41-43 °C	33-37 °C ou 42 °C	37 °C	33 °C	19-23 °C	26-28 °C
Quantidade de inóculo	0,05% a 5%	0,05% a 5%	2% a 5%	~ 2%	2% a 10%	10% a 30%
Tempo de fermentação	3,5 a 4,5 h	Termofílica: 3,5 a 4,5 h Mesofílica: 12 h a 3 dias (Yakult)	16 a 18 h	18 h	20 a 24 h (com agitação)	~ 60 min (com agitação)

[a] Aglomerado de leveduras e bactérias com predominância dos microrganismos: *Kluyveromyces marxianus, Saccharomyces omnisporus, Saccharomyces cerevisae, Saccharomyces exiguus, Lacticaseibacillus casei, Bifidobaterium* sp. e *Streptococcus salivarius* subsp. *thermophilus.*

[b] Podem conter ainda outros microrganismos, como: *Lactobacillus* sp., *Saccharomyces* sp., *Kluyveromyces lactis, Torula* sp., *Candida koumiss, Saccharomyces cartilaginous* e *Mycoderma* sp.

7.3.1 IOGURTE

7.3.1.1 Definição e características

No Brasil, o iogurte é um produto cujo consumo está fortemente associado às condições econômicas, uma vez que aumenta significativamente (até quatro vezes) quando a economia é favorável, atingindo 13 kg/ano *per capita* em tempos econômicos estáveis. No entanto, o consumo médio no Brasil é de 7,5 kg/ano, enquanto em países como Argentina e Portugal o consumo é de 15 kg/ano e 20 kg/ano, respectivamente (PIMENTEL et al., 2017).

O iogurte é definido como leite fermentado cuja fermentação se realiza obrigatoriamente pela cultura mista composta pelas bactérias das espécies *Streptococcus thermophilus* e *Lactobacillus delbrueckii* subsp. *bulgaricus*. Além desses microrganismos, podem ser utilizadas outras bactérias ácido-láticas que contribuam para a determinação das características do produto final por meio de sua atividade metabólica (BRASIL, 2007).

Entre os tipos de leites fermentados, o iogurte é o mais conhecido e apreciado no mundo (KARAM et al., 2013). Sua popularidade deve-se a suas características sensoriais, incluindo, principalmente, a textura encorpada e os aromas característicos produzidos pelas bactérias durante a fermentação. Além disso, o iogurte é um produto com alto valor nutritivo e apresenta melhor digestibilidade quando comparado ao leite *in natura*. Por fim, sua popularidade também pode ser atribuída aos seus benefícios à saúde (CHANDAN; GANDHI; SHAH, 2017). Há evidências de que o consumo frequente de iogurte pode estar associado a um perfil metabólico mais saudável em crianças e adultos. Em adultos, especificamente, o aumento do consumo de iogurte tem sido associado a mais baixos teores de triglicerídeos e glicose e menor pressão arterial sistólica. Várias meta-análises recentes demonstraram que o aumento do consumo de iogurte está inversamente associado ao risco de desenvolver diabetes tipo 2 (MOORE; HORTI; FIELDING, 2018).

A principal classificação dos iogurtes é feita baseando-se na estrutura do coágulo: firme, batido e fluido (DAS; CHOUDHARYA; THOMPSON-WITRICK, 2019). A diferença entre eles é que, para o iogurte firme, o processo de fermentação ocorre dentro da própria embalagem e não há quebra do coágulo, resultando em um produto mais consistente, enquanto, para o iogurte batido, a fermentação ocorre em tanques de fermentação com posterior quebra do coágulo. Dessa forma, o iogurte batido apresenta textura mais cremosa e, geralmente, é feita a adição de polpa ou preparado de frutas e aromatizantes no final do processo de produção. O iogurte fluido pode ser considerado, como o batido, de baixa viscosidade, em que a quebra do coágulo ocorre de forma mais intensa e cujo conteúdo de sólidos geralmente não excede 11%. Mais recentemente, foi introduzido no mercado o iogurte do tipo grego, que apresenta um alto teor de sólidos de origem láctea (aproximadamente 20% de sólidos totais). Embora cada um dos produtos citados tenha características sensoriais diferentes, eles são identificados como "iogurte" e os procedimentos de fabricação para as variantes têm muito em comum (OLIVEIRA, 2009; SHIBY; MISHRA, 2013; GERMAN, 2014).

O iogurte de estilo grego tornou-se cada vez mais popular nos últimos anos. Consumidores consideram esse iogurte uma versão mais saudável por seu maior teor proteico. O iogurte grego é um exemplo de iogurte batido; no entanto, envolve uma etapa adicional em seu processo de produção, a fim de permitir que o iogurte seja drenado por centrifugação ou ultrafiltração. Isso é feito até que a concentração adequada de sólidos totais do iogurte seja atingida (DAS; CHOUDHARYA; THOMPSON-WITRICK, 2019). Porém, no Brasil, o processo mais utilizado para a obtenção desse tipo de iogurte envolve a adição direta de proteínas e estabilizantes antes da fermentação, por não exigir um equipamento específico para este fim (PIMENTEL et al., 2017).

O iogurte apresenta quatro atributos importantes: a) corpo, que deve ser suficientemente viscoso, firme e coeso; b) textura, que deve ser suave, livre de grumos ou grânulos, bem como apresentar-se sem fissuras; c) sabor e aroma, devendo ter um nítido sabor ácido, com o acetaldeído como componente volátil em maior quantidade; d) tempo ou vida de prateleira, que deve ser em torno de 4 a 7 semanas, período no qual o produto deve manter suas características próprias, desde que adequadamente refrigerado (CHANDAN; O'RELL, 2006; OLIVEIRA, 2009; LEE; LUCEY, 2010).

A formação de sabor no iogurte é resultado de uma complexa rede de processos responsáveis pelo desenvolvimento de compostos de aroma e sabor. As culturas láticas usadas na fermentação contribuem para o desenvolvimento do sabor por meio de três vias metabólicas primárias: glicólise, lipólise e proteólise. Mais de noventa compostos voláteis e semivoláteis foram identificados no iogurte, provenientes de vários grupos químicos diferentes, como álcoois, aldeídos, cetonas, ácidos, ésteres, lactonas, compostos contendo enxofre, pirazinas e derivados de furano. Embora as técnicas analíticas atuais permitam detectar vários compostos voláteis, apenas alguns deles, sobretudo acetaldeído, etanol, acetona, diacetil e 2-butanona, estão presentes em concentrações suficientemente altas para desempenhar um papel vital no perfil sensorial do iogurte (CHEN et al., 2017; DAS; CHOUDHARYA; THOMPSON-WITRICK, 2019).

7.3.1.2 Processo de produção

O fluxograma genérico do processo de produção de iogurte firme, iogurte batido natural e iogurte batido com frutas está apresentado na Figura 7.1.

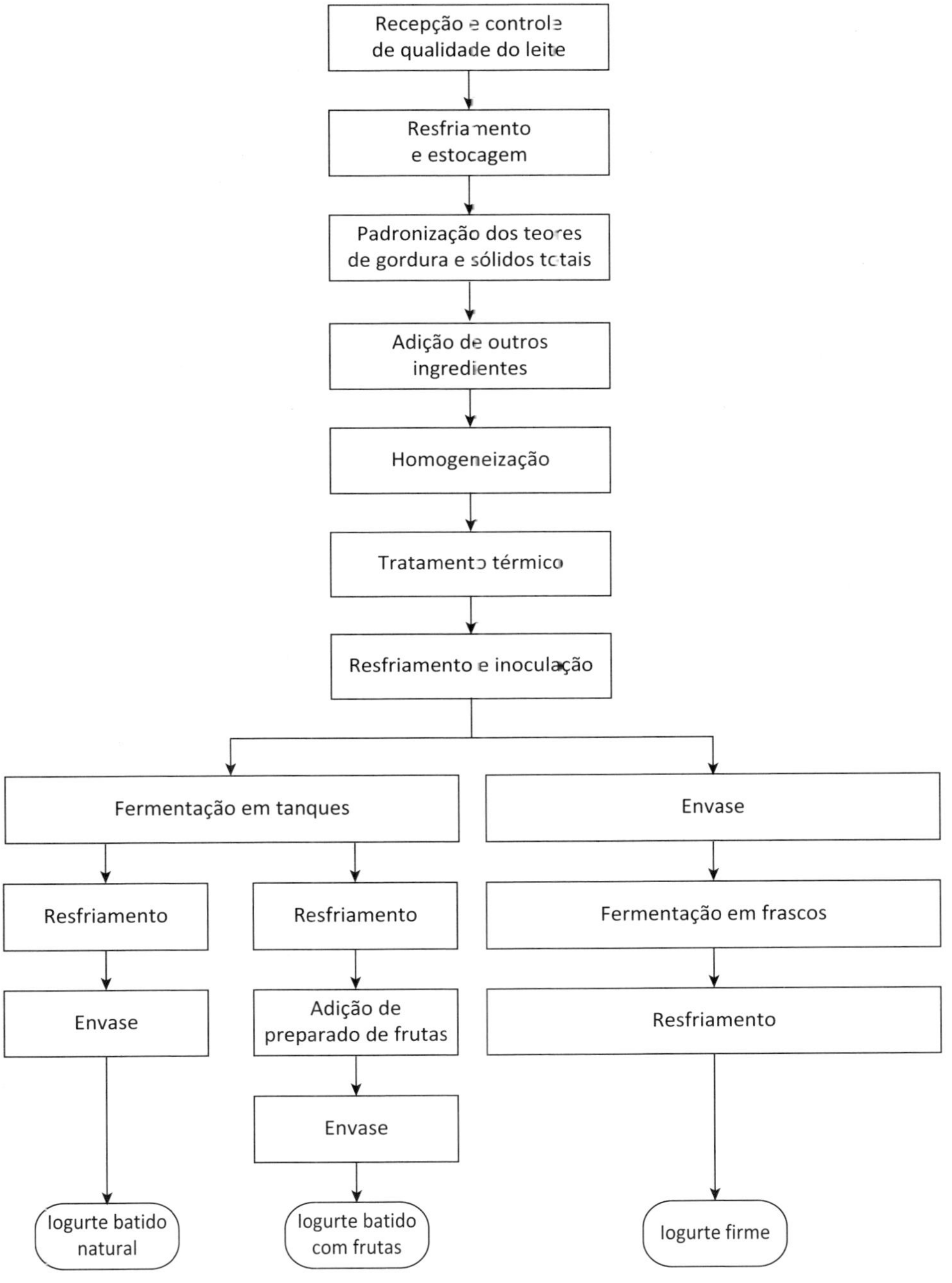

Figura 7.1 Fluxograma genérico do processo de produção de iogurtes.

7.3.1.2.1 Matéria-prima

O iogurte é elaborado utilizando, principalmente, o leite de vaca, embora possa ser fabricado também a partir de leite de cabra, ovelha e búfala. Para garantir que o produto final seja de boa qualidade, o leite deve apresentar alguns requisitos, como baixa contagem de microrganismos (no máximo 10^5 UFC/mL) e baixo número de células somáticas (menor que 4×10^5 células/mL), e ser livre de antibióticos, de resíduos de agentes sanitizantes e de bacteriófagos (ROBINSON; LUCEY; TAMIME, 2006).

O leite e outros ingredientes que contêm antibióticos estão relacionados com perdas de produção na fabricação de iogurte. *Streptococcus thermophilus*, um dos microrganismos que compõem a cultura do iogurte, é particularmente sensível aos antibióticos. Outras substâncias inibitórias incluem os compostos de cloro, como hipocloritos e iodóforos, que podem inibir levemente as culturas do iogurte quando presentes na quantidade de 6-10 µg/mL de leite. Os compostos quaternários de amônia inibem as bactérias ácido-láticas mesmo em baixas concentrações (0,1-1,0 µg/mL). Consequentemente, as precauções relacionadas ao uso de produtos químicos para sanitização da instalação contribuirão para reduzir a chance de obter níveis residuais que afetem a cultura do iogurte (CHANDAN, 2017). A indústria geralmente recebe o leite cru, realiza análises físico-químicas para averiguar sua qualidade e o armazena sob refrigeração. Antes de ser utilizado para a produção do iogurte, o leite sofre diversos tratamentos com o propósito de garantir as características específicas do produto final.

7.3.1.2.2 Padronização dos teores de gordura e de sólidos totais do leite

O teor de gordura do leite deve ser padronizado a fim de satisfazer normas estabelecidas de composição do iogurte. O conteúdo de gordura dos iogurtes elaborados em diversas partes do mundo varia de 0,1% a 10% (CRUZ et al., 2011). No Brasil, o teor de gordura de iogurtes pode variar de 0,5 g/100 g (iogurte desnatado) a mais de 6 g/100 g (iogurte com creme) (BRASIL, 2007). O teor de gordura do leite é muito importante para as características físicas e sensoriais do iogurte e pode variar conforme o tipo de produto desejado. Os métodos utilizados para padronizar o conteúdo de gordura são: a) remoção de toda ou de parte da gordura por meio de centrífugas separadoras; b) mistura de leite integral com leite desnatado; c) adição de creme ao leite integral ou ao leite desnatado; d) processo que combine alguns dos métodos anteriormente citados (TADINI, 2009).

Além da padronização do conteúdo de gordura, o teor de sólidos totais deve ser ajustado. Na produção do iogurte, o teor de sólidos é significativo não somente pelas propriedades físicas do iogurte, como viscosidade e consistência, mas também pelo valor nutritivo do produto. Em geral, a quantidade de sólidos totais adicionada ao leite varia dependendo da textura desejada do produto final, das condições de processamento, do conteúdo de gordura, da cultura lática utilizada e do tipo de estabilizante utilizado (CHANDAN; O'RELL, 2006). Recomendam-se teores de sólidos até o nível de aproximadamente 16%, sendo necessária a adição destes ao leite utilizado no processo, pois, normalmente, o teor de sólidos no leite varia na faixa de 8,5% a 9% (OLIVEIRA, 2009; CRUZ et al., 2011).

Os métodos para aumentar o total de sólidos incluem a concentração do leite por evaporação, a filtração do leite por membranas (ultrafiltração) e a adição de ingredientes de origem láctea. O método de padronização de sólidos escolhido depende das instalações disponíveis na indústria. Ambos os processos físicos (evaporação e ultrafiltração) são aceitáveis em termos de qualidade do produto final. No entanto, o processo de evaporação resulta em um coágulo mais suave devido ao intenso aquecimento, enquanto a ultrafiltração resulta em perda de lactose e de minerais e pode ser utilizada na produção de iogurtes com baixo teor de lactose. Alguns ingredientes lácteos que podem ser utilizados incluem: leite em pó desnatado ou integral, concentrado de proteínas, leitelho em pó, soro em pó, concentrado proteico de soro de leite, proteína de soro de leite microparticulada e caseinatos (sódio, cálcio, ou sódio-cálcio). Esse método é vantajoso em relação ao método físico porque: a) é adaptável às indústrias que produzem pequenos volumes de iogurte; b) os estabilizantes e demais ingredientes podem ser incorporados junto com os sólidos; c) os custos iniciais de instalação são menores em relação àqueles necessários para a evaporação e a ultrafiltração (ROBINSON; LUCEY; TAMIME, 2006; KARAM et al., 2013; ARYANA; OLSON, 2017).

7.3.1.2.3 Adição de açúcar e outros ingredientes

Alguns países, como o Brasil, permitem a utilização de estabilizantes, corantes, aromatizantes, agentes adoçantes e conservantes para alcançar consistência e sabor aceitáveis em iogurtes.

O açúcar mais comumente usado pela indústria é a sacarose na forma líquida ou granulada. A maioria dos iogurtes com sabor de frutas contém aproximadamente 10% a 13% de açúcar, enquanto os iogurtes aromatizados (baunilha, limão etc.) contêm de 8% a 10% de sacarose. A quantidade total de sólidos de açúcar na mistura de iogurte antes da fermentação não deve exceder 11% por causa do efeito inibitório na cultura tradicional do iogurte. A adição de açúcar geralmente ocorre antes da pasteurização. É importante mencionar que as formulações de iogurte comercializadas no Brasil geralmente contêm mais ingredientes e teores mais elevados de açúcar (que pode chegar a 15%) em comparação a outros países. O iogurte produzido por uma empresa multinacional no Brasil, por exemplo, tem o dobro da quantidade de ingredientes e aditivos que sua versão europeia (PIMENTEL et al., 2017).

Para produzir iogurte *light* ou com baixo teor de açúcar, adoçantes não nutritivos podem ser usados (CHANDAN, 2017). Frutose, xilitol, sorbitol, ciclamato e uma mistura de sacarina e xilitol (usa-se xilitol nessa mistura para disfarçar o gosto amargo da sacarina) podem ser usados com sucesso no iogurte, quando adicionados após a incubação, sem prejudicar a sua qualidade (ARYANA; OLSON, 2017).

Os objetivos principais de adicionar estabilizantes no iogurte são melhorar a consistência, criar viscosidade, minimizar a separação do soro de leite e manter a estrutura do gel após o bombeamento, a mistura e o resfriamento. O estabilizante aumenta o prazo de validade do produto e fornece um grau razoável de uniformidade de lote para lote (CHANDAN, 2017). No caso dos iogurtes batidos, estabilizantes, corantes e conservantes são adicionados, geralmente, ao final do processo de elaboração dos iogurtes, junto com as polpas de frutas.

Os aditivos químicos permitidos para uso em iogurtes podem ser encontrados no PIQ de leites fermentados (BRASIL, 2007). Além desses ingredientes, podem ser utilizados ingredientes opcionais de base láctea, frutas, polpas, sucos ou preparados de frutas, maltodextrinas e outras substâncias alimentícias (mel, coco, cereais, vegetais, frutas secas, chocolate, especiarias, café, entre outras, sós ou combinadas), sobretudo com o objetivo de aumentar as propriedades nutricionais do iogurte, conforme será discutido posteriormente neste capítulo. A legislação brasileira (BRASIL, 2007) permite a adição de até 30% de ingredientes opcionais não lácteos, antes, durante ou depois da fermentação de iogurtes. Nesse caso, os produtos se classificam como iogurtes com adições.

7.3.1.2.4 Homogeneização

A homogeneização, embora não seja indispensável, é recomendada para garantir a incorporação total de todos os ingredientes secos que foram adicionados e a redução do diâmetro dos glóbulos de gordura a um tamanho uniforme de cerca de 1 μm, o que diminui a tendência de aglomeração dos glóbulos de gordura ou a coalescência. Essa operação impede a formação de uma camada de lipídeos sobre a superfície do leite durante a fermentação, permitindo maior integração da gordura com as micelas de caseína durante a coagulação, resultando no aumento da viscosidade do leite e, consequentemente, na estabilidade do iogurte durante a estocagem. O leite padronizado é homogeneizado a 10-20 e 5 MPa na primeira e na segunda fases, respectivamente, a uma temperatura que varia entre 55 e 65 °C (LEE; LUCEY, 2010; KARAM et al., 2013). Nos últimos anos, foi sugerida a homogeneização usando ultra-alta pressão (200 ou 300 MPa) para a produção de iogurte. Em comparação com a homogeneização convencional a 15 MPa, o uso de homogeneização a ultra-alta pressão resulta em aumento na firmeza do iogurte e na capacidade de retenção de água (LEE; LUCEY, 2010). No entanto, em alguns iogurtes do estilo grego, a homogeneização não é realizada, para que se forme uma camada de creme na superfície (CHANDAN, 2017).

7.3.1.2.5 Tratamento térmico

O tratamento térmico tem três objetivos: a) destruir os microrganismos patogênicos produtores de toxinfecções, como *Salmonella* sp. e *Campylobacter* sp., e outros que podem competir com as bactérias láticas, dificultando seu crescimento; b) promover a extensiva desnaturação das proteínas do soro (80%-85%), principalmente a β-lactoglobulina e a α-lactalbumina, e a posterior formação de um complexo entre elas e a κ-caseína na superfície da micela de caseína, contribuindo para melhorar a textura e diminuir a sinérese do produto final; c) expulsar o oxigênio dissolvido no leite e reduzir o potencial redox (Eh), criando, assim, um ambiente favorável para as bactérias durante a fermentação.

Temperaturas de 85 °C por 20-30 minutos, 90 a 95 °C por 5 a 10 minutos ou 115 °C por 3 segundos são usadas na indústria. Recomenda-se não ultrapassar 95 °C, pois o aquecimento prolongado resulta em massa ou coágulo frágil com tendência a dessorar facilmente (CHANDAN; O'RELL, 2006; ROBINSON; LUCEY, TAMIME, 2006; CRUZ et al., 2011; KARAM et al., 2013).

7.3.1.2.6 Resfriamento e inoculação

Após o tratamento térmico, o leite para a produção do iogurte é resfriado até 42 °C para a inoculação da cultura lática (ROBINSON; LUCEY; TAMIME, 2006). Para a produção de iogurtes é obrigatório que seja utilizada a cultura protossimbiótica composta por *St. thermophilus* e *Lb. delbrueckii* subsp. *bulgaricus*. Essa combinação de microrganismos resulta em uma notável produção de enzimas e metabólitos que melhoram a segurança, o sabor e o aroma do iogurte (GERMAN, 2014). No iogurte, as culturas láticas realizam dois papéis principais: tecnológico, relacionado ao início e ao controle do processo de fermentação; e funcional, podendo produzir benefícios à saúde do consumidor (SARKAR, 2019).

Essas bactérias podem ser acompanhadas ou não de outras espécies (BRASIL, 2007). Os microrganismos que podem ser adicionados opcionalmente para a produção de iogurte são *Lactobacillus acidophilus*, bifidobactérias e outros lactobacilos que são considerados probióticos. A inclusão dos probióticos na cultura do iogurte é motivada pelos seus efeitos benéficos à saúde, conforme mencionado anteriormente (CHANDAN; O'RELL, 2006; SHIBY; MISHRA, 2013). A relação ótima entre cocos e bacilos para o desenvolvimento do sabor e do aroma característicos do produto é dependente das propriedades das cepas utilizadas. As culturas comerciais apresentam uma relação diferenciada entre os microrganismos, podendo variar de 1:1, 2:1, 3:2 até aproximadamente 50:1 entre *St. thermophilus* e *Lb. delbrueckii* subsp. *bulgaricus*, o que contribui para um menor tempo de fermentação e um baixo grau de pós-acidificação no produto final (CHANDAN; O'RELL, 2006; OLIVEIRA, 2009).

O modo como a cultura é adicionada ao leite dependerá da sua forma física. A cultura pode ser diluída em leite estéril e mantida em tanques na forma líquida, sendo adicionada ao leite na proporção recomendada pelo fabricante ou estabelecida pela indústria. Outra forma é a cultura na forma concentrada e congelada ou liofilizada, que pode ser adicionada diretamente ao leite no momento da produção do iogurte. Devido à maior conveniência e menor chance de contaminação, essa forma é mais popular atualmente. Em relação à concentração do inóculo, recomenda-se de 0,05% a 5%, dependendo do tipo de cultura e das características desejadas no produto final, pois a adição de elevado teor de cultura lática pode causar defeito na estrutura e no aroma do iogurte (OLIVEIRA, 2009).

7.3.1.2.7 Fermentação

A fermentação é caracterizada pela conversão de lactose em ácido lático, resultando na redução do valor de pH e na formação de um gel firme quando o pH atinge valores próximos a 4,6 (ponto isoelétrico da caseína). A acidificação do leite modifica as propriedades estruturais internas das micelas de caseína. À medida que o pH do leite reduz, de 6,7 até 4,6, a carga negativa das micelas de caseína diminui e há o aumento da solubilização do fosfato de cálcio coloidal, que desempenha um papel-chave na estabilidade das micelas de caseína. Como consequência, há perda da repulsão eletrostática e da repulsão estérica entre as micelas de caseína, resultando em agregação das moléculas de caseína por meio de ligações hidrofóbicas. O processo de acidificação resulta, então, na formação de uma rede tridimensional que consiste em agregados de caseínas, retendo o soro na matriz formada (ROBINSON; LUCEY; TAMIME, 2006; OLIVEIRA, 2009; LEE; LUCEY, 2010; KARAM et al., 2013). Ao final da fermentação, é produzido cerca de 1 g de ácido lático/100 mL de iogurte, o que corresponde ao valor de pH em torno de 4,6.

A temperatura de incubação pode variar de 41 a 43 °C e o tempo de fermentação é de 3,5 a 4,5 horas (CHANDAN; O'RELL, 2006). Se a temperatura de incubação não é bem controlada, são mais frequentes os seguintes defeitos: baixa consistência do gel, tendência ao dessoramento durante a estocagem, perda do sabor e da formação de odor típico, além do aumento no tempo de coagulação (ROBINSON; LUCEY; TAMIME, 2006).

Os microrganismos que compõem a cultura utilizada para a produção de iogurte, *St. thermophilus* e *Lb. delbrueckii* subsp. *bulgaricus*, utilizam os metabólitos produzidos pelo outro durante a incubação no leite, resultando em notável aumento da eficiência na produção de ácido lático. Esse efeito é denominado protocooperação.

No começo da fermentação, o *Lb. delbrueckii* subsp. *bulgaricus*, espécie proteolítica, hidrolisa as proteínas em pequenos peptídeos e aminoácidos (principalmente a valina), aumentando o crescimento do *St. thermophilus*, que é pouco proteolítico. Este inicia o desenvolvimento de ácido lático ao fermentar a lactose e cresce rapidamente até atingir pH 5,5. Ocorre o consumo do oxigênio dissolvido e a formação de ácido fórmico, resultando na redução do pH, o que estimula o crescimento do lactobacilo. A atividade de urease apresentada pelo *St. thermophilus* resulta na produção de CO_2, o que também estimula o crescimento do lactobacilo. Portanto, o início da fermentação é caracterizado pela predominância de *St. thermophilus,* e no estágio final (pH 5,0) há maior crescimento de *Lb. delbrueckii* subsp. *bulgaricus* (CHANDAN; O'RELL, 2006; CRUZ et al., 2011). Após 4 horas de fermentação, a população de cada microrganismo geralmente excede a quantidade de 10^7 UFC/mL. O resultado prático desse crescimento simbiótico é que ambas as espécies crescem rapidamente e produzem ácido lático suficiente para completar a fermentação do leite em 3 a 4 horas, enquanto uma espécie sozinha pode levar 12 a 16 horas para produzir o mesmo teor de acidez (ROBINSON; LUCEY; TAMIME, 2006).

7.3.1.2.8 Resfriamento, rompimento do coágulo e adição de preparado de frutas

Uma vez que o valor de pH final desejado tenha sido atingido, o iogurte é resfriado. O resfriamento é um fator muito importante na qualidade do iogurte. Seu objetivo é reduzir a atividade metabólica dos microrganismos da cultura e ainda controlar a acidez do iogurte (OLIVEIRA, 2009).

Para o iogurte firme, o resfriamento é feito por meio da circulação de ar frio entre as embalagens (OLIVEIRA et al., 2009). No caso de iogurtes batidos, o resfriamento é realizado em duas etapas. A temperatura do iogurte é inicialmente reduzida a cerca de 20 °C e, em seguida, são feitos o rompimento do coágulo e a adição de aromatizantes, estabilizantes, corantes e/ou do preparado de fruta e o envase do produto. Depois, o resfriamento adicional do iogurte ocorre na própria embalagem de consumo, até uma temperatura inferior a 10 °C (LEE; LUCEY, 2010). O resfriamento muito rápido pode trazer mudanças desfavoráveis à estrutura do coágulo, contribuindo para a separação do soro no iogurte (CHANDAN, 2017).

Em seguida, os preparados de frutas são adicionados. Eles podem conter, além de frutas, componentes de frutas, açúcar, suco de frutas, geleias de frutas, extratos, aromas, corantes, estabilizantes, ácidos e outros ingredientes (cereais, mel, vegetais etc.). A concentração de frutas varia de acordo com o tipo de fruta e o tipo de produto; em geral, o preparado de frutas apresenta de 20% a 40% de sólidos solúveis, 35-65 °Brix e pH 3-4,5, e pode ser adicionado na concentração de até 5%. Também podem ser adicionadas concentrações mais elevadas, desde que a formulação de iogurte antes da fermentação contenha sólidos do leite (em particular, proteínas do leite) para compensar a adição de maiores teores de polpa de frutas (PIMENTEL et al., 2017). A proporção de base de fruta em relação à base de iogurte vai depender também dos regulamentos locais (ROBINSON; LUCEY; TAMIME, 2006).

7.3.1.2.9 Envase

O iogurte é embalado em recipientes impermeáveis a água e odores, atóxicos e livres de odores estranhos. Em alguns casos, com destaque para os produtos probióticos, a impermeabilidade à luz e a baixa permeabilidade ao oxigênio são também necessárias. O vidro foi usado durante muito tempo como um material de embalagem de iogurte, mas foi quase totalmente substituído por materiais sintéticos, principalmente plásticos, em virtude de seu alto custo e sua fragilidade. Esses materiais plásticos são leves e podem ser facilmente moldados em recipientes de diversas formas.

Os principais materiais utilizados para o envase de iogurte são: polietileno (PE), polipropileno (PP), poliestireno (PS), cloreto de polivinila (PVC), cloreto de polivinilideno (PVDC) e um copolímero de etileno e álcool vinílico (EVOH). O PVDC e o EVOH são plásticos impermeáveis ao oxigênio, o que é importante principalmente para os iogurtes que contêm bifidobactérias, que são microrganismos sensíveis ao oxigênio. Os potes são pré-formados, preenchidos e selados a quente com selos ou tampas de alumínio (CRUZ et al., 2011; PIMENTEL et al., 2017).

O copo é a forma mais comum de recipiente, mas garrafas e sacos são também utilizados. O produto pode estar em recipientes de dose única de tamanho variável ou em embalagens de doses múltiplas. A porção individual de 125-150 g é a mais popular em todo o mundo, enquanto no Brasil existem porções de 80-250 g (ARYANA; OLSON, 2017).

7.3.1.2.10 Armazenamento

Após o envase, o iogurte batido deve ser armazenado sob refrigeração por mais de 24 horas antes de ser comercializado, para evitar defeitos de textura. O iogurte é armazenado a 4 °C, sendo que a faixa de temperatura pode variar de 0-10 °C. Como a elaboração desse produto envolve um processo biológico, é necessário o uso da refrigeração (< 10 °C) para controlar a atividade metabólica dos microrganismos e suas enzimas. Dessa forma, o resfriamento tem as funções de controlar a acidez do produto final e de prevenir a pós-acidificação (ROBINSON; LUCEY; TAMIME, 2006; CRUZ et al., 2011; PIMENTEL et al., 2017).

Variações de temperatura durante o armazenamento podem alterar a textura e a viscosidade do iogurte, resultando em sinérese e favorecendo o desenvolvimento de microrganismos deteriorantes. Além disso, a exposição a temperaturas superiores a 10 °C pode acelerar reações bioquímicas, como oxidação lipídica, aumentar a hidratação da proteína, desidratar a superfície e alterar as cores das frutas. Portanto, durante o armazenamento, a temperatura não deve exceder 10 °C nos estágios intermediários da cadeia de distribuição. Em geral, os produtos têm um prazo de validade de 35 dias (PIMENTEL et al., 2017).

Os principais problemas que podem ocorrer durante a produção do iogurte são a contaminação com leveduras, principalmente dos gêneros *Saccharomyces*, *Mucor*, *Rhizopus*, *Penicillium* e *Aspergillus*. O ácido sórbico e seus sais de sódio, potássio e cálcio podem ser adicionados a fim de reduzir a contaminação por leveduras, na concentração máxima de 300 mg/kg no produto final (OLIVEIRA, 2009). A pós-acidificação excessiva, como resultado da atividade de *Lb. delbrueckii* subsp. *bulgaricus*, principalmente quando a temperatura de armazenamento é maior que 5 °C, é outro problema comum em iogurtes. Esse microrganismo tem a capacidade de produzir grandes quantidades de ácido lático – cerca de 1,7 g/100 mL ou mais, dependendo da cepa. Essa quantidade, além de não agradar a maioria dos consumidores, também diminui a resistência do gel e pode causar sinérese (ROBINSON; LUCEY; TAMIME, 2006).

A sinérese é um dos principais defeitos encontrados no iogurte durante sua vida de prateleira. Ela é definida como a expulsão do soro, sem aplicação de força externa, a partir da rede tridimensional formada durante a fermentação, que se torna visível na superfície. Esse fenômeno afeta negativamente a aceitação do iogurte, pois os consumidores pensam que há algo microbiologicamente errado com o produto. Diversas alternativas já foram propostas com o objetivo de reduzir a sinérese, como homogeneização da gordura ou aumento do teor de proteínas para cerca de 3,5%; uso de temperatura de incubação adequada; resfriamento lento do coágulo; evitar agitação ou vibração do produto durante a estocagem; uso de culturas produtoras de exopolissacarídeos; uso de estabilizantes, entre outras (OLIVEIRA, 2009; LEE; LUCEY, 2010).

A qualidade do iogurte ao longo da estocagem pode ser avaliada por meio de sua composição química e suas propriedades microbiológicas e físicas. Em geral, os parâmetros químicos e microbiológicos são estabelecidos pela legislação de cada país. Por exemplo, a legislação brasileira (BRASIL, 2007) estabelece requisitos físico-químicos (teor de gordura, teor de proteínas de origem láctea e acidez) e microbiológicos (contagem de bactérias láticas e de microrganismos contaminantes) para o iogurte, conforme apresentado no item 7.5 deste capítulo. Além disso, vários métodos, incluindo avaliações sensoriais e instrumentais (microestrutura, textura e reologia), podem ser empregados para avaliar as propriedades físicas de leites fermentados. Os métodos cromatográficos são utilizados quando se deseja avaliar os compostos voláteis e aromáticos encontrados no iogurte.

7.3.2 LEITE FERMENTADO OU CULTIVADO

7.3.2.1 Definição e características

Leite fermentado ou cultivado é um dos tipos dos leites fermentados, podendo ser preparado a partir de leite e/ou outros produtos lácteos, cuja fermentação é realizada por um ou vários dos seguintes cultivos: *Lb. acidophilus*, *L. casei*, *Bifidobacterium* sp., *St. thermophilus* e/ou outras BAL (BRASIL, 2007).

As culturas láticas iniciadoras devem ser viáveis, ativas e abundantes (aproximadamente 10^7 UFC/g; no caso de *Bifidobacterium* sp., 10^6 UFC/g) até o produto final. De acordo com a legislação de cada país, esse produto pode utilizar leite pasteurizado ou esterilizado, homogeneizado ou não, conter aditivos, ser próprio para consumo em aproximadamente 30 dias e ser mantido sob refrigeração (4-7 °C). O tratamento térmico não é permitido após a etapa de fermentação; entretanto, no caso do leite fermentado concentrado, um tratamento térmico adicional pode ser feito durante a fermentação (TAMIME, 2002).

Além das culturas láticas, outros fatores também contribuem para a qualidade dos produtos, como o processo tecnológico, as condições de fermentação e a composição do leite. O uso de açúcares, condimentos, fibras e frutas para criar uma variedade de sabores e texturas, além dos conservantes e dos diferentes métodos de produção, deve ser considerado. Dessa forma, o leite fermentado ou cultivado passa a se diferenciar e apresentar características particulares de corpo firme ou fluido, de acordo com a estrutura do coágulo; textura cremosa ou consistente; sabor de ácido lático leve ou acentuado, além das diferenças relacionadas aos aditivos adicionados (CHANDAN; O'RELL, 2006).

Com suas particularidades, o leite fermentado ou cultivado da marca Yakult® é um dos mais antigos e conhecidos no Brasil e também no mundo. Esse leite fermentado foi desenvolvido em 1935, no Japão, na cidade de Fukuoka; em 1968 passou a ser fabricado também no Brasil. O produto apresenta consistência fluida, resultante da atuação da cultura de *Lb. casei* Shirota no leite desnatado. Além do seu sabor agradável, o leite fermentado Yakult® é um produto probiótico, que confere benefícios aos consumidores por melhorar a atividade intestinal, facilitar a digestão dos alimentos e ajudar na absorção dos nutrientes, além de contribuir para a redução das bactérias nocivas à saúde (ZHANG et al., 2020).

Posteriormente, leites fermentados ou cultivados passaram a ser fabricados por diversas empresas nacionais e regionais. Os leites fermentados mais populares no Brasil estão listados na Tabela 7.4.

Tabela 7.4 Leites fermentados ou cultivados contendo probióticos comercializados no Brasil

Nome comercial	Fabricante	Cultura probiótica
Yakult	Yakult	*L. casei* Shirota
Chamyto	Nestlé	*Lb. johnsonii* e *Lb. helveticus*
Activia	Danone	*B. animalis* DN173010
Actimel	Danone	*L. casei defensis*
Vigor Club	Vigor	*Lb. acidophilus* e *L. casei*
Batavito	Batavo	*L. casei*

Fonte: Oliveira et al. (2002), Guyonnet et al. (2007), Actimel-Danone (2021).

7.3.2.2 Processo de produção

O processo de produção do leite fermentado ou cultivado é basicamente o mesmo de iogurtes (item 7.3.1.2), se diferenciando, principalmente, pela adição das diferentes culturas láticas ou pelo tratamento térmico aplicado ao leite. Assim, o leite fermentado ou cultivado é elaborado seguindo as etapas: recepção, seleção, padronização, homogeneização e tratamento térmico do leite; adição das culturas láticas; fermentação; resfriamento e envase.

Embora as informações sobre a tecnologia de produção do Yakult® sejam escassas, em virtude de serem segredos industriais, para a produção do leite fermentado por *L. casei*, o leite é padronizado para conter 1,1% de gordura, 1,2% de proteína e 1,1% de lactose e recebe adição de outros carboidratos para a concentração atingir 14%. O fluxograma genérico do processo de produção do leite fermentado por *L. casei* está apresentado na Figura 7.2.

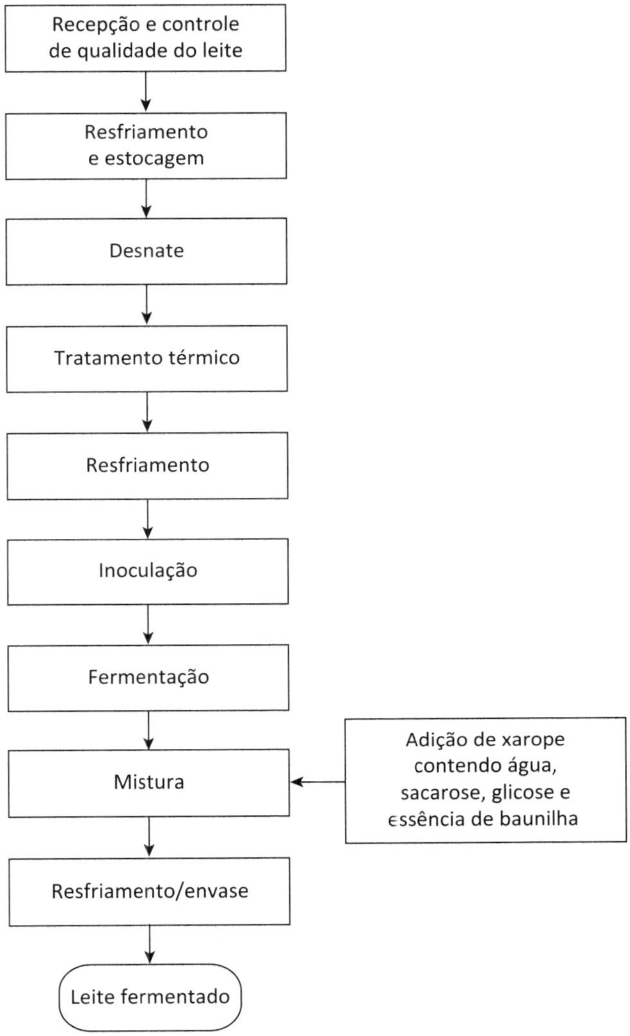

Figura 7.2 Fluxograma genérico do processo de produção de leite fermentado por *Lb. casei*.

A etapa da padronização do teor de gordura e de sólidos totais deve ser realizada de acordo com o indicado para cada tipo de produto. Para a maioria dos leites fermentados ou cultivados, o conteúdo de gordura deve ser entre 0,5 g e 5,0 g/100 g e o de sólidos totais em torno de 14 g/100 g. Para os leites fermentados concentrados contendo mais de 14% de sólidos totais, é recomendada a adição de ingredientes de origem láctea ou a concentração do leite por métodos de evaporação ou de ultrafiltração. No caso da concentração por adição de ingredientes de origem láctea, recomenda-se que esta seja feita a uma temperatura de 40 °C, seguida pela filtração (para a remoção de partículas não dissolvidas e indesejadas) e pela desaeração (para remover o ar que é incorporado durante essa fase). A remoção do ar no leite é importante, principalmente, para fornecer as condições apropriadas para o desenvolvimento de *Lb. acidophilus* e bifidobactérias, quando presentes (TAMIME, 2002).

A etapa de homogeneização é facultativa para a elaboração do leite fermentado e cultivado, sendo recomendada para produtos com elevado teor de gordura, resultando em consistência mais cremosa e homogênea. Uma vez aplicada, essa operação resulta em características como: a) o diâmetro dos glóbulos de gorduras é reduzido para menor que 2 mm; b) o leite se apresenta de cor mais clara; c) há um aumento da viscosidade do produto devido à interação e/ou adsorção dos glóbulos de gorduras com a micela da caseína; d) há redução da sinérese do gel devida ao aumento de sua hidrofilicidade, como resultado da interação entre água e proteínas (TAMIME, 2002).

O tratamento térmico, ao contrário da homogeneização, é indicado para todo tipo de leite fermentado ou cultivado. Nessa etapa, o leite utilizado é submetido ao tratamento térmico suficiente para destruir os microrganismos patógenos e deteriorantes presentes, reduzindo a competição com as culturas iniciadoras durante a fermentação, e para garantir as condições higiênico-sanitárias adequadas (FERNANDES, 2009). Esse tratamento térmico resulta em mudanças químicas e físicas do leite, que influenciam a qualidade do produto, além de criar condições favoráveis para o desenvolvimento das culturas láticas utilizadas no processo de fermentação. A comparação entre as condições de tratamento térmico aplicadas aos leites fermentados está apresentada na Tabela 7.3.

Após o tratamento térmico, é feito o resfriamento até a temperatura de incubação, e as culturas láticas iniciadoras específicas responsáveis pela fermentação são adicionadas. A forma mais popular de inoculação e que apresenta menor chance de contaminação é a partir da cultura concentrada, congelada ou liofilizada, podendo ou não ser adicionada diretamente ao tanque no momento da produção do leite fermentado (ROBINSON, 2002). O leite deve estar a 42 °C para a inoculação de culturas termofílicas tradicionais ou a 37 °C para as culturas mesofílicas e/ou probióticas (TAMIME, 2002). Em geral, as fermentações lácteas termofílicas (41 a 45 °C) ocorrem mais rapidamente, até atingir o pH 4,6 (ponto isoelétrico da caseína), devido à alta produção de ácido lático por esses microrganismos. As fermentações mesofílicas (30 a 37 °C), como no caso da coalhada, do leite acidófilo e de alguns outros leites fermentados probióticos, ocorrem mais lentamente, devido ao lento desenvolvimento das culturas (CHANDAN; O'RELL, 2006).

Para a obtenção de leites fermentados probióticos ("biofermentados") com menor tempo de fermentação, comumente usam-se culturas mistas, contendo BAL termofílicas, como *Lb. acidophilus* e/ou *L. casei*, *Bifidobacterium* sp. e *St. thermophilus* (CHANDAN, 2013).

Após alcançar o nível desejado de acidez, o leite fermentado ou cultivado é resfriado. Essa etapa tem como principal objetivo controlar a atividade metabólica das culturas iniciadoras e das suas enzimas. O resfriamento pode ser feito de duas formas: a) em uma única etapa, quando o leite acidificado até pH 4,6 é resfriado diretamente à temperatura de aproximadamente 5 °C antes da adição de preparados de frutas e/ou outros aditivos, seguida do envase; b) em duas etapas, com a temperatura do leite fermentado reduzida a cerca de 20 °C antes da adição de preparados de frutas e/ou outros aditivos e do envase do produto, seguido de resfriamento adicional abaixo de 10 °C (TAMIME, 2002).

A embalagem utilizada deve garantir a integridade das características físico-químicas e higiênico-sanitárias do produto durante o período de armazenamento. Geralmente o leite fermentado se mantém próprio para consumo por até 30 dias se embalado e refrigerado adequadamente. Os recipientes devem ser impermeáveis à água e a odores desagradáveis, insolúveis em água, inodoros e seguros (ROGINSKI, 2002; CHANDAN; O'RELL, 2006). Embalagens plásticas de diferentes formas são comumente empregadas. O copo é a forma mais comum, porém garrafas e sacos são também utilizados (ROGINSKI, 2002).

7.3.3 LEITE ACIDÓFILO

7.3.3.1 Definição e características

Leite acidófilo ou acidofilado é um tipo de leite fermentado ou cultivado cuja fermentação se realiza exclusivamente com cultivos de *Lb. acidophilus* (BRASIL, 2007). Trata-se de um tradicional produto lácteo originado na Europa Oriental, considerado a origem do leite fermentado probiótico, que ganhou mercado em outros países no mundo, inclusive no Brasil, devido à sua função terapêutica (CHANDAN; O'RELL, 2006; FERNANDES, 2009).

A função terapêutica conferida a esse leite fermentado é devido à presença da cultura de *Lb. acidophilus*, a qual exerce funções benéficas à saúde do homem, principalmente pela habilidade de se instalar e sobreviver no trato gastrointestinal (TGI) do hospedeiro, competindo com os microrganismos patogênicos. Esse microrganismo é naturalmente encontrado no intestino de humanos e animais e possui as características necessárias para sobreviver às condições adversas do TGI (SARKAR; MISRA, 2010; KONGO; MALCATA, 2016).

O leite acidófilo, quando ingerido em porções adequadas, apresenta eficiência na redução de diarreias infantis, da constipação e dos sintomas da intolerância à lactose, auxilia na reposição da microbiota intestinal, apresenta efeito imunomodulador, além de seu consumo estar relacionado à redução da incidência de algumas doenças, como o câncer (CHANDAN; O'RELL, 2006). Entretanto, para apresentar eficácia, as linhagens probióticas do *Lb. acidophilus* devem ser capazes de se multiplicar bem no leite e no TGI humano e exceder 10^6 UFC/g no produto destinado ao consumo (CHANDAN; O'RELL, 2006; KONGO; MALCATA, 2016).

O leite acidófilo é produzido tradicionalmente com leite desnatado, apresentando efeitos dietético e terapêutico, textura encorpada, coloração esbranquiçada e sabor acentuado de ácido lático. Devido ao seu sabor fortemente ácido, o seu consumo é limitado e associado quase sempre às suas características terapêuticas. Entretanto, a sua versão conhecida como "leite *sweet* acidófilo", produzida diferentemente do processo tradicional, é mais agradável ao paladar e mais bem-aceita pelo consumidor (CHANDAN; O'RELL, 2006).

7.3.3.2 Processo de produção

O processo de produção do leite acidófilo é muito similar ao do iogurte natural e do leite fermentado ou cultivado, apresentado anteriormente, sendo o uso exclusivo da cultura de *Lb. acidophilus* a principal diferença.

Durante o seu preparo, deve-se ter atenção maior para a temperatura empregada na etapa de fermentação. Esse é o fator mais importante que afeta a viabilidade do microrganismo probiótico, bem como o tempo de fermentação (MOHAMMADI; SOHRABVANDI; MOHAMMAD, 2012).

O *Lb. acidophilus* é capaz de se desenvolver em temperatura de até 45 °C, porém sua temperatura ótima de crescimento é 37 °C. Esse microrganismo apresenta crescimento lento, requerendo um maior tempo de fermentação (16 a 18 horas) para a produção suficiente de ácido. Por isso, as fermentações com o *Lb. acidophilus* são consideradas mais suscetíveis a ataques por bactérias formadoras de esporos durante o processo, principalmente se estiverem presentes no leite em populações significativas (FERNANDES, 2009). Por essa razão, o leite desnatado utilizado na elaboração do leite acidófilo geralmente é submetido ao processo de esterilização (CHANDAN; O'RELL, 2006; FERNANDES, 2009).

A fermentação do leite acidófilo é mesofílica, assim, após as etapas de preparação do leite (clarificação, padronização e homogeneização, quando aplicadas) e o tratamento térmico, o leite é resfriado a uma temperatura de aproximadamente 37 °C e a cultura iniciadora ativa é inoculada (5% (v/v)) diretamente no tanque (OLIVEIRA, 2009). Essa temperatura deve ser mantida durante a fermentação e ser controlada rigorosamente para o bom desenvolvimento da cultura probiótica. Após a adição da cultura, o leite é incubado por aproximadamente 18 horas até a acidez atingir aproximadamente 1,0% de ácido lático. A tolerância do *Lb. acidophilus* ao ácido varia de 0,3% a 1,9% de acidez titulável, com um crescimento ótimo em pH 5,5-6,0 (FERNANDES, 2009).

Após a etapa de fermentação, é feito o resfriamento, seguido da quebra do coágulo e do envase. O leite acidófilo pronto para o consumo deve apresentar contagens superiores a 10^7 UFC/g da cultura probiótica (BRASIL, 2007) e ser armazenado sob refrigeração (4-7 °C) (CHANDAN; O'RELL, 2006).

Se não houver controle adequado da temperatura de armazenamento, pode haver pós-acidificação. Em valores de pH menores que 4,2, as células de *Lb. acidophilus* podem perder viabilidade, reduzindo a população para menos que 10^6 UFC/g após uma semana de processamento (MOHAMMADI; SOHRABVANDI; MOHAMMAD, 2012).

O processo de produção do leite *sweet* acidófilo é mais simples. Nesse caso, a cultura congelada (não ativa) é adicionada ao leite pasteurizado e misturada até completa incorporação do inóculo. Sem que haja a fermentação, o leite é envasado e mantido a 5 °C até o momento do consumo. Dessa forma, o *Lb. acidophilus* mantém a sua viabilidade e não altera o valor de pH do leite. O termo *sweet* refere-se ao produto não fermentado, que não apresenta gosto ácido (CHANDAN; O'RELL, 2006; OLIVEIRA, 2009).

7.3.4 COALHADA

7.3.4.1 Definição e características

A coalhada ou *cuajada* é um tipo de leite fermentado cuja fermentação se realiza por cultivos individuais ou mistos de bactérias ácido-láticas mesofílicas (BRASIL, 2007). Normalmente, os cultivos usados na elaboração desse produto têm crescimento ótimo na faixa de 20 a 35 °C e são compostos por *Lactococcus lactis* subsp. *cremoris*, *Lact. lactis* subsp. *lactis* e *Lact. lactis* subsp. *lactis* biovar. *diacetylactis*, algumas vezes combinados com *Lb. acidophilus* (ARRUDA, 2013).

A coalhada pode ser comercializada e consumida fresca, *in natura* ou seca. Em alguns países, após a fermentação, a coalhada passa por uma etapa de drenagem do soro, resultando na coalhada seca. Essa coalhada se assemelha aos leites fermentados *labneh* de origem árabe, *dahi* de origem indiana e ao iogurte grego. Esses produtos se apresentam com coloração esbranquiçada, sabor ácido acentuado (azedo) e textura firme ou batida. As diferenças básicas entre as coalhadas fresca e seca são a textura e a concentração do sabor. Textura lisa e homogênea e sabor menos concentrado são características da coalhada fresca, enquanto consistência mais rígida, porém ainda homogênea e cremosa, é característica da coalhada seca (PENNA et al., 2015).

No Brasil, a coalhada é um produto menos popular que os demais tipos de leites fermentados, sendo fabricada por poucas empresas, ou elaborada artesanalmente, de maneira semelhante ao iogurte, porém com outras culturas láticas. O processo artesanal tradicional de produção da coalhada seca, também conhecida como "coalhada síria", é semelhante ao processo de produção de iogurte concentrado do tipo *labneh*.

Por ser a coalhada elaborada de forma artesanal, são poucos os dados científicos sobre sua composição, seu processamento e suas características sensoriais. A coalhada apresenta alto valor nutritivo devido ao elevado valor biológico das proteínas presentes, que proporcionam o aumento da disponibilidade de vitaminas do complexo B no TGI, promovendo uma melhor absorção de cálcio e das proteínas do leite pelo organismo (SOUZA et al., 2011). A coalhada é também classificada no grupo de alimentos construtores, que são aqueles que nos fornecem substâncias para a construção e a reparação constantes do nosso corpo, como ossos e músculos (ARRUDA, 2013).

7.3.4.2 Processo de produção

O processo de produção da coalhada se assemelha ao empregado para o iogurte, se distinguindo, principalmente, pelas culturas láticas iniciadoras usadas. Para a coalhada seca, uma operação adicional de separação do soro é realizada no final do processamento (OLIVEIRA, 2009).

A coalhada é oriunda da fermentação do leite por bactérias específicas, individuais ou mistas, mesofílicas produtoras de ácido lático (OLIVEIRA, 2009). O leite utilizado no seu preparo pode ou não ser homogeneizado. É importante que receba tratamento térmico intenso: esterilização convencional ou tratamento UHT (ARRUDA, 2013).

No processo tradicional de produção da coalhada, as BAL são inoculadas no leite tratado termicamente, advindas de produções anteriores. Nesse processo artesanal por repicagens sucessivas, teoricamente, o inóculo carreia a mesma microbiota lática para as produções subsequentes; entretanto, pode estar sujeito a alterações e contaminações. A quantidade de inóculo a ser adicionado é cerca de 2% (v/v). De outra forma, considerada um pouco menos artesanal e mais definida, a produção da coalhada pode ser feita com inóculo preparado a partir de culturas comerciais concentradas e liofilizadas. Nesse caso, a cultura pode ser adicionada diretamente no tanque de produção ou ressuspendida anteriormente em leite. Para ambos os casos, é importante que as culturas láticas estejam viáveis e ativas.

Para receber o inóculo e para o processo de fermentação, o leite deve estar na temperatura de aproximadamente 33 °C, ideal para o desenvolvimento das culturas mesofílicas utilizadas. Após a adição do inóculo, o leite é envasado e o processo de fermentação ocorre dentro da embalagem, por cerca de 18 horas. A coalhada obtida apresenta massa firme e consistente, com acidez entre 0,5-1,5 g de ácido lático/100 g (BRASIL, 2007) e com grande tendência a dessoragem espontânea.

O seu consumo pode ser imediato, tratando-se de um produto fresco com curta validade comercial. Pode ser consumida natural, adoçada com mel, açúcar, adoçantes e frutas em geral.

Diferentemente da coalhada fresca, para a produção da coalhada seca, a fermentação ocorre em tanques; o coágulo obtido deve ser retirado cuidadosamente dos tanques e depositado em armações que possibilitem o escoamento do soro enquanto a "massa" permanece intacta. Essas armações podem ser feitas de telas finíssimas ou de tecidos porosos, como *nylon* ou morim. O processo de drenagem do soro deve ser realizado de maneira lenta, até a obtenção de uma massa firme e consistente, que permite inclusive a moldagem. A coalhada seca geralmente acompanha os pratos de origem árabe e pode ser adicionada de azeite e ervas finas (LAGUNA et al., 2010). A Figura 7.3 mostra o fluxograma do processo de produção das coalhadas fresca e seca.

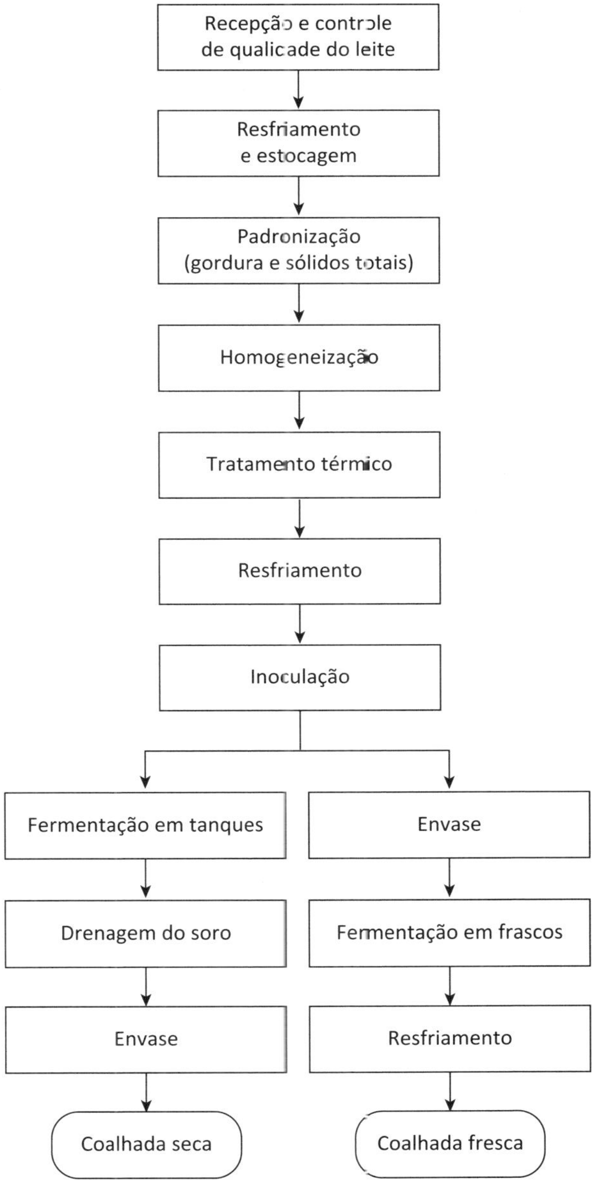

Figura 7.3 Fluxograma genérico do processo de produção das coalhadas fresca e seca.

7.3.5 *KEFIR*

7.3.5.1 Definição e características

O *kefir* é definido como o produto resultante da fermentação do leite pasteurizado ou esterilizado por ação de culturas ácido-láticas específicas, presentes nos grãos de *kefir*, ou por *Lentilactobacillus kefiri* e espécies dos gêneros *Leuconostoc*, *Lactococcus* e *Acetobacter*, com a produção de ácido lático, etanol e dióxido de carbono. Os grãos de *kefir* são aglomerados de microrganismos compostos por diferentes espécies de bactérias e leveduras fermentadoras de lactose (*Kluyveromyces marxianus*), leveduras não fermentadoras de lactose (*Saccharomyces omnisporus*, *Saccharomyces cerevisae* e *Saccharomyces exiguus*), *L. casei*, *Bifidobaterium* sp. e *St. salivarius* subsp. *thermophilus* (BRASIL, 2007; BENGOA et al., 2019). Essas bactérias e leveduras se encontram aprisionadas em uma matriz de proteína e polissacarídeos, que apresenta aparência gelatinosa e semelhante à de uma couve-flor, com coloração branca ou amarelada e tamanho entre 20 e 30 mm (FARNWORTH; MAINVILLE, 2008; NIELSEN; GURAKAN; UNLU, 2014).

O *kefir* é um produto originário das encostas das montanhas do Cáucaso; há longo tempo é muito consumido na Europa Oriental, e nas últimas décadas tornou-se popularmente conhecido e consumido em todo o mundo (NIELSEN; GURAKAN; UNLU, 2014). Em função de sua combinação complexa de microrganismos, o *kefir* apresenta composição e características sensoriais únicas. No *kefir*, as bactérias ácido-láticas são responsáveis principalmente pela conversão da lactose, presente no leite, em ácido lático com consequente redução do pH, conferindo acidez e viscosidade características, além da conservação do produto, enquanto as leveduras produzem etanol e CO_2, contribuindo para o sabor refrescante e levemente alcoólico dessa bebida. Outros componentes, em menor quantidade, também podem ser encontrados no *kefir*, como: diacetil, acetaldeído e aminoácidos, contribuindo para a composição do sabor (LEITE et al., 2013).

Assim, em função de sua composição, o *kefir* é caracterizado como uma bebida cremosa e bastante espessa, de coloração branca ou amarelada, com típico sabor ácido bem pronunciado e ligeiramente alcoólico, combinado a uma sensação de refrescância e efervescência em função da liberação do dióxido de carbono (WSZOLEK et al., 2006; NIELSEN; GURAKAN; UNLU, 2014).

No geral, o *kefir* apresenta em sua composição vários compostos bioativos, como: ácidos orgânicos, CO_2, etanol, peptídeos bioativos, exopolissacarídeos (*kefiran*) e bacteriocinas. Esses compostos podem agir de maneira independente ou em conjunto, proporcionando vários efeitos benéficos à saúde do indivíduo (LEITE et al., 2013; BENGOA et al., 2019). O *kefir* pode ainda apresentar propriedades probióticas, caso possua cepas de *Bifidobacterium* sp., *Lactobacillus* sp. e de leveduras probióticas (*Saccharomyces boulardii*) como culturas adjuntas aos grãos de *kefir* ou às culturas produtoras de *kefir* (WSZOLEK et al., 2006).

Historicamente, o *kefir* vem sendo recomendado para a redução da incidência de diferentes doenças como infecções gastrointestinais, hipertensão, alergias e doenças do coração. Além disso, também são atribuídos à sua ingestão alguns efeitos anticancerígenos, redução do colesterol e estimulação do sistema imunológico. No entanto, a variabilidade inerente às condições de processo do *kefir*, nos diferentes estudos publicados, torna difícil a comparação e a comprovação de todas as alegações atribuídas a ele (LEITE et al., 2013; VEDAMUTHU, 2013; BENGOA et al., 2019).

7.3.5.2 Processo de produção

A produção tradicional do *kefir* era realizada em odres (recipientes de pele de animal), onde ocorria a fermentação contínua do leite fresco (de vaca, cabra ou ovelha) em presença dos grãos de *kefir*. O hábito de conservar o leite nesses recipientes deu origem aos primeiros grãos do tipo e assim iniciou-se a longa tradição da produção do *kefir* (FARNWORTH; MAINVILLE, 2008). À medida que parte do produto fermentado era consumido, mais leite fresco era adicionado, iniciando-se novamente a fermentação por ação dos grãos de *kefir* presentes no recipiente (VEDAMUTHU, 2013).

De maneira contrária ao que ocorre na produção do iogurte, o *kefir* como produto final não deve ser utilizado como cultura iniciadora para a produção de mais *kefir*, uma vez que o balanço original de microrganismos naturalmente presentes nos grãos encontra-se alterado no produto final. Por esse motivo, ainda são recorrentes os problemas relacionados à produção de *kefir* em larga escala, uma vez que, em muitos dos métodos empregados, os grãos não são utilizados e a qualidade do produto final se torna bastante diferente daquela do produto fermentado por ação desses grãos. Apesar das dificuldades, a produção em escala industrial é muito comum em alguns países europeus (FARNWORTH; MAINVILLE, 2008).

Dessa forma, os métodos atuais disponíveis para a produção de *kefir* podem ser divididos em duas categorias: a) método tradicional, que utiliza os grãos de *kefir*; e b) método comercial ou industrial, que utiliza inoculação da cultura iniciadora produtora de *kefir* diretamente no tanque de fermentação ou nas embalagens individuais (WSZOLEK et al., 2006).

Na produção tradicional de *kefir*, primeiramente o leite (em geral bovino, podendo ser ainda caprino ou ovino) é padronizado em relação ao teor de gordura (1,5% a 3,5%) e aquecido a 65 °C. Logo após, é homogeneizado (15-20 MPa), aquecido a 90-95 °C por 5 min e resfriado a temperaturas de 19-23 °C, para posterior inoculação dos grãos de *kefir* (2-10% (v/v)) (FARNWORTH; MAINVILLE, 2008; WSZOLEK et al., 2006). Após incubação por 20-24 horas a essa mesma temperatura, até pH 4,5, o coágulo é obtido e filtrado para recuperação dos grãos de *kefir* (VEDAMUTHU, 2013). Depois, o filtrado passa por uma etapa de maturação (8-10 °C por 15 a 20 horas) para manter a estabilidade do produto e o desenvolvimento do típico sabor ácido e levemente alcoólico do *kefir*, que ocorre durante as primeiras 15 horas. Após esse período o *kefir* é resfriado a 4 °C e está pronto para ser consumido (FARNWORTH; MAINVILLE, 2008). Em geral, o *kefir* produzido apresenta vida de prateleira de 3 a 12 dias (LEITE et al., 2013).

Os grãos de *kefir* que foram retirados podem ser reutilizados em uma fermentação seguinte ou conservados em leite fresco refrigerado por 1 a 7 dias. A manutenção desses grãos no produto final resulta em produção excessiva de ácido e sabor inferior (FARNWORTH; MAINVILLE, 2008).

O método de produção comercial ou industrial de *kefir* possui diferentes variações. Em um método comum, o leite é padronizado (1,5% a 3,5% de gordura) e homogeneizado

(15-20 MPa). Logo após, é pasteurizado a 95 °C por 5 min, resfriado a aproximadamente 23 °C e transferido para tanques para posterior inoculação dos grãos de *kefir* e incubação, à mesma temperatura. Após 20 horas de incubação, os grãos são removidos (por peneiramento grosseiro) e o filtrado é utilizado como cultura iniciadora (ou cultura-mãe) para a fermentação de novas bateladas de leite fresco. Para a produção usando culturas produtoras de *kefir*, a cultura-mãe é adicionada, na concentração de 3,5% (v/v), ao leite pasteurizado (a 95 °C por 5 min), que é então resfriado a aproximadamente 23 °C. O leite inoculado é incubado (a 23 °C por 20 horas), posteriormente resfriado em temperaturas abaixo de 7 °C, e mantido sobre refrigeração, ainda no tanque, por 15-20 horas para que ocorra a maturação do produto. Logo após essa etapa, o produto está pronto para o consumo e apresenta, no geral, vida de prateleira de até 28 dias (FARNWORTH; MAINVILLE, 2008; VEDAMUTHU, 2013; LEITE et al., 2013).

Algumas variações no método comercial ou industrial estão baseadas no tipo de produto final obtido. O primeiro método comercial a ser utilizado foi o de produção do *kefir* firme, fermentado diretamente nas embalagens. Nesse procedimento, o leite é inoculado com a cultura e adicionado nas embalagens (geralmente, garrafas de vidro, embora atualmente sejam utilizadas também embalagens plásticas semirrígidas). Logo após, o leite é fermentado sob temperatura controlada, até que se forme o coágulo, com a posterior refrigeração das embalagens. Para a produção do *kefir* batido em larga escala, as etapas de fermentação, formação de coágulo, agitação, maturação e resfriamento ocorrem em um mesmo tanque (FARNWORTH; MAINVILLE, 2008). Entretanto, o *kefir* batido apresenta, no geral, baixa viscosidade e, em função disso, é comum o aumento do teor de sólidos totais da formulação com leite desnatado em pó (2-3%) (WSZOLEK et al., 2006).

No geral, a composição química e as características sensoriais e microbiológicas do *kefir* produzido em larga escala dependerão do leite utilizado, da fonte dos grãos, da preparação da cultura-mãe, do tempo de duração da fermentação e da inclusão das etapas de resfriamento e maturação (FARNWORTH; MAINVILLE, 2008). Com o controle adequado dessas características, é possível obter um produto com boas aceitabilidade e qualidade sensorial, apesar de não ser idêntico ao *kefir* produzido pelo método tradicional. A Figura 7.4 mostra o fluxograma do processo de produção do *kefir* comercial com as suas respectivas variações.

Nos últimos anos, muitos produtores têm utilizado culturas iniciadoras liofilizadas em substituição aos grãos de *kefir*. Com cuidadosa seleção das cepas de bactérias e leveduras na produção das culturas liofilizadas, é possível padronizar a produção do *kefir*, permitindo obter uma bebida "tipo *kefir*" com sabor aceitável e boa conservação (até 28 dias). Entretanto, a bebida "tipo *kefir*" pode não apresentar as mesmas propriedades terapêuticas e probióticas presentes no produto tradicional, em função da ausência de determinados microrganismos presentes na complexa flora dos grãos de *kefir* (LEITE et al., 2013).

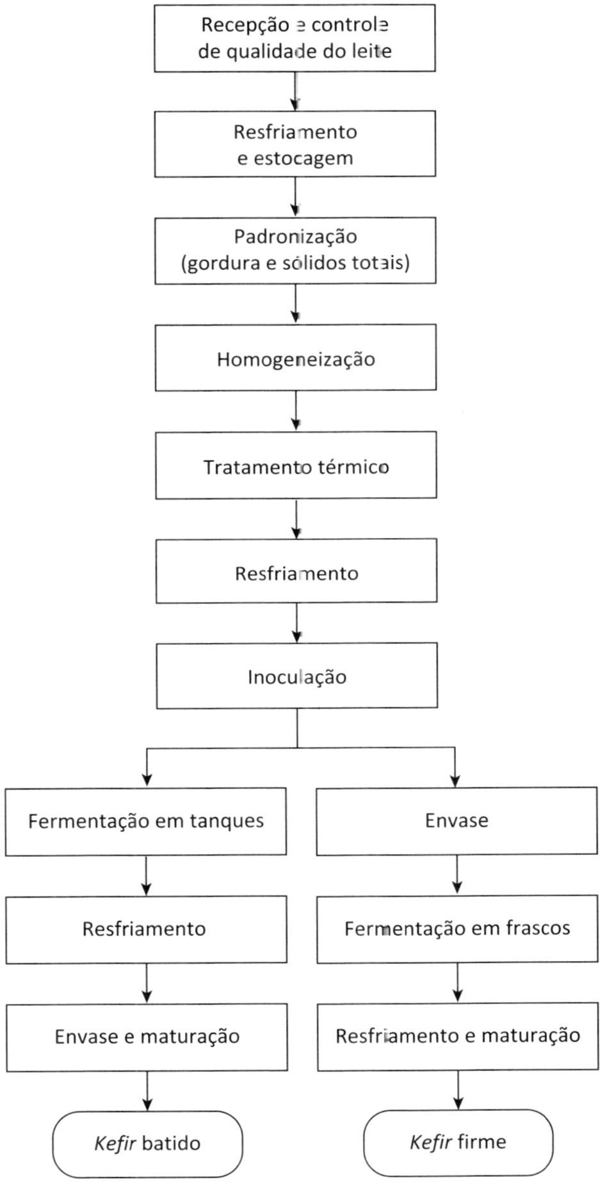

Figura 7.4 Fluxograma genérico do processo de produção de *kefir* pelo método comercial ou industrial.

7.3.6 *KUMYS*

7.3.6.1 Definição e características

Segundo a legislação brasileira, o *kumys* é definido como o produto resultante da fermentação do leite (pasteurizado ou esterilizado) por culturas *Lb. delbrueckii* subsp. *bulgaricus* e *Kluyveromyces marxianus* (BRASIL, 2000). Entretanto, a microflora do *kumys* é bastante variável e, além das espécies de microrganismos citadas na legislação, é comum encontrar outras espécies de bactérias (*Lb. acidophilus, L. casei, Lb. leichmanii, Lp. plantarum, Lb. helveticus, Lm. fermentum, Lentilactobacillus buchneri*), outras espécies de leveduras fermentadoras de lactose (*Saccharomyces* sp., *Kluyveromyces* sp., *Candida koumiss, Torula lactis, T. koumiss*), leveduras não fermentadores de lactose (*Saccharomyces cartilaginous*) e leveduras não fermentadoras de carboidratos (*Mycoderma* sp.) (OZER, 2014).

Acredita-se que a produção do *kumys* tenha se originado na Ásia Central, sendo, nos dias de hoje, popularmente conhecido e amplamente consumido na Europa Oriental e na Ásia. Originalmente era produzido com leite de égua, embora, atualmente, seja possível sua produção com leite vaca (VEDAMUTHU, 2013).

Na fermentação que dá origem ao *kumys*, os lactobacilos fermentam a lactose, acidificando o leite e garantindo aroma, textura e acidez característicos do produto, enquanto as leveduras fermentam a lactose produzindo álcool e CO_2, contribuindo para a carbonatação, o aroma e o sabor típicos (LIU; HAN; ZHOU, 2011; MU; YANG; YUAN, 2012). Assim, o *kumys* pode ser caracterizado como uma bebida refrescante de sabor acentuadamente ácido e alcoólico e coloração acinzentada e leitosa. Apresenta ainda uma efervescência característica proporcionada pela presença do dióxido de carbono (VEDAMUTHU, 2013). As características sensoriais dessa bebida, além de estarem relacionadas com a presença de ácido lático, álcool e CO_2, também são influenciadas, em menor proporção, pela presença de compostos como ácido acético e ésteres (LIU; HAN; ZHOU, 2011).

Outra importante característica é que durante a fermentação do *kumys* não ocorre a formação de coágulo, mesmo em presença de teores elevados de acidez e de álcool. A legislação brasileira estabelece um mínimo de 0,7% de acidez e um mínimo de 0,5% de álcool, entretanto o *kumys* geralmente apresenta de 0,7% a 1,8% de ácido lático e de 1,0% a 2,5% de etanol. Isso porque as proteínas do leite de égua (espécie cujo leite originou a produção do *kumys*) são diferentes das proteínas do leite das demais espécies e não coagulam em pH 4,6, que é o ponto isoelétrico da caseína do leite bovino, e na presença de renina (VEDAMUTHU, 2013).

A composição química do leite de égua é próxima à do leite humano. Possui um alto teor de compostos nitrogenados e aminoácidos essenciais livres, garantindo um alto valor nutricional. Algumas propriedades benéficas também são atribuídas ao *kumys*, como ação bactericida e bacteriostática contra patógenos (*Escherichia coli, Bacillus cereus* e *Mycobacterium* sp.). Sua ação terapêutica em pacientes com tuberculose também é bastante reconhecida em alguns países, embora mais estudos sejam necessários para comprovar essa alegação. Além disso, a adição de *Lb. acidophilus* e/ou *L. rhamnosus*, junto com a cultura iniciadora produtora de *kumys*, promove um aumento nas suas propriedades probióticas (WSZOLEK et al., 2006).

7.3.6.2 Processo de produção

Originalmente, o *kumys* era produzido por meio de fermentação espontânea do leite de égua, transportado pelos antigos povos nômades. Tradicionalmente, o leite era transportado em bolsas de pele de animal (odres) e a microflora aderida à pele do animal servia como inóculo para a fermentação do leite cru, à temperatura ambiente. Durante a fermentação, era comum a agitação do leite, batendo-se regularmente nas bolsas. Quando uma forte espuma e um sabor ácido característico se formavam, o *kumys* estava pronto para ser consumido. O produto era então retirado dos recipientes e estes eram novamente preenchidos com outra porção de leite de égua fresco, para início de nova fermentação (LIU; HAN; ZHOU, 2011; VEDAMUTHU, 2013).

Posteriormente, a produção do *kumys* pelo método tradicional passou a utilizar recipientes de madeira que continham a microflora presente nas fermentações anteriores. Nesse processo, o leite é adicionado ao recipiente e agitado vigorosamente por 1 hora para introduzir ar na mistura e facilitar o desenvolvimento das leveduras, proporcionando adequada fermentação do leite. A quantidade de leveduras presentes determina o teor de álcool no produto final, e, segundo os especialistas, quanto maior o teor de álcool, melhor é a qualidade do *kumys* (WSZOLEK et al., 2006).

Nas últimas décadas, vários métodos de produção comercial foram desenvolvidos para a produção do *kumys*. O método clássico de produção industrial utiliza leite de égua e as culturas comerciais de *Lb. delbrueckii* subsp. *bulgaricus* e *Torula* sp. Nesse método, os microrganismos são cultivados separadamente, em leite desnatado (2 L e 1 L, respectivamente), e, após o seu desenvolvimento (normalmente em 3 a 4 dias), a cultura produtora de ácido lático e a levedura são misturadas para a produção da cultura iniciadora (WSZOLEK et al., 2006; AKUZAWA; MIURA; SURONO, 2011). O *kumys* é então produzido por adição da cultura iniciadora, a uma concentração de 30% (v/v), no leite já processado (clarificado e tratado termicamente), com agitação, para promover o desenvolvimento da levedura durante o período de incubação de 60 min (a 25-28 °C) ou até a produção de aproximadamente 0,5% de acidez em ácido lático e 0,2% de álcool. Dependendo do tempo de fermentação, podem ser obtidos ainda produtos com 0,8% de acidez e 1,5% de álcool ou 1,0% de ácido e 2,5% de álcool. Após a fermentação, o produto é homogeneizado, resfriado a 20 °C, embalado, incubado por mais 1,5-2 horas (18-20 °C) e armazenado sob refrigeração a 4-6 °C por 12-24 horas antes da distribuição (CHANDAN, 2013; OZER, 2014).

Por causa da limitada disponibilidade de leite de égua em determinadas épocas do ano, a tecnologia de produção do *kumys* necessitou de adaptações para a utilização de leite de vaca. Entretanto, sabe-se que a composição do leite de vaca, principalmente em relação aos teores de proteína e lactose, é diferente da composição do leite de égua, sendo necessários alguns ajustes na formulação para que se consiga reproduzir as características do leite original. As principais mudanças aplicadas ao leite de vaca são: diluição com água para diminuir o teor de caseína, adição de soro ou concentrado proteico de soro para aumentar o teor de proteínas do soro e adição de glicose, sacarose ou lactose hidrolisada, aumentando o teor de carboidratos e facilitando o desenvolvimento da levedura (WSZOLEK et al., 2006; AKUZAWA; MIURA; SURONO, 2011).

Na produção do *kumys* com leite de vaca, o leite desnatado é adicionado de 2,5% de sacarose, aquecido a 90 °C por 2 a 3 min e resfriado a 28 °C. O leite é então inoculado com cultura iniciadora composta por *Lb. delbrueckii* subsp. *bulgaricus* e *Torula* sp., em concentração de aproximadamente 10% (v/v). Após agitação por 15 a 20 min, o leite inoculado é incubado a 26 °C até acidez de aproximadamente 0,9% de ácido lático. Outros métodos citam ainda outras alterações na formulação da matéria-prima em relação ao teor proteico, como a utilização de misturas de leite integral, leite desnatado e concentrado proteico de soro, ou a utilização de cinco partes de leite de vaca e oito partes de soro ultrafiltrado, ou ainda uma mistura 1:1 de leite de vaca e soro clarificado (VEDAMUTHU, 2013). A Figura 7.5 apresenta um fluxograma básico de produção comercial do *kumys*.

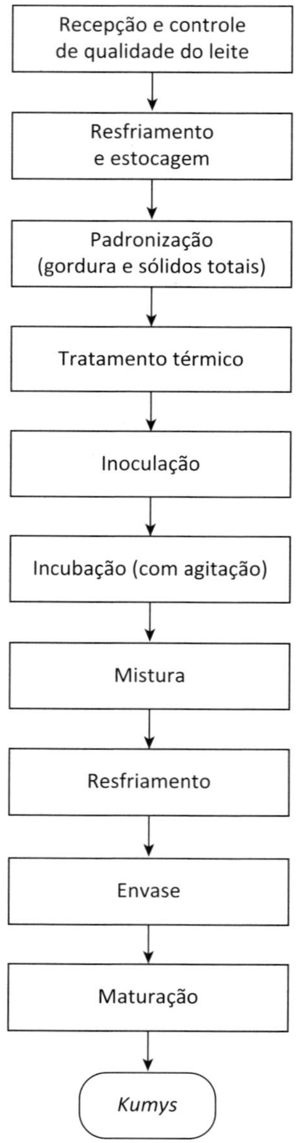

Figura 7.5 Fluxograma genérico do processo de produção de *kumys*.

7.4 VALOR NUTRITIVO

O leite é um alimento completo para mamíferos recém-nascidos, sendo o único alimento durante os primeiros estágios de desenvolvimento. O leite de vaca é o mais utilizado para a produção de iogurte e, por isso, ambos tem valor nutricional semelhante. O leite contém macronutrientes em quantidades equilibradas: aproximadamente 5% de lactose, 3% de proteína e 4% de gordura. O leite de vaca tem teores significativos de proteínas, as quais apresentam elevado valor nutritivo, devido ao equilíbrio favorável de aminoácidos essenciais. A fração proteica é composta por aproximadamente 80% de caseínas (α_{s1}-caseína, α_{s2}-caseína, β-caseína e κ-caseína) e 20% de proteína de soro de leite, que é formada pelas quatro principais proteínas solúveis: β-lactoglobulina (β-Lg), α-lactalbumina (α-La), proteínas séricas e imunoglobulinas (FAZILAH et al., 2018).

O leite também é boa fonte de micronutrientes, incluindo cálcio, fósforo, magnésio, zinco, riboflavina e tiamina, e contém cerca de 0,7% de minerais.

No entanto, a composição dos leites fermentados pode ser modificada pela adição de outros ingredientes, como leite em pó desnatado, soro de leite, frutas, açúcar e ingredientes com potencial funcional. Além disso, como resultado da fermentação de bactérias, há redução do teor de lactose e aumento do ácido lático. A fortificação com sólidos de origem láctea também resulta em aumento no teor de proteína.

Comparado com o leite, o iogurte natural é mais rico em nutrientes específicos, incluindo cálcio, potássio e proteínas, como resultado dos processos de fabricação e fermentação, que originam um produto lácteo mais concentrado. A ingestão de uma porção de iogurte (175 g) contribui para suprir as necessidades nutricionais diárias desses nutrientes. Na ausência de produtos lácteos na dieta, é difícil para os indivíduos atenderem aos requisitos de vários nutrientes (PANAHI, 2017).

A Tabela 7.5 apresenta a composição do iogurte integral e do iogurte desnatado, e pode-se assumir que os demais tipos de leites fermentados terão composição similar, desde que sejam também produzidos a partir do leite bovino.

Tabela 7.5 Composição de iogurte natural integral, iogurte natural desnatado e iogurte com polpa de frutas

Nutrientes*	Iogurte natural integral	Iogurte natural desnatado	Iogurte com polpa de frutas
Carboidrato (g/100 g)	6	5,5	17,5
Proteína (g/100 g)	4	4,5	2,5
Gordura total (g/100 g)	4	0	2,5
Gordura saturada (g/100 g)	2	0	1,3
Colesterol (mg/100 g)	12,5	2,5	8
Cálcio (mg/100 g)	150	152	104

Fonte: adaptada de Oliveira (2009).

7.5 LEGISLAÇÃO

Os leites fermentados devem cumprir os requisitos do PIQ de leites fermentados (BRASIL, 2007). Os requisitos físico-químicos estão relacionados aos teores de gordura, proteínas de origem láctea, acidez titulável e etanol, esse último quando se tratar de produtos fermentados por leveduras. Os requisitos microbiológicos estabelecidos dizem respeito à contagem de bactérias ácido-láticas e leveduras, quando for o caso, e microrganismos contaminantes.

7.5.1 REQUISITOS FÍSICO-QUÍMICOS

O teor de proteínas lácteas de leites fermentados deve ser de, no mínimo, 2,9 g/100 g. Em relação ao teor de gordura, os leites fermentados podem ser classificados em quatro categorias, conforme mostra a Tabela 7.6. Para acidez e etanol, os valores admitidos variam em função do tipo de leite fermentado e estão apresentados na Tabela 7.7.

Tabela 7.6 Classificação dos leites fermentados de acordo com o teor de matéria gorda láctea

Classificação	Matéria gorda láctea (g/100 g)
Com creme	Mínimo 6,0
Integral	3,0 -5,9
Parcialmente desnatado	0,6-2,9
Desnatado	Máximo 0,5

Fonte: Brasil (2007).

Tabela 7.7 Teores de acidez e etanol em leites fermentados

Produto	Acidez (g de ácido lático/100 g)	Etanol (% v/m)
Iogurte	0,6 a 1,5	–
Leite cultivado ou fermentado	0,6 a 2,0	–
Leite acidófilo	0,6 a 2,0	–
Kefir	0,5 a 1,5	Máximo de 1,5% no *kefir* fraco e até 3% no *kefir* forte
Kumys	> 0,7	Mínimo 0,5
Coalhada	0,5 a 1,5	–

Fonte: Brasil (2007).

7.5.2 REQUISITOS MICROBIOLÓGICOS

Nessa categoria estão estabelecidos os critérios referentes a microrganismos específicos, bactérias láticas e leveduras usados para a elaboração dos leites fermentados e a microrganismos contaminantes, coliformes totais e termotolerantes, e bolores e leveduras.

Os leites fermentados deverão cumprir os requisitos considerados na Tabela 7.8 durante seu período de validade para a população dos microrganismos específicos. É importante destacar que, no caso dos leites fermentados em que se mencione o uso de bifidobactérias, a população deverá ser de no mínimo 10^6 UFC/g. No caso dos leites fermentados probióticos, é exigido pela legislação brasileira que estes apresentem população mínima de 10^8 a 10^9 UFC de microrganismos probióticos por porção diária do produto (CRUZ et al., 2011). Valores menores podem ser aceitos desde que a empresa comprove a eficácia do produto (BRASIL, 2014).

Tabela 7.8 Contagem dos microrganismos específicos durante o período de validade dos leites fermentados

Produto	Contagem de bactérias láticas totais (UFC/g)	Contagem de leveduras específicas (UFC/g)
Iogurte	Mínimo 10^7	–
Leite cultivado ou fermentado	Mínimo 10^6	–
Leite acidófilo	Mínimo 10^7	–
Kefir	Mínimo 10^7	Mínimo 10^4
Kumys	Mínimo 10^7	Mínimo 10^4
Coalhada	Mínimo 10^6	–

Fonte: Brasil (2007).

Para avaliar a qualidade higiênico-sanitária dos leites fermentados, deverão ser pesquisados os microrganismos indicadores (coliformes, coliformes termotolerantes e bolores e leveduras) apresentados na Tabela 7.9. A Resolução RDC n. 12, de 2 de janeiro de 2001 (BRASIL, 2001), que trata do regulamento técnico sobre padrões microbiológicos para alimentos, determina a verificação apenas de coliformes a 45 °C em leites fermentados. Os critérios de aceitação são os mesmos estabelecidos pelo PIQ.

Tabela 7.9 População de microrganismos específicos durante o período de validade dos leites fermentados

Microrganismos	Critérios de aceitação
Coliformes/g (30°C)	n = 5, c = 2, m = 10, M = 100
Coliformes/g (45°C)	n = 5, c = 2, m < 3, M = 10
Bolores e leveduras/g	n = 5, c = 2, m = 50, M = 200

n – número de unidades a serem colhidas aleatoriamente de um mesmo lote e analisadas individualmente; c – número máximo aceitável de unidades analisadas que podem apresentar resultados entre os limites de m e M; m – limite mínimo acima do qual a amostra é considerada aceitável; M: limite máximo acima do qual a amostra é considerada inaceitável.

Fonte: Brasil (2007).

7.6 TENDÊNCIAS E INOVAÇÕES EM LEITES FERMENTADOS

A tendência atual para o mercado de alimentos aponta que os consumidores buscam novos alimentos e bebidas que se enquadrem em seis categorias: densidade nutricional e conveniência; digestibilidade e bem-estar; funcionalidade e prevenção; controle e adequação; exclusividade e sensorialidade; sustentabilidade e naturalidade. O setor de lácteos se alinha a essa tendência e tem desenvolvido diversos produtos para atender às expectativas dos consumidores (REGO et al., 2017; FOOD INGREDIENTS FIRST, 2019).

No segmento de lácteos, os leites fermentados representam um grande potencial de crescimento para a indústria de alimentos, que tem sido explorado por meio do desenvolvimento de produtos e processos inovadores, com o uso de culturas probióticas e/ou adição de ingredientes funcionais, como prebióticos, frutas e hortaliças contendo compostos bioativos, ácido linoleico conjugado (CLA), peptídeos bioativos, vitaminas e minerais. Esses desenvolvimentos visam atender à crescente demanda dos consumidores por alimentos saudáveis e inovadores.

7.6.1 LEITES FERMENTADOS PROBIÓTICOS, PREBIÓTICOS E SIMBIÓTICOS

O aumento no consumo de leites fermentados tem chamado a atenção das indústrias de laticínios, ampliando a pesquisa e o desenvolvimento de novos produtos, com o intuito de diversificar o mercado e atrair novos consumidores. Um dos motivos relacionados ao aumento da procura por leites fermentados é o fato de os consumidores buscarem produtos mais naturais, livres de conservantes, práticos para consumo, com ampla vida de prateleira, ricos em nutrientes e com sabor, aroma e textura característicos. Além disso, o setor de laticínios tem se destacado pela produção de leites fermentados com alegação de propriedade funcional, no qual substâncias biologicamente ativas podem proporcionar benefícios à saúde do consumidor, como os probióticos e os prebióticos. A valorização de produtos contendo probióticos e prebióticos (incluindo fibras) tem ocorrido em função de seus benefícios para a saúde, entre os quais se destacam a regulação do sistema digestório e o equilíbrio do organismo como um todo, resultando em sensação de bem-estar (REGO et al., 2017). As características e os demais benefícios das culturas probióticas foram apresentados na seção 7.2.2.

Os prebióticos são definidos como "substratos utilizados seletivamente por micro-organismos do hospedeiro, conferindo um benefício para a saúde" (GIBSON et al., 2017). A dose apropriada de prebiótico deve ser suficiente para gerar o efeito prebiótico, mas sem induzir efeitos indesejados ou adversos, como formação excessiva de gás ou utilização não seletiva (GIBSON et al., 2017). Os ingredientes potencialmente prebióticos incluem o dissacarídeo lactulose, outros oligossacarídeos (OS) e dextrinas resistentes, polissacarídeos como polidextrose, arabinoxilanos e amidos resistentes, bem como alguns polióis, como lactilol e isomalte (BINNS, 2014).

Os prebióticos, como a lactulose, a oligofrutose e a polidextrose, podem promover o aumento no desenvolvimento e na contagem de bactérias probióticas. Além disso, muitas fibras alimentares apresentam propriedade prebiótica e são divididas em fibras solúveis em água, as quais estimulam o desenvolvimento seletivo da microbiota autóctone, e fibras insolúveis em água, as quais estimulam os movimentos peristálticos no intestino (ESPÍRITO-SANTO et al., 2013).

Uma grande tendência de mercado é a produção de leites fermentados contendo simultaneamente probióticos e prebióticos, também denominados simbióticos. Essa combinação pode reduzir o tempo de fermentação lática, aumentar o tempo de sobrevivência da cepa durante o período de estocagem e melhorar as qualidades tecnológicas e sensoriais do produto (textura, viscosidade, aroma, sabor, odor), proporcionando vantagens tanto para o fabricante como para o consumidor (COMAN et al., 2013). Além disso, o uso de probióticos, prebióticos e simbióticos constitui uma estratégia nutricional interessante para a modulação da microbiota intestinal em caso de desequilíbrio (disbiose).

Vários estudos relatam o desenvolvimento e os benefícios dos produtos simbióticos. O desenvolvimento de um novo leite fermentado contendo SYNBIO® (*L. rhamnosus* IMC 501®, *L. paracasei* IMC 502®) e 4% de farelo de aveia apresentou resultados interessantes: o farelo de aveia aumentou o número de bactérias probióticas no produto, mantendo a contagem viável total durante todo o período de estocagem, e o efeito simbiótico dos probióticos e do prebiótico resultou em um produto rico em nutrientes, oferecendo diversos benefícios à saúde dos consumidores (COMAN et al., 2013).

Espírito-Santo et al. (2013) desenvolveram iogurtes probióticos contendo *Lb. acidophilus* L10 e *B. animalis* subsp. *lactis* Bl-04 enriquecidos com fibra da casca de maracujá e obtiveram resultados promissores: os iogurtes contendo as fibras, com ou sem cepas probióticas, foram considerados neutros ou bons sensorialmente.

Suplementos alimentares funcionais aplicados em leites fermentados probióticos, como antioxidantes extraídos dos bagaços de uva e azeitona (ALIAKBARIAN et al.,

2015), folato (DIVYA; NAMPOOTHIRI, 2015) e farinha de quinoa (CASAROTTI; CARNEIRO; PENNA, 2014) também foram descritos na literatura.

A produção de leites fermentados probióticos originários de outras matrizes lácteas, como leite de búfala (NGUYEN et al., 2014), leite de camela enriquecido com mel de alfarroba (VARGA; SÜLE; NAGY, 2014b) e leite de cabra e ovelha (VARGA; SÜLE; NAGY, 2014a), também foi estudada. O tipo de leite utilizado na produção de leites fermentados probióticos influenciará diretamente as concentrações de gordura, proteínas, carboidratos, sódio e lactose presentes nesses produtos. Assim, em função das variações bioquímicas, são necessários estudos aprofundados de outras matérias-primas lácteas que podem ser potencialmente utilizadas na produção de leites fermentados.

Estudos envolvendo simbióticos também têm sido realizados. A utilização de três substratos prebióticos (dois diferentes fruto-oligossacarídeos [FOS] de cadeia curta e inulina) e diferentes cepas de *Bifidobacterium* sp. (*B. longum* IPLA20021, *B. longum* IPLA20022, *B. animalis* IPLA20031, *B. animalis* IPLA20032, *B. animalis* IPLA20020 e *B. animalis* Bb12) foi avaliada por Valdés-Varela, Ruas-Madiedo e Gueimonde (2017) a fim de avaliar o potencial simbiótico das diferentes combinações. *B. animalis* e *B. longum* foram capazes de utilizar FOS; entretanto, todas as cepas de *Bifidobacterium* testadas não foram capazes de fermentar inulina. Além disso, o padrão de metabólitos produzidos pelas cepas variou dependendo da fonte de carbono, particularmente para *B. longum*. Os FOS foram considerados apropriados para serem usados em combinações com cepas de *B. animalis* ou *B. longum* para o desenvolvimento de produtos simbióticos.

Em um estudo com animais, Mischke et al. (2018) investigaram como intervenções benéficas no microbioma realizadas após o nascimento afetam a saúde metabólica na fase adulta. Eles testaram um programa nutricional que incluiu dietas suplementadas com prebióticos (galacto-oligossacarídeos, GOS/FOS) ou simbióticos (GOS/FOS + 10^9 CFU/g *Bifidobacterium breve* M-16 V) até 42 dias após o nascimento (PN42). Em seguida, os animais foram submetidos a uma dieta com elevado conteúdo de gordura (*Western-style diet*, WSD) por 8 semanas para induzir obesidade, e comparados com animais que não receberam as dietas suplementadas (controle). Os simbióticos consumidos no início da vida protegeram os animais ao longo da vida contra o acúmulo de gordura induzida pela dieta WSD. Também foram observadas alterações na microbiota fecal e maior abundância de *Bifidobacterium* sp. no início da vida e na fase adulta. Entretanto, a microbiota modificada por simbióticos até PN42 não foi suficiente para conferir a proteção dos metabólitos saudáveis em longo prazo, quando transplantados em animais *germ-free*.

Mais recentemente, outros estudos têm focado em avaliar o papel de prebióticos, probióticos e simbióticos nos marcadores bioquímicos, clínicos e imunológicos, bem como na microbiota intestinal de indivíduos saudáveis e portadores de diversos tipos de doenças. Os estudos visam esclarecer questões relacionadas ao conhecimento atual e sugerir futuros estudos, incluindo intervenções nutricionais para melhorar a saúde dos indivíduos.

7.6.2 PRODUÇÃO DE SUBSTÂNCIAS ANTIMICROBIANAS POR BACTÉRIAS LÁTICAS EM LEITES FERMENTADOS

Como já mencionado, as bactérias láticas são capazes de produzir um ou mais compostos antimicrobianos, como ácidos orgânicos (lático, acético, propiônico, butírico e fórmico). Outras substâncias com efeito inibidor também podem ser produzidas: peróxido de hidrogênio, diacetil, compostos antifúngicos e substâncias inibidoras do tipo bacteriocinas (REIS et al., 2012). Diversos estudos procuram compreender os mecanismos de ação desses compostos diante de outros microrganismos. De um modo geral, a presença desses compostos tende a promover a despolarização da membrana plasmática, interferindo na força próton motiva, pode gerar a formação de poros, entre outros fatores que desencadeiam o extravasamento de íons e, consequentemente, o colapso celular (PENNA et al., 2015). No entanto, muitos desses mecanismos de ação necessitam ser mais bem elucidados.

Nos últimos anos, a produção de bacteriocinas por BAL para aplicação em produtos lácteos fermentados tem merecido grande destaque. Esses compostos são caracterizados como proteínas ou peptídeos antimicrobianos sintetizados por ribossomos, comumente ativos ante espécies geneticamente próximas. São classificados em quatro categorias baseadas em sua estrutura e sua função. Seu espectro de ação, a resistência a altas temperaturas e baixo pH e a sensibilidade a enzimas proteolíticas humanas tornam esses bioconservantes uma importante ferramenta no processo de conservação de alimentos fermentados (PAULA et al., 2014a).

As bacteriocinas podem ser produzidas por bactérias dos domínios *Bacteria* ou *Archaea* e possuem capacidade de inibir microrganismos patogênicos e deteriorantes. O uso desses bioconservantes permite a redução do uso de conservantes químicos e, em conjunto com as tecnologias de barreiras (temperatura, pH, atividade de água, potencial redutor, competição da microbiota), pode preservar as características sensoriais e tecnológicas dos alimentos. As bacteriocinas utilizadas nos alimentos são consideradas seguras, podendo ser aplicadas nas formas semipurificada, purificada, quimicamente sintetizada, ou produzida por BAL inoculadas diretamente no alimento (REIS et al., 2012; PAULA et al., 2014a). É importante ressaltar que a eficiência da atividade antimicrobiana das bacteriocinas aplicadas nos alimentos está diretamente relacionada às propriedades bioquímicas da matriz alimentícia (PENNA et al., 2015). A produção de bacteriocinas ocorre dentro de diversos gêneros de BAL, porém as mais conhecidas são a nisina e a pediocina PA-1, produzidas por *L. lactis* subsp. *lactis* e *Pediococcus acidilactici*, respectivamente. No entanto, a nisina é a única bacteriocina aprovada para aplicação nos alimentos (PENNA et al., 2015).

Nos últimos anos, o potencial de aplicação de BAL probióticas em produtos lácteos fermentados tem demonstrado um intenso crescimento. O apelo funcional, a produção de diferentes compostos antimicrobianos no trato gastrointestinal do hospedeiro e a capacidade de colonizar e competir por sítios específicos no intestino são propriedades de destaque para a exploração das BAL probióticas.

Leuc. mesenteroides subsp. *mesenteroides* SJRP55 potencialmente probiótica e produtora de mesentericina W-SJPR55 e Z-SJRP555 foi utilizada na produção de leites fermentados (PAULA et al., 2014a; PAULA et al., 2014b). A cultura lática probiótica e bacteriocinogênica manteve-se viável durante o período de estocagem (28 dias) e não interferiu no desenvolvimento da cultura comercial *St. thermophilus* TA040, comumente utilizada na produção do leite fermentado (PAULA et al., 2014a).

Cepas de BAL comerciais, como *B. lactis* BB-12 e *Lb. acidophilus* LA-5, apresentam características probióticas e bacteriocinogênicas, sendo frequentemente utilizadas na produção de leites fermentados comerciais. Em função dessas características, a busca por novas cepas de BAL tem sido constatada em diversos estudos, como *E. durans* 61A isolada de leite fermentado (HANCHI et al., 2014), *Pediococcus acidilactici* Kp10 isolada de coalhada seca (ABBASILIASI et al., 2012), *E. faecium* CM4 e 2CM1 isoladas de leite cru (BANWO; SANI; TAN, 2012), *Leuc. mesenteroides* A11 isolada de carne (OKUDA et al., 2018) e diferentes espécies de BAL isoladas de salmão defumado (TODOROV et al., 2011). O artigo de revisão de Silva, Silva e Ribeiro (2018) aborda os recentes desenvolvimentos e aplicações de bacteriocinas e BAL produtoras de bacteriocinas. As informações são importantes para esclarecer como reduzir a deterioração microbiológica e melhorar a segurança dos produtos lácteos. No entanto, são necessários estudos adicionais para a aplicabilidade de novas cepas de BAL potencialmente probióticas e bacteriocinogênicas em leites fermentados em nível industrial, bem como a otimização dos processos biotecnológicos industriais.

7.6.3 LEITES FERMENTADOS FUNCIONAIS ENRIQUECIDOS COM COMPOSTOS BIOATIVOS

Nas últimas décadas, o aumento do consumo de leites fermentados impulsionou o desenvolvimento de leites fermentados com alegação funcional, pela produção ou enriquecimento com compostos bioativos, como ácidos graxos do tipo ômega, ácido linoleico conjugado, peptídeos bioativos e vitaminas.

Os alimentos funcionais são aqueles que, além de fornecerem a nutrição básica, promovem a saúde e/ou possuem potencial para promover a saúde por meio de mecanismos não previstos pela nutrição convencional, sendo que esse efeito restringe-se à promoção da saúde, e não à cura de doenças, devendo ser seguro para consumo sem supervisão médica.

Os maiores interesse e conhecimento dos consumidores sobre o impacto dos alimentos na saúde e no bem-estar são os principais fatores de sucesso do mercado de alimentos funcionais.

Além dos alimentos fermentados por probióticos, a Agência Nacional de Vigilância Sanitária (Anvisa) inclui os seguintes ingredientes alimentícios: ácidos graxos (ômega 3), carotenoides (licopeno, luteína e zeaxantina), fibras alimentares (beta glucana, dextrina resistente, FOS, goma guar parcialmente hidrolisada, inulina, lactulose, polidextrose, psyllium e quitosana), fitoesteróis e polióis (manitol, xilitol, sorbitol) na lista de "Alimentos com alegações de propriedades funcionais e/ou de saúde, novos alimentos/ingredientes, substâncias bioativas e probióticos" (BRASIL, 2014).

Muitos desses ingredientes têm sido adicionados aos leites fermentados, atendendo à demanda do mercado consumidor por alimentos nutritivos e saudáveis e demonstrando uma nova vertente na indústria de laticínios.

A aplicação de culturas probióticas em leite fermentado contendo vegetais (frutas e subprodutos, grãos e/ou castanhas) apresenta vantagens potenciais e alternativas valiosas para a indústria de lácteos. Entretanto, representa um desafio para o desenvolvimento de novos produtos, uma vez que alguns vegetais, principalmente as frutas, podem conter compostos com atividade antimicrobiana e excessiva acidez, reduzindo a viabilidade dos probióticos (VINDEROLA et al., 2002). É importante que a formulação mantenha a atividade e a viabilidade do probiótico durante o período de armazenamento. Por outro lado, alguns compostos presentes em vegetais (minerais, vitaminas, fibras dietéticas, antioxidantes, compostos fenólicos e carotenoides) podem favorecer ou inibir o crescimento das cepas probióticas (REIS et al., 2011; BORGONOVI, 2018). Alguns compostos, além de aumentar a viabilidade dos probióticos, têm seu consumo associado à redução da incidência de doenças cardiovasculares e ao controle do diabetes tipo 2, além de reduzir o pH do lúmen intestinal e, consequentemente, a proliferação de bactérias putrefativas (HENNING et al., 2017).

A produção de um iogurte contendo uma cepa autóctone potencialmente probiótica de *Lp. plantarum* 564 enriquecido com ômega 3 (100 mg/L e 200 mg/L) mostrou resultados promissores, com potencial para aumentar os efeitos terapêuticos no consumidor. Além disso, acredita-se que as culturas probióticas podem aumentar a absorção do ômega 3 nos tecidos (RADULOVIĆ et al., 2014).

Além do uso do ômega 3, é possível adicionar CLA nos leites fermentados, ou ainda utilizar cepas produtoras de CLA para a produção de leites fermentados. O CLA consiste em uma mistura dos isômeros do ácido graxo linoleico (C18:2) com ligações duplas conjugadas. Os potenciais benefícios nutricionais associados ao consumo de CLA incluem redução do risco de câncer, doenças cardiovasculares, diabetes e obesidade e melhora do sistema imune (PENG; WEST; WANG, 2006).

Leite fermentado pela bactéria probiótica *L. rhamnosus* em cocultura com as bactérias tradicionais do iogurte apresentou elevados teores de CLA: 0,97 mg CLA por grama de lipídeos após 14 dias de estocagem, enquanto o leite fermentado controle apresentou 0,57 mg/g de lipídeos (XU; BOYLSTON; GLATZ, 2005).

Leuc. mesenteroides subsp. *mesenteroides* SJRP55 produtor de bacteriocinas foi usado para a fermentação de creme de leite em cocultura com *Lactococcus lactis* subsp. *lactis* e *Lactococcus lactis* subsp. *cremoris*. Além de aumentar a produção de CLA, reduziu o crescimento de *Listeria monocytogenes* e aumentou a segurança do produto (BORGES et al., 2019).

Além de utilizar culturas para produzir CLA, essa substância pode ser incluída na dieta por meio de sua incorporação direta aos alimentos. Embora alguns países como Espanha, Canadá e Estados Unidos tenham iniciado o desenvolvimento de produtos enriquecidos com CLA, estes ainda não são encontrados no mercado brasileiro.

Em trabalho de pesquisa, Oliveira et al. (2009) desenvolveram leites fermentados simbióticos contendo CLA, adicionados de prebióticos (maltodextrina, oligofrutose e polidextrose). Os produtos contendo CLA apresentaram menores tempos de fermentação em comparação ao tratamento controle (sem suplementação com prebióticos).

Outra possibilidade que tem sido explorada é a produção de leites fermentados funcionais contendo peptídeos bioativos. Podem-se utilizar culturas proteolíticas para a hidrólise das proteínas do leite (caseínas e proteínas do soro), resultando na produção dos peptídeos, ou essa substância pode ser adicionada diretamente ao leite fermentado.

Esses peptídeos estão inativos na molécula da proteína e, quando liberados, dependendo da sequência de aminoácidos, apresentam diversas atividades fisiológicas, como: anti-hipertensiva, antitrombótica, antioxidante, antimicrobiana, imunomodulatória, opioide ou quelante de minerais. Essas propriedades têm um papel importante na promoção da saúde dos indivíduos. A Tabela 7.10 mostra as propriedades físico-químicas e fisiológicas dos peptídeos derivados das proteínas do leite.

Tabela 7.10 Propriedades físico-químicas e fisiológicas dos peptídeos derivados das proteínas do leite

Proteína precursora	Nome	Função
	Proteínas do soro	
α-lactoalbumina	α-lactoforina	Opioide (antagonista), inibidor de ECA
β-lactoglobulina	β-lactoforina	Efeito estimulatório não opioide sobre o íleo
β-lactoglobulina	β-lactotensina	Contração do íleo
GMP	Casoplatelinas	Antitrombótica, anti-hipertensiva
Albumina sérica bovina	Serotonina	Opioide
Albumina sérica bovina	Albutensina A	Contração do íleo, inibidor da ECA
	Caseínas	
α, β-caseína	Casomorfinas	Opioide
α, β-caseína	Casoquininas	Anti-hipertensiva
k-caseína	Casoxinas	Opioide (antagonista)

(*continua*)

Tabela 7.10 Propriedades físico-químicas e fisiológicas dos peptídeos derivados das proteínas do leite (*continuação*)

Proteína precursora	Nome	Função
k-caseína	Casoplatelinas	Antitrombótica
α, β-caseína	Imunopeptidases	Imunoestimulante
α, β-caseína	Caseinofosfopeptídeos	Quelante de minerais

GMP – glicomacropeptídeo; ECA – enzima conversora da angiotensina.

O sistema proteolítico de células lisadas de *L. lactis*, *Lb. helveticus* e *Lb. delbrueckii* subsp. *bulgaricus* contém proteinases e peptidases intracelulares, incluindo endopeptidases, aminopeptidases, tripeptidases e dipeptidases, que hidrolisam a caseína com a liberação de peptídeos bioativos em leites fermentados (DE DEA LINDNER et al., 2013).

Muitas pesquisas mostram a ocorrência de peptídeos bioativos em leites fermentados. Fosfopeptídeos identificados em leites fermentados permitem a quelação de vários minerais, como cálcio, zinco, manganês e ferro, pelo aumento da solubilidade dos minerais no pH intestinal, facilitando sua absorção.

Na produção de leites fermentados funcionais, podem-se também utilizar culturas produtoras de vitaminas. Sabe-se que algumas cepas têm a capacidade de sintetizar vitaminas de complexo B (tiamina, folato e riboflavina) e vitamina K. O uso de culturas *starters* selecionadas para a fermentação apresenta o potencial de não somente direcionar para o aumento do perfil nutricional dos alimentos, mas também carrear microrganismos para o intestino, onde eles podem sintetizar tais vitaminas *in vivo* (DE DEA LINDER et al., 2013).

O uso de BAL produtora de vitaminas pode ser uma alternativa de bom custo-benefício para os programas de fortificação de vitaminas, além de ser útil na elaboração de produtos inovadores enriquecidos de vitaminas. A produção de vitaminas por BAL varia consideravelmente, sendo espécie-específica ou cepa-dependente. O processo biotecnológico de produção de vitaminas por BAL aumenta o valor nutricional e comercial dos leites fermentados e, consequentemente, poderia contribuir para o crescimento do mercado desses produtos (PENNA et al., 2015).

Nos últimos anos, muitos processos biotecnológicos têm sido explorados para uma produção de vitaminas mais econômica e sustentável que a produção via síntese química (LEBLANC et al., 2011).

Muitas espécies de BAL apresentam a habilidade de produzir folato: *Lact. lactis*, *Lb. acidophilus*, *Lm. fermentum*, *Lp. plantarum*, *Lb. bulgaricus*, *Streptococcus sp.*, *Leuconostoc lactis*, *Enterococcus sp.* e *B. longum*. Adicionalmente, diferentes cepas de *Lb. reuteri* apresentam habilidade de produzir cobalamina (vitamina B_{12}). *Lm. reuteri* JCM1112, além de produzir vitamina B_{12}, pode produzir altas quantidades de folato.

Na cepa *Lm. reuteri* CRL 1098 foram identificados mais de trinta genes envolvidos na síntese de cobalamina. Em função disso, essas cepas de BAL podem potencialmente aumentar os níveis de folato nos leites fermentados. Por outro lado, tem sido relatado que algumas culturas *starters* e probióticas de *Lactobacillus* em produtos não lácteos utilizam mais folato do que produzem (LEBLANC et al., 2011).

O uso de *Lp. plantarum* produtor de vitaminas em leite fermentado e iogurtes pode aumentar potencialmente as concentrações de vitamina e fornecer nutrientes para os consumidores. Li et al. (2017) isolaram vitamina B_{12} (cobalamina) extracelular produzida por *Lp. plantarum* (LZ95 e CY2) e avaliaram o potencial probiótico para aplicação na indústria de alimentos. Além da produção de vitamina B_{12} (60-98 μg/L), as cepas de *Lactobacillus* sp. apresentaram boa viabilidade na presença de sais biliares (0,3%) e suco gástrico (pH 2,0 e 3,0), bem como boa adesão às células Caco-2.

Altos níveis de outras vitaminas do complexo B são também sintetizados por BAL durante a fermentação de produtos lácteos. Entretanto, poucos relatos mostram a produção de vitaminas hidrossolúveis por BAL (LEBLANC et al., 2011).

De maneira geral, os processos biotecnológicos de produção de vitaminas por BAL precisam ser mais bem explorados, pois aumentam o valor nutricional e comercial dos produtos primários e, consequentemente, podem também contribuir para o crescimento do mercado desses produtos.

7.7 CONSIDERAÇÕES FINAIS

Neste capítulo foram apresentadas as características e os processos biotecnológicos de produção de leites fermentados (iogurte, leite fermentado ou cultivado, leite acidófilo, coalhada, *kefir* e *kumys*), bem como o valor nutritivo e os requisitos legais. Os diferentes tipos de leites fermentados têm sido produzidos e consumidos desde o início da civilização em várias regiões do mundo. Na última década, houve um aumento no desenvolvimento de leites fermentados funcionais, com a utilização de BAL probióticas e/ou prebióticas, com BAL selecionadas para a produção de biocompostos, como peptídeos bioativos e vitaminas, ou ainda com adição de compostos bioativos.

REFERÊNCIAS

ABBASILIASI, S. et al. Isolation of *Pediococcus acidilactici* Kp10 with ability to secrete bacteriocin-like inhibitory substance from milk products for applications in food industry. *BMC Microbiology*, London, v. 12, n. 260, p. 0-12, 2012.

ACTIMEL-DANONE. *O que é Actimel*. 2021. Disponível em: http://www.actimel.com.br/. Acesso em: 2 jun. 2021.

AKUZAWA, R.; MIURA, T.; SURONO, I. S. Asian fermented milks. In: FUQUAY, J. W., FOX, P. F., MCSWEENEY, P. L. H. (Ed.). *Encyclopedia of Dairy Science*. 2. ed. San Diego: Academic Press, 2011. p. 507–511.

ALIAKBARIAN, B. et al. Production of a novel fermented milk fortified with natura antioxidants and its analysis by NIR spectroscopy. *Food Science and Technology*, London, v. 62, n. 1, parte 2, p. 376-383, jun. 2015.

ARRUDA, A. A. S. *Desenvolvimento de coalhada sabor maracujá com características simbióticas*. 2013. 75 f. Dissertação (Mestrado em Ciência e Tecnologia de Alimentos) – Universidade Federal Rural de Pernambuco, Recife, 2013.

ARYANA, K. J.; OLSON, D. W. A 100-year review: yogurt and other cultured dairy products. *Journal of Dairy Science*, Champaign, v 100, n. 12, p. 9987-10013, 2017.

AYYASH, M. et al. In vitro investigation of anticancer, antihypertensive, antidiabetic, and antioxidant activities of camel milk fermented with camel milk probiotic: a comparative study with fermented bovine milk. *Journal of Dairy Science*, Champaign, v. 101, n. 2, p. 900-911, 2018.

BANWO, K.; SANI, A.; TAN, H. Technological properties and probiotic potential of *Enterococcus faecium* strains isolated from cow milk. *Journal of Applied Microbiology*, Oxford, v. 114, n. 1, p. 229-241, 2012.

BENGOA, A. A. et al. Kefir micro-organisms: their role in grain assembly and health properties of fermented milk. *Journal of Applied Microbiology*, Oxford, v. 126, n. 3, p. 686-700, 2019.

BINNS, N. *Probióticos, prebióticos e a microbiota intestinal*. São Paulo: ILSI Brasil, 2014.

BORGES, D. O. et al. *Leuconostoc mesenteroides* subsp. *mesenteroides* SJRP55 reduces *Listeria monocytogenes* growth and impacts on fatty acids profile and conjugated linoleic acid content in fermented cream. *LWT – Food Science and Technology*, London, v. 107, p. 264-271, 2019.

BORGONOVI, T. F. *Biocompostos das polpas de maracujá e de buriti: caracterização e aplicação em leite*. 2018. Dissertação (Mestrado em Engenharia e Ciência de Alimentos) – Universidade Estadual Paulista "Júlio de Mesquita Filho", São José do Rio Preto, 2018.

BRASIL. Ministério da Agricultura, Pecuária e Abastecimento. Instrução Normativa n. 46, de 23 de Outubro de 2007. Regulamento Técnico de Identidade e Qualidade de Leites Fermentados. *Diário Oficial da União*, Brasília, DF, Seção 1, p. 4, 2007.

BRASIL. Agência Nacional de Vigilância Sanitária. Resolução RDC n. 12, de 2 de janeiro de 2001. Aprova o Regulamento Técnico sobre padrões microbiológicos para alimentos. *Diário Oficial da União*, 10 jan. 2001.

BRASIL. Agência Nacional de Vigilância Sanitária. *Alimentos com alegações de propriedades funcionais e ou de saúde, novos alimentos/ingredientes, substâncias bioativas e probióticos*: lista de alegações de propriedade funcional aprovadas. Brasília, DF, 2014. Disponível em: http://www.anvisa.gov.br/alimentos/comissoes/tecno_lista_alega.htm. Acesso em: 28 nov. 2014.

CASAROTTI, S. N.; CARNEIRO, B. M.; PENNA, A. L. B. Evaluation of the effect of supplementing fermented milk with quinoa flour on probiotic activity. *Journal of Dairy Science*, Champaign, v. 97, n. 10, p. 6027-6035, 2014.

CHANDAN, R. C. History and consumption trends. In: CHANDAN, R. C.; KILARA, A. (Ed.). *Manufacturing yogurt and fermented milks*. 2. ed. Iowa: Wiley-Blackwell Publishing, 2013. p. 13.

CHANDAN, R. C. An overview of yogurt production and composition. In: SHAH, N. P. *Yogurt in health and disease prevention*. London: Academic Press, 2017. p. 31-48.

CHANDAN, R. C.; GANDHI, A.; SHAH, N. P. Yogurt: historical background, health benefits, and global trade. In: SHAH, N. P. *Yogurt in health and disease prevention*. Academic Press: London, 2017. p. 3-29.

CHANDAN, R. C.; O'RELL, K. R. Principles of yogurt processing. In: CHANDAN, R. C. (Ed.). *Manufacturing yogurt and fermented milks*. Iowa: Blackwell Publishing, 2006. p. 195-209.

CHEN, C. et al. Role of lactic acid bacteria on the yogurt flavour: a review. *International Journal of Food Properties*, New York, v. 20, n. S1, p. S316-S330, 2017.

COMAN, M. M. et al. Effect of buckwheat flour and oat bran on growth and cell viability of the probiotic strains *Lactobacillus rhamnosus* IMC 501®, *Lactobacillus paracasei* IMC 502® and their combination SYNBIO®, in symbiotic fermented milk. *International Journal of Food Microbiology*, New York, v. 167, n. 2, p. 261-268, 2013.

CRUZ, A. G et al. Leites fermentados e iogurtes probióticos e prebióticos. In: SAAD, S. M. I.; CRUZ, A. G.; FARIA, J. A. F. (Ed.). *Probióticos e prebióticos em alimentos*: fundamentos e aplicações tecnológicas. São Paulo: Livraria Varela, 2011. p. 271-304.

DAS, K.; CHOUDHARYA, R.; THOMPSON-WITRICK, K. A. Effects of new technology on the current manufacturing process of yogurt to increase the overall marketability of yogurt. *LWT – Food Science and Technology*, London, v. 108, p. 69-80, 2019.

DE DEA LINDNER, J. et al. Fermented foods and human health benefits of fermented functional foods. In: SOCCOL, C. R.; PANDEY, A.; LARROCHE, C. (Ed.). *Fermentation processes engineering in the food industry*. Boca Raton: CRC Press, 2013. p. 263-297.

DIVYA, J. B., NAMPOOTHIRI, K. M. Folate fortification of skim milk by a probiotic *Lactococcus lactis* CM28 and evaluation of its stability in fermented milk on cold storage. *Journal of Food Science and Technology*, Mysore, v. 52, n. 6, p. 3513-3519, 2015.

ESPÍRITO-SANTO, A. P. et al. Rheology, spontaneous whey separation, microstructure and sensorial characteristics of probiotic yoghurts enriched with passion fruit fiber. *Food Research International*, New York, v. 50, n. 1, p. 224-231, 2013.

FAO/WHO. Food and Agriculture Organization of the United Nations/World Health Organization. *Guidelines for the evaluation of probiotics in food*. London, ON, 2002.

FARAG, M. A. et al. Rediscovering acidophilus milk, its quality characteristics, manufacturing methods, flavor chemistry and nutritional value. *Critical Reviews in Food Science and Nutrition*, Boca Raton, v. 16, p. 1-18, 2019.

FARNWORTH, E. R.; MAINVILLE I. Kefir – A fermented milk product. In: FARNWORTH, E. R. (Ed.). *Handbook of fermented functional foods*. Boca Raton: CRC Press; Taylor & Francis Group, 2008. p. 89-118.

FAZILAH, N. F. et al. Influence of probiotics, prebiotics, synbiotics and bioactive phytochemicals on the formulation of functional yogurt. *Journal of Functional Foods*, Amsterdam, v. 48, p. 387-399, 2018.

FERNANDES, R. Probiotic Products. In: FERNANDES, R. (Ed.). *Microbiology handbook dairy products*. Leatherhead: Leatherhead Publishing, 2009. p. 84.

FOOD INGREDIENTS FIRST. *Top Ten Trends 2019: Daring Dairy*. 2019. Disponível em: https://www.foodingredientsfirst.com/Webinars/top-ten-trends-2019-daring--dairy.html. Acesso em: 16 dez. 2019. Acesso em: dez. 2019.

GERMAN, J. B. The future of yogurt: scientific and regulatory needs. *American Journal of Clinical Nutrition*, New York, v. 99, n. 5, p. 1271S-1278S, 2014.

GIBSON, G. R. et al. Expert consensus document: The International Scientific Association for Probiotics and Prebiotics (ISAPP) Consensus Statement on the Definition and Scope of Prebiotics. *Nature Reviews Gastroenterology and Hepatology*, London, v. 4, n. 8, p. 491-502, 2017.

GOMAND, F. et al. Food matrix design for effective lactic acid bacteria delivery. *Annual Review of Food Science and Technology*, Palo Alto, v. 10, p. 285-310, 2019.

GUYONNET, D. et al. Effect of a fermented milk containing *Bifidobacterium animalis* DN-173 010 on the health-related quality of life and symptoms in irritable bowel syndrome in adults in primary care: a multicentre, randomized, double-blind, controlled trial. *Alimentary Pharmacolology & Therapeutics*, v. 26, p. 475-486, 2007.

HANCHI, H. et al. Bacteriocinogenic properties and in vitro probiotic potential of enterococci from Tunisian dairy products. *Archives of Microbiology*, Berlin, v. 196, n. 5, p. 331-344, 2014.

HENNING, S. M. et al. Health benefit of vegetable/fruit juice-based diet: Role of microbiome. *Scientific Reports*, v. 7, n. 2167, p. 1-9, 2017.

KARAM, M. C. et al. Effect of dairy powders fortification on yogurt textural and sensorial properties: a review. *Journal of Dairy Research*, Cambridge, v. 80, n. 4, p. 400-409, 2013.

KONGO, J. M.; MALCATA, F. X. Acidophilus milk. In: CABALLERO, B.; FINGLAS P. M.; TOLDRÁ, F. *Encyclopedia of Food and Health*. Kidlington: Academic Press, 2016. p. 6-14.

LAGUNA, L. E. et al. Coalhada caprina dessorada adicionada de polpa de frutos tropicais. *Prática e Processo Agropecuário*, Comunicado Técnico n. 116, dez. 2010. Disponível em: https://ainfo.cnptia.embrapa.br/digital/bitstream/item/149865/1/CNPC-2010-Cot116.pdf. Acesso em: 2 jun. 2021.

LEBLANC, J. G. et al. B-group vitamin production by lactic acid bacteria. Current knowledge and potential applications. *Journal of Applied Microbiology*, Oxford, v. 111, n. 6, p. 1297-1309, 2011.

LEE, W. J.; LUCEY, J. A. Formation and physical properties of yogurt. *Asian-Australasian Journal of Animal Sciences*, Seul, v. 23, n. 9, p. 1127-1136, 2010.

LEITE, A. M. O. et al. Microbiological, technological and therapeutic properties of kefir: a natural probiotic beverage. *Brazilian Journal of Microbiology*, São Paulo, v. 44, n. 2, p. 341-349, 2013.

LI, P. et al. Characterization of extracellular vitamin B 12 producing *Lactobacillus plantarum* strains and assessment of the probiotic potentials. *Food Chemistry*, London, v. 234, p. 494-501, 2017.

LIU, S. N.; HAN, Y.; ZHOU, Z. J. Lactic acid bacteria in traditional fermented Chinese foods. *Food Research International*, Barking, v. 44, n. 3, p. 643-651, 2011.

MARQUES, F. P. P. et al. Padrões de identidade e qualidade de fermentados acéticos comerciais de frutas e vegetais. *Ciência e Tecnologia de Alimentos*, Campinas, v. 30, n. 1, p. 119-126, 2010.

MISCHKE, M. et al. Specific synbiotics in early life protect against diet-induced obesity in adult mice. *Diabetes, Obesity and Metabolism*, Oxford, v. 20, n. 6, p. 1408-1418, 2018.

MOHAMMADI, R.; SOHRABVANDI, S.; MOHAMMAD, A. M. Review: The starter culture characteristics of probiotic microorganisms in fermented milks. *Engineering in Life Sciences*, Weinheim, v. 12, n. 4, p. 399-409, 2012.

MOORE, J. B.; HORTI, A.; FIELDING, B. A. Evaluation of the nutrient content of yogurts: a comprehensive survey of yogurt products in the major UK supermarkets. *BMJ Open*, London, v. 8, n. 8, e021387, 2018.

MU, Z.; YANG, X.; YUAN, H. Detection and identification of wild yeast in Koumiss. *Food Microbiology*, London, v. 31, p. 301-308, 2012.

NGUYEN, H. T. H. et al. The microstructure and physicochemical properties of probiotic buffalo yoghurt during fermentation and storage: a comparison with bovine yoghurt. *Food Bioprocessing Technology*, New York, v. 7, n. 4, p. 937-953, 2014.

NIELSEN, B.; GURAKAN, G. C.; UNLU, G. Kefir: a multifaceted fermented dairy product. *Probiotics & Antimicrobial Proteins*, New York, v. 6, n. 3-4, p. 123-135, 2014.

OKUDA, N. K. et al. Partial characterisation of a bacteriocin produced by *Leuconostoc mesenteroides* A11 and evaluation of bacteriocin production using whey as culture medium. *International Journal of Dairy Technology*, Huntingdon, v. 71, s. 1, p. 240-244, 2018.

OLIVEIRA, M. N. Características funcionais de leites fermentados e outros produtos lácteos. In: OLIVEIRA, M. N. (Ed.). *Tecnologia de produtos lácteos funcionais*. São Paulo: Atheneu, 2009. p. 277-320.

OLIVEIRA, M. N. Aspectos tecnológicos de alimentos funcionais contendo probióticos. *Brazilian Journal of Pharmaceutical Sciences*, São Paulo, v. 38, n. 1, p. 1-21, 2002.

OLIVEIRA, R. P. S. et al. Effect of different prebiotics on the fermentation kinetics, probiotic survival and fatty acids profiles in nonfat symbiotic fermented milk. *International Journal of Food Microbiology*, Amsterdam, v. 128, n. 3, p. 467-472, 2009.

OZER, B. Microbiology and biochemistry of yogurt and other fermented milk products. In: OZER, B.; AKDEMIR-EVRENDILEK, G. (Ed.). *Dairy microbiology and biochemistry*: recent developments. Boca Raton: CRC Press; Taylor & Francis Group, 2014. p. 199-201.

PANAHI, S. Yogurt, diet quality and lifestyle factors. *European Journal of Clinical Nutrition*, London, v. 71, p. 573-579, 2017.

PAPADIMITRIOU, K. et al. Stress physiology of lactic acid bacteria. *Microbiology and Molecular Biology Reviews*, New York, v. 80, n. 3, p. 837-890, 2016.

PAULA, A. T. et al. *Leuconostoc mesenteroides* SJRP55: a bacteriocinogenic strain isolated from Brazilian water buffalo mozzarella cheese. *Probiotics & Antimicrobial Proteins*, New York, v. 6, n. 3-4, p. 186-197, 2014a.

PAULA, A. T. et al. *Leuconostoc mesenteroides* SJRP55: a potential probiotic strain isolated from Brazilian water buffalo mozzarella cheese. *Annals of Microbiology*, Heidelberg, v. 62, n. 2, p. 899-910, 2014.

PENG, Y.; WEST, G. E.; WANG, C. Consumer attitudes and acceptance of cla-enriched dairy products. *Canadian Journal of Agricultural Economics*, Winnipeg, v. 54, n. 4, p. 663-684, 2006.

PENNA, A. L. B. et al. Overview of the functional lactic acid bacteria in fermented milk products. In: RAVISHANKAR, R. V.; JAMUNA, B. A. (Ed.). *Beneficial microbes in fermented and functional foods*. Boca Raton: CRC Press, 2015.

PIMENTEL, T. C. et al. Brazilian yogurt-like products. In: SHAH, N. P. *Yogurt in health and disease prevention*. London: Academic Press, 2017. p. 331-352.

RADULOVIĆ, Z. et al. The application of autochthonous potential of probiotic *Lactobacillus plantarum* 564 in fish oil fortified yoghurt production. *Archives of Biological Science*, Nova Belgrado, v. 66, n. 1, p. 15-22, 2014.

REGO, R. A. et al. As macrotendências do setor de produtos lácteos. In. ZACARCHENCO, P. B.; VAN DENDER, A. G. F.; REGO, R. A. (Org). *Tendências do Mercado de Produtos Lácteos*. Campinas: ITAL, 2017. p. 59-67.

REIS, J. A. et al. Lactic acid bacteria antimicrobial compounds: characteristics and applications. *Food Engineering Reviews*, New York, v. 4, n. 2, p. 124-140, 2012.

ROBINSON, R. K. Yoghurt types and manufacture. In: FUQUAY, J. W. (Ed.). *Encyclopedia of dairy sciences*. London: Academic Press, 2002. p. 1055-1058.

ROBINSON, R. K.; LUCEY, J. A.; TAMIME, A. Y. Manufacture of yoghurt. In: TAMIME, A. Y. (Ed.). *Fermented milks*. Oxford: Blackwell Science, 2006. p. 53-75.

ROGINSKI, H. Types of fermented milks. In: FUQUAY, J. W. (Ed.). *Encyclopedia of dairy sciences*. London: Academic Press, 2002. p. 2369-2375.

SARKAR, S.; MISRA, A. K. Technological and dietetic characteristics of probiotic acidophilus milk. *British Food Journal*, Bradford, v. 112, n. 3, p. 275-284, 2010.

SARKAR, S. Potentiality of probiotic yoghurt as a functional food – a review. *Nutrition and Food Science*, London, v. 49, n. 2, p. 182-202, 2019.

SHIBY, V. K.; MISHRA, H. N. Fermented milks and milk products as functional foods-a review. *Critical Reviews in Food Science and Nutrition*, Boca Raton, v. 53, n. 5, p. 482-496, 2013.

SILVA, C. C. G.; SILVA, S. P. M.; RIBEIRO, S. C. Application of bacteriocins and protective cultures in dairy food preservation. *Frontiers in Microbiology*, Lausanne, v. 9, article 594, 2018.

SOUZA, G. C. et al. Desenvolvimento de coalhada seca em diferentes tempos de processamento. *Revista Tecnológica*, edição especial V Simpósio de Engenharia, Ciência e Tecnologia de Alimentos, Maringá, v. 1, p. 75-82, 2011.

TADINI, C. C. Obtenção higiênica do leite. Beneficiamento. In: Oliveira, M. N. (Ed.) *Tecnologia de Produtos Lácteos Funcionais*. São Paulo: Atheneu, 2009. p. 85-124.

TAMIME, A. Y. Fermented milks: a historical food with modern applications-a review. *European Journal of Clinical Nutrition*, London, v. 56, n. 4, p. 2-15, 2002.

TAMIME, A. Y.; SKRIVER, A.; NILSSON, L. E. Starter cultures. In: TAMIME, A. Y. (Ed.). *Fermented milks*. Oxford: Blackwell Science, 2006. p. 11-43.

TODOROV, S. D. et al. Potential beneficial properties of bacteriocin-producing lactic acid bacteria isolated from smoked salmon. *Journal of Applied Microbiology*, Oxford, v. 110, n. 4, p. 971-986, 2011.

VALDÉS-VARELA, L.; RUAS-MADIEDO, P.; GUEIMONDE, M. In vitro fermentation of different fructo-oligosaccharides by *Bifidobacterium* strains for the selection of synbiotic combinations. *International Journal of Food Microbiology*, Amsterdam, v. 242, p. 19-23, 2017.

VARGA, L.; SÜLE, J.; NAGY, P. Survival of the characteristic microbiota in probiotic fermented camel, cow, goat, and sheep milks during refrigerated storage. *Journal of Dairy Science*, New York, v. 97, n. 4, p. 2039-2044, 2014a.

VARGA, L.; SÜLE, J.; NAGY, P. Viability of culture organisms in honey enriched *acidophilus-bifidus-thermophilus* (ABT)-type fermented camel milk. *Journal of Dairy Science*, New York, v. 97, n. 11, p. 6814-6818, 2014b.

VEDAMUTHU, E. R. Other fermented and culture-containing milks. In: CHANDAN, R. C.; KILARA, A. (Ed.). *Manufacturing yogurt and fermented milks*. 2 ed. Iowa: Wiley-Blackwell Pusblishing, 2013. p. 399-403.

VINDEROLA, C. G. et al. A. Influence of compounds associated with fermented dairy products on the growth of lactic acid starter and probiotic bacteria. *International Dairy Journal*, Barking, v. 12, n. 7, p. 579-589, 2002.

WSZOLEK, M. et al. Production of kefir, koumiss and other related products. In: TAMIME, A. Y. (Ed.). *Fermented milks*. Oxford: Blackwell Science, 2006. p. 198-204.

XU, S. A.; BOYLSTON, T. D.; GLATZ, B. A. Conjugated linoleic acid content and organoleptic attributes of fermented milk products produced with probiotic bacteria. *Journal of Agricultural and Food Chemistry*, Easton, v. 53, n. 23, p. 9064-9072, 2005.

ZHANG, Y. et al. Nutrient requirements of *Lactobacillus casei* Shirota and their application in fermented milk. *LWT – Food Science and Technology*, London, v. 118, 2020.

CAPÍTULO 8
Queijos

Eliana Paula Ribeiro

8.1 INTRODUÇÃO

As origens do queijo remontam à Antiguidade, muitos séculos antes de Cristo. Sua descoberta foi, sem dúvida, por acidente e é objeto de muitas lendas e fantasias. A mais conhecida a atribui a um mercador árabe, que, em uma de suas provisões de viagem, armazenou leite em bolsas produzidas com estômago de bezerro. O mercador não demorou a verificar, com sobressalto, que o leite havia desaparecido e em seu lugar, dentro das bolsas, havia uma pasta semissólida e um líquido amarelo. O que o mercador considerou, na ocasião, um infeliz acidente converteu-se em um grande sucesso para a humanidade (BATTISTOTTI et. al., 1984; HARBUTT, 2009).

Atualmente, cerca de 5 mil anos depois, o queijo é produzido em todo o mundo com diferentes tipos de leite, e existem mais de 750 tipos. A diversidade de texturas, sabores e aromas dos queijos é quase infinita e, eventualmente, qualquer queijo pode ser produzido em qualquer lugar do mundo. O tipo, a forma e o leite de um queijo, entretanto, têm sido determinados por forças externas, como eventos históricos, séculos de experimentações, motivos religiosos, entre outros (HARBUTT, 2009).

A produção de queijos no Brasil iniciou-se com a colonização portuguesa, quando da produção de um queijo fresco muito similar ao queijo Serra da Estrela em Portugal. Na segunda metade do século XVIII, durante a corrida do ouro nas serras mineiras, o leite produzido pelos rebanhos destinados à alimentação dos pioneiros passou a ser utilizado nas fazendas para a produção do queijo minas. Com a vinda dos imigrantes dinamarqueses e holandeses para o Brasil e seu estabelecimento no estado de Minas Gerais, iniciou-se a produção de um queijo semelhante ao *danbo* dinamarquês e ao *gouda* holandês, denominado queijo prato. A produção de queijos no Brasil tem crescido nos últimos anos e o pais já é o terceiro maior produtor, sendo o queijo muçarela o mais consumido.

O queijo é um alimento de alto valor nutricional e fácil conservação e consiste em uma forma de preservação do leite, um alimento muito perecível, por períodos mais longos.

Nas últimas décadas, a indústria queijeira vem sofrendo mudanças rápidas, as quais alteraram a percepção da produção do queijo e sua qualidade. Atualmente, o valor comercial e a aceitabilidade do queijo dependem mais da presença de atributos que da ausência de defeitos. Atingir os perfis de atributos de qualidade desejados e mantê-los de forma consistente são os principais objetivos da indústria queijeira.

Os atributos de qualidade do queijo incluem seus aspectos de textura, sensoriais e funcionais e são afetados pelas características estruturais e de composição. Produzir um queijo de alta qualidade envolve a concepção e a construção de sua estrutura e o atendimento a condições que permitirão o desenvolvimento e a manifestação das características desejadas. As características de qualidade de um queijo são determinadas pela taxa e pela extensão de diferentes reações e interações bioquímicas, as quais são afetadas pela composição e por aspectos do processamento. As propriedades físico-químicas e microbiológicas do leite e as condições de processo exercem uma influência direta na qualidade do queijo.

8.2 COMPOSIÇÃO E VALOR NUTRICIONAL

O queijo é um produto sólido derivado do leite, obtido por meio de sua coagulação com enzima ou ácido lático, seguida de separação do soro. São os fermentos utilizados, o método de coagulação e de separação do soro e os diferentes tratamentos dados à massa obtida que vão controlar a composição e as características organolépticas do produto final.

O queijo é normalmente referenciado como um concentrado proteico-gorduroso, embora o teor de gordura varie com o tipo de queijo.

O teor de umidade varia com o tipo de queijo e está diretamente relacionado com a sua consistência e o seu tempo de vida útil. Quanto mais seco o queijo, mais duro ele é e maior é o seu tempo de conservação.

Além de ser um alimento com elevado teor de proteínas e com alta disponibilidade biológica, contém vitaminas e é rico em sais minerais, como cálcio e fósforo. Na Tabela 8.1 é apresentada a composição química de alguns queijos.

Tabela 8.1 Composição química de alguns queijos

Queijo	Umidade (%)	Gordura (%)	Proteína (%)	Cinzas (%)	Cálcio (%)	Sódio (%)
Brie	48,4	27,7	20,7	2,7	0,18	0,63
Camembert	51,8	24,3	19,8	3,7	0,39	0,84
Cheddar	36,7	33,1	24,9	3,9	0,72	0,62
Cream cheese	53,7	34,9	7,5	1,2	0,08	0,29
Edam	41,4	27,8	25,0	4,2	0,73	0,96
Gorgonzola	36,0	32,0	26,0	5,0	0,48	0,70
Gouda	41,5	27,4	25,0	3,9	0,70	0,82
Muçarela	54,1	21,6	19,4	2,6	0,52	0,37
Parmesão	29,2	25,8	35,7	6,0	1,18	1,60
Prato	43,0	28,0	22,0	3,5	–	1,7
Quarg	79,0	0,2	15,0	1,0	–	0,70
Requeijão	31,5	40,0	23,22	2,43	–	1,54

Fonte: adaptada de Kosikowski (1982) e Rajinder Nath (1993).

8.3 CLASSIFICAÇÃO

Em função do grande número de variedades de queijos, cujas diferenças são devidas a detalhes particulares de processo, região e condições climáticas, matéria-prima etc., é muito difícil classificar os queijos de forma precisa e, em função disso, existem algumas formas de classificação mais comuns.

A classificação mais simples dos diferentes tipos de queijo baseia-se no teor de umidade e na consequente variação de sua consistência. Segundo essa classificação, os queijos são agrupados em quatro classes, relacionadas a seguir:

1) Mole (queijos como minas frescal, *cream cheese*, *cottage*): teor de umidade maior que 50%.
2) Firme ou semiduro (queijos como prato, *gouda*): 40% ≤ teor de umidade ≤ 50%.
3) Duro (queijos como *cheddar*, *gruyère*): 37% ≤ teor de umidade ≤ 40%.
4) Muito duro (queijos como parmesão): teor de umidade ≤ 37%.

Uma classificação mais completa, em função de variáveis de tratamento da massa e de maturação, é apresentada por Oliveira (1986).

8.4 MATÉRIA-PRIMA E INGREDIENTES

8.4.1 LEITE

A matéria-prima utilizada na fabricação do queijo é o leite, sendo o de vaca o mais utilizado. Para alguns tipos específicos e característicos de queijos, são utilizados outros leites, por exemplo: leite de ovelha para a fabricação do queijo *roquefort*; leite de búfala para a fabricação de queijo muçarela; e leite de cabra para fabricação de queijos tipo *boursin*, *chevrotin*, *petit fromage* e *sainte-maure*. Alguns tipos específicos de queijos são produzidos com soro, como a ricota, ou com retentados, obtidos por meio do processo de ultrafiltração de leite, resultando em queijos similares aos tradicionais.

O principal constituinte do leite é a água. Os principais sólidos do leite são compostos de gordura, proteínas, lactose e sais minerais. Os sais minerais e a lactose formam uma solução verdadeira com a água, a gordura forma uma emulsão e a proteína, uma dispersão (sol).

A composição básica do leite é sempre a mesma, mas a proporção dos diferentes componentes varia muito em função da espécie de animal; existe uma relação proporcional entre a composição do leite e o tempo gasto para que o recém-nascido da espécie em questão duplique seu peso ao nascer (Tabela 8.2).

Tabela 8.2 Variação da composição centesimal do leite em relação às espécies de animais

Espécie	Proteína (%)	Gordura (%)	Lactose (%)	Cinzas (%)	Água (%)
Humana	1,5	3,5	7,0	0,2	87,8
Bovina	3,5	3,8	5,0	0,7	87,0
Caprina	4,0	3,0	4,8	0,8	87,4
Ovina	5,4	8,2	4,8	0,9	80,7
Equina	2,6	1,6	6,1	0,4	89,3
Búfala	4,1	7,7	4,8	0,7	82,7

Fonte: Oliveira (1986).

A principal variação na composição do leite é em função da espécie: dentro de uma mesma espécie existem variações entre as raças, e numa mesma raça existem variações individuais. Além dessas fontes de variação, em menor escala, o leite pode apresentar variações em função do tipo de alimentação, das condições climáticas, do período de lactação e da intensidade de ordenha.

A gordura do leite encontra-se na forma de glóbulos emulsionados na fase líquida. Pode ser separada do leite, em função de sua menor densidade, por centrifugação ou simplesmente se o leite for deixado em repouso e resfriado. A maior parte dos queijos é produzida a partir de leite integral, entretanto, com a crescente demanda por produtos com reduzido teor de gordura, tem aumentado a utilização de leite padronizado com menor teor de gordura para a produção de queijos. Na fabricação de queijos por meio de coagulação ácida do leite, por exemplo, *quarg* e requeijão, utiliza-se o leite desnatado, uma vez que a gordura não é retida na massa obtida nessa forma de coagulação. A padronização do teor de gordura do leite pode ser realizada também por microfiltração.

Normalmente se fixa um teor mínimo de gordura no leite e, consequentemente, no queijo resultante, de acordo com o tipo ou a variedade. A gordura exerce uma função muito importante na cor, na consistência e no sabor final do queijo.

As proteínas do leite são compostas pelas caseínas (aproximadamente 80% do total de proteínas do leite) e pelas proteínas do soro (20% do total). As caseínas encontram-se dispersas no leite e estão organizadas na forma de micelas, compostas de α_{s1}-caseína, α_{s2}-caseína, β-caseína, κ-caseína e fosfato de cálcio coloidal. A κ-caseína, única entre as caseínas que não precipita na presença do íon cálcio, encontra-se na superfície externa da micela e exerce um efeito protetor sob as demais caseínas (WALSTRA et al., 2006). É a quebra desse efeito protetor por ação enzimática que permite a fabricação de queijos por coagulação enzimática.

As caseínas exercem um papel fundamental na fabricação de queijos, determinando a coagulação e o rendimento do processo de fabricação. Quanto maior o teor de caseínas, maior é o rendimento. Durante a maturação, as modificações sofridas pelas caseínas vão exercer um papel fundamental no aroma, no sabor e na textura do produto final.

As proteínas do soro, constituídas em sua maior fração por lactoalbuminas, solúveis em água, e lactoglobulinas, solúveis em soluções salinas, não coagulam por ação do coalho e possuem um ponto isoelétrico diferente das caseínas. Pelo fato de essas proteínas ficarem na fase aquosa (soro do leite) quando ocorre a coagulação, são denominadas proteínas do soro. A extração dessas proteínas do soro é realizada por meio do ajuste do pH, com adição de ácido, até seu ponto isoelétrico sob aquecimento para a produção de ricota.

A lactose, açúcar do leite, um dissacarídeo redutor composto de galactose e glicose, é responsável pelo sabor doce do leite. É o substrato utilizado pelo fermento lático para a produção de ácido lático.

Os principais sais minerais do leite são os de cálcio e de fósforo. O cálcio exerce um papel fundamental na coagulação enzimática do leite e na estrutura da massa coagulada. Os queijos produzidos por meio da coagulação enzimática possuem maior teor de minerais que os produzidos por meio da coagulação ácida do leite.

O leite para fabricação do queijo deve apresentar cor, sabor e odor típicos, ser isento de antibióticos e possuir qualidade microbiológica adequada, ou seja, ser isento de microrganismos patogênicos e produtores de gás. É importante ressaltar que a qualidade do queijo é função do leite utilizado em seu processo de fabricação.

8.4.2 FERMENTOS

O fermento ou cultura é o primeiro ingrediente adicionado ao leite; são microrganismos selecionados de acordo com o tipo de queijo. Esses microrganismos devem estar ativos no momento de sua adição ao leite, para que iniciem imediatamente sua atividade.

As culturas láticas são organismos que fermentam a lactose do leite a ácido lático e outros produtos. Incluem os *Lactococcus*, *Leuconostoc*, *Lactobacillus* e *Streptococcus thermophilus*. Para alguns tipos de queijos adiciona-se também *Propionibacterium*, *Brevibacterium* ou espécies de fungos pertencentes ao gênero *Penicillium*. Eles são usados junto com as bactérias láticas para o desenvolvimento das características típicas do queijo, como olhaduras no queijo suíço, produzidas por *Propionibacterium*, e a cor alaranjada e o sabor típicos do queijo *brick*, resultantes do desenvolvimento do *Brevibacterium linens*. Os queijos *blue* e *brie* derivam suas características dos mofos azuis e brancos, respectivamente.

A acidificação do leite é uma etapa essencial no processo de fabricação de queijos. É realizada por meio da adição de linhagens selecionadas de bactérias que fermentam a lactose e produzem ácido lático. Tanto a extensão de produção de ácido como a taxa de produção são importantes na fabricação do queijo. As culturas mesófilas (*Lactococcus*) são usadas em queijos nos quais a massa é aquecida até, no máximo, 40 °C, e as culturas termófilas, nos queijos cujas massas são aquecidas a temperaturas mais elevadas, de 50-56 °C, por exemplo, para a produção dos queijos suíço e parmesão.

A produção de ácido é a função principal da bactéria ácido-lática. Durante o processo de fabricação de queijos, a população aumenta de 2×10^7 UFC/g para 2×10^9 UFC/g, tendo crescimento exponencial durante a etapa de tratamento da massa e atingindo a fase estacionária durante a etapa de prensagem. Durante a maturação, as bactérias estão na fase de declínio, então ocorre a lise de sua parede celular e a liberação de enzimas intracelulares, as quais continuam a atuar nos componentes do queijo para dar-lhe as características adequadas de sabor, aroma, corpo e textura. Ocorrem outras mudanças incidentais no leite e nos queijos resultantes da produção de ácido pelas bactérias ácido-láticas. Essa produção de ácido auxilia no processo de coagulação do leite por ação enzimática, afetando seu rendimento e o processo de maturação. Nos queijos produzidos por coagulação ácida, o ácido neutraliza o potencial zeta das caseínas e provoca sua aglomeração e sua consequente coagulação.

A velocidade de desenvolvimento dessas bactérias e consequente produção de ácido afeta a dissociação do fosfato de cálcio coloidal presente na micela de caseína, que influenciará a proteólise e afetará as propriedades reológicas dos queijos (WALSTRA; VAN VLIET, 1986).

Durante seu desenvolvimento, as bactérias ácido-láticas produzem fatores antimicrobianos e controlam o crescimento de certas bactérias contaminantes e de patogênicos no queijo. Além disso, seu crescimento resulta em um baixo potencial de oxirredução (E_h), necessário para a produção de compostos aromáticos em alguns queijos.

Na Tabela 8.3 são apresentados os tipos de fermentos utilizados na fabricação de alguns queijos.

Tabela 8.3 Fermentos láticos usados em alguns queijos

Tipo de queijo	Microrganismos adicionados
Cheddar, colby, prato	*Lactococcus lactis* subsp. *lactis, L. lactis* subsp. *cremoris, Leuconostoc mesenteroides* subsp. *cremoris, L. lactis* subsp. *lactis* biovar. *diacetylactis*
Suíço	*Streptococcus thermophilus, Lactobacillus delbrueckii* subsp. *bulgaricus* ou *L. helveticus* ou *L. delbrueckii* subsp. *lactis* e *Propionibacterium*
Parmesão, romano	*Streptococcus thermophilus, Lactobacillus delbrueckii* subsp. *bulgaricus* ou *L. helveticus* ou *L. delbrueckii* subsp. *lactis*
Mussarela, provolone	*Streptococcus thermophilus, Lactobacillus delbrueckii* subsp. *bulgaricus* ou *L. helveticus*
Blue, roquefort, stilton, gorgonzola	*Streptococcus thermophilus, Lactococcus lactis* subsp. *lactis/cremoris, L. lactis* subsp. *lactis* biovar. *diacetylactis, Penicillium roqueforti*
Camembert	Cultura de *Lactococcus* *Penicillium camemberti*
Brick, limburguer	Mistura de cultura de *Lactococcus* com *S. salivarius* subsp. *thermophilus* *Brevibacterium linens* na superfície
Cottage, minas	*L. lactis* subsp. *lactis* e *L. lactis* subsp. *cremoris*

Fonte: Rajinder Nath (1993).

Normalmente adiciona-se de 0,5% a 2% de fermento em relação ao leite.

O principal papel da cultura lática é exercido na cura do queijo, não sendo, portanto, essencial sua adição na etapa de coagulação. Entretanto, ao ser adicionada ao leite, exerce uma efetiva inibição do crescimento de microrganismos ou contaminantes indesejáveis e, conforme já mencionado, ajuda na ação do coalho, na dessoragem e na coesão da massa. Além disso, durante a coagulação o fermento se adapta ao meio, estando ativo para produzir ácido durante o tratamento da massa.

8.4.3 COAGULANTES

Nos queijos produzidos por coagulação enzimática, o coalho, denominação do produto comercial, é o agente responsável pela coagulação do leite. O coalho é composto pela enzima renina (quimiosina) ou pepsina, ou ainda uma mistura das duas.

Estão disponíveis no mercado coalhos contendo renina extraída de estômago de bezerro, renina bovina ou renina de origem microbiana.

A quantidade de coalho a ser utilizada é determinada pelo seu poder coagulante (atividade) e pelo tempo de coagulação desejado. Está disponível comercialmente nas formas líquida, em pó e em pasta, o qual contém ainda lipases em adição às enzimas proteolíticas. A força do coalho consiste na quantidade necessária para coagular o leite em 40 minutos a 35 °C. Normalmente, o coalho líquido tem força de 1:10.000, que diminui com o decorrer do tempo (na prática, usa-se entre 10 e 20 mL/100 litros de leite). O coalho em pó é mais estável e mais concentrado, sua força coagulante é de 1:100.000 e a dosagem utilizada é de 2,5 g/100 litros de leite. O poder coagulante do coalho depende do tipo de enzima, em função de sua atividade proteolítica na fração κ da caseína (FURTADO, 1991; OLIVEIRA, 1986).

O coalho deve ser diluído antes de sua adição ao leite para garantir sua distribuição uniforme e evitar a formação de flocos de coágulos no primeiro contato do coalho concentrado com o leite. A diluição é feita, geralmente, com água destilada, nas proporções de 1:10 para o coalho na forma líquida e de 1:40 a 1:100 para o coalho em pó, sendo que, nesse caso, aconselha-se acrescentar 1% a 2% de sal na água de diluição para aumentar a dissolução do pó. O coalho assim diluído é adicionado aos poucos e misturado até a obtenção de uma distribuição homogênea. A seguir, o leite deve ser deixado em completo repouso até sua coagulação. Deve-se evitar qualquer agitação durante a coagulação, para evitar a redução na consistência e na elasticidade do coágulo resultante. O coalho é o último ingrediente adicionado ao leite antes da coagulação.

8.4.4 CLORETO DE CÁLCIO

A presença do cálcio solúvel, na forma ionizada, é essencial para que a coagulação ocorra.

Como no tratamento térmico do leite uma pequena parte do cálcio iônico é convertido em cálcio coloidal, é necessário adicionar cálcio ao leite pasteurizado para garantir a formação de um coágulo adequado. O cálcio é normalmente adicionado na forma de cloreto de cálcio.

A adição de cálcio reduz o tempo de coagulação e aumenta a firmeza e a expulsão do soro da massa. Essa adição provoca o aumento do teor de cálcio ionizado, de cálcio coloidal e de caseína micelar. O cálcio reage com os fosfatos de leite, transformando-os em fosfato tricálcico, liberando prótons H^+ no leite e provocando um ligeiro abaixamento do pH. Devido a esses fenômenos, a micela de caseína cresce e torna-se mais instável, o que facilita a coagulação do leite.

No processo de fabricação de queijos, normalmente, adicionam-se 20 g de cloreto de cálcio, na forma de uma solução aquosa a 50%, para cada 100 litros de leite. Teores elevados de cloreto de cálcio, acima de 40 g por 100 litros de leite, podem provocar a precipitação das proteínas por meio do mecanismo conhecido como *salting out*.

8.4.5 CORANTE

Alguns queijos que apresentam coloração amarelada, por exemplo, o queijo tipo prato, recebem como aditivo um corante à base de urucum, que é adicionado ao leite antes da coagulação. O corante comercial utilizado na fabricação de queijos é normalmente adicionado na proporção de 5 a 10 mL para cada 100 litros de leite.

8.4.6 SAL

O sal é utilizado na fabricação de queijos com várias finalidades. Além de complementar e enriquecer o seu sabor, também melhora sua textura e sua aparência.

O sal controla a fermentação lática, determinando o nível ideal de acidez, inibe o desenvolvimento de microrganismos indesejáveis e auxilia na expulsão do soro.

É usado em proporções que variam conforme o tipo de queijo, geralmente de 1% a 5%, sendo em torno de 1,2% a 1,5%, atualmente, a proporção mais frequente.

8.5 PROCESSO DE FABRICAÇÃO

A fabricação de um queijo é um processo que pode ser muito longo, abarcando o período desde a coleta do leite até o final da maturação. Entretanto, os principais fatores desse processo, que determinam as características finais de um queijo, são regulados em um espaço de poucas horas, iniciando com a colocação do leite no tanque de fabricação até sua prensagem nas formas. Esse período (que varia de 2 a 5 horas para a maioria dos queijos) é fundamental, porque os tratamentos realizados no leite e na massa determinarão as características e a qualidade do produto.

A fabricação do queijo é, essencialmente, um processo de desidratação do leite no qual caseína, gordura e minerais do leite são concentrados em seis a doze vezes. Cerca de 80% da água presente no leite é removida. A adição de coalho, o desenvolvimento de ácido pelo fermento lático, o tipo de fermento utilizado e o grau de tratamento térmico aplicado à massa após esta ter sido cortada constituem as constantes do processo de fabricação de queijos. É a modulação dessas constantes junto com diferentes microrganismos e condições de maturação que resulta em diferentes tipos de queijos.

A fabricação de um queijo pode ser comparada a um violinista tocando seu instrumento. A viola tem quatro cordas, mas a intensidade com a qual o violinista aplica seu arco e o conhecimento de quando e como aplicá-lo podem resultar tanto em um concerto como em uma canção de ninar (KOSIKOWSKI, 1982).

8.5.1 PADRONIZAÇÃO DO LEITE

A composição do leite tem importância fundamental nas características do queijo; leites provenientes de diferentes espécies dão origem a diferentes tipos de queijos. Os teores máximo de umidade e mínimo de gordura no extrato seco (GES), para cada tipo de queijo, são definidos pela legislação em vigor. Quanto maior o teor de GES, mais macio é o queijo.

O leite deve ser filtrado, podendo ser clarificado em função de sua qualidade e do tipo de queijo.

Dependendo da composição do queijo final, o teor de gordura do leite é padronizado em centrífugas de pratos. Para alguns tipos de queijo, o leite pode ser homogeneizado.

8.5.2 TRATAMENTO TÉRMICO DO LEITE

A flora bacteriana presente no leite cru pode variar consideravelmente em população e espécie dependendo de como o leite é obtido e transportado. O leite cru pode conter microrganismos patogênicos; os principais são *Mycobacterium tuberculosis*, *Brucella abortus*, *Listeria monocytogenes*, *Coxiella brunette*, *Salmonella typhi*, *Campylobacter jejuni*, *Clostridium perfringens* e *Bacillus cereus*. Todos esses organismos, com exceção do *Cl. perfringens* e do *B. cereus*, são destruídos pela pasteurização.

A pasteurização envolve o aquecimento do leite a 62-65 °C por 30 minutos ou 72-75 °C por 20 segundos (*High Temperature, Short Time* – HTST). Antigamente, a maior parte dos queijos era produzida a partir de leite cru e, atualmente, a maior parte é produzida a partir de leite pasteurizado. A legislação brasileira exige o tratamento térmico do leite para a produção de queijos que não serão submetidos a um período de maturação maior que 60 dias, com exceção dos queijos artesanais com certificado de origem.

A pasteurização do leite para produção de queijos não substitui as práticas adequadas de higiene e sanitização. O tratamento térmico do leite destrói, além dos microrganismos patogênicos e daqueles indesejáveis (que produzem gás e alteram o sabor do queijo), as bactérias láticas, que exercem um papel fundamental no desenvolvimento das características desejadas no queijo durante a cura. Dessa forma, torna-se necessário adicionar os fermentos láticos, o que é uma vantagem, uma vez que é possível adicionar somente aqueles adequados ao queijo em questão. A adição de fermentos selecionados permite o controle da fermentação e evita a ocorrência de fermentações indesejáveis, as quais poderiam resultar em defeitos de sabor, aroma e textura nos queijos. Essa adição torna possível a padronização tecnológica dos queijos, resultando em maior uniformidade.

A desvantagem da pasteurização é a dificuldade de se desenvolver integralmente o sabor e o aroma característicos de alguns queijos, por exemplo, os queijos *cheddar*, suíço e parmesão, devido à eliminação de enzimas naturais presentes no leite cru e de microrganismos contaminantes naturais secundários que, embora dominados pelos microrganismos láticos desejáveis, desempenham um papel complementar na cura do queijo.

A utilização de tratamentos térmicos mais severos que os citados anteriormente pode resultar em falhas na estrutura do coágulo, o qual se torna cada vez mais frágil à medida que se aumenta a intensidade do tratamento. Além da perda do cálcio solúvel, pode ocorrer desnaturação das proteínas do soro e sua ligação com a caseína, o que é desejável na coagulação ácida e indesejável na enzimática.

8.5.3 COAGULAÇÃO

A coagulação é a etapa decisiva na fabricação de queijos. Tem por finalidade concentrar a proteína e eliminar a água (dessoragem). A dessoragem do coágulo dá origem à massa, que é então moldada em formas diversas de acordo com o tipo de queijo. O fenômeno da coagulação do leite se deve basicamente à caseína, a qual perde sua estabilidade em função de vários agentes físicos e/ou químicos, dos quais a acidificação e a ação de enzimas proteolíticas são as mais importantes do ponto de vista tecnológico.

A coagulação do leite é semelhante na coagulação ácida e na enzimática; entretanto, o coágulo resultante apresenta características físico-químicas e tecnológicas bem diferentes. A principal diferença é a consistência do coágulo. De grande importância tecnológica, o coágulo ácido é inicialmente bastante frágil, dispersando-se facilmente em partículas finamente subdivididas. Entretanto, se for fracionado cuidadosamente, o que provoca a dessoragem, resulta em um precipitado ressecado e firme, porém quebradiço. Já o coágulo enzimático desde o início é mais firme e elástico, semelhante a um gel de gelatina, o qual vai se tornando cada vez mais resistente e, ao ser fracionado, se contrai por sinérese, dando origem a um precipitado consistente e elástico, isto é, não quebradiço como no coágulo ácido.

A coagulação ácida ocorre devido ao abaixamento do pH até ao ponto isoelétrico da caseína, aproximadamente 4,6 a 20 °C. Esse abaixamento de pH é normalmente realizado por meio de fermentação do leite por bactérias láticas selecionadas. Esse tipo de coagulação é usado apenas na fabricação de alguns queijos, por exemplo, *quarg*, requeijão, *cream cheese* e *cottage*. Como a coagulação do leite ocorre na faixa de pH ácido, o soro obtido por coagulação ácida é denominado de soro ácido. Nessa coagulação, ocorre a precipitação das proteínas sem retenção da gordura, e por isso obtém-se um menor rendimento que na coagulação enzimática. Na coagulação ácida, utiliza-se o leite desnatado; o creme de leite é utilizado posteriormente, na fusão ou padronização do produto.

A coagulação enzimática é a mais utilizada no processo de fabricação de queijos devido, principalmente, ao maior rendimento obtido em relação à coagulação ácida. Ela ocorre em pH próximo ao do leite, ou seja, em torno de 6,4 a 6,6; dessa forma, o soro obtido é denominado soro doce. As micelas de caseína são constituídas das frações alfa, beta e *kappa*; enquanto as frações alfa e beta são sensíveis ao íon cálcio, precipitando-se na sua presença, a *kappa* não o é. A fração *kappa* exerce uma ação protetora no leite, evitando que as caseínas se precipitem ou coagulem na presença do íon cálcio.

Na coagulação enzimática, uma enzima proteolítica qualquer, sendo a quimiosina a mais importante na prática, atua sobre a fração *kappa*, desestabilizando-a e expondo as demais caseínas ao cálcio iônico presente no leite. A ação da enzima gera um glicomacropeptídeo, proveniente da proteólise na fração *kappa* mais as demais frações de caseína, denominadas paracaseínas, as quais, por sua vez, reagem com o íon cálcio e formam o paracaseinato de cálcio. O paracaseinato de cálcio formado se agrega em um só bloco reticular, tomando uma aparência semissólida, que é, então, o coágulo ou gel desejado na fabricação de queijos. A gordura e a umidade ficam retidas mecanicamente no seio do coágulo, sendo que a fase aquosa contendo os constituintes hidrossolúveis constitui o soro que sai durante a dessoragem da massa. A consistência do gel vai aumentando gradativamente à medida que aumenta a rigidez dos retículos de paracaseinato de cálcio, chegando a um ponto considerado ótimo em função da elasticidade desejada na massa. Assim, a expressão tempo de coagulação, em tecnologia de queijos, significa não somente o tempo gasto para a enzima agir na modificação da caseína e sua reação com o cálcio, mas também inclui o tempo da formação do gel na sua consistência característica.

O tempo de coagulação é influenciado principalmente pelos seguintes fatores: composição do leite, quantidade e poder coagulante do coalho adicionado, quantidade de ácido, concentração de cálcio solúvel, temperatura, acidez e concentração de caseína e de fosfato de cálcio coloidal.

Em síntese, a coagulação enzimática consiste em tratar o leite, em temperatura e pH adequados, com coalho e fermento lático para formar um bloco sólido e macio, o coágulo, no tanque. A coagulação ácida consiste em precipitação da caseína por meio da utilização de fermento ou de ácido.

O coágulo ácido pode ser obtido por acidificação direta ou indireta quando se utiliza fermento lático para produzir o ácido lático. Na acidificação direta, o ácido lático é adicionado na quantidade necessária para se atingir o pH do ponto isoelétrico da caseína. Na acidificação indireta, o coágulo se forma em 5 a 16 horas, dependendo do tipo e da quantidade de fermento, enquanto o enzimático se forma em 30-40 minutos.

Para economizar tempo, o fermento lático é normalmente adicionado durante o enchimento do tanque de coagulação com o leite. O intervalo de tempo entre a adição do fermento e a adição do coalho é denominado tempo de maturação do leite. Esse tempo varia de 0 a 60 minutos, dependendo do tipo de queijo e de fermento. A maturação do leite permite que as bactérias do fermento se ajustem ao leite e produzam uma pequena quantidade de ácido, que vai auxiliar na atuação do coalho.

O coalho é adicionado ao leite por último, na forma diluída, e homogeneizado por 1 a 3 minutos, e a seguir o leite é deixado em repouso até sua coagulação. A temperatura de coagulação deve ser rigorosamente mantida. O final da coagulação é determinado em função da consistência do gel ou coágulo formado e, na prática, é denominado ponto de corte da massa.

A coagulação do leite se faz, para a grande maioria dos queijos, na faixa de 28 a 35 °C. Como regra geral, para queijos mais macios, se usam temperaturas mais baixas e, para queijos mais duros, temperaturas mais altas, pois a expulsão do soro é acelerada. A coagulação tem velocidade máxima a 40-42 °C, mas essa temperatura não é utilizada, pois a coagulação ocorreria de forma muito rápida (pouca formação do ácido), a massa seria mais difícil de cortar e, sobretudo, nessa faixa de temperatura a cultura mesófila não se desenvolveria. Assim, utilizam-se geralmente temperaturas na faixa de 32 a 35 °C, que permitem uma boa ação enzimática do coalho e o crescimento do fermento lático (RAJINDER NATH, 1993).

8.5.4 CORTE

O corte do coágulo deve ser efetuado no momento adequado (ponto de corte); se realizado antes, devido à natureza frágil do coágulo, ocorrerá um rendimento menor em queijo devido às perdas de proteína e gordura e, se realizado depois do ponto, o coágulo estará muito rígido e, dessa forma, a dessoragem torna-se mais difícil, resultando em queijos com umidade não uniformemente distribuída.

Para verificar se o coágulo está no ponto de corte, é necessário verificar a sua resistência. Decorrido o tempo de coagulação esperado, são realizados alguns testes empíricos para verificar se o coágulo está no ponto. Inicialmente, por meio do fácil desprendimento do coágulo das paredes do tanque quando se exerce uma leve pressão com as mãos ou com uma espátula. Em seguida, outro teste realizado consiste em introduzir uma espátula na superfície do coágulo, no sentido inclinado, e depois empurrá-la para cima para romper o coágulo. Se estiver no ponto de corte, deve ser formada uma fenda única retilínea e sem fragmentação do coágulo.

Na coagulação ácida, o ponto de corte é verificado por meio de determinações de pH e/ou de acidez titulável.

O objetivo dessa etapa é aumentar a área superficial das partículas de massa, o que, por sua vez, permite a expulsão do soro e um aquecimento mais uniforme de todas as partículas de massa no tanque. Quanto menor o tamanho das partículas, maior é a sinérese e, consequentemente, menor a umidade do queijo. É por essa razão que, quando se produzem queijos moles, mais úmidos, o coágulo é cortado em partículas (grãos) maiores (cubos com 1 cm a 2 cm de aresta). Para a produção de queijos semiduros ou duros, as partículas apresentam o tamanho de 0,5 cm (semiduros) ou 0,2 cm (duros). As partículas devem ser cortadas uniformemente para evitar a ocorrência de defeitos no queijo.

Para o corte são usados fios ou lâminas de aço inox dispostos equidistantes e paralelos, nos sentidos horizontal e vertical. A maior parte dos tanques queijeiros é automática, os movimentos de corte são normalmente circulares ou giratórios, e as lâminas horizontais e verticais são usadas concomitantemente. Esses movimentos são programados para o tamanho desejado de cubos de massa por meio de controle de velocidade e da trajetória das lâminas.

É possível verificar se o corte foi efetuado no ponto certo e com os devidos cuidados por meio de um exame do soro, o qual deve apresentar-se límpido e esverdeado. Uma coloração leitosa indica que o coágulo não foi adequadamente formado, resultando em perdas excessivas de massa no soro.

8.5.5 AGITAÇÃO E COZIMENTO

Após o corte, inicia-se imediatamente a eliminação do soro e surgem duas fases, uma de maior densidade, denominada massa, que precipita e outra aquosa, denominada soro. Para evitar que os grãos de massa precipitem de forma compacta, dificultando a dessoragem, efetua-se a agitação. No início, devido à fragilidade dos grãos, a agitação é mais lenta, mas vai se intensificando à medida que os grãos ficam mais firmes. Isso permite que as superfícies das partículas formem novas ligações intramoleculares e tornem os grãos mais rígidos, enquanto expelem o soro. Em queijos moles e de massa crua, como o queijo minas frescal, alguns fabricantes utilizam a agitação alternada com períodos de repouso. Quando, porém, se deseja uma dessoragem mais intensa, como nos queijos semiduros e duros, a agitação é contínua (Figura 8.1).

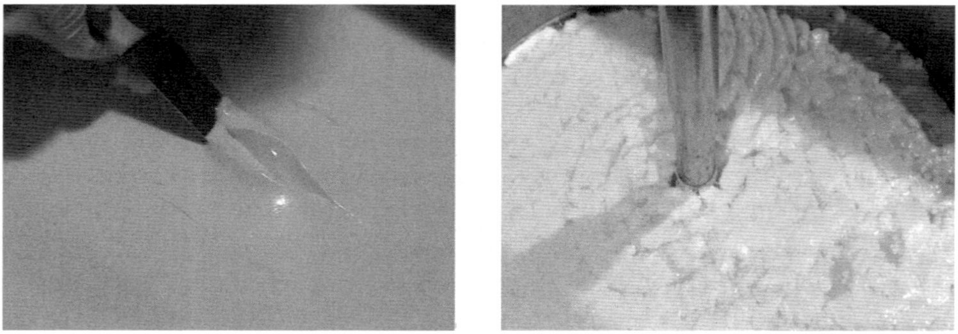

(a) (b)

Figura 8.1 (a) Ponto de corte; (b) agitação.

Para tornar firme um queijo com baixo teor de umidade, a massa deverá ser agitada por 30 minutos após o corte antes de se iniciar o aquecimento, para evitar a desidratação superficial do grão e a consequente formação de filme, o que dificultaria a saída do soro.

Nos queijos semiduros e duros, o corte em grãos pequenos e a agitação contínua não são suficientes para se obter a intensidade de dessoragem desejada. Dessa forma, efetua-se o aquecimento da massa, o qual provoca a contração dos grãos de massa e uma maior expulsão de soro. O aquecimento também altera a textura, dando mais elasticidade à massa, controla o desenvolvimento do fermento lático e inibe o crescimento de microrganismos contaminantes indesejáveis.

O aquecimento é realizado por meio da aplicação de calor aos grãos de massa de forma direta ou indireta, com constante agitação. Para a produção de queijos semiduros, os grãos e o soro são aquecidos até 37-41 °C, dependendo da variedade. Os queijos duros, como o parmesão e o suíço, podem ser aquecidos até 55 °C. A temperatura deve ser aumentada lentamente até a temperatura final desejada, levando de 30 a 40 minutos.

Em queijos mais suaves, como o *saint paulin*, nos quais se deve evitar uma acidificação acentuada (queijos de massa lavada), o aquecimento é realizado por meio da adição de água quente diretamente sobre os grãos de massa após a remoção de 20% a 30% de soro, na mesma proporção de soro retirada. Esse processo resulta em redução do teor de lactose e, consequentemente, em menor acidificação da massa pelas bactérias láticas, as quais utilizam a lactose como substrato para a produção do ácido lático.

Quando o coágulo permanece no soro, a manutenção da temperatura da massa é facilitada pelas diferenças de transferência de calor nos meios sólido e líquido e há um equilíbrio entre a lactose presente na massa e no soro, uma vez que se trata da mesma fase aquosa. O soro fornece uma reserva de lactose que evita qualquer grande diminuição no teor de lactose da massa. Após o soro ser removido, a lactose remanescente no coágulo rapidamente decresce à medida que a fermentação ocorre. Uma massa que tenha permanecido em contato com o soro por um longo período tem um maior teor de lactose que uma massa de mesmo pH cujo soro tenha sido removido. Quando a alta acidez é consequência de um aumento no tempo entre corte e drenagem do soro, ocorre uma grande perda de cálcio e fosfato. A perda de fosfato é suficiente para reduzir a capacidade tamponante do queijo de forma significativa e, consequentemente, o pH do queijo é menor. Tais queijos apresentam um sabor ácido e fraco e corpo e textura pastosos.

O tempo gasto na operação de dessoragem, envolvendo a agitação e o cozimento, varia de acordo com o grau de desidratação desejado na massa, que, por sua vez, depende da consistência e da umidade desejadas no queijo final.

O ponto de massa, momento em que esta se encontra pronta para a etapa de dessoragem, é determinado por consistência, elasticidade, cor e densidade dos grãos, característicos de cada tipo de queijo, e pelo controle de acidez do soro. Nesse momento, os grãos devem estar mais firmes, com maior capacidade de adesão e menos pegajosos que no início da fabricação. Normalmente, o ponto de massa é verificado de forma subjetiva por meio da compressão manual dos grãos de massa.

8.5.6 DESSORAGEM E MOLDAGEM

Ao atingir o ponto de massa, esta é separada do soro por meio da drenagem deste, a fim de ser moldada. Independentemente do processo de fabricação, o soro deve ser retirado rápida e eficientemente para evitar a perda do controle da acidez da massa, que tende a aumentar rapidamente enquanto a massa está submersa no soro. Deve-se ter cuidado para evitar que a massa esfrie e não possa ser moldada, pois, quanto mais a massa esfria, mais difícil se torna a operação de moldagem, devido à dificuldade de união dos grãos.

Após a retirada do soro, a massa pode ser colocada nas formas para a moldagem, como na fabricação de queijos mais úmidos – por exemplo, minas frescal e gorgonzola –, pode ser submetida à pré-prensagem no tanque – para a produção da maioria dos queijos semiduros e duros –, ou pode ainda ser fermentada. A fermentação da massa e o consequente acúmulo de ácido lático provocam mudanças químicas na estrutura da caseína, o teor de cálcio presente é reduzido e a massa torna-se mais flexível e elástica. Essas alterações são necessárias para a produção de queijos de massa filada, como muçarela e provolone, e do queijo *cheddar*.

A moldagem tem por finalidade unir os grãos de massa e eliminar o restante de soro de forma a se obter o bloco de queijo.

A pré-prensagem normalmente é realizada no próprio tanque de fabricação com o objetivo de iniciar a formação de um bloco de massa por meio da aglomeração dos grãos e, assim, facilitar sua divisão para a moldagem e a prensagem final. Alguns autores recomendam que a pré-prensagem seja efetuada sob o soro para manter a massa aquecida, facilitando a coesão dos grãos, e impedir a aeração da massa e a consequente presença de olhaduras mecânicas no queijo.

Em fabricações com volumes pequenos e médios de leite, a pré-prensagem é realizada no próprio tanque de fabricação por 10 a 20 minutos, utilizando-se uma pressão equivalente a duas ou três vezes o peso total da massa no tanque. Nas fabricações de grande porte, a pré-prensagem é realizada em outro tanque situado próximo ou num nível inferior ao tanque de fabricação. São utilizadas prensas pneumáticas, as quais permitem a utilização de maiores valores de pressão.

Após a separação do soro e a pré-prensagem, caso essa operação seja efetuada, a massa é colocada em formas próprias com dimensões e formatos que variam conforme o tipo de queijo. Durante essa etapa, que deve ser realizada rapidamente, é muito importante a manutenção da temperatura da massa para garantir a perfeita coesão dos grãos de massa e o corte uniforme, no tamanho adequado, dos blocos a serem colocados nas formas. A maioria dos tipos de queijos necessita que haja barreiras (filmes porosos) entre o bloco de massa e a forma que permitam a saída do soro, para evitar a adesão da massa à forma, o que dificultaria a dessoragem. Além de facilitar a dessoragem, o filme dá origem a uma crosta característica (casca do queijo), relativamente rígida, uma superfície que protege os queijos e confere-lhes uma apresentação mais uniforme.

8.5.7 PRENSAGEM

Com exceção de alguns tipos de queijos de massa crua e alta umidade, imediatamente após a enformagem, as formas são tampadas e levadas à prensagem final.

Essa operação visa unir os grãos de massa, dando origem a um só bloco de estrutura homogênea, completar a expulsão de soro, conferir o formato desejado ao queijo e formar a sua casca característica.

As prensas usadas na fabricação dos queijos podem ser verticais ou horizontais e a pressão é exercida mecanicamente por pistões hidráulicos. As prensas horizontais permitem uma prensagem mais uniforme e o uso de pressões mais elevadas. As prensas verticais promovem uma prensagem não uniforme, uma vez que, além da pressão aplicada, nesse caso, tem-se o efeito gravitacional. Para minimizar essas diferenças, a posição dos queijos na prensa é alternada durante toda essa etapa, entretanto, em função da menor área de instalação, essas prensas permitem a prensagem de uma quantidade maior de queijos.

A pressão a ser utilizada depende do tipo de queijo, podendo variar de quatro a quarenta vezes o peso do queijo e ter uma duração de 2 a 24 horas; quanto mais desidratada (mais dura) for a massa, maior deve ser a prensagem.

Para evitar deformações e uma desidratação intensa somente na superfície externa do queijo, a qual dificulta a saída do soro presente no interior, são utilizadas pressões menores no início da prensagem, com aumento gradativo de sua intensidade.

Na operação de prensagem, cerca de 20 a 40 minutos após o seu início, procede-se à primeira viragem dos queijos. Essa viragem consiste em retirar os queijos das formas, inspecioná-los quanto a irregularidades e recolocá-los na posição invertida dentro das formas. Dependendo do tipo de queijo ou da técnica de fabricação, são realizadas duas, três ou até mais viragens durante a prensagem, sendo que na última viragem pode-se, em alguns casos, recolocar os queijos nas formas sem os panos e prensá-los por alguns minutos, com o objetivo de corrigir deformações.

8.5.8 SALGA

O sal é adicionado a quase todos os tipos de queijo, em quantidades que variam de 1% a 5%, sendo, atualmente, 1,2% a 1,5% a mais comum. Ele modifica o sabor do queijo, promove a sinérese, regula o teor de umidade e reduz a atividade de água. Exerce um papel preponderante nos fenômenos físico-químicos, bioquímicos e microbiológicos que ocorrem durante a maturação.

A aplicação do sal no queijo pode ser realizada de várias formas, e as mais comuns são a salga seca, em salmoura, na massa ou uma combinação desses. No Brasil, a maioria dos queijos recebe o sal por meio da utilização de salmoura.

Nos métodos de salga seca e salmoura, o sal é absorvido osmoticamente pela superfície externa dos queijos e vai se distribuindo lentamente em toda a massa, levando para isso de 1 a 3 semanas dependendo do tamanho, do formato e da umidade do queijo. A salga após a prensagem limita o tamanho e o formato do queijo, pois, se este for muito grande, o tempo para que o sal seja distribuído uniformemente por todo o queijo será muito longo e isso dificultará sua cura correta e homogênea, ocorrendo cura mais intensa na parte mais interna do queijo que na sua superfície.

A salga em salmoura ou salga úmida é realizada normalmente em tanques de salmoura, onde os queijos são mergulhados após a prensagem. A quantidade de sal retida pelo queijo depende da concentração e da temperatura da salmoura e do tempo de salga. Geralmente utilizam-se salmouras com concentração de sal de 18% a 20% e temperatura entre 10 a 15 °C, para garantir a adequada difusão do sal e evitar o crescimento de microrganismos indesejáveis. O tempo de salga é determinado em função de teor de umidade, tamanho, formato do queijo em questão e teor de sal desejado. Um queijo prato, variedade lanche, de 1 kg necessita permanecer aproximadamente 24 horas em uma salmoura com 20% de sal a uma temperatura de 15 °C. A salmoura deve ser submetida a um rigoroso controle quanto a concentração do sal e condições adequadas de higiene.

Na salga seca, o sal é aplicado na superfície externa dos queijos e vai se dissolvendo lentamente em função da água que sai do queijo. Nesse tipo de salga, a absorção do sal é mais lenta e a desidratação das camadas externas do queijo é menos intensa que na salga por salmoura. Ela dá origem a queijos com uma crosta mais macia, mas é mais lenta e exige mais manuseio e espaço. Pode ser usada em combinação com a salga por salmoura em queijos duros como o parmesão, no qual evita a formação de uma crosta muito espessa e diminui o tempo de permanência na salmoura.

No processo de salga na massa, o sal é adicionado diretamente na massa após a separação do soro, antes da enformagem. Esse processo permite melhores dosagem e distribuição do sal, além de ser mais rápido. A quantidade de sal a ser adicionada à massa dependerá do teor desejado no queijo. Esse tipo de salga é tradicionalmente utilizado na fabricação do queijo *cheddar* e atualmente na produção do queijo minas frescal.

8.5.9 CURA OU MATURAÇÃO

Esse é o estágio no qual diferentes variedades de queijo adquirem as características de sabor, aroma e textura próprias, por meio de mudanças bioquímicas complexas.

Durante a cura, as enzimas nativas do leite, do coalho e dos microrganismos catalisam as reações de decomposição dos três principais componentes do leite: lactose, gordura e proteína, retidos no queijo. Dessa decomposição resultam inúmeros metabólitos responsáveis pela variação nas características das variedades de queijos.

Os queijos maturados são quase que totalmente produzidos por coagulação enzimática.

Um queijo é curado ou maturado quando é colocado em um local, denominado câmara de maturação, com temperatura controlada e nível adequado de umidade relativa, por determinado período. A temperatura varia de 2 a 16 °C. Antes de ser colocado na câmara, após a prensagem, o queijo pode ser submetido a secagem superficial, parafinado ou embalado em filmes plásticos. Durante a cura, os queijos podem ser virados ou não, e sua superfície pode ser salgada e limpa periodicamente.

Durante a maturação o oxigênio disponível é consumido pelas bactérias presentes, e o interior do queijo muda rapidamente de um estado aeróbio para anaeróbio. A lactose é convertida já nos primeiros dias de maturação, sendo a maior parte dela transformada em ácido lático e também em componentes como ácidos voláteis, álcoois, ácido propiônico, ácido acético, dióxido de carbono e outros (FOX; LUCEY; COGAN, 1990).

A proteólise é uma reação crítica para a conversão da massa em um queijo bem maturado. A degradação da caseína no queijo é devida à presença de proteinases microbianas residuais, provenientes do fermento, e de proteínas nativas do leite, como a plasmina.

A consistência e o sabor do queijo são muito dependentes da proteólise que ocorre durante sua maturação. Nas primeiras semanas de maturação, o coalho hidrolisa a fração α_{s1} da caseína ao peptídeo α_{s1}, o que provoca o enfraquecimento da rede proteica da caseína. Em adição, ocorrem a hidrólise da β-caseína e a posterior hidrólise do peptídeo a peptídeos menores e aminoácidos, principalmente pela atividade proteolítica da plasmina, da quimiosina e de enzimas bacterianas do fermento lático.

O desdobramento das proteínas pela ação das enzimas proteolíticas ocorre mais lentamente e, além de afetar o sabor, altera a consistência e a textura dos queijos. De uma textura elástica, o queijo vai se tornando cada vez mais ceroso, podendo chegar a cremoso ou pastoso se a ação proteolítica for muito intensa. O desdobramento da gordura é igualmente lento, porém bem mais específico, dando sabor e aroma característicos a certos tipos de queijos sem promover alterações significativas na consistência destes. Durante a cura do queijo, além dos desdobramentos primários (hidrólise da gordura e proteólise), ocorrem reações metabólicas secundárias, nas quais ácido lático, peptídeos e ácidos graxos são transformados na mais variada gama de produtos que contribuem para o sabor, o aroma e as características típicas de determinado tipo de queijo. A complexidade do mecanismo de cura de um queijo aumenta, principalmente, com o tempo de maturação, razão dos segredos ainda existentes em termos de queijos finos de longa maturação.

As principais reações bioquímicas que ocorrem durante a maturação envolvem glicólise (metabolismo da lactose/lactato), proteólise (hidrólise da proteína a peptídeos e aminoácidos) e lipólise (hidrólise da gordura a glicerol e ácidos graxos). Essas mudanças são seguidas e superadas por um número de mudanças catabólicas secundárias, incluindo desaminação, aminação, descarboxilação, transaminação, dessulfurização e β oxidação. Entre os inúmeros compostos gerados em decorrência dessas transformações e que contribuirão para o sabor e o aroma dos queijos estão peptídeos, aminoácidos, aminas, ácidos e tióis, produzidos a partir das transformações em proteínas, ácidos graxos, cetonas, lactonas e ésteres produzidos a partir da gordura e de ácidos, CO_2, ésteres e álcoois produzidos a partir da lactose (FOX, 1989; RAFECAS; BOATELLA; LA TORRE, 1985).

A maturação de certos queijos é feita por meio do desenvolvimento de fungos ou bactérias aplicados em sua superfície; são os denominados queijos com maturação superficial. Eles podem ser divididos em duas categorias: maturados por fungos ou bactérias. Pertencem à primeira categoria queijos como o *camembert* e o *brie*, os quais se caracterizam por apresentar o crescimento de um fungo superficial branco, pertencente à família *Penicillium*, em toda a sua parte externa (manto branco). A outra categoria é aquela dos queijos maturados superficialmente por bactérias, como *limburger, port salut* e *munster.* Os queijos maturados superficialmente por fungos ou bactérias são de tamanho relativamente pequeno para garantir que ocorram as reações em todo o queijo.

O período de cura é extremamente crítico, uma vez que pode ocorrer o crescimento de microrganismos indesejáveis, principalmente mofos, que atingem a superfície do queijo e provocam alterações desagradáveis.

A extensão e o tipo de maturação dependem da temperatura, do tempo de maturação, da composição do queijo, principalmente teores de umidade e de sal, e dos tipos e das atividades de enzimas e microrganismos utilizados ou contaminantes. As mudanças físicas e químicas que ocorrem durante a maturação determinam as qualidades sensoriais e a textura do queijo.

Após o período de cura, os queijos estão prontos para o consumo.

8.6 OS DIFERENTES TIPOS DE QUEIJO

Existem muitos tipos de queijos atualmente produzidos no mundo inteiro, alguns com características muito peculiares e distintas dos demais, como o *emmental* e o *camembert*; outros constituem variações sutis de um tipo de queijo, como o *brie* (variedade do *camembert*) e o *gruyère* (variedade do *emmental*).

A tendência ao consumo de produtos personalizados, com diferentes sabores e, particularmente, com certificado de origem está crescendo de forma muito intensa. Para atender a essa demanda crescente, a produção de queijos, com características peculiares e únicas, está sendo realizada em pequenas queijarias.

Conforme já citado, o leite, as condições climáticas e típicas de uma região, pequenas variações no processo de fabricação e o tipo de fermento utilizado definirão as características típicas de um queijo em particular.

Na Figura 8.2 estão representados, de forma simplificada, os processos de fabricação de alguns queijos elaborados com leite de vaca.

A exigência legal de pasteurização do leite para a fabricação de queijos no Brasil é dispensada nos processos de fabricação de queijos com período de cura superior a 60 dias, por exemplo, parmesão, *emmental*, provolone, entre outros; de queijos cujas massas são submetidas ao aquecimento em temperaturas mais elevadas que da pasteurização convencional, por exemplo, queijos fundidos, requeijão e ricota; e de queijos com certificado de origem, por exemplo, o queijo minas da Serra da Canastra.

Para a produção de queijos como parmesão e *emmental*, tão distintos em termos de sabor, aroma e textura, pode-se utilizar essencialmente o mesmo processo. Então, por que são tão diferentes? A diferença essencial está no tipo de fermento utilizado. Enquanto para a fabricação do queijo parmesão utiliza-se um fermento contendo bactérias láticas termófilas (*Streptococcus thermophilus*, *Lactobacillus delbrueckii* subsp. *bulgaricus*, *L. helveticus* ou *L. delbrueckii* subsp. *lactis*), na fabricação dos queijos *gruyère* e *emmental* utiliza-se um fermento contendo essas bactérias mais *Propionibacterium*, que é a bactéria responsável pelas olhaduras desses queijos e também pelas suas características de aroma e sabor. O tempo de maturação dos dois queijos é diferente em função da utilização de diferentes fermentos.

Em um queijo como o provolone, de massa filada e curada, o fermento lático desempenha o papel fundamental de acidificar a massa, modificando sua estrutura, de forma que ela possa ser filada. A mesma massa filada, sem ser submetida aos processos de defumação e cura, desde que obtida a partir de leite pasteurizado, após a moldagem resulta no queijo muçarela.

A partir do soro de queijo, obtido na coagulação enzimática, pode-se produzir queijos de soro como a ricota. O processo baseia-se na precipitação das proteínas do soro, normalmente realizada por meio de acidificação e aquecimento do soro.

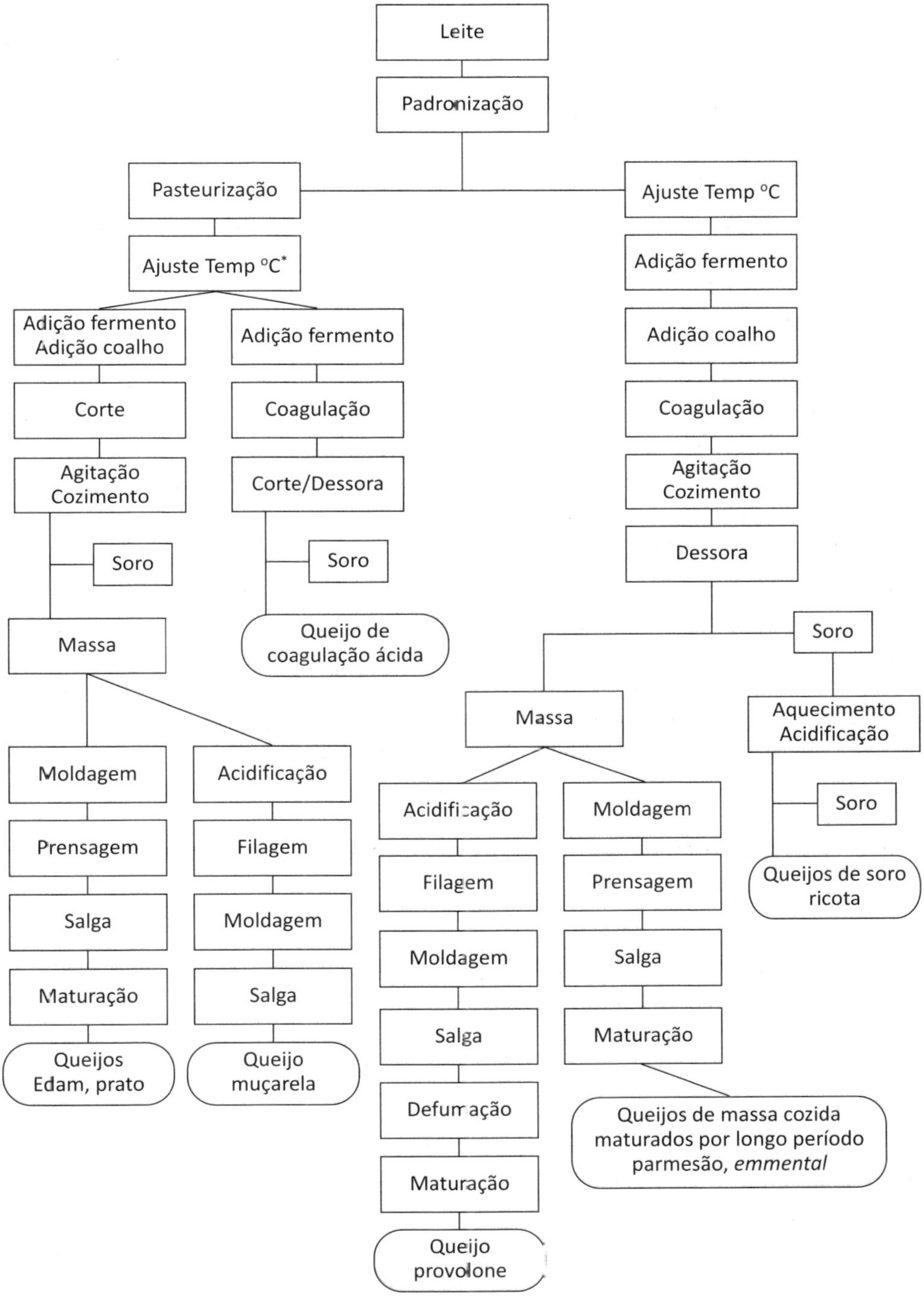

* Ajuste Temp °C é o resfriamento até a temperatura de coagulação em °C.

Figura 8.2 Representação dos processos de fabricação de queijos.

A coagulação ácida do leite, normalmente obtida por meio da fermentação do leite pelas bactérias láticas presentes no fermento, pode produzir diferentes tipos de queijos, por exemplo, *quark*, *petit-suisse* (queijo *quark* adicionado de polpas e aromas de frutas), *cream cheese* e *cottage*. A mesma massa obtida após a retirada do soro pode ser adicionada de creme de leite e/ou de sais fundentes e submetida à fusão a 90-95 °C para produzir o requeijão, produto típico do Brasil.

Com a coagulação enzimática do leite acrescido de fermento lático mesófilo, contendo bactérias láticas acidificantes e aromatizantes, e o aquecimento da massa até 40 °C, podem-se obter queijos como *edam* e prato. Se a esse leite for adicionado apenas um fermento mesófilo com bactérias acidificantes e não se efetuar o cozimento (massa crua) e a prensagem, obtém-se, após a moldagem, o queijo minas. O queijo pode ser minas frescal ou minas curado (minas padrão) se for submetido a um período de cura de no mínimo 20 dias. A mesma massa pode ser adicionada de esporos do mofo *Penicillium roqueforti* e submetida a condições adequadas de cura para a produção de um queijo gorgonzola. Entretanto, se em lugar dos esporos do *P. roqueforti* forem aplicados os esporos do mofo *Penicillium camemberti* na superfície do queijo (de pequenas dimensões), pode-se produzir um queijo tipo *camembert*.

Essas considerações mostram que, por meio de modificações muito sutis no processo e no tipo de ingrediente ou leite utilizado, podem-se produzir queijos com características típicas e distintas dos demais. Além disso, o rigoroso controle de todas as etapas do processo, do leite e dos ingredientes é necessário para garantir a produção de determinado tipo de queijo com as características adequadas de sabor, aroma e textura e que não ofereça riscos à saúde do consumidor.

8.7 ULTRAFILTRAÇÃO NO PROCESSO DE FABRICAÇÃO DE QUEIJOS

Quando a indústria açucareira usou pela primeira vez a separação molecular por membrana para a purificação de açúcar, em 1965, a indústria de alimentos se deparou com uma nova tecnologia. Embora existam várias técnicas de separação molecular por membrana, as mais utilizadas no tratamento do leite e de derivados são ultrafiltração, microfiltração e osmose inversa.

Em contraste com a osmose inversa, que consiste em um processo de difusão, a ultrafiltração é essencialmente um processo de peneiramento de soluções líquidas no qual os constituintes são fracionados de acordo com o seu peso molecular. A solução da alimentação é normalmente bombeada, em temperaturas relativamente baixas (4 a 60 °C) e sob baixas pressões (1,7 a 3,1 Bar), através de membranas com poros de diâmetros que permitem a passagem de moléculas com peso molecular nominal de 10.000 a 50.000 Daltons (valor *cut-off*). O valor *cut-off* da membrana é indicado pelo peso molecular da menor molécula por ela retida. A fração líquida retida pela membrana é denominada "concentrado seletivo" ou retentado e a fração líquida que passa através da membrana é denominada permeado (LAWRENCE, 1989; RIBEIRO; ROIG, 1996).

Na ultrafiltração de leite integral, as proteínas, a gordura e os minerais complexados com as micelas de caseína são concentrados no retentado, enquanto a lactose e os sais minerais ionizados são eliminados no permeado (RENNER; EL-SALAM, 1991).

Para designar o nível de concentração do retentado em relação ao leite inicial, normalmente utiliza-se o fator de concentração volumétrico (FCV), definido como a relação entre a quantidade final de retentado e a quantidade inicial de leite. Um fator de concentração de 5:1 indica que o retentado foi concentrado, por meio de redução de volume da alimentação, cinco vezes em relação ao leite inicial, por exemplo, a partir de 100 litros de leite foram obtidos 20 litros de retentado e 80 litros de permeado.

A aplicação do processo de ultrafiltração de leite para a fabricação de queijos surgiu em 1969, na França, quando da geração de patente de um processo denominado MMV, em homenagem aos inventores Maubois, Mocquot e Vassal (MAUBOIS; MOCQUOT, 1974). Essa invenção provocou uma revolução na tecnologia de laticínios: numerosos trabalhos foram realizados a seu respeito e, atualmente, várias indústrias, inclusive no Brasil, utilizam essa tecnologia para a produção de queijos.

O processo MMV consiste, inicialmente, em selecionar um queijo de composição conhecida a ser produzido. A seguir, o leite ou mistura de leite é concentrado por ultrafiltração até os teores de proteína e gordura do retentado corresponderem aos do queijo selecionado. Como a ultrafiltração permite a remoção de lactose no soro, sua ação é semelhante ao tratamento da massa no processo tradicional. Mas, como as proteínas do soro são retidas junto com a caseína no retentado, elas aumentam o rendimento do queijo e o seu valor nutricional. O retentado resultante, com fatores de concentração de 5:1 a 10:1, foi denominado pré-queijo pelos inventores, porque possui, aproximadamente, a mesma composição do queijo selecionado. Em seguida são adicionadas quantidades determinadas de cultura lática, renina e sal e a mistura é colocada em formas. Em poucos minutos um queijo fresco é obtido.

As principais vantagens do processo MMV consistem em: aumento de rendimento de cerca de 16% a 20%, devido à completa retenção das proteínas do soro nos queijos moles; padronização e uniformidade dos produtos; economia da quantidade de renina necessária para a coagulação em aproximadamente 80%, devida à total retenção dela no queijo; economia de mão de obra, de equipamentos e de área útil, devida ao pequeno volume das plantas de ultrafiltração e da eliminação da fase de tratamento da massa; processo contínuo e automatizado; redução no nível de contaminação do processo e do produto; permeado (novo soro) sem proteínas, portanto, seu poder poluente é reduzido em cerca de 20% e, além disso, pode ser utilizado para a produção de outros produtos (MAUBOIS; MOCQUOT, 1974).

O período de 1969 a 1979 foi marcado por uma extensiva exploração quanto à aplicação do processo MMV em diferentes tipos de queijos, e o período de 1980 a 1985 foi marcado pela expansão industrial dos queijos produzidos por ultrafiltração (KOSIKOWSKI, 1986).

Vários queijos moles, como *camembert*, *saint-paulin*, *quark*, *queso blanco*, *feta* e minas frescal, são produzidos por meio da concentração do leite por ultrafiltração (VAN DENDER, 1995).

A fabricação de queijos de textura mais rígida e maturados a partir de retentados segundo o processo MMV enfrenta muitas dificuldades. Esses queijos apresentam textura atípica e deficiências de sabor e aroma. A maturação desses queijos é muito lenta e não ocorre da mesma forma que nos queijos tradicionais (GARRIDO; FERNANDEZ-GARCIA, 1992; JAMESON, 1987).

Além do processo MMV, os outros métodos utilizados pela indústria para conversão de retentados em queijos são:

- Padronização do teor proteico do leite, na faixa de 3,6% a 4,0%, por ultrafiltração e fabricação do queijo pelo método tradicional. Esse processo resulta em queijos mais homogêneos entre si e em menor perda de finos de caseína no soro.
- Pré-concentração do leite antes da fabricação do queijo pelo método tradicional a um fator de concentração volumétrico de 1,5:1 a 2:1. Esse processo é denominado *low concentration retentate* (LCR) (KOSIKOWSKI, 1986) e pode ser usado para a produção de uma grande variedade de queijos. Ele possibilita o aumento da capacidade do equipamento para fabricação de queijos e a redução no consumo de coalho e de fermento lático.

As principais dificuldades encontradas para a conversão de retentados com alto teor proteico em queijos são: o alto poder tamponante; a elevada viscosidade dos retentados; o teor de cálcio mais elevado; a fragilidade dos coágulos obtidos; e a dificuldade de maturação.

A elevação do teor de proteínas e de sais minerais nos retentados provoca, de modo muito sensível, o aumento do poder tamponante destes, dificultando o abaixamento de pH dos retentados (BRULE; MAUBOIS; FAUQUANT, 1974). Em um mesmo pH, os produtos obtidos por ultrafiltração contêm mais ácido lático que os tradicionais. Em função do efeito tampão, a quantidade de ácido lático a ser desenvolvida para atingir um pH definido nos queijos é muito maior que a necessária no processo tradicional. Para reduzir o poder tamponante dos retentados, são utilizados tratamentos como pré-acidificação do leite antes da ultrafiltração, uso de leite coagulado e adição de cloreto de sódio. As técnicas de acidificação convertem o cálcio coloidal à forma solúvel, permitindo sua remoção no permeado durante sua acidificação. Entretanto, esse alto poder tamponante permite uma maior sobrevivência de bactérias com efeito probiótico, permitindo a produção de queijos com a alegação de "probióticos" e/ou "simbióticos" (RIBEIRO; SIMÕES; JURKIEWICZ, 2009).

Os retentados obtidos por ultrafiltração de leite são líquidos não newtonianos e exibem um aumento de viscosidade proporcional ao aumento do teor de proteínas. O aumento do teor proteico favorece as interações de fosfocaseinato de cálcio entre as micelas, resultando em maior viscosidade. A alta viscosidade dos retentados dificulta a distribuição uniforme de fermentos láticos e de coalho neles, podendo resultar em defeitos de coagulação e de fermentação lática. Além disso, esses retentados, em função de sua viscosidade, resfriam mais lentamente.

O ajuste da concentração de cálcio em relação à de proteína total, por meio da utilização de técnicas de pré-acidificação do leite antes da ultrafiltração, adição de cloreto de sódio, ultrafiltração de leite coagulado etc., parece ser fundamental para corrigir os defeitos de textura encontrados em alguns queijos produzidos a partir de retentados.

A maturação lenta é o principal problema encontrado na produção de queijos semiduros e duros, produzidos por meio da concentração do leite por ultrafiltração, principalmente devido a uma menor degradação da fração β-caseína. Essa maturação mais lenta é devida à presença de lactoglobulina nesses queijos e à consequente inibição na atividade da plasmina.

A fragilidade dos coágulos obtidos a partir dos retentados requer a utilização de equipamentos especialmente desenvolvidos para trabalhá-los e evitar, dessa forma, a perda de proteínas no soro (RIBEIRO; ROIG, 1996).

REFERÊNCIAS

BATTISTOTTI, B. et al. *Cheese*: a guide to the world of cheese and cheesemaking. New York: Facts On File Publications, 1984.

BRULE, G.; MAUBOIS, J. L.; FAUQUANT, J. Étude de la teneur en éléments minéraux des produits obtenus lors de l'ultrafiltration du lait sur membrane. *Le Lait*, v. 539-540, p. 600-615, 1974.

FOX, P. F. Proteolysis during cheese manufacture and ripening. *Journal of Dairy Science*, v. 72, n. 6, p. 1379-1400, 1989.

FOX, P. F.; LUCEY, J. A.; COGAN, T. M. Glycolysis and related reactions during cheese manufacture and ripening. *Critical Reviews in Food Science and Nutrition*, v. 29, n. 4, p. 237-253, 1990.

FURTADO, M. M. *A arte e a ciência do queijo*. 2. ed. São Paulo: Globo, 1991.

GARRIDO, L. A.; FERNANDEZ-GARCIA, E. Utilización de los procesos de membrana en la elaboración de queso. *Rev. Esp. Cienc. Tecnol. Aliment.*, v. 32, n. 4, p. 353-370, 1992.

HARBUTT, J. (Ed.). *World cheese book*. London: Dorling Kindersley Limited, 2009.

JAMESON, G. W. Manufacture of Cheddar cheese from milk concentrated by ultrafiltration: the development and evaluation of a process. *Food Technology in Australia*, v. 39, n. 12, p. 560-564, 1987.

KOSIKOWSKI, F. V. *Cheese and fermented milk foods*. 2. ed. Brooktondale, New York: F. V. Kosikowski and Associates, 1982.

KOSIKOWSKI, F. V. New cheese making procedures utilizing ultrafiltration. *Food Technology*, v. 40, n. 6, p. 71-77, 1986.

LAWRENCE, R. C. The use of ultrafiltration technology in cheesemaking. *Bulletin of the International Dairy Federation*, v. 240, p. 2-15, 1989.

MAUBOIS, J. L.; MOCQUOT, G. Application of membrane ultrafiltration to preparation of various types of cheese. *Journal of Dairy Science*, v. 58, n. 7, p. 1001-1007, 1974.

OLIVEIRA, J. S. *Queijo*: fundamentos tecnológicos. 2. ed. São Paulo: Ícone, 1986.

RAFECAS, M.; BOATELLA, J.; LA TORRE, M. C. Compuestos volátiles en el aroma de los quesos. *Alimentaria*, v. 167, p. 29-34, 1985.

RAJINDER NATH, K. Cheese. In: HUI, Y.H. (Ed.). *Dairy science and technology handbook*. New York: VCH Publishiers, 1993. p. 161-255. (Vol 2: Product manufacturing).

RENNER, E.; EL-SALAM, M. H. A. *Application of ultrafiltration in the dairy industry*. London: Elsevier Science Publishers, 1991.

RIBEIRO, E. P; ROIG, S. M. *Aplicação de ultrafiltração de leite no processo de fabricação de queijo tipo Prato*. Tese (Doutorado) – Universidade Estadual de Campinas (Unicamp), Campinas, 1996.

RIBEIRO, E. P.; SIMÕES, L. G.; JURKIEWICZ, C. Desenvolvimento de queijo minas frescal adicionado de *Lactobacillus acidophilus* produzido a partir de retentados de ultrafiltração. *Ciência e Tecnologia de Alimentos*, Campinas, v. 29, n. 1, p. 19-23, jan.-mar. 2009.

VAN DENDER, A. G. F. *Contribuição ao estudo do uso da ultrafiltração de leite na fabricação de Queijo Minas Frescal*. Tese (Doutorado) – Universidade Estadual de Campinas (Unicamp), Campinas, 1995.

WALSTRA, P.; VAN VLIET, T. The physical chemistry of curd making. *Neth. Milk Dairy Journal*, v. 40, n. 2/3, p. 241-259, 1986.

WALSTRA, P.; WOUTERS, J. T. M.; GEURTS, T. J. *Dairy Science and Technology*. 2. ed. Boca Raton: CRC Press, 2006.

CAPÍTULO 9
Manteigas

Mayara de Souza Queirós

Mirna Lúcia Gigante

9.1 INTRODUÇÃO

A manteiga é um produto tradicional de sabor e aroma agradáveis. É a forma mais antiga de preservação da gordura do leite e pode ser fabricada a partir da gordura de diferentes espécies animais. Este capítulo abordará exclusivamente a manteiga de leite bovino.

De acordo com o *Codex Alimentarius* (FAO/WHO, 1971), a manteiga é o produto gorduroso derivado exclusivamente do leite. Uma porção de 100 g de manteiga deve conter no mínimo 80 g de gordura, 16 g de água e 2 g de sólidos não gordurosos do leite, que incluem proteínas, lactose, cálcio, fósforo e vitaminas lipossolúveis. Do ponto de vista físico-químico, a manteiga é uma emulsão de água em óleo (A/O), obtida por meio do batimento do creme de leite, que é uma emulsão de óleo em água (O/A). A aplicação de energia mecânica aliada ao resfriamento promove a inversão de fases da emulsão (A/O $\rightarrow$ O/A), resultando em um produto cuja estrutura é caracterizada pela presença de gordura líquida (fase contínua); gordura cristalizada no interior de glóbulos intactos e na fase líquida, formando uma rede de cristais; gotículas de água; e bolhas de ar (Figura 9.1). A espalhabilidade ou plasticidade da manteiga é governada pelo equilíbrio entre as fases líquida e cristalizada da gordura disponível para a formação da rede de cristais. O aumento da quantidade de gordura líquida na emulsão resulta em um produto mais macio e espalhável. O equilíbrio entre as duas fases depende das condições de processamento, especialmente as condições de maturação do creme e intensidade do batimento, a qual deve ser suficiente para romper a membrana dos glóbulos de gordura, permitindo a formação de uma rede de cristais na fase líquida contínua da emulsão.

No geral, a manteiga é dividida em dois principais tipos, os quais estão relacionados ao tratamento dado à matéria-prima: manteiga de creme doce, obtida a partir do batimento do creme de leite não fermentado, normalmente designada apenas como manteiga; e manteiga maturada, fabricada a partir de creme de leite fermentado por meio de culturas láticas selecionadas. Ambos os tipos podem ser ou não adicionados de sal, resultando em produtos comercialmente conhecidos como manteiga com e sem sal e manteiga maturada com e sem sal. A qualidade da manteiga durante sua vida de prateleira é determinada por aspectos sensoriais, físico-químicos e microbiológicos, os quais são atribuidos a qualidade da matéria-prima, caracteristicas do processamento e forma de conservação do produto durante o armazenamento.

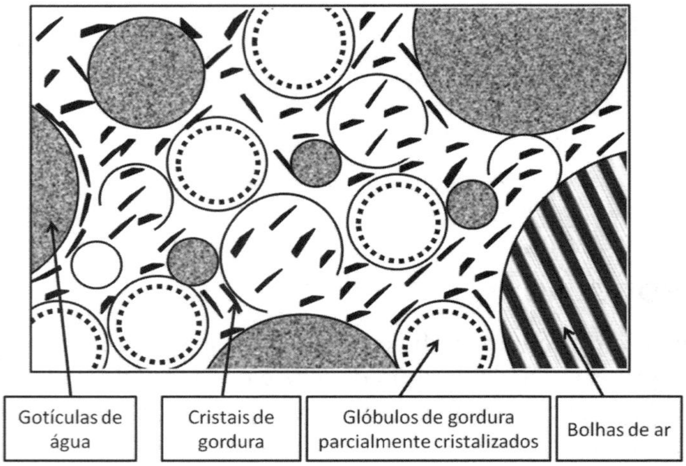

Figura 9.1 Representação da microestrutura da manteiga. A parte branca representa gordura líquida.

O objetivo deste capítulo é discutir o processamento de manteigas, iniciando pela caracterização da gordura do leite, que representa aproximadamente 80% da composição do produto, seguida das principais etapas do processamento, até os parâmetros de qualidade e defeitos do produto e a possibilidade de modificação de manteigas.

9.2 ESTRUTURA E COMPOSIÇÃO DOS LIPÍDEOS DO LEITE BOVINO

Os lipídeos encontram-se no leite na forma de glóbulos microscópicos, com diâmetros que variam de 0,1 a 15 μm, recobertos por uma membrana lipoproteica, conhecida como membrana do glóbulo de gordura do leite (MGGL), portanto, caracterizando o leite como uma emulsão O/A. Tanto o teor de gordura como a composição em ácidos graxos dos lipídeos do leite variam consideravelmente com raça, alimentação e estágio de lactação do animal. O principal componente dos lipídeos do leite são triacilgliceróis (≈ 98,3% (p/p)), porém outras classes de lipídeos também estão presentes em pequenas concentrações (0,03-0,8% (p/p)), como diacilgliceróis, monoacilgliceróis, ácidos graxos livres, fosfolípideos e esteróis. Traços de vitaminas lipossolúveis (A, D, E e K), β-caroteno e compostos de sabor e aroma lipossolúveis também estão presentes (MACGIBBON; TAYLOR, 2006).

A gordura do leite é considerada a mais complexa encontrada na natureza. Essa complexidade se origina da elevada variabilidade de ácidos graxos (≈ 400) em comprimento de cadeia, posição e número de insaturações e ramificações (JENSEN, 2002). Embora a grande maioria desses ácidos esteja presente em quantidades extremamente pequenas (< 0,01%), cerca de catorze ácidos graxos estão presentes em concentrações acima de 1% (Tabela 9.1). Em geral, 65% desses ácidos graxos são saturados, e, entre eles, os ácidos mirístico (C14:0), palmítico (C16:0) e esteárico (C18:0) são os encontrados em maior quantidade. Entre os ácidos graxos insaturados, o ácido oleico (C18:1) é o que se apresenta em maior proporção (MACGIBBON; TAYLOR, 2006). A composição em triacilgliceróis da gordura do leite varia consideravelmente, pois está diretamente relacionada à sua complexa composição em ácidos graxos. A composição geral dos triacilgliceróis, determinada por cromatografia gasosa com coluna capilar, é apresentada na Figura 9.2, em que estão divididos por grupos com base no número de carbonos, que varia de C26 a C54. Os triacilgliceróis de menor peso molecular (menores que 42 átomos de carbono) podem apresentar um efeito nutricional positivo, pois são mais facilmente absorvidos e rapidamente metabolizados devido a sua menor densidade energética (MARTEN; PFEUFFER; SCHREZENMEIR, 2006).

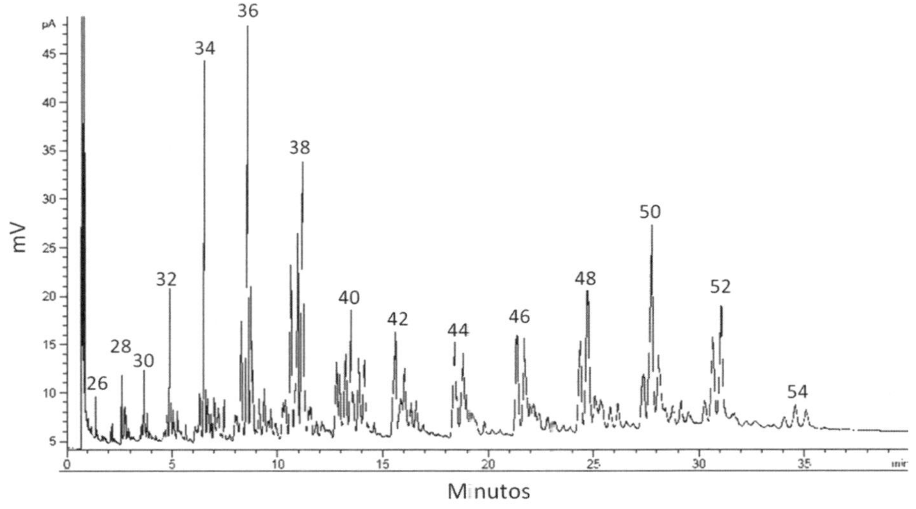

Figura 9.2 Cromatograma dos triacilgliceróis da gordura do leite, obtido por cromatografia gasosa.

A complexa composição da gordura do leite, com mais de quatrocentos ácidos graxos e mais de duzentas espécies individuais de triacilgliceróis (TAG), influencia consideravelmente o comportamento reológico de cristalização e fusão da gordura. A gordura do leite se funde em uma extensa faixa de temperatura, de –40 a 40 °C, e ela encontra-se sempre como uma mistura de gordura líquida e cristalizada, cuja proporção depende da temperatura. Na gordura do leite, os cristais se apresentam, principalmente, em três formas polimórficas diferentes: α, β' e β, em ordem crescente de estabilidade. As formas polimórficas são caracterizadas pelo modo de empacotamento e pela distância entre as cadeias quando cristalizadas. Os triacilgliceróis são empacotados em cadeia hexagonal para a formação dos cristais α, em estrutura ortorrômbica para a formação dos cristais β' e em estrutura triclínica para a formação dos cristais β (RØNHOLT et al., 2014). A forma polimórfica da gordura é relacionada com sua composição e suas condições de cristalização, sendo que a gordura do leite cristaliza-se predominantemente na forma β'.

Tabela 9.1 Principais ácidos graxos presentes no leite

Tipo	Nº de átomos de carbono	Nome comum	Valor médio (%)
Cadeia curta	4:0	Butírico	2-5
	6:0	Caproico	1-5
	8:0	Caprílico	1-3
Cadeia média	10:0	Cáprico	2-4
	12:0	Láurico	2-5
Cadeia longa	14:0	Mirístico	8-14
	15:0	Pentadecanoico	1-2
	16:0	Palmítico	22-35
	16:1	Palmitoleico	1-3
	17:0	Margárico	0,5-1,5
	18:0	Esteárico	9-14
	18:1	Oleico	20-30
	18:2	Linoleico	1-3
	18:3	Linolênico	0,5-2

Fonte: adaptada de Jensen (2002).

Do ponto de vista tecnológico, a gordura do leite é considerada uma gordura plástica, com equilíbrio entre gordura líquida e sólida nas temperaturas comumente utilizadas durante processamento, armazenamento, comercialização e consumo de produtos lácteos de base lipídica. Essas características também resultam em uma sensação agradável na boca, pois na temperatura corpórea (37 °C) ela já está praticamente fundida.

Do ponto de vista nutricional, o consumo de gordura do leite já foi muito questionado no passado, devido ao alto teor de gordura saturada e colesterol. No entanto, estudos recentes têm demonstrado que o consumo de grande parte dos compostos presentes na gordura do leite pode ajudar a reduzir o risco de desenvolver doenças metabólicas como hipertensão, dislipidemia, obesidade e intolerância à glicose (MICINSKI et al., 2012). Entre esses compostos, há um crescente destaque para o ácido linoleico conjugado (CLA), que é um grupo de isômeros posicionais e geométricos do ácido graxo linoleico (18:2n-6) em que as duplas ligações são conjugadas. Encontra-se CLA naturalmente em leite e em produtos lácteos de ruminantes. Esses ácidos graxos são considerados bioativos, pois apresentam potencial na promoção da saúde, comprovado tanto em testes *in vitro* quanto em animais. Alguns estudos sugerem efeitos benéficos à saúde relacionados com a prevenção de obesidade, diabetes, câncer e ateroma (GAMA et al., 2015). O isômero cis-9, trans-11 (ácido rumênico) representa 75-90% do total de CLA em produtos lácteos. Esse composto origina-se da síntese endógena na glândula mamária via Δ9-dessaturase para ácido vacênico (trans-11 18:1), ou durante a biohidrogenação no rúmen a partir da alimentação dos ruminantes (PENEDO et al., 2013).

A MGGL contém outros compostos potencialmente favoráveis para a manutenção da saúde e/ou prevenção de doenças, entre eles, fosfolipídeos e proteínas. Diversos trabalhos têm mostrado a importância do consumo desses compostos na nutrição humana, que podem estar relacionados à supressão de patógenos gastrointestinais, além de efeitos anti-Alzheimer, antidepressivo e antiestresse (SPITSBERG, 2005).

9.3 PROCESSAMENTO DA MANTEIGA

A fabricação de manteiga em escala industrial envolve quatro etapas principais: concentração, cristalização, inversão de fase e plasticização. A Figura 9.3 apresenta um fluxograma geral do processo de fabricação de manteigas, bem como uma ilustração dos estágios de formação. Cada etapa do processo tem sua importância e requer condições específicas de processamento e controle para obtenção de um produto seguro e de boa qualidade, com o máximo rendimento industrial.

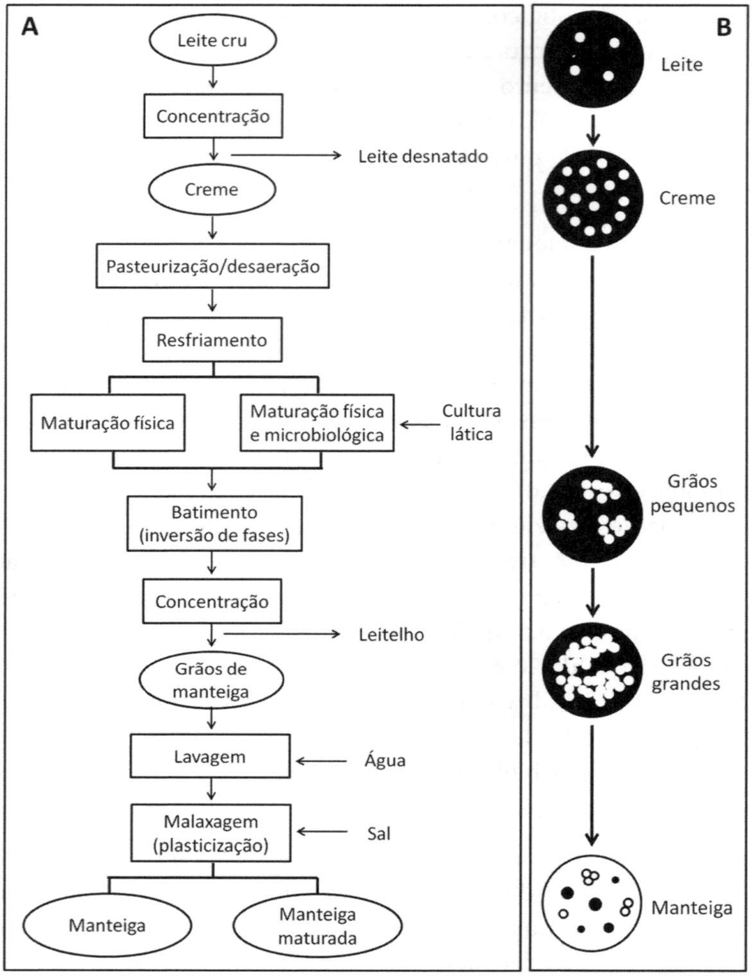

Figura 9.3 (A) Fluxograma geral do processo de fabricação de manteiga e manteiga maturada. (B) Representação dos estágios de formação da manteiga. Preto representa a fase aquosa; branco representa a gordura.

9.3.1 OBTENÇÃO DO CREME DE LEITE

A primeira etapa do processo de fabricação da manteiga requer a concentração da gordura para obtenção do creme de leite. A partir do leite cru integral (3-4% de gordura), obtém-se o leite desnatado (≈ 0,05% de gordura) e o creme de leite (38-42% de gordura) por separação centrífuga, por diferença de densidade. Em geral, antes da separação, o leite é aquecido na seção de regeneração do trocador de calor a placas a aproximadamente 50 °C, para facilitar a separação e evitar o rompimento dos glóbulos de gordura, uma vez que nessa temperatura a gordura do leite encontra-se totalmente líquida. Em seguida, após a separação centrífuga, o creme é encaminhado para um tanque de estocagem intermediário antes de ser enviado para a pasteurização.

No caso de pequenas escalas de produção, pode ser necessário o armazenamento do creme até que se obtenha a quantidade suficiente para o processo de fabricação. Essa prática favorece o aumento da acidez do creme, resultando em defeitos de sabor e problemas na linha de pasteurização, uma vez que o creme ácido tem baixa estabilidade térmica e pode coagular durante o tratamento térmico. Portanto, a desacidificação do creme antes do processamento é aconselhável, sendo que os neutralizantes considerados coadjuvantes de fabricação são ortofosfato, carbonato, bicarbonato, hidróxido de sódio e hidróxido de cálcio, que resultam na formação de compostos eliminados no leitelho, como é o caso do lactato de cálcio (MULVANY, 1970).

$$2\ CH_3 \,.\, CHOH,\ COOH + Ca\ (OH)_2 = (CH_3 \,.\, CHOH \,.\, COO)_2\ Ca + 2\ H_2O$$

Ácido lático	Hidróxido de cálcio	Lactato de cálcio	Água

Os neutralizantes devem ser de grau alimentício e a quantidade, calculada com base na acidez do creme, a fim de evitar problemas como saponificação da gordura e formação de sabor de álcali e sabão.

9.3.2 PASTEURIZAÇÃO E RESFRIAMENTO DO CREME

A pasteurização do creme para fabricação de manteiga tem por finalidade a destruição de microrganismos patogênicos e deteriorantes e a inativação de enzimas, especialmente lipases. O creme pasteurizado é um melhor substrato para as bactérias da cultura lática e resulta em uma manteiga mais resistente à deterioração oxidativa. Antes da pasteurização, o creme pode ser padronizado para o teor de gordura desejado, o qual depende do tipo de processo utilizado. Para processos em batelada, o creme é padronizado para 32-42% de gordura, enquanto no processo continuo a padronização é realizada para 38-45% de gordura.

O creme utilizado para a fabricação de manteiga deve ser submetido a uma temperatura de, no mínimo, 80 °C. Em geral, as condições de tratamento térmico utilizadas são 85-110 °C/10-30 segundos, em trocador de calor a placas. O tratamento térmico deve ser suficiente para inativar a enzima peroxidase. Temperaturas relativamente altas se comparadas às do tratamento térmico do leite (72-75 °C/15-20 segundos) são necessárias, uma vez que os microrganismos apresentam maior resistência ao calor quando protegidos pela gordura. Temperaturas superiores a 100 °C podem resultar na formação de compostos sulfidrílicos, os quais agem como antioxidantes. No entanto, um aquecimento demasiado pode levar ao aparecimento de sabor de cozido, devido à formação de sulfuretos voláteis, que desaparece em poucos dias (FREDE, 2002). O tratamento térmico intenso aumenta a quantidade de proteína associada aos glóbulos de gordura, uma vez que as proteínas do soro, principalmente a β-lactoglobulina, desnaturam e expõem os grupos sulfidrila que interagem com a MGGL por meio de ligações dissulfeto (S-S) (BYLUND, 1995; KEOGH, 2006).

É bastante comum no processamento da manteiga a associação de um sistema de desaeração a vácuo na linha de pasteurização. A finalidade é a remoção dos compostos voláteis desagradáveis, originados do leite de animais alimentados a pasto fresco, como o odor de cebola. Para esse processo, o creme preaquecido (≈ 78 °C) é bombeado para uma câmara de vácuo, onde a pressão corresponde à temperatura de ebulição de 62 °C. A redução da pressão causa a remoção dos compostos voláteis. Após a desaeração, o creme retorna para o trocador de calor a placas para pasteurização e resfriamento, seguindo para o tanque de maturação (BYLUND, 1995). A temperatura de resfriamento do creme depende da sua composição e das condições de maturação.

9.3.3 MATURAÇÃO FÍSICA E MICROBIOLÓGICA DO CREME

A maturação física do creme tem por finalidade promover a cristalização da gordura no glóbulo, uma vez que uma porcentagem de gordura sólida é fundamental para a fabricação da manteiga. Em geral, aproximadamente 30% de gordura sólida no glóbulo favorece o batimento e a inversão de fase da emulsão (O/A → A/O). A ausência ou o excesso de gordura sólida retarda ou torna impossível a inversão de fase. Pouca gordura sólida pode resultar em excessiva perda de gordura para o leitelho, reduzindo o rendimento industrial.

O procedimento tradicional é o resfriamento do creme a 4-5 °C imediatamente após a pasteurização e a manutenção dessa temperatura por 7-12 h antes do batimento. Essas condições de rápido resfriamento levam à formação de uma rede cristalina no interior do glóbulo de gordura, onde uma considerável parte de triacilgliceróis de baixo ponto de fusão fica aprisionada nos cristais formados por triacilgliceróis de alto ponto de fusão. A manteiga obtida nessas condições é muito firme e pouco espalhável, devido ao baixo conteúdo de gordura líquida (FEARON, 2011). Para a obtenção de uma manteiga mais macia, o resfriamento do creme em etapas é frequentemente empregado. A temperatura utilizada para essa operação, que pode ser denominada têmpera ou temperagem, varia em função da composição da gordura, baseada no seu índice de iodo (Tabela 9.2). No geral, para índices de iodo de 28 e 39 g I_2 100 g^{-1} de gordura, utiliza-se uma sequência de "frio-quente-frio", por exemplo, para um índice de iodo de 30-31 g I_2 100 g^{-1} de gordura, o programa de temperagem é 8/20/13 °C. Para essa condição de maturação, após a pasteurização, o creme é resfriado a 8 °C e mantido nessa temperatura por 2-3 horas. Em seguida, a temperatura é aumentada para 20 °C e mantida por 2-4 horas, sendo posteriormente reduzida para 13 °C e mantida por 8-12 horas, até o momento do batimento. O resfriamento inicial rápido do creme (8 °C) promove a formação de um grande número de cristais pequenos, com alto conteúdo de gordura sólida e pouco óleo líquido disponível na rede cristalina. Quando a temperatura é elevada (20 °C), ocorre a fusão dos cristais de baixo ponto de fusão e a manutenção dos cristais de alto ponto de fusão, que constituem, então, núcleos de cristalização que favorecem a recristalização e a formação de cristais maiores. Por fim, a redução da temperatura (13 °C) promove uma recristalização adicional das frações de baixo ponto de fusão, resultando no crescimento dos cristais, porém com um mínimo de gordura líquida aprisionada na estrutura cristalina. Esse procedimento resulta em uma manteiga mais macia se comparada à obtida pelo procedimento tradicional de resfriamento do creme (4-5 °C), uma vez que aumenta a quantidade relativa de gordura líquida na emulsão. O processo de maturação é feito em batelada, usualmente em tanques de aço inox equipados com parede tripla, com aquecimento e resfriamento circulando entre as paredes e agitadores reversíveis, acoplados com raspadores para uma agitação eficiente (BYLUND, 1995).

Tabela 9.2 Principais programas de temperagem de maturação ajustados ao índice de iodo e porcentagens de cultura adicionada ao creme na fabricação de manteiga maturada

Índice de iodo (I_2 100 g^{-1} de gordura)	Programa de temperagem (°C)	% de cultura adicionada ao creme
< 28	8-21-20	1
28-29	8-21-16	2-3
30-31	8-20-13	5
32-34	6-19-12	5
35-37	6-17-11	6
38-39	6-15-10	7
> 40	20-8-11	5

Fonte: adaptada de Bylund (1995).

A maturação microbiológica ou fermentação do creme é uma etapa opcional, realizada somente para a fabricação de manteigas maturadas. A fermentação do creme resulta em uma manteiga mais saborosa, pois as culturas láticas produzem compostos aromáticos como o diacetil, que varia de 0,5 a 1,5 mg/kg de manteiga. As culturas láticas normalmente utilizadas são mistas, mesófilas, produtoras de ácido e/ou aroma, compostas de *Lactococcus lactis* ssp. *lactis*, *Lactococcus lactis* ssp. *cremoris*, *Lactococcus lactis* ssp. *lactis* biovar. *diacetylactis* e *Leuconostoc mesenteroides* ssp. *cremoris* (FEARON, 2011).

A cultura lática é inoculada no próprio tanque de maturação física, onde ocorrerão simultaneamente as maturações física e microbiológica do creme. A quantidade de inóculo utilizada depende da temperatura de incubação e do tempo disponível para fermentação. Em geral, 1% de cultura lática é suficiente para acidificar o creme (pH 5,3-4,7) em temperaturas próximas de 25 °C. No entanto, a definição da quantidade de inóculo a ser adicionada deve considerar o programa de temperagem utilizado para maturação física do creme, uma vez que essa etapa é realizada na temperatura subótima de atuação dos microrganismos mesófilos (Tabela 9.2). Essa dosagem pode variar de 1% a 7% de cultura (m/v) em relação ao volume de creme. Para um creme com índice de iodo de 28 a 29 g I_2 100 g^{-1} de gordura, a temperagem é realizada a 8/21/16 °C e a porcentagem de cultura lática adicionada é de 2-3% (m/v). Para um creme com índice de iodo de 38 a 39 g I_2 100 g^{-1} de gordura, a temperagem é realizada a 6/15/10 °C, com adição de 7% de cultura lática em relação ao volume de creme (BYLUND, 1995).

Uma vez inoculados, os microrganismos iniciam seu desenvolvimento para a produção de ácido lático e compostos aromáticos, especialmente diacetil. O esquema do metabolismo da lactose pelas bactérias ácido-láticas é resumidamente apresentado na Figura 9.4. *Lactococcus* são homofermentativos e transportam a lactose para seu interior por meio do sistema fosfotransferase, no qual a lactose é fosforilada durante a passagem pela membrana citoplasmática e hidrolisada pela fosfo-β-galactosidase a glicose e galactose-6-fosfato. A glicose é convertida em glicose-6-fosfato e metabolizada pela rota glicolítica ou de Embden-Meyerhof (EM), enquanto a galactose-6-fosfato é metabolizada pela via de tagatose. Durante a homofermentação, a lactose é convertida em ácido lático, com formação de quatro moléculas de adenosina trifosfato (ATP).

$$\text{Lactose} + 4\ H_3PO_4 + 4\ \text{ADP} \rightarrow 4\ \text{ácido lático} + 4\ \text{ATP} + 3\ H_2O$$

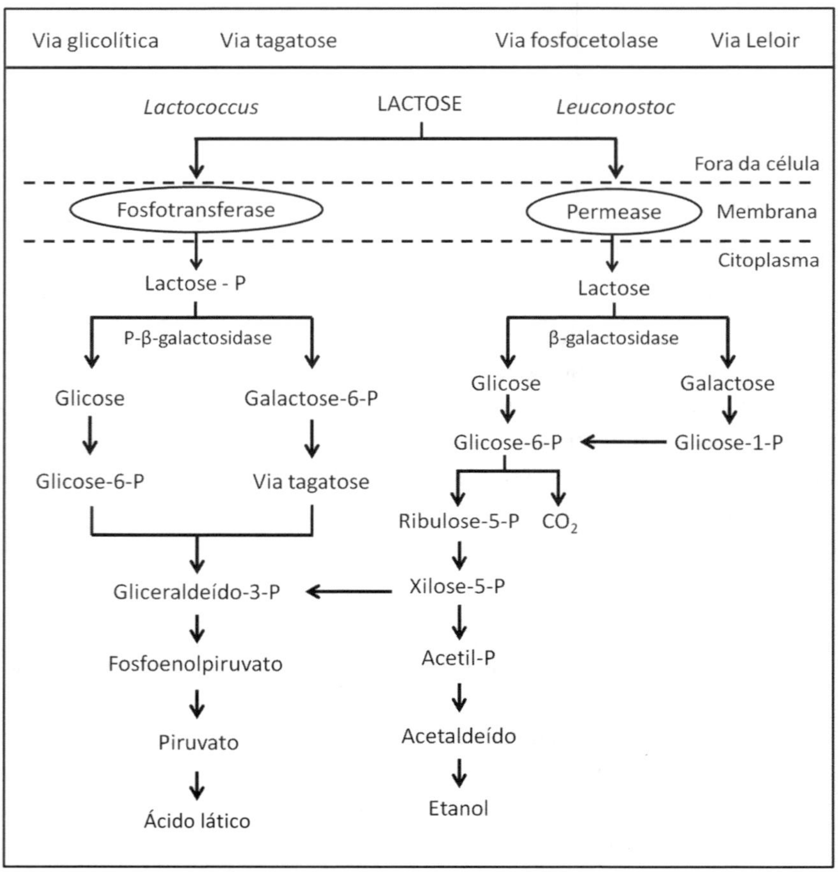

Figura 9.4 Metabolismo da lactose por bactérias ácido-láticas (rotas homofermentativa e heterofermentativa).

Fonte: adaptada de Walstra, Wouters e Geurts (2006).

Leuconostoc são heterofermentativos e transportam a lactose intacta pela membrana citoplasmática com o auxílio da enzima permease. A lactose é hidrolisada pela β-galactosidase a glicose e galactose. A glicose é convertida em glicose-6-fosfato e fermentada pela via fosfocetolase, enquanto a galactose é convertida em glicose-1--fosfato através da rota de Leloir e, em seguida, glicose-6-fosfato, para também ser fermentada pela via fosfocetolase. Durante a heterofermentação, a lactose é convertida em ácido lático, etanol e dióxido de carbono, com formação de duas moléculas de ATP (WALSTRA; WOUTERS; GEURTS, 2006).

$$\text{Lactose} + 2\ H_3PO_4 + 2\ \text{ADP} \rightarrow 2\ \text{ácido lático} + 2\ \text{etanol} + 2\ CO_2 + 2\ \text{ATP} + H_2O$$

O principal composto responsável pelo aroma da manteiga é o diacetil, formado pelo metabolismo do citrato por *Lactococcus lactis* ssp. *lactis* biovar. *diacetylactis* (homofermentativo) e *Leuconostoc mesenteroides* ssp. *cremoris* (heterofermentativo). O citrato é transportado para dentro da célula pela enzima citrato permease e inicialmente hidrolisado a acetato, CO_2 e piruvato pelas enzimas citrato liase e oxaloacetato descarboxilase (Figura 9.5). Na presença de enzima acetolactato sintetase, o piruvato é convertido a α-acetolactato, que é uma molécula instável que pode ser descarboxilada em pH baixo para formar acetoína (composto não aromático), ou diacetil na presença de oxigênio. Uma vez que o citrato foi consumido, os níveis de diacetil e acetoína são reduzidos pela conversão de diacetil a acetoína e de acetoína a 2,3-butanodiol. Durante o crescimento do *Leuconostoc*, a metabolização do piruvato depende do pH. A produção de diacetil e acetoína somente ocorre em pH ≈ 5,5. A explicação não é conhecida, mas, supostamente, vários metabólitos intermediários da heterofermentação inibem a formação da acetolactato sintetase, suprimindo a produção de α-acetolactato (FOX et al., 2000; WALSTRA; WOUTERS; GEURTS, 2006).

Resumidamente, a fermentação do creme para fabricação da manteiga maturada envolve uma etapa inicial de acidificação lenta, durante a qual a fermentação do citrato e a formação do diacetil são insignificantes. Na fase posterior, a produção de ácido é acelerada, com formação de diacetil durante a fermentação (BYLUND, 1995). Para uma produção adequada de ácido e diacetil, é importante que a cultura lática seja equilibrada, sendo que a proporção adequada entre essas culturas situa-se entre 20% e 40% de *Lactococcus* e entre 5% e 10% de *Leuconostoc* (ORDOÑEZ et al., 2005). Uma baixa contagem de bactérias produtoras de aroma pode levar a pouca produção de diacetil, comprometendo o sabor típico da manteiga. Por outro lado, se as bactérias aromatizantes predominam no meio, pouco ácido lático será formado e o pH não será reduzido aos níveis necessários à produção de diacetil. Além disso, uma cuidadosa seleção de cepas é necessária em relação à capacidade redutora da cultura e à formação de acetaldeído pelas cepas de *L. diacetylactis*, pois o excesso de acetaldeído pode resultar em sabor de iogurte (WALSTRA; WOUTERS; GEURTS, 2006).

A manteiga maturada, além de ter como vantagens sabor e aroma mais intensos, também apresenta maior rendimento e menor risco de contaminação microbiana. Entretanto, sua fabricação tem como desvantagem a liberação de um leitelho ácido e maior suscetibilidade à oxidação, devida ao maior arraste de íons metálicos com a gordura, enquanto na manteiga de creme doce os íons são eliminados com o leitelho. O leitelho ácido apresenta maior dificuldade de aproveitamento que o leitelho doce.

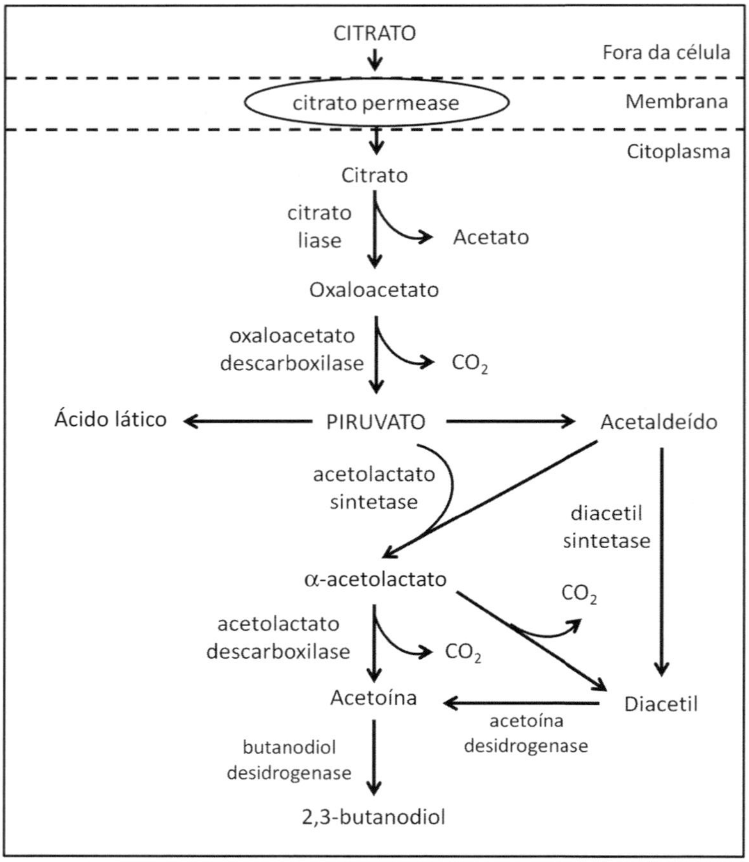

Figura 9.5 Metabolismo do citrato.

Fonte: adaptada de Fox et al. (2000).

9.3.4 AGITAÇÃO E BATIMENTO DO CREME

O batimento do creme é a etapa fundamental na fabricação de manteiga e tem por finalidade reunir os glóbulos de gordura em grãos de manteiga, eliminando-se o leitelho, que, em termos de composição, pode ser comparado ao leite desnatado enriquecido de componentes da MGGL. Independentemente do processo utilizado para o batimento, contínuo ou em batelada (ver a Seção 9.3.7), a desestabilização da emulsão que permite a aglomeração dos glóbulos de gordura e a obtenção da manteiga se dão pelo mesmo mecanismo.

Quando o creme contendo gordura cristalizada é agitado durante o batimento, dois fenômenos ocorrem quase simultaneamente: a incorporação de ar e a coalescência parcial dos glóbulos de gordura, que, na sequência, envolvem as bolhas de ar incorporadas. Inicialmente as bolhas de ar são estabilizadas pela β-caseína e pelas proteínas do soro (β-lactoglobulina, α-lactoalbumina), com pouco envolvimento da gordura. À medida que ocorre a coalescência parcial, os glóbulos de gordura interagem na interfase ar-água, liberando gordura líquida na superfície da bolha, estabilizando o ar incorporado e transformando o creme de um líquido viscoso em um sólido visco-elástico (GOFF, 1997) (Figura 9.6). A continuidade do trabalho mecânico resulta no rompimento parcial da MGGL e na liberação da gordura, a qual, por sua vez, desestabiliza a espuma, resultando na aglomeração dos glóbulos, que constituem os grãos de manteiga, e na expulsão do leitelho.

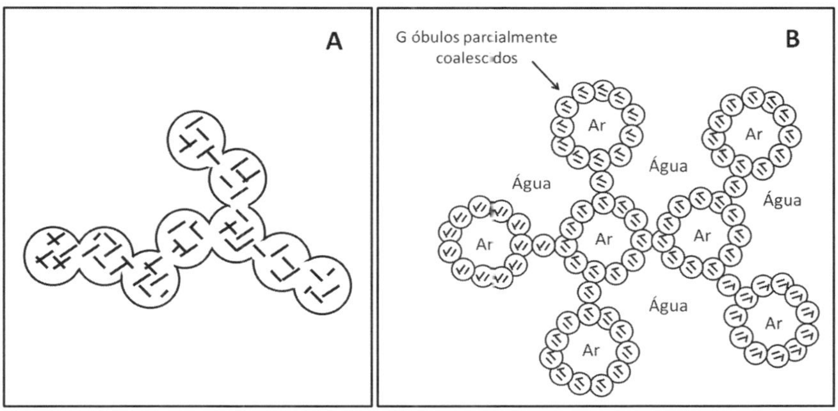

Figura 9.6 (A) Coalescência parcial dos glóbulos de gordura; (B) bolhas de ar aprisionadas pelos glóbulos parcialmente coalescidos.

Fonte: adaptada de Goff (1997).

A temperatura de batimento (8-14 °C) e o grau de cristalização da gordura afetam o processamento da manteiga. Temperaturas mais altas reduzem o tempo de batimento e aumentam a coalescência dos glóbulos e a relação entre as gorduras livre e globular, que, por sua vez, afeta a consistência e a plasticidade da manteiga. O tempo de batimento e o grau de coalescência afetam o tamanho dos grãos de manteiga, sendo que grãos muito pequenos podem ser perdidos no leitelho, que tipicamente contém 0,45-0,65% de gordura.

A quantidade de gordura sólida no glóbulo é um fator crucial para o tempo de batimento, que deve ser de aproximadamente 20 minutos. Um creme com conteúdo de gordura sólida da ordem de 20% pode resultar em um tempo de batimento de mais de 1 hora, que pode ser reduzido para 20 minutos, nas mesmas condições de batimento, quando a porcentagem de gordura sólida for de 32% (FREDE, 2002). A acidificação do creme também afeta o batimento, sendo que o creme fermentado é batido mais facilmente quando comparado ao creme doce, possivelmente porque a membrana do glóbulo de gordura se rompe mais facilmente com a redução do pH (KEOGH, 2006; WALSTRA; WOUTERS; GEURTS, 2006).

O batimento deve ser suficiente para promover a inversão da fase da emulsão (creme O/A → manteiga A/O), a formação do grão de manteiga e o aumento do grão pela incorporação de grãos menores, devendo em seguida ser interrompido para que se promova a drenagem do leitelho, separando-o dos grãos de manteiga. Batimentos prolongados podem levar à incorporação de leitelho à manteiga, o que é indesejável. A eficiência do batimento está relacionada à quantidade de gordura que se transformou em manteiga e é expressa em relação à quantidade de gordura perdida no leitelho, que não deve ultrapassar 0,6%. Após a separação do leitelho, inicia-se a etapa de lavagem da manteiga.

9.3.5 LAVAGEM DA MANTEIGA

A lavagem da manteiga tem por finalidade remover restos de leitelho que permanecem aderidos à massa após a separação da mistura manteiga/leitelho, sendo que o número de lavagens é opcional. A água de lavagem deve ser de boa qualidade química e bacteriológica e estar em temperatura inferior à utilizada para o batimento, normalmente entre 7-10 °C. (MULVANY, 1970). O processo consiste na adição de água, que vai ser misturada à manteiga e em seguida drenada, reduzindo, assim, o teor de matéria seca na umidade da manteiga, uma vez que compostos solúveis na água, como lactose, proteínas, ácido lático e compostos de sabor, são removidos. Embora a lavagem contribua para uma redução do risco de deterioração microbiana, pois remove a lactose, que é o principal substrato para o crescimento de microrganismos, o processo também remove ácido e compostos de sabor, o que pode afetar a qualidade organoléptica final da manteiga, especialmente no caso da manteiga maturada.

Uma vez lavados, os grãos de manteiga são conduzidos para malaxagem (ou amassamento) e salga.

9.3.6 MALAXAGEM E SALGA DA MANTEIGA

Embora sejam operações distintas, a malaxagem e a salga podem ser conduzidas simultaneamente. A finalidade da malaxagem é unir os grãos de manteiga em uma massa homogênea e promover a incorporação de água de forma a obter o máximo rendimento industrial sem passar dos limites legais, contribuir para a dissolução do sal e facilitar a expulsão do leitelho remanescente (MULVANY, 1970). Um adequado trabalho mecânico leva à obtenção de uma manteiga uniforme e plástica, com a água distribuída uniformemente em gotículas menores que 10 μm de diâmetro, com o objetivo de reduzir o risco de deterioração microbiana. O crescimento de microrganismos residuais não depende apenas da quantidade de nutrientes disponíveis, mas também do tamanho da gotícula de água na emulsão. Gotículas menores (≤10 μm) são desejáveis porque limitam o metabolismo e o crescimento dos microrganismos. Gotas menores e mais uniformemente distribuídas são conseguidas principalmente com o uso de equipamentos contínuos de fabricação de manteiga.

Uma malaxagem incompleta resulta em uma manteiga com alto teor de umidade, que pode favorecer o desenvolvimento microbiano, ou se constituir em fraude se o teor de umidade for superior ao legalmente estabelecido. Por outro lado, a malaxagem excessiva pode resultar na liberação de gordura líquida e em uma manteiga de textura pegajosa, o que compromete a aparência e a plasticidade do produto.

A incorporação do sal, quando desejada, pode ser feita durante o amassamento pela adição de sal seco ou imersão em salmoura. A adição do sal tem a finalidade de conferir sabor à manteiga e contribuir para o controle microbiano. O sal adicionado deve ser cloreto de sódio (NaCl) puro, de grau alimentício, livre de metais pesados e contaminação microbiana, constituído por cristais de granulometria regular e fino, o que favorece sua rápida solubilização. Os teores de sal e umidade da manteiga são definidos na etapa final de malaxagem, sendo checados regularmente para verificar a necessidade de adição de água para alcançar os valores-padrão (SPREER, 1998; WALSTRA; WOUTERS; GEURTS, 2006). A quantidade de sal a ser adicionada depende de fatores como aceitação do consumidor e regulamentação. Teores de 1-4% de sal são usuais, sendo possíveis concentrações maiores ou menores. No Brasil, para a manteiga salgada, admite-se, no máximo, 2 g de cloreto de sódio/100 g de manteiga.

9.3.7 PROCESSOS EM BATELADA E CONTÍNUO

Ambos os processos levam à desestabilização da emulsão e à aglomeração dos glóbulos de gordura, que, após a drenagem do leitelho e a malaxagem, resultam em uma massa plástica e homogênea, que é a manteiga. O processo de fabricação da manteiga em batelada é tradicionalmente realizado em batedeiras com haste axiais acopladas, que podem se apresentar em diferentes formatos (cilíndricas, cônicas, poliédricas) e velocidade regulável (Figura 9.7). As batedeiras são compostas por raspadores e pás batedoras que variam de tamanho e disposição, de acordo com o processo, e rolos para a etapa de malaxagem. A quantidade de creme a ser colocado na batedeira é de grande importância. Em geral, 40% a 50% de creme, calculados sobre o volume da batedeira, são utilizados no processo, para permitir que haja espaço suficiente para o batimento e a formação de espuma. Uma batedeira muito cheia prolonga o tempo de batimento, uma vez que a agitação é reduzida e a incorporação de ar, dificultada. Por outro lado, pouco creme pode causar aderência nas paredes da batedeira, que não sofreria agitação. As batedeiras giram por meio de dispositivos adequados sobre seu eixo longitudinal ou transversal, à velocidade de 20-30 rpm. Em geral, as aberturas de acesso (portas) situam-se na lateral das batedeiras e o leitelho é removido por meio de uma válvula junto ao eixo de rotação. Após a remoção do leitelho, é feita a adição da água e a batedeira volta a girar para promover a lavagem da manteiga. Terminada a lavagem, a água é drenada e a batedeira volta a girar para a malaxagem.

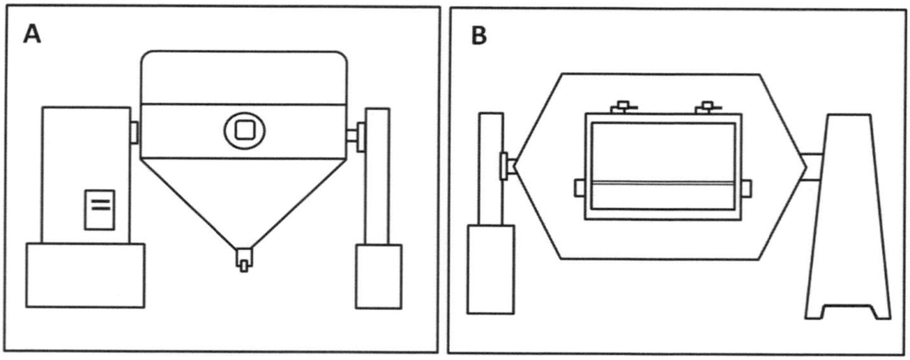

Figura 9.7 Batedeiras para fabricação de manteiga em batelada. (A) Forma de peão; (B) forma hexagonal.

Fonte: adaptada de Ordoñez et al. (2005).

Atualmente, diferentes métodos de fabricação de manteiga por processo contínuo estão disponíveis. O método Fritz, com batimento e malaxagem aceleradas e contínuas, é provavelmente o que mais se difundiu em todo o mundo. Um esquema do equipamento contínuo tipo Fritz dividido em diferentes seções de trabalho é apresentado na Figura 9.8. Resumidamente, o creme é continuamente alimentado a partir dos tanques de maturação a um cilindro de agitação de duplo resfriamento (1) equipado com batedores que são movidos por um motor de velocidade variável. Uma rápida conversão da emulsão acontece no interior do cilindro e, ao término, os grãos de manteiga e o leitelho passam para uma seção de separação (2), também chamada de primeira seção de malaxagem, em que a manteiga é separada do leitelho e conduzida através de uma rosca sem fim. Ao final da seção de separação, a manteiga passa por um canal cônico e uma placa perfurada, a seção de aperto de secagem (3), onde todo o leitelho restante é removido. Nas etapas seguintes, a manteiga avança para a segunda seção de malaxagem (4), com adição de sal por um injetor de alta pressão na câmara de injeção (5), para a seção de trabalho de vácuo (6) e para a seção final de malaxagem (7). A manteiga acabada é descarregada a partir do bico final em um jorro contínuo e encaminhada a um silo de armazenamento, para subsequente transporte para as máquinas de embalagem. Controles automáticos de parâmetros do processo e do produto são associados aos equipamentos e podem ser feitos por sensores dispostos na saída da manteigueira (8), que permitem determinar os teores de umidade e sal, a densidade e a temperatura do produto. O processo contínuo resulta em uma manteiga de qualidade mais uniforme, com menor quantidade de ar ocluso e melhor distribuição das gotículas de água.

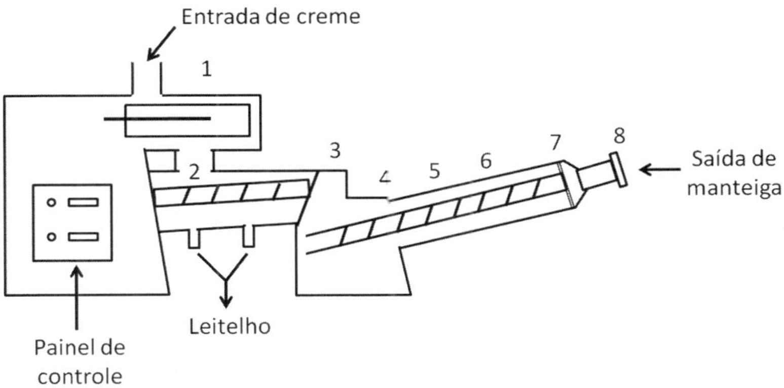

Figura 9.8 Representação de uma batedeira contínua do tipo Fritz para fabricação de manteiga.

Fonte: adaptada de Ordoñez et al. (2005).

9.3.8 EMBALAGEM E ACONDICIONAMENTO DA MANTEIGA

A manteiga deve ser acondicionada em embalagens de material resistente à gordura e impermeável a luz, odores e umidade. Em geral, as manteigas em barra são embaladas em folhas de alumínio, que substituíram as folhas de papel-manteiga ou papel vegetal utilizadas anteriormente. Outras formas comumente utilizadas são embalagens em latas ou potes plásticos. Depois de embalada, a manteiga é mantida e comercializada sob refrigeração de 4 a 7 °C.

9.4 PARÂMETROS DE QUALIDADE E DEFEITOS DA MANTEIGA

A qualidade da manteiga durante a vida de prateleira é controlada por aspectos sensoriais, físico-químicos e microbiológicos. Estes são atribuídos a qualidade da matéria-prima, características de processamento, que incluem adição ou não de sal e cultura lática, condições de maturação física do creme e processo de fabricação, que afetam, entre outros parâmetros, o equilíbrio entre as fases líquida e cristalizada da gordura disponível para a formação da rede de cristais e o conteúdo e a distribuição de água na manteiga.

No Brasil, a Portaria n. 146, de 7 de março de 1996, do Ministério da Agricultura, Pecuária e Abastecimento (Mapa), estabelece o Regulamento Técnico de Identidade e Qualidade de Manteiga. Esse regulamento estabelece os requisitos de qualidade sensorial, físico-química e microbiológica, conforme resumidamente apresentado na Tabela 9.3. Além disso, estabelece a possibilidade de adição de aditivos e/ou coadjuvantes tecnológicos, que incluem corantes (baixa orelana, β-caroteno e curcumina), descorantes (clorofilina ou clorofilina cúprica) e sais neutralizantes (ortofosfato de sódio, carbonato de sódio, bicarbonato de sódio, hidróxido de sódio, hidróxido de cálcio).

Tabela 9.3 Requisitos e parâmetros de qualidade de manteigas conforme o Regulamento Técnico de Identidade e Qualidade de Manteiga

Requisitos de qualidade	Parâmetros exigidos
Sensorial	– Consistência sólida, pastosa a 20 °C, textura lisa e uniforme, com distribuição uniforme de água – Cor branca amarelada sem manchas ou pontos de outra coloração – Sabor suave, característico, aroma delicado, sem odor e sabor estranhos – Ausência de qualquer tipo de elementos estranhos
Físico-química	– Teor de gordura: mínimo 82% – Umidade: máximo 16% – ESD[1]: máximo 2% – Acidez na gordura: máximo 3 milimoles/100 g de matéria gorda – Índice de peróxidos: máximo 1 mEq. de peróxido/kg de gordura
Microbiológica	– Coliformes totais/g: n[2] = 5 c[3] = 2 m[4] = 10 M[5] = 100 – Coliformes/g (a 45 °C): n = 5 c = 2 m < 3 M = 10 – *Salmonella* sp./25 g: ausência – Estafilococos cog.pos/g: n = 5 c = 1 m = 10 M = 100

[1] ESD = extrato seco desengordurado; [2] n = número de unidades a serem colhidas aleatoriamente; [3] c = número máximo aceitável de unidades de amostras com contagem entre m e M; [4] m = limite que separa o lote aceitável do produto; [5] M = limite que separa o produto aceitável do inaceitável.

Fonte: adaptada de Brasil (1996).

Os tipos de defeitos mais conhecidos são a oxidação lipídica e a lipólise, embora a manteiga também possa apresentar outros defeitos de sabor, liberação de água, aparência e estrutura, conforme descrito resumidamente na Tabela 9.4.

Tabela 9.4 Exemplos de defeitos encontrados em manteigas

Tipo de defeito	Descrição	Motivo
Sabor e aroma	Ácido	Acidificação longa ou lavagem insuficiente da massa
	Metálico	Alto nível de íons metálicos na água ou má conservação dos equipamentos
	Seboso, rançoso	Oxidação da gordura
	Rançoso, velho	Decomposição enzimática da gordura
	Brando	Desenvolvimento insuficiente de sabor

(*continua*)

Tabela 9.4 Exemplos de defeitos encontrados em manteigas (*continuação*)

Tipo de defeito	Descrição	Motivo
Liberação de água	Exsudação de água	Distribuição de água insuficiente durante a malaxagem
Aparência	Marmoreada, rajada	Distribuição desigual de sal, mistura de manteigas
	Manchada	Contaminação com fungos, má higiene na fabricação e na embalagem
Estrutura	Quebradiça	Manteiga muito dura, perfil de resfriamento do creme inadequado
	Gordurosa, muito macia	Excesso de gordura líquida no glóbulo de gordura, defeito no perfil de maturação do creme e excessiva malaxagem

Fonte: adaptada de Spreer (1998).

A oxidação é uma reação entre o oxigênio e os ácidos graxos insaturados presentes no triacilglicerol. Alguns fatores como a presença de luz e metais como cobre e ferro catalisam a reação, elevando a taxa de oxidação. A consequência da oxidação é a formação de peróxidos, que são instáveis e facilmente se decompõem para a produção de compostos de sabor indesejáveis. Para acompanhar a evolução do processo oxidativo, avalia-se o índice de peróxidos, que deve ser de no máximo 1 mEq/kg de gordura. A taxa de oxidação depende de concentração de oxigênio dissolvido, temperatura, presença de pró-oxidantes como cobre e ferro, grau de insaturação dos ácidos graxos e presença de antioxidantes. A etapa de incorporação de ar no creme e o tipo de embalagem e acondicionamento são os principais fatores considerados na oxidação. No entanto, comparada com outras fontes lipídicas, a gordura do leite tem boa estabilidade oxidativa, pois apresenta elevado grau de saturação e baixo teor de ácidos graxos poli-insaturados, além de conter antioxidantes naturais em sua composição.

A lipólise ou hidrólise do triacilglicerol, que resulta no aumento da concentração de ácidos graxos livres (AGL) na manteiga, é provocada por lipases microbianas, uma vez que a lipase natural do leite é inativada pela pasteurização. As lipases podem ser originadas de bactérias nativas do leite que sobreviveram à pasteurização ou bactérias psicrotróficas, as quais são inativadas pelo tratamento térmico, mas produzem lipases termorresistentes, que estarão presentes no produto final. Assim, a prevenção da lipólise na manteiga está, em princípio, relacionada à qualidade microbiológica e à forma de conservação do leite e do creme. O conteúdo de AGL pode ser determinado pela titulação com álcalis e o resultado é geralmente expresso em milimoles por 100 g de manteiga. O excesso de AGL na manteiga durante seu armazenamento provoca sabor de ranço, que é indesejável ao produto.

9.5 MANTEIGAS MODIFICADAS

O sabor e o aroma agradáveis da manteiga são muito valorizados pelos consumidores, porém ao longo dos anos, em todo o mundo, seu consumo reduziu-se se comparado de margarinas. A possibilidade de modificar o produto e expandir o mercado é bastante explorada. Os principais métodos de alteração são apresentados na Tabela 9.5 e envolvem modificações na funcionalidade, no sabor e nas propriedades nutricionais.

Tabela 9.5 Métodos para modificação de manteigas

Modificação	Método
Funcionalidade	Fracionamento da gordura do leite
	Interesterificação
	Maturação física do creme de leite
	Misturas com óleos vegetais
	Incorporação de ar
Sensorial	Fermentação do creme
	Adição de ervas e especiarias
Nutricional	Redução no conteúdo de colesterol
	Aumento no conteúdo de ácido linoleico conjugado (CLA)
	Aumento no conteúdo de ácidos graxos ômega 3

Fonte: adaptada de Mortensen e Denmark (2011).

A modificação da funcionalidade tem por objetivo a obtenção de uma manteiga de melhor espalhabilidade quando resfriada, pois, devido a sua composição e suas características de fabricação, a manteiga, quando retirada da geladeira, apresenta-se dura e não espalhável. A espalhabilidade é um fenômeno reológico, determinado por composição química, conteúdo de gordura sólida e forma de empacotamento dos cristais de gordura. Diversas possibilidades de modificações nas propriedades físicas e reológicas das manteigas estão diponíveis e são, no geral, basedas em alterações na composição da gordura e no tratamento do creme de leite durante a etapa de maturação física (WRIGHT et al., 2001). A modificação da composição da gordura do leite pode ser alcançada por meio da alteração do perfil de ácidos graxos, por meio de alimentação do animal com óleos altamente insaturados, como os de canola, girassol e peixe (MALLIA et al., 2008), interesterificação da gordura do leite para obtenção de misturas com óleo vegetal (RODRIGUES; GIOIELLI, 2003) ou fracionamento da gordura do leite para a obtenção da fração oleína (mais líquida), a qual pode ser adicionada ao creme para a fabricação de uma manteiga mais macia exclusivamente de base láctea (QUEIRÓS; GRIMALDI; GIGANTE, 2016). Quando aplicada na manteiga, a fração oleína pode alterar a textura e que a incorporação de 25-40% pode conferir melhor espalhabilidade. No entanto, há a possibilidade de se trabalhar com diferentes concentrações e mecanismos de fracionamento (MORTENSEN; DENMARK, 2011).

A modificação das propriedades físicas das manteigas pode também ser alcançada por maturação do creme a diferentes temperaturas, modificação das taxas de resfriamento do creme ou alteração das condições de estocagem do produto final. Essas possibilidades tecnológicas podem afetar positivamente a espalhabilidade da manteiga, pois a taxa de resfriamento do creme afeta a relação entre as gorduras sólida e líquida e influencia o tamanho, a forma e a organização da rede de cristais na fase líquida (RØNHOLT et al., 2014).

A modificação de sabor é feita pela adição de ervas e especiarias no preparo de manteigas temperadas, conhecidas como manteigas *gourmet* ou para fins culinários. Os sabores mais comumente encontrados em diferentes países são limão, salsa, alho, gengibre, alecrim, manjericão, pimenta, tomate, entre outros. Contudo, deve-se levar em conta que, industrialmente, a vida útil desses produtos é curta em virtude de alguns fatores que podem afetar a qualidade do produto final. Ervas frescas não são adequadas em escala industrial, pois podem conter enzimas, como lipases, que hidrolisam os triacilgliceróis ou liberam pigmentos que alterarão a coloração da manteiga. Ervas secas também podem estar contaminadas por microrganismos, principalmente por fungos e bolores. Portanto, manteigas industrialmente temperadas são compostas por óleos essenciais e agentes aromatizantes, que são mais facilmente misturados e incorporados na etapa de malaxagem.

As alterações nutricionais propostas para a manteiga vão ao encontro da busca por produtos mais saudáveis e com benefícios à saúde. A suplementação da dieta de vacas leiteiras com óleos vegetais tem sido uma estratégia eficaz para aumentar o teor de compostos bioativos na gordura do leite. O aumento no conteúdo de CLA em manteigas foi estudado por Lock et al. (2005), quando produziram manteigas com leite de vacas alimentadas com dieta suplementada com óleo de girassol, que apresenta elevado teor de ácido linoleico. Na literatura, é relatado que o consumo de manteigas naturalmente enriquecidas com CLA está associado a benefícios à saúde, comprovados mediante testes em animais e seres humanos. Entre eles, já foram identificados redução de mediadores inflamatórios sistêmicos (PENEDO et al., 2013), melhoria na memória de ratos, que pode estar relacionada a tratamentos de Alzheimer (GAMA et al., 2015) e melhoria no perfil de lipoproteínas no plasma, associada à redução do risco de aterosclerose (LOCK et al., 2005).

O aumento do teor de ômega 3 é realizado da mesma forma que nas manteigas enriquecidas com CLA. Rego et al. (2005) avaliaram o efeito da suplementação da dieta de vacas leiteiras com diferentes teores de óleo de peixe na composição em ácidos graxos da gordura do leite, com ênfase especial em ômega 3. Os autores observaram que a soma de ácidos graxos saturados diminuiu significativamente, enquanto as concentrações de ácidos graxos poli-insaturados n-3 aumentaram com a elevação do teor de óleo de peixe na dieta.

A remoção do colesterol pode ser feita por diferentes procedimentos, com métodos físicos, químicos e biológicos. Uma técnica muito indicada para a remoção de colesterol de produtos lácteos é por beta-ciclodextrinas (beta-CD), que são enzimas modificadas derivadas de amidos, com baixo custo e não tóxicas ao consumidor. Dias et al. (2010) removeram o colesterol da manteiga por três diferentes métodos de complexação com beta-CD: coprecipitação, amassamento e mistura física e concluíram que o método de coprecipitação foi o mais apropriado, além de ser barato e não destrutivo.

REFERÊNCIAS

BRASIL. Ministério da Agricultura, Pecuária e Abastecimento. Portaria n. 146, de 7 de março de 1996. Regulamento Técnico de Identidade e Qualidade de Manteiga. Anexo III. *Diário Oficial da União*, Brasília, 1996. Disponível em: <https://www.defesa.agricultura.sp.gov.br/legislacoes/portaria-mapa-146-de-07-03-1996,669.htmlAcesso em: 15 abr. 2016.

BYLUND, G. Butter and dairy spreads. In: BYLUND, G. *Dairy Processing Handbook*. 2. ed. Lund: Tetra Pak Processing Systems AB, 1995. cap. 12, p. 263-278.

FAO/WHO. Food and Agriculture Organization/World Health Organization. *Codex Alimentarius*. International Foods Standards. Codex Stan 279: Standard for butter. [S.l.], 1971. 2 p. Disponível em: http://www.fao.org/fao-who-codexalimentarius/sh-proxy/en/?lnk=1&url=https%253A%252F%252Fworkspace.fao.org%252Fsites%252Fcodex%252FStandards%252FCXS%2B279-1971%252FCXS_279e.pdf. Acesso em: 15 abr. 2016.

DIAS, H. M. A. M. et al. Butter cholesterol removal using different complexation methods with beta-cyclodextrin, and the contribution of photoacoustic spectroscopy to the evaluation of the complex. *Food Research International*, v. 43, p. 1104-1110, 2010.

FEARON, A. M. Butter and butter products. In: CHANDAN, R. C.; KILARA, A. *Dairy ingredients for food processing*. Oxford: Blackwell Publishing, 2011. p. 199-223.

FOX, P. F. et al. Fundamentals of cheese science. In: FOX, P. F. et al. *Starter cultures*. Gaithersburg, MD: Aspen Publishers, 2000. p. 54-97.

FREDE, E. Butter: the product and its manufacture. In: ROGUNSKI, H.; FUQUAY, J. W.; FOX, P. F. *Encyclopedia of dairy sciences*. Oxford: Academic Press, 2002. p. 220-227.

GAMA, M. A. S. et al. Conjugated linoleic acid-enriched butter improved memory and up-regulated phospholipase A2 encoding-genes in rat brain tissue. *Journal of Neural Transmission*, v. 122, p. 1371-1380, 2015.

GOFF, H. D. Instability and partial coalescence in whippable dairy emulsions. *Journal of Dairy Science*, v. 80, p. 2620-2630, 1997.

JENSEN, R. G. The composition of bovine milk lipids: January 1995 to December 2000. *Journal Dairy Science*, v. 85, p. 295-350, 2002.

KEOGH, M. K. Chemistry and Technology of Butter and Milk Fat Spreads. In: FOX, P. F.; MCSWEENEY, P. L. H. *Advanced dairy chemistry*. 3. ed. New York: Springer, 2006. vol. 2, cap. 9, p. 333-363.

LOCK, A. L. et al. Butter naturally enriched in conjugated linoleic acid and vaccenic acid alters tissue fatty acids and improves the plasma lipoprotein profile in cholesterol-fed hamsters. *The Journal of Nutrition*, v. 135, p. 1934-1939, 2005.

MACGIBBON, A. K. H.; TAYLOR, M. W. Composition and structure of bovine milk lipids. In: FOX, P. F.; MCSWEENEY, P. L. H. *Advanced dairy chemistry*. 3. ed. New York: Springer, 2006. vol. 2, cap. 1, p. 1-42.

MALLIA, S. et al. Determination of storage stability of butter enriched with unsaturated fatty acids/conjugated linoleic acids (UFA/CLA) using instrumental and sensory methods. *International Dairy Journal*, v. 18, p. 983-993, 2008.

MARTEN, B.; PFEUFFER, M.; SCHREZENMEIR, J. Medium-chain triglycerides. *International Dairy Journal*, v. 16, p. 1374-1382, 2006.

MICINSKI, J. et al. The effects of bovine milk fat on human health. *Polish Annals of Medicine*, v. 19, n. 2, p. 170-175, 2012.

MORTENSEN, B. K.; DENMARK, T. Butter and other milk fat products: Modified butters. In: FUQUAY, J. W.; FOX, P. F.; MCSWEENEY, P. L. H. *Encyclopedia of dairy sciences*. 2. ed. Oxford: Academic Press, 2011. p. 500-505.

MULVANY, J. L. *Indústria da manteiga*. Juiz de Fora: Instituto de Laticínios "Candido Tostes", 1970. 219 p.

ORDOÑEZ, J. A. et al. *Tecnologia de alimentos*. Porto Alegre: Artmed, 2005. (Vol. 2: Alimentos de origem animal).

PENEDO, L. A. et al. Intake of butter naturally enriched with cis9, trans11 conjugated linoleic acid reduces systemic inflammatory mediators in healthy young adults. *Journal of Nutritional Biochemistry*, v. 24, p. 2144-2151, 2013.

QUEIRÓS, M. S.; GRIMALDI, R.; GIGANTE, M. L. Addition of olein from milk fat positively affects the firmness of butter. *Food Research International*, v. 84, p. 69-75, 2016.

REGO, O. A. et al. Influence of dietary fish oil on conjugated linoleic acid, omega-3 and other fatty acids in milk fat from grazing dairy cows. *Livestock Production Science*, v. 95, p. 27-33, 2005.

RODRIGUES, J. N.; GIOIELLI, L. A. Chemical interesterification of milkfat and milkfat-corn oil blends. *Food Research International*, v. 36, p. 149-159, 2003.

RØNHOLT, S. et al. Effect of cream cooling rate and water content on butter microstructure during four weeks of storage. *Food Hydrocolloids*, v. 34, p. 169-176, 2014.

SPITSBERG, V. L. Bovine milk fat globule membrane as a potential nutraceutical. *Journal of Dairy Science*, v. 88, p. 2289-2294, 2005.

SPREER, E. Butter manufacture. In: SPREER, E. *Milk and Dairy Product Technology.* New York: Marcel Dekker, 1998. cap. 6, p. 205-242.

WALSTRA, P.; WOUTERS, J. T. M.; GEURTS, T. J. *Dairy science and technology.* 2. ed. Boca Raton: CRC Press; Taylor & Francis Group, 2006.

WRIGHT, A. J. et al. Rheological properties of milk fat and butter. *Journal of Food Science*, v. 66, p. 1056-1071, 2001.

CAPÍTULO 10
Conservação de hortaliças por fermentação lática

José Santo Goldoni

10.1 INTRODUÇÃO

Após a colheita, os alimentos se deterioram com maior ou menor rapidez dependendo de sua composição química e física. Para estender seu uso além do que seria lícito quando armazenados ao natural, os alimentos devem ser submetidos a processos de conservação. Há várias maneiras de impedir alterações, e uma delas é submeter os alimentos à proteção de substâncias que, por convenção, são denominadas conservantes.

Os conservantes podem ser classificados em condimentares (ou culinários) e não condimentares (ou químicos). Os condimentares são: açúcar, sal, álcool, vinagre, ácidos orgânicos, mostarda, alho, cravo, entre outros. Além de conferir aroma e sabor aos alimentos, possuem poder germicida, fungistático e inibidor de fermentação. Os conservantes não condimentares, ou químicos, evitam o crescimento de microrganismos deterioradores e não afetam a qualidade dos alimentos; entre eles estão os ácidos sórbico e benzoico e seus sais, o ácido bórico, o anidrido sulfuroso e o tocoferol. Ainda há os conservantes denominados desenvolvidos, que se originam de bioprocessos que ocorrem durante o processamento. Estes, além de conservar o alimento, contribuem com aromas e sabores para a obtenção de produtos com características diferentes daquelas do material ao natural.

A fermentação é um dos mais antigos meios de conservação de alimentos. De origem asiática (China e Japão), foi introduzida na Europa e na América do Norte, sofrendo diferentes adaptações. Sabe-se que vegetais bioprocessados eram produzidos em grande escala no século III. O valor nutricional dos alimentos submetidos a bioprocessos é pouco alterado e se compara ao dos alimentos submetidos a outros métodos de conservação. Entretanto, há pequenas alterações em valores energéticos, de minerais e de vitaminas. Geralmente, os alimentos fermentados mantêm as qualidades nutritivas das hortaliças ao natural. Em alguns casos, a qualidade nutricional é aumentada pela retenção de um microrganismo, como as leveduras.

Para obter bons resultados com a aplicação dos recursos da biotecnologia na fermentação, é preciso ter conhecimento dos processos fermentativos, do aperfeiçoamento das operações e da formação de pessoal especialmente treinado.

10.2 PRODUTOS BIOPROCESSADOS (FERMENTADOS)

A literatura especializada informa que de 20% a 40% do suprimento alimentar da humanidade são produtos alimentícios modificados por biotecnologia fermentativa. Não se conhecem dados estatísticos sobre o consumo mundial de hortaliças bioprocessadas. No entanto, o consumo de picles nos Estados Unidos é muito grande desde a década de 1930, quando o consumo era de 1,2 kg por habitante por ano; a partir de 1955, esse consumo aumentou 100% e, em 1971, atingiu 3,6 kg. O aumento continuou.

Há grande variedade de produtos preparados com hortaliças na forma de picles. São quatro as categorias em que se classificam. Primeiramente, há os produtos sem bioprocesso, preparados diretamente com as hortaliças ao natural; na segunda categoria se classificam as hortaliças processadas em salmoura de baixa concentração, incluindo picles com endro e com mistura de várias hortaliças; a terceira classificação agrupa as hortaliças bioprocessadas em salmoura de concentração relativamente elevada, para posterior dessalga e transformação em outro tipo de picles; e a quarta categoria engloba os produtos obtidos com salga "seca", fermentados com técnica especial, com adição de pequeno percentual de sal, como o chucrute.

O bioprocessamento de hortaliças como único meio de conservação é caracterizado pelo desenvolvimento de fermentação lática por ação de bactérias presentes na matéria-prima. Pode ser, por exemplo, um tratamento preliminar para o preparo de picles "ao vinagre". Picles, *kimchis* (vegetais fermentados em molho apimentado), azeitonas e chucrute são os mais importantes produtos de origem vegetal em que a fermentação lática toma parte.

Esse tipo de fermentação é um meio de conservação pouco difundido no Brasil e se limita a preparações domésticas ou em pequena escala industrial, realizadas em locais de influência europeia. A maior parte dos produtos industrializados não é de hortaliças previamente fermentadas, mas de produtos produzidos pela submersão de hortaliças em vinagre condimentado, seguida de um período de cura. Os picles feitos com hortaliças previamente fermentadas apresentam sabor agradável e são considerados superiores aos comumente encontrados no comércio.

Nos Estados Unidos, a elaboração industrial de picles, *relishes* (pedaços de vegetais em molho) e condimentos é a base de importante indústria. A área de cultura de pepinos para fabricação de picles é muito superior à de plantação de outras hortaliças destinadas a processamento. No começo do segundo milênio, a bibliografia relatava a produção de mais de meio milhão de toneladas. As diversas e amplas áreas de produção comercial de pepinos favoreceram a criação de novos cultivares e, em decorrência, a obtenção de produto industrial de diferentes qualidades. Por volta de 80% da produção são colocados em salmoura logo após a colheita; a cura é feita por fermentação e, em seguida, armazena-se para posterior elaboração de picles. Os 20% restantes são processados sem fermentação.

Picles fermentados apresentam textura, aroma e sabor apreciados pelos consumidores. A conservação por fermentação permite trabalhar com grandes massas de pepinos durante quase toda a estação de produção e armazenar excedentes para posterior elaboração de outros produtos. Essa prática economiza energia, porque os produtos adequadamente fermentados não exigem conservação por refrigeração nem pasteurização.

Além de pepinos, outros produtos agrícolas (hortaliças e frutos) podem ser empregados como matéria-prima no preparo de picles fermentados. Entre as hortaliças, estão cebola, cenoura, couve-flor, pimentão-doce, alcachofra, tomate verde, beterraba, nabo, brócolis, vagem, chuchu e milho e, dentre as frutas, pêssego, figo, damasco, melão, melancia, morango, groselha-da-índia etc. Da mesma forma que o repolho, que dá origem ao chucrute, outras hortaliças folhosas, como couve, acelga, espinafre e alface, podem ser bioprocessadas. Preparar e conservar azeitonas depende fundamentalmente da fermentação lática. Os grandes produtores são Estados Unidos, Argentina, Argélia, Grécia, Israel, Itália e Espanha. Vários vegetais são processados na Bélgica e nos Países Baixos por fermentação lática.

Do ponto de vista químico, trata-se de um bioprocesso heterolático (Figura 10.1) em que, além de ácido lático, são produzidos etanol e dióxido de carbono.

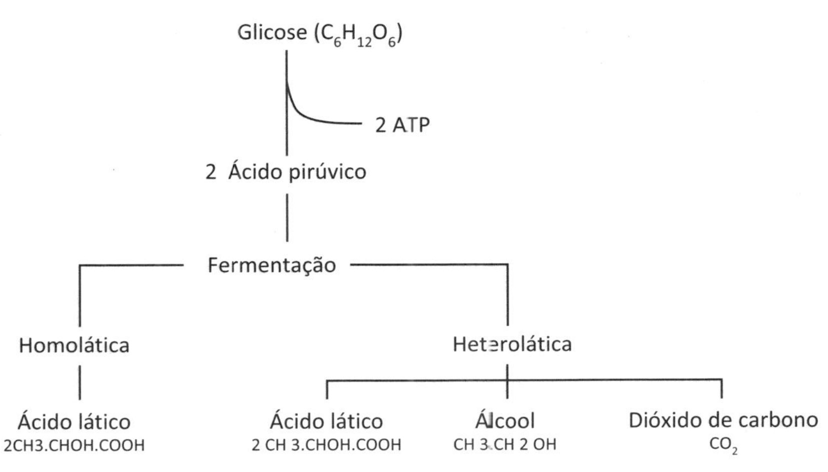

Figura 10.1 Glicólise na fermentação lática de hortaliças.

Atualmente, os vegetais fermentados mais importantes comercialmente são o chucrute e as azeitonas. São preparados principalmente por bioprocesso bacteriano, mas ocorrem também fungos de determinadas espécies de *Aspergillus*.

Os ácidos que atuam de diferentes formas no processamento de alimentos contribuem para melhorar a qualidade gustatória e estimular o consumo. Contribuem com a formação de sabor, agem como tampões no controle do pH e previnem o crescimento de microrganismos e a germinação de esporos. Apresentam atividade sinérgica com antioxidantes para evitar ranço e escurecimento e são modificadores da viscosidade.

O ácido formado durante a fermentação é um conservante do alimento, o que lhe dá vida útil mais longa. Um alimento acidificado é definido como alimento de baixa acidez ao qual foi adicionado um ácido ou um alimento ácido para originar um produto com pH final de equilíbrio de 4,6, ou menor, e atividade de água acima de 0,85. No caso de vegetais acidificados artificialmente, a adição de ácido é feita para a obtenção de um produto sem risco de desenvolvimento de *Clostridium botulinum* após a pasteurização (pH inferior a 6), evitando afetar significativamente o sabor do produto.

Os alimentos bioprocessados encerram qualidades nutritivas das hortaliças recém-colhidas, pois a fermentação lática causa poucas alterações, podendo ser comparada aos demais métodos de conservação. O bioprocesso reduz o teor de compostos tóxicos e antinutricionais como fitato, inibidores de tripsina, glicosídeos cianogênicos, nitratos e nitritos presentes em algumas plantas e verduras.

As características de sabor, aroma e textura das hortaliças fermentadas dependem de sua natureza e das mudanças causadas pela atividade das enzimas microbianas, das enzimas próprias do alimento e das interações que ocorrem durante o bioprocesso, a cura e o envelhecimento. Como ocorrem muitas mudanças durante o bioprocesso, grandes variações podem levar à obtenção de produto de qualidade inferior.

10.2.1 CHUCRUTE

O termo chucrute tem origem alemã (*Sauerkraut*), embora não haja comprovação de que o produto feito de repolho seja alemão. Os eslavos eram nômades e podem ter aprendido a prática com outros povos. Por muito tempo, o chucrute era preparado de maneira empírica, sua qualidade era variável, em geral ruim, e se deteriorava com facilidade.

Os estudos sistemáticos iniciados no início do século XX, visando ao conhecimento de fatores que influenciam o processo fermentativo do repolho, resultaram em métodos que contribuíram para a padronização do produto. Variedades de repolho têm sido desenvolvidas especificamente para a preparação de chucrute, com destaque para as variedades doces, de cabeça sólida e branca, que permitem produzir fermentado de alta qualidade. De acordo com as Normas Técnicas Especiais Relativas a Alimentos e Bebidas (SÃO PAULO, 1978), chucrute ou repolho fermentado é o produto da fermentação lática do repolho (*Brassica oleracea*), principalmente da variedade branca, lisa, que se apresenta sob a forma de tiras finas, úmidas, de cor amarelo-esverdeada e gosto ácido característico. São usadas bactérias láticas do grupo *Leuconostoc*, naturalmente presentes nas folhas. O processo ocorre em condições anaeróbias, em temperatura ambiente e com baixa quantidade de sal (salga seca).

As características típicas do chucrute são desenvolvidas pelas complexas transformações causadas pela fermentação. Aroma e sabor não são facilmente analisados e identificados e não há similar conseguido artificialmente. A qualidade é associada a textura, cor e conteúdo de ácido, sal e vitamina C. A acidez mínima deve acusar gasto de 11 mL de álcali em solução normal por 100 mL de salmoura, já o teor de cloreto de sódio pode variar entre o mínimo de 2 g e o máximo de 3 g por 100 mL. Essas características dependem da qualidade da matéria-prima e das condições reinantes durante a fabricação.

Alemanha, Países Baixos e os países que faziam parte da antiga Iugoslávia (Croácia, Eslovênia, Macedônia, Bósnia-Herzegovina, Montenegro, Kosovo, Sérvia) são grandes produtores. Nesses países o repolho é importante na dieta dos habitantes e fonte de vitamina C. Na época de safra, é consumido em estado fresco; na entressafra dá-se preferência ao produto fermentado. Nos Estados Unidos, tem importância econômica e posição destacada entre os líderes dos alimentos enlatados, abaixo de ervilha, feijão, milho e tomate. As maiores produções estão nos estados de Nova York, Wisconsin e Ohio. O consumo é suplementado com produtos importados dos países citados.

10.3 MICROBIOLOGIA NO BIOPROCESSO

São relativamente poucas as espécies de bactérias responsáveis pela fermentação da maioria das hortaliças. Elas se desenvolvem em sequência natural e o papel de cada uma é governado, primariamente, pelas condições ambientais. No decorrer do processo fermentativo, três grupos de microrganismos são encontrados: *bactérias láticas*, *enterobactérias* e *leveduras*. Desses, o grupo lático é o mais importante e, dentro dele, determinadas espécies são responsáveis por maior produção de ácido lático e pelas características do produto. Os demais grupos são indesejáveis, pois seu crescimento se dá em detrimento das bactérias láticas.

Em uma fermentação normal, as enterobactérias têm seu desenvolvimento inibido quando o pH do meio alcança valor ao redor de 4,5. As leveduras sempre estão presentes e seu crescimento deve ser evitado ao máximo, sobretudo das oxidativas ou superficiais, que se desenvolvem melhor no final da fermentação, por causa da maior concentração de ácido lático que consomem. Isso causa elevação do pH e favorece o desenvolvimento de microrganismos deterioradores do material em bioprocesso.

A ocorrência desses três grupos de microrganismos no decorrer da fermentação cria diferentes interpretações. Para alguns autores, sua associação favorece o desenvolvimento de aroma e sabor característicos; para outros, o crescimento conjunto de enterobactérias e de leveduras prejudica o desenvolvimento das bactérias láticas. Por se tratar de alimento e por uma questão de saúde pública, o produto final tem de ser plenamente livre de enterobactérias, bem como de *Clostridium botulinum*. Dessa forma, os produtos elaborados devem se apresentar com valores de pH inferiores a 4,5. Em processamento natural bem conduzido, essa condição é em geral atingida.

As bactérias láticas geralmente são utilizadas para fermentação e conservação de alimentos vegetais e de origem animal, presentes em produtos cárneos e lácteos. Esses microrganismos produzem compostos antimicrobianos e desempenham importante ação que garante inocuidade do alimento fermentado e longa vida útil. O aumento do consumo de produtos naturais e isentos de aditivos químicos estimula o uso de bactérias láticas na conservação de produtos alimentícios. A maioria dessas bactérias, incluindo *Pediococcus*, produz vários fatores antagônicos durante o processo fermentativo, como substâncias antibióticas, proteínas bactericidas e produtos finais do metabolismo, como ácido lático.

As bacteriocinas são proteínas bacterianas com propriedades bacteriostáticas sobre diversas espécies e cepas de microrganismos. Algumas bacteriocinas do grupo das bactérias láticas foram identificadas e podem ser classificadas em dois grupos: aquelas que possuem limitado espectro inibitório, apenas sobre espécies geneticamente próximas, e aquelas que possuem efeito inibitório mais amplo sobre diversas espécies de microrganismos gram-positivos. Numerosos trabalhos informam que o *Pediococcus* é capaz de produzir alimentos fermentados e que algumas cepas geram compostos antimicrobianos, como as bacteriocinas ativas sobre muitos microrganismos gram-positivos patogênicos. Algumas cepas de bactérias láticas são capazes de inibir o crescimento de *Clostridium botulinum* toxigênico, mas esse efeito está mais ligado à capacidade dessas bactérias de causar rápida acidificação do meio que à produção de bacteriocinas, de pequeno efeito adicional.

As espécies responsáveis pela fermentação estão presentes na superfície das hortaliças em número relativamente baixo. As proporções delas em comparação com as espécies aeróbias indesejáveis são tão baixas que, para estimar o número de organismos fermentativos, é necessário usar técnicas especiais para inibir o crescimento das bactérias aeróbias e permitir o crescimento de espécies fermentativas. Pelo fato de as hortaliças crescerem em ambiente aeróbio, intimamente em contato com ar, solo e umidade, a maioria das bactérias presentes na superfície vegetal colhida é de espécies encontradas no solo e na água, pertencentes aos gêneros *Pseudomonas*, *Flavobacterium*, *Acinetobacter*, *Enterobacter*, *Escherichia*, *Bacillus*, *Citrobacter*, *Klebsiella* e *Serratia*. Assim, quando da preparação de hortaliças para fermentação, é fundamental estabelecer condições de ambiente favoráveis às bactérias láticas. A concentração de sal e a ausência de ar são essenciais e bem definidas.

Quase todos os vegetais, incluindo frutos manuseados como hortaliças, como pepino, tomate e azeitona, são fermentados pelas bactérias láticas. As hortaliças contêm açúcares e constituem substrato adequado para o crescimento de bactérias láticas e outros microrganismos. Os açúcares fornecem a energia necessária aos processos metabólicos, e outros nutrientes complementam o meio. Alguns componentes são alterados durante a fermentação, como os lipídeos, que podem contribuir com características do produto bioprocessado.

Desde 1930, a bactéria lática *Leuconostoc mesenteroides* subsp. *mesenteroides* é considerada importante para iniciar a fermentação de hortaliças em salmoura ou salga a seco, como repolho, pepino, beterraba, rabanete, couve-flor, vagem, tomate verde cortado, repolho inteiro, couve-de-bruxelas e mistura de hortaliças com soja. A fermentação é iniciada com *Leuconostoc mesenteroides* subsp. *mesenteroides* e seguida de *Lactobacillus brevis*, *Pediococcus acidilactici* e *Lactobacillus plantarum*. As condições ambientais, o número e o tipo de microrganismos presentes, a limpeza, a concentração de cloreto de sódio, a temperatura e a cobertura influenciam o desenvolvimento da fermentação.

Quando da colheita, o corte das hortaliças causa exsudação de pequena quantidade do citosol, meio satisfatório para o crescimento das espécies fermentativas, especialmente *Leuconostoc*. Grande parte das vezes, *Leuconostoc mesenteroides* subsp. *mesenteroides* é suficiente para produzir o limo de dextrânio nos exsudatos. Ele cresce no meio das hortaliças em fermentação mais rapidamente que as demais espécies láticas, em grande variação de temperatura e de concentração salina. O microrganismo produz dióxido de carbono, ácido lático, ácido acético e etanol; o dióxido de carbono e os ácidos diminuem rapidamente o pH e inibem o desenvolvimento dos microrganismos indesejáveis. O dióxido de carbono formado reduz a presença de ar e provê condição de anaerobiose favorável à estabilização do ácido ascórbico (vitamina C) e à cor natural das hortaliças.

O crescimento de *Leuconostoc mesenteroides* subsp. *mesenteroides* muda o ambiente e torna-o mais favorável ao desenvolvimento das demais bactérias láticas em sequência. A combinação de ácidos, álcoois e ésteres formados e outros produtos do metabolismo confere sabor e aroma desejáveis. Essa espécie converte o excesso de açúcar em dextrânio e manitol, que são fermentados apenas por bactérias láticas. O manitol e o dextrânio liberam grupos aldeídicos ou cetônicos que podem se combinar com aminoácidos e iniciar o escurecimento do alimento. No entanto, a atividade de enzimas pode causar o amolecimento dos tecidos das hortaliças.

As mudanças complexas que ocorrem na fermentação de hortaliças são causadas pela sequência da ação das bactérias láticas. O crescimento de cada espécie depende de sua presença na hortaliça, do teor de açúcar, da concentração de sal e da temperatura.

O desprendimento de gás que se observa na superfície dos tanques de fermentação e que também ocorre no interior do tecido vegetal é produzido, inicialmente, por *Leuconostoc mesenteroides* subsp. *mesenteroides*. Embora se dê ênfase à sua presença, não significa que outras bactérias láticas não sejam importantes. *Lactobacillus plantarum* produz grande quantidade de ácido; esta e *Pediococcus acidilactici* são as principais bactérias da fermentação, sobretudo da realizada em salmoura. *Lactobacillus brevis*, capaz de fermentar pentoses, é essencial para dar características de produto fermentado às hortaliças e pode produzir parte do gás desprendido.

Valores de acidez entre 1% e 1,2% expressos em ácido lático podem ser obtidos pela atividade do *Leuconostoc mesenteroides* subsp. *mesenteroides* sobre hortaliças em salga a seco. Teores inferiores de ácidos, de 0,4 a 0,6%, são obtidos em bioprocesso em salmoura, desde que o efeito tampão seja baixo. *Lactobacillus brevis*, algumas vezes *Pediococcus acidilactici* e permanentemente *Lactobacillus plantarum* desenvolvem-se simultaneamente no início da fermentação desde que a temperatura seja favorável. Na fermentação de hortaliças em salga a seco, a acidez pode atingir de 2% a 2,5%, se o teor de açúcar for suficiente; porém, nas fermentações de hortaliças em salmoura é raro alcançar de 1% a 1,2%. É comum, quando se aumenta rapidamente a concentração de sal na salmoura, que a combinação da ação inibidora do cloreto de sódio com a da acidez paralise a produção de ácido, mesmo que a acidez esteja baixa.

A espécie *Leuconostoc mesenteroides* subsp. *mesenteroides* produz aroma e sabor desejáveis, derivados de ácidos, álcoois e outros produtos da fermentação. Aparentemente, esse microrganismo propicia condições favoráveis ao crescimento de outras bactérias láticas que participam da fermentação. Na sequência de crescimento estão *Leuconostoc mesenteroides* subsp. *mesenteroides*, *Lactobacillus brevis*, frequentemente *Pediococcus acidilactici* e *Lactobacillus plantarum*. Ocasionalmente, cepas de *Streptococcus faecalis* são encontradas nos estágios iniciais, com ação de menor importância. O máximo de população das várias espécies ocorre de acordo com sua tolerância à acidez, mas sempre há sobreposição de espécies em determinado momento. Além das citadas, outras bactérias láticas foram detectadas nas fermentações com diferentes hortaliças: *Lactobacillus casei* subsp. *casei*, *Lactobacillus delbrueckii* subsp. *lactis* e *Leuconostoc mesenteroides* subsp. *dextranicum*.

A Tabela 10.1 identifica diferentes espécies de bactérias láticas isoladas de fermentações com cenoura, chuchu, couve-flor, pepino, repolho e vagem.

Tabela 10.1 Espécies de bactérias láticas isoladas no decorrer da fermentação lática com diferentes hortaliças

Bactérias láticas	**Hortaliças**					
Gênero/espécie	**Cenoura**	**Chuchu**	**Couve-flor**	**Pepino**	**Repolho**	**Vagem**
Lactobacillus						
L. brevis	+	+	+	+	+	+
L. casei subsp. *casei*	-	-	+	-	-	-
L. delbrueckii subsp. *lactis*	+	+	+	+	+	+
L. plantarum	+	+	+	+	+	+
Leuconostoc						
L. mesenteroides subsp. *mesenteroides*	+	-	-	+	+	-
L. mesenteroides subsp. *mesenteroides*	+	+	+	+	+	+
Pediococcus						
P. acidilactici	+	+	+	+	+	+
Streptococcus						
S. faecalis	+	+	+	+	-	-

Legenda: + significa presente; - indica não isolada.

Como foi mencionado, o grupo de enterobactérias e leveduras, embora indesejável, está presente no decorrer do processo fermentativo. Dentre as enterobactérias são identificados os gêneros *Enterobacter, Citrobacter, Escherichia, Klebsiella* e *Serratia*.

Desde os primeiros estudos sobre fermentação de hortaliças, foram detectadas a presença de leveduras e sua responsabilidade na formação de gás nos estágios iniciais do bioprocesso; daí terem sido consideradas importantes por pesquisadores e empreendedores. Há dúvida se as leveduras podem ser isoladas de qualquer hortaliça em fermentação, pois numa fermentação normal seu número é pequeno em comparação com o das bactérias láticas. Esse fato leva a questionar sua importância como microrganismo desejável no bioprocesso.

Várias espécies são prejudiciais. As aeróbias formam película na superfície das hortaliças em fermentação, metabolizam o ácido lático, neutralizam a salmoura e criam condições para o crescimento de outros microrganismos. A destruição do ácido lático, a hidrólise do material péctico e a decomposição da proteína e de lipídeos resultam em sabores e odores indesejáveis e mudanças na textura. Formação de "cavidades", amolecimento, mudança de cor e aparecimento de manchas brancas nas hortaliças são resultantes do crescimento de leveduras.

Durante a fermentação de diferentes hortaliças, muitas espécies foram encontradas e englobadas em diversos gêneros: *Brettanomyces, Candida, Cryptococcus, Debaryomyces, Endomycopsis, Hansenula, Kluyveromyces, Lipomyces, Metschnikowia, Nadsonia, Pichia, Rhodotorula, Saccharomyces, Schawanniomyces, Torulopsis* e *Trichosporon*. Da complexa flora microbiana encontrada nas hortaliças em fermentação, ainda são mencionadas bactérias do gênero *Bacillus*, como *B. megaterium* e *B. subtilis*, e do gênero *Micrococcus*, incluindo *M. luteus, M. varians* e *Micrococcus* spp.

10.4 PROCESSO DE FERMENTAÇÃO LÁTICA

A conservação de hortaliças por fermentação lática pode ser efetuada em salmoura e salga seca. O bioprocesso em salmoura é empregado em frutas e na maioria das hortaliças, principalmente pepino; a salga seca é aplicada em repolho, cujo produto final é o chucrute. As adições de sal servem para lixiviar o conteúdo celular e facilitar o desenvolvimento de microrganismos responsáveis pela fermentação, evitando em parte a multiplicação dos germes nocivos, para favorecer a ação das bactérias láticas e contribuir para a boa consistência do produto.

No *processo da salmoura*, usada na proporção de 1,8:1 entre salmoura e hortaliça, o teor de sal de 10% é considerado ótimo. Em contato com as hortaliças, essa concentração de sal é reduzida pela difusão do suco celular, e, para evitar adições de sal durante as fermentações e manter o teor de cloreto de sódio adequado, aconselha-se que as hortaliças sejam imersas desde o início do processo em salmoura com concentração definida e calculada pela equação a seguir:

BM = (PH.BH + PS.BS)/(PH + PS)

em que BM é Brix refratométrico da salmoura após equilíbrio osmótico, ou seja, a concentração desejável da salmoura para a fermentação (valor de 12 °Brix corresponde a 10% de sal); PH significa peso da hortaliça (valor conhecido); BH indica Brix refratométrico da hortaliça (determinado pelo refratômetro manual); PS refere-se a peso da salmoura (calculado pela relação 1,8:1 entre salmoura e hortaliça); BS é Brix da salmoura a ser colocada no momento do preparo das fermentações (valor a ser calculado: do resultado deve ser subtraído 2 para obter a percentagem de sal).

O *processo de salga seca* é usado em repolho para obter chucrute, e o sal é adicionado na proporção de 2,5% em relação ao peso da hortaliça.

Em ambos os casos o bioprocesso pode ser conduzido em recipientes de madeira, fibra ou plástico, em tanques de alvenaria ou de aço inoxidável de diferentes tamanhos, dependendo da quantidade de matéria-prima.

Quanto à temperatura de fermentação, é recomendado não ultrapassar 25 °C, embora tenha sido comprovado que o valor ótimo se encontra entre 18 °C e 20 °C. Em regiões de temperatura média mais alta que esses valores, isso é um problema para as empresas produtoras.

O final do processo fermentativo pode ser verificado das seguintes formas:

- *Controle visual*: por meio de observação do aspecto das hortaliças, é possível acompanhar o bioprocesso e detectar que, com o processo de cura, os tecidos das hortaliças se tornam translúcidos e sua coloração muda para tonalidade mais clara, que caracteriza o final da fermentação.
- *Controle físico-químico (pH e acidez total expressa em percentagem de ácido lático)*: as determinações de pH e acidez total mostram que no final do bioprocesso os valores encontrados praticamente se tornam constantes. Se for permitido que a fermentação continue, a acidez diminui e, consequentemente, há elevação do pH, conforme mostra a Figura 10.2. Nela pode ser visto que, durante o processo fermentativo para a produção de picles de hortaliças, variaram os valores da acidez total. As causas são o efeito tampão das hortaliças, a elevação rápida da acidez da salmoura e a exigência de seu abaixamento para equilibrar a acidez da salmoura e da hortaliça e, possivelmente, a presença de leveduras oxidativas e superficiais.

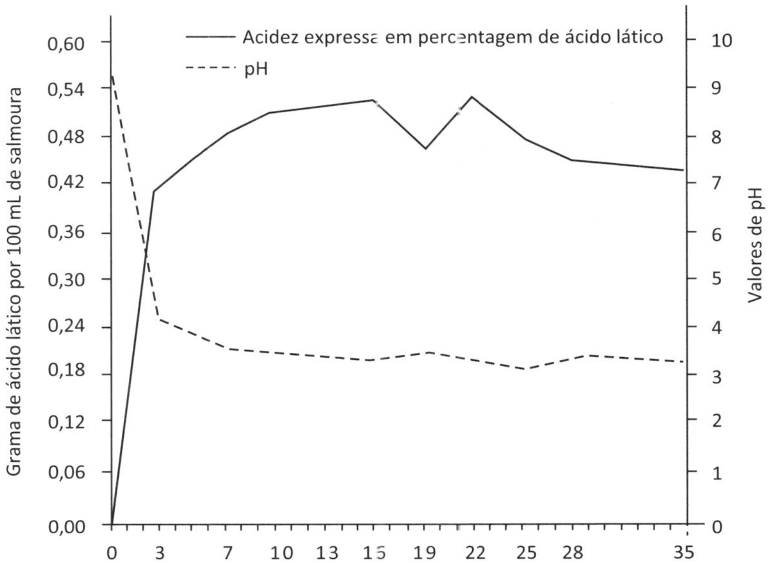

Figura 10.2 Curvas de acidez e pH durante a fermentação lática de pepino para a produção de picles.

Fonte: adaptada de Goldoni (2001).

10.5 ELABORAÇÃO DE PICLES EM SALMOURA

Os exemplos mais importantes de picles fermentados em salmoura são os de pepino, cenoura, couve-flor, chuchu, nabo e vagem. A predominância é a de picles elaborados com pepinos, largamente consumidos nos Estados Unidos. A elaboração desse tipo de picles apresenta características diversas conforme espécie ou cultivar da hortaliça utilizada. De modo geral, envolve as operações de colheita, transporte, descarregamento, limpeza e seleção, classificação, preparo e expurgo, branqueamento ou não, salga e fermentação, dessalga e armazenamento.

10.5.1 MATÉRIA-PRIMA

A seleção das variedades apropriadas é imprescindível para a elaboração dos picles. Em geral, as hortaliças para essa finalidade devem apresentar coloração uniforme, ser tenras e se encontrar em ótimas condições de conservação. No caso de pepinos (Figura 10.3), os mais usados são da espécie *Cucumis sativus* em diversos tamanhos, principalmente inteiros, embora possa haver preparações com frutos cortados para fazer *relishes* (pedaços de hortaliças ou frutos em molho). Os preferidos são os de pequeno tamanho, que incluem os denominados *cornichons*, com 3 cm a 5 cm de comprimento. Também pode ser usada a hortaliça *Cucumis anguria*, de origem africana, difundida nas Américas Central e do Norte, onde também é conhecida como *gherkin*, e nas regiões Norte e Nordeste do Brasil, denominada maxixe.

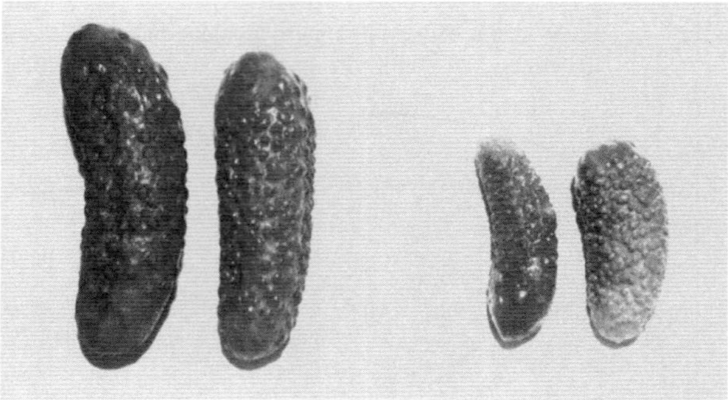

Figura 10.3 Pepinos *Cucumis sativus*. Os da direita também são chamados *cornichons*.

10.5.2 COLHEITA

É importante tomar cuidados adequados com a colheita de cada hortaliça, para evitar batidas, injúrias ou qualquer dano físico que prejudique sua qualidade. As hortaliças devem ser colhidas quando atingirem pleno desenvolvimento vegetativo, de acordo com espécie ou variedade, e, de preferência, pela manhã, em período mais fresco.

10.5.3 TRANSPORTE

É desejável que a indústria seja localizada perto do campo de cultura. Não sendo possível, o transporte deve ser feito logo após a colheita, o mais rápido possível, para evitar deterioração, pois as hortaliças são frágeis. O transporte deve ser programado com a produção, de forma que a matéria-prima esteja disponível uniformemente durante um período mais longo.

10.5.4 DESCARREGAMENTO

Durante a descarga após a recepção no local de trabalho, devem ser tomados cuidados especiais para evitar danos de toda espécie, como batidas, quebras, cortes, entre outros que venham a prejudicar a qualidade de imediato ou depois do armazenamento. Ótimo seria armazenar em refrigeração para aumentar a vida útil do material colhido fresco; porém, quase sempre esse cuidado é deixado de lado porque exige condições especiais, equipamentos e técnicas que encarecem a matéria-prima e o processamento.

10.5.5 LIMPEZA E SELEÇÃO

A limpeza consiste na lavagem, que pode ser feita por imersão e agitação em banho de água potável ou por aspersão. A seleção, por sua vez, consiste na separação das peças com danos mecânicos, manchadas e muito verdes ou muito maduras, que podem ser usadas para outras finalidades.

10.5.6 PREPARO E EXPURGO

O preparo varia de acordo com a matéria-prima. De modo geral, envolve descascamento, corte em pedaços e outras etapas, conforme o caso. O descascamento, quando necessário, é executado por meio manual, mecânico ou químico. Por ocasião do preparo, deve-se fazer o expurgo, que consiste em separar as partes das hortaliças danificadas mecanicamente ou em processo de decomposição.

10.5.7 BRANQUEAMENTO

Não deve ser executado quando o bioprocesso for natural, ou seja, com os microrganismos da própria hortaliça, pois acarreta a eliminação dos agentes da fermentação.

O branqueamento consiste em tratamento com calor por, imersão das hortaliças em água fervente ou quase, ou vapor por tempo conveniente. O branqueamento a vapor é mais indicado, porque causa menos perda de vitaminas e de sólidos solúveis. Esse processo tem como finalidade promover desinfecção superficial do produto por redução do número de microrganismos, inativar enzimas pelo aquecimento, firmar a consistência dos tecidos mantendo-os tenros, fixar sabor, aroma e cor das hortaliças e eliminar o ar ocluso nos tecidos para evitar oxidação prejudicial.

Imediatamente após o aquecimento, as hortaliças são resfriadas por aspersão ou imersão em água, de preferência gelada, para evitar sobrecozimento por ação prolongada do calor. A fermentação é executada com inoculação de culturas microbianas apropriadas.

10.5.8 SALGA E FERMENTAÇÃO

A fermentação é executada em tanques cilíndricos de madeira, concreto, aço inoxidável, fibra ou plástico (bombonas), cobertos com tampa falsa de madeira, sobre a qual são colocados pesos para que as hortaliças fiquem submersas. Outra forma de submergir as hortaliças é usar um saco plástico contendo água em volume suficiente para pressioná-las e, ao mesmo tempo, vedar contato com o ar atmosférico pela acomodação do contentor de água contra as paredes do recipiente de fermentação.

Antes de sua cobertura, as hortaliças são envoltas em salmoura a 10% de cloreto de sódio ou preparada como descrito na seção 10.4. Durante a primeira semana, a concentração de sal é controlada com adição de sal, para compensar a diluição causada pela exsudação do suco celular do tecido vegetal. Também é viável iniciar a fermentação pela adição de salmoura mais concentrada no início, conforme descrito na seção citada, para que o teor de sal seja estabilizado na concentração adequada ao longo do processo.

A fermentação geralmente requer de quatro a seis semanas, durante as quais a concentração de cloreto de sódio deve ser mantida a 10%. Após o término do processo fermentativo, a concentração é elevada para entre 15% e 17,5%, para garantir boa conservação.

A temperatura ótima de fermentação é de 18 °C a 20 °C, tolerando-se de 20 °C a 25 °C com bons resultados. No Brasil as condições ambientais em geral são bem diferentes e a manutenção da temperatura nos valores citados exige cuidados especiais. Em geral, a acidez total atinge de 0,6% a 0,8%, expressa em percentagem de ácido lático; entretanto, acidez mais elevada, de 1% a 1,2%, pode eventualmente ser conseguida.

Durante o processo, é preciso evitar a ocorrência de fermentações secundárias, indesejáveis, sobretudo a butírica. Diversas leveduras tolerantes ao sal, mesmo em concentrações de 15% e 16%, como *Debaryomyces*, *Candida* e *Pichia*, podem oxidar o ácido lático. Esses microrganismos formam um filme (película, véu) de coloração branca a cinzenta na superfície da salmoura. Para impedir esse crescimento, tem sido empregado ácido sórbico ou sais de sódio e potássio, em dose máxima de 1 g/kg, de acordo com a legislação vigente. Medida eficiente para conservação dos picles fermentados é adicionar uma camada de óleo mineral inodoro e insípido de até 3 mm de espessura. Com cuidados especiais, a conservação pode ser indeterminada. Um inconveniente é a dificuldade em retirar a conserva sem contaminá-la com o óleo no momento de manuseá-la.

Industrialmente, em vez de bioprocesso natural, pode ser tentada a fermentação com inoculação de microrganismos selecionados. Antes da operação, deve ser feito o branqueamento. Os resultados não têm sido totalmente satisfatórios em virtude de vários fatores, que incluem dificuldade para inoculação das culturas puras e manuseio do meio em fermentação.

Para serem consumidos, os picles fermentados devem ser lavados e macerados em água morna (45 °C-55 °C) por algumas horas. São usados de diferentes maneiras na cozinha ou como matéria-prima para elaboração de picles ao vinagre.

10.5.9 DESSALGA

O sal deve ser retirado da matéria-prima por imersão em água antes de ela ser colocada em vinagre. Um dos métodos consiste em cobrir os vegetais com água e elevar sua temperatura a 45 °C-55 °C. Dependendo do tamanho e da textura das hortaliças, é preciso deixar descansar por 10 a 14 horas, mexendo de vez em quando. Nova água deve ser aplicada e, em seguida, deixa-se descansando por várias horas em temperatura de 43 °C a 54 °C. Geralmente, é necessária nova imersão. No processo, podem ser usados cloreto de cálcio, lactato de cálcio e gluconato de cálcio em dose máxima de 0,3 g/kg para manter razoáveis as condições de textura.

A dessalga também pode ser feita por imersão das hortaliças por um a dois dias em água, que deve ser trocada de duas a três vezes por dia, seguindo-se nova imersão de 10 a 12 horas em água quente de 43 °C a 54 °C. No caso de pepinos, quando estão muito rijos, talvez seja necessário elevar a temperatura a 60 °C-65 °C por curto período, mas em geral temperaturas entre 43 °C e 54 °C são suficientes.

As outras hortaliças, pelo menos grande parte delas, depois da cura, são mergulhadas várias vezes em água fria até ficarem praticamente livres de sal. Em cebolas usa-se água quente; em couve-flor, a água não pode ser aquecida a temperatura muito alta para não favorecer a quebra das inflorescências.

10.6 ALTERAÇÕES NO PRODUTO BIOPROCESSADO

O produto bioprocessado pode sofrer diferentes alterações que, eventualmente, têm origem durante a execução do processo.

10.6.1 AMOLECIMENTO

A indústria de picles pode sofrer perdas consideráveis em razão do amolecimento que, às vezes, ocorre durante a fermentação ou o armazenamento, indicando que a salmoura está com baixa concentração de sal.

Investigações sobre as mudanças microbiológicas e citológicas que ocorrem no amolecimento mostraram que, de modo geral, se dá por conta da decomposição das matérias pécticas da hortaliça, que pode ser causada por enzimas das hortaliças ou enzimas secretadas por bactérias, leveduras ou fungos. Entre as bactérias, há uma espécie de *Bacillus*, tolerante a sal, que também produz enzima tolerante ao meio ácido.

A acidificação da salmoura de acondicionamento com ácidos orgânicos, a adição de cloreto de cálcio (Ca^{+2}) e a concentração de sal acima de 8% são recomendações para reduzir o amolecimento causado por reações enzimáticas e não enzimáticas. O amolecimento pode ser decorrência do crescimento de leveduras formadoras de película que se utilizam do ácido lático formado durante a fermentação e contido na salmoura.

Outros tipos de amolecimento podem estar relacionados a lentas transformações químicas que ocorrem em qualquer alimento processado.

10.6.2 PICLES OCOS OU COM CAVIDADES

Algumas vezes, a produção de cavidades causa perdas tão sérias quanto aquelas em razão de amolecimento. Isso se dá pela estrutura física da hortaliça, pela formação de gás por microrganismos, pelo efeito da pressão da salmoura sobre a superfície e por diferenças entre variedades e estágios de maturação.

10.6.3 ESCURECIMENTO DA SALMOURA

Pode ocorrer por formação de sulfato ferroso. O gás sulfídrico provém da decomposição da proteína e os sais de ferro são fornecidos pela água ou pelo equipamento, como bombas de ferro fundido, tubulações e outros equipamentos de ferro. Em certos casos, a cor escura se dá por causa de um pigmento solúvel formado por *Desulfotoma-*

culum nigrificans em presença de ferro, açúcar (como dextrose), baixo teor de nitrogênio e reação neutra ou levemente alcalina.

10.6.4 SALMOURA VISCOSA

Outras formas menos sérias de deterioração têm ocorrido em salmouras de picles, comumente naquelas que foram neutralizadas por destruição do ácido lático pela ação de leveduras. Uma bactéria gram-negativa é o agente causal da formação de salmoura viscosa; ela é formadora de cápsula e desenvolve-se em meios onde os teores de sal e ácido são muito baixos. A recomendação para evitar essa alteração é aumentar a concentração de sal.

10.7 REDUÇÃO DA DETERIORAÇÃO

As práticas usuais em outras indústrias de fermentação, como as de queijo, manteiga, vinho e cerveja, servem de guia de princípios para a indústria de bioprocessamento de hortaliças.

As condições que resultam em um crescimento excessivo de leveduras superficiais, amolecimento, formação de cavidades e outras alterações são conhecidas e podem ser corrigidas. Deteriorações comuns em muitas fábricas na indústria de chucrute têm sido reduzidas a um mínimo por meio da aplicação cuidadosa de alguns princípios básicos, como concentração e distribuição apropriadas de sal e cobertura adequada dos vasos.

No decorrer do bioprocesso, certas práticas têm sido adotadas para favorecer o crescimento das espécies desejáveis e a sequência de microrganismos própria da fermentação. É forçoso favorecer o crescimento de *Leuconostoc mesenteroides* subsp. *mesenteroides* para que propicie condições adequadas às demais bactérias láticas, como a combinação do efeito sal-ácido com condições de anaerobiose. Também tem sido empregada a adição de salmoura de uma fermentação anterior ou de uma cultura pura, usualmente *Lactobacillus plantarum*. Porém, essa medida ainda não tem sido definitivamente satisfatória.

Como o desenvolvimento dos microrganismos, a atividade das enzimas que causam o amolecimento das hortaliças é função das concentrações de sal e de ácido. O efeito dessas substâncias para avaliar a inibição da atividade enzimática ainda é desconhecido. O amolecimento do tecido vegetal na fermentação do chucrute é menos acentuado que na fermentação dos pepinos. Na obtenção do chucrute, a acidez é elevada com menor quantidade de sal empregada, já nos pepinos é mais baixa em salmoura de maior teor de sal. Isso pode ser decorrência do tipo e da concentração de enzimas presentes na hortaliça. Suas atividades continuam em concentração de sal superior à do chucrute e podem ser mais ativas em temperaturas elevadas, como observado pelo amolecimento um dia após o acondicionamento em temperatura de 31 °C.

Há estudos que visam reduzir a deterioração e estabelecer um padrão de qualidade dos produtos fermentados. A fermentação controlada tem sido uma das técnicas empregadas com o objetivo de desenvolver fermentações uniformes e previsíveis e obter produtos com alta acidez. Por esse meio, procura-se a eliminação dos estágios inicial e secundário de uma fermentação natural, que, de acordo com a sequência de microrganismos, apresenta quatro estágios distintos:

- *iniciação*, ou estágio inicial, em que estão presentes bactérias gram-positivas e gram-negativas;
- *fermentação primária*, em que predominam bactérias láticas e leveduras;
- *fermentação secundária*, na qual prevalecem as leveduras;
- *pós-fermentação*, com o crescimento superficial de leveduras oxidativas, fungos e bactérias (esses microrganismos não são encontrados quando são usados tanques anaeróbios).

Em um bioprocesso controlado, a acidificação inicial da salmoura inibe o crescimento de bactérias gram-positivas e gram-negativas ácido-sensíveis, favorecendo o crescimento de bactérias láticas. Antes da adição do inóculo de bactérias láticas, ou seja, depois de 24 horas, aproximadamente, é feita a neutralização do ácido ou a adição de acetato de sódio à salmoura. Esse tampão não só torna o pH inicial favorável ao crescimento das culturas iniciadoras como também assegura a fermentação de todos os açúcares pelas culturas puras das bactérias inoculadas. Caso não se faça o tamponamento da salmoura acidificada (com acetato de sódio), o baixo valor de pH pode inibir o crescimento das bactérias láticas desejáveis; o tamponamento elimina a fermentação secundária por leveduras. A indústria de picles usa *Lactobacillus plantarum* e *Pediococcus pentosaceus* preparados por firmas comerciais, ainda que de forma limitada.

Ainda em relação à fermentação controlada, pesquisa realizada no Brasil com acidificação inicial da salmoura de acondicionamento, empregando cenoura como matéria-prima, demonstrou que o processo fermentativo natural sem adição de agente acidificante se desenvolve mais uniformemente e resulta em produtos de maior acidez. Embora esses resultados sejam promissores, são necessárias mais pesquisas para melhores conclusões.

A depuração vem sendo usada para reduzir as alterações durante o processo fermentativo. Esse processo consiste na eliminação do dióxido de carbono produzido pelos tecidos vegetais e pelos microrganismos por meio de borbulhamento de nitrogênio (N_2) nos tanques de fermentação. Há redução da formação de cavidades ou bolsas de ar, sobretudo em pepinos. O nitrogênio também mantém anaerobiose e evita o crescimento de fungos e outros microrganismos aeróbios, bem como previne as oxidações que podem resultar em sabores e colorações indesejáveis.

Com a finalidade principal de reduzir o mecanismo de produção de cavidades ou bolsas de ar, mormente no que se refere à fermentação de pepino, é usada a técnica da troca de oxigênio (O_2) por dióxido de carbono (CO_2). O oxigênio é rapidamente respirado pelos tecidos vegetais, com liberação de dióxido de carbono, que é mais solúvel que o oxigênio e, em consequência, reduz a pressão interna dentro da hortaliça. Essa redução favorece a entrada de líquido, que preenche os espaços intracelulares e diminui a formação de bolsas de ar (cavidades) no interior da hortaliça. Desse modo, os pepinos apresentam aparência translúcida e não flutuam, permanecendo submersos na salmoura, como na Figura 10.4.

Figura 10.4 Picles de pepino.

Fonte: iStockphoto.

Outra prática adotada é a inoculação de culturas puras de cepas de bactérias láticas para fermentação de hortaliças. Quatro bactérias láticas e numerosas espécies de leveduras estão em geral envolvidas na fermentação primária de pepinos. Para a fermentação comercial, são indicadas *Lactobacillus plantarum* e *Pediococcus pentosaceus*, espécies homofermentativas que reduzem ao mínimo as necessidades de depuração. Entretanto, as indústrias de picles ainda não aceitam bem essas espécies porque exigem equipamento adequado e domínio de técnicas de manuseio. Ademais, bactérias láticas para uso geral e atendimento à demanda comercial ainda não estão facilmente disponíveis.

O ácido málico, que está presente em muitos vegetais (maçã, uva, hortaliças, cereais e capim), é degradado pela enzima malolática, encontrada na maioria das bactérias láticas, com a produção de dióxido de carbono. Como consequência, se não for realizada a depuração, há formação de cavidades em produtos fermentados de hortaliças, principalmente o pepino.

O isolamento de culturas de bactérias láticas com boas características encoraja sua utilização e impulsiona as indústrias de picles a adotar bioprocesso controlado. Para uso em processo controlado, foi desenvolvido um mutante de *Lactobacillus plantarum* incapaz de descarboxilar o ácido málico.

Há ainda possibilidade de usar uma levedura (*Saccharomyces cerevisiae*) em combinação com bactérias láticas para a fermentação de pepinos. A utilização de cultura mista em fermentação de hortaliças pode ser vantajosa no controle da acidez final e na conversão de açúcares em produtos finais estáveis. Entretanto, aumenta a exigência de depuração da salmoura para eliminar dióxido de carbono. É preciso estudo, sobretudo no que se refere à remoção de açúcares, como sua conversão em ácido lático e outros produtos estáveis, visando diminuir o tempo de depuração e evitar a fermentação secundária gasosa por leveduras.

As salmouras previamente acidificadas com ácido acético, neutralizadas com acetato de sódio e hidróxido de sódio e adicionadas de acetato de cálcio tornam-se adequadamente tamponadas e garantem a metabolização completa dos açúcares por *Lactobacillus plantarum*. O acetato de cálcio tem a dupla finalidade de tamponar e melhorar a textura dos tecidos vegetais.

Foram realizadas pesquisas com acetato de cálcio ou cloreto de cálcio para reduzir o amolecimento enzimático de pepinos fermentados e armazenados em salmoura com baixa concentração de sal. Nos Estados Unidos, o cloreto de cálcio é usado extensivamente em proporções de 0,2% a 0,35% em relação ao conteúdo dos recipientes de fermentação. O uso de sal é reduzido com a utilização de recipientes melhorados, fermentação controlada e proteção do Ca^{2+} contra amolecimento.

O uso de tanques de fibra de vidro tem sido ampliado. Eles são instalados em ambientes descobertos onde a luz solar incide na superfície da salmoura; mais luz ultravioleta reduz o crescimento de leveduras e fungos superficiais. Adições de sal são feitas para compensar a diluição da salmoura pela água da chuva e também para mais segurança contra amolecimento e outras deteriorações. Há investigações sobre o uso de tanques anaeróbios, fechados na parte superior. Essas técnicas colocam a indústria de picles em posição de avanço tecnológico, análogo ao que ocorre nas indústrias de cerveja e vinho e em outras indústrias de fermentação.

10.8 PICLES COM ENDRO

Diversos tipos de picles, como picles com endro, são fermentados em salmoura com baixo teor de sal. Esse tipo de picles é elaborado com pepinos em salmoura adicionada de endro (*Anethum graveolens*) e mistura de especiarias, com o intuito de conferir sabor e aroma, embora não muito pronunciados. O endro (aneto ou *dill*) é uma erva aromática usada nas cozinhas sueca, finlandesa, russa e polonesa e no ocidente da Turquia. Flores, folhas, frutos e sementes se encontram em umbelas parecidas com as de funcho e erva-doce. Nos picles não muito ácidos, são adicionados seus fragmentos para conferir qualidade organoléptica peculiar e saborosa.

Figura 10.5 Sementes de endro.

O produto é colocado à venda nessa mesma salmoura e pode ser consumido após a fermentação, sem nenhum processamento. O produto assim preparado é conhecido como "picles com endro genuíno" e difere dos "tratados", que são preparados com matéria-prima salgada e adicionada de endro e outras especiarias.

A fermentação que ocorre é tipicamente lática, durante a qual acontecem mudanças em acidez, textura, sabor e aroma. A cura envolve mudanças nas propriedades físicas e químicas, sendo mais pronunciada a mudança na transparência, que de opaca passa a translúcida. O sabor e o aroma dos picles com endro genuíno resultam das mudanças bioquímicas causadas por microrganismos durante o bioprocesso e o subsequente processo de envelhecimento.

Em temperatura ambiente, leva de três a seis semanas para a fermentação se completar e os picles absorverem o sabor e o aroma do endro. Ao final, é produzido de 0,7% a 1% de ácido, calculado como lático. São encontrados traços de outros produtos de fermentação que, associados a endro, especiarias e sal, resultam em um tipo de picles que não pode ser reproduzido artificialmente.

Existem muitas variações no preparo de picles com endro, porém, geralmente se emprega salmoura com 5% de sal. Os pepinos são colocados em barril, em camadas alternadas com endro e especiarias. A seleção da quantidade de endro e de especiarias varia de acordo com a preferência individual. Em alguns casos, é adicionada pequena quantidade de vinagre à salmoura, mas não é recomendação generalizada. A fermentação é rápida, e a concentração de sal é reduzida para 3%; a acidez atinge entre 0,7% e 1% e é expressa em ácido lático; o pH apresenta valores de 3,5 a 3,6.

Picles com endro genuíno é suscetível a amolecimento e formação de cavidades, defeitos relacionados com o tamanho dos pepinos. O amolecimento é considerado uma mudança de origem enzimática, sendo a fonte das enzimas a própria hortaliça ou a flora contaminante de leveduras, fungos e bactérias. Em alguns casos, é feita a adição de alúmen para melhorar a textura do material fermentado. Pasteurização ou resfriamento inativam a ação das enzimas. Picles com endro pasteurizados a 74 °C por 14 minutos, seguido de rápido resfriamento, permanecem firmes e quebradiços por longo tempo.

10.9 ELABORAÇÃO DE CHUCRUTE

Chucrute é repolho submetido a fermentação lática, uma forma antiga de conservar a hortaliça. O repolho é uma planta da família das crucíferas, identificada como *Brassica oleracea* L var. *capitata* L. Tem a seguinte composição química por 100 g de hortaliça fresca: 93 de água, 4,3 de carboidratos, 1,4 de proteínas, 0,2 de lipídeos, 1,1 de sais minerais (fósforo, 32 µg; ferro, 0,57 mg; cálcio, 53 mg; potássio, 247 mg; sódio, 27 mg; enxofre, 25 mg) e vitaminas A (235 UI), B_1 (110 µg), B_2 (60 µg), B_5 (0,4 mg) e C (41,3 mg). O valor calórico é de 25 kcal. Assim, o chucrute é um alimento livre de material graxo, com baixo nível calórico e rico em vitamina C. Aceita-se que 50% do teor de vitamina C do repolho sejam mantidos na conserva após a fermentação.

A origem do chucrute é desconhecida, mas há inúmeras histórias. Uma conta que teve origem na Ásia, de onde teria ido à Europa durante a expansão dos mongóis. É um prato comum nas culinárias de Alemanha, Polônia e Alsácia (França). Na França também é consumido com a denominação de *choucroute*, que quer dizer repolho azedo (fermentado). Em alemão, a designação é *sauerkraut*, que parece ter derivado do alsaciano *sürkrüt*. Em português chama-se *chucrute*, semelhante ao termo francês.

Na Europa e nos Estados Unidos, sua preparação é comum em todas as regiões produtoras de hortaliças. Em épocas de superprodução, é uma forma de conservar os excessos. Desde tempos remotos, o repolho fermentado é utilizado pelos habitantes de regiões com invernos rigorosos. De fácil conservação e rico em vitamina C, era comumente usado pelos antigos navegadores como alimento nutritivo e antiescorbútico.

A elaboração do chucrute (Figura 10.6), de modo geral, envolve as operações de colheita, transporte, descarregamento, corte das folhas, salga, fermentação, acondicionamento e esterilização.

Figura 10.6 Elaboração do chucrute. À esquerda, remoção do meio, pesagem e corte. À direita, acondicionamento em recipiente e cobertura com água contida em plástico.

Devem ser usadas apenas as cabeças sadias e firmes, que são armazenadas em local bem arejado durante vários dias, para permitir um ligeiro murchamento, o que evita a quebra do repolho por ocasião do corte. As folhas externas são removidas a mão e os centros, escareados com uma faca cônica, que gira em alta velocidade e os corta sem removê-los. O repolho é então cortado em tiras finas com facas curvas, estreitas, presas em um disco de metal giratório com cerca de 1 metro de diâmetro, alojado num cilindro vertical de metal no qual são postas as cabeças de repolho. O material devidamente cortado cai num transportador, que o leva para os tanques de bioprocessamento, ou é colocado em carretas especiais e levado para tinas ou tanques.

10.9.1 SALGA

O repolho é transformado em chucrute por fermentação lática, em presença de quantidade moderada de sal, para reduzir o crescimento de microrganismos deterioradores e favorecer o aumento das bactérias láticas. Em geral são adicionados 2,5%

de cloreto de sódio em relação ao peso da matéria-prima, misturados ao repolho cortado à medida que o recipiente vai sendo carregado. Os recipientes podem ser tinas de madeira cilíndricas abertas na parte superior, tanques de concreto, tanques de alvenaria revestidos de azulejos, tanques de concreto com cobertura de plástico, tanques de fibra, recipientes de plástico e de aço inoxidável. Os tanques de ferro (aço-carbono) são inadequados.

As folhas de repolho picadas são colocadas nos recipientes e cobertas com uma tampa falsa, de madeira ou de material imune à ação do sal, sobre a qual são postos pesos para pressionar a massa de folhas. As tinas de madeira e os tanques de alvenaria e concreto podem ser parafinados internamente para evitar desenvolvimento de microrganismos indesejáveis nas frinchas de madeira ou desgaste superficial do material cimentado.

Empregou-se com sucesso a cobertura de filme de polietileno, que se mostrou capaz de cobrir hermeticamente a superfície das folhas a serem fermentadas e, ao mesmo tempo, conter uma camada de água para comprimir as folhas sem vazamento.

10.9.2 FERMENTAÇÃO

A pressão exercida sobre as folhas causa seu acamamento e o sal seco propicia a exosmose do suco celular, que forma salmoura favorável ao crescimento das bactérias láticas. Essa salmoura cobre totalmente o material e cria um ambiente anaeróbio.

Os microrganismos, agentes da fermentação, desenvolvem-se rapidamente e há grande desprendimento de gás nos primeiros estágios do processo. Embora os microrganismos estejam presentes em número considerável e possam produzir pequenas quantidades de álcool, sobretudo nos estágios iniciais do processo fermentativo, os organismos predominantes são os formadores de ácido lático. O grupo *Leuconostoc* está sempre presente e é responsável por considerável formação de gás, dos ácidos lático e acético e de manitol. As bactérias produtoras de ácido butírico são indesejáveis. Se as populações de leveduras, enterobactérias e organismos butíricos puderem ser evitadas ou reduzidas a um mínimo, o produto apresentará qualidade superior na mesma razão.

Atenção tem sido dada à remoção de ar, ao controle do teor de sal e à observação da relação entre temperatura e velocidade de fermentação. O fator crítico mais importante na fermentação do chucrute é, provavelmente, o efeito da presença de ar. A fermentação lática depende das bactérias láticas, que são microaerófilas. O contato com ar permite o desenvolvimento de leveduras e fungos na superfície das hortaliças em fermentação e geralmente resulta em amolecimento, escurecimento e criação de aroma e sabor indesejáveis que podem se difundir por toda a massa do chucrute.

De acordo com a bibliografia, 18 °C é a temperatura ótima para a fermentação do chucrute. Essa não é a temperatura média comum no Brasil, motivo de preocupação para a indústria, que se vê a braços com o processamento em temperaturas em geral mais altas que a considerada adequada. Tal temperatura é comum nos países europeus e da América do Norte, ao ponto de a bibliografia especializada recomendar o aquecimento dos repolhos até 18 °C-21 °C dentro dos tanques e também do recinto onde se processa a fermentação, se a temperatura estiver abaixo de 18 °C. No Brasil, em geral, a situação é inversa e seria necessário providenciar resfriamento da matéria--prima e dos ambientes. Sem controle de temperatura, é comum em preparações laboratoriais e domésticas ocorrer o crescimento de fungos filamentosos na superfície das folhas em fermentação, mesmo cobertas por salmoura.

Em resumo, a recomendação encontrada na literatura especializada é a de que a temperatura ótima para a fermentação do chucrute está compreendida entre 18 °C e 21 °C. A acidez aumenta rapidamente durante a fermentação e, frequentemente, atinge 1,8%, expressa em ácido lático.

10.9.3 CUIDADOS APÓS A FERMENTAÇÃO

Terminada a fermentação, os tanques devem ser vedados para impedir a entrada de ar, que favorece a ação de fungos, leveduras formadoras de película e bactérias deterioradoras.

Quando se emprega apenas uma cobertura de líquido, deve ser feita a eliminação frequente de espumas, para evitar o crescimento excessivo das leveduras superficiais; outra maneira é o líquido ser recoberto com uma camada de óleo mineral neutro. Como foi mencionado anteriormente na seção sobre fermentação em salmoura, é possível adicionar ácido sórbico ou sais de sódio e potássio como conservante.

10.9.4 ALTERAÇÕES DO CHUCRUTE

O chucrute é suscetível a alterações que, eventualmente, têm origem durante a execução do processo fermentativo. A seguir, são descritas algumas alterações importantes.

10.9.4.1 Alterações da cor

São comuns duas alterações de cor: rosa e castanho.

A coloração rosa é causada por uma alteração no desenvolvimento de microrganismo róseo. Pesquisas demonstraram que os chucrutes róseos acusaram presença de grande número de células formadoras de pigmento. Esse chucrute também pode ser resultante da má distribuição do sal no preparo da fermentação e do desenvolvimento de uma cepa de *Lactobacillus brevis* que produz um pigmento vermelho.

O chucrute castanho ou escuro, por sua vez, pode ser consequência da temperatura da fermentação, da variedade ou da condição do crescimento do repolho, ou ainda da oxidação do produto após o término da fermentação, no momento da descarga dos recipientes de fermentação. Nesse caso, o uso ou o enlatamento imediato evitam o aparecimento da coloração amarronzada. Alguns autores acreditam que substâncias bactericidas, ativas contra bactérias gram-positivas e gram-negativas, estão associadas ao escurecimento do chucrute, que ocorre ocasionalmente após sua retirada dos tanques de fermentação e exposição ao ar. O escurecimento também pode ser por conta do baixo teor de vitamina C no repolho usado como matéria-prima.

10.9.4.2 Amolecimento

Pode ser causado por atividade de microrganismos aeróbios que se desenvolvem em bolsas de ar no material fermentado mal acondicionado. Também pode ocorrer por motivo de salga desigual ou de temperatura muito elevada durante a fermentação ou o armazenamento. A textura mole do chucrute "limoso" (*wase*) é atribuída à presença de enzimas autolíticas do repolho que decompõem substâncias pécticas e à associação de crescimento de leveduras e fungos com má distribuição ou baixo teor de sal.

Para alguns pesquisadores, o problema pode ocorrer por causa da presença de microrganismos aeróbios ou em virtude de temperatura de fermentação muito alta. As temperaturas altas favorecem a atividade das enzimas, sendo que 37 °C é temperatura ótima. Das bactérias, *Bacillus* spp. produz enzimas pectinolíticas.

10.9.4.3 Sabores desagradáveis

O sabor desagradável pode ser consequência de fermentação anormal, absorção de sabores ou odores residuais de recipientes de fermentação. Em temperaturas elevadas, o *Leuconostoc plantarum* tem capacidade de encapsular ou formar material viscoso (denominado lodo), que pode tornar o produto impróprio para venda, embora inócuo para os consumidores.

O sabor amargo ou metálico decorre da presença de compostos de enxofre, principalmente glicosídeos, que variam de acordo com cultivar, grau de maturação e condições da produção do repolho.

Repetindo, o crescimento de leveduras durante o bioprocesso tem considerável importância na indústria de fermentação de hortaliças e deve ser evitado. As leveduras formadoras de película nos vegetais em fermentação causam destruição do ácido lático, hidrólise do material péctico e decomposição de proteínas e lipídeos, o que resulta em sabores e aromas desagradáveis no produto fermentado e em mudança na textura das hortaliças.

10.9.5 REDUÇÃO DAS ALTERAÇÕES DO CHUCRUTE

As condições que conduzem ao crescimento excessivo de leveduras superficiais, ao amolecimento de hortaliças, à formação de cavidades e a outras alterações podem ser evitadas.

As indústrias reduzem ao mínimo as alterações mais comuns no chucrute por meio de obediência a cuidados básicos, como atenção a concentração e distribuição uniforme do sal e cobertura adequada dos recipientes de fermentação. Chucrute mole, rosa, escuro ou, o mais grave, rançoso indica má qualidade do alimento, mas essas características são raramente encontradas em fábricas que operam corretamente.

10.9.6 ENLATAMENTO DO CHUCRUTE

Há boa procura por chucrute enlatado, menos sujeito a deteriorações próprias do acondicionado em grandes volumes. O chucrute usado para enlatamento, em geral, é curado por tempo menor que o vendido a granel, é mais claro e tem menor acidez.

O chucrute é aquecido até o ponto de ebulição da salmoura em aquecedores com camisa de vapor e enlatado quente, em sua própria salmoura. Quando necessário, é feita adição de salmoura quente, recém-preparada. As latas são recravadas e, em algumas fábricas, esterilizadas a vapor sob pressão. Em outros locais, a conserva é aquecida em recipientes de aço inoxidável com camisa ou de revestimento vidrado e, em seguida, escorrida e enlatada. As latas são cheias, recobertas com salmoura quente, submetidas à exaustão, recravadas e submetidas a aquecimento com vapor pelo tempo necessário para que a temperatura interna atinja 32 °C. A alta acidez do repolho fermentado facilita a esterilização.

Algumas perdas ocorrem em chucrutes enlatados por efeito do desprendimento de hidrogênio causado pela ação do ácido sobre a folha de flandres. Recém-aberto, o chucrute enlatado eventualmente apresenta odor desagradável, que desaparece com sua cocção.

10.9.6.1 Suco de chucrute

O suco formado durante a fermentação ou obtido pela espremedura do chucrute tem boa demanda. Alguns desses sucos são consumidos ainda frescos ou crus; outros são enlatados ou engarrafados e conservados por pasteurização. Isso é praticamente desconhecido no Brasil.

10.9.6.2 Chucrute de outras hortaliças

Excelentes chucrutes podem ser preparados com variedades firmes de alface utilizando o método descrito para o preparo de chucrute de repolho. A conserva feita com alface tem sabor mais suave que a de repolho e serve bem ao enlatamento. Também é sugerido o uso de acelga, assemelhada à alface.

10.9.7 DIFERENÇAS DE QUALIDADE DO CHUCRUTE

Estudo conduzido por Goldoni (2001) com 23 cultivares de repolho, após análise sensorial de sabor, aroma, textura e teste de preferência, demonstrou que os chucrutes elaborados apresentaram diferenças de qualidade. As divergências decorreram da presença de substâncias inibidoras ou bactericidas nos vários cultivares, da ausência de substâncias essenciais ao crescimento das bactérias láticas desejáveis e de fermentações superficiais prejudiciais.

Os cultivares empregados no estudo foram: Ishii-742, Akioo, Takahara-YR, Ei-yu, Ishii-733, Kagayaki, Fuyusuruga, Guinshu-YR n. 1, Todoroki, 146 ou Matsuri, 55×234 ou híbridos entre linhagens de Louco, Alvorada, Ishii-722, Subarashi, Chusei, Toyohikari ou Ishii-655, Bansei, Ishii-745, Guinshu-YR n. 2, Ginga, Toyohikari n. 2, Louquinho e Matsukase. As análises revelaram que o cultivar Guinshu-YR n. 2 foi o pior; os demais se apresentaram de qualidade intermediária (Tabela 10.2). Entre esses, o estudo revelou ainda que o cultivar Ishii-742 foi o melhor e o Ginga, o menos aceitável (Tabela 10.3).

Tabela 10.2 Qualidade geral (*) dos chucrutes elaborados com diferentes cultivares de repolho

Cultivar de repolho	Média	Cultivar de repolho	Média
Bansei	2,42 ab	Toyohikari ou Ishii-655	2,20 ab
146 ou Matsuri	3,98 b	Ishii-722	3,14 ab
Matsukase	3,84 b	Desconhecido (fabricação doméstica)	2,92 ab
Toyohikari n. 2	2,90 ab	Louquinho	2,88 ab
Guinshu-YR n. 2	1,34 a	Todoroki	3,54 ab
Akioo	2,70 ab	Fuyusuruga	3,30 ab
Ishii-733	3,86 b	Ginga	4,64 b
Guinshu-YR n. 1	4,42 b	Kagayaki	3,26 ab
Subarashi	3,18 ab	Ishii-742	4,12 b
Ishii-745	2,92 ab	55×234 (HLL)	3,28 ab
Alvorada	3,22 ab	Ei-yu	3,14 ab
Chusei	3,28 ab	Desconhecido (fabricação industrial)	1,28 a
Takahara-YR	3,44 ab		

Teste F = 4,43*-CV% = 8,01 *HLL híbrido entre linhagens de Louco.

Obs.: Médias seguidas de mesma letra não diferem entre si em 5%.

(*) Média aritmética das notas obtidas por todos os atributos de qualidade.

Tabela 10.3 Atributos de qualidade geral e teste de preferência para chucrutes elaborados com seis cultivares de repolho

Cultivares	Médias dos tratamentos (doze juízes)						
	Sabor	Aroma	Textura	Cor	Aparência	Qualidade geral *	Preferência
Ishii-742	3,42 ab	3,67 b	3,67 b	4,25 c	4,17 c	3,83 b	41
Ishii-743	3,83 b	3,92 b	3,92 b	4,00 c	4,08 c	3,95 b	33
Guinshu-YR n. 1	3,25 ab	3,08 ab	3,42 ab	3,83 bc	3,58 bc	3,43 b	41
146 ou Matsuri	3,58 ab	3,83 b	3,50 ab	2,92 b	2,83 b	3,33 b	33
Ginga	2,25 a	2,33 a	2,83 a	1,42 a	1,42 a	2,05 a	65 * P
Matsukase	3,17 ab	3,33 ab	3,92 b	3,17 bc	3,00 bc	3,32 b	39
CV (%)	19,03	17,00	13,97	11,86	12,75	9,57	
F	2,95*	4,00*	2,59*	28,98*	25,08*	16,83*	

P: significativamente pior. *: significativo em 5% de probabilidade.
Obs.: Médias seguidas de mesma letra não diferem entre si em 5%
(*) Média aritmética das notas obtidas para todos os atributos de qualidade.

10.10 AZEITONAS

As azeitonas são os frutos da oliveira (*Olea europaea* L.), da família Oleaceae.

> As árvores, não muito altas, comumente apresentam tronco retorcido e são nativas da parte oriental do Mar Mediterrâneo e norte do Irã, ao sul do mar Cáspio [...]. Seu nome deriva do latim *oliva*, originário do grego *elaia* ou *elaiva*, que significa óleo. No período neolítico os homens aprenderam a extrair o óleo dos frutos e a usá-lo como unguento, combustível e na alimentação.

As oliveiras são cultivadas em países de clima temperado. Nas Américas as azeitonas são produzidas nos Estados Unidos, no Chile e na Argentina, mas aproximadamente 95% da produção mundial provêm dos países ao longo do Mediterrâneo, com destaque para Itália e Grécia.

As condições de clima propícias para essa cultura indicam a necessidade de temperaturas médias de inverno inferiores a 21 °C e muitas horas de frio entre 7 °C e 8 °C.

As oliveiras são suscetíveis a doenças causadas por fungos e bactérias e à infestação de pragas, entre as quais ervas daninhas e insetos. A mosca-da-azeitona, a traça-da-oliveira, a cochonilha-preta, o algodão, o caruncho e o trips prejudicam a planta e deterioram os frutos, com prejuízo para a indústria de picles e de óleo.

A oliveira foi introduzida no Brasil no período colonial, mas não prosperou por falta de observações técnicas e científicas sobre sua adaptabilidade ao país. Por muito tempo, entendeu-se que a oliveira não encontra condições de produção em solo brasileiro, mas recentemente algumas instituições de pesquisa iniciaram estudos para buscar a aclimatação dessa frutífera e a produção comercial de azeitonas.

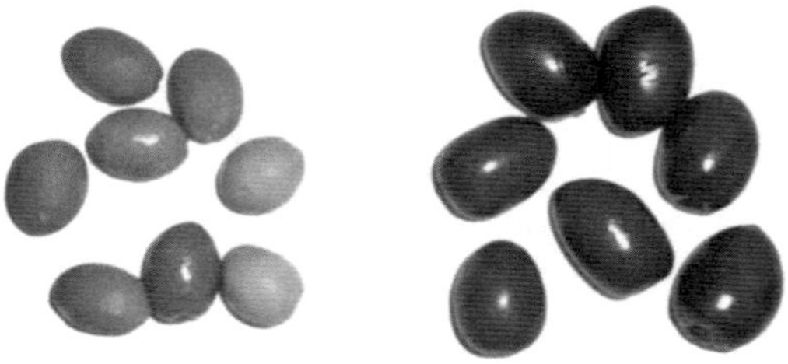

Figura 10.7 Azeitonas verdes e pretas.

Historicamente, materiais genéticos começaram a ser importados desde antes da Segunda Guerra Mundial até quase o final do século XX, vindos da região mediterrânea. Não houve sucesso na exploração das oliveiras por conta de material genético não adequado, inadaptação climática, plantio em regiões impróprias e desconhecimento sobre manejo da cultura.

Atualmente, foram feitas experiências com oliveiras no Brasil em regiões do sul de Minas Gerais, do Rio Grande do Sul e de São Paulo, em microclimas considerados favoráveis. O interesse pelo cultivo da oliveira foi renovado, e instituições de pesquisa dos estados de Rio Grande do Sul, Santa Catarina, Minas Gerais e São Paulo vêm desenvolvendo trabalhos de investigação que parecem mostrar a viabilidade da cultura. Esses estudos atuais estimularam a inclusão deste item sobre preparo e conservação de frutos por fermentação lática, antevendo sua importância e sua utilidade futuras.

A azeitona é empregada na extração de azeite e de óleo vegetal rico em propriedades nutricionais e na produção de azeitonas de mesa. A Espanha produz grande quantidade de picles de azeitonas verdes, exportados para os Estados Unidos em volume praticamente igual à produção californiana de azeitonas maduras.

No Brasil já teve início a produção de azeite em pequena escala, em comparação com a produção de outros países com comercialização proporcional, feita diretamente pelos produtores. As variedades plantadas por pequenos produtores são: Arbequina (maior proporção) e Picual, originárias da Espanha; Arbosana, Coratina, Frantoio e Grappolo, de origem italiana; Koroneiki, da Grécia; e Maria da Fé, variedade brasileira. É de se esperar que, futuramente, sejam também exploradas as variedades de mesa, próprias para conservação por bioprocesso. Já existem pequenas plantações de Manzanilla e Galega e de variedades brasileiras derivadas das europeias.

10.10.1 TIPOS DE AZEITONA

Conforme o estágio de maturação e o modo de preparo, as azeitonas de mesa são classificadas em diferentes tipos e estilos: *azeitona verde tipo espanhol*, *azeitona verde tipo siciliano*, *azeitonas maduras tipo californiano*, *azeitonas verdes maduras* e *azeitonas tipo grego*.

10.10.2 VARIEDADES DE AZEITONA

Frutos de diversos cultivares de oliveira são empregados no preparo de azeitonas de mesa: Sevillana, Manzanilla, Gordales, Misión, Ascolana, Barouni, Conservolea of Amphissa, entre outros. O cultivar Sevillana é o que produz frutos de maior tamanho, sendo o mais procurado entre as azeitonas verdes para picles; em segundo lugar está o Manzanilla.

Na Califórnia (Estados Unidos), são cultivados Manzanilla, Misión, Sevillana, Ascolana e Barouni, correspondendo a 98% da produção total, com destaque para Manzanilla e Misión, que representam 75% da colheita em partes iguais. Sevillana representa 19% e Ascolana, 4%; os 2% restantes englobam Barouni e outras variedades menos importantes, como Nevadilla, Redding Picholine e Chemlali, usadas apenas para extração de azeite.

10.10.3 AZEITONA VERDE TIPO ESPANHOL

10.10.3.1 Colheita

Os frutos são colhidos quando atingem o desenvolvimento completo, mas não maduros nem moles. Com cuidado para evitar danos, são colocados nos recipientes de preparo de picles o mais rapidamente possível. Na Califórnia, as azeitonas verdes são classificadas por tamanho antes de seguir para a fermentação; na Espanha, essa classificação é feita após os picles estarem prontos. As azeitonas verdes são mais comuns que as maduras, que recebem tratamento diferente. Azeitonas verdes tipo espanhol são submetidas a tratamento prévio com soda; azeitonas verdes tipo siciliano são fermentadas sem tratamento alcalino prévio.

10.10.3.2 Tratamento com lixívia

O tratamento com lixívia ou solução de soda cáustica, designado como "adoçamento", consiste na eliminação do amargor dos frutos atribuído à europeína, considerada como glicosídeo por alguns autores e, por outros, como éster duplo de glicose e ácidos protocatéquico e oleuropeico.

Na Espanha, as azeitonas são colocadas em tinas rasas, recobertas com uma solução diluída de hidróxido de sódio ou de potássio, em concentração de 2% a 4%, e mantidas em temperatura ambiente. Os frutos são deixados nessa solução até a penetração de cerca de dois terços da distância da casca ao caroço, sem atingi-lo, como mostra a Figura 10.8. A penetração do álcali é monitorada com fenolftaleína; uma solução diluída do indicador aplicada à superfície cortada do fruto indica a profundidade da penetração da lixívia.

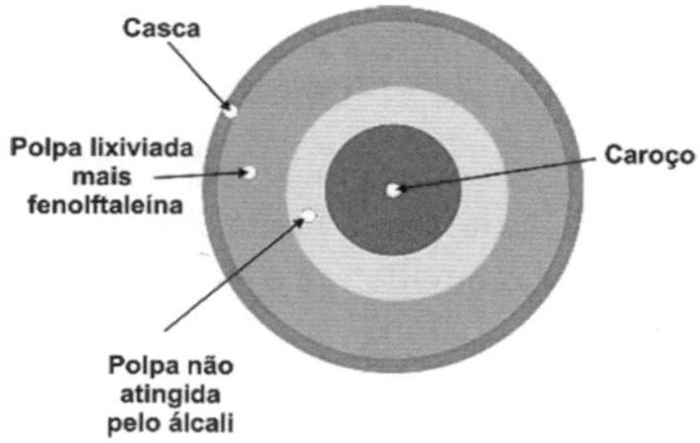

Figura 10.8 Tratamento de azeitona com álcali e controle com fenolftaleína.

Na Califórnia, as tinas são construídas com madeira de sequoia vermelha, com capacidade de algumas toneladas de frutos, que são classificados previamente por tamanho. Quando a solução de lixívia é muito concentrada, ou a lixiviação é muito demorada, o fruto perde todo o sabor amargo e o produto final fica inferior com relação a textura, cor e sabor. A lixívia muito forte causa clivagem da polpa e formação de bolhas na variedade Sevillana, resultando em grandes perdas.

Nos frutos retirados das tinas em que a alcalinidade não alcançou o caroço, resta na polpa não tratada um sabor agradável de azeitona em conserva. Na Califórnia, a lixívia usada nas azeitonas verdes tem concentração de 1,25% a 2%. Em "cura rápida", a lixívia penetra até quase o caroço; em cura normal, penetra de ⅔ a ¾ da distância da casca ao caroço. A variedade Manzanilla recebe tratamento mais intenso de lixívia que a Sevillana.

A remoção do princípio do amargor com lixívia em temperatura controlada, técnica iniciada na Itália, é mais conveniente que o tratamento convencional em temperatura ambiente.

10.10.3.3 Lavagem

A lixívia é removida e as azeitonas são recobertas com água, que é trocada várias vezes ao dia até o fruto ficar isento de soda. Na Espanha, geralmente é feita uma lavagem, ou no máximo duas, com duração total de dez a quinze horas. Nos Estados Unidos e em outros países, é usual que dure entre 24 e 48 horas, com troca de água entre três e seis horas durante o dia e dez horas à noite. Geralmente, a polpa da azeitona apresenta alta reação alcalina no momento de ser embarrilada, mais pronunciada na Espanha que na Califórnia. Na Espanha, muitas azeitonas apresentam reação forte com fenolftaleína quando retiradas das tinas; já na Califórnia, a lavagem é mais intensa e a polpa apresenta reação moderada ou fraca à fenolftaleína.

A maior parte dos carboidratos fermentescíveis é removida das azeitonas lavadas por tempo demasiado longo; caso não sejam suficientemente lavadas, a alta alcalinidade favorece o desenvolvimento e a ação das bactérias deterioradoras. Quando as azeitonas são lavadas por tempo muito prolongado ou são indevidamente expostas ao ar durante a lavagem, podem se tornar acinzentadas.

10.10.3.4 Bioprocesso

Na Espanha, as azeitonas lavadas são colocadas totalmente submersas em salmoura de 10%-11% de concentração, a fim de sofrerem o processo de fermentação lática. Comumente, os recipientes são tonéis de carvalho ou de castanheiro de aproximadamente 800 litros. Em outros países, como nos Estados Unidos, em razão de características de determinados cultivares, são usadas salmouras de menor concentração. As variedades Sevillana e Ascolana são propensas ao enrugamento, motivo pelo qual as salmouras usadas são mais diluídas, tendo entre 5,2% e 6,25% de sal. Após o início da fermentação, a concentração de sal é elevada para 6%-8%. Para as variedades Manzanilla e Misión, a concentração da salmoura é de 10%-15% de cloreto de sódio. Após o equilíbrio osmótico, a salmoura das variedades Sevillana e Ascolana acusa entre 2,5% e 4% de sal e no grupo de Manzanilla e Misión o valor fica entre 6% e 9%.

O objetivo da lavagem é atingir concentração ótima de sal, a fim de obter produto de sabor agradável com o mínimo de deterioração bacteriana.

Terminado o preparo, os tonéis completamente cheios são bem fechados e colocados em local ensolarado, para incubação natural. Nos países de clima temperado do hemisfério norte, as azeitonas são colhidas em outubro e novembro. O tempo nublado e frio em geral retarda a fermentação, que é bem lenta em comparação com a dos pepinos, provavelmente por conta da escassez de substâncias nitrogenadas para a nutrição das bactérias.

Em virtude do tratamento com soda e da subsequente lavagem, 65% dos açúcares fermentescíveis são removidos e a fermentação não ocorre rapidamente em baixa temperatura nem em alta concentração de sal. Com adição de açúcar, a fermentação pode se completar em aproximadamente três semanas. Com isso, a acidez atinge entre 0,7% e 1%, calculada em ácido lático, e o pH fica em 3,8 ou menos.

A fermentação depende da concentração de sal, da temperatura e da quantidade de açúcar presente. O mesmo grupo de bactérias que fermenta o chucrute e os picles é responsável pela fermentação das azeitonas: *Leuconostoc mesenteroides* subsp. *mesenteroides*, *Lactobacillus brevis* e *Lactobacillus plantarum*. Porém, outras espécies dos gêneros *Enterobacter*, *Escherichia* e *Bacillus*, bem como leveduras, podem persistir por longo tempo e, aparentemente, causar alterações. Embora seja comum a formação de gás durante os primeiros estágios do bioprocesso, seu excesso causa formação de bolsas de gás. A espécie *Enterobacter aerogenes* muitas vezes está associada à produção de gás, da mesma maneira que as leveduras, embora as bactérias heterofermentativas possam também estar envolvidas. As bactérias homofermentativas são as indicadas, razão para recomendar a adição de culturas puras, embora as pesquisas nesse sentido não tenham causado o efeito esperado.

10.10.3.5 Sistema de fermentação em grandes recipientes

Técnicos da Pacific Olive Co. e investigadores da Universidade da Califórnia desenvolveram um sistema de fermentação em "massa" (grande quantidade) em tanques com capacidade para várias toneladas de azeitonas (7 toneladas), construídos de madeira ou concreto. Podem ser fechados ou abertos e, num mesmo tanque, são feitas as operações de aplicação de lixívia, lavagem e fermentação. Esses tanques, conforme são abertos ou fechados, podem ser dispostos em locais cobertos ou ao ar livre, em temperatura adequada entre 24 °C e 29 °C. Para evitar o desenvolvimento de leveduras superficiais, é usada uma camada superficial de parafina fundida ou de cera microcristalina.

10.10.4 ALTERAÇÕES NAS AZEITONAS FERMENTADAS

As azeitonas processadas ou em processamento são suscetíveis, como outros vegetais, a alterações que eventualmente têm origem durante a execução do processo fermentativo. A seguir, são apresentadas algumas dessas alterações.

10.10.4.1 Alambrado ou *fisheye*

"Telado" ou "olho de peixe" é a denominação para o tipo de deterioração que se caracteriza pela formação de bolsas e bolhas de gás. É geralmente causado pela bactéria do gênero *Enterobacter*, embora leveduras também possam ser responsáveis. A acidificação e o elevado teor de sal da salmoura no início da fermentação desfavorecem essa alteração. As medidas de controle mais viáveis na prática industrial incluem salmouras que se estabilizam com 7% a 8% de sal, associadas a outras medidas para assegurar a imediata atividade dos lactobacilos por meio de inoculação de culturas puras.

10.10.4.2 Fermentações butíricas

Estas fermentações ocorrem mais frequentemente durante a etapa inicial da fermentação, quando as salmouras contêm abundância de glicose e manitol. A alteração é produzida por bactérias anaeróbias do gênero *Clostridium*. É possível controlar essa alteração como descrito na alambrado ou *fisheye*, ou seja, empregando salmoura de 7% a 8% de sal, pH em 4 ou menos e inoculação de cultura pura.

10.10.4.3 Fermentações pútridas

Este tipo de alteração ocorre quando recipientes sujos e malconservados são empregados na fermentação. Quando são tomadas medidas de higiene, mesmo as mais elementares, praticamente não há perigo de ocorrer esse tipo de alteração e não é necessário um especial processo de controle.

10.10.4.4 Alteração da cor

Quando as azeitonas ficam indevidamente expostas ao ar durante a lavagem, após a lixiviação, sua cor escurece e, quando termina a fermentação, podem tomar coloração acinzentada, defeito que afeta fortemente suas qualidades de comercialização e seu valor, em consequência. Quando a lavagem é muito prolongada (dois a três dias), as azeitonas também podem ficar cinzentas por causa de oxidação. Há quem recomende a adição de ácido ascórbico para assegurar a cor desejável.

10.10.4.5 Manchas brancas

O crescimento de leveduras ou a formação de colônias de *Lactobacillus plantarum* sob o tecido envoltório das azeitonas podem ocasionar o aparecimento de manchas brancas na superfície externa dos frutos.

10.10.4.6 Amolecimento

A presença de fungos, leveduras e bactérias do gênero *Bacillus* pode resultar no amolecimento das azeitonas. Os cultivares Sevillana, Ascolana e Manzanilla são mais suscetíveis ao amolecimento que o cultivar Misión.

10.10.4.7 Alterações que ocorrem durante a conservação

A mais importante alteração que ocorre na conservação das azeitonas é denominada *zapatera* (em espanhol). Acontece quando são retiradas da solução alcalina, ficando sujeitas a oxidação, formação de manchas brancas, amolecimento e mudanças no aroma e no sabor. Geralmente ocorre quando a fermentação não atinge condições de pH e acidez adequadas. O mesmo pode se dar quando não são bem conservadas e há crescimento de leveduras superficiais, que consomem o ácido formado no processo fermentativo e elevam o pH.

As azeitonas com esse tipo de alteração apresentam odor e sabor desagradáveis, que às vezes se confundem com os causados por outros tipos de alterações. Os microrganismos responsáveis pertencem a distintas espécies dos gêneros *Clostridium* e *Propionibacterium*. Não se desenvolvem em valores de pH inferiores a 4,5 nem em salmoura mais concentrada que 7%-8% de sal. Sem dúvida, para se ter segurança absoluta na prática industrial, é preciso que, além da concentração de sal indicada, o valor de pH seja 4, ou inferior, preferivelmente desenvolvido durante a fermentação. Esse valor pode ser obtido com auxílio ou não de material fermentescível, adição de cultura pura e outros.

10.10.5 CONSERVAÇÃO DO FRUTO FERMENTADO

Terminada a fermentação, as azeitonas seguem para as diferentes finalidades de consumo, conservadas nos próprios recipientes empregados na fermentação.

10.10.5.1 Descaroçamento e recheio

Muitas azeitonas Manzanilla são descaroçadas depois de completada a fermentação, uma operação manual na Espanha e automatizada na Califórnia, em descaroçadores mecânicos que operam em alta velocidade. As azeitonas descaroçadas são recheadas com tiras de pimentão vermelho previamente preservado em salmoura forte.

Cebola pequena, melão, abóbora conservada em salmoura, amêndoa e anchova também podem ser usados para recheio. Na Espanha, as azeitonas recheadas (Figura 10.9) são fermentadas por várias semanas em salmoura a 8% de sal antes do acondicionamento final.

Figura 10.9 Azeitonas recheadas com pimentão.

10.10.5.2 Escolha

Na Espanha, as azeitonas são classificadas pelo tamanho depois de preparadas como picles; já na Califórnia, isso é feito antes. Em ambas as regiões, contudo, as azeitonas conservadas são escolhidas cuidadosamente para remoção daquelas com coloração imprópria, manchas ou outros defeitos. As defeituosas são descaroçadas e picadas, para serem usadas como conservas.

10.10.5.3 Acondicionamento

Na ocasião do acondicionamento, as azeitonas já devem estar livres de açúcares fermentescíveis, ter perdido seu sabor natural e adquirido uma cor verde-oliva. A acidez total deve estar acima de 0,75%, expressa em ácido lático. O aroma precisa ser agradável e a textura firme e tenra, nem rija, nem mole.

As azeitonas escolhidas são dispostas cuidadosamente, à mão, em frascos de vidro, às vezes em arrumação especial. Os frascos são automaticamente cheios e esvaziados com água ou salmoura, para serem lavados e ficarem isentos de sedimentos aderentes. Então, os vidros são cheios com salmoura ao redor de 7,5% de concentração de sal. Alguns enlatadores acrescentam de 0,2 a 0,5 g de ácido acético por 100 mL com vinagre destilado. Em seguida, os frascos são vedados sob vácuo para impedir o desenvolvimento de microrganismos aeróbios; no entanto, é comum fazer o acondicionamento sob pressão atmosférica.

Embora não seja usual a pasteurização das azeitonas embaladas em vidro, a ocorrência de sedimentos por desenvolvimento de bactérias é menor quando as azeitonas são pasteurizadas a 60 °C ou recobertas com salmoura quente, em temperatura de 79 °C a 82 °C.

10.10.6 AZEITONA DO TIPO SICILIANO

As azeitonas desse tipo são preparadas com frutos cuja coloração varia do verde ao amarelo-palha, geralmente são da variedade Gordales ou Sevillana. Para seu preparo, não é usual fazer tratamento com lixívia, empregada para eliminar o princípio do amargor, ou seja, a oleuropeína.

Após escolha e classificação, as azeitonas são colocadas em salmoura de concentração relativamente baixa e o sal é adicionado paulatinamente, até a concentração ser elevada a 7%-8%. Os barris são completamente cheios com salmoura para evitar o crescimento de leveduras. A fermentação lática é rápida, porque não há remoção de açúcares por tratamento com lixívia para eliminação do amargor. Sendo a concentração final de sal elevada e a acidez de 0,4%-0,6%, não há crescimento de leveduras.

Nas variedades Manzanilla e Misión, são empregadas concentrações de sal maiores que as usadas nas variedades Ascolana e Sevillana, embora as fermentações sejam mais vagarosas. A mesma sequência de crescimento bacteriano acontece nas fermentações de azeitonas do tipo espanhol.

Terminado o bioprocesso, o produto é acondicionado em salmoura recém-preparada com 6%-7% de sal, com adição ou não de especiarias. Às vezes, é empregado vinagre de boa qualidade para a acidificação.

10.10.7 AZEITONAS MADURAS

De acordo com as normas de qualidade do Departamento de Agricultura dos Estados Unidos, as azeitonas maduras propriamente ditas, conhecidas como azeitonas pretas californianas, são aquelas que foram tratadas e oxidadas durante a fabricação, de forma a adquirir uma cor característica, que vai do marrom-escuro ao preto. Em virtude da quantidade, esse é o tipo de preparação mais importante e o de maior consumo e popularidade no mercado norte-americano. As azeitonas pretas são usadas em saladas ou simplesmente como aperitivo.

Os cultivares empregados no preparo de azeitonas pretas são os seguintes, em ordem quantitativa decrescente: Manzanilla, Misión, Gordales e Ascolana.

10.10.7.1 Colheita

A cor dos frutos na colheita varia do verde ao vermelho-cereja. As azeitonas muito verdes, ou demasiadamente maduras, não dão produto de boa qualidade; as primeiras por não alcançarem o sabor característico, as segundas em razão de sua textura deficiente. Os cultivares Ascolana e Sevillana são colhidos menos maduros que os cultivares Manzanilla e Misión, pois, caso contrário, amolecem excessivamente durante o processamento.

10.10.7.2 Transporte

É feito em caixas especiais, de forma a não acarretar injúrias físicas aos frutos nas operações de carga e descarga.

10.10.7.3 Escolha e classificação

Ao chegar à indústria, as azeitonas passam por uma limpeza em máquinas especiais para eliminar folhas e pedúnculos. A seguir, é feita a escolha, para eliminar frutos defeituosos, e a classificação, com atenção especial à cor, separada em três grupos: verdes, intermediárias e maduras. As demasiadamente verdes se destinam ao preparo de azeitonas no estilo espanhol, as mais maduras vão para a extração de azeite. Após a escolha, as intermediárias, selecionadas para este tipo de preparação, são classificadas por tamanhos em máquinas com diferentes calibres.

10.10.7.4 Conservação em salmoura

As azeitonas californianas maduras podem ser preparadas imediatamente. Entretanto, o grande volume de frutos que chega à indústria e outras razões de ordem industrial impossibilitam o processamento de toda a matéria-prima de uma vez e tornam forçoso conservar frutos para manuseio tardio.

O período de conservação é variável, geralmente de um a oito meses, às vezes até dezoito meses, antes do tratamento com soda e lavagens. Essa conservação é realizada em soluções de cloreto de sódio, em tanques de madeira ou concreto, com capacidade variável entre 3 e 15 toneladas. A concentração da salmoura empregada depende do cultivar. Os cultivares de frutos grandes, como Gordales e Ascolana, por serem muito suscetíveis ao enrugamento, são colocados em salmouras mais fracas, de 2,5% a 5%. Os cultivares de Manzanilla e Misión resistem a concentrações maiores, até mesmo próximas de 10%.

No tanque de conservação ocorre moderada fermentação lática. A acidez pode alcançar 0,4%, já o pH atinge valores compreendidos entre 4 e 4,6. A formação superficial de películas de fungos e leveduras é frequente se as condições sanitárias são inadequadas.

10.10.7.5 Tratamento com soda e oxidação com ar

Os frutos frescos ou conservados em salmoura são tratados com uma série de soluções diluídas de soda, em depósitos de madeira, concreto ou aço inoxidável, com capacidade entre 1,5 e 2 toneladas.

O número de lixívias sucessivas na prática industrial varia de três a cinco, de forma que a primeira penetre apenas na pele e as seguintes entrem pouco a pouco na polpa, até atingir o caroço. A concentração da solução de soda é variável segundo o cultivar da azeitona, o estado de maturação, a temperatura, as instalações e outros fatores.

Em geral, as concentrações variam de 1% a 2%, expressas em gramas de hidróxido de sódio por 100 mL de solução. Após cada tratamento com lixívia, as azeitonas se enegrecem por oxidação, em virtude do tratamento com ar. Isso pode ser feito pela exposição direta dos frutos ao ar durante 24 horas ou, na maioria dos casos, por injeção de ar na água por meio de tubulação metálica perfurada, uniformemente distribuída no fundo do recipiente.

Os períodos de aeração duram ao redor de 24 horas, e nesse tempo as azeitonas devem ser agitadas para uniformizar a coloração. Atingida a coloração desejada, é feita a aplicação da última lixívia, a fim de que haja penetração da soda até o caroço. Em seguida, começa o período de lavagem. O tempo total do tratamento com soda e aeração varia de cinco a nove dias.

10.10.7.6 Lavagem

Após o tratamento com álcali e a aeração, as azeitonas são lavadas várias vezes com água para eliminar a soda nos mesmos recipientes em que foram submetidas a adoçamento e enegrecimento. O período de lavagem não deve ultrapassar três dias, para evitar alterações microbianas, e a água deve ser trocada de três a quatro vezes ao dia. O pH no final do período de lavagem oscila de 7,5 a 7,8. Valores superiores a 8 causam descoloração durante a fase seguinte do preparo. O excesso de lavagem também causa perda de cor. Às vezes, faz-se adição de ácido clorídrico diluído (0,01% a 0,1%) na água de lavagem para acelerar a neutralização do álcali.

Para estabilização da cor após a lavagem, os frutos são imersos em solução de gluconato ferroso a 0,1%, durante período variável de uma a doze horas, de acordo com o cultivar. O sulfato ferroso também é efetivo, mas é proibido em alguns países, como nos Estados Unidos.

10.10.7.7 Pasteurização

Para evitar alterações microbianas após a lavagem, as azeitonas são pasteurizadas submersas em água nos mesmos recipientes em que foram tratadas com soda. O tratamento é realizado a 60 °C durante 45 minutos. Em algumas instalações, é executado pela injeção de vapor na água até a temperatura atingir 93 °C, quando o vapor é desligado.

10.10.7.8 Tratamento com salmoura

As azeitonas são conduzidas a uma salmoura por meio de um tambor rotativo ou plano inclinado, provido de agulhas destinadas a perfurar a pele para evitar o enrugamento causado pelo sal. A salmoura tem concentração próxima de 3% de sal, e as azeitonas são deixadas para estabilização por um a três dias. Em seguida, faz-se a escolha e a classificação por tamanho, antes do acondicionamento.

10.10.7.9 Acondicionamento

Pode ser feito em vidros e latas com capacidade variável, em salmoura de aproximadamente 3% de cloreto de sódio.

10.10.7.10 Esterilização

Para esterilização, são usadas autoclaves contínuas ou descontínuas segundo a capacidade das instalações. Latas de 3 kg são esterilizadas a 115 °C por 60 minutos ou a 121 °C por 50 minutos.

10.10.8 AZEITONAS VERDES MADURAS

De acordo com o Departamento de Agricultura dos Estados Unidos, as azeitonas do tipo verde maduras são aquelas que não são oxidadas durante o processo de elaboração, mas que apresentam variação no tom, podendo ser verde-amarelado ou amarelo-esverdeado, ter outros tons de verde ou até coloração desuniforme.

Para esse tipo de preparação, só é destinada pequena percentagem da azeitona madura, principalmente pertencente aos cultivares Manzanilla, Misión e Sevillana. O preparo desse tipo difere daquele que leva à obtenção da azeitona madura nas seguintes operações:

- O estágio de maturação é menos avançado do que para azeitonas maduras, e a coloração do fruto ao natural varia do verde ao vermelho-cereja.
- Feita a escolha e a classificação, as azeitonas são imediatamente processadas sem a fase de conservação em salmoura.
- Não se faz aeração nos períodos intermediários dos tratamentos com soda, os quais, na prática industrial, são em geral reduzidos a dois. O primeiro, mais forte, visa conseguir a penetração na pele; o segundo, mais fraco, pretende penetrar até o caroço, a fim de eliminar todo o amargor.

10.10.9 AZEITONA TIPO GREGO

Para obter a azeitona tipo grego, usa-se o cultivar Conservolea de Amphissa, conhecido como azeitonas gregas. Amphissa é uma azeitona grande, negra ou púrpura-escuro, carnosa e de textura suave. Com os frutos, é preparado um azeite excelente e de alto preço. Nativa da Grécia central, é largamente apreciada pelos gregos.

A conserva conhecida como curada em azeite é preparada por salga a seco dos frutos ou cura em salmoura por doze meses. Curada em salmoura revela paladar suave e frutado, além de sabor de nozes. O sal puro é aplicado diretamente e as azeitonas são armazenadas por um ano antes do tratamento definitivo, que é a cobertura feita com azeite extravirgem com ou sem especiarias. O monitoramento da cura segue, aproximadamente, o método usado no chucrute ou em outras hortaliças fermentadas com salga a seco.

REFERÊNCIAS

CARDOSO, E. M. *Controle do desenvolvimento de leveduras deteriorantes de azeitona em salmoura acidificada.* 2016. 64 p. Dissertação (Mestrado) – Escola de Engenharia Mauá, São Caetano do Sul, 2016.

GOLDONI, C. L.; BONASSI, I. A. Aperfeiçoamento do processo de fermentação lática em diferentes hortaliças. *Energia Agrícola*, Botucatu, v. 22, n. 4, p. 25-41, 2007.

GOLDONI, J. S. Fermentação lática de hortaliças e azeitonas. In: AQUARONE, E.; BORZANI, W; SCHMIDELL, W.; LIMA, U. A. (Coord.). *Biotecnologia industrial.* São Paulo: Blucher, 2001. (Vol. 4: Biotecnologia na Produção de Alimentos).

SÃO PAULO (ESTADO). Decreto n. 12.486, de 20 de outubro de 1978. Aprova Normas Técnicas Especiais relativas a Alimentos e Bebidas. *Diário Oficial Executivo*, São Paulo, 21 out. 1978. (p. 1)

CAPÍTULO 11

Coprodutos de pescado: hidrolisado e silagem

Ligianne Din Shirahigue

Lia Ferraz de Arruda Sucasas

Marília Oetterer

11.1 INTRODUÇÃO

A cadeia produtiva do pescado possui potencial para ocupar um espaço destacado no fornecimento de nutrientes à população mundial. Entretanto, um dos principais gargalos do setor é a falta de destinação dos resíduos gerados no processamento do pescado.

O aproveitamento do pescado permite a elaboração de coprodutos, como hidrolisados proteicos e silagem, entre outros. Esses coprodutos são cada vez mais vistos como um potencial recurso para a obtenção de componentes específicos de interesse para a indústria, sendo, no entanto, necessário que sejam disponibilizados e caracterizados.

A produção mundial de pescado, em 2012, foi de 158 milhões de t, sendo que, desse total, 66,6 milhões de t foram provenientes da aquicultura e 91,3 milhões de t da pesca ou captura. Do total da produção mundial, 136 milhões de t foram utilizados como alimento humano e cerca de 21,7 milhões de t de foram destinados a fins não alimentares, dos quais 75% (15 milhões de t) foram reduzidos a farinha de peixe e óleo; os restantes 5,1 milhões de t foram utilizados para fins farmacêuticos, produção de ração para alevinos, fins ornamentais, entre outros (FAO, 2014).

No passado, os subprodutos da pesca, incluindo os resíduos, não possuíam valor comercial, sendo um problema a ser eliminado da forma mais conveniente. Porém, nas últimas décadas, tem havido uma tendência mundial de conscientização sobre os aspectos econômicos, ambientais e sociais da utilização desses subprodutos, a fim de reduzir as perdas nas fases de processamento. Tecnologias de processamento vêm sendo desenvolvidas para garantir a utilização desse material residual, bem como sua qualidade e sua segurança, além de direcioná-lo a diferentes propósitos, incluindo alimentação animal, produtos farmacêuticos, incorporação nos alimentos para *pets*, silagens, fertilizantes e até mesmo a preparação adequada para seguirem aos aterros sanitários.

O apreciável volume de resíduos gera um problema crucial que interfere na sustentabilidade da cadeia produtiva. Dentre os impactos gerados pelos resíduos sólidos de pescado, destacam-se os potenciais efeitos negativos causados pela biodeposição, que se acumula sob e no entorno das áreas de cultivo, e o subsequente enriquecimento orgânico do leito, com alterações da comunidade de invertebrados bentônicos diante do estresse ambiental. Portanto, estudos que priorizem a minimização dos resíduos e sua reciclagem na cadeia produtiva podem servir de suporte para a definição de políticas públicas que orientem a expansão do agronegócio do pescado dentro de bases ambientalmente sustentáveis no Brasil.

É premente a necessidade de utilização dos descartes do processamento pela previsão de aumento da atividade de beneficiamento, devido à exigência do mercado. O resíduo de pescado é potencialmente rico em compostos bioativos, amplamente reconhecidos pelas suas propriedades benéficas à saúde e pelas aplicações tecnológicas, representando, portanto, fontes naturais dessas substâncias. Se empregada uma tecnologia adequada, esse material residual pode ser convertido em produtos comerciais ou matéria-prima para processos secundários (FERRAZ DE ARRUDA; BORGHESI; OETTERER, 2007).

A importância de se pesquisar o fracionamento da silagem química está na disponibilização da fração proteica como potencial fonte de compostos de interesse nutricional e na produção de água peptonada para uso como meio de cultura microbiana, bem como no isolamento e na manutenção da qualidade da fração aquosa lipídica, fonte de ácidos graxos. O fracionamento da silagem de pescado permite maior seletividade do processo hidrolítico e, consequentemente, maior possibilidade de utilização e investigação das frações obtidas, além da comparação dos coprodutos obtidos com outros produtos do mercado. O fracionamento do resíduo visa promover o aproveitamento da fração proteica para destinos "nobres" no mercado, por exemplo, a água peptonada utilizada como meio de cultura em análises microbiológicas.

11.2 O RESÍDUO DE PESCADO

O termo resíduo é utilizado não somente para descartes sólidos, mas também para efluentes líquidos e para o material presente nas emissões atmosféricas; refere-se também às sobras e aos subprodutos do processamento dos alimentos, pois, diferentemente do lixo, esses resíduos possuem valor econômico agregado pelo fato de possibilitarem o reaproveitamento na própria cadeia de produção e consumo.

O aproveitamento das sobras comestíveis geradas no processamento pode minimizar o problema da poluição ambiental e diminuir os custos dos insumos e até mesmo da matéria-prima em questão; em contrapartida, o gerenciamento inadequado do material residual tem influência direta sobre a sustentabilidade da cadeia produtiva, diminuindo a lucratividade da indústria.

Os resíduos do processamento de pescado eram considerados lixo e descartados, sem tentativas de recuperação, representando sérios problemas de poluição ambiental pela falta de destino adequado a esse material. O material residual, em sua maioria, é composto por vísceras, pele, escamas e ossos e apresenta-se como considerável fonte de proteínas, lipídeos e minerais. Esse resíduo pode representar até 70% da matéria-prima original. Mundialmente os resíduos de pescado atingem milhões de t, considerando não apenas o que é descartado pela indústria, mas também o que é perdido mesmo antes de chegar às unidades processadoras devido ao manejo, transporte e armazenamento inadequados praticados durante e após a captura

É de grande relevância utilizar a matéria-prima em toda a sua extensão para a obtenção de coprodutos, evitando a formação do resíduo. Quando o resíduo é gerado, deve-se planejar o seu aproveitamento, com o intuito de evitar desperdícios, reduzir os custos de produção e a poluição ambiental, pois, com a criação de alternativas tecnológicas, teremos como resultado o desenvolvimento sustentável.

Grande parte da tecnologia utilizada para aproveitamento dos resíduos das indústrias de pescado não se mostra economicamente atrativa em vista do elevado investimento inicial, todavia uma alternativa viável seria destinar o resíduo à fabricação da silagem de pescado, por ser um produto de fácil elaboração e que não exige alto investimento, além de apresentar nutrientes de utilidade para a alimentação animal (BORGHESI et al., 2008). Entretanto, para a utilização desse resíduo na obtenção de um novo produto ou para outras finalidades, ele deve estar em conformidade com os requisitos estabelecidos pelos órgãos responsáveis pela liberação do produto.

O aproveitamento desse tipo de matéria-prima na elaboração de coprodutos é considerado com potencial em virtude da elevada quantidade de proteínas, enzimas e ácidos graxos presentes em um material de baixo custo. Podem ser obtidos diversos produtos, como o couro, a farinha, a silagem ou o óleo de peixe, os quais podem ser utilizados como alimentos alternativos na nutrição animal (FERRAZ DE ARRUDA et al., 2009), buscando a produção de rações de baixo custo e de boa qualidade nutricional, além de proporcionar aos animais desempenho equivalente àqueles obtidos com o uso de formulados convencionais.

11.3 HIDROLISADO PROTEICO DE PESCADO

Os hidrolisados proteicos de pescado podem ser obtidos por meio de três processos: enzimático, químico ou por enzimas endógenas presentes no próprio organismo. Na hidrólise de pescado ocorre a clivagem das proteínas em peptídeos de diferentes tamanhos e em aminoácidos livres, permitindo o seu isolamento

11.3.1 HIDRÓLISE QUÍMICA

A obtenção pela forma química pode ser via hidrólise alcalina ou ácida. A hidrólise ácida consiste na aplicação de ácidos orgânicos, inorgânicos ou uma mistura deles, sendo os ácidos clorídrico e sulfúrico os ácidos inorgânicos mais aplicados nas indústrias alimentícias. No entanto, apesar da vantagem do baixo custo, o uso desses ácidos implica a neutralização dos produtos antes de seu consumo, sendo que esse processo origina sais, que podem tornar os produtos não palatáveis e afetar a funcionalidade do triptofano.

A hidrólise alcalina consiste no emprego de soluções de bases fortes, como NaOH e KOH, sob condições de aquecimento e agitação, originando produtos com funcionalidade reduzida e valor nutritivo afetado. A hidrólise por enzimas proteolíticas específicas é um método alternativo, o qual apresenta algumas vantagens sobre a hidrólise química, como a especificidade em ligações peptídicas, o controle do grau de hidrólise, as condições moderadas de ação e o menor conteúdo de sal no hidrolisado final. Além disso, como a quantidade de enzima aplicada é reduzida, sua remoção é desnecessária e torna o processo de hidrólise enzimática mais simples e rápido.

Várias pesquisas têm sido realizadas em relação à avaliação das condições de hidrólise e às propriedades funcionais do hidrolisado proteico. De modo geral, a hidrólise é um processo com boa eficiência no quesito solubilidade das proteínas do pescado, sendo que a produção de proteínas com boa solubilidade depende de fatores como reagentes químicos, tipo de enzima, substrato, temperatura, pH, tempo de incubação e concentração da enzima.

Os hidrolisados proteicos podem ser obtidos de pescado com baixo valor comercial ou por meio dos resíduos gerados durante as etapas de processamento. O resíduo ideal como matéria-prima para a obtenção de hidrolisados é aquele oriundo de pescado magro, pois quando o teor de gordura é elevado pode haver geração de aromas intensos no produto elaborado (ZAVAREZE et al., 2009). Segundo Furlan e Oetterer (2002), não há espécies de pescado mais apropriadas à hidrólise; a escolha dependerá da disponibilidade do fabricante e das especificações exigidas pelo cliente.

Na literatura há artigos que se referem a várias espécies, como arenque, tubarão, salmão, *capelin*, sardinha, corvina, bacalhau, tilápia e lula. Algumas pesquisas (BORGHESI et al., 2008; DERAZ et al., 2011; GILDBERG et al., 2010) afirmam que a inclusão de hidrolisado proteico de peixe em até 60% em dietas para pescado ou entre 19% e 24% em substituição à farinha de peixe são potencialmente favoráveis ao cultivo das espécies aquáticas; no entanto, os teores aplicados ou substituintes da farinha de pescado devem ser adequados, pois concentrações elevadas podem interferir de forma negativa no crescimento e na utilização de nutrientes.

Estudos realizados por Shirahigue (2014) demostraram que os processos para obtenção de hidrolisados proteicos são simples e de fácil manuseio. A aplicação das enzimas alcalase e neutrase apresentou boa capacidade de hidrólise e obtenção das frações dos resíduos de tilápia, mostrando-se como uma alternativa para aproveitar o resíduo das indústrias processadoras.

11.3.2 HIDRÓLISE ENZIMÁTICA

A hidrólise enzimática de pescado consiste em um método de recuperação de proteínas de espécies subutilizadas ou de resíduos de processamento, considerados descartes devido ao baixo valor comercial. A recuperação é conseguida pelo uso de enzimas proteolíticas, que permitem a solubilização proteica do pescado.

Em sua preparação, os hidrolisados proteicos passam por processo de centrifugação, resultando em três fases distintas: semissólida ou insolúvel; líquida ou solúvel; e a fração superior, sobrenadante, que contém os lipídeos.

Na fração solúvel estão presentes proteínas, peptídeos de cadeia curta e aminoácidos livres, podendo ser aplicada na alimentação humana na forma de ingredientes ou coprodutos, após desidratação. O teor de proteínas presente nessa fração pode ser em torno de 90%. Os sólidos solúveis da fração podem sofrer desidratação a vácuo até atingirem cerca de 50% de umidade e, posteriormente, por nebulização, até 4%. A fração insolúvel possui em sua composição proteínas não hidrolisadas e outros compostos não solúveis, podendo ser aplicada à alimentação animal.

O hidrolisado proteico de pescado pode ser obtido por dois métodos enzimáticos: adição de enzimas comerciais e autólise enzimática. Apesar de a autólise ser uma técnica mais comum e econômica, por utilizar as enzimas das próprias vísceras, o uso de enzimas comerciais permite que haja um maior controle do processo, devido à especificidade de ação das proteases em dada espécie de peixe, o que pode ser diferente entre as espécies.

O uso de enzimas no processo de hidrólise proteica permite um melhor controle do grau de clivagem das proteínas no substrato, por meio da desativação enzimática pelo aquecimento, com controle das proporções adequadas de enzima/substrato e do tempo de reação ideal para que haja a produção de hidrolisados com distintas estruturas moleculares, bem como a obtenção de distintas propriedades funcionais, podendo ser aplicadas em formulações alimentícias.

A ação proteolítica enzimática é acelerada com o controle do pH, da temperatura, do tempo e de outros fatores durante o processo. Por exemplo, o aumento do tempo promove maior quebra e diminuição do comprimento médio da cadeia de peptídeos na fração solúvel, bem como da relação enzima/substrato. No entanto, o tempo de proteólise deve ser controlado, não podendo ser excessivo, a fim de evitar a formação de peptídeos muito solúveis com características funcionais inadequadas, os quais podem conferir sabor amargo ao pescado (ZAVAREZE et al., 2009).

Geralmente, soluções ácidas ou alcalinas são aplicadas no processo de hidrólise a fim de promover melhores condições de digestão proteica ou até mesmo para evitar o desenvolvimento e o crescimento de bactérias no meio. Quando há ajuste do pH, o processo de digestão pode ocorrer durante 15 minutos a 25-70 °C, sendo que, em temperaturas superiores a 45 °C e valores de pH extremos, pode-se controlar o desenvolvimento de bactérias indesejáveis.

Como o hidrolisado proteico de pescado tem forma líquida, é preciso desidratá-lo a fim de facilitar o seu uso na indústria, principalmente na ração animal, sendo o atomizador um dos equipamentos mais utilizados na indústria, por ser mais fácil de manipular e possuir maior estabilidade. No entanto, a temperatura utilizada nesse equipamento pode influir nas características do hidrolisado proteico, como o teor proteico, a umidade e o teor dos aminoácidos essenciais, exceto a metionina (SILVA et al., 2010).

A Figura 11.1 apresenta o fluxograma de obtenção do hidrolisado proteico de pescado.

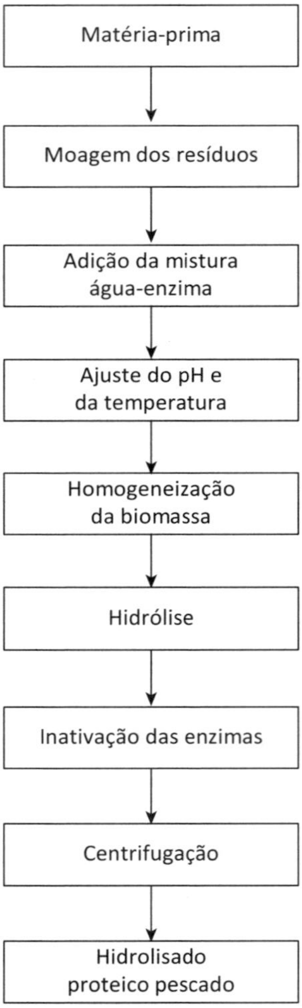

Figura 11.1 Fluxograma de obtenção do hidrolisado proteico de pescado.

11.4 SILAGEM DE PESCADO

Muitas tecnologias têm surgido no intuito de utilizar o resíduo de pescado como alimento, transformando-o em produtos nutritivos e com boa aceitação no mercado. Uma alternativa viável seria destinar o resíduo para a fabricação da silagem de pescado, por ser um produto de fácil elaboração e que não exige alto investimento. A silagem química de pescado é uma forma de hidrolisado ácido de pescado e apresenta-se como alternativa pouco onerosa para o aproveitamento de resíduos, por não empregar equipamentos caros nem grande custo energético. Constitui-se em um produto liquefeito obtido pela ação de ácidos ou por bioprocessamento microbiano de peixes inteiros ou resíduos do beneficiamento de pescado.

O produto apresenta nutrientes, podendo, portanto, ser de grande utilidade para a alimentação animal, sendo o aproveitamento ecologicamente recomendável em razão da alta carga de matéria orgânica que seria descartada no ambiente caso não fosse feito.

A silagem de pescado é um método tradicional de preservação da matéria orgânica, desenvolvido na Finlândia por volta dos anos 1920. Mais tarde, o método foi sendo adaptado para evitar o desperdício do pescado. Na ensilagem, a preservação pode ser feita quimicamente, pela acidificação direta utilizando ácidos orgânicos e/ou minerais; biologicamente, pela acidificação realizada por microrganismos produtores de ácido lático; ou por processo misto, em que há a combinação dos dois métodos. A atividade das enzimas proteolíticas presentes no pescado, responsáveis pela autólise proteica e lipídica do material ensilado, é acelerada por meio da adição de ácidos fracos ou fortes, sendo que essas enzimas alcançam atividade mais alta em valores de pH na faixa de 2 a 4.

Os principais interferentes na manutenção da qualidade da silagem são a oxidação lipídica e a logística de distribuição desse material volumoso e de umidade elevada (BORGHESI et al., 2008; FERRAZ DE ARRUDA; BORGHESI; OETTERER, 2007). A separação e a retirada das frações lipídica e aquosa aumentam a estabilidade dos coprodutos pela redução da umidade do material e melhoram a possibilidade de utilização da fração proteica. A Figura 11.2 apresenta o fluxograma de obtenção da silagem.

As vantagens da produção da silagem em comparação à da farinha de pescado são as seguintes: o processo é virtualmente independente de escala; a tecnologia é simples; o capital necessário é pequeno; os efluentes e os problemas com odor são reduzidos; o processo da ensilagem é rápido em climas tropicais; e o produto pode ser utilizado no local. Porém, a desvantagem está no fato de o produto ser volumoso na forma pastosa, o que implica no custo adicional da secagem para que seja utilizado desidratado como ingrediente de rações.

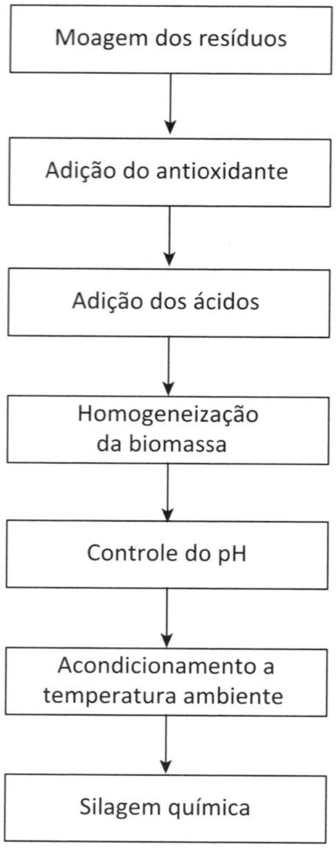

Figura 11.2 Fluxograma de obtenção da silagem.

O processo para a obtenção da silagem é simples, prático e econômico, não requerendo equipamentos e procedimentos onerosos, como os empregados na produção de farinha de peixe (FERRAZ DE ARRUDA et al., 2009). A silagem é uma forma de preservação para resíduo de pescado que deve ser considerada principalmente em local onde não exista fábrica de farinha de peixe ou onde não seja viável economicamente sua instalação (BOWER; HIETALA, 2012).

As condições do substrato utilizado estão diretamente relacionadas à qualidade da silagem resultante. Se a silagem é preparada a partir de material em processo de decomposição, o produto obtido se apresentará com níveis elevados de degradação. Em tais produtos haverá presença de aminoácidos livres que são precursores de aminas biogênicas, como cadaverinas, histaminas e putrecinas. A utilização de materiais em putrefação pode promover um risco potencial à silagem de pescado. Se esse material for utilizado como ingrediente para ração animal, esses compostos tóxicos podem causar danos ao fígado e diminuição do desempenho dos animais.

A Figura 11.3 apresenta o produto final, após 10 dias de armazenamento à temperatura de 25 ± 1 °C.

Figura 11.3 Silagem de tilápia elaborada com ácido cítrico + ácido fórmico na proporção de 1:3, com adição de 3% do volume da solução ácida à massa.

Fonte: Shirahigue (2014).

11.5 ÁCIDOS EMPREGADOS NA ELABORAÇÃO DA SILAGEM

Na produção da silagem, a hidrólise ácida pode ser realizada com o uso de ácidos inorgânicos, orgânicos ou por uma mistura de ambos. Os ácidos inorgânicos, como o clorídrico e o sulfúrico, embora de baixo custo, têm a desvantagem de necessitar de neutralização (FURLAN; OETTERER, 2002). Esse processo resulta em uma considerável quantidade de sal nos produtos, o que pode torná-los não palatáveis e interferir na sua funcionalidade.

Porém, sabe-se que na silagem de pescado a acidificação do meio garante a conservação do material, evitando a putrefação bacteriológica. Dessa forma, a seleção do agente acidificante interfere no desempenho, na liberação de peptídeos e nos custos da silagem elaborada. Para que esse coproduto seja realmente sustentável, a seleção do agente acidificante deve ser baseada em custo, disponibilidade, ação bactericida e periculosidade do ácido ao ambiente e à saúde humana (SUCASAS, 2011).

Várias pesquisas apontam a utilização de solução de ácido fórmico e ácido propiônico para a elaboração da silagem química de pescado. Essa solução combina a presença de ácidos orgânico e inorgânico e não conduz a pH acentuadamente baixo, uma vez que o uso apenas de ácidos inorgânicos reduz o pH para cerca de 2, sendo necessária uma neutralização posterior à hidrólise.

O ácido propiônico em concentrações de 0,2% inibe o crescimento de fungos. Se utilizados apenas ácidos inorgânicos, o pH deve ser mantido em torno de 2 para evitar a ação bacteriana (VIDOTTI; VIEGAS; CARNEIRO, 2003). Com a utilização de ácidos orgânicos, que possuem propriedades antibacterianas, o pH deverá estar entre 4 e 4,5.

11.6 COPRODUTOS

Coproduto é um produto diferente do produto principal de uma linha de processamento, que proporciona rendimento significativo para o processador. Normalmente é obtido em paralelo, em decorrência da matéria-prima não totalmente transformada no produto principal.

A utilização de coprodutos advindos do processamento de pescado e o uso de espécies subutilizadas são alternativas para resolver a escassez de produtos de origem proteica, além de reduzir o volume de resíduos sólidos oriundos do processamento de pescado, minimizando o impacto ambiental.

O uso de tecnologias que visam explorar o valor nutricional desses resíduos e, assim, desenvolver produtos para alimentação humana aumenta a capacidade da indústria da pesca para responder não só à demanda por produtos diferenciados, mas também à tendência da busca por alimentos com alto valor nutritivo, suprindo as necessidades nutricionais – em especial de proteínas animais – dos setores mais carentes da população, por um preço acessível.

A industrialização do pescado gera uma quantidade expressiva de resíduos que apresentam composição rica em materiais orgânicos e inorgânicos, como proteínas e ácidos graxos de cadeia longa, destacando-se os insaturados da série ômega 3 (SEIBEL; SOUZA-SOARES, 2003).

Para aproveitamento dessa fonte de nutrientes, alternativas tecnológicas estão disponíveis, visando agregar valor a esse material, sob o enfoque da tecnologia limpa. Esse material pode ser processado para a obtenção de óleo, farinha ou silagem, que, por sua vez, podem ser aplicados na alimentação animal. Os resíduos de peixe podem ser aplicados como substrato para a produção de proteína texturizada, concentrado proteico, carne mecanicamente separada, *surimi*, produtos reestruturados e óleo utilizado na alimentação humana.

11.7 COMPONENTES

O pescado apresenta componentes funcionais e bioativos advindos de proteínas e lipídeos, além de polissacarídeos e, em algumas espécies, minerais e vitaminas. Nesse contexto, existe um potencial para exploração de componentes funcionais do pescado marinho, como peptídeos, taurina, ácidos graxos ômega 3, quitina, quitosana, carotenoides e cálcio. Peptídeos isolados de hidrolisados proteicos de pescado têm mostrado interessante bioatividade, como anti-hipertensiva, antitrombótica, imunomoduladora e antioxidante O pescado marinho é considerado uma boa fonte de taurina, aminoácido essencial para o desenvolvimento de mamíferos. Sua molécula contém um grupo ácido sulfônico em substituição ao ácido carboxílico, sendo encontrada em diferentes espécies de pescado, podendo atuar na redução da pressão arterial, na melhora do desempenho cardíaco e na redução dos níveis de colesterol. A taurina e seus derivados foram identificados em diversos organismos de águas profundas, incluindo os bivalves.

A série de ácidos graxos ômega 3 está inserida dentro da classe de macromoléculas dos lipídeos. Sua fórmula estrutural apresenta um número par de átomos de carbono, variando entre 16 e 26. Esses compostos são denominados segundo contagem do grupo metila (CH_3) localizado na extremidade final da molécula até a primeira dupla ligação localizada entre os carbonos 3 e 4 (PIMENTEL; FRANCKI; GOLLÜCKE, 2005; RUXTON et al., 2004).

Os principais ácidos graxos poli-insaturados da família ômega 3, sob o aspecto nutricional, são: alfa-linolênico (C 18:3), eicosapentaenoico (EPA) (C 20:5) e docosahexaenoico (DHA) (C 22:6). Segundo Pimentel, Francki e Gollücke (2005), os ácidos graxos ômega 3 EPA e DHA são encontrados em peixes que vivem em águas frias, particularmente, e a sua concentração depende da composição do fitoplâncton local.

Segundo Oetterer (1994), a fração aquosa solúvel da silagem é a mais valiosa na promoção do coproduto, por conter a maior parte da proteína. Durante a produção dessa silagem, ocorre basicamente a autólise em condições ácidas, em que as proteínas das vísceras são hidrolisadas gerando produtos solúveis de baixo peso molecular, formando uma mistura complexa de aminoácidos e peptídeos que podem ser utilizados como fontes de nitrogênio em meios de cultura microbianos (POERNOMO; BUCKLE, 2002).

Durante a hidrólise que ocorre naturalmente na silagem, a proteólise na pele e nas vísceras é maior nas 24 horas iniciais, quando as proteínas são hidrolisadas pelas enzimas e o nitrogênio torna-se solúvel. As células do tecido muscular do pescado contêm pequenas organelas denominadas lisossomos, que possuem em seu interior um grande número de enzimas hidrolíticas, como catepsinas, fosfatases, nucleases, lipases, proteases e colagenases, que têm pH ótimo na faixa ácida. Com o abaixamento do pH e o rompimento das paredes dos lisossomos, ocorre a liberação dessas enzimas e inicia-se a hidrólise de proteínas e a liberação de aminoácidos e peptídeos, ocorrendo o fenômeno da autólise (RAA; GILDBERG, 1976).

As frações aquosas das silagens caracterizam-se como ricas em aminoácidos essenciais. Normalmente, entre os aminoácidos essenciais, o triptofano apresenta-se em menor concentração na silagem, como geralmente ocorre nos demais alimentos (VIDOTTI; VIEGAS; CARNEIRO, 2003).

11.7.1 PEPTONAS

As peptonas são uma das mais importantes fontes de nitrogênio adicionado nos meios de cultura para crescimento de microrganismos. O nitrogênio é o componente mais oneroso dos substratos para crescimento microbiano e é fornecido, principalmente, a partir de produtos de origem animal, como carnes, órgãos internos, leite, gelatina e caseína, e de plantas e leveduras, sob a forma de proteínas de baixo peso molecular (TASKIN; KURBANOGLU, 2011).

As peptonas são definidas como hidrolisados de proteínas facilmente solúveis em água e não precipitáveis por calor, por álcalis ou por saturação com sulfato de amônio (VASILEVA-TONKOVA; NUSTOROVA; GUSHTEROVA, 2007). A hidrólise ocorre pela ação de enzimas como a pepsina, enzima produzida a partir do pepsinogênio, cuja ativação depende do abaixamento do pH. Também podem sofrer ação de outras enzimas, como papaína, pancreatina ou tripsina. As peptonas, na sua forma pura, apresentam textura de pó, de cor branca e levemente amarelada, e caracterizado por ser solúvel em água.

Peptonas para fins microbiológicos são obtidas a partir de carne bovina, carne de porco e carne de cavalo, porém diversos estudos relatam que a carne de pescado e seu resíduo podem ser fontes para elaboração de peptona de mesma qualidade (JAYATHILAKAN; SULTANA; RADHAKRISHNA; BAWA, 2012).

Diferentes materiais oriundos de fontes animais e vegetais são utilizados para produção de peptonas, a maioria destes com elevado custo pelo processo de obtenção (DUFOSSÉ; DE LA BROISSE; GUERARD, 2001; POERNOMO; BUCKLE, 2002; VASILEVA-TONKOVA; NUSTOROVA; GUSHTEROVA, 2007). Os materiais de origem animal empregados para obtenção desse produto são, muitas vezes, carnes ou resíduos do processamento destas (pele, lã, pelos, chifres, penas e cascos). Esses resíduos contêm grande quantidade de proteínas com estruturas fibrosas, queratina e colágeno, sendo material suficiente para o desenvolvimento desse produto (VASILEVA-TONKOVA; NUSTOROVA; GUSHTEROVA, 2007).

11.7.2 PEPTONAS DE PESCADO

A utilização de material proveniente de peixes como fonte de nutrientes para os microrganismos é relatada desde 1940, por Tarr e Deas (1949). O resíduo de pescado, que geralmente é descartado ou utilizado para alimentação animal, poderá ser empregado na elaboração de produtos com elevado valor agregado. A importância de se pesquisar o fracionamento da silagem química está na obtenção de diferentes coprodutos que podem ser aplicados em diversos setores. A fração proteica poderia ser utilizada como fonte de compostos de interesse químico e nutricional na produção, por exemplo, de água peptonada, a partir da fração aquosa, para ser utilizada como meio de cultura microbiana, bem como a partir da fração lipídica, como fonte de ácidos graxos.

Diversos estudos demonstram que as bactérias crescem bem em peptonas provenientes de tecidos de diferentes espécies de peixes (ASPMO; HORN; EIJSINK, 2005; DERAZ et al., 2011; GILDBERG et al., 2010; SAFARI et al., 2012; VIEIRA et al., 2005). Muitas vezes, essas peptonas promovem melhor crescimento que as peptonas comerciais. A razão para isso não é conhecida nem explicada pelas diferenças na composição de aminoácidos (GILDBERG et al., 2010). Porém, sabe-se que os tecidos de peixes geralmente são mais ricos em compostos nitrogenados solúveis que a maioria dos outros tecidos biológicos.

A peptona de vísceras de pescado demonstrou bom desempenho como fonte de nitrogênio para meio de crescimento microbiano, ao ser utilizada no cultivo de patógenos como *Vibrio salmonicida* para produção de vacinas (VECHT-LIFSHITZ; ALMAS; ZOMER, 1990). Vieira et al. (2005) constataram a efetividade de peptonas obtidas a partir de hidrólise enzimática de carne e de resíduo do processamento de lagostas (*Panulirus argus* e *Panulirus laevicauda*), camarão (*Macrobrachium amazonicum*) e pescada (*Plagioscion squamosissimus*) para utilização em meios de cultura no crescimento de *Escherichia coli*. Vázquez, González e Murado (2004), que analisaram peptonas elaboradas com diferentes resíduos de pescado – albacora (*Thunnus albacares*), lula (*Loligo vulgaris*), peixe-espada (*Xiphias gladius*) e truta-arco-íris (*Oncorhynchus mykiss*) –, observaram que todas as peptonas foram mais eficientes que a peptona comercial comparada. Porém, os mesmos autores observaram que as peptonas extraídas a partir de hidrolisados de resíduos do músculo de pescado não apresentaram bom resultado para crescimento microbiano (VÁZQUEZ; GONZÁLEZ; MURADO, 2006).

Souissi et al. (2009) testaram hidrolisados proteicos de sardinhas (*Sardinella aurita*) como fonte de carbono e nitrogênio para o crescimento de *Staphylococcus simulans* e observaram que a peptona elaborada se constituiu em bom substrato para o crescimento do microrganismo testado. Deraz et al. (2011) utilizaram enzimas endógenas das vísceras de tilápia nilótica para elaboração de peptona em diferentes pHs e observaram que essas peptonas deram suporte para o crescimento de bactérias láticas, recomendando o uso desse material no crescimento microbiano. O mesmo foi observado por Safari et al. (2012), que estudaram hidrolisados enzimáticos de resíduos de cabeças de albacora e demostraram a efetividade do hidrolisado no crescimento de bactérias acido-láticas.

As peptonas comerciais que são normalmente utilizadas para meios de crescimento microbiano apresentam custo considerável. Portanto, a obtenção e a avaliação da eficiência da peptona do resíduo de pescado em comparação com os produtos comerciais existentes caracterizam-na como uma inovação tecnológica e como coproduto de valor econômico mais vantajoso por seu baixo valor econômico comparativo.

11.8 APLICAÇÕES DE COPRODUTOS DE PESCADO

Em virtude dos elevados teores de proteínas, as espécies de pescado de baixo custo e os subprodutos representam uma fonte potencial de peptonas industriais. Peptonas de pescado e, particularmente, os hidrolisados de proteínas de algumas espécies de peixes têm sido apresentados em catálogos nas últimas décadas como substratos de crescimento microbiano (SOUISSI et al., 2009).

Shirahigue (2014) constatou a efetividade de peptonas obtidas a partir de silagem química elaborada com resíduo do processamento de tilápia (*Oreochromis niloticus*) e beijupirá (*Rachycentron canadum*) para utilização no crescimento de *Escherichia coli* e *Staphylococcus aureus*. A autora observou que as frações aquosas das silagens obtidas (Figura 11.4), tanto de tilápia quanto de beijupirá, apresentaram teores elevados de ácido glutâmico, lisina, glicina e ácido aspártico, sendo essas frações efetivas no crescimento dos microrganismos testados, tanto pela detecção por densidade ótica como pelos métodos de plaqueamento (Figura 11.5) e produção de biomassa, sendo equivalente à peptona comercial estudada. Os resultados obtidos indicaram que é possível agregar valor ao material residual gerado nas unidades processadoras de pescado ao elaborar o coproduto peptona.

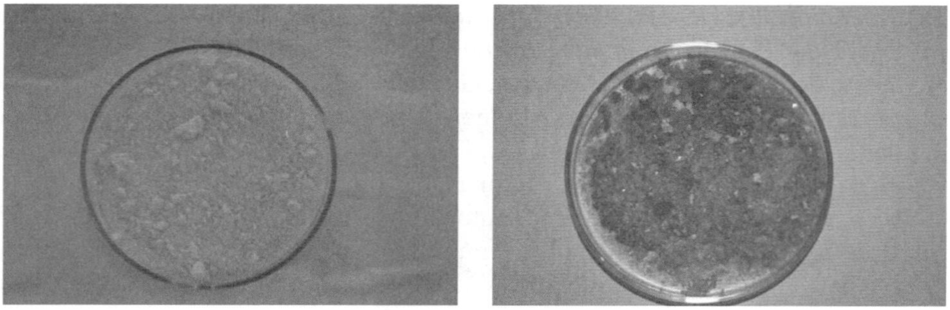

(a) (b)

Figura 11.4 a) Peptona de resíduo de beijupirá; b) peptona de resíduo de tilápia.

Fonte: Shirahigue (2014).

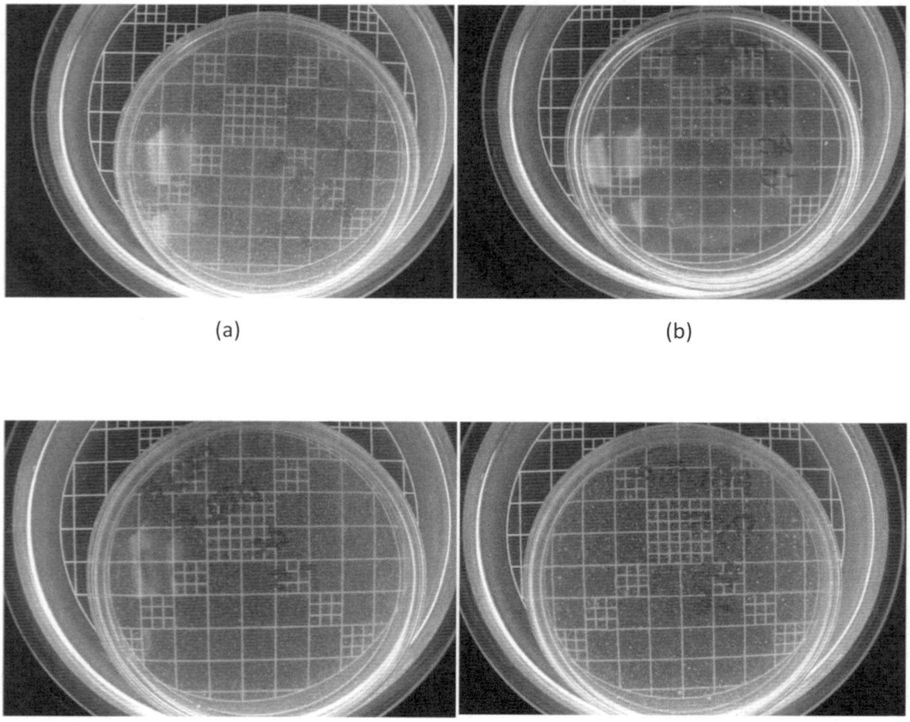

(a) (b)

(c) (d)

Figura 11.5 Plaqueamentos de crescimento microbiano cultivados em: a) peptonas de resíduo de tilápia (*Escherichia coli*); b) peptona de resíduo de tilápia (*Staphylococcus aureus*); c) peptona de resíduo de beijupirá (*Escherichia coli*); d) peptona de resíduo de beijupirá (*Staphylococcus aureus*).

Fonte: Shirahigue (2014).

O fracionamento por centrifugação para obtenção da fração aquosa proporciona a utilização do trinômio rotação-tempo-temperatura, produzindo um coproduto que mantém a qualidade nutricional (SHIRAHIGUE, 2014). Por meio da centrifugação das silagens, ocorre a separação em três fases distintas: lipídica, aquosa e sedimentada, conforme já afirmado por Reece (1980). Entretanto, há poucas pesquisas a respeito do fracionamento da silagem e da separação das fases distintas para encaminhamento e elaboração de coprodutos.

11.9 CONSIDERAÇÕES GERAIS

É de suma importância o desenvolvimento de novas tecnologias para utilização do material residual dos processamentos de pescado na elaboração de coprodutos. Espera-se encontrar novos caminhos em que haja a otimização do aproveitamento desses resíduos, via manejo adequado e fracionamento, para que sejam transformados em coprodutos. Essas ações beneficiarão o setor pesqueiro, ao agregar valor ao seu resíduo, aumentar a receita da empresa processadora e proporcionar a geração de patentes brasileiras.

A importância de se pesquisar o fracionamento da silagem química está na disponibilização da fração proteica como potencial fonte de compostos de interesse nutricional e na produção de água peptonada para uso como meio de cultura microbiana, bem como no isolamento dessa fração aquosa, que seria interferente na qualidade da fração lipídica como fonte de ácidos graxos. O fracionamento da silagem de pescado permite maior seletividade do processo hidrolítico e, consequentemente, maior possibilidade de utilização e investigação das frações obtidas, sendo o coproduto uma alternativa aos atuais produtos comerciais.

REFERÊNCIAS

ASPMO, S. I.; HORN, S. J.; EIJSINK, V. G. H. Enzymatic hydrolysis of Atlantic cod (*Gadus morhua* L.) viscera. *Process Biochemistry*, Oxford, v. 40, n. 5, p. 1957-1966, 2005.

BORGHESI, R. et al. Apparent digestibility coefficient of protein and amino acids of acid, biological and enzymatic silage for Nile tilapia (*Oreochromis niloticus*). *Aquaculture Nutrition*, Oxford, v. 14, n. 3, p. 242-248, 2008.

BOWER, C. K.; HIETALA, K. A. Acidification methods for stabilization and storage of salmon b-products. *Journal of Aquatic Food Product Technology*, v. 17, n. 4, p. 459-478, 2012.

DERAZ, S. F. et al. Autohydrolysed Tilapia nilotica vish viscera as a peptone source in bacteriocin production. *Indian Journal Microbiological*, New Delhi, v. 51, n. 2, p. 171-175, 2011.

DUFOSSÉ, L.; DE LA BROISE, D.; GUERARD, F. Evaluation of nitrogenous substrates such as peptones from fish: a new method based on Gompertz modeling of microbial growth. *Current Microbiology*, New York, v. 42, n. 1, p. 32-38, 2001.

FAO. Food and Agriculture Organization. *The state of world fisheries and aquaculture*: 2014. Rome, 2014.

FERRAZ DE ARRUDA, L. et al. Fish silage in black bass *(Micropterus salmoides)* feed as an alternative to fish meal. *Brazilian Archives of Biology and Technology*, Curitiba, v. 52, n. 5, p. 879-886, 2009

FERRAZ DE ARRUDA, L.; BORGHESI, R.; OETTERER, M. Fish silage: a review. *Brazilian Archives Biology and Technology*, Curitiba, v. 50, p. 879-886, 2007.

FURLAN, E. F.; OETTERER, M. Hidrolisado protéico de pescado. *Revista de Ciência & Tecnologia*, Piracicaba, v. 10, n. 19, p. 79-89, 2002.

GILDBERG, A. et al. Peptones from Atlantic Cod stomach as a nitrogen sources in growth media to marine bacteria. *Journal Aquatic Food Product Technology*, London, v. 19, n. 2, p. 75-83, 2010.

JAYATHILAKAN, K.; SULTANA, K.; RADHAKRISHNA, K.; BAWA, A. S. Utilization of byproducts and waste material from meat, poultry and fish processing industries: a review. *Journal of Food Science and Technology*, Mysore, v. 49, n. 3, p. 278-293, 2012.

OETTERER, M. Produção de silagem a partir da biomassa residual do pescado. *Alimentos e Nutrição*, São Paulo, v. 5, n. 1, p. 119-134, 1994.

PIMENTEL, C. V. M. B.; FRANCKI, V. M.; GOLLÜCKE, A. P. B. *Alimentos funcionais*: introdução às principais substâncias bioativas em alimentos. São Paulo: Livraria Varela, 2005.

POERNOMO, A.; BUCKLE, K. A. Crude peptones from cowtail ray (*Trygon sephen*) viscera as microbial growth media. *World Journal of Microbiology and Biotechnology*, Oxford, v. 18, p. 333-340, 2002.

RAA, J.; GILDBERG, A. Autolysis and proteolytic activity of cod viscera. *Journal of Food Technology*, Oxford, v. 11, p. 619-628, 1976.

REECE, P. Control and reduction of free fatty acid concentration in oil recovered from fish silage prepared from sprat. *Journal of the Science of Food and Agriculture*, London, v. 31, p. 147-155, 1980.

RUXTON, C. H. S. et al. The health benefits of omega-3 polyunsaturated fatty acids: a review of the evidence. *Journal of Human Nutrition and Dietetics*, London, v. 17, n. 5, p. 449-459, 2004.

SAFARI, R. et al. Use of hydrolysates from Yeollowfin Tuna (*Thunnus albacares*) heads as a complex nitrogen source for lactic acid bacteria. *Food Bioprocess Technology*, Heidelberg, v. 5, p. 73-79, 2012.

SEIBEL, N. F.; SOUZA-SOARES, L. A. Produção de silagem química com resíduos de pescado marinho. *Brazilian Journal of Food Technology*, Campinas, v. 6, n. 2, p. 333-337, 2003.

SHIRAHIGUE, L. D. *Fracionamento e seletividade, visando otimização, de coprodutos provenientes do resíduo do processamento de pescado.* 2014. 160 f. Tese (Doutorado) – Centro de Energia Nuclear na Agricultura, Universidade de São Paulo, Piracicaba, 2014.

SILVA, H. B. R.; LANDELL-FILHO, L. C. Silagem de subprodutos da filetagem de peixe na alimentação de suínos em crescimento – parâmetro de desempenho e organolépticos. *Acta Scienctiarum*, Maringá, v. 25, n. 1, p. 1137-1141, 2003.

SILVA, N. et al. *Manual de métodos de análise microbiológica de alimentos.* 4. ed. São Paulo: Livraria Varela, 2010.

SOUISSI, N. et al. Production of lipase and biomass by *Staphylococcus simulans* grown on sardinella (*Sardinella aurita*) hydrolysates and peptone. *African Journal of Biotechnology*, Grahamstown, v. 8, n. 3, p. 5, p. 451-457, 2009.

SUCASAS, L. F. A. *Avaliação do resíduo do processamento de pescado e desenvolvimento de coprodutos visando o incremento da sustentabilidade na cadeia produtiva.* 2011. 164 p. Tese (Doutorado em Ciências) – Centro de Energia Nuclear na Agricultura, Universidade de São Paulo, Piracicaba, 2011.

TARR, H. L. A.; DEAS, C. P. Bacteriological peptones form fish flesh. *Journal of the Fiesheries Research Board of Canada*, Ottawa, v. 7, p. 552-560, 1949.

TASKIN, M.; KURBANOGLU, E. B. Evaluation of waste chicken feathers as peptone source for bacterial growth. *Journal of Applied Microbiology*, Oxford, v. 111, p. 826-834, 2011.

VASILEVA-TONKOVA, E.; NUSTOROVA, M.; GUSHTEROVA, A. New protein hydrolysates from collagen wastes used as peptone for bacterial growth. *Current Microbiology*, New York, v. 54, p. 54-57, 2007.

VÁZQUEZ, J. A.; GONZÁLEZ, M. P.; MURADO, M. A. A new marine medium use a different fish peptones and comparative study of the growth of selected species of marine bacteria. *Enzyme and Microbial Technology*, Surrey, v. 35, p. 385-392, 2004.

VÁZQUEZ, J. A.; GONZÁLEZ, M. P.; MURADO, M. A. Preliminary tests on nisin and pediocin production using waste protein sources factorial and kinetic studies. *Bioresource Technology*, Essex, v. 97, p. 605-613, 2006.

VECHT-LIFSHITZ, S. E.; ALMAS, K. A.; ZOMER, E. Microbial growth on peptones from fish industrial wastes. *Letters in Applied Microbiology*, Oxford, v. 10, p. 183-186, 1990.

VIDOTTI, R. M.; VIEGAS, E. M. M.; CARNEIRO, D. J. Amino acid composition of processed fish silage using diferent raw materials. *Animal Feed Science and Technology*, Amsterdam, v. 105, n. 1, p. 199-204, 2003.

VIEIRA, G. H. F. et al. Peptone preparation from fishing by-products. *Journal of the Science of Food and Agriculture*, London, v. 85, p. 1235-1237, 2005.

ZAVAREZE, E. R. et al. Funcionalidade de hidrolisados proteicos de cabrinha (*Prionotus punctatus*) obtidos a partir de diferentes proteases microbianas. *Química Nova*, São Paulo, v. 32, n. 7, p. 1729-1742, 2009.

CAPÍTULO 12
Cacau

Adriana Cristina Reis Ferreira

Rachel Passos Rezende

João Carlos Teixeira Dias

12.1 O CACAU

O cacaueiro pertence à ordem das Malvales, família Malvaceae, gênero *Theobroma*, espécie *Theobroma cacao* L. Seus frutos contêm sementes que tornam-se amêndoas após o processo de fermentação e secagem. A amêndoa é a principal matéria-prima para a produção do chocolate. Os astecas e outros grupos de língua náuatle chamavam o cacaueiro de *cacaohoaquahuitl*, os frutos de *cachocentli* e suas sementes de *cacaoatl*. Em 1737, Lineu classificou-o como *Theobroma*, que significa alimento dos deuses.

Para se desenvolver bem, o cacaueiro precisa de chuvas altamente regulares e constantes com precipitação anual entre 1.500 e 2.000 mm, temperatura média de 25 °C e solos profundos e férteis. Os frutos de cacau são normalmente alongados e sulcados, podendo ter coloração verde ou roxa e, à medida que amadurecem e a depender da variedade, amarela ou laranja. Medem de 15 a 30 cm de comprimento e de 7 a 12 cm de circunferência. O fruto é composto por trinta a quarenta sementes e demora de 5 a 7 meses para amadurecer. A semente é coberta por camada mucilaginosa e adocicada de coloração esbranquiçada (Figura 12.1). As sementes são compostas por um cotilédone e um pequeno gérmen embrionário que são recobertos por uma película denominada testa (Figura 12.2). A polpa contém cerca de 10% a 15% de açúcares, na forma de glicose, sacarose e frutose, além de 82% a 87% de água; 2% a 3% de pentosonas; 1% a 3% de ácido cítrico; e 1% a 1,5% de pectina. Essa constituição da semente a torna uma rica fonte de crescimento para os microrganismos que conduzem o processo fermentativo do cacau. Durante o processo de utilização da polpa pelos microrganismos são gerados metabólitos que influenciam fortemente a qualidade do produto final.

Figura 12.1 Sementes de cacau no início do processo de fermentação em cocho experimental de 45 x 45 cm. Observa-se a coloração esbranquiçada da polpa mucilaginosa.

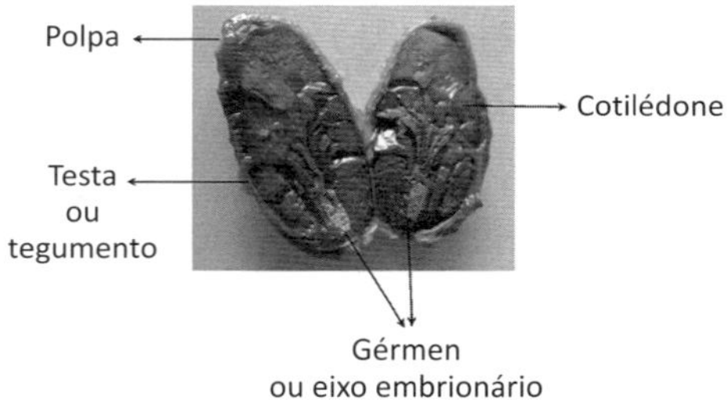

Figura 12.2 Detalhe do corte longitudinal da semente de cacau parcialmente fermentada mostrando a polpa como camada externa à testa que recobre a semente, o gérmen ou embrião e o cotilédone.

12.2 A GENÉTICA DO CACAUEIRO

Acreditava-se que o cacau fosse originário das cabeceiras dos rios Orinoco e Amazonas, tendo se expandido em duas direções principais. Na América Central originou-se o Criollo. Na Amazônia, na América do Sul, originou-se o Forastero. Da hibridização entre Criollos e Forasteros foi originado o Trinitário. A variedade *Forastero* é caracterizada por frutos de forma arredondada, casca dura e superfície quase lisa. Suas sementes são achatadas, quase triangulares e se encontram firmemente alojadas à polpa. Os cotilédones têm coloração violeta. O cacau da variedade Forastero tem um sabor mais ácido e adstringente (Figura 12.3). Os frutos de cacau Criollo são caracterizados pela forma alongada, com ponta proeminente, superfície externa enrugada e sulcos longitudinais profundos. Os cotilédones não contêm células pigmentadas, sendo, portanto, de coloração branca. São encontrados principalmente em: Venezuela, México, Java e Equador. O tipo *Trinitário*, por sua vez, possui uma mistura de características com sementes que podem ter coloração branca ou violácea, sendo cultivado nas Américas Central e do Sul, em Camarões e na Indonésia (FERREIRA et al., 2013; MOTAMAYOR et al., 2008). As variedades Trinitário e Criollo produzem um chocolate considerado de qualidade excelente e de aroma e sabor suaves.

Atualmente, com o avanço das técnicas moleculares, foi apresentada uma nova classificação para o cacau, que reflete com maior precisão a sua diversidade genética, em vez da classificação tradicional como Criollo, Forastero ou Trinitário. São dez grandes grupos classificados: Maranõn, Curaray, Criollo, Iquitos, Nanay, Contamana, Amelonado, Purús, Nacional e Guiana (MOTAMAYOR et al., 2008). Essa nova classificação fez com que o cacau denominado Forastero, originário da Amazônia, passasse a ser conhecido como Amelonado.

Figura 12.3 Diversidade genética do cacau: a) fruto de cacau Amelonado com detalhe de amêndoa de coloração violeta; b) cacau Amelonado com amêndoa branca.

Fonte: Ferreira et al. (2013).

A genética do cacaueiro é muito importante para a qualidade do produto final. Cada variedade tem um sabor único e característico que é influenciado por diversas variáveis, como condições de crescimento da planta, clima, temperatura, exposição à luz do sol, chuvas, condições do solo, época de maturação e de colheita, tempo entre a colheita e a fermentação das sementes, diversidade microbiana, tipo de fermentação e de secagem e armazenamento. Todos esses fatores influenciam e contribuem para variações no sabor final das amêndoas e para gerar a identidade de cada tipo de cacau nas diversas origens de produção no mundo (AFOAKWA, 2010; FERREIRA et al., 2013).

O cacau influenciou os povos antigos das Américas e ainda hoje influencia a cultura dos países produtores. Os povos maia e asteca utilizavam o cacau para preparar uma bebida de sabor forte à qual davam o nome de *xocoat*. Esses povos acreditavam que a bebida era afrodisíaca e combatia o cansaço. Além de servir como base para o chocolate, que deveria ser ingerido ritualisticamente, as amêndoas de cacau também circulavam como moeda, tanto no processo de compra e venda de mercadorias quanto no pagamento de tributos.

12.3 O CACAU NO BRASIL

O cultivo brasileiro em larga escala teve início no século XIX, na região de Ilhéus (Bahia). As condições climáticas da microrregião da costa do cacau, incluindo vários municípios no entorno de Ilhéus, fizeram com que o país liderasse a produção mundial entre 1905 e 1910.

O cacau foi introduzido na Bahia em 1746, na cidade de Canavieiras, com sementes do Baixo Amazonas. Por mais de dois séculos, os agricultores plantaram sementes da variedade Forastero. Entre 1940 e 1950, as primeiras seleções genéticas realizadas por parte de instituições de pesquisa – o Instituto do Cacau da Bahia (ICB), a Estação Instituto Agronômico do Leste (Sial) e a Estação Experimental de Goitacazes (EEG) – foram liberadas aos agricultores. Com a criação da Comissão Executiva do Plano da Lavoura Cacaueira (Ceplac) em 1957, o foco foi voltado para híbridos interclonais. Mais recentemente, com a introdução da doença vassoura-de-bruxa na Bahia e no Espírito Santo, programas de seleção recorrentes foram implementados com o objetivo de apoiar o desenvolvimento de novos clones com características de maior resistência a pragas e doenças, maior produtividade e maior potencial aromático (LOPES et al., 2011) (Figura 12.4).

Figura 12.4 Diferentes variedades genéticas de cacau cultivadas na região sul da Bahia.

Fonte: Ferreira et al. (2013).

Após a chegada da vassoura-de-bruxa, em 1989, o Brasil caiu para a quinta posição na produção mundial. Atualmente, o Brasil ocupa o sétimo lugar, ficando atrás de países como Costa do Marfim, Gana, Equador, Camarões, Nigéria e Indonésia (ICCO, 2019). No Brasil, a Bahia é o maior produtor de cacau, seguida por Pará, Rondônia e Espírito Santo.

Durante a crise cacaueira na Bahia, instalada principalmente pela vassoura-de--bruxa, os produtores se desestimularam e as indústrias moageiras não estavam dispostas a pagar um preço justo e diferenciado pelo produto, logo, os produtores deixaram de promover a qualidade. Contudo, na última década, o país vem construindo novos conceitos para a produção de cacau, massa de cacau e chocolates especiais. Essa política de qualidade depende diretamente da escolha das variedades genéticas mais adequadas, do grau de maturação do fruto, da fermentação controlada, da cura das amêndoas durante a secagem e do armazenamento adequado. O controle efetivo e o aprimoramento de cada uma dessas etapas podem proporcionar a obtenção de um produto único de característica singular.

Com a introdução das novas variedades genéticas e de um extenso trabalho de melhoramento genético realizado no sul da Bahia, produtores iniciaram um movimento que resultou em importantes premiações em concursos internacionais de qualidade de amêndoas de cacau. Esse reconhecimento levou as amêndoas da região a conquistar mercados especiais, de nicho, em que os fabricantes apreciam sabores e aromas peculiares e qualidades muito específicas para produzir chocolates *premium* de alto valor agregado. O país é considerado um novato entre os produtores de cacau do tipo fino, mas segue em ritmo acelerado na produção de um cacau com notas de alcaçuz, especiarias e frutas frescas e secas.

12.4 BENEFICIAMENTO DAS AMÊNDOAS

O pré-processamento do cacau envolve etapas que são realizadas dentro da fazenda pelos produtores. Todas essas etapas devem ser bem conduzidas a fim de se obter um produto com boas características sanitárias e nutritivas (Figura 12.5). A cultura do cacau é em grande parte manual e necessita de mão de obra intensiva no seu manejo e no seu beneficiamento. O manejo eficiente da roça garante a produtividade e a sanidade dos frutos que serão beneficiados, e o beneficiamento adequado dos frutos envolve etapas que vão desde a escolha certa dos frutos, passando pela fermentação e pela secagem, até o armazenamento das amêndoas.

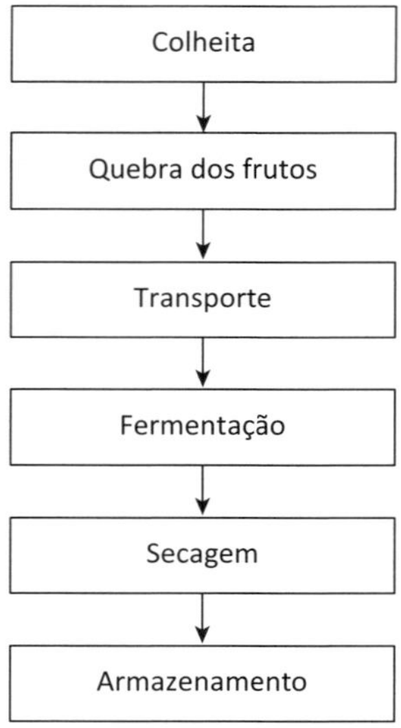

Figura 12.5 Fluxograma das etapas de beneficiamento do cacau de qualidade.

12.5 MICROBIOLOGIA

A fermentação do cacau é uma etapa fundamental do beneficiamento, sendo um processo metabólico microbiano. É nessa fase que ocorrem a morte do embrião e mudanças na cor e nos constituintes químicos das amêndoas. Junto com o processo de secagem, a fermentação define o padrão do cacau, estando as duas etapas comprometidas com a qualidade do produto final.

Estudos microbiológicos da fermentação do cacau certificam desde o século passado a presença de várias espécies de microrganismos associados ao processo (Figura 12.6). Os principais são as leveduras, as bactérias do ácido lático e as bactérias do ácido acético. Além disso, podem ser encontradas várias espécies de *Bacillus*, fungos e aeróbios formadores de esporos. Essa diversidade de microrganismos presentes nas amêndoas de cacau provém de várias fontes ambientais (PAPALEXANDRATOU et al., 2011; SCHAWN, 1998).

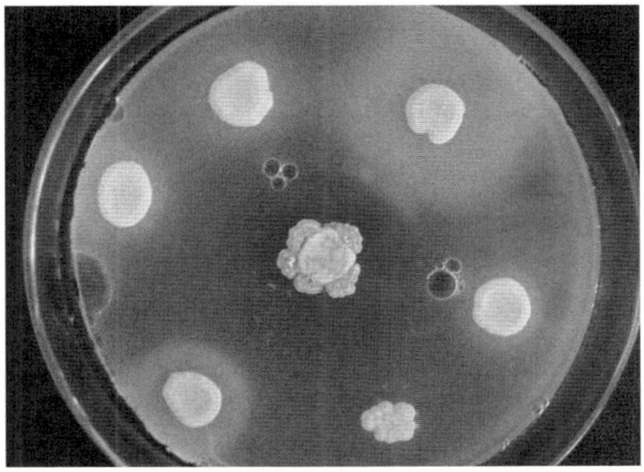

Figura 12.6 Placa de Petri contendo diferentes espécies de leveduras coletadas durante fermentação controlada de cacau na Fazenda Leolinda, em Uruçuca (BA).

A ação microbiana durante o processo fermentativo degrada a polpa que envolve as amêndoas e produz uma cadeia de metabólitos finais, como álcoois e ácidos orgânicos, os quais se difundem para dentro das amêndoas, causando a morte do embrião. Essas mudanças induzem uma variedade de reações bioquímicas nas amêndoas, gerando os precursores do *flavor* do chocolate. O processo fermentativo inicia-se quando altas concentrações de açúcares, baixo pH e tensão de oxigênio favorecem o crescimento de leveduras, que convertem os carboidratos da polpa em etanol, dominando o processo por cerca de 48 horas (Tabela 12.1). As bactérias láticas também fermentam os açúcares e utilizam o ácido cítrico da polpa; seu crescimento é favorecido pela escassez de oxigênio e ligeiras elevações do pH e da temperatura. Essas bactérias pertencem a dois grupos, homo e heterofermentativas, apresentando crescimento máximo em torno de 16-48 horas a partir do início da fermentação (Tabela 12.2).

Tabela 12.1 Espécies de leveduras isoladas durante o processo fermentativo do cacau

Leveduras	América	África	Ásia
Brettanomyces custersianus		x	
Candida humicola		x	x
Candida norvegensis		x	
Candida sake		x	x
Candida valida		x	
Candida zeylanoides		x	x
Candida krusei	x	x	x

(*continua*)

Tabela 12.1 Espécies de leveduras isoladas durante o processo fermentativo do cacau (*continuação*)

Leveduras	América	África	Ásia
Cryptococcus lactativorus		x	
Debariomices spp.			x
Endomicopsis fibuligera		x	
Hanseniospora spp.	x	x	
Hansenula holstii	x	x	x
Kloeckera apiculata	x	x	x
Kloeckera corticis		x	
Kloeckera javanica		x	x
Kluyveromyces wickerhamii		x	
Pichia membranefaciens	x	x	x
Rhodotorula spp.	x		x
Sacharomices bailii		x	x
Saccharomyces cereviseae	x	x	x
Saccharomyces rosei	x	x	x
Saccharomyces chevalieri	x	x	x
Saccharomyces spp.	x	x	
Schizosaccharomyces pombe	x		x
Torulopsis candida	x	x	x
Torulopsis castelli	x	x	x
Torulopsis colliculosa		x	x
Torulopsis holmii	x	x	x
Torulopsis mogii		x	x
Trichosporon pullulans	x	x	

Fonte: adaptada de Barel (2013).

Tabela 12.2 Espécies de bactérias ácido-láticas isoladas durante o processo fermentativo do cacau

Bactérias	América	África	Ásia
Acetobacter aceti	x		
Acetobacter ascendens		x	
Acetobacter lovaniensis	x	x	
Acetobacter rancens		x	
Acetobacter suboxydans	x		
Acetobacter xylinum		x	X
Azotomonas insolita	x		
Bacillus coagulans	x	x	
Bacillus licheniformis	x	x	X
Bacillus pumilus	x	x	
Bacillus stearothermophilus	x	x	
Bacillus subtilis		x	X
Cellulomonas cellasea	x		
Gluconobacter oxydans	x	x	
Lactobacillus acidophilus	x		
Lactobacillus brevis	x		
Lactobacillus bulgaricus	x		
Lactobacillus casei	x		
Lactobacillus collinoides		x	X
Lactobacillus fermentans	x	x	
Lactobacillus lacti	x		
Lactobacillus mali		x	
Lactobacillus paracasei	x		
Lactobacillus pentosus	x		
Lactobacillus plantarum	x	x	X

(*continua*)

Tabela 12.2 Espécies de bactérias ácido-láticas isoladas durante o processo fermentativo do cacau (*continuação*)

Bactérias	América	África	Ásia
Leuconostoc mensenteroides	x		
Micrococcus conglomeratus	x		
Micrococcus flavus	x		
Micrococcus luteus	x		
Pedicoccus acidilactici	x		
Propionibacterium technicum	x		
Streptococcus lactis	x		
Streptococcus thermophilus	x		
Zymomonas mobilis	x		

Fonte: adaptada de Barel (2013).

Com a desintegração da polpa que envolve as amêndoas e o revolvimento do cocho, a massa fermentativa fica mais aerada e favorece o crescimento das bactérias do ácido acético. As bactérias do ácido acético oxidam o etanol a ácido acético. Essa reação gera muito calor, elevando a temperatura da massa fermentativa para 45-50 °C (Figura 12.7). A parede da semente (a testa) perde então a permeabilidade e o ácido acético penetra no cotilédone, causando a morte do embrião. Junto com o etanol, promove a difusão de polifenóis na amêndoa. Após a fermentação é iniciado imediatamente o processo de secagem da massa úmida, a fim de evitar contaminação indesejada.

Figura 12.7 Medida da temperatura durante a fermentação acética da massa de cacau.

Os efeitos favoráveis da fermentação do cacau são: produção de sabor e aromas típicos de cacau e chocolate; oxidação e condensacão de polifenóis adstringentes em compostos solúveis, menos desagradáveis ao paladar; redução na concentração de proteínas que poderiam conferir sabor desagradável na torrefação das amêndoas; e redução da concentração de purinas, que são amargas para o paladar (EFRAIM; ALVES; JARDIM, 2011). As vantagens da fermentação são a conversão do tanino, com melhoria do sabor e do aroma; a redução na percentagem de teobromina; e o enriquecimento da amêndoa com vitamina D. Como desvantagens são enumeradas as perdas de matéria seca, de gordura, de proteínas, de açúcares solúveis e de sais minerais.

12.6 FERMENTAÇÃO

O início da fermentação de cacau se dá após a colheita e a abertura dos frutos, por meio da quebra do cacau, que ocorre dentro da roça. Os frutos são colhidos do cacaueiro, por podão ou tesouras, cortando-se o talo de cima para baixo, com cuidado para não danificar a almofada floral. Os frutos colhidos são colocados em rumas ou bandeiras, onde são agrupados por ponto de maturação, variedades genéticas ou sanidade dos frutos (Figura 12.8). Os frutos que estão no grau certo de maturação, com cor amarela ou laranja (a depender da variedade), são então abertos, retirando-se do seu interior as sementes de cacau encobertas pela polpa rica em açucares. As sementes são transportadas, dentro de sacos plásticos ou em cestos, imediatamente para os locais de fermentação (FERREIRA et al., 2013) (Figura 12.9).

Figura 12.8 Ruma de cacau no grau certo de maturação com frutos sadios.

Figura 12.9 Transporte das sementes de cacau para as barcaças feito por animais. Foto da Fazenda Leolinda, em Uruçuca (BA).

O tipo de estrutura e a metodologia de fermentação variam nas diferentes localidades produtoras de cacau do mundo. A fermentação do cacau pode ocorrer em pilhas, cestos, caixas ou gavetas de madeira, a depender da prática local. No Brasil, ocorre tradicionalmente em caixas de madeira, que são os chamados cochos de fermentação (Figura 12.10).

Figura 12.10 Modelos de cochos de madeira utilizados para a fermentação do cacau no Brasil.

12.6.1 FATORES QUE AFETAM A FERMENTAÇÃO

Alguns fatores afetam diretamente a fermentação de cacau e devem ser respeitados a fim de garantir um produto final aceitável. São estes:

- *Duração da fermentação*: depende da variedade do cacau, da época do ano (se safra temporã ou safra principal) e da metodologia empregada.

- *Temperatura ambiente*: temperaturas externas baixas dificultam o aumento da temperatura da massa úmida dentro do cocho de cacau. Em épocas mais quentes, como na safra principal da Bahia, que ocorre de setembro a janeiro, o processo fermentativo tende a ser mais rápido.
- *Aeração da massa*: o número de revolvimentos ao longo do processo interfere na acidez e na homogeneidade da massa de cacau.
- *Tamanho da massa de cacau*: altura e volume da massa úmida no cocho de fermentação.
- *Mistura de cacau*: variedades de cacau diferentes fermentadas conjuntamente podem produzir lotes menos homogêneos.
- *Atraso entre a colheita e a quebra do fruto*: o momento certo em que o fruto deve ser aberto e levado para fermentar nos cochos.
- *Morte da semente*: a perda do poder germinativo da semente e a transformação em amêndoa.

12.6.2 FASES DO PROCESSO FERMENTATIVO

12.6.2.1 Fase anaeróbia

Nesta fase inicial do processo fermentativo, o ambiente no cocho está com baixo teor de oxigênio. A acidez da polpa e a alta concentração de açúcares favorecem o crescimento e o metabolismo fermentativo de leveduras. Estas são o grupo de microrganismos dominante nas primeiras 48 horas do processo, ou até que a temperatura da massa de cacau no cocho atinja 32 °C. Com a ação das leveduras, ocorre a transformação dos açúcares da polpa em álcool e gás carbônico. Essa reação libera calor e eleva a temperatura da massa de cacau até 30-32 °C. As leveduras também metabolizam o ácido cítrico da polpa, causando o aumento dos valores de pH. Algumas linhagens de leveduras produzem enzimas pectinolíticas que hidrolizam a polpa que envolve as amêndoas, gerando um suco chamado de "mel de cacau". Com o escoamento do mel, o ar começa a penetrar mais facilmente pela massa de cacau no interior do cocho. Esse pequeno aumento dos níveis de oxigênio e a presença significativa de gás carbônico e açúcar na massa favorecem o crescimento de bactérias láticas, que, por sua vez, produzirão o ácido lático. O ácido lático é um dos grandes responsáveis pela acidez das amêndoas de cacau (CAMU et al., 2007; SCHWAN; ROSE; BOARD, 1995).

12.6.2.2 Fase aeróbia

Com o aumento dos níveis de oxigênio provocado pelo revolvimento da massa e a elevação da temperatura, as condições dentro dos cochos ficam ideais para o crescimento de bactérias acéticas. Essas bactérias transformam o álcool presente na massa de cacau em ácido acético, em uma reação que libera muito calor, podendo atingir 50 °C.

Com o declínio de leveduras e, consequentemente, de álcool, as bactérias acéticas tornam-se os organismos dominantes a partir do quarto dia de fermentação, fase em que é possível sentir um forte cheiro de ácido acético dentro do cocho, que só reduzirá à medida que a massa for sendo revolvida constantemente, até o final da secagem. Ao contrário do ácido lático, o ácido acético é um composto volátil, e uma boa quantidade pode ser eliminada do processo por meio dos revolvimentos periódicos da massa de cacau. A fase acética é importante para a fermentação do cacau, pois o ácido acético produzido consegue penetrar no interior das sementes, matando o gérmen (SCHWAN; ROSE; BOARD, 1995; ARDHANA; FLEET, 2003).

12.6.3 REVOLVIMENTO DA MASSA DE CACAU

Os revolvimentos na massa úmida de cacau no cocho durante a fermentação interferem diretamente na qualidade final do cacau. Em cada região produtora existe uma metodologia específica para revolver o cacau, que depende do método de fermentação adotado pela fazenda, do tipo de fermentador e da variedade genética que está sendo fermentada.

No Brasil, segundo Ferreira et al. (2013), as metodologias mais utilizadas são:

- Metodologia da Ceplac: o cacau recebe a primeira virada após 48 horas do processo iniciado, seguida de revolvimentos sucessivos a cada 24 horas, até o sexto dia de fermentação.
- Metodologia do termômetro: o cacau é monitorado ao longo do tempo e, quando a temperatura interna da massa atinge 31-32 °C (temperatura ótima da fermentação alcoólica), realiza-se o primeiro revolvimento da massa no cocho. Em seguida, é necessário continuar medindo a temperatura (por exemplo, de 12 em 12 horas). Toda vez que ela baixar (significativamente), a massa deve ser revolvida. A fermentação é finalizada quando a temperatura cai drasticamente ou estabiliza.

O cacau brasileiro tem como característica histórica uma acidez elevada devida principalmente ao beneficiamento realizado no país, que apresenta insuficiência de aeração. Schwan, Rose e Board (1995) investigaram o efeito da frequência e do número de revolvimentos sobre a fermentação e a qualidade do produto final brasileiro, sugerindo revolvimentos frequentes da massa fermentativa para melhorar as características organolépticas.

12.7 SECAGEM

Após a fermentação, o cacau ainda possui muita água e ácidos que precisam ser removidos. Durante a secagem, a umidade é reduzida e algumas reações enzimáticas (iniciadas na fermentação), que darão às amêndoas o sabor característico de cacau e chocolate, são finalizadas.

12.7.1 TIPOS DE SECAGEM UTILIZADOS NO BRASIL

Existem diversas metodologias de secagem de cacau, que variam de acordo com o local de produção, o perfil do produtor, o clima da região, o tipo de cacau produzido e a estrutura de secagem. As tecnologias utilizadas no Brasil seguem descritas.

- *Secagem artificial*: é uma forma de secar o cacau com a utilização de lenha. Esses secadores geram um grande risco para a qualidade dos lotes de cacau produzidos, pois podem contaminar as amêndoas com fumaça (qualidade não desejada pelo mercado) (Figura 12.11). Além disso, a prática é prejudicial, uma vez que a fumaça contém grandes quantidades de hidrocarbonetos, que são altamente prejudiciais para a saúde do homem e para o meio ambiente.

Figura 12.11 Foto de um secador tubular onde se realiza secagem por fogo a lenha.

Fonte: Ferreira et al. (2013).

- *Secagem por barcaças*: na Bahia, é a forma tradicional de secar o cacau. As estruturas possuem lastro de madeira e cobertura móvel de zinco. Nos horários de sol forte (das 10h às 14h), a cobertura deve ser fechada para que o cacau seque na sombra, possibilitando uma secagem mais prolongada e eficiente. A secagem pode durar de 10 a 12 dias, até o cacau atingir a umidade desejada (Figura 12.12).

Figura 12.12 Secador de cacau tradicional do sul da Bahia, conhecido como barcaça, com cobertura de zinco e lastro.

- *Secagem por estufas solares*: as estufas são utilizadas para a secagem de cacau convencional tipo bulk e também para o cacau especial de melhor qualidade. Possuem uma cobertura plástica (com proteção para raios ultravioleta) ou de zinco, com laterais móveis de plástico e estrutura fixa que podem ser de madeira, aço galvanizado ou tubos de PVC. As amêndoas são secas em mesas de madeira ou em lastros suspensos, que podem ser de madeira, tela ou inox. Em dias quentes, as janelas laterais da estufa devem permanecer abertas para evitar o acúmulo de umidade e a condensação dos ácidos voláteis, que podem voltar para as amêndoas. Essa tecnologia é mais econômica e sustentável, além de ser melhor para a saúde do trabalhador rural. É uma alternativa viável para os períodos de chuva e alta umidade, podendo substituir a secagem artificial, prejudicial à qualidade das amêndoas (Figura 12.13).

Figura 12.13 Foto de estufa plástica para secagem de cacau.

A etapa de secagem deve ser realizada preferencialmente em secadores naturais. A massa de cacau deve ser espalhada no secador em camadas finas (máximo de 5 cm de espessura). Amêndoas espalhadas ao sol devem ser remexidas regularmente para evitar o crescimento de fungos. A umidade das amêndoas deve ser reduzida para 7%. A secagem não deve ser tão rápida nem tão lenta, encontrando um equilíbrio em 6 a 12 dias de processo. É muito importante executar revolvimentos constantes na massa de cacau a fim de eliminar os ácidos voláteis e evitar o crescimento de microrganismos indesejáveis. Nos últimos dias de secagem, os revolvimentos vão sendo reduzidos para duas a três vezes por dia. A partir do 13º dia de secagem, o cacau começa a perder suas características positivas de sabor e aroma, prejudicando o produto final. Por isso, é importante saber a hora certa de finalizar o processo. O final do processo de secagem é determinado pela umidade da massa, que deverá atingir 7%. Não se deve pisotear as amêndoas, para evitar que estas se quebrem e que, durante o armazenamento, o mofo externo possa penetrar no interior das amêndoas, gerando o mofo interno, que é um defeito indesejável.

12.7.2 MICOTOXINAS E CACAU

A ocratoxina A (OTA) é uma micotoxina produzida por fungos filamentosos pertencentes aos gêneros *Aspergillus* e *Penicillium*. Em amêndoas de cacau, estudos têm demonstrado que espécies de *Aspergillus* estão envolvidas na produção de micotoxinas. Entre todas as micotoxinas, as OTA são as mais tóxicas. Órgãos internacionais de controle vêm buscando estabelecer um limite máximo para OTA em cacau e derivados. Pesquisas estão sendo realizadas para validação desses valores. No Brasil, a Agência Nacional de Vigilância Sanitária (Anvisa) estabeleceu um limite de 10 $\mu g \cdot kg^{-1}$ para a aflatoxina total e 10 $\mu g \cdot kg^{-1}$ para a ocratoxina em amêndoas de cacau (BRASIL, 2011).

As micotoxinas são produzidas quando condições favoráveis de atividade de água, nutrição e temperatura, necessárias para o crescimento de fungos, estão presentes. Os fungos provenientes das etapas de processamento do cacau (fermentação e secagem) podem se alastrar durante o armazenamento das amêndoas. As boas práticas agrícolas são uma forma de evitar a proliferação de microrganismos indesejáveis na massa de cacau e, consequentemente, a contaminação por toxinas. É dever do produtor de cacau adotar as melhores práticas a serem seguidas na propriedade para a produção de alimentos (COPETTI et al., 2011; MACIEL et al., 2018).

12.7.3 ARMAZENAMENTO

Após o final da secagem do cacau, as amêndoas são ensacadas e estocadas em armazéns para a conservação da integridade até a comercialização do produto (Figura 12.14). O armazenamento de cacau deve ser feito em ambiente limpo, arejado e com boa entrada de luz. No local só devem ser armazenadas as amêndoas de cacau (FERREIRA, 2017a).

Figura 12.14 Armazenamento de cacau.

Durante o armazenamento são realizados testes específicos nos lotes estocados para atestar a qualidade do cacau que será comercializado. O teste de corte é o mais comum; nele são cortadas de 100 a 300 amêndoas de um lote de cacau, e estas são dispostas em uma tábua, onde são analisados (contados) os critérios de cor, odor, compartimentação e índice de defeitos (Figura 12.15). Esse teste avalia a qualidade física das amêndoas de cacau. No quesito cor, as que possuem a coloração interna marrom são amêndoas que tiveram fermentação adequada, já as que possuem no seu interior a cor violeta tiveram fermentação inadequada. As amêndoas que possuem coloração parcialmente marrom ou violeta indicam uma fermentação insuficiente, já as amêndoas brancas não indicam defeito de beneficiamento, e sim uma característica da genética do cacaueiro. Amêndoas com a cor interna de ardósia são oriundas de frutos colhidos imaturos, que não foram fermentados. A compartimentação ou as veias internas do cacau indicam que as reações enzimáticas que acontecem no final da fermentação e durante a secagem ocorreram de forma adequada, e também é um indicador da qualidade física das amêndoas. O teste de corte é uma análise temporal do lote e diz muito a respeito do manejo e do tratamento pós-colheita realizado no cacau (FERREIRA, 2017a).

Os resultados dessas análises são enquadrados na legislação vigente, que pode variar a depender do país ou da região produtora. No Brasil, a Instrução Normativa n. 38, de 23 de junho de 2008, do Ministério da Agricultura, Pecuária e Abastecimento (Mapa), é a que regula a tolerância máxima de percentuais de defeitos para amêndoas de cacau comercial, classificando o cacau comercial em três classes: tipo I, II e III, e os lotes que estiverem com percentuais superior a essas classes são considerados fora de tipo. Os defeitos que são avaliados pela normativa são: mofo; fumaça; infestada por insetos; germinada; quebradiça; achatada. Para cacau de qualidade superior também podem ser requeridas outras análises, complementares ao teste de corte, como: pH;

acidez titulável; índice de fermentação e subfermentação; teor de gordura; acidez da gordura; teor de proteínas; teor de metilxantinas; antioxidantes; presença de metais pesados; perfil de voláteis; análise sensorial, entre outras (FERREIRA, 2017a).

Figura 12.15 Teste de corte em amêndoas de cacau.

12.8 PERSPECTIVAS TECNOLÓGICAS

Atualmente, com a demanda crescente de cacau, a melhoria da qualidade da amêndoa se torna fator determinante para a comercialização e a verticalização da produção, com maior agregação de valor. A rastreabilidade e as boas práticas de produção são exigências do mercado e devem ser respeitadas pelos produtores, independentemente da origem ou do perfil da produção. O mercado consumidor está cada vez mais exigente, e a busca por produtos de origem com qualidade e consistência vem crescendo cada vez mais. O mercado de chocolate segue uma tendência de consumo de produtos com alto teor de cacau e baixo percentual de gordura e açúcar. Isso exige produtos cada vez melhores em qualidade físico-química e sensorial, além de maior controle e monitoramento dos processos internos, com tecnologias inovadoras, mais sustentáveis e econômicas.

A busca pelo aprimoramento da qualidade é um caminho a ser perseguido pelos produtores, e a biotecnologia tem contribuído nessa direção, possibilitando o aumento do conhecimento sobre os processos fermentativos e a sucessão microbiológica envolvida, com suas complexas rotas metabólicas. Esse conhecimento tem possibilitado muitos estudos e pesquisas direcionados para seleção e desenvolvimento de culturas iniciadoras que conduzam à fermentação do cacau em um tempo relativamente mais curto e com maior eficiência na qualidade sensorial, gerando um produto final padronizado, de aroma especial e que possa ser reproduzido em larga escala (ARDHANA; FLEET, 2003; NIELSEN et al., 2005). A inoculação de microrganismos específicos durante a fermentação do cacau também pode contribuir para o controle do crescimento de microrganismos indesejáveis, como os produtores de micotoxinas, que podem dominar o final da fermentação e prejudicar a qualidade do produto final (COPETTI et. al., 2011; MACIEL et al., 2018).

A tecnologia do pré-processamento do cacau exige o conhecimento técnico multidisciplinar sobre bioquímica, fisiologia vegetal, genética, microbiologia, tecnologia de produção, entre outras. O entendimento aprofundado de cada etapa do processo e de como ela influencia a qualidade final do produto é importante tanto para os produtores obterem maiores consistência e padronização como para a indústria desenvolver novos produtos.

REFERÊNCIAS

AFOAKWA, E. O. *Chocolate science and technology.* Oxford: Wiley-Blackwell Publishers, 2010.

ARDHANA, M. M.; FLEET, H. G. The microbial ecology of cocoa bean fermentations in Indonesia. *International Journal of Food Microbiology*, v. 86, p. 87-99, 2003.

BAREL, M. *Qualité du cacao*: l'impact du tratament post-récolte. Paris: Quæ, 2013.

BRASIL. Instrução Normativa n. 38, de 23 de junho de 2008. Regulamento técnico da amêndoa de cacau. *Diário Oficial da União*, 24 jun. 2008.

BRASIL. Ministério da Saúde. Resolução RDC n. 07, de 18 de fevereiro de 2011. Regulamento técnico sobre limites máximos tolerados (LMT) para micotoxinas em alimentos. *Diário Oficial [da] República Federativa do Brasil*, Brasília, DF, seção 1, n. 46, p. 66, 9 mar. 2011.

CAMU, N. et al. Dynamics and biodiversity of populations of lactic acid bacteria and acetic acid bacteria involved in spontaneous heap fermentation of cocoa beans in Ghana. *Applied and Environmental Microbiology*, v. 73, p. 1809-1824, 2007.

COPETTI, M. V. et al. Aflatoxigenic fungi and aflatoxin in cocoa. *International Journal of Food Microbiology*, v. 148, p. 141-144, 2011.

EFRAIM, P.; ALVES, A. B.; JARDIM, D. C. P. Revisão: polifenóis em cacau e derivados: teores, fatores de variação e efeitos na saúde. *Brazilian Journal of Food Technology*, v. 14, n. 3, 2011.

FERREIRA, A. C. R. *Beneficiamento de cacau de qualidade superior.* Ilhéus: PTCSB, 2017a.

FERREIRA, A. C. R. *Manual de controle de qualidade do cacau Sul da Bahia.* Ilhéus: PTCSB, 2017b.

FERREIRA, A. C. R. et al. *Guia de beneficiamento de qualidade de cacau.* Ilhéus: Instituto Cabruca, 2013. v. 1.

ICCO. International Cocoa Organization. *Quarterly Bulletin of Cocoa Statistics*, v. XLV, n. 3, Cocoa year 2018/19, ago. 2019.

LOPES, U. V. et al. Cacao breeding in Bahia, Brazil: strategies and results. *Crop Breeding and Applied Biotechnology*, v. 1, p. 73-81, 2011.

MACIEL, L. F. et al. Aflatoxins and ochratoxin A in different cocoa clones (Theobroma cacao L.) developed in the southern region of Bahia, Brazil. *Food Additives & Contaminants*: Part A, vol. 35, n. 1, 134-143, 2018.

MOTAMAYOR, J. C. et al. Geographic and genetic population differentiation of the Amazonian chocolate tree (Theobroma cacao L). *PLoS One*, v.3, n. 10, p. 1-8, out. 2008.

NIELSEN, D. S. et al. Yeast populations associated with Ghanaian cocoa fermentations analyzed using denaturing gradient gel electrophoresis (DGGE). *Yeast*, v. 22, p. 271-284, 2005.

PAPALEXANDRATOU, Z. et al. Species diversity, community dynamics, and metabolite kinetics of the microbiota associated with traditional Ecuadorian spontaneous cocoa bean fermentations. *Applied and Enviromental Microbiology*, v. 77, p. 7698-7714, 2011.

SCHWAN, R. F. Cocoa fermentation conducted with a defined microbial cocktail inoculum. *Applied and Environmental Microbiology*, v. 64, p. 1477-1483, 1998.

SCHWAN, R. F.; ROSE, A. H.; BOARD, R. G. Microbial fermentation of cocoa beans, with emphasis on enzymatic degradation of the pulp. *Journal of Applied Bacteriology Symposium Supplement*, v. 79, p. 96-107, 1995.

CAPÍTULO 13
Pães

Célia Maria Landi Franco

Roberto da Silva

13.1 INTRODUÇÃO

O pão é definido como um produto perecível que resulta do assamento de uma massa obtida da mistura de farinha de trigo, sal comestível e água potável, fermentada por espécies de microrganismos próprios para sua fermentação. Outros ingredientes, como gordura, enzimas exógenas, melhoradores de farinha, emulsificantes, leite e outros produtos lácteos também podem ser adicionados.

Tem-se como certo que o primeiro pão foi produzido em torno de 10000 a.C. pela experimentação deliberada da mistura de água e farinhas de grãos de diferentes cereais, sendo o trigo eleito o cereal mais adequado para a sua produção por suas características diferenciadas se comparado a outros grãos. Os egípcios foram os pioneiros e tornaram o pão popular em todo o mundo.

Dada a importância do pão na alimentação, existem atualmente em todo o mundo centenas de centros de pesquisa dedicados ao estudo de cereais e panificação, seja no desenvolvimento de matérias-primas, seja no desenvolvimento de tecnologias de pães e cereais. Do mesmo modo, existem inúmeros periódicos dedicados ao estudo da ciência e da tecnologia de panificação, os quais atestam o esforço de pesquisas aplicadas ao estudo de fatores que afetam a qualidade do pão. Embora o pão venha sendo produzido comercialmente há um longo período, seu processo de produção ainda não está totalmente esclarecido – provavelmente, devido à complexidade com que os vários eventos físicos e químicos interagem durante as três etapas básicas de produção do pão: mistura, fermentação e assamento. Entre esses eventos destacam-se: formação e expansão da massa, evaporação da água, gelatinização do amido, desnaturação das proteínas, formação da crosta e desenvolvimento da cor e do *flavor* característicos.

Segundo dados da Associação Brasileira das Indústrias de Panificação e Confeitarias (Abip), nos últimos anos o setor de panificação apresentou índice de crescimento acima de dois dígitos. Esse setor, no Brasil, tem faturamento anual da ordem de 92 bilhões de reais e há cerca de 70 mil padarias e confeitarias (das quais 96% são micro e pequenas empresas) espalhadas pelo país (ABIP, 2019), enquanto o setor industrializado (biscoitos, massas alimentícias, pães e bolos industrializados) apresenta faturamento da ordem de 26,5 bilhões de reais (ABIMAP, 2019).

Nas últimas décadas, a exigência cada vez maior por produtos de panificação de qualidade levou à aplicação de uma vasta gama de aditivos nesse setor. Entre eles, as enzimas têm destaque pelos efeitos benéficos na produção de diversos produtos e ingredientes alimentícios. Em panificação elas atuam principalmente nas moléculas de amido, proteínas, lipídeos e carboidratos não amiláceos, resultando em melhoria das características reológicas da massa, da estrutura do miolo, do volume e da vida útil do pão, sendo utilizadas diretamente ou como componentes de "melhoradores de farinha de trigo" ou "condicionadores de massa para pão". A panificação, como todos os demais setores de alimentos, deve estar alinhada com estes dois conceitos: nutrição e gastronomia, os quais são vitais para a geração de oportunidades no mercado de panificação.

As enzimas mais utilizadas em panificação são as amilases. Entretanto, outras enzimas também são importantes na tecnologia de panificação, dentre as quais se destacam as hemicelulases, as glicose oxidases, as xilanases, as lipases e as proteases (COURI et al., 2008; ZHOU; HUI, 2014). Neste capítulo serão discutidas matérias-primas, enzimas e bioprocessos recentes na produção de pão.

13.2 TRIGO

O trigo é uma gramínea da família Poaceae, subfamília Pooideae, gênero *Triticum*, cujo grão é denominado cereal por apresentar frutos comestíveis do tipo cariopse (fruto com uma semente presa ao pericarpo em toda a extensão). O trigo é uma das plantas mais cultivadas no mundo, sendo classificado em diferentes espécies, das quais três respondem por mais de 90% de todo o trigo cultivado: *Triticum aestivum*, *Triticum compactum* e *Triticum durum*. Os trigos comerciais são resultantes do cruzamento e da seleção genética natural ao longo dos séculos. Existem aproximadamente 30 mil variedades de trigo, das quais mil são comercializáveis. Particularmente o *Triticum aestivum L.*, o principal cultivar do Brasil, é também o mais cultivado no mundo, correspondendo a mais de 4/5 da produção do planeta (ABITRIGO, 2015). Tem grande aplicação comercial por ser o principal trigo utilizado na produção de pães, biscoitos e bolos, sendo também chamado de trigo comum. No Brasil, é utilizado ainda para a produção de massas alimentícias. O *Triticum durum L.* apresenta também grande expressão comercial por ser usado principalmente na fabricação de massas alimentícias (ABITRIGO, 2015), pois forma um glúten mais resistente que resulta em uma textura firme após o cozimento. Essa espécie não é cultivada no Brasil.

O trigo, como a cevada, é considerado uma planta de clima frio, que cresce bem em clima moderado e não cresce bem em clima tropical, por isso grande parte do trigo e do malte consumidos no Brasil é importada. A produção brasileira de trigo gira em torno de 6 milhões de toneladas e corresponde a aproximadamente metade do que é consumido no país (CONAB, 2015), sendo a outra metade importada.

O grão de trigo é constituído de três partes principais: gérmen, endosperma e farelo. O gérmen (camada interna, rica em gorduras e vitaminas) é o tecido responsável pela germinação e pelo crescimento de uma nova planta e representa cerca de 3% do peso do grão. O endosperma (camada intermediária, rica em proteínas) é constituído basicamente de amido e proteínas e representa aproximadamente 85% do peso do grão. O farelo (parte externa, rica em fibras), incluindo a camada de aleurona (que, do ponto de vista botânico, é parte do endosperma, mas no processo de moagem é separada junto com as camadas mais externas do grão), é responsável pela proteção do grão, representando em torno de 12% do seu peso. Em termos gerais, a composição química do grão de trigo é: 14% de umidade, 12% de proteína, 60% de amido, 10% carboidratos não amiláceos, 2% de lipídeos e 2% de minerais (GOESAERT et al., 2005).

O trigo se destaca entre os cereais por apresentar um desempenho singular na produção de diferentes produtos. Ele é o único cereal que contém ambas as proteínas gliadina e glutenina, presentes no endosperma do grão, em proporção e qualidade adequadas, e, ao ser hidratado e submetido a um trabalho mecânico, forma uma massa viscoelástica denominada glúten, capaz de reter o gás produzido durante a fermentação e assegurar o volume do pão durante e após o assamento (ATWELL, 2001; DELCOUR; HOSENEY, 2010). Além da farinha de trigo, apenas a farinha de centeio é capaz de formar a rede de glúten e produzir o pão.

Existem muitos tipos de farinhas de trigo, com características diferentes, usadas para produtos específicos. A farinha branca é proveniente da moagem somente do endosperma do trigo. Tem aspecto mais claro, possui um sabor mais suave e contém maior quantidade de glúten. É mais fácil de manipular e forma massas mais macias e elásticas, tornando o pão mais macio. A farinha integral é resultado da moagem do grão do trigo inteiro, incluindo farelo, endosperma e gérmen. Como a farinha não passa pelo processo de refinamento, preserva nutrientes como fibras e vitaminas. A grande concentração de fibras alimentares, entretanto, torna mais difícil o processo de preparo de massas com esse tipo de farinha. As fibras dificultam a tarefa do glúten de expandir a mistura e formar alimentos mais leves e maiores. Além destas, há também a farinha de semolina, feita de uma outra espécie de trigo, o *Triticum durum*. Apresenta uma textura granulada, geralmente mais grossa e amarelada que a farinha branca, sendo destinada ao preparo de massas frescas. O termo semolina também é usado para designar sêmola de outros grãos, como arroz e milho.

Os parâmetros de qualidade tecnológica do trigo mudam conforme o destino industrial que se der à farinha originada dos diversos tipos de trigo. Dependendo da qualidade e da quantidade das proteínas de reserva (gliadina e glutenina) no grão, a força do glúten e as características reológicas da farinha serão diferentes e, portanto, ela será indicada para diferentes produtos.

A legislação brasileira, por meio da Instrução Normativa n. 38, de 30 de novembro de 2010, estabelece o "Regulamento Técnico do Trigo", o qual define o padrão oficial de classificação do trigo. De acordo com o artigo 5º desse regulamento, os requisitos de qualidade do trigo são definidos em função da força do glúten, da estabilidade, do peso do hectolitro, do número de queda e dos limites máximos de tolerância de defeitos estabelecidos no regulamento (BRASIL, 2012):

- *Estabilidade*: o tempo, em minutos, que uma massa mantém estável suas características viscoelásticas, quando submetida ao processo de amassamento, de acordo com método oficialmente reconhecido.
- *Força do glúten* (*W*): o trabalho mecânico necessário para expandir a massa até a sua ruptura, sendo expressa em Joules (J), determinada por método oficialmente reconhecido.
- *Número de queda* (*falling number*): a medida indireta da atividade da enzima α-amilase, determinada em trigo moído, por método oficialmente reconhecido, sendo seu valor expresso em segundos (s).
- *Peso do hectolitro ou peso hectolítrico*: a massa de 100 litros de trigo, expressa em quilogramas (kg), determinado em equipamento específico.

A Tabela 13.1 mostra as diferentes classes de trigo destinado à moagem (trigo industrial) de acordo com a legislação brasileira, para os grãos da espécie *Triticum aestivum* L. No caso dos grãos obtidos da espécie *Triticum durum* L., o trigo é classificado apenas em tipos que variam de acordo com o peso do hectolitro e a quantidade de materiais estranhos, impurezas e defeitos.

Tabela 13.1 Classes do trigo do grupo II (trigo industrial) destinado à moagem e a outras finalidades

Classes	Força do glúten (valor mínimo em 10^{-4} J)	Estabilidade (min)	Número de queda (valor mínimo em s)
Melhorador	300	14	250
Pão	220	10	220
Doméstico	160	6	220
Básico	100	3	200
Outros usos	qualquer	qualquer	qualquer

Fonte: adaptada de Brasil (2012).

O teor e a qualidade das proteínas de reserva do trigo estão relacionados à dureza do grão, a qual é definida como a força necessária para quebrar os grãos na moagem (DELCOUR; HOSENEY, 2010). Essa é uma das mais importantes propriedades para a avaliação do trigo para fins comerciais e desempenha um papel importante na adequação da moagem em moinho comercial. A dureza pode ser explicada em função da diferença na força da interação proteína-amido no endosperma amiláceo. Quanto mais forte essa interação, maior a dureza do grão, a qual difere afetando as características de moagem. Consequentemente, os grãos são moídos em condições diferentes de acordo com sua dureza, resultando em farinhas adequadas para diferentes usos. A textura do endosperma do trigo comum (*Triticum aestivum* L.) varia de muito mole a dura, e a do trigo durum (*T. turgidum* L. ssp. *durum*) apresenta os grãos mais duros entre todos os cultivares de trigo (PAULY et al., 2013).

Os grãos com um conteúdo mais alto de proteína (12-14%) e característica de força de glúten forte, próprios de grão cujo endosperma é duro, são ideais para a produção de produtos fermentados como pães e pizzas. Esse trigo, no Brasil, também é utilizado para a produção de massas alimentícias (macarrão, espaguete e outras).

13.3 INGREDIENTES DO PÃO

Os ingredientes para a produção do pão podem ser classificados em essenciais e não essenciais. Os essenciais são farinha de trigo, água, sal e fermento biológico. Ingredientes não essenciais, como gorduras, açúcares, enzimas, entre outros, podem também ser adicionados para melhorar a qualidade do produto.

13.3.1 FARINHA DE TRIGO

A farinha de trigo é o ingrediente mais importante e está presente em maior quantidade no pão. Em combinação com a água, ela é responsável pela estrutura do produto.

A farinha de trigo é originada do processo de moagem seca do grão de trigo, que tem como objetivo separar na forma mais pura o endosperma do gérmen e do farelo, para que então o primeiro seja transformado em farinha. O gérmen e o farelo são comercializados separadamente. A camada mais interna do endosperma contém praticamente todo o amido e as proteínas formadoras do glúten (DELCOUR; HOSENEY, 2010).

Há diferentes formas de se obter farinha por moagem dos grãos de trigo. Os moinhos de martelo reduzem o tamanho das partículas pela exposição dos grãos a um conjunto de martelos ou pinos rotativos que fraturam as sementes, enquanto os moinhos de rolo e de pedra comprimem as sementes entre duas superfícies endurecidas. Durante a moagem dos grãos de trigo, uma porção dos grânulos de amido é mecanicamente danificada. A extensão do dano depende da variedade de trigo (tipo duro ou mole) e das condições de moagem. Nas etapas de mistura e fermentação na produção do pão, o amido danificado acelera a absorção de água nos grânulos, resultando na ativação de amilases endógenas, levando à degradação das moléculas de amido em dextrina e maltose. Consequentemente, a atividade do fermento e o volume final do pão são aumentados. No entanto, danos excessivos ao amido produzem massas e pães úmidos ou pegajosos e com baixa qualidade. Assim, o controle da qualidade da farinha em termos de danos ao amido é crítico na indústria de moagem (YANO, 2019).

O sistema de redução gradual é o processo de moagem usado mundialmente para a produção de farinha de trigo. Nesse sistema, os grãos de trigo passam por uma série de estágios de moagem (moinhos de rolos) e separação por peneiras para produzir farinhas de trigo com a qualidade e o rendimentos desejados. Esse processo tem possibilitado a produção de farinhas com baixo teor de cinzas e altos rendimentos. O teor de cinzas da farinha está diretamente relacionado à quantidade de farelo incorporado durante a moagem do grão. O farelo causa o escurecimento da farinha e, consequentemente, o miolo do pão, além de comprometer a continuidade da rede de glúten, afetando a qualidade do produto. Farinhas com teores de cinza acima de 0,6% proporcionam pães com menor volume específico (SLUMIER, 2005; CAUVAIN; YOUNG, 2009).

As farinhas diferem em sua taxa de extração, a qual é definida como a proporção de farinha em peso obtida da moagem de uma quantidade conhecida de grãos. A farinha branca é obtida quando a taxa de extração é de 75% ou menos. Se a taxa de extração exceder 80%, a farinha conterá partículas de farelo e, se a extração se aproximar de 100%, uma farinha integral é produzida. Desse modo, quanto maior a taxa de extração, maiores os teores de gordura, proteínas, minerais e vitaminas da farinha, diminuindo proporcionalmente a quantidade de amido e proteínas de reserva, ou seja, quanto maior a taxa de extração, maior o valor nutricional da farinha, porém sua qualidade tecnológica é reduzida.

De um modo geral, ao final do processo de moagem do grão de trigo obtêm-se a farinha e o farelo de trigo na seguinte proporção: 75% de farinha de trigo e 25% de farelo de trigo. Do total de farinha produzida no Brasil, em média, destinam-se 55% ao setor de panificação, 17% ao setor de massas alimentícias (macarrão), 13% para biscoitos, 11% para uso doméstico e 4% para outros seguimentos (ABITRIGO, 2015).

13.3.1.1 Componentes da farinha de trigo

13.3.1.1.1 Amido

O amido é o composto mais abundante na farinha de trigo e o mais importante polissacarídeo de reserva de muitas plantas, incluindo os cereais. O grão do trigo contém 60% de amido, que se apresenta na forma de grânulos semicristalinos, localizados no endosperma.

O amido é um homopolissacarídeo formado por duas frações: amilose e amilopectina. A amilose é composta de unidades de glicose ligadas entre si por ligações glicosídicas α-1,4. O grau de polimerização varia de 100 a 10.000, dependendo da origem botânica. A amilopectina também é formada por unidades de glicose unidas em α-1,4, mas, nessa fração, as cadeias também se unem umas às outras por meio de ligações α-1,6 (ramificações) de modo que, nos pontos de ramificação, tem-se unidades de isomaltose. A amilopectina apresenta cerca de 5% de ligações α-1,6 (Figura 13.1).

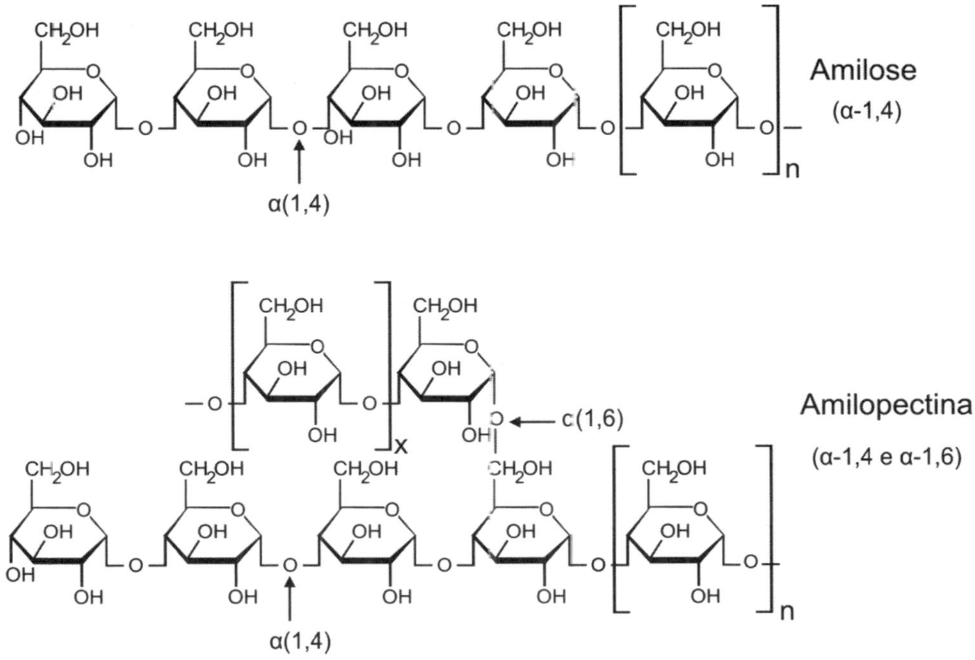

Figura 13.1 Estrutura química das moléculas de amilose e amilopectina.

Os grânulos de amido são formados pelo arranjo na direção radial das macromoléculas lineares (amilose) e ramificadas (amilopectina). As cadeias ramificadas da amilopectina se empacotam em duplas hélices estabilizadas por ligações de hidrogênio entre os grupamentos hidroxilas, dando origem às regiões cristalinas dos grânulos. As cadeias de amilose, junto com os pontos de ramificação da amilopectina, fazem parte das regiões amorfas. Assim, os grânulos são birrefringentes, mostrando uma cruz de polarização (cruz de Malta) se observados sob microscópio ótico de luz polarizada (THOMAS; ATWELL, 1999; FRANCO et al., 2001). A Tabela 13.2 apresenta as principais características das duas frações do amido.

Gelatinização e retrogradação são duas importantes propriedades do amido. A gelatinização é um processo irreversível que, durante o aquecimento do amido em excesso de água, causa a perda da cristalinidade e da organização estrutural dos grânulos devido ao rompimento das ligações de hidrogênio intra e intermoleculares (THOMAS; ATWELL, 1999; FRANCO et al., 2001). A gelatinização inicia no hilum (o ponto a partir do qual o grânulo de amido cresce) e se expande para a periferia, ocorrendo inicialmente nas regiões amorfas onde as ligações de hidrogênio são mais fracas. Com o rompimento da estrutura cristalina, as moléculas de amilose e a amilopectina expõem seus grupos hidroxila, formando ligações de hidrogênio com a água, causando um aumento no inchamento e na solubilidade do grânulo. Na medida em que os grânulos de amido incham, ocorre sua ruptura e a amilose é lixiviada dos grânulos, resultando em um estado coloidal viscoso.

Tabela 13.2 Propriedades físico-químicas da amilose e da amilopectina

Propriedades	Amilose	Amilopectina
Estrutura básica	essencialmente linear	ramificada
Estabilidade em solução aquosa	instável	estável
Grau de polimerização	100 a 10.000	10.000 a 100.000
Comprimento médio da cadeia linear (unidades de glicose)	100 a 10.000	20-25 (entre ramificações)
Hidrólise com β-amilase	87%	54%
Hidrólise com β-amilase + enzima desramificante	98%	79%
λ máximo do complexo iodo-amido	650 nm	550 nm
Cor com iodo	azul forte	vermelho a marrom
Presença no amido de trigo	~ 25%	~ 75%

Fonte: adaptada de Damodaran, Parkin e Fennema (2010); Narvhus e Sorhaug (2006).

A retrogradação consiste em transformações que ocorrem durante o resfriamento e o armazenamento das pastas de amido gelatinizado. É o processo que ocorre quando as moléculas de amido gelatinizadas começam a se reassociar, favorecendo uma estrutura mais ordenada. Sob condições favoráveis, essa estrutura ordenada pode se desenvolver em forma cristalina. A forte interação das cadeias entre si promove a saída de água do sistema, sendo essa expulsão chamada de sinérese (THOMAS; ATWELL, 1999). As cinéticas de retrogradação da amilose e da amilopectina são diferentes. Enquanto a amilose retrograda rapidamente com a reassociação das moléculas adjacentes por meio de ligações de hidrogênio, formando uma estrutura cristalina, a amilopectina retrograda mais lentamente, formando regiões cristalinas devido à associação de suas cadeias ramificadas mais curtas.

A degradação total do grânulo de amido ocorre por uma ação combinada de várias enzimas amilolíticas que clivam as ligações glicosídicas α-1,4 e α-1,6 das moléculas de amilose e amilopectina. A farinha de trigo contém naturalmente as duas enzimas naturais, que são a α-amilase e a β-amilase. Normalmente, há uma variação da quantidade de α-amilase presente no trigo e na farinha em função das condições do plantio, enquanto a quantidade de β-amilase praticamente não se altera. A presença dessas enzimas em cereais, como cevada, trigo, sorgo, milho etc., é avaliada pelo seu poder (ou atividade) diastático. Assim, na farinha de trigo, a atividade diastática pode ser interpretada como a força da farinha para degradar seu próprio amido.

Além das condições de plantio, a atividade diastática da farinha depende também do tipo da planta e do estágio de germinação. Cereais de clima temperado como trigo e cevada têm alta força diastática, enquanto cereais de clima quente como sorgo, milho e arroz têm baixa força diastática (TAYLOR; DLAMINI; KRUGER, 2013). A própria colheita pode interferir na quantidade de enzima; caso o grão demore para ser colhido e esteja sob clima úmido, a germinação poderá iniciar ainda no campo. Com o aumento da umidade, os grãos absorvem mais água e se preparam para germinar. Começa a biossíntese do hormônio vegetal giberelina, que estimula a biossíntese de amilases, lipases e proteases (MURALIKRISHNA; NIRMALA, 2005). A amilase penetra na camada de endosperma e hidrolisa o amido para produzir glicose, que é metabolizada para gerar energia e possibilitar a germinação. Portanto, no grão germinado há excesso de α-amilase e protease, e esse trigo não será adequado para panificação. A farinha que apresenta quantidade adequada de α-amilase (avaliada pelo número de queda) não necessitará de suplementação com enzima comercial se usada na panificação, enquanto aquela com baixa atividade dessa enzima terá melhor desempenho se suplementada com a enzima comercial para aumentar seu poder diastático. Essa complementação é realizada pelo emprego de amilases fúngicas, normalmente das espécies *Aspergillus* ou *Rhizopus*. A presença da enzima fornece açúcares fermentescíveis para a levedura, além de dextrinas, o que melhora as características reológicas da massa e produz pão de maior volume (GUPTA et al., 2003; COURI et al., 2008).

Em panificação, o amido começa a exercer seu papel já na fermentação. A quantidade de amido danificado na farinha é importante para a produção de pão. Em função do forte enlace proteína-amido no endosperma do grão de trigo duro, parte dos grânulos de amido (5%-10%) é danificada durante a moagem. Esse amido, ao contrário do amido nativo, é facilmente degradado pelas amilases da farinha produzindo maltose, um substrato que é usado diretamente pelas leveduras na fermentação. O amido danificado contribui para o aumento na capacidade de absorção de água da farinha, que para o pão deve estar entre 58% e 62%. Porém, quantidades superiores a 10% de amido danificado na farinha resultam em massas muito pegajosas (ATWELL, 2001; DELCOUR; HOSENEY, 2010).

Durante o início do assamento do pão, em temperaturas entre 54 e 63 °C, os grânulos de amido gelatinizam e, como resultado, o grânulo perde sua cristalinidade, tornando-se amorfo. Nessa fase a estrutura do grânulo é rompida e as moléculas, principalmente a amilose, são lixiviadas para fora do grânulo, entretanto, no miolo do pão os grânulos de amido remanescentes ainda estão presentes, e a estrutura em rede da gelatinização das moléculas de amido tem um papel vital na sua formação (SLUMIER, 2005).

Se a farinha apresenta alta atividade de α-amilase, o amido será mais degradado, principalmente durante o início do processo de assamento, quando ele começa a gelatinizar e, assim, se torna mais suscetível à enzima, produzindo um excesso de dextrinas, que, por serem muito higroscópicas, contribuirão para um pão com miolo muito úmido. Ao contrário, se a farinha possui baixa atividade dessa enzima, pouca dextrina é formada e um miolo de pão muito seco e farelento é obtido.

O amido também exerce um papel dominante no processo de envelhecimento do pão. Após o resfriamento do pão, durante o armazenamento, as moléculas de amido começam a se agregar, formando regiões mais cristalinas que resultam na firmeza inicial do pão. A firmeza do miolo é atribuída à agregação das moléculas de amilopectina e, em menor grau, das moléculas de amilose (SLUMIER, 2005).

13.3.1.1.2 Proteínas

As proteínas também são moléculas importantes na farinha de trigo. Com base na solubilidade em diferentes sistemas de solventes de extração, as proteínas do trigo são classificadas em: 1) albuminas, que são solúveis em água ou solução salina diluída; 2) globulinas, que são insolúveis em água, mas solúveis em solução salina; 3) gliadinas, que são solúveis em soluções de etanol; 4) gluteninas, que são solúveis em soluções ácidas ou alcalinas diluídas.

Com base em suas funcionalidades, as proteínas do trigo se classificam em dois grupos: as proteínas do glúten (gliadina e glutenina), que apresentam um papel fundamental em panificação, e as proteínas "não formadoras de glúten" ou solúveis, que são aquelas que não participam da rede de glúten. As proteínas não formadoras de glúten representam cerca de 20% das proteínas totais, estão localizadas principalmente nas camadas externas do grão, com baixa concentração no endosperma, e têm função estrutural (constituinte de parede celular). As proteínas do glúten, gliadina e glutenina (Figura 13.2), são usualmente encontradas na mesma proporção no endosperma dos grãos maduros, onde formam uma matriz contínua ao redor dos grânulos de amido (GOESAERT et al., 2005). As características reológicas da farinha dependem da quantidade e da qualidade das proteínas presentes no grão de trigo. O teor de proteína do grão de trigo varia em função de fatores agronômicos e ambientais, enquanto a qualidade das proteínas é uma característica genotípica.

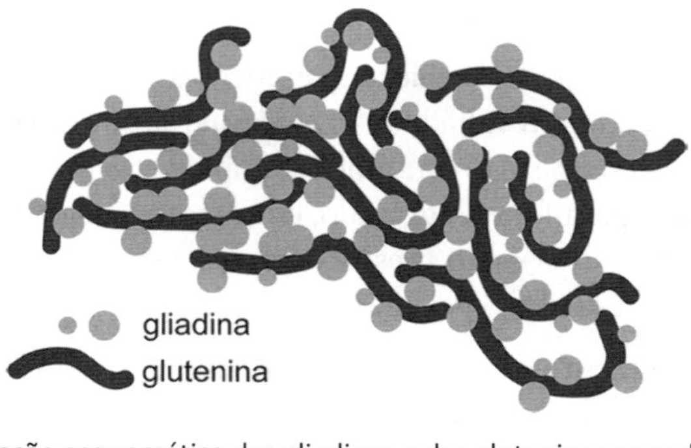

Figura 13.2 Representação esquemática das gliadinas e das gluteninas na rede de glúten.

Fonte: Slumier (2005).

As gliadinas e as gluteninas são denominadas proteínas do glúten por formarem uma rede capaz de reter o gás carbônico produzido pelas leveduras durante a fermentação, sendo responsável pelo crescimento da massa e do pão (ATWELL, 2001; DELCOUR; HOSENEY, 2010). O desenvolvimento do glúten começa com o processo de mistura (farinha e água), em que as proteínas são hidratadas e tornam-se inchadas (absorvem água). Posteriormente, com a contínua mistura, essas moléculas interagem umas com as outras estabelecendo ligações dissulfeto intra e intermoleculares (devido à oxidação dos grupos SH favorecida pela incorporação de ar durante a mistura), além de interações secundárias como ligações de hidrogênio e interações de Van der Waals, formando a rede de glúten. A gliadina e glutenina são ricas no aminoácido sulfurado cisteína, que, após a oxidação, dimeriza para formar cistina, característica que as torna as principais responsáveis pelas propriedades elásticas e extensíveis do glúten formado. A presença de grupos tiol (SH) na estrutura proteica é de extrema importância para o desenvolvimento do glúten (SLUMIER, 2005).

A Tabela 13.3 apresenta uma compilação das principais características das proteínas de reserva do trigo (gliadina e glutenina). A glutenina geralmente promove elasticidade (propriedade de um corpo de mudar de forma de modo reversível ao ser submetido a uma ação externa, retornando à sua forma original quando a ação é removida) à massa, enquanto a gliadina geralmente confere viscosidade e extensibilidade (propriedade de distensão no sentido da força aplicada e permanência na posição final, sem rompimento da estrutura da massa). Essas características variam com a qualidade do glúten da farinha.

Tabela 13.3 Principais características das proteínas do glúten

Gliadinas	Baixo peso molecular (20.000 a 50.000)
	Ligações dissulfeto intramoleculares
	Alta extensibilidade e baixa elasticidade
Gluteninas	Alto peso molecular
	Ligações dissulfeto intra e intermoleculares
	Baixa extensibilidade e alta elasticidade

No processo de panificação, quando a farinha é hidratada e submetida ao trabalho mecânico, o glúten é transformado em uma matriz contínua, coesa e viscoelástica (CAUVAIN; YOUNG, 2009). Durante a mistura, a resistência da massa cresce até atingir o ponto ideal, descrescendo com o excesso de mistura. Essa rede contínua é capaz de reter o gás carbônico responsável pelo crescimento da massa.

13.3.1.1.3 Polissacarídeos não amiláceos

Os polissacarídeos não amiláceos do grão de trigo são representados por celulose, lignina e hemicelulose. As arabinoxilanas, também chamadas de pentosanas (formadas de açúcares de cinco carbonos), são as principais hemiceluloses presentes no trigo. A concentração das arabinoxilanas não é uniforme no grão, estando mais concentradas na parede celular das camadas externas do grão (farelo) que no endosperma.

13.3.1.1.3.1 Hemiceluloses

A xilana é o principal heteropolissacarídeo das hemiceluloses. Sua estrutura é complexa e altamente ramificada. O grau de substituição e a natureza dos substituintes da cadeia lateral dependem da fonte e da espécie a partir da qual a xilana foi isolada. A cadeia principal é formada por unidades de D-xiloses unidas por ligações glicosídicas β-1,4, podendo ser substituída em vários graus por ácido glicurônico, metil-ácido glicurônico, arabinose, ácido acético, ácido ferúlico e/ou cumário, como grupos laterais. Nos cereais, as pentosanas ou xilanas são tipicamente conhecidas como arabinoxilanas (AX), que são xilanas que apresentam como grupo substituinte moléculas de L-arabinose ligadas ao carbono C-2 e/ou C-3 da xilose por meio de uma ligação glicosídica α-1,2 e/ou α-1,3 (Figura 13.3). As AX de cereais são mais solúveis em água e em solução alcalina que as xilanas de materiais lignocelulósicos devido à sua estrutura ramificada, e o substituinte arabinose pode ser esterificado com grupos fenólicos como o ácido ferrúlico e o ácido *p*-cumárico (KULKARNI; SHENDYE; RAO, 1999).

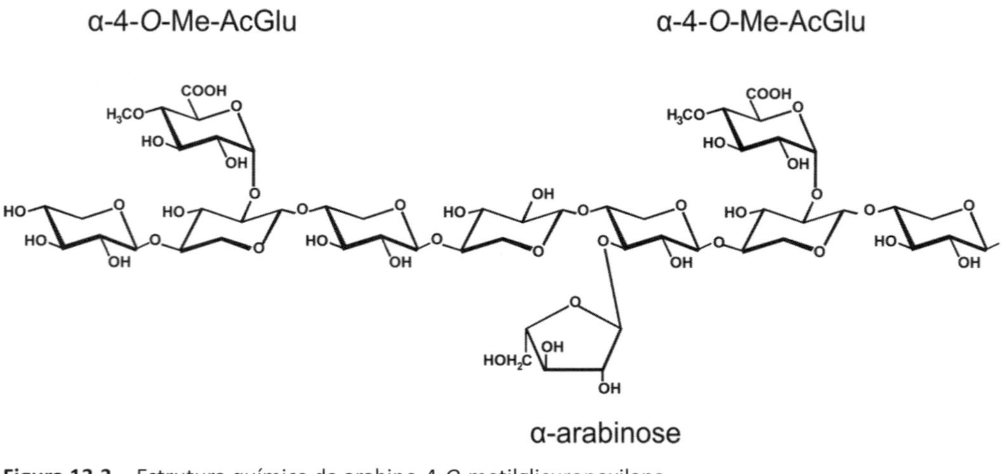

Figura 13.3 Estrutura química da arabino-4-*O*-metilglicuronoxilana.

As paredes celulares das células do endosperma do trigo são compostas principalmente por arabinoxilanas. As AX do trigo são classificadas em arabinoxilanas extraídas com água ou solúveis (AXS) e arabinoxilanas não extraídas com água ou insolúveis (AXI). A concentração de AX na farinha de trigo varia entre 1,5-2,5%, sendo que 0,4%-0,8% são do tipo AXS e 1,1-1,9% são do tipo AXI (COURTIN; DELCOUR, 2002). Embora a farinha contenha uma baixa quantidade de AX, elas são componentes importantes da massa devido à sua alta capacidade de retenção de água, que é de cerca de dez vezes o seu peso em água (ZHOU; HUI, 2014). As AXS apresentam um impacto positivo significativo sobre as propriedades do pão, como volume, textura do miolo e taxa de envelhecimento, enquanto as AXI prejudicam essas características (DELCOUR; HOSENEY, 2010)

13.3.1.1.3.2 β-glucanas

As β-(1,3)(1,4)-glucanas são polissacarídeos não ramificados, solúveis em água, que fazem parte da fibra vegetal e são encontrados no endosperma e na aleurona de cereais como aveia e cevada (principalmente) e, em menor proporção, no trigo. Sua estrutura química é constituída por aproximadamente 70% de ligações glicosídicas do tipo β-1,4 interpostas por ligações do tipo β-1,3 (Figura 13.4). Ao longo dos últimos anos, vários estudos têm relacionado a presença da β-glucana com vários benefícios à saúde, incluindo a moderação da resposta glicêmica ao consumo de alimentos ricos em carboidratos e a redução dos níveis de colesterol sérico (DAMODARAN; PARKIN; FENNEMA, 2010). Consequentemente, isso tem despertado o interesse na produção de alimentos funcionais fortificados com β-glucanas.

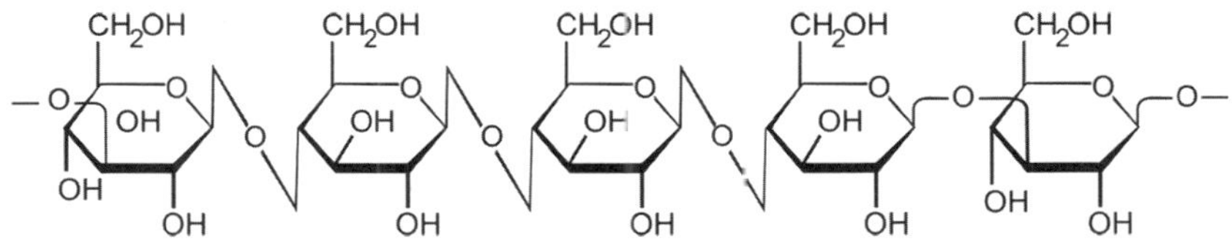

Figura 13.4 Estrutura química de uma β-(1,3)(1,4)-glucana linear.

13.3.1.1.4 Lipídeos

O grão de trigo normalmente contém 3%-4% de lipídeos, dependendo da variedade genética e das condições de cultivo, enquanto a farinha de trigo contém 1%-2,5% de lipídeos, dependendo da matéria-prima e das condições de moagem. Os lipídeos da farinha de trigo são divididos em dois grupos principais com base em localização e funcionalidade. Cerca de dois terços são lipídeos não ligados ao amido e um terço é lipídeo ligado ao amido. Lipídeos ligados ao amido são principalmente compostos por lisofosfolipídeos (o termo "liso" significa que um ácido graxo foi removido do fosfolipídeo), que formam complexos de inclusão com hélices de amilose em amido nativo. Apenas o lipídeo não ligado ao amido é considerado ativo no assamento do pão (FINNIE; JEANNOTTE; FAUBION, 2009).

13.3.2 ÁGUA

A água atua tanto como plasticizante quanto como solvente para a maioria dos ingredientes. Hidrata as proteínas da farinha, possibilitando a formação da massa, determina sua consistência e controla sua temperatura. No forno, é essencial para a gelatinização do amido e a desnaturação da proteína, além de permitir maior crescimento do pão e contribuir para a textura e a maciez do produto (ATWELL, 2001).

13.3.3 FERMENTOS

Os fermentos são classificados em biológicos e químicos, dependendo da forma como são produzidos. No caso de pães, são usados os fermentos do tipo biológico. O fermento biológico é o produto obtido de culturas puras de leveduras da espécie *Saccharomyces cerevisiae* por procedimento tecnológico adequado e também pode ser designado levedura ativa. De acordo com seu teor de umidade, serão classificados em: a) fermento fresco, também denominado fermento prensado, fermento verde e levedura prensada; b) fermento seco, também denominado fermento desidratado e levedura seca.

Durante a mistura e a fermentação da massa do pão, as enzimas do cereal hidrolisam o amido (amilases), as proteínas (proteases) e os lipídeos (lipases) formando açúcares, aminoácidos e ácidos graxos livres, respectivamente. A levedura inicia suas atividades metabólicas quando é incorporada à massa. Inicialmente, o oxigênio disponível leva à via respiratória, com rápida multiplicação celular. Todavia, o oxigênio é rapidamente consumido e a levedura se adapta ao metabolismo anaeróbio transformando os açúcares em CO_2 e etanol (Figura 13.5), cuja reação exotérmica é apresentada a seguir:

$$C_6H_{12}O_6 \rightarrow 2CO_2 + 2C_2H_5OH + 113 \text{ kJ } (27 \text{ kcal})$$

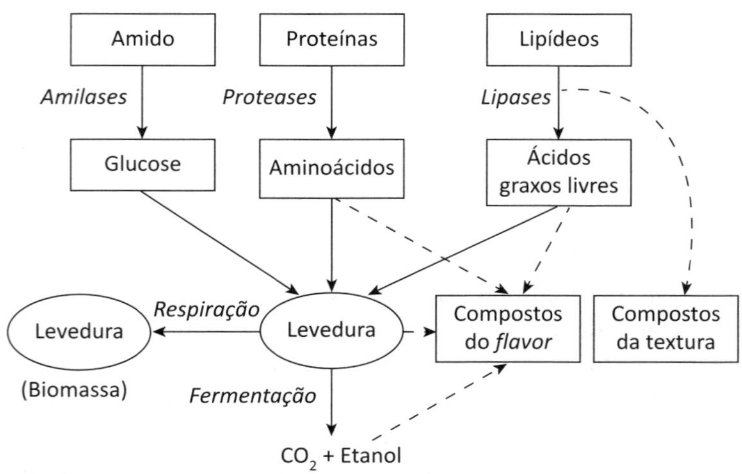

Figura 13.5 Alterações bioquímicas durante a fermentação do pão.

A liberação de CO_2 na fermentação alcoólica forma bolhas que conferem crescimento, porosidade e leveza à massa, aumentando o volume e a porosidade dos produtos forneados. O fermento também contribui para o sabor característico do pão.

Durante a mistura, a massa incorpora o ar e formam-se vários núcleos de pequenas bolhas para onde se deslocará a maior parte do CO_2 produzido pelo fermento. É, portanto, fundamental uma distribuição homogênea das bolhas de ar para que o CO_2 também se distribua homogeneamente na massa, promovendo um crescimento uniforme. A parede das bolhas constituída de glúten e dos demais ingredientes deverá ter elasticidade suficiente para resistir ao aumento da pressão do ar, do CO_2 e do vapor de água formado no aquecimento da massa. Essa pressão produz considerável dilatação das bolhas, resultando no crescimento da massa (CAUVAIN; YOUNG, 2009 ; NARVHUS; SORHAUG, 2006).

13.3.4 SAL

O sal fortalece o glúten, ajuda no controle da produção e da retenção de gás durante a fermentação e contribui para o sabor e a conservação do produto. Também contribui para a melhor estruturação do miolo do pão (DELCOUR; HOSENEY, 2010; ATWELL, 2001). Recomenda-se a adição do sal no final da etapa de mistura em processos de mistura em baixa velocidade, pois ele aumenta o tempo de mistura. Em geral, utiliza-se cerca de 1% a 2% de sal com base no peso da farinha (CAUVAIN; YOUNG, 20015).

13.3.5 GORDURA

Durante a mistura da massa, os lipídeos se redistribuem, diminuindo os níveis de lipídeos livres e aumentando os níveis de lipídeos ligados. Isso afeta positivamente a matriz de glúten e, dessa forma, os lipídeos podem indiretamente estabilizar as células de gás na massa de pão (GERITS; PAREYT; DELCOUR, 2014). A gordura também funciona como lubrificante da massa, permitindo o deslizamento das camadas de glúten durante a mistura e a formação da massa, contribuindo para uma textura suave do miolo. A gordura, por sua própria natureza apolar, forma camadas sobre as regiões hidrofóbicas das moléculas de proteína na farinha, o que contribui para tornar a malha de glúten mais curta (*shortner*). O encurtamento resulta em uma massa mais tenra ou macia. Sem gordura a massa fica dura, ressecada. A gordura também retarda a retrogradação, por ficar entre as moléculas de amilose (SLUMIER, 2005).

13.3.6 AÇÚCARES

Em geral, um pouco de açúcar é adicionado para a iniciação da fermentação como substrato para a levedura. O açúcar melhora o crescimento e a textura da massa. A levedura metaboliza preferencialmente os açúcares prontamente fermentescíveis, como glicose e frutose. Quando estes são esgotados, a levedura interrompe de forma momentânea a fermentação para adaptar-se ao metabolismo da maltose ou da sacarose, se esta estiver presente. Quando em excesso, a sacarose, por seu caráter hidrofílico, resulta em massa pegajosa. Além disso, também pode provocar inibição significativa da fermentação e da produção de CO_2 devida ao alto estresse osmótico na levedura (MALONEY; FOY, 2003). Por outro lado, o açúcar se distribui entre os componentes da massa e, tendo caráter hidrofílico, redistribui H_2O e diminui a atividade de água (A). Os açúcares solúveis, como sacarose, glicose, maltose e ribose, promovem a inibição da retrogradação do pão; esse efeito foi atribuído à interação das moléculas dos açúcares com as cadeias moleculares de amido, aumentando localmente a temperatura de transição vítrea (Tg) e, assim, reduzindo drasticamente a difusão das moléculas amorfas do polímero ao núcleo cristalino (a água age como plastificante, enquanto os açúcares agem como antiplastificantes, aumentando a temperatura de transição vítrea) (SAJILATA; SINGHAL; KULKARNI, 2006; CAUVAIN; YOUNG, 2015).

O açúcar residual após a fermentação, adicionado ou originado de ação enzimática, contribui para a cor do pão durante o assamento. Nas temperaturas normais de assamento do pão, o escurecimento é o resultado de reações químicas não enzimáticas conhecidas como reação de Maillard. A reação de Maillard ocorre quando açúcares redutores e aminoácidos ou proteínas são aquecidos juntos e resulta em um conjunto de reações complexas que culminam na formação de pigmentos escuros complexos denominados melanoidinas. Em alguns casos, como em pães doces, a superfície do pão é escurecida por calda de açúcar, a qual é obtida pelo aquecimento em alta temperatura (maior que 120 °C) do açúcar (com água). Nesse caso, a reação é conhecida como caramelização, que também é resultante de reações complexas, mas envolvendo apenas açúcares por mecanismos de hidrólise, desidratação, degradação, eliminação, condensação etc., e tem como produtos finais compostos escuros de composição química complexa, denominados caramelos (DAMODARAN; PARKIN; FENNEMA, 2010; ZHOU; HUI, 2014).

13.4 TECNOLOGIAS DE PANIFICAÇÃO

O processo de panificação é dividido em três etapas principais: 1) mistura e formação da massa; 2) fermentação; 3) assamento.

Na etapa de mistura (Figura 13.6A), os ingredientes são homogeneizados e, a partir da hidratação das proteínas da farinha e da aplicação de energia mecânica, a massa é formada e o glúten, desenvolvido. Com a mistura, a extensibilidade e a viscosidade da massa aumentam, melhorando a capacidade de retenção do dióxido de carbono a ser produzido durante a fermentação. A ordem de adição dos ingredientes no misturador, a temperatura da massa e o tempo de desenvolvimento do glúten são fatores importantes que dependem do tipo de produto e de equipamento utilizado (CAUVAIN; YOUNG, 2009). No entanto, a temperatura da massa não deve ultrapassar 32 °C para não inviabilizar a ação do fermento ou alterar as características do glúten. Dependendo de tipo de equipamento, formulação e condições de processamento, diferentes métodos de produção podem ser usados, os quais estão associados principalmente à mistura, à incorporação de ar na massa e à formação e ao desenvolvimento do glúten.

a) *Método da massa direta*: todos os ingredientes são misturados em uma única etapa, em equipamentos de baixa rotação, seguida da fermentação da massa.

b) *Método de esponja*: a mistura dos ingredientes é realizada em dois estágios. No primeiro, o fermento, parte da farinha (50-75%) e parte da água são misturados e a mistura é fermentada por um longo período (3-4 horas), formando uma esponja. Na segunda etapa, os outros ingredientes são misturados à esponja para a formação da massa, seguida de uma nova fermentação com duração de 20 a 60 minutos, dependendo da formulação.

c) *Método direto rápido ou de Chorleywood*: os ingredientes são misturados de uma única vez em misturadores de alta velocidade por poucos minutos (4-5 minutos) e a massa é desenvolvida mecanicamente, o que possibilita a eliminação da etapa de fermentação inicial (SLUMIER, 2005; CAUVAIN; YOUNG, 2009)

Na fermentação, a levedura *Saccharomyces cerevisiae* metaboliza os açúcares fermentescíveis produzindo gás carbônico e etanol. O gás produzido fica retido na massa, enquanto parte do álcool evapora e outra parte permanece, contribuindo para o aroma final do pão. Outros produtos intermediários, como ácidos, aldeídos e cetonas, são produzidos durante a fermentação e contribuem para o aroma e o sabor do pão.

O desenvolvimento do glúten iniciado na etapa de mistura continua durante a fermentação. O gás carbônico produzido se distribui nos núcleos gasosos de ar formados durante a etapa de mistura e fica retido na rede de amido incorporado na matriz de glúten, contribuindo para a expansão e o aumento do volume específico da massa (Figura 13.6B).

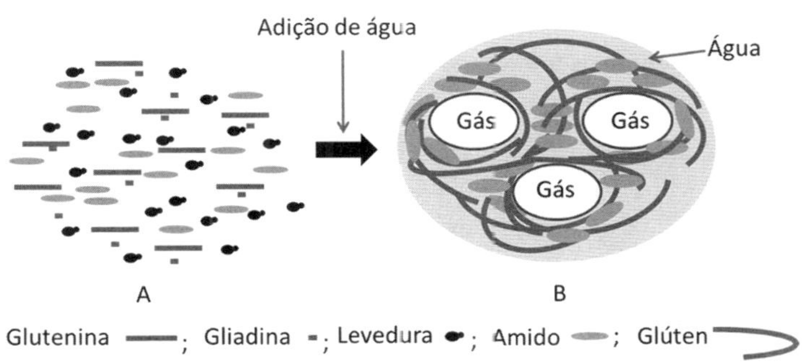

Figura 13.6 Mecanismo de formação e crescimento da massa do pão.

Em geral, ao sair dos misturadores, a massa é boleada e permanece em repouso durante 10 a 45 minutos para recuperar a extensibilidade perdida durante as fases de mistura e desenvolvimento. Esse descanso favorece o crescimento da massa, a reestruturação das moléculas de glúten e a retenção de gás na massa (fermentação inicial). A seguir, a massa é dividida e modelada para que as peças sigam para a fermentação ou descanso final, que ocorre em câmaras de fermentação com umidade e temperatura controladas pelo tempo necessário, o qual depende do produto e do tipo de processo utilizado (SLUMIER, 2005). Durante esse período continuam a expansão e o aumento do volume das peças.

O tempo de fermentação interfere diretamente nas características específicas do pão, variando com: qualidade e poder diastático (ou diastásico) da farinha, ingredientes usados e método de produção. Pães cujas massas são submetidas a tempos muito curtos de fermentação apresentam baixo volume específico, sabor e aroma de fermento, cor da crosta pálida e granulosidade do miolo fechada, enquanto massas submetidas a tempos excessivos de fermentação podem colapsar e perder o gás durante o assamento, resultando em pães com formato inadequado, sabor ácido, crosta muito escura e granulosidade do miolo grosseira.

A última etapa do processo de panificação é o assamento das massas, que ocorre normalmente em fornos, sendo que a temperatura e o tempo dependem do tipo e do tamanho do produto. No início do assamento, com o aumento da temperatura da massa, a atividade de enzimas e leveduras aumenta. A massa expande e seu volume específico aumenta consideravelmente. A água na superfície da massa evapora; em seguida, água migra do interior para a superfície; e, finalmente, com o ressecamento da superfície, a crosta é formada. A gelatinização do amido, a desnaturação das proteínas e a inativação de enzimas e leveduras ocorrem com o progressivo aumento da temperatura da massa e a consequente formação do miolo. Os açúcares redutores que não foram metabolizados pelas leveduras durante a fermentação junto com aqueles formados pela ação das enzimas sobre o amido no início do assamento, em presença de aminoácidos, são os substratos para a reação de Maillard, que forma produtos coloridos e aromáticos responsáveis pela cor e pelo aroma do pão (CAUVAIN; YOUNG, 2009). A Tabela 13.4 mostra a série de eventos que ocorrem durante o assamento do pão.

Tabela 13.4 Eventos em função da temperatura do forno durante o processo de cozimento

Temperatura (°C)	Fenômenos
30	Produção enzimática lenta de açúcares Fermentação da levedura produzindo CO_2 e etanol Início da expansão dos gases presentes na massa
45-50	Inativação da levedura
50-60	Intensa atividade enzimática Início da gelatinização do amido
60-80	Fim da gelatinização do amido Diminuição e fim da atividade enzimática devido à sua desnaturação Início da formação do miolo Início das interações entre amido e glúten

(*continua*)

Tabela 13.4 Eventos em função da temperatura do forno durante o processo de cozimento (*continuação*)

Temperatura (°C)	Fenômenos
100	Ebulição da água Formação de vapor d'água Ressecamento da superfície e início da formação da crosta
110-120	Início da formação de coloração amarelo-clara na crosta
130-140	Formação de coloração escura na crosta
140-150	Início de processos de caramelização
150-200	Formação da rugosidade da crosta e dos compostos aromáticos
> 200	Carbonização da crosta Formação de uma crosta negra

Fonte: adaptada de Orsel (2010).

A temperatura de assamento também influencia as características do pão. Quando a temperatura no início do assamento é muito baixa em relação à temperatura de desnaturação do glúten, ocorre aumento da pressão e perda de gases, enrijecendo a estrutura da massa. Ao contrário, se a temperatura inicial for muito alta, ocorre enrijecimento da superfície da massa, que impede o bom crescimento do pão. Durante o assamento, as crostas laterais e inferiores dos produtos gradualmente absorvem o calor e o transferem ao interior do pão. A superfície da massa aquecerá muito rapidamente, enquanto o interior da massa será aquecido progressivamente, de forma mais lenta à medida que a distância da superfície aumenta. Dentro do primeiro terço do período de assamento, a temperatura da superfície da massa deverá atingir cerca de 150 °C, e se elevará lentamente para 180 °C (ou mais, dependendo do tipo de pão) no final do assamento. A temperatura do miolo nunca excederá o ponto de ebulição da água (isto é, 100 °C), e o centro da massa não atinge a temperatura máxima até o final do processo. A fim de obter um pão bem assado e com um bom miolo macio, mastigável e estabilizado (ou seja, o pão não se encolhe ao resfriar), deve-se manter o miolo na temperatura do ponto de ebulição da água por, pelo menos, cerca de ¼ do tempo total de assamento (ORSEL, 2010).

13.5 ENZIMAS EM TECNOLOGIA DE PANIFICAÇÃO

As enzimas são amplamente usadas como coadjuvantes tecnológicos para auxiliar vários processos na indústria de alimentos. Em panificação, a utilização das enzimas visa melhorar as características reológicas da massa de modo que esta esteja adequada às condições de processo e às características desejáveis no produto final. Recentemente, a indústria de panificação tem intensificado sua atenção na substituição de vários componentes químicos pelas enzimas (GOESAERT et al., 2005, ROSELL; DURA,

2016). As enzimas de origem microbiana disponíveis para a aplicação em panificação incluem as amilases (α-amilases, β-amilases, glucoamilases e CGTases), proteases, lipases, oxidases (glucose oxidase e lipoxigenase), xilanases e β-glucanases (MIGUEL et al., 2013). De forma geral, o uso de enzimas tem possibilitado melhorias nas propriedades tecnológicas da massa, no volume específico dos pães, na textura do miolo e na cor da crosta (CAUVAIN; YOUNG, 2015). A Tabela 13.5 apresenta as principais enzimas utilizadas em panificação e seus efeitos.

Tabela 13.5 Tipos de enzimas aplicadas em panificação

Enzimas	Aplicações e resultados
α-amilase fúngica	Aumenta o volume do pão, acentua a cor da crosta
α-amilase maltogênica	Aumenta maciez e *shelf-life*; especial para pães embalados
Amiloglucosidase	Aumenta a cor da crosta, possibilita crosta mais fina e miolo mais macio
Fosfolipase	Substitui emulsificantes, pré-misturas e tratamento de farinhas
Glucose oxidase	Fortalece a rede de glúten, melhora as propriedades reológicas da massa
Hemicelulase	Melhora a maquinabilidade das massas; pães com maiores volume e salto de forno (aumento rápido do volume que ocorre logo após a massa entrar no forno)
β-amilase	Produção de maltose; prolonga o frescor de pães
CGTase	Agente antienvelhecimento na indústria de panificação
Protease	Reduz a força do glúten usado em biscoitaria

Fonte: Fernandes (2010); Zhou e Hui (2014); Van Der Maarel et al. (2002); Miguel et al. (2013).

13.5.1 ENZIMAS AMILOLÍTICAS

As amilases são classificadas como hidrolases e estão descritas no banco de dados Carbohydrate-Active Enzymes (CAZY, 2015) como enzimas que modificam ligações glicosídicas. As de maior relevância são pelo menos seis: α-amilase, β-amilase, glucoamilase (amiloglucosidase), pululanase, isoamilase e CGTase (ciclodextrina glicosiltransferase), essa última sendo também classificada como transferase.

As enzimas amilolíticas hidrolisam as moléculas de amilose e amilopectina do amido liberando moléculas menores. Elas são aplicadas nas seguintes áreas da tecnologia de alimentos: panificação, podendo ser enzima endógena (contida na própria farinha) ou exógena (adicionada); xaropes de glicose e maltose; alimentos infantis (papinhas); e bebidas (visando aumentar a força do malte de cervejas e destilados em geral) (ZHOU; HUI, 2014). Os diferentes tipos e ações das amilases são descritos a seguir.

13.5.1.1 α-amilases

As α-amilases são endoenzimas que rompem ao acaso ligações α-1,4 internamente, liberando moléculas de menores massas moleculares como dextrinas e oligossacarídeos (Figura 13.7). Estruturalmente, a α-amilase é uma hidrolase da família (alfa/beta)$_8$, ou seja, um domínio de barril de oito fitas-beta paralelas cercadas por oito alfa-hélices.

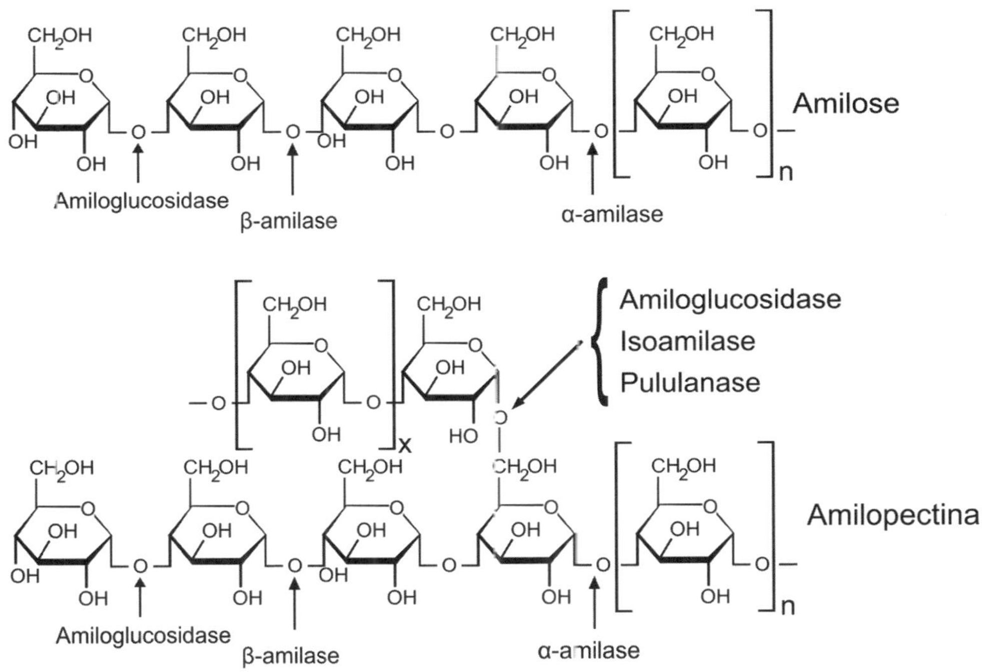

Figura 13.7 Ação da amilase nas moléculas de amilose e amilopectina.

As α-amilases são encontradas em diferentes fontes:

a) *Animais*: a amilase presente na saliva é denominada *ptialina*, assim, já na boca, durante a mastigação, começa a degradação do amido presente nos alimentos. Ela também está presente no suco pancreático, onde é muito importante para complementar o processo digestivo.

b) *Vegetais*: todos os vegetais produzem as α e β-amilases, mas as fontes mais importantes são os cereais, principalmente a cevada e o trigo (MURALIKRISHNA; NIRMALA, 2005). Como discutido na seção 13.3.1.1.1, o conjunto das atividades dessas enzimas amilolíticas é representado pelo seu poder diastático.

c) *Microrganismos*: a maioria dos microrganismos produz α-amilase, mas as características das enzimas bacterianas são diferentes das fúngicas. Em geral, a bacteriana é mais termorresistente, enquanto a fúngica é mais ácida. A enzima fúngica originada do *Aspergillus oryzae* produz principalmente maltose e maltotriose e apresenta baixa termoestabilidade. A amilase bacteriana originada de *Bacillus licheniformis* é altamente termoestável. Há um grupo de amilases que exibem características peculiares, como termoestabilidade intermediária, que as diferenciam das outras amilases; são as chamadas amilases maltogênicas (MAases; 1 EC 3.2.1.133) e foram obtidas pela primeira vez a partir de *B. stearothermophilus*. São chamadas de maltogênicas por produzirem malto-oligossacarídeos lineares de dois a seis resíduos de glicose (maltose, maltotriose, maltotetraose etc.), os quais agem retardando a retrogradação do amido (ação antienvelhecimento), aumentando assim o prazo de validade dos produtos (GUPTA et al., 2003; VAN DER MAAREL et al., 2002).

13.5.1.2 β-amilase

A β-amilase é uma exoenzima que remove sucessivas unidades de maltose partindo da extremidade não redutora da molécula de amido (Figura 13.7), com produção principalmente de β-maltose (daí a origem do seu nome) e β-dextrina-limite. Ela é considerada uma enzima sacarificante por produzir um rápido aumento no teor de açúcar redutor. Quando a enzima se aproxima de um ponto de ramificação, sua ação cessa. O núcleo resistente à ação da enzima é chamado de β-dextrina-limite (PANDEY et al., 2000).

Durante muito tempo, essa enzima foi associada apenas a fontes vegetais, mas, na década de 1970, começou a ser descrita também em microrganismos e, desde então, diversas enzimas microbianas foram descobertas (PANDEY et al., 2000). A enzima com características que satisfazem as exigências industriais já é produzida industrialmente por fermentação microbiana. Dentre as espécies de bactérias produtoras, destaca-se o *Bacillus megaterium*, cuja enzima apresenta pH ótimo entre 6,5-7,0 e temperatura ótima entre 60-65 °C, e, entre as enzimas fúngicas, destaca-se a do *A. oryzae*, com pH ótimo entre 5,5-5,9 e temperatura ótima de 60 °C.

13.5.1.3 Amiloglucosidase (AMG) ou glucoamilase (GA)

A AMG é uma exoenzima que quebra a ligação α-1,4 e remove sucessivas unidades de glicose partindo da extremidade não redutora da cadeia (Figura 13.7). Ela é também considerada uma enzima desramificante, pois consegue, a uma velocidade menor, quebrar a ligação α-1,6 (EL-FALLAL et al., 2012). Essa enzima inverte a isomerização da glicose, produzindo a β-glicose, enquanto a α-amilase produz α-glicose. As AMG são encontradas em fungos, bactérias e no trato digestivo de mamíferos. Industrialmente, a glucoamilase é produzida a partir de fungos filamentosos como *Aspergillus* e *Rhizopus* spp. As glucoamilases fúngicas são geralmente mais ativas com valores de pH ácido, mas as várias formas têm diferentes pH e temperaturas ótimas. Em geral, elas apresentam valores ótimos de ação nos pH de 3,5 a 5,6 e na faixa de temperatura de 55-60 °C (NOROUZIAN et al., 2006).

13.5.1.4 Enzimas desramificantes

Enzimas desramificantes catalisam a hidrólise de ligações glicosídicas α-1,6 em amilopectina e/ou glicogênio e polímeros/dextrinas afins. A afinidade para as ligações α-1,6 distingue essas enzimas das outras amilases que têm uma afinidade principal com as ligações α-1,4. São três as classes de enzimas desramificantes (HII et al., 2012):

a) *R-enzima*: um tipo de pululanase, encontrada em vegetais como a batata e o feijão.

b) *Pululanases microbianas*: enzimas que hidrolisam a pululana (ou pululano) ou poli-α-1,6-maltotriose, um polímero de unidades de maltotriose ligadas em α-1,6 (Figura 13.8). Até o momento, com base nas especificidades de substrato e produtos de reação, cinco grupos de enzimas microbianas que hidrolisam a pululana foram relatadas na literatura. As pululanases tipo I, tipo II e tipo III são mais efetivas em cadeias com três resíduos de glicoses, mas são também capazes de atuar em amido e dextrinas, tendo baixa atividade para glicogênio e amilopectina. A pululanase é produzida por *Escherichia intermedia, Aerobacter aerogenes, Streptococcus mitis*, entre outros. A enzima do *A. aerogenes* apresenta pH ótimo a 5,0, temperatura ótima entre 45-55 °C e estabilidade até 60 °C.

c) *Isoamilase*: essa enzima rompe preferencialmente o polímero/oligossacarídeo de glicose ramificado com muitas ligações glicosídicas α-1,6 como glicogênio, amilopectina e suas dextrinas-limite, mas não rompe a pululana (Figura 13.8). Ela aumenta a eficiência de hidrólise do amido, pois é capaz de romper os núcleos resistentes à ação das α e β-amilases (α e β-dextrinas-limite), aumentando o rendimento de hidrólise na ordem de 25-30%. A isoamilase é produzida por *Pseudomonas* sp. e *Flavobacterium* sp.

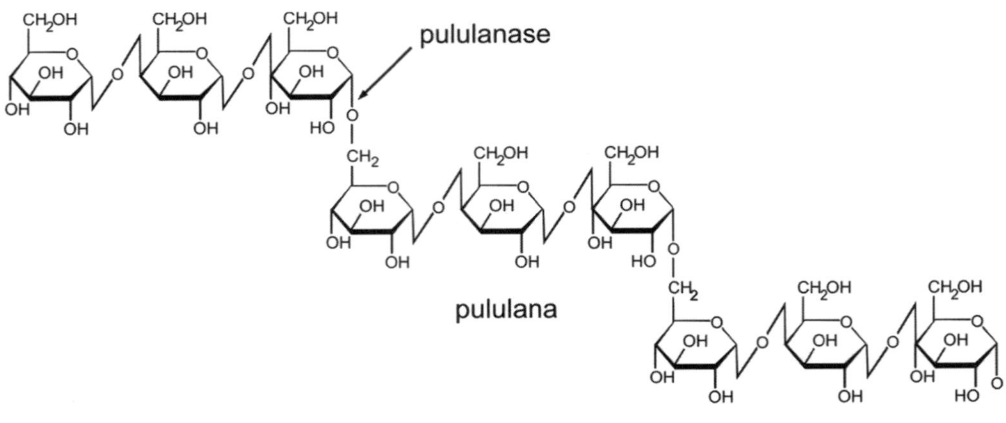

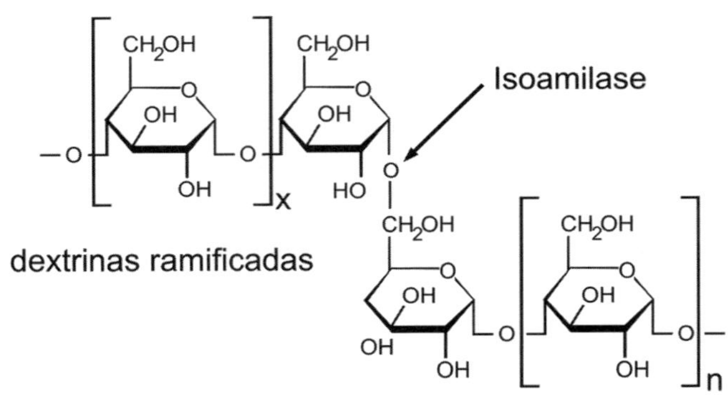

Figura 13.8 a) Ação da pululanase e b) isoamilase nos pontos de ramificação de seus substratos

13.5.1.5 Ciclodextrina glicosiltransferase (CGTase)

É uma enzima capaz de formar ciclodextrinas (CD) a partir do amido. Essa enzima vem ganhando interesse industrial, devido ao aumento do uso das CD nas indústrias alimentícias e farmacêuticas. As CD são oligossacarídeos cíclicos compostos por unidades de glicose interligadas entre si por ligações α-1,4. As mais comuns são do tipo α, β e γ-CD, que apresentam seis, sete e oito unidades de glicose no ciclo, respectivamente (Figura 13.9) (ALVES-PRADO; GOMES; DA SILVA, 2002). A β-CD é a mais utilizada nos processos industriais. A característica mais marcante desse oligossacarídeo é sua capacidade de formar complexos de inclusão com uma grande variedade de substâncias. A esse fenômeno denomina-se encapsulação molecular, e a substância encapsulada tem suas propriedades físico-químicas alteradas, o que resulta em melhores estabilidade, volatilidade, solubilidade ou biodisponibilidade. A utilização das CD ainda é limitada em decorrência dos altos custos envolvidos na sua produção. No Brasil, com exceção da indústria farmacêutica, raros são os relatos do uso de CD em outros produtos industrializados.

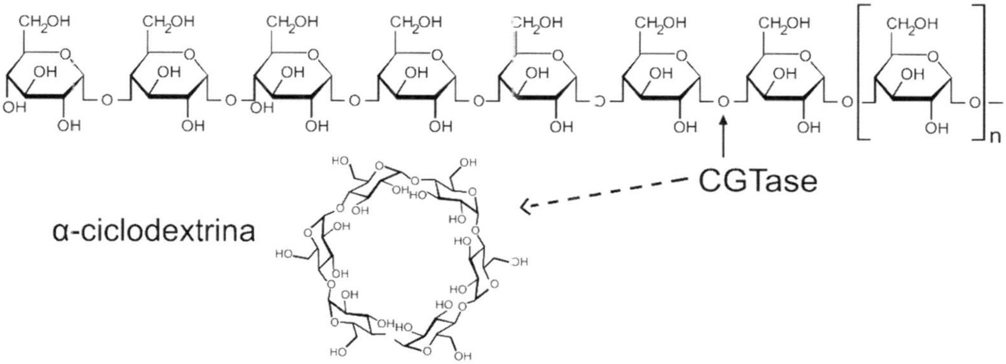

Figura 13.9 Ação da GGTase na molécula de amilose ou amilopectina.

13.5.1.6 Aplicação de amilases em panificação

No trigo, a quantidade de enzima endógena varia com o tipo, o período de colheita e o grau de germinação. Por isso, a análise da atividade amilásica deve ser realizada na farinha. A baixa atividade diastática pode resultar em baixa concentração de dextrinas e açúcares, resultando em pães com baixa formação de CO_2 e volume reduzido, além de crosta pálida e seca. Muitas farinhas recebidas na padaria apresentam apenas uma fração das enzimas necessárias a uma boa fermentação. Nessas farinhas, a suplementação com enzimas exógenas melhora a qualidade da massa. Em geral, a farinha contém apenas 0,5% dos açúcares fermentescíveis que seriam necessários para uma fermentação que produza uma boa qualidade de massa, leve e volumosa (SLUMIER, 2005).

A simples adição de sacarose ou outro açúcar à massa deve ser cuidadosa. Na quantidade adequada (até 4%), a sacarose pode favorecer a atividade inicial da levedura. O excesso pode levar a uma fermentação muito lenta e baixa produção de CO_2, por inibir a ação da levedura (MALONEY; FOY, 2003). Por outro lado, se a fermentação for muito rápida, com excessiva produção de CO_2, poderá resultar no rompimento da malha de glúten e, consequentemente, no colapso da massa. A adição de α-amilase à farinha resulta em uma ação contínua da enzima sobre o amido liberando gradualmente açúcares fermentescíveis e, assim, modulando a ação fermentativa da levedura. A produção contínua e escalonada de CO_2, que é gradativamente incorporado pela malha de glúten, resulta em uma massa bem estruturada, leve e volumosa (COURI et al., 2008; MALONEY; FOY, 2003).

A panificadora moderna adota técnicas para avaliar a qualidade de sua farinha no que diz respeito à força do glúten ou à sua atividade diastática e corrigir a deficiência pelo emprego de aditivos, mantendo, assim, inalterada a qualidade dos pães produzidos. Essa correção pode ser feita já no moinho ou na própria padaria. No caso da avaliação da atividade diastática, o método oficial é o número de queda (BRASIL, 2012; GUPTA et al., 2003), que é inversamente proporcional à atividade diastática e diretamente proporcional à viscosidade da massa. Assim, números de queda elevados indicam alta viscosidade e baixo poder diastático da farinha e vice-versa. Se a atividade diastática for baixa, é recomendado adicionar α-amilase comercial.

Em um exemplo prático, suponha que a padaria tenha padronizado sua produção empregando uma farinha que desenvolva uma viscosidade, sob as condições de mistura, que corresponda a 300 segundos de queda. Três possibilidades podem ocorrer conforme a atividade diastática da farinha (Figura 13.10). A farinha A apresenta um tempo de queda acima dos 300 segundos, indicando uma baixa atividade diastática. Nesse caso, seria recomendada a adição de α-amilase exógena. A farinha B apresenta um tempo de queda de 300 segundos, que é considerado ideal. Portanto, não precisa ser modificada (controle). A farinha C apresenta um número de queda inferior a 300 segundos, significando que a farinha está com alta atividade diastática. Nesse caso, a farinha não é indicada para pães, podendo ser usada para mistura com outra farinha que apresente menor atividade enzimática.

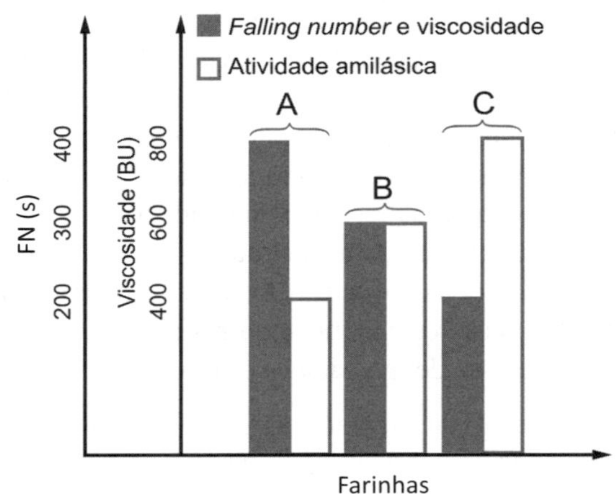

Figura 13.10 Representação da atividade diastática de diferentes farinhas. Farinhas A e C, com baixa e alta atividade diastática, respectivamente, e farinha B, com atividade adequada (controle). FN: *falling number* (número de queda); BU: unidades Brabender.

Fonte: compilada a partir de CAUVAIN; YOUNG (2015); ZHOU; HUI (2014).

A escolha da enzima adequada é importante para obter um produto de boa qualidade. A α-amilase fúngica (*A. niger* ou *A. oryzae*) tem sido usada há muito tempo para aumentar o teor de amilase natural. Entretanto, sua ação é limitada, porque ela começa a se desnaturar próximo a 60 °C. Logo, quando o amido completa sua gelatinização (~ 70 °C), ela já desnaturou, resultando numa pequena ação durante o assamento e pouca eficiência para evitar o envelhecimento do pão.

O uso da α-amilase bacteriana termoestável, como a de *B. licheniformis*, resulta em produção excessiva de dextrinas, uma vez que ela estará ainda ativa após a gelatinização do amido e permanecerá ativa, por sua alta termoestabilidade Isso resulta em pão com miolo úmido e viscoso, devido ao excesso de dextrinas e glicose livre, as quais se acumulam desde que a levedura foi inativada por volta de 60 °C e, portanto, não está mais disponível para continuar a remoção dos açúcares pela fermentação (GRAY; BEMILLER, 2003).

Uma α-amilase bacteriana de termoestabilidade intermediária que resulta em pão de boa qualidade do miolo e atua minimizando o envelhecimento tem sido empregada (GRAY; BEMILLER, 2003). Essa amilase, denominada α-amilase maltogênica (descrita na Seção 13.5.1.1), é capaz de inibir o envelhecimento do pão, pois permanece ativa no amido gelatinizado e hidrolisa ligações glicosídicas produzindo dextrinas. A ação antienvelhecimento da amilase foi atribuída à redução da retrogradação do amido parcialmente hidrolisado e também ao efeito da interferência das dextrinas de baixo peso molecular nas interações amido-amido e/ou amido-glúten (MIGUEL et al., 2013). O excesso de dextrina retém a umidade e pode resultar em pão com miolo pegajoso e mole. Entretanto, a α-amilase maltogênica não prejudica a qualidade do pão porque é inativada a temperaturas próximas a 100 °C (GRAY; BEMILLER, 2003).

13.5.2 ENZIMAS HEMICELULOLÍTICAS (OU XILANASES)

As pentosanas da farinha de trigo consistem principalmente de xilanas formadas de moléculas de xilose unidas por ligações glicosídicas β-1,4. As unidades de xilose apresentam ramificações de arabinose, formando arabinoxilanas (KULKARNI; SHENDYE; RAO, 1999). A xilanase hidrolisa as ligações glicosídicas β-1,4 das moléculas de arabinoxilanas presentes na parede celular do endosperma da farinha de trigo (ZHOU; HUI, 2014).

A degradação enzimática completa de uma molécula de arabinoxilana requer a ação cooperativa de várias enzimas da classe das xilanases (KULKARNI; SHENDYE; RAO, 1999). A Figura 13.11 apresenta suas ações. A *endoxilanase* hidrolisa a ligação glicosídica interna do esqueleto da heteroxilana, resultando em uma redução no grau de polimerização do substrato; os xilooligossacarídeos são os principais produtos formados pela ação dessa enzima. A *β-xilosidase* é uma exoglicosidase que hidrolisa pequenos xilooligossacarídeos e xilobiose a partir da extremidade não redutora da molécula para liberar xilose. A *α-L-arabinofuranosidase* hidrolisa a ligação de ramificação da arabinose. Outras enzimas necessárias à hidrolise completa da xilana são *α-D-glucuronidases*, acetilxilana esterases, ácido ferúlico esterases e ácido p-cumárico esterases, as quais contribuem para a hidrólise completa da hemicelulose.

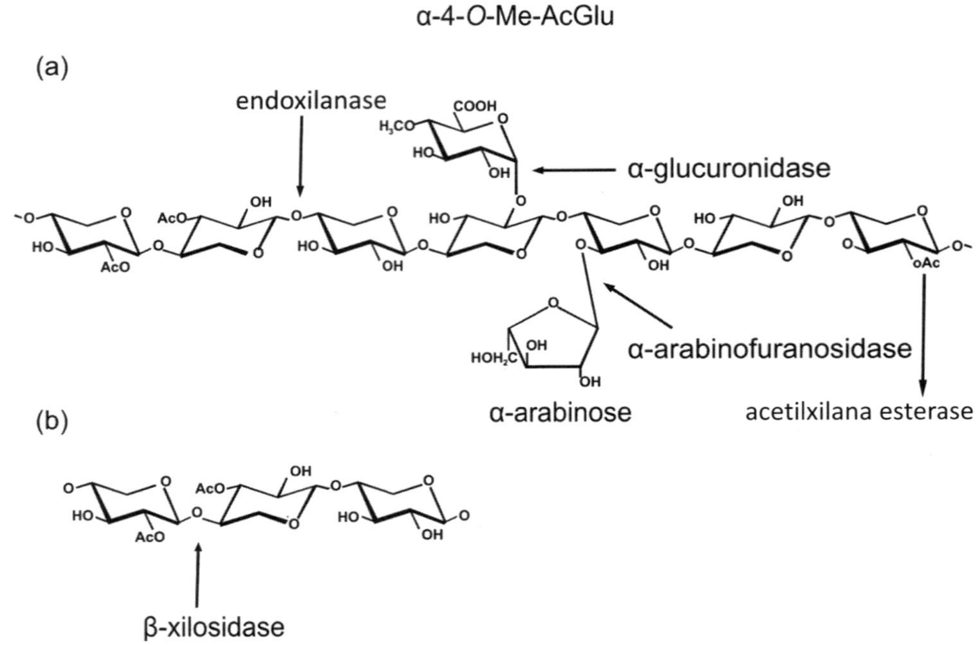

Figura 13.11 a) Enzimas xilanolíticas envolvidas na degradação da xilana. Ac: grupo acetil; α-4-O-Me-GlcA: ácido α-4-O-metilglicurônico. b) Hidrólise dos xilooligossacarídeos pela β-xilosidase.

13.5.2.1 Aplicação de xilanases em panificação

A farinha de trigo contém cerca de 1,5% a 2,5% (m/m) de pentosanas que estão sob as formas solúvel (AXS) e insolúvel (AXI). A forma solúvel contribui para a qualidade do pão. As pentosanas insolúveis, entretanto, impedem o desenvolvimento do glúten, que é de vital importância na formação da estrutura do pão, e, consequentemente, reduzem o volume e prejudicam sua textura. Uma forma de solubilizar as AXI é hidrolisá-las em moléculas menores pelo uso de enzimas xilanolíticas que degradam as ligações glicosídicas da cadeia principal (COURTIN; DELCOUR, 2002; ZHOU; HUI, 2014).

13.5.3 LIPASES

As lipases são enzimas associadas com a degradação e o metabolismo de gorduras. Elas estão distribuídas entre animais, vegetais e microrganismos e têm uma importância econômica considerável para a indústria. Na indústria de alimentos, se não forem adequadamente controladas, podem hidrolisar lipídeos e produzir ácidos graxos livres que se oxidem na presença de oxigênio, provocando ranço em leite, carne, peixe e produtos de panificação. Por outro lado, são essenciais para a produção de *flavor* característico e desejável em determinados alimentos, por exemplo, queijos maturados. A lipase pode ser usada também na produção de glicerídeos parciais (mono e diglicerídeos), que são importantes agentes emulsificantes usados em panificação (ZHOU; HUI, 2014).

As lipases hidrolisam as ligações ésteres (principalmente) dos triglicerídeos, produzindo mono ou diglicerídeos, glicerol e ácidos graxos livres. A Figura 13.12 representa uma hidrólise completa, enquanto a Figura 13.13 representa hidrólise na posição 1, liberando um lisofosfolipídeo. Os lisofosfolipídeos (LPLs) são lipídeos à base de glicerol, contendo uma porção acil graxa na posição 1 ou 2 e um grupo fosfato na posição 3. Lipases de diferentes origens apresentam diferentes graus de especificidade, seja para determinados ácidos graxos, seja para a posição do ácido graxo no glicerol. Por exemplo, a lipase pancreática tem preferência pelas posições 1 e 3 e por ácidos graxos de cadeia curta, enquanto a lipase de *Geotrichum candidum* hidrolisa o ácido oleico independentemente de sua posição na molécula do triglicerídeo. Dessa forma, segundo sua especificidade, as enzimas podem ser classificadas em não específica ou específica para a posição e o ácido graxo. Assim, a lipase pancreática é uma lipase específica para a posição e não específica para o ácido graxo, enquanto a lipase de *Geotrichum candidum* é específica para o ácido graxo, mas não específica para a posição. Todavia, mais recentemente preparações comerciais de lipases (Figura 13.14), chamadas de segunda e terceira geração, têm sido obtidas de organismos recombinantes expressando lipases modificadas para ações específicas em panificação (MOAYEDALLAIE; MIRZAEI; PATERSON, 2010, 2013; GERITS et al., 2014).

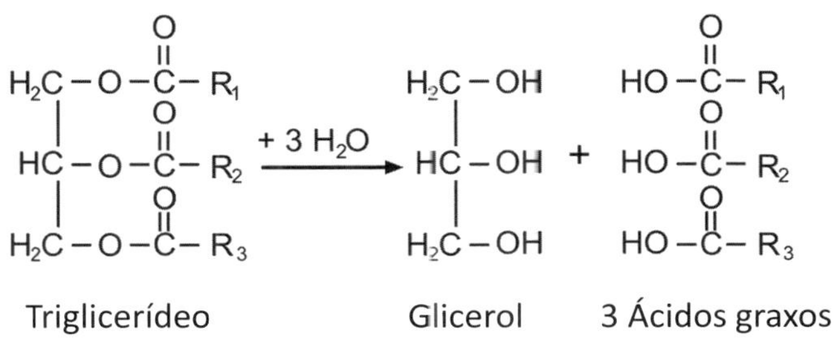

Figura 13.12 Ação geral das lipases.

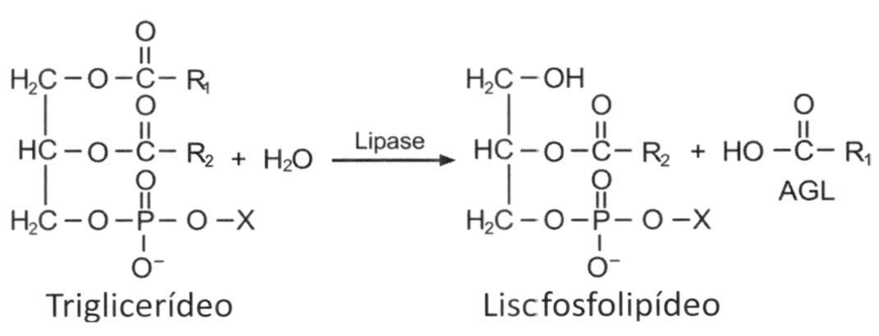

Figura 13.13 Lipase produtora de lisofosfolipídeos X = colina, etanolamina, inositol, serina etc., levando a diferentes espécies de LPL.

13.5.3.1 Aplicação de lipases em panificação

Os lipídeos estão presentes no trigo em quantidades consideravelmente inferiores às de amido e proteínas, entretanto, eles exibem importantes propriedades funcionais em panificação. Estudos têm mostrado que algumas características melhoradas em pães foram devidas principalmente aos lipídeos polares e que glicolipídeos são mais ativos que fosfolipídeos (GERITS; PAREYT; DELCOUR, 2014, GERITS et al., 2014). Junto com outros insumos, as lipases estão sendo utilizadas para melhorar a qualidade da farinha de trigo. A maioria das lipases age apenas em posições específicas nos triglicerídeos produzindo mono e diglicerídeos, glicerol e ácidos graxos livres, melhorando o volume específico e a maciez do miolo e, consequentemente, retardando o envelhecimento dos pães (MOAYEDALLAIE; MIRZAEI; PATERSON, 2010). Inicialmente, a lipase chamada de primeira geração foi usada para melhorar o sabor de produtos de padaria pela liberação de ácidos graxos de cadeia curta. Concomitantemente, também se percebeu que elas podiam prolongar o período de vida útil da maior parte dos produtos de padaria. Desde então, os genes de lipases têm sido clonados e expressados de forma a produzir lipases mais especializadas em panificação. As lipases de segunda geração, como a Lipopan F BG (MOAYEDALLAIE; MIRZAEI; PATERSON, 2010), atuam tanto em lipídeos polares quanto não polares endógenos na farinha de trigo, produzindo componentes mais polares, como lisolecitina e digalactosil monoacil glicerol (DGMG), que as lipases de primeira geração. As lipases de terceira geração, como a Lipopan Xtra (MOAYEDALLAIE; MIRZAEI; PATERSON, 2010), são mais concentradas e estáveis mediante variações nos tipos de farinhas. Foi demonstrado que atuam muito bem em pão branco com alto teor de fibra, melhorando as características do glúten e do miolo. Além disso, foi demonstrado que elas podem substituir parcial ou totalmente emulsificantes como os ésteres de ácido diacetiltartárico de monoglicerídeos (DATEM), para agir contra o envelhecimento do pão (MOAYEDALLAIE; MIRZAEI; PATERSON, 2010; MIGUEL et al., 2013; GERITS et al., 2014).

13.5.4 PROTEASES

As proteases são enzimas que hidrolisam as cadeias de proteínas, quebrando as ligações peptídicas entre os aminoácidos. Isso resulta em cadeias menores de proteínas e aminoácidos livres. As proteases também são proteínas, logo, são proteínas que atuam sobre outras proteínas.

De acordo com o tipo de ação (Figura 13.14), elas podem ser classificadas em: a) *endopeptidases*, que rompem a ligação peptídica no interior da cadeia formando principalmente oligopeptídeos; b) *exopeptidases*, que rompem a ligação peptídica na extremidade produzindo aminoácidos livres. As exopeptidases podem ainda ser *aminopeptidases*, que rompem o aminoácido amino-terminal (N), ou *carboxipeptidases*, que rompem o aminoácido carboxi-terminal (C).

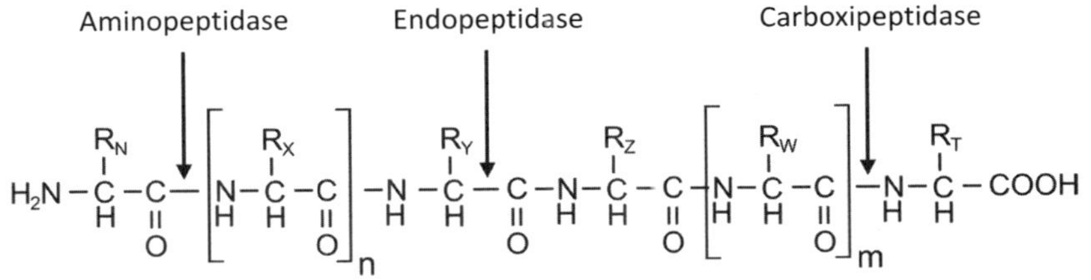

Figura 13.14 Ação da protease na proteína. m e n: número de aminoácidos; R_X, R_Y e R_Z: podem ser qualquer um dos vinte aminoácidos; R_N: aminoácido amino-terminal; R_T: aminoácido carboxi-terminal.

As peptidases também podem ser classificadas de acordo com a natureza química do centro ativo da enzima. Assim, temos:

a) *Protease sulfidrílica*: é a protease cuja atividade depende da presença de um ou mais grupos SH na forma reduzida no seu sítio ativo. Agentes oxidantes, álcali e metais pesados inibem tais enzimas pela oxidação de grupos tióis (SH → -S-S-). As proteases vegetais e algumas proteases microbianas pertencem a esse grupo.

b) *Metaloprotease*: é uma enzima cuja atividade depende da presença de um metal. Os metais podem ser Mg^{2+}, Zn^{2+}, Co, Fe^{2+}, Hg^{2+}, Cd^{2+}, Cu^{2+} ou Ni^{2+}. O metal pode estar fortemente ligado e ser de difícil remoção ou fracamente ligado e de fácil remoção por complexação com EDTA (agente quelante). A remoção do metal destrói a atividade enzimática e sua readição normalmente a restitui. Essas enzimas são fortemente inibidas por cianetos e outros metais tóxicos.

c) *Protease serina*: é a protease que contém o aminoácido serina no seu centro ativo. É fortemente inibida por DFP (diisopropilfosfofluoridato), o qual reage com o grupo hidroxílico do resíduo de serina do sítio ativo.

d) *Protease ácida*: é a protease que apresenta grupos carboxílicos (aminoácidos ácidos) no sítio ativo e é inibida pela pepstatina. Em geral, são ativas na faixa de pH ácido (2,0 a 5,0).

13.5.4.1 Aplicação de proteases em panificação

A protease neutra é muito utilizada na indústria de biscoitos e *wafers*. Ela modifica a proteína da farinha de trigo (glúten), melhorando as características de laminação da massa. Na produção de pão, a protease ácida fúngica, mais termossensível, pode ser usada para modificar as misturas que contêm alto conteúdo de glúten. Ela é adicionada para reduzir o tempo de mistura e a consistência da massa, regular a força de glúten, controlar a textura do pão e melhorar o sabor (GOESAERT et al., 2005). As proteases também já substituem o bissulfito (que em alguns locais é proibido), que controla a consistência da massa pela redução de ligações dissulfeto. As enzimas reduzem a força do glúten pela quebra de ligações peptídicas (MIGUEL et al., 2013). Entre todas as enzimas, a protease merece mais cuidado na dosagem e no controle, pois muita protease destruirá o glúten. Infelizmente, quando a protease é adicionada, enquanto não for desnaturada, ela vai continuar a agir até que o substrato, o glúten, seja todo hidrolisado. Se a temperatura do forno demora a subir, a massa pode acabar totalmente degradada.

13.5.5 GLICOSE OXIDASE

A glicose oxidase é uma enzima oxidante que catalisa a conversão da D-glucose a ácido glucônico e peróxido de hidrogênio na presença de oxigênio molecular. Essa enzima pertence à classe das oxidases e tem sido obtida a partir de diferentes fungos, principalmente dos gêneros *Aspergillus* e *Penicillium*. Ela atua conforme o mecanismo de ação apresentado na Figura 13.15.

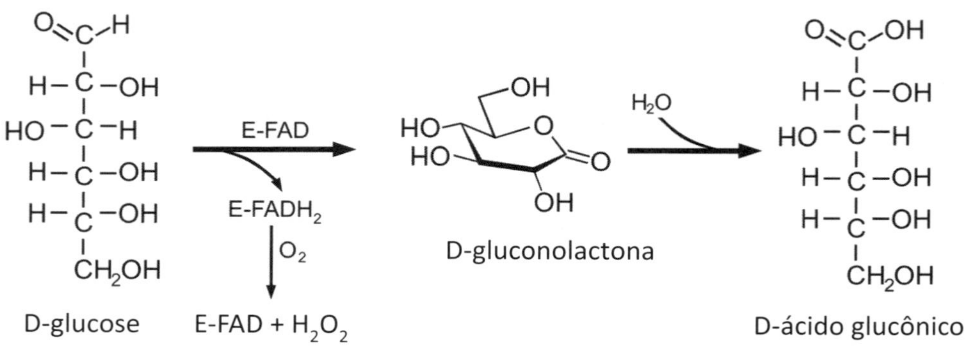

Figura 13.15 Ação da glucose oxidase.

13.5.5.1 Aplicação da glicose oxidase em panificação

A glicose oxidase tem sido empregada em vários processos da tecnologia de alimentos, como: a) proteção contra deterioração oxidativa (remoção de O_2); b) proteção contra escurecimento pela reação de Maillard (remoção da glicose); c) bioquimicamente, como um método específico de determinação da glicose; e d) em panificação, para promover ligações cruzadas no glúten, tornando as massas fracas mais fortes e mais elásticas (RENZETTI et al., 2010).

Pela sua capacidade de remover tanto a glucose residual quanto o oxigênio, essa enzima vem sendo utilizada em diferentes processos da tecnologia de alimentos e bebidas com o objetivo de aumentar a sua vida de prateleira. Pela sua capacidade de remover o oxigênio, ela pode ser empregada para proteção contra deterioração oxidativa, o que a torna útil na área de embalagens. Pela sua capacidade de remover a glucose, ela tem potencial para agir contra o escurecimento pela reação de Maillard e, por ser específica para reação com a glicose, ela tem potencial para análise bioquímica como um método específico de determinação da glicose. O peróxido de hidrogênio gerado pela ação da enzima apresenta propriedades antimicrobianas e é facilmente removido por utilização de catalase, que catalisa sua conversão a água e oxigênio (ALMEIDA; CHANG, 2012). O bromato de potássio é um agente oxidante que foi tradicionalmente usado em panificação, entretanto, depois que foi reconhecido como potencial agente cancerígeno, teve o seu uso proibido em muitos países, incluindo o Brasil. A glicose oxidase, por liberar H_2O_2 (um forte agente oxidante), pode ser usada como alternativa ao bromato de potássio como agente de oxidação e fortalecedor de glúten em panificação (MIGUEL et al., 2013).

13.5.6 LIPOXIGENASE OU LIPOXIDASE

As lipoxigenases (LOX) estão amplamente distribuídas em plantas e animais superiores.

Elas catalisam a oxidação de ácidos graxos poli-insaturados contendo grupo cis,cis-1,4-pentadieno na presença de O_2 atmosférico, formando hidroperóxidos dos ácidos graxos correspondentes. Elas contêm ferro não heme, que é necessário para sua atividade catalítica (Figura 13.16).

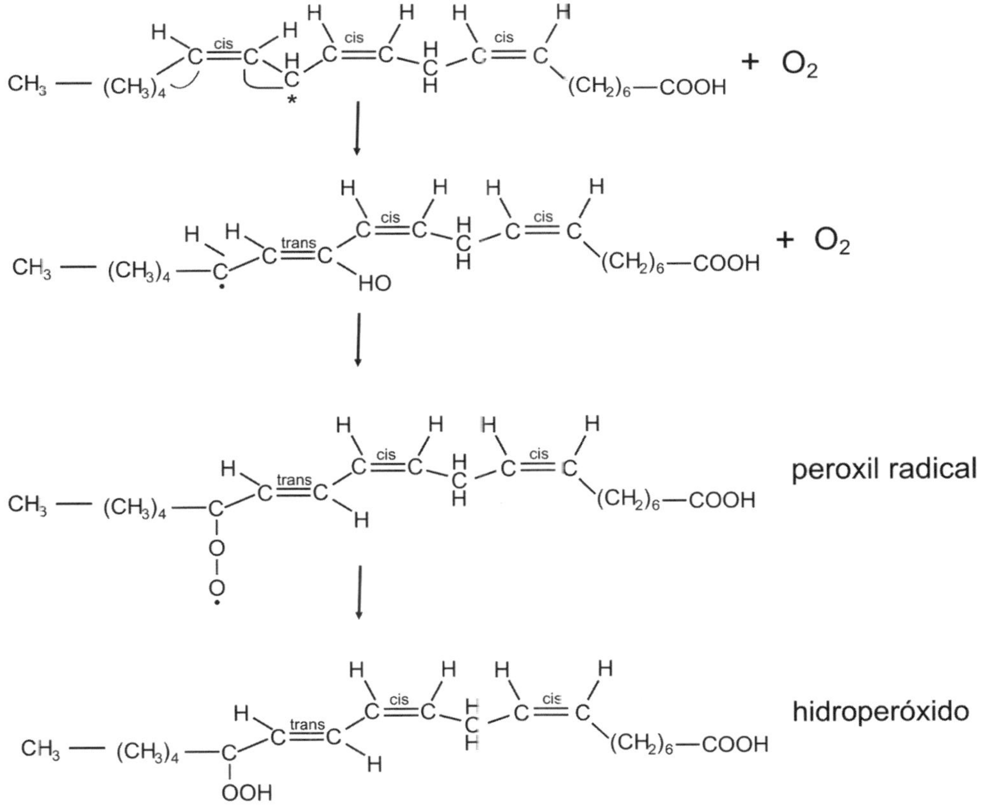

Figura 13.16 Ação da lipoxigenase.

13.5.6.1 Aplicação da lipoxigenase em panificação

As enzimas oxidantes podem desempenhar um papel importante na modificação de proteínas de glúten e de lipídeos. A lipoxigenase catalisa a oxidação de carotenos, que perdem sua coloração amarelada branqueando a farinha de trigo, resultando em pães com o miolo mais branco. Ela foi originalmente chamada de caroteno oxidase, até se constatar que também oxida ácidos graxos poli-insaturados não carotenoides. O gérmen de trigo é uma das poucas fontes dessa enzima, embora a soja também seja rica em lipoxigenase. Essa enzima também oxida ácidos graxos poli-insaturados durante a mistura da massa do pão, e os hidroperóxidos formados podem oxidar os grupos sulfídricos das proteínas do glúten, auxiliando na formação da rede de glúten da massa de pão (GOESAERT et al., 2005; MIGUEL et al., 2013). É importante ressaltar que, na produção de macarrão a partir do trigo durum, cujo endosperma é rico em β-caroteno, o grão com baixa atividade lipoxigenásica é preferível, a fim de reter a coloração amarelada característica desse produto (ZHOU; HUI, 2014).

13.5.7 OUTRAS ENZIMAS UTILIZADAS NA PANIFICAÇÃO

O aumento da demanda, por parte dos consumidores, por produtos mais naturais, com menos agentes químicos, chamou a atenção das empresas para o potencial emprego das oxidases nesse segmento. O emprego da glicose oxidase e da lipoxigenase em pães já é conhecido há bastante tempo (GOESAERT et al., 2005) e elas já estão disponíveis comercialmente. Entretanto, outras oxidases que também foram citadas por aumentarem as ligações cruzadas das proteínas, reforçando a rede de glúten, com subsequente melhoria na qualidade e na textura do pão, incluem sulfidril oxidase, peroxidase, lacase e transglutaminase (GOESAERT et al., 2005, MIGUEL et al., 2013), cuja viabilidade comercial vem recebendo atenção.

Outra enzima que vem ganhando importância em panificação é a asparaginase (NOVOZYMES, 2019), uma enzima que hidrolisa seletivamente a ligação amida da asparagina, resultando na formação de ácido aspártico e amônia. A reação de Maillard é responsável pela formação de cor e de compostos de aroma em produtos amiláceos fritos ou assados. Entretanto, essa reação também resulta na formação de acrilamida, um potencial cancerígeno (MOTTRAM; WEDZICHA; DODSON, 2002). Entre as soluções para reduzir a formação de acrilamida, o método mais eficaz foi baseado na remoção do aminoácido L-asparagina, pelo uso da L-asparaginase (MIGUEL et al., 2013).

13.6 ENZIMAS COMO AGENTE ANTIENVELHECIMENTO DO PÃO

O envelhecimento do pão é um fenômeno complexo, que ocorre durante seu armazenamento em função, principalmente, de migração e evaporação da água e das transformações que ocorrem no amido durante esse período. As alterações relacionadas com o envelhecimento do pão incluem aumento da umidade da crosta (perda da crocância), da cristalinidade do amido e da firmeza do miolo e perda das propriedades organolépticas do pão e da capacidade de hidratação do miolo (RIBOTTA; LE-BAIL, 2007). Vários autores concordam que o envelhecimento do pão não é função apenas da retrogradação da amilopectina. O aumento da firmeza do miolo do pão também se deve às interações entre o amido remanescente da gelatinização e o glúten (DELCOUR; HOSENEY, 2010).

Muito tem sido feito no sentido de minimizar os efeitos negativos que o processo de envelhecimento causa durante o armazenamento dos pães. O uso de emulsificantes e hidrocoloides já é conhecido, mas o emprego de enzimas também tem se destacado como um caminho promissor para a melhoria da qualidade de produtos panificáveis (GRAY; BEMILLER, 2003).

Conforme discutido na Seção 13.5.1, uma das enzimas mais eficazes na ação antienvelhecimento do pão é a α-amilase maltogênica do *Bacillus stearothermophilus*, que apresenta termoestabilidade intermediária. Ela modifica o amido gelatinizado durante o assamento, resultando em menor retrogradação durante o armazenamento do pão (GOESAERT et al., 2009; WHITEHURST; VAN OORT, 2010; MIGUEL et al., 2013).

Outras enzimas que hidrolisam os polissacarídeos não amiláceos, como as xilanases, têm mostrado efeitos benéficos sobre as propriedades reológicas da massa, o volume específico do pão, a textura do miolo e a redução da taxa de envelhecimento. A maioria dos estudos mostra a ação de xilanases mesofílicas, mas alguns trabalhos relatam a aplicação de xilanases termofílicas em panificação. A vantagem do uso de enzimas termoestáveis vem da sua ação continuada durante a etapa de assamento, momento de maior atividade da enzima. Estudos usando endoxilanases termofílicas permitiram aos autores constatar a redução da firmeza do miolo e da retrogradação do amido durante o armazenamento do pão (OLIVEIRA et al., 2014).

A xilanase deve atacar preferencialmente o substrato AXI, melhorando as propriedades da massa e o volume do pão. Assim, o grande desafio é obter xilanases que atuem sobre as AXI, modificando sua estrutura e sua funcionalidade. Oliveira et al. (2014) avaliaram o efeito da xilanase termoestável, presente no extrato parcialmente purificado do fungo *T. aurantiacus*, na qualidade e na taxa de envelhecimento do pão de trigo. Também foi avaliada a especificidade da enzima sobre a AXI e os produtos liberados pela sua ação. Os autores reportaram que os principais produtos liberados pela atividade enzimática foram xilose, xilobiose e arabinose, confirmando a presença de xilanases, xilosidase e α-arabinofuranosidase no preparado enzimático. A mistura de enzimas atacou principalmente a AXI, contribuindo beneficamente para as características do pão. Houve um aumento do volume específico em 22% e redução da firmeza do miolo em 25%. Além disso, houve uma redução na retrogradação da amilopectina da ordem de 17% durante o armazenamento do pão, o que retardou seu envelhecimento. Os autores concluem que o preparado enzimático produzido pelo fungo *T. aurantiacus* CBMAI 756 é eficiente para melhorar a qualidade e atuar como agente antienvelhecimento do pão de trigo.

13.7 ENZIMAS PARA MASSA CONGELADA DE PÃO

As massas congeladas têm ganhado mais e mais popularidade dentro da indústria de panificação, porque economizam em trabalho e equipamentos, além de proporcionarem pães fresquinhos para o consumidor. O grande problema em trabalhar com massa congelada para pão é a possibilidade de redução do volume e da qualidade geral do produto. Alguns estudos têm demonstrado que a estabilidade da massa congelada está relacionada a fatores como qualidade da farinha, ingredientes, condições de formulação, processo de congelamento e descongelamento. O crescimento de cristais de gelo durante o congelamento, principalmente por oscilações no processo (congelamento-descongelamento), pode causar perturbações físicas na membrana de células de levedura, com perda de material do citoplasma, levando à sua morte. Além disso, esse efeito pode causar a liberação e a concentração de produtos orgânicos do metabolismo microbiano na fase aquosa, o que contribui para o enfraquecimento do glúten e prejudica o sabor. Consequentemente, haverá perda de volume, textura, sabor e aparência do pão descongelado assado (SELOMULYO; ZHOU, 2007).

Diferentes enzimas, como xilanases, amilases ou suas combinações, têm sido amplamente relatadas como melhoradoras da qualidade de pães feitos com massas congeladas. As reações não são bem esclarecidas. Uma explicação para o benefício no volume do pão pelo uso de enzimas seria a melhoria da extensibilidade e a estrutura da massa menos compacta. A massa mais extensível provavelmente move-se mais facilmente contra o crescimento de cristais de gelo, minimizando a destruição da rede de glúten (WHITEHURST; VAN OORT, 2010).

13.8 ENZIMAS PARA PÃES SEM GLÚTEN

O pão de trigo é o alimento básico para a maioria das pessoas no mundo todo. Entretanto, alguns indivíduos apresentam um tipo de alergia específica ao trigo ou uma disposição genética à doença celíaca. A doença celíaca é provocada por uma reação ao glúten (presente no trigo, na cevada e no centeio) que causa um processo inflamatório no intestino delgado em pessoas com predisposição genética. A proteína do glúten possui regiões resistentes à protease intestinal em sua estrutura. Logo, a digestão do glúten no trato gastrointestinal humano gera peptídeos "patogênicos" que desencadeiam a resposta imune maligna nas pessoas com a doença celíaca (YANO, 2019). Ela é uma doença autoimune, ou seja, as próprias células de defesa imunológica agridem as células do organismo. Os sintomas clássicos incluem problemas gastrointestinais, como diarreia, distensão abdominal, má absorção intestinal e perda de apetite, e, em crianças, atraso no crescimento. Há ainda outras doenças associadas ao trigo, como alergias, que também são reações imunológicas adversas, mas não autoimunes, com uma resposta inflamatória mediada pela ativação dos mastócitos. Estas são doenças devidas às proteínas contidas no glúten e em outras frações do trigo. Como não há cura para a doença celíaca e para as alergias, o melhor tratamento ainda é retirar da dieta os alimentos que contenham glúten ou mesmo o próprio trigo.

Como a qualidade dos pães de trigo depende em grande parte das propriedades viscoelásticas do glúten, um dos principais desafios na fabricação do pão sem glúten é a obtenção de pão de alta qualidade, com boas propriedades estruturais, usando farinhas de cereais sem glúten, como arroz ou milho, de alguns pseudocereais, como quinoa ou amaranto, de tubérculos, como batata, e de raízes, como batata-doce e mandioca. Entretanto, as proteínas dessas farinhas são incapazes de reter o dióxido de carbono gerado durante a fermentação devido à falta de propriedades viscoelásticas, o que tem forçado os pesquisadores a encontrar alternativas tecnológicas para imitar a funcionalidade do glúten. Vários ingredientes químicos, como hidrocoloides (carboxi-metil-celulose, goma xantana etc.), lipídeos e proteínas, foram empregados para simular esses efeitos. Também, o desempenho de diferentes grupos de enzimas vem sendo testado com o objetivo de obtenção de massas com propriedades desejáveis para melhorar a qualidade do produto final, principalmente pela reticulação (*cross-linking*) de suas proteínas (YANO, 2019):

a) *Transglutaminase* (*TGase*): a transglutaminase tem sido a enzima mais amplamente proposta para a criação de ligações cruzadas de proteínas na farinha de arroz. No entanto, a rede de proteínas criada pela TGase depende muito da origem da proteína, de sua compatibilidade térmica e da dosagem da enzima (ROSELL; DURA, 2016).

b) *Protease para uso em pães com glúten*: ao contrário das proteases gastrointestinais humanas, algumas enzimas microbianas podem clivar as ligações peptídicas ao lado dos resíduos de prolina que frequentemente ocorrem nas proteínas de glúten (10% a 15% de prolina). Assim, as proteínas do glúten podem ser degradadas em pequenos peptídeos com menor atividade imunológica.

c) *Protease para uso em pães sem glúten*: embora a criação de uma rede de proteínas tenha sido considerada a melhor alternativa para melhorar a qualidade do pão sem glúten, as proteases também foram propostas como auxiliares de processamento. As proteases induzem a liberação de proteínas de baixo peso molecular a partir dos complexos proteicos macromoleculares, o que resulta em módulos menos complexos e menor viscosidade inicial, mas com aumento na estabilidade da pasta (RENZETTI; ROSELL, 2016). As massas apresentam menor resistência à deformação durante a prova e nos estágios iniciais do cozimento, preservando sua elasticidade. Quando adicionadas à farinha de arroz integral, os pães obtidos apresentaram aumento significativo no volume específico, com uma diminuição na dureza e no esfarelamento (ROSELL; DURA, 2016).

d) *Oxidases*: enzimas como glicose oxidase e lacase também podem produzir a formação de redes proteicas. A glicose oxidase foi suplementada à farinha de arroz, produzindo um aumento no volume específico do pão, com uma redução simultânea da dureza do miolo. Isso foi atribuído a um efeito na reticulação de proteínas, pois houve diminuição nos grupos amino e tióis livres. Além disso, a análise por eletroforese confirmou alterações nas glutelinas (ROSELL; DURA, 2016).

Entretanto, até agora, os pães sem trigo obtidos de diferentes matérias-primas, como arroz, batata, mandioca etc., não têm o aroma típico do pão de trigo recém-assado. Também não apresentam textura e miolo iguais aos encontrados no pão de trigo. Não está claro se isso é inevitável ou se uma melhor seleção de ingredientes ou um melhor processo de panificação poderiam levar à melhoria do aroma e do sabor desses pães, de modo que se tornassem comparáveis aos do pão de trigo (YANO, 2019).

13.9 SINERGISMO ENZIMÁTICO

A utilização de misturas de enzimas em preparações para panificação tem se mostrado uma tendência no mercado de enzimas. Nesses preparados, a deficiência em uma ação específica de uma enzima é compensada pela ação de outra ou outras presentes, resultando em um efeito melhor que os das enzimas usadas individualmente, já que diferentes componentes da farinha são modificados simultaneamente. A combinação de enzimas beneficia não apenas volume e textura, mas também o efeito antienvelhecimento do pão. A literatura apresenta diferentes combinações de enzimas e seus respectivos efeitos. Lipase combinada com xilanase ou amilase resultou em melhora na estabilidade da massa e na estrutura do miolo. A combinação de α-amilase e glicose oxidase em substituição ao bromato de potássio resultou em melhor extensibilidade da massa e maior volume de pão. A combinação de quatro enzimas (α-amilase fúngica, xilanase, lipase e α-amilase maltogênica) resultou em pães com miolos mais macios ao longo de 9 dias de armazenamento (WHITEHURST; VAN OORT, 2010; MIGUEL et al., 2013; NOVOZYMES, 2019).

13.10 EVOLUÇÃO E PERSPECTIVAS DA TECNOLOGIA ENZIMÁTICA NA PANIFICAÇÃO

As primeiras enzimas utilizadas em panificação foram aquelas na forma de malte, uma vez que esse material já era empregado há mais de 100 anos na confecção de pães. Depois, verificou-se que, na realidade, a α-amilase do malte era a responsável pela melhoria em fermentação, cor e volume do pão. Ainda hoje, alguns tipos de pães utilizam o malte em sua produção. A Tabela 13.6 apresenta resumidamente a evolução do emprego de enzimas em panificação ao longo dos anos.

Tabela 13.6 Uso de enzimas em panificação: uma perspectiva histórica

Uso desde (aproximado)	Enzima	Estimativa do uso em pão	Tendência de uso	Principal benefício
1900	Malte (amilase)	> 70%	Estável	Fermentação, cor e volume
1950	Extrato de soja ativo	< 30%	Baixa	Cor do miolo
1960	α-amilase fúngica	> 70%	Estável	Fermentação, cor e volume, sem envelhecimento
1970	Protease	< 30%	Estável	Desenvolvimento da massa
1970	Amilase bacteriana	< 30%	Baixa	Textura suave e umidade
1980*	Xilanase	> 70%	Alta	Volume e manuseio da massa
1990	Glucose oxidase	< 30%	Alta	Fortalecimento da massa
1990	Amilase maltogênica	> 70%	Alta	Suavidade e elasticidade (resiliência)**
1990	Xilanase bacteriana	< 30%	Alta	Volume e manuseio da massa
1992	Transglutaminase	–	Alta	Formação de viscoelasticidade em pão sem glúten
2000	Lipase	< 30%	Alta	Substituição do Datem***
2004	Asparaginase	–	Estável	Redução de acrilamida

* Início do uso dos organismos geneticamente modificados (OGM).
** Resiliência é a capacidade de um material de voltar ao seu estado normal depois de ter sofrido tensão.
*** Éster do ácido diacetiltartárico de monoglicerídeo (Datem) é um emulsificante.

Adaptada de Orsel (2010).

No período da Segunda Guerra Mundial, o extrato de soja (fonte de β-amilase e lipoxigenase) foi muito utilizado nas formulações de pão por sua ação branqueadora, resultando em um miolo branco agradável e também proporcionando alguma estabilidade à massa (ORSEL, 2010). Entretanto, devido a problemas de alergenicidade da soja e do surgimento de novas fontes de enzimas, o seu uso foi gradativamente decrescendo. Hoje a soja é usada como fonte de extração da β-amilase.

A α-amilase fúngica começou a ser usada em padaria industrial nos anos 1960. Seu uso foi estimulado devido a algumas vantagens que apresentava em relação à enzima do malte: seu preparado enzimático proporcionava níveis de atividade de amilase mais elevados que os do malte e não apresentava alta atividade de protease (que torna a massa pegajosa), que era comum no extrato do malte.

O melhoramento nas variedades de trigo e a necessidade de processos mais rápidos de mistura da massa deram início ao emprego de proteases para o desenvolvimento da massa. Entretanto, o uso de proteases ocorreu para uma parcela reduzida de tipos específicos de pães, devido a dificuldades de controle e dos problemas que essas enzimas podem causar. A melhoria nos equipamentos de mistura tornou desnecessário o emprego de um auxiliar não mecânico para o desenvolvimento do glúten (ORSEL, 2010).

A α-amilase fúngica foi introduzida para melhorar o volume do pão. Posteriormente, a α-amilase bacteriana começou a substituir a fúngica para produzir pães mais macios e de textura lisa e suave. Entretanto, seu alto nível de atividade e estabilidade térmica pode causar ataque a uma quantidade excessiva de amido, resultando em miolo pegajoso ou gomoso. As amilases bacterianas devem ser adicionadas com precisão e em pequenas doses, exigindo mais controle e cuidado. Ultimamente, seu uso vem diminuindo, devido ao aumento da utilização de amilase bacteriana maltogênica, de estabilidade térmica intermediária.

Nos anos 1980, a xilanase fúngica foi introduzida para melhorar a estabilidade e a maquinabilidade da massa e o volume do pão. Na mesma década teve início a comercialização das enzimas produzidas por microrganismos modificados por engenharia genética.

As alegações do bromato de potássio como agente cancerígeno levaram à sua proibição em diversos países, entre eles o Brasil, o que resultou num aumento de emprego das oxidases (PEREIRA et al., 2009). A glicose oxidase pode ser utilizada para reforçar a massa, mas seu emprego não é generalizado. Seu uso limitado se deve em parte ao custo, mas também à falta de robustez da enzima e à sua sensibilidade a sobredosagem (ORSEL, 2010).

Um grande avanço na década de 1990 foi a introdução da amilase maltogênica, que possibilitou prolongar a vida útil do produto, devido ao seu efeito antienvelhecimento e aumentar a suavidade e a maciez do pão. Também a xilanase bacteriana foi introduzida na década de 1990. Entretanto, o efeito da xilanase bacteriana precisa ser mais bem compreendido. Sua ação varia em função das características da farinha, que podem variar em concentração do inibidor, e do grau de substituição das arabinoxilanas (ORSEL, 2010).

No início do século XXI, as lipases entraram no mercado de panificação. Essas lipases de panificação pertencem a uma classe diferenciada de lipases que são especializadas na produção de lisolipídeos. Os lisolipídeos são compostos resultantes da hidrólise parcial de fosfolipídeos, dos quais foi removido um dos grupos de ácido graxo. Esses compostos são emulsificantes e apresentam uma maior funcionalidade na panificação em substituição aos emulsificantes sintéticos como o éster do ácido diacetiltartárico de monoglicerídeo (Datem).

Ainda hoje, as enzimas que foram introduzidas na década de 1990 estão em uso, e suas aplicações estão crescendo em função dos benefícios que proporcionam aos produtos de panificação e do incentivo por parte das empresas produtoras de enzimas e fornecedoras de suprimentos de padaria. A Figura 13.17 apresenta a evolução no emprego de enzimas em panificação.

Figura 13.17 Evolução do volume pelo uso de enzimas em pão.

Fonte: Orsel (2010).

13.11 TENDÊNCIAS E PERSPECTIVAS FUTURAS

A incorporação de biocatalisadores pelas indústrias de alimentos promoveu alterações nas técnicas de fabricação e processamento de produtos alimentícios, bem como aprimorou as várias características de qualidade dos alimentos. Na indústria de panificação, as enzimas vêm sendo crescentemente utilizadas para modular o desempenho da massa, melhorar a qualidade do pão fresco, prolongar a vida útil dos produtos assados e promover a qualidade do pão sem glúten. Ao longo dos anos, novas ferramentas e conhecimentos científicos acrescentaram informações fundamentais sobre as atividades enzimáticas, as quais vêm contribuindo para ampliar o emprego das enzimas individuais ou de forma combinada em outras aplicações que necessitam de aprimoramento. Devido às inovações pelas quais a indústria de panificação vem passando, é possível prever pelo menos seis grandes áreas que tendem a impulsionar o uso de enzimas, as quais podem ser resumidas da maneira apresentada a seguir.

1) *Produto natural*: existe uma forte tendência à substituição dos produtos químicos em produtos alimentícios. Embora o conceito de produto natural seja alvo de demorados e às vezes pouco frutíferos debates e definições, de uma forma geral, os consumidores entendem produto natural como produto sem aditivo químico, e, nesse sentido, as enzimas podem desempenhar um papel importante devido a sua natureza biológica. Nesse caso, os produtos obtidos com enzimas passam para o grupo dos "rótulos verdes" e atendem às demandas dos consumidores por produtos mais naturais, livres de aditivos químicos.

2) *Vida de prateleira do pão*: já existem enzimas capazes de proporcionar pães com suavidade garantida por períodos mais longos. O determinante nesse caso é o prazo de validade legal, e, nesse sentido, a panificação é cada vez mais dependente de agentes de controle do mofo para assegurar a qualidade do pão e a segurança do consumidor.

3) *Produto integral*: devido aos benefícios das fibras alimentares, o uso do grão integral tem grande importância para o consumidor, principalmente o que se preocupa com esse critério nutricional. Mas o uso de grãos inteiros ainda apresenta desafios a serem superados. A celulose e as pentosanas interferem na rede de glúten e prejudicam a maquinabilidade, a absorção da água na massa e no produto e a qualidade geral do produto. As enzimas celulases e as xilanases ajudam a neutralizar a interferência desses polímeros. Outra enzima que tem sido usada com resultados interessantes, mas irregulares, é a lipase.

4) *Pão sem glúten*: o interesse nos aspectos da inocuidade e da segurança alimentar está crescendo exponencialmente. A doença celíaca e outras doenças associadas ao trigo, como as alergias, têm levado à busca por matérias-primas substitutas do trigo. Entretanto, as farinhas dessas matérias-primas não conferem às massas as propriedades viscoelásticas do glúten, produzindo produtos inferiores quando comparados ao pão de trigo. Nesse sentido, enzimas como proteases, transglutaminases e oxidades vêm sendo empregadas como alternativas tecnológicas para superar as limitações das massas obtidas dessas farinhas.

5) *Qualificação técnica*: a natureza proteica das enzimas as torna moléculas sensíveis e instáveis. Trabalhar com enzimas pode trazer algumas dificuldades e exige cuidado. Quando se trabalha com enzimas, lida-se com uma proteína que continua a sua ação ao longo do tempo, que é muito dependente da temperatura e para a qual, na maioria dos casos, não existe um autocontrole limitador da sua ação. Se o usuário não tem o devido conhecimento, em alguns casos, o resultado pode ser catastrófico. Por exemplo, sabe-se que a ação da protease pode ser muito prejudicial se não houver um rígido controle de concentração, tempo e temperatura. É fácil imaginar a consequência, para uma padaria industrial trabalhando com toneladas de pães ao dia, de um erro de dosagem ou descontrole da ação dessa enzima. Além disso, a ação da enzima está relacionada com a qualidade da farinha. Alterações na farinha (quantidade de amido danificado, quantidade e qualidade das proteínas etc.) refletem na ação e na eficiência da enzima. Já foi relatado que variedades de trigos diferentes respondem à ação da xilanase também de formas diferentes, seja pela presença de inibidores de xilanase, seja pelo grau de substituições da cadeia de arabinoxilana (MIGUEL et al., 2013). Todos esses fatores mostram a importância considerável de esforço em pesquisa e desenvolvimento (P&D) nessa área.

6) *Novas enzimas*: finalmente, mas não menos importante, há a busca por novas enzimas ou novas fontes de enzimas com propriedades personalizadas para a fabricação de produtos de panificação diferenciados ou especiais, usando processamento mecanizado.

REFERÊNCIAS

ABIMAPI. Associação Brasileira das Indústrias de Biscoitos, Massas Alimentícias e Pães e Bolos Industrializados. *Anuário ABIMAPI 2019*. São Paulo: Definição: 2019.

ABIP. Associação Brasileira da Industria de Panificação e Confeitaria. *Indicadores da panificação e confeitaria 2018*. Brasília: [S.n.], jan. 2019.

ABITRIGO. Associação Brasileira da Indústria do Trigo. *O que é o trigo*. [S.l.], ago. 2015.

ALMEIDA, E. L.; CHANG, Y. K. Effect of the addition of enzymes on the quality of frozen pre-baked French bread substituted with whole wheat flour. *LWT Food Science and Technology*, London, v. 49, n. 1, p. 64-72, 2012.

ALVES-PRADO, H. F.; GOMES, E.; DA SILVA, R. Produção de ciclodextrina glicosiltransferase (CGTase) microbiana e aplicação de ciclodextrinas em alimentos: revisão. *Boletim SBCTA*, v. 36, p. 43-54, 2002.

ATWELL, W. A. *Wheat flour*: practical guide for the food industry. St. Paul: American Association of Ceral Chemists (AACC), 2001.

BRASIL. Ministério da Agricultura, Pecuária e Abastecimento. Secretaria de Política Agrícola. Instrução Normativa n. 38, de 30 de novembro de 2010. Estabelece o Regulamento Técnico do Trigo, definindo o seu padrão oficial de classificação, com os requisitos de identidade e qualidade, a amostragem, o modo de apresentação e a marcação ou rotulagem. *Diário Oficial da União*. Brasília, DF, dez. 2010.

BRASIL. Ministério da Agricultura, Pecuária e Abastecimento. Secretaria de Política Agrícola. *Política agrícola brasileira para a triticultura e demais culturas de inverno*. Brasília (DF): MAPA/ACS, 2012.

CAZY. *Carbohydrate-Active enZYmes database*. Marseille, 2015. Disponível em: http://www.cazy.org. Acesso em: 15 mar. 2015.

CAUVAIN, S. P.; YOUNG, L. S. *Tecnologia da panificação*. Tradução de Carlos David Szlak e Ingrid Schmidt-Hebbel. 2. ed. Barueri: Manole, 2009.

CAUVAIN, S. P.; YOUNG, L. S. *Technology of breadmaking*. 3. ed. New York: Springer, 2015.

CONAB. Companhia Nacional de Abastecimento. *Acompanhamento de safra brasileira*: grãos, segundo levantamento, fevereiro 2015. Brasília (DF): CONAB, 2015.

COURI, S. et al. Enzimas na produção de alimentos e bebidas. In: BOM, E. P. S. et al. (Ed.). *Enzimas em biotecnologia*: produção, aplicações e mercado. Rio de Janeiro: Interciência, 2008. p. 153-177.

COURTIN, C. M.; DELCOUR, J. A. Arabinoxilans and endoxylanases in wheat flour bread-making. *Journal of Cereal Science*, London, v. 35, n. 3, p. 225-243, 2002.

COURTIN, C. M.; GELDERS, G. G.; DELCOUR, J. A. The use of two endoxylanases with different substrate selectivity provides insight into the functionality of arabinoxylans in wheat flour breadmaking. *Cereal Chemistry*, Saint Paul, v. 78, n. 5, p. 564-571, 2001.

DAMODARAN, S.; PARKIN, K. L.; FENNEMA, O. R. *Química de alimentos*. 4. ed. Porto Alegre: Artmed, 2010.

DELCOUR, J. A.; HOSENEY, R. C. (Ed.). *Principles of cereal science and technology*. 3. ed. Saint Paul: AACC International, 2010.

EL-FALLAL, A. et al. Starch and microbial α-amylases: from concepts to biotechnological applications. In: CHANG, C.-F. (Ed.). *Carbohydrates*: comprehensive studies on glycobiology and glycotecnology. Rijeka: Intech, 2012. cap. 21.

FERNANDES, P. Enzymes in food processing: a condensed overview on strategies for better biocatalysts. *Enzyme Research*, v. 2010, p. 1-19, 2010.

FINNIE, S. M.; JEANNOTTE, R.; FAUBION, J. M. Quantitative characterization of polar lipids from wheat whole meal, flour, and starch. *Cereal Chemistry*, Saint Paul, v. 86, p. 637-645, 2009.

FRANCO, C. M. L. et al. *Culturas de tuberosas amiláceas latino americanas*: propriedades gerais do amido. Campinas: Fundação Cargill, 2001. v. 1.

GANDRA, K. M. et al. Aplicação de lipase e monoglicerídeo em pão de forma enriquecido com fibras. *Ciência e Tecnologia de Alimentos*, Campinas, v. 28, n. 1, p. 182-192, 2008.

GERITS, L. R.; PAREYT, B.; DELCOUR, J. A. A lipase based approach for studying the role of wheat lipids in bread making. *Food Chemistry*, London, v. 156, p. 190-196, 2014.

GERITS, L. R. et al. A. Lipases and their functionality in the production of wheat-based food systems. *Comprehensive Reviews in Food Science and Food Safety*, Chicago, v. 13, p. 978-989, 2014.

GOESAERT, H. et al. Wheat flour constituents: how they impact bread quality, and how to impact their functionality. *Trends in Food Science and Technology*, Cambridge, v. 16, n. 1, p. 12-30, 2005.

GOESAERT, H. et al. Amylases and bread firming – an integrated view. *Journal of Cereal Science*, London, v. 50, n. 3, p. 345-352, 2009.

GRAY, J. A.; BEMILLER, J. N. Bread staling: molecular basis and control. *Comprehensive Reviews in Food Science and Food Safety*, Chicago, v. 2, n. 1, p. 1-21, 2003.

GUPTA, R. et al. Microbial a-amylases: a biotechnological perspective. *Process Biochemistry*, London, v. 38, n. 11, p. 1599-1616, 2003.

HII, S. L. et al. Pullulanase: Role in starch hydrolysis and potential industrial applications. *Enzyme Research*, v. 2012, p. 1-14, 2012.

KULKARNI, N.; SHENDYE, A.; RAO, M. Molecular and biotechnological aspects of xylanases. *FEMS Microbiology Reviews*, Amsterdam, v. 23, n. 4, p. 411-456, 1999.

MALONEY, D. H.; FOY, J. J. Yeast fermentation. In: KULP, K.; LORENZ, K. (Ed.). *Handbook of dough fermentation*. New York: Marcel Dekker, 2003.

MIGUEL, A. S. M. et al. Enzymes in bakery: current and future trends in food industry. In: MUZZALUPO, I. (Ed.). *Food industry*. Rijeka: Intech, 2013. p. 287-321.

MOAYEDALLAIE, S.; MIRZAEI, M.; PATERSON, J. Bread improvers: comparison of a range of lipases with a traditional emulsifier. *Food Chemistry*, London, v. 122, n. 3, p. 495-499, 2010.

MOTTRAM, D. S.; WEDZICHA, B. L.; DODSON, A. T. Acrylamide is formed in the Maillard reaction. *Nature*, London, v. 419, n. 6906, p. 448-449, 2002.

MURALIKRISHNA, G.; NIRMALA, M. Cereal α-amylases – an overview. *Carbohydrate Polymers*, Barking, v. 60, n. 2, p. 163-173, 2005.

NARVHUS, J. A.; SORHAUG, T. Bakery and Cereal Products. In: HUI, Y. H. (Ed.). *Food biochemistry and food processing*. Ames: Blackwell, 2006.

NOROUZIAN, D. et al. Fungal glucoamylases. *Biotechnology Advances*, v. 24, p. 80-85, 2006.

NOVOZYMES. Disponível em: https://www.novozymes.com/en/advance-your-business/food-and-beverage/baking. Acesso em: 5 dez. 2019.

OLIVEIRA, D. S. et al. Effect of a Thermoascus aurantiacus thermostable enzyme cocktail on wheat bread quality. *Food Chemistry*, London, v. 143, p. 139-146, 2014.

ORSEL, R. Enzyme technology. In: AMERICAN SOCIETY OF BAKING'S ANNUAL TECHNICAL CONFERENCE, 2010, Chicago. *Proceedings*... Chicago, 2010.

PANDEY, A. et al. Advances in microbial amylases. *Biotechnology and Applied Biochemistry*, Duluth, v. 31, pt. 2, p. 135-152, 2000.

PAULY, A. et al. Wheat (*Triticum aestivum* L. and *T. turgidum* L. ssp. *durum*) kernel hardness: II. Implications for end-product quality and role of puroindolines therein. *Comprehensive Reviews in Food Science and Food Safety*, Chicago, v. 12, n. 4, p. 427-438, 2013.

PEREIRA, E. P. R.; AMORIM, E. O. C.; AMBIEL, H. C. I.; CHANG, Y. K . Influência de agentes oxidantes sobre as propriedades reológicas de massas de farinha de trigo branca e de grão inteiro e sobre o volume específico de pão francês. *Braz. J. Food Technol.*, v. 12, n. 3, p. 161-171, 2009.

RENZETTI, S. et al. Oxidative and proteolytic enzyme preparations as promising improvers for oat bread formulations: rheological, biochemical and microstructural background. *Food Chemistry*, London, v. 119, n. 4, p. 1465-1473, 2010.

RENZETTI, S.; ROSELL, C. M. Role of enzymes in improving the functionality of proteins in non-wheat dough systems. *Journal of Cereal Science*, London, v. 67, p. 35-45, 2016.

RIBOTTA, P; LE-BAIL, A. Thermo-physical assessment of bread during staling. *LWT – Food Science and Technology*, Amsterdam, v. 40, n. 5, p. 879-884, 2007.

ROSELL, C. M.; DURA, A. Enzymes in Bakeries. In: CHANDRASEKARAN, M. (Ed.). *Enzymes in Food and Beverage Processing*. London: CRC Press: 2016. p. 171–195.

SAJILATA, M. G.; SINGHAL, R. S.; KULKARNI, P. R. Resistant starch – a review. *Comprehensive Reviews in Food Science and Food Safety*, Chicago, v. 5, n. 1, p. 1-17, 2006.

SELOMULYO, V. O.; ZHOU, W. Frozen bread dough: effects of freezing storage and dough improvers. *Journal of Cereal Science*, London, v. 45, n. 1, p. 1-17, 2007.

SLUMIER, P. *Principles of breadmaking*: functionality of raw materials and process steps. Saint Paul: AACC, 2005.

TAYLOR, J. R. N.; DLAMINI, B. C.; KRUGER, J. Review: the science of the tropical cereals sorghum, maize and rice in relation to lager beer brewing. *Journal of the Institute of Brewing*, London, v. 119, n. 1-2, p. 1-14, 2013.

THOMAS, D.; ATWELL, W. *Starches*: practical guides for the food industry. St. Paul: American Association of Ceral Chemists (AACC), 1999.

VAN DER MAAREL, M. J. et al. Properties and applications of starch-converting enzymes of the alpha-amylase family. *Journal of Biotechnology*, v. 94, p. 137-155, 2002.

WHITEHURST, R. J.; VAN OORT, M. (Ed.). *Enzymes in food technology*. 2. ed. New York: John Wiley & Sons, 2010.

YANO, H. Recent practical researches in the development of gluten-free breads. *Npj Sci. Food*, Beijing, v. 3, p. 1-8, 2019.

ZHOU, W.; HUI, Y. H. (Ed.). *Bakery products science and technology*. 2. ed. Oxford: Wiley-Blackwell, 2014.

CAPÍTULO 14
Aplicações de enzimas na tecnologia de alimentos

Michele Vitolo

14.1 INTRODUÇÃO

A tecnologia de alimentos, em linhas gerais, pode ser considerada o resultado da combinação harmônica dos aspectos: formulação → processamento → embalagem, garantindo ao consumidor ampla variedade de alimentos industrializados.

O tecnólogo seleciona as matérias-primas a serem manipuladas, mistura-as nas quantidades preconizadas na formulação e submete-as a um pré-processamento (lavagem, maceração, cozimento etc.), obtendo, em seguida, uma massa à qual adiciona os coadjuvantes necessários (acidulante, corante, aromatizante etc.). Após o processamento final (cozimento, extrusão, secagem etc.) resulta o produto almejado, o qual é submetido ao controle de qualidade, embalado e enviado ao mercado.

É possível melhorar a produção e a qualidade do produto alimentício final por meio da modificação de características intrínsecas das matérias-primas de partida e/ou do processamento. No primeiro caso, podem ser usadas as técnicas de melhoramento agropecuárias convencionais (por exemplo, inseminação artificial de animais, enxertia de plantas) e as biotecnológicas – como milho modificado pela técnica do DNA recombinante para obter variedade com baixa atividade lipoxigenásica e alto teor de amilose, implicando a eliminação do branqueamento e a redução da temperatura de gelatinização, respectivamente, e variedade de tomateiro rasteiro que não necessita de estacas para o escoramento da planta e que permite substituir a colheita manual pela mecanizada, obtendo-se no final aumento notório de produtividade. No segundo caso, porém, a intervenção poderia ser relativa a equipamentos e/ou pelo uso de enzimas.

Particularmente em relação à biotecnologia, pode-se dizer que vem contribuindo para o desenvolvimento da tecnologia de alimentos por meio de quatro vertentes, a saber, melhoramento das fontes de matérias-primas, produção de ingredientes específicos para a indústria alimentícia, satisfação de demandas específicas de mercado e melhoramento de processos – notadamente pelo uso de enzimas.

14.1.1 MELHORAMENTO DAS FONTES DE MATÉRIAS-PRIMAS

Neste caso, tem-se o aumento da produtividade do cultivar (caso do tomateiro rasteiro) e a melhoria dos atributos funcionais da matéria-prima. Nesse último caso, merecem lembrança, por exemplo, os híbridos do milho e do trigo, os quais, respectivamente, possuem menos lipoxigenase (a operação unitária de branqueamento é abolida) e melhor distribuição da amilose no grânulo de amido (diminuição do "amanhecimento" do produto final).

14.1.2 PRODUÇÃO DE INGREDIENTES ESPECÍFICOS PARA A INDÚSTRIA ALIMENTÍCIA

Na fabricação de alimentos são necessários inúmeros ingredientes, que devem estar sempre disponíveis no mercado e em grandes quantidades, por exemplo, aminoácidos (ácido glutâmico, ácido aspártico, fenilalanina, lisina, metionina), vitaminas (complexo B, tocoferol), enzimas (proteases, carboidrases, pectinases etc.), entre outros. Para essa situação, a biotecnologia colabora possibilitando o aperfeiçoamento genético de microrganismos – sobretudo pela técnica do DNA recombinante –, que produzem os compostos citados nas quantidades exigidas pelo mercado. Em outros termos, procura-se aperfeiçoar o processo fermentativo.

14.1.3 SATISFAÇÃO DE DEMANDAS ESPECÍFICAS DE MERCADO

Atualmente, os consumidores exigem que os ingredientes dos alimentos sejam os mais naturais possíveis e o valor calórico não seja exagerado. A indústria alimentícia respondeu a essas demandas incluindo nas formulações ingredientes naturais (extrato de baunilha, destilado de cacau, mentol, jasmim, shikonina, manteiga de cacau e cochonilha do Peru, por exemplo) e reduzindo o teor de açúcares (como cerveja de baixa caloria produzida adicionando-se na dorna de fermentação a glicoamilase, que hidrolisa os oligossacarídeos residuais em glicose, a qual é totalmente metabolizada pela levedura; em outros alimentos, pelo acréscimo de adoçantes não açucarados como taumatina, esteviosídeos, aspartame).

Sucede que muitos ingredientes naturais – como extrato de baunilha, mentol, jasmim, entre outros – são caros (preços não inferiores a US$ 30 por kg), podendo a versão sintética existir a custo menor (por exemplo, extrato de baunilha e mentol) ou não (por exemplo, jasmim, shikonina, cochonilha do Peru etc.).

A biotecnologia, portanto, deve criar meios que possibilitem a obtenção de ingredientes naturais em quantidade e a preços módicos, bem como produtos com baixo valor calórico. No caso da cerveja com baixa caloria, estão sendo desenvolvidas leveduras geneticamente modificadas (pela técnica do DNA recombinante) capazes de produzir glicoamilase (uma enzima fúngica), que durante a fermentação possibilita a conversão total da glicose em etanol. Nessa condição, evita-se a adição de glicoamilase exógena, reduzindo sobremaneira o perigo de contaminação da dorna, além de baratear o processo. No caso dos ingredientes naturais, merece lembrança a obtenção da shikonina a partir da planta *shikon*, encontrada na China. A variedade natural do *shikon* produz a cada 7 anos 0,02 g de shikonina/planta, o que explicava o alto custo desse corante. Por meio da técnica biotecnológica da fusão celular, resultou uma variedade de *shikon* que produz a cada 23 dias a mesma quantidade de corante por planta. O preço da shikonina caiu vertiginosamente, tornando-se um dos corantes vermelhos mais utilizados na formulação de alimentos. O mercado para esse corante não é inferior a US$ 1 milhão/ano.

14.1.4 MELHORAMENTO DE PROCESSOS

Os processos da indústria de alimentos podem ser melhorados tanto pelo aperfeiçoamento dos equipamentos quanto pelo uso de enzimas. Os aspectos relacionados ao aperfeiçoamento de equipamentos para a indústria alimentícia não serão objeto deste texto.

14.1.4.1 Enzimas

Na atualidade, as enzimas são catalisadores muito utilizados na indústria (alimentícia, farmacêutica, têxtil, papel e celulose, químico-farmacêutica), em métodos analíticos (químicos e de diagnóstico), em medicamentos (por exemplo, auxiliares digestivos) e como alvos naturais de fármacos inibidores específicos (por exemplo, o omeprazol, fármaco usado para diminuir a quantidade de suco gástrico na luz do estômago, é um inibidor da enzima que catalisa a saída do ácido clorídrico das células acinares para a luz do estômago) (BON; FERRARA; CORVO, 2008, p. 55).

As enzimas podem ser obtidas de animais (pepsina, renina), vegetais (papaína, ficina, bromelina) e microrganismos.

Com o advento da biotecnologia moderna (a partir de 1972, com a invenção das técnicas biotecnológicas básicas denominadas fusão celular e DNA recombinante), o fabricante de enzimas passou a dispor de cepas "engenheiradas", isto é, microrganismos com o genoma modificado por uma das técnicas biotecnológicas básicas, as quais são bem mais produtivas na enzima de interesse que as cepas originais. Nesse caso, porém, o usuário (tecnólogo de alimentos) deve ser comunicado pelo fabricante, a fim de evitar problemas legais com as agências fiscalizadoras, como a Agência Nacional de Vigilância Sanitária (Anvisa), já que a legislação sobre alimentos é bastante rigorosa. Há situações em que a legislação exige que o fabricante obtenha nova licença para comercializar o produto, ou, na pior hipótese, requeira uma nova aprovação do produto, caso seja classificado como "produto novo".

Para o produtor da enzima microbiana, o controle da quantidade produzida é uma questão fundamental. Regular a fermentação no intuito de aumentar ou diminuir a quantidade de enzima obtida não é muito problemático, o que dificulta essa operação é a fase de purificação (*downstream*), porque é comum obter várias enzimas a partir de um mesmo processo fermentativo. Como resultado, pode ocorrer um desequilíbrio nas quantidades das enzimas obtidas. Um procedimento geral usado pelo fabricante é obter suas enzimas com grau alimentício, mesmo que sejam usadas em outro setor.

A relação das enzimas com o setor alimentício se dá de quatro maneiras, a saber, na deterioração dos alimentos – devida às oxidases naturalmente presentes na constituição do alimento –, no controle de qualidade dos alimentos – feito na matéria-prima não processada, durante o processamento e no produto final; nesse caso as enzimas são usadas como reagentes analíticos –, no controle de operações unitárias industriais – por exemplo, o tratamento térmico (branqueamento) de vegetais só é adequado quando não se detecta a enzima peroxidase no alimento branqueado; a pasteurização do leite (processo térmico em que a matéria-prima é mantida em torno de 65 °C por 30-40 minutos) só pode ser considerada eficiente quando a atividade da fosfatase alcalina no leite pasteurizado for nula – e, finalmente, no processamento do alimento, que é efetuado em reatores enzimáticos (Tabela 14.1).

Tabela 14.1 Exemplos de enzimas usadas na indústria de alimentos

Enzimas	Aplicações
Amilase	Panificação, xaropes, cervejaria, sucos de fruta
Protease	Panificação, cervejaria, laticínios
Lactase	Deslactosação do leite integral ou do soro
Fosfatase	Alimentos infantis
Catalase	Desglicosação de ovos
Glicose oxidase	Desglicosação de ovos
Tanase	Cervejaria
Naringinase	Sucos de fruta
Pectinase	Vinhos e sucos de fruta

A posição destacada das enzimas na área de alimentos deve-se a: a) atoxicidade e o fato de serem substâncias naturais; b) especificidade em relação ao substrato e estereoespecificidade de ação; c) atuação em condições brandas de temperatura e pH; d) eficiência catalítica a baixa concentração; e) fácil inativação.

É notório, no entanto, o descompasso entre o número de enzimas atualmente conhecidas, sendo muitas já bem caracterizadas tanto em termos estruturais quanto cinéticos, e a quantidade de enzimas realmente usadas em processos alimentícios industriais. As prováveis razões para explicar esse fato seriam: a) dificuldade de se obter a maioria das enzimas conhecidas em quantidades industriais e a custo compatível com o do produto final; b) atuação inadequada de muitas enzimas nas condições reais de processo; c) origem intracelular da maioria das enzimas conhecidas, as quais normalmente são de custo elevado; d) exigência de cofatores caros pela maioria das enzimas conhecidas (oxidorredutases, liases etc.) (TARABOULSI JR.; ANDREOTTI; VITOLO, 2012).

A solução de boa parte dos problemas mencionados provirá provavelmente da biotecnologia. Por exemplo, o barateamento das enzimas poderia advir do emprego de microrganismos geneticamente modificados que as excretariam para o meio de cultivo (produção de quimosina por *Escherichia coli* e/ou *Saccharomyces cerevisiae* portadores em seus genomas do gene codificador dessa enzima transferido a partir de bezerros) e/ou por meio da reutilização do catalisador imobilizado em material inerte (produção de xaropes de frutose usando a glicoseisomerase imobilizada). Salienta-se que o processo enzimático em si também poderia ser melhorado pelo uso de biorreatores mais adequados, como o reator com membrana (reator continuamente agitado acoplado à membrana de ultrafiltração, por meio do qual se consegue efetuar a catálise da reação e a separação do produto simultaneamente).

Atualmente, o fabricante de enzimas deve suprir o mercado com catalisadores de alta qualidade para usos em processos cada vez mais específicos a preços módicos. Daí resulta que o desenvolvimento de enzimas aplicáveis em processos industriais é estimulado por vários fatores, a saber, potencialidade do mercado (atualmente da ordem de US$ 5 bilhões), custo de processamento, qualidade requerida e disponibilidade tecnológica.

Finalmente, da Tabela 14.1 observa-se que há vários exemplos do uso de enzimas com o objetivo de modificar matérias-primas e/ou obter produtos específicos, vários dos quais serão discutidos a seguir.

14.2 PANIFICAÇÃO

14.2.1 INTRODUÇÃO

O uso de enzimas em panificação é um procedimento necessário, já que as farinhas usadas como matérias-primas possuem baixa atividade enzimática, sobretudo amilolítica e proteolítica. As principais enzimas empregadas são: α-amilase, β-amilase, protease fúngica, protease microbiana e lipoxigenase.

O objetivo da adição de proteases e amilases à massa do pão é facilitar sua manipulação por meio das máquinas de uso convencional na indústria da panificação (misturadores, laminadores, fornos).

14.2.2 ENZIMAS UTILIZADAS

14.2.2.1 Amilases

As enzimas que degradam o amido são muito abundantes na natureza. As amilases atuam, em linhas gerais, sobre polissacarídeos que possuem ligações osídicas do tipo α-1,4.

14.2.2.1.1 α-Amilase

É uma enzima amplamente encontrada em vegetais, animais e microrganismos. Atua sobre o amido, degradando-o aleatoriamente a partir de posições internas da cadeia polimérica (BEMILLER; WHISTLER, 2009, p. 85).

A ação da α-amilase sobre a amilose se dá em duas etapas. A primeira consiste no ataque aleatório e rápido do substrato, resultando maltose e maltotriose, enquanto a segunda, bem mais lenta, permite a formação de glicose e maltose. A clivagem das ligações osídicas se dá com retenção da configuração da hidroxila anomérica do C1 da glicose.

A hidrólise da amilopectina pela α-amilase fornece como produtos finais: glicose, maltose e as α-dextrinas-limite (oligossacarídeo contendo várias unidades de glicose unidas por ligações osídicas do tipo α-1,6 entremeadas por pequenas porções de moléculas de glicose ligadas por ligações osídicas α-1,4). Amilases de origens diferentes produzem dextrinas diferentes.

O peso molecular dessa enzima é da ordem de 50.000 Da, sendo o Ca^{+2} um cofator que confere estabilidade à enzima diante do pH.

O maior ou menor efeito do pH e da temperatura sobre a atividade da enzima é muito importante para selecionar a fonte da qual se obterá o catalisador para ser empregado na panificação. Devido à maior termolabilidade, dá-se preferência para a α-amilase fúngica.

A α-amilase pode ser obtida tanto por cultivo em superfície quanto submerso, sendo o *Aspergillus oryzae* o microrganismo mais comumente usado. Além da aeração, usam-se como fontes de C e N substâncias do tipo: celobiose, dextrina, maltose, acetato de amônio, peptona e hidrolisado proteico (caseína hidrolisada, por exemplo).

A título de exemplo, será descrito em linhas gerais o cultivo em superfície do *A. oryzae* para a produção de α-amilase fúngica (PARK, 1975, p. 182). Basicamente o cultivo em superfície pode ser feito por meio dos seguintes métodos:

a) Método do tambor

O farelo úmido e esterilizado é colocado num tambor rotativo e, a seguir, inoculado com uma cultura de esporos de *A. oryzae* preparada como segue: introduzir o meio de cultura (grãos de milho moídos: 10 g, farelo de trigo: 100 g, HCl 0,2N: 60 mL, $ZnSO_4.7H_2O$: 0,62 ppm, $FeSO_4.7H_2O$: 0,63 ppm e $CuSO_4.5H_2O$: 0,08 ppm) em frasco de 250 mL, o qual é esterilizado a seguir. Após o resfriamento, inocular o *A. oryzae* e incubar a 30 °C. Uma vez ocorrida a esporulação, o conteúdo do frasco é seco em estufa. O farelo seco, por sua vez, servirá de inóculo para 1 a 1,2 kg do mesmo meio com o teor de umidade análogo ao do meio que será introduzido no tambor.

Durante a operação, introduz-se ar vagarosamente no tambor, que é mantido a uma temperatura próxima de 30 °C. Durante o período de germinação, o tambor é girado por 20 minutos a cada 2 horas. A seguir, é mantido continuamente em baixa rotação durante 40 a 45 horas. O farelo fermentado é removido e deixado para secar à temperatura ambiente, sendo, a seguir, embalado.

b) Método do tacho

Prepara-se a pasta de farelo (750 g de HCl 0,3N + 750 g de farelo de trigo) dentro de um tacho e, em seguida, esteriliza-se. A massa é resfriada e inoculada com o farelo fúngico preparado como descrito no item anterior. A fermentação é conduzida a 30 °C com baixa aeração por 45 horas. O mosto fermentado é deixado secando à temperatura ambiente.

c) Método da bandeja

Farelo de trigo umedecido com água é espalhado sobre uma bandeja, formando uma camada com no máximo 3 cm de espessura. A esterilização é feita a 1 atm por 30 minutos a 115 °C. Após o resfriamento, a massa é inoculada com farelo fúngico preparado conforme o item *a*. A incubação das bandejas é feita a 25 °C, até que o fungo comece a esporular após 56 horas de cultivo. Os esporos fúngicos são removidos pela adição de etanol 95% ao farelo fúngico, na proporção de 3 L por kg de farelo. O extrato alcoólico é removido com uma prensa hidráulica. A torta da prensa é seca e moída.

O farelo fúngico obtido por qualquer um dos três métodos descritos serve de fonte da α-amilase. Para tanto, trata-se o farelo com água, homogeneiza-se e filtra-se. Ao filtrado adiciona-se etanol para precipitar a α-amilase, a qual é recolhida, seca e moída.

Tradicionalmente, a unidade de atividade amilolítica é o SKB (sigla proveniente das iniciais de seus idealizadores: Sandstedt, Kneen e Blish), que é definida como segue: 1 SKB é o inverso do tempo requerido para que a hidrólise de uma solução de dextrina-padrão pela α-amilase provoque em presença do I_2 o aparecimento de uma intensidade de cor previamente estabelecida.

14.2.2.1.2 β-amilase (amilase sacarogênica)

Esta enzima hidrolisa as ligações osídicas α-1,4 a partir da extremidade não redutora da cadeia polimérica, provocando a inversão da configuração do C1 da glicose (o anômero α é convertido em β).

A ação da β-amilase sobre a amilopectina é incompleta, pela incapacidade de contornar ligações osídicas α-1,6, obtendo-se no final uma mistura de maltose e β-dextrina-limite (polímero que contém todas as ligações α-1,6 da cadeia original). Das amilopectinas comuns obtêm-se cerca de 50% a 60% de maltose. Da hidrólise da amilose por essa enzima resultam maltose e oligossacarídeos, sendo estes completamente hidrolisados após um período longo de ação da enzima.

O ciclo catalítico dessa enzima é da ordem de 250 mil ligações osídicas rompidas por minuto (30 °C e pH 4,8). O pH ótimo situa-se entre 5,0 e 6,0, e o de estabilidade, entre 4,0 e 8,5. É uma enzima sulfidrílica, não requerendo cofator. A termoestabilidade depende da procedência da enzima (*cevada*: inativada a 70 °C/10 minutos; *soja*: perde 50% da atividade quando aquecida a 65 °C/30 minutos e em pH 5,5).

14.2.2.2 Proteases

Atuam na hidrólise de proteínas em geral, sendo obtidas de *Bacillus subtilis* e *Aspergillus niger.*

A produção dessas enzimas depende da fonte microbiana que está sendo usada. Em linhas gerais, lembra-se que a fonte de C, qualquer que seja, deve ser usada em baixa concentração (nunca acima de 20 g/L) e que a fonte de N mais adequada é a constituída pela proteína não hidrolisada.

O processo fermentativo submerso é o melhor para a produção de enzimas proteolíticas em grandes quantidades. Entretanto, o cultivo em superfície também dá bom rendimento e pode ser útil quando a quantidade de enzima a ser usada não é grande.

As proteases naturais (originalmente presentes na farinha) têm $pH_{ótimo} = 4{,}0$, apresentando queda acentuada da atividade em pH ≅ 7,0, que é, em geral, o pH da massa. Além disso, concentrações salinas da ordem de 3% inibem essas proteases. Por conseguinte, as proteases naturais da farinha não exercem efeito apreciável sobre as características reológicas da massa em nível de glúten.

A unidade de atividade proteolítica mais comum é a *Anson unit*: 1 AU é a quantidade de enzima que, sob as condições do teste, libera 1 μmol/min de aminoácidos folin-positivos (tirosina). O teste de dosagem clássico consiste em: 5 mL de hemoglobina 20 mg/mL, tampão borato 0,1M (pH = 7,5), ureia 6M, $CaCl_2$ 0,01M, NaCl 5 mM e 0,2 mL da protease. Completar o volume com água a 6 ml. Deixar reagir a 36 °C por 10 minutos. Bloquear a reação com 10 mL de TCA 0,3M. Após a centrifugação, tomar 5 mL do sobrenadante, acrescentar 10 mL de NaOH 0,5 N e 3 mL de reativo de Folin-Ciocalteau. A cor desenvolvida é lida em comprimento de onda igual a 750 nm.

Tendo em vista o fato de que até hoje não foi possível estabelecer uma correlação adequada entre a ação da enzima sobre, por exemplo, a hemoglobina e sobre o glúten da massa, o procedimento consiste em caracterizar a protease em termos de AU e, ao mesmo tempo, avaliar as propriedades da massa por meio de dispositivos desenvolvidos para esse fim (*farinógrafo*: medida da viscosidade da massa; *mixógrafo:* resistência da massa durante a mistura dos ingredientes; *extensiógrafo*: avalia a extensibilidade da massa) (QUAGLIA, 1991, p. 85).

14.2.2.3 Outras enzimas

Uma enzima que merece especial atenção é a lipoxidase, a qual é usada nos Estados Unidos e no Canadá como branqueador da farinha para a fabricação de pães com miolo branco. A descoloração da farinha resulta do acoplamento das reações do caroteno e do ácido graxo insaturado com o O_2 do ar. Essa enzima é encontrada naturalmente no grão. A fonte de lipoxidase para a tecnologia de panificação é a farinha de soja desengordurada, da qual é usado ao redor de 0,5% em relação ao peso total da farinha. Além disso, essa enzima influi nas propriedades de mistura da massa e na estrutura interna do pão (QUAGLIA, 1991, p. 123).

Devido ao fato de existirem na farinha substâncias higroscópicas da família das pentosanas, responsáveis pelo fenômeno do amanhecimento (*staling*) no produto final, preconiza-se o uso de pentosanases, as quais são encontradas nos preparados comerciais de hemicelulase.

A glicose oxidase vem sendo usada em panificação para corrigir a composição de farinhas panificáveis. Por exemplo, a farinha de arroz, que é pobre em glúten, não permite obter pães com textura adequada. Porém, esse derivado do arroz é encontrado em grande quantidade em vários países que produzem e consomem o cereal, sendo, por isso, importante torná-lo uma matéria-prima para a panificação industrial. A adição da glicose oxidase à farinha promove modificações nas proteínas do arroz, principalmente no grau de oxidação dos seus grupos sulfidrilas constituintes, tornando a massa final bem mais extensível e, em consequência, passível de cozimento adequado no forno (GUJRAL; ROSELL, 2004).

Finalmente, deve-se mencionar a xilanase, um tipo de hemicelulase, que é adicionada à massa para aumentar a extensibilidade e fortalecer a malha da rede de glúten. Pode ser usada em associação com protease para atuar em massas com alto teor de glúten, como na fabricação de *wafers*.

14.2.3 EFEITOS DA SUPLEMENTAÇÃO DE ENZIMAS

14.2.3.1 Amilases

A α-amilase ataca os grânulos de amido danificados, formando dextrinas, as quais são hidrolisadas pela β-amilase.

A tecnologia atual da panificação exige a ocorrência do processo fermentativo numa velocidade adequada e uniforme, sendo importante, por conseguinte, a disponibilidade de açúcar fermentescível na massa. Tal objetivo é alcançado pela suplementação com enzimas amilolíticas. O aumento do teor de açúcar no produto final melhora o paladar e a qualidade de tostagem do pão.

A possibilidade de produzir açúcares na massa por via enzimática, em quantidades acima das requeridas pela fermentação, deve ser considerada. Em países onde não existe o hábito de adicionar açúcar à composição da massa, o uso de enzimas pode ser interessante em termos das características do produto final. Nos Estados Unidos, é costume adicionar açúcar na massa, tornando o uso de enzimas amilolíticas para esse fim desnecessário. Além disso, a porcentagem de grânulos de amido danificados e o custo da enzima devem ser também considerados.

A α-amilase tem um efeito marcante na viscosidade e na maciez da massa, além de conferir ao miolo bom volume final, sedosidade e textura (BEMILLER; WHISTLER, 2009).

A prática recomenda o uso de α-amilase na concentração de 0,3 SKB/100 g de farinha. Do exposto fica evidente a necessidade de se compatibilizar a quantidade de amilase a ser suplementada e as características do produto final. Maneiras de evitar o excesso de α-amilase são importantes, sendo a mais comum a adição de NaCl (2 g/100 g de farinha).

Tradicionalmente, a farinha é malteada na fase de moagem, usando-se malte do trigo ou da cevada em níveis da ordem de 0,25-0,40%, correspondendo à adição de 10 a 15 SKB/100 g de farinha. A adição é feita automaticamente no fluxo da farinha moída. A α-amilase fúngica também pode ser usada.

Enquanto a farinha é suplementada com α-amilase vegetal em níveis mínimos, o padeiro, de acordo com a composição da mistura, do tipo de equipamento e do processo, adiciona mais ou menos α-amilase fúngica. Esse procedimento é usado para pães, bolos e alguns *crackers*.

A α-amilase bacteriana é usada em massas de doces, tortas em geral, *brownies*, *snacks* e canapés. A termoestabilidade dessa enzima é adequada para produtos que requerem um miolo bem macio, úmido ou até gomoso.

14.2.3.2 Proteases

A adição de proteases à massa melhora suas propriedades de manuseio, além de modificar a elasticidade e a textura do glúten, permitindo, como resultado final, um volume adequado do pão. Ressalta-se que a suplementação proteolítica é indispensável, já que as proteases nativas da farinha não desempenham papel relevante nesse processo (BEMILLER; WHISTLER, 2009).

As proteases são usadas durante o estágio da fermentação, para permitir um maior contato com o glúten. A enzima hidrolisa e reduz o comprimento da cadeia proteica, possibilitando um realinhamento das moléculas. Tal evento permite reduzir em até 30% o tempo de mistura (economia em termos energéticos) no ponto de máxima extensibilidade da massa.

Especificamente para *crackers*, utilizam-se tanto a protease fúngica quanto a bacteriana. Elas conferem à massa força e extensibilidade adequadas, permitindo uma laminação isenta de fraturas e de espessura conveniente para a correta tostagem do material quando introduzido no forno.

14.2.4 PERSPECTIVAS

As perspectivas das enzimas na área da panificação repousam no aumento da disponibilidade de pentosanase, enzima muito útil para evitar o "amanhecimento" do produto, e na diversificação de fontes para o aumento de xilanases no mercado. É cada vez maior o uso de *blends* de xilanases provenientes de fontes diferentes – por exemplo, xilanase de *A. niger* misturada com xilanase de *T. reesei* – para preparar massas adequadas para fabricar biscoitos e acepipes com textura folheada (*wafers*, por exemplo).

14.3 MODIFICAÇÃO DO AMIDO

14.3.1 INTRODUÇÃO

Durante as últimas duas décadas, a liquefação e a sacarificação do amido por meio de enzimas vêm crescendo, devido ao aumento da produtividade do processo hidrolítico, à melhor qualidade do produto final e à economia de energia. As cifras envolvidas com o uso de enzimas na industrialização do amido não são inferiores a US$ 110 milhões.

O amido é o principal constituinte de muitos alimentos, sendo a principal fonte de energia e também um fator essencial para estrutura, consistência e textura dos alimentos.

Os grânulos de amido são formados por dois polímeros da glicose, designados por amilose e amilopectina, que se associam por meio de pontes de hidrogênio. Esses polissacarídeos frequentemente formam complexos com outras substâncias presentes no vegetal. Lembra-se que a amilose se complexa com ácidos graxos e fosfolipídeos e a amilopectina da batata acha-se parcialmente esterificada com ácido fosfórico.

Os grânulos de amidos comuns são constituídos de 15% a 30% de amilose e 70% a 85% de amilopectina.

A amilose é uma macromolécula linear constituída por pelo menos quinhentas unidades de glicose, podendo apresentar redobramentos e/ou torções que lhe conferem uma estrutura tridimensional (estabilizada por pontes de hidrogênio intramoleculares). As unidades de glicose são unidas umas às outras por meio de ligações osídicas do tipo α-1,4.

A amilopectina, por sua vez, é uma macromolécula com alto grau de ramificação, possuindo as unidades de glicose unidas por meio de ligações osídicas do tipo α-1,4, surgindo a cada vinte/trinta unidades de glicose um ponto de ramificação, cuja ligação osídica é do tipo α-1,6.

Os amidos provenientes de fontes diferentes apresentam propriedades químicas e físicas distintas. Em consequência, surgiram diferentes técnicas para a conversão industrial dos materiais amiláceos em xaropes, essencialmente usados como adoçantes (Tabela 14.2).

As enzimas de maior interesse nesse tipo de indústria são: α-amilase, β-amilase, glicoamilase, isomerase, glucanase, pululanase e isoamilase.

Tabela 14.2 Usos dos produtos resultantes da hidrólise do amido

Produto	Usos
Maltodextrinas	Estabilizantes, gomas, espessantes, encapsulamento de sais ferrosos**
Xaropes mistos (DE*: 42-63)	Confeitaria, refrigerantes
Xarope de maltose	Confeitaria
Xarope de glicose	Refrigerantes, balas
Xaropes com alto teor em frutose	Refrigerantes, conservas, caldas

* DE = equivalente em dextrose.
** De acordo com Martindale (2008).

14.3.2 PROCESSAMENTO ENZIMÁTICO

A Tabela 14.3 mostra em linhas gerais as etapas da conversão enzimática do amido.

Para iniciar o processamento do material amiláceo, deve-se misturá-lo com água, obtendo-se uma pasta contendo 25% a 40% de amido (base seca). A pasta é aquecida acima de 60 °C para que os grânulos de amido inchem e se desagreguem, além de promover a precipitação de proteínas eventualmente aderidas ao grânulo. A temperatura de gelatinização do amido depende da matéria-prima empregada. Por exemplo, para grânulos de amido do milho, a temperatura de gelatinização situa-se entre 105-110 °C. O processo de gelatinização provoca um aumento de viscosidade, podendo muitas vezes ser observado o fenômeno da retrogradação (insolubilização espontânea do amido em solução devida à tendência de formação de pontes de hidrogênio, ressaltando-se que a amilose retrograda mais facilmente que a amilopectina), além da hidrólise parcial do amido.

Tabela 14.3 Etapas da conversão enzimática do amido

Enzima	Transformação	Produtos
α-amilase bacteriana	Pasta de amido dextrinizada, liquefeita e com viscosidade baixa	Maltodextrinas
α-amilase fúngica e glicoamilase	Oligossacarídeos hidrolisados (sacarificação)	Xaropes de maltose, de glicose e mistos
Glicose isomerase	Isomerização da mistura sacarificada	Xaropes com alto teor de frutose (HFCS)
	Refino do resíduo resultante da isomerização	Oligossacarídeos residuais e glicose

A pasta de amido gelatinizada é, a seguir, submetida aos processos de liquefação e de sacarificação.

14.3.2.1 Liquefação

Este processo, tradicionalmente, tem sido feito usando-se HCl como agente hidrolítico. A pasta de amido é acidificada (pH ao redor de 2) e aquecida a 140-155 °C por 5 ou 10 minutos. Esse tratamento é capaz de liquefazer qualquer tipo de material amiláceo, porém provoca a formação de produtos secundários, os quais devem ser removidos do xarope obtido. Para contornar esse problema, além do gasto energético, passou-se a usar uma α-amilase termoestável obtida de *B. subtilis*, a qual resiste a temperaturas da ordem de 90 °C.

Em linhas, gerais a liquefação enzimática pode ser feita do seguinte modo (PARK, 1975, p. 192): a pasta de amido (contendo 25% a 40% do polissacarídeo em base seca) tem seu pH ajustado a 7,0 e, a seguir, é suplementada com Ca^{+2} (200-400 ppm) e Na^{+} (300-450 ppm). Adicionam-se 400 mL de α-amilase (por exemplo, Tenase®) para 1.000 kg de amido (base seca), sendo a mistura deixada a 90 °C por 20 minutos. Findo esse período, a temperatura é aumentada bruscamente a 140 °C e o sistema é mantido nessas condições por 5 minutos. Caso se deseje uma liquefação mais intensa, baixa-se então a temperatura da pasta parcialmente liquefeita para 85 °C e adiciona-se mais 1,5 L de α-amilase (por exemplo, Optiamyl®) para 1.000 kg de amido. Após o reforço de enzima, a pasta é deixada liquefazendo até atingir o equivalente em dextrose (DE) desejado. Nesse momento, eleva-se a temperatura a 100 °C por 15 minutos e interrompe-se a ação da enzima.

O equivalente em dextrose (DE) é tomado como o poder redutor do amido liquefeito diante da dextrose pura (tomada como 100%).

14.3.2.2 Sacarificação

Este processo é efetuado usando-se duas enzimas: a amiloglicosidase (glicoamilase), em geral, obtida de *A. niger*, e a α-amilase fúngica, obtida de *A. oryzae*. O uso combinado ou não dessas enzimas permite obter uma ampla variedade de xaropes adoçantes (misturas de glicose, maltose e maltotriose) (Tabela 14.4).

Tabela 14.4 Tipos de xaropes obtidos por hidrólise enzimática

Processo	Xarope de glicose	Xarope de maltose	HFCS	Xarope rico em maltose	Xarope de alta conversão
Liquefação	α-amilase*	α-amilase*	α-amilase*	α-amilase*	α-amilase*
Sacarificação	Glicoamilase	α-amilase**	Glicoamilase	α-amilase**	Glicoamilase, α-amilase**
Isomerização	–	–	Glicose isomerase	–	–

* α-amilase bacteriana termoestável; **α-amilase fúngica.

A glicoamilase é uma exo-α-amilase que atua sobre oligossacarídeos, cujas unidades de glicose são unidas por ligações osídicas do tipo α-1,4, liberando glicose como produto final. É usada na sacarificação do amido em xarope de glicose com DE ao redor de 98.

A α-amilase fúngica é uma endo-α-amilase e hidrolisa ligações osídicas do tipo α-1,4 de oligossacarídeos, dando no fim maltose e maltotriose. É usada nos casos em que se deseja obter xarope de maltose com baixo teor em glicose.

A sacarificação, que deve ser efetuada tão logo a liquefação tenha sido concluída, permite obter:

a) *Xaropes de glicose*: a enzima usada para tal fim é a glicoamilase, que atua sobre o amido liquefeito, podendo fornecer no final xarope com DE ao redor de 98, sendo o teor de glicose da ordem de 97% (base seca). Esse tipo de xarope tem cerca de 3% de maltose e/ou isomaltose. O xarope pode ser seco (*spray dried*) e vendido sem purificação ulterior. Por outro lado, pode servir de matéria-prima tanto para obter a glicose cristalizada quanto para a produção do HFCS.

b) *Xaropes de maltose.*

b.1) *Xaropes de maltose com baixo teor de glicose*: um xarope do gênero pode ser obtido usando-se α-amilase fúngica numa suspensão de amido liquefeito de 10 a 20 DE. A mistura de oligossacarídeos é concentrada para 38-52% de sólidos (base seca), o pH é ajustado a 5,2 e resfria-se a mistura a 55 °C. A seguir, adiciona-se a enzima (por exemplo, MKC fungal-α-amilase®), perfazendo 0,02% da mistura (base seca), sendo a duração do processo de 48 horas. Desejando-se reduzir o tempo, basta usar uma quantidade maior de enzima. Após obter-se o xarope com DE adequado, deve-se inativar a enzima o mais depressa possível, para evitar a formação de glicose. Para tanto, basta aumentar a temperatura para 85 °C/20 minutos. O xarope final conterá DE ao redor de 50, maltose ao redor de 50% e glicose ao redor de 5%.

b.2) *Xaropes de alta conversão*: utilizam-se em conjunto a α-amilase fúngica e a amiloglicosidase (glicoamilase). Ambas atuam no mesmo pH ótimo, convertendo o hidrolisado de amido num xarope com DE = 63. É um xarope estável (não cristaliza à temperatura ambiente), embora possua em torno de 83% de sólidos secos totais. É muito usado na indústria alimentícia, não só pelo teor de açúcares redutores, mas também por sua cor, seu sabor e seu índice de dulçor.

14.3.2.3 Isomerização

Os xaropes de frutose, desde 1970, vêm sendo produzidos pela isomerização enzimática da glicose proveniente de materiais amiláceos. Os xaropes com alto teor de frutose (HFCS) adquiriram grande importância mercadológica entre 1974 e 1975, quando ocorreu um aumento no preço do açúcar de cana. A composição do xarope é análoga à do açúcar invertido, com a vantagem de que o país que não possui cana ou beterraba pode produzi-lo a partir do amido (como ocorreu nos Estados Unidos). Atualmente, são produzidos HFCS com 60% a 70% em frutose, sendo a produção mundial da ordem de 5 bilhões de kg.

A conversão da glicose em frutose é feita pelo uso da glicose isomerase (GI), que é uma enzima intracelular de origem essencialmente microbiana (D'ADDEZIO et al., 2013).

Uma das maneiras de se expressar a velocidade da reação catalisada pela GI é:

$$V = \{V_{maxf} \cdot [S - S_{eq}]/\{K_{Ms} \cdot [1 + P/K_{Mp}] + S\} \qquad (14.1)$$

em que V_{maxf} é a velocidade máxima da reação no sentido da formação de frutose; S e P representam as concentrações de glicose e frutose, respectivamente; K_{Ms} e K_{Mp} referem-se à constante de Michaelis-Menten em relação, respectivamente, à glicose e à frutose; e S_{eq} corresponde à concentração de glicose no equilíbrio.

Da Equação (14.1) se observa que a frutose exerce ação inibitória competitiva sobre a GI. Ou seja, a velocidade inicial da reação depende do afastamento em relação ao ponto de equilíbrio no qual o sistema se encontra.

Na indústria, a GI só é usada na forma imobilizada. A unidade de atividade para a GI é a IGICU (*immobilized glucose isomerase column unit*), definida como a quantidade de sistema imobilizado que produz 1 μmol de frutose/min sob condições definidas.

Os xaropes de frutose são muito usados no setor alimentício, sobretudo em bebidas carbonatadas, *ketchup*, panificação e temperos.

As composições dos xaropes mencionados na Tabela 14.4 são: a) *xarope de glicose*: DE (%): 96-98; glicose: 95-97%; maltose: 1-2%; isomaltose: 0,5-2%; b) *xarope de maltose*: DE (%): 40-45; glicose: 16-20%; maltose: 41-44%; c) *HFCS*: DE: 98%; glicose: 52%; maltose: 1-2%; frutose: 42%; isomaltose: 0,5-2%; d) *xarope rico em maltose*: DE (%): 48-60; glicose: 2-9%; maltose: 48-55%; maltotriose: 15-16%; e) *xarope de alta conversão*: DE (%): 56-58; glicose: 22-35%; maltose: 40-48%.

14.3.2.4 Outras enzimas

Neste ponto merecem lembrança as chamadas enzimas desramificantes, que podem ser divididas em dois grupos: indiretas e diretas (pululanases, R-enzimas e isoamilases).

As enzimas desramificantes diretas hidrolisam as ligações osídicas α-1,6 de polissacarídeos ramificados, sem que tais macromoléculas tenham sofrido alguma modificação prévia. As pululanases, obtidas de *Aerobacter aerogenes* ou *Escherichia intermedia*, por exemplo, atuam preferencialmente sobre a pululana (polissacarídeo amplamente encontrado na natureza). As R-enzimas, achadas exclusivamente em vegetais (feijão, batata, milho), hidrolisam as ligações α-1,6 da amilopectina e das β-dextrinas-limite. Finalmente, as isoamilases, obtidas de microrganismos dos gêneros *Pseudomonas* e *Cytophaga*, por exemplo, hidrolisam preferencialmente as ligações osídicas α-1,6 que dão origem a ramificações, sendo, por isso, usadas na caracterização estrutural de polissacarídeos ramificados.

As enzimas desramificantes indiretas (por exemplo, o sistema enzimático amilo-β-1,6-glicosidase/oligo-1,4 → 1,4-glucantransferase) só atacam as ligações α-1,6 se os polissacarídeos tiverem sofrido um ataque enzimático prévio.

Outra enzima que deve ser mencionada é a fitase, que pode ser adicionada à farinha com o objetivo de reduzir o teor de fitato (inositol hexafosfato) presente nela, evitando-se, assim, a redução da disponibilidade de microelementos devida às características quelantes da referida substância (SHETTY et al., 2006).

14.3.3 PERSPECTIVAS

As perspectivas referentes à aplicação de enzimas na modificação de materiais amiláceos dirigem-se para:

a) obtenção de GI imobilizada mais termorresistente e com granulometria adequada para não interferir no padrão de fluxo do reator;

b) implantação de processos contínuos de liquefação/sacarificação, com o uso sequencial de α-amilase termoestável e glicoamilase imobilizada;

c) aumento da disponibilidade comercial de enzimas desramificantes termoestáveis, as quais, hidrolisando com maior eficiência as ligações osídicas do tipo α-1,6, permitiriam a obtenção de xaropes com menor teor de dextrinas contaminantes;

d) aumento da disponibilidade de fitase comercial por meio de modificações genéticas de bolores. Essa enzima, se disponível em quantidade e a baixo custo, poderá ser empregada no aumento do teor de fósforo em rações animais pela hidrólise do fitato.

14.4 INDÚSTRIA DE SUCOS DE FRUTAS

14.4.1 INTRODUÇÃO

O uso de pectinases na tecnologia de sucos teve início por volta de 1930 e, desde então, a demanda por essas enzimas tem sido crescente, a ponto de as cifras envolvidas na comercialização não serem menores que US$ 20 milhões/ano.

A celulase e a amilase são usadas também nesse setor, porém em quantidade bem inferior às pectinases.

14.4.2 SUBSTÂNCIAS PÉCTICAS

O termo "substância péctica" designa carboidratos poliméricos coloidais de plantas, os quais contêm em sua estrutura alta porcentagem de unidades de ácido galacturônico associadas a oses do tipo L-ramnose, arabinose, galactose e xilose.

Essas substâncias encontram-se nas células de todas as plantas superiores, posto que elas estão depositadas na parede celular primária da célula vegetal.

As substâncias pécticas podem ser divididas em: a) polímeros que não possuem as hidroxilas das unidades de ácido galacturônico esterificadas (ácido péctico); b) polímeros cujas hidroxilas das unidades do ácido galacturônico encontram-se esterificadas (ácido pectínico).

Apresentam-se no Quadro 14.1 exemplos de algumas frutas cujos sucos são de interesse comercial.

Quadro 14.1 Frutas que fornecem sucos de interesse comercial

Maçã, pera, pêssego e ameixa: a concentração de substâncias pécticas tende a ser constante durante o crescimento e corresponde a cerca de 1% do peso total do fruto. A distribuição entre substâncias pécticas insolúveis (protopectina) e solúveis (pectina, ácido pectínico e ácido péctico) depende do amadurecimento e do armazenamento. No fruto verde predomina a protopectina, enquanto no maduro e no suco predominam as substâncias pécticas solúveis. Durante o armazenamento, ocorre a solubilização da pectina, sendo lenta a 0 °C e rápida em temperatura maior ou igual a 15 °C.
Framboesa, amora e morango: a concentração de substâncias pécticas é muito variável de um fruto para outro (morango – 0,5%-1,4%; amora – 0,7%-1,2%; framboesa – 0,6%-1%). De 50 a 95% das pectinas são solúveis mesmo no fruto imaturo.
Uvas: a concentração de substâncias pécticas depende da variedade da uva. Em todo caso, no fruto verde predomina a protopectina. Por exemplo, na *Vitis vinifera,* o teor de pectina situa-se entre 0,02-0,6%.
Frutas cítricas: as substâncias pécticas distribuem-se por todo o fruto. Possuem pectina esterificada (68% de esterificação), sendo que a sua solubilidade tende a aumentar com o amadurecimento do fruto.

14.4.3 ENZIMAS PÉCTICAS (UENJO; PASTORE, 2007)

As enzimas pécticas podem ser divididas em dois grupos, a saber, despolimerizantes (rompem as ligações osídicas entre as moléculas de oses constituintes da cadeia do polímero) e saponificantes (pectinoesterases; rompem ligações metóxi das hidroxilas livres das oses constituintes do polímero).

As pectinases despolimerizantes são classificadas segundo os critérios: a) *modo pelo qual a ligação é rompida*: hidrolíticas ou transeliminativas; b) *posição de ataque no substrato*: endopectinase ou exopectinase; c) *tipo de substrato hidrolisado*: ácido péctico ou pectina.

O Quadro 14.2 resume algumas informações referentes às enzimas pectinolíticas.

Quadro 14.2 Informações referentes às enzimas pectinolíticas

Poligalacturonases (PG): encontradas em vegetais (tomate, cenoura, abacate) e em microrganismos, a saber, *Kluyveromyces fragilis* (produz um só tipo de PG), *Aspergillus niger* (produz uma PG capaz de hidrolisar cerca de 60% do substrato e atua na faixa de pH de 4,0 a 5,0).
Pectatoliases (PAL): encontradas nas espécies de microrganismos *Fusarium solani* (endo-PAL; pH = 9,3; cofator = Ca^{2+}); *Bacillus polymixa* (endo-PAL; pH = 9,0; cofator = Ca^{2+}; $T_{ótima}$ = 45 °C); e *Erwinia aroidae* (exo-PAL; pH = 9,1; $T_{ótima}$ = 35 °C).
Pectinoliases (PL): abundantes em *Aspergillus niger* (endo-PL; pH = 5,0; ativadores = citrato e fosfato; inibidor = Ca^{2+}).
Pectinoesterases: são encontradas em vegetais (frutas cítricas; o substrato esterificado deve conter no mínimo 10 monômeros de ácido galacturônico), no fungo *Coniophora cerebella* (atua bem em pH ácido) e na bactéria *Xanthomonas campestris* (atua bem em pH alcalino).

14.4.4 OUTRAS ENZIMAS

A partir de 1970, a indústria de sucos começou a processar em grande quantidade frutos comestíveis, que são, em geral, colhidos ainda verdes e armazenados por períodos mais ou menos longos a baixa temperatura. Nessas condições, a polpa dos frutos contém amido em quantidade suficiente para causar problemas de turvação ou até mesmo gelatinizar durante o processamento, dificultando em demasia os procedimentos produtivos. Por isso, nestas últimas duas décadas, a demanda por enzimas amilolíticas, sobretudo glicoamilase, tem aumentado nesse setor.

As celulases, por sua vez, são úteis na liquefação do tecido vegetal e/ou na extração de pigmentos do fruto. Por exemplo, o pigmento da groselha-preta é uma substância de interesse, mas está localizado nos tecidos epiteliais do fruto, que são bem mais difíceis de desintegrar que a polpa. Além disso, a extração do pigmento é dificultada pela baixa permeabilidade das membranas e das paredes celulares. Assim, sua remoção pode ser feita variando-se as características de permeabilidade das estruturas citadas, tanto por plasmólise térmica (temperatura acima de 60 °C) quanto pela associação das ações celulolítica e pectinolítica (temperatura menor que 50 °C). Além disso, a mistura pectino-celulolítica, agindo intensamente sobre o tecido vegetal, permite obter um suco que é facilmente separado dos fragmentos celulares por filtração, decantação ou centrifugação, podendo-se, assim, dispensar a prensagem.

14.4.5 USO DE ENZIMAS NA PRODUÇÃO DE SUCOS

14.4.5.1 Processamento de frutas com a parte central semirrígida (maçã, pera), frutas com caroço (pêssego, ameixa) e infrutescências (morango, amora, framboesa)

Os frutos são selecionados, lavados e, quando é o caso, têm seus talos removidos. A seguir são macerados e a massa resultante é aquecida à temperatura adequada para a fase de pré-prensagem. Nessa etapa usam-se em associação preparados enzimáticos do tipo: Pectinex 3XL® (3-20 g/100 kg de fruta) e Celluclast 2,0L® (0,2-2 g/100 kg de fruta). A temperatura ótima para a pré-prensagem de frutos com centro semirrígido é 30 °C, enquanto para os de caroço e as infrutescências é da ordem de 50 °C (caso em que se utiliza a celulase) ou de 65 °C (remoção de pigmentos por plasmólise). A pré-prensagem ajuda a hidrolisar a pectina insolúvel, a qual se apresenta como partículas pequenas e de aspecto geliforme. Essas partículas dificultam a extração do suco tanto por absorverem parte do suco quanto por obstruírem os canalículos existentes no interior do macerado, por onde flui o suco durante a prensagem.

A pré-prensagem é considerada concluída quando o suco atinge determinada coloração e quando sua viscosidade retorna ao valor inicial ou próximo dele (no início da ação enzimática ou da plasmólise, a viscosidade aumenta devido à solubilização para o meio da pectina insolúvel). Para os frutos de centro semirrígido, a temperatura não pode ser superior a 30 °C, a fim de que essa semirrigidez não seja destruída e para se conseguir, assim, boa prensagem.

Após a prensagem, o suco é encaminhado para o tanque de clarificação.

A despectinização, a hidrólise do amido e a clarificação do suco podem ser efetuadas a 20-25 °C ou 45-50 °C pela adição de Pectinex 3XL® (1,5-3 g/100 L de suco) e Amylase AG® 150L (0,5-2 g/100 L de suco). Temperaturas entre 25 e 45 °C devem ser evitadas, por causa do crescimento de microrganismos, sobretudo leveduras.

O tratamento enzimático na fase de clarificação tem a finalidade de reduzir a viscosidade, degradar o amido residual e facilitar a floculação de substâncias insolúveis.

Finalmente, o suco clarificado é separado, concentrado ou pasteurizado e embalado.

No caso em que o suco final é vendido a uma concentração fixa e com turbidez visível, passa-se diretamente da prensagem para o tanque de clarificação, sendo a pectina hidrolisada o suficiente para que a filtração seja feita sem problemas. A redução de turbidez é feita colocando gelatina junto com as enzimas clarificantes. Em seguida procede-se como já mencionado.

14.4.5.2 Produção do suco de uva (VENTURINI, 2010B)

14.4.5.2.1 Uva branca

A produção do suco a partir de uva branca é semelhante à de sucos de fruto com centro rígido (maçã, por exemplo).

As uvas têm seus talos removidos e, em seguida, são esmagadas. Adiciona-se pectinase (Pectinex 3XL®: 1,6 a 5 g/100 kg de fruta) ao macerado e, após certo tempo, drena-se o líquido resultante, sendo a massa remanescente prensada. O suco obtido é, então, despectinizado no tanque de clarificação, purificado, estabilizado, centrifugado e/ou filtrado, pasteurizado e/ou concentrado e embalado.

14.4.5.2.2 Uva vermelha (Vitis labrusca)

A uva vermelha, sobretudo a variedade Concord (*V. labrusca*), tem elevado teor de pectina, tornando a massa esmagada escorregadia e de difícil prensagem. Por outro lado, o processamento dessa variedade de uva deve permitir a máxima extração do pigmento naturalmente presente no fruto, o qual se localiza na pele. Por isso, o processamento a ser utilizado não é exatamente igual ao da uva branca. Assim, procede-se como segue: a uva é colhida, lavada, esmagada, "destalada", misturada com pectinase e, a seguir, a massa é aquecida a 60-65 °C (antes de adicionar a enzima, a massa esmagada pode ser aquecida a 85 °C, a fim de inativar as oxidases naturais da fruta). A quantidade de pectinase adicionada deve ser suficiente para provocar uma despolimerização da pectina em 30 minutos (alíquotas do macerado são filtradas, adicionando-se, a seguir, dois volumes de etanol. A despectinização é considerada satisfatória quando não ocorre a formação de precipitado). A mistura é agitada continuamente.

Como na indústria são utilizadas prensas contínuas, é necessário que o grau de despectinização seja elevado. Ajustes na quantidade de pectinase a ser adicionada devem ser efetuados de acordo com as características sazonais da uva.

Após a despectinização, o digesto aquecido é usualmente colocado sobre uma peneira vibratória para remover boa parte do suco já presente. O macerado poderá ser submetido à centrifugação para uma maior retirada de líquido. O macerado (ou o digesto total, caso não se faça passar sobre uma peneira vibratória) é, a seguir, prensado para remover o resto de suco ainda presente. Muitas vezes adiciona-se (10 kg/ton uva) algum auxiliar de filtração para facilitar a prensagem (a torta fica mais consistente). Os efluentes são misturados e filtrados (filtro rotatório a vácuo). A torta remanescente da primeira prensagem é ressuspendida com água quente e reprensada, sendo a água de lavagem concentrada a vácuo e, eventualmente, usada para batizar o suco final a ser engarrafado (embalado). O rendimento em suco é da ordem de 760-780 L de suco/ton de uva. O processamento da uva *Concord* é feito a 60 °C, com o objetivo de facilitar a remoção do pigmento natural (plasmólise).

14.4.5.3 Processamento de frutas cítricas (LADANIYA, 2008)

Ao processar o fruto cítrico, obtém-se uma mistura constituída de suco, casca e polpa. A polpa corresponde a 25% do fruto total e retém certa quantidade de suco, que não pode ser extraída por simples prensagem. Por conseguinte, a polpa é tratada com pectinase e, em seguida, submetida à extração com água por processo em contracorrente. O suco de lavagem obtido tem aumentados seus sólidos dissolvidos, além de ter a viscosidade diminuída. Obtém-se uma solução de 60 °Brix, a qual não sofre gelificação.

A pectinase é misturada na polpa e deixada para agir por 30 minutos, a fim de que a pectina seja hidrolisada e o suco retido seja liberado. Para tal fim usa-se, por exemplo, Pectinex 3XL® na concentração de 2,5 a 5,0 g/100 kg de polpa. Deve-se evitar a hidrólise intensa da pectina solúvel, para garantir a permanência de um pouco de turbidez no suco. O suco límpido não tem interesse comercial.

14.4.6 PERSPECTIVAS

As perspectivas para as enzimas na tecnologia de sucos de frutas seriam:

a) Desenvolvimento de pectinases ativas em pH baixo (ao redor de 2,5), para uso específico na produção de suco de limão.

b) Oferecimento de preparados pectinolíticos com baixa atividade esterásica, a fim de não prejudicar a turbidez final de certos tipos de sucos (por exemplo, suco de laranja).

c) Aumento da disponibilidade comercial de enzimas que degradam substâncias naturalmente presentes na fruta e que causam o aparecimento de sabor amargo no produto final. Um exemplo é a naringinase, a qual, atuando sobre a naringina, evitaria o aparecimento do amargor no suco cítrico (UHLIG, 1998, p. 79).

14.5 MODIFICAÇÃO DE PROTEÍNAS

As enzimas proteolíticas usadas para a modificação ou a hidrólise de matérias-primas proteicas provêm de animais, vegetais e microrganismos.

As proteases podem ser classificadas segundo a posição de ataque da cadeia proteica (endopeptidases e exopeptidases; estas, por sua vez, se subdividem em carboxipeptidases e aminopeptidases) ou segundo a natureza do sítio ativo (proteases serínicas, proteases sulfidrílicas, proteases ácidas e metaloproteases, que requerem íons metálicos como cofatores: Mg^{2+}; Mn^{2+}; Zn^{2+}; Co^{2+}).

As proteases são eficientes também na hidrólise de ligações éster e amida. Dependendo das concentrações relativas de água e de aminoácido, a protease poderá agir como uma típica enzima de síntese, isto é, catalisar a formação de ligações pépticas. O substrato proteico poderá ter as mais variadas procedências: soja, leite, soro de leite, extrato de levedura, colágeno, sangue animal, carne residual presa a ossos, peixes e gelatina.

No caso da soja, a proteína pode ser hidrolisada em maior ou menor grau, resultando, respectivamente, o hidrolisado altamente solúvel (GH = 10) (usado em alimentos dietéticos) e o hidrolisado altamente funcional (GH = 3) (nesse caso, deve-se dedicar atenção especial para o aparecimento de sabor amargo no produto final, o qual deve ser necessariamente mascarado).

A proteína láctea também pode ser hidrolisada em vários graus, só que, nesse caso, deve-se considerar a ocorrência da coagulação e o aparecimento de sabor amargo no produto final. São muito usadas para esse fim a alcalase® e a neutrase®. Os hidrolisados de caseína são muito usados em produtos dietéticos (por exemplo, produtos a serem usados por pacientes acometidos de fibrose cística, os quais estão privados de produzir tripsina autógena). Um derivado hidrossolúvel da caseína é o caseinato de sódio, que, por não coagular, é muito usado em formulações que visam substituir determinados tipos de leite (por exemplo, leite de cabra).

Define-se o grau de hidrólise (GH) como a porcentagem de ligações pépticas rompidas pela ação da enzima, sendo avaliada por meio do consumo de álcali para neutralizar os aminoácidos liberados. Ressalta-se que o GH reflete a média de todos os peptídeos gerados, já que eles possuem PM diferentes.

A gelatina é produzida a partir do colágeno existente nos ossos e no couro de animais. Conforme o tratamento dado à matéria-prima, se ácido ou alcalino, tem-se, respectivamente, as gelatinas tipo A e tipo B. O tratamento alcalino do colágeno de couro animal implica submersão e manutenção em pH elevado por vários dias. Contudo, usando uma protease, o processo dura 24 horas. A gelatina hidrolisada, que é usada como ingrediente de alimentos dietéticos, pode ser obtida do seguinte modo: misturam-se 30% de gelatina e 70% de água, sendo a mistura aquecida a 55 °C e o pH ajustado a 7,0. Em seguida, adicionam-se alcalase® e neutrase®, perfazendo cada uma delas a uma concentração de 1% (p/p). Deixa-se a reação ocorrer por 4 horas; findo esse período, a proteína se torna completamente solúvel. Evidentemente, hidrolisados com diferentes propriedades podem ser obtidos pelo alongamento ou encurtamento do tempo de reação.

Uma matéria-prima rica em proteína e relativamente abundante é o sangue resultante do abate de animais de interesse econômico, o qual pode ser coletado higienicamente. Nesse material, 75% da proteína encontra-se nas hemácias, que, por sua vez, perfazem 40% do volume total do sangue. O uso do sangue em alimentos é limitado pela intensa coloração que confere ao produto final. Por conseguinte, a descoloração enzimática desse material pode apresentar interesse econômico (recomenda-se, por exemplo, usar 40 kg alcalase®/ton de proteína, sendo as condições de reação: 55 °C, pH = 8,5 e tempo de processo = 5 horas) (PILNIK; VORAGEN, 1990, p. 319).

Deve-se lembrar que mesmo os melhores abatedouros não conseguem remover toda a carne presa nos ossos, sendo que 5% do peso total destes corresponde aos resíduos de carne. Assim, os ossos são moídos, ressuspendidos em igual peso de água e, em seguida, adiciona-se à suspensão 0,3% (em relação ao peso de osso) da protease. A mistura é deixada para reagir a 60 °C por 4 horas com ligeira agitação periódica. Findo esse período, deixa-se o sistema decantar, recolhendo-se o sobrenadante, o qual, em seguida, é pasteurizado por 15 segundos a 98 °C. O caldo resultante pode ser usado em enlatados de produtos cárneos.

A proteína de peixe, passível de modificação enzimática, pode provir tanto de resíduos da indústria pesqueira quanto de macerados de peixe normalmente não utilizados na alimentação humana. Esses hidrolisados podem ser adicionados às rações comumente usadas em piscicultura. A hidrólise é feita em pH alcalino por 60 minutos a 65 °C (PILNIK; VORAGEN, 1990, p. 325).

O amaciamento de carne para uso humano também pode ser efetuado usando-se enzimas proteolíticas. Esse procedimento começou a ser realizado em grande escala na década de 1940. As proteases mais utilizadas são papaína, ficina e bromelina, as quais podem ser aplicadas de várias maneiras (PILNIK; VORAGEN, 1990, p. 319): a) dispersão do pó sobre a carne; b) imersão da carne na solução contendo enzima; c) borrifo de uma solução proteolítica sobre o material (na forma de aerossol); d) injeção direta de solução enzimática em várias partes do material; e) injeção da solução enzimática na veia jugular do animal antes do abate; f) injeção da solução de protease no músculo antes do estabelecimento do *rigor mortis*. Dos métodos arrolados, o mais aceito atualmente parece ser a introdução da solução proteolítica na veia jugular do animal 10 a 20 minutos antes do abate. A concentração de protease injetada varia de acordo com idade, peso e sexo do animal. A enzima introduzida dessa forma, se distribuirá por todos os músculos do corpo, porém só atuará no momento em que a carne for submetida à cocção.

No comércio existem muitos preparados proteolíticos utilizáveis na hidrólise de proteínas, entre os quais, somente a título de exemplo, citam-se: Acid Protease®, Profix®, Rhozyme®, Maxatase®, Takamine Bromelain®, Ficin® e Esperase®.

14.5.1 PERSPECTIVAS

As perspectivas de desenvolvimento do uso de enzimas nesse setor são promissoras, já que a diversidade de matérias-primas proteicas é ampla e os produtos resultantes são de grande interesse comercial. Considerando a enorme disponibilidade de resíduos proteicos (pelos e penas), espera-se em médio ou longo prazo a introdução da queratinase, que substituiria vantajosamente o método disponível, qual seja, o tratamento térmico a altas pressões. A colagenase, enzima específica para degradar o colágeno, também apresentará interesse num futuro não muito distante. O fator limitante para a produção dessas duas proteases é a disponibilidade de uma fonte microbiana não patogênica. É provável que a produção das referidas enzimas em grande escala resulte do uso de microrganismos modificados por engenharia genética. Esperam-se avanços no grupo das proteases ácidas, cuja disponibilidade comercial é pequena. Além disso, as de origem fúngica não atuam em pH < 4,0, reduzindo suas possibilidades de emprego no tratamento de efluentes resultantes da indústria alimentícia, cujo pH é inferior a 4,0 devido à ocorrência de fermentação natural. Atualmente vislumbra-se a possibilidade de se produzir "carne sintética" a partir de cultura de células musculares *in vitro* – aliás, na Europa já se encontra em escala piloto a produção de carne para hambúrguer a partir de células de músculo bovino (BARTHOLET, 2011) –, situação que demandará o aumento do uso de enzimas amaciadoras de carne para tornar o produto mastigável e digerível. Além disso, espera-se que a demanda por proteases específicas, sobretudo das exopeptidases (representadas por carboxipeptidase e aminopeptidase), para modificar a textura da "carne sintética" aumentará.

14.6 INDÚSTRIA DE LATICÍNIOS

14.6.1 INTRODUÇÃO

O leite é um produto com alto valor nutritivo, sendo constituído, em linhas gerais, por proteínas, gorduras, lactose, vitaminas e sais minerais. Uma parte das proteínas presentes é representada por enzimas do tipo α-amilase, catalase, lipase, fosfatase ácida, fosfatase alcalina, entre outras.

As enzimas de maior interesse na área de laticínios, as quais movimentam cifras não inferiores a US$ 100 milhões/ano, são: quimosina, coalhos animais e microbianos, lipase, lactase e catalase.

14.6.2 ENZIMAS COAGULANTES (SHETTY ET AL., 2006)

A enzima coagulante típica é a renina (quimosina), obtida do quarto estômago de bezerro lactente. É uma protease ácida, naturalmente encontrada na forma de um precursor (pró-quimosina), o qual é convertido em renina por meio de ácidos e de sais. O precursor é estável na faixa de pH entre 5,3 e 9,0, enquanto, para a quimosina, o pH situa-se entre 5,3 e 6,3.

Entre as enzimas que coagulam o leite, a quimosina é a mais específica, já que ela hidrolisa as ligações pépticas da κ-caseína formadas pelos aminoácidos fenilalanina e metionina.

Em linhas gerais, a coagulação do leite pode ser dividida em duas fases nítidas: 1) as micelas contendo κ-caseína associadas a fosfato são atacadas pela renina, resultando a liberação de um octapeptídeo, a desestabilização da emulsão e a formação da para-κ-caseína; 2) as moléculas de para-κ-caseína se aglutinam em torno de íons Ca^{2+} formando o coágulo (precipitado de para-κ-caseína cálcica).

Ressalta-se que, após a coagulação da caseína e o tratamento adequado da massa coagulada, 6% da atividade quimosínica inicial continua presente no coágulo, a qual prossegue durante a fase de cura do queijo, interferindo no *flavor* final do produto.

Entre os vários fatores que podem interferir na coagulação do leite, sobretudo na consistência do coalho, citam-se: a) a quantidade de quimosina a ser adicionada a um dado volume de leite – em geral, recomenda-se adicionar 5 a 30 mL de quimosina para 100 L de leite; b) a temperatura de coagulação, que se situa ao redor de 40 °C; c) o pH da matéria-prima, que deve se situar entre 5,5 e 6,5; d) a concentração de íons Ca^{2+}; e) o tempo de armazenagem do leite, geralmente a 5 °C, antes de ser usado na fabricação do queijo; f) o teor de gordura do leite; g) a origem da enzima; h) a presença de proteínas acima de certa concentração, as quais poderão ficar retidas nos interstícios do para-κ-caseinato de cálcio, podendo interferir nas características físicas da massa coagulada; i) a ocorrência simultânea de proteólises e lipólises inespecíficas, que originam peptídeos e ácidos graxos passíveis de interação com a κ-caseína.

Deve ser lembrado que a precipitação da caseína pode ser feita tanto por acidificação quanto pelo uso de enzimas. A precipitação ácida (pH = 4,6) leva à formação de um coágulo inelástico e de consistência granular, enquanto a hidrólise enzímica (pH entre 5,5 e 6,5) permite obter um coágulo contráctil, elástico e não granuloso.

Embora inexista consenso sobre uma forma geral de se expressar a atividade coagulante, existe um modo bem aceito de expressá-la, o qual se baseia na seguinte definição: 1 *Rennet unit* (RU/mL) é o volume de leite (mL) que pode ser coagulado por 1 mL de enzima em 40 minutos a 35 °C, usando leite em pó desnatado e $CaCl_2$ 0,01M.

A determinação da "força do coalho" é feita pelo método clássico de Berridge, que consiste na ação do coalho sob condições padronizadas sobre uma solução de leite em pó desnatado ao qual se adiciona $CaCl_2$. O tempo transcorrido entre a adição do coalho e a precipitação da caseína é cronometrado e comparado ao tempo de coagulação de um coalho-padrão. O tempo de coagulação é inversamente proporcional à quantidade de enzima presente.

O tipo de queijo a ser produzido definirá a quantidade de quimosina, a temperatura e o pH do processo.

Em linhas gerais, se a temperatura for mantida entre 20 e 25 °C, o coágulo obtido é macio e pouco consistente; entre 30 e 32 °C, o coágulo é firme e de bom corte (não se desmancha); entre 33 e 35 °C, o coágulo é duro e borrachento, com tendência a reter soro em seu interior.

A faixa operacional de pH deve se situar entre 5,5 e 6,5. Se muito ácido, o coágulo será muito úmido e flácido; se alcalino, será duro e seco.

A quantidade de quimosina usada depende do tipo de queijo e das variações da composição do leite. Geralmente, adicionam-se 10 a 45 mL/100 L de leite de um extrato quimosínico com 15.000 RU/mL. Por exemplo, no queijo *cheddar*, para cada 100 L de leite, são adicionados 22 a 25 mL da referida quimosina. No caso do queijo *cottage*, usam-se cerca de 5 mL/100 L de leite, já que para esse tipo de produto a precipitação é ácida e a adição da quimosina tem a finalidade de dar uma certa força ao coágulo obtido. Recomenda-se a adição de $CaCl_2$ (200 ppm).

O tempo de coagulação dependerá do tipo de queijo desejado, variando, em geral, entre 30 e 90 minutos. Para o *cheddar*, por exemplo, é de 45 minutos.

Ao longo dos anos, a indústria queijeira vem se expandindo a uma razão bem superior à disponibilidade de quimosina. Por isso, há alguns anos surgiram no mercado os coalhos de origem fúngica (*Mucor miehei*: Rennilase®, Marzyme®; *Mucor pusillus:* Emporase®) e combinações balanceadas, conforme o tipo de queijo, de pepsina e quimosina.

Atenção deve ser dedicada à eventual presença de atividade proteolítica no soro lácteo, resíduo da indústria queijeira, a fim de que não ocorram problemas na fabricação de *baby foods*, outros derivados do leite e de alimentos dietéticos, nos quais o soro é usado como matéria-prima. Esse problema está sendo minimizado pelo aparecimento no mercado de coalhos termolábeis (por exemplo, Modilase®, Marzyme®, Rennilase 50TL®), que são destruídos com facilidade durante o processamento do soro.

14.6.3 HIDRÓLISE DA LACTOSE

Em termos de sólidos totais, a lactose corresponde a 40% no leite integral, 50% no leite desnatado e 75% no soro de leite.

A lactose pode ser hidrolisada por via ácida ou enzimática. A vantagem da hidrólise enzimática reside no fato de que a reação se processa a temperatura relativamente baixa (ao redor de 40 °C), permitindo uma maior economia energética, além de não se formarem produtos colaterais.

A lactase (EC.3.2.1.23) decompõe a lactose em glicose e galactose, ressalvando- se que esse monossacarídeo inibe reversivelmente a enzima.

A lactase (β-galactosidase) é obtida de vários microrganismos, sendo os preparados comerciais obtidos de leveduras (*Kluyveromyces fragilis*, *K. lactis*) e de fungos (*Aspergillus niger*, *A. oryzae*). As lactases dessas duas fontes diferem basicamente no pH de atividade ótima, já que as de levedura têm pH ótimo entre 6,0 e 7,0, enquanto as de fungos, entre 4,0 e 5,0. Por isso, recomenda-se usar a lactase de levedura para deslactosar o leite (pH 6,8), enquanto, para deslactosar os soros residuais da produção de caseína ou do queijo *cottage*, cujos pH giram em torno de 4,6, a lactase fúngica é a mais adequada.

As lactases são inativadas por metais pesados (Cu^{+2}, Zn^{+2}, Hg^{+2}) e as de levedura, em particular, são inibidas por Na^+ e Ca^{2+}. Por outro lado, K^+, Mg^{2+} e Mn^{2+} são ativadores nas concentrações, respectivamente, de 10^{-2} a 10^{-1} M; 10^{-3} a 10^{-4} M; e 10^{-4} a 10^{-5} M.

A unidade lactásica é definida como a quantidade de enzima que libera 1 μmol de glicose/minuto sob condições definidas. Caso se utilize o substrato sintético orto-nitrofenol-β-D-galactopiranosídeo (ONPG), então 1 unidade seria a quantidade de enzima que hidrolisa 1 μmol de ONPG/minuto sob condições de ensaio definidas.

Os processos de deslactosação de maior interesse industrial são:

a) Deslactosação do soro de leite

soro → pasteurização → ajuste do pH → hidrólise da lactose (80-90%) → desmineralização → pasteurização → evaporação → xarope (70% de sólidos totais)

b) Deslactosação do leite integral

A deslactosação do leite pode seguir dois caminhos:

b.1) leite → UHT (tratamento térmico em alta temperatura por curto período de tempo) → adição de lactase estéril → embalagem asséptica → hidrólise no interior da embalagem → leite deslactosado e tratado por UHT

b.2) leite → pasteurização → hidrólise enzimática (80%) → pasteurização → leite deslactosado e pasteurizado

14.6.4 OUTRAS ENZIMAS

Além da lactase e dos coalhos, são usadas, na tecnologia do leite e seus derivados, as lipases e/ou proteases com a finalidade de: a) modificar as propriedades funcionais das proteínas do leite; b) desenvolver sabores característicos; c) provocar alterações na gordura da manteiga quando esta é utilizada como ingrediente de produtos alimentícios, entre os quais se citam: caramelos, requeijão e condimentos (molhos).

Um ponto que merece ser destacado é o eventual uso do sistema H_2O_2/catalase, que em algumas situações pode se constituir numa alternativa à pasteurização. Existem duas situações em que isso é viável: a) em regiões subdesenvolvidas nas quais a pasteurização seria tecnicamente inviável, o uso da água oxigenada é uma alternativa importante (por exemplo, 1 mL de H_2O_2 33% por litro de leite é um procedimento satisfatório para preservar o produto desde a fazenda até a usina, onde, em geral, se adiciona mais 1 mL de H_2O_2/L, aquece-se o leite a 50 °C/30 minutos e, após o resfriamento a 35 °C, adiciona-se a catalase; b) quando o leite é destinado à fabricação de queijo. Nesse caso a pasteurização destrói não só os patógenos, mas também as bactérias acidófilas e algumas enzimas naturais. A adição de H_2O_2, além de eliminar os patógenos, não mata as bactérias acidófilas (importantes na cura) nem inativa as enzimas (lipase e fosfatase, por exemplo). A H_2O_2 reduz ligeiramente a consistência do coágulo caseínico, possibilitando a obtenção de um queijo com corpo elástico e semirrígido. Uma overdose de água oxigenada permite obter queijos macios, úmidos e com sabor amargo. Especula-se que a água oxigenada inibiria parcialmente a ação primária da renina sobre a caseína, interferindo nas características do coágulo.

Uma catalase comercial bem aceita para eliminar a H_2O_2 propositalmente adicionada ao leite é a Catalase L® (pH entre 6,5 e 7,5; temperatura entre 5 e 45 °C, facilmente inativada a 60 °C), a qual é, em geral, diluída seis vezes antes de ser usada. A operacionalidade do binômio H_2O_2/catalase para a manipulação do leite que dará origem ao queijo é, em linhas gerais, feita como segue: H_2O_2 5% é adicionada ao leite, o qual é mantido a 30 °C por 20 minutos, seguindo-se a adição de 70 mL de Catalase L® para 1.000 L de leite. Agita-se ligeiramente por 20 minutos, fazendo-se a seguir um teste de detecção da água oxigenada residual.

Nesse momento, seria oportuno lembrar o papel desempenhado por microrganismos durante a cura do queijo. Só para citar um exemplo, o provolone, digamos, de 9 meses de "idade", cujo processo de cura foi iniciado com *L. lactis* apresenta em sua composição ácido glutâmico, ácido aspártico, leucina, valina e alanina em quantidades bem superiores do que quando a cepa iniciadora é o *Lactobacillus bulgaricus.*

14.6.5 PERSPECTIVAS

No médio prazo, principalmente devido ao uso mais intenso e efetivo da técnica do DNA recombinante, espera-se uma melhoria generalizada nos processos de produção de coalhos e da lactase, aumentando a disponibilidade e diminuindo o preço desses catalisadores proteicos.

O uso de enzimas imobilizadas poderá ser útil não só na coagulação da K-caseína, mas também na formação de precursores relacionados com o sabor do produto final. O primeiro estágio da coagulação poderia ser feito passando leite a 5-10 °C através de uma coluna contendo o coalho imobilizado, seguindo-se o segundo estágio no qual a temperatura do efluente seria aumentada para 32 °C e a coagulação ocorreria. Os inconvenientes desse processo seriam: a) o sistema imobilizado teria sua eficiência diminuída, devido à deposição de gordura láctea sobre as partículas que o constituem;

b) como a enzima não se desprende do suporte, o leite coagulado não terá atividade proteolítica residual, que na maioria das vezes é importante durante a cura para o desenvolvimento de sabores adequados. Devido aos custos elevados da imobilização e do caráter tradicionalista da indústria de laticínios, tal emprego só se tornará viável quando a disponibilidade de coalhos diminuir e/ou seu preço se tornar proibitivo.

A possibilidade de se reduzir o tempo global da cura por meio do uso de proteases está sendo intensamente avaliada, uma vez que esse tempo representa um alto percentual nos custos de produção de queijos.

14.7 BEBIDAS ALCOÓLICAS

Perdeu-se no tempo a data de início da fabricação e do uso de bebidas alcoólicas pelo homem. Sendo produtos tradicionais, além dos equipamentos utilizados, boa parte dos procedimentos envolve conhecimentos puramente empíricos e muitas operações são do tipo artesanal.

Dada a grande diversidade de bebidas existentes atualmente, elas serão subdivididas, para efeitos didáticos, em três grandes grupos, a saber: *bebidas alcoólicas destiladas*, *vinhos* e *cervejas*.

14.7.1 BEBIDAS ALCOÓLICAS DESTILADAS

A industrialização destes produtos ganhou sofisticação a partir do século passado, quando se descobriu que o malte da cevada permitia converter materiais amiláceos em etanol. Um avanço notável foi conseguido ao serem cultivados em arroz cozido microrganismos (fungos) selecionados (processo *koji*). Aliás, por volta de 1890, as enzimas presentes no *koji* foram extraídas e concentradas por *Takamine*, sendo vendidas como extratos enzimáticos batizados com o nome comercial de Takadiastase®. A importância desse fato é que ele representa o marco inicial da moderna enzimologia industrial.

A partir de matérias-primas açucaradas (melaço, caldo de cana, sucos de frutas) podem ser obtidas, entre outras, bebidas como pinga, conhaque e rum. De amiláceos obtêm-se: uísque, vodca, saquê, entre inúmeras outras.

Os principais agentes da hidrólise de amiláceos são descritos a seguir.

14.7.1.1 Malte

Obtido geralmente da cevada, na qual são encontradas as enzimas α e β-amilases, proteases, fitases e hemicelulases.

A malteação implica a germinação do malte, que é feita pondo-o em água por 2 a 3 dias, deixando-o, a seguir, germinar por 7 dias a uma temperatura entre 10-22 °C. Uma vez germinado o material é seco, tendo no máximo 2% de água.

14.7.1.2 *Koji* (PARK, 1975)

Para obtenção do *koji*, o arroz é debulhado e moído (a fim de desarranjar a parte superficial do grão). A seguir é lavado profusamente com água e deixado a noite toda em água com agitação. Em seguida é cozido, fazendo-se passar vapor pressurizado na massa por 1 hora. Uma vez resfriado a 22 °C, adicionam-se cinza de madeira (2% em peso) e esporos do fungo *A. oryzae*. A mistura é deixada para fermentar até que a massa atinja a temperatura de 35 °C. A seguir é distribuída em bandejas, as quais são dispostas dentro de câmara adequada, procedendo-se à fermentação por 6 a 7 dias. Findo esse período, as bandejas são deixadas secando em temperatura ambiente, sendo a secagem final feita em câmara a 40 °C. Uma vez seco, o material é armazenado em sacos de papel.

14.7.1.3 Enzimas microbianas

Estes catalisadores, por terem atividades padronizadas e por serem concentrados e de manipulação mais simples, tendem a substituir o malte e o *koji*.

Em linhas gerais o processo empregado na produção de bebidas seria: gelatinização do amido → hidrólise enzimática → fermentação → destilação → engarrafamento.

Nesse setor, o uso de enzimas se resume na hidrólise do amido (α-amilase, glicoamilase), a partir da qual se formarão os açúcares fermentescíveis a serem convertidos em etanol.

14.7.2 VINHOS

O vinho é um produto natural que resulta de uma série de reações bioquímicas, principalmente enzimáticas, que têm início durante o amadurecimento das uvas e transcorre a colheita, o processo fermentativo e a clarificação, até o engarrafamento (SHETTY et al., 2006, p. 899).

Muitas dessas reações têm sido efetuadas de modo natural e, nos casos cabíveis, por microrganismos naturalmente presentes na uva. Entretanto, a ciência pode auxiliar o enólogo a influir em alguns pontos do processo, a ponto de conseguir vantagens significativas, sobretudo em termos de duração de processo. Essa maior eficiência proviria do uso de enzimas pectinolíticas.

Além de reduzir o tempo de processo, o enólogo poderia melhorar a qualidade do produto final e operar com capacidade plena seus equipamentos e suas instalações. Contudo, a produção de vinhos de boa qualidade estará também na dependência da qualidade da vindima.

Existem duas aplicações básicas das pectinases no campo enológico: a) tratamento enzimático do macerado de uva a fim de melhorar o rendimento da extração do caldo; b) tratamento do vinho ou caldo para facilitar a clarificação.

Na produção do vinho tinto pelo processo fermentativo clássico, o tratamento do macerado com pectinase traz como vantagens básicas: a) fermentação mais rápida e menos turbulenta (pode-se obter redução de até 30% no tempo global de processo); b) menor formação de espuma; c) extração do pigmento facilitada; d) aumento da fluidez do mosto; e) facilidade de prensagem; f) aumento generalizado do rendimento do processo; g) clarificação mais rápida; h) filtração facilitada; i) obtenção de vinhos com *bouquet* aprimorado e densos; j) diminuição do período de envelhecimento. A pectinase deve ser adicionada tão logo a uva tenha sido macerada, geralmente na concentração de 2 g de pectinase/100 kg de macerado.

De outra parte, na fabricação do vinho branco, o tratamento das uvas maceradas com pectinase antes da prensagem tem como vantagens: a) prensagem facilitada; b) diminuição do *splashing*; c) maior volume de suco extraído; d) suco a ser utilizado como mosto com teores aumentados de açúcares fermentescíveis, aromas, ácidos, minerais etc. e) melhora na qualidade do vinho. Dessas vantagens resulta que: a) os equipamentos são utilizados com maior eficiência; b) a sobrecarga da prensa é diminuída; c) o tempo global de processo é reduzido. O tratamento enzimático requer a inclusão entre a moenda e a prensa de um tanque de maceração. A dosagem da enzima gira, por exemplo, em torno de 1 a 3 g de pectinase/100 kg de macerado, sendo o tempo de contato da ordem de 4 horas e a temperatura em torno de 20 °C. Outrossim, o tratamento do mosto com pectinase antes da fermentação apresenta as seguintes vantagens: a) remoção de substâncias mucolíticas (como consequência, obtém-se rápida e eficiente precipitação de substâncias que causam turvação, removendo-se por tabela as polifenoloxidases normalmente associadas às referidas substâncias); b) clarificação melhorada e oxidação diminuída; c) menor formação de espuma; d) clarificação mais rápida e eficiente do mosto fermentado; e) filtração facilitada; f) melhoramento generalizado das propriedades organolépticas do vinho.

É comum as uvas serem parasitadas pelo fungo *Botrytis cinerea*, o qual produz carboidratos poliméricos que possuem suas unidades monoméricas unidas por ligações osídicas do tipo β-1,3 e β-1,6 (nos pontos de ramificação). Ao serem maceradas junto com a uva, essas glucanas acabam contaminando o suco e introduzindo problemas nas operações de clarificação e filtração. Esse fato abre campo para o emprego das glucanases, enzimas que hidrolisam os tipos de ligações mencionadas, as quais resolvem os problemas referidos.

As perspectivas do uso de enzimas em enologia situam-se: a) no emprego de proteases ácidas para hidrolisar as proteínas naturalmente presentes na uva e que se dissolvem no caldo; b) na introdução de enzimas mais adaptadas às condições reinantes nas operações de clarificação, maceração, filtração, extração de pigmentos etc.

14.7.3 CERVEJAS (VENTURINI, 2010A)

Tradicionalmente, as enzimas entram na produção da cerveja por meio do malte que é usado no estágio inicial do processamento. As condições de malteação empregadas pelo cervejeiro visam, em última instância, criar condições adequadas para a máxima atividade das enzimas preexistentes no malte.

O aumento do preço do malte e a reduzida disponibilidade de malte de boa qualidade têm estimulado o cervejeiro a usar enzimas como fatores de suplementação nos vários estágios da fabricação da cerveja. O emprego de malte misturado com outros materiais amiláceos praticamente introduz a obrigatoriedade da suplementação enzimática, já que a atividade das enzimas existentes no malte é insuficiente para a produção de mosto com nutrientes em concentrações adequadas para uma boa fermentação.

As enzimas usadas para esse fim existem em diferentes graus de pureza e se enquadram num destes três grupos: amilases, proteases e glucanases (Tabela 14.5). As cifras envolvidas no uso de enzimas no setor cervejeiro não são menores que US$ 25 milhões/ano.

Tabela 14.5 Enzimas usadas em cervejaria

Enzima	Ação	Etapa da produção
α-amilase bacteriana	Auxilia na liquefação e na malteação	Cozedor; tanque de malteação e filtração
	Melhora a fermentação	Fermentador e tanque de filtração
Glicoamilase	Aumenta o teor de açúcares fermentescíveis (AF) no mosto	Fermentador
Enzimas desramificantes	Aumenta o teor de AF	Fermentador
Glucanases bacteriana e fúngica	Facilita a separação do mosto	Tanque de malteação e fermentador
Protease neutra	Aumenta a fonte de nitrogênio	Tanque de malteação e fermentador
Pentosanase	Remove pentosanas	Tanque de maturação e fermentador
Papaína	Evita a turbidez da cerveja	Tanque de maturação

Simplificadamente, a produção de cerveja envolveria as etapas: a) *malteação*; b) *separação*; c) *fermentação*; d) *maturação*.

Em linhas gerais, o papel desempenhado pelas enzimas em cada uma das etapas seria:

a) *Malteação*: 1) liquefação do amido; 2) adequação das fontes de C e N; 3) melhoramento da extração dos constituintes do mosto; 4) controle da turbidez. Em maltes de baixa qualidade (características: baixa atividade amilolítica e glucanásica e baixo teor de substâncias solúveis), abundam glucanas e proteínas insolúveis, as quais conferem ao mosto propriedades indesejáveis, como: baixa fluidez, alta viscosidade, pequenos volumes e baixa concentração de nutrientes. A adição de um coquetel de enzimas (celulase, glucanases fúngica e bacteriana) permite contornar esses problemas. Deve-se destacar que as glucanases bacterianas rompem a glucana, gerando oligossacarídeos contendo três a sete unidades de glicose, obtendo-se uma diminuição rápida da viscosidade. As glucanases fúngicas, por sua vez, produzem glicose e uma gama de oligossacarídeos de diferentes massas molares, o que provoca uma redução mais controlada da viscosidade.

b) *Separação*: o efeito principal é a redução da viscosidade pela degradação das gomas presentes. Essa etapa é crucial para o cervejeiro, pois é aqui que ele saberá se a formulação da pasta e sua malteação foram corretamente executadas. Os indicadores mais sensíveis seriam a velocidade de filtração e o volume de mosto obtido. Para evitar esses problemas, basta adicionar à pasta durante a malteação uma mistura de β-glucanases de *Bacillus subtilis* e *Penicillium emersoni* na proporção de sete partes para três. Quando se usa trigo como matéria-prima da pasta, é recomendável usar também celulases (geralmente contaminadas com pentosanases) para degradar as pentosanas existentes nesse material amiláceo.

c) *Fermentação:* 1) controle da turbidez; 2) ajuste da fonte de carbono. O sucesso da fermentação dependerá da composição da pasta; do método de malteação; da cepa de levedura usada; das condições operacionais. Na fabricação de cervejas típicas almeja-se converter em etanol cerca 58-68% do material solúvel originalmente presente no mosto. Em princípio, a adição de enzimas nessa fase seria desnecessária; contudo, problemas ocorridos durante a malteação podem fazer com que o mosto tenha uma quantidade inadequada de açúcares fermentescíveis, implicando, por isso, a adição de enzimas. O emprego da β-amilase fúngica pode ajudar a contornar esse problema, pois, devido à sua especificidade por dextrinas, evita uma sacarificação muito intensa, a qual poderia prejudicar o produto final. Essa enzima libera maltose das cadeias periféricas das dextrinas, além de atacar em baixa porcentagem as ligações osídicas α-1,6. Podem ser adicionadas também β-glucanases com o escopo de eliminar gomas ainda presentes, que poderiam causar problemas na filtração ou no produto já embalado.

d) *Maturação*: envolve o controle da turbidez e o *sweetening*.

Neste ponto, é oportuno lembrar o uso da papaína na eliminação da turbidez da cerveja que ocorre com seu resfriamento. Recomenda-se o uso de 1-5 g de papaína/100 L de cerveja.

As perspectivas da evolução do emprego de enzimas em cervejaria residem: 1) na introdução de glucanases e proteases mais termoestáveis para serem usadas nas etapas de malteação e filtração (separação) – nesse sentido, se poderia reduzir o tempo de permanência da pasta à temperatura de 50 °C, ganhando-se uma economia no tempo global de processamento; 2) na disponibilidade de extratos enzimáticos com alta atividade específica, a fim de permitir o uso de doses únicas nas etapas desejadas e facilitar a adição automatizada do catalisador, o que, por sua vez, facilitaria o seu emprego em cervejarias com alto grau de automação; 3) no uso de microrganismos melhorados por engenharia genética, capazes de prescindir da adição suplementar de enzimas para aumentar a disponibilidade de açúcares redutores no mosto; 4) na introdução de papaína imobilizada na prevenção da turbidez da cerveja, que evitaria a presença dessa enzima no produto final, bem como permitiria a execução dessa etapa de modo contínuo, o que contribuiria para a redução dos custos de processo.

14.8 APLICAÇÕES DIVERSAS

Entre as inúmeras possibilidades e potencialidades de emprego das enzimas na tecnologia de alimentos, além das já descritas, citam-se algumas a seguir.

14.8.1 HIDRÓLISE DA SACAROSE PELA INVERTASE

A sacarose é o principal constituinte do açúcar comercial, disputando com o etanol combustível pelo caldo de cana-de-açúcar, que é a matéria-prima de partida para a produção de ambos. Dados os altos e baixos do mercado sucroalcooleiro, a sobra de sacarose na usina pode ser significativa, implicando o estoque de grande quantidade de açúcar, além da sua deterioração com o tempo, devida ao seu alto poder higroscópico. Por conseguinte, a conversão do excesso de sacarose em produtos de valor agregado equivalente ou até mesmo superior pode contribuir para minimizar as perdas ou dar lucro extra às usinas.

A sacarose pode ser modificada por processo químico – por exemplo, a esterificação das hidroxilas com ácidos graxos de cadeia longa forma um derivado oleoso, cuja viscosidade é da mesma ordem que a dos óleos comestíveis, com a vantagem de não ser absorvido no intestino humano – ou enzimático. Nesse último caso, o processo mais comum é a hidrólise pela invertase, resultando como produto um xarope contendo quantidades próximas de glicose e frutose (D'ADDEZIO et al., 2014). Esse xarope, por sua vez, pode ser tratado com a glicose oxidase, obtendo-se no final frutose e ácido glicônico – dois produtos de alto valor comercial (TARABOULSI JR.; YORIYAZ; VITOLO, 2014).

14.8.2 SOLUBILIZAÇÃO DE SÓLIDOS DO CHÁ

Quando se deseja obter chá de dissolução instantânea, é comum a ocorrência de turbidez devida à presença de taninos. Tais substâncias podem ser removidas pela tanase obtida de *A. niger*, encontrada na forma de pó. Para esse fim, geralmente se utilizam 3 g de extrato tanásico/L de extrato de chá, mantendo-se o sistema sob agitação a 30 °C por 70 minutos e pH 5,5.

14.8.3 REMOÇÃO DE TIOGLICOSÍDEOS

As sementes de mostarda possuem uma enzima chamada mirosinase, que atua sobre os tioglicosídeos liberando alilisotiocianato, o qual é separado por destilação. O procedimento é o seguinte: deixa-se uma dada quantidade de sementes de mostarda (*Brassica juncea*) a 100 °C por 2 horas, moendo-se a seguir. A esse pó adicionam-se sementes de mostarda moídas e frescas (a mirosinase está ativa) e água, até obter umidade em torno de 16%. A pasta é mantida a 50 °C por 45 minutos, aumentando-se, a seguir, a temperatura para 115 °C por 30 minutos, com o objetivo de cozer a pasta, romper as membranas celulares para liberar o óleo, reduzir o teor de umidade e remover o alilisotiocianato. O produto final, que em condições normais conteria 0,5% do referido composto, contém apenas 0,04%.

14.8.4 PROCESSAMENTO DO AÇÚCAR DE BETERRABA

Durante a produção do açúcar a partir da beterraba, há um acúmulo de rafinose no liquor-mãe, a qual, ao atingir concentração de 8%, cristaliza, contaminando o produto final. Por isso, preconiza-se a eliminação desse trissacarídeo com a rafinase (melibiase ou α-galactosidase) obtida do fungo *Mortierella vinacea*, o qual é deixado para crescer na forma de péletes, dentro dos quais a enzima se localiza. Os péletes são usados em reatores adequados para a conversão da rafinose.

A dimensão do problema pode ser sentida caso se considere que uma planta comum para a produção de açúcar da beterraba processa 3.000 ton de beterraba/dia, obtendo-se 600 ton de sacarose e cerca de 4 a 5 ton de rafinose. A conversão da rafinose aumenta o rendimento global do processo.

A melibiase é uma enzima adaptativa, requerendo na sua produção uma fonte de carbono adequada (lactose, rafinose), bem como milhocina ou farelo de arroz.

Uma unidade α-galactosidásica é a quantidade de enzima que libera 1 μg de galactose sob condições de ensaio definidas.

Para se conseguir 80% de hidrólise da rafinose, usam-se 70.000 U/g de rafinose, sendo as condições: tempo de residência = 2 horas; pH = 5,2; 30 °Brix e 45 °C.

14.8.5 *PEELING* E LIMPEZA DA CARCAÇA DO CAMARÃO

A indústria pesqueira processadora de crustáceos frequentemente comercializa o produto na forma desprovida de exoesqueleto, ou seja, limpa. Para tanto, um processo típico seria: 2 kg de camarão sem cabeça são misturados com água, 7,6 g de ficina, 15,2 g de amilase e 7 g de bicarbonato de sódio. O pH é ajustado a 7,8 e a temperatura é mantida a 52 °C por 30 minutos. Recolhe-se o camarão e lava-se com jatos de água, seguidos de jatos de ar. Com isso, todos os fragmentos da carcaça são removidos. No final do processo obtém-se 1,2 kg de camarão limpo, perfazendo um rendimento de *peeling* de 60%.

14.8.6 REMOÇÃO DE DEXTRÂNIO DO AÇÚCAR DE CANA

Durante o processamento do caldo de cana para a produção do açúcar, forma-se o polissacarídeo dextrânio a partir da atividade metabólica do *Leuconostoc mesenteroides*, microrganismo que se desenvolve bem nas condições de tratamento do caldo. Esse polissacarídeo dificulta várias operações, como a clarificação. Para contornar o problema, utiliza-se a dextranase (endo-α-1,6-glucanase, EC.3.2.1.11) obtida de *Penicillium funiculosum*.

14.8.7 ADOCICAMENTO DE FRUTAS (*CANDIED FRUITS*)

Várias frutas, para uso em confeitaria, por exemplo, devem ter seu teor em açúcar aumentado. O problema é que vários tipos de frutos, quando em contato com xaropes concentrados, perdem a forma devido à perda de água por osmose. Assim, o adocicamento não enzimático, em geral, dura várias semanas, pois a fruta deve ser deixada em contato com o xarope em concentrações crescentes por vários dias.

O tratamento enzimático, por sua vez, reduz o tempo global de processo para no máximo 4 dias. Para tanto, procede-se deste modo: o *Aspergillus niger* é preparado pelo processo *koji* (20 g de farelo de trigo por 5 dias a 20 °C); a seguir a massa fermentada é extraída com água, e o extrato resultante é precipitado com etanol. O precipitado é separado e ressuspendido em água (2 g/L), sendo essa solução usada para o adocicamento.

Morangos ou outras infrutescências, previamente tratados com sulfito e com $CaCl_2$, são imersos na solução de enzima por 24 horas e depois são transferidos para uma solução aquosa de eritrosina, onde são mantidos a 80 °C por 40 minutos. Findo esse período, adiciona-se ácido tartárico e a mistura é deixada por mais 40 minutos a 80 °C. Após esse tratamento os frutos são transferidos sucessivamente para soluções de açúcar a 50%, 60% e 80%, sendo deixados imersos em cada uma delas por 24 horas a 50 °C. No final obtêm-se frutos com 72% de sacarose e com as formas características preservadas.

14.8.8 REMOÇÃO DE GORDURA DE OSSOS

Em linhas gerais, o tratamento prévio dos ossos para a produção de gelatina seria: os ossos são moídos (partículas de diâmetro não superior a 16 mm) e lavados com água fervente para remover parte dos lipídeos presentes. Após a drenagem, a massa de ossos é ressuspendida em água (1 L/kg), adicionando-se, a seguir, lipase (15.000 U/L) e $CaCl_2$ (3 a 10 g/L). A mistura é deixada sob agitação por 12 horas a 37 °C e pH = 7,2. Findo esse período, a água é drenada e a massa é lavada profusamente com água fervente. Após esse último tratamento, se desejado, pode-se repetir o tratamento lipolítico. Os ossos desengordurados servirão de matéria-prima para a produção de gelatina.

14.8.9 GLICOSE OXIDASE

A glicose oxidase (GOD) catalisa a reação:

$$2C_6H_{12}O_6 + 2\,H_2O + O_2 \rightarrow 2C_6H_{12}O_7 + 2H_2O_2$$

Como a maioria dos preparados comerciais de GOD acham-se contaminados pela catalase, quase sempre se verifica também a reação:

$$2H_2O_2 \rightarrow 2H_2O + O_2$$

Por conseguinte, a oxidação da glicose pela GOD fornece como produtos ácido glicônico, água e oxigênio.

As principais fontes de glicose oxidase são *Aspergillus niger* e *Penicillium amagasakiense.*

Há dois modos de se expressar a atividade dessa enzima: a) *unidade manométrica*: 1 GOU (*glucose oxidase unit*) é a quantidade de enzima que promove o consumo de 10 mm^3 de O_2/minuto sob condições de ensaio definidas; b) *unidade colorimétrica*: 1 BU (*Boehringer unit*) é a quantidade de GOD que catalisa a conversão de 1 μmol de glicose/minuto sob condições definidas.

Em geral, para a GOD comercial (com baixo grau de pureza), a atividade é da ordem de 750-1.500 GOU/mL ou g, enquanto as formas para fins analíticos, com maior grau de pureza, têm sua atividade entre 60.000-120.000 GOU/mL ou g. Por exemplo, a GOD de *A. niger* tem peso molecular de 192.000, temperatura ótima entre 30 e 50 °C e pH ótimo entre 4,5 e 6,5. É inibida por metais pesados e agentes quelantes sulfidrílicos.

A glicose oxidase pode, entre outros, ter os empregos seguintes:

a) *Antioxidante*: o objetivo é evitar alterações de cor e sabor dos alimentos devidas à presença do oxigênio. Para esse uso a GOD compete com os antioxidantes convencionais (ácido ascórbico, por exemplo). Pode ser usada em refrigerantes cítricos (40-200 GOU/L para os concentrados e 20-90 GOU/mL para os carbonatados), refrigerantes em latas, cerveja (10-70 GOU/L) e maionese (20-100 GOU/kg, devendo-se, nesse caso, usar uma GOD não contaminada com amilase, pois essa carboidrase hidrolisaria os materiais amiláceos e modificaria a consistência do produto).

b) *Desglicosação*: usada, sobretudo, para desglicosar ovo integral, gema e/ou clara, a fim de evitar a reação de Maillard quando essas matérias-primas forem submetidas à secagem. Apenas para exemplificar, vejamos sucintamente a desglicosação da clara de ovos: a matéria-prima é aquecida a 32 °C e tem o pH ajustado entre 7,0 e 7,5 pela adição de ácido cítrico (1 kg/100 kg de clara). Em seguida, adiciona-se água oxigenada (35%) correspondente a 1/3 do total que será consumido na desglicosação completa, sendo os 2/3 restantes adicionados aos poucos durante o processo (quantidade total de H_2O_2 35% a ser adicionada: 3,5-4,0 L/ton de clara). Cerca de 30 minutos após a adição da primeira porção de água oxigenada, são adicionadas à mistura 150.000-225.000 GOU/ton de clara. O tempo total de desglicosação é cerca de 8 horas.

c) *Métodos analíticos para a dosagem de glicose*: neste caso, a glicose oxidase é usada na forma imobilizada em aparelhos analíticos.

d) *Produção de ácido glicônico a partir da glicose*: atualmente têm sido desenvolvidos processos para converter a glicose – resultante da hidrólise do amido ou da sacarose – em ácido glicônico, um produto de alta demanda industrial, usando uma combinação de glicose oxidase e catalase como catalisadores (TARABOULSI JR.; ANDREOTTI; VITOLO, 2012). O processo compete tanto com a síntese química quanto com a fermentação, apresentando como vantagens a alta especificidade da reação, condições operacionais brandas, além de baixa ou nenhuma geração de subprodutos poluidores do meio ambiente.

14.8.10 ÓLEOS COMESTÍVEIS

A produção de óleos comestíveis é uma das mais valiosas atividades na indústria alimentícia. Polpa e/ou sementes de plantas oleaginosas (dendê, azeitona, feijão-soja, girassol, algodão, colza, canola etc.) são matérias-primas para a extração de óleos comestíveis. A extração pode ser feita com água – caso do óleo proveniente da polpa de frutos oleaginosos, como a oliva – ou com solvente orgânico (se o óleo provém de sementes, como algodão e colza).

O uso de enzimas nesse setor só se justifica quando o óleo é vendido a preço elevado, como no caso do óleo de oliva extravirgem, ou quando o ganho em produtividade na extração é significativo, como no caso do óleo de dendê, obtido da polpa da palmeira. A produção de azeite de oliva, por exemplo, consiste na moagem da oliva, seguida da adição de água para obter uma pasta com textura adequada para ser submetida à prensagem. Desse tratamento inicial forma-se um sistema com três fases distintas: *sólida* (composta por 3-5% de óleo residual, 50% de água e 43-45% de sólidos), *aquosa* (formada por menos de 1% de óleo residual, 90-95% de água e 5-10% de sólidos) e *oleosa* (composta por 98-99% de óleo, sendo o restante formado por água e sólidos). Adicionam-se celulase e pectinase na pasta, antes da prensagem, a fim de reduzir a sua viscosidade e, em consequência, extrair mais óleo com menos água misturada. Dependendo da variedade e do grau de maturação da oliva, o rendimento em óleo pode ser aumentado em cerca de 1% por meio do tratamento enzimático (O'BRIEN, 2004, p. 34).

Merece lembrança também o uso crescente de lipases no processo de interesterificação de triglicerídeos (SOARES et al., 2012).

14.8.11 ALIMENTAÇÃO ANIMAL

As enzimas podem ser adicionadas na ração animal com o objetivo de melhorar a digestibilidade do alimento (amidos, proteínas, gorduras, fibras etc.) e reduzir a excreção para o ambiente de compostos nitrogenados e fosforados.

De acordo com o conteúdo em fibras, as rações para animais são classificadas em quatro grupos (GODFREY; WEST, 1996): *grupo I* – rações ricas em β-glucana, por exemplo, cevada e aveia; *grupo II* – rações ricas em pentosanas e arabinoxilanas, por exemplo, trigo, centeio e triticale; *grupo III* – rações com componentes insensíveis à ação de enzimas, por exemplo, sorgo e milho; *grupo IV* – rações contendo complexos fibroproteicos, nos quais a proporção de substâncias pépticas e galactossacarídeos é alta. Por conseguinte, os grupos I, II e IV são suscetíveis ao tratamento enzimático.

A lógica para o emprego de enzimas em ração animal repousa na premissa de que o catalisador degradará as fibras solúveis – que, em geral, têm efeito nutricional desfavorável – e/ou servirá de suplemento às enzimas digestivas naturais do animal. Por exemplo, o pâncreas de porcos lactentes é incapaz de produzir suco pancreático com atividades amilolítica e proteolítica adequadas à digestão eficiente de alimentos. Esse problema fisiológico pode durar até quatro semanas. Logo, a suplementação da ração com amilases e proteases exógenas é benéfica para o desenvolvimento animal durante esse período. Além disso, a suplementação enzimática na dieta de animais jovens é importante por permitir a hidrólise de polissacarídeos não amiláceos presentes em cereais e proteínas vegetais.

Atualmente, é dada uma grande atenção, em nível mundial, aos danos ambientais causados pelo acúmulo de dejetos de animais no campo. Inclusive, uma fração significativa da emissão de metano na atmosfera, que influi no efeito estufa, provém das fezes de animais de criação. A contaminação dos mananciais de água com compostos nitrogenados e fosforados oriundos do esterco é também um ponto de grande aflição ecológica em escala regional. A única maneira para minimizar esses problemas seria a otimização do aproveitamento do fósforo e do nitrogênio pelos animais, de tal sorte que somente uma pequena quantidade fosse liberada para o ambiente. Esse objetivo pode ser alcançado tanto pelo melhoramento da digestibilidade do alimento – usando uma combinação de enzimas formada por amilases, proteases, xilanases, β-glucanases e β-galactosidases – quanto pelo estímulo à ação da fitase endógena presente nos cereais usados como alimentos. Para melhorar esse último item, a adição de fitase exógena na ração – obtida de *Aspergillus ficuum* – é um procedimento valioso. A fitase é uma enzima que decompõe os sais de fitato nos quais o fósforo está ligado, liberando-o. O fósforo livre é prontamente absorvido pelo animal e devidamente metabolizado. No entanto, a fitase endógena é termolábil, sendo sua adição na ração um quesito obrigatório. Em consequência, grande quantidade de fitase deve estar disponível no mercado para fazer frente ao acelerado crescimento da pecuária mundial. Talvez não seja exagero afirmar que a disponibilidade de fitase em grande quantidade é a maior expectativa do setor de produção de ração animal.

14.9 CONCLUSÃO

Deve ser destacado que a produção mundial de enzimas gira em torno de 70.000 ton/ano, equivalendo a um montante não inferior a US$ 2 bilhões, sendo que 60% do total das enzimas produzidas são consumidos pela indústria alimentícia, envolvendo cifras de no mínimo US$ 400 milhões.

Essa posição de destaque ocupada pelas enzimas no setor alimentício é devida, entre outras, às seguintes razões: a) são substâncias naturais e atóxicas; b) possuem especificidade de ação; c) atuam em condições brandas de temperatura e pH; d) são eficientes em baixas concentrações; e) em geral, são rapidamente inativadas; f) permitem obter e separar substâncias opticamente ativas (aminoácidos e vitaminas, por exemplo).

Apesar das qualidades catalíticas inerentes às enzimas, ainda existem limitações no seu uso generalizado em escala industrial, haja vista que, das 2 mil enzimas conhecidas, não mais do que trinta tipos são produzidos e usados em grande escala. Algumas das razões são: a) dificuldade na obtenção de grandes quantidades de enzima a baixo custo; b) nem todas as enzimas atuam com eficiência nas condições reais de processo; c) muitas das enzimas conhecidas são intracelulares e, portanto, além de serem caras, nem sempre atuam bem quando solubilizadas; d) necessidade de cofatores (NAD, NADH, CoA e ATP, por exemplo).

À biotecnologia moderna caberá introduzir cepas capazes de produzir uma ou mais enzimas extracelularmente em concentrações superiores a 5 g/L e/ou com características catalíticas modificadas, além do desenvolvimento de biorreatores contendo células ou enzimas imobilizadas, isto é, ligadas por processos físicos e/ou químicos a suportes inertes. Apenas para citar um caso, para a GI – enzima usada na produção do HFCS –, há a necessidade de se obterem cepas por meio da técnica do DNA recombinante capazes de produzir a referida enzima com as seguintes características: a) pH ótimo na faixa ácida, a fim de reduzir o escurecimento do HFCS que ocorre em pH alcalino; b) termoestabilidade aumentada, para facilitar o deslocamento do equilíbrio no sentido da frutose; c) atividade catalítica aumentada.

REFERÊNCIAS

BARTHOLET, J. A carne (discutível) de laboratório. *Scientific American Brasil*, São Paulo, v. 10, n. 110, p. 53-57, 2001.

BEMILLER, J. N.; WHISTLER, R. L. *Starch*: chemistry and technology. 3. ed. New York: Elsevier, 2009.

BON, E. P. S.; FERRARA, M. A.; CORVO, M. L. *Enzimas em biotecnologia*: produção, aplicações e mercado. Rio de Janeiro: Interciência, 2008.

D'ADDEZIO, F. et al. Using a membrane reactor for sucrose hydrolysis: the effect of reactor's design on invertase stability. *Journal of Environmental Science and Engineering A*, New York, v. 2, p. 582-592, 2013.

D'ADDEZIO, F. et al. Sucrose hydrolysis by invertase using a membrane reactor: effect of membrane cut-off on enzyme performance. *Brazilian Journal of Pharmaceutical Sciences*, v. 50, n. 2, p. 257-259, abr./jun. 2014.

GODFREY, T.; WEST, S. *Industrial Enzymology*. London: MacMillan Press, 1996.

GUJRAL, H. S.; ROSELL, C. M. Improvement of the breadmaking quality of Rice flour by glucose oxidase. *Food Research International*, New York, v. 37, p. 75-81, 2004.

LADANIYA, S. M. *Citrus fruit*: biology, technology and evaluation. New York: Academic Press, 2008.

MARTINDALE, D. Uma pitada de nutrição. *Scientific American Brasil*, São Paulo, ano 6, n. 69, p. 13-14, fev. 2008.

O'BRIEN, R. D. *Fats and oils*: formulating and processing for applications. 2. ed. Boca Raton: CRC Press, 2004.

PARK, Y. K. Produção de enzimas. In: LIMA, A. U.; AQUARONE, E.; BORZANI, W. (Coord.). *Biotecnologia*: tecnologia das fermentações. São Paulo: Edgard Blucher, 1975. p. 182-211.

PILNIK, W.; VORAGEN, A. G. J. Use of enzymes in food processing. *Food Biotechnology*, Oxford, UK, v. 4, n. 1, p. 319-328, 1990.

QUAGLIA, G. *Ciencia y tecnologia de La panificacion*. Zaragoza: Editorial Acribia, 1991.

SHETTY, K. et al. *Food biotechnology*. 2. ed. Boca Raton: CRC Press, 2006.

SOARES, F. A. S. M. et al. Chemical interesterification of blends of palm stearin, coconut oil and canola oil: physicochemical properties. *Journal of Agricultural and Food Chemistry*, Columbus, v. 60, p. 1461-1469, 2012.

TARABOULSI JR., F. A.; ANDREOTTI, D. Z.; VITOLO, M. Fatores que afetam a atividade enzimática: enzimas que catalisam reações de óxido-redução. *Revista Analytica*, São Paulo, v. 10, n. 56, p. 50-62, 2012.

TARABOULSI JR., F. A.; YORIYAZ, E. J.; VITOLO, M. Fed-batch operated in the increasing exponential feeding mode as an approach to obtain glucose oxidation by glucose oxidase and sucrose hydrolysis by invertase. In: 22TH EUROPEAN BIOMASS CONFERENCE AND EXHIBITION. *Proceedings*... Hamburgo, 2014. p. 1367-1370.

UENJO, M.; PASTORE, M. G. Pectinases: aplicações industriais e perspectivas. *Química Nova*, São Paulo, v. 30, n. 2, p. 388-394, 2007.

UHLIG, H. *Industrial enzymes and their applications*. New York: John Wiley & Sons, 1998.

VENTURINI, W. G. *Bebidas alcoólicas*. São Paulo: Blucher, 2010a.

VENTURINI, W. G. *Bebidas não alcoólicas*. São Paulo: Blucher, 2010b.

CAPÍTULO 15

Produção de proteínas por microrganismos

Urgel de Almeida Lima

15.1 CARÊNCIA DE ALIMENTOS PROTEICOS

No final do século XVIII, Thomas Malthus demonstrou preocupação com a produção de alimentos e o crescimento da população mundial ao apresentar suas ideias a respeito do controle da natalidade. Preocupava-se com o fato de o crescimento global desordenado causar falta de alimentos. Para ele, a população crescia em progressão geométrica e a produção de alimentos aumentava em progressão aritmética, o que resultaria em fome ampla e generalizada.

Essa previsão, felizmente, não se concretizou, mas pesquisadores continuam a buscar o aumento da produção de alimentos tradicionais em condições tecnológicas cada vez mais apuradas. O aumento da população é inexorável, e ela deve ser satisfeita em sua demanda por alimentos.

A capacidade de produção não é a mesma em todas as regiões. As regiões mais e menos desenvolvidas buscam soluções para produzir mais alimentos e de melhor qualidade. Enquanto em alguns países as populações podem ser alimentadas com todos os elementos básicos de uma dieta, em outros, há carência de vitaminas, gorduras e proteínas.

A modernização das técnicas agrícolas e zootécnicas contribuiu para o aumento da produção, melhorando a produtividade na agricultura e na criação de animais, tanto daqueles tradicionalmente explorados como dos pouco divulgados. Estão em crescimento a aquicultura de água doce e salgada, bem como a criação de pequenos animais, de animais e aves silvestres e de anfíbios, visando abrir novos campos à produção de alimentos. Métodos especiais de criação resultam em melhor crescimento e ganho de peso em menor tempo. Novas técnicas agrícolas também contribuem para aumentar a produção.

Conservação, adubação, irrigação e drenagem do solo bem executadas auxiliam na ampliação do horizonte agrícola em razão da transformação de terras ou da utilização de regiões inexploradas. Técnicas genéticas de modificação permitem a obtenção de variedades mais produtivas e resistentes ao ataque de doenças e pragas ou de melhor qualidade. Algumas técnicas ainda são polêmicas, mas tendem a melhorar a produção agrícola e o rendimento econômico.

Microrganismos fazem parte da alimentação do homem desde tempos imemoriais. São agentes de transformação de alimentos básicos ou integrantes deles, desenvolvidos durante o processamento do material natural. Muitos microrganismos são ingeridos com o alimento que prepararam, como pão, iogurte e hortaliças fermentadas. Há também aqueles que são ativos na preparação de alimentos, como os queijos curados.

A utilização de microrganismos especialmente desenvolvidos para serem o alimento ou sua base tem por finalidade precípua suprir a carência de proteínas, embora lipídeos e vitaminas sejam um complemento valioso do valor nutritivo. Microrganismos significam algas microscópicas, bactérias, fungos e leveduras, que também são classificadas como fungos, no entanto, são estudadas distintamente dos fungos filamentosos (bolores) e usadas tecnologicamente de forma diferente.

15.2 BACTÉRIAS

Por terem em sua composição proteínas e aminoácidos sulfurados, algumas bactérias são viáveis como alimento, principalmente por causa de sua eficiência no interior do tubo digestivo, confirmada no rúmen dos animais superiores. A velocidade de crescimento é uma importante perspectiva para a potencialidade de sua utilização e sua exploração industrial. Segundo a bibliografia, o teor de nitrogênio das bactérias é superior ao de fungos e leveduras; por essa razão, alguns autores sugerem o uso de alimento misto preparado com bactérias e leveduras.

Amostras de *Escherichia coli* obtidas de culturas aeradas demonstraram ser bom suplemento alimentar para ratos e pintainhos. Várias bactérias são ricas em cistina e metionina, ao contrário de fungos e leveduras. *Mycobacterium tuberculosis* contém dez vezes mais metionina que as leveduras, e algumas espécies revelaram ser portadoras de todos os aminoácidos essenciais. Há trabalhos que informam sobre a produção de biomassa com bactérias que se desenvolvem bem em resíduos de indústrias de produtos animais, incluindo despejos de origem piscícola, como *Rubrivivax gelatinosus*.

15.3 FUNGOS

De maneira geral, o micélio contém cerca de 33% de proteína, gordura e bom teor de vitaminas, sobretudo as do complexo B. A expansão da indústria de antibióticos apresentou dificuldade com a disposição de resíduos em virtude da massa de micélio desenvolvida nos reatores durante o bioprocesso.

De acordo com alguns autores, a produção de proteína com fungos filamentosos tem menor velocidade de crescimento, exige controle rigoroso das condições de esterilidade dos meios e longo tempo de processamento, elevando o custo de obtenção.

Em tempos de guerra, foram feitos, com sucesso, ensaios de alimentação de populações com micélio seco de fungos. Algumas espécies, como *Fusarium* e *Rhizopus*, contêm quantidades apreciáveis de cistina e metionina, mas outras são deficientes nesses aminoácidos. Há espécies que se mostraram menos ricas em vitaminas do grupo B que as leveduras.

Algumas espécies de *Aspergillus* e de *Penicillium* foram tóxicas para ratos quando substituíram 50% da proteína da dieta. Trabalhos com *Paecilomyces variotii* demonstraram viabilidade técnica de crescimento sobre hidrolisados celulósicos de madeira, dando oportunidade para a ampliação de pesquisas sobre o aproveitamento de fungos como supridores de proteína.

15.4 LEVEDURAS

As leveduras são uma fonte de proteína importante no que se refere ao teor e à qualidade. Algumas dúvidas foram levantadas com relação à sua viabilidade de uso, por conta da alegada dificuldade de digestão da parede celular, da ocorrência de elevados teores de ácidos nucleicos e de problemas fisiológicos causados por sua ingestão em grande quantidade. Entretanto, há trabalhos que demonstram que a parede celular é destruída ao longo da passagem pelo tubo digestivo de ruminantes. O que não é digerido no estômago o é nos intestinos, compensando a possível baixa degradação proteica no rúmen.

Problemas fisiológicos importantes não foram detectados quando os ruminantes em forte depleção proteica ingeriram altas doses de leveduras de destilaria. Esse fato e o valor nutricional elevado justificam seu uso como componente de rações.

Em todo o mundo, as leveduras são os principais microrganismos usados como alimento. As leveduras alimentares são secas, fragmentadas e mortas, sem poder de fermento. As espécies mais estudadas pertencem aos gêneros *Saccharomyces* e *Candida*.

A produção industrial é uma realidade. Países europeus fazem estudos com base em várias matérias-primas, como resíduo de destilação de etanol, resíduos sulfíticos e hidrocarbonetos. As leveduras para alimento podem ser classificadas em leveduras de cultivo, também denominadas primárias, e leveduras de recuperação, ou secundárias.

15.4.1 LEVEDURAS DE CULTIVO

Estas leveduras são produzidas com a finalidade específica de uso como alimento. São também conhecidas como tórula, denominação originada de *Torula utilis* ou *Torulopsis utilis*, classificações primitivas de *Candida utilis*, a primeira espécie produzida comercialmente em larga escala. O microrganismo é desenvolvido sobre um substrato, separado dele por centrifugação ou filtração e, em seguida, seco.

No Brasil, foram feitos ensaios de produção de leveduras primárias; a quase totalidade se deu em destilarias de etanol na produção de concentrado proteico. Em geral, usam-se espécies rústicas, capazes de crescer em diferentes substratos e de transformar o nitrogênio do meio em nitrogênio proteico.

As leveduras de cultivo de uso mais amplo pertencem ao gênero *Candida* e são cultivadas em condições especiais de intensa aerobiose. O volume e a dispersão de ar no substrato têm importância preponderante sobre o rendimento. Há processos descontínuos e contínuos de produção, devidamente patenteados, com métodos próprios de injeção de ar nos mostos. Esse processo é mais oneroso que a obtenção por recuperação.

15.4.2 LEVEDURAS DE RECUPERAÇÃO

Também chamadas secundárias, são separadas dos meios de fermentação usados para obtenção de outros produtos e constituem um subproduto. Os microrganismos típicos são as leveduras alcoólicas, usadas na produção de etanol em vinícolas e fábricas de cerveja e de aguardente.

Nas destilarias de álcool que trabalham com processo descontínuo, quando a fermentação termina, as leveduras são separadas do vinho por centrifugação para serem usadas em novo processo de fermentação. O vinho deslevedurado segue para destilação, e os microrganismos são conduzidos sob a forma de creme ou leite de levedura para uma nova dorna para iniciar um novo bioprocesso (Volume 3, Capítulo 1).

Para obter proteína unicelular, é feita a separação de uma parte do leite centrifugado. Essa parcela é lavada e submetida a nova centrifugação e secagem, realizada em secadores de rolo ou por atomização. Nos rolos, a alta temperatura mata as células e supostamente faz a termólise.

Depois do aquecimento, o leite é seco em secador de tambor, do qual é retirado como uma película fina, contínua, enrugada, escura e com células secas, mas com a parede celular. Esse material deve acusar de 45% a 60% de proteína bruta, porém, na prática, dificilmente ultrapassa 36%. Atualmente, a secagem é feita em atomizadores, e o produto em pó apresenta 5% de umidade e aproximadamente 40% de proteína bruta.

Tabela 15.1 Rendimento em células e teor de proteína bruta no material produzido a partir de diferentes microrganismos e matérias-primas

Microrganismo	Matéria-prima	Rendimento (%)	Teor (%)
Candida arborea	Melaços de cana e beterraba	55-64*	39,5-49,4
Candida utilis	Melaço de beterraba	53,5-65,3*	43,7-60,6
Candida utilis	Melaço de cana	45,1-48,4****	33,1-50,8
Candida utilis	Resíduos de fermentação	47-52*	50
Candida utilis	Licor sulfítico	29,2-39,2*	40,2
Candida utilis	Suco de frutas	53*	50
Candida utilis	Caldo de cana	30,6*	40,2
Candida utilis	Hidrolisados de madeira	35-40**	–
Geotrichum candidum	Melaços de cana e beterraba	55,8-60*	31,2-41,9
Hansenula anomala	Hidrolisados de madeira	35-40**	–
Hansenula suavedans	Açúcares de madeira	30,5-52,6***	53,4
Mycotorula lipolytica	Açúcares de madeira	53-63***	51
Saccharomyces cerevisiae	Melaços de cana e beterraba	42,7-54,3*	42,5-53,1

* Com base em açúcares totais.
** Com base em açúcares redutores.
*** Com base em açúcares consumidos.
**** Com base em açúcares do melaço.

Fonte: Lima e Sato (2001).

15.5 MATÉRIAS-PRIMAS

No Brasil, foi ensaiada a produção de leveduras alimentares com melaço de cana-de-açúcar, melaço adicionado de vinhaças e mostos de caldo de cana. Melaços de beterraba, licores sulfíticos de fábricas de papel, resíduos lenhosos de indústrias de madeira, sabugos de milho e cascas de aveia são considerados matérias-primas economicamente viáveis em outros países.

Os hidrocarbonetos são entendidos como fontes de carbono eficientes, mas são restritos por conta de sua disponibilidade econômica. Antes da crise do petróleo na década de 1970, as pesquisas foram intensificadas na busca por microrganismos capazes de sintetizar proteínas de hidrocarbonetos. Uma instalação-piloto para produção de proteína alimentar funcionou com sucesso na Inglaterra. Atualmente, não persiste o mesmo interesse.

15.6 VALOR NUTRICIONAL E COMPOSIÇÃO QUÍMICA

As leveduras são constituídas de proteínas, carboidratos, matéria graxa, sais minerais e vitaminas, cujas proporções variam de acordo com as cepas e o meio em que se desenvolvem. A variação de condições de nutrição, natureza do substrato, reação do meio, ocorrência de aeração, lavagens e outros fatores influencia a composição do microrganismo.

O valor nutricional dos concentrados proteicos decorre de sua composição centesimal, do balanceamento dos aminoácidos, da presença de vitaminas, da composição mineral (Tabelas 15.2 a 15.7) e da digestibilidade. Comparando a composição do farelo de soja com as das leveduras secas de diversas procedências, observa-se similaridade, mas os concentrados de leveduras de destilaria encerram menor teor de proteína bruta. As tabelas apresentadas incluem a composição de leveduras e de farelo de soja, um importante componente de rações, e permitem a comparação entre os alimentos.

Aparentemente, uma parte da matéria celular das leveduras é destruída pelo processo de secagem comumente usado (Figuras 15.2 e 15.3). No entanto, o material que é recolhido não demonstra alteração na composição em aminoácidos.

O extrato etéreo geralmente varia de 1% a 6% da matéria seca, sendo menor nas leveduras. Os minerais estão presentes, representados pelo alto teor de cinza, entre 6% e 10% da matéria seca. Os carboidratos representam de 15% a 60% da matéria seca e incluem trealose (33%), glucanas (27%), mananas (21%) e glicogênio (12%). As glucanas e as mananas são polissacarídeos não redutores, formados de glicose e manose, encontrados na membrana celular.

As leveduras são pobres em vitamina A, mas ricas em vitaminas do complexo B e provitamina D, transformável em vitamina D por irradiação ultravioleta. O fator nutricional mais atrativo das leveduras é, entretanto, o conteúdo proteico. A proteína bruta, que varia de 30% a 60%, é constituída principalmente de aminoácidos, que representam perto de 80% da composição; os ácidos nucleicos ficam ao redor de 12% e a amônia, perto de 8%. Aminoácidos livres e outros compostos, como enzimas, coenzimas, glutationa, lecitina e ácido adenílico, correspondem a uma fração de 7% do nitrogênio total. As leveduras são ricas em lisina, mas pobres em aminoácidos sulfurados. O triptofano é limitante.

Com relação às leveduras secas, os dados de mais de uma fonte mostram variações nos teores de proteína bruta, minerais, vitaminas e aminoácidos. Nas leveduras secas de destilaria, o teor de proteína bruta é mais baixo que o citado em outras fontes. Foi possível encontrar resultado ainda inferior em algumas amostras. A diferença pode ser devida ao método de secagem usado, ao mau uso do secador, à composição do meio de fermentação e à lavagem ou não do leite de leveduras.

A baixa percentagem de proteína nas leveduras secas de recuperação produzidas nas destilarias tem sido uma constante no processamento. Comumente, são encontradas amostras com menos de 35% de proteína bruta. O processo de secagem possivelmente é o responsável, já que a secagem severa pode queimar a proteína, a fibra crua e a matéria graxa. Entretanto, a percentagem de cinza não é afetada. O baixo teor de proteína (26,6%) não correspondeu ao aumento proporcional do teor de cinza.

Os dados sobre os farelos de algodão e de soja, citados nas tabelas do National Research Council (1982) e na revista *Ambio* (WOLVERTON; McDONALD, 1979), diferem amplamente, com teores mais elevados nos dados da revista. As análises de leveduras secas de destilaria de álcool de cana-de-açúcar feitas no Brasil não corroboram os dados das tabelas, talvez porque sejam realizadas com materiais diferentes.

A relação entre os teores de aminoácidos essenciais de farelos e leveduras e os padrões de exigência da Food and Agriculture Organization (FAO) para aminoácidos para seres humanos revela que há certa similaridade entre dados referentes a aminoácidos de diferentes fontes. O balanceamento de aminoácidos nas leveduras é relativamente semelhante àquele encontrado nos farelos e pode substituí-lo, do ponto de vista alimentar.

Os tecidos animais são constituídos de proteínas, substâncias básicas do citoplasma e do núcleo das células, desempenhando funções de elevada relevância para o organismo. As proteínas são formadas por aminoácidos, dos quais alguns podem ser sintetizados pelo organismo e outros devem ser proporcionados pelas dietas, já que não são sintetizados. São denominados aminoácidos essenciais: fenilalanina, isoleucina, leucina, lisina, metionina, tirosina, treonina, triptofano e valina.

O valor nutricional de uma proteína depende dos aminoácidos presentes e da distribuição adequada em sua composição. A eficiência nutricional é evidenciada pelo teor de aminoácidos essenciais. A falta ou a deficiência de um deles compromete o metabolismo dos demais, pois, durante a síntese proteica, todos são solicitados ao mesmo tempo. Sua disponibilidade depende de característica intrínseca das proteínas, ou seja, de sua capacidade de liberá-los. Nas proteínas animais, 90% dos aminoácidos são prontamente absorvíveis, ao passo que nas proteínas vegetais esse valor é bem inferior.

O teor de fibra, o sistema de processamento do alimento e a presença de inibidores influem na digestibilidade. Quando, em uma proteína vegetal, o teor de inibidores é elevado, tratamentos diversos podem eliminar sua interferência, mas um processamento muito enérgico pode afetar alguns aminoácidos presentes.

Os isolados proteicos de vegetais, isentos de fibras e de inibidores, têm maiores eficiência e valor nutricional. Quando um alimento é deficiente em determinados aminoácidos, pode ser suplementado pela associação com outros mais ricos naqueles elementos.

Consideradas como opção na busca por suprimentos alimentares nitrogenados, as proteínas unicelulares, denominação dos concentrados proteicos obtidos de leveduras, fungos filamentosos, bactérias e microalgas, contam com algumas vantagens sobre os vegetais superiores: curto período de geração, possibilidade de modificações genéticas para alterar sua composição proteica, alto teor de proteínas e possibilidade de uso de material de recuperação de outros processos industriais com baixo custo.

O valor nutricional dessas proteínas fica em torno de 50%, quando comparadas com a albumina do ovo. O coeficiente de digestibilidade das proteínas é da ordem de 70%, comparável à digestibilidade dos farelos geralmente usados em rações. Sua deficiência mais importante é de aminoácidos sulfurados. No entanto, quanto ao restante, são relativamente bem balanceados. As bactérias apresentam mais metionina que as leveduras, que são mais ricas em lisina.

Alguns fatores são tradicionalmente considerados limitantes para o uso das proteínas unicelulares. Entre eles estão resistência da parede celular que diminui a digestibilidade, teor de ácidos nucleicos, cor forte e escura, falta de textura ou textura viscosa, sabor e aroma pouco atrativos.

A Figura 15.1 ilustra a comparação entre os teores de aminoácidos de quatro leveduras.

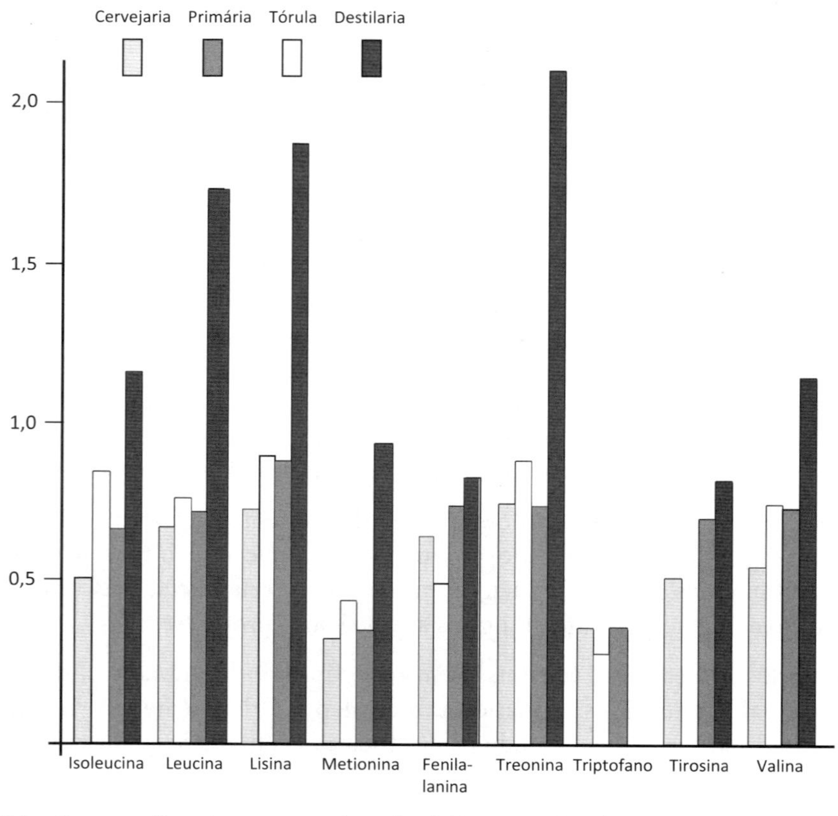

Figura 15.1 Comparação entre os teores de aminoácidos essenciais de quatro tipos de leveduras.

Fonte: Lima (1985).

15.7 LEVEDURAS SECAS DE DESTILARIAS DE ÁLCOOL

As leveduras alcoólicas têm elevada proporção de material proteico em sua composição. Células lavadas, puras, encerram teor de matéria seca da ordem de 25%, dos quais aproximadamente 50% são de material proteico. Esse elevado conteúdo de material nitrogenado aconselha o uso das leveduras originárias das destilarias como concentrado proteico para rações.

Há muitos anos, pesquisadores e técnicos de destilarias têm insistido no aproveitamento das leveduras próprias do processo de fermentação alcoólica. Em razão do grande desenvolvimento da indústria alcooleira pela via fermentativa, a perspectiva de seu uso é vista como de interesse econômico, porque é material nitrogenado rico, de fácil recuperação e de custo presumivelmente baixo. Em comparação com o cultivo especial de microrganismo sobre materiais residuais, o custo é certamente inferior.

15.7.1 SEPARAÇÃO DAS CÉLULAS E SECAGEM

Em qualquer bioprocesso industrial de produção de etanol, há excedente de leveduras, que se multiplicam durante o ciclo de fermentação. Nas destilarias, são usadas leveduras do gênero *Saccharomyces*, capazes de se reproduzir em meio totalmente anaeróbio e em qualquer grau intermediário de oxigenação.

Quando o cultivo é feito em meio a intensa aeração e com adequada disponibilidade de açúcares, a multiplicação celular é intensa e a produção de etanol é pequena, desprezível. Durante a operação, há uma fase preliminar de baixa atividade multiplicativa, seguida de uma fase de intensa atividade reprodutiva, exponencial, com idêntica exigência de aeração, e de uma etapa final, de pequena atividade, ao término da disponibilidade de açúcares.

Em um processo anaeróbio, o açúcar é consumido principalmente para produzir álcool e dióxido de carbono. O substrato é mais rico em açúcares que aqueles usados na multiplicação de leveduras; nesse caso, praticamente não há fornecimento de oxigênio.

O desenvolvimento do ciclo de fermentação (Volume 3, Capítulo 1) é parecido com o da multiplicação celular. Há uma primeira fase, preliminar, com pequena produção de álcool e dióxido de carbono, na qual há desenvolvimento celular, ainda que não haja fornecimento de ar. Essa fase tem maior ou menor duração de acordo com a massa de inóculo. Com inóculo reduzido, ela tarda mais, já que o açúcar é consumido para produzir células além de etanol e dióxido de carbono.

Ao final da fermentação, as células sedimentam. Isso se dá porque sua densidade é maior que a do vinho e porque diminui o efeito de agitação causado pelo desprendimento do dióxido de carbono. A maior densidade favorece a centrifugação, pois separa as células do meio fermentado e as reaproveita para novos ciclos fermentativos. A separação das células para obtenção do concentrado proteico é limitada a um valor que não prejudica a continuidade do bioprocesso.

O número de células nos meios de fermentação alcoólica considerado adequado pela literatura para o bom desempenho da operação varia entre limites amplos. Para alguns autores, o número varia de $1{,}5 \times 10^8$ a 3×10^8 células por mL de meio; para outros, entre 3×10^6 e 3×10^9 células por mL, podendo chegar a 400×10^6 e 550×10^6 células por mL.

O volume de leite de leveduras obtido pela centrifugação do substrato fermentado representa de 10% a 20% do volume da dorna. Desse creme obtido com a citada concentração de células, separa-se uma pequena quantidade que é destinada à produção de concentrado proteico; o restante é conduzido a outra dorna para nova fermentação. O volume dessa pequena quantidade, designada por punção, varia em ordem de grandeza, representando 10% do leite de leveduras. Para outros, significa extrair de 1,5 kg a 2,5 kg de leveduras por 100 litros de álcool.

Quando o bioprocesso é contínuo, o vinho é centrifugado continuamente para recircular as leveduras no fermentador; as células são recuperadas, lavadas, tratadas e devolvidas ao fermentador. Esse procedimento revigora a fermentação e contribui para a manutenção de sua pureza.

Depois de feita a punção, o leite é lavado, ou não, em outras centrifugações. A lavagem reduz a proporção relativa de leite em comparação com o volume de substrato, porém oferece ganho em pureza e em teor em nitrogênio. Em seguida à centrifugação, o leite é conduzido a um aquecedor, onde as leveduras são mortas. O aquecimento visa à termólise das células, no entanto, a maioria delas mantém sua forma primitiva e a membrana intacta. Após o aquecimento o leite é submetido a secagem. Quando é seco em secador de tambor, obtém-se uma película fina, contínua, escura, com as células secas, mas com a parede celular. Como já exposto aqui, esse material deve acusar de 45% a 60% de proteína bruta, porém, na prática, dificilmente ultrapassa 36%.

Os *Saccharomyces* consomem açúcares para multiplicação de acordo com o meio e com o grau de aeração. Com adequado fornecimento de açúcar e de aeração, consomem aproximadamente 2 g de açúcar para produzir 1 g de células. Há autores que afirmam que, em ausência de aeração, produz-se 4% das células que seriam produzidas em aerobiose total. Para outros, esse rendimento é de 2% em relação aos açúcares disponíveis no meio. Comparando esses dois pontos de vista, é possível deduzir que o consumo de 2 g de açúcar por grama de leveduras ocorre quando o objetivo é produzir fermento, e não etanol.

Em bioprocessos bem conduzidos, o crescimento da massa de células em anaerobiose é responsável pelo consumo de apenas 2% a 5% dos açúcares redutores totais. A variação se dá em virtude de fatores como concentração inicial do inóculo, tipo de matéria-prima colocada em trabalho, estirpe da levedura e seu vigor fermentativo, higiene, método de trabalho em uso, correção dos mostos, adição de nutrientes, entre outros.

Com base no apresentado, a retirada de 10% a 15% do leite de leveduras para obtenção de levedura alimentar não prejudica as fermentações nem causa prejuízo às destilarias em termos de consumo de açúcar.

15.8 USO DAS PROTEÍNAS DE MICRORGANISMOS

Pesquisas que abordam temas de alimentação e desenvolvimento de animais domésticos com uso de concentrado proteico de leveduras aconselham seu emprego como suprimento alimentar. Estudos sobre metabolismo de compostos nitrogenados de bactérias no rúmen, degradação de ácidos nucleicos no intestino e absorção de bases nitrogenadas nucleicas não apresentaram resultados negativos.

Em vacas em lactação, a substituição de até 37% da proteína da ração por proteína de leveduras apresentou maior eficiência digestiva, melhor recuperação da produção de leite em relação à produção do período de depleção proteica e maior produção de proteína no leite. Não foram observadas alterações no rúmen nem efeitos adversos na composição do leite e nos parâmetros sanguíneos. Também foram positivos os resultados do uso de leveduras secas (*Saccharomyces cerevisiae*) de destilarias de álcool de cana-de-açúcar na alimentação de matrizes suínas em crescimento, acabamento, gestação e lactação. Ainda houve resultado positivo na administração de até 10% em rações de pintos e galinhas.

Com o desenvolvimento da aquicultura, a utilização de concentrado proteico de células de levedura demonstrou sua viabilidade na alimentação de peixes. De acordo com especialistas, eles exigem dietas proteicas mais ricas que outros animais. A percentagem de proteína em suas rações varia de 24% a 50%, diferente dos 18% a 23% na ração de frangos e dos 14% a 18% na de suínos. A variação no teor de proteína na ração depende da espécie. Os peixes também necessitam de suplementação de minerais e vitaminas, sobretudo aqueles criados em tanques-rede, que necessitam de osmorreguladores para combater estresse em razão do confinamento e manter o metabolismo em equilíbrio.

A industrialização da levedura seca para fins alimentares exige produção de concentrado com teor de proteína bruta capaz de competir economicamente com os 47% dos farelos de soja e com os 39% a 44% de tortas e farelos de algodão.

Lembrando: há similaridade entre concentrados proteicos de leveduras de diferentes procedências, farelos e tortas, entretanto, os concentrados de leveduras de destilaria encerram menor teor de proteína bruta. Aparentemente, uma parte da matéria celular das leveduras é destruída quando a secagem é feita em secador de rolos (Figuras 15.2 e 15.3), mas o material recolhido não demonstra alteração na composição em aminoácidos. O material seco em secadores atomizadores não apresenta o mesmo problema.

15.9 FABRICAÇÃO DE LEVEDURAS SECAS DE DESTILARIAS DE ÁLCOOL

Como consequência natural da considerável produção de etanol, surgiu a perspectiva de obter concentrado proteico por aproveitamento das células formadas durante as fermentações.

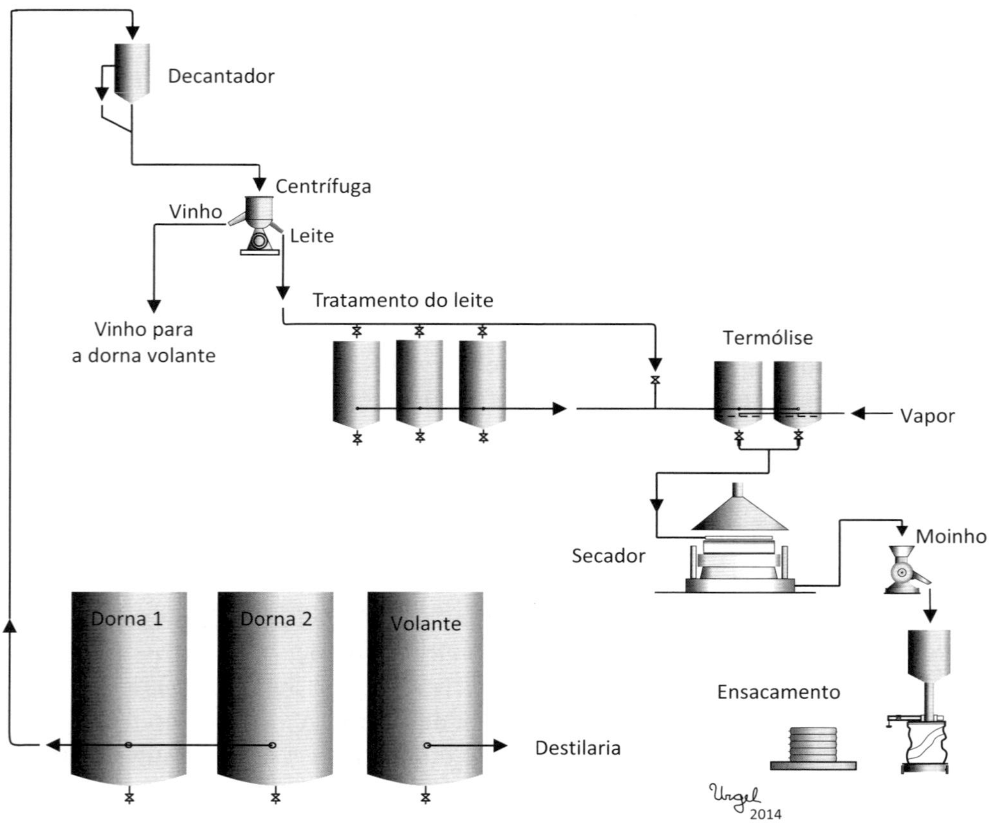

Figura 15.2 Fluxograma de produção de proteína de leveduras.

A Figura 15.2 é um esquema da obtenção de concentrado proteico de células de levedura em destilarias de álcool anexas a usinas de açúcar ou em destilarias autônomas. É um esquema que apresenta uso de secador de tambor, mas que pode ser seguido para obtenção de levedura seca com secador atomizador, que substitui o secador de rolos. A figura esquematiza, ainda, o aproveitamento das leveduras nos dois tipos de indústria. Nesse esquema, os vinhos são bombeados para um decantador e passam por uma centrífuga (também conhecida como turbina), onde são separados o leite de leveduras e o vinho deslevedurado. Este é encaminhado a um depósito, geralmente uma dorna denominada dorna volante, e depois às colunas de destilação. Não é isento de leveduras, pois a centrifugação não visa eliminar totalmente as células contidas no mosto fermentado.

Já o leite de leveduras é enviado a um tanque de tratamento; uma parte (10% a 15%) também pode ir diretamente da centrífuga para a secagem. A maior parte do leite de leveduras é submetida a um tratamento que busca purificá-lo de contaminações e, depois, volta a uma dorna de fermentação (Figura 15.2, dorna 2). O leite destinado à secagem é encaminhado às dornas de termólise, onde é submetido a aquecimento por injeção de vapor, que mata as células e, teoricamente, rompe a membrana celular de todas as leveduras. Nesses tanques é importante controlar a temperatura e o tempo de aquecimento, para não causar alteração nas proteínas. Dependendo das exigências do mercado, o leite pode ser submetido a uma ou mais lavagens antes da secagem e do aquecimento. Dos tanques de aquecimento, o leite é encaminhado ao secador, de onde são extraídos entre 90% e 96% de matéria seca.

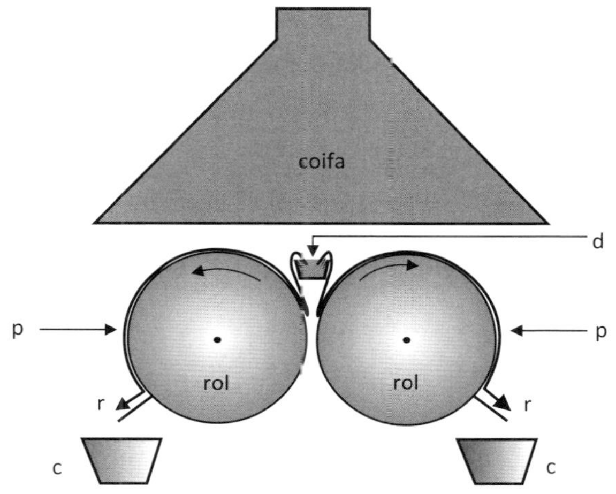

rol = rolo secador   d = distribuidor do leite de levedura
p = película de leite   r = raspador de película seca
c = coletor da película seca

Figura 15.3 Esquema de um secador de tambor para leite de leveduras.

Os secadores disponíveis são do tipo atomizador ou de tambor, também conhecido como de rolos. Os secadores de rolos são comuns e, de acordo com as condições de trabalho, oferecem bom desempenho, já que o leite aquecido não permanece em alta temperatura por longo período. O secador representado na Figura 15.3 é constituído de dois cilindros ocos rotativos feitos de aço-carbono, com dimensões variáveis de acordo com o construtor – são comuns os de 800 mm de diâmetro e 1.500 mm de comprimento. São montados em um plano horizontal, distantes 2 mm entre si, e giram a 5 rpm em direções opostas. Cada um é aquecido pela injeção de vapor direto a 150 °C.

A alimentação do secador é feita por meio de uma calha montada na parte superior, entre os dois cilindros. O leite cai, adere à superfície quente de cada cilindro e forma uma película de células de levedura, que seca e é raspada por um dispositivo que a descola do rolo aquecido sobre um coletor. Em seguida, é encaminhada a um moinho e a uma balança para ensacamento (Figura 15.2).

De acordo com os construtores, as leveduras lavadas e secas devem acusar de 40% a 50% de proteína bruta, mas na prática não é o que geralmente ocorre. Comumente, o material seco apresenta de 20% a 30% de proteína bruta. Pela descrição, os secadores permitiriam melhor desempenho. Devem-se concentrar esforços na obtenção de leveduras secas de destilarias mais ricas em proteína.

Os secadores por atomização, de descrição amplamente conhecida, permitem obter o concentrado proteico com maiores teores proteicos e melhores características físicas em relação aos obtidos em secadores de tambor. Entretanto, há pesquisas que mostram que não há inconvenientes entre o uso de um e de outro método de secagem em relação à qualidade nutricional do produto final.

A produção de concentrado proteico com leveduras de fermentação de cana-de-açúcar, melaço ou subprodutos pode ser resumida em um fluxograma como o representado na Figura 15.4.

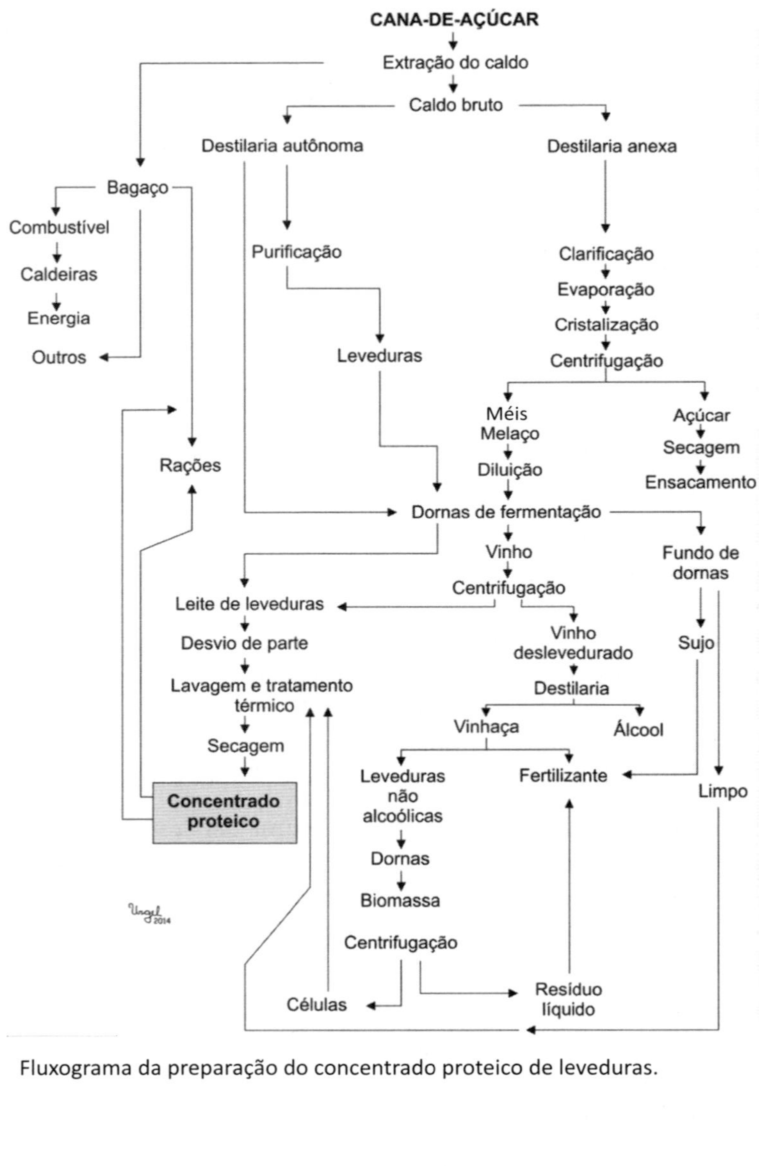

Figura 15.4 Fluxograma da preparação do concentrado proteico de leveduras.

Tabela 15.2 Valores energéticos e análises de farelo de soja e concentrados proteicos de leveduras

		Ruminantes					Gado leiteiro				Suínos			Análises			
			DE	ME	NE_m	NE_g	NE_1	ME_n	TME	NE_p		DE	ME				
Material	Mat. seca %	TDN %	Mcal/kg	Mcal/kg	Mcal/kg	Mcal/kg	Mcal/kg	kcal/kg	kcal/kg	kcal/kg	TDN %	kcal/kg	kcal/kg	Proteína crua %	Fibra crua %	Extrato etéreo %	Cinza %
Farelo de soja*	89	75	3,31	2,94	1,79	1,20	1,73	2,219	2,638	1,589	75	3,318	2,847	44,60	6,60	5,30	6,70
com 44% de prot.	100	84	3,70	3,29	2,00	1,35	1,94	2,485	2,956	1,779	84	3,716	3,155	49,90	6,20	1,40	6,50
Leveduras:																	
Cervejaria*	93	74	3,25	2,87	1,73	1,14	1,7	2,055	2,943	1,263	71	3,111	2,876	43,80	2,90	0,80	6,60
	100	79	3,48	3,07	1,85	1,22	1,82	2,199	2,15	1,351	76	3,330	3,078	46,90	3,10	0,90	7,10
Primária*	93	71	3,14	2,76	1,65	1,08	1,64	–	–	–	–	–	–	48,00	3,10	1,00	8,00
	100	77	3,40	2,98	1,79	1,17	1,77	–	–	–	–	–	–	51,00	3,33	1,10	8,60
Tórula*	93	73	3,21	2,82	1,69	1,11	1,67	1,855	2,872	–	64	2,842	2,481	49,10	3,30	1,10	7,70
	100	78	3,44	3,02	1,82	1,19	1,79	1,989	3,080	–	69	3,049	2,597	52,70	2,30	1,60	8,30
Destilaria**	93,19	–	–	–	–	–	–	–	–	–	–	–	–	26,36	1,29	0,13	7,00

* National Research Council (1982).
** Análises feitas no Instituto de Tecnologia de Alimentos (ITAL), em Campinas (SP), e no SGS, no Rio de Janeiro (RJ).
TDN = *total digestible nutrients*; DE = *digestible energy*; ME = *metabolizable energy* (calculada com base em DE = ME, corrigida em relação ao nitrogênio); TME = *time metabolizable energy* (calculada); NE_m = *maintenance*; NE_g = *gain*; NE_1 = *lactation*; NE_p = *production*.

Fonte: Lima e Sato (2001).

Tabela 15.3 Constituintes minerais no farelo de soja e em concentrados proteicos de leveduras

Material	Mat. seca %	Ca	Cl	Mg	P	K	Na	S	Co	Cu	I	Fe	Mn	Se	Zn
		%	%	%	%	%	%	%	mg/kg	mg/kg	mg/kg	mg/kg	mg/kg	mg/kg	mg/kg
Farelo de soja*	90	0,30	0,04	0,27	0,63	1,97	0,04	0,43	0,09	13,00	0,13	119,00	29,00	0,30	43,00
	100	0,34	0,04	0,30	0,07	2,20	0,04	0,47	0,10	25,00	0,15	133,00	32,00	0,34	48,00
Leveduras:															
Cervejaria*	93	0,12	0,07	0,25	1,4	1,67	0,07	0,42	0,18	33,00	0,36	109,00	6,00	0,91	0,90
	100	0,13	0,08	0,27	1,49	1,79	0,08	0,45	0,20	35,00	0,38	117,00	6,00	98,00	41,00
Primária*	93	0,36	0,02	0,36	1,72	–	–	0,57	–	–	–	300,00	4,00	–	–
	100	0,39	0,02	0,39	1,86	–	–	0,62	–	–	–	324,00	4,00	–	–
Tórula*	93	0,50	0,02	0,17	1,59	–	0,04	0,55	0,03	13,00	2,51	118,00	8,00	1,00	93,00
	100	9,54	0,02	0,18	1,71	1,90	0,04	0,59	0,03	14,00	1,69	126,00	9,00	1,08	100,00
Destilaria**	93,19	0,11	–	–	2,37	2,04	–	–	–	–	–	96,70	–	–	–

* National Research Council (1982).
** ITAL e SGS.
% = g/100 g de proteína.

Fonte: Lima e Sato (2001).

Tabela 15.4 Composição vitamínica de farelo de soja e concentrados proteicos de leveduras

		Vitaminas lipossolúveis					Vitaminas hidrossolúveis									
Material	**Matéria seca**	**Caroteno pró-vitamina A**	**Vitamina A**	**Vitamina D_2**	**Vitamina E**	**Vitamina K**	**Biotina**	**Colina**	**Ácido fólico**	**Niacina**	**Ácido pantotênico**	**Riboflavina**	**Tiamina**	**Vitamina B_6**	**Vitamina B_{12}**	**Xantofila**
	%	**mg/kg**	**IU/g**	**mg/kg**	**mg/kg**	**mg/kg**	**mg/kg**	**mg/kg**	**mg/kg**	**mg/kg**	**mg/kg**	**mg/kg**	**mg/kg**	**mg/kg**	**μg/kg**	**mg/kg**
Farelo de soja*	90	0,00	–	–	3,00	–	0,32	2614,00	0,70	28,00	16,30	2,90	5,60	6,00	–	0,00
	100	0,00	–	–	3,00	–	0,36	2915,00	0,70	31,00	18,20	3,20	6,20	6,70	–	0,00
Leveduras:																
Cervejaria*	93	–	–	–	2,00	–	1,01	3949,00	9,60	450,00	110,70	35,60	92,70	37,10	1,00	–
	100	–	–	–	2,00	–	1,08	4227,00	10,30	482,00	118,40	38,10	99,20	39,80	1,00	–
Tórula*	93	–	–	–	–		1,37	3005,00	24,20	489,00	93,80	44,40	6,20	36,30	4,00	–
	100	–	–	–	–	–	1,47	3223,00	26,00	525,00	100,60	47,60	6,60	38,90	4,00	–
Destilaria**	93,19	–	–	–	–	–	–	–	–	–	–	20,80	9,50	–	–	–

* National Research Council (1982).

** ITAL e SGS.

Fonte: Lima e Sato (2001).

Tabela 15.5 Composição de aminoácidos de farelo de soja e concentrados proteicos de leveduras

Material	Mat. seca %	Proteína crua %	Arginina %	Glicina %	Histidina %	Isoleucina %	Leucina %	Lisina %	Metionina %	Cistina %	Fenilalanina* %	Tirosina* %	Serina %	Treonina* %	Triptofano* %	Valina %	Ácido aspárt. %	Ácido glutâmico %	Prolina %	Alanina %
Farelo de soja*	90	47	3,39	2,44	1,29	2,47	3,84	3,05	0,6	0,7	2,5	1,49	–	1,98	0,58	2,46	–	–	–	–
com 46% de proteína	100	50,3	3,77	2,71	1,43	2,74	4,27	3,39	0,67	0,78	2,78	1,66	–	2,2	0,64	2,73	–	–	–	–
Leveduras:																				
Cervejaria*	93	43,80	2,20	1,75	1,09	2,21	3,23	3,11	0,74	0,49	1,83	1,50	–	2,12	0,52	2,36	–	–	–	–
	100	46,90	2,35	1,87	1,17	2,37	3,48	3,33	0,79	0,53	1,96	1,60	–	2,27	0,55	2,52	–	–	–	–
Primária*	93	48,00	2,60	–	5,60	3,60	3,70	3,80	1,00	0,50	2,50	–	–	2,50	0,40	3,20	–	–	–	–
	100	51,80	2,81	–	6,05	3,89	4,00	4,10	1,08	0,54	2,70	–	–	2,70	0,43	3,46	–	–	–	–
Tórula*	93	49,10	2,64	2,66	1,32	2,85	3,51	3,74	0,77	0,61	2,85	2,00	2,76	2,64	0,52	2,96	–	–	–	–
	100	52,70	2,83	2,85	1,42	3,06	3,78	4,01	0,83	0,65	3,06	2,14	2,91	2,83	0,56	3,17	–	–	–	–
Destilaria**	93,19	26,36	6,57	4,88	7,41	4,93	8,33	7,91	2,08	–	2,35	2,35	5,76	5,96	–	4,85	11,79	12,00	4,53	7,24

* National Research Council (1982).

** ITAL e SGS.

Fonte: Lima e Sato (2001).

Tabela 15.6 Comparação entre teores de aminoácidos em g/100 g de proteínas e padrões da FAO para os essenciais

		Algodão			Soja		Leveduras			
Aminoácidos	**Padrões FAO**	**Torta** 93% m.s. 37,9% proteína**	**Farelo** 93% m.s. 44,7% proteína**	**Farelo* 39,9 % proteína**	**Farelo** 90% m.s. 47% proteína**	**Farelo* 44,5% proteína**	**Cervejaria** 93% m.s. 43,8% proteína**	**Primária ** 93% m.s. 48% proteína**	**Tórula ** 93% m.s. 43,8% proteína**	**Destilaria *** 93,19% m.s. 26,36% proteína**
Isoleucina	4,20	1,65	1,36	4,40	2,47	4,90	2,21	3,60	2,85	4,93
Leucina	4,80	2,53	2,44	7,80	3,84	7,98	3,23	3,70	3,51	8,33
Lisina	4,20	1,91	1,73	5,40	3,05	6,49	3,11	3,80	3,74	7,91
Metionina	2,20	0,73	0,61	1,31	0,60	1,37	0,74	1,00	0,77	2,08
Fenilalanina	2,80	2,50	1,55	5,10	2,50	5,37	1,83	2,50	2,85	2,35
Treonina	2,80	1,57	1,49	4,86	1,98	4,26	2,12	2,50	2,64	5,96
Triptofano	1,40	0,66	0,55	–	0,58	–	0,52	0,40	0,52	–
Tirosina	2,80	1,35	1,45	3,55	1,49	3,94	1,50	–	2,00	2,35
Valina	4,20	2,08	1,91	5,48	2,46	4,80	2,36	3,20	2,96	4,85
Alanina	–	–	–	6,33	–	–	–	–	–	7,24
Arginina	–	4,48	4,77	5,17	3,39	6,98	2,20	2,60	2,64	5,57
Ácido aspártico	–	–	–	19,22	–	12,18	–	–	–	11,79
Cisteína	–	0,64	1,12	–	0,70	–	0,49	0,50	0,61	traços
Glicina	–	–	1,80	5,56	2,44	4,48	1,75	–	2,66	4,88
Ácido glutâmico	–	–	–	13,66	–	19,36	–	–	–	12,00
Histidina	–	0,91	1,48	2,16	1,29	2,36	1,09	5,60	1,36	7,41
Prolina	–	–	–	5,02	–	5,29	–	–	–	4,53
Serina	–	–	2,17	4,94	–	5,51	–	–	2,76	5,76

* Wolverton e McDonald (1979).

** National Research Council (1982).

*** ITAL e SGS.

Fonte: Lima e Sato (2001).

Tabela 15.7 Relação entre os teores de aminoácidos essenciais de torta, farelo, leveduras secas e os padrões da FAO

		Algodão				Soja	Leveduras			
Aminoácidos essenciais	**Padrões da FAO**	**Torta* 93% m.s. 37,9% proteína**	**Farelo* 93% m.s. 44,7% proteína**	**Farelo** 44,7% proteína**	**Farelo** 90% m.s. 47% proteína**	**Farelo* 44,5% proteína**	**Cervejaria** 93% m.s. 43,8% proteína**	**Primária ** 93% m.s. 48% proteína**	**Tórula ** 93% m.s. 49,1% proteína**	**Destilaria *** 93,19% m.s. 26,36% proteína**
Isoleucina	1,20	0,39	0,32	1,04	0,58	1,16	0,52	0,85	0,67	1,17
Lisina	4,20	0,45	0,30	1,28	1,28	1,54	0,74	0,90	0,89	1,88
Metionina	2,20	0,33	0,27	0,59	0,27	0,59	0,33	0,45	0,35	0,94
Fenilalanina	2,80	0,89	0,55	1,82	0,89	1,91	0,65	0,5	1,01	0,83
Treonina	2,80	0,56	0,24	1,73	0,70	1,52	0,75	0,89	0,92	1,12
Triptofano	1,40	0,47	0,39	–	0,41	–	0,37	0,28	0,37	–
Tirosina	2,80	0,40	0,51	1,26	0,53	1,40	0,53	–	0,71	0,83
Valina	4,20	0,49	0,45	1,30	0,58	1,14	0,56	0,75	0,70	1,15

* National Research Council (1982).
** Wolverton e McDonald (1979).
*** ITAL e SGS.

Fonte: Lima e Sato (2001).

REFERÊNCIAS

ADRIAN, J.; FRANGNE, R. Valeur protidique de la levure Torula em fonction des modalités thermique de chauffage. *Ind. Agric. Alim.*, Paris, v. 87, p. 393-399, 1970.

AQUARONE, E.; BORZANI, W.; SCHMIDELL, W.; LIMA, U. A. (Coord.). *Biotecnologia industrial.* São Paulo: Blucher, 2001. (Vol. 4: Biotecnologia na produção de alimentos).

ARAÚJO NETO, J. S.; PINTO, G. F. Nucleic acid and single cell protein utilization in human feeding: a review. *Arch. Latinoamericanos de Nutrición*, v. 25, n. 2, p. 105-118, 1975.

BIROLAUD, P. Les levures aliment, sources de proteínes. *Ind. Agric. Alim.*, Paris, v. 86, p. 1419-1424, 1970.

CANOLAS, L. M. *Enriquecimento proteico de resíduos de farinha de mandioca pelo desenvolvimento de leveduras.* 1989. 110 f. Dissertação (Mestrado) – Escola Superior de Agricultura Luiz de Queiroz, Universidade de São Paulo, Piracicaba, 1989.

CANNIATI-BRAZACA, S. G. *Enriquecimento proteico de farinha de arroz, de banana e mandioca através de fermentação semissólida com fungos filamentosos.* 1989. 119 f. Dissertação (Mestrado) – Escola Superior de Agricultura Luiz de Queiroz, Universidade de São Paulo, Piracicaba, 1989.

CARVALHO NETO, C. C. *Cultivo de* Candida utilis *em hidrolisados ácidos de sabugo de milho* (Zea mays). 1979. 130 f. Dissertação (Mestrado) – Instituto de Química, Universidade Federal do Rio de Janeiro, Rio de Janeiro, 1979.

FAINTUCH, B. L.; SATO, S.; AQUARONE, E. Influence of the nutritional sources on the growth rate of cyanobacteria. *Arq. Biol. Tecnol.*, v. 34, p. 13-30, 1991.

LEFRANÇOIS, L. De la valorisation d'eaux résiduaires au moyen de culture da la levure aliment. *Ind. Agric. Alim.*, Paris, v. 78, p. 291-298, 1961.

LEFRANÇOIS, L. Développement en continu de la levure et d'autres microrganismes. *Ind. Agric. Alim.*, Paris, v. 81, p. 513-517, 1964a.

LEFRANÇOIS, L. Problèmes de l'aeration et de la circulation dans les cuves de fermentation aérobie. *Ind. Agric. Alim.*, Paris, v. 81, p. 13-18, 1964b.

LEFRANÇOIS, L. Synthèse microbiologique des proteínes para développment de levure-aliment. *Ind. Agric. Alim.*, Paris, v. 82, p. 201-204, 1965.

LEFRANÇOIS, L. Aspects techniques et économiques relatifs à la production de levure-aliment. *Ind. Agric. Alim.*, Paris, v. 87, p. 1419-1424, 1970.

LIMA, G. J. M. M. *Uso da levedura seca* (Saccharomyces cerevisiae) *de destilarias de álcool de cana-de-açúcar na alimentação de matrizes suínas em gestação e lactação.* 1983. 139 f. Dissertação (Mestrado) – Escola Superior de Agricultura Luiz de Queiroz, Universidade de São Paulo, Piracicaba, 1983.

LIMA, O. G. *Os resíduos da indústria do álcool de melaço de cana como matéria-prima na produção microbiológica de proteínas*. Recife: Escola Superior de Química/Universidade do Recife, jun. 1962, 89 p. (Publicação n. 8, Cátedra de Microbiologia Industrial).

LIMA, U. A. *Leveduras secas, de destilarias de álcool*: estudo de viabilidade industrial. Piracicaba: [s.n.], 1985. 59 p.

LIMA, U. A.; SATO, S. Proteínas de origem microbiana. In: AQUARONE, E.; BORZANI, W.; SCHMIDELL, W.; LIMA, U. A. (Coord.). *Biotecnologia industrial*. São Paulo: Blucher, 2001. v. 4, p. 421-445. (Vol. 4: Biotecnologia na produção de alimentos).

MACHADO, P. F. et al. Valor nutritivo da levedura (*Saccharomyces cerevisiae*) para vacas em lactação. *Rev. Soc. Bras. Zootecnia*, São Paulo, v. 13, n. 4, p. 509-519, 1984.

MIYADA, W. S. *Uso da levedura seca* (Saccharomyces cerevisiae) *de destilarias de cana-de-açúcar na alimentação de suínos em crescimento e acabamento*. Dissertação (Mestrado) – Escola Superior de Agricultura Luiz de Queiroz, Universidade de São Paulo, Piracicaba, 1978.

MOREIRA, I.; ANDREOTTI, F. L.; FURLAN, A. C.; SCAPINELLO, C.; MARTINS, E. N. Viabilidade da utilização da levedura de recuperação (*Saccharomyces* spp.), seca pelo método *spray-dry*, na alimentação de leitões em fase de creche. *R. Bras. Zootec.*, v. 27, n. 2, p. 319-324, 1998.

MOREIRA, J. R. *Uso da levedura seca* (Saccharomyces cerevisiae) *de destilarias de cana-de-açúcar em rações isocalóricas para suínos em crescimento e acabamento*. 1984. 107 f. Dissertação (Mestrado) – Escola Superior de Agricultura Luiz de Queiroz, Universidade de São Paulo, Piracicaba, 1984.

NATIONAL RESEARCH COUNCIL. *United States-Canadian tables of feed composition*: nutritional data for United States and Canadian feeds. Washington: The National Academies Press, 1982. 148 p.

ROSA, E. D.; TSUKADA, M.; FREITAS, L. A. P. Secagem por atomização na indústria alimentícia: fundamentos e aplicações. In: JORNADA CIENTÍFICA DA FAZU, 5., 2006, Uberaba, *Anais*... Uberaba: FAZU, 2006.

SANTO, E. F. E. *Comparação entre técnicas de secagem para a obtenção de biomassa de* Rubrivivax gelatinosus. 2011. 71 f. Dissertação (Mestrado) – Faculdade de Medicina Veterinária, Universidade Estadual Paulista "Júlio de Mesquita Filho" (Unesp), Araçatuba, 2011.

SOUZA, L. G.; LIMA, U. A. Produção de levedura alimentar a partir de *Candida tropicalis*. *Brasil Açucareiro*, Rio de Janeiro, v. 83, n. 5, p. 28-35, 1974.

SPERANDIO, L. M. *Manejo nutricional e alimentar para peixes em tanque-rede*: noções gerais. [s.d.]. Disponível em: http://www.abrappesq.com.br/materia3.htm. Acesso em: 19 abr. 2018.

TEIXEIRA, E. A. et al. Substituição de farinha de peixes em rações para peixes. *Rev. Bras. Reprod. Anim.*, Belo Horizonte, v. 30, n. 3/4, p. 118-125, jul.-dez. 2006.

WOLVERTON, B. C.; McDONALD, R. C. The water hyacinth: from prolific pest to potential provider. *AMBIO - A Journal of the Human Environmental Research and Management*, v. 8, n. 1, p. 2-9, 1979.

YAMADA, E. A.; ALVIM, I. D.; SANTUCCI, M. C. C.; SGARBIERI, V. C. Composição centesimal e valor proteico de levedura residual da fermentação etanólica e de seus derivados. *Rev. Nutr.*, Campinas, v. 16, n. 4, p. 423-432, 2003.

CAPÍTULO 16

Produção de lipídeos por bactérias, fungos e leveduras

Urgel de Almeida Lima

Sunao Sato

Lipídio, lipídeo, lípido e lípide são diferentes grafias para as mesmas substâncias orgânicas que armazenam energia. São untuosas ao tato, insolúveis em água e solúveis em solventes.

16.1 INTRODUÇÃO

Desde o primeiro quarto do século XIX, é sabido que os microrganismos, procariotos e eucariotos, são capazes de sintetizar lipídeos. Os procariotos, que não apresentam membrana ao redor do núcleo, englobam as bactérias. Os eucariotos possuem um núcleo definido, separado do citoplasma por uma carioteca. Fungos filamentosos, algas e leveduras estão nesse grupo.

A capacidade de síntese de lipídeos pelos microrganismos despertou interesse pelo aproveitamento industrial nas duas décadas finais daquele século e no começo do século XX. As primeiras tentativas de aproveitamento industrial datam do período da Primeira Guerra Mundial, na Alemanha, e foram repetidas durante a Segunda Guerra Mundial.

Estudos sobre a síntese de gorduras por via microbiana visavam, em primeiro plano, à obtenção alternativa de alimentos para uma possível carência. Nas décadas de 1940 e 1950, alguns pesquisadores se dedicaram a estudar essa síntese, mas sem grande progresso, possivelmente porque havia suficiente matéria graxa alimentar de origem animal e vegetal. Quanto à composição em triglicerídeos, o óleo de origem microbiana é similar aos óleos de vegetais superiores e de matéria graxa animal.

No final do século XX, o tema voltou a merecer estudos, com destaque em países asiáticos, com o objetivo de produzir energia na forma de combustível. A intenção era obter matéria-prima para a produção de combustível alternativo – o biodiesel. Há disponibilidade de material graxo vegetal para a produção de biocombustível, mas existem objeções, porque grande parte do material oleaginoso disponível é destinada à produção de óleo comestível.

A perspectiva da biotecnologia para obtenção de lipídeos por via microbiana se estende a outros usos industriais, como obtenção de esteróis, ésteres, ceras, biossurfactantes e modificações dos óleos comestíveis por lipases microbianas. Entre os esteróis, a produção de ergosterol por bioprocesso pode ser alternativa viável. O ergosterol, considerado precursor da vitamina D, é produzido economicamente por síntese química.

Além das culturas econômicas de vegetais oleaginosos para consumo alimentar, há riqueza em material vegetal oleaginoso ainda não utilizado. Porém, é proveniente de vegetação natural ou de plantações sem exploração agrícola extensiva e econômica no curto prazo, necessária para abastecer a indústria do biocombustível. Em relação à gordura animal, as restrições são similares às encontradas com o material agrícola.

Por essas razões, parece que os microrganismos podem ser uma fonte adequada de matéria-prima gordurosa, em virtude de sua capacidade de sintetizá-la por transformação de carboidratos. Com essa orientação, há vários trabalhos encontrados na bibliografia técnica e científica. São pesquisas, na sua maioria, direcionadas à produção microbiana de óleo e ao seu uso na produção de biodiesel. No século XX, o crescimento da sociedade contou com o apoio dos combustíveis fósseis (carvão, óleo, gás). Atualmente, os combustíveis derivados de matérias agrozootécnicas interagem na economia com o setor de alimentos.

A produção de óleo de origem microbiana ganhou interesse em anos recentes. É grande o potencial de produção de matéria graxa com leveduras e outros microrganismos, com base na grande diversidade de matéria-prima, que tem origem diversa: águas servidas, resíduos de indústrias de alimentos (amido, óleo, açúcares, abatedouros, despejos de origem piscícola), resíduos celulósicos (como palhas) e farelos de cereais (xilose e glicose).

Além de produzir lipídeos, algumas bactérias produzem lipopeptídeos ou peptidolipídeos de importantes funções biológicas, como propriedades antifúngicas e antibacterianas. São estruturas cíclicas de aminoácidos ou cadeias lineares ligadas a ácidos graxos por esterificação, ou ligações amídicas, algumas resistentes às proteases.

As pesquisas realizadas pretendem acumular conhecimentos sobre os ácidos graxos encontrados nos triglicerídeos dos micróbios e sobre como transformá-los em outros produtos por via enzimática. São conhecimentos de biologia, genética, microbiologia, enzimologia e biotecnologia, bem como em desenvolvimento de bioprocessos específicos, que interagem para produzir lipídeos para diversos usos, inclusive como precursores de hidrocarbonetos. Denominado "óleo unicelular" (*single cell oil*, em inglês), é visto como matéria-prima para a produção de hidrocarbonetos, como o querosene.

Há interesse pela produção de biodiesel com óleo microbiano, porque pode ser obtido de resíduos agroindustriais e por transformação de carboidratos largamente encontrados na natureza, como açúcares, e materiais amiláceos e celulósicos. Os rendimentos do bioprocesso variam de acordo com o microrganismo usado e com o meio empregado.

A produção de ácidos graxos voláteis por meio de fermentação anaeróbia de matéria-prima e sua transformação em lipídeos por um microrganismo é nova tecnologia. Um exemplo é a produção de lipídeos com ácidos graxos voláteis, por ação de *Cryptococcus albidus*. O microrganismo usa os ácidos graxos voláteis como fonte de carbono para transformá-los em lipídeos. O rendimento chega a 19%-28%. Conforme o teor, N pode reduzir a produção.

Como supridores de lipídeos, além de ostentar em sua composição um elevado teor de gordura, quando comparado com seu peso seco, os microrganismos oferecem vantagens potenciais em comparação com animais e vegetais superiores:

- Grande rapidez de geração: a população bacteriana dobra num intervalo de 30 minutos a 2 horas. As leveduras têm nova geração entre 1 e 3 horas, e os fungos proliferam em 4 a 12 horas.
- Menor área de produção para a mesma massa de material graxo: os microrganismos, em razão da rapidez de geração, podem produzir na área limitada dos recipientes de bioprocesso a mesma quantidade de lipídeos que um vegetal numa área de solo muito grande. Por exemplo, um hectare de soja produz 2 toneladas de grãos em média, com 25% de óleo, ou seja, 500 kg, após meses de cultivo, sujeito a variações de precipitações pluviais, doenças, pragas, problemas de fertilidade, conservação dos solos e outros. Em um bioprocessador, é possível produzir a mesma quantidade de lipídeos em menos tempo, mesmo levando em consideração as limitações de eficiência do processo.
- Melhor controle de produção e do produto: os controles dos recipientes para o bioprocesso são mais simples que os exigidos em uma lavoura.

Entretanto, o baixo preço dos óleos vegetais e dos outros produtos que vegetais e animais superiores fornecem, concomitantemente com a obtenção da matéria graxa, é desvantagem comparativa para os lipídeos microbianos. Em muitos casos, o material graxo dos vegetais superiores é um subproduto.

A gordura sintetizada pelos microrganismos é encontrada no interior das células sob a forma de gotículas nos vacúolos ou difusa no citoplasma. Sua composição define sua utilização, e sua qualidade depende dos acompanhantes. Se a finalidade é alimentação, o que mais interessa é a fração triglicerídica, e vale mais quando são baixos os teores de esteróis e de fosfolipídeos. Se a obtenção não visa à alimentação, o conteúdo em ácidos graxos é importante, e é vantajoso conter menos triglicerídeos.

De certo ponto de vista, a presença de substâncias tóxicas não é preocupante, porque os processos de refinação podem eliminá-las.

A maneira de extrair os lipídeos e de analisá-los conduz a resultados diferentes. Há referências à presença de 86% de lipídeos neutros, 7% de glicolipídeos e 7% de fosfolipídeos em óleos analisados por cromatografia líquida, e de 75% de lipídeos neutros,

7% de glicolipídeos e 17% de fosfolipídeos quando extraídos com mistura de clorofórmio e metanol.

Não são todos os microrganismos que acumulam gordura de forma substancial. Poucas bactérias oferecem possibilidade de produção econômica. Os organismos mais promissores são as leveduras e os fungos filamentosos (bolores). Também as algas podem ser consideradas dessa forma.

As pesquisas sobre obtenção de lipídeos por microrganismos destacam a produção de lipases extracelulares, capazes de causar desdobramento e digestão de material lipídico. Elas catalisam a hidrólise das gorduras e produzem ácidos graxos livres e glicerol. Os microrganismos são capazes de usar substratos nos quais a fonte de carbono é substituída por óleos. O produto lipídico pode oferecer diferenças em relação à gordura utilizada como meio de desenvolvimento. Em alguns casos, como na eliminação do ácido linolênico do óleo de soja, difícil de conseguir por processos químicos e físicos comuns, podem ser utilizadas enzimas de microrganismos como *Candida lipolytica* e *Candida curvata*.

16.2 BACTÉRIAS, FUNGOS E LEVEDURAS

Esses microrganismos diferem entre si morfologicamente e pelo comportamento. Embora classificadas como fungos, as leveduras são consideradas tecnologicamente um grupo à parte. Dentre os três grupos, os fungos e as leveduras são considerados os mais capazes de produzir lipídeos semelhantes aos das oleaginosas superiores, constituídos principalmente de triacilgliceróis.

16.2.1 BACTÉRIAS

São organismos procariotos, dos quais pequeno número produz gordura aproveitável. Entre eles, *Nocardia*, *Mycobacterium* e *Corynebacterium* sintetizam matéria graxa em altos teores, geralmente em associação com produtos tóxicos ou alergênicos; não são simples triglicerídeos que poderiam substituir gorduras animais e vegetais. No entanto, produzem glicolipídeos que podem ser usados como surfactantes. Essas substâncias contêm dois ácidos graxos (ácidos micólicos com cadeia de até 88 átomos de carbono), ligados ao dissacarídeo trealose, que representam o produto típico desses grupos de bactérias.

Algumas espécies de *Arthrobacter* podem sintetizar lipídeos com predominância de triglicerídeos.

Os lipídeos dos procariotos encerram alguns ácidos graxos pouco comuns ou inexistentes em eucariotos. As bactérias geralmente não sintetizam ácidos graxos poli-insaturados, mas ácidos graxos simples, comumente monoenoicos.

Bactérias do gênero *Acinetobacter*, desenvolvidas sobre substratos de hidrocarbonetos, produzem óleos e ésteres de ceras similares aos do espermacete e do óleo de jojoba, saturados, monoinsaturados e di-insaturados, de acordo com variações de temperatura e de tempo do bioprocesso.

16.2.2 FUNGOS

Comumente denominados bolores, são organismos que formam filamentos ou hifas, que constituem o micélio, ou seja, o conjunto de hifas. Sua reprodução é geralmente feita por meio de esporos, produzidos por fenômeno sexuado.

São eucariotos, ou seja, microrganismos que encerram um núcleo celular envolvido por membrana e rodeado de várias organelas. A maior parte das células dos fungos cresce como estrutura tubular, alongada como filamento (daí a designação fungo filamentoso), que constitui uma hifa. Há hifas septadas e não septadas.

Os fungos se reproduzem por via assexuada e por via sexuada. A forma de reprodução permite classificá-los em grupos, entre os quais há fungos imperfeitos que não possuem forma sexuada. A reprodução assexuada é feita por meio de esporos vegetativos (conídios) ou por ruptura do micélio. A via sexuada ocorre por meiose, nas hifas. Os esporos, similares a um pó, são esferas que ocorrem na extremidade dos esterigmas e estão aptos a brotar assim que encontram um meio de desenvolvimento adequado, como se vê na Figura 16.1.

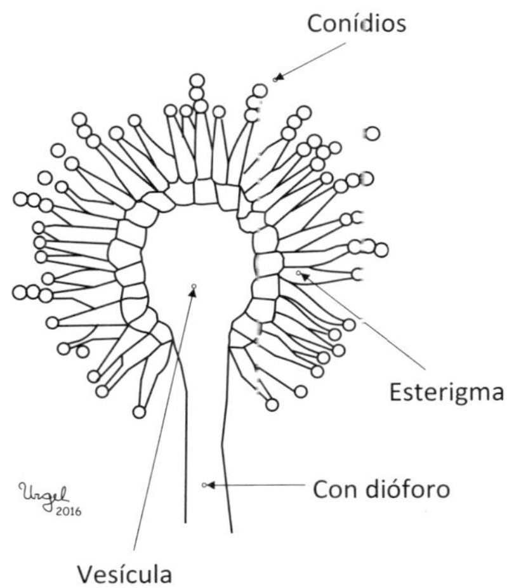

Figura 16.1 Corpo de frutificação (ascocarpo) de um fungo.

Em cada espécie, a maior parte dos ácidos graxos que compõem os lipídeos apresenta o mesmo número de átomos de carbono. Podem ser saturados ou insaturados com uma, duas ou mais (até seis) dúplices ligas, em configuração cis. Os mais comuns são os de catorze a vinte átomos de carbono. Entre os saturados estão o mirístico (14:0), o palmítico (16:0) e o esteárico (18:0); entre os insaturados, que constituem a maior fração dos ácidos graxos, estão o oleico (18:1), o linoleico (18:2) e o linolênico (18:3).

Há fungos prejudiciais, como os que crescem sobre substâncias açucaradas, alimentos e materiais celulósicos, causando apodrecimento ou produção de toxinas. Porém, podem se tornar úteis dependendo do substrato em que são desenvolvidos e dos metabólitos que produzem. Os de uso industrial, em sua maior parte, pertencem aos gêneros *Aspergillus*, *Rhizopus* e *Penicillium*. Esses microrganismos necessitam de oxigênio para crescer, assim, o seu fornecimento limitado diminui o poder vegetativo e aumenta o poder de bioprocesso.

Geralmente o desenvolvimento dos fungos ocorre à superfície dos substratos, mas também crescem submersos em meio adequado e condições de trabalho apropriadas. Quando cultivados submersos, dispersam-se no meio ou formam glóbulos, de acordo com o sistema de agitação e de aeração. A formação de glóbulos, em geral, prejudica o desempenho do fungo porque cria dificuldades à difusão do oxigênio. Entretanto, de acordo com a finalidade, a formação de glóbulos pode ser vantajosa.

Em alguns casos, os fungos crescem melhor sobre a superfície interna dos reatores ou em tubulações e válvulas, criando dificuldade para o controle da produção e a sua separação do substrato, quando não criam entupimentos e impedimentos aos fluxos do substrato.

Dos fungos filamentosos, várias espécies foram estudadas, com destaque para os gêneros *Aspergillus*, *Claviceps*, *Mucor*, *Penicillium* e *Pythium*, que chegam a sintetizar gordura em quantidade superior a 50% da massa de micélio seco.

Os fungos são capazes de acumular altas percentagens de gordura em relação a seu peso, mas há dificuldade em obter sua separação. Por essa razão, a capacidade de bioconversão torna-se reduzida e, em geral, não é superior a 25%.

A quantidade de lipídeos sintetizada por 100 g de carboidrato é denominada coeficiente de gordura. Admitindo-se que a quantidade máxima de gordura produzida pelo micélio é de 50 g por 100 g de carboidratos e que o teor de lipídeo no microrganismo é de 50%, o coeficiente teórico de gordura produzida é de 25%. As gorduras oferecem mais que o dobro de energia calórica que os carboidratos, isto é, 9,4 cal/g (39,32 J) contra 4,2 cal/g (17,6 J), respectivamente. Uma caloria grama corresponde a 4,184 J. Quando uma porção de açúcar é convertida em lipídeo, uma parte é consumida como gasto de calor para a síntese e para o crescimento do microrganismo. Por esse raciocínio, do ponto de vista energético, o rendimento máximo de gordura por 100 g de carboidrato seria de 15 g, porém esse limite tem sido ultrapassado.

A atividade bioquímica dos fungos é influenciada pelas características das espécies e pelas condições do meio de crescimento. Quanto a este, a maior parte dos trabalhos é baseada em um meio composto de glicose e nutrientes. Na prática, de preferência, devem ser usados substratos com matérias-primas vegetais para reduzir o custo ou para aproveitar materiais naturais não manufaturados.

A presença de grande quantidade de carboidratos no meio de cultivo é necessária para maior síntese de lipídeos. Meios com carência de nitrogênio, fósforo, magnésio e potássio dificultam ou impedem a síntese de ácido ribonucleico e proteínas, necessários para o crescimento. Entretanto, se há carboidrato, ocorre a síntese de lipídeos, não porque aumenta a capacidade de síntese, mas porque outros processos são interrompidos. Os fungos crescem enquanto há nutrientes específicos para isso e, após seu esgotamento, a glicose estimula a formação de lipídeos.

De maneira geral, o desenvolvimento do fungo segue algumas fases que se iniciam com crescimento exponencial sem depósito de lipídeos, continuam com o consumo de fósforo e de magnésio e, finalmente, há o consumo de material nitrogenado com interrupção do crescimento. Nesse ponto, tem início uma fase estacionária, na qual ocorre armazenamento de material graxo se houver fonte de carbono suficiente. Caso contrário, a gordura depositada é metabolizada. Finalmente, o micélio perde atividade.

Em casos especiais, é possível ocorrer a deposição de gordura durante a fase de crescimento do bolor. A síntese de lipídeos é influenciada pela linhagem e pelas condições do meio de desenvolvimento. A composição do lipídeo sofre a mesma influência.

16.2.3 LEVEDURAS

Não são um grupo taxonômico preciso. São microrganismos unicelulares e, como os bolores e os cogumelos, agrupam-se como fungos. Comumente se reproduzem por brotamento, mas há aquelas que se reproduzem por cissiparidade.

As leveduras capazes de produzir lipídeos geralmente acumulam pouco óleo. A produção de material graxo passa a ser expressiva quando as fontes de nutrientes diminuem, especialmente quando o teor de nitrogênio chega ao limite das exigências. O teor de outros nutrientes, como no caso dos fungos, também influi na produção, porém o de nitrogênio tem maior efeito. A fonte de carbono é exigida sempre em quantidade elevada.

Entre as leveduras aptas a produzir lipídeos, a bibliografia destaca os gêneros *Candida*, *Lipomyces*, *Rhodosporidium*, *Rhodotorula*, *Saccharomyces*, *Torulopsis* e *Trichosporon* como capazes de produzir 60% ou mais de gordura. Experimentos com *Rhodotorula gracilis* desenvolvendo sobre açúcar invertido, com adição de ácido asparagínico, atingiram 74% de gordura em relação à massa de micélio.

A bibliografia é um tanto incerta quanto ao rendimento da síntese lipídica em relação ao teor de nutrientes nos meios; a concentração boa ou ótima para uma espécie nem sempre é adequada a outra. Em algumas espécies, a adição de fosfato aumenta a velocidade de síntese de material graxo; em outras, como no caso de *Saccharomyces erhoberg*, não ocorre o mesmo. A redução de nitrogênio e de fósforo em cultivo de *Rhodotorula gracilis* diminui o crescimento durante a fase de síntese lipídica. Ao contrário, o aumento no teor de nitrogênio e fósforo causa forte crescimento e baixa produção de matéria graxa.

As leveduras são capazes de modificar gorduras por bioprocesso, causando alteração da composição em ácidos graxos. Essa alteração, benéfica quando se trata de lipídeos de menor qualidade, é realizada por leveduras sintetizadoras de gordura. Os principais trabalhos foram feitos com *Candida lipolytica*. A Tabela 16.1 mostra um exemplo.

Tabela 16.1 Comparação da composição dos ácidos graxos do óleo para *Candida lipolytica* com o separado das células

Óleo	16:0	16:1	18:0	18:1	18:2	18:3
	Palmítico	Palmitoleico	Esteárico	Oleico	Linoleico	Linolênico
Milho como substrato	11,6	–	1,7	24,7	61,5	0,5
Óleo produzido	11,3	5,8	2,1	36,0	44,8	–
Linhaça como substrato	7,3	–	3,8	20,0	15,0	53,9
Óleo produzido	–	2,8	6,7	36,0	18,4	29,4

Fonte: adaptado de Glatz et al. (1984).

Pesquisas feitas com *Saccharomyces cerevisiae* demonstraram correlação positiva entre a síntese lipídica nos microrganismos e a presença de ATP-citrato liase. Leveduras que não encerram essa enzima não sintetizam lipídeos. O acúmulo de gordura depende das enzimas e também das fases de crescimento; no início da fase exponencial de crescimento a síntese é mínima, mas aumenta substancialmente na fase estacionária e em seu final.

Quando as células ricas em triglicerídeos são colocadas em contato com um novo substrato, os gliceróis são transformados em fosfolipídeos, o que permite aos pesquisadores deduzir que os triglicerídeos são formados durante a redução do crescimento, à custa dos fosfolipídeos. De volta à atividade, a reação é inversa. De acordo com a bibliografia, triglicerídeos são fonte de energia pela oxidação dos ácidos graxos.

Análise do total da matéria graxa obtida de um cultivo de *Debaryomyces hansenii* revelou a presença de 67% de lipídeos neutros e 33% de fosfolipídeos. Dos onze ácidos graxos identificados, 59,7% eram insaturados, com predominância de um ácido com 18:1. Além de esteróis, dentre os quais o ergosterol, também ocorreram hidrocarbonetos saturados com cadeias de 19 a 39 átomos de carbono, com predominância daquelas de 22 átomos.

16.3 MATÉRIAS-PRIMAS

Como em outros bioprocessos, as matérias-primas devem estar disponíveis em quantidade suficiente para sustentar um projeto industrial e ser facilmente encontradas a baixo custo. A fonte de energia para o crescimento de microrganismos é constituída de carboidratos solúveis e bioprocessáveis. Industrialmente, são adequadas as matérias-primas que permitem a obtenção de açúcares simples para as atividades de crescimento e de síntese do metabólito desejado. Entre elas, sucos de frutas ou de plantas sacarinas, melaços, matérias amiláceas (grãos), matérias feculentas (raízes e tubérculos), matérias celulósicas, resíduos de fábricas de celulose e papel.

Os experimentos técnicos e científicos geralmente são realizados com glicose ou sacarose como fonte de energia, mas faltam pesquisas sobre o uso de hidrocarbonetos como substrato.

16.4 SUBSTRATOS

Os meios de cultivo variam para cada microrganismo, porém, todos são estudados para sintetizar o máximo de lipídeos.

A bibliografia oferece vários meios, nos quais há sempre um substrato básico com um mínimo de componentes, que são modificados ou complementados com outras substâncias, procurando obter maior produção de material graxo. Outros meios são desenvolvidos a partir dos básicos, com adição de enriquecedores e de vitaminas, visando provocar mutagênese com a mesma finalidade.

A fonte de energia é um carboidrato ou um hidrocarboneto, e sua proporção é determinada em função da fonte de nitrogênio, mantendo-se as relações entre eles de acordo com a exigência do microrganismo para sintetizar mais matéria graxa.

16.4.1 SUBSTRATOS PARA FUNGO

Nesta seção, temos exemplos de *meios mínimos*, com as dosagens expressas por litro de água:

- Meios para seleção (usados com *Aspergillus* e *Penicillium*)

  Meio 1 – glicose, 200 g; NH_4NO_3, 10 g; KH_2PO_4, 6 g; PH 5,1.

  Meio 2 – glicose, 225 g; NH_4NO_3, 2,25 g; KH_2PO_4, 0,3 g; pH 5,1.

  Meio 3 – glicose, 10 g; NH_4NO_3, 6 g; KCl, 0,52 g; $MgSO_4.7H_2O$, 0,52 g; KH_2PO_4, 1,52 g; $ZnSO_4$, traços; $FeSO_4.7H_2O$, traços; pH 5,1.

- Meios para cultivo em superfície

  Meio 4 – glicose anidra, 160 g; NH_4NO_3, 3 g; $NaH_2PO_4.2H_2O$, 0,36 g; $MgSO_4.7H_2O$, 0,375 g; K_2SO_4, 0,22 g; $FeCl_3.6H_2O$, 0,16 g; $ZnSO_4.7H_2O$, 0,05 g; pH 6,5, corrigido com NaOH antes da esterilização.

  Meio 5 – meio 4 com substituição do NH_4NO_3 por 6 g de $NaNO_3$.

- Meios para cultivo submerso

  Meio 6 – glicose anidra, 170 g; NH_4NO_3, 3 g; KH_2PO_4, 6,8 g; $MgSO_4.7H_2O$, 5 g; K_2SO_4, 0,055 g; $FeCl_3.6H_2O$, 0,16 g; $ZnSO_4.7H_2O$, 0,05 g; pH 6,8.

Meio 7 – glicose anidra, 80 g; NH_4Cl, 1,6 g; $NaH_2PO_4.2H_2O$, 0,18 g; $MgSO_4.7H_2O$, 0,06 g; K_2SO_4, 0,055 g; $FeCl_3.6H_2O$, 0,04 g; $ZnSO_4.7H_2O$, 0,05 g; pH 6,5, corrigido com NaOH antes da esterilização.

Meio 8 – meio 7 com substituição do NH_4Cl por 2,5 g de $NaNO_3$.

- Exemplo de meio completo

  Usar o *meio 3* com adição de 2 g de peptona, 0,5 g de extrato de levedura, 1,5 g de hidrolisado de caseína e 1,5 mL de solução estoque de vitaminas. Esta é preparada com 10 mg de ácido p-aminobenzoico, 50 mg de piridoxina, 10 mg de aneurina, 100 mg de niacina, 0,2 g de biotina, 100 mg de riboflavina em 100 mL de água destilada. Para conservação dessa solução, é aconselhada a tindalização, a cobertura com clorofórmio e a manutenção a 4 °C.

Enquanto os meios mínimos são preparados com água destilada, os meios completos são feitos com água de torneira, cujas impurezas minerais devem intervir no crescimento do microrganismo.

16.4.2 SUBSTRATOS PARA LEVEDURAS

Os meios para desenvolvimento de leveduras variam, de acordo com diversos autores, segundo a espécie usada e a finalidade da cultura: conservação, melhoramento, estudo de mutagênese ou produção de lipídeos.

- *Meio 1* (mínimo): a fonte de carbono pode ser de açúcares ou de hidrocarbonetos. A relação N/C determina as quantidades de nitrogênio e da fonte de carbono a serem usadas na preparação do meio. Para os fungos filamentosos, varia de 1:50-65. Os demais componentes recomendados por litro de meio são: $MgSO_4.7H_2O$, 2,5 g; $CaCl_2$, 1 g; $ZnSO_4.7H_2O$, de 0,001 g a 0,2 g; $FeCl_3.6H_2O$, 0,02 g; $MnSO_4.H_2O$, 0,005 g; NaCl, 0,06 g; ácido aspártico, 0,06 g; $CuSO_4.7H_2O$, 98 µg; tiamina, 100 µg.
- *Meio 2* (completo): o desenvolvimento da levedura é aumentado com a adição de extrato de levedura ou com fonte de nitrogênio amídico, que pode ser ácido aspártico ou asparagina, com melhores resultados para a última.
- *Meio 3*: por litro de substrato, glicose, 22,2 g; extrato de levedura, 0,1 g; KH_2PO_4, 0,8 g; $MgSO_4.7H_2O$, 0,2g; $CaCl_2$, 0,05 g; $FeSO_4.7H_2O$, 0,025 g; pH 4,5-4,8.
- *Meio 4* (com melaço): adição de melaço de acordo com sua composição em açúcares redutores, para concentração desejada de açúcares. Para um melaço com 71% de açúcares redutores totais, adicionar 140 g para obter 100 g de melaço por litro de substrato, que deve conter mais 5 g de Na_2PO_4, 5 g de $(NH_4)_2SO_4$ e 10 g de extrato de levedura. A variação no teor da fonte de carbono causa variação do conteúdo de nitrogênio, lembrando que a menor quantidade de carbono facilita o desenvolvimento vegetativo.

Geralmente, a adição de fosfato aumenta o rendimento e a velocidade de formação de matéria graxa, mas há casos em que isso não se verifica.

16.5 NUTRIENTES

Os substratos usados para o crescimento dos microrganismos, além da fonte de energia, devem conter nutrientes capazes de estimular o crescimento e a síntese lipídica. As exigências de elementos minerais variam de acordo com o microrganismo escolhido para a produção de lipídeos. O substrato deve conter substâncias nitrogenadas e elementos minerais. Os nutrientes, incluindo as substâncias nitrogenadas, entram em proporção diminuta em relação à fonte de carbono, de 0,03% a 1,8%, demonstrando que os microrganismos necessitam de elementos para crescer e de muita energia para executar a síntese.

Pequenas variações entre os nutrientes de menor proporção causam efeitos importantes nas atividades do fungo, incluindo a síntese lipídica. Quando os meios de açúcar puro recebem a adição de substâncias mais complexas, como os melaços, ainda que em pequena proporção, o desenvolvimento do microrganismo recebe influência benéfica. Há quem recomende, por exemplo, adição de água de maceração de milho como coadjuvante.

Os substratos são preparados de acordo com os efeitos da reação do meio e da relação entre as concentrações de nitrogênio e de açúcar. Dos nutrientes, o nitrogênio é o mais rapidamente consumido nos meios de cultivo. A relação N/C recomendada é de 1:50-60, podendo atingir 1:65 com bons resultados. Em substratos com N/C de 1:20, há maior síntese de proteína, e a deposição de gordura é reduzida a menos de 10% em relação à massa de micélio.

O aumento crescente da fonte de carbono em relação à de nitrogênio causa aumento gradual do teor de lipídeos. O teor da fonte de carbono tem influência no crescimento e na síntese lipídica. Com 20% de açúcar, parece haver maior produção de micélio e de gordura com maior saturação. Com 40% de açúcar, há menor produção de ácidos saturados, mas os teores dos ácidos oleico e linoleico são mais altos que nas menores concentrações de açúcar.

Além da relação entre nitrogênio e carbono, a natureza da fonte nitrogenada, nítrica ou amoniacal, afeta as atividades dos fungos; a fonte amoniacal diminui a síntese lipídica. Entre cloreto, carbonato e nitrato de amônio, o cloreto apresentou melhor desempenho. No entanto, como regra geral, aceita-se que os nitratos oferecem melhores resultados que os sais amoniacais. O teor de nitrato de amônio deve estar compreendido entre 0,15% e 0,6%, mas com 0,3% a produção de gordura é maior que com 0,6%, porém com maior proporção de ácidos oleico e linoleico.

A composição da gordura em ácidos graxos varia de acordo com pH, temperatura, teores de sacarose e de nitrato de amônio, e também segundo o período de incubação. Nos lipídeos produzidos por *Aspergillus nidulans* foi encontrado mais ergosterol entre os esteróis presentes.

Quanto à temperatura, parece não haver coerência com relação à influência na composição dos lipídeos; a 17 °C ocorre maior insaturação que a 25 °C, porém a 30 °C o grau de insaturação da gordura é ainda mais alto.

A agitação e a aeração exercem influência marcante no desenvolvimento e na síntese de gorduras. Sendo aeróbios, os fungos necessitam de oxigênio, e a agitação favorece seu fornecimento ao micélio. Quando as hifas crescem, ficam entrelaçadas ou formam glóbulos, exigindo mais aeração; a maneira de crescer afeta a agitação e a aeração.

Embora a fonte de carbono seja fundamental na formação de gorduras, a presença de íons PO_4, Mg e SO_4 é importante, pois afeta a atividade do microrganismo, com ação limitante sobre a multiplicação celular e a deposição de gordura. Os conteúdos de fosfato e de magnésio afetam diferentemente o desenvolvimento e a capacidade de síntese lipídica dos fungos.

O máximo de rendimento em gordura sintetizada pelos fungos em presença de magnésio varia entre as espécies utilizadas. A exigência de *Aspergillus nidulans* é de 5 g/L, enquanto o *Penicillium javanicum* precisa de 0,15 g/L e o *Penicillium spinulosum*, de 0,08 g/L.

O potássio é um elemento importante na constituição dos substratos. Em geral, é fornecido com o fósforo pela adição de fosfato ácido ao meio de cultivo. A substituição do fosfato ácido de potássio pelo fosfato ácido de sódio causa aumento da produção de micélio. Se a concentração de sódio é muito alta, o rendimento em matéria graxa pode ser alto, mesmo em meio deficiente em potássio. A concentração de potássio adequada para os microrganismos retrocitados situa-se entre 0,05 g/L e 0,1 g/L.

A melhor relação entre crescimento e síntese de lipídeos, com maiores concentrações de gordura e qualidade dos ácidos graxos do óleo, depende não apenas do equilíbrio dos componentes do substrato como também de condições inerentes ao próprio fungo. Em face da variação dos resultados que a literatura oferece sobre a síntese lipídica, é possível afirmar que os fungos escolhidos para a produção de gordura devem ser prévia e cuidadosamente observados com relação a suas exigências, antes de serem trabalhados industrialmente. Também deve ser mantida observação laboratorial permanente sobre o microrganismo, concomitante com o trabalho industrial, para superar quaisquer modificações em comportamento, crescimento ou síntese lipídica.

Os nutrientes usados no preparo dos substratos podem carrear impurezas, ainda que em mínimos teores, capazes de alterar o metabolismo dos microrganismos.

16.6 SEPARAÇÃO DOS LIPÍDEOS

O termo "gordura" é aqui empregado para designar a fração que pode ser retirada por solventes comuns de substâncias graxas, constituindo mistura de ésteres de glicerol com ácidos graxos, fosfatídeos, esteróis e outros. A extração da gordura dos microrganismos requer destruição prévia da estrutura celular, pois sem isso é dificultada pela ligação da gordura às proteínas.

A maior parte dos trabalhos está relacionada com a produção de gordura por fungos, possivelmente por causa da superior facilidade de processamento. Após o crescimento máximo do micélio, determinado pelo consumo da fonte de carbono, o substrato é separado por escoamento ou centrifugação. O micélio é lavado abundantemente com água e seco à temperatura de 70 °C. Depois, é submetido a um processo de extração de óleo por solventes. Grande parte dos lipídeos não está livre, o que dificulta sua extração. A separação dos lipídeos é feita de três formas: por meio de solventes, por meio autolítico e por meio químico.

Na *extração com solventes*, no caso de leveduras, a maior parte dos trabalhos sugere a extração com mistura em partes iguais de metanol e clorofórmio, após a secagem das leveduras em baixa temperatura.

Uma pesquisa atual (RODRIGUES, 2016) sugere o uso de mistura ternária de hexano-etanol-água para extração de lipídeos em tecidos animais, em substituição à mistura de metanol-clorofórmio. Embora não haja referências sobre a extração de lipídeos de microrganismos com hexano-etanol, é possível que o método seja factível, em substituição a solventes mais tóxicos.

Essa forma, denominada método de Folch, é centenária e parece ser a mais perfeita, porque o solvente consegue atravessar a membrana do microrganismo, dissolver a matéria graxa e retirá-la. Todavia, é um método caro para uso industrial, e essa mistura extratora é substituída por etanol, metanol, hexano, MTBE (*methyl tertiary-butyl ether*), ácido acético e combinações, todas imperfeitas.

Atualmente, busca-se um microrganismo geneticamente modificado para ter membrana permeável que facilite a extração.

Existem outros métodos propostos por vários autores para essa extração. Em um deles, os lipídeos livres são extraídos das células previamente secas, congeladas e suspensas por 15 minutos em etanol a 80% em volume.

O extrato é filtrado em papel de filtro, lavado e armazenado a 20 °C. O resíduo é ressuspenso em mistura de partes iguais em volume de metanol e clorofórmio e agitado em temperatura ambiente por três horas. A suspensão é filtrada e o filtrado é adicionado à mistura de clorofórmio e metanol por mais duas vezes. O extrato total é filtrado em filtro de vidro sinterizado, concentrado a vácuo e evaporado até secagem, sendo então purificado após alcalinização e ressuspensão em mistura de clorofórmio e metanol. Essa descrição comprova a dificuldade de execução.

No caso de fungos filamentosos, o micélio é lavado até a eliminação total do substrato residual, seco em baixa temperatura, no máximo 70 °C, moído e submetido a extração com solventes como éter, álcool ou outro comumente usado para extração de gordura. São usados os éteres etílico, isopropílico e de petróleo, o clorofórmio, a acetona e o etanol. O éter etílico extrai as mínimas porções de gorduras, a acetona remove produtos não lipídicos e o álcool extrai ceras. A escolha do solvente é importante, pois deve ser barato, não ser tóxico, ter baixa inflamabilidade, não ser explosivo e extrair o máximo de matéria graxa com o mínimo de impurezas.

No *processo autolítico*, o micélio é submetido a aquecimento por alguns dias a 50 °C, para provocar sua autodigestão e a separação da matéria graxa, que é extraída por solventes. Já no *processo químico*, as células ou o micélio são tratados com ácido clorídrico quente a 2% para romper as membranas; depois, são submetidos à extração com solventes. Em geral, o material residual é neutro e pode ser usado em alimentação.

Os microrganismos desenvolvidos sobre meios sintéticos produzem ligeiramente menos lipídeos que os desenvolvidos em substratos orgânicos. O material extraído contém ácidos graxos livres em proporções variáveis, de acordo com o modo que a extração é realizada.

REFERÊNCIAS

ALI, T. H.; EI-GHONEMY, D. J. Optimization of culture conditions for the highest lipid production from some oleaginous fungi for biodiesel preparation. *Asian J. Appl. Sci.*, v. 2, n. 5, 2014.

BROWNE, A. C. [título do artigo]. *J. Am. Chem. Soc.*, v. 28, p. 465, 1906.

COLABONE, M. A. P. *Melhoramento genético de* Rhodotorula mucilaginosa *objetivando produção lipídica.* 1985. 136 f. Dissertação (Mestrado) – Universidade Estadual Paulista "Júlio de Mesquita Filho" (Unesp), Rio Claro, 1985.

DIAZ, A. M. C. *Produção de óleo microbiano por leveduras em reatores tipo coluna de bolhas.* 2015. 54 f. Trabalho de Conclusão de Curso (Graduação) – Escola de Engenharia de Lorena, Universidade de São Paulo, Lorena, 2015.

ENSHAEIEH, M.; NAHVI, I.; MADANI, M. Improving microbial oil production with standardization native oleaginous yeasts by using taguchi design. *Int. J. Environm. Sci. and Tchnol.*, v. 11, n. 3, p. 597-604, 2014.

ERWIN, J. L.; GEIGERT, J.; NEIDLEMAN, S. L. WADSWORTH, J. Substrate-dependent and growth temperature-dependent changes in the wax ester composition produced by *Acinetobacter sp.* H01-N. In: RATLEDGE, C.; DAWSON, J. P.; RATTRAY, J. *Biotechnology for the oils and fats industry.* Champaign: American Oil Chemist's Society, 1984. 298 p.

FINNERTY, W. R. The application of hydrocarbon-utilizing microrganisms of lipid production. In: RATLEDGE, C.; DAWSON, J. P.; RATTRAY, J. *Biotechnology for the oils and fats industry.* Champaign: American Oil Chemist's Society. 1984. 298 p.

FOSTER, J. W. *Chemical Activities of Fungi.* Nova York: Academic Press, 1949. 648 p.

GARCÍA, R. P.; GARRIDO, J. M. Producción de grasas por microrganismos. *Revista de Ciencia Aplicada*, Madri, n. 56, p. 221-228, 1957.

GARCÍA, R. P.; LAFONT, M. A. S.; GARRIDO, J. M. Producción de grasas por microrganismos. *Revista de Ciencia Aplicada*, Madri, n. 48, p. 13 -21, 1956.

GARRIDO, J. M.; WALKER, T. K. Producción de grasas por microrganismos. *Anales de la Real Sociedad Española de Física y Química* (serie B – Química), v. 49, n. 12, p. 839-846, 1953.

GARRIDO, J. M.; WOODBINE, M.; WALKER, T. K. Producción de grasas por microrganismos. *Anales de la Real Sociedad Española de Física y Química* (serie B – Química), v. 49, n. 12, p. 830-839, 1953.

GLATZ, B. A. et al. Production and modification of fats and oils by yeast fermentation. In: RATLEDGE, C.; DAWSON, P.; RATTRAY, J. *Biotechnology for the oils and fats industry*. Champaign: American Oil Chemist's Society, 1984. 298 p.

HALL, M. J.; RATLEDGE, C. Lipid and acylation in an oleaginous yeast (*Candida* 107) growing on glucose under various conditions in a one- and two-stage continuous culture. *Appl. Environ. Microbiol.*, Washington, v. 33, n. 3, p. 577-584, 1977.

HUANG, C.; ZHONG, M.; WU, H.; LIN, Q. Microbial oil production from rice straw hydrolysate by *Trichosporon fermentans*. *Bioresource Technology*, v. 100, n. 19, p. 4535-4538, 2009.

HUSAIN, S. S.; HARDIN, M. M. Influence of carbohydrate and nitrogen sources upon lipid production by certain yeasts. *Food Research*, Champaign, v. 17, p. 60-66, 1952.

KARATAY, S. E.; DÖNMEZ, G. Microbial oil production from thermophile cyanobacteria for biodiesel production. *Appl. Energy.*, v. 88, n. 11, p. 3632-3635, 2011.

LECHEVALIER, H.; LECHEVALIER, M. D. Chematoxomic use of lipids: an overview. In: RATLEDGE, C.; WILKINSON, S. G. *Microbial Lipids*. Londres: Academic Press, 1988. v. 1, p. 869-902.

LIMA, U. A.; SATO, S. Produção de lipídios por microrganismos. In: AQUARONE, E.; BORZANI, W.; SCHMIDELL, W.; LIMA, U. A. (Coord.). *Biotecnologia industrial*. São Paulo: Blucher, 2001. p. 447- 464. (Vol. 4: Biotecnologia na produção de alimentos).

MONTEIRO, R. T. R. *Lipid production and composition in haploid and diploid strains of* Aspergillus nidulans. 1984. 142 f. Tese (Doutorado) – University of St. Andrews, St. Andrews, 1984.

ORIGINALI, R.; PHUNPRUCH, S.; THAWORNCHAISIT, U. Cellular lipid production of a heterotrophic bacteria isolated from poultry processing waste waters. *Songklamarin J. Sci. Technol.*, v. 36, n. 3, p. 359-363, 2014.

RATLEDGE, C. Lipids. In: REHM, H. J.; REED, G. *Biotechnology, a comprehensive treatise microbial products II*. Weinhein: Verlag Chemie, 1986. p. 185-213.

RATLEDGE, C. Lipids and fatty acids. In: ROSE, A. H. *Economic Microbiology*: primary products of metabolism. Londres: Academic Press, 1978. v. 2, p. 263-302.

RATLEDGE, C. Microbial oils and fats: an assessment of their commercial potential. In: BULL, M. (Ed.). *Progress in Industrial Microbiology*. v. 16. Amsterdã: Elsevier, 1982.

RATLEDGE, C. Microbial oils and fats: an overview. In: RATLEDGE, C.; DAWSON, P.; RATTRAY, J. *Biotechnology for the oils and fats industry.* Champaign: American Oil Chemist's Society, 1984. 298 p.

RATLEDGE, C.; DAWSON, P.; RATTRAY, J. *Biotechnology for the oils and fats industry.* Champaign: American Oil Chemist's Society, 1984. 298 p.

RODRIGUES, J. R. *Otimização da extração de lipídios, via mistura ternária hexano--etanol-água, de matriz composta de resíduos do processamento de tilápias.* 2016. 87 f. Dissertação (Mestrado) – Escola Superior de Agricultura Luiz de Queiroz, Universidade de São Paulo, Piracicaba, 2016.

VAJPEYI, S.; CHAUDRAN, K. Conversion of food waste into biodiesel through sequential fermentation and enhanced microbial lipid production: a novel platform technology. *Proceedings of the Water Environment Federation*, session 26-34, p. 2001-2003, 2013.

WAYMAN, M.; JENKINS, A. D.; KORMENDY, A. Bacterial production of fats and oils. In: RATLEDGE, C.; DAWSON, P.; RATTRAY, J. *Biotechnology for the oils and fats industry.* Champaign: American Oil Chemist's Society, 1984. 298 p.

WOODBINE, M. Microbial fat: microrganisms as potential fat producers. In: HOCKENHUL, D. J. D. *Progress in industrial microbiology.* Nova York: Interscience, 1959. v. 1.

WU, S.; ZHOO, X.; SHEN, H.; WANG, Q.; ZHAO, Z. K. Microbial lipid production by *Rhodosporidium toruloides. Bioresource Technology*, v. 102, n. 2, p. 1803-1807, 2011.

XAVIER, M. A.; FRANCO, T. T. Batch and continuous culture of hemicellulose hydrolysate for sugarcane bagasse for lipids production. *Chemical Engineering Transactions*, AIDIC, v. 38, p. 385-390, 2014.

ZHANG, J.; FANG, X. U.; ZHU, X. L.; XU, H. P.; ZHAO, B. F.; CHEN, L.; ZHANG, X. D. Microbial lipid production by the oleaginous yeast *Cryptococcus curvatus* O3 grown in fed-batch culture. *Biomass and Energy*, v. 35, n. 5, p. 1906-1911, 2009.

CAPÍTULO 17

Produção de *Arthrospira* (*Spirulina*) e suas aplicações em alimentos

Lúcia Helena Pelizer

Marlei Barboza Pasotto

Regina de Oliveira Moraes Arruda

Iracema de Oliveira Moraes

17.1 INTRODUÇÃO

Microrganismos fotossintetizantes têm, a rigor, grande importância comercial. A biomassa por eles produzida pode ser utilizada como ração em aquacultura, complemento alimentar e fonte de pigmentos, antioxidantes e ácidos graxos. Outros compostos de interesse clínico são passíveis de estudo, como veremos na sequência deste capítulo. Acrescenta-se também o aspecto ambiental, uma vez que podem fixar metais pesados e utilizar CO_2 como fonte de carbono, além de minimizar a eutroficação nas águas (PELIZER; CARVALHO; MORAES, 2015; PULZ; SCHEIBENBOGEN, 1998).

Entre esses microrganismos se destaca a *Arthrospira*, que apresenta facilidade de cultivo e tem importância, em uma primeira instância, como fonte de alimento. Esse microrganismo tem conformação filamentosa cuja dimensão e cuja forma variam de acordo com as espécies e as condições ambientais (HENRIKSON, 2009; CIFERRI; TIBONI, 1985; CIFERRI, 1983).

Essa espécie de microalga é capaz de se adaptar a diversas condições em que outros microrganismos não se desenvolveriam facilmente, o que permite encontrá-la em uma grande variedade de ambientes: solo, areia, pântanos, lagos alcalinos, água salobra, do mar e fresca, e essa capacidade de adaptação a ambientes hostis permite também seu desenvolvimento em meios com alta concentração salina (HENRIKSON, 2009; CIFERRI, 1983).

Por meio de um processo fotossintético, é capaz de converter as fontes de carbono e nitrogênio, além de fósforo, potássio, ferro e outros minerais e nutrientes, em material celular e oxigênio (HENRIKSON, 2009).

A forma mais fácil de cultivo, seja em pequena ou grande escala, é em tanques rasos para facilitar a incidência luminosa. Em cultivos típicos, dobra-se a biomassa entre 2 e 5 dias. Quando se analisa a vantagem de sua produção sob o ponto de vista de fornecer proteína como fonte alimentícia, a *Arthrospira* apresenta produtividade vinte vezes superior à da soja considerando a mesma área, quarenta vezes superior à do milho e cerca de quatrocentas vezes superior à da carne bovina (PULZ; SCHEIBENBOGEN, 1998).

A forma de produção em tanques sob iluminação natural ou artificial, bem como os meios tradicionais da literatura mostram a facilidade de cultivo desse microrganismo em grande escala. Além disso, podemos verificar que meios alternativos podem baratear o custo de implementação de um sistema de cultivo. Como um processo biotecnológico, o desenvolvimento de processo passará pelo aperfeiçoamento da forma e das operações dos reatores. Essa diversificação de produtos e o aperfeiçoamento de técnicas de produção podem incentivar o cultivo de *Arthrospira* em diversas regiões, principalmente em redutos onde há um baixo desenvolvimento econômico, mas que possam fornecer condições ambientais como temperatura, luminosidade e meio de cultivo, fazendo com que os produtos contribuam para o desenvolvimento regional.

Existem plantas de produção industrial no Japão e em Taiwan desde 1970; nos Estados Unidos, há a Cyanotech, que opera desde 1985; na Tailândia, a Boonsom Farm; na Índia, a Parry Nutraceutical; além de outras instaladas em China, Cuba, Chile, Vietnã, Israel, Bangladesh, Filipinas, Peru, Brasil, Espanha, Portugal e Austrália (HENRIKSON, 2009).

17.1.1 HISTÓRICO

O interesse pelas microalgas como fonte de proteínas voltadas à nutrição humana passou a ser mais significativo no início dos anos 1950. Além de fonte alimentícia, nos Estados Unidos, as microalgas também eram objeto de estudo na tecnologia ambiental, tendo em vista uma melhora na qualidade da água residuária quando se cultivavam esses microrganismos junto ao corpo dessas águas. Além disso, a biomassa gerada era fermentada para a produção de metano (PULZ; SCHEIBENBOGEN, 1998).

Trabalhos de inspeção no fitoplâncton dos pequenos lagos e piscinas nas proximidades do lago Chad mostraram que a *Arthrospira* era o principal organismo e, às vezes, o único componente da microflora. Naquela região, já se usava a microalga como fonte de alimentação humana. A *Arthrospira platensis* era seca e, na forma de biscoito ou flocos, chamados na língua local de *dihé*, era comercializada no mercado local. O *dihé* era preparado coletando-se as algas nos lagos e espalhando-as sobre a areia para secar ao sol.

No antigo México, a *Arthrospira maxima* também foi utilizada como alimento. A história diz que biscoitos similares ao *dihé* eram vendidos no mercado da antiga capital asteca, hoje Cidade do México. A *A. maxima* crescia abundantemente nas águas alcalinas do lago Texcoco.

Os trabalhos sobre a *Arthrospira* foram estimulados na década de 1960 justamente pela descoberta do seu uso como alimento pela população das proximidades do lago Chad e pela população asteca do México, e a primeira planta experimental em pequena escala para a produção de *A. platensis* foi feita por cientistas do Institut Français du Pétrole, utilizando um sistema de tanques abertos e meio de cultivo sintético (HABIB; PARVIN, 2008; CIFERRI; TIBONI, 1985).

17.1.2 SISTEMÁTICA, MORFOLOGIA, TAXONOMIA, ULTRAESTRUTURA E CICLO DE VIDA

De acordo com a classificação do *Bergey's Manual of Determinative Bacteriology* (IMHOFF; TRÜPER, 1989), o gênero *Arthrospira* pertence ao grupo de bactérias oxigênicas fototróficas que engloba as cianobactérias, sendo do subgrupo 3 (Oscillatoriales).

Os termos cianobactéria e algas verde-azuladas podem ser considerados compatíveis, sendo o primeiro relacionado à taxonomia e à filogenética e o segundo, à relação ecológica/biológica. Stanier e Van Neil (1962) incorporaram as algas verde-azuladas no reino procariota e sugeriram que esses microrganismos fossem chamados de cianobactérias.

A *Spirulina* foi isolada em 1827, por P. J. Turpin, e, em 1844, Wittrock e Nordstedt a descreveram como uma microalga verde-azulada helicoidal e septada. No entanto, a partir de 1852, o primeiro trabalho sobre taxonomia, escrito por Stizenberger, descreveu o novo gênero *Arthrospira* baseado em presença de septo, forma helicoidal e estrutura multicelular. Em 1989, os dois microrganismos foram classificados em dois gêneros distintos, a *Spirulina* sem septos e a *Arthrospira* com forma septada A morfologia da *Spirulina* e da *Arthrospira* é fundalmente diferenciada por tipo de hélice, distribuição de poros na parede celular, visibilidade de septos no microscópio, diâmetro e tipo de fragmentação dos tricomas (filamentos) (CIFERRI, 1983).

Portanto, embora o nome *Spirulina* seja conhecido na comunidade científica e pelos consumidores, a microalga estudada e usada como alimento com excelentes benefícios para a saúde é a *Arthrospira*.

As medidas celulares são controversas, sendo que a largura do tricoma varia entre 3 e 12 μm e o comprimento de 50 a 500 μm. O diâmetro da hélice vai de 30 a 70 μm e o diâmetro celular varia de 1 a 12 μm.

A forma helicoidal, as dimensões celulares, o grau de enrolamento e o comprimento dos filamentos variam de acordo com as espécies e as condições ambientais. A forma helicoidal é mantida em meio líquido e, quando em meio sólido, os filamentos tornam-se espirais planas. A transição da forma helicoidal para espiral plana parece depender da quantidade de água na superfície do ágar e estar relacionada com a redução da área exposta ao ar nesse tipo de meio. É causada, provavelmente, pela desidratação dos oligopeptídeos na camada de peptideoglicano da parede celular, resultando em mudanças na rigidez da célula.

A parede celular é composta por quatro camadas, sendo a mais rígida formada de peptogligano.

Os pigmentos clorofila-a, carotenoides e ficocianina estão localizados nas lamelas fotossintéticas. A presença de vesículas gasosas dá a capacidade de flotação (HABIB; PARVIN, 2008; SÁNCHEZ et al., 2003).

O ciclo de vida da *Arthrospira* pode ser resumido em três estágios: fragmentação de tricoma, alargamento dos pequenos filamentos e alongamento do tricoma. O número de células é aumentado por fissão binária. Por esse processo, os tricomas crescem em comprimento e tomam a forma helicoidal, como ilustrado na Figura 17.1.

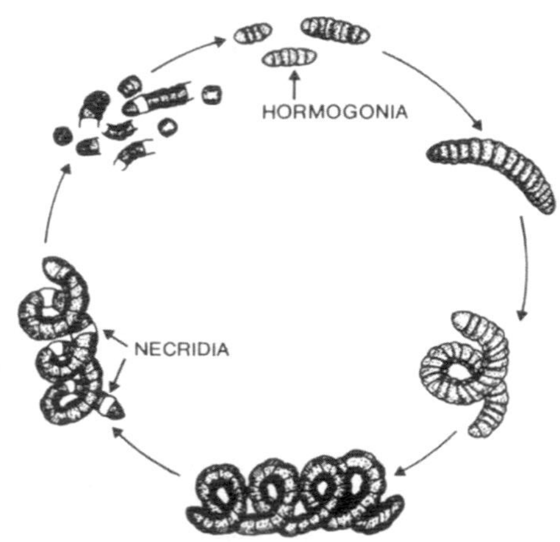

Figura 17.1 Ciclo de vida da *Arthrospira*.

Fonte: Ciferri (1983).

17.1.3 FISIOLOGIA

A *Arthrospira* é um microrganismo fotoautotrófico obrigatório, não crescendo na ausência de luz. Com iluminação, é capaz de utilizar fontes orgânicas e inorgânicas de carbono, sendo que no cultivo mixotrófico a presença de glicose melhora o crescimento.

Portanto, por meio da fotossíntese, converte nutrientes em material celular e produz oxigênio. Os nutrientes necessários são: água e fonte de carbono, nitrogênio, fósforo, potássio, ferro e outros minerais.

A taxa de divisão celular das microalgas possui um limite com o aumento da energia luminosa. Existe uma variação significante para o valor de energia luminosa que representa a fotoinibição entre as diferentes espécies de microalgas. A duração e a intensidade da iluminação têm efeito sobre a taxa de crescimento e produção de biomassa, respeitando certo limite: o ponto de saturação luminosa. A literatura relata trabalhos realizados em laboratório com iluminância desde 0,5 até 30 klx, sendo que, para alguns autores, a saturação é na faixa de 5 a 10 klx.

Alterações na intensidade luminosa podem influenciar a concentração de pigmentos, principalmente carotenoides e clorofila

A luz usada pode ser expressa em lux (lx), unidade do Sistema Internacional para a iluminância, que é o fluxo luminoso total incidente em uma superfície ($lm.m^{-2}$ – lúmen por metro quadrado), podendo ser convertido em densidade de fluxo de fóton fotossintético (*photosynthetic photon flux density* - PPFD), que é a unidade de medida que expressa o quantum de luz em fóton de energia solar (em um comprimento de onda específico) relacionado especificamente à fotossíntese. O PPFD é expresso em μmol de $fótons.m^{-2}.s^{-1}$, sendo o fator de conversão usado para luz branca fluorescente: 12 μmol de $fótons.m^{-2}s^{-1}$ klx^{-1}.

A temperatura influencia o crescimento celular da *Arthrospira*, sendo a melhor faixa de 24 a 32 °C, embora ocorra crescimento até 40 °C, e acima desse valor não há desenvolvimento da cultura.

O valor de pH de crescimento da *Arthrospira* está na faixa alcalina entre 7,0 e 11,0 (HENRIKSON, 2009; HABIB; PARVIN, 2008; SÁNCHEZ et al., 2003; PELIZER et al., 2002; CIFERRI, 1983).

Quanto à cinética de crescimento celular e à produção de células, os valores típicos em cultivos de *Arthrospira* para a velocidade específica de crescimento celular (μ) estão entre 0,06 e 0,1 e, para a biomassa, entre 2 e 6 $g.L^{-1}$. Essas variações estão relacionadas a composição de meio de cultura, condições de cultivo (pH, temperatura), tipo de fotobiorreator, volume do sistema e intensidade luminosa.

17.1.4 METABOLISMO

Segundo Cogne, Gros e Dussap (2003), as cianobactérias realizam a fotossíntese oxigênica, sendo importantes na produção de material orgânico usando energia proveniente da luz, água como doador de elétrons e CO_2 como fonte de carbono. As reações das vias metabólicas participantes direcionam as biossínteses de materiais orgânicos usando nutrientes inorgânicos. Na ausência de luz, usa-se o material de reserva (glicogênio) para a manutenção celular.

É interessante ressaltar que as cianobactérias, além dessas características devidas ao tipo de metabolismo fotossintetizante, apresentam as peculiaridades dos microrganismos, como rápida taxa de crescimento e metabolismo que responde às variações de condições ambientais.

As reações presentes nas vias metabólicas centrais (via glicolítica, via das pentoses-fosfato e ciclo do ácido tricarboxílico) e em outros passos do anabolismo estão presentes e são considerados comuns a uma grande variedade de espécies. No entanto, o fluxo dessas vias varia de acordo com a composição da biomassa de cada uma.

Em condições fotoautotróficas, a rede metabólica para a *Arthrospira* pode ser resumida nos pontos apresentados na Figura 17.2.

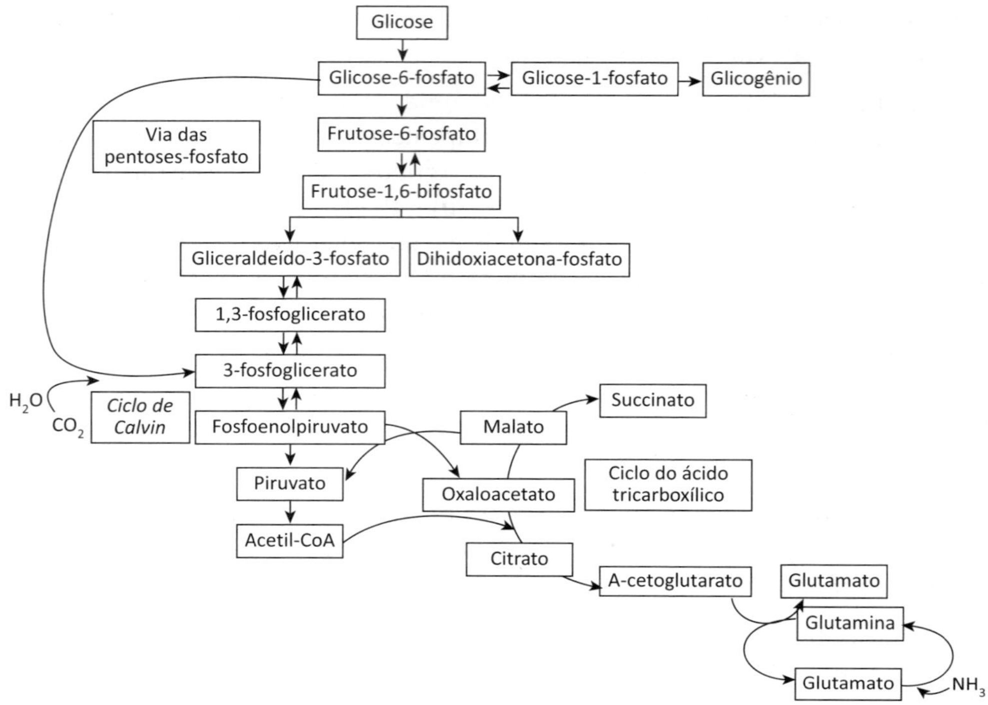

Figura 17.2 Esquema simplificado da rede metabólica da *Arthrospira*.

Fonte: adaptada de Cogne, Gros e Dussap (2003).

Todas as enzimas participantes do metabolismo da *A. platensis* são sintetizadas tanto na presença como na ausência de luz, embora algumas sejam operantes na luz e outras no escuro. O controle da rede metabólica é feito principalmente no nível das enzimas.

Sobre a absorção de carbono, tem-se que a principal fonte de carbono é o íon bicarbonato, que entra na célula por transporte ativo; dentro da célula este é desidratado pela anidrase bicarbônica e na forma de CO_2 é incorporado ao ciclo de Calvin via ribulose-1,5-bifosfato carboxilase (Rubisco). Esse carbono é enviado simultaneamente para a síntese de todas as macromoléculas da célula (proteínas, carboidratos, lipídeos e ácidos nucleicos), sendo o 3-fosfoglicerato o metabólito intermediário-chave.

A via glicolítica (Emben-Meyrhof-Parnas – EMP) e a via das pentoses-fosfato ocorrem na *A. platensis*, sendo cruciais para o ciclo de Calvin.

O ciclo do ácido tricarboxílico (ciclo de Krebs – CK) não funciona como um ciclo, uma vez que a enzima α-cetoglutarato desidrogenase não é ativa em cianobactérias. Assim, as reações do ciclo se apresentam como se fossem uma ramificação, com dois caminhos, um a partir do α-cetoglutarato e o outro a partir do succinato. Essa divisão leva a uma via redutora, termodinamicamente viável, e outra oxidativa. Os metabólitos formados podem ser aproveitados para a formação de aminoácidos da família do glutamato.

A fotossíntese ocorre num sistema de vesículas achatadas, tilacoides, onde estão localizados os pigmentos fotossintéticos (clofofila-a, carotenoides e ficocianina). O ciclo de Calvin é empregado para fixação de CO_2 usando reações ligadas à via das pentoses-fosfato. Nos sistemas fotossintéticos, os transportadores de elétrons reduzem o $NADP^+$ em NADPH, H^+, e o transporte de elétrons é acoplado à síntese de ATP.

As hexoses-fosfato são usadas para biossíntese de glicogênio, a principal reserva de carboidrato. As trioses-fosfato podem ser usadas tanto na via glicolítica como no ciclo do ácido tricarboxílico para fornecer α-oxiácidos que podem ser usados como receptores de grupo amino na biossíntese de aminoácidos.

A fonte preferencial de nitrogênio é o nitrato que é assimilado fotossinteticamente. O nitrato é reduzido a NH_4^+ e incorporado como ácido glutâmico ao metabolismo de aminoácidos, graças à ação de duas enzimas, a glutamina sintase e a glutamato α-cetoglutarato aminotransferase.

A formação de clorofila pode ser dada por duas vias diferentes: pela via do succinil-CoA ou pela via do glutamato (COGNE; GROS; DUSSAP, 2003)

17.1.5 COMPOSIÇÃO QUÍMICA DA BIOMASSA

Os dados de composição química da biomassa da *Arthrospira* apresentados na literatura variam em ordem de grandeza dependendo da espécie e das condições de cultivo utilizadas. Outro fator importante é a metodologia empregada na análise de determinado componente.

López et al. (2010) determinaram o teor de proteína por dois métodos clássicos diferentes, Lowry e Kjedahl, e obtiveram o valor do fator de conversão de proteína de 5,95, diferente do 6,25 que era utilizado até então. Zheng et al. (2012) estudaram diferentes métodos de extração de lipídeos e de identificação e determinação de concentração de ácidos graxos e encontraram valores distintos para um mesmo ácido graxo em uma mesma amostra de biomassa.

Observa-se, portanto, que essa questão ainda deverá ser bastante explorada para a biomassa de *Arthrospira*, uma vez que ainda não há um consenso entre as várias metodologias de extração e análise dos componentes.

De qualquer forma, a biomassa de *Arthrospira* é bem-vista como uma fonte de alguns nutrientes importantes, como vitaminas, minerais, ácidos graxos e aminoácidos essenciais. O alto teor de proteínas de boa qualidade nutricional é um chamativo importante para o uso de *Arthrospira* como suplemento nutricional. Além disso, a concentração de ácidos nucleicos é de 5% em massa seca, considerada baixa em relação a outros microrganismos, o que viabiliza seu uso como fonte alimentar.

A Tabela 17.1 apresenta a média dos dados mostrados na literatura, detalhando os componentes já identificados e suas respectivas concentrações na biomassa de *Arthrospira*.

Tabela 17.1 Composição química da *Arthrospira* (peso seco)

Composição centesimal	(% peso seco)	Ácidos graxos*	$g.kg^{-1}$
Proteína	56-77	C6:0	1,76
Lipídeos	5-15	C8:0	1,47
Carboidratos	8-20	C10:0	1,91
Cinzas	4-9	C12:0	3,57
		C14:0	6,53
Aminoácidos	**$g.kg^{-1}$**	C15:0	2,45
Isoleucina	36,8	C16:0	54,57
Leucina	68,5	C16:1	5,84
Lisina	36	C17:0	3,19
Metionina	20	C18:0	24,83
Fenilalanina	33,5	C18:1n9c	7,99
Treonina	36,25	C18:2n6t	3,01
Triptofano	10,5	C18:2n6c	26,74
Valina	40	C18:3n6	20,03
Alanina	77	C18:3n3	5,91
Arginina	43	C20:0	5,35
Aspartato	61	C20:2	3,69
Cisteína	6	C20:3n3	3,82
Glutamato	91		
Glicina	32	**Minerais**	**$g.kg^{-1}$**
Histidina	10	Cálcio	7,0
Prolina	27	Cromo	0,025
Serina	32	Cobre	0,12
Tirosina	30	Ferro	1,0
		Magnésio	4,0

(*continua*)

Tabela 17.1 Composição química da *Arthrospira* (peso seco) (*continuação*)

Vitaminas	$g.kg^{-1}$	Minerais	$g.kg^{-1}$
β-caroteno (A)	1,55	Manganês	0,5
Tocoferol (E)	0,019	Fósforo	8,0
Tiamina (B_1)	0,045	Potássio	14,0
Riboflavina (B_2)	0,040	Selênio	0,025
Niacina (B_3)	0,14	Sódio	9,0
Ácido pantotênico (B_5)	0,0001	Zinco	0,3
Piroxidina (B_6)	0,006		
Ácido fólico (B_9)	0,001	**Pigmentos**	**$g.kg^{-1}$**
Cianocobalamina (B_{12})	0,0024	Carotenoides	3,70
Biotina (H)	0,00005	Clorofila	10,0
Filoquinona (K)	0,022	Ficocianina	140,0

Fonte: Zheng et al. (2012); Henrickson (2009); Habib e Parvin (2008); Sánchez et al. (2003); Richmond e Quiang (1997); Ciferri (1983).

17.1.6 USOS E APLICAÇÕES DA *ARTHOSPIRA* EM ALIMENTOS

Muitas microalgas, como *Dunaliella*, *Chlorella*, *Chlamydomonas*, *Haematococcus* e *Arthrospira*, são utilizadas como fontes de obtenção de lipídeos – ácidos graxos poli-insaturados, pigmentos (PELIZER et al., 2008), além de compostos para diagnósticos imunológicos, suplementos nutricionais, medicamentos com atividade antitumoral e proteínas recombinantes.

Como pode ser observado pelo exposto, é patente o cultivo e o uso de *A. platensis* para fins nutricionais, dada a sua alta produção de proteína e aminoácidos essenciais. No entanto, poderemos verificar no transcorrer deste capítulo outros produtos que estão presentes na composição da biomassa e que são de interesse comercial, visto suas utilizações para a saúde e a manutenção e seres humanos e animais, além da produção de biocombustíveis.

A utilização de *Artrosphira* como fonte alimentar é bastante significativa, sendo o carro-chefe que motiva sua produção em grande escala. Seu alto teor de proteína de valor biológico considerável, além de ácidos essenciais, como o gama-linolênico, e de vitamina B, entre outros, justifica seu uso na nutrição de seres humanos e animais. Além disso, os corantes, como o betacaroteno e outros carotenoides, que podem reforçar a pigmentação em carnes e ovos dos animais submetidos a dieta com *Arthrospira*, tornam-na muito atrativa para a indústria de alimentos.

A literatura científica relata que a ingestão de *Arthrospira* promoveu bons resultados no desempenho de atletas e em crianças com desnutrição. A administração de *Arthrospira* durante um ano em crianças que apresentavam desnutrição de terceiro grau foi mais eficaz que a suplementação com soja, apesar de a alimentação das crianças com leite materno e de vaca resultar em melhor retenção de nitrogênio, o que confere melhores resultados em comparação com outras fontes alternativas (CIFERRI; TIBONI, 1985). Certamente, nas ilhas de desnutrição em que o acesso ao leite materno ou de outros mamíferos comuns do cotidiano humano seja raro ou inexistente, a *Arthrospira* pode ser uma alternativa. No entanto, a relação entre o custo de instalação de uma unidade produtora e o valor agregado do alimento é muito alta, o que pode inviabilizar o investimento, caso este ocorra sem incentivos. Assim, a busca de compostos presentes na biomassa que agregem valor é alvo de estudos e investigações.

A *Arthrospira* contém vários pigmentos, como ficocianina, ficoeritrina, clorofila e carotenoides. Para *Arthrospira*, o betacaroteno representa entre 67-79% dos carotenoides totais presentes, o que é 53% superior aos equivalentes de retinol presentes na cenoura. Os carotenoides são a família de isoprenoides que possuem quarenta átomos de carbono. Estes são pigmentos fotossintéticos, como a clorofila, sendo importantes no que se refere à proteção contra danos foto-oxidativos promovidos pela incisão de fótons da luz. O betacaroteno é um dos carotenoides que possui um grupo hidrocarboneto cromóforo característico, devido à presença de onze ligações duplas conjugadas em sua estrutura. É sintetizado em plantas, algas e alguns microrganismos fotossintéticos como um intermediário importante na via de biossíntese de vários carotenoides, como a zeaxantina. Na indústria, o método convencional de extração de betacaroteno se dá por utilização de solventes, no entanto, dados o baixo rendimento e a alta quantidade de solvente utilizada, há uma tendência ao uso de técnicas alternativas como ultrassom, micro-ondas e fluido supercrítico. O desenvolvimento dessas técnicas de extração pode viabilizar a aplicação em grande escala da obtenção de betacaroteno de *Arthrospira*, aumentando, assim, o portfólio de compostos de interesse para a manutenção da saúde humana e animal.

A clorofila apresenta característica quelante que pode promover a recuperação de células, sendo assim passível de ser constituída na forma de pomadas com fins terapêuticos. A clorofila aumenta a quantidade de hemoglobina no sangue. Na indústria alimentícia, é utilizada como pigmento natural em alimentos processados, tendo forte demanda devida à busca, por parte dos consumidores, por alimentos naturais. No entanto, há necessidade de desenvolvimento de processos que justifiquem a obtenção de clorofila via cultivo de microalga. Nesse sentido, especial atenção deve ser dada à *A. platensis* para obtenção de clorofila, visto que ela apresenta um alto teor desse pigmento, e as facilidades de cultivo permitem viabilizar um processo em grande escala.

A *Arthrospira*, por possuir um elevado teor de proteína (60-70% em peso), ser uma fonte rica de vitaminas, principalmente vitamina B_{12} e provitamina A (betacaroteno), minerais e aminoácidos essenciais, e ser facilmente cultivada em um meio hostil, é atrativa como matéria-prima para alimentação de gado e aves, bem como na indústria da piscicultura, tornando-se, dessa forma, uma rentável fonte de alimento.

Na produção de microalgas para uso como ração animal, deve ser considerada ainda a possibilidade da utilização de resíduos industriais ou domésticos como fonte de nutrientes. Para o caso de criação de aves, a utilizacão de microalgas se justifica sob o ponto de vista econômico, tendo em vista sua utilização em países onde o aumento da coloração dos pelos dos animais e dos ovos é vantajoso. Há evidências de que a administração estimula a produção de ovos, mas não o seu tamanho, e também há incremento significativo na coloração da gema. Todavia, a utilização de microalgas na alimentação desses tipos de animais provoca uma pequena diminuição na sua taxa de crescimento, o que limita o nível de inclusão de microalgas nas dietas (CIFERRI, 1983).

O efeito toxicológico deve ser levado em consideração quando se avalia a introdução de microalgas na composição de uma dieta alimentar animal. Deve ser estudada a inocuidade das carnes, principalmente quando a ração contiver em sua composição diferentes espécies de microalgas e particularmente quando essas microalgas forem produzidas por fontes de água residuária, que podem conter materiais tóxicos acumulados.

17.2 PRODUÇÃO DE *ARTHROSPIRA*

Com o aumento populacional, os governos têm incentivado o desenvolvimento de fontes sustentáveis de energia e alimentos. Como discutido ao longo deste capítulo, os cultivos para a produção de *Arthrospira* se tornam atrativos, pois esta é fonte de alimentos e energia, contribuindo para a sustentabilidade de uma região, notadamente em países que não enfrentam invernos rigorosos.

Todo desenvolvimento de um bioprocesso passa por etapas imprescindíveis para o seu sucesso, podendo ser destacadas: a) a caracterização e o conhecimento a respeito do metabolismo do microrganismo, que indicarão com boa precisão as necessidades de nutrientes envolvidos, bem como os possíveis produtos gerados; b) a definição do mecanismo cinético que representa o crescimento celular do microrganismo; c) o estabelecimento da estratégia de cultivo; d) a definição das etapas de separação, extração e purificação necessárias para a obtenção do produto (ou composto) de interesse.

Para o caso de cultivo de *Arthrospira*, essas etapas não estão plenamente definidas, tendo em vista a diversidade de condições possíveis de serem utilizadas para o desenvolvimento do cultivo, bem como a diversidade de produtos, a contar da massa celular, que podem ser obtidos. Com a diversidade de meios de cultivo, bem como de produtos gerados, o estabelecimento de fotobiorreatores que conciliem alta produtividade a baixos custos de instalação e operação requer ampla análise em escala de bancada, particularmente para a obtenção de dados que permitam o estudo de ampliação de escala e a avaliação econômica. Deve-se ainda considerar, nessa indefinição, as etapas de extração, purificação e isolamento, que dependerão do produto desejado. De modo geral, as etapas envolvidas em processo com *Arthrospira* seguem o modelo tradicional da engenharia de bioprocessos, como apresentado na Figura 17.3.

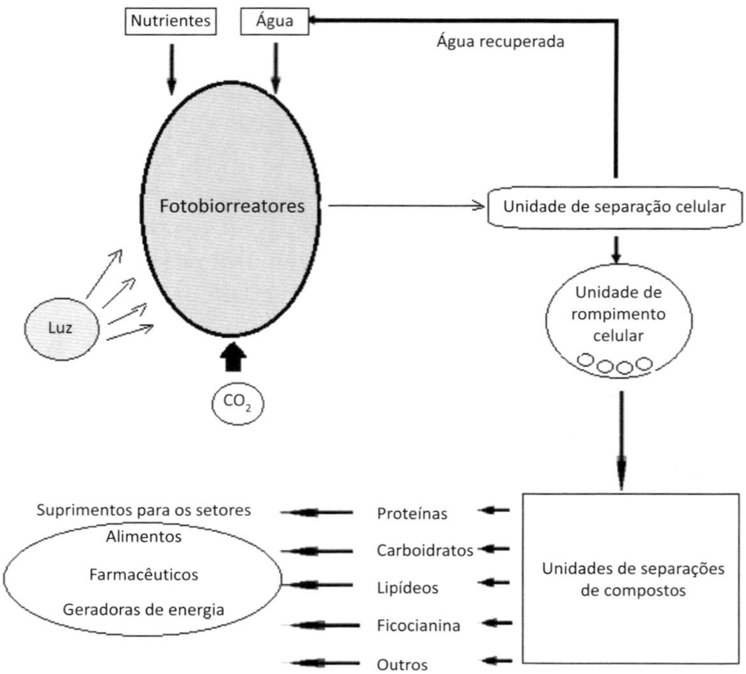

Figura 17.3 Diagrama de um processo para cultivo de microalga e recuperação de água e produtos.

Fonte: adaptada de Gerardo, Oatley-Radcliffe e Lovitt (2014).

A Figura 17.3 representa de forma geral um processo para cultivo de *Arthrospira* em que há fornecimento de gás CO_2. Nas situações em que o desenvolvimento do processo definiu que a fonte de carbono inorgânica deve estar presente em solução, a unidade de injeção de CO_2 deve ser excluída. É importante enfatizar, como mostrado na figura, a necessidade de recuperação de água no processo, que pode traduzir a sua viabilidade técnica.

Nesta parte do capítulo serão tratados temas relacionados com a produção de *Arthrospira*, como espécies utilizadas, características do inóculo, meios de cultura, reatores, parâmetros e cinética do processo e, por fim, extração das biomoléculas obtidas.

17.2.1 INÓCULO

Algumas espécies de *Arthrospira* são citadas na literatura, mas a mais utilizada é a *A. platensis*.

A concentração de inóculo utilizada no cultivo e a fase de crescimento na qual ele se encontra influenciam o processo. É importante que esteja na fase exponencial de crescimento para que a fase lag do cultivo seja minimizada, e não há necessidade de uma concentração de inóculo muito elevada, uma vez que esses fatores contribuem significativamente para o custo do processo de produção (PELIZER et al., 2003).

17.2.2 MEIOS DE CULTIVO

O meio de cultivo para a *Arthrospira* deve conter fontes de carbono, nitrogênio e outros nutrientes importantes, lembrando que esse microrganismo é capaz de fixar fontes inorgânicas desses elementos (Tabelas 17.2 e 17.3). Outro ponto importante é o pH do meio de cultivo, que deve permanecer na faixa alcalina.

A fonte de carbono comumente utilizada nos cultivos com *A. platensis* é uma mistura de carbonato e bicarbonato que também permite a manutenção de pH próximo ao valor ótimo de 9,5. Outra fonte de carbono passível de se utilizar vem da adição de CO_2, o que pode viabilizar a utilização desse gás gerado em algumas indústrias, com especial destaque na indústria sucroalcooleira, gerando biomassa com diversas finalidades e cujos impactos ambientais reforçam os esforços necessários para a aplicação.

Em condições laboratoriais, os meios de cultivo mais amplamente utilizados são os propostos por Schlösser (1982 apud MATSUDO et al., 2009), Paoletti et al. (1975 apud DANESI et al., 2004) e Zarrouk (1966 apud BERTOLIN et al., 2005) (Tabelas 17.2 e 17.3).

No entanto, existem inúmeros trabalhos com propostas de meios de cultivos alternativos com a intenção de aproveitar resíduos de atividades industriais e/ou outras fontes de nutrientes mais baratas, uma vez que o cultivo de *Arthrospira* requer grandes áreas e, por consequência, volumes de meios de cultivo consideráveis. Nesse sentido, já foram estudados os usos de água do mar, rejeitos do processo de dessalinização de água, resíduos de suinocultura, além da substituição de nitratos por ureia, vinhaça, entre outros.

Tabela 17.2 Composição de meios de cultura na produção de *Arthrospira*

Componentes	Paoletti et al. (1975)	Zarrouk (1966)	Schlösser (1982)
	$g.L^{-1}$	$g.L^{-1}$	$g.L^{-1}$
$CaCl_2$	0,05	0,04	0,04
EDTA	–	0,08	–
$FeSO_4.7H_2O$	–	0,01	–
K_2HPO_4	0,50	0,50	0,5
K_2SO_4	–	1,00	1,00
KNO_3	2,57	–	–
$NaNO_3$	–	2,50	2,50
$MgSO_4.7H_2O$	0,25	0,20	0,2
Na_2CO_3	8,89	4,03	4,03

(continua)

Tabela 17.2 Composição de meios de cultura na produção de *Arthrospira* (*continuação*)

Componentes	Paoletti et al. (1975)	Zarrouk (1966)	Schlösser (1982)
	$g.L^{-1}$	$g.L^{-1}$	$g.L^{-1}$
Na_2SO_4	1,88	–	–
NaCl	0,92	1,00	1,00
$NaHCO_3$	15,15	16,8	13,61
Vitamina B_{12}	–	–	$5,00.10^{-6}$
	$mL.L^{-1}$	$mL.L^{-1}$	$mL.L^{-1}$
Solução de Fe-EDTA (EDTA-Na_2: 29,8 $g.L^{-1}$ + $FeSO_4.7H_2O$: 24,9 $g.L^{-1}$)	1,00	–	–
Solução de microelementos	1,00	–	–
Solução A_5	–	1,00	–
Solução B_6	–	1,00	–
Solução de metais	–	–	6,00
Solução de micronutrientes	–	–	1,00

Fonte: Matsudo et al. (2009); Danesi et al. (2004); Bertolin et al. (2005).

Tabela 17.3 Composição das soluções citadas na Tabela 17.2

Componentes	Solução de microelementos ($g.L^{-1}$)	Solução A_5 ($g.L^{-1}$)	Solução B_6 ($g.L^{-1}$)	Solução de metais ($g.L^{-1}$)	Solução de micronutrientes ($mg.L^{-1}$)
$Co(NO_3)_2.6H_2O$	–	–	43,98	–	–
$CoCl_2.6H_2O$	0,038	–	–	0,002	0,02
$CuSO_4.5H_2O$	0,079	0,079	–	–	0,0196
$FeCl_3.6H_2O$	–	–	–	0,097	–
H_3BO_3	2,86	2,86	–	–	0,618
$KCr(SO_4)_2.12H_2O$	–	–	192,00	–	–

(*continua*)

Tabela 17.3 Composição das soluções citadas na Tabela 17.2 (*continuação*)

Componentes	Solução de microelementos (g.L^{-1})	Solução A_5 (g.L^{-1})	Solução B_6 (g.L^{-1})	Solução de metais (g.L^{-1})	Solução de micronutrientes (mg.L^{-1})
$MnCl_2.4H_2O$	1,81	1,81	–	0,041	0,0126
MnO_3	–	0,015	–	–	–
$MnSO_4$	1,543	–	–	–	–
Na_2EDTA	–	–	–	0,750	0,050
$NaMoO_4.2H_2O$	0,390	–	–	0,004	0,0126
$Na_2WO_4.2H_2O$	–	–	17,94	–	–
NH_4VO_3	–	–	22,86	–	–
$N\ SO_4.6H_2O$	–	–	44,80	–	–
$Ti_2(SO_4)_3$	–	–	61,1	–	–
$ZnCl_2$	–	–	–	0,005	–
$ZrSO_4.7H_2O$	0,222	0,222	–	–	44

Fonte: Matsudo et al. (2009); Danesi et al. (2004); Bertolin et al. (2005).

17.2.3 REATORES

Um fotobiorreator deve ser desenvolvido com o intuito de obter eficiente distribuição de luz, transferência de massa e baixa tensão cisalhante em sua mistura. Nesse sentido, parece haver uma tendência a conceber fotobiorreatores híbridos que conciliem em sua configuração altas eficiências de transporte e baixo consumo energético. Não existe uma forma ou um conjunto de fotobiorreatores reconhecidos na engenharia que possam ser utilizados para a produção de *Arthrospira*.

17.2.3.1 Sistemas abertos: lagoas naturais e tanques artificiais

Historicamente o cultivo de *A. platensis* é realizado em lagoas ou tanques, muito em função das características dos locais onde surgiu e passou a ser consumida por humanos. Esses sistemas abertos, por sua vez, são mais baratos e simples de serem construídos, levando a uma redução do custo total de produção. Essa forma de cultivo é atrativa dada a grande capacidade de produção em massa. No entanto, para o caso específico de lagoas ou, mais precisamente, de lagoas naturais, as condições ambientais e naturais apresentadas nesses sistemas podem se adequar a microalgas nativas, isto é, não se pode ou não se deve alterar o ecossistema do lago voltando-o para a produção de uma microalga específica. Assim, o termo geral "lagoas" pode ser caracterizado como lagoas naturais e artificiais, sendo mais adequada a referência a tanques artificiais como os sistemas criados para o cultivo de determinada microalga e lagoas naturais como aqueles sistemas onde se verifica o crescimento da microalga nativa. Certamente, as lagoas naturais, tal como concebidas, não se destinam adequadamente a uma produção em escala comercial, tendo em vista a falta de controle de nutrientes no sistema, bem como sua reposição. É natural se concluir que os tanques ou lagoas artificiais devem ser construídos de forma a diminuir ou excluir problemas inerentes a uma lagoa natural. Se esses tanques artificiais forem construídos em ambientes abertos, para aproveitar o relevo e a luz solar local, alguns cuidados devem ser observados, principalmente seu isolamento do solo, a fim de se evitar a absorção de líquido com os nutrientes. A seguir detalharemos outros itens importantes na concepção desses tanques.

Os tanques artificiais, com agitação mecânica, também são chamados de *raceway ponds* (Figura 17.4) e têm esse sistema de agitação para promover a circulação do caldo composto por microalga, a fim de evitar sua sedimentação, com consequentes perdas de produtividade, dada a diminuição do transporte de massa dos constituintes nutricionais, além da diminuição da intensidade luminosa para as células que se acumulariam no fundo do sedimento.

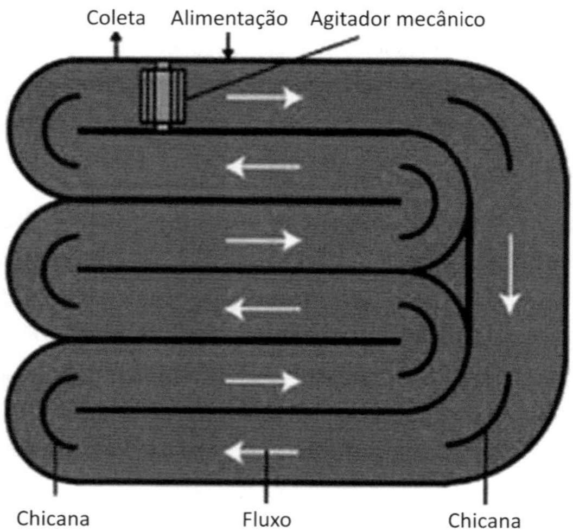

Figura 17.4 Representação esquemática de um tanque com agitação mecânica.

Fonte: adaptada de Singh e Sharma (2012).

Com o objetivo de mitigar a precipitação celular, esses tanques são rasos, permitindo a boa exposição à luz e a penetração desta. Quanto à mistura, além de agitadores mecânicos, esses tanques são concebidos com chicanas ou canais, que visam obter uma recirculação eficiente da mistura.

A operação desses reatores pode ser contínua, sendo a retirada da massa de alga realizada a montante do agitador mecânico, e a alimentação, a jusante. A operação contínua apresenta grandes vantagens, particularmente no que diz respeito a uma maior produtividade. Além disso, com essa forma de operação é possível prever a reposição de perda de água por evaporação. Essa falta de controle deve ser prevista no projeto desses sistemas, com base em resultados obtidos em bancada e nos dados fornecidos pela literatura.

Apesar do cultivo com *Arthrospira* poder ser realizado em condições de pH mais elevado, o que pode garantir menor contaminação, é interessante que esses tanques sejam protegidos, a fim de se evitar um grande acúmulo de insetos e materiais sólidos que se depositem sobre a superfície.

Ainda deve ser ressaltado que essas instalações, normalmente, não são concebidas com controle das variáveis envolvidas, principalmente temperatura e luminosidade.

Vale ponderar que a duração e a intensidade da iluminação têm efeito significativo sobre taxa de crescimento, produção e composição de biomassa, alcançando uma saturação que é da ordem de 5 a 10 klx, e a taxa de divisão celular das microalgas possui um limite em relação ao aumento da energia luminosa.

A energia solar é a fonte mais importante em tecnologias de produção em tanques abertos em culturas externas e pode ser aplicada em sistemas semifechados. A maior desvantagem da utilização da luz solar está no fato de não estar disponível o tempo todo; nesse caso, os cultivos em fotoperíodos devem ter sua viabilidade avaliada levando-se em conta a previsão de biomassa a ser obtida. Essas flutuações luminosas são determinadas geograficamente e cabe observar que a reprodutibilidade das condições de iluminação não é possível; o espectro de emissão está na faixa de 120 nm a 100 µm, o que implica que mais de 50% da energia radiante não pode ser utilizada fotossinteticamente. Por outro lado, as fontes artificiais de iluminação podem ser utilizadas exclusivamente em produção de compostos específicos e em escala laboratorial.

Um dos maiores problemas desse tipo de reator são as condições de transporte envolvidas, como a quantidade de movimento, calor e massa. Acrescenta-se ainda que é esperado uma grande quantidade de *Arthrospira* produzida em massa, com vistas a atender ao mercado e tornar-se economicamente viável, o que resulta em uma grande quantidade de tanques instalados. Os locais onde se define produzir *Arthrospira* são comumente chamados de fazendas, dado que se considera a recuperação do microrganismo como uma coleta.

17.2.3.2 Sistemas fechados: fotobiorreatores

Na medida em que se definem diferentes aplicações da biomassa, com uma exigência de alta qualidade do produto a ser comercializado, a área utilizada para o cultivo pode diminuir, dado o rigor das condições necessárias. Isso se aplica às situações nas quais se busca o isolamento de um agente com características farmacológicas de interesse à saúde humana, por exemplo, ou mesmo um produto de interesse comercial com considerado valor no mercado. Via de regra, quando se objetiva obter, a partir da biomassa, produtos de maior valor agregado, é necessário que estes sejam produzidos em condições controladas, buscando a manutenção dos coeficientes de transferência de calor, quantidade de movimento e de massa, o que reflete em um sistema de controle adequado de pH, temperatura e luminosidade, além de níveis de nutrientes adequados. Para atender a essa necessidade, os sistemas são construídos com mais rigor técnico, se comparados com os tanques abertos, e isso aumenta o custo do processo e se justifica em tais situações. Esses sistemas são chamados de fotobiorreatores, adequados a essas condições, em particular a iluminação artificial, que deve ser concebida e configurada de modo a ser o mais uniforme possível em todo o seio do fluido. Os fotobiorreatores são, portanto, construídos com material translúcido, usualmente vítreo. A seguir destacamos algumas configurações de fotobiorreatores.

17.2.3.2.1 Fotobiorreator vertical

É construído em tubos transparentes verticais munidos com aspersores de gás, que, além de transferirem a quantidade de substrato necessária presente na forma gasosa, promovem a mistura e a homogeneidade do sistema. Esse fotobiorreator é aplicado para os cultivos que utilizam CO_2 como fonte de carbono, ou ar ou gás nitrogênio como gases de mistura. Podem ser divididos em reator coluna de bolhas e reator *airlift*, amplamente estudados para cultivos com microrganismos aeróbios. Essa divisão se dá em função da forma como é promovida a mistura do caldo de cultivo pela passagem do gás.

O tipo coluna de bolhas é mais simples e é concebido em um recipiente cilíndrico com uma altura superior a duas vezes o seu diâmetro. A aspersão do gás pode ocorrer por diferentes configurações mecânicas do sistema de aspersão, localizado na base do fotobiorreator (Figura 17.5a). Tem como vantagens o baixo custo de construção e uma área de superficial elevada em relação ao volume, além de promover uma transferência de calor e massa satisfatória. Para as situações em que se utiliza o gás CO_2, a transferência se dá por sua aspersão das pequenas bolhas no interior do sistema, sendo que a eficiência do transporte do gás da fase gasosa para a fase líquida dependerá das características físico-químicas e reológicas do caldo obtido, bem como da velocidade de ascensão e do tamanho das bolhas.

Para os fotobiorretores que operam com grandes volumes de meio, normalmente, se colocam placas perfuradas ao longo da coluna para promover a quebra de bolhas, bem como sua redistribuição, buscando, assim, evitar a coalescência das bolhas que prejudicaria o transporte de massa gás-líquido e até mesmo diminuiria a eficiência de iluminância no sistema, causando uma queda na produtividade. É justamente na operação em maiores escalas que se devem conceber formas de aspersão do gás, visto que, para colunas de líquido muito altas, um custo de energia para a compressão de gás no sistema deve ser levado em conta. Quanto ao fornecimento de luz, esta ocorre na região perimetral externa do fotobiorreator, e sua eficiência vai depender não só do diâmetro do sistema, mas também da velocidade de ascensão das bolhas de gás.

O fotobiorreator do tipo *airlfit* também é um reator pneumático e tem como característica permitir uma melhor promoção da mistura via recirculação interna do caldo. Essa recirculação pode ser feita com a introdução de um tubo concêntrico e o aspersor pode estar localizado na região central ou externa ao tubo concêntrico – essa é a configuração mais usual desse tipo de sistema (Figura 17.5b). Existem outras configurações cujo objetivo é promover uma mistura mais eficiente, principalmente para caldos com elevada viscosidade aparente. Esse sistema permite obter altas taxas de transporte de massa gás-líquido, sendo nesse sentido mais eficiente que o fotobiorreator de coluna de bolhas. No entanto, esses sistemas podem promover maiores tensões cisalhantes nas células ocasionando rupturas celulares que podem prejudicar o processo.

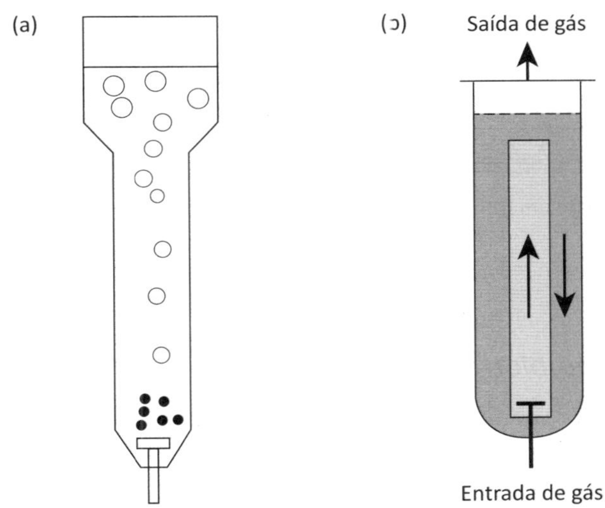

Figura 17.5 Esquema de fotobiorreatores pneumáticos a) de coluna de bolhas e b) *airlift*.

Fonte: adaptada de Singh e Sharma (2012).

17.2.3.2.2 Fotobiorreator retangular plano

Com o objetivo de aumentar a eficiência da iluminância no interior dos biorreatores, concebe-se o fotobiorreator de tela plana, que permite reduzir o caminho ótico, aumentando, assim, a eficiência de iluminação. Trata-se de sistemas retangulares em que a espessura é substancialmente diminuta em comparação com a largura. Sua mistura, a exemplo dos biorreatores de coluna de bolhas e *airlift*, é promovida por aspersão de gás na base do sistema, conforme ilustrado na Figura 17.6. Alternativamente, para os casos em que a fonte de carbono não é gasosa, essa mistura pode ser feita mecanicamente por pás longitudinais localizadas na lateral da base do biorreator.

Uma das vantagens desse tipo de sistema está vinculada à eficiência de iluminância, pois, a princípio, devido a sua configuração, permite a instalação em local com iluminação natural e, durante a noite, caberia a utilização de luz artificial. Com isso seria possível obter uma considerável economia de energia, tendo em vista a baixa velocidade de aspersão exigida.

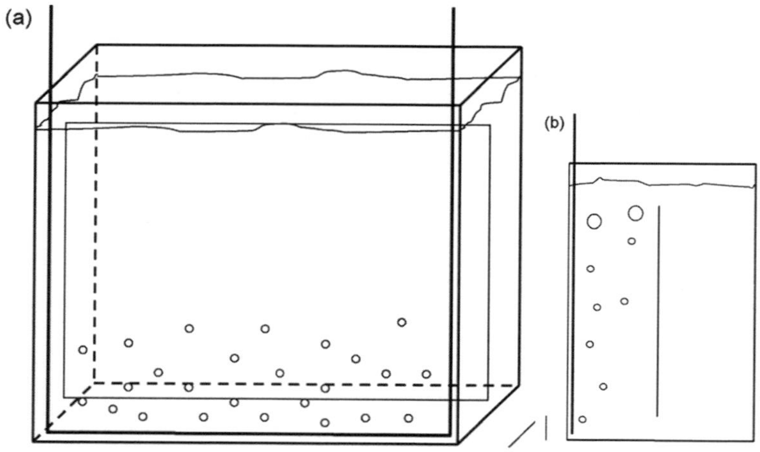

Figura 17.6 Esquema de um fotobiorreator retangular plano. a) Imagem frontal; b) imagem lateral.

Fonte: adaptada de Reyna-Velarde et al. (2010).

17.2.3.2.3 Fotobiorreator tubular horizontal

Um fotobiorreator tubular horizontal é constituído por um conjunto de tubos circulares em paralelo dispostos horizontalmente no plano (Figura 17.7). Essa configuração tem como principal vantagem a possibilidade de disposição ao ar livre para a utilização de luz solar durante o período diurno, além de ser operado de forma contínua. Outra vantagem sob o ponto de vista logístico é que cada tubo pode ser interrompido de forma separada para eventuais manutenções e ajustes.

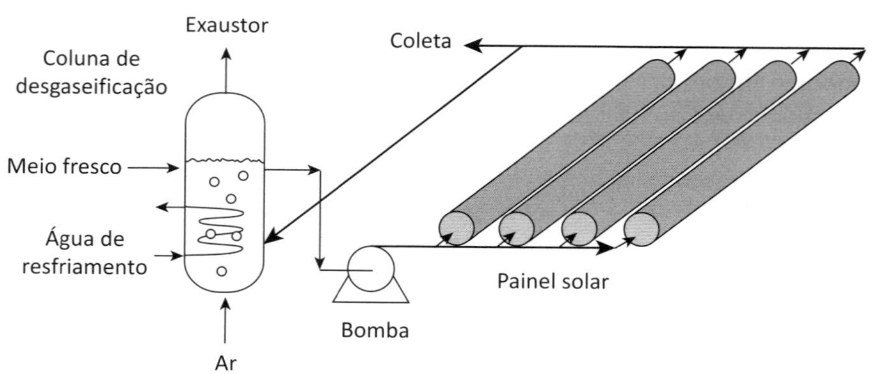

Figura 17.7 Esquema de um fotobiorreator tubular horizontal.

Fonte: adaptada de Singh e Sharma (2012).

A alimentação do reator é feita a partir de um reservatório e distribuída a cada um dos tubos que constituem o sistema. É possível adaptar um filtro na saída do sistema para retornar o meio de cultura ao tanque de alimentação. Nos casos em que se utiliza CO_2 como fonte de carbono, este pode ser previamente injetado no tanque de armazenamento de meio de cultura. Deve-se ressaltar que a presença de oxigênio é tóxica à microalga, causando perdas substanciais ao processo.

À primeira vista, essa forma de alimentação permite, especialmente, o controle de temperatura do sistema, podendo viabilizar a aplicação da técnica para produzir *Arthrospira* em climas mais frios ou amenos.

Ao mesmo tempo, deve-se considerar que uma das principais desvantagens desse tipo de reator está relacionada ao consumo de energia para a manutenção da temperatura e, principalmente, da circulação da alimentação a uma velocidade superficial de líquido, tal que se mantenha uniforme a mistura, sem que ocorra deposição do material celular.

17.2.3.2.4 Fotobiorreator helicoidal

Trata-se de um tubo em espiral de pequeno diâmetro acoplado a uma unidade de desgaseificação (Figura 17.8). A alimentação é promovida com o auxílio de uma bomba centrífuga. A unidade desgaseificadora é fundamental para a eliminação do oxigênio produzido durante o cultivo. Essa configuração permite boa iluminância e controle da temperatura e, a exemplo do fotobiorreator horizontal, também pode ser utilizada ao ar livre para maior aproveitamento da luz natural e consequente economia de energia. A concepção do sistema de exaustão deve ser tal que seja prevista a retirada contínua de material celular e gás de exaustão. O meio de cultura nessa concepção fica condicionado em uma malha fechada, de modo a promover maior aproveitamento dos constituintes.

Uma das vantagens desse sistema é a utilização de uma área pequena, dada a sua configuração geométrica em espiral, que permite a sobreposição de tubos. Essa configuração permite uma melhor transferência de massa de CO_2 da fase gasosa para a fase líquida devido ao longo caminho e ao alto tempo de residência para o CO_2. A grande limitação desse tipo de fotobiorreator está associada ao transporte de movimento promovido pela bomba centrífuga, que causa um alto cisalhamento nas células, diminuindo a produtividade.

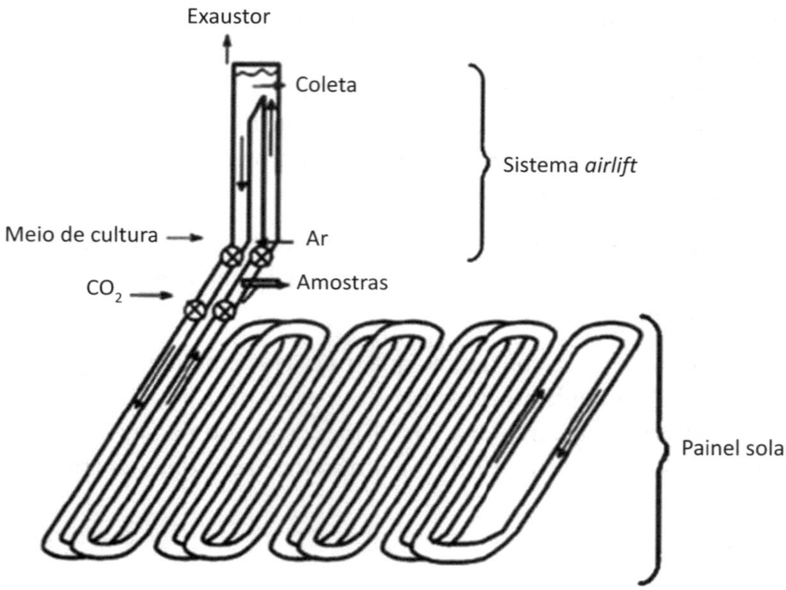

Figura 17.8 Esquema de um fotobiorreator helicoidal.

Fonte: adaptada de Singh e Sharma (2012).

17.2.3.2.5 Fotobiorreator de tanque agitado

Este tipo de fotobiorreator é o mais utilizado, seja em escala de laboratório ou industrial, para o cultivo de microrganismos, notadamente aqueles que exijam uma eficiente mistura, e nos casos em que uma das fontes de nutrientes se encontre na fase gasosa, com uma alta eficiência no transporte de massa gás-líquido. É composto por um tanque com um eixo central, onde se distribuem agitadores que podem ter diferentes configurações geométricas, que é girado com o auxílio de um motor. É munido de chicanas defletoras que evitam a formação de vórtice, que reduziria a eficiência de transferência de massa. Esse tipo de reator apresenta alta eficiência de mistura, mas, por outro lado, com a agitação mecânica, imprime altas taxas de cisalhamento, que causa significativos rompimentos celulares (Figura 17.9).

Sua aplicação para a produção de *Arthrospira* pode ser concebida por aspersão de CO_2. Trata-se de uma adaptação com a finalidade de cultivo de microrganismos que necessitem de luz, sendo assim iluminado externamente por lâmpadas fluorescentes ou de fibras ópticas. Como esse tipo de biorreator apresenta uma baixa área superficial em relação a seu volume, tem-se uma substancial diminuição da iluminância, necessária ao desenvolvimento do processo. O uso de fibras ópticas dispostas na região interna do biorreator pode ser investigadao na tentativa de aumentar a iluminância, mas é de se esperar a limitação de sua disposição, dada a mistura mecânica promovida pelos agitadores.

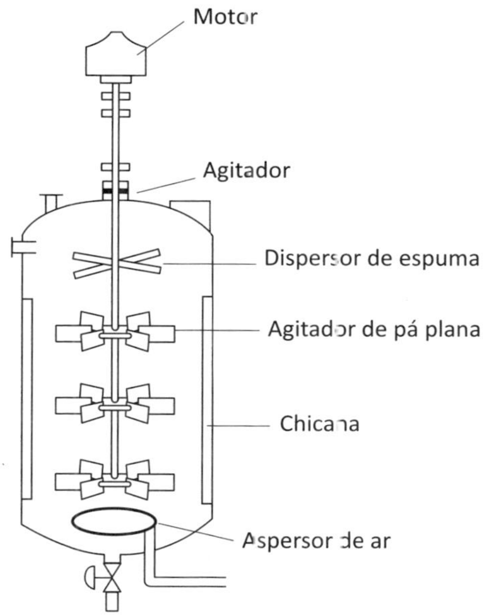

Figura 17.9 Esquema de um fotobiorreator de tanque agitado.

Fonte: adaptada de Singh e Sharma (2012).

17.2.4 EXTRAÇÃO E PURIFICAÇÃO DE PRODUTOS

No que diz respeito à unidade de extração, separação e purificação, técnicas que utilizem recursos com menor impacto ambiental são preferidas. Essa unidade pode se apresentar como um processo único ou mesmo uma conjunção deles, com destaque a processos de filtração por membrana, extração na fase líquida e extração na fase sólida (adsorção e troca iônica). Um processo de produção de microalga que vislumbre a recuperação de produtos do metabolismo, e não apenas biomassa, deve ser concebido de maneira a superar as dificuldades de custo no que diz respeito a remoção de água e rompimento celular. Talvez esses dois pontos sejam, de fato, os fatores mais importantes que limitariam a viabilidade de um processo.

Para a unidade de rompimento celular, diferentes métodos podem ser explorados isoladamente ou em conjunto, por exemplo, a mistura da massa celular em solução salina ou solvente capaz de contribuir para o rompimento celular e sua submissão a uma unidade de ultrassom ou impacto mecânico. Técnicas de congelamento e ação mecânica sobre o sólido obtido podem ser avaliadas. É possível que essa unidade seja uma das mais laboriosas, tendo em vista que não há *know-how* para o sucesso em grande escala aplicado à lise de *Arthrospira*.

As outras etapas de separação e purificação, embora possam não estar definidas para o montante de produtos gerados no cultivo, são processos reconhecidos na engenharia de bioprocessos e parecem fornecer bons resultados para esse microrganismo.

Na sequência apresentaremos as principais etapas envolvidas na recuperação, com destaque à separação celular por membranas e às técnicas de isolamento com utilização de extração na fase sólida, indicando alguns exemplos aplicados a produtos de *Arthrospira*.

17.2.4.1 Separação por membranas

A tecnologia de filtração por membranas tem sofrido uma rápida expansão nos últimos anos, devida ao desenvolvimento de novos materiais, bem como à concepção mecânica da disposição dessas membranas. Sobre os materiais desenvolvidos na produção dessas membranas, é importante destacar que devem primar pela durabilidade, pela resistência e ainda pelas técnicas utilizadas na sua elaboração para obter uma distribuição de tamanho de poro regular e uniforme. Os materiais utilizados na produção de membranas são poliméricos (polietersulfona, polissulfona etc.) e cerâmicos e os tamanhos de poros obtidos na sua produção as direcionam para as diversas aplicações, visto que podem reter desde sólidos em suspensão até moléculas.

A classificação das membranas está vinculada expressamente ao seu tamanho de poro, como pode ser observado na Figura 17.10. As membranas de microfiltração (MF) são capazes de reter sólidos suspensos, células, material de lise celular e agregados moleculares, como algumas proteínas, enquanto as de ultrafiltração (UF) são capazes de reter proteínas, organelas celulares, moléculas de alta massa molecar, entre outros, e as membranas de nanofiltração (NF) são capazes de reter moléculas de baixa massa molecular, sendo que os sais podem ser removidos por membranas de osmose reversa (OR).

Quanto à configuração, essas membranas podem operar tanto em filtração em batelada quanto contínua, sendo que as configurações que permitem operação contínua são as mais interessantes sob o ponto de vista de desenvolvimento de processos.

A utilização de microalgas na geração de produtos com diversas aplicações dependerá do desenvolvimento de processos que conciliem baixo custo de implementação e alta produtividade.

O uso de membranas de filtração permite a integração de bioprocessos envolvidos na produção de microalgas. Essas membranas podem ser inseridas tanto na etapa de produção quanto nas etapas de purificação e separação. A rigor, a primeira etapa de separação para produção de microalga é a separação das células, que deve ser realizada de maneira a retornar ao processo a água do sistema.

Um bom exemplo de aplicação de membranas para um processo de recuperação de células e subsequente separação de um composto de interesse comercial está apresentado no trabalho realizado por Chaiklahan et al. (2011). Trata-se da purificação de ficocianina, que é um composto ativo presente na biomassa de *A. platensis*, bem como em outras cianobactérias e algas vermelhas. Purificadas, as ficocianinas apresentam uma coloração azul brilhante em solução. A C-ficocianina e a aloficocianina são as mais significativas, tendo picos de absorção de 620 e 650 nm, respectivamente. Dada a sua bioatividade, tornam-se produtos de interesse comercial, podendo agregar valor aos cultivos com *A. platensis*.

A massa de *Arthrospira* sp. seca foi submetida inicialmente a um processo de extração, sendo dissolvida em tampão fosfato e submetida a agitação mecânica a fim de gerar um extrato que, após ser centrifugado, teve seu sobrenadante utilizado nos estudos de filtração por membrana.

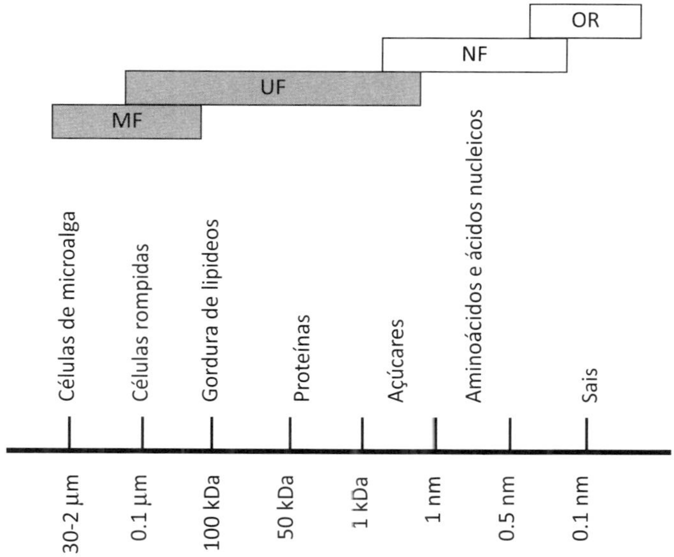

Figura 17.10 Classificação de membranas utilizadas em bioprocessos para produção e extração de microalgas. MF: microfiltração; UF: ultrafiltração; NF: nanofiltração; OR: osmose reversa.

Fonte: adaptada de Gerardo, Oatley-Radcliffe e Lovitt (2014).

Os autores estudaram a utilização de membranas para a separação da biomassa e de ficocianina produzida por *Arthrospira* sp., obtendo a maior eficiência de separação utilizando uma membrana de microfiltração de 5 µm (94,1% para a massa celular e 92,3% para a ficocinanina), operando a membrana a um fluxo de permeado de 77,1 $Lh^{-1}m^{-2}$. Na etapa de ultrafiltração, utilizada como processo de purificação e concentração, obtiveram uma redução de água em 90%, um fator de purificação de duas vezes e um fator de concentração de 9,8 vezes quando utilizaram uma membrana de 50 kDa.

17.2.4.2 Utilização de material adsorvente

Técnicas de extração sólido-líquido como a adsorção e a troca iônica podem ser utilizadas para extração, separação e consequente purificação de moléculas presentes em solução.

A extração de uma molécula ou um grupo de moléculas da fase líquida ocorre pelo fenômeno de adsorção, que pode ser caracterizada pela interação entre as estruturas químicas das moléculas dissolvidas e a estrutura reticular do sólido adsorvente ou por troca de íons presentes na estrutura reticular da fase sólida com a molécula iônica em solução. A separação entre as moléculas adsorvidas, por sua vez, ocorre em função da diferença de afinidade entre estas e a matriz que constitui o material sólido.

Há diversos materiais utilizados como adsorventes, muitos dos quais são processados a fim de se produzirem estruturas com alta área específica e com tamanho de poro definido. Dentre esses materiais, podemos destacar alguns tradicionalmente utilizados na extração e na purificação de biomoléculas, com destaque a alguns compostos produzidos por *Arthrospira* sp.

- *Carvão ativado*: um dos mais tradicionais materiais adsorventes, podendo ser obtido pela decomposição térmica de material carbonáceo vegetal ou animal. Por ter amplo espectro de adsorção, não é adequado quando se objetiva extrair moléculas específicas de uma solução, pois exigiria a repetição da técnica até se obterem moléculas mais puras, acarretando, assim, uma baixa produtividade.
- *Resinas poliméricas*: são materiais sintéticos que apresentam uma grande área superficial e volumes internos elevados, além de tamanho médio de poro definido. Por apresentarem maior volume interno, têm altas capacidades de adsorção, sendo preferidas se comparadas ao carvão ativado. Esses materiais, por não apresentarem grupos ionizáveis, também são chamados de resinas neutras ou adsorventes neutros.
- *Resinas de troca iônica*: são materiais formados por uma matriz apolar ligada a grupos funcionais ionizáveis.

Todos esses materiais adsorventes têm seu uso regulado nas indústrias de alimentos e farmacêuticas pela Food and Drug Administration (FDA) estadunidense e pelo Conselho Europeu.

Um dos principais compostos produzidos por *Arthrospira* é a ficocianina, cujas técnicas de extração e purificação podem envolver, além da filtração, como já visto, a adsorção por troca iônica. A extração e a purificação de C-ficocianina a partir de *Arthrospira* exigirá técnicas que proporcionem um produto com elevado grau de pureza. No entanto, a ambiguidade de rendimento e pureza deve ser minuciosamente avaliada, visto que processos que fornecem biocompostos com alto grau de pureza são, via de regra, de alto custo devido ao baixo rendimento.

Chen et al. (2014) propuseram uma metologia para a purificação e o isolamento de C-ficocianina. A biomassa de *A. platensis* seca foi diluída numa mistura contendo tampão de fosfato e 40% de $(NH_4)_2SO_4$, 137 mmol de NaCl; 2,7 mmol de KCl; 10 mmol de Na_2HPO_4, e 1,76 mmol de KH_2PO_4, com pH de 7,4. Nessa técnica, foi realizada a sonicação por 2 horas, para o rompimento celular, e depois a mistura foi submetida a congelamento a –80 °C durante 24 horas, quando foi descongelada e centrifugada a 4 °C.

O sobrenadante foi diluído com $(NH_4)_2SO_4$ em série de 30%, 35% e 40%. As proteínas precipitadas foram redissolvidas com 40% de $(NH_4)_2SO_4$ e, após centrifugação a 4 °C, foram filtradas em membrana com 0,22 μm de tamanho de corte. A solução filtrada foi passada por membrana de 1 kDa de tamanho de corte, sendo o material liofilizado para posteriores etapas de purificação. O isolamento das frações de C-ficocianina foi feito por passagem da solução em coluna de sefacril. Apesar de se obter C-ficocianina pura, esse procedimento forneceu um rendimento máximo de 15%, mostrando que o custo envolvido na purificação e no isolamento de determinado composto pode tornar-se alto, sendo viável em uma escala comercial para produtos que tenham um valor agreagado significativo.

Ao final desta seção, nota-se que a *Arthrospira* é um microrganismo que desperta muito interesse da engenharia de bioprocessos no que diz respeito ao desenvolvimento do processo produtivo, contemplando tanto a etapa de produção quanto a de extração e purificação. Isso é patente pelas próprias características da microalga, que fornece produtos de interesse para três grandes ramos industriais: a indústria de alimentos, a farmacêutica e o setor energético. Ainda há muito a se explorar, desenvolver e aperfeiçoar, e trabalhos inter e multidisciplinares podem contribuir para o desenvolvimento do processo. Mais detalhes se apresentam em capítulo específico no Volume 3 desta série.

17.3 OUTRAS APLICAÇÕES

17.3.1 ÁREA FARMACÊUTICA

Nos anos 1990, vários estudos foram realizados para avaliar o efeito da suplementação de *Arthrospira* na promoção da saúde e no controle de várias doenças em seres humanos. As propriedades antioxidantes da *Arthrospira* foram demonstradas, como a inibição da peroxidação lipídica. Além dessas propriedades, destaca-se no uso de *Arthrospira* a potente ação antiviral, antitumoral e hipocolesterolêmica, o que faz dela um produto nutracêutico e potencial matéria-prima para a indústria farmacêutica.

Os metabólitos secundários ou primários produzidos por *Arthrospira* podem ser compostos bioativos com potencial interesse pela indústria farmacêutica. O problema da resistência microbiana é crescente e a descoberta de novas linhagens de microrganismos produtores ou de novos compostos antimicrobianos exige um esforço considerável. A maioria dos medicamentos antimicrobianos utilizados tem como inconvenientes toxicidade, falta de eficácia e alto custo, além de a sua utilização indiscriminada e frequente levar ao aparecimento de linhagens de microrganismos patogênicos resistentes.

As aplicações comerciais de derivados de microalgas recebem pouca atenção na área farmacêutica, particularmente aquela voltada para a produção de medicamentos, antibióticos e outros compostos com atividade biológica.

A *A. platensis*, além de ser rica em nutrientes, como proteínas, vitaminas, minerais, lipídeos, ácido γ-linolênico e aminoácidos essenciais, apresenta potencial para o desenvolvimento de fármacos como agentes antioxidante, antibacteriano, anti-inflamatório, antifúngico ou antiviral. A *Arthrospira* contém todo um espectro de carotenoides e xantofilas que, junto com as ficocianinas, parece estar relacionado à sua atividade antioxidante. As propriedades funcionais da *Arthrospira* são atribuídas a diferentes compostos, como ficocianinas, carotenoides, ácidos fenólicos, ômega 3 e ômega 6, bem como os ácidos graxos poli-insaturados. Dessa forma, lipídeos de *Arthrospira* são uma fonte natural de compostos bioativos funcionais, com reconhecida utilização para a saúde humana.

A atividade antimicrobiana de extrato metanólico ou etanólico de *Arthrospira* pode ser explicada pela presença elevada de ácido γ-linolênico (PRADHAN et al., 2012). Sob o ponto de vista da extração desses compostos, os solventes orgânicos com uma baixa polaridade parecem ser mais adequados. No entanto, o etanol também mostra ser capaz de extrair compostos antimicrobianos. Nesse caso não se trataria de um antibiótico, segundo a definição deste. É provável que a presença dos ácidos palmitoleico e oleico conduza à ruptura da membrana celular dessas bactérias patogênicas.

Apesar dessas evidências, há ainda a necessidade de muitos estudos farmacológicos para se concluir sobre essa atividade antibacteriana. Esses efeitos de promoção de saúde necessitam de maiores elucidações por parte da química fina, dada a necessidade de isolar e conhecer as moléculas ou proteínas que exercem atividade no que se refere à ação medicamentosa.

Atribui-se também à *Arthrospira* uma ação anti-hipoglicêmica, provavelmente devida ao alto teor de fibra, que interfere na absorção de glicose ou na eventual ação de peptídeos e polipeptídeos gerados pela digestão de proteínas de *Arthrospira*. O excesso de glicose presente no sangue reage com hemoglobina para formar a hemoglobina glicada (HbA1c) e, conforme o nível de hemoglobina glicada aumenta, há uma diminuição do nível de hemoglobina livre, o que eleva o nível de glicose no sangue. Com a administração da *Arthrospira*, há redução no nível de HbA1c, e isso provavelmente ocorre pois a *Arthrospira* é uma fonte rica em ferro, o que contribuiria para níveis elevados de hemoglobina.

A diabetes mellitus é uma doença metabólica associada com atividade alterada de enzimas, que são medidas no teste de função hepática (*liver function test* – LFT), por exemplo, as transaminases TGA, TGO, TGP, ALP etc. Após o tratamento com extrato bruto de proteína e com proteína tipo insulina de *Arthrospira*, verificam-se reduções nos valores de TGO, TGP, ALP e também nos níveis totais de bilirrubina. A ausência de insulina promove uma diminuição de enzimas hepáticas, que ocasiona uma deterioração da glicogenólise. Com isso, é possível entender também que, com a administração de extrato bruto de *Arthrospira* ou sua proteína semelhante à insulina, promove-se a restauração do sistema enzimático hepático. Além disso, a presença de betacaroteno, um pigmento solúvel em gordura e precursor da vitamina A, na *Arthrospira* promove a atividade antioxidante, ajudando na atividade hepatoprotetora (ANWER; KHURSHEED; FATMA, 2012).

17.3.2 PRODUÇÃO DE BIOCOMBUSTÍVEIS

A produção de combustíveis utilizando microalgas se dá na busca de melhores condições de cultivo, principalmente visando ao aumento da quantidade de lipídeos na biomassa, permitindo sua utilização como matéria-prima para a produção de biodiesel. Por outro lado, tecnologias em que se utilize a biomassa para gerar energia também são factíveis de investigação, como o caso da digestão anaeróbia para a produção de metano e, principalmente, a produção de etanol, dada a composição de polissacarídeos, que, uma vez hidrolisados, podem ser convertidos, por meio da fermentação com levedura, em etanol.

17.3.2.1 Biodiesel

As microalgas são matérias-primas potenciais para a produção de biodiesel a partir da fração de lipídeos em sua composição. Lipídeos de microalgas são principalmente lipídeos neutros com menor grau de insaturação.

No que concerne à produção de energia, é notório destacar a crescente produção de biodiesel diante das necessidades ambientais, visto que este é biodegradável, não é tóxico e provém de fontes renováveis. Essa crescente produção, por sua vez, afeta significativamente o equilíbrio das reservas de oleoginosas no mundo. Dessa forma, pesquisas com fontes alternativas de matéria-prima para a produção de biodiesel ganham incentivos a fim de fornecer tecnologias que salvaguardem a produção de alimentos e viabilizem o seu consumo. Dadas as diversas vantagens, como eficiência fotossintética, facilidade de cultivo em condições adversas e significativa produção de biomassa, os cultivos com microalgas ganham destaque, tendo em vista a capacidade de acúmulo de lipídeos em sua composição, em especial a *Chlorella* e a *Arthrospira* (NAUTIYAL; SUBRAMANIAN; DASTIDAR, 2014a).

Esse foco especial na utilização de biomassa de algas como matéria-prima para a produção de biodiesel pode motivar a implementação de processos eficazes para produção de *Arthrospira*, visto seus múltiplos usos pelo mercado. Entretanto, técnicas de extração em grande escala desses lipídeos devem ser profundamente analisadas, principalmente a obtenção de modelos e dados sobre a cinética do processo de extração-transesterificação. A temperatura da reação, a concentração de catalisador, o tempo de secagem da biomassa da microalga e a proporção para a reação com etanol ou metanol devem ser bem definidos a fim de se viabilizar o processo.

A composição de ácidos graxos no biodiesel formado a partir de biomassa de *A. platensis* corresponde a ésteres metílicos de ácido palmítico (41,21%), ácido linolênico (17,79%), ácido linoleico (12,64%), ácido oleico (4,11%), ácido caprílico (3,90%) e ácido palmitoleico (3,39%). Esse fato permite que o biodiesel produzido a partir de *Arthrospira* seja uma alternativa ao biodiesel convencional, visto que apresenta em sua composição ácidos graxos de metil éster semelhantes aos do biodiesel convencional, de acordo com os padrões da ASTM D6751 (NAUTIYAL; SUBRAMANIAN; DASTIDAR, 2014a; 2014b).

17.3.2.2 Bioetanol

É fato que microalgas têm na composição da biomassa carboidratos e proteínas que podem ser utilizados como meio suplementar na fermentação etanólica. Apesar de as microalgas terem uma quantidade relativamente baixa de carboidratos quando obtidas por meio de cultivos convencionais, é possível manipular as condições do processo de crescimento a fim de aumentar a quantidade de carboidratos, cujos valores, quando passam de 40% a 65% da composição da biomassa, passam a ser interessantes para a utilização como fonte de carbono para fermentação alcoólica.

Os carboidratos presentes na composição da biomassa encontram-se na forma de um biopolímero que deve ser previamente hidrolisado para a subsequente utilização como fonte de carbono para a fermentação etanólica (MARKOU et al., 2013). Muitos processos de hidrólise da celulose foram desenvolvidos com a finalidade de se obterem açúcares fermentecíveis, e esses processos podem ser aplicados para a hidrólise polimérica produzida pela microalga. Nesse caso, há uma facilidade no que tange à composição da estrutura do polímero, que é isento de ligninas, presentes nos materiais celulósicos. Assim, a hidrólise ácida pode promover bons resultados. A *A. platensis* contém carboidratos que se apresentam como material estrutural da parede celular, os peptidoglicanos, e como material de armazenamento intracelular, o glicogênio.

17.3.2.3 Metano

A *Arthrospira* pode ser considerada um recurso natural essencial para a obtenção de metano, além de um recurso combustível pós-fóssil, pois apresenta uma alta produtividade, com valores superiores a 20 toneladas de biomassa/ano por hectare cultivado (INGLESBY; FISHER 2012).

No entanto, a respeito da utilização da biomassa de *Arthrospira* como fonte de matéria orgânica para digestão anaeróbia produtora de metano, deve-se lembrar do seu alto teor de proteína, e a digestão dessa matéria hidrogenada resulta na liberação de altas quantidades de amônia em solução tanto na forma de NH_3 como de íons NH^{+4}, que devem ser considerados no processo de produção de metano.

17.3.2.4 Hidrogênio

Produzir hidrogênio a partir de microrganismos fotossintetizantes é bastante atrativo, tendo em vista a importância desse composto como fonte renovável de energia. As cianobactérias são uns dos mais antigos microrganismos fotossintetizantes da Terra que podem produzir hidrogênio molecular a partir da água usando a energia da luz solar. As cianobactérias fixadoras de nitrogênio podem produzir hidrogênio em condições de anaerobiose, e algumas delas possuem as enzimas para a fixação de nitrogênio e a produção de hidrogênio no interior dos heterocistos, evitando a inativação das enzimas pelo oxigênio molecular.

Para a definição da produção de hidrogênio por *A. platensis*, é importante a avaliação do meio de cultivo e das condições hidrogeniônicas deste. Bactérias responsáveis pela conversão de substratos têm características de cultivo muito diferenciadas entre si, e seu comportamento depende do tipo e da concentração inicial do substrato e dos nutrientes utilizados, além dos parâmetros: pH, conformação do biorreator, temperatura, tempo de residência etc. Essas variantes também devem ser avaliadas para a produção de hidrogênio a partir de *A. platensis*. Raksajit et al. (2012) mostraram que é possível produzir hidrogênio com o meio Zarrouk a pH entre 8 e 9 retirando-se bicarbonato e nitrato e adicionando-se 0,1% de glicose em sua composição.

17.3.3 CAPACITAÇÃO DE RECURSOS HUMANOS

Diante da importância do tema, foram ministrados em anos consecutivos quatro cursos em nível de pós-graduação (de 80 horas):

1) Cultivo e produção de microalga, *Spirulina platensis*, para a obtenção de biocombustíveis de terceira geração (2009).
2) Produção de biocombustíveis de terceira geração, por microalgas e por culturas mistas de microrganismos (2010).
3) Biocombustíveis de terceira geração, obtidos a partir de lipídeos de microalgas e/ou de cianobactérias (2011).
4) Biocombustíveis de terceira geração passíveis de obtenção a partir de cianobactérias, micro e macroalgas (2012).

Apoiaram-se nos quatro anos noventa pós-graduandos, sendo sessenta brasileiros, dezesseis argentinos, seis colombianos, um paraguaio e sete uruguaios.

O Centro Brasileiro-Argentino de Biotecnologia (CBAB), do Ministério da Ciência, Tecnologia, Inovações e Comunicações, concedeu recursos financeiros. Os cursos foram ministrados na Fundação André Tosello, em parceria com a Probiom Tecnologia, sendo convidados docentes de prestigiosas instituições.

REFERÊNCIAS

ANWER, R.; KHURSHEED, S.; FATMA, T. Detection of immunoactive insulin in *Arthrospira*. *Journal of Applied Phycology*, n. 24, p. 583-591, 2012.

BERTOLIN, T. B. P. et al. Cultivo da cianobactéria *Spirulina platensis* a partir de efluente sintético de suíno. *Ciências e Agrotecnologia*, Lavras, v. 29, n. 1, p. 118-125, jan./fev. 2005.

CHAIKLAHAN, R. et al. Separation and purification of phycocyanin from *Spirulina sp.* using a membrane process. *Bioresource Technology*, n. 102, p. 7159-7164, 2011.

CHEN, H. W. et al. Purification and immunomodulating activity of C-phycocyanin from Spirulina platensis cultured using power plant fuel gas. *Process Biochemistry*, v. 49, p. 1337-1344, 2014.

CIFERRI, O. *Spirulina*, the edible microorganism. *Microbiology Reviews*, Washington, v. 47, n. 4, p. 551-578, 1983.

CIFERRI, O.; TIBONI, O. The biochemistry and industrial potential of *Spirulina*. *Annual Reviews Microbiology*, Palo Alto, v. 89, p. 503-526, 1985.

COGNE, C.; GROS, J. B.; DUSSAP, C. G. Identification of a metabolic network structure representative of *Arthrospira (Spirulina) platensis* metabolism. *Biotechnology and Bioengineering*, v. 84, n. 6, p. 667-676, Dec. 2003.

DANESI, E. D. G. et al. Effect of reducing the light intensity in the growth and production of chlorophyll by *S. platensis*. *Biomass & Bioenergy*, n. 26, p. 329-335, 2004.

GERARDO, M. L.; OATLEY-RADCLIFFE, D. L.; LOVITT, R. W. Integration of membrane technology in microalgae biorefineries. *Journal of Membrane Science*, n. 464, p. 86-99, 2014.

HABIB, M. A. B.; PARVIN, M. A review on culture, production and use of *Spirulina* as food for humans and feeds for domestic animals and fish. *FAO Fisheries and Aquaculture Circular*, Rome, n. 1034, 2008.

HENRIKSON, R. *Earth food Spirulina*. California: Ronore Enterprises, 2009. 180 p.

IMHOFF, J. F.; TRÜPER, H. G. Purple nonsulfer bacteria. In: STALEY, J. T. (ed.). *Bergey's Manual of Systematic Bacteriology*. Baltimore> Williams & Wilkins, 1989. (v. 3).

INGLESBY, A. E.; FISHER, A. C. Enhanced methane yields from anaerobic digestion of Arthrospira maxima biomass in an advanced flow-through reactor with an integrated recirculation loop microbial fuel cell. *Energy & Environmental Science*, v. 5, p. 7996, 2012.

LÓPEZ, C. V. G. et al. Protein measurements of microalgal and cyanobacterial biomass. *Bioresource Technology*, n. 101, p. 7587-7591, 2010.

MARKOU, G. et al. Bioethanol Production by Carbohydrate-Enriched Biomass of *Arthrospira* (Spirulina) *platensis*. *Energies*, v. 6, p. 3937-3950, 2013.

MATSUDO, M. C. et al. Repeated fed-batch cultivation of *Arthrospira* (*Spirulina*) *platensis* using urea as nitrogen source. *Biochemical Engineering Journal*, n. 43, p. 52-57, 2009.

NAUTIYAL, P.; SUBRAMANIAN, K. A.; DASTIDAR, M. G. Production and characterization of biodiesel from algae. *Fuel Processing Technology*, n. 120, p. 79-88, 2014a.

NAUTIYAL, P.; SUBRAMANIAN, K. A.; DASTIDAR, M. G. Kinetic and thermodynamic studies on biodiesel production from *Arthrospira platensis* algae biomass using single stage extraction-transesterification process. *Fuel*, n. 135, p. 228-234, 2014b.

PELIZER, L. H.; CARVALHO, J. C. M.; MORAES, I. O. Protein production by Arthrospira (Spirulina) platensis in solid state cultivation using sugarcane bagasse as support. *Biotechnology Reports*, v. 5, p. 70-76, 2015.

PELIZER, L. H. et al. *Spirulina platensis* growth estimation by pH determination at different cultivations conditions. *Electronic Journal of Biotechnology*, Chile, v. 5, n. 3, p. 251-257, 2002.

PELIZER, L. H. et al. Influence of inoculum age and concentration in *Spirulina platensis* cultivation. *Journal of Food Engineering*, n. 56, p. 371-375, 2003.

PELIZER, L. H. et al. Protein, chlorophyll and lipid production during Spirulina platensis cultivation for food and feed use. In: THANGADURAI, D. et al. (Org.). *Biotechnology for Food, Environment and Agriculture*. 1. ed. Jodhpur: Agrobios, 2008. v. 2.

PRADHAN, I. et al. Traditional antibacterial activity of freshwater microalga Spirulina platensis to aquatic pathogens. *Aquaculture Research*, n. 43, p. 1287–1295, 2012.

PULZ, O.; SCHEIBENBOGEN, K. Photobioreactors: design and performance with respect to light energy imput. *Advances Biochemical Engineering/Biotechnololy*, Berlin, v. 38, p. 123-152, 1998.

RAKSAJIT, W. et al. Enhancement of hydrogen production by the filamentousnon-heterocystous cyanobacterium Arthrospira sp. PCC 8005. *International Journal of Hydrogen Energy*, v. 37, p. 18791-18797, 2012.

REYNA-VELARDE, R. et al. Hydrodynamic and mass transfer characterization of a flat-panel airlift photobioreactor with high light path. *Chemical Engineering and Processing*, n. 49, p. 97-103, 2010.

RICHMOND, A.; QUIANG, H. Principles for efficient utilization of light for mass production of photoautotrophic microorganisms. *Applied Biochemistry and Biotechnology*, Totowa, v. 63-65, p. 649-658, 1997.

SÁNCHEZ, M. et al. *Spirulina (arthrospira)*: an edible microorganism: a review. *Universitas Scientiarum*, v. 8, n. 1, p. 7-24, jan./jun. 2003.

SINGH, R. N.; SHARMA, S. Development of suitable photobioreactor for algae production – A review. *Renewable and Sustainable Energy Reviews*, v. 16, p. 2347-2353, 2012.

STANIER, R. Y.; VAN NIEL, C. B. The concept of a bacterium. *Arch. Mikrobiol.*, 42, p. 17-35, 1962.

ZHENG, G. et al. Purification of extracted fatty acids from the microalgae *Spirulina*. *Journal of the American Oil Chemical Society*, n. 89, p. 561-566, 2012.

CAPÍTULO 18
Vinagres

Jorge Minoru Hashimoto

18.1 INTRODUÇÃO E HISTÓRICO

A civilização egípcia foi provavelmente a primeira a descobrir e a utilizar o vinagre. Vestígios de vinagre foram encontrados em túmulos egípcios de 3000 a.C. e há registros do período ptolemaico (332 a.C.-30 a.C.) sobre o fenômeno da acidificação do vinho quando este é exposto ao ar. Registros babilônicos de 5000 a.C. indicam que civilizações do norte da Mesopotâmia utilizavam o fruto da tamareira como a principal matéria-prima para obtenção do vinho e do vinagre, enquanto figos e uvas eram menos utilizados para essa finalidade. O vinagre nessa época já era utilizado para o preparo de picles e conservas (BOTTERO, 2004).

Na Bíblia, o vinagre é mencionado muitas vezes, principalmente como uma bebida refrescante e energética, quase sempre adicionado à água, ou como condimento para saborizar outros alimentos, da mesma forma como o utilizamos atualmente.

O vinagre também foi amplamente utilizado pelos escandinavos e outros povos do norte europeu (310-388) como agente conservante em carnes e outros alimentos, com a principal finalidade de conservar mantimentos para longas viagens. As principais matérias-primas utilizadas para a produção de vinagre eram as sobras de hidromel (mistura de água e mel) e, com menor frequência, o vinho, que fermentava espontaneamente. Como prova do uso comum de vinagre, muitas receitas com esse ingrediente eram conhecidas na cultura dos noruegueses (LARSEN, 1931; PATURSSON, 1907).

Os alquimistas muçulmanos do século VIII tinham um conhecimento mais profundo das propriedades químicas do vinagre e eram geralmente mais qualificados em ciência que os europeus. Um dos homens mais importantes dessa época foi o alquimista Jabir Ibn Hayyan (721-815), mais conhecido pelo nome latino Geber, também referido como o "pai da química", creditando-se a ele a descoberta de ácido acético destilado do vinagre. Outro cientista islâmico foi Ibn Sina (980-1037), mais conhecido como Avicena, que mencionou as propriedades medicinais do vinagre (coagulante, remédio para queimaduras e inflamações de pele, atenuante para a dor de cabeça, composto digestivo e expectorante).

No início da Idade Média, o uso do vinagre aumentou devido às suas propriedades altamente desejáveis e a sua disponibilidade começou a diminuir, sendo necessário expandir a sua produção, assim, muitos viticultores começaram a produzir vinagre junto com o vinho. Provavelmente, a corporação mais antiga especializada na fabricação do vinagre foi criada em Orleans, na França, em 28 de outubro de 1394, e desenvolveu o processo lento, também denominado "processo Orleans" ou "método contínuo".

Em 1720, o holandês, botânico e médico Hermann Boerhaave (1668-1738) observou que a formação de vinagre ocorria mais rapidamente quando uma grande superfície do líquido alcoólico era exposta ao ar, e sugeriu que o gotejamento do vinho através de aparas de madeira aumentaria a área superficial de exposição ao ar e resultaria em uma oxidação mais rápida para produzir o vinagre, sendo necessária a presença da "mãe do vinagre" (bactérias acéticas em estrutura mucilaginosa à base de celulose) para que a acetificação fosse bem-sucedida. Antoine-Laurent de Lavoisier (1743-1794) demonstrou que o ar era a principal causa dos fenômenos da combustão e da acidificação. A ideia original de Boerhaave foi posteriormente melhorada pelos cientistas alemães Karl Wilhelm Gottlob Kastner (1783-1857) e, especialmente, Johann Sebastian Schutzenbach (1793-1869), que conceberam um gerador de vinagre que consistiu de um tanque de madeira, com ou sem revestimento de metal, com aparas de madeira. O vinho escorria do topo através das aparas de madeira, enquanto um grande volume de ar era insuflado no interior do tanque através das perfurações da parte inferior. Esse gerador tornou-se a principal base para a moderna industrialização do vinagre, conhecido como "processo rápido" ou "processo alemão", sendo amplamente utilizado.

Em 1822, o cientista holandês Christian Persoon (1761-1836) identificou um microrganismo como sendo o principal agente acetificador, que denominou *Mycoderma aceti*. Justus von Liebig (1803-1873) se opôs a essa teoria, afirmando que a causa da fermentação era estritamente inorgânica, mas, em 1862, Louis Pasteur (1822-1895) confirmou definitivamente a eficácia dos estudos de Persoon, demonstrando que o processo de fermentação era realizado por microrganismos. Pasteur descobriu que o ar deve ser mantido para a fermentação do vinho, sendo necessário para a produção de vinagre. Ele também confirmou que *Mycoderma aceti*, atualmente sistematizado como *Acetobacter aceti*, oxida o álcool em ácido acético.

A maior melhoria no processo rápido de produção de vinagre foi conseguida em 1929, com a introdução do gerador de circulação. O método de produção é, na essência, semelhante aos métodos anteriores, mas, neste caso, a matéria-prima é submetida ao arejamento forçado, que pode proporcionar uma maior concentração de ácido acético, otimizando o espaço e a taxa de produção. O gerador por circulação ainda é utilizado em muitas partes do mundo e seu design foi consideravelmente melhorado desde a sua invenção (CONNER; ALLGEIER, 1976).

Outra grande melhoria no processo de acetificação foi o método de cultura submersa, no qual as bactérias acéticas são suspensas no meio de fermentação e recebem oxigênio a partir de um sifão colocado na parte inferior do reservatório. Esse método permite uma taxa de crescimento logarítmica para bactérias acéticas, resultando em rendimentos muito elevados e rápida produção de ácido acético. O processo de cultura submersa para o vinagre foi estudado pela primeira vez em 1923, mas só foi aplicado no final de 1940, tendo a sua inspiração a partir da metodologia utilizada para a produção industrial da penicilina. Outros estudos sobre a produção de vinagre submerso foram realizados para modificar o processo. No final dos anos 1950, a entrada de ar no reator foi melhorada com a invenção do cavitador, embora este tenha sido abandonado depois de alguns anos, porque mostrou ter muitos problemas técnicos. Um fermentador muito eficaz e altamente automatizado foi o acetador Frings, que facilitou a produção de vinagre a partir de qualquer matéria-prima contendo álcool. Parece também que o dispositivo Frings elimina qualquer das flutuações inesperadas nas taxas de produção e eficiência, que muitas vezes ocorriam com equipamentos mais antigos.

18.2 PADRONIZAÇÃO E LEGISLAÇÃO

A legislação brasileira (Instrução Normativa n. 6, de 3 de abril de 2012) faz uma distinção entre vinagres e fermentados acéticos, sendo as denominações equivalentes, porém mutuamente excludentes. O vinagre é o produto obtido da fermentação acética do vinho (art. 24 da Lei n. 7.678/1988) e o termo "vinagre", quando utilizado isoladamente, deve se referir exclusivamente ao fermentado acético do vinho. Já o vinho é a bebida obtida pela fermentação alcoólica do mosto simples de bagas de uva sadia, fresca e madura (art. 3º da Lei n. 7.678/1988), e a denominação com o termo "vinho" é privativa do produto obtido a partir dessa matéria-prima e por esse processo, sendo vedado o uso dessa denominação para produtos obtidos de quaisquer outras matérias-primas (parágrafo único do art. 3º da Lei n. 7.678/1988). O mosto simples de uva é o produto obtido pelo esmagamento ou prensagem da uva sadia, fresca e madura, com a presença ou não de suas partes sólidas (art. 4º da Lei n. 7.678/1988). Já a denominação "fermentado acético" é utilizada para os produtos resultantes da fermentação acética das matérias-primas: álcool, frutas, cereais, vegetais ou mel de abelha (BRASIL, 2012).

O vinho destinado à elaboração de vinagre deverá ser acetificado pelo órgão fiscalizador na origem de embarque, onde será analisado e o respectivo recipiente, lacrado no momento da emissão da nota fiscal e da guia de livre trânsito, devendo o órgão fiscalizador fazer novamente a conferência no destino (parágrafo único do art. 24 da Lei n. 7.678/1988). É proibido todo e qualquer processo de manipulação empregado para aumentar, imitar ou produzir artificialmente vinhos, vinagres e produtos derivados da uva e dos vinhos (art. 33 da Lei n. 7.678/1988). As normas de fiscalização de produção, circulação e comercialização de vinho, derivados da uva e do vinho e vinagres, nacionais e estrangeiros, constam na Lei n. 7.678/1988 e no Decreto n. 8.198/2014.

De acordo com a composição ou a forma de obtenção, o fermentado acético será denominado e classificado conforme o Quadro 18.1. No caso de fermentados acéticos que estejam simultaneamente incluídos nas classes condimentado e composto, a sua denominação será fermentado acético de (nome genérico da matéria-prima) seguida do termo "condimentado composto"; aquele que for adicionado de aroma natural deverá ter o termo "aromatizado" acrescido ao fim da denominação; se for adicionado de corante deverá ter o termo "colorido" acrescido ao fim da sua denominação; e se for adicionado tanto de aroma natural quanto de corante o termo "aromatizado" deverá preceder o termo "colorido" na sua denominação. As características sensoriais e físico-químicas do fermentado acético deverão estar em consonância com a composição do produto, a qual deve seguir os parâmetros estabelecidos no Quadro 18.2 (BRASIL, 2012).

O fermentado acético poderá receber adição de água potável. O fermentado acético composto adicionado de suco de limão deverá contê-lo em quantidade não inferior a 2,5% em volume e acidez mínima de 5%; no fermentado acético condimentado, deverá ser utilizada a especiaria inteira ou suas partes; aqueles que receberem adição de condimento ou de aroma natural poderão apresentar turbidez proveniente desses ingredientes; o ácido acético do fermentado acético deverá provir exclusivamente da fermentação acética da matéria-prima vegetal ou do mel que lhe deram origem; o fermentado acético não poderá conter microrganismo prejudicial à estabilização biológica e à qualidade do produto, e também não deverá ter a sua característica sensorial ou composição alterada pelo material do recipiente, do utensílio ou do equipamento utilizado no seu processamento e na sua comercialização, com exceção do produto submetido ao envelhecimento.

É permitido o uso de aditivo e de coadjuvante de tecnologia no fermentado acético, porém é proibido o uso de aromatizantes sintéticos e corante enocianina (INS 163 ii) e, ao adicionar o corante caramelo, o produto final não deverá apresentar absorbância superior a 0,2 unidade de absorbância mensurada em espectrofotômetro em comprimento de onda de 420 nm.

É proibido envasar o fermentado acético em embalagens tipo flaconetes, conta-gotas, spray, ampolas, copos-medidas ou que caracterizem produtos similares àqueles de usos farmacêuticos, medicamentosos ou terapêuticos. Também é proibida a adição de qualquer substância ou ingrediente que altere as características sensoriais naturais do produto final, com exceção daqueles previstos em legislação específica.

Durante o processo de fermentação acética poderá ser injetado oxigênio ou ar industrial puro e utilizados sal nutriente, açúcar, aminoácido e vitaminas, com o objetivo exclusivo de alimentar as bactérias acéticas, na quantidade mínima necessária à complementação do substrato da fermentação acética.

Quadro 18.1 Classificação e denominação do fermentado acético

Composição ou forma de obtenção	Classificação	Denominação	
		Fermentado acético	**Vinagre**
Fermentação acética do fermentado alcoólico de mistura hidroalcoólica originária do álcool etílico potável de origem agrícola	De álcool	Fermentado acético de álcool	Vinagre de álcool
Fermentação acética do fermentado alcoólico de uma ou mais frutas	De fruta	Fermentado acético de fruta	Vinagre de fruta
Fermentação acética do fermentado alcoólico de um ou mais cereais	De cereal	Fermentado acético de cereal	Vinagre de cereal
Fermentação acética do fermentado alcoólico de um ou mais vegetais	De vegetal	Fermentado acético de vegetal	Vinagre de vegetal
Fermentação acética do fermentado alcoólico de duas ou mais das seguintes matéria-primas: fruta, cereal e vegetal	Misto	Fermentado acético misto de vegetais	Vinagre misto de vegetais
Fermentação acética do fermentado alcoólico de mel de abelha	De mel	Fermentado acético de mel	Vinagre de mel
Fermentado acético adicionado de suco de fruta ou suco de vegetal ou de mel de abelha, em conjunto ou separadamente	Composto	Fermentado acético de (nome genérico do fermentado acético) composto	Vinagre de (nome genérico do vinagre) composto
Fermentado acético adicionado de condimento	Condimentado	Fermentado acético de (nome genérico do fermentado acético) condimentado	Vinagre de (nome genérico do vinagre) condimentado
Fermentado acético de fermentado alcoólico com acidez volátil superior a 8 gramas de ácido acético por 10 mililitros do produto	Duplo	Fermentado acético duplo	Vinagre duplo
Fermentado acético de fermentado alcoólico com acidez volátil superior a 12 gramas de ácido acético por 100 mililitros do produto	Triplo	Fermentado acético triplo	Vinagre triplo

Fonte: adaptado de Brasil (2012).

Quadro 18.2 Parâmetros dos fermentados acéticos

Denominação	Acidez volátil em ácido acético (g/100 mL)		Álcool (% v/v) a 20°C		Cinzas (g/L)	
Fermentado acético ou vinagre	**Mínimo**	**Máximo**	**Mínimo**	**Máximo**	**Mínimo**	**Máximo**
De álcool	4,00	–	–	1,00	–	–
De fruta	4,00	–	–	1,00	1,00	5,00
De cereal	4,00	–	–	1,00	1,00	5,00
De vegetal ou misto de vegetais	4,00	–	–	1,00	1,00	5,00
De mel	4,00	–	–	1,00	1,00	5,00
Acético	4,00	7,99	–	1,00	–	–
Duplo	8,00	11,99	–	1,00	–	–
Triplo	12,00	–	–	1,00	–	–

Fonte: adaptado de Brasil (2012).

Extrato seco reduzido		Sulfatos, expressos em g/L de sulfato de potássio		Aspecto	Cheiro	Sabor	Cor
Mínimo	Máximo	Mínimo	Máximo				
–	–	–	–	Ausência de elementos estranhos a sua natureza e sua composição	Característico	Ácido	De acordo com a matéria-prima de origem e a composição
6,00	–	–	1,00	Ausência de elementos estranhos a sua natureza e sua composição	Característico	Ácido	De acordo com a matéria-prima de origem e a composição
7,00	–	–	1,00	Ausência de elementos estranhos a sua natureza e sua composição	Característico	Ácido	De acordo com a matéria-prima de origem e a composição
7,00	–	–	1,00	Ausência de elementos estranhos a sua natureza e sua composição	Característico	Ácido	De acordo com a matéria-prima de origem e a composição
7,00	–	–	1,00	Ausência de elementos estranhos a sua natureza e sua composição	Característico	Ácido	De acordo com a matéria-prima de origem e a composição
–	–	–	–	–	–	–	–
–	–	–	–	–	–	–	–
–	–	–	–	–	–	–	–

No rótulo do fermentado acético é vedada, mesmo como parte do nome empresarial ou da marca comercial, a utilização das expressões: artesanal, colonial, caseiro, familiar, natural ou 100% natural, reserva, reserva especial, gran reserva, envelhecido, especial, *premium*, *gold*, ouro, *plus*, claro, escuro, entre outras que atribuam características de qualidade ou de superlatividade, mas poderá ser declarada a idade ou o tempo de envelhecimento no rótulo do fermentado acético envelhecido integralmente ou elaborado a partir de misturas de fermentados acéticos, neste caso, a idade declarada deverá ser a do produto com menor tempo de envelhecimento.

18.3 MATÉRIAS-PRIMAS

O vinagre se origina de uma fermentação alcoólica e da acetificação, promovida por leveduras e bactérias do ácido acético (BAA), assim, toda matéria-prima que possa ser submetida à fermentação alcoólica, em princípio, também poderá ser matéria-prima para a obtenção de vinagre ou fermentado acético. No caso de matérias-primas amiláceas (batata, batata-doce, mandioca etc.), há a necessidade de realizar a hidrólise do amido, preferencialmente pelo uso de enzimas, pois o uso de ácido poderá introduzir ao meio a ser fermentado substâncias não indicadas para fins alimentícios.

As matérias-primas de origem vegetal (frutos e cereais) e animal (mel) geralmente possuem em sua composição nutrientes suficientes para o desenvolvimento das bactérias acéticas, diferentemente dos fermentados alcoólicos destilados, caso em que é indispensável a adição de nutrientes. A utilização de vinhos ou fermentados acéticos de qualidade inferior ou com algum defeito de fabricação é fato comum na produção de vinagres, entretanto, algumas substâncias indesejáveis podem passar para o vinagre, depreciando a qualidade. Fermentados alcoólicos contendo conservantes ou mesmo antissépticos naturais como o lúpulo da cerveja podem interferir no processo de acetificação (ZANCANARO JR.; AQUARONE, 1981).

A água utilizada para o preparo de mostos cujas matérias-primas não possuam a fase líquida suficiente (álcool, mel, cereais, banana, maçã, caqui etc.) deve ser potável de baixa dureza, livre de sedimentos ou partículas em suspensão e isenta de cloro (EBNER; FOLLMANN, 1981).

18.4 MICRORGANISMOS

Os fermentados acéticos são o produto de fermentação realizada por diversos grupos de microrganismos que atuam em diferentes momentos. A fase inicial é geralmente realizada pelas leveduras para transformação do açúcar em álcool. As bactérias do ácido lático (BAL) podem também desempenhar um papel na produção de etanol e ácido acético por meio de heterofermentação lática.

Dependendo da natureza do substrato, a produção de etanol poderá ser precedida por uma transformação que induz a liberação de açúcares a partir de substratos complexos fermentescíveis. Esse é o caso do fermentado acético de arroz, que requerem a ação de alguns fungos do gênero *Aspergillus* para fragmentar o amido em açúcares fermentescíveis. O etanol proveniente da fermentação alcoólica é finalmente oxidado pelas bactérias do ácido acético (BAA) e o substrato alcoólico se transforma em vinagre (Quadro 18.3). Mesmo que as bactérias do ácido acético desempenhem o papel principal na produção de vinagre, a atividade metabólica de leveduras, bolores e bactérias do ácido lático também são cruciais para garantir a fabricação dos fermentados acéticos. Esses microrganismos modificam os substratos fermentativos, a fim de permitir o estágio final da oxidação do etanol.

Quadro 18.3 Principais etapas tecnológicas na produção de vinagre, microrganismos envolvidos e sua atividade metabólica

Etapa 1*	Etapa 2	Etapa 3
Sacarificação	Produção de etanol	Oxidação acética
Aspergillus spp.	Leveduras (fermentação alcoólica) Bactérias ácido-láticas (BAL) (heterofermentação)	Bactérias ácido-acéticas (BAA)

* Necessário somente para substratos que contenham açúcares complexos.

18.4.1 LEVEDURAS

A fermentação realizada pelas leveduras é de importância significativa para a produção de fermentados acéticos, pois é responsável pela produção do substrato alcoólico a partir do qual é obtido o vinagre. Os grupos mais importantes de leveduras são:

- leveduras pertencentes ao gênero *Saccharomyces* (*S. cerevisiae*, *S. bayanus*, *S. pastorianus*, *S. paradoxus*, *S. cariocanus*, *S. mikatae*, *S. kudriavzevii*, *S. barnettii*, *S. castellii*, *S. dairenensis*, *S. exiguus*, *S. rosinii*, *S. servazzii*, *S. spencerorum*, *S. transvaalensis* e *S. unisporus*);
- leveduras apiculadas dos gêneros *Hanseniaspora* (*H. vinae*, *H. uvarum*, *H. guillermondii*, *H. ospmophila*, *H. valbyensis*, *H. occidentalis*) e *Kloeckera* (*K. africana*, *K. apiculate*, *K. apis*, *K. cortices*, *K. japonica*, *K. javanica*);
- leveduras fermentadoras de lactose do gênero *Kluyveromyces* (*K. marxianus*, *K. lactis* e *K. thermotolerans*);
- leveduras osmofílicas do gênero *Zygosaccharomyces* (*Z. bailii*, *Z. bisporus*, *Z. cidri*, *Z. fermentati*, *Z. florentinus*, *Z. mellis*, *Z. microellipsoideus*, *Z. mrakii* e *Z. rouxii*).

A *S. cerevisiae* é a levedura mais importante para a indústria de fermentação, por ser capaz de fermentar eficientemente quase todos os substratos fermentescíveis, especialmente aqueles provenientes de plantas (frutas, legumes, cereais), mas com menor eficiência também os de origem animal. A *S. cerevisiae* é, de fato, a levedura mais vigorosa e tolerante à concentração de etanol. Mesmo não sendo naturalmente abundante na natureza, é capaz de competir com outros microrganismos, incluindo outras leveduras que não toleram concentrações elevadas de etanol, permitindo alcançar as etapas finais da fermentação alcoólica.

As leveduras do gênero *Zygosaccharomyces* são osmofílicas e podem crescer em meios com concentração muito elevada de açúcar. *Z. rouxii* e *Z. mellis* foram originalmente isoladas a partir de méis fermentados com uma concentração de açúcar perto de 80%. Além do mel, elas podem crescer em meios como xaropes ou mosto de uvas concentrado, que representam a base de fermentação para a produção de vinagre balsâmico (SOLIERI et al., 2006). Apenas algumas outras leveduras podem crescer nesses ambientes, entre as quais estão as do gênero *Hanseniaspora*.

Para se conseguir um aroma agradável no produto final, é melhor partir de uma cultura pura de *S. cerevisiae* ou, para o mosto de uva, *S. cerevisiae* var. *ellipsoideus* (AQUARONE; ZANCANARO JR., 1983).

18.4.2 FUNGOS

Os fungos *Aspergillus oryzae* e *A. sojae* são as espécies mais comuns de fungos associados à produção de fermentados acéticos. Eles constituem parte do chamado *koji*, uma mistura de fungos (podendo conter também os gêneros *Rhizopus*, *Monascus* e *Mucor*) e leveduras não definidas, que é utilizada para sacarificar e fermentar arroz e outros cereais. No entanto, o *koji* não pode ser considerado uma cultura iniciadora, pois a composição microbiana exata não é conhecida, diferente de estirpes enológicas de *S. cerevisae*, selecionadas para vinificação, que são utilizadas para produção da base alcoólica para vinagres, cervejas, vinho e sidra, ou de *S. cerevisae* var. *sake*, selecionada para a produção de saquê, que é o substrato para a fermentação acética. *A. oryzae* é considerada a forma doméstica de *A. Flavus,* no entanto, ao contrário de *A. flavus*, não produz micotoxinas e, por conseguinte, sendo um organismo seguro para ser utilizado na produção de gêneros alimentícios (MATSUSHIMA et al., 2001). Por causa do seu elevado valor biotecnológico, é uma espécie muito bem estudada e utilizada pela indústria para produzir inúmeras enzimas que são aplicadas em varias áreas. O seu genoma foi completamente sequenciado (MACHIDA et al., 2005) e várias culturas estão sendo manipuladas geneticamente para otimizar a produção de enzimas e de outros metabólitos de interesse industrial (CHRISTENSEN, 1994).

18.4.3 BACTÉRIAS ÁCIDO-LÁTICAS (BAL)

Bactérias do ácido lático são onipresentes, difundidas no solo e na água, contaminantes comuns de gêneros alimentícios. O soro de leite, um subproduto da fabricação do queijo, não é um substrato ideal para o crescimento de levedura, devido ao seu elevado valor de pH e sua composição em açúcar. As leveduras poderão crescer no leite apenas se o pH for reduzido para um valor de 5, e isso pode ocorrer como uma consequência da fermentação prévia por bactérias ácido-láticas. As BAL, por conseguinte, desempenham um papel importante na produção de bebidas alcoólicas obtidas a partir de leite e do seu soro. Aquelas que utilizam a lactose como única fonte de carbono são numerosas e difundidas em todos os gêneros e espécies. Algumas condições, principalmente de temperatura, podem favorecer uma ou outra espécie. Após a ordenha, a 37°C, apenas as bactérias homofermentativas em temperatura de crescimento ótima ou máxima crescerão: estas pertencem à espécie *Streptococcus thermophilus* e a algumas espécies de *Lactobacillus* termófilos, como *L. delbrueckii* ssp. *bulgaricus*, *L. lactis* e *L. Helveticus*. Em temperaturas mais baixas, até 30 °C, uma espécie altamente adaptável de *S. thermophilus* poderá crescer, no entanto, as espécies homo e heterofermentativas mesófilas geralmente prevalecem.

Várias BAL, entre as quais a *S. thermophilus* e a heterofermentativa *L. kefir*, são muito frequentes em leites fermentados. Elas hidrolisam a lactose, mas fermentam apenas a glicose, e não a galactose, que é, por conseguinte, liberada para o meio e permanece disponível como um nutriente em conjunto com a lactose. Como consequência, as leveduras que fermentam a lactose, como as que pertencem ao gênero *Kluyveromyces*, bem como as fermentadoras de galactose, como as *Saccharomyces*, podem crescer em tais leites fermentados (GIUDICI; MASINI; CAGGIA, 1996; MONTANARI et al., 1996).

18.4.4 BACTÉRIAS DO ÁCIDO ACÉTICO (BAA)

Historicamente, as BAA foram reconhecidas como "bactérias do vinagre" porque os primeiros estudos a seu respeito foram realizados em vinagre e, mais tarde, na deterioração do vinho e da cerveja. As BAA do vinagre são um subconjunto de um grupo maior de BAA, que inclui bactérias que interagem com flores, frutos, rizosfera de plantas e mesmo seres humanos. É geralmente reconhecido que as BAA são microrganismos exigentes, o que significa que muitos deles não se desenvolvem em meios de cultura de laboratório. Isso tem dificultado a aplicação de técnicas baseadas no cultivo para o estudo das BAA e, consequentemente, a sua classificação taxonômica. No entanto, a recente descoberta de novos métodos independentes do cultivo, que levam em consideração as informações provenientes do metabolismo, a ecologia, a caracterização do genoma e a filogenia, abriu novos horizontes para o estudo sistemático das BAA. Atualmente são reconhecidos onze gêneros e 49 espécies: *Acetobacter* (*A. aceti*, *A. cerevisiae*, *A. cibinongensis*, *A. estunensis*, *A. ghanensis*, *A. indonesiensis*, *A. lovaniensis*, *A. malorum*, *A. nitrogenifigens*, *A. oeni*, *A. orientalis*, *A. orleanensis*, *A. pasteurianus*, *A. peroxydans*, *A. pomorum*, *A. senegalensis*, *A. syzygii* e *A. tropicalis*); *Acidomonas* (*A. methanolica*); *Asaia* (*A. bogorensis*, *A. krungthepensis*, *A. siamensis*); *Gluconacetobacter* (*G. azotocaptans*, *G. diazotrophicus*, *G. entanii*, *G. europaeus*, *G. hansenii*, *G. intermedius*, *G. johannae*, *G. kombuchae*, *G. liquefaciens*, *G. nataicola*, *G. oboediens*, *G. rhaeticus*, *G. sacchari*, *G. saccharivorans*, *G. swingsii*, *G. xylinus*); *Gluconobacter* (*G. albidus*, *G. cerinus*, *G. frateurii*, *G. oxydans*, *G. thailandicus*); *Granulibacter* (*G. bethesdensis*); *Kozakia* (*K. baliensis*); *Frateuria* (*F. aurantia*); *Neosaia* (*N. chiangmaiensis*); *Saccharibacter* (*S. floricola*); e *Swaminathania* (*S. salitolerans*).

A inoculação de BAA na fabricação do vinagre pode ser feita a partir de culturas de uma única estirpe ou pelo uso de culturas mistas (estirpe mista). O uso de uma única estirpe oferece vantagens como melhores controle do processo e previsibilidade das atividades metabólicas. No entanto, também apresenta algumas desvantagens, como um aumento do risco de deterioração pela infecção de bacteriófago, mutação espontânea e perda de propriedades fisiológicas importantes (HOLZAPFEL, 2002). Em contraste, as culturas mistas de estirpes são menos suscetíveis à deterioração e, portanto, mais adequadas para a maioria das fermentações em pequena escala. Muitas indústrias de vinagre modernas utilizam culturas de estirpes mistas desconhecidas ou "semente do vinagre" para iniciar o processo de fermentação (SOKOLLEK; HERTEL; HAMMES, 1998; DE ORY; ROMERO; CANTERO, 2002), mas nenhuma cultura bem definida de estirpes mistas de BAA está disponível comercialmente. Essa falta tem provocado vários problemas na produção de vinagre e, consequentemente, perdas econômicas. Por exemplo, uma cultura iniciadora de BAA confiável poderia acelerar o início da oxidação, bem como diminuir os problemas de fagos (SIEVERS; TEUBER, 1995; SOKOLLEK; HAMMES, 1997). Outra desvantagem importante de utilizar as culturas iniciadoras de BAA atualmente disponíveis está relacionada com a falta de culturas desidratadas, que são superiores às preparações líquidas porque podem ser mais facilmente manipuladas para uma ativação microbiana mais rápida. Além disso, é mais fácil transportar culturas iniciadoras desidratadas, bem como satisfazer os critérios de estabilidade de conservação em longo prazo (DE VUYST, 2000).

Alguns diferentes meios de cultura utilizados para cultivar as BAA são: extrato de levedura, glicose e manitol (NDOYE et al., 2007); meio reforçado em etanol e ácido acético contendo extrato de levedura, glicose, peptona, fosfato dissódico dihidratado ($Na_2HPO_2 2H_2O$), ácido cítrico monohidratado (SOKOLLEK; HAMMES, 1997); extrato de levedura, peptona, glicose e sulfato de magnésio (BLANDINO; CARO; CANTERO, 1996); extrato de levedura, peptona, etanol e sulfato de magnésio (BLANDINO; CARO; CANTERO, 1996); meio acético e de etanol modificado – extrato de levedura, peptona, glicose e nutriente comercial Acetozym DS (ENTANI et al., 1985); extrato de levedura, glicose e peptona (OHMORI; UOZUMI; BEPPU, 1982).

18.5 RENDIMENTO E PRODUTIVIDADE

Como qualquer outro processo de produção industrial moderno, a acetificação envolve áreas multidisciplinares, exigindo a integração de conhecimentos a fim de resolver, de maneira industrialmente viável, os problemas do processo de produção.

Uma vez que o núcleo do processo é uma transformação bioquímica realizada pelas bactérias, o resultado otimizado requer o conhecimento dos conceitos microbiológicos e bioquímicos, além do envolvimento de métodos de controle das engenharias química, bioquímica, civil, eletrônica e de automação. E, pelo fato de o vinagre ser utilizado na alimentação, a sua produção deve seguir necessariamente os regulamentos legais e de saúde.

Apesar de os processos industriais de acetificação variarem ligeiramente dependendo da matéria-prima e do tipo de vinagre produzido, todos são essencialmente muito semelhantes. O processo envolve a preparação do substrato alcoólico a ser utilizado como o meio de cultura para ser submetido à oxidação biológica, seguida das operações de separação e de condicionamento para obter o produto acabado. Por uma série de razões, a biotransformação de etanol a ácido acético sob a ação de *Acetobacter* e *Gluconobacter* spp. é o passo mais importante no processo.

$$C_2H_5OH + O_2 + H_2O \rightarrow CH_3COOH \ (\Delta H = -493 \text{ kJ})$$

As bactérias convertem o álcool em ácido com eficiência elevada (95-98% do valor estequiométrico, sendo o restante perdido por arraste por meio da corrente de ar utilizada para oxigenar o meio). Pelo fato de as bactérias serem de natureza estritamente aeróbia e da quantidade de oxigênio utilizada na reação, o processo apresenta uma elevada demanda por oxigênio. Por exemplo, um tanque industrial contendo 25.000 L de meio de cultura e operando a uma taxa de acetificação de ácido acético de 0,2% h^{-1} requer cerca de 20.000 L de oxigênio (a 20 °C, 1 atm) por hora (isto é, 26,7 $kg.h^{-1}$). Uma vez que o oxigênio é fornecido a partir de uma corrente de ar circulando através do meio de cultura, tal fornecimento implicaria cerca de 95.000 L de ar atmosférico (a 20 °C, 1 atm) por hora. No entanto, apenas 60-90% do fornecimento de oxigênio é utilizado para oxidar o álcool, de modo que o volume de ar a 20 °C e 1 atm necessário para satisfazer a procura de oxigênio do processo é 100.000-150.000 $L.h^{-1}$. O risco de voláteis (particularmente etanol) serem arrastados e perdidos para a atmosfera por esse fornecimento de ar é, por conseguinte, muito elevado.

A sensibilidade das bactérias do ácido acético (BAA) para condições de deficiência de oxigênio pode retardar o processo ou mesmo tornar as bactérias inviáveis, a menos que o meio seja eficientemente oxigenado de forma contínua (NIETO, 1991; EBNER; FOLLMANN; SELLMER, 1996b).

18.5.1 TRANSFERÊNCIA DE OXIGÊNIO

A pesquisa científica tem mostrado que a taxa global de acetificação é controlada pela transferência do oxigênio do ar atmosférico para os microrganismos contidos em um meio líquido. Considerando uma solução alcoólica com bactérias acéticas em suspensão, a princípio, essa transferência é dificultada pelas seguintes barreiras sequenciais: a) película gasosa sobre a superfície líquida; b) película líquida em contato com a película gasosa; c) transferência da massa gasosa através de fase ou meio líquido a ser acetificado; e d) película líquida em contato com a superfície dos microrganismos acetificadores.

Em um reator para acetificação, a única resistência a ser considerada no processo global é aquela representada pela película de líquido em contato com a interface gasosa (numa solução líquida estática, é a superfície do meio líquido, que faz a interface entre as fases líquida e gasosa), a qual é a única região onde um gradiente de concentração poderá existir. Portanto, a produtividade global da acidificação depende da taxa de transferência da massa gasosa atmosférica para o interior dessa tal película até alcançar o interior das células bacterianas.

Nos reatores em que a fase gasosa não sofre mistura completa ou quando existem diferenças substanciais na pressão hidrostática entre as partes inferior e superior, a concentração gasosa não será constante no sentido vertical do reator (ZLOKARNIK; JUDAT, 1988). De fato, nessas condições, diferentes concentrações de oxigênio poderão ser encontradas no reator partindo do fundo para a superfície. Se, além disso, as pressões gasosas nas partes inferior e superior do tanque forem diferentes, a concentração de equilíbrio de oxigênio também será diferente.

Portanto, a produtividade da acetificação depende, essencialmente, do coeficiente de transferência e da força motriz. Relatos científicos têm demonstrado que a concentração de oxigênio dissolvido é muito baixa, exceto durante a carga e a descarga do reator. Deve-se ter em mente que o fluxo de ar deverá ser baixo o suficiente para evitar perdas por arraste, mas alto o suficiente para garantir a captação eficiente. Isso implica garantir uma alta taxa de transferência de oxigênio. Por conseguinte, o fator força motriz oferecerá pouco espaço para aceleração do processo. A concentração de oxigênio dissolvido poderá ser muito baixa, no entanto, a força motriz em cada ponto no reator poderá estar muito próxima do valor máximo possível.

Com base no exposto, a transferência de massa no reator só poderá ser otimizada por meio do coeficiente volumétrico, que é, de fato, o produto de dois fatores, nomeadamente, o coeficiente de transferência de massa através da película e a área superficial da interface gás-líquido. Normalmente, os dois são determinados em conjunto, devido à dificuldade envolvida na medição individual do coeficiente volumétrico de transferência de massa. Em princípio, ambos devem ser tão elevados quanto possível, a fim de assegurar um aumento do fluxo de oxigênio a ser incorporado no meio de cultura.

A transferência de massa entre as fases pode ser fortemente influenciada por fenômenos interfaciais (FAIR et al., 1973; 2001) de origem diversas, e um dos mais interessantes é o aumento da área interfacial resultante de uma baixa tensão superficial no meio de cultura; de fato, a tensão superficial do meio é tipicamente mais baixa que a da água (isto é, 50-60 *versus* 71 $dyne.cm^{-1}$ a 30 °C).

A baixa tensão superficial diminui a coalescência das bolhas formadas no dispositivo fragmentador de bolhas na entrada do fluxo de ar. Quaisquer compostos no meio de cultura com influência sobre a supressão de coalescência das bolhas, por conseguinte, impedirão que ocorra a redução da área interfacial após o dispositivo fragmentador de bolhas de ar.

Esse fenômeno tem sido extensamente estudado pela adição de diferentes tipos de substâncias à água pura e o seu efeito, examinado sobre os coeficientes de transferência de massa volumétrica pela relação entre o coeficiente para a solução ou mistura em relação à água pura. Esse parâmetro é conhecido como o fator de multiplicação. Zlokarnik (1985) demonstrou a influência do aumento da concentração do etanol na água, elevando a concentração de aproximadamente 2×10^{-3} M para 5×10^{-1} M, o que resultou no aumento do coeficiente volumétrico de transferência de massa por um fator de 7.

Os aeradores utilizados nos reatores Frings de capacidade para 8 L favorecem a formação de bolhas muito pequenas (0,1-1,0 mm). O tamanho da bolha depende de um número de fatores, sendo os mais importantes a tensão superficial, a viscosidade do gás e do fluido, a potência do agitador mecânico e a fração de gás retido no tanque.

Como as propriedades físicas do sistema não fornecem praticamente nenhum espaço para alteração das propriedades físicas do sistema, o diâmetro das bolhas e a área interfacial dependem em grande medida da potência do agitador. Esta é fortemente influenciada pelo tipo específico de equipamento e pelas propriedades do meio de cultura (ZEHNER; KRAUME, 1992).

O problema de transferência de massa em dispersões gás-líquido, como as que se formam em recipientes de misturas gaseificadas, foi estudado inicialmente em 1961 (CALDERBANK; MOO-YOUNG, 1961).

A escolha de um biorreator específico não pode depender exclusivamente do coeficiente volumétrico de transferência de massa. Em vez disso, a escolha deve considerar a eficiência de arejamento, a qual é geralmente medida em termos de Qo_2 (kg O_2 transferidos.m^{-3}.h^{-1}) ou Eo_2 (kg O_2.1 kW.h^{-1}). Na prática, Qo_2 tipicamente varia de 4 a 12, e Eo_2 de 0,9 a 4 (VOSS, 1992).

Em qualquer caso, deve-se ter em mente a necessidade de utilizar de forma eficiente o oxigênio incorporado no sistema. Isso pode ser conseguido por meio de equipamentos com elevados coeficientes de transferência, entretanto, pode haver um maior risco de perdas voláteis como resultado das elevadas taxas de fluxos necessários. Deverá haver, portanto, um equilíbrio entre a eficiente utilização do oxigênio e a quantidade de energia empregada.

18.5.2 BIORREATOR

A escolha do biorreator para o objetivo pretendido é ditada por um certo número de fatores. O principal objetivo é conseguir a transferência de um volume grande de oxigênio de forma eficiente, sem perdas de rendimento devidas à varredura de voláteis.

Os biorreatores Frings (*acetators*) utilizam uma turbina constituída por um corpo oco cercado por uma peça fixa chamada estator. Em alta rotação, a turbina gera um vácuo que aspira ar a partir do exterior. Este é, portanto, um sistema de autoaspiração e não requer o uso de ar comprimido para oxigenar o meio. O ar aspirado e o substrato são misturados entre o estator e a turbina antes da injeção radial para o meio de cultura; isso não só assegura a oxigenação eficiente, mas também uma homogeneização eficiente do meio de cultura.

Essa turbina utiliza 60-90% de todo o oxigênio fornecido. Apesar da alta taxa de fluxo de ar utilizado, a conversão do etanol é na região de 95-98% do valor teórico. O sistema requer a utilização de um dispositivo para condensar os voláteis nos gases de escape (essencialmente etanol e ácido acético arrastados pela corrente gasosa que é perdida para a atmosfera). Pelo fato de a biotransformação ser exotérmica, o biorreator requer também um trocador de calor, a fim de assegurar o funcionamento em temperatura microbiologicamente adequada.

18.5.3 MODO OPERACIONAL

A forma como o biorreator será operado é outro ponto-chave para a obtenção de um resultado satisfatório na fermentação acética. Em princípio, o biorreator pode ser operado em bateladas, modo semicontínuo ou contínuo. A escolha depende de muitos fatores. Assim, o biorreator deverá ser operado sob as melhores condições possíveis para a finalidade específica, para que as bactérias do ácido acético possam se desenvolver. Economia e qualidade do produto final são, obviamente, duas considerações importantes.

Dificilmente poderá ser escolhido um modo de funcionamento adequado sem um conhecimento preciso da maneira como as principais variáveis do processo influenciarão as atividades das bactérias acéticas. A lista de fatores específicos que influenciam o desenvolvimento de bactérias acéticas não está limitada a temperatura, concentração de etanol, concentração de ácido acético, combinação dessas duas concentrações (concentração total) e disponibilidade de oxigênio dissolvido.

Estudos desse contexto claramente revelam que as variáveis mencionadas são fortemente interdependentes. Na verdade, não se pode examinar a influência de qualquer variável isoladamente. Assim, a sensibilidade para a deficiência de oxigênio depende da concentração total emitida pelo meio de cultura, do tempo específico do ciclo bacteriano e do estágio da acidez presente.

Em nível industrial, concentrações de etanol acima de 50 $g.L^{-1}$ afetam negativamente a taxa de acetificação. Por outro lado, uma concentração de etanol demasiadamente baixa pode ter um efeito mais ou menos pronunciado na viabilidade celular, dependendo do nível de acidez do meio. Isso é importante com vista à utilização da cultura de bactérias como organismos iniciadores de colonização em ciclos subsequentes. Como regra, a concentração de etanol no meio nunca deverá ser inferior a 0,2% em volume. Um baixo teor de etanol no meio poderá, adicionalmente, resultar em excesso de oxidação do ácido acético e subsequente formação de dióxido de carbono e água, com probabilidade de aumentar ainda mais com a diminuição da concentração total no meio a ser oxidado.

A sensibilidade de bactérias acéticas ao ácido acético prejudica a produção de vinagre de alta concentração acética, desfavorecendo uma operação contínua para produzir vinagre contendo teores superiores a 8-9% de ácido acético. Os fatores mencionados nos parágrafos anteriores deste item são dependentes da temperatura. Assim, a resistência à acidez diminui com o aumento da temperatura.

Em qualquer caso, as condições de operação devem fornecer um meio que seja o menos agressivo possível para as bactérias. Tais condições, e o modo de operação escolhido, variam dependendo do tipo particular de produto a ser obtido. Assim, a produção de vinagre contendo até 15% de ácido acético implica o uso de um sistema semicontínuo. Especificamente, o fermentador deve ser parcialmente descarregado no fim de cada ciclo e o conteúdo remanescente, utilizado como entrada no ciclo seguinte, com o volume descarregado sendo substituído por meio fresco.

Tipicamente, 40-50% do volume do reator é descarregado quando a concentração de etanol no meio cai para 0,2-0,3%. O tanque deve ser descarregado o mais rapidamente possível, a fim de evitar o esgotamento do meio, e, em seguida, a reposição do meio líquido a ser fermentado deve ser realizada lentamente para evitar variações bruscas e elevação excessivamente rápida da concentração local de etanol. Dependendo da taxa de carga utilizada, a concentração ao final do carregamento pode ficar na faixa de 5-6% de etanol e 7-10% de acidez (como ácido acético). Alternativamente, a reposição do volume com o substrato a ser fermentado no reservatório poderá ser realizada com o monitoramento do teor de etanol, a fim de evitar uma elevação brusca ou excessiva da concentração do substrato alcoólico. Como regra geral, o modo de funcionamento semicontínuo é o mais amplamente utilizado por várias razões, principalmente por:

a) permitir que parte da biomassa produzida em um ciclo seja usada na etapa seguinte;
b) favorecer o controle das alterações celulares provocadas por variações na composição do meio durante as operações de descarga e reposição e pelas condições de funcionamento, objetivando manter a concentração de etanol e ácido acético dentro de limites aceitáveis, o que facilita a autosseleção das bactérias mais adequadas para o meio específico utilizado;
c) ser compatível com as concentrações combinadas de etanol e ácido acético, abrangendo uma ampla gama, o que facilita a adaptação às necessidades de uma variedade de produtos.

18.5.4 MODELAGEM

A complexa interdependência entre as variáveis influencia o desenvolvimento e a atividade das bactérias acéticas. O enorme estresse que as células bacterianas são submetidas diminui a taxa global de acetificação. Tal complexidade tem fomentado estudos com o objetivo de modelar, de forma quantitativa, as relações entre as variáveis importantes do processo. Um modelo preciso pode ser uma ferramenta de grande utilidade, com vista a prever os resultados obtidos utilizando condições alternativas e, portanto, controlar e otimizar os processos de produção.

Alguns modelos matemáticos para o processo de acetificação dependem de uma abordagem estruturada (GONZALEZ-SAIZ; PIZARRO; GARRIDO-VIDAL, 2003; JIMENEZ-HORNERO; GARCIA-GARCIA, 2006) que utilize equações de equilíbrio relativas às concentrações necessárias e às leis de cinética, proporcionando uma formulação algébrica da influência das variáveis do sistema em questão. Muitas vezes, esses modelos consistem em sistemas complexos de equações diferenciais relacionando as variáveis e os parâmetros necessários, a fim de considerar a influência das variáveis observadas experimentalmente.

Uma vez que os parâmetros tenham sido previamente estimados, o modelo pode ser usado para identificar as condições de funcionamento específicas para maximizar ou minimizar uma dada função-alvo ou, por exemplo, para fins de controle do processo.

A dificuldade da análise e a incapacidade de considerar individualmente cada fonte potencial de influência têm direcionado para a utilização dos chamados modelos de caixa-preta, que, em vez de explicar tanto quanto possível a influência de diversas variáveis em função de princípios físico-químicos, identificam a mais simples relação possível entre as variáveis operacionais e uma dada função-alvo utilizada como meta. Nesse contexto, é habitual usar equações polinomiais de complexidade variável em função do número de variáveis e da ordem polinomial utilizada (GARRIDO-VIDAL; PIZARRO; GONZALEZ-SAIZ, 2003). O uso de polinômios de segunda ordem que fornecem superfícies quadráticas revelou ser eficaz para a resolução de muitos problemas de otimização.

Esse tipo de modelo é muito mais fácil de ajustar e raramente enfrenta os problemas típicos de modelos fenomenológico. Além disso, ele permite correlacionar variáveis como a taxa de carregamento ou a fração do meio a ser descarregada, as quais estão diretamente relacionadas com os modos operacionais específicos. Além disso, as conclusões derivadas de uma função-alvo otimizada podem ser facilmente aplicadas à rotina de trabalho com tanques de fermentação.

O modelo não deverá só reproduzir com a maior precisão possível a influência das variáveis consideradas, mas também exibir várias propriedades matemáticas, como identificabilidade estrutural e prática (JIMENEZ-HORNERO; GARCIA-GARCIA, 2006).

Apesar dos avanços na modelagem, a extrema complexidade das relações que envolvem a resposta de organismos vivos e a capacidade das bactérias acéticas de se ajustarem às mudanças – às vezes extremas – são condições que dificultam a aplicação prática dos modelos existentes. Alguns autores, como Arnold et al. (2002), optaram por usar uma abordagem alternativa que envolve a transferência para sistemas especiais, como os baseados em lógica difusa, da experiência e do conhecimento dos trabalhadores de instalações de produção de vinagre, capazes de assegurar uma produção confiável de vinagre com uma elevada produtividade.

18.5.5 AUTOMAÇÃO

Qualquer que seja o método de fermentação, de batelada a contínuo, é recomendável que tenha um sistema computadorizado de monitoramento, controle e registro, particularmente a partir de sistemas semicontínuos. Os ciclos de fermentação são conhecidos por variar em duração de acordo com as condições particulares, ou mesmo sob condições idênticas. Isso implica a obtenção de informações online, de modo a identificar com precisão os pontos no tempo em que determinada ação (por exemplo, descarga do tanque) deverá ser realizada. Tendo em vista essas características do processo, a automação torna-se absolutamente necessária.

Para automatizar um sistema de acetificação será necessário o uso de equipamentos para coletar informações online (sensores), atuadores, controladores, interfaces apropriadas e um sistema de monitoramento, que geralmente consiste de um computador com o *software* de aquisição, registro, controle e supervisão de dados do processo.

Na maioria dos casos, as variáveis a serem inevitavelmente medidas e controladas incluem o volume do meio, a concentração de etanol e a temperatura. Por exemplo, para um ciclo de acetificação semicontínuo, há a necessidade de que seja medido com precisão o volume de líquido no reator durante o processo, a fim de determinar quando a descarga e a reposição deverão ser realizadas e interrompidas. Sensores de diferenciais de pressão são especialmente precisos e robustos para medir volumes do meio líquido de fermentação.

Outro elemento essencial é um dispositivo para medir a concentração de etanol. Idealmente, deverá proporcionar uma medição contínua, de modo a não apenas facilitar o controle da absorção de nutrientes, mas também determinar o tempo exato em que o volume contido no reator deverá ser descarregado ou reposto durante um ciclo.

O teor alcoólico pode ser determinado utilizando semicondutores sensíveis à sua concentração ou pela análise do espectro de absorção por infravermelho próximo (NIR). Em qualquer caso, o equipamento analítico utilizado para esse fim deverá ser calibrado por meio de um método de referência (por exemplo, cromatografia em fase gasosa). Esses sensores podem ser suplementados com outros para a medição de variáveis específicas, com vista a caracterizar um dado processo, especialmente para fins de investigação. Em qualquer caso, as informações obtidas pelos sensores devem ser transmitidas ao elemento de controle (o núcleo do processo de automação), que é responsável pelo desencadeamento das ações necessárias em função do estado do processo. Os elementos de controle, em geral um controlador lógico programável (CLP), foram especialmente concebidos para operar em ambientes industriais (e são, portanto, altamente robustos), possuem I/O (entrada/saída) com capacidade para interagir com os processos e permitem que todo o sistema seja controlado de forma autônoma, possibilitando também o registro das variações dos parâmetros-alvo.

Uma alternativa aos CLPs são os computadores para controle industrial. Estes são computadores industriais que podem executar *software* de controle dedicado. Além das funções normais de um CLP, esses sistemas podem executar uma série de outros, graças à flexibilidade dos computadores. Por essa razão, eles tendem a ser mais frequentemente utilizados por laboratórios de investigação.

Obviamente, qualquer sistema automatizado deve incluir algum elemento que facilite o monitoramento do processo para alcançar os objetivos. Como observado anteriormente, PCs com *software* dedicado para aquisição, registro, controle e supervisão de dados do processo são o que permite que os operadores em uma sala de controle monitorem o processo ou mesmo interajam com ele, bem como registrem informações úteis e as armazenem em um banco de dados. Os computadores são ligados aos elementos de controle por uma rede (por exemplo, ethernet industrial), e a escolha particular é ditada por vários fatores, incluindo a presença ou ausência de ruído eletromagnético e a distância entre os elementos. Além disso, grandes instalações de produção muitas vezes utilizam painéis táteis no local para exibir informações sobre zonas específicas e facilitar a intervenção dos operadores; os painéis também estão ligados aos elementos de controle e aos PCs, de hierarquia superior.

18.5.6 FILTRAÇÃO

A filtração constitui um dos mais importantes tratamentos pós-fermentação com vista a garantir a estabilidade e a segurança do produto acabado. O cumprimento dos requisitos de qualidade para o vinagre para consumo humano implica a remoção de quaisquer sólidos em suspensão, além de coloides, que de outra forma poderiam prejudicar a estabilidade.

Após a fermentação, o meio de cultura é uma suspensão complexa que contém essencialmente microrganismos e os seus restos celulares na sua fração sólida. Antes da filtração, a suspensão deverá ser decantada, a fim de reduzir a concentração de sólidos na medida do possível. Também deverá ser limpa com argila (por exemplo, bentonita), que auxiliará na remoção dos coloides – que podem tornar o produto final instável, causando a precipitação de sólidos durante o armazenamento e após o engarrafamento. Obviamente, essas operações facilitarão a subsequente filtração do produto.

18.5.6.1 Filtração normal

Este é o método tradicional de filtração, que tem sido substituído pela filtração tangencial. A filtração normal envolve o uso de filtros cujo fluxo da alimentação ocorre na mesma direção que o filtrado, o que requer o uso de um auxiliar de filtração, como terra de diatomáceas, a fim de evitar que o leito de filtragem entre em colapso. Nesse tipo de filtração, a operação é normalmente realizada em duas etapas. A primeira é realizada com filtros de vela de tamanho de poro relativamente grande (cerca de 50 μm) e a segunda pode ter efeitos de esterilização, com cartuchos de tamanho de poro menor que 1 μm.

Esse sistema requer a formação de uma pré-camada de filtração, a fim de facilitar a filtragem nas velas e evitar o entupimento dos poros por pequenos resíduos sólidos no substrato. Isso aumenta a vida útil das velas, acelera a obtenção de um líquido límpido e facilita a limpeza periódica.

18.5.6.2 Filtração tangencial

O procedimento envolve o fluxo da suspensão a ser filtrada tangencialmente à superfície da membrana de filtragem. A sobrepressão no interior da câmara em relação ao exterior da membrana faz com que parte do líquido passe através desta.

Esse tipo de fluxo impede o acúmulo de sólidos na membrana, o que evita a necessidade do uso de auxiliar de filtração, uma vez que os sólidos são continuamente varridos pelo fluxo de saída. Dependendo do tamanho de poro, a membrana pode reter sólidos de tamanho variável, de células microbianas a compostos dissolvidos (por exemplo, sais tamponantes).

Os critérios de escolha dos sistemas de filtragem devem ser baseados no tipo de material da membrana e no design em geral. A capacidade de alguns materiais para adsorver substâncias específicas como as proteínas pode ditar a escolha. Celulose regenerada e polietersulfona estão entre os materiais mais utilizados para membranas filtrantes, sendo que essa última pode resistir a condições extremas de pH.

O uso de um sistema de filtragem adequado é fundamental, pois visa assegurar um funcionamento correto e econômico. Um dos projetos mais eficazes a esse respeito se baseia em cartuchos embalados com muitas membranas de fibra oca.

A filtragem tangencial substituiu a filtração normal por um número de razões:

- fornece um produto de melhor qualidade, e a coloração e o aroma típicos de vinagre são mantidos;
- envolve menos passos e, consequentemente, ocorrerá menos manipulação do produto;
- reduz as perdas de produto em cerca de 70% em relação à filtração convencional e recupera mais de 99% do líquido filtrado;
- pode ser facilmente automatizada, o que reduz os custos trabalhistas;
- as membranas têm uma vida útil longa (até vários anos, se usadas corretamente);
- não requer o uso de auxiliar para filtragem (ou seja, terra de diatomáceas), por isso, não produz resíduos adicionais e evita possíveis problemas para a saúde dos operadores resultantes da aspiração de partículas nocivas;
- é altamente flexível em termos de configuração e capacidades;
- resumindo, é mais eficiente e reduz custos com mão de obra, material, energia e manutenção, sendo muito mais econômica que a filtragem tradicional.

A engenharia vinagreira atingiu um estado altamente desenvolvido. A biorreação e vários passos do processo podem agora ser facilmente realizados de uma forma automatizada. Isso proporciona grandes vantagens em termos de rendimento, qualidade do produto e segurança. No entanto, mais esforços são ainda necessários com vista à melhoria da tecnologia existente e à sua adaptação para o cumprimento de regulamentos, requisitos legais e de saúde, cada vez mais rígidos.

18.5.7 ENVELHECIMENTO

Durante o processo de produção de vinho e vinagre de frutas, o armazenamento é um fator importante. Nessa etapa a qualidade do vinagre melhora consideravelmente e os extratos orgânicos e as bactérias precipitam, facilitando o posterior processamento.

No decurso da fermentação acética, o valor do pH do mosto de fermentação diminui. Os vinagres obtidos a partir de matérias-primas naturais, por conseguinte, mostram alguma instabilidade no que diz respeito à solubilidade dos compostos previamente dissolvidos. Quanto menores as mudanças de pH durante a fermentação, mais tempo durará essa instabilidade. Um vinagre recém-produzido, por exemplo, pode necessitar de vários meses para se tornar estável. O vinagre de álcool não apresenta essa instabilidade. O envelhecimento de vinagre deve ser realizado de preferência de forma não diluída. Durante o armazenamento, a qualidade do vinagre sempre melhorará, independentemente do tipo. O envelhecimento do vinagre de vinho envolve muitas reações complexas (MECCA; ANDREOTTI; VERDONELLI, 1979). O vinagre deverá ter um aroma que, em parte, será proveniente da matéria-prima.

18.5.8 ADULTERAÇÕES DE VINAGRES

O ácido acético de origem sintética pode ser diluído para atingir as concentrações de um vinagre, entretanto, um critério de diferenciação seriam as impurezas específicas oriundas do processo de fabricação do ácido acético sintético (STAEGE, 1981). Entretanto, atualmente a produção do ácido sintético é realizada com elevado grau de pureza, tornando mais difícil a identificação. Assim, a caracterização dos compostos específicos dos vinagres fermentados tem se tornado mais relevante. Uma grande variedade de métodos analíticos qualitativos e quantitativos está descrita na literatura, e alguns deles serão mencionados a seguir.

18.6 DIFERENCIAÇÃO ENTRE VINAGRE DE VINHO E DE ÁLCOOL

Uma diferenciação precisa e confiável entre vinagres de vinho verdadeiros e suas misturas com vinagre de álcool, ou, mais geralmente, entre vinagres ricos em extrato e suas misturas, é de particular importância. De um modo geral, um bom método é a identificação dos ácidos específicos de frutas, como o ácido tartárico em vinho ou o ácido málico em sidra. Uma titulação de formol para identificar aminoácidos pode também ser aplicada. Por outro lado, os ácidos e os aminoácidos específicos de fruta podem ser facilmente adicionados. Análises completas são muitas vezes a melhor maneira de constatar se um único vinho puro foi utilizado, ou se algo foi adicionado ao vinagre de vinho (LLAGUNO, 1977). No entanto, geralmente são aplicáveis os métodos de diferenciação, embora os limites de confiança para obtenção de uma estimativa da quantidade de vinagre de álcool adicionado ao vinagre de vinho sejam bastante estreitos.

18.6.1 ADULTERAÇÃO DE VINHOS

A dificuldade neste caso é como comprovar o uso de vinho de baixa qualidade, por exemplo o de bagaço de uva, de vinho pome, de vinho estragado, ou até mesmo de vinho sintético. Os seguintes métodos têm sido utilizados atualmente para a diferenciação de vinagre de álcool nos vinagres mais nobres (EBNER; FOLLMANN; SELLMER, 1996a), que não são muitos específicos e nem sempre permitem detectar possíveis adulterações: proporção entre acidez e resíduo seco; absorção de UV; cromatografia; quantificação de potássio

Outro método recém-desenvolvido oferece resultados muito promissores. Trata-se da autenticação da origem dos vinagres, que pode ser determinada por um método isotópico moderno, chamado SNIF-NMR (fracionamento isotópico natural de local específico por espectrometria de ressonância magnética nuclear). Esse método foi originalmente desenvolvido na Universidade de Nantes (DUMOULIN, 1993), na França. O laboratório Eurofins, um instituto de pesquisa de Nantes, realizou um projeto preliminar de investigação, a fim de ampliar e completar os resultados da aplicação do método SNIF-NMR, que é uma análise oficial CEE para os vinhos utilizados como matéria-prima para a fabricação de vinagres.

Os primeiros resultados demonstraram a aplicabilidade do método SNIF-NMR na detecção da adição de ácido acético sintético em vinagre. Geralmente essa análise é utilizada para determinar a origem botânica do vinagre. Com esse método, é possível identificar as matérias-primas utilizadas na produção dos vinagres correspondentes (vinho, maçã, malte, açúcar de cana ou de beterraba, álcool etc.) e também determinar a origem regional das frutas. O método analítico utiliza uma base de dados de vinagres autênticos que foi compilada pela Eurofins.

O limite de detecção para adulterações com ácido sintético em vinagre de origem geográfica conhecida e desconhecida é de 5% e 10%, respectivamente. O limiar de detecção, no caso de vinagre de álcool adicionado ao vinagre de vinho de origem geográfica conhecida e desconhecida, é de 10% e 20%, respectivamente (SELLMER-WILSBERG, 2009).

18.7 PRINCIPAIS TIPOS DE VINAGRES

Além do ácido acético e do etanol, o vinagre contém componentes secundários que desempenham um papel importante no que diz respeito a aroma, sabor e qualidade conservante. Esses componentes têm a sua origem na matéria-prima, nos nutrientes adicionados e na água utilizada para a diluição. Podem ser oriundos também das bactérias do ácido acético como metabólitos secundários e também devidos à interação dos diferentes componentes do vinagre.

18.7.1 VINAGRE DE VINHO

O vinagre de vinho é produzido a partir de vinho tinto ou branco. Como acontece com o vinho, há uma variação considerável na qualidade, sendo que os melhores são aqueles envelhecidos em tonéis ou barris de madeira por até 2 anos por apresentarem um sabor mais complexo, e os mais caros são obtidos de vinho mais elaborados, como *champagne*, *sherry* ou *pinot grigio*.

Vinagres de vinho contêm o mesmo espectro de aminoácidos do vinagre de álcool, porém em maiores quantidades. Galoppini e Rotini (1956) e Rotini e Galoppini (1957) descobriram que, durante a fermentação acética, o acetilmetilcarbinol é produzido em quantidades variáveis. Num extrato de éter-pentano de vinagre de vinho, Kahn, Nickol e Conner (1972) identificaram 42 compostos, como acetato de isopentilo, aldeído isovalerilo e acetato de β-fenetilo. Garcia, Casaballido-Estevez e Castana-Torres (1973) detectaram acetoína, butilenoglicol e diacetil. Segundo Galvez, Barroso e Perez-Bustamante (1994), como regra, vinagres obtidos a partir de vinhos apresentam maiores número e conteúdo de compostos polifenólicos, sendo estes oriundos das partes sólidas da baga de uva, cuja extração aumentará com o tempo de permanência desse material no vinho. As seguintes substâncias têm sido identificadas: ácido gálico, p-OH-benzaldeído, ácido cafeico, ácido vanílico, ácido siríngico, ácido p-cumárico, anisaldeído, epicatequina, ácido p-cumárico, ácido sinápico e salicilaldeído.

18.7.2 VINAGRE DE MAÇÃ

A quantidade de açúcares e ácidos em maçãs frescas podem variar significativamente de acordo com cultivar, região de produção, estação e grau de maturação das maçãs. Há cerca de 5 mil cultivares de maçã em todo o mundo. Os cultivares de maçã europeias na fase de maturação adequada têm teor de sólidos solúveis totais (SST) variando de 10 a 15 °Brix (média 9-11 °Brix), com uma acidez titulável de 0,12%-0,31%, expressa em ácido málico. O teor de tanino, que é responsável pela adstringência, varia de 37 a 233 mg.100 mL^{-1}, enquanto pectinas (0,25-0,75%) são os principais responsáveis pela viscosidade do suco de maçã. Os frutos verdes resultam em sucos com menor teor de SST e aroma, maior teor de amido e ácidos, e sabor amargo ou adstringente. Suco feito com maçãs excessivamente maduras têm rendimentos mais baixos, devidos à dificuldade no processo de extração, e exibem um sabor mais doce. O pH varia de 3,0 a 3,8, dependendo da concentração de ácido málico (3-5 $g.L^{-1}$). Um suco de maçã de elevada qualidade é necessário para que seja possível obter um vinagre de excelente qualidade, além de um ambiente de processamento organizado e equipado, e que seja operado de acordo com boas práticas de gestão.

Um processo mecânico num moinho de aço inoxidável e a ação de enzimas proteolíticas são utilizados para quebrar a estrutura celular e aumentar o rendimento do suco que é extraído comprimindo as maçãs fragmentadas. Para a obtenção da sidra tradicional, um sistema hidráulico ou um rolo de pressão pneumática são utilizados para romper as células e comprimir até que o suco recuperável seja separado dos sólidos celulares, denominado bagaço. No entanto, o processamento das cascas e da parte central dos frutos resulta num aumento de sólidos não açucarados, incluindo a procianidina, que, mais tarde, poderá causar problemas no vinagre por aumento da turvação e formação de cor. Normalmente, o suco de maçã tem TSS entre 10 e 11 °Brix (LEA, 1988) e contém cerca de 11% em peso de sólidos; pelo menos 90% dos sólidos são hidratos de carbono, principalmente de dextrose, frutose e sacarose (BUREAU INTERNATIONAL DU TRAVAIL, 1990). O crescimento microbiano descontrolado é a principal causa do reduzido período de vida útil do suco de maçã, porque os ácidos orgânicos de maçãs não inibem o crescimento de leveduras, bolores e bactérias tolerantes a ácido.

Em alguns países, o vinagre de maçã também pode ser elaborado a partir de suco de maçã concentrado (SMC), que apresenta 60-72% de TSS. Nesse caso, SMC deve ser diluído em água ou suco de maçã para a concentração desejada (10-13% de TSS) antes de realizar a fermentação alcoólica. A água utilizada para a diluição deve ser bacteriologicamente limpa, clara, incolor, inodora e sem quaisquer sedimentos ou partículas em suspensão.

18.7.3 VINAGRE DE ARROZ

É muito produzido nos países asiáticos (China, Japão e Coreia, principalmente) a partir do saquê (fermentado álcoolico do arroz), sendo que os produzidos na China e no Japão possuem um sabor mais suave e doce em relação aos produzidos no Ocidente. Existem tês tipos de vinagre de arroz: âmbar (ou âmbar claro, denominado *komesu*, utilizado para preparo de alimentos agridoces, obtido a partir do arroz polido de baixo teor de amilopectina), tinto (utilizado no preparo de caranguejo cozido, obtido a partir do arroz vermelho de alto teor de amilopectina) e preto (tem sido utilizado na China para substituir o vinagre balsâmico, obtido a partir do arroz preto de alto teor de amilopectina). A primeira etapa para a obtenção do vinagre de arroz é realizar a fragmentação da cadeia de amido; usualmente, são utilizados os fungos *Apergillus oryzae*, *Rhizopus*, *Monascus* ou *Mucor*, que possuem alta capacidade de sacarificação. A essa etapa segue-se a utilização da *Saccharomyces cerevisae* para a fermentação alcoólica. Usualmente, as bactérias acéticas utilizadas são *Acetobacter aceti*, *A. pasteurianus* e/ou *Gluconacetobacter xylinus* (MUROOKA; NANDA; YAMASHITA, 2009).

18.7.4 VINAGRE BALSÂMICO

O termo "vinagre balsâmico" é frequentemente aplicado para descrever um condimento envelhecido com um especial sabor doce, altamente denso e de cor marrom-escura. O vinagre balsâmico tradicional (VBT) adquire suas qualidades especiais durante o longo período de envelhecimento realizado num conjunto de barris, geralmente de cinco a sete, de diferentes tamanhos e tipos de madeiras, que são preenchidos com fermentado acético de uva cozida (SOLIERI et al., 2006). Uma pequena parte do vinagre é retirada todos os anos do tambor menor, cujo volume é reposto utilizando o vinagre contido no tambor de tamanho maior da sequência. Esse processo, chamado de *rincalzo*, é feito para cada barril, sendo que o volume retirado do último e maior barril é preenchido com vinagre de uva cozida recém-fermentada. Parte do volume é perdido por evaporação. Assim, cada barril contém uma mistura de vinagres com idades diferentes, e a idade da mistura aumenta do barril maior para o menor, dependendo do volume do barril e da quantidade de vinagre transferido.

Do ponto de vista jurídico, o VBT deve ser envelhecido pelo menos por 12 anos e comercializado em garrafas de vidro especiais de forma e capacidades definidas, com selos oficiais, de forma a garantir a sua origem. A composição química do VBT é muito complexa e ainda não está completamente conhecida, em virtude da grande variabilidade dos produtos caseiros e do complexo sistema de produção, incluindo várias modificações químicas e biológicas. Os principais compostos são os açúcares (SOLIERI et al., 2006; FALCONE et al., 2008; COCCHI et al., 2006b; AMOROTTI, 1999) e ácidos orgânicos (BERTOLINI; CASTAGNETTI; GAMBINI, 1994; GIUDICI et al., 1994; COCCHI et al., 2002; 2006a; SANARICO et al., 2003; MASINO et al., 2005; 2008; GIUDICI, 1993), além de moléculas com atividades antioxidantes (PIVA et al., 2008; TAGLIAZUCCHI; VERZELLONI; CONTE, 2008; ANTONELLI; CHINNICI; MASINO, 2004) e outros compostos, como éster, álcoois, aldeídos, cetonas etc. (ZEPPA et al., 2002; COCCHI et al., 2002; GIUDICI, 1993).

Quanto às características físicas, os principais diferenciais são sua maior viscosidade relacionada ao fenômeno da cristalização (FALCONE et al., 2007; 2008), a coloração variando de marrom-claro a marrom-escuro devida às melanoidinas (RIVERO-PEREZ; PEREZ MAGARINO; GONZALES-SAN JOSE, 2002; MASTROCOLA et al., 2004; FALCONE; GIUDICI, 2008; PIVA et al., 2008; MOTAI, 1976; MARTINS; JONGEN; VAN BOEKEL, 2001; BELITZ; GROSCH, 2004) e o pH variando de 2,3 a 2,8 (MASINI; GIUDICI, 1995).

18.7.5 VINAGRE DE SORO DE LEITE

O soro ou plasma de leite é o líquido remanescente após o leite ser coalhado e prensado, sendo um subproduto da fabricação de queijo. O vinagre de soro de leite é obtido por meio de duas fermentações: a alcoólica de um substrato de soro de leite (TYAGI, 1984; ROSA; CORREIA; NOVAIS, 1988; PARRONDO; GARCIA; DIAZ, 2000; GHALY; KAMAL; AVERY, 2003) seguida de uma fermentação acética. A fermentação alcoólica de soro de leite ou soro suplementado com lactose pode ser realizada utilizando *Kluyveromyces marxianus* sob condições microaeróbias (TYAGI, 1984; ANDREASEN; STIER, 1956; JONES; PAMMENT; GREENFIELD, 1981). Durante a fermentação alcoólica, pequenas quantidades de oxigênio promovem o crescimento da levedura, sem diminuir o rendimento de etanol/açúcar. A presença de oxigênio permite a biossíntese de lipídeos insaturados (MERCER, 1984), que são essenciais para o bom funcionamento da membrana plasmática (KIRSOP, 1974). A quantidade ótima de oxigênio requerida depende da estirpe, da composição do meio de cultura e do volume do fermentador. Essa fermentação é uma etapa crítica na produção do vinagre, pois o soro de leite apresenta deficiências nutricionais que dificultam o desenvolvimento desse microrganismo. Uma vez obtido o substrato alcoólico, a fermentação acética deve ser realizada utilizando *Gluconacetobacter liquefaciens* ou estirpes de *Acetobacter pasteurianus*, em virtude do melhor crescimento em etanol. O soro de leite possui os nutrientes necessários para o crescimento de bactérias do ácido acético, não sendo necessária a complementação de nutrientes (PARRONDO; GARCIA; DIAZ, 2009).

18.7.6 VINAGRE DE XEREZ

Vinagres de xerez ou *sherry* são produtos com denominação de origem, sendo produzidos na região sudoeste da Espanha (Jerez de la Frontera). As características especiais de matéria-prima, método de produção de vinho e vinagre, tipo de barris e microclima dos galpões e da região causam uma série de transformações nos vinagres, conferindo-lhes características organolépticas únicas devidas principalmente a uma alta acidez volátil, sendo um produto de qualidade *premium*, amplamente apreciado no mercado do exterior. Esses vinhos podem ser acetificados utilizando cultura de superfície (método Orleans) em barris de madeira (carvalho ou castanheira) ou por culturas submersas em recipientes de aço inoxidável (TESFAYE et al., 2002a; 2002b).

18.8 OUTROS FERMENTADOS ACÉTICOS

A qualidade sensorial de vinagres é influenciada pelas estirpes de bactérias ácido-acéticas utilizadas (LIN; CHEN, 2002), pelo vinho base (CIANI, 1998), pelo método de fermentação alcoólica (LIN; CHEN, 2002) e pelo envelhecimento (OKUMURA, 1995; TESFAYE; GARCIA-PARRILLA; TRONCOSO, 2002). Ressalta-se que a qualidade inicial das matérias-primas é essencial para a obtenção de vinagres de alta qualidade.

- *Vinagre de abacaxi*: em geral, durante o armazenamento, os vinagres tornam-se gradualmente mais escuros, devido à reação de Maillard ou devido à polimerização de polifenóis. Os compostos alcoólicos voláteis, como o 3-metil-1-butanol e o 2-feniletanol presentes em fermentados de frutos de abacaxi, continuam o processo de esterificação com o ácido acético, que, por sua vez, conduz a um aumento na concentração de ésteres como o acetato de 3-metil-1-butil e o acetato de 2-feniletilo (MORALES et al., 2002; PALACIO et al., 2002). Enquanto isso, compostos como o 3-metil-1-butanol e o 2-feniletanol serão sintetizados, pois os produtos secundários das bactérias do ácido acético continuarão a reação, assim, a concentração desses dois compostos não diminuirá, mesmo que ambos sejam consumidos no processo de esterificação.
- *Vinagre de água de coco*: é obtido pela filtração da água de coco, seguida da fermentação alcoólica e da acidificação oxidativa, que pode ser realizada à temperatura ambiente. Em seguida, o teor de açúcar é ajustado para 162 g/L^{-1} pela adição de açúcar refinado (o teor normal de açúcar da água de coco é de cerca de 1% (p/v)). O líquido é então fervido para pasteurização e, após arrefecido, prossegue-se com a inoculação de leveduras para a fermentação alcoólica durante 5 a 7 dias. Caso a utilização de levedura seca ativa não seja possível, uma fermentação alcoólica espontânea poderá ser realizada sem a etapa de pasteurização. Após a fermentação, o composto líquido alcoólico é transferido para outros recipientes, geralmente feitos de plástico ou de aço inoxidável, e a mãe do vinagre ou uma cultura de fermento de BAA é adicionada. O recipiente não é totalmente preenchido para permitir um espaço livre no topo para que ocorra o arejamento, garantindo, desse modo, uma maior

eficácia do processo. A mistura é agitada e coberta com um pano. A acetificação completa ocorrerá em cerca de 7 dias (PUNCHIHEWA, 1997). O produto final conterá de 3% a 4% (v/v) de ácido acético (SANCHEZ, 1990).

- *Vinagre de manga*: a polpa é geralmente diluída em água (na proporção polpa:água de 1:5), seguindo-se a filtração para obter o suco (GARG; TANDOR; KALRA, 1995). Esse suco normalmente contém 3,6% (p/v) de açúcares totais. Portanto, um complemento de açucar é adicionado ao caldo filtrado, em geral, cerca de 200 g/L^{-1} para se obter uma conversão suficiente do açúcar em etanol. Semelhante ao que foi descrito para a água de coco, o suco deve ser pasteurizado quando a fermentação é realizada com a adição de uma cultura de fermento de BAA. A fermentação alcoólica dura 14 dias, resultando em cerca de 8% (v/v) de etanol (AKUBOR, 1996). Caso a fermentação seja prorrogada por cerca de 3 semanas, a concentração de etanol pode aumentar para 9% (v/v), provavelmente devido à conversão adicional de ácido málico em etanol (KUNKEE; AMERINE, 1970; AKUBOR, 1996). O vinho de manga é então transferido para outros recipientes para o processo de acetificação. A "mãe do vinagre" é adicionada como uma cultura iniciadora. Outra técnica para esse segundo processo é a utilização de células imobilizadas de BAA em aparas de madeira, como *Acetobacter aceti* e *A. pasteurianus* (GARG; TANDOR; KALRA, 1995). *Acetobacter lovaniensis* também têm sido isoladas a partir de mangas (LISDIYANTI et al., 2001), podendo ser utilizadas como culturas iniciadoras. Ao final do processo de acetificação, o vinagre de manga tem uma acidez de cerca de 5,3% (v/v) de ácido acético.
- *Vinagre de banana*: as principais etapas para a produção são lavagem, descascamento, fatiamento e cozimento dos frutos, seguindo posteriormente para a filtragem (AKUBOR et al., 2003). Antes da fermentação alcoólica, os açúcares são normalmente adicionados. Os próximos passos do processo de produção são semelhantes aos de outros vinagres.
- *Vinagre de mel*: a fermentação alcoólica pode durar meses ou mesmo anos em virtude da alta concentração de açúcar no mel. As leveduras contidas no mel são geralmente mesófilas, como *Zygosaccharomyces*, que são normalmente encontradas em ambientes com mais de 50% (p/v) de açúcares (KRELL, 1996). Após a fermentação alcoólica, com a adição de BAA, ocorre a acetificação.
- *Vinagre de sorgo*: o processo de obtenção é bastante semelhante aos descritos anteriormente, mas neste caso existe um passo anterior à moagem dos grãos para permitir a extração dos açúcares, que é a sacarificação ou germinação, para promover a quebra do amido em açúcar fermentescível. A água e uma cultura de levedura de partida são adicionadas para iniciar a fermentação alcoólica. Uma vez terminada, o produto alcoólico é transferido para outros recipientes, onde a "mãe do vinagre" é adicionada para acetificação (GONZÁLEZ; DE VUYST, 2009).

- *Vinagre de palma*: a seiva da inflorescência é extraída de palmeiras de ráfia (*Raphia hookeri* e *Raphia vinifera*) e do dendezeiro (*Elaeis guineense*) e apresenta um teor de açucar de 10% a 14% (p/v), sendo um substrato ideal para o crescimento de leveduras. Após uma incisão na parte apical da inflorescência da seiva, um recipiente de coleta é colocado sob ela e, após 1 a 2 dias, o coletor é retirado. A fermentação alcoólica da seiva é geralmente espontânea e começa algumas horas após a sua coleta. A fermentação demora cerca de 2 dias para se completar, atingindo concentrações de etanol superiores a 7% (v/v) (AMOA-AWUA; SAMPSON; TANO-DEBRAH, 2006). A acetificação também ocorre espontaneamente, e às vezes de forma indesejável para os produtores de vinho. O processo de acetificação demora cerca de 4 dias para ser concluído e as concentrações de ácido acético são em torno de 4% (v/v) (BATTCOCK; AZAM-ALI, 1998). Em um segundo sistema, amplamente utilizado em Gana, a seiva é extraída de árvores derrubadas (AMOA-AWUA; SAMPSON; TANO-DEBRAH, 2006). Essa técnica envolve derrubar as árvores e deixá-las em repouso durante 2 semanas antes de iniciar a extração da seiva, que, após iniciada, pode ocorrer durante um período de até 8 semanas (HARTLEY, 1984). Nesse segundo método a seiva é fermentada espontaneamente por leveduras, principalmente por *Saccharomyces cerevisiae* (AMOA-AWUA; SAMPSON; TANO-DEBRAH, 2006), representando um método de produção contínua concomitante à drenagem da seiva.
- *Vinagre de bambu*: é obtido de forma semelhante ao vinagre de palma, a partir da seiva da planta. A principal diferença é que a fermentação alcoólica da seiva de bambu é extremamente rápida, ocorrendo em no máximo 12 horas; isso confere um valor considerável para a produção de vinagre de bambu (família Poaceae, subfamília Bambusoideae). A acetificação ocorre subsequentemente, de forma semelhante à produção de outros tipos de vinagre (GONZÁLEZ; DE VUYST, 2009).

REFERÊNCIAS

AKUBOR, P. I. The suitability of African bush mango juice for wine production. *Plant Foods Hum. Nutr.*, v. 49, p. 213-219, 1996.

AKUBOR, P. I. et al. Production and quality evaluation of banana wine. *Plant Foods Hum. Nutr.*, v. 58, p. 1-6, 2003.

AMOA-AWUA, W. K.; SAMPSON, E.; TANO-DEBRAH, K. Growth of yeasts, lactic acid and acetic acid bacteria in palm wine during tapping and fermentation from felled oil palm (*Elaeis guineensis*) in Ghana. *J. Appl. Microbiol.*, v. 102, p. 599-606, 2006.

AMOROTTI, V. Analisi strumentali chimico-fisiche per il controllo e la conduzione di un'acetaia. In: *Il balsamico della tradizione secolare*. Modena: Consorteria dell'Aceto Balsamico Tradizionale di Modena, 1999. p. 164-209.

ANDREASEN, A. A.; STIER, T. J. B. Anaerobic nutrition of *Saccharomyces cerevisiae*. III. An unidentified growth promoting factor and its relationship to the essential lipid requirements. *J. Cell. Comp. Physiol.*, v. 48, p. 317-328, 1956.

ANTONELLI, A.; CHINNICI, F.; MASINO, F. Heat-induced chemical modification of grape must as related to its concentration during the production of traditional balsamic vinegar: a preliminary approach. *Food Chem.*, v. 88, p. 63-68, 2004.

AQUARONE, E.; ZANCANARO JR., O. Vinagre. In: AQUARONE, E.; LIMA, U. A.; BORZANI, W. (Ed.). *Alimentos e bebidas produzidos por fermentação*. São Paulo: Blucher, 1983. p. 104-22. (Coleção Biotecnologia).

ARNOLD, S. et al. Optimizing high strength acetic acid bioprocess by cognitive methods in an unsteady state cultivation. *J. Biotechnol.*, v. 97, p. 133-145, 2002.

BATTCOCK, M.; AZAM-ALI, S. Fermented fruits and vegetables: a global perspective. *FAO Services Bulletin*, Food and Agriculture Organization of the United Nations, Rome, n. 134, 1998.

BELITZ, N. E.; GROSCH, W. *Food chemistry*. 3. ed. Berlin: Springer, 2004.

BERTOLINI, L.; CASTAGNETTI, G. B.; GAMBINI, G. HPLC determination of organic acids in traditional balsamic vinegar of Reggio Emilia. *Ind. Bevande*, v. 23, p. 324-327, 1994.

BLANDINO, A.; CARO, I.; CANTERO, D. Effect of culture conditions on the aldehyde dehydrogenase activity of *Acetobacter aceti* cytoplasmatic extracts. *Biotechnol. Lett.*, v. 18, p. 63-68, 1996.

BOTTERO, J. *The oldest cuisine in the world*: cooking in Mesopotamia. Chicago: University of Chicago Press, 2004.

BRASIL. Lei n. 7.678, de 8 de novembro de 1988. Dispõe sobre a produção, circulação e comercialização do vinho e derivados da uva e vinho, e dá outras providências. *Diário Oficial da União*, Brasília, DF, nov. 1988.

BRASIL. Decreto n. 99.066, de 8 de março de 1990. Regulamenta a Lei n. 7.678, de 8 de novembro de 1988, que dispõe sobre a produção, circulação e comercialização do vinho e derivados do vinho e da uva. Revogado pelo Decreto n. 8.198, de 2014. *Diário Oficial da União*, Brasília, DF, mar. 1990.

BRASIL. Ministério da Agricultura, Pecuária e Abastecimento. Instrução Normativa n. 6, de 3 de abril de 2012. Estabelece os padrões de identidade e qualidade e a classificação dos fermentados acéticos. *Diário Oficial da União*, Brasília, DF, abr. 2012.

BRASIL. Decreto n. 8.198, de 20 de fevereiro de 2014. Regulamenta a Lei n. 7.678, de 8 de novembro de 1988, que dispõe sobre a produção, circulação e comercialização do vinho e derivados da uva e do vinho. *Diário Oficial da União*, Brasília, DF, fev. 2014.

BUREAU INTERNATIONAL DU TRAVAIL. *Conservation des fruits a petite echelle*. Serie Technologique, Dossier Technique n. 14, Geneva, 1990.

CALDERBANK, P. H.; MOO-YOUNG, M. B. The continuous phase heat and mass--transfer properties of dispersions. *Chem. Eng. Sci.*, v.16, p. 39-54, 1961.

CHRISTENSEN, T. Application: *Aspergillus oryzae* as a host for production of industrial enzymes. In: POWELL, K. A.; RENWICK, A.; PEBERDY, J. F. (Ed.). *The Genus Aspergillus*. New York: Plenum Press, 1994. p. 251-259.

CIANI, M. Wine vinegar production using base wines made with different yeast species. *J. Sci. Food Agric.*, v. 78, p. 290-294, 1998.

COCCHI, M. et al. Determination of carboxylic acids in vinegars and in aceto balsamico tradizionale di Modena by HPLC and GC methods. *J. Agric. Food Chem.*, v. 50, p. 5255-5261, 2002.

COCCHI, M. et al. Analysis of sensory data of aceto balsamico tradizionale di Modena (ABTM) of different ageing by application of PARAFAC models. *Food Qual. Pref.*, v. 17, p. 419-428, 2006a.

COCCHI, M. et al. Simultaneous determination of sugars and organic acids in aged vinegars and chemiometric data analysis. *Talanta*, v. 69, p. 1166-1175, 2006b.

CONNER, H. A.; ALLGEIER, R. J. Vinegar: its history and development. *Adv. Appl. Microbiol.*, v. 20, p. 81-133, 1976.

DE ORY, I.; ROMERO, L. E.; CANTERO, D. Optimum starting-up protocol of a pilot plant scale acetifier for vinegar production. *J. Food Eng.*, v. 52, p. 31-37, 2002.

DE VUYST, L. Technology aspects related to the application of functional starter cultures. *Food Technol. Biotechnol.*, v. 38, p. 105-112, 2000.

DUMOULIN, M. *SNIF-NMR:* A new analysis to characterize the plant origin of vinegar. Nantes: Eurofins Laboratoires, 1993.

EBNER, H.; FOLLMANN, H. Food and feed production with microrganisms. In: REHM, H. J.; REED, G. *Biotechnology*. Weinheim: Verlag Chemie, 1981. p. 425-446.

EBNER, H.; FOLLMANN, H.; SELLMER, S. Vinegar. In: REHM, H. J.; REED, G. (Ed.). *Biotechnology*. 2. ed. Weinheim: VCH, 1996a. v. 9, p. 581-591.

EBNER, H.; FOLLMANN, H.; SELLMER, S. Acetic acid. In: REHM, H. J.; REED, G. (Ed.). *Biotechnology*. 2. ed. Weinheim: VCH, 1996b. v. 6, p. 381-401.

ENTANI, E. et al. *Acetobacter polyoxogenes* sp. nov., a new species of an acetic acid bacterium useful for producing vinegar with high acidity. *J. Gen. Appl. Microbiol.*, v. 31, p. 475-490, 1985.

FALCONE, P. M.; GIUDICI, P. Molecular weight and molecular weight distribution impacting traditional balsamic vinegar ageing. *J. Agric. Food Chem.*, v. 56, p. 7057-7066, 2008.

FALCONE, P. M et al. Measuring rheological properties for applications in quality assessment of traditional balsamic vinegar: description and preliminary evaluation of a model. *J. Food Eng.*, v. 80, p. 234-240, 2007.

FALCONE, P. M et al. A rheological approach to the quantitative assessment of traditional balsamic vinegar quality. *J. Food Eng.*, v. 86, p. 433-443, 2008.

FAIR, J. R. et al. Liquid-gas systems. In: PERRY, R. H.; CHILTON, C. H. (Ed.) *Chemical Engineers' Handbook*. 5. ed. New York: McGraw-Hill, 1973. p. 18-96.

FAIR, J. R. et al. Absorción de gases y diseño de sistemas gas-líquido. In: PERRY, R. H.; GREEN, D. W. (Ed.). *Manual del Ingeniero Químico*. 7. ed. New York: McGraw-Hill, 2001. p. 14-126.

GALOPPINI, C.; ROTINI, O. T. Ulteriori indagini sulla formazione dell'acetilmetilcarbinolo nella fermentazione acetica. *Ann. Fac. Agrar. Univ. Pisa*, v. 17, p. 99-111, 1956.

GALVEZ, M. C.; BARROSO, G.; PEREZ-BUSTAMANTE, J. A. Analysis of polyphenolic compounds of different vinegar samples. *Z. Lebensm. Unters. Forsch.*, v. 199, p. 29-31, 1994.

GARCIA, O. R.; CASABALLIDO-ESTEVEZ, A.; CASTANA-TORRES, M. Vinegars. II. Content of diacetyl, acetoin, butylene glycol and alcohol. *Ann. Brom.*, v. 25, p. 121-145, 1973.

GARG, N.; TANDOR, D. K.; KALRA, S. K. Production of mango vinegar by immobilized cells of *Acetobacter aceti*. *J. Food Sci. Technol.*, v. 32, p. 216-218, 1995.

GARRIDO-VIDAL, D.; PIZARRO, C.; GONZALEZ-SAIZ, J. M. Study of process variables in industrial acetic fermentation by a continuous pilot fermenter and response surfaces. *Biotechnol. Prog.* v. 19, p. 1468-1479, 2003.

GHALY, A. E.; KAMAL, M.; AVERY, A. Influence of temperature rise on kinetic parameters during batch propagation of Kluyveromyces fragilis in cheese whey under ambient conditions. *World J. Microbiol. Biotechnol.*, v. 19, p. 741-749, 2003.

GIUDICI, P. Acido gluconico: criterio di genuinita nell'aceto balsamico tradizionale. *Ind. Bevande*, v. 23, p. 123-125, 1993.

GIUDICI, P.; MASINI, G.; CAGGIA, C. The role of galactose fermenting yeast in plain yogurt spoilage. *Ann. Microbiol.*, v. 46, p. 11-20, 1996.

GIUDICI, P. et al. Origine ed evoluzione degli acidi organici durante l'invecchiamento dell'aceto balsamico tradizionale. *Ind. Bevande*, v. 24, p. 569-572, 1994.

GONZÁLEZ, A.; DE VUYST, L. Vinegars from Tropical Africa. In: SOLIERI, L.; GIUDICI, P. (Ed.). *Vinegars of the world*. Milan: Springer, 2009. p. 209-222.

GONZALEZ-SAIZ, J. M.; PIZARRO, C.; GARRIDO-VIDAL, D. Evaluation of kinetic models for industrial acetic fermentation: proposal of a new model optimized by genetic algorithms. *Biotechnol. Prog.*, v. 19, p. 599-611, 2003.

HARTLEY, C. W. S. *The Oil Palm,* Elaeis guineensis *Jacq*. 2. ed. London: Longman Group, 1984.

HOLZAPFEL, W. H. Appropriate starter culture technologies for small-scale fermentation in developing countries. *Int. J. Food Microbio.*, v. 75, p. 197-212, 2002.

JIMENEZ-HORNERO, J. E.; GARCIA-GARCIA, I. Estudio de identificabilidad estructural de un modelo para el proceso de la fermentacion acetica. In: GARCIA--GARCIA, I. (Ed.). *Proceedings of the Second Symposium on R+D+I for Vinegar Production. I.* Cordoba, Spain: Servicio de Publicaciones de la Universidad de Cordoba, 2006. p. 185-192.

JONES, R. P.; PAMMENT, N.; GREENFIELD, P. F. Alcohol fermentation by yeast: the effect of environmental and other variables. *Process. Biochem.*, v. 16, p. 42-49, 1981.

KAHN, H. J.; NICKOL, G. B.; CONNER, H. A. Identification of volatile compounds in vinegars by gas chromatography-mass spectrometry. *J. Agric. Food Chem.*, v. 20, p. 214-218, 1972.

KIRSOP, B. H. Oxygen in brewery fermentation. *J. Inst. Brew.*, v. 80, n. 3, p. 252-259, 1974.

KRELL, R. Value-added Products from Beekeeping. *FAO Agricultural Bulletin*, Food and Agriculture Organization of the United Nations, Rome, n. 124, 1996.

KUNKEE, R. E.; AMERINE, M. A. Yeasts in wine making. In: ROSE, A. H.; HARRISON, J. S. (Ed.). *The yeasts.* London: Academic Press, 1970. v. 3, p. 6-71.

LARSEN, H. *An old icelandic medieval miscellany.* Oslo: Det Norske Videnskaps-Akademi, 1931.

LEA, A. G. H. Cider vinegar. In: DOWNING, D. L. (Ed.) *Processed Apple Products.* New York: Van Nostrand Reinhold, 1988. p. 279-301.

LIN, S. B.; CHEN, L. C. The preliminary studies for the selection of yeasts and acetobacters in brewing mead and honey vinegar. *J. Ilan. Inst. Technol.*, v. 9, p. 297-304, 2002.

LISDIYANTI, P. et al. Identification of Acetobacter strains isolated from Indonesian sources and proposals of *Acetobacter syzgii* sp. nov., *Acetobacter cibinongenesis* sp. nov. and *Acetobacter orientalis* sp. nov. *J. Gen. Appl. Microbiol.*, v. 47, p. 119-131, 2001.

LLAGUNO, C. Quality of Spanish wine vinegars. *Process. Biochem.*, v. 12, p. 17-46, 1977.

MACHIDA, M. et al. Genome sequencing and analysis of *Aspergillus oryzae*. *Nature*, v. 438, p. 1157-1161, 2005.

MARTINS, S. I. F. S.; JONGEN, W. M. F.; VAN BOEKEL, M. A. J. S. A review of Maillard reaction in food and implications to kinetic modelling. *Trends Food Sci. Technol.*, v. 11, p. 364-373, 2001.

MASINI, G.; GIUDICI, P. Ricerca a innovazione nella produzione di aceto balsamico tradizionale. *L'Enotecnico December*, p. 73-80, 1995.

MASINO, F. et al. A study of the relationships among acidity, sugar and furanic compound concentrations in set of casks for aceto balsamico tradizionale of Reggio Emilia by multivariate techniques. *Food Chem.*, v. 92, p. 673-679, 2005.

MASINO, F. et al. A study on relationships among chemical, physical, and qualitative assessment in traditional balsamic vinegar. *Food Chem.*, v. 106, p. 90-95, 2008.

MASTROCOLA, D. et al. Imbrunimento non enzimatico e potere antiossidante del 'vino cotto'. *Ind. Bevande*, v. 33, p. 1-4, 2004.

MATSUSHIMA, K. et al. Absence of aflatoxin biosynthesis in koji mold. *Appl. Microbiol. Biotechnol.*, v. 55, p. 771-776, 2001.

MECCA, F.; ANDREOTTI, R.; VERDONELLI, L. *L'Aceto*. S. Polo, Brescia: Edizioni AEB, 1979.

MERCER, E. I. The biosynthesis of ergosterol. *Pest. Sci.*, v. 15, p. 133-155, 1984.

MONTANARI, G. et al. *Saccharomyces unisporus* as the principal alcoholic fermentation microorganisms of traditional koumiss. *J. Dairy Res.*, v. 63, p. 327-331, 1996.

MORALES, M. L. et al. Evolution of the aroma profile of sherry wine vinegars during an experimental aging in wood. *J. Agric. Food Chem.*, v. 50, p. 3173-3178, 2002.

MOTAI, H. Viscosity of melanoidins formed by oxidative browning: validity of the equation for a relationship between color intensity and molecular weight of melanoidin. *Agric. Biol. Chem.*, v. 40, p. 1-5, 1976.

MUROOKA, Y.; NANDA, K.; YAMASHITA, M. Rice vinegars. In: SOLIERI, L.; GIUDICI, P. (Ed.). *Vinegars of the world*. Milan: Springer, 2009. p. 124-133.

NDOYE, B. et al. Survival and preservation after freeze drying process of thermoresistant acetic acid bacteria isolated from tropical products of Sub-Saharan Africa. *J. Food Eng.*, v. 79, p. 1374-1382, 2007.

NIETO, F. J. Algunos aspectos de la tecnologia de la fermentacion acetica. In: LLAGUNO, C.; POLO, M. C. (Ed.). *El vinagre de vino*. Madrid: Consejo Superior de Investigaciones Cientificas, 1991. p. 69-95.

OHMORI, S.; UOZUMI, T.; BEPPU, T. Loss of acetic acid resistance and ethanol oxidizing ability in an Acetobacter strain. *Agric. Biol. Chem.*, v. 46, p. 381-389, 1982.

OKUMURA, H. Stabilizing the quality of vinegar. *J. Brew. Soc. Jpn.*, v. 90, p. 410-415, 1995.

PALACIO, V. et al. Chemical and biochemical transformations during the industrial process of sherry vinegar aging. *J. Agric. Food Chem.*, v. 50, p. 4221-4225, 2002.

PARRONDO, J.; GARCIA, L. A.; DIAZ, M. Production of an alcoholic beverage by fermentation of whey permeate with K. fragilis. I. Primary metabolism. *J. Inst. Brew.*, v. 106, p. 367-376, 2000.

PARRONDO, J.; GARCIA, L. A.; DIAZ, M. Whey vinegar. In: SOLIERI, L.; GIUDICI, P. (Ed.). *Vinegars of the world*. Milan: Springer, 2009. p. 273-288.

PATURSSON, H. *Matreglur Fyri Hvørt Hus. Føroysk Kókibók* (in Faroese). Prentsmiðja "Dimmalaetting": Tórshavn, Faroe Islands, 1907. p. 63-64.

PIVA, A. et al. Heat-induced chemical, physical and functional changes during grape must cooking. *Food Chem.*, v. 106, p. 1057-1065, 2008.

PUNCHIHEWA, P. G. Status on the coconut industry. In: WORKSHOP ON COCONUT BIOTECHNOLOGY, Merida, Mexico. *Proceedings...* 1997.

RIVERO-PEREZ, M. D.; PEREZ MAGARINO, S.; GONZALES-SAN JOSE, M. L. Role of melanoidins in sweet wines. *Anal. Chim. Acta*, v. 458, p. 169-175, 2002.

ROSA, M. F.; CORREIA, I. S.; NOVAIS, J. M. Improvements in ethanol tolerance of *Kluyveromyces fragilis* in Jerusalem artichoke juice. *Biotechnol. Bioeng.*, v. 31, p. 705-710, 1988.

ROTINI, O. T.; GALOPPINI, C. L'Acetilmetilcarbinolo, la fermentazione acetica e la genuinita degli aceti del commercio. *Ann. Sper. Agrar.*, v. 11, p. 1355-1372, 1957.

SANARICO, D. et al. HPLC determination of organic acids in traditional balsamic vinegar of Reggio Emilia. *J. Liq. Chromatogr. Related Technol.*, v. 26, p. 2161-2171, 2003.

SANCHEZ, P. C. Vinegar. In: *Coconut as food*. Manila: Philippine Coconut Research & Development Foundation, 1990. p. 151-161.

SELLMER-WILSBERG, S. Wine and grapes vinegars. In: SOLIERI, L.; GIUDICI, P. (Ed.). *Vinegars of the world*. Milan: Springer, 2009. p. 145-156.

SIEVERS, M.; TEUBER, M. The microbiology and taxonomy of *Acetobacter europaeus* in commercial vinegar production. *J. Appl. Bacteriol. (Symp. Suppl.)*, v. 79, p. 84S--95S, 1995.

SOKOLLEK, S. J.; HAMMES, W. P. Description of a starter culture preparation for vinegar fermentation. *Syst. Appl. Microbiol.*, v. 20, p. 481-491, 1997.

SOKOLLEK; S. J.; HERTEL, C.; HAMMES, W. P. Description of *Acetobacter oboediens* sp. nov. and *Acetobacter pomorum* sp. nov., two new species isolated from industrial vinegar fermentations. *Int. J. Syst. Bacteriol.*, v. 48, p. 935-940, 1998.

SOLIERI, L. et al. Molecular assessment of indigenous yeast population from traditional balsamic vinegar. *J. Appl. Microbiol.*, v. 101, p. 63-71, 2006.

STAEGE, H. Essigsaure aus Kohle unter Anwendung der Flugstromvergasung nach Koppers-Totzek. *Verfahrenstechnik*, v. 15, 1981.

TAGLIAZUCCHI, D.; VERZELLONI, E.; CONTE, A. Antioxidant properties of traditional balsamic vinegar and boiled must model systems. *Eur. Food Res. Technol.*, v. 227, n. 3, p. 835-843, 2008.

TESFAYE, W.; GARCIA-PARRILLA, M. C.; TRONCOSO, A. M. Sensory evolution of sherry wine vinegar. *J. Sensory Stud.*, v. 17, p. 133-144, 2002.

TESFAYE, W. et al. Evolution of phenolic compounds during an experimental ageing in wood of sherry vinegars. *J. Agric. Food Chem.*, v. 50, p. 7053-7061, 2002a.

TESFAYE, W. et al. Wine vinegar: technology, authenticity and quality evaluation. *Trends Food Sci. Technol.*, v. 13, p. 12-21, 2002b.

TYAGI, R. D. Participation of oxygen in ethanol fermentation. *Process Biochem.*, v. 19, n. 4, p. 136-141, 1984.

VOSS, H. Bioreactors. In: ELVERS, B.; HAWKINS, S.; SCHULZ, G. (Ed.). *Ullmann's Encyclopedia of Industrial Chemistry*, v. B4. Weinheim: VCH, 1992. p. 381-433.

ZANCANARO JR.; AQUARONE, E. O. Influência de variáveis na acetificação do vinho de caqui. *Arq. Biol. Tecnol.*, Curitiba, v. 24, n. 3, p. 353-359, 1981.

ZEHNER, P.; KRAUME, M. Bubble columns. In: ELVERS, B.; HAWKINS, S.; SCHULZ, G. (Ed.). *Ullmann's Encyclopedia of Industrial Chemistry*, v. B4. Weinheim: VCH, 1992. p. 275-307.

ZEPPA, G. et al. Characterization of volatile compounds in three acetification batteries used for the production of 'aceto balsamico tradizionale di Reggio Emilia'. *Ital. J. Food Sci.*, v. 14, p. 247-266, 2002.

ZLOKARNIK, M. Tower-shaped reactors for aerobic biological waste water treatment. In: REHM, H. J.; REED, G.; BRAUER, H. (Ed.). *Biotechnology*. Weinheim: VCH, 1985. v. 2, p. 537-569.

ZLOKARNIK, M.; JUDAT, H. Stirring. In: ELVERS, B.; RAVENSCROFT, M.; ROUNSAVILLE, J. F.; SCHULZ, G. (Ed.). *Ullmann's Encyclopedia of Industrial Chemistry*, v. B2. Weinheim: VCH, 1988. p. 25-33.

CAPÍTULO 19
Chás

Urgel de Almeida Lima

Luiz Antonio de Campos Penteado

Lido alhures, sem registro de data ou fonte:
dizem apreciadores e estudiosos que, sobre chá, jamais se saberá muito.

19.1 INTRODUÇÃO

Chá é a denominação da planta *Camellia sinensis* (L.) Kuntze, de suas folhas beneficiadas de diferentes maneiras e também das infusões obtidas com elas. Nativa do sudeste da Ásia – Mianmar, Assam (Índia), Tonquim (Vietnã) e região do rio Mekong –, a planta é cultivada em zonas tropicais e subtropicais. Inicialmente, foi classificada como *Thea sinensis* e, depois, como *Camellia sinensis* em virtude de sua semelhança com as plantas do gênero *Camellia*. Sua primeira descrição foi feita por Carlos Lineu (1707-1778).

A classificação botânica da planta é a seguinte:

Família: Theaceae.

Ordem: Ericales.

Subclasse: Asteridae.

Classe: Magnoliopsida: Magnoliophytina (Angiospermae).

Divisão: Spermatophyta.

Gênero: *Camellia*.

Espécie: *sinensis*.

Ainda existem estes sinônimos: *Camellia bohea* L., *Camellia thea* L., *Camellia theifera* Griff., *Thea bohea* L., *Thea sinensis* L. e *Thea viridis* L.

O ideograma chinês para chá – 茶 – é pronunciado de duas formas: *tê* e *tchá*. *Tchá* (chá) provém do cantonês e *tê*, do mandarim. Essa duplicidade na pronúncia criou dois grupos entre as línguas não chinesas:

- Derivados de *tê*: inglês, galês, francês, alemão, holandês, dinamarquês, islandês, espanhol, italiano, húngaro, finlandês, letão, tâmil (Índia, Sri Lanka), sinhala (Sri Lanka), hebraico, armênio, indonésio e latim científico.
- Derivados de *tchá*: japonês, hindi, tibetano, persa, vietnamita, coreano, tailandês, suaíli (Quênia, Tanzânia, Uganda), árabe, turco, russo, romeno, grego, albanês, tcheco, croata e português.

No Brasil e em Portugal, é comum denominar chá as infusões obtidas de numerosas plantas de espécies diversas, consumidas como bebida prazerosa ou fitoterápica. Porém, poucos sabem que chá é a planta *Camellia sinensis* (L.) Kuntze ou a infusão de suas folhas.

O consumo do chá é muito antigo. Há inúmeras lendas sobre esse hábito. A mais antiga é chinesa, datada de 2737 a.C. Conta-se que o imperador Shen Nung, em uma de suas viagens, descansou sob uma árvore onde um servo fervia água. Da árvore, caiu uma folha sobre a fervura e da mistura exalou excelente aroma. O imperador provou da água, encantou-se com o sabor e o aroma e passou a fazer uso de infusões de folhas de *Camellia sinensis*. Assim foi descoberto o chá.

Na China, é consumido como fitoterápico desde o século IV. O tratado do chá, *Cha Jing* (ou tratado de Lu Yu), escrito pelo poeta Lu Yu (733-804) durante a dinastia Tang (618-907), é considerado um livro sagrado do chá e é a primeira referência escrita sobre a bebida. A obra, que atribui o início de seu uso aos chineses, apresenta detalhes sobre tecnologia de cultivo, processamento e degustação da infusão. Após o tratado, a característica fitoterápica do chá declinou e passou-se a estimular seu consumo para momento de paz, harmonia e bem-estar.

Outra lenda, esta de origem hindu, diz que um sacerdote indiano (um brâmane), para se castigar contra tentações, cortou as pálpebras para permanecer sempre desperto. Caídas ao solo, as pálpebras germinaram e geraram um arbusto. A lenda conta que a infusão das folhas desse arbusto mantém acordado e alerta quem a toma. A planta dessa lenda hindu é a *Camellia sinensis*, portadora da cafeína, o alcaloide estimulante.

O chá foi introduzido no Japão no século X por monges budistas. O plantio de sementes ampliou o cultivo nesse país asiático e influenciou a economia, a tecnologia agrícola, os meios artísticos e as atividades culturais e religiosas. Ainda no Japão, surgiram o complexo cerimonial do chá e o movimento religioso conhecido como teísmo.

A partir do século XV, o consumo de chá aumentou, saindo do Japão e chegando à Europa no século XVI, quando ocorreram as viagens de Marco Polo e as Grandes Navegações. No século XVII, foi levado a Portugal, Açores e Inglaterra. Na Inglaterra, consome-se mais chá que café, em razão de um antigo costume e por conta de fatos históricos, como proibição do consumo de café, altos impostos e o monopólio britânico do comércio do chá. O império britânico estendia-se até Ásia e África, regiões produtoras de chá.

A Ásia tem grandes produtores e consumidores de chá, como Japão, Paquistão, Índia e Sri Lanka. Na África, encontra-se produção de chá em Guiné, Camarões, Congo, Açores, Uganda, Quênia e África do Sul. Há também produção na América do Sul, no Peru e no Brasil. O Peru é uma importante lavoura e indústria de chá. No Brasil, a produção está localizada em cidades como Registro, Tapiraí e Juquiá, no estado de São Paulo, e em Bocaina, no Rio de Janeiro.

19.2 CHEGADA À EUROPA

O chá chegou às terras da Mongólia, do Irã e de outros países mulçumanos. Depois foi para a Rússia, antes de atingir a Europa.

Há quem atribua aos holandeses a primazia de levarem o chá para a Europa, mas parece que os responsáveis foram os portugueses, que iniciaram o consumo e o cultivo nos Açores, em 1750, produzindo uma dezena de quilos de chá-preto e outro tanto de chá-verde. Entretanto, foram necessários quase cem anos até que mão de obra especializada permitisse a ampliação generalizada da produção industrial de chá na ilha. O chá é cultivado nos Açores há 250 anos com as mesmas técnicas agrícolas de plantio, manejo e colheita das folhas.

A introdução do chá na Inglaterra tornou-o uma bebida muito popular. O hábito de beber chá se estendeu aos países de influência britânica, como Estados Unidos e Austrália. Posteriormente, o chá foi um importante motivo para a independência dos Estados Unidos da América.

Historicamente, sabe-se que o chá foi introduzido na Inglaterra como consequência do matrimônio entre a princesa portuguesa Catarina de Bragança e o rei britânico Charles II, em 1662. Ela levou uma arca de chá da China para a corte inglesa e deu origem ao costume de seu consumo diário, conhecido como recepção do chá (*tea party*). Como parte do dote, os dois países assinaram um acordo no qual Tanger (Marrocos) e Bombaim (Índia) foram cedidas à Inglaterra e os ingleses receberam autorização para navegar no ultramar português. Esses fatos favoreceram a criação por parte dos ingleses de uma companhia de comercialização de chá de suas colônias.

É comum dizer que as bebidas mais consumidas no mundo são chá e café. Depois da água, uns acreditam que a bebida mais consumida seja o café, já outros contestam e afirmam ser o chá.

19.3 PLANTAÇÕES NA ÁSIA

Na Ásia o chá é cultivado nos países onde teve origem, e os maiores produtores são China, Índia, Japão, Sri Lanka e Indonésia A produção de chá no mundo está representada no gráfico a seguir (Figura 19.1), que indica os maiores produtores. O Brasil está entre "Outros", com percentagem de produção ao redor de 1%.

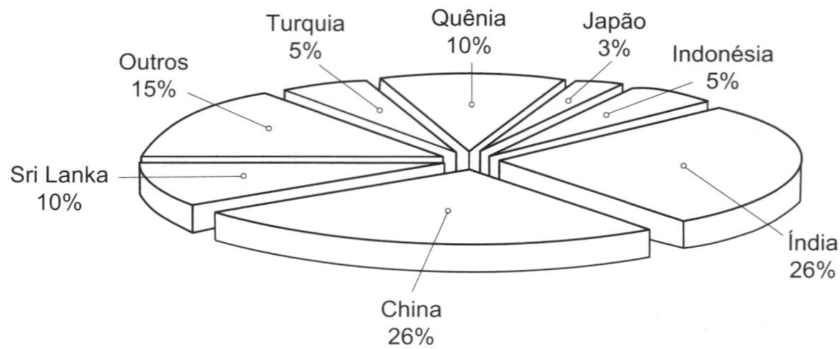

Figura 19.1 Esquema indicativo dos maiores produtores de chá, ano (não atualizado).

19.4 O CHÁ NO BRASIL

A primeira tentativa de plantio é atribuída ao frei Fernando do Sacramento, em 1800, na cidade do Rio de Janeiro. Entretanto, é mais conhecida e divulgada a versão do plantio de mudas de chá no Jardim Botânico do Rio de Janeiro, em 1812, a mando de Dom João VI, após a transferência da Corte portuguesa para o Brasil, em 1808. Daí, teriam sido obtidas sementes para seu plantio em São Paulo, Minas Gerais e Paraná.

Aparentemente, cerca de dez anos depois da primeira tentativa (1800), a planta foi cultivada no Jardim Botânico e na Fazenda Real de Santa Cruz, no Rio de Janeiro. Dom João VI trouxe especialistas chineses para ensinar as técnicas de cultivo e manufatura do chá para seu consumo como bebida.

O cultivo expandiu-se para Ouro Preto, em Minas Gerais, onde foi explorado comercialmente por muito tempo. Também há registros de cultivo na região da serra da Bocaina (entre os estados do Rio de Janeiro e de São Paulo), na cidade de São Paulo, em Mogi das Cruzes (SP) e em Registro (SP), onde ainda há plantação comercial. Na cidade de São Paulo, o chá foi cultivado ao longo do vale do Anhangabaú, onde hoje está situado o Viaduto do Chá, no centro da cidade.

A indústria brasileira de chá atingiu o máximo de produção em 1852. Sua boa qualidade era reconhecida internacionalmente, suplantada apenas pelos chás chineses, considerados os melhores. Em Minas Gerais houve plantio de chá no século XIX, mas depois perdeu espaço e quase desapareceu. Ouro Preto foi o centro da teicultura.

A produção de chá voltou a ser expressiva durante a Primeira Guerra Mundial, mas a qualidade não era das melhores. As plantações voltaram a ganhar importância a partir de 1920, com tecnologia agrícola racional e modernos processos de beneficiamento, porém, a produção logo chegou ao fim. Em Ouro Preto, o chá foi cultivado racionalmente entre as décadas de 1930 e 1950. Localizado nos municípios de Ouro Preto e Mariana (MG), o Museu do Chá – Parque Estadual do Itacolomi conserva sua história.

Posteriormente, surgiram plantações de chá no litoral sul do estado de São Paulo. Ali, onde há notável presença de colônia japonesa, à qual a plantação de *Camellia sinensis* está comumente associada, há condições de clima e solo semelhantes às dos países asiáticos.

Na década de 1920, no início da imigração japonesa para a região do rio Ribeira de Iguape (SP), Torazo Okamoto, que era técnico em produção de chá no Japão, levou mudas para Registro e as plantou, mas não foi bem-sucedido. As variedades eram chinesas e mais adequadas à produção de chá-verde. Ele voltou ao Japão em 1935 para adquirir máquinas e trouxe sementes da variedade assâmica, originária do Sri Lanka. Segundo a lenda, ele embutiu cem sementes no miolo do pão servido no navio, para escapar da fiscalização. No Brasil, plantou-as e conseguiu sessenta plantas produtivas que ainda existem (Figura 19.2). As plantações originadas dessas primeiras mudas foram produtivas e rentáveis por muitas décadas, quando o chá beneficiado criou riquezas e comércio internacional.

Figura 19.2 Os autores em frente à plantação original de chá que ainda existe na Fazenda Ribeira, em Registro (SP), um pouco descuidada atualmente (2015). Na foto, vê-se uma placa que contém os dizeres: "Primeiras plantas de chá da espécie assâmica, cujas sementes foram trazidas do Sri Lanka dentro do miolo do pão, por Torazo Okamoto, em 3 de março de 1935".

A cultura do chá e a produção de chá-preto foram importantes atividades econômicas de Registro; entretanto, vêm sendo abandonadas pelos antigos plantadores por motivos econômicos. A maior parte da produção de chá-preto, cerca de 95% da produção paulista, era utilizada na composição de misturas oferecidas por empresas multinacionais ou exportada. Os clientes eram de países como Bolívia, Chile, Argentina, Uruguai, Estados Unidos, Inglaterra, Índia, Quênia, Alemanha e Japão.

Atualmente, há decréscimo no cultivo e na manufatura de chá-preto e, de acordo com produtores e técnicos, existe carência de demanda interna de chá-preto e chá-verde. Para voltar a estimular sua produção, é necessário adotar uma política cambial justa para o produto nacional, exercer fomento para obtenção de novos cultivares e estabelecer medidas de estímulo aos produtores rurais. Seria positivo ainda, para manter a atividade atrativa, capacitar os produtores visando aumentar a produtividade e aceitar novas tecnologias, incluindo mecanização da colheita e modernização de equipamentos e processamento. Medidas devem ser tomadas para reduzir custos e enfrentar a oferta do produto do exterior, mais barato.

A Figura 19.3 mostra os locais onde as lavouras de chá foram instaladas no Brasil depois da transferência da família real portuguesa de Lisboa, Portugal, para o Rio de Janeiro, em 1808.

Figura 19.3 Esquema da introdução do chá no Brasil: Juquiá (SP), Rio de Janeiro, Ouro Preto (MG), serra da Bocaina (RJ e SP) e Registro (SP).

A região do vale do Ribeira foi importante produtora de chá-preto. Várias indústrias se instalaram pela região para processar as folhas, incluindo as que participavam da cooperativa agrícola Cotia, já extinta. Hoje, é raro encontrar agricultores que se dediquem à cultura do chá.

A década de 1980 é considerada a época de maior desenvolvimento do chá-preto no vale do Ribeira, onde havia sete fabricantes e mais de 1,5 mil produtores. Atualmente, há apenas uma fábrica, que recebe matéria-prima de apenas quatro produtores, e as máquinas ficam cada vez mais tempo paradas. O alto custo de produção torna difícil enfrentar a concorrência do mercado internacional, mesmo sabendo que os principais produtores mundiais enfrentam problemas climáticos.

Na antiga rota do chá, em Registro, há fábricas fechadas e plantações perdidas. A única usina de chá-preto em atividade planeja seu fechamento, justamente quando a produção do Brasil é pequena e não tem como atender ao mercado externo. O proprietário resistiu à crise do setor; na última safra, produziu 1,2 mil toneladas de chá, mas em 2018 previa fabricar em torno de 200 toneladas. Por essa razão, pensa em encerrar as atividades.

Luiz Antônio de Campos Penteado, um dos autores, é ex-produtor. Teve plantação de chá por quinze anos e credita a decadência do plantio à valorização do real na década de 1990.

Enquanto o cultivo e a manufatura de chá-preto tendem ao desaparecimento, uma companhia japonesa está investindo na produção de chá-verde em fazendas em Tapiraí e São Miguel Arcanjo, no estado de São Paulo, e em Araucárias, no Paraná, para exportação.

Há ainda empresários que estão procurando expandir o consumo do chá pela preparação da infusão de diferentes tipos, em casas de chá especiais. Segundo uma notícia veiculada em canal de televisão, procuram atrair os brasileiros para um novo costume: a ingestão da infusão. Segundo a reportagem, os brasileiros consomem menos de duas xícaras de chá por ano, quantidade muito pequena face ao consumo por habitante/ano dos turcos, avaliado em quase 2 mil xícaras. A notícia não fez alusão ao aumento de cultivo ou manufatura, o que leva à dedução de que as casas de chá, possivelmente, dispõem de chás importados. A teicultura não vai ser, com certeza, o objetivo.

19.5 PLANTA

A planta do chá é um arbusto perene e permanentemente verde, que pode atingir 7 m em estado nativo. Nas plantações comerciais, em geral, seu porte não excede 1,4 m, mantido pelas podas sucessivas. A baixa altura favorece a colheita das folhas, que, quando adultas, são oblongas, de tonalidade verde-escura, com margens serreadas e nervuras bem delineadas. As folhas novas e os brotos são pubescentes, com curtos tricomas brancos. Na bibliografia internacional há fotos de ramos, folhas, frutos e sementes. Os frutos são cápsulas pequenas, trígonas, com três sementes globosas, ricas em óleo comestível. Já as flores são pequenas (Figura 19.4), isoladas ou aos pares, com pétalas brancas, perfumadas; apresentam vários estames e um pistilo com três estigmas. Embora hermafroditas, não se autofecundam; assim, a fecundação depende de insetos, principalmente abelhas.

A *Camellia sinensis* é a espécie mais cultivada. No entanto, na Índia planta-se a *Camellia sinensis* var. *assamica*, de maior porte, com folhas maiores e muito rica em cafeína, indicada para a preparação do chá-preto.

O chá é considerado uma planta de alta rusticidade. Até o presente, teve sua produção concentrada em municípios do vale do Ribeira, mas há outras regiões do estado de São Paulo e do Paraná aptas para seu cultivo. O zoneamento agrícola de São Paulo indicou como adequadas para teicultura as regiões de Campinas (41,52% da área total da região administrativa), Ribeirão Preto (34,2%), Marília (27,9%), vale do Paraíba e Sorocaba (ambas com 10%) e litoral (5,8%). Porém, foi na menor dessas regiões que o cultivo se destacou. Os chazais locais eram provenientes de híbridos de chá chinês e assâmico, mas estes são mais produtivos e dão produto bioprocessado de melhor qualidade. O Instituto Agronômico de Campinas (IAC) selecionou boas variedades assâmicas.

Figura 19.4 Flor e estames.

Fonte: Luiz Antônio de Campos Penteado.

19.5.1 CLIMA E SOLO

Para o cultivo de chá, o clima precisa ser úmido e pouco ensolarado. Nas baixas altitudes, a estação seca deve ser bem definida para um período de repouso depois de podas e colheitas, a fim de garantir rebrotamento vigoroso. O chá é cultivado a pleno sol e se desenvolve bem em calor não muito intenso (14 °C a 27 °C). As temperaturas médias de 18 °C a 21 °C são as mais indicadas. Em alguns países, é cultivado em ambiente sombreado.

Em regiões quentes a planta também pode se desenvolver bem, mas seu período de vida é mais curto e a qualidade da bebida, inferior. Resiste a temperaturas inferiores a 0 °C, mas prefere verão úmido a inverno muito frio. Os ventos devem ser evitados, principalmente ventos dominantes, que secam o solo e prejudicam a transpiração. Se a região não tem árvores, é aconselhável plantá-las para agir como quebra-vento, de preferência espécies características da região.

Exige solo fértil, ácido (pH ótimo entre 4,2 e 5,5), bem irrigado, mas permeável para garantir boa penetração das raízes e aeração adequada. Solos muito compactos prejudicam a longevidade da planta. A bibliografia informa que a precipitação pluvial adequada está entre 700 mm e 3.100 mm anuais. Os melhores solos para cultivo do chá são argiloarenosos profundos, ricos em fósforo e potássio e menos ricos em cálcio, porque a *Camellia sinensis* é planta calcífuga. Nitrogênio e fósforo influem no desenvolvimento e na qualidade da bebida.

19.5.2 PROPAGAÇÃO

A planta do chá propaga-se por mudas ou sementes (multiplicação sexuada, mais demorada). As sementes, previamente mergulhadas em água, são plantadas em canteiros de viveiros sombreados, onde germinam. Dos viveiros são transplantadas para um terreno definitivo, de preferência sombreado, com quebra-vento, onde recebem fertilização e tratos culturais próprios, para garantir sua sobrevivência e seu crescimento.

A reprodução vegetativa (assexuada) é feita por estaquia em viveiros, onde são assistidas como as plantas originadas de semeadura. As estacas são retiradas da ponta dos ramos maduros (marrons) com 3 cm a 5 cm, com um broto e uma folha. São plantados em saquinhos de plástico preto com terra de subsolo peneirada e transplantados para um viveiro sombreado. Após o enraizamento e o bom desenvolvimento, as mudas são transferidas para seus locais definitivos.

Atualmente há processo de clonagem, mas não foram encontradas referências sobre esse emprego em plantações de chá.

19.5.3 PODAS

Trata-se da operação que controla o crescimento de uma planta e consiste no corte racional de ramos que crescem durante seu desenvolvimento. Para o chá, de maneira geral, a poda não é executada antes de três anos, durante os quais são mantidos os ramos que crescem até 1-1,2 m do solo. Aos três anos, recebe poda corretora, para manter a altura de 1-1,2 m, no topo dos arbustos, em plano horizontal, paralelo ao solo. Com ela, são eliminados os ramos mal dirigidos e secos. Uma vez ao ano, pode ser feita uma intervenção que permite o crescimento de apenas 8 cm por ano até os cinco anos de idade. Quando atinge 1,4 m, nova poda é feita para reduzir a 1 m de altura.

Aos seis anos, a planta atinge a plena produção, que se estende até próximo de quinze anos. Se a produção decai e a planta fica muito fina, é renovada com poda enérgica, curta. Em seis meses, surge nova brotacão vigorosa.

19.5.4 PRAGAS E DOENÇAS

Como qualquer cultura, o chá é suscetível a doenças produzidas por fungos e bactérias, que atacam ramos e raízes. As raízes são afetadas por bactérias causadoras de podridão e mal vermelho, os ramos e os troncos são atacados por fungos causadores de ferrugem, e as folhas sofrem por antracnose.

As pragas atacam na forma de lagartas que comem as folhas, cupins, formigas-cortadeiras, nematoides nas raízes e hemípteros que incidem sobre tronco e ramos.

19.6 COMPOSIÇÃO DO CHÁ

As folhas encerram tanino, cafeína, carboidratos, óleos essenciais, aminoácidos, enzimas, antocianinas, flavonoides, ácidos orgânicos, pectina, vitaminas e polifenóis. As flores possuem aroma que favorece a qualidade das infusões. As sementes encerram de 26% a 30% de óleo de sabor amargo e aroma não agradável. Entre os ácidos, foram identificados oxálico (0,05%-0,22%), succínico (0,03%-0,06%), gálico (0,02%) e péctico.

A composição das folhas varia de acordo com variedade da planta, fisiologia, data da amostragem e idade; os brotos e as primeiras folhas apresentam mais tanino e cafeína que as folhas secundárias, terciárias e adultas, nessa ordem. No verão há maior concentração de tanino. A composição do chá beneficiado é afetada pela das folhas verdes e pelo processo de beneficiamento.

De maneira geral, os chás comerciais produzem de 36% a 40% de extrato aquoso e contêm de 8% a 9% de taninos, de 4% a 9% de cinzas, de 3% a 4% de solúveis em água e de 2% a 3% de cafeína. Análises de chás brasileiros mostraram dados de extratos aquosos inferiores, mas teores de cafeína e de tanino comparáveis aos de chá de outras procedências, como mostra a tabela a seguir.

Tabela 19.1 Composição de chá, folhas, ramos e nervuras das folhas

	Chás de São Paulo e Minas Gerais			Chá* %	Folhas %	Ramos %	Nervuras %	Chá %
	Mínimo %	Máximo %	Média %					
Água	5,0	8,7	6,7	6,9-7,5	6,9-7,1	6,9-7,5	6,75-7,5	8,0-10,0
Extrato aquoso	27,0	41,2	6,7	40,1-49,0	45,0-48,5	36,0-47,0	5,0-15,0	–
Tanino	9,0	14,0	11,8	12,3-12,8	12,4-13,3	11,6-12,5	12,2-12,9	5,0-15,0
Cafeína	2,56	3,15	2,86	2,5-3,1	2,2-3-2	2,2-2,9	2,8-3,1	1,1-3,6
N total	3,6	3,6	4,2	3,8	–	–	–	26,0-27,0
Fibra	11,9	13,8	–	–	–	–	–	–
Cinza	4,8	5,8	5,2	6,2-7,8	7,6-8,4	4,6-5,0	4,6-5,0	–
Cinza solúvel	3,3	3,9	–	–	–	–	–	–

Fonte: Lima (2001); Campos (1950).

* Campos e Rocha (1952). A amostra de Ouro Preto (MG) apresentou ligeira diferença, para menos, em cafeína e cinzas.

Os taninos encontrados nos brotos e nas primeiras folhas da planta, em teores de 9% a 14%, são compostos fenólicos complexos que compreendem pirocatequina, epigalato de catequina, galactocatequina, catequinas e produtos de condensação, que sofrem escurecimento durante o bioprocesso. São responsáveis pela obtenção do chá-preto. As catequinas, que são incolores e solúveis em água, são responsáveis pelo amargor e pela adstringência dos chás-verdes e atribuem qualidade a eles. O teor de tanino em chás-pretos é inferior ao de chás-verdes, sendo um resultado do beneficiamento. Os chás obtidos de folhas adultas e ramos têm maior teor de fibra e menores teores de cafeína e tanino. São, ainda, considerados de qualidade inferior.

As folhas de chá contêm mais cafeína que os grãos de café verde; seu teor pode atingir 5%. Entretanto, as infusões são mais pobres em cafeína que o café, porque em geral são mais diluídas, de um quarto a dois terços mais fracas. As folhas jovens de chá são mais ricas em cafeína que as adultas, em proporção de 4% e 3%, respectivamente. Comparando infusões de café, mate e chá, a infusão de café acusou 116 mg de cafeína em 100 mL, a de chá-preto indicou 50 mg e a de mate, 21 mg. Essa comparação não informa quanto de material foi usado na preparação da infusão; dependendo da variação da quantidade no preparo da infusão, os resultados são diferentes. Em uma comparação entre infusões, é preciso saber a massa de material usado na preparação, que deve ser sempre a mesma para todas, pois assim os resultados tornam-se plenamente confiáveis.

Nos chás cultivados no Brasil, há de 2,5% a 3,15% de cafeína (trimetilxantina), mas em outros países pode-se encontrar até 5%; o conteúdo de alcaloide inclui o chá na categoria de planta estimulante. O teor decresce de acordo com o tipo de folha, das mais novas para as mais velhas. A 1,3-dimetilxantina (teofilina) ocorre em baixo teor. Outros alcaloides como xantina, hipoxantina e ácido tetrametilúrico são encontrados nas folhas de chá.

Detectados nas folhas, os carboidratos são açúcares livres (sacarose, glicose e frutose), glicosídeos e polissacarídeos solúveis em água. Os componentes dos polissacarídeos são glicose, frutose, galactose, arabinose, xilose, ácido galacturônico e ácidos urônicos.

O chá encerra dezenove aminoácidos que são precursores do aroma. Ácidos aspártico e glutâmico, serina, asparagina, lisina, treonina, arginina, histidina, tirosina, triptofano, valina, leucina e fenilalanina foram encontrados em folhas recém-colhidas, em folhas murchas e no chá-verde. O teor encontrado nas folhas murchas é mais alto por causa da menor umidade. A teanina é um aminoácido que parece ser específico do chá, e seu teor representa até 50% dos aminoácidos livres, ou 2% da massa seca. A perda de umidade aumenta a percentagem, como nos chás-verdes.

O óleo essencial é a essência de chá obtida de seu bioprocessamento. Contém salicilato de metila e um álcool produtor de aroma na proporção de 0,5% a 0,9%. A presença de glicosídeos terpênicos resulta em geraneol e linoleol.

As folhas encerram várias enzimas, também denominadas teases; aparecem em teor mais elevado nas mais ricas em tanino. Entre elas estão fenoloxidases e polifenoloxidases, que têm papel importante no beneficiamento dos chás-pretos, contribuindo para o escurecimento.

Além dos componentes já mencionados, as folhas de chá contêm elementos minerais como potássio, cálcio, fósforo, ferro, zinco, alumínio, magnésio, manganês, selênio, cromo e flúor. Também é possível encontrar vitaminas A, B_2, C, E e ácido fólico. Esses componentes constituem um conjunto antioxidante, complementado por, aproximadamente, 3% de polifenóis.

O ácido clorogênico participa da composição do chá e da erva-mate, em maior teor no mate, que também possui flavonoide diferente do chá. As folhas recém-colhidas de chá contêm pigmentos, como clorofila e carotenoides, entre os quais estão neoxantina, luteína e betacaroteno. Saponina, ácido clorogênico, pigmentos clorofílicos, carotenoides (neoxantina, luteína e betacaroteno), vitaminas do grupo B e vitamina C são encontrados nos chás de melhores aroma e sabor.

19.7 COLHEITA DO CHÁ

A colheita ocorre duas vezes ao ano, uma no hemisfério norte e a outra no hemisfério sul. O material apanhado é constituído de folhas tenras colhidas cuidadosamente nas horas menos quentes do dia. São enviadas, em seguida, para o local de beneficiamento, com precauções para evitar danos de qualquer natureza.

A colheita do chá é feita tradicionalmente à mão, mas a operação mecânica já se expandiu, com o uso de colhedoras mecânicas tiradas por trator ou colhedoras automotrizes (Figura 19.5). A colheita mecânica não era considerada satisfatória porque não permite, ou ao menos dificulta, a separação dos diferentes tipos de folha responsáveis pela qualidade do produto final. Entretanto, a mecanização se generalizou por grandes áreas. As fotos a seguir, obtidas entre 2009 e 2012, mostram os dois tipos de colheita mecânica.

(a) (b)

Figura 19.5 Colheita mecânica com a) máquina arrastada por trator e b) automotriz.

Fonte: Luiz Antonio de Campos Penteado.

(a) (b)

Figura 19.6 a) Colhedora arrastada e b) carregamento de caminhão para transporte de folhas colhidas com automotriz.

Fonte: Luiz Antonio de Campos Penteado.

A *Camellia sinensis* é perene e sujeita a hibernação. Ela brota no início da primavera, quando as primeiras folhas são colhidas para o beneficiamento. No hemisfério sul, a colheita tem início a partir de setembro; no hemisfério norte, é feita de março a abril. Nos países asiáticos, os melhores chás-verdes são colhidos entre a primavera e o verão, mais ou menos em maio; no hemisfério sul esse período cai em setembro. A época adequada é determinada pelas condições climáticas, geográficas e topográficas de cada região. No hemisfério norte já está muito frio em setembro, portanto, não há colheita, que tem início entre primavera e verão, aproximadamente em maio. No Brasil a colheita se estende de agosto a maio (oito meses). Por conta da amenidade do clima, os brotos podem ser colhidos a cada duas semanas, num total de até vinte colheitas em cada safra.

A *Camellia sinensis* é perene e sujeita a hibernação. Ela brota no início da primavera, quando as primeiras folhas são colhidas para o beneficiamento.

19.8 FOLHAS DO CHÁ

O chá comercializado e consumido internacionalmente é constituído de folhas beneficiadas. A secagem e o bioprocesso têm como resultado o material para preparar as infusões, ou seja, a bebida. De acordo com sua posição nos ramos e sua idade, as folhas recebem uma denominação, original do idioma chinês, conhecida e aceita em todos os locais de comercialização e consumo.

A Figura 19.7 esquematiza a posição das folhas nos ramos da planta e apresenta uma ideia de sua tenrura e dimensão à medida que a planta se desenvolve.

Pela sequência na figura, *flowery orange pekoe* são as folhas da gema, ainda não abertas e revestidas de tricomas brancos; *orange pekoe* é a primeira folha, muito tenra e em tom verde-claro; *pekoe* é a segunda folha, tenra e de coloração verde mais forte; *pekoe souchong* é a terceira folha; *souchong*, a quarta; *congon* (*cougou* ou *congo*) representa a quinta folha; *bohea*, a sexta, que tem coloração mais forte como as adultas.

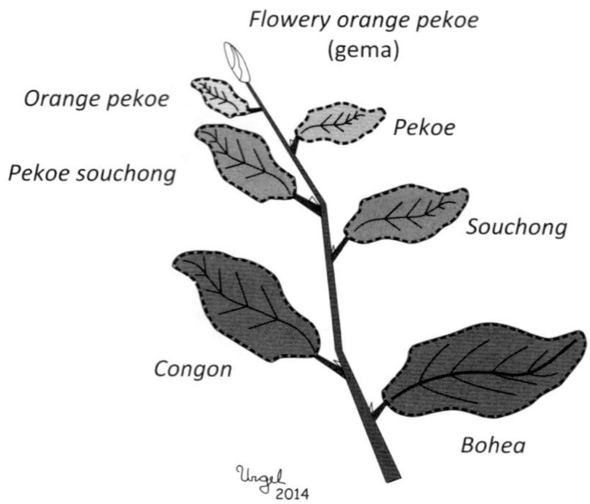

Figura 19.7 Denominação das folhas segundo sua posição nos ramos e seu desenvolvimento. A coloração varia de verde-claro a verde-escuro.

19.9 TIPOS DE CHÁ

A bebida é obtida por infusão das folhas, depois de serem submetidas ao beneficiamento, do qual se originam os quatro tipos básicos de chá: verde, preto, branco e *oolong* (pronúncia *ulong*). Esses tipos são aceitos internacionalmente. O chá *oolong* também é conhecido como *wulong* e *wu long*.

Entretanto, todos derivam de dois tipos primitivos ou fundamentais: o verde e o preto. Estes têm características bem diversas por conta da forma de beneficiar. Os diferentes tipos são obtidos por meio da interrupção da oxidação em um estágio predeterminado e pelo método de secagem das folhas.

19.9.1 CHÁ-VERDE

Obtém-se o chá-verde apenas pela secagem das folhas. Elas são colhidas cuidadosamente e submetidas a tratamento por calor, em temperatura suficientemente alta para murchá-las, inativar as enzimas naturais e secá-las. No Japão, o aquecimento é feito por vapor; na China e em outros países asiáticos, esse processo é realizado em estufas ou as folhas são expostas a chamas ou brasas. O tratamento por vapor faz supor que, depois de murchar as folhas e inativar as enzimas, resta umidade. Assim, as folhas devem ser submetidas a outro tratamento para secar.

A história conta que, antigamente, na China, as mulheres esfregavam as folhas na mão para enrolar e, depois, as colocavam em bandejas para secar ao sol ou em calor seco. Há produtores que secam as folhas por meio de exposição ao sol, diretamente no chão.

O aquecimento inativa as enzimas, desidrata as folhas e as condiciona para conservação e uso no estado seco. Cinco quilos de folhas verdes rendem aproximadamente um quilo de chá beneficiado.

19.9.2 CHÁ-PRETO

As folhas são submetidas a oxidação. Em chinês, seria chamado de chá vermelho em razão da coloração predominante nas folhas escaldadas. Depois de beneficiado, encerra 10% de polifenóis.

Seu beneficiamento é complexo. Envolve bioprocesso de transformação enzimática, comum e equivocadamente designado de fermentação, pois não há intervenção de microrganismos. O bioprocesso ocorre da seguinte forma: os brotos e as folhas adequadas (jovens e tenras) são colhidas pela manhã e encaminhadas para uma câmara onde são aquecidas em cochos, em temperatura e por período adequados para murchá-las.

A Figura 19.8 mostra folhas colhidas dispostas em uma câmara para murchamento, em Registro (SP).

Figura 19.8 Folhas verdes nos cochos de murchamento, em Registro (SP), em 2011.

Fonte: Luiz Antônio de Campos Penteado.

Depois de murchas, as folhas são levadas para máquinas onde se dá seu enrolamento (Figura 19.9), que causa exsudação do suco celular, o qual encerra taninos e enzimas oxidantes.

Figura 19.9 Máquina enroladora das folhas de chá.

O material enrolado é disposto em bandejas e colocado em outra câmara aquecida. Nesse local, em meio úmido, ocorre um processo enzimático, bioquímico, sem interferência de microrganismos. As oxidases modificam os polifenóis do suco e o escurecem, o que explica a denominação de chá-preto. A Figura 19.10 exemplifica uma reação de oxidação enzimática por polifenoloxidase (PFO).

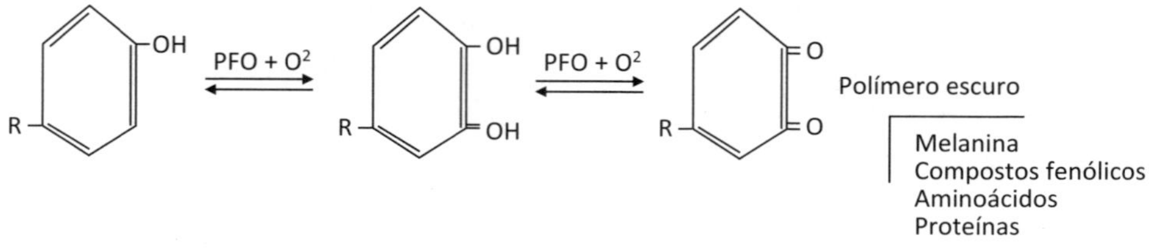

Figura 19.10 Reação de oxidação de compostos fenólicos por polifenoloxidase.

Desidratadas e enroladas, as folhas bioprocessadas aparentemente ficam negras. No entanto, quando postas na água de infusão, elas se desenrolam e mostram cor de cobre oxidado ou castanho.

Em continuação, as folhas oxidadas seguem para secagem em temperatura alta. Na sequência, vão para uma fragmentadora (Figura 19.11) e, depois, para um classificador de peneiras. Ao final do processo, são armazenadas ou embaladas.

A Figura 19.12 esquematiza um bioprocesso completo de obtenção de chá-preto. Cinco quilos de folhas verdes rendem aproximadamente um quilo de chá-preto, como mencionado anteriormente.

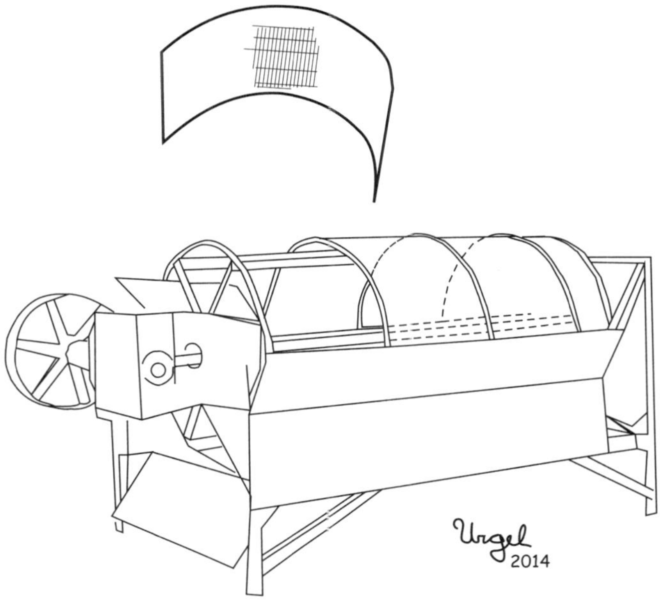

Figura 19.11 Fragmentadora das folhas beneficiadas.

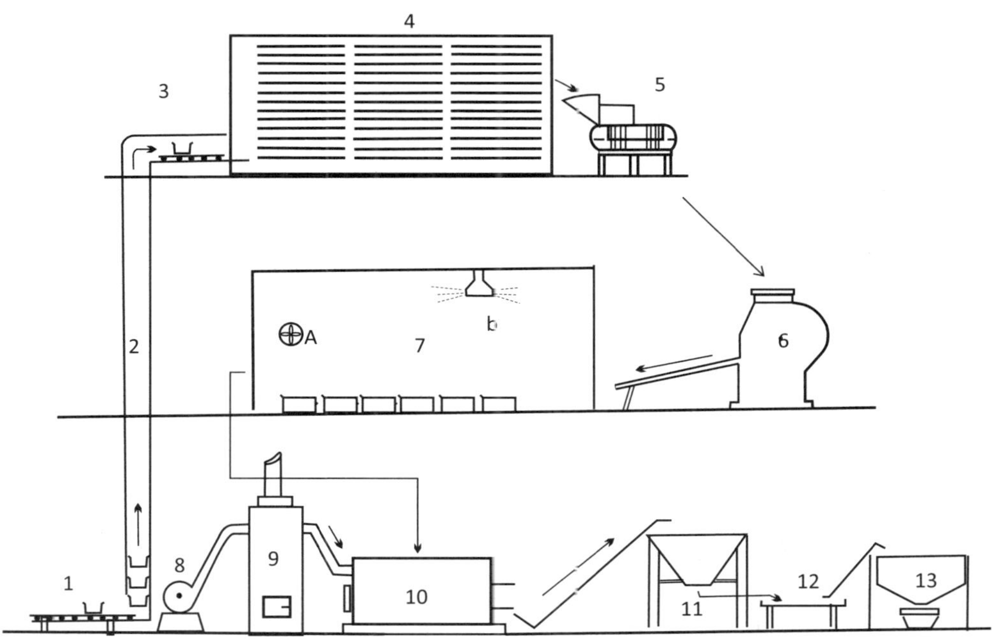

1 – Transportador; 2 – Elevador; 3 – Transportador; 4 – Câmara de murchamento; 5 – Bateria de enroladoras; 6 – Peneira quebradora; 7 – Câmara de fermentação com ventilador *a* e nebulizador *b*; 8 – Ventilador; 9 – Gerador de calor; 10 – Secador; 11 – Peneira; 12 – Classificador; 13 – Envasadora

Figura 19.12 Esquema da preparação do chá-preto.

Fonte: adaptada de Nosti (1953).

19.9.3 CHÁ-BRANCO

Este tipo de chá é produzido no hemisfério norte. Ele é colhido manualmente e apenas uma vez ao ano, de abril a maio, o que motiva seu maior custo final. Constitui-se de brotos, gemas apicais que surgem no início da primavera. Sua colheita é feita antes da abertura, quando as folhas mostram coloração verde pálida e cobertura de tricomas finos, que lhes atribui coloração branca. Pelo fato de ser formado apenas por gema terminal, para obter um quilo de chá beneficiado são necessários aproximadamente oitenta mil brotos, o que também justifica seu alto preço.

Em realidade é um chá-verde, pois em sua preparação não é submetido a procedimento que cause oxidação. O chá-branco é obtido de folhas jovens, ainda em botão, para que não se forme clorofila. São colhidas muito delicadamente para evitar esmagamento, ferimento ou dano físico de qualquer natureza e, logo em seguida, são postas a secar. Pela forma tradicional eram secas ao ar livre, possivelmente ao sol, mas atualmente sofrem aquecimento para inibir a ação das enzimas.

Não ocorre bioprocesso enzimático, e o chá adquire características de chá-verde, porém mais rico em polifenóis e com menor teor de cafeína. Tem aroma e sabor superiores ao do chá-verde comum. É mais caro e produzido em pequena escala. Atualmente, é vendido no Brasil em sachês.

19.9.4 CHÁ *OOLONG*

As folhas verdes são submetidas a bioprocesso enzimático, com oxidação controlada entre chá-verde e chá-preto. Também é considerado "semifermentado", expressão inadequada, pois não ocorre fermentação, que supõe a participação de microrganismos. Há um bioprocesso causado por oxidação pelas enzimas próprias do vegetal. Por isso, o chá *oolong* pode ser denominado chá semiprocessado ou semioxidado.

Próprio de Taiwan e da China, após a colheita, de acordo com informações bibliográficas, é posto a secar ao ar livre (ao sol, talvez) ou em câmara fechada por 30 a 60 minutos e, depois, submetido a tratamento com vapor, secagem por calor de fogo, distensão manual das folhas e novo aquecimento para paralisar o bioprocesso. Geralmente, apresenta 20% de polifenóis.

19.10 OUTROS TIPOS DE CHÁ

O *pu-erh* não é uma subclasse de chá-preto, mas um produto especial. É um chá oxidado e envelhecido, considerado duplamente bioprocessado; o segundo processo é causado por bactérias. Pode ser encontrado conservado com mais de cinquenta anos.

Também conhecido como chá vermelho, ele é elaborado com folhas adultas, colhidas de árvores velhas no sudoeste da China e nas fronteiras com Mianmar, Vietnã e Laos. As árvores desse chá são autóctones, não cultivadas, encontradas em montanhas conhecidas como "montanhas de chá". Pelas descrições, bons conhecedores do *pu-erh* colhem as folhas em bosques naturais de uma só montanha e não as misturam com folhas de outras procedências. As folhas são reunidas na forma de pequenas tortas ou ladrilhos, envoltas em cascas de árvores e submetidas a calor e luz solar para que amadureçam.

Armazenado por alguns anos, esse chá adquire cor escura e características suaves. O processo de envelhecimento natural surgiu nas rotas das antigas caravanas. Os blocos, as tortas ou os ladrilhos do chá apresentam sabor terroso, valorizado pelos apreciadores.

O *pu-erh* tem características e nomes distintos:

- *Bingchá*: um disco achatado de 100 g a 5 kg, com média de 500 g.
- *Túochá*: em forma de tigela de 7 g até 3 kg, com média de 100 g a 500 g.
- *Zhuanchá*: um ladrilho retangular de 100 g a 1 kg.
- *Fängchá*: quadrado de 100 g a 200 g.
- *Jinchá*: enformado como uma flecha de 250 g a 300 g, no Tibete, ou como melão com pequena concavidade.

O gosto do *pu-erh* varia de acordo com o tempo de maturação. A infusão do chá vermelho é feita em água a 85 °C, com repouso de dez minutos. É considerada bem-feita se houver formação de espuma na chávena, gerada pela alta temperatura da água. O tom desenvolvido após três minutos de repouso é cobre claro.

O chá amarelo é especial e processado como o chá-verde, mas com secagem mais demorada. O chá *lapsang souchong* é um chá-preto chinês defumado em secagem sobre chamas usando madeira de pinho.

Segundo relatos históricos, ou lendas, no século XVII, a região de Fujian foi ocupada por soldados durante algum tempo. Ao saírem, incendiaram tudo, incluindo as instalações de preparo do chá. Ao voltarem a seus lares, os habitantes encontraram o chá sapecado, cuja infusão deixava aroma e sabor defumados, porém agradáveis. Daí em diante, passaram a beneficiar o chá de maneira a adquirir a característica defumada.

Em outra versão, o chá estava secando quando soldados invadiram a povoação e os habitantes, para não perder a produção, aceleraram a secagem com queima de madeira e folhas de pinheiro. A secagem realmente foi acelerada, mas o chá adquiriu aroma e sabor de fumaça. Já outro relato sugere que foi uma forma que os produtores desenvolveram para prolongar a vida útil do chá exportado para Europa e América, que perdia boas características por conta da longa viagem. A secagem com queima de lenha de pinheiro oferece sabor e aroma especiais e apreciados.

O *chong cha*, literalmente "chá quente", é preparado com botões de chá em vez de folhas. A medicina chinesa aconselha seu uso no calor do verão e para tratar sintomas de gripe. Já o *kukicha* é obtido de galhos e folhas velhas da planta durante a época dormente. Ele é tostado a seco por ação do fogo. Denominado também chá de inverno, é popular na medicina tradicional japonesa. Há ainda o chá *rize*, que é um chá-preto forte produzido na Turquia.

19.11 CLASSIFICAÇÃO DOS CHÁS

Além dos tipos de chás citados, há uma classificação de acordo com as folhas usadas no beneficiamento. Entretanto, há diferenças entre países produtores. Com relação às folhas, além da denominação, deve-se considerar seu estado, como folha inteira, folha partida, pó e assoprado ou abanado (*fannings*).

O Quadro 19.1 ilustra as classificações adotadas em três países diferentes, nas quais a característica determinante é o chá ser preparado com folhas inteiras ou partidas.

Quadro 19.1 Nomenclatura de tipos de chá de acordo com a condição da folha beneficiada e sua posição na planta

Tipos de folhas	Classes dos chás		
	Índia	**Java**	**Sri Lanka**
Folhas inteiras	*Flowery pekoe*	*Flowery pekoe*	
	Orange pekoe		*Orange pekoe*
	Pekoe	*Pekoe*	*Pekoe*
	Pekoe suchong	*Pekoe suchong*	*Pekoe suchong*
	Suchong	*Suchong*	*Suchong*
		Congon	*Congon*
		Bohea	
Folhas partidas	*Pekoe* partida	*Flowery pekoe* partida	
	Pó de *pekoe*	*Pekoe* partida	*Pekoe* partida
	Suchong partida	Peneirado de chá	*Pekoe suchong* partida
	Chá pulverulento	Chá partido	Peneirado de *pekoe*
	Pó de chá	Pó	Pó de *pekoe*

Fonte: adaptado de Nosti (1953).

Durante colheita, transporte e beneficiamento, é natural que as folhas, mesmo tendo sido manuseadas cuidadosamente, sofram quebras, das quais podem resultar pedaços muito pequenos, separados por peneiras, e pó, que é recolhido depois de um assopramento.

As classificações têm praticamente as mesmas denominações, mas os países podem adotar uma classificação particularizada, que leva em conta o tipo processado ou sua origem. Outros usam denominações e classes semelhantes, mas inserem outros critérios. Assim, há uma classificação usada na China para chás-verdes, chás-pretos e tipos intermediários, como vemos no quadro a seguir.

Quadro 19.2 Classificação chinesa para chás-verdes, chás-pretos e tipos intermediários

Chá-preto			
Classe	**Origem**	**Denominação**	**Qualidade**
Pekoe	Gema terminal	*Orange pekoe* ou *Flowery pekoe*	"Chá de ponta"
Pekoe	Primeira folha	*Pekoe suchong*	"Chá de ponta"
Suchong	Duas folhas terminais	–	Vários subtipos
Congon	Três folhas terminais de um ramo	–	Qualidade inferior à dos anteriores
Chá intermediário			
Oolong	Beneficiamento especial		
Chá-verde (mais classes, porque são levados em conta: granulometria, classe e idade das folhas e outros)			
Hyson	Folhas jovens ainda em gema, inclui o *Hyson-hays-wen* e o *Hyson-schu-tang*		
Cheu-cheu ou pólvora de canhão	Em pequenos glomerulos, inclui o "chá imperial"		
Hyson skin	Resíduos de *Hyson* formados durante a preparação manual		
Jonkay	Folhas rasgadas durante a colheita ou o beneficiamento		

Fonte: construído com base em dados de Nosti (1953).

19.12 NORMATIZAÇÃO PARA CLASSIFICAÇÃO DE CHÁS

Com relação à classificação, parece que a nomenclatura chinesa predomina, porque é bem extensa e aborda mais características que a de outros produtores de chá. Percebe-se que há carência de uma normatização comercial comum, para facilitar negociações, distribuição em classes e melhor compreensão por parte dos consumidores. Há descrição de uma ampla gama de características, que cria confusão, sobretudo quando se trata de ordenar, analisar e comercializar os tipos e as numerosas misturas oferecidas ao consumidor.

A nomenclatura chinesa, que se baseia no tipo de folha predominante na amostra, é a mais aceita, porém os comerciantes, sobretudo os europeus, incluem características de origem, uso, forma de preparação, intensidade do aroma e do paladar, divisão das partículas, modo de secar e forma de beneficiar, com destaque para secagem e mistura de tipos ou sua segregação. Toda essa forma de buscar ordenamento gera pontos de conflito entre produtor, comprador, distribuidor e consumidor. São tantas as combinações e os arranjos possíveis que tornam o entendimento difícil. Vejamos, a seguir, algumas classificações.

19.12.1 CHÁS-PRETOS

Os obtidos da gema terminal ou da primeira folha são denominados chás de ponta. Quando é a gema, *orange pekoe* e *flowery pekoe*; quando é a primeira folha, *pekoe souchong*; quando são duas folhas terminais, *souchong*; no caso de três folhas terminais de um ramo, *congons*, *congou* ou *congos*; os *oolongs* são tipos intermediários entre os verdes e pretos, que resultam de um tipo de beneficiamento não conhecido dos europeus.

19.12.2 CHÁS-VERDES

Aumenta muito o número de classes em função de grau de divisão, classe, idade das folhas etc. São exemplos:

- *Hysons*: obtidos com as folhas mais jovens que se acham ainda como gema; entre eles estão *hyson-hays-wen* e *hyson-schu-tang*.
- *Grande pérola*: folhas enroladas à mão.
- *Cheu-cheu* ou *pólvora de canhão*: se apresenta como pequenos glomérulos; nesta classe, inclui-se o chá imperial, com glomérulos de maior tamanho.
- *Hyson skin*: certos tipos de resíduos do *hyson* obtidos durante a preparação manual.
- *Jonkay*: formado pelas folhas rasgadas ou quebradas na colheita ou no beneficiamento.

Em outros países, é costume seguir a classificação para chás-pretos, os mais consumidos fora da China e do Japão.

A Índia adota outras características derivadas de origem, formas de cultivo e de preparação. Nesse país, as infusões fortes são obtidas de chás denominados *assam*. Há também os dooars, de aroma superior, suave e com boa coloração, e os *cachars*, pouco ásperos e de infusão densa. Os *darjeeling* ostentam aroma característico, delicado e agradável. No sul da Índia, predominam chás de aroma suave e infusão forte.

Já no Paquistão, são cultivados os *sylhet*, de tipo médio. No Japão, os cultivados à sombra produzem os tipos *gyokuro* e *tencha*. O *tencha* é moído e usado em cerimônias especiais; suas características organolépticas são mais suaves que as dos chás produzidos a pleno sol, como o *bancha* e o *sencha*.

19.13 CHÁS ESPECIAIS

Além dos tipos de chá descritos, há outros chás famosos, cuja técnica de obtenção não é diferente das descritas até aqui. No entanto, representam marcas comerciais ou regiões de origem às quais são atribuídas qualidades especiais. Outros representam certos ambientes de consumo requintados. Entre eles podem ser citados os tipos a seguir.

19.13.1 *BOHEA*

Trata-se de um chá varietal, de folhas mais achatadas, menores, com serrilhado menor e de cor verde mais forte que a das folhas *pekoe* ou *pekoe souchong*. A pronúncia *bu-ii* ou *wu-ii* deriva das montanhas onde foi descoberto, e sua história é repleta de mitos.

19.13.2 *HYSON*

Chá-verde chinês. Fragrante e adstringente, nem sempre apresenta as melhores características, pois em muitas ocasiões é formado pela separação final das folhas nas classificadoras.

19.13.3 *CONGOU*

É um chá-preto chinês de boa qualidade, em geral obtido da quinta folha abaixo da *flowery*, da *pekoe* e da *pekoe souchong*. Comumente, é vendido como chá floral, com aroma de rosas.

19.13.4 *EARL GREY*

Também conhecido como *Earl Grey Bravo*, é a denominação da mistura de chá indiano do Sri Lanka odorizado com óleo de bergamota, limão ou laranja amarga. Pela lenda, é uma homenagem a um conde inglês do século XIX, primeiro-ministro do rei Henrique IV. Ele teria recebido a receita de um amigo mandarim cuja vida teria salvado. Essa descrição é uma lenda, pois o conde nunca teria ido à China.

19.13.5 *DARJEELING*

Sua denominação decorre da origem, o distrito de Darjeeling, na Índia, considerada a região produtora do mais fino dos chás. Sua qualidade varia de acordo com a época de colheita, que, por sua vez, depende das estações de chuva (monções).

São duas estações. No primeiro período de chuvas, são colhidas folhas jovens, com as quais se prepara infusão de sabor identificado como almiscarado ou moscatel. Essa colheita se estende de fins de fevereiro a meados de abril. No segundo período, em junho, é feita a colheita de folhas bem desenvolvidas que levam à obtenção de infusão de cor cobre e paladar pleno, também almiscarado. Esse chá é recomendado para desjejum.

19.13.6 *BUCKINGHAM PALACE GARDEN PARTY*

O hábito do chá foi introduzido na corte inglesa pela princesa portuguesa Catarina de Bragança, após seu matrimônio com o rei Charles II. A princesa, *lady* Londonderry, oferecia às tardes o chá feito com chá-preto e laranja desidratada. É um chá de características delicadas, que lembram o *Earl Grey* ou o chá de margaridas brancas, e aromas naturais, como limão e morango. Sua iniciativa logo tornou o hábito de tomar chá à tarde um elegante costume.

19.13.7 *LAPSANG SOUCHONG*

É o chá defumado, originado na província de Fujian. Alguns relatam que sua defumação é feita com madeira de pinho; outros contam que se usa madeira de carvalho. Como já descrito, sua origem foi um acidente por conta da presença de destacamento militar na região teífera.

19.13.8 CHÁS-VERDES DE JASMIM

Não é um chá de folhas ou flores de jasmim, mas um chá-verde aromatizado com flores colocadas em contato com as folhas beneficiadas.

19.13.9 *OOLONG*

É um chá tradicional na China, semioxidado, em proporção variável de 10% a 70% do processamento. Mais verde que preto. Comumente é processado como folhas enroladas ou sob a forma de pequenas bolas, como o chá pólvora de canhão.

19.13.10 *POUCHONG*

É um chá entre verde e *oolong*, pois é ligeiramente oxidado. Produzido na província de Fujian e perto de Taiwan. Apresenta forte atividade antioxidante. Seu conteúdo em catequinas é maior que o de outros chás-pretos.

19.13.11 CHÁ PÓLVORA DE CANHÃO

Processado sob a forma de bolinhas, semelhantes em tamanho a pérolas de pólvora (5 mm a 7 mm de diâmetro) usadas nos antigos canhões do século XIX. A infusão tem forte corpo e característica organoléptica de fumaça.

19.13.12 *NILGIRI*

É um chá-verde fortemente aromático, cultivado nas montanhas do oeste da Índia por pequenos produtores.

19.14 USO DO CHÁ

O chá bioprocessado ou não, de qualquer tipo, é usado para a preparação de uma bebida considerada estimulante, refrescante, salubre, medicinal e antioxidante. É obtida por infusão ou escalda, operações executadas com água quente, para extrair componentes solúveis das folhas: sais minerais (potássio, manganês), açúcares (sacarose, glicose), vitaminas (ácido fólico, vitaminas C, K, B_1 e B_2), antioxidantes (flavonoides, catequina, polifenóis) e cafeína. A infusão é uma solução diluída desses componentes, que possui características de sabor e aroma peculiares, variadas de acordo com a parte da planta e o sistema de beneficiamento das folhas.

Um extrato, obtido pelos autores por maceração ou escalda de 10 g de chá *Earl Grey* (Twinnings) em 100 mL de água a 85 °C por três minutos, apresentou teor de 2% de sólidos em solução. O resultado foi uma infusão escura e amarga, porém agradável. Um extrato obtido de um sachê de 1,5 g de chá-verde, infusionado em 100 mL de água a 85 °C por três minutos, acusou 1% de sólidos em solução. A infusão, de cor clara, não apresentou forte amargor e mostrou aroma e sabor delicados, pouco intensos.

Aroma e sabor dependem do tipo de chá usado para preparar a bebida. A adição de aromas e sabores de flores e frutos faz parte da bebida à base de chá, de apreciação limitada a determinados consumidores.

19.15 DESCAFEINAÇÃO DE CHÁS

A presença de cafeína no café e no chá pode ser uma preocupação para os consumidores, que alegam influência negativa sobre o sono, mesmo mediante ingestão com muita antecedência. Esse fato, no começo do século XX, despertou interesse em eliminar o alcaloide das infusões de café, e numerosas patentes foram registradas para essa finalidade. O crescente consumo estendeu o interesse por sua eliminação do chá.

Basicamente, a descafeinação é feita por passagem de vapor e extração da cafeína por lavagem com água quente. Em uma das técnicas, as folhas de chá são colocadas em contato com água a 90-95 °C por algum tempo, que é variável, para umedecê-las e lixiviar a cafeína. O alcaloide dissolve de modo diferente em água de acordo com a temperatura. É ligeiramente solúvel em temperatura de 20 °C, dissolve 18% a 80 °C e 40% a 100 °C, sublimando a 178 °C. Depois do tratamento com água, a cafeína é retirada da infusão pela adição de um solvente capaz de sequestrá-la.

19.15.1 SEPARAÇÃO DA CAFEÍNA

O alcaloide é separado da infusão pela adição de um solvente capaz de absorvê-la ou adsorvê-la. O emprego de solvente orgânico é o principal método utilizado para esse fim, mas apresenta os inconvenientes da permanência de traços residuais do solvente e da remoção de outros compostos. A extração com fluidos pressurizados, principalmente CO_2, tem sido utilizada na indústria para descafeinação de chá e café.

O uso do processo com fluido supercrítico, de alta difusividade e baixas densidade e viscosidade, permite rápidas extração e separação de fase, mas exige investimento alto. Entretanto, pode diminuir o custo operacional, porque não exige recuperação do solvente. A objeção pelo uso de altas pressões pode ser compensada pelo emprego de baixa temperatura, pela economia de energia e pela completa separação extrato/extrator.

19.15.2 AÇÃO DA CAFEÍNA

A cafeína é um alcaloide, isto é, produto nitrogenado com forte atividade fisiológica. Porém, é menos ativa que outros alcaloides, como nicotina, atropina, cocaína e adrenalina.

Sua ação no organismo humano é controversa. Para uns, alivia dores de cabeça, aumenta o fluxo urinário, é leve estimulante de coração e rins e estimula muitas funções corporais, sem efeito depressivo posterior, como ocorre com outros alcaloides. Para outros, em estado puro, estimula o sistema nervoso central, causa nervosismo, ansiedade, insônia e até ataques do coração.

Se por um lado a cafeína pode causar efeitos maléficos, por outro, atribui-se a ela uma série de efeitos vantajosos, como antiestresse, redutor de fadiga e estimulante das faculdades intelectuais e da secreção gástrica. Há ainda aqueles que acreditam que o chá-verde tem ação emagrecedora.

Na realidade, o chá não contém apenas cafeína, mas também outros componentes, sobre os quais não se comenta o efeito sobre o corpo humano. Antes de julgar um alimento que contém alcaloides como benéfico ou maléfico, é necessário saber a quantidade ingerida. Os efeitos dependem do indivíduo, de sua resistência e do grau de diluição do estimulante.

Segundo a literatura, há divergências sobre a quantidade de cafeína que se ingere com as infusões. Uma xícara de 150 mL de café contém de 60 mg a 100 mg de cafeína; uma de chá apresenta de 60 mg a 80 mg; por outro lado, 180 mL de refrigerante à base de cola têm 30 mg. Esses valores, para melhor avaliação, devem estar acompanhados de informação sobre a quantidade de chá ou de café usada para o preparo da bebida.

De acordo com os dados de composição, os chás comerciais produzem de 36% a 40% de extrato aquoso e contêm de 8% a 9% de taninos, de 5% a 15% de cinzas, de 3% a 4% de solúveis em água e de 2% a 2,5% de cafeína. Um chá descafeinado, segundo a legislação brasileira, deve conter no máximo 0,5% de cafeína, valor inferior ao exigido em outros países. De acordo com a literatura, as características organolépticas de um chá descafeinado são inferiores às de um chá contendo a cafeína original das folhas.

Para minorar o fenômeno, as indústrias procuram usar técnicas de recuperação do aroma, mais usadas nas operações de obtenção de extrato para produção de chá instantâneo.

19.16 CHÁ INSTANTÂNEO OU CHÁ SOLÚVEL

O chá solúvel é o que resulta da desidratação de um extrato aquoso. O material seco, após hidratação, resulta em uma bebida com aroma e sabor de uma infusão, porém com características organolépticas diferenciadas das obtidas diretamente pela escalda das folhas de chá beneficiado. Idealizado há praticamente uma centena de anos, a preparação comercial desse tipo de chá se tornou viável depois do aperfeiçoamento de secadores atomizadores. Atualmente, são produzidos chás instantâneos preto, verde e *oolong*.

Pela legislação sanitária federal – Resolução RDC n. 277, de 22 de setembro de 2005 –, chá solúvel é o produto resultante da desidratação do extrato aquoso de *Camellia sinensis*, obtido por métodos físicos, utilizando água como único agente extrator. Pode ser adicionado de aroma. Sua obtenção obedece a uma série de operações que se inicia com o preparo de um extrato aquoso e segue com recuperação de aroma, eliminação de chá leitoso, concentração, desidratação e adição de ingredientes.

Em descrição sumária, o extrato é conseguido pela lixiviação das folhas do chá beneficiado com água aquecida em temperatura próxima da ebulição. Há formas contínuas e descontínuas de obtê-lo.

Em uma delas, as folhas são colocadas em um aparelho extrator constituído de uma bateria de vasos, e a água quente passa por elas sequencialmente. O fluxo de baixo para cima lixivia as folhas e passa para a base do vaso seguinte, continuando até o ultimo vaso. Daí o extrato segue para nova operacão. Com o passar do líquido extrator, as folhas do primeiro vaso se esgotam antes e devem ser substituídas por novas. O vaso passa agora a ser o último da bateria e recebe extrato do vaso anterior. Isso acontece sucessivamente até o final do processamento. O extrato encerra os sólidos solúveis constituídos de sais minerais, açúcares, vitaminas e compostos fenólicos.

A simples lixiviação com água não produz um extrato com alta concentração de sólidos. Em uma escalda doméstica, a infusão de 10 g de folhas secas em 100 mL de água a 85 °C por três minutos produziu extrato com 2% de sólidos em solução.

Comercialmente, a adição de água em proporção de seis a quinze vezes a massa de chá resulta em extrato de 3% a 5% de sólidos, que aumentam com sua passagem de um para outro vaso do aparelho extrator. Para obter um material desidratado, com suficientes sólidos para produzir a infusão, é necessário que o extrato seja concentrado.

Há várias propostas para obter extrato mais concentrado: tratar as folhas com água em baixa temperatura e com vapor alternadamente; aumentar a quantidade de folhas em relação à água de lixiviação; tratar com água acidulada em pH de 2 a 3; e usar enzimas (tanase e polissacaridase).

Quando o chá resfria, há precipitação coloidal que lhe dá um aspecto leitoso (*cream tea*, em inglês). A remoção da turvação é feita por precipitação e centrifugação, ou mantém-se a solubilização dos sólidos por conservação do extrato em alta temperatura (65 °C), tratamento com enzimas, alcalinização a pH 9-10 e ultrafiltração.

A precipitação seguida de centrifugação altera sabor e aroma. Manter a temperatura alta polimeriza os taninos, e a alcalinização escurece a infusão e exige descoloração com dióxido de enxofre. O aroma e o sabor do chá são a base para sua aceitação. Para evitar sua perda durante a extração, há técnicas de recuperação que fazem passar uma corrente de nitrogênio e/ou de dióxido de carbono contra o fluxo extrator, para conservar as qualidades organolépticas. Também se podem recolher os vapores aromáticos e retorná-los ao extrato já resfriado.

A adição de carboidratos de baixo peso molecular durante o bioprocesso diminui a turvação durante o resfriamento do extrato de chá-preto.

19.16.1 CONCENTRAÇÃO

A concentração em boas condições técnicas e econômicas deve ser feita com extratos com 40% a 45% de sólidos, embora haja processos executados com extratos menos e mais concentrados (20% e 51%). Comumente, a concentração é executada em concentradores de filme descendente.

19.16.2 DESIDRATAÇÃO

A maior parte dos chás instantâneos comercializados é seca a 3% a 5% de umidade por atomização do extrato concentrado, como esquematizado na Figura 19.13. O extrato é pulverizado sobre uma corrente ascendente de ar quente a 240 °C. A evaporação é feita, mas a temperatura do pó desidratado não ultrapassa 70 °C, o que não prejudica suas características. A perda de aroma pode ser revertida, evitada ou compensada pela adição de aromatizantes, acidulantes e antioxidantes.

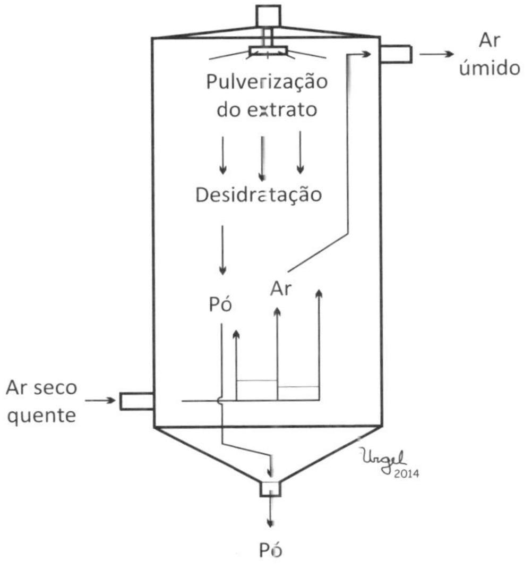

Figura 19.13 Esquema de desidratação de um extrato por atomização.

Outro processo de desidratação do extrato é a liofilização, mas para o chá é pouco viável economicamente. Osmose reversa e crioconcentração são outros processos sugeridos.

Pela Resolução RDC n. 27, de 6 de agosto de 2010, o chá e o chá solúvel estão dispensados de registro no Ministério de Saúde brasileiro ou na Agência Nacional de Vigilância Sanitária (Anvisa), pois estão enquadrados na categoria "Café, cevada, chá, erva-mate e produtos solúveis".

19.17 CHÁ PRONTO PARA O CONSUMO

De acordo com a Portaria n. 544, de 16 de novembro de 1998, do Ministério da Agricultura, Pecuária e Abastecimento, chá pronto para o consumo é a bebida obtida por maceração, infusão ou percolação de folhas e brotos de espécies do gênero *Camellia* (*Camellia sinensis*), de folhas, hastes, pecíolos e pedúnculos de erva-mate (*Ilex paraguariensis*), ou de outros vegetais, podendo sofrer adição de outras substâncias de origem vegetal e de açúcares. Comercialmente, são infusões preparadas por grandes fabricantes de refrigerantes ou refrescos, encontradas em lojas de alimentos, supermercados, restaurantes e bares.

Não foram encontradas estatísticas sobre seu consumo, mas essas bebidas têm aceitação por boa parte da população. Em geral, são extratos adoçados e gaseificados, consumidos após refrigeração. No rótulo do chá pronto para o consumo deve constar sua denominação de origem, como chá da China, erva-mate ou outro.

19.18 QUALIDADE DO CHÁ

A qualidade do chá está relacionada com características de cor, aroma, sabor, pungência e densidade das infusões. Tais características são avaliadas e definidas por análise sensorial executada por degustadores capacitados.

De acordo com a Associação Brasileira de Normas Técnicas (ABNT), a análise sensorial deve evocar, medir, analisar e interpretar reações das características dos alimentos, como percebidas pelos sentidos de visão, olfato, sabor, tato e audição. Para essas determinações, as provas são realizadas em locais apropriados, isentos de aromas estranhos e sob condições adequadas de luminosidade. São analisadas bebidas preparadas por infusão de quantidades definidas de chá em água, em temperatura e por tempo determinados.

A qualidade é caracterizada por vocabulário próprio, que identifica parâmetros indicados pelos provadores e relacionados com o material a examinar. A análise química indica parâmetros e limites exigidos pela comercialização, mas não define qualidade.

A qualidade da infusão está intimamente relacionada com o teor de taninos nas folhas, mais alto nas mais jovens. As gemas e a primeira folha contêm 12%, a segunda apresenta 8,5%, a terceira surge com 8%, a quarta e a quinta têm 5% e as adultas aparecem com 3,5%. Entre outros fatores, a hora da colheita influi na composição das folhas. O teor de taninos, que varia durante o ano, é importante no processamento das folhas verdes para obtenção dos chás-pretos. Os taninos precipitáveis por ácidos também influem na qualidade, sendo responsáveis pela adstringência.

Impurezas diversas, como ramos da própria planta do chá, mistura de folhas de diversas origens e folhas não especificadas para determinado tipo de chá afetam a qualidade dos chás beneficiados e são, em muitos casos, responsáveis por numerosas fraudes que ocorrem no mercado de chás. Uma fraude comum é a comercialização de chás de procedência diferente do local real, comum no comércio dos tipos mais afamados. Outro exemplo é o volume de produção alegado para tipos que se sabe estatisticamente não serem capazes atingir. A adulteração pode ser detectada por meios físicos e químicos. Os físicos analisam e avaliam aparência, cor das folhas, brilho e transparência das infusões; entretanto, odor, sabor e adstringência só são percebidos por degustação.

19.19 SUCEDÂNEOS DO CHÁ

São muitos os vegetais utilizados para preparar infusões. No Brasil, o Ministério da Agricultura, Pecuária e Abastecimento registra 47 sucedâneos (BRASIL, 1998a). A essas ervas é vedado por lei sua venda com adjetivação de que possuem propriedades terapêuticas, mesmo que aceitas pela sociedade.

Algumas plantas são conhecidas como substitutas da *Camellia sinensis*. Por exemplo, a planta *rooibos*, ou *Aspalathus linearis*, uma espécie indígena encontrada nas montanhas Cedarberg, 200 km ao norte da Cidade do Cabo, na África do Sul. Há também a *honeybush*, denominação de algumas plantas do gênero *Cyclopia*, nativas do sudoeste e do sudeste da África do Sul. Parecem com *rooibos* e suas flores e folhas exalam aroma de mel de abelhas.

No Brasil, são comuns os chás de ervas, como alecrim, alfazema, arnica, camomila, catuaba, erva-cidreira, capim-limão, erva-doce, hortelã, jasmim, carqueja, menta, malva, maracujá, flor de laranjeira, folhas de *citrus* etc. O Ministério da Agricultura, Pecuária e Abastecimento, como já mencionado, registra 47 ervas como chás.

Contudo, o principal sucedâneo do chá é a erva-mate (*Ilex paraguariensis*), que ocorre naturalmente no Brasil, no Paraguai, na Argentina e no Uruguai.

19.20 CHÁ NA GASTRONOMIA

Atualmente, especialistas em gastronomia propõem o uso do chá como elemento importante na preparação de pratos. Os adeptos da gastronomia molecular também pensam assim e ministram cursos, nos quais as infusões são partícipes.

Há diversas formas de combinar alimentos e chá. Uma delas é o uso de folhas frescas da planta na alimentação (no século IV, na China, ingeria-se um cozido de gengibre, com cebola e cascas de laranjas).

Os *chefs* criam receitas com chá, com a intenção de inovar. Parece que os pratos são bem recebidos, pois há cardápios que anunciam a novidade. Alguns afirmam que acrescentar chá ao alimento forma uma boa associação que não faz o aroma perder-se. Sugestões recomendam juntar o chá beneficiado ao alimento, adicionar infusão à comida e utilizar o chá para defumação. Segundo a crença, o chá absorve as gorduras e melhora o valor nutritivo do alimento.

As receitas chinesas aconselham o uso de chá-verde nos pratos ditos leves e de chá-preto no preparo de sopas e defumações. Chá de jasmim pode ser usado na preparação de frutos do mar, por conta do aroma persistente; já o *oolong* vai bem em pratos mais fortes.

Entretanto, os *chefs* dizem que não é fácil combinar chá e alimentos, pois há grande variedade de características entre eles. Alguns, de tão suaves, não contribuem para a qualidade dos pratos. Por conta dessas variações, os cozinheiros devem realizar experiências antes de propor uma combinação de chá com alimento. Um dos pontos importantes é saber preparar a infusão ou usar um chá de forma que as características organolépticas realmente influenciem o prato, sobretudo em relação à persistência da fragrância, desejável no alimento pronto para consumo.

A combinação gastronômica não se limita à adição do chá ao prato, podendo incluir também uma infusão a ser ingerida antes ou depois de consumir o alimento. Tomar a infusão durante a refeição é a maneira clássica. Um conselho é tomar chá-verde de boa procedência e, depois, comer camarão ainda com o sabor persistente do chá-verde à boca.

A imaginação pode levar à criação de numerosas receitas. Em certos casos, em vez de cozinhar o alimento em infusão, ela é feita no próprio prato.

É comum na China o uso do chá no preparo de alimentos básicos. Um exemplo é o cozimento de ovos e de camarões com chá. O pato defumado cozido com chá-preto de jasmim tem seu paladar melhorado e sua gordura reduzida. Mariscos são cozidos em infusão de chá-preto para eliminar o cheiro e dar fragrância especial ao prato.

O chá-branco recebe atenção especial, como na mistura com carneiro, que supostamente elimina maus elementos nutritivos e aumenta a umidade da carne.

No Tibete há uma bebida tradicional, muito calórica, preparada com infusão de chá misturada com leite, manteiga de iaque (bovino) e sal. É o chá de manteiga. Uma receita ensina o preparo: ferver um litro e meio de água, abaixar o fogo após a ebulição, juntar uma colher rasa (sopa) de chá-preto e ferver novamente. Depois, deve-se esperar a infusão adquirir cor âmbar, remover as folhas do chá, adicionar um quarto de colher (chá) de sal, duas colheres (sopa) de manteiga e meia xícara (chá) de leite. É preciso bater até obter uma emulsão, sendo comum o uso de uma batedeira especial feita com um gomo de bambu. Os ingredientes são colocados na batedeira e agitados com um êmbolo até formar a emulsão. A agitação também pode ser executada em coqueteleira ou por batimento, em um aparelho comum de cozinha. O chá bem batido deve ser espumante e servido quente.

Na Argentina, há produtores de licores de chá-preto. A uma infusão forte do chá acrescenta-se álcool e outros ingredientes necessários para a obtenção de uma bebida alcoólica de boas características organolépticas. Nesse país também são elaborados licores comerciais com o principal sucedâneo do chá, a erva-mate.

19.21 ESTATÍSTICAS DO CHÁ

Há muita variação de dados estatísticos, sobretudo com o passar dos anos e em função da matéria em discussão. Por essa razão, os dados sobre esse tema incluídos em livros têm um valor limitado à época da edição. Para exemplificar, as estatísticas de 2012 informam que o maior volume está no comércio de chá-preto e que seu preço continuava a aumentar em benefício dos rendimentos rurais e da segurança das famílias dos produtores.

O consumo mundial aumentou em aproximadamente 6% em 2010, correspondentes a 4 milhões de toneladas. Na China teria aumentado 8,2% em 2009; já na Índia o aumento foi de 1,4%, onde teriam sido consumidas quase 830 mil toneladas. Concomitantemente, a produção mundial aumentou 4,2% e deveria atingir a marca de 4,1 milhões de toneladas em 2010. A produção de chá-preto teria aumentado 5,5% e a de chá-verde, 1,9% ao ano.

Como exercício, foi feita uma projeção esperada de 3,3 milhões de toneladas de chá-preto em 2021. O chá-verde teve sua demanda aumentada e espera-se que a produção atinja 3,3 milhões de toneladas nesse mesmo ano, com uma proporção de aumento de 1,8% ao ano. Na China, que é o maior produtor, a perspectiva é de colher 2,3 milhões de toneladas.

Enquanto as perspectivas mundiais são altamente positivas, lamentavelmente a projeção da produção de chás no Brasil é ruim, em virtude do fechamento de fábricas de chá-preto. Boa notícia é a pequena produção de chá-verde feita por uma empresa japonesa, visando à exportação para o país de origem. A participação da teicultura brasileira no mercado é da ordem de 1%.

REFERÊNCIAS

BRASIL. Portaria n. 519, de 26 de junho de 1998. Aprova o regulamento técnico para fixação de identidade e qualidade de "chás – plantas destinadas à preparação de infusões ou decocções", constante do anexo desta portaria. *Diário Oficial da União*, Poder Executivo, Brasília, DF, 29 jun. 1998a.

BRASIL. Ministério da Agricultura, Pecuária e Abastecimento. Portaria n. 519, de 26 de junho de 1998. Aprova os Regulamentos Técnicos para Fixação dos Padrões de Identidade e Qualidade, para refresco, refrigerante, preparado ou concentrado líquido para refresco ou refrigerante, preparado sólido para refresco, xarope e chá pronto para o consumo. *Diário Oficial da União*, Brasília, DF, 29 jun. 1998b.

BRASIL. Ministério da Saúde; Agência Nacional de Vigilância Sanitária. Resolução RDC n. 277, de 22 de setembro de 2005. *Diário Oficial da União*, Brasília, DF, set. 2005.

BRASIL. Ministério da Saúde; Agência Nacional de Vigilância Sanitária. Resolução RDC n. 27, de 6 de agosto de 2010. Dispõe sobre as categorias de alimentos e embalagens isentos e com obrigatoriedade de registro sanitário. *Diário Oficial da União*, Brasília, DF, ago. 2010.

CAMPOS, M. A. P. Composição de chá cultivado e manufaturado em São Paulo. *Anais da Faculdade de Farmácia e Odontologia da Universidade de São Paulo*, São Paulo, v. 9, p. 143-157, 1950.

CAMPOS, M. A. P.; ROCHA, L. Composição de alguns chás de Ouro Preto. *Anais da Faculdade de Farmácia e Odontologia da Universidade de São Paulo*, São Paulo, v. 10, p. 121-124, 1952.

FURTADO, E. L.; PENTEADO, L. A. C.; COSTAS, R. C.; COSTAS, S. M. *Chá, avanços e perspectivas*. Registro: Casa da Agricultura, ano 9, maio-jun. 1987. 4 p.

HAMPTON, M. G. Production of black tea. In: WILSON, K. C.; CLIFFORD, M. N. *Tea:* cultivation to consumption. Londres: Chapman and Hall, 1992. p. 459-511.

HOYER, G. G. Extraction with supercritical fluids: why, how, and so what. *Chemtech*, Washington, v. 7, p. 440-448, 1985.

KAWAKAMI, M.; UCHIDA, H.; KOBAYASHI, A. Correlation between caffeine and total nitrogen in small tea leaf species (var. *assamica*). *Nippon Nogei Kagaku Kaishi*, Tóquio, v. 61, p. 365-367, 1987.

LIMA, J. D.; MAZZAFERA, P.; MORAES, W. S.; SILVA, R. G. Chá: aspectos relacionados à qualidade e perspectivas. *Ciência Rural*, Santa Maria, v. 39, n. 4, p. 1270-1278, 2009.

LIMA, U. A. Bebidas estimulantes. In: VENTURINI FILHO, W. G. *Bebidas não alcoólicas:* ciência e tecnologia. São Paulo: Blucher, 2010. p. 39-55.

LIMA, U. A. Chá. In: AQUARONE, E.; BORZANI, W.; SCHMIDELL, W.; LIMA, U. A. (Coord.). *Biotecnologia industrial*. São Paulo: Blucher, 2001. p. 507-523. (Vol. 4: Biotecnologia na produção de alimentos).

NAKAGAWA, M. Relations of catechins with the qualities of green and black teas. *Bulletin of the Tea Research Station*, Kanaya, v. 6, p. 65-166, 1970.

NOSTI, J. *Cacao, café y té*. Barcelona: Salvat, 1953.

OWUOR, P. O.; OTHIENO, C. O.; HOWARD, G. E.; ROBINSON, J. M.; COOKE, R. D. Studies of the use of shade in tea plantations in Kenya: effects on chemical composition and quality of made tea. *Journal of the Science of Food and Agriculture*, Londres, v. 46, n. 1, p. 63-70, 1988.

OWUOR, P. O.; ROBINSON, J. M. Tea processing. In: MACRAE, R.; ROBINSON, R. K.; SADLER, M. J. *Encyclopaedia of food science, food technology and nutrition*. Londres: Academic Press, 1993. v. 7, p. 4533-4537.

PINTAURO, N. D. *Tea and soluble tea products manufacture (Food Technology Review)*. Park Ridge: Noyes, 1977. v. 38, 261 p.

ROBERTSON, A. The chemistry and biochemistry of black tea production: the non-volatiles. In: WILSON, K. C.; CLIFFORD, M. N. *Tea:* cultivation to consumption. Londres: Chapman and Hall, 1992. p. 555-601.

SALTMARSH, M. Instant tea. In: WILSON, K. C.; CLIFFORD, M. N. *Tea:* cultivation to consumption. Londres: Chapman and Hall, 1992. p. 535-554.

SUTTER, L. E. D. N.; SILVA, M. F. F.; CASSEL, E. Extração supercrítica: uma nova tecnologia industrial. *Ciência e Tecnologia de Alimentos*, Campinas, v. 14, p. 3-10, 1994.

TAKEO, T. Green and semi-fermented teas. In: WILSON, K. C.; CLIFFORD, M. N. *Tea:* cultivation to consumption. Londres: Chapman and Hall, 1992. p. 413-457.

TAYLOR, R. S.; MCDOWELL, I. Tea: chemistry. In: MACRAE, R.; ROBINSON, R. K.; SADLER, M. J. *Encyclopaedia of food science, food technology and nutrition*. Londres: Academic Press, 1993a. v. 7, p. 4527-4533.

TAYLOR, R. S.; MCDOWELL, I. Tea: types, production and trade. In: MACRAE, R.; ROBINSON, R. K.; SADLER, M. J. *Encyclopaedia of food science, food technology and nutrition*. Londres: Academic Press, 1993b. v. 7, p. 4521-4527.

TOMLINS, K. I.; MASHINGAIDZE, A. Influence of withering including leaf handling, on the manufacturing and quality of black teas: a review. *Food Chemistry*, Barking, v. 6, p. 573-580, 1997.

TSUJIMURA, O. N. Amino-acids in green tea. Jissen Joshi Dougaku Kijo, v. 4, p. 5-8, 1957. In: *Chemical Abstracts*, Filadélfia, resumo 22605, 1959.

WICKIZER, V. D. *Coffee, tea and cocoa*. Stanford: Stanford University, 1951. 497 p.

CAPÍTULO 20
Cogumelos

Araílde Fontes Urben

20.1 INTRODUÇÃO

Os cogumelos têm sido considerados um grupo especial de fungos por seu tamanho macroscópico, seu distinto corpo de frutificação e sua produção de bilhões de esporos. Suas frutificações podem ser de cores vivas (amarelo, laranja, vermelho, violeta ou verde), escuras (marrom ou preto) ou sem coloração (branco ou hialino), de consistência carnosa frágil a coriácea resistente, morfologia bastante variável e formas curiosas (URBEN; OLIVEIRA, 1998; GUERRERO; HOMRICH, 1999; MILLER; MILLER, 2006; BONONI; GRANDI, 1999; STERRY, 1995).

São conhecidos pela humanidade, particularmente pelos povos asiáticos, desde os primórdios da história, seja pela sua toxidez ou pelas suas propriedades nutricionais e medicinais. O homem primitivo já se alimentava desses macromicetos no período entre 5000 e 4000 a.C. e logo aprendeu a valorizá-los como alimento (ZHANXI; ZHANZHUA, 1995).

Os fungos fazem parte da terapia chinesa há muitos séculos. Os seus efeitos nutricionais foram registrados no livro *Shen Nung's herbal*, escrito há 2 mil anos (AMAZONAS, 1999).

Os cogumelos e os seus benefícios também foram relatados por escritores gregos e romanos, entre eles, Hipócrates, o "pai da medicina", no século IV a.C. Exemplos de fungos medicinais são o *Ganoderma lucidum*, conhecido na China há mais de 2 mil anos, o *Poria cocos*, conhecido há 1.800 anos, e o *Auricularia polytricha*, conhecido há cerca de 1.500 anos (ZHANXI; ZHANZHUA, 1995).

Na Antiguidade, eles representavam uma classe especial de alimentos (Figura 20.1). Os gregos acreditavam que a força dos guerreiros nas batalhas era proveniente dos cogumelos que eles consumiam; os faraós no Egito consideravam os cogumelos um alimento dos deuses; para os romanos, representavam um prato especial que só era servido em ocasiões festivas; e os chineses consideravam-nos um alimento saudável e acreditavam que fossem o "elixir da vida" (MILES; CHANG, 1997).

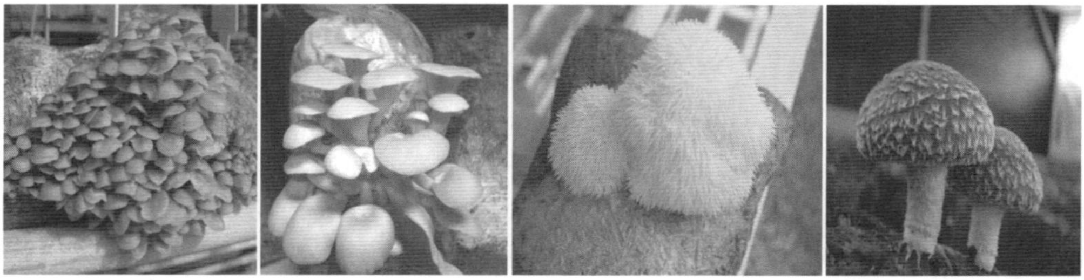

(a) (b) (c) (d)

Figura 20.1 Formas variadas de cogumelos comestíveis: a) *Flammulina velutipes*; b) *Pleurotus ostreatus*; c) *Hericium erinaceus*; d) *Lentinula edodes.*

Fonte: Cláudio Bezerra.

Apesar de os cogumelos serem considerados um alimento especial, algumas espécies também podem ser medicinais, venenosas, tóxicas ou alucinógenas (Figuras 20.2 a 20.4). Existem relatos de intoxicação e morte na América e na Europa devido ao consumo de cogumelos silvestres. No México, os fungos alucinógenos também são conhecidos como psicotrópicos ou neurotrópicos, usados pelos indígenas em rituais religiosos e também como medicamentos. O gênero *Psilocybe*, comum naquele país, era considerado um produto divino (AURORA, 1986; HAYES; WRIGTH, 1979).

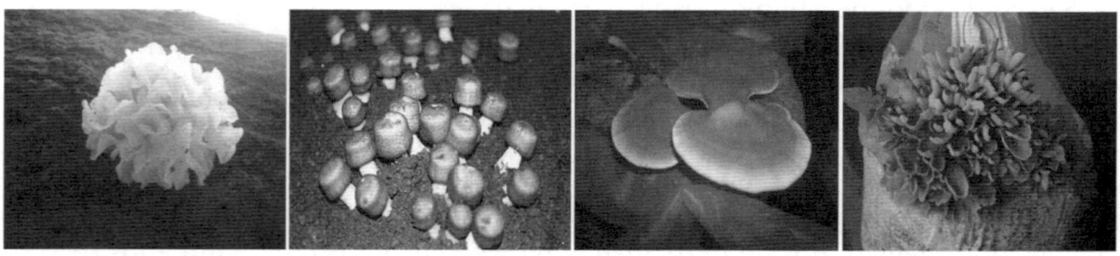

(a) (b) (c) (d)

Figura 20.2 Cogumelos medicinais: a) *Tremella fuciformis*; b) *Agaricus blazei*; c) *Ganoderma lucidum*; d) *Grifola frondosa.*

Fonte: Araílde Fontes Urben (fotos a e c) e Edison de Souza (b e d).

(a) (b)

Figura 20.3 Cogumelos venenosos/tóxicos: a) *Amanita muscaria*; b) *Amanita phalloides.*

(a) (b)

Figura 20.4 Cogumelos alucinógenos: *a*) *Psilocybe cubensis*; b) *Psilocybe mexicana.*

20.2 VALOR NUTRICIONAL DOS COGUMELOS

A nutrição humana, bem como os benefícios dos suplementos dietéticos, tem sido altamente estudada por cientistas no mundo inteiro, com o objetivo de melhorar a qualidade de vida e prevenir doenças.

Os cogumelos de um modo geral são constituídos de 90% de água e apresentam elevados teores em proteínas, vitaminas (B_1 e C), ribloflavina, niacina e biotina. Contêm todos os 21 aminoácidos essenciais, dos quais o homem necessita para sua nutrição. Apresentam altas concentrações de isoleucina, leucina, lisina e histidina, que estão presentes na carne em baixos teores. Os percentuais de metionina e cisteína existentes nos cogumelos são similares aos dos vegetais. São ricos em sais minerais (fósforo, potássio, cálcio, sódio e ferro) e fibras nutricionalmente valiosas de baixo valor calórico (30 cal/100 g de cogumelos desidratados) (BADO, 1994).

Os nutrientes presentes nos cogumelos como alimentos podem ser enquadrados em três categorias: estruturais (proteínas e minerais), energéticos (açúcares/carboidratos, gorduras/lipídeos) e reguladores (vitaminas e fibras) (URBEN et al., 2017).

20.2.1 PROTEÍNAS

Os cogumelos apresentam cerca de 3,5% a 4,0% em peso fresco e de 30% a 50% em peso seco de proteína. Eles possuem o dobro da proteína existente em alguns alimentos como o trigo e o arroz, com exceção de soja, lentilha, feijão, ervilha e grão de bico, que geralmente têm 30% a 50% de seu peso seco de proteína vegetal, ou seja, semelhante ou igual à proteína do cogumelo. A digestibilidade da proteína dos fungos é um fator importante para determinar seu valor dietético. Numerosos estudos em ratos e humanos mostram que 71% a 90% das proteínas dos fungos podem ser digeridas (BADO, 1994; CANAL SAÚDE ESCELSANET, 2003).

20.2.2 CARBOIDRATOS/AÇÚCARES

A parede celular dos fungos apresenta uma alta percentagem de carbono e, consequentemente, é rica em carboidratos nos cogumelos frescos (CHANG; MELIS, 1997; CANAL SAÚDE ESCELSANET, 2003).

20.2.3 FIBRAS

As fibras estão presentes na parede celular dos cogumelos e têm ação laxativa, reduzindo os riscos de câncer de cólon e do reto. O fungo *Flammulina velutipes*, por exemplo, tem em torno de 4% em peso seco de fibras, enquanto algumas espécies de *Auricularia* podem apresentar até 20%.

Os teores de proteína, carboidrato total, gordura e fibra e o valor energético em seis espécies de cogumelos comestíveis de maior importância econômica, em nível mundial, são apresentados na Tabela 20.1 (AMAZONAS, 1999; CANAL SAÚDE ESCELSANET, 2003).

Tabela 20.1 Teores de proteína bruta, carboidrato, gordura e fibra e valor energético de alguns cogumelos comestíveis cultivados (valores expressos em mg/100 g de peso seco)

Cogumelos	Proteína %	Carboidrato (total) %	Gordura %	Fibra %	Valor energético (kcal/100 g)
Agaricus bisporus	23,9-34-8	51,3-62,5	1,7-8,0	8,0-10,4	328-381
Auricularia spp.	4,2-7,7	79,9-87,6	0,8-9,7	11,9-19,8	347-384
Flammulina velutipes	17,6	73,1	1,9	3,7	378
Lentinula edodes	13,4-17,5	67,5-78,0	4,9-8,0	7,3-8,0	387-392
Pleurotus ostreatus	10,5-30,4	57,6-81,8	1,6-2,2	7,5-8,7	345-367
Volvariella volvacea	21,3-43,0	50,9-60,0	0,7-6,4	4,4-13,4	254-374

Fonte: adaptada de Crisan e Sands (1978 apud MILES; CHANG, 1997).

20.2.4 ÁCIDOS GRAXOS

Em geral, os cogumelos apresentam baixo teor de ácidos graxos saturados e alta percentagem de insaturados, principalmente de ácidos graxos essenciais. Essa é uma característica importante, porque os ácidos graxos insaturados são benéficos para o homem, enquanto os saturados são nocivos à saúde (CANAL SAÚDE ESCELSANET, 2003).

O consumo de alimentos ricos em ácidos graxos (lipídeos/gorduras) pela população tem sido uma grande preocupação por parte dos médicos em virtude do elevado índice de doenças cardiovasculares e circulatórias. Novos hábitos de vida vêm sendo adotados, como os alimentos de baixo teor calórico, entre eles os cogumelos, que têm se revelado um alimento saudável e benéfico para a saúde.

Os cogumelos apresentam maior teor de ácidos graxos totais insaturados que de ácidos graxos saturados, e essa é uma característica importante desses fungos (CANAL SAÚDE ESCELSANET, 2003) (Tabela 20.2).

Tabela 20.2 Teores de ácidos graxos saturados e insaturados de alguns cogumelos comestíveis cultivados (valores expressos em mg/100 g de peso seco)

Cogumelos	Ácidos graxos saturados %	Ácidos graxos insaturados (%)	
		Totais	Ácido linoleico
Agaricus bisporus	19,5	80,5	69,2
Auricularia auricula-judae	25,8	74,2	40,4
Lentinula edodes:			
"Dongko" (padrão)	19,9	80,1	67,8
"Craky" (superior)	20,4	79,6	76,2
Pleurotus sajor-caju	20,7	79,3	62,9
Tremella fuciformis	22,8	77,2	28,0
Volvariella volvacea	14,6	85,4	69,9

Fonte: Miles e Chang (1997), adaptada por Amazonas (1999).

20.2.5 VITAMINAS

Os fungos comestíveis são uma fonte de vitaminas, incluindo tiamina (vitamina B_1), riboflavina (vitamina B_2), ácido pantotênico, niacina, biotina, ácido ascórbico (vitamina C), entre outras.

A tiamina (complexo B) encontrada nos cogumelos é essencial para a utilização da glicose pelo cérebro, que gera a energia disponível para as atividades mentais. Baixos níveis podem causar perda de memória, apatia e demência. Por causa do papel central da vitamina B1 para o metabolismo energético, a deficiência desse nutriente prejudica quase todas as funções importantes no corpo. Deficiência grave e prolongada de vitamina B1 afeta o sistema nervoso, o coração e a função digestiva, dentre outras áreas. A falta de tiamina pode causar demência e pode auxiliar na doença de Alzheimer. Vitamina B1 via oral parece melhorar a função cognitiva desses pacientes, no entanto, a absorção de tiamina é pobre em indivíduos idosos (MAZARACKI, 2016; LU'O'NG; NGUYEN, 2011).

O ácido ascórbico possui ação ativadora das funções cerebrais. Seu consumo regular melhora o desempenho em testes de inteligência.

Estudos realizados com o cogumelo *Pleurotus ostreatus* verificaram a presença de ergosterol, que é precursor da vitamina D_2. A partir de 8,5 kg de cogumelos frescos, obtiveram-se 220 mg de ergosterol (TRIGOS; MARTINEZ, 1992 apud BADO, 1994).

As vitaminas são substâncias orgânicas essenciais para o bom funcionamento do organismo. Doenças como o beribéri e o escorbuto são devidas à ausência ou deficiência de vitamina B_1 e vitamina C, respectivamente. Beribéri é uma doença caracterizada por deficiência cardíaca, distúrbios digestivos, edemas e perturbações nervosas. Escorbuto causa hemorragias, sangramento das gengivas, queda dos dentes, fadiga em adultos, insônia e nervosismo em crianças.

A ausência da vitamina B_2 pode causar lesões de epitélios: ruptura da mucosa da boca, dos lábios, da língua e das bochechas. A deficiência do ácido pantotênico no organismo pode causar fadiga e distúrbios do sono. A ausência de niacina causa distúrbios digestivos, diarreia crônica, dermatite e alterações neurológicas.

A falta de vitamina C é uma das explicações para a ocorrência de arteriosclerose, tão comum nos fumantes e em pessoas idosas (Tabela 20.3).

Tabela 20.3 Teores de vitaminas de alguns cogumelos comestíveis cultivados[1]

Cogumelos	Tiamina	Riboflavina	Niacina	Ácido ascórbico
Agaricus bisporus	1,1-8,9	3,7-5,0	42,5-51,0	26,5-81,9
Flammulina velutipes	6,1	5,2	106,5	46,3
Lentinula edodes	7,8	4,9	54,9	10
Pleurotus ostreatus	4,8	4,7	108,7	15
Volvariella volvacea	0,3-1,2	1,6-3,3	47,6-91,9	20,2

[1] Valores expressos em mg/100 g de peso seco; análise de cogumelos frescos.

Fonte: adaptada de Miles e Chang (1997).

20.2.6 SAIS MINERAIS

Vários elementos químicos, como potássio, fósforo, sódio, cálcio e ferro, que são importantes para o bom funcionamento do organismo, estão presentes nos cogumelos, conforme indicado na Tabela 20.4 (AMAZONAS, 1999).

Tabela 20.4 Teores de sais minerais de alguns cogumelos comestíveis cultivados[1]

Cogumelos	Ca	P	K	Fe	Na
Agaricus bisporus	23-71	790-1425	2849-4762	0,2-19,0	106-156
Flammulina velutipes	19	278	2981	11,1	278
Lentinula edodes	98	476	nd[2]	8,5	8,5
Pleurotus ostreatus	33	1348	3793	15,2	873
Volvariella volvacea	35-347	978-1337	2005-6144	6,0	151-347

[1] Valores expressos em mg/100 g de peso seco; análise de cogumelos frescos.
[2] nd = não determinado.

Fonte: adaptada de Miles e Chang (1997).

20.2.6.1 Potássio

Influencia a contração muscular e a atividade dos nervos. Em junção com o sódio e o cloro, ajuda a eliminar água em excesso do corpo e regula o pH do sangue. Atua no metabolismo de carboidratos e proteínas. De acordo com estudos mencionados na literatura consultada (CHANG; MELIS, 1997), dietas ricas em potássio previnem a hipertensão e doenças cardiovasculares. Entre os macroelementos, o potássio é o que se encontra em maior quantidade nos cogumelos.

20.2.6.2 Fósforo

Atua no metabolismo de gorduras, carboidratos e proteínas. Mantém a integridade do sistema nervoso central e dos rins. Auxilia o corpo na utilização de vitaminas. Encontrado em altas concentrações nos cogumelos.

20.2.6.3 Sódio

Atua na retenção de líquidos corporais e é essencial para a condução do impulso nervoso.

20.2.6.4 Cálcio

Encontrado nos cogumelos, é um mineral importante na composição de ossos e dentes. É essencial para a coagulação do sangue e colabora para o bom funcionamento de nervos e músculos, inclusive o cardíaco.

20.2.6.5 Ferro

Componente de hemoglobina, mioglobina e enzimas respiratórias, é importante para a respiração celular. Sua deficiência provoca anemia, hemorragia intestinal e fluxo menstrual excessivo (CANAL SAÚDE ESCELSANET, 2003).

Em relação aos microelementos, metais pesados como chumbo, mercúrio e cobre não estão presentes nos cogumelos. O consumo em excesso desses elementos tóxicos pode ser nocivo à saúde. Os cogumelos podem apresentar metais pesados em seus corpos de frutificação se a água no cultivo procede de locais próximos a áreas industrializadas.

20.3 VALOR MEDICINAL DOS COGUMELOS

Numerosas espécies de cogumelos, além de possuírem bom valor nutricional, têm efeitos terapêuticos ou medicinais, por exemplo: *champignon* de Paris (*Agaricus bisporus*); *shiitake* (*Lentinula edodes*); cogumelo-da-vida, princesa, piedade ou *himematsutake* (*Agaricus blazei*); cogumelo rei, brilhante ou do imperador (*Ganoderma lucidum*); *shimeji* (*Pleurotus ostreatus*); talo veludo (*Flammulina velutipes*), entre outras (BALAKRISHANAN; NAIR, 1994; BARROS, 2004).

O primeiro registro dos efeitos benéficos de diversos fungos encontra-se no mencionado livro chinês *Shen Nung's herbal*, datado de 2 mil anos atrás.

Embora os cogumelos medicinais sejam utilizados pelos povos asiáticos há muitos anos, o valor medicinal dos fungos só mereceu atenção mundial em 1927-1929, quando o médico e bacteriologista inglês Alexander Fleming, trabalhando com uma bactéria denominada *Streptococcus* sp. em condições de laboratório, verificou que o fungo *Penicillium* sp. (contaminante do ar atmosférico) secretava uma substância, a penicilina, que inibia o crescimento da bactéria.

O interesse pelos cogumelos, por terem propriedades nutricionais e medicinais, aumentou a partir da década de 1970, com pesquisas sobre os seus efeitos terapêuticos realizadas principalmente em Japão, China, França e Estados Unidos. São considerados alimentos funcionais e são reconhecidos pelo seu valor nutricional e pelos benefícios que proporcionam à saúde, daí serem denominados *nutracêuticos*. Por possuírem atributos medicinais, além dos nutricionais, eles fazem parte do grupo dos *nutricêuticos*, apresentando diversas propriedades farmacológicas, podendo ser consumidos como suplementos dietéticos, tanto para prevenção como para o tratamento de várias doenças. Os *fármacos* (preparações quimicamente definidas com propriedades medicinais específicas) derivados dos cogumelos são utilizados para o tratamento de doenças específicas. Os mais conhecidos são: Lentinan (*L. edodes*), Krestin (*Trametes versicolor*) e Schyzophylan (*Schizophyllum commune*) (RUBEL, 2006; STAMETS, 1993).

Os nutracêuticos, alimentos ricos em nutrientes, são consumidos frescos ou desidratados, enquanto os nutricêuticos são utilizados na forma de cápsulas ou tabletes como suplementos dietéticos. Já os fármacos são usados terapeuticamente com acompanhamento médico e ministrados por via oral, tópica ou injetável.

Os fármacos derivados de cogumelos com propriedades medicinais podem ser obtidos por extração de ocorrências naturais, de produtos de fermentações industriais ou produzidos quimicamente pela indústria farmacêutica (AMAZONAS, 1999). Os mais citados na literatura são β-D-glucana, triterpenos, proteína Ling Zhi-8 e alcaloides extraídos dos cogumelos *Ganoderma lucidum* e *Agaricus blazei*; Lentinan, um polissacarídeo derivado de *Lentinula edodes*; Krestin ou PSK, obtido de *Trametes versicolor*; e Schizophyllan, um polissacarídeo extraído e purificado de *Schizophyllum commune*. Esses constituintes ativos normalmente têm efeitos anti-inflamatório, anti-hipertensivo, anticâncer, antiaids, hipoglicêmico, além de restaurar as funções do fígado, entre outras propriedades farmacológicas (Quadro 20.1) (AMAZONAS, 1999).

Quadro 20.1 Algumas espécies de cogumelos que apresentam componentes medicinais ativos e suas respectivas ações farmacológicas

Espécies	Componentes ativos	Ação farmacológica
Agaricus bisporus (=*Psalliota hortensis*)	β-glucanas, derivados fenólicos e quinoides 5'-AMP, 5'-GMP	Antitumoral, antibacteriana e antitrombocítica
Agaricus blazei	β-glucanas e β-proteoglucanas	Antitumoral e antiviral
	Derivados do ergosterol pró-vitamina D_2, RNA	Antitumoral e antiviral
Armillaria tabescens (*Armillariella*)	Armillarisia A	Estimulante da secreção biliar
Auricularia auricula-judae	β-glucanas	Antitumoral
Collybia confluens	Collybian	Antitumoral
Cordyceps sinensis	Cordicepina	Antitumoral
Crepidotus mollis	β-glucanas (CPS)	Antitumoral

(*continua*)

Quadro 20.1 Algumas espécies de cogumelos que apresentam componentes medicinais ativos e suas respectivas ações farmacológicas (*continuação*)

Espécies	Componentes ativos	Ação farmacológica
Flammulina velutipes (*Collybia*)	β-proteoglucanas e glicoproteínas	Antitumoral
Ganoderma lucidum	β-glucanas	Antitumoral, antiviral e hipoglicêmica
	Triterpenos	Anti-inflamatória, antiviral e hipocolesterolêmica
	Proteína Ling Zhi-8	Antialérgica
Ganoderma tornatum (=*G. applanatum*)	β-glucanas	Antitumoral e antiviral
Grifola frondosa	β-glucanas	Antitumoral e antiviral
Hericium erinaceus	β-glucanas	Antitumoral e antiviral
	Ergosterol pró-vitamina D, erinacinas e hericenonas	Antitumoral e estimulante do crescimento dos neurônios
Hypsizygus marmoreus (=*Lyophyllum shimeji*)	β-glucanas e RNA	Antitumoral
Lentinula edodes (=*Lentinus edodes*)	β-glucanas (Lentinan)	Antitumoral e antiviral
	RNA e composto de hemicelulose ativa (AHCC)	Antitumoral e antiviral
	Derivados de ergosterol provitamina-D_2 e eritadenina	Antitumoral e hipocolesterolêmica
Oudemansiella mucida	Estrobirulinas e oudemansinas*	Antimicrobiana
Pholiota nameko	Galacto-β-glucanas	Antitumoral
Pleurotus ostreatus	β-glucanas	Antitumoral
Polyporus umbellatus (=*Grifola umbellata*)	β-glucanas	Antitumoral e antiviral

(*continua*)

Quadro 20.1 Algumas espécies de cogumelos que apresentam componentes medicinais ativos e suas respectivas ações farmacológicas (*continuação*)

Espécies	Componentes ativos	Ação farmacológica
Schizophyllum commune	β-glucanas (SPG, Schizophyllan)	Antitumoral e antiviral
Setulipes androsaceus (*Marasmius*)	Ácido marásmico	Analgésica e sedativa
Trametes versicolor (*Coriolus*)	β-proteoglucanas (PSK ou Krestin, Coriolan) e polissacaropeptídeos (PSPs)	Antitumoral e antiviral
Tremella fuciformis	β-proteoglucanas (TP)	Antitumoral e antiviral
Tricholoma lobayense	Complexo polissacaridicoproteico (PSPC)	Antitumoral
Volvariella volvacea	β-glucanas (VVG) e volvatoxina	Antitumoral e tônica cardíaca
Xerula radicata (*Oudemansiella*)	E-beta-metoxiaclilato	Antibacteriana
Muitas espécies	Ácido hirsútico	Antibacteriana
Muitos gêneros, incluindo *Pleurotus* e *Tricholoma*	Poliacetilenos	Antibacteriana

* Stadnik (2011).

Fonte: adaptada de Amazonas (1999).

Os cogumelos apresentam polissacarídeos e são os únicos organismos na natureza que contêm ocasionalmente até cinco monossacarídeos diferentes.

A potência terapêutica dos cogumelos está relacionada com as maiores variedade e quantidade de monossacarídeos, bem como a qualidade e sua capacidade de formar heteropolissacarídeos.

A venda desses produtos no mercado internacional tem gerado bilhões de dólares (Quadro 20.2) (AMAZONAS, 1999). O cogumelo *Ganoderma lucidum*, também conhecido como cogumelo rei, brilhante, imperador ou *reishi*, é o cogumelo medicinal mais vendido no mundo; a produção mundial anual foi avaliada em cerca de 1,6 bilhão de dólares. Seus princípios ativos, além de estimular o sistema imunológico, reduzem o colesterol e têm também atividades antialérgica, antiviral, anti-inflamatória, antibacteriana e antioxidante (HOBBS, 1995).

Quadro 20.2 Fármacos de cogumelos desenvolvidos no Japão[1]

	Krestin (PSK/PSP)	Lentinan	Schizophyllan
Espécie de cogumelo	*Trametes (Coriolus) versicolor*	*Lentinula edodes* (Berk.) Pegler	*Schizophyllum commune* Fr.
Parte do cogumelo usada para extração da substância ativa	Micélio	Corpo de frutificação	Micélio
Substância ativa	Proteoglucana (porção polissacarídica formada por β-1,4-glucana com ramificações β-1,6 e β-1,3 glicopiranosídicas; porção proteica rica em aminoácidos ácidos e neutros e pobre em aminoácidos básicos)	β-1,3-D-glucana com ramificações β-1,6 glicopiranosídicas	β-1,3-D-glucana com ramificações β-1,6 glicopiranosídicas
Administração	Oral	Injetável	Injetável
Indicação	Cânceres do sistema digestivo, de mama e pulmonar	Câncer gástrico	Câncer cervical
Valor da venda	US$ 556 milhões	US$ 85 milhões	US$ 128 milhões

[1] Adaptada de Miles e Chang (1997)

Fonte: adaptado de Amazonas (1999).

Entre os princípios ativos, os mais estudados pelos cientistas são as glucanas, geralmente presentes nos cogumelos em grandes quantidades. Como exemplo, temos a β-D-glucana, um polissacarídeo existente no micélio e nos corpos frutíferos dos cogumelos. Sua ação está diretamente ligada ao aumento das células de defesa do organismo, criando um sistema de proteção contra vírus, bactérias, fungos e parasitas. Combate as toxinas do organismo, é eficiente na prevenção e no tratamento do câncer e atua também como um poderoso antioxidante, eliminando os radicais livres.

A atividade antitumoral tem sido bastante pesquisada no meio científico. Em estudos realizados com extratos purificados de *Agaricus blazei*, *Ganoderma lucidum* e *Lentinula edodes*, foi mostrada inibição do crescimento do tumor sarco 180 em ratos, demonstrando que a β-D-glucana, a proteína Ling Zhi-8 e o Lentinan, respectivamente, impediram o desenvolvimento de cânceres indesejados (HOBBS, 1995; MIZUNO et al., 1997).

Essa atividade antitumoral dos polissacarídeos é devida a seus efeitos imunomoduladores, ou seja, como estimulantes do sistema imunológico (FELIPPE, 2003; GENNARI et al., 2004).

Os cogumelos também têm atividade antiviral, podendo ser usados no tratamento de aids. Estudos com *Ganoderma lucidum* indicam que os ácidos triterpênicos, extraídos desse fungo, têm efeito sobre o HIV. Atuam sobre a membrana celular, dificultando a entrada do vírus nas células (MILES; CHANG, 1997).

Pesquisas realizadas nos Estados Unidos constataram que os componentes ativos dos cogumelos *Agaricus blazei*, *Ganoderma lucidum* e *Lentinula edodes* têm a propriedade de intensificar a atividade das células NK (*natural killer*), que atuam na reorganização imunológica e são usadas no tratamento de câncer (URBEN, 2010; 2011; URBEN; OLIVEIRA, 1998; URBEN et al., 2001; 2004).

Efeitos farmacológicos de *Ganoderma lucidum*:

- analgésico;
- antialérgico;
- anti-inflamatório;
- antibacteriano;
- antioxidante (elimina os radicais livres);
- antitumor;
- antiviral;
- antifadiga;
- prevenção da bronquite;
- redução da pressão sanguínea;
- redução do teor de colesterol no sangue;
- redução do teor de glicose no sangue (diabetes);
- auxílio no tratamento da depressão, atuando no sistema nervoso central;
- auxílio no tratamento de artrite, arteriosclerose e aids;
- antiúlcera;
- auxílio no tratamento da hepatite B, restaurando as funções do fígado.

Efeitos farmacológicos de *Agaricus blazei*:

Atividades

- antitrombocítica;
- antitumoral;
- antiviral;

- antialérgico;
- prevenção de diabetes;
- controle de colesterol alto;
- auxílio no tratamento de doenças do aparelho circulatório, digestivo, urinário e respiratório, aids, edema, hepatite, sinusite, rinite, lúpus, menopausa, arteriosclerose, osteosporose;
- redução da pressão sanguínea.

Reações

- No início do tratamento podem ocorrer reações de caráter transitório, como: diarreia, prisão de ventre, sonolência etc. Essas reações estão ligadas à desintoxicação do organismo e à recuperação dos órgãos debilitados.

Efeitos farmacológicos de *Lentinula edodes*:

- antitumoral;
- estimulante do sistema imunológico, ativando as células de defesa do organismo (NK = *natural killer*);
- antiviral/HIV;
- antibacteriano;
- melhoria nas funções do fígado e auxílio na produção de anticorpos para hepatite B;
- cardiovascular – redução dos teores de colesterol e lipídeos no sangue.

Efeitos farmacológicos de *Pleurotus ostreatus*:

- antitumoral;
- redução dos teores de lipoproteínas no plasma sanguíneo e de colesterol e triglicerídeos no fígado;
- relaxante muscular;
- antiviral.

20.4 CONCLUSÕES

- A grande variabilidade genética de cogumelos cultivados e nativos existentes em todo o mundo representa uma fonte de proteínas, vitaminas, minerais, fibras e carboidratos, com baixo teor de lipídeos, o que os torna um alimento adequado para ser incorporado em dietas de baixo teor calórico.
- Os cogumelos são tradicionalmente usados em países orientais como alimentos e para o tratamento de diversas doenças.

- Suas propriedades medicinais e terapêuticas têm efeito principalmente no sistema imunológico, ativando as células de defesa do organismo.
- A ciência tem progredido no desenvolvimento de novos tratamentos para doenças descobrindo a natureza dos compostos bioativos dos cogumelos e seus mecanismos de ação para a saúde humana.

REFERÊNCIAS

AMAZONAS, M. A. de A. Curso: cultivo de cogumelos comestíveis e medicinais. In: *Importância do uso de cogumelos*: aspectos nutricionais e medicinais. [S.l.]: Embrapa Recursos Genéticos e Biotecnologia, 1999. 169 p. Apostila.

AURORA, D. *Mushroom Demystified*. 2. ed. Berkerley: Ten Speed Press, 1986. 959 p.

BADO, L. C. Valor Nutritivo y Toxicologia de los Hongos. In: SÁNCHEZ, J. E. (Ed.). *Produccion de hongos comestibles*. San Cristóbal de las Casas, Chiapas: Centro de Investigaciones Ecológicas del Sureste, 1994. 108 p.

BALAKRISHANAN, B.; NAIR, M. C. Medicinals mushroom. In : NAIR, M. C. (Ed.). *Advances in mushrooms biotecnology*. Johpur: Scientific Publisher, 1994. p. 27-30.

BARROS, I. C. Efeitos dos cogumelos nos diversos distúrbios metabólicos. In: II SIMPÓSIO INTERNACIONAL DE SOBRE COGUMELOS NO BRASIL. *Anais*... Brasília, DF: Embrapa, 2004. p. 197. (Documento Embrapa, n. 116).

BONONI, V. L. R.; GRANDI, R. A. P. *Zigomicetos, Basidiomicetos e Deutoromicetos*. Noções básicas de taxonomia e aplicações biotecnológicas. São Paulo: Adgraf, 1999. 181 p.

CANAL SAÚDE ESCELSANET. *Valor nutritivo dos cogumelos*. Disponível em: www.escelsanet.com.br/sitesaude. Acesso em: 3 out. 2003.

CHANG, S. T.; MILES, P. G. The nutritional attributes and medical value of edible mushroom. In: CHANG, S. T.; MILES, P. G. *Edible Mushrooms and their cultivation*. Boca Raton: CCR Press, 1997. p. 27-40.

FELIPPE, J. R. de J. Celularidade do sangue periférico após o emprego da glucana, um imuno estimulante de S. R. E., em pacientes sépticos e em voluntários sem infecção. In: I SIMPÓSIO INTERNACIONAL SOBRE COGUMELOS NA ALIMENTAÇÃO, SAÚDE, TECNOLOGIA E MEIO AMBIENTE NO BRASIL. *Anais*... Brasília, DF: Embrapa, 2003. (Documentos Embrapa, n. 88).

GENNARI, J. L. et al. Cogumelos medicinais na prevenção e no combate às doenças. In: II SIMPÓSIO INTERNACIONAL SOBRE COGUMELOS NO BRASIL. *Anais*... Brasília, DF: Embrapa, 2004. p. 197. (Documentos Embrapa, n. 116).

GUERRERO, R. T.; HOMRICH, M. H. *Fungos macroscópicos comuns no Rio Grande do Sul*: guia para identificação. 2. ed. Porto Alegre: Editora da UFRGS, 1999.

HAYES, W. A.; WRIGTH, S. H. Edible Mushrooms. In: ROSE, A. H. (Ed.). *Economic microbiology*: microbial biomass. London: Academic Press, 1979. p. 31-176.

HOBBS, C. *Medicinal mushrooms*: an exploration of tradition, healing, & culture. Santa Cruz: Botanica Press, 1995.

LU'O'NG, K. v. q.; NGUYEN, L. T. H. Role of thiamine in Alzheimer's disease. *Am J Alzheimers Dis Other Demen.*, v. 26, n. 8, p. 588-598, 2011.

MAZARACKI, T. Tiamina (vitamina B1) combate o estresse e aumenta a energia. *Revista Minha Vida*, 2016. Disponível em: https://www.minhavida.com.br/alimentacao/materias/21245-vitamina-b. Acesso em: 11 ago. 2021.

MILES, P. G.; CHANG, S. T. *Mushroom biology*: concise basics and current developments. Singapore: World Scientific, 1997. 194 p.

MILLER, O. K.; MILLER, H. H. *North American mushrooms*: a field guide to edible and inedible fungi. 1. ed. Guilford: Globe Pequot Press, 2006. 583 p.

MIZUNO, T. et al. Reishi, *Ganoderma lucidum* and *Ganoderma tsugae*: bioactive substances and medicinal effects. *Food Reviews International*, vol. 11, n. 1, p. 151-166, 1997.

RUBEL, R. *Produção de compostos bioativos de* Ganoderma lucidum *por fermentação em estado sólido*: avaliação da ação antitumoral, imunomoduladora e hipolipidêmica. Tese (Doutorado em Processos Biotecnológicos – área de concentração: Saúde Humana e Animal) – Universidade Federal do Paraná, Curitiba, 2006.

STADNIK, M. J. Cogumelos: fontes de compostos ativos contra doenças de plantas. In: VI SIMPÓSIO INTERNACIONAL /SOBRE COGUMELOS NO BRASIL E V SIMPÓSIO NACIONAL SOBRE COGUMELOS COMESTÍVEIS. *Anais*... Rio de Janeiro: Embrapa, 2011. p. 132-139.

STAMETS, P. *Growing gourmet & medicinal mushrooms*. Berkeley: Ten Speed Press, 1993. 554 p.

STERRY, P. *A photographic guide to mushrooms of Britain and Europe*. 1. ed. London: New Holland Publishers, 1995. 144 p.

URBEN, A. F. Banco de cogumelos para uso humano: cogumelos coletados no Brasil e perspectivas de uso. In: *Cogumelos medicinais*: aspectos de cultivo e aplicações. Sorocaba: Eduniso, 2010. 119 p.

URBEN, A. F. Cogumelos funcionais e sua importância na saúde humana. In: *Bioconversão de resíduos lignocelulolíticos da amazônia para cultivo de cogumelos comestíveis*. Manaus: Inpa, 2011. 165 p.

URBEN, A. F.; OLIVEIRA, C. Cogumelos comestíveis: utilização e fontes genéticas. *Revisão Anual de Patologia de Plantas*, v. 6, p. 173-196, 1998.

URBEN, A. F. et al. *Produção de cogumelos por meio de tecnologia chinesa modificada*. Brasília: Embrapa Recursos Genéticos e Biotecnologia, 2001. 151 p.

URBEN, A. F. et al. *Produção de cogumelos por meio de tecnologia chinesa modificada*. 2. ed. rev. e ampl. Brasília: Embrapa Recursos Genéticos e Biotecnologia, 2004. 187 p.

ZHANXI, L.; ZHANZHUA, L. *Fungi cultivation with Jun-Cao*. Fuzhou: Asia-Pacific Cultivation Training Center, 1995. 110 p.

CAPÍTULO 21

Aplicação de leveduras na obtenção de produtos de interesse da indústria de alimentos

Silvio Silvério da Silva

Júlio César dos Santos

Mário Antônio Alves da Cunha

Paulo Ricardo Franco Marcelino

Felipe Antonio Fernandes Antunes

Matheus Francisco de Carvalho Rosa Soler

Larissa Pereira Brumano

Sabrina Evelin Martiniano

Thais Suzane Milessi

Rafael Rodrigues Philippini

21.1 INTRODUÇÃO

Para aplicações de interesse industrial, os microrganismos precisam apresentar uma série de características. Além da óbvia propriedade de produzir o composto de interesse, qualidades desejáveis incluem: estabilidade genética; crescimento em culturas em larga escala; possibilidade de manutenção de culturas por longos períodos, tanto em laboratório quanto na indústria; capacidade de crescimento em meios de cultura de alta disponibilidade e baixo custo; e crescimento rápido e favorecimento da obtenção do produto de interesse em um período relativamente curto (MADIGAN et al., 2014).

Entre os microrganismos que apresentam essas e outras propriedades importantes para uso industrial, destaque pode ser dado às leveduras. Esses fungos unicelulares são amplamente utilizados para as mais diversas aplicações, sendo difícil, ou até mesmo impossível, passar-se um único dia em nossas vidas sem que entremos em contato com um ou vários produtos obtidos com o uso de leveduras. Estes incluem desde o combustível empregado em veículos automotores até fármacos e alimentos como pães e bebidas. Além disso, há uma série de novas e emergentes possibilidades em estudo visando ao uso desses agentes biológicos nos mais diversos setores industriais.

As leveduras são, muitas vezes, associadas a fungos ascomicetos unicelulares similares à *Saccharomyces cerevisiae*, certamente em função do uso tecnológico amplo e antigo dessa espécie na produção de alimentos. De fato, não é incomum que, em algumas áreas da biologia molecular, as palavras "leveduras" e "*Saccharomyces*" sejam tratadas como sinônimos (KURTZMAN; FELL; BOEKHOUT, 2011).

A amplitude desse grupo de microrganismos, no entanto, é muito grande. O termo levedura inclui fungos cujo crescimento assexuado resulta predominantemente de brotamento ou fissão e que não apresentam formas sexuais dentro ou sobre um corpo de frutificação (MADIGAN et al., 2014; KURTZMAN; FELL; BOEKHOUT, 2011). Segundo Deak (2009), há mais de mil espécies conhecidas e o número existente na natureza deve ser muito maior, estimado entre 15 mil e 24 mil. Ainda segundo esse autor, no entanto, de todas essas espécies, apenas cerca de uma dúzia é empregada atualmente em escala industrial, e algo como setenta a oitenta foram testadas em escala de laboratório e apresentaram potencial para uso biotecnológico. Há, portanto, um enorme potencial ainda a ser explorado para aplicação industrial de leveduras em diversos setores.

No presente capítulo, serão apresentadas aplicações de leveduras de interesse na indústria de alimentos. Aspectos tradicionais e novas tendências e perspectivas serão apresentados, incluindo o uso de leveduras de interesse nutricional e na produção de polióis, biotensoativos e bioemulsificantes, entre outros. Temas abordados em outros capítulos desta coleção, como a produção de bebidas, não foram incluídos.

21.2 FERMENTOS E LEVEDURAS ENRIQUECIDAS COM BIOATIVOS

21.2.1 INFORMAÇÕES GERAIS

As leveduras são uma fonte rica em proteínas, lipídeos e vitaminas do complexo B, além de possuírem propriedades prebióticas, associadas à composição química da parede celular, e probióticas, no caso de microrganismos vivos. Por serem ricas em vitaminas, em especial a vitamina B_{12} (presente principalmente em carnes), as leveduras tornam-se uma opção nutricional aos veganos, além de contribuírem para a regulação das atividades intestinais e o bom funcionamento do organismo. Esses microrganismos também são capazes de incorporar microelementos em biomoléculas em concentrações elevadas, sendo frequentemente utilizados como veículos de suplementos minerais. O uso de biomassa de levedura enriquecida com esses compostos auxilia na manutenção da saúde, pois concilia as propriedades inerentes a esses microrganismos com os efeitos benéficos do mineral acumulado.

Embora exista uma enorme variedade de espécies, apenas aquelas classificadas como "GRAS" (*generally recognized as safe*), consideradas inócuas à saúde, podem ser utilizadas na alimentação. Entre elas, destacam-se as espécies *Saccharomyces boulardii* e *Saccharomyces cerevisiae*, esta presente na maior parte dos produtos comerciais derivados de leveduras. Linhagens dessas leveduras são a base de formulações probióticas de uso humano e animal, pois possuem as características necessárias para manter e restaurar a microbiota intestinal.

Dentro do contexto industrial brasileiro, considerando-se especialmente o processo de produção de etanol, cerca de metade da biomassa microbiana resultante é destinada ao mercado interno e o restante é exportado, pois é um suplemento proteico de baixo custo, utilizado principalmente como componente da ração animal e também pela indústria alimentícia (BNDES; CGEE, 2008).

21.2.2 LEVEDURAS ENRIQUECIDAS

Para uma alimentação balanceada, é necessário ingerir diariamente proteínas, vitaminas e minerais, que, muitas vezes, não são consumidos nas concentrações mínimas necessárias para a saúde. Os minerais presentes nos suplementos alimentares podem ser encontrados na forma inorgânica ou ligados a algum substrato orgânico. Entretanto, alguns elementos, como o selénio e o cromo, apresentam maior biodisponibilidade e são menos tóxicos quando incorporados a um composto orgânico (DEMIRCI; POMETTO III, 2000). As leveduras são capazes de assimilar metais e metaloides, que podem ser adsorvidos na parede celular ou incorporados a aminoácidos e vitaminas. Em comparação com as plantas, as leveduras enriquecidas acumulam elevadas concentrações de minerais em pouco tempo, pois apresentam um processo de cultivo rápido, sendo necessária menor área para a produção de biomassa.

A levedura *Saccharomyces cerevisiae* é o principal microrganismo utilizado comercialmente na forma enriquecida com minerais. Contudo, diversas espécies também podem ser utilizadas, como *S. boulardii*, *Candida utilis*, *Rhodotorula* sp., *Kluyveromyces* sp., *Pichia* sp., entre outras, que são atualmente empregadas como probióticos e na produção de compostos para a indústria alimentícia.

As leveduras podem ser enriquecidas com selênio, cromo, cobre, zinco, entre outros, a partir da adição de seus respectivos sais ao meio de cultivo. Visando-se à produção de biomassa enriquecida, é necessário que as condições do meio sejam favoráveis ao crescimento microbiano, uma vez que a presença de elevadas concentrações de sais causa estresse osmótico, além dos efeitos tóxicos inerentes a algumas dessas substâncias, ocasionando a morte celular.

Entre os fatores preponderantes para o cultivo estão a disponibilidade de oxigênio e a composição do meio. O oxigênio é fundamental para o crescimento celular, pois direciona o fluxo metabólico para a produção de biomassa, com menor formação de subprodutos, como etanol e glicerol.

Os meios de cultivo podem ser quimicamente definidos ou complexos, desde que possibilitem um crescimento eficiente da levedura. Açúcares como glicose e sacarose estão entre as principais fontes de carbono utilizadas, frequentemente na forma anidra ou provenientes do caldo de cana e do melaço. Grande parte dos meios de cultivo é suplementada com fontes orgânicas de nitrogênio, como extrato de levedura, extrato de malte e peptona, embora também sejam utilizados sais inorgânicos, como o $(NH_4)_2SO_4$, associados com outros suplementos, de acordo com a necessidade nutricional de cada linhagem microbiana.

Para a produção de biomassa enriquecida, uma solução contendo o mineral para enriquecimento é adicionada ao meio de cultivo; porém, se a concentração dessa solução for muito elevada, pode ocorrer estresse, diminuição da taxa de crescimento e declínio da viabilidade celular. Por outro lado, altas concentrações possibilitam uma maior absorção dos minerais, mas com menor formação de biomassa. Por isso, é necessário que o meio de cultivo apresente condições propícias para o microrganismo incorporar o composto de interesse e produzir uma elevada quantidade de biomassa, uma vez que leveduras são empregadas na alimentação devido ao seu alto teor proteico. O Quadro 21.1 apresenta alguns exemplos de meios e condições de cultivo empregados para a obtenção de biomassa de leveduras enriquecidas com diferentes minerais de interesse nutricional.

Quadro 21.1 Alguns exemplos de meios e condições de cultivo utilizados na produção de biomassa de levedura enriquecida com minerais

Microrganismo	Objetivo	Meio de cultivo	Condições de cultivo	Principais resultados	Referência
S. cerevisiae	Produção de cromo ligado a substratos orgânicos	MC, Na_2CrO_4, ureia, $CaCl_2.2H_2O$, $NH_4H_2PO_4$, $MgCl.6H_2O$, KH_2PO_4	Fermentação contínua e batelada alimentada com 1 vvm de aeração, 30 °C e 500 rpm	A adição de cromato de sódio favoreceu a produção de cromo orgânico, obtendo-se elevadas concentrações de biomassa enriquecida na fermentação contínua e em batelada alimentada	Demirci e Pometto III (2000)
C. pelliculosa	Produção de levedura enriquecida com cobre	MC, $CuSO_4.5H_2O$, EL, $(NH_4)_2SO_4$, KH_2PO_4, $MgSO_4$, $(NH_4)_2HPO_4$	30 °C, 120 rpm, durante 120 horas	Produção de até 57,54 g/L de biomassa e 100% de bioacumulação de cobre no processo de batelada alimentada	Arakaki et al. (2011)

(*continua*)

Quadro 21.1 Alguns exemplos de meios e condições de cultivo utilizados na produção de biomassa de levedura enriquecida com minerais (*continuação*)

Microrganismo	Objetivo	Meio de cultivo	Condições de cultivo	Principais resultados	Referência
S. cerevisiae, *K. marxianus*, *P. pastoris* *C. guilliermondii*	Seleção de uma linhagem acumuladora de elevadas concentrações de zinco	MC, MS, $ZnSO_4$, EL, $(NH_4)_2SO_4$, KH_2PO_4, $MgSO_4$, $Fe_2(SO_4)_3$	30 °C, 120 rpm durante 120 horas	*P. guilliermondii* apresentou maior acúmulo de zinco (6.820 mg/kg e 96.030 mg/kg, de acordo com as condições de cultivo)	Roepcke, Vandenberghe e Soccol (2011)
S. cerevisiae, *K. marxianus*, *C. utilis*, *R. glutinis*	Seleção de uma linhagem com elevada produção de biomassa e incorporação de selênio	Glicose, Na_2SeO_3, peptona, EL	30 °C, 200 rpm durante 48 horas	*S. cerevisiae* demonstrou maior produção de biomassa e incorporação de selênio	Arquivo pessoal

EL: extrato de levedura; MC: melaço de cana; MS: melaço de soja.

21.2.3 LEVEDURAS ENRIQUECIDAS COM SELÊNIO

O selênio é um micronutriente essencial para a nutrição humana, com importante ação antioxidante, atuando no combate aos radicais livres e com participação no crescimento e na reprodução, assim como com importante ação antioxidante, atuando no combate aos radicais livres e na prevenção de doenças, como o câncer. Esse mineral está presente em plantas e animais, porém em menores concentrações. As leveduras incorporam o selênio pela via do enxofre, convertendo sua forma inorgânica aos aminoácidos selenometionina e selenocisteína (Figura 21.1). Devido ao seu elevado teor proteico, as leveduras conseguem incorporar um maior teor de selênio, em substituição ao enxofre presente nas proteínas, em comparação às plantas (LEÓN et al., 2002).

Para a produção de biomassa de levedura enriquecida com selênio, o meio e as condições de cultivo devem ser propícios para o crescimento celular. A solução de selênio, geralmente como selenato ou selenito de sódio, pode ser adicionada antes do cultivo ou no início da fase de crescimento celular, sendo que a incorporação de selênio varia de acordo com as condições utilizadas. León et al. (2002) estudaram a adição de diferentes concentrações de selênio, na forma de selenito de sódio, no enriquecimento de *S. cerevisiae* com quatro métodos: no início da fase de crescimento, nos períodos em que não ocorre o crescimento, com inóculo cultivado em meio contendo selênio e com glicerol em substituição à glicose. Esses autores observaram que a adição de selenito de sódio durante a fase de crescimento resultou em um maior teor de selenometionina, embora sua adição nas fases em que não há crescimento cause menor inibição e possibilite maior produção de biomassa. Tanto o glicerol quanto o inóculo acrescido de selênio inibiram o crescimento da linhagem estudada.

Em ensaios preliminares realizados no Departamento de Biotecnologia da Escola de Engenharia de Lorena, da Universidade de São Paulo (USP), observou-se que linhagens de *K. marxianus*, *C. utilis* e *S. cerevisiae* cultivadas a 30 °C durante 48 horas em placas de Petri contendo meio YMA (10 g/L de glicose, 5 g/L de peptona, 3 g/L de extrato de levedura, 3 g/L de extrato de malte, 20 g/L de ágar), suplementadas com 10 mg/L de selenito de sódio e sem adição de selênio, como controle, exibiram diferenças morfológicas, como a presença de pseudo-hifas e aglutinações celulares nas células cultivadas com selênio. Por outro lado, as colônias apresentaram crescimento reduzido e mudança na coloração, tornando-se rosadas em comparação com as espécies presentes em meio isento de selênio, que mantiveram suas características fenotípicas para o meio YMA (KURTZMAN; FELL; BOEKHOUT, 2011).

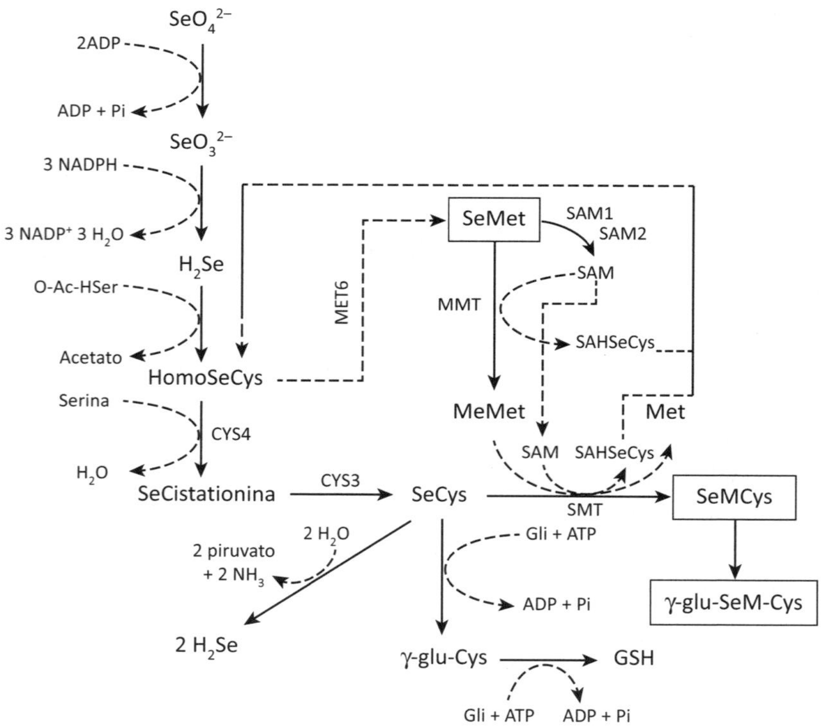

Figura 21.1 Via de incorporação de selênio em leveduras. SeO_4^{2-}: selenato; SeO_3^{2-}: selenito; H_2Se: seleneto de hidrogênio; O-Ac-HSer: O-acetilserina; SeCys: homoselenocisteína; SeMet: selenometiona; MMT: metionina metiltransferase; MeMet: metil-metionina; SAM: S-adenosil-metionina; SAHSeCys: S-adenosil-homoselenocisteína; Met: metionina; SeCys: selenocisteína; SMT: selenocisteína metiltransferase; SeMCys: selenometil-selenocisteína; γ-glu-SEM-Cys: gama-glutamil-selenometil-selenocisteína.

Fonte: adaptada de Mapelli et al. (2011).

21.3 POLIÓIS

Os polióis, também conhecidos como açúcares-álcoois, são compostos que possuem múltiplos grupos hidroxilas em sua estrutura, podendo ser monossacarídeos, dissacarídeos ou ainda uma mistura de ambos. Sua característica principal é possuir um grupo álcool em substituição ao grupo carbonila do açúcar precursor, possuindo o sufixo "itol" na estrutura correspondente do "ose" do açúcar do qual foi derivado (por exemplo, xilitol, derivado de xilose). A Figura 21.2 apresenta a estrutura química de alguns polióis utilizados na indústria alimentícia

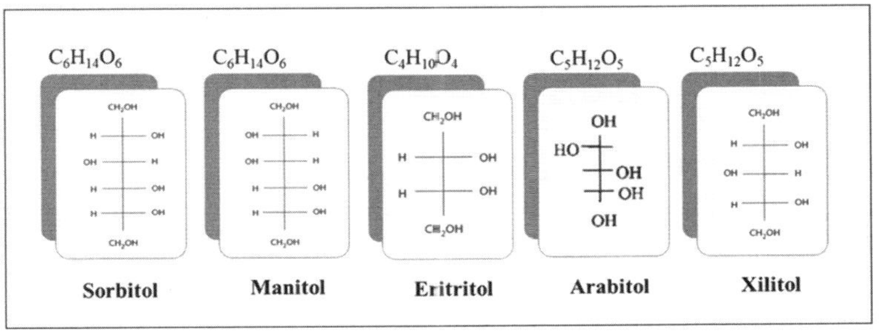

Figura 21.2 Estrutura química de alguns polióis utilizados na indústria alimentícia.

Por sua estrutura, os polióis possuem propriedades físico-químicas que os tornam de grande interesse industrial, sendo amplamente utilizados nas indústrias alimentícia, farmacêutica e da química de polímeros. Dentre suas principais características destacam-se a difícil digestibilidade e a lenta metabolização, devidas à presença dos grupos álcool que substituem a carbonila original do açúcar precursor, o que faz com que os polióis sejam moléculas comparativamente menos reativas (LIVESEY, 2003). Esses compostos possuem poder adoçante e são utilizados na fabricação de balas e alimentos livres de açúcares. Além disso, quando dissolvidos na boca em sua forma cristalina, liberam uma sensação de frescor, devida ao seu calor de dissolução endotérmico (ADOÇANTES CALÓRICOS E NÃO CALÓRICOS, 2008).

Polióis como manitol, eritritol, sorbitol e xilitol são naturalmente encontrados em frutas e vegetais, sendo também produzidos por algumas espécies de bactérias, fungos, leveduras e algas. Entretanto, mesmo estando presentes em vários vegetais e animais, a extração desses compostos é economicamente inviável, uma vez que se encontram em concentrações muito baixas. Dessa maneira, em larga escala, são geralmente produzidos por via química, pela hidrogenação catalítica dos açúcares precursores. A produção de polióis por via química, no entanto, apresenta inúmeras desvantagens, como o uso de elevadas temperaturas e pressões e a necessidade de um alto nível de purificação tanto no *upstream* quanto no *downstream*. Tais desvantagens influenciam diretamente o preço do produto final, por adicionarem gastos significativos ao processo. Assim, a produção biotecnológica dos polióis pela ação de leveduras é uma alternativa que merece atenção. Uma vantagem da via biotecnológica seria o emprego de temperatura e pressão amenas e etapas de *upstream* e *downstream* mais simples.

21.3.1 SORBITOL

O sorbitol ou glucitol ($C_6H_{14}O_6$) é o poliol mais abundante na natureza, sendo encontrado principalmente na maçã e na ameixa. Tendo em vista que sua extração de frutas é economicamente inviável, atualmente é produzido industrialmente por síntese química a partir da sacarose ou do amido. Para a produção biotecnológica de sorbitol, a bactéria *Z. mobilis* é relatada como o microrganismo mais promissor. Entretanto, leveduras como *Candida boidinii* e *Candida famata* mostram-se capazes de produzir esse poliálcool (SILVEIRA; JONAS, 2002).

Na indústria de alimentos, esse poliol é amplamente utilizado como umectante, emulsificante, espessante e edulcorante dietético, por seu poder adoçante (cerca de 60%, comparado à sacarose) e seu baixo valor calórico. Em 2013, a produção mundial de sorbitol foi de cerca de 1,8 milhão de toneladas (TRANSPARENCY MARKET RESEARCH, 2013).

21.3.2 MANITOL

O manitol ($C_6H_{14}O_6$) é isômero do sorbitol, com diferença na orientação do grupo hidroxila no segundo átomo de carbono, sendo encontrado principalmente em aipo, cebolas e azeitonas. Sua produção a partir de vegetais não é viável, sendo então produzido industrialmente por meio de um processo de hidrogenação de misturas de frutose e glicose sob alta temperatura (120-160 °C), com níquel Raney como catalisador e gás hidrogênio. O manitol pode ser obtido em mistura com o sorbitol e separado por meio de cristalização, uma vez que possui, comparativamente a este, baixa solubilidade em água. Na produção biotecnológica, leveduras, bactérias ácido-láticas e fungos filamentosos são reportados como produtores de manitol por frutose e glicose. Entre as leveduras, destacam-se as espécies: *Candida magnoliae*, *Candida zeylanoides*, *Torulopsis mannitofaciens* e *Torulopsis versatilis* (SAHA; RACINE, 2011).

É um composto não higroscópico e apresenta doçura de 40% a 70% da sacarose, sendo amplamente utilizado industrialmente como espessante e agente de texturização. Por essa característica, é empregado como agente não aglutinante em adoçantes. Esse composto reduz a tendência à cristalização de açúcares, sendo assim empregado também para aumentar o tempo de estocagem de produtos alimentícios. Encontra-se também o uso do manitol em associação ao sorbitol, em gomas de mascar sem açúcar. Esse poliol é ainda empregado na área médica como diurético e preventivo de insuficiência renal em processos cirúrgicos. Estima-se que a produção anual de manitol por hidrogenação química seja de 50 mil toneladas, com um mercado global de cerca de US$ 100 milhões (BHATT; MOHAN; SRIVASTAVA, 2013).

21.3.3 ERITRITOL

O eritritol ($C_4H_{10}O_4$) é um poliálcool encontrado em melões, uvas e em bebidas fermentadas como cervejas e vinhos. Esse composto pode ser obtido industrialmente a partir de reação química de amido e dialdeídos em alta temperatura na presença de catalisador níquel. Entretanto, esse processo não é considerado economicamente viável, sendo sua produção feita por via biotecnológica, normalmente pela hidrólise enzimática de amido de milho, com posterior fermentação a eritritol, tendo o ribitol e o glicerol como subprodutos. Entre os microrganismos produtores de eritritol, destacam-se algumas bactérias láticas e leveduras osmofílicas. Leveduras como *Torula corallina* e *Candida magnoliae* são consideradas boas produtoras de eritritol (DENG et al., 2012; MOON et al., 2010). Esses microrganismos se adaptam a meios com baixa atividade de água e alta concentração de açúcares. No metabolismo microbiano, a molécula de eritrose-4-fosfato, proveniente das vias das fosfopentoses, é desfosforilada a eritrose pela enzima eritrose-4-fosfato quinase.

Microrganismos eucarióticos como leveduras possuem a enzima eritrose redutase, que catalisa a hidrogenação da eritrose a eritritol. A Figura 21.3 apresenta um diagrama esquemático de um exemplo de via metabólica de produção de eritritol por leveduras.

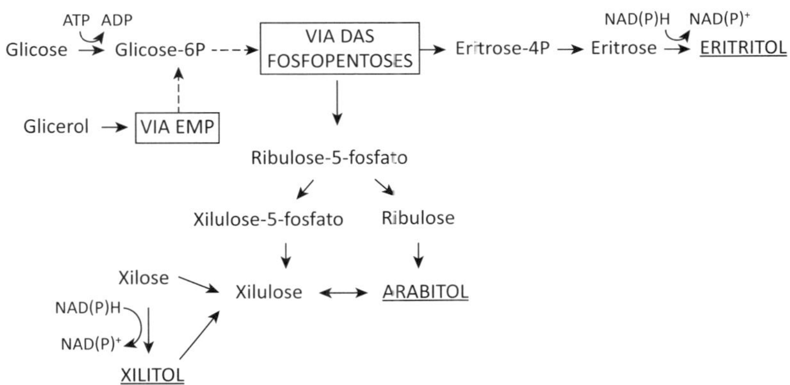

Figura 21.3 Diagrama esquemático de exemplos de vias metabólicas de produção de eritritol, arabitol e xilitol por leveduras.

Fonte: adaptada de Moon et al. (2010); Koganti et al. (2011); Alexander, Yang e Jeffries (1988).

O eritritol é utilizado como adoçante (possui 70% do poder adoçante da sacarose) em bebidas e outros alimentos, também tendo propriedades de intensificador de sabor e textura. Esse composto faz parte da alimentação humana há milhares de anos, pois se encontra presente em vegetais e em outros alimentos, apresentando alta tolerância digestiva. É utilizado como adoçante não cariogênico, uma vez que muitos microrganismos cariogênicos não o metabolizam, além de poder ser utilizado por diabéticos, graças ao seu baixo índice glicêmico. Estima-se que produção anual de eritritol seja de cerca de 23 mil toneladas (MOON et al., 2010).

21.3.4 ARABITOL

O arabitol ($C_5H_{12}O_5$) é um poliol encontrado em alguns líquens e cogumelos, não estando presente em vegetais. Esse composto é produzido industrialmente pela redução química de D-arabiona ou D-lixose, em processos utilizando catalisadores químicos e em alta temperatura. Na produção biotecnológica, devido ao fato de o arabitol ser enantiômero do xilitol, relata-se a obtenção a partir de leveduras produtoras de xilitol, sendo necessário um dispendioso processo de separação. Entretanto, ressaltam-se as leveduras *Debaryomyces hansenii, Geotrichum candidum, Geotrichum cucujoidarum* e *Metschnikowia zobellii,* por serem capazes de produzir altas concentrações de arabitol em relação ao xilitol (KOGANTI et al., 2011). A produção de arabitol por leveduras normalmente inicia-se na conversão do glicerol à glicose-6P pela via glicolítica, com consequente entrada na via das fosfopentoses e conversão a ribulose-5-fosfato. Posteriormente, esse composto é convertido a ribulose, a qual é transformada em arabitol pela enzima arabitol desidrogenase. Outra opção de produção seria usando glicose, xilose ou xilitol como precursores, como apresentado na Figura 21.3.

Na indústria alimentícia, esse composto é utilizado como adoçante em alimentos, tendo lenta absorção pelo sistema digestivo, e também em gomas de mascar. Esse poliol ainda é utilizado em produtos odontológicos, por sua propriedade não cariogênica, e na área médica, por apresentar propriedades imunossupressoras. O arabitol, uma vez sendo enantiômero do xilitol, apresenta várias propriedades semelhantes a esse composto.

21.3.5 XILITOL

Entre os polióis utilizados atualmente em diferentes setores industriais, ressalta-se o xilitol, devido a sua ampla gama de aplicações. Esse composto é um álcool penta-hidroxilado ($C_5H_{12}O_5$) encontrado na natureza em muitas frutas e vegetais, sendo também produto intermediário do metabolismo de carboidratos em humanos e animais. A sua extração a partir de plantas não é considerada economicamente viável, pois está presente em concentrações relativamente baixas. O xilitol possui como propriedade alto poder adoçante, semelhante ao da sacarose, sendo assim amplamente utilizado como substituto do açúcar. O uso do xilitol como adoçante em alimentos vem sendo recomendado em dietas de pacientes diabéticos, uma vez que esse composto possui absorção lenta e entrada em vias metabólicas de forma independente da insulina (ISLAM; INDRAJIT, 2012). O xilitol também pode substituir a lactose em alguns alimentos e ser usado por pacientes portadores de deficiência da enzima glicose-6-fosfato desidrogenase, possibilitando assim um novo campo de aplicação para pessoas com essas necessidades especiais. O uso desse poliol na alimentação humana reduz o nível de ácidos graxos livres no sangue, desfavorecendo dessa maneira a formação de tecidos gordurosos.

Na indústria de processamento de alguns alimentos, uma reação indesejada é a de Maillard, a qual proporciona ao produto final intensa coloração escura. A melanoidina é o pigmento responsável pelo escurecimento, sendo gerada pela reação de carbonilas e grupos amina livres. Essa reação ainda pode gerar perda nutricional alimentícia, uma vez que reduz a concentração de carboidratos presentes. Uma vez que o xilitol não possui grupos aldeídicos ou cetônicos em sua estrutura química, ele não participa de reações de escurecimento do tipo Maillard, podendo ser utilizado em alimentos processados a elevadas temperaturas e com maior tempo de estocagem. Por outro lado, quando o escurecimento é desejável no processamento de certos alimentos, como bolos e pães, o xilitol pode ser usado, embora, nesse caso, seja necessária a adição de pequena quantidade de algum açúcar redutor. O xilitol é ainda um composto amplamente utilizado em cremes dentais, por sua ação não cariogênica. Uma vez que os microrganismos normalmente encontrados nos dentes e na cavidade oral não possuem capacidade de metabolizá-lo, não são produzidos os ácidos que atacam o esmalte dos dentes e provocam cáries. Esse poliálcool possui ainda potencial para aplicações em diferentes áreas clínicas, sendo também amplamente empregado nas áreas médica e farmacêutica, com o uso de éteres de xilitol em aplicações biomédicas e monoésteres de xilitol como surfactantes em medicamentos. Atua também na prevenção de otites, sinusites, infecções e problemas nasais, podendo ser utilizado por meio de aplicações nasais de soluções salinas de xilitol. Pesquisadores também já demonstraram seu potencial uso na melhoria do processo de cicatrização.

Atualmente, a China é a líder mundial na produção de xilitol, contendo as maiores empresas produtoras desse poliálcool. Em 2013, o consumo mundial de xilitol foi de cerca de 160 mil toneladas, movimentando o mercado financeiro em aproximadamente US$ 670 milhões (SHAW, 2014). A atual produção de xilitol em escala industrial é feita principalmente pelo processo químico de hidrogenação catalítica de xilose purificada. Essa fonte de carbono é normalmente obtida por hidrólise ácida de compostos lignocelulósicos. A reação química de hidrogenação é realizada pela presença de catalisadores como níquel, rutênio ou ródio, em presença de temperaturas e pressões elevadas. Uma vez que o xilitol é aplicado nas indústrias alimentícia, farmacêutica e odontológica, faz-se necessária a completa remoção dos agentes catalíticos após o processo, o que aumenta os custos de produção. Essas etapas são normalmente feitas por meio de filtração em resinas de troca iônica, com subsequente cristalização do xilitol. Nesse processo, devido às dispendiosas condições de reação, bem como das etapas de purificação e recuperação, o preço final do produto se eleva.

Nesse contexto, a produção biotecnológica de xilitol a partir de fontes renováveis é de grande interesse econômico. Poucas bactérias são relatadas como produtoras de xilitol, como *Corynebacterium* sp., *Enterobacter liquefaciens* e *Mycobacterium smegmatis*. Quanto à produção de xilitol por fungos filamentosos, são poucos relatos na literatura, podendo-se citar principalmente a espécie *Petromyces albertensi*. Devido às baixas concentrações produzidas desse poliálcool, esses microrganismos normalmente não despertam interesse industrial. Entretanto, leveduras se destacam na produção de xilitol, como as do gênero *Candida*, *Pichia*, *Debaryomyces* e *Pachysolen*, as quais são capazes de converter a xilose a xilitol por meio de reações metabólicas, apresentando rendimentos satisfatórios. Entre as leveduras desses gêneros, ressaltam-se as espécies *C. mogii*, *C. tropicalis*, *C. parapsilosis*, *Candida kefyr*, *Kluyveromyces marxianus Hamad*, *Candida utilis*, *Hansenula polymorpha* (WINKELHAUSEN; KUZMANOVA, 1998) e *Candida guilliermondii*.

A assimilação da xilose por microrganismos eucarióticos, como as leveduras, acontece inicialmente pela redução desse carboidrato a xilitol (Figura 21.3) pela enzima xilose redutase, dependente de nicotinamida adenina dinucleotídeo ou adenina dinucleotídeo fosfato, em suas formas reduzidas (NADH ou NADPH). Posteriormente o xilitol pode ser oxidado a xilulose pela xilitol desidrogenase, dependente de nicotinamida adenina dinucleotídeo em sua forma oxidada NAD^+ ou $NADP^+$, sendo que esses cofatores podem variar de acordo com o microrganismo. A xilulose é então fosforilada a xilulose-5-fosfato pela enzima xiluloquinase, que pode ser convertida a piruvato por meio da via das fosfopentoses e da via de Embden-Meyerhof-Parnas (EMP). Para otimização da produção de xilitol, as condições de processo, bem como o mecanismo regulatório das atividades das enzimas, devem estar ajustadas para que a concentração de xilose sendo convertida em xilitol e a concentração desse poliálcool disponível para a formação do piruvato estejam balanceadas, favorecendo o acúmulo e a excreção do produto desejado.

21.4 BIOTENSOATIVOS E BIOEMULSIFICANTES

Agentes tensoativos e emulsificantes são aditivos comumente utilizados na indústria de alimentos com o objetivo de melhorar a qualidade dos produtos. De forma geral, esses aditivos agem diminuindo a tensão interfacial e a energia na superfície entre as duas fases, prevenindo a coalescência.

A adição de tensoativos possui diferentes objetivos, dependendo do tipo de alimento. Podem ser usados para melhorar a textura e a vida de prateleira de produtos que contêm amido, pela formação de complexos com os componentes destes; modificar as propriedades reológicas da farinha de trigo, pela interação com o glúten; melhorar a consistência e a textura de produtos à base de gorduras, pelo controle de polimorfismo e da estrutura cristalina dos triacilgliceróis; além de promover a solubilização de aromas. Com relação aos agentes emulsificantes, estes são importantes na estabilização de emulsões em diversos alimentos processados, como requeijão, molhos para salada, sorvetes, bolos e produtos instantâneos. O leite e a gema de ovo, por exemplo, são considerados emulsões naturais.

Essas possibilidades de aplicação estão diretamente relacionadas à estrutura anfifílica dessas moléculas, que possuem uma estrutura com partes polar e apolar e são também chamadas de surfactantes (Figura 21.4).

Algumas leveduras são capazes de produzir substâncias com características tensoativas e/ou emulsificantes, chamadas de biossurfactantes. Apesar de alguns fungos filamentosos e muitas bactérias também serem produtores de biossurfactantes, a grande maioria não é adequada para a utilização na indústria alimentícia devido ao seu caráter patogênico, sendo necessária a prospecção de microrganismos não patogênicos que produzam essas biomoléculas. A grande vantagem do uso de leveduras é que muitas delas têm *status* GRAS, o que minimiza os riscos de toxicidade e patogenicidade e permite sua aplicação sem restrições (FONTES; AMARAL; COELHO, 2008). Além disso, algumas leveduras são mais tolerantes aos biossurfactantes secretados no meio de cultivo quando comparadas às bactérias. Dessa forma, os biossurfactantes produzidos por leveduras vêm sendo cada vez mais estudados, sendo responsáveis por muitas patentes registradas na área.

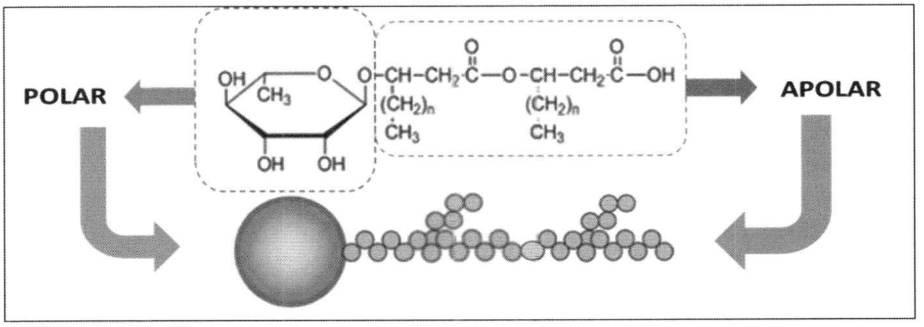

Figura 21.4 Esquema de uma molécula anfifílica de biossurfactante do tipo glicolipídeo.

Para aplicação na indústria alimentícia, os biotensoativos e os bioemulsificantes possuem vantagens em relação aos obtidos por via química por apresentarem menor toxicidade, maior biodegradabilidade, excelente atividade surfactante e maior estabilidade em condições extremas de pH, temperatura e salinidade, além de poderem ser produzidos a partir de fontes naturais de baixo custo. Além disso, é sabido que a adição de surfactantes diminui a atividade de água do alimento e, aliado a essa ação, alguns biossurfactantes são conhecidos por suas propriedades antimicrobianas. Isso os torna vantajosos por diminuir a necessidade da adição de conservantes químicos e aumentar o tempo de prateleira dos alimentos, sendo assim uma alternativa interessante na substituição de tensoativos e emulsificantes sintéticos.

Existem diferentes tipos de biossurfactantes, os quais podem ser classificados quanto à sua carga ou quanto à natureza de seu grupamento polar. Com relação à carga, os biossurfactantes mais comuns são neutros ou aniônicos, variando desde ácidos graxos pequenos a grandes polímeros. Até o momento, os relatos de biossurfactantes com grupos polares positivos não existem, certamente devido às suas características tóxicas. Na indústria de alimentos, os principais tipos de tensoativos e emulsificantes utilizados são justamente os surfactantes neutros ou aniônicos, ou a sua associação.

Na classificação quanto ao grupo polar, os principais tipos de biossurfactantes são glicolipídeos, lipopeptídeos/lipoproteínas, lipídeos neutros, fosfolipídeos e surfactantes poliméricos (Quadro 21.2). Entre as leveduras, o tipo mais comum de biossurfactante produzido é o glicolipídeo, porém também há relatos de complexos carboidrato-proteína-lipídeo e carboidrato-proteína, cujas estruturas químicas ainda não foram elucidadas.

Os glicolípideos apresentam uma porção polar glicídica (carboidratos) associada a uma ou mais cadeias longas de ácidos graxos hidroxilados ou não, que proporcionam um caráter apolar. São classificados bioquimicamente como carboidratos conjugados. Entre os glicolipídeos, os mais comuns são ramnolípideos, soforolípideos, trealoselipídeos, trealosemicolatos e manosileritritol lipídeos (MEL), sendo soforolipídeos, MEL e celobioselipídeos os principais produzidos por leveduras.

Quadro 21.2 Tipos de biossurfactantes e estruturas químicas de seus principais representantes

Tipo de biossurfactante	Principais representantes
Glicolipídeos	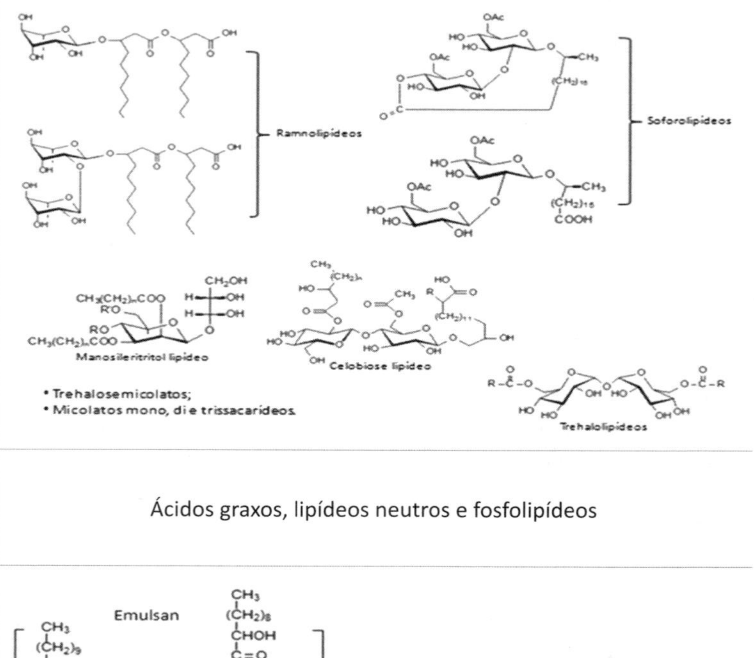
Lipídeos e derivados com estruturas diversas	Ácidos graxos, lipídeos neutros e fosfolipídeos
Surfactantes poliméricos	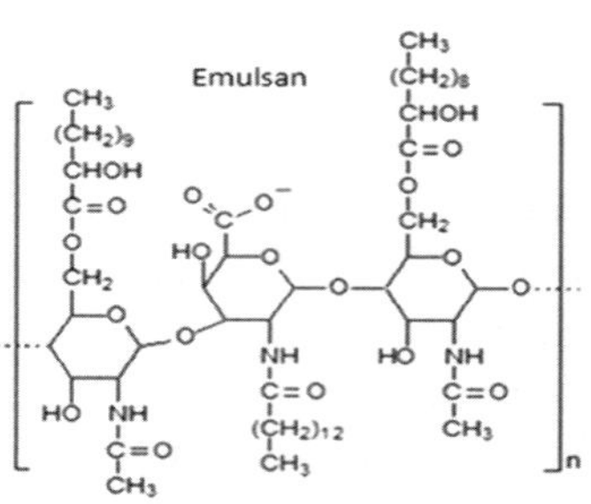 Biodispersan; Liposan; Complexo carboidrato-lipídeo-proteína; Lipoheteropolissacarídeos; Manoproteínas; Manana-lipídeo; Manose-eritrose-lipídeo (manosil-eritrol-lipídeo).

(*continua*)

Quadro 21.2 Tipos de biossurfactantes e estruturas químicas de seus principais representantes (*continuação*)

Tipo de biossurfactante	Principais representantes
Lipopeptídeos e lipoproteínas	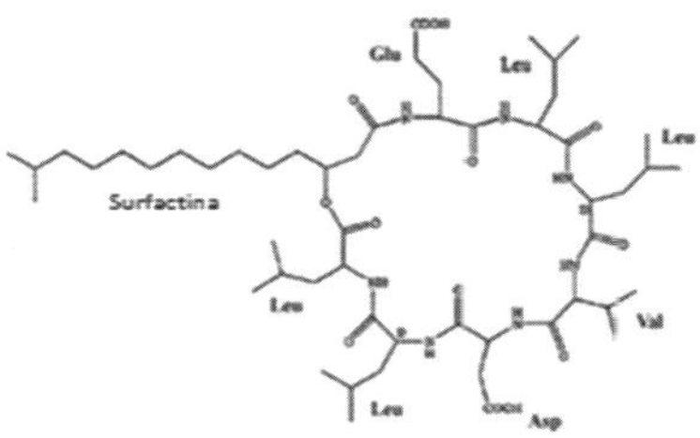 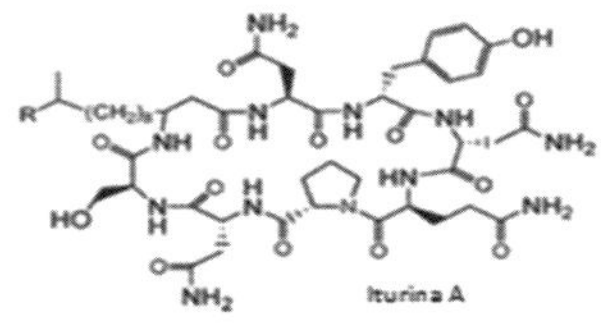 • Peptídeo-lipídeo; • Serrawetina; • Subtilisina; • Lisina-lipídeo; • Ornitina-lipídeo; • Cerilipina. 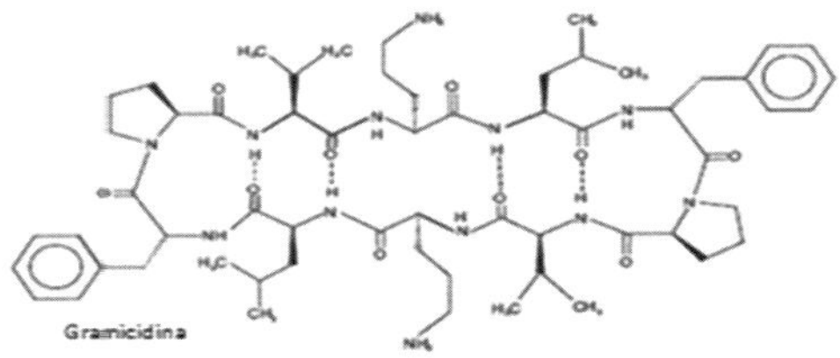
Particulados	Vesículas de membrana, fímbrias e células íntegras (*whole cells*)

A ação do biossurfactante e, consequentemente, sua aplicação na indústria alimentícia dependem da sua estrutura. Compostos biossurfactantes de baixo peso molecular, principalmente glicolipídeos e alguns lipopeptídeos de cadeia curta, possuem maior atividade tensoativa, enquanto aqueles de alto peso molecular, como os poliméricos e lipoproteínas, são descritos como agentes emulsificantes.

O tipo de emulsão formado também depende da estrutura do biossurfactante, mais especificamente do balanço hidrofílico-lipofílico (BHL). A escala BHL indica a capacidade do agente surfactante de formar emulsões de água em óleo (A/O) ou óleo em água (O/A), comparando-a com valores de BHL e propriedades surfactantes conhecidas. Os biossurfactantes com valores de BHL inferiores a 6 favorecem a estabilização de emulsões A/O, enquanto os biossurfactantes com valores de BHL entre 10 e 18 têm efeitos opostos e favorecem emulsões O/A.

21.5 PRODUÇÃO DE BIOSSURFACTANTES POR LEVEDURAS

Os compostos biossurfactantes são produzidos e excretados pelas leveduras por vários motivos fisiológicos, como emulsificação, solubilização e transporte intracelular de compostos insolúveis em meio aquoso, facilitando o crescimento e o consumo desses substratos, além da atividade antimicrobiana, que confere vantagem adaptativa e competitiva no *habitat*. Alguns autores também relatam a produção desses compostos como resposta a algum estresse ao qual o microrganismo foi exposto durante o cultivo, como a mudança de temperatura. Os biossurfactantes podem ser produzidos de forma associada ou não ao crescimento microbiano.

O primeiro passo para a produção de um biossurfactante por fermentação é a escolha do microrganismo. Como já mencionado anteriormente, a característica mais importante que o microrganismo deve apresentar, além de seu potencial de produção de biossurfactante, é o status GRAS, pois assim o produto poderá ser utilizado na indústria alimentícia sem restrição. No caso das leveduras, a literatura cita várias espécies produtoras de glicolipídeos biossurfactantes. Os soforolipídeos são comumente produzidos por leveduras do gênero *Candida* sp. Já os MEL são produzidos pelas leveduras do gênero *Pseudozyma*. Além desses gêneros, encontram-se trabalhos nos quais foram utilizadas *Rhodotorula* sp., *Pichia* sp., *Debaryomyces* sp., *Aureobasidium* sp. e *Kluyveromyces* sp. na produção de biossurfactantes do tipo glicolipídeos e outros com estruturas mais complexas.

Após a escolha da levedura a ser utilizada na produção de biossurfactantes, é de extrema importância a seleção das fontes de nutrientes para um melhor rendimento no processo fermentativo. Dessa forma, a composição dos meios de cultivo deve levar em conta a composição elementar da levedura e a sua capacidade enzimática de transformar os substratos do meio de cultura em biomassa celular e nos produtos desejados. Assim, o balanço entre as fontes de macronutrientes (carbono e nitrogênio), micronutrientes (metais e metaloides) e fatores de crescimento (vitaminas, aminoácidos essenciais e ácidos orgânicos) deve ser rigorosamente respeitado na formulação dos meios de cultivo.

Nos processos fermentativos para a obtenção de biossurfactantes por leveduras, a escolha da fonte de carbono é o principal fator que exerce influência no rendimento do processo. A produção geralmente requer uma mistura de fontes de carbono com diferentes polaridades, ou seja, utiliza-se uma fonte polar combinada com uma apolar. A fonte apolar, comumente um óleo, composto rico em ácidos graxos, é denominada indutor (HOMMEL; WEBER; WEISS, 1994). As principais fontes utilizadas são os carboidratos e os lipídeos. Porém, atualmente, é crescente o número de pesquisas que utilizam subprodutos agroindustriais na produção dos biossurfactantes, o que se justifica pelo contexto de processos sustentáveis, uma das prioridades atuais, evitando danos ao meio ambiente e, ao mesmo tempo, não prejudicando o desenvolvimento econômico, além de reduzir os custos do processo produtivo, já que a fonte de carbono pode ser responsável por até 30% do valor do produto final. Óleos, borras residuais, melaços e soros são os principais subprodutos oriundos da agroindústria e das indústrias de alimentos utilizados como fontes de carbono lipídicas e glicídicas na produção de biossurfactantes por leveduras (FONTES; AMARAL; COELHO, 2008). Deve-se salientar também que as fontes de carbono influenciam diretamente a estrutura química dos biossurfactantes produzidos e, consequentemente, modificam suas propriedades físico-químicas e biológicas.

No Brasil, um país onde a atividade agrícola representa aproximadamente 26,6% do produto interno bruto (PIB) (CNA; CEPEA, 2021; 2014), a utilização de subprodutos das atividades agrícolas e agroindustriais é de fundamental interesse para a indústria biotecnológica. Nos últimos anos, com a ascensão do conceito de biorrefinarias no país, os biossurfactantes obtidos a partir dos processos fermentativos que utilizam subprodutos como fontes de nutrientes podem ser alternativas de produtos com alto valor agregado a essas fábricas. O subproduto mais utilizado no Brasil em pesquisas para a produção dos biossurfactantes é o glicerol, resíduo oriundo da produção de biodiesel, cuja disponibilidade vem aumentando cada vez mais desde 2004, quando o governo federal instituiu o Programa Nacional de Produção e Uso do Biodiesel (MOTA; SILVA; GONÇALVES, 2009).

Além das fontes de carbono, a produção de biossurfactantes por leveduras também requer uma fonte de nitrogênio, uma vez que esse composto é responsável pela biossíntese de ácidos nucleicos, aminoácidos, peptídeos e proteínas que regem todo o metabolismo microbiano. Recomenda-se em bioprocessos utilizar fontes nitrogenadas orgânicas complexas, como os extratos de levedura, de carne e malte, além de peptonas de soja, carne ou bacteriológica e milhocina, pois, quando hidrolisados, não causam alterações bruscas no pH do meio de cultivo, o que poderia prejudicar o bioprocesso. Na produção de biossurfactantes, geralmente utiliza-se o extrato de levedura como principal fonte de nitrogênio, embora na literatura especializada possa ser encontrada uma variedade de compostos, como nitratos, ureia, sulfato e cloreto de amônio, farelo de soja, entre outros.

Quanto à suplementação mineral e de fatores de crescimento dos meios de cultivo para a obtenção de biossurfactantes, estudos mostram que a adição de cátions divalentes pode estimular a biossíntese. Porém, as concentrações necessárias são tão pequenas que a própria água utilizada na preparação dos meios ou as impurezas presentes nos nutrientes de natureza orgânica complexa, como o extrato de levedura, são suficientes para suprir essas necessidades nutricionais.

Com o meio de cultivo selecionado, é necessário estudar a forma de condução do bioprocesso e os parâmetros operacionais e físico-químicos que influenciam o rendimento das fermentações. Esses parâmetros estão fortemente associados com o metabolismo do microrganismo. As formas de condução do processo comumente utilizadas para produção de biossurfactantes por leveduras são a batelada simples e a batelada alimentada. Apesar das duas formas não evitarem o principal problema na produção, a formação de espumas, comum na fermentação submersa, a batelada alimentada é preferível, pois evita o efeito da inibição do crescimento e da formação do produto microbiano pela concentração do substrato. Quanto ao efeito da temperatura, sabe-se que as fermentações realizadas em temperaturas ambientes, entre 25 e 35 °C, são as que resultam em melhores rendimentos. Quanto aos efeitos de pH, agitação e aeração na produção de biossurfactantes por leveduras, há uma variedade de resultados em função das diferentes espécies e linhagens trabalhadas. Em artigos de revisão como o de Fontes, Amaral e Coelho (2008) e livros como o de Kulakovskaya e Kulakovskaya

(2013), podem-se encontrar as informações necessárias para o microrganismo que está sendo utilizado no processo fermentativo.

21.5.1 ASPECTOS BIOQUÍMICOS RELACIONADOS À BIOSSÍNTESE DOS BIOSSURFACTANTES

A seguir, serão abordados alguns aspectos sobre as vias biossintéticas responsáveis pela formação de glicídios e lipídeos componentes dos glicolipídeos biossurfactantes em leveduras.

Como já relatado anteriormente, na produção de biossurfactantes por leveduras é necessária uma mistura de fontes de carbono com diferentes polaridades para a obtenção de rendimentos satisfatórios. Além disso, o metabolismo da levedura utilizada como agente fermentador deve ser compatível com os substratos utilizados. As principais vias metabólicas envolvidas na biossíntese de biossurfactantes do tipo glicolipídeos em leveduras são a gliconeogênese e a lipogênese.

No catabolismo de fontes de carbono polares, como carboidratos, metabolizados pela via glicolítica ou das fosfopentoses, ou glicerol, são gerados gliceraldeído-3-fosfato e glicose-6-fosfato, metabólitos-chave, pois atuam também como precursores na via gliconeogênica dos carboidratos componentes da porção polar do biossurfactante. Na gliconeogênese, o processo é bastante semelhante ao inverso da via glicolítica, visto que as reações que levam piruvato a glicose-6-fosfato são essencialmente inversas às da glicólise, com exceção de duas reações irreversíveis, a conversão de piruvato a fosfoenolpiruvato e a hidrólise da frutose-1,6-difosfato a frutose-6-fosfato, que exigem um contorno e são catalisadas, respectivamente, pelas enzimas piruvato carboxilase e hexose-difosfatase. Porém, essas mesmas fontes de carbono, após seu catabolismo, também produzem metabólitos intermediários importantes na síntese dos componentes da porção apolar, lipídica, do biossurfactante (Figura 21.5A).

Os carboidratos e/ou glicerol, após as oxidações que ocorrem nas vias glicolítica ou das fosfopentoses, produzem o piruvato. Por meio de uma reação de descarboxilação oxidativa, o piruvato é convertido em acetil-CoA, metabólito-chave, pois é produto de degradação e atua na síntese de ácidos graxos. O acetil-CoA une-se ao oxaloacetato, como estratégia de transporte pelos compartimentos intracelulares (membranas da mitocôndria). No citosol, o acetil-CoA é regenerado e, posteriormente, reagindo com ânions bicarbonato, forma o malonil-CoA, outro metabólito-chave na síntese de ácidos graxos constituintes dos lipídeos (Figura 21.5A).

No catabolismo de fontes de carbono apolares, como triacilglicerídeos, também são gerados metabólitos intermediários utilizados pelo microrganismo nas vias lipo e gliconeogênicas, para a síntese tanto da parte polar (glicídica) do biossurfactante como da parte apolar (lipídica). Para a produção dos açúcares, a via gliconeogênica é ativada, e as moléculas de acetil-CoA provenientes da β-oxidação dos ácidos graxos, constituintes dos lipídeos, tornam-se os metabólitos-chave da via biossintética (FONTES;

AMARAL; COELHO, 2008). Na lipogênese, as moléculas de acetil-CoA também são utilizadas como precursores da síntese de ácidos graxos por meio dos mecanismos descritos anteriormente (Figura 21.5B).

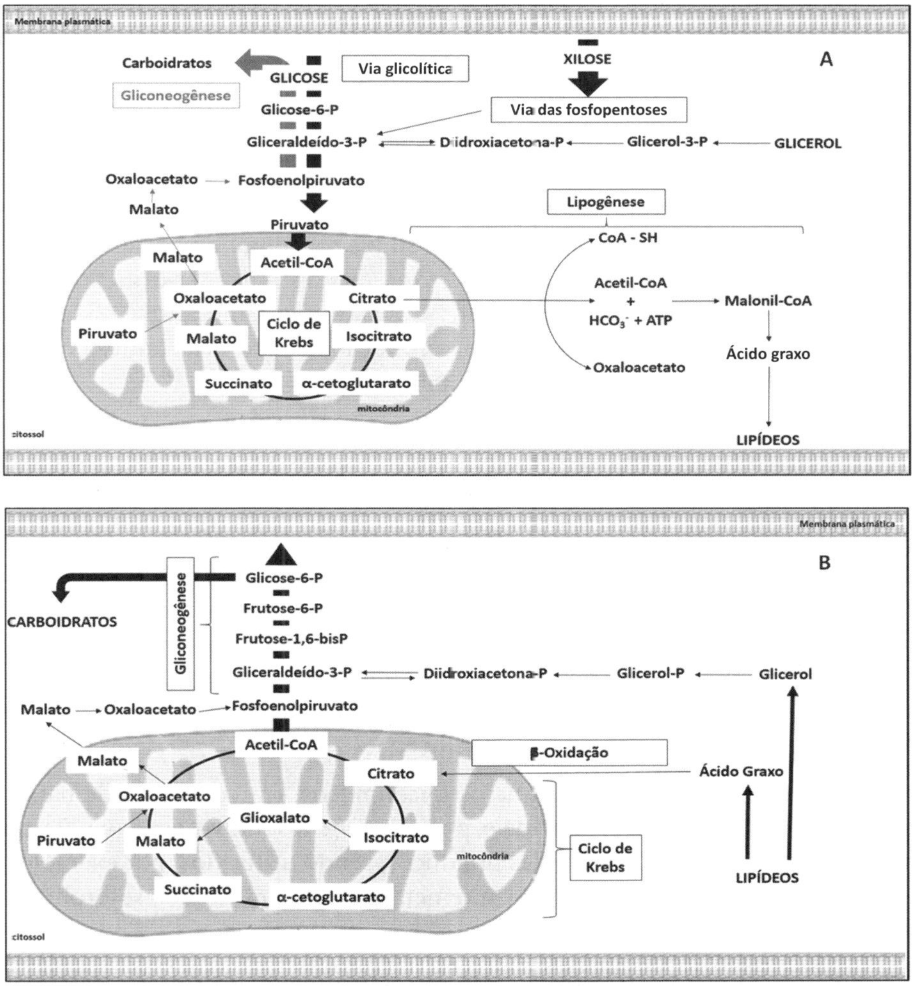

Figura 21.5 Esquema simplificado da integração metabólica mostrando o metabolismo intermediário relacionado à A) síntese de precursores de biossurfactante a partir da utilização de carboidratos como substratos e à B) síntese de precursores de biossurfactante a partir da utilização de lipídeos como substratos.

Quanto ao metabolismo da fonte de nitrogênio para a produção de biossurfactantes por leveduras, pouco ainda é sabido. Em estudos sobre a assimilação de compostos nitrogenados em processos fermentativos, como na produção de etanol, pôde-se observar que, apesar de as leveduras possuírem um rápido sistema de transporte transmembranas para peptídeos (a melhor assimilação dá-se até tripeptídeos), este ainda é menos significativo que o dos aminoácidos. Outro fato importante é que os aminoácidos não são diretamente incorporados pelas leveduras, necessitando sofrer transaminação para serem absorvidos. Somente o teor de lipídeos no meio de cultivo influencia a velocidade de absorção de compostos nitrogenados, conforme constatado por Anderson et al. (1992).

É de grande importância na biossíntese de glicolipídeos por leveduras a proporção entre fontes de C e N, a chamada relação C/N. O excesso de fonte de nitrogênio diminui a produção de biossurfactantes, desviando o metabolismo da levedura para a produção de biomassa. A limitação da fonte nitrogenada causa uma redução na atividade da enzima isocitrato desidrogenase, responsável pela oxidação do isocitrato a α-cetoglutarato no ciclo de Krebs. Isso desencadeia um acúmulo de isocitrato e, consequentemente, citrato nas mitocôndrias; ambos os metabólitos são transportados até o citosol, onde o citrato é clivado pela citrato sintase, originando acetil-CoA, que é o metabólito precursor da síntese de ácidos graxos, como visto anteriormente, e, assim, aumenta-se a produção do biossurfactante. Consultando a literatura, podem-se encontrar trabalhos em que a relação C/N na produção de biossurfactantes por leveduras varia de 1,25 até 300, dependendo da espécie utilizada.

21.5.2 SEPARAÇÃO E PURIFICAÇÃO DE BIOSSURFACTANTES

Após sua produção, os biossurfactantes, misturados a outros componentes do meio de cultivo, devem ser extraídos e purificados. Primeiramente, a biomassa celular deve ser separada do sobrenadante rico em biossurfactantes; para isso, o caldo de cultivo deve ser filtrado ou centrifugado. Entre os métodos utilizados para extração e purificação dos biossurfactantes presentes nos sobrenadantes, no caso dos glicolipídeos, são comumente empregadas a precipitação ácida combinada com a extração por solventes e a cromatografia em coluna de sílica.

A precipitação ácida ocorre porque os glicolipídeos, em condições de baixo pH, encontram-se em sua forma protonada e, portanto, menos solúvel em água. Posteriormente, é feita a extração por solventes orgânicos, sendo utilizados, por exemplo, acetato de etila ou uma mistura clorofórmio:metanol na extração dos soforolipídeos e dos MEL produzidos pelas leveduras.

Na purificação dos glicolipídeos extraídos, costuma-se utilizar a cromatografia em coluna de sílica eluída com uma mistura de solventes. No caso dos soforolipídeos, a mistura recomendada e mais utilizada é a de clorofórmio:metanol e, para os MEL, utiliza-se clorofórmio:acetato de etila e/ou clorofórmio:acetona. Por fim, as frações orgânicas são submetidas a um aquecimento brando para a evaporação do solvente e os biossurfactantes puros podem ser ainda liofilizados ou submetidos à atomização por *spray-drying*.

Na literatura encontram-se diversas metodologias para extração, purificação e recuperação dos biossurfactantes; no caso dos glicolipídeos produzidos por leveduras são comumente utilizadas: precipitações com ácidos, solvente orgânicos ou sais, extrações líquido-líquido, adsorção, centrifugação, filtração/ultrafiltração e cristalização.

21.6 MERCADO DOS BIOSSURFACTANTES

O mercado de biossurfactantes encontra-se em plena ascensão devido ao apelo ecológico desses produtos, uma vez que são compostos naturais, não causando danos ao meio ambiente, e também por serem biocompatíveis, não representando riscos à saúde humana. Dados da Markets and Markets (2017) mostram que, em 2011, o mercado mundial de biossurfactantes foi de aproximadamente 4 bilhões de dólares, sendo que, com um aumento anual médio 5,6%, espera-se em 2022 que o mercado chegue a 5,5 bilhões de dólares.

As principais empresas produtoras de biossurfactantes são Fraunhofer IGB (Alemanha), Cognis (Alemanha e Estados Unidos), Saraya (Japão), Ecover (Bélgica), Groupe Soliance (França), MG Intobio (Coreia do Sul), Jeneil Biotech (Estados Unidos), Reco Biotechnology (Estados Unidos) e Paradigm Biopharma (Estados Unidos) (SEKHON, 2012). Os produtos obtidos são aplicados nos mais variados setores industriais, desde agricultura até a indústria de alimentos, como discutido. No Brasil, ainda não há dados sobre produção industrial de biossurfactantes; porém a primeira unidade-piloto para produção no país foi implantada no Rio de Janeiro em 2009, em uma parceria entre a Universidade Federal do Rio de Janeiro (UFRJ) e a Empresa Brasileira de Petróleo (Petrobras).

21.7 ENZIMAS

Enzimas são macromoléculas proteicas capazes de promover a catálise de processos biológicos, reduzindo a energia de ativação necessária para sua ocorrência, possibilitando, assim, reações que dificilmente ocorreriam em tempo razoável sob condições ambientais de temperatura e pressão. Essas macromoléculas são, de fato, compostos notáveis quanto às possibilidades de aplicações nos mais variados setores industriais e movimentam milhões de dólares no mercado mundial. As enzimas de uso industrial podem ser produzidas por bactérias, leveduras, fungos filamentosos ou microalgas em fermentação no estado sólido (FES) ou submersa (FS). A FS é normalmente empregada em processos de produção de enzimas bacterianas, enquanto a FES é usada em bioprocessos envolvendo fungos. Mais de 75% das enzimas industriais são produzidas por FS.

O emprego industrial de leveduras para obtenção de enzimas de interesse é atrativo, uma vez que, de maneira geral, resultam em processos de fácil operação e controle. Os tempos de cultivo envolvendo leveduras são menores que os dos processos com fungos filamentosos. Outro aspecto importante é a menor possibilidade de contaminação por outros microrganismos, uma vez que são empregados baixos valores de pH de cultivo, além da possibilidade da utilização de substâncias antibióticas, quando necessária, para contornar problemas de contaminação bacteriana. Cabe também destacar que as leveduras podem ser facilmente imobilizadas por diferentes métodos e empregadas em processos contínuos de fermentação.

Diversas leveduras demonstram grande potencial para a produção de enzimas de interesse para a indústria alimentícia. Estas podem ser utilizadas para a produção de enzimas classicamente empregadas na indústria de alimentos, como amilases, lipases e pectinases, ou para a produção de enzimas com novas perspectivas de aplicação, como inulinases, frutosiltransferases, xilanases e L-asparaginases.

21.7.1 AMILASES

As hidrolases são as enzimas mais amplamente empregadas pela indústria de alimentos e, particularmente, as amilases recebem atenção especial pelo fato de catalisarem a hidrólise do amido liberando diversos produtos como dextrinas, maltose e glicose. Também são enzimas produzidas por uma vasta gama de microrganismos. As α-amilases catalisam a hidrólise de ligações α-1,4-glicosídicas do amido, glicogênio e outros α-1,4-glucanos, liberando, primeiramente, oligossacarídeos de 6-7 unidades de glicose e, posteriormente, açúcares redutores. São empregadas principalmente na produção de xaropes de amido e açúcares e na indústria de panificação. As β-amilases catalisam a hidrólise alternada de ligações α-1,4-glicosídicas de polissacarídeos (como o amido), liberando moléculas de maltose a partir da extremidade não redutora do polissacarídeo. A ação da enzima é interrompida nas regiões com ligações α-1,6-glicosídicas e sua principal aplicação industrial é a sacarificação do amido (DERDE et al., 2012; DABA; KOJIMA; INOUYE, 2013).

A principal fonte biológica das amilases são fungos filamentosos, que respondem por 60% da produção dessas enzimas. Por outro lado, leveduras respondem por apenas 4% da produção de amilases (PANDEY et al., 2000; SOARES et al., 2010). No entanto, algumas leveduras são descritas na literatura como potenciais microrganismos produtores de amilases.

Wanderley et al. (2004), por exemplo, avaliaram uma cepa da levedura *Cryptococcus flavus* isolada de frutas brasileiras e verificaram elevado potencial para produção de α-amilase. Em outro trabalho, Yamada et al. (2011) empregaram uma cepa modificada de *Saccharomyces cerevisiae* (*S. cerevisiae* MNIV/GS) na produção direta (sem hidrólise prévia do amido) de etanol a partir de arroz de alto rendimento colhido no Japão. Tal emprego foi viável uma vez que a levedura expressava amilase e amiloglucosidase. Apesar de ainda pouco empregada, a produção de amilase por leveduras é promissora devido à facilidade de cultivo e controle das condições de fermentação.

21.7.2 LIPASES

Lipases (triacilglicerol-acil hidrolases, EC 3.1.1.3) são enzimas hidrossolúveis pertencentes à família das serinas hidrolases. Tais enzimas têm como principal função catalisar a hidrólise total ou parcial de triacilgliceróis (TAG), liberando diacilglicerol (DAG), monoacilglicerol (MAG), glicerol e ácidos graxos livres. Possuem também a capacidade de catalisar reações de síntese, como esterificação, e reações de interesterificação (transesterificação, alcoólise e acidólise). Fatores como estabilidade da enzima, seletividade e transferência de massa influenciam os processos catalisados por lipases (hidrólise ou síntese). As lipases agem como catalisadoras em diferentes formas, podendo-se empregar células íntegras (lipases intracelulares), promover catálise em formulados líquidos (lipases dissolvidas em soluções aquosas) ou imobilizá-las em matrizes sólidas, quer por reticulação, encapsulamento, adsorção e/ou ligações covalentes a matrizes (STERGIOU et al., 2013).

As lipases são enzimas altamente estáveis que permanecem ativas mesmo em condições ambientais desfavoráveis. Podem ser obtidas a partir de animais, vegetais ou microrganismos (naturais ou modificados) e constituem um grupo de enzimas com amplo e diversificado campo de aplicações industriais e tecnológicas. Podem ser empregadas na modificação de óleos e gorduras; em formulações de queijos e salames para acelerar o processo de cura e melhorar o sabor e o aroma do produto; e na lipólise da manteiga e do creme de leite. Na indústria de panificação, as lipases atuam como agentes condicionadores da massa, facilitando sua manipulação em equipamentos industriais, e promovem a degradação de lipídios do trigo, auxiliando na formação de uma rede de glúten mais elástica e resistente.

Os fungos filamentosos são os organismos mais empregados em bioprocessos para a produção de lipases, sendo os gêneros *Aspergillus, Rhizopus, Penicillium, Mucor, Geotrichum* e *Fusarium* os mais citados na literatura (DOBREV et al., 2014). Entretanto, várias leveduras demonstram destacada potencialidade para produção dessa enzima, e relatos científicos indicam que algumas novas cepas isoladas são capazes de produzir quantidades de enzima similares a fungos filamentosos.

Citam-se leveduras como *Candida rugosa, Candida antarctica* e *Yarrowia lipolytica*, reconhecidamente produtoras de expressivas quantidades de lipases (MARÍA et al., 2006; YAO et al., 2011; FICKERS; MARTY; NICAUD, 2011). Algumas outras leveduras também demonstram potencialidade para produção de lipases, como *Candida utilis* e *Arxula adeninivorans* (VAKHLU; KOUR, 2006).

21.7.3 PECTINASES

As pectinases constituem um dos primeiros grupos de enzimas usados industrialmente em processos de produção de sucos de frutas e vinhos. Tais enzimas degradam a pectina, um polissacarídeo de estrutura complexa, hidrolisando ligações glicosídicas ao longo de sua cadeia. Fazem parte do grupo das pectinases as poligalacturonases (PG), pectinesterases (PE), pectinaliases (PL) e pectatoliases (PAL). Têm ação despolimerizante, uma vez que clivam a molécula de pectina entre os monômeros de ácido galacturônico, seja por hidrólise (PG) ou β-eliminacão (PL, PAL). Outra ação das pectinases é a desesterificação dos grupamentos metoxil da pectina (UENOJO; PASTORE, 2007).

Dentre as aplicações industriais das pectinases, destacam-se os usos em processos de extração de sucos de frutas (melhora da extração, redução da viscosidade do suco e do tempo de clarificação), extração de polpas de frutas, fabricação de purês, iogurtes e pudins, fermentação de chá e do cacau, nutrição animal, suplemento de alimentos infantis, extração de óleos, tratamento de resíduos vegetais e degomagem de fibras na indústria têxtil (UENOJO; PASTORE, 2007).

Diferentes grupos microbianos produzem enzimas pectinolíticas, mas os fungos filamentosos são os mais empregados em escala industrial. Entretanto, as leveduras têm despertado cada vez mais interesse para a produção em larga escala, devido a seu crescimento rápido e pela possibilidade de uso de meios de cultivo sem a necessidade de indutores. Tais condições de cultivo podem contribuir para a redução de custos operacionais dos processos de produção.

Leveduras dos gêneros *Kluyveromyces*, *Saccharomyces*, *Candida*, *Debaryomyces*, *Cryptococcus*, *Leucosporidium*, *Metschnikowia*, *Rhodotorula* e *Wickerhamomyces* demonstram potencial quanto à produção extracelular de pectinases (ALIMARDANI-THEUIL; GAINVORS-CLAISSE; DUCHIRON, 2011).

21.7.4 XILANASES

Xilanases são enzimas responsáveis pela degradação da xilana (polissacarídeo que contém diversos monômeros de xilose ligados entre si por ligações glicosídicas do tipo β) em seus monômeros constituintes. As xilanases são, na verdade, um grupo de enzimas com diferentes funções durante a degradação das xilanas. Sua principal aplicação, atualmente, está nas indústrias de papel e celulose e de rações animais. Entretanto, possuem aplicação também em outros setores, como a indústria de panificação. A hidrólise enzimática dos polissacarídeos não amiláceos (como a xilana) presentes na massa do pão leva a uma melhoria nas propriedades reológicas da massa, além de aumento no volume e na maciez do produto final. A xilanase, ao converter a xilana insolúvel em frações menores e solúveis, acaba aumentando a capacidade de retenção de água da massa, levando a melhorias em sua estrutura (BUTT et al., 2008).

A principal levedura produtora de xilanase é a levedura negra *Aureobasidium pullulans*, encontrada em solo, água salina e material decomposto. Além da produção clássica de pululana, um importante polissacarídeo para a indústria, a *A. pullulans* é capaz de produzir quantidades expressivas de xilanases. Sabe-se que os açúcares xilose, xilobiose, xilana e arabinose induzem a produção, e a glicose a inibe. O gene *xynA* é o principal codificador das xilanases de *A. pullulans*. É possível expressar esse gene em sistemas heterólogos em *Saccharomyces cerevisiae*, obtendo-se maiores produções da enzima nesse sistema (CHI et al., 2009).

Algumas leveduras do gênero *Cryptococcus* sp. também são capazes de produzir xilanases. A levedura extremófila *C. adeliae*, isolada do ecossistema da Antártida, produz uma xilanase com atividade em temperaturas de até 4 °C. A levedura mesofílica *C. albidus*, por sua vez, produz uma enzima ativa em maiores temperaturas (PETRESCU et al., 2000; SCORZETTI et al., 2000). Por fim, a levedura *Trichosporon cutaneum* é capaz de produzir xilanase em meios enriquecidos com xilana e hemicelulose, sendo sua produção inibida em meios contendo glicose, glicerol, sacarose, maltose, manitol e xilose (LIU et al., 1998).

21.7.5 INULINASES E FRUTOSILTRANSFERASES

Estas enzimas estão envolvidas na produção de fruto-oligossacarídeos (FOS), pequenos polissacarídeos que contêm várias unidades de glicose ligadas entre si por ligações glicosídicas do tipo β-2,1. Apesar de encontrados em concentrações-traço em diversas plantas, geralmente os FOS são obtidos a partir da degradação de polissacarídeos de reserva maiores, como a inulina. Os FOS são moléculas de grande interesse para a indústria de alimentos devido à sua funcionalidade prebiótica, ou seja, pela sua capacidade de estimular o crescimento de bactérias benéficas no intestino humano e de inibir o crescimento de bactérias patogênicas. O emprego de FOS como edulcorantes também possui vantagens, considerando que possuem baixo conteúdo calórico e não são cariogênicos. Geralmente aplicam-se FOS de baixo grau de polimerização como ingredientes prebióticos e edulcorantes, sendo os FOS de maior grau de polimerização empregados como substitutos de gorduras em alguns alimentos (MUTANDA et al., 2014).

Como mencionado, a inulina é uma das principais fontes de FOS. Trata-se de um polissacarídeo de reserva para plantas como banana, alho e alcachofra e que possui, basicamente, frutose na sua estrutura. Os FOS obtidos por meio da hidrólise da inulina são chamados também de inulo-oligossacarídeos (IOS). Dependendo do tipo de inulinase empregada, endo ou exoinulinase, os produtos finais da hidrólise da inulina podem ser os FOS ou um xarope rico em frutose monomérica, respectivamente. A produção das inulinases é, atualmente, realizada por meio de fermentação submersa e as leveduras encontram-se entre os principais microrganismos empregados para a produção dessa enzima. A levedura *Kluyveromyces marxianus* se mostra com o maior potencial para produção de inulinases, tendo sido empregada em diversos estudos e fornecendo resultados expressivos de produção. Há a possibilidade também de se empregar a *K. marxianus* em fermentação em estado sólido para produção de inulinase (VIJAYARAGHAVAN et al., 2009).

Outra maneira de se obter FOS é utilizando-se a enzima frutosiltransferase. Essa enzima é capaz de formar FOS a partir de moléculas de sacarose. A vantagem de se produzir FOS dessa maneira é que o produto resultante possui baixo grau de polimerização, sendo ideal para aplicação como edulcorante ou como agente prebiótico. A levedura negra *Aureobasidium pullulans* é, atualmente, um dos principais microrganismos empregados para produção da enzima frutosiltransferase (MUTANDA et al., 2014).

21.7.6 L-ASPARAGINASES

A enzima L-asparaginase é responsável por catalisar a hidrólise do aminoácido L-asparagina em L-aspartato e amônia. É encontrada em plantas, alguns mamíferos e em microrganismos, nunca tendo sido identificada em humanos. A L-asparaginase é aplicada classicamente como uma enzima terapêutica, sendo capaz de inibir o crescimento de tumores hematopoiéticos como a leucemia linfoblástica aguda e certos linfomas (VERMA et al., 2007). Uma aplicação para a L-asparaginase que tem recebido destaque mais recentemente é na diminuição da concentração de acrilamida em determinados alimentos, como pães, batatas fritas e outros alimentos assados ou fritos.

A acrilamida tornou-se foco de preocupação em vista da saúde alimentar da população exposta a esse composto sem conhecimento. Apesar de não haver nenhuma legislação que determine a concentração máxima de acrilamida em alimentos industrializados, uma orientação foi emitida pelo Food and Drug Administration (FDA), órgão estadunidense responsável pela fiscalização de alimentos, para redução de acrilamida em certos alimentos (FDA, 2016). Essa preocupação pode ser verificada também pelo fato de a Novozymes, uma grande empresa na área de tecnologia enzimática, já possuir formulações de L-asparaginase fúngica em seu rol de produtos visando à redução de acrilamida (NOVOZYMES, 2021).

A aplicação da L-asparaginase nas massas dos alimentos antes do seu processamento é uma das estratégias para mitigação do conteúdo de acrilamida gerado. A L-asparaginase atua reduzindo os níveis de L-asparagina no alimento cru, inibindo assim a formação de acrilamida no produto final, assado ou frito. Estudos recentes demonstram a eficácia da L-asparaginase em reduzir o conteúdo de acrilamida em alimentos como batatas fritas, biscoitos e produtos de panificação sem alterar as características sensoriais, como sabor, coloração e textura (KUKUROVÁ et al., 2009; MEDEIROS VINCI et al., 2011; MOHAN KUMAR et al., 2013). Atualmente, toda L-asparaginase disponível comercialmente é produzida por fungos filamentosos ou por bactérias; entretanto, o emprego de leveduras na sua produção, apesar de ainda não otimizado, é promissor devido à sua facilidade de cultivo e sua baixa patogenicidade. Algumas leveduras identificadas como produtoras de L-asparaginase incluem *Saccharomyces cerevisiae*, *Hansenula jadinii*, *Rhodotorula rubra*, *Cryptococcus albidus* e *Sporobolomyces roseus* (IMADA et al., 1973; OLIVEIRA; CARVAJAL; BON, 1999; SAKAMOTO et al., 1977). Testes preliminares realizados nos laboratórios do Departamento de Biotecnologia da Escola de Engenharia de Lorena (USP) identificaram duas novas leveduras produtoras de L-asparaginase, *Issatchenkia orientalis* e *Rhodotorula glutinis*.

21.8 PERSPECTIVAS FUTURAS

Diversos outros metabólitos vêm sendo estudados como novas perspectivas de aplicação de leveduras na indústria de alimentos. Nesta seção serão brevemente discutidas as principais perspectivas de aplicação de metabólitos de leveduras na indústria de alimentos dentro da vasta gama de pesquisas realizadas no setor nos últimos anos; entre as possibilidades, os carotenoides são moléculas de grande destaque.

Carotenoides possuem natureza hidrofóbica e já são empregados na indústria de alimentos como corantes naturais. Alguns carotenoides são precursores, ainda, da vitamina A, importante composto para a saúde humana, tendo um alto valor nutricional. Acredita-se que sua ingestão reduza significativamente o risco de doenças cardiovasculares e oftalmológicas. São, portanto, moléculas de grande importância devido ao seu elevado valor nutritivo. Os carotenoides estão amplamente presentes em vegetais e em alguns microrganismos, atuando como adjuvante da fotossíntese em organismos autotróficos ou como importantes moléculas antioxidantes para a proteção da membrana celular contra a ação de radicais livres.

Os carotenoides derivam do terpeno geranilgeranil pirofosfato, tendo em média quarenta átomos de carbono na sua estrutura. Podem ser agrupados em carotenos e xantofilas. As xantofilas possuem coloração amarelada e estão presentes, por exemplo, na gema do ovo e em folhas do mamoeiro e da pereira. Os carotenos, por sua vez, são moléculas de coloração alaranjada, encontradas principalmente em cenouras, mangas e batatas-doces. Atualmente, a maior parte dos carotenoides comercializados é obtida a partir de extração vegetal e por síntese química. Entretanto, a produção biotecnológica de carotenoides por leveduras surge como uma nova opção, visto que independe das características sazonais e geográficas das plantas empregadas no processo de extração vegetal, além de ser uma opção ambientalmente mais amigável em comparação à produção química desses compostos. Além dessas vantagens, a produção de carotenoides por leveduras é economicamente competitiva e viável. Devido ao seu rápido crescimento, o tempo de produção industrial é reduzido. Também é possível o emprego de substratos de baixo custo para o cultivo dos microrganismos, reduzindo ainda mais o custo de produção dessas biomoléculas. Foram identificados os seguintes carotenoides produzidos por leveduras: betacaroteno, toruleno, astaxantina e cantaxantina. As leveduras do gênero *Rhodotorula*, *Rhodosporidium*, *Sporobolomyces* e *Sporidiobolus* são conhecidas produtoras de expressivas quantidades de carotenoides (BUZZINI et al., 2007).

Atualmente, os maiores custos para a produção biotecnológica de carotenoides encontram-se nas etapas de *downstream*, visto que tais moléculas são pigmentos intracelulares, sendo necessária, portanto, lise das células para posterior purificação. Técnicas como congelamento, dissolução da membrana celular com dimetilsulfóxido (DMSO), lise enzimática, lise por meio de atrito com terra diatomácea e pérolas de vidro e sonicação foram empregadas com sucesso durante a recuperação de carotenoides produzidos por leveduras (MATA-GÓMEZ et al., 2014).

Ácidos orgânicos são também moléculas de grande relevância para a indústria de alimentos e com grande interesse para pesquisa. Diversos ácidos orgânicos são associados ao metabolismo oxidativo de organismos uni ou pluricelulares. Esses compostos possuem ampla aplicação na indústria de alimentos como agentes preservantes, acidulantes e flavorizantes, além da aplicação na indústria química como precursores de diversos polímeros. Os ácidos orgânicos podem ser produzidos por via biotecnológica por bactérias, fungos e leveduras, além da síntese química. O rendimento na produção biotecnológica de ácidos orgânicos está diretamente relacionado à fisiologia do microrganismo e do metabolismo enzimático das enzimas do ciclo do ácido cítrico. Atualmente, as leveduras têm se mostrado boas produtoras desses compostos, apresentando rendimentos e produtividades cada vez maiores. Exemplos de ácidos orgânicos produzidos por leveduras englobam o ácido cítrico, classicamente empregado na indústria de alimentos como agente efervescente, acidulante e preservante, e que pode ser produzido em grandes quantidades a partir do cultivo das leveduras *Yarrowia lipolytica* e certas espécies de *Candida* sp. Também tem-se o ácido lático, empregado como flavorizante, agente de cura e preservativo, o qual é classicamente produzido em grandes concentrações por bactérias do gênero *Lactobacillus* sp., porém tendo sido identificada a possibilidade de produção desse ácido orgânico a partir das leveduras *Saccharomyces cerevisiae* (a partir de glicose) e *Scheffersomyces stipitis* (a partir de xilose). Por fim, o ácido succínico, empregado como regulador de acidez em indústrias de bebidas, pode ser produzido a partir da levedura *Issatchenkia orientalis* (SAUER et al., 2008; XIAO et al., 2014).

Compostos como ésteres, cetonas, aldeídos e álcoois voláteis (baixo peso molecular) são responsáveis pelo sabor e pelo aroma característicos em diversos alimentos. São geralmente obtidos a partir da extração de tecidos de plantas ou por síntese química. Usualmente esses compostos encontram-se em baixa concentração nos tecidos das plantas (abaixo de 10%) e a produção a partir dessa fonte acaba sendo economicamente desvantajosa. A produção desses compostos por síntese química é a alternativa mais empregada atualmente, porém a qualidade do produto final raramente é a mesma daquele produzido de forma "natural". A produção biotecnológica desses compostos possui a vantagem de fornecer produtos de alta qualidade, em concentrações apreciáveis e com baixo custo de produção e recuperação e baixo impacto ambiental. Há uma grande aplicação dos compostos aromáticos na indústria de alimentos como flavorizantes e aromatizantes em certos produtos, como sucos, doces, bebidas alcoólicas e temperos.

As leveduras aparecem como boas alternativas para a produção biotecnológica desses compostos, visto que são microrganismos bastante adaptáveis às condições de cultivo impostas por biorreatores, ao contrário de células de tecido vegetal. Exemplos de leveduras com potencial de produção são certas espécies de *Candida* sp., *Yarrowia lipolytica* e *Rhodotorula aurantiaca*, que produzem γ-decalactona (aroma de pera) em quantidades apreciáveis, e *Kluyveromyces marxianus*, capaz de produzir os aromáticos citronelol, geraniol e linolool, além de ésteres frutados, ácidos carboxílicos, cetonas, furanos, compostos monoterpenoides e acetato de isoamila. A levedura *Kluyveromyces lactis* é capaz de produzir 2-feniletanol (aroma de rosas) e a conhecida levedura *Saccharomyces cerevisiae* produz diversos compostos com aroma frutado. Algumas leveduras, como *Saccharomyces cerevisiae, Kluyveromyces marxianus* e *Pichia pastoris*, ainda sofreram modificações genéticas e se tornaram produtoras de altas concentrações de ácidos dicarboxílicos de baixo peso molecular (GOUNARIS, 2010).

A levedura *Yarrowia lipolytica* possui também papel fundamental na fermentação e na cura de certos alimentos, como salames, presuntos italianos e certos queijos exóticos. Essa levedura possui grande tolerância a baixa atividade de água, baixos pHs e altas concentrações de sais. Dessa forma, durante a cura a levedura produz grande quantidade de enzimas proteolíticas e lipolíticas, liberando compostos de aroma e sabor de baixo peso molecular. Além do sabor e do aroma, a alta atividade proteolítica dessa levedura altera a textura e o corpo dos queijos e inibe o crescimento de fungos que podem estragá-los (ZINJARDE, 2014).

REFERÊNCIAS

ADOÇANTES calóricos e não calóricos – Parte I. *Food Ingredients*, n. 2, p. 27-43, mar.-abr. 2008.

ALEXANDER, M. A.; YANG, V. W.; JEFFRIES, T. W.; Levels of pentose phosphate pathway enzymes from *Candida shehatae* grown in continuous culture. *Applied microbiology and biotechnology*, v. 29, p. 282-288, 1988.

ALIMARDANI-THEUIL, P.; GAINVORS-CLAISSE, G.; DUCHIRON, F. Yeasts: An attractive source of pectinases – from gene expression to potential applications: a review. *Process Biochemistry*, v. 46, n. 8, p. 1525-1537, 2011.

ANDERSON, R. et al. Fermentation and maturation. In: EBC TECHNOLOGY AND ENGINEERING FORUM. *Anais*... Alemanha, 1992.

ARAKAKI, A. H. et al. Optimization of biomass production with copper bioaccumulation by yeasts in submerged fermentation. *Brazilian Archives of Biology and Technology*, v. 54, n. 5, p. 1027-1034, 2011.

BHATT, S. M.; MOHAN, A.; SRIVASTAVA, S. K. Challenges in enzymatic route of mannitol production. *ISRN Biotechnology*, v. 2013, 2013.

BNDES; CGEE (Coord.). Banco Nacional de Desenvolvimento Econômico e Social; Centro de Gestão e Estudos Estratégicos. *Bioetanol de cana-de-açúcar*: energia para o desenvolvimento sustentável. Rio de Janeiro: BNDES, 2008.

BUTT, M. S. et al. Xylanases and their applications in baking industry. *Food Technology and Biotechnology*, v. 46, n. 1, p. 22-31, 2008.

BUZZINI, P. et al. Carotenoid profiles of yeasts belonging to the genera *Rhodotorula*, *Rhodosporidium*, *Sporobolomyces* and *Sporidiobolus*. *Canadian Journal of Microbiology*, v. 53, n. 8, p. 1024-1031, ago. 2007.

CHI, Z. et al. Bioproducts from *Aureobasidium pullulans*, a biotechnologically important yeast. *Applied Microbiology and Biotechnology*, v. 82, n. 5, p. 793-804, abr. 2009.

CNA; CEPEA. PIB do Agronegócio alcança participação de 26,6% no PIB brasileiro em 2020. Disponível em: https://www.cnabrasil.org.br/boletins/pib-do-agronegocio--alcanca-participacao-de-26-6-no-pib-brasileiro-em-2020. Acesso em: 29 maio 2021.

DABA, T.; KOJIMA, K.; INOUYE, K. Chemical modification of wheat-amylase by trinitrobenzenesulfonic acid, methoxypolyethylene glycol, and glutaraldehyde to improve its thermal stability and activity. *Enzyme and Microbial Technology*, v. 53, p. 420-426, 2013.

DEAK, T. Ecology and biodiversity of yeasts with potential value in biotechnology. In: SATYANARAYANA, T.; KUNZE, G. (Ed.). *Yeast biotechnology*: diversity and applications. Dordrecht: Springer Science + Bussiness Media B. V., 2009. p. 151-168.

DEMIRCI, A.; POMETTO III, A. L. Enhanced organically bound chromium yeast production. *Journal of Agricultural and Food Chemistry*, v. 48, p. 531-536, 2000.

DENG, H. et al. Identification of a newly isolated erythritol-producing yeast and cloning of its erythritol reductase genes. *Journal of Industrial Microbiology and Biotechnology*, v. 39, n. 11, p. 1663-1672, 2012.

DERDE, L. J. et al. Characterization of three starch degrading enzymes: Thermostable β-amylase, maltotetraogenic and maltogenic a-amylases. *Food Chemistry*, v. 135, p. 713-721, 2012.

DESAI, J. D.; DESAI, A. J. Production of Biosurfactants. In: KOSARIC, N. (ed.). *Biosurfactants*: production, properties applications. New York: Marcel Dekker, 1993. p. 65-97.

DOBREV, G. et al. Lipase biosynthesis by *Aspergillus carbonarius* in a nutrient medium containing products and byproducts from the oleochemical industry. *Biocatalysis and Agricultural Biotechnology*, 2014. http://dx.doi.org/10.1016/j.bcab.2014.09.011i (*in press*).

FDA. Food and Drug Administration. *Guidance for industry acrylamide in foods*. mar. 2016. Disponível em: https://www.fda.gov/media/87150/download. Acesso em: 19 mar. 2019.

FICKERS, P.; MARTY, A.; NICAUD, J. M. The lipases from *Yarrowia lipolytica*: genetics, production, regulation, biochemical characterization and biotechnological applications. *Biotechnology Advances*, v. 29, n. 6, p. 632-644, 2011.

FONTES, G. C.; AMARAL, P. F. F.; COELHO, M. A. Z. Produção de biossurfactante por levedura. *Quím. Nova*, São Paulo, v. 31, n. 8, 2008.

GOUNARIS, Y. Biotechnology for the production of essential oils, flavours and volatile isolates. A review. *Flavour and Fragrance Journal*, v. 25, n. 5, p. 367-386, 2010.

HOMMEL, R. K.; WEBER, L.; WEISS, A. Production of sophorose lipid by *Candida (torulopsis) apícola* grown on glucose. *Journal of Biotechnology*, v. 33, p. 147-55, 1994.

IMADA, A. et al. Asparaginase and glutaminase activities of micro-organisms. *Journal of General Microbiology*, v. 76, n. 1, p. 85-99, maio 1973.

ISLAM, M. S.; INDRAJIT, M. Effects of xylitol on blood glucose, glucose tolerance, serum insulin and lipid profile in a type 2 diabetes model of rats. *Annals of Nutrition and Metabolism*, v. 61, p. 57-64, 2012.

KOGANTI, S. et al. Production of arabitol from glycerol: strain screening and study of factors affecting production yield. *Applied Microbiology and Biotechnology*, v. 90, p. 257-267, 2011.

KUKUROVÁ, K. et al. Effect of L-asparaginase on acrylamide mitigation in a fried-dough pastry model. *Molecular Nutrition & Food Research*, v. 53, n. 12, p. 1532-1539, dez. 2009.

KULAKOVSKAYA, E.; KULAKOVSKAYA, T. *Extracellular glycolipids of yeasts*: biodiversity, biochemistry, and prospects. Oxford: Elsevier, 2013.

KURTZMAN, C. P.; FELL, J. W.; BOEKHOUT, T. (Ed.). *The yeasts*. A taxonomic study. 5. ed. Burlington: Elsevier B.V., 2011. 3 v.

LEÓN, C. A. P. et al. Selenium incorporation into *Saccharomyces cerevisiae* cells: a study of different incorporation methods. *Journal of Applied Microbiology*, v. 92, p. 602-610, 2002.

LIU, W. et al. Production, partial purification and characterization of xylanase from *Trichosporon cutaneum* SL409. *Process Biochemistry*, v. 33, n. 3, p. 331-336, mar. 1998.

LIVESEY, G. Health potential of polyols as sugar replacers, with emphasis on low glycaemic properties. *Nutrition Research Reviews*, n. 16, p. 163-191, 2003.

MADIGAN, M. T. et al. *Brock biology of microorganisms*. 14. ed. San Francisco: Benjamin Cummings, 2014.

MANIVASAGAN, P. et al. Production of α-amylase for the biosynthesis of gold nanoparticles using *Streptomyces* sp. MBRC-82. *International Journal of Biological Macromolecules*, v. 72C, p. 71-78, 2015.

MAPELLI, V. et al. Metabolic and bioprocess engineering for production of selenized yeast with increased content of seleno-methylselenocysteine. *Metabolic Engineering*, v. 3, p. 282-293, 2011.

MARÍA, P. D. et al. Understanding *Candida rugosa* lipases: an overview. *Biotechnology Advances*, v. 24, n. 2, p. 180-196, 2006.

MARKETS AND MARKETS. *Biosurfactants Market by Type (Glycolipids (Sophorolipids, Rhamnolipids), Lipopeptides, Phospholipids, Polymeric Biosurfactants), Application (Detergents, Personal Care, Agricultural Chemicals, Food Processing), and Region - Global Forecast to 2022*. 2017. Disponível em: https://www.marketsandmarkets.com/Market-Reports/biosurfactant-market-163644922.html. Acesso em: 4 jun. 2021.

MATA-GÓMEZ, L. C. et al. Biotechnological production of carotenoids by yeasts: an overview. *Microbial Cell Factories*, v. 13, p. 12, 2014.

MEDEIROS VINCI, R. et al. Implementation of acrylamide mitigation strategies on industrial production of French fries: challenges and pitfalls. *Journal of Agricultural and Food Chemistry*, v. 59, n. 3, p. 898-906, 2011.

MOHAN KUMAR, N. S. et al. Reduction of Acrylamide formation in sweet bread with l-asparaginase treatment. *Food and Bioprocess Technology*, v. 7, n. 3, p. 741-748, 19 abr. 2013.

MOON, H. et al. Biotechnological production of erythritol and its applications. *Applied Microbiology and Biotechnology*, v. 86, p. 1017-1025, 2010.

MOTA, C. J. A.; SILVA, C. X. A. da; GONÇALVES, V. L. C. Gliceroquímica: novos produtos e processos a partir da glicerina de produção de biodiesel. *Química Nova*, São Paulo, v. 32, n. 3, 2009.

MUTANDA, T. et al. Microbial enzymatic production and applications of short-chain fructooligosaccharides and inulooligosaccharides: recent advances and current perspectives. *Journal of Industrial Microbiology & Biotechnology*, v. 41, n. 6, p. 893-906, jun. 2014.

NOVOZYMES. *Reduce acrylamide content in baked goods*. 2021. Disponível em: https://biosolutions.novozymes.com/en/baking/acrylamide-reduction. Acesso em: 29 maio 2021.

OLIVEIRA, E. M. M.; CARVAJAL, E.; BON, E. P. S. L-Asparaginase II of *Saccharomyces cerevisiae*. *Applied Biochemistry and Biotechnology*, v. 77-79, n. 2, p. 311-316, 1999.

PANDEY, A. et al. Advances in microbial amylases. *Biotechnology and Applied Biochemistry*, v. 31, n. 2, p. 135-152, 2000.

PETRESCU, I. et al. Xylanase from the psychrophilic yeast *Cryptococcus adeliae*. *Extremophiles*, v. 4, n. 3, p. 137-144, 10 jun. 2000.

ROEPCKE, C. B. S.; VANDENBERGHE, L. P. S.; SOCCOL, C. R. Optimized production of *Pichia guilliermondii* biomass with zinc accumulation by fermentation. *Animal Feed Science and Technology*, v. 163, p. 33-42, 2011.

SAHA, B. C.; RACINE, F. M. Biotechnological production of mannitol and its applications. *Applied Microbiology and Biotechnology*, v. 89, p. 879-891, 2011.

SAKAMOTO, T. et al. Partial purification and some properties of extracellular asparaginase from *Candida utilis*. *Agricultural and Biological Chemistry*, v. 41, n. 8, p. 1359-1364, 1977.

SAUER, M. et al. Microbial production of organic acids: expanding the markets. *Trends in biotechnology*, v. 26, n. 2, p. 100-108, fev. 2008.

SCORZETTI, G. et al. *Cryptococcus adeliensis* sp. nov., a xylanase producing basidiomycetous yeast from Antarctica. *Antonie van Leeuwenhoek*, v. 77, p. 153-157, 2000.

SEKHON, K. K. Biosurfactant production and potential correlation with esterase activity. *Journal of Petroleum & Environmental Biotechnology*, v. 3, n. 7, 2012.

SHAW, C. Global Xylitol demand to surge to US$1 Bn by 2020. *Companiesandmarkets.com*, 2014. Disponível em: https://uk.finance.yahoo.com/news/global-xylitol-demand-surge-us-000000759.html?guccounter=1. Acesso em: out. 2014.

SILVEIRA, M. M.; JONAS, R. Mini-review: the biotechnological production of sorbitol. *Applied Microbiology and Biotechnology*, v. 59, p. 400-408, 2002.

SOARES, I. A. et al. Identificação do potencial amilolítico de linhagens mutantes do fungo filamentoso *Aspergillus nidulans*. *Ciência e Tecnologia de Alimentos*, v. 30, n. 3, p. 700-705, 2010.

STERGIOU, P. Y. et al. Advances in lipase-catalysed esterification reactions. *Biotechnology Advances*, v. 31, n. 8, p. 1846-1859, 2013.

TRANSPARENCY MARKET RESEARCH. Global sorbitol market – isosorbide, propylene glycol, glycerol & other downstream opportunities, applications (toothpaste, vitamin c, sweetener etc.), size, share, growth, trends and forecast 2012-2018, 2013. Disponível em: http://www.transparencymarketresearch.com/sorbitol-market.html. Acesso em: 17 out. 2014.

UENOJO, M.; PASTORE, G. M. Pectinases: aplicações industriais e perspectivas. *Química Nova*, v. 30, n. 2, p. 388-394, 2007.

VAKHLU, J.; KOUR, A. Yeast lipases: enzyme purification, biochemical properties and gene cloning. *Electronic Journal of Biotechnology*, v. 9, n. 1, p. 69-85, 2006.

VERMA, N. et al. L-asparaginase: a promising chemotherapeutic agent. *Critical Reviews in Biotechnology*, v. 27, n. 1, p. 45-62, 2007.

VIJAYARAGHAVAN, K. et al. Trends in inulinase production – a review. *Critical Reviews in Biotechnology*, v. 29, n. 1, p. 67-77, jan. 2009.

WANDERLEY, K. J. et al. Biochemical characterization of α-amylase from the yeast *Cryptococcus flavus*. *FEMS Microbiology Letters*, v. 231, n. 2, p. 165-169, 2004.

WINKELHAUSEN, E.; KUZMANOVA, S. Microbial Conversion of D-Xylose to Xylitol. *Journal of Fermentation and Bioengineering*, v. 86, n. 1, p. 1-14, 1998.

XIAO, H. et al. Exploiting *Issatchenkia orientalis* SD108 for succinic acid production. *Microbial Cell Factories*, v. 13, p. 121, jan. 2014.

YAMADA, R. et al. Direct and efficient ethanol production from high-yielding rice using a *Saccharomyces cerevisiae* strain that express amylases. *Enzyme and Microbial Technology*, v. 48, n. 4-5, p. 393-396, 2011.

YAO, H. et al. Biomimetic affinity purification of *Candida antarctica* lipase B. *Journal of Chromatography B*, v. 879, n. 32, p. 3896-3900, 2011.

ZINJARDE, S. S. Food-related applications of *Yarrowia lipolytica*. *Food Chemistry*, v. 152, n. 1, p. 1-10, 2014.

CAPÍTULO 22

Bioprocessos e alimentos funcionais

Gustavo Bernardes Fanaro

Mário Roberto Maróstica Junior

22.1 INTRODUÇÃO

Cada vez mais as pessoas estão buscando uma vida mais saudável e equilibrada, procurando ingerir alimentos saudáveis e que ajudem no processo de emagrecimento e na manutenção do peso saudável. Com isso, aumentou muito a procura por alimentos que tragam benefícios adicionais à saúde, além da sua função básica de nutrir.

Alimentos funcionais são definidos como uma substância ou componente de um alimento que proporciona benefícios para a saúde, inclusive a prevenção e o tratamento de doenças. Esses produtos podem variar de nutrientes isolados, produtos de biotecnologia, suplementos dietéticos, alimentos geneticamente construídos, até alimentos processados e derivados de plantas (POLLONIO, 2000).

Para Borges (2001), os alimentos funcionais devem exercer um efeito metabólico ou fisiológico que contribua para a saúde física ou para a redução do risco de desenvolvimento de doenças crônicas. Nesse sentido, devem fazer parte da alimentação usual e proporcionar efeitos positivos, obtidos com quantidades não tóxicas e que não se destinem a tratar ou curar doenças, estando seu papel ligado à redução do risco de contraí-las.

A American Dietetic Association (2009) classifica todos os alimentos como funcionais, pois contêm nutrientes ou outras substâncias que fornecem energia, sustentam o crescimento ou mantêm e reparam processos vitais. No entanto, alimentos funcionais possuem potencial efeito benéfico na saúde quando consumidos como parte de uma dieta variada, fornecendo benefícios adicionais para a saúde, reduzindo o risco de doença e/ou promovendo uma saúde ótima.

O termo "alimentos funcionais" foi proposto pela primeira vez no Japão no projeto nacional denominado Análises Sistemáticas e Desenvolvimento de Funções dos Alimentos, iniciado em 1984 pelo Ministério da Educação, Ciência e Cultura japonês. Uma vez que essas funções foram definidas, os alimentos que possuíam alguma função fisiológica benéfica foram chamados de funcionais (HIRAHARA, 2004).

Esse conceito despertou o interesse das indústrias de alimentos no desenvolvimento de uma série de produtos com o atrativo de serem funcionais para aumentar suas vendas, e isso fez com que o Ministério da Saúde e Bem-Estar japonês criasse legislações para que somente os alimentos que realmente possuíssem efeitos benéficos na saúde do homem pudessem carregar a alegação de funcionais. Em 1991, o Ministério criou o sistema FOSHU (*foods for specified health uses*), que consiste em uma série de requisitos que esses alimentos precisam cumprir para ganhar um selo de aprovação do Ministério da Saúde japonês. Esse selo garante para o consumidor que esse alimento possui algum ingrediente que traz algum tipo de efeito fisiológico benéfico quando consumido de forma regular em sua dieta (HIRAHARA, 2004).

Para a Agência Nacional de Vigilância Sanitária (Anvisa), os alimentos funcionais podem ser os ácidos graxos ω-3 EPA e DHA; os carotenoides licopeno, luteína e zeaxantina; os fitoesteróis; os polióis manitol, xilitol e sorbitol; a proteína de soja; as fibras alimentares β-glucana, inulina, fruto-oligosacarídeos, entre outras; e os probióticos (BRASIL, 2015).

Os probióticos são microrganismos vivos que, quando consumidos em quantidades adequadas, conferem efeitos benéficos à saúde do hospedeiro. As fibras alimentares ou prebióticos são nutrientes encontrados nos alimentos que não são digeridos, mas estimulam o crescimento e/ou a atividade de uma ou mais bactérias da flora intestinal normal no cólon, promovendo uma melhoria na saúde dos seres humanos. Há também o termo simbiótico, que se refere a produtos que contenham ambos prebióticos e probióticos em sua composição. Os microrganismos também podem, de forma indireta, melhorar as características benéficas dos alimentos por meio da produção de metabólitos bioativos ou de enzimas que vão promover mudanças nos seus compostos durante a fermentação (STANTON et al., 2005).

22.2 PROBIÓTICOS

Culturas probióticas têm sido amplamente exploradas pela indústria em diversos produtos como ferramenta para o desenvolvimento de novos produtos funcionais e, a cada temporada, novos produtos são lançados no mercado. Tradicionalmente os probióticos são incorporados no iogurte, mas também podem ser incorporados em alimentos como maionese, carnes, além de outros derivados do leite como queijos e sorvetes (ONG; HENRIKSSON; SHAH, 2006).

Os laticínios fermentados constituem um dos mais antigos processos de conservação de alimentos conhecidos. O consumo de leite fermentado pelos egípcios é datado por volta de 7000 a.C., e relatos bíblicos indicam que Abraão atribuía sua longevidade ao consumo de leite fermentado. Inicialmente estabelecido no Oriente Médio e no Leste Asiático, o leite fermentado se espalhou através do Leste Europeu e da Rússia por tártaros, hunos e mongóis durante suas conquistas de territórios e, como consequência, um vasto número de produtos alimentícios existe nessas regiões, como o iogurte e o *kefir* (VASILJEVIC; SHAH, 2008).

O conceito de probiótico evoluiu com o passar dos anos. Originalmente a palavra surgiu como antagonista da palavra antibiótico (que significa "contra a vida"). É derivada do grego *προ* e *βιοτοσ*, que significa "para vida" (HAMILTON-MILLER; GIBSON; BRUCK, 2003). O conceito foi se alterando com o passar do tempo, conforme houve avanços nos estudos nessa área. Entre esses conceitos estão "probióticos são o oposto do antibiótico", formulado por Vergin em 1954; "uma substância secretada por um microrganismo que estimula o crescimento de outro", formulado por Lilly e Stillwell em 1965; "compostos que criam resistência a infecção no hospedeiro, mas não inibem o crescimento de microrganismos *in vivo*", formulado por Fuji e Cook em 1973; "organismos e substâncias que contribuem para o balanço da microbiota intestinal", formulado por Parker em 1974; "cultura ou mistura de culturas de microrganismos vivos que, fornecida a animais ou seres humanos, traz efeitos benéficos ao hospedeiro por melhorar as propriedades da flora intestinal normal", formulado por Havenaar e Huisint'Veld em 1992; até chegar à definição dada pela Organização das Nações Unidas para Agricultura e Alimentação (FAO) e pela Organização Mundial da Saúde (OMS) em 2002: "micro-organismos vivos que quando administrados em quantidades adequadas conferem benefícios à saúde do hospedeiro" (VASILJEVIC; SHAH, 2008).

Um grande número de benefícios à saúde está sendo associado aos produtos contendo microrganismos probióticos devido às suas características antimicrobianas, atuando em infecções gastrointestinais e supressão da *Helicobacter pylori*, propriedades antidiarreicas, melhora da doença inflamatória intestinal, melhora no metabolismo da lactose, redução do colesterol sérico e estimulação do sistema imune. Alguns desses benefícios estão bem estabelecidos, enquanto outros têm mostrado resultados promissores em modelos animais, entretanto outros estudos são necessários em seres humanos para que se possa realmente confirmar essa alegação funcional (SHAH, 2007).

As principais culturas utilizadas pela indústria são cepas das bactérias das espécies *Lactobacillus* spp. e *Bifidobacterium* spp. As cepas probióticas são utilizadas com outras culturas em virtude de seu baixo crescimento no leite, que estende o tempo de fermentação (SHAH, 2004). No Quadro 22.1 estão as bactérias consideradas probióticas pela Anvisa.

Os lactobacilos são organismos que podem ser encontrados em grande parte da natureza, principalmente em alimentos ricos em carboidratos. São bactérias Gram-positivas, não formadoras de esporos, catalase negativa em grande maioria, aparecendo na forma de bastonetes ou cocobacilos e fermentadoras. Pertencem ao filo Firmicutes, classe Bacilli, ordem dos Lactobacillales, família das Lactobacillaceae (GARRITY; BELL; LILBURN, 2004), possuindo mais de 106 espécies. As espécies mais comuns no trato intestinal de seres humanos são *L. acidophilus*, *L. salivarius*, *L. casei*, *L. plantarum*, *L. fermentum*, *L. reuteri* e *L. brevis* (MITSUOKA, 1992).

Quadro 22.1 Diferentes gêneros e espécies considerados probióticos no Brasil pela Anvisa

Lactobacilos	Bifidobactérias	Outros
L. acidophilus	*B. bifidum*	*Enterococcus faecium*
L. casei Shirota	*B. animallis* (incluindo a subespécie *B. lactis*)	
L. casei var. *rhamnosus*	*B. longum*	
L. casei var. *defensis*		
L. paracasei		
Lactococcus lactis		

Fonte: Brasil (2015).

O *L. acidophilus* é a bactéria mais utilizada em produtos do dia a dia. O crescimento ótimo acontece em temperaturas em torno de 35-40 °C, sendo que consegue se desenvolver em temperaturas mais altas, em torno de 45 °C; necessita de um ambiente levemente ácido, em torno de 4,5-6,4 de pH, mas tem seu crescimento inibido em pH em torno de 3,6-4,0 (SHAH, 2003).

Essa bactéria tende a crescer lentamente no leite, o que leva ao aumento do risco de crescimento de microrganismos indesejáveis e, além disso, a maioria das cepas de *L. acidophilus* não sobrevive muito bem em leite fermentado devido ao baixo pH, o que dificulta ainda mais manter um grande número de microrganismos nesse produto. Esse crescimento pobre é parcialmente relacionado à baixa concentração de peptídeos de cadeia curta e aminoácidos livres no leite, que são necessários para haver o crescimento das bactérias (SHAH, 2007).

As bifidobactérias foram isoladas pela primeira vez por Tissier em 1900, em fezes de recém-nascidos que se alimentavam de leite humano. Possuem a forma de bacilo, não produzem gás e são anaeróbias, Gram-positivas, não formadoras de esporos, não se locomovem e são catalase-negativas. Uma caraterística dessa espécie é que ela possui uma via metabólica diferenciada, que produz ácido acético junto com o ácido lático na proporção molar de 3:2 (GARRITY; BELL; LILBURN, 2004).

A taxonomia das bifidobactérias foi alterada diversas vezes ao longo dos anos. Elas já foram classificadas como *Bacillus*, *Bacteroides*, *Nocardia*, *Actobacillus* e *Corynebacterium*, até serem reconhecidas como um gênero isolado em 1974. Essa família consiste em cinco gêneros: *Bifidobacterium*, *Propionibacterium*, *Microbacterium*, *Corynebacterium* e *Brevibacterium*. Já foram identificadas pelo menos 32 espécies de bifidobactérias, sendo doze no corpo humano (cáries dentárias, fezes e vagina), quinze de origem do trato intestinal ou rúmen de animais, três de abelhas produtoras de mel e duas em leites fermentados e no esgoto (GARRITY; BELL; LILBURN, 2004).

O crescimento ótimo acontece com a faixa de pH entre 6,0-7,0, tendo o crescimento inibido com pH abaixo de 4,5-5,0, e com faixa de temperatura entre 37-41 °C, sendo que a temperatura mínima e a máxima toleradas pelas bifidobactérias estão entre 25-28 °C e 43-45 °C (SHAH, 2007).

A viabilidade e a atividade das culturas probióticas podem ser afetadas durante os vários passos envolvidos no processo pelo qual o alimento pode passar, sendo exposto a diferentes tipos de estresse. No geral, os probióticos são muito suscetíveis às condições do meio ambiente, como atividade de água, potencial redox, temperatura e acidez (SIUTA-CRUCE; GOULET, 2001).

Durante toda a cadeia produtiva de um alimento processado, ele está sujeito a diferentes tipos de condições que podem diminuir o número de células viáveis e, por isso, para um produto ser considerado como probiótico no Brasil, o número de células viáveis de microrganismos deve estar entre 10^8 e 10^9 UFC na recomendação diária desse produto pronto para o consumo durante todo o prazo de validade. Quantidades menores que essas podem ser aceitas desde que o fabricante comprove a eficiência nessas condições fornecida no produto (BRASIL, 2002; 2015). No Quadro 22.2 estão alguns dos vetores de estresse que afetam o crescimento e o desenvolvimento dos probióticos durante todo o processamento.

Quadro 22.2 Diferentes vetores de estresse que afetam a viabilidade dos probióticos durante o processamento

Etapa do processo	Estresse
Preparação do probiótico	Presença de ácidos orgânicos durante o cultivo dos microrganismos Concentração de solutos – alta pressão osmótica, baixa atividade de água e alta concentração de partículas iônicas Temperatura – congelamento e liofilização Secagem Armazenamento prolongado – exposição ao oxigênio, mudanças de temperatura e umidade
Produção do produto contendo o probiótico	Queda de nutrientes Antagonismo das cepas Aumento da acidez Presença de oxigênio Presença de compostos antimicrobianos, como peróxido de hidrogênio e bactericidas Temperatura de armazenamento
Trânsito gastrointestinal	Ácido gástrico e sucos digestivos Sais biliares Agentes antagonistas microbianos

Fonte: Vasiljevic e Shah (2008).

Para serem utilizadas, as culturas probióticas devem ser selecionadas não somente pelas características funcionais que podem fornecer, mas também por características adicionais no processo como a melhoria do rendimento durante o crescimento das culturas em escala industrial e uma maior sobrevida durante a concentração da cultura e durante a liofilização. A seleção de cepas adequadas e os diversos processos que serão utilizados na preparação dos probióticos são, com certeza, elementos cruciais. Além disso, a viabilidade dos probióticos na matriz alimentar depende da cepa selecionada, das interações entre as espécies de microrganismos presentes, da produção de peróxido de hidrogênio pelo metabolismo microbiano e da acidez final no produto. Outros parâmetros também podem impactar, como viabilidade dos nutrientes, promotores e inibidores de crescimento, concentração de carboidratos, oxigênio dissolvido, permeabilidade da embalagem ao oxigênio, principalmente para bifidobactérias, quantidade inoculada e tempo de fermentação (STANTON et al., 2005).

22.2.1 pH

A bactéria *L. acidophilus* possui uma alta faixa de resistência de pH (entre 3,72 e 7,74), o que permite que essa cepa resista a mudanças de pH no citoplasma e possua estabilidade sob condições ácidas, tornando-a mais tolerante em ambientes ácidos que *Bifidobacterium* spp., que tem sua capacidade de crescimento significantemente retardada em pH abaixo de 5. A tolerância dessa espécie ao pH ácido é muito baixa e depende de condições de cultivo, cepas e espécie. A *Bifidobacterium animalis* subesp. *lactis* possui a tolerância mais alta a acidez e, por isso, é a preferida pela indústria em produtos *bifidus*. O uso de *Lactobacillus delbrueckii* ssp. *bulgaricus* pode afetar a sobrevivência de *L. acidophilus* e *Bifidobacterium* em iogurtes devido à acidez e da quantidade de peróxido de hidrogênio produzido durante a fermentação. Entretanto, devido a sua natureza proteolítica, a *L. delbrueckii* spp. *bulgaricus* libera os aminoácidos essenciais valina e histidina, além da glicina, que são necessários para a manutenção do crescimento de bifidobactérias. Adicionalmente, a *S. thermophilus* pode estimular o crescimento de organismos probióticos, pois consome o oxigênio do ambiente (VASILJEVIC; SHAH, 2008).

22.2.2 OXIGÊNIO

A presença de oxigênio em produtos contendo probióticos pode ter efeito prejudicial na viabilidade desses microrganismos. Cepas de *L. acidophilus* e *Bifidobacterium* spp. são microaerófilas e anaeróbias, respectivamente, e, por não possuírem a cadeia de transporte de elétrons, não conseguem reduzir totalmente o oxigênio para água e acabam formando peróxido de hidrogênio. Além disso, elas são desprovidas de catalase, o que as torna incapazes de converter esse peróxido de hidrogênio em água. As bifidobactérias são mais suscetíveis a esses efeitos do oxigênio que as *L. acidophilus* (DAVE; SHAH, 1997).

Para excluir o oxigênio durante a produção de leite do tipo *bifidus*, são necessários equipamentos especiais para promover um ambiente anaeróbio. Além disso, o oxigênio pode entrar na embalagem durante o armazenamento dos produtos. Outros fatores devem ser levados em consideração, como a presença de *L. delbrueckii* ssp. *bulgaricus*, que é conhecido por produzir peróxido de hidrogênio na presença de oxigênio, o que afeta as culturas indiretamente. Uma inibição de forma sinérgica de culturas probióticas pode acontecer devido à acidez e à presença de peróxido de hidrogênio e, por causa disso, a remoção de *L. delbrueckii* ssp. *bulgaricus* de algumas culturas de início pode melhorar a taxa de sobrevivência de organismos probióticos (DAVE; SHAH, 1997).

O número de bactérias probióticas nos produtos pode ser reduzido significativamente por acidez, danos pelo congelamento, concentração de carboidratos e toxicidade do oxigênio. Por essas razões, tecnologias como microencapsulamento estão sendo estudadas e aplicadas na produção de alimentos com probióticos, pois aumenta a proteção e a entrega de cepas probióticas fisiologicamente ativas. O microencapsulamento é um processo em que as células ficam retidas dentro de uma membrana de encapsulamento, o que reduz as lesões nas células e suas perdas durante os processos. Gelatina ou goma de vegetais como encapsulamento têm sido utilizados com sucesso na proteção de células microbianas em meios ácidos. O alginato mostrou ter grande potencial por seu custo, sua manipulação relativamente fácil, sua não toxicidade e seus géis, que podem ser solubilizados pelo sequestro de íons de cálcio liberando células aprisionadas (CAPELA; HAY; SHAH, 2006).

Outro fator que afeta a viabilidade dos probióticos nos produtos e, consequentemente, no trato gastrointestinal, aumentando sua disponibilidade, é a adição de prebióticos apropriados.

22.3 PREBIÓTICOS

Alimentos que contenham fibras podem ser classificados como alimentos funcionais por sua atividade na modulação positiva das funções intestinais. As fibras consistem em carboidratos não digeríveis que possuem efeitos fisiológicos benéficos para o ser humano. O termo "não digerível" equivale a dizer não digerível nem absorvido no intestino delgado. Uma vez que não são metabolizadas pelo homem, as fibras podem ser fermentadas no intestino grosso pelas bactérias que compõem a microbiota intestinal normal ou podem passar diretamente sem sofrer qualquer tipo de metabolização e ser eliminadas nas fezes (AMERICAN DIETETIC ASSOCIATION, 2008).

O consumo das fibras está associado à diminuição de diversas doenças. Entre elas, podem-se citar: doenças cardiovasculares, uma vez que as fibras atuam na diminuição da absorção de gordura; diabetes mellitus tipo 2, pois as fibras fazem com que os nutrientes sejam absorvidos mais lentamente, evitando o pico de absorção de açúcares simples; cânceres, principalmente o câncer colorretal, uma vez que um dos metabólitos produzidos pela microbiota intestinal por meio da fermentação das fibras são os ácidos graxos de cadeia curta, criando um ambiente seletivo para o aumento das bactérias acidófilas, que são as bactérias benéficas, impedindo a proliferação de microrganismos patogênicos, e as fibras que não são fermentadas aumentam o trânsito intestinal, fazendo com que toxinas fiquem menos tempo em contato com a mucosa intestinal (AMERICAN DIETETIC ASSOCIATION, 2009).

O termo prebióticos é normalmente utilizado para alguns carboidratos não digeríveis, particularmente os oligossacarídeos, como fruto-oligossacarídeos, xilo-oligossacarídeos, inulina, galacto-oligossacarídeos e isomalto-oligossacarídeos, que são fermentados pelas bactérias que compõem a flora intestinal (DOMINGUES et al., 2012).

Os oligossacarídeos são normalmente encontrados na natureza como glicoconjugados e possuem papel fundamental em muitos processos biológicos. Podem ser formados pela quebra de determinada macromolécula por processos físicos, químicos e enzimáticos. Entretanto, os processos físicos e químicos não são seletivos, sendo impossível o controle do local da quebra. Já o uso de enzimas é altamente recomendado devido à sua alta especificidade de quebrar os polissacarídeos em moléculas de grau de polimerização pequeno. Por isso, a indústria está estudando e aplicando amplamente essa técnica nos últimos anos (BERTRAND et al., 2014).

22.3.1 FOS

O termo fruto-oligossacarídeo (FOS) é utilizado para o oligômero que contém uma unidade de glicose e de duas a quatro unidades de frutose ligadas por ligação do tipo β-2,1-glicosídica. Os FOS são oligoelementos de frutose principalmente composto de 1-cestose (GF_2), 1-nistose (GF_3) e 1-β-frutofuranosil nistose (GF_4), em que unidades de 1-3 frutosil (F) são ligadas na posição β-(2→1) da molécula de sacarose (Figura 22.1) (SANGEETHA; RAMESH; PRAPULLA, 2005).

O FOS é amplamente utilizado tanto pela indústria farmacêutica como pela alimentar devido a suas características amplas, por exemplo: pode servir como adoçante, pois possui baixa caloria, não favorece o crescimento de cáries, possui efeitos de diminuição das lipoproteínas colesterol e dos triglicerídeos plasmáticos e ajuda na absorção de cálcio e magnésio (MUSSATO et al., 2009).

Devido a sua configuração do tipo β-glicosídica no C_2 anomérico presente nos monômeros de frutose, o FOS é resistente à hidrólise pelas enzimas digestivas humanas, como glicosidases, maltases, isomaltases e sacarases, que são específicas para as ligações do tipo α-glicosídicas, sendo então classificados como "não digeríveis". Em comparação com outros carboidratos não digeridos pelos seres humanos (por exemplo, o amido resistido e outras fibras dietéticas), os FOS provocam mudança significativa no intestino, aumentando a contagem dos microrganismos benéficos na microbiota intestinal e, consequentemente, diminuindo a proliferação de bactérias patogênicas, sendo então considerados prebióticos (SILVA et al., 2013a).

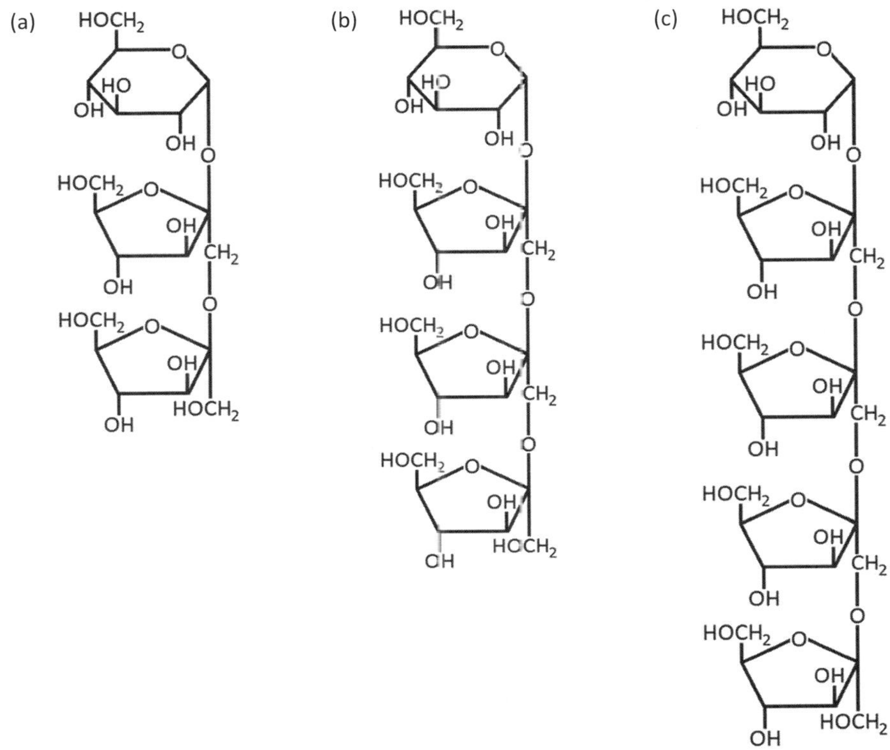

Figura 22.1 Estrutura química dos FOS a) 1-cetose; b) nistose; e c) frutofuranosil nistose.

Apesar de os FOS serem encontrados em várias fontes naturais, suas concentrações nesses alimentos são baixas, o que torna a produção em larga escala inviável devido ao baixo rendimento. Então, convencionalmente, a produção dos FOS é realizada pela via biotecnológica. Esse processo geralmente ocorre em duas etapas: a primeira consiste na produção por fermentação por meio de microrganismos de uma enzima-alvo (que dependerá do tipo de microrganismo utilizado) (Figura 22.2), e a segunda consiste na reação dessas enzimas com substratos em condições controladas para a produção do oligossacarídeo desejado (Figura 22.3).

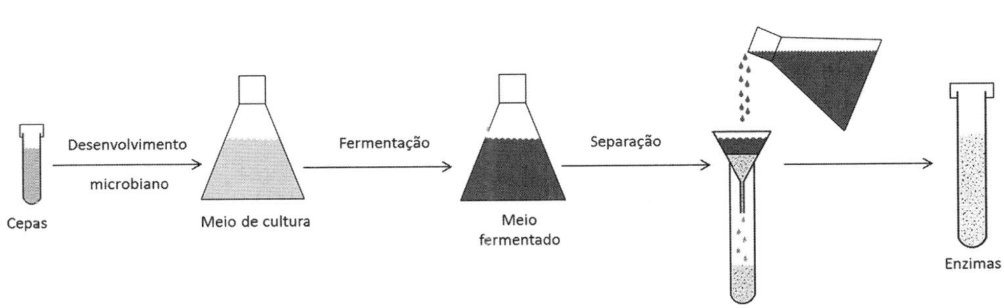

Figura 22.2 Esquema de produção de enzimas a partir da fermentação realizada por microrganismos.

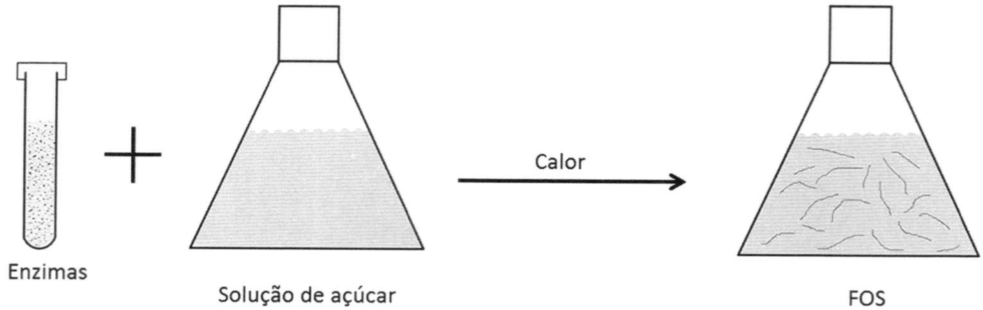

Figura 22.3 Esquema de obtenção de FOS a partir de enzimas.

Em escala industrial, os FOS são produzidos enzimaticamente a partir da sacarose por microrganismos que possuem enzima com atividade transfrutosilante, como as β-frutofuranosidades (também conhecidas como frutosiltransferases). Muitas dessas enzimas podem ser encontradas em fungos, como os dos gêneros *Aspergillus*, *Aureobasidium* e *Penicillium*, porém poucos fungos dessas espécies possuem potencial para a indústria devido à baixa atividade transfrutosilante (GHAZI et al., 2005).

O rendimento da produção de FOS por transfrutosilação pode ser considerado baixo, em torno de 55%-60%, uma vez que essas enzimas também possuem atividade hidrolítica, resultando na formação de glicose e frutose como subprodutos. O aumento da concentração de glicose inibe a ação das enzimas, afetando a eficiência da produção de FOS. O uso de células viáveis de fungos como biocatalisador dentro de biorreatores, com ou sem imobilização, evita a purificação do FOS produzido pelas enzimas a partir do extrato da célula, permitindo a produção de FOS menos custosa em pelo menos uma etapa (MUSSATO et al., 2009).

Alguns fatores interferem na produção de FOS quando utilizadas enzimas e outros reagentes químicos, entre eles, a concentração do tampão fosfato (KH_2PO_4), o pH e a concentração inicial do substrato. As condições para que haja o maior rendimento podem ser ajustados para (SANGEETHA; RAMESH; PRAPULLA, 2002):

- tempo de fermentação: 90 minutos;
- concentração de KH_2PO_4: 0,9%;
- sacarose: 10%;
- tempo de reação: 18 horas;
- pH: 5,15.

A imobilização dos microrganismos utilizando vários métodos já foi verificada em processos fermentativos e essa técnica tornou-se chave para a produção industrial de FOS a partir da sacarose (GANAIE et al., 2014). O aprisionamento em géis com o uso de matriz de suporte é a técnica mais utilizada para a imobilização de micelas. Várias vantagens têm sido reportadas para a imobilização de células (MUSSATO et al., 2009):

- aumento da estabilidade celular, que normalmente faz aumentar a produtividade da célula;
- aumento na eficiência do processo por meio do aumento da razão concentração de células/meio de fermentação;
- maior facilidade de separação das células a partir do caldo de fermentação, o que permite repetir as operações e facilita o isolamento e a purificação dos produtos;
- níveis mais altos de atividade de culturas imobilizadas, que apresentam maior resistência a perturbações do ambiente, como pH ou exposição a concentrações de produtos químicos tóxicos, se comparadas a culturas em suspensão.

A catálise de fase orgânica apresenta algumas vantagens se comparada com a catálise aquosa, como mudança do equilíbrio da reação, redução da inibição causada pelo substrato e pelos produtos no sistema de reator, menor risco de contaminação e variações de algumas enzimas específicas (SILVA et al., 2013a).

Existem dois métodos para a produção de frutosiltransferase (FTase) por meio da fermentação: a fermentação por submersão e a fermentação em fase sólida. A produção de enzimas por fermentação em fase sólida possui vantagem em comparação àquela por submersão, pois é mais simples de se operar, possui menor risco ao crescimento de contaminantes, pode ser operada em local menor, é mais barata para instalar e operar e traz maior produtividade. Além disso, podem-se utilizar como matéria-prima os resíduos provenientes da indústria agronômica, como casca de frutas e cereais, bagaço de cana-de-açúcar e subprodutos das indústrias de café e chá, transformando um produto barato em outro com alto valor econômico (SANGEETHA; RAMESH; PRAPULLA, 2005).

Van Hijum et al. (2002) observaram que a cepa de *Lactobacillus reuteri* produz 10 g/L de FOS (com a composição de 95% de cetose e 5% de nistose) no sobrenadante quando cultivada em meios com sacarose. L'Hocine et al. (2000), utilizando cepas de *Aspergillus* sp., conseguiram rendimento de 54% de FOS utilizando sacarose como substrato, uma vez que esse gênero é conhecido por produzir FTase tanto intra como extracelular. Hayashi et al. (2000) verificaram que as enzimas frutosiltransferase e invertase purificadas provenientes de *Penicillium citrinum* produzem um xarope contendo neofruto-oligossacarídeo, em que a eficiência da produção de FOS foi maior que 55% quando 70% de sacarose foi utilizada. A composição do FOS foi de 22% de 1-cetose, 14% de nistose e 11% de neocetose.

Utilizando micelas de *Aspergillus japonicus* imobilizadas em glúten, Chien, Lee e Lin (2001) conseguiram produzir FOS a partir de sacarose por meio da reação com FTase. Quando se utilizou 1 g de micélio imobilizado que continha 20% (m/m) de células incubadas com 100 mL de sacarose, a concentração inicial foi de 400 g/L e, após 5 horas de incubação, o rendimento de FOS foi de 61% do total de açúcares. A velocidade da reação aumentou com a quantidade de células na matriz do glúten e o valor máximo foi obtido quando a quantidade foi de 20% (m/m).

Diferentes sais no meio de cultura de fermentação melhoram a produção dos FOS por microrganismos. A adição de 0,6 M de NaCl leva ao aumento da produção em 3,5 vezes quando é utilizado o microrganismo *Zymomonas mobilis* e 10% de sacarose no meio fermentativo. Nessas condições, o sorbitol já foi encontrado como coproduto da fermentação na presença de alguns sais. Entretanto, em um meio com alta quantidade de sacarose (65% (m/m)), os sais possuem efeito inibitório na produção de FOS (VIGANTS et al., 2000).

Em seu trabalho, Sheu et al. (2002) utilizaram um biorreator equipado com módulo de microfiltração para produzir alta concentração de FOS em processo contínuo iniciado por processo de banho em reator utilizando micélios de *Aspergillus japonicus* ou *Aspergillus pullulans*, que possuem a enzima FTase, e *Gluconobacter oxydans*, que possuem a enzima glicose desidrogenase. Carbonato de cálcio foi utilizado para manter o pH em 5,5 e o ácido glicônico foi precipitado no reator como gliconato de cálcio. A solução de sacarose foi ajustada na concentração ótima de 30% (m/v), que foi utilizada como fonte de carbono para o complexo sistema celular, e altas quantidades de FOS foram obtidas continuamente por meio do módulo de microfiltração. O sistema de banho foi ajustado a 30 °C com a taxa de aeração de 5 vvm e a produção de FOS foi em torno de 80% com sobra de 5-7% de glicose e 8-10% de sacarose em peso seco, mais uma menor quantidade de gliconato de cálcio. Todo esse sistema operou por 7 dias continuamente com produtividade de mais de 160 g/L/h de FOS.

Para melhorar o rendimento e a atividade enzimática, Silva et al. (2013b) utilizaram CO_2 comprimido em inulinases imobilizadas na produção de FOS e verificaram que a eficácia desse pré-tratamento depende da origem da enzima. As inulinases provenientes de *Kluyveromyces marxianus* apresentaram aumento de sua atividade em 104%, enquanto inulinases comerciais de *Aspergillus niger* tiveram sua atividade diminuída para 39%.

22.3.2 XOS

Os xilo-oligossacarídeos (XOS) são produzidos por meio da hidrólise do xilano (Figura 22.4), que é um heteropolissacarídeo com uma espinha formada por xilose. Comercializado como um pó branco, os XOS são oligômeros contendo de duas a dez moléculas ligadas por ligações do tipo β-1,4 (Figura 22.5), não sendo, portanto, digeridos por seres humanos. Por isso, os XOS melhoram a função intestinal, além de melhorar a absorção de cálcio e o metabolismo lipídico; por não serem metabolizados pela microbiota da boca, não são cariogênicos; promovem proteção contra doenças cardiovasculares e diminuem o risco de câncer de cólon, devido à formação, pela microbiota intestinal, de ácidos graxos de cadeia curta, e aumentam a quantidade de bactérias da flora normal intestinal, principalmente as bifidobactérias; e são utilizados como adoçantes, pois possuem baixa caloria (MÄKELÄINEN et al., 2010; WANG et al., 2009).

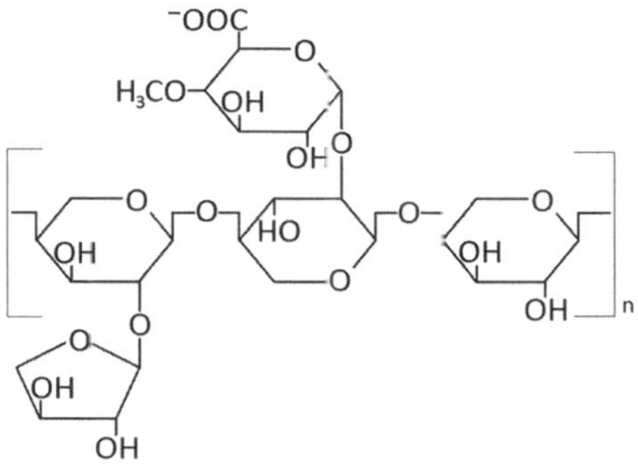

Figura 22.4 Molécula simplificada de xilano.

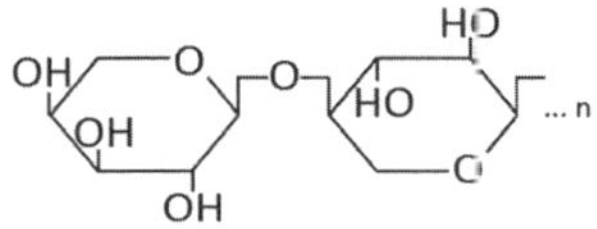

Figura 22.5 Esquema simplificado do XOS.

A produção de XOS a partir de lignocelulósicos não é simples nem econômica, devido às duas etapas necessárias para sua síntese. A primeira etapa é a extração do xilano da lignocelulose, que deve ser feita por meio de pré-tratamento químico. Existem vários tipos de tratamento para se extrair o xilano, porém não há consenso sobre qual desses métodos é o melhor. O segundo passo inclui reações enzimáticas da enzima xilanase ou hidrólise ácida do xilano (CARVALHO et al., 2013).

22.3.2.1 Pré-tratamento

Antes do pré-tratamento, a matéria-prima geralmente é lavada com etanol ou etil acetato para remover as impurezas ou outros compostos que podem prejudicar as reações (como ceras e pectinas), facilitando a produção de XOS. Além disso, álcoois e cetonas podem ser utilizados para recuperar xilanos solúveis ou para concentrar os XOS liberados (AKPINAR; ERDOGAN; BOSTANCI, 2009; VÁZQUEZ et al., 2005). Os métodos mais utilizados como pré-tratamento são a auto-hidrólise e a hidrólise ácida ou alcalina.

22.3.2.1.1 Auto-hidrólise

A auto-hidrólise compreende a deacetilação do xilano pela hidrólise na porção terminal da hemicelulose para produzir ácido acético. Entretanto, os produtos obtidos a partir de lignocelulósicos nesse processo apresentam uma quantidade de compostos indesejáveis como lignina e monossacarídeos, entre outros, necessitando de etapas de purificação (ZHU et al., 2006).

Após a pré-hidrólise, os lignocelulósicos podem ser separados em duas frações: a fração solúvel e líquida, que compreende produtos ricos em hemicelulose, os quais podem ser decompostos em oligossacarídeos, açúcares e aldeídos, e a fração sólida e precipitada, rica em celulose e lignina, que podem ser utilizadas na produção de açúcares para fermentação ou combustível (CAPARRÓS et al., 2007).

Quando os lignocelulósicos contendo xilano são submetidos à auto-hidrólise sob condições de operação moderadas, os XOS são os principais produtos da hidrólise da hemicelulose. Para obter XOS com grau de polimerização de 2-6 unidades de xilose, os produtos liberados pela auto-hidrólise requerem outros tratamentos, como o enzimático ou a hidrólise ácida (MOURE et al., 2006).

22.3.2.1.2 Hidrólises ácida ou alcalina

Antes de realizar o tratamento de hidrólise enzimática, a hemicelulose necessita de um pré-tratamento com ácido ou base. Porém, essas extrações devem ser realizadas em condições amenas para limitar a quantidade de xilose liberada pelo tratamento ácido e evitar, ou pelo menos diminuir, problemas de corrosão e rejeitos (CARVALHO et al., 2013).

Embora alguns estudos relatem que o pré-tratamento com ácido ou com base aumenta o rendimento em cerca de 18%, de acordo com outros estudos, o pré-tratamento com soluções alcalinas são mais eficazes (CARVALHO et al., 2013). Isso porque a pré-hidrólise alcalina consegue expor melhor o xilano à ação das endoxilanases, resultando em altas concentrações de XOS, porém tende a não preservar os grupos acetil presentes no xilano, o que faz com que a solubilidade diminua (NABARLATZ; EBRINGEROVÁ; MONTANÉ, 2007).

22.3.2.2 Tratamento enzimático

As xilanases são produzidas por vários tipos de microrganismos, como os dos gêneros *Aspergillus*, *Fusarium*, *Penicillium*, *Trichoderma* (esses quatro com maior atividade da enzima), *Streptomycetes*, *Phanerochaete*, *Chytridiomycetes*, *Ruminococcus*, *Fibrobacter*, *Clostridium*, *Bacillus* e *Thermoascus*, a partir de diversos substratos, inclusive resíduos da agroindústria, por meio de fermentação tanto em fase sólida quanto por submersão (ABDEL-SATER; EL-SAID, 2001).

Ainda não se sabe qual é o microrganismo que produz a melhor xilanase ou o melhor substrato para a produção, isso devido à existência de diversas xilanases produzidas por ampla variedade de microrganismos, que, devido a seu metabolismo, possuem diferentes mecanismos de produção da enzima (HINZ et al., 2009).

A interação entre o microrganismo e a fonte do substrato pode ser importante na qualidade e na quantidade da enzima produzida. Mais que isso, o tipo de bioprocesso empregado na fermentação influencia muito o rendimento final das xilanases. Estudos compararam a fermentação em fase sólida com a fermentação por imersão utilizando diferentes microrganismos e o resultado foi que, quando se utiliza a fermentação em fase sólida, o rendimento é de cinco a dez vezes maior. Isso é devido à limitação da aeração e à necessidade de agitação mecânica presentes na fermentação por imersão, que acabam sendo limitantes para a produção de enzimas pelos fungos aeróbicos. Em contrapartida, a combinação de diversas cepas de fungos, substratos e diferentes tipos de bioprocessos pode resultar em uma ampla variedade de produção de xilanase (CARVALHO et al., 2013).

Para a indústria, a hidrólise enzimática é considerada a melhor opção para a produção de XOS. As xilanases quebram a ligação dos xilanos do tipo β-1,4. Porém, o complexo enzimático necessita ter uma baixa atividade de exoxilanase (β-xilosidases) para atenuar a produção de xilose, que pode ter uma ação inibitória de produção de XOS. Além disso, para aumentar a produção de XOS, uma endoxilanase, que hidrolisa ligações β-1,4 na cadeia principal do xilano produzindo β-anômeros de XOS, e enzimas que removam grupos laterais precisam ser usadas (AKPINAR et al., 2010).

No processo de produção do XOS, a enzima pode ser adicionada diretamente no meio de reação, produzida no local por fermentação microbiológica ou estar imobilizada dentro da biomassa. Uma vez produzidos, o fracionamento dos XOS com diferentes graus de polimerização pode ser facilmente obtido por ultrafiltração para remover oligossacarídeos que não são desejados (FREITAS; CARMONA; BRIENZO, 2019).

22.3.3 IOS

A inulina consiste em cadeias lineares de frutose unidas por ligações β-1,2 de forma exclusiva com grau de polimerização entre duas e sessenta unidades de frutose e terminadas com um resíduo de glicose unido com ligação do mesmo tipo da sacarose no terminal redutor (Figura 22.6). A inulina é o segundo maior polissacarídeo, perdendo apenas para o amido encontrado nas plantas, e está presente como reserva de carboidrato em raízes e tubérculos (cerca de 50% do material seco). Quando submetida à ação de endoinulinases, mas na ausência de exoinulinases, a inulina é transformada no oligossacarídeo inulo-oligossacarídeo (IOS), que possui estrutura muito similar à do FOS obtido da sacarose. Assim como os FOS, os IOS também não são calóricos, são bifidogênicos e possuem propriedades benéficas para saúde (CHI et al., 2011; MUTANDA et al., 2014).

As inulinases são enzimas capazes de hidrolisar as ligações β-1,2, sendo divididas em endoinulinases e exoinulinases. As excinulinases fazem a hidrólise da inulina em moléculas simples de frutose e glicose, iniciando a reação na extremidade não redutora, enquanto as endoinulinases hidrolisam as ligações internas da inulina, criando moléculas menores com graus de polimerização entre 2 e 9, chamadas de inulinoligossacarídeos (CHI et al., 2009).

Diversos microrganismos produzem endoinulinases, como os dos gêneros *Aspergillus*, *Pseudomonas*, *Penicillium* e *Xanthomonas*. Essas enzimas são produzidas a partir de processos fermentativos (conforme já descrito na seção anterior) e podem ter seu rendimento aumentado com técnicas de engenharia genética, transferindo genes de interesse a outros microrganismos que possuem metabolismo mais simples ou já são amplamente utilizados na indústria e têm alto rendimento de produção, como a *Escherichia coli* ou *Saccharomyces cerevisiae* (KIM et al., 2006; YUN, 1999).

Os métodos de produção de IOS podem ser tanto por banho quanto por uso contínuo de enzimas imobilizadas. A produção de IOS por banho possui limitações como a necessidade de grandes quantidades de enzimas e produtos de purificação, e, devido ao alto preço das enzimas, esse método possui alto custo de produção. Já os métodos contínuos são mais utilizados, pois as enzimas estão imobilizadas, o que permite o seu reúso, além de evitarem a contaminação do produto final (MUTANDA et al., 2014).

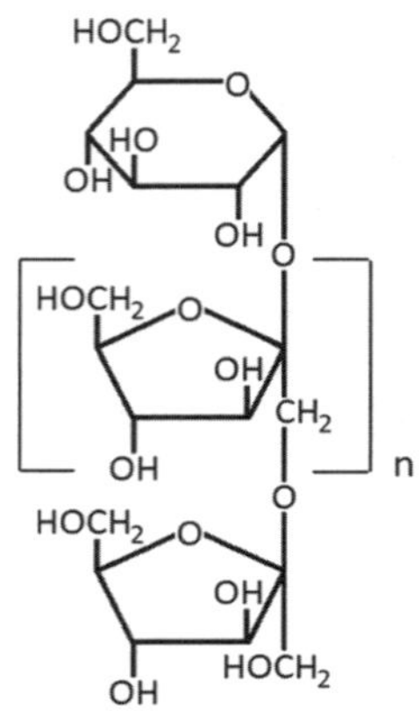

Figura 22.6 Estrutura da molécula de inulina.

REFERÊNCIAS

ABDEL-SATER, M. A.; EL-SAID, A. H. M. Xylan-decomposing fungi and xylanolytic activity in agricultural and industrial wastes. *International Biodeterioration & Biodegradation*, v. 47, p. 15-21, 2001.

AKPINAR, O. et al. Comparison of acid and enzymatic hydrolysis of tobacco stalk for preparation of xylo-oligosaccharides. *Food Science and Technology*, v. 43, p. 119-125, 2010.

AKPINAR, O.; ERDOGAN, K.; BOSTANCI, S. Production of xylo-oligosaccharides by controlled acid hydrolysis of lignocellulosic materials. *Carbohydrate Research*, v. 344, p. 660-666, 2009.

AMERICAN DIETETIC ASSOCIATION. Position of the American Dietetic Association: health implications of dietary fiber. *Journal of American Dietetic Association*, v. 108, p. 1716-1731, 2008.

AMERICAN DIETETIC ASSOCIATION. Position of the American Dietetic Association: functional foods. *Journal of the American Dietetic Association*, v. 109, p. 735-746, 2009.

BERTRAND, E. et al. Dextranase immobilization on epoxy CIM® disk for the production of isomaltooligosaccharides from dextran. *Carbohydrate Polymers*, v. 111, p. 707-713, 2014.

BORGES, V. C. Alimentos funcionais: prebióticos, probióticos, fitoquímicos e simbióticos. In: WAITZBERG, D. L. *Nutrição enteral e parenteral na prática clínica*. São Paulo: Atheneu, 2001.

BRASIL. Agência Nacional de Vigilância Sanitária. *Regulamento técnico de substâncias bioativas e probióticos isolados com alegação de propriedades funcional e ou de saúde*. Resolução da Diretoria Colegiada n. 2, de 7 de janeiro de 2002.

BRASIL. Agência Nacional de Vigilância Sanitária. *Alegações de propriedade funcional aprovadas*. Disponível em: http://portal.anvisa.gov.br/wps/content/Anvisa+Portal/Anvisa/Inicio/Alimentos/Assuntos+de+Interesse/Alimentos+Com+Alegacoes+de+Propriedades+Funcionais+e+ou+de+Saude/Alegacoes+de+propriedade+funcional+aprovadas. Acesso em: 13 mar. 2015.

CAPARRÓS, S. et al. Optimization of *Paulownia fortunei* autohydrolysis–organosolv pulping as a source of xylooligomers and cellulose pulp. *Industrial and Engineering Chemistry Research*, v. 46, p. 623-631, 2007.

CAPELA, P.; HAY, T. K. C.; SHAH, N. P. Effect of cryoprotectants, prebiotics and microencapsulation survival of probiotic organisms in yoghurt and freezedried yoghurt. *Food Research International*, v. 39, p. 203-211, 2006.

CARVALHO, A. F. Z. et al. Xylo-oligosaccharides from lignocellulosic materials: Chemical structure, health benefits and production by chemical and enzymatic hydrolysis. *Food Research International*, v. 51, p. 75-85, 2013.

CHI, Z. M. et al. Inulinase-expressing microorganisms and applications of inulinases. *Applied Microbiol Biotechnology*, v. 82, p. 211-220, 2009.

CHI, Z. M. et al. Biotechnological potential of inulin for bioprocesses. *Bioresource Technology*, v. 102, p. 4295-4303, 2011.

CHIEN, C. S.; LEE, W. C.; LIN, T. J. Immobilization of *Aspergillus japonicus* by entrapping cells in gluten for production of FOS. *Enzyme and Microbial Technology*, v. 29, p. 252-257, 2001.

DAVE, R. I.; SHAH, N. P. Effectiveness of ascorbic acid as an oxygen scavenger in improving viability of probiotic bacteria in yoghurts made with commercial starter cultures. *International Dairy Journal*, v. 7, p. 435-443, 1997.

DOMINGUES, A. et al. New improved method for fructooligosaccharides production by *Aureobasidium pullulans*. *Carbohydrate Polymers*, v. 89, p. 1174-1179, 2012.

FREITAS, C.; CARMONA, E.; BRIENZO, M. Xylooligosaccharides production process from lignocellulosic biomass and bioactive effects. *Bioactive Carbohydrates and Dietary Fibre,* v. 18, p. 1-8, 2019.

GANAIE, M. A. et al. Immobilization of fructosyltransferase by chitosan and alginate for efficient production of fructooligosaccharides. *Process Biochemistry,* v. 49, p. 840-844, 2014.

GARRITY, G. M.; BELL, J. A.; LILBURN, T. G. Taxonomic outline of the procaryotes. In: BERGEY, D. H. *Bergey's manual of systematic bacteriology.* 2. ed. Nova York: Springer, 2004.

GHAZI, I. et al. Immobilisation of fructosyltransferase from *Aspergillus aculeatus* on epoxy-activated Sepabeads EC for the synthesis of fructooligosaccharides. *Journal of Molecular Catalysis B: Enzymatic,* v. 35, p. 19-27, 2005.

HAMILTON-MILLER, J. M. T.; GIBSON, G. R.; BRUCK, W. Some insight into the derivation and early uses of the word 'probiotic'. *British Journal of Nutrition,* v. 90, p. 845, 2003.

HAYASHI, S. et al. Production of a novel syrup containing neofructooligosaccharides by the cells of *Penicillium citrinum. Biotechnology Letters,* v. 22, p. 1465-1469, 2000.

HINZ, S. W. A. et al. Hemicellulase production in *Chrysosporium lucknowense* C1. *Journal of Cereal Science,* v. 50, p. 318-323, 2009.

HIRAHARA, T. Key factors for the success of functional foods. *BioFactors,* v. 22, p. 289-293, 2004.

KIM, H. C. et al. Inulooligosaccharide production from inulin by *Saccharomyces cerevisiae* strain displaying cell-surface endoinulinase. *Journal of Microbiology and Biotechnology,* v. 16, p. 360-367, 2006.

L'HOCINE, L. et al. Purification and partial characterization of fructosyl transferase and invertase from *Aspergillus niger* AS0023. *Journal of Biotechnology,* v. 81, p. 73-84, 2000.

MÄKELÄINEN, H. et al. Xylo-oligosaccharides enhance the growth of bifidobacteria and *Bifidobacterium lactis* in a simulated colon model. *Beneficial Microbes,* v. 1, p. 81-91, 2010.

MITSUOKA, T. The human gastrointestinal tract. *Lactic Acid Bacteria,* v. 1, p. 69-114, 1992.

MOURE, A. et al. Advances in the manufacture, purification and applications of xylo-oligosaccharides as food additives and nutraceuticals. *Process Biochemistry,* v. 41, p. 1913-1923, 2006.

MUSSATO, S. I. et al. Colonization of *Aspergillus japonicus* on synthetic materials and application to the production of fructooligosaccharides. *Carbohydrate Research,* v. 344, p. 795-800, 2009.

MUTANDA, T. et al. Microbial enzymatic production and applications of short-chain fructooligosaccharides and inulooligosaccharides: recent advances and current perspectives. *Journal of Industrial Microbiology and Biotechnology*, v. 41, p. 893-906, 2014.

NABARLATZ, D.; EBRINGEROVÁ, A.; MONTANÉ, D. Autohydrolysis of agricultural by-products for the production of xylo-oligosaccharides. *Carbohydrate Polymers*, v. 69, p. 20-28, 2007.

ONG, L.; HENRIKSSON, A.; SHAH, N. P. Development of probiotic Cheddar cheese containing *Lactobacillus acidophilus*, *Lb. casei*, *Lb. paracasei* and *Bifidobacterium* spp. and the influence of these bacteria on proteolytic patterns and production of organic acid. *International Dairy Journal*, v. 16, p. 446-456, 2006.

POLLONIO, M. A. R. Alimentos funcionais: as recentes tendências e os envolvidos no consumo. *Higiene Alimentar*, v. 14, p. 26-31, 2000.

SANGEETHA, P. T.; RAMESH, M. N.; PRAPULLA, S. G. Influence of media components and reaction parameters on the production of fructosyl transferase and fructo-oligosaccharides. *Sciences des Aliments*, v. 22, p. 277-287, 2002.

SANGEETHA, P. T.; RAMESH, M. N.; PRAPULLA, S. G. Recent trends in the microbial production, analysis and application of Fructooligosaccharides. *Trends in Food Science & Technology*, v. 16, p. 442-457, 2005.

SHAH, N. P. Yogurt: The product and its manufacture. In: TRUGO, L.; FINGLAS, P.; CABALLERO, B. *Encyclopedia of food sciences and nutrition*. 2. ed. London: Academic Press, 2003.

SHAH, N. P. Probiotics and prebiotics. *Agro-Food Industry Hi-tech*, v. 15, p. 13-16, 2004.

SHAH, N. P. Functional cultures and health benefits. *International Dairy Journal*, v. 17, p. 1262-1277, 2007.

SHEU, D. C. et al. Continuous production of high content FOS by a complex cell system. *Biotechnology Progress*, v. 18, p. 1282-1286, 2002.

SILVA, M. F. et al. Enzymatic synthesis of fructooligosaccharides by inulinases from *Aspergillus niger* and *Kluyveromyces marxianus* NRRL Y-7571 in aqueous–organic medium. *Food Chemistry*, v. 138, p. 148-153, 2013a.

SILVA, M. F. et al. Fructooligosacharides production in aqueous medium with inulinase from *Aspergillus niger* and *Kluyveromyces marxianus* NRRL Y-7571 immobilized and treated in pressurized CO_2. *Food and Bioproducts Processing*, v. 91, p. 647-655, 2013b.

SIUTA-CRUCE, P.; GOULET, J. Improving probiotic survival rates. *Food Technology*, v. 55, p. 36-42, 2001.

STANTON, C. et al. Fermented functional foods based on probiotics and their biogenic metabolites. *Current Opinion in Biotechnology*, v. 16, p. 198-203, 2005.

VAN HIJUM, S. et al. Characterization of a novel Fructosyl Transferase from *Lactobacillus reutri* that synthesizes high molecular weight inulin and inulin oligosaccharides. *Applied and Environmental Microbiology*, v. 68, p. 4390-4398, 2002.

VASILJEVIC, T.; SHAH, N. P. Probiotics-From Metchnikoff to bioactives. *International Dairy Journal*, v. 18, p. 714-728, 2008.

VÁZQUEZ, M. J. et al. Refining of autohydrolysis liquors for manufacturing xylo-oligosaccharides: evaluation of operational strategies. *Bioresource Technology*, v. 96, p. 889-896, 2005.

VIGANTS, M. B. A. et al. The effect of osmo-induced stress on product formation by *Zymomonas mobilis* on sucrose. *International Journal of Food Microbiology*, v. 55, p. 147-150, 2000.

WANG, J. et al. On-line separation and structural characterization of feruloylated oligosaccharide from wheat bran using HPLC-ESI-MSn. *Food Chemistry*, v. 115, p. 1529-1541, 2009.

YUN, J. W. Microbial production of inulooligosaccharides by an endoinulinase from *Pseudomonas* sp. expressed in *Escherichia coli*. *Journal of Bioscience and Bioengineering*, v. 81, p. 291-295, 1999.

ZHU, S. et al. The effect of microwave irradiation on enzymatic hydrolysis of rice straw. *Bioresource Technology*, v. 97, p. 1964-1968, 2006.

CAPÍTULO 23

Bioprocessos para obtenção de insumos para produção de alimentos orgânicos

Regina de Oliveira Moraes Arruda

Rodrigo de Oliveira Moraes

Maria Josiane Conti Moraes

Iracema de Oliveira Moraes

23.1 INTRODUÇÃO

Está em andamento uma evolução muito grande do controle biológico de pragas (e também de vetores da saúde pública) no país e, ainda mais rapidamente, no mundo. No Brasil, começou-se a pensar nesse conceito na década de 1950 (MORAES, 1973; CAPALBO; MORAES, 1988). Um dos livros inspiradores dessa mudança foi *Silent spring*, de Rachel Carson, lançado em 1962 (editado no Brasil como *Primavera silenciosa*), que, segundo sua sinopse, "alertou um público vasto para os perigos humanos e ambientais do uso indiscriminado de pesticidas" (Carson, 1964).

Esse livro inicialmente inspirou um mestrado na Universidade Estadual de Campinas (Unicamp), em 1970, com o desenvolvimento de um bioinseticida à base de *Bacillus thuringiensis* (Bt). Seguiu-se um doutorado em 1973, uma primeira patente depositada em 1976, uma tese de livre-docência em 1981, e a segunda patente em 1985, ganhadora do Prêmio Governador do Estado de São Paulo como o melhor invento do ano no Brasil (MORAES, 1973; 1976; 1981; BRASIL, 1976; 1985). Essa segunda patente participou de um evento em Genebra, na Suíça, e foi objeto de livros bibliográficos, publicados no exterior, de autoria do então presidente da World Intellectual Property Organization (Wipo) acerca de mulheres inventoras (MOUSSA, 1986, 1995).

Entre as décadas de 1960 e 1970, o mercado de biopesticidas se baseou exclusivamente em Bt para controle de insetos, especialmente os da ordem Lepidoptera. Como o produto parecia ser simples e barato de obter, muitas indústrias viram nesse mercado um lucro fácil. Entretanto, a potência das linhagens determinada em laboratório não foi reproduzida em condições de campo, nas quais é necessário um aumento de cerca de trinta vezes nos valores para que se observe algum benefício real. Ao redor dos anos 1980, muitas variedades de Bt foram descobertas e sua atividade foi determinada contra Diptera (mosquitos e moscas) e Coleoptera. Além da ampliação do espectro de atuação do Bt, investiu-se em abertura de novos mercados, tecnologia de produção, inovação dos produtos (novas formulações) e preços competitivos. A segunda geração de biopesticidas, que é representada pelos inseticidas microbianos, trouxe muitas perspectivas para o controle biológico de pragas, embora esse tipo de inseticida represente ainda uma diminuta fração em termos de vendas. Os produtores têm muita pressa em acabar com as pragas e os pesticidas biológicos atuam num ritmo mais lento, porém seguro. Ao Bt são suscetíveis mais de 150 insetos-praga. Um exemplo de praga recente é a *Helicoverpa armigera*, descoberta na safra 2012/2013 e que vem devastando culturas de soja, milho e algodão nas novas fronteiras agrícolas, em especial na Bahia. Experimentos com variedades selecionadas de Bt vêm mostrando um grande potencial.[1]

As empresas biotecnológicas implantadas no Brasil a partir dos anos 2000 têm percebido uma grande demanda para o desenvolvimento de soluções de controle biológico. Essas soluções são inovadoras, e os processos fermentativos podem ser submersos ou em estado sólido, contínuos ou descontínuos (CAPALBO, 1982; 1989; CAPALBO et al., 2008a; 2008b; MORAES et al., 2008a), levando ao empreendedorismo (MORAES et al., 2011) e ao desenvolvimento de uma série de outros processos e técnicas, como obtenção de culturas iniciadoras (*starters*) (ARRUDA et al., 2013), pasteurização de substratos usando micro-ondas (ARRUDA; MORAES, 2003), melhor emprego da aeração (MORAES; SANTANA; HOKKA, 1981), caracterização de microrganismos (BARÓ et al., 2012), estudo da influência dos processos de secagem do bioproduto em sua viabilidade (MORAES, 1993), estudo de casos e perspectivas (MORAES et al., 2008a; 2008b). Capalbo et al. (2008a) fizeram um estudo sobre o assunto, relatando os dados para a América Latina.

Segundo Baró et al. (2012), um dos aspectos importantes da estratégia cubana é a descentralização da produção dos agentes de controle biológico, graças a técnicas simples e de baixo custo que foram desenvolvidas nas duas últimas décadas do século XX, possibilitando, simultaneamente, uma produção artesanal e de alto padrão de qualidade. Essa produção, em Cuba, é feita pelos próprios filhos de agricultores associados às cooperativas que trabalham na elaboração de modernos produtos biotecnológicos em escala local.

No Brasil, embora o uso do controle biológico não seja uma prática generalizada entre os agricultores, há avanços significativos em alguns cultivos, devidos aos esforços de órgãos estaduais de pesquisa e da Empresa Brasileira de Pesquisa Agropecuária

[1] O Capítulo 19 do Volume 3 desta série detalha a produção de bioinseticidas.

(Embrapa). Um exemplo de sucesso é o controle da lagarta da soja (*Anticarsia gemmatalis*) por meio do *Baculovirus anticarsia*. Essa prática foi lançada pelo Centro Nacional de Pesquisa da Soja em 1983 e, desde então, o produto foi utilizado em mais de 10 milhões de hectares, proporcionando ao país uma economia estimada em 100 milhões de dólares em agrotóxicos, sem considerar os benefícios ambientais resultantes da não aplicação de mais de 11 milhões de litros desses produtos.

Para alcançar esses resultados, todo programa de controle biológico deve começar com o reconhecimento dos inimigos naturais da "praga-chave da cultura" (principal organismo que causa danos econômicos às lavouras). Uma vez identificada a espécie e o comportamento da "praga" em questão, o principal desafio dos centros de pesquisa diz respeito à reprodução desse inimigo natural em grandes quantidades e com custos reduzidos. Outra estratégia consiste no desenvolvimento, dentro da propriedade, de práticas culturais (consórcio e rotação de culturas, uso de plantas como "quebra-vento", cultivos em faixas, entre outros) que aumentem a diversidade de espécies e a estabilidade ecológica do sistema, dificultando a reprodução do organismo "praga".

Desafios e oportunidades se apresentam para o desenvolvimento de alternativas de controle biológico, principalmente com a conscientização do consumidor em relação ao uso de agrotóxicos indiscriminadamente. O Brasil tem cerca de quinhentas pragas de importância econômica e muitas já apresentam resistência aos agrotóxicos, sendo necessária a busca de outros bioprodutos. Para tal, é necessário o desenvolvimento de bioinsumos para solucionar problemas nessa área. Estes representam todo fator de produção utilizado com o objetivo de garantir a nutrição e a proteção das plantas para obter boa produtividade da lavoura e produto final de qualidade. Em sua maioria, os insumos agrícolas são bioinsumos, obtidos via bioprocessos. São bio-herbicidas, biofungicidas, biorremediadores, bioinseticidas etc.

Reifschneider e Lopes (2015) trabalharam com a sustentabilidade na horticultura (convencional ou orgânica) em suas quatro dimensões – produção, equidade, resiliência e estabilidade. Entre os desafios apontados estão o desenvolvimento e a aplicação da biotecnologia na horticultura e a velocidade da inovação tecnológica.

23.2 PRODUTOS ORGÂNICOS

A produção orgânica vem crescendo no Brasil e no mundo, estimulada por uma demanda cada vez maior por alimentos saudáveis e pela consciência do produtor em diminuir a utilização de agrotóxicos nas lavouras, em função dos riscos à saúde e ao meio ambiente (MORAES; OLIVEIRA, 2017).

De acordo com o Mapa (2017a; 2017b), os produtores, para a agricultura orgânica, devem atender às seguintes premissas:

- ofertar produtos saudáveis, isentos de contaminantes que possam ser evitados, em função da não utilização de práticas e insumos que possam pôr em risco o meio ambiente e a saúde do produtor, do trabalhador ou do consumidor;

- preservar a diversidade biológica dos ecossistemas naturais e efetuar a recomposição ou incremento da diversidade biológica dos ecossistemas modificados onde estejam inseridos os sistemas de produção, com especial atenção às espécies ameaçadas de extinção;
- empregar produtos e processos que mantenham ou incrementem a fertilidade do solo e promovam o desenvolvimento e o equilíbrio da atividade biológica do solo;
- adotar práticas nas unidades de produção que contemplem o uso saudável do solo, da água e do ar, de forma a reduzir ao mínimo todas as formas de contaminação e desperdícios desses elementos;
- estabelecer relações de trabalho baseadas no tratamento com justiça, dignidade e equidade, independentemente das formas de contrato de trabalho;
- incentivar a integração entre os diferentes participantes da rede de produção orgânica e a regionalização da produção e do comércio dos produtos, estimulando os circuitos curtos e a relação direta entre o produtor e o consumidor final;
- reciclar resíduos de origem orgânica, reduzindo ao mínimo possível o emprego de recursos naturais não renováveis;
- usar boas práticas de manuseio e processamento com o propósito de manter a integridade orgânica e as qualidades vitais do produto em todas as etapas que vão da produção até a chegada ao consumidor; e
- utilizar práticas de manejo produtivo que preservem as condições de bem-estar dos animais.

Pela legislação brasileira, considera-se produto orgânico, seja ele *in natura* ou processado, aquele que é obtido em um sistema orgânico de produção agropecuária ou oriundo de processo extrativista sustentável e não prejudicial ao ecossistema local. Para serem comercializados, os produtos orgânicos deverão ser certificados por organismos credenciados no Ministério da Agricultura, sendo dispensados da certificação somente aqueles produzidos por agricultores familiares que fazem parte de organizações de controle social cadastradas no Mapa, que comercializam exclusivamente em venda direta aos consumidores (MAPA, 2017a; 2017b).

23.2.1 LEGISLAÇÃO

Verifica-se que a legislação nacional dá tratamento diferenciado aos insumos que serão utilizados na agricultura orgânica. Assim, agrotóxicos ou afins cuja composição contenha apenas produtos permitidos na legislação de produtos orgânicos, após o registro, recebem a denominação de produtos fitossanitários com uso aprovado para a agricultura orgânica.

A cultura e a comercialização dos produtos orgânicos no Brasil foram aprovadas pela Lei n. 10.831, de 23 de dezembro de 2003. Sua regulamentação, no entanto, ocorreu apenas em 27 de dezembro de 2007, com a publicação do Decreto n. 6.323. Há ainda outros dispositivos legais (Quadro 23.1).

Quadro 23.1 Legislação aplicada à cultura e à comercialização de produtos orgânicos no Brasil

Lei n. 10.831, de 23 de dezembro de 2003	Dispõe sobre a agricultura orgânica e dá outras providências.
Portaria Interministerial n. 177, de 30 de junho de 2006	Fica instituída a Comissão Interministerial com a finalidade de construir, aperfeiçoar e desenvolver políticas públicas para a inclusão e incentivo à abordagem da agroecologia e de sistemas de produção orgânica nos diferentes níveis e modalidades de educação e ensino, bem como no contexto das práticas e movimentos sociais, do mundo do trabalho e das manifestações culturais.
Decreto n. 6.323, de 27 de dezembro de 2007	Regulamenta a Lei n. 10.831, de 23 de dezembro de 2003, que dispõe sobre a agricultura orgânica, e dá outras providências.
Decreto n. 6.913, de 23 de julho de 2009	Acresce dispositivos ao Decreto n. 4.074, de 4 de janeiro de 2002, que regulamenta a Lei n. 7.802, de 11 de julho de 1989, que dispõe sobre a pesquisa, a experimentação, a produção, a embalagem e rotulagem, o transporte, o armazenamento, a comercialização, a propaganda comercial, a utilização, a importação, a exportação, o destino final dos resíduos e embalagens, o registro, a classificação, o controle, a inspeção e a fiscalização de agrotóxicos, seus componentes e afins.
Decreto n. 7.048, de 23 de dezembro de 2009	Dá nova redação ao art. 115 do Decreto n. 6.323, de 27 de dezembro de 2007, que regulamenta a Lei n. 10.831, de 23 de dezembro de 2003, que dispõe sobre a agricultura orgânica.
Decreto n. 7.794, de 20 de agosto de 2012	Institui a Política Nacional de Agroecologia e Produção Orgânica.
Portaria n. 331, de 9 de novembro de 2012	Designar para compor a Comissão Nacional de Agroecologia e Produção Orgânica – CNAPO os representantes, titulares e suplentes, dos seguintes órgãos e entidades: [...].

Fonte: Brasil (s.d.).

A fim de disponibilizar informação técnica sobre tecnologias apropriadas aos sistemas orgânicos de produção de forma resumida, em linguagem simples e acessível aos produtores rurais, foram criadas as fichas agroecológicas. São princípios básicos para a aprovação de uma ficha que a tecnologia divulgada esteja de acordo com os princípios e as normas estabelecidos pela legislação brasileira da produção orgânica e que seja resultado de processos gerados ou validados por pesquisas científicas, ações de construção participativa do conhecimento ou experiências práticas dos produtores (MAPA, 2017a). Apresentam informações sobre tecnologias adequadas para cultivar alimentos orgânicos e estão disponíveis no site do Mapa. Incluem técnicas de manejo do solo, de preparo de insumos para controle sanitário animal e vegetal, de manejo das plantas espontâneas e de adubação verde, entre outras práticas. O projeto Fichas Agroecológicas: Tecnologias Apropriadas para a Produção Orgânica visa disponibilizar informação técnica sobre tecnologias apropriadas aos sistemas orgânicos de produção, de forma resumida, em linguagem simples e acessível aos produtores rurais. Em 20 de dezembro de 2016, as Fichas Ecológicas – Tecnologias Apropriadas para Agricultura Orgânica foram publicadas e atualizadas, sendo 36 fichas de Fertilidade do Solo e Nutrição de Plantas; 39 fichas de Sanidade Vegetal; 5 fichas de Práticas Conservacionistas e 23 fichas de Produção Vegetal (BRASIL, 2016a).

Segundo Roel (2002), há a necessidade da realização de novos estudos em produção orgânica de alimentos e para geração de tecnologias sustentáveis e adaptadas às nossas condições edafoclimáticas, em especial quanto à agricultura familiar, a assentamentos e pequenas propriedades, pois a agricultura ecológica pode ser uma das alternativas para a questão do desenvolvimento rural sustentável. Essa prática pode melhorar a qualidade de vida do produtor, bem como da população urbana, visto que produz alimentos livres de contaminantes e resguarda o ambiente de degradações. A substituição de insumos sintéticos por produtos naturais tende a diminuir os custos de produção e gerar mais empregos, além de contribuir para fixar o homem no campo.

23.2.2 CERTIFICAÇÃO PARA PRODUTOR ORGÂNICO

Moraes e Oliveira (2017) informam que a produção orgânica vem crescendo estimulada por uma demanda cada vez maior por alimentos saudáveis e pela consciência do produtor em diminuir a utilização de agrotóxicos nas lavouras, em função dos riscos à saúde e ao meio ambiente. E, junto a esse cenário, há a necessidade do processo de certificação orgânica, o qual busca garantir um produto/processo de qualidade aos consumidores.

O Sistema Brasileiro de Conformidade Orgânica (SisOrg), administrado pelo Mapa, é o órgão responsável por identificar e controlar esse tipo de produção. O produtor orgânico, por sua vez, deve fazer parte do Cadastro Nacional de Produtores Orgânicos – e isso só é possível se ele estiver certificado por um dos três mecanismos descritos a seguir:

- *Certificação por auditoria*: a concessão do selo SisOrg é feita por uma certificadora pública ou privada credenciada no Mapa. O organismo de avaliação da conformidade obedece tanto a procedimentos e critérios reconhecidos internacionalmente quanto a requisitos técnicos estabelecidos pela legislação brasileira.

- *Sistema Participativo de Garantia (SPG)*: caracteriza-se pela responsabilidade coletiva dos membros do sistema, que podem ser produtores, consumidores, técnicos e demais interessados. Para estar dentro da lei, um SPG tem que possuir um Organismo Participativo de Avaliação da Conformidade (Opac) legalmente constituído, que responderá pela emissão do SisOrg.
- *Controle social na venda direta*: a legislação brasileira abriu uma exceção na obrigatoriedade de certificação dos produtos orgânicos para a agricultura familiar. Exige-se, porém, o credenciamento do produtor numa organização de controle social cadastrada em órgão fiscalizador oficial. Com isso, os agricultores familiares passam a fazer parte do Cadastro Nacional de Produtores Orgânicos.

23.3 INSUMOS PARA A PRODUÇÃO ORGÂNICA

Em sistemas orgânicos de cultivo, o controle de pragas e doenças deve ser feito somente quando houver possibilidade de danos consideráveis à produção. Existe grande interesse pelos métodos alternativos de controle, porém há poucos produtos registrados, em contraste com a grande quantidade de produtos naturais e de agentes biológicos de controle existentes. Diante disso, ocorrem dificuldades para atender à demanda dos produtores que praticam o sistema de produção orgânico, especialmente em condições tropicais, como no Brasil (SEDIYAMA; DOS SANTOS; LIMA, 2014; CAPALBO et al., 2008c; MORAES; CAPALBO, 1986; MORAES; CAPALBO; MORAES, 1991).

A legislação brasileira dá tratamento diferenciado ao registro dos insumos destinados à agricultura orgânica. Os insumos que tiverem em sua composição os produtos permitidos na legislação orgânica, depois de registrados, recebem a denominação "produtos fitossanitários com uso aprovado para a agricultura orgânica". São considerados de baixo impacto ambiental e de baixa toxicidade, sendo que seu registro permite que sejam comercializados de forma legal.

O Decreto n. 6.913, de 23 de julho de 2009, traz a definição de especificação de referência, que nada mais é que as especificações e garantias mínimas que os produtos fitossanitários com uso aprovado para agricultura orgânica deverão seguir para obtenção de registro. Assim, o estabelecimento de uma especificação de referência precede o pleito de registro de um produto fitossanitário com uso aprovado para a agricultura orgânica. Para solicitar o estabelecimento de especificação de referência, o interessado deverá apresentar à CPOrg da sua unidade da federação (BRASIL, 2009):

I – o Formulário de Solicitação de Estabelecimento de Especificação de Referência para Produtos Fitossanitários com Uso Aprovado para a Agricultura Orgânica (Anexo) preenchido e assinado; e

II – ao coordenador da CPOrg da sua Unidade da Federação, informações do produto, contendo características e processo de obtenção.

A lista de solicitações de estabelecimento de especificação de referência e a lista de priorização de análise das solicitações de estabelecimento de especificação de referência encaminhadas ao Mapa pelas CPOrg encontram-se na página do ministério (BRASIL, 2016b). Ressalta-se que uma especificação de referência publicada pode contemplar/atender mais de uma solicitação. A página apresenta também um resumo, por grupo, do número de solicitações em análise.

23.3.1 ETAPAS PARA O REGISTRO DE PRODUTOS ORGÂNICOS

O registro de um "produto fitossanitário com uso aprovado para a agricultura orgânica" deve ser precedido do estabelecimento de especificação de referência. Assim, caso não haja uma especificação de referência já publicada para o produto que se deseja registrar, deve-se solicitar o estabelecimento de especificação de referência. O pleito de registro, baseado em uma especificação de referência já publicada, será analisado pelos órgãos responsáveis, a saber: Mapa, Ministério da Saúde (Agência Nacional de Vigilância Sanitária – Anvisa) e Ministério do Meio Ambiente (Instituto Brasileiro do Meio Ambiente e dos Recursos Renováveis – Ibama). Após análise e atendimento de eventuais pendências ou solicitações, o Mapa é o órgão que emite o registro, segundo o fluxograma apresentado na Figura 23.1.

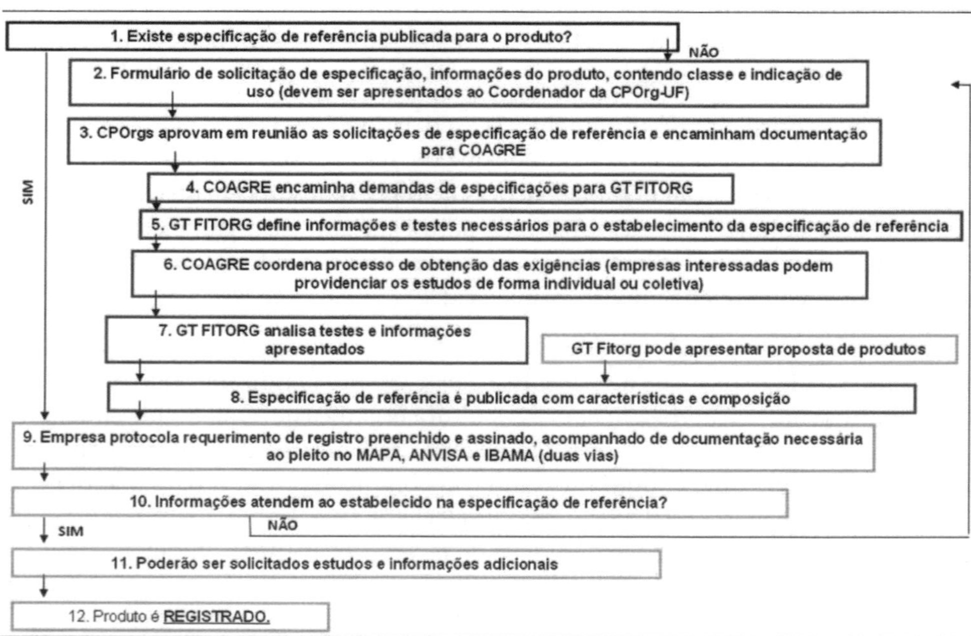

Figura 23.1 Fluxograma detalhado de registro de um fitossanitário com uso aprovado para a agricultura orgânica.

Fonte: Mapa (2017a).

O registro fundamenta-se nas legislações citadas no Quadro 23.2.

Quadro 23.2 Legislação brasileira aplicada ao registro de produtos fitossanitários

Decreto n. 4.074, de 4 de janeiro de 2002	Regulamenta a Lei n. 7.802, de 11 de julho de 1989, que dispõe sobre a pesquisa, a experimentação, a produção, a embalagem e rotulagem, o transporte, o armazenamento, a comercialização, a propaganda comercial, a utilização, a importação, a exportação, o destino final dos resíduos e embalagens, o registro, a classificação, o controle, a inspeção e a fiscalização de agrotóxicos, seus componentes e afins, e dá outras providências.
Decreto-Lei n. 10.831, de 23 de dezembro de 2003	Dispõe sobre a agricultura orgânica e dá outras providências.
Decreto n. 6.323, de 27 de dezembro de 2007	Regulamenta a Lei n. 10.831, de 23 de dezembro de 2003, que dispõe sobre a agricultura orgânica, e dá outras providências.
Decreto n. 6.913, de 23 de julho de 2009	Acresce dispositivos ao Decreto n. 4.074, de 4 de janeiro de 2002, que regulamenta a Lei n. 7.802, de 11 de julho de 1989, que dispõe sobre a pesquisa, a experimentação, a produção, a embalagem e rotulagem, o transporte, o armazenamento, a comercialização, a propaganda comercial, a utilização, a importação, a exportação, o destino final dos resíduos e embalagens, o registro, a classificação, o controle, a inspeção e a fiscalização de agrotóxicos, seus componentes e afins.
Instrução Normativa Conjunta SDA/SDC/ANVISA/IBAMA n. 1, de 24 de maio de 2011	Estabelecer os procedimentos para o registro de PRODUTOS FITOSSANITÁRIOS COM USO APROVADO PARA A AGRICULTURA ORGÂNICA, na forma dos Anexos I e II à presente Instrução Normativa.

Fonte: Brasil (s.d.).

Parra (2014) realizou uma revisão sobre o uso do controle biológico dentro da filosofia de gerenciamento integrado de pragas, como um caminho para uma agricultura sustentável e que está em harmonia com outros métodos de controle de pragas. Esses produtos fazem parte de excelentes programas que utilizam insetos ou microrganismos entomopatogênicos para o controle de pragas de insetos.

As especificações de referência de produtos fitossanitários com uso aprovado para a agricultura orgânica publicadas e atualizadas até 2 de junho de 2021, foram publicadas 48 especificações de referência (BRASIL, 2016b). No *Diário Oficial da União* de 15 de março de 2021, foi publicada a Portaria n. 52, que estabelece o Regulamento Técnico para os Sistemas Orgânicos de Produção e as listas de substâncias e práticas para o uso neles (BRASIL, 2021).

23.4 MERCADO DE PRODUTOS ORGÂNICOS

A agricultura mundial passa por um momento de grandes mudanças. Ao mesmo tempo que são anunciadas descobertas na área de transgênicos, aumenta a migração de consumidores e produtores para os alimentos orgânicos. Mundialmente, o setor movimenta por ano cerca de 30 bilhões de dólares. No Brasil, ainda que haja algum atraso e os números sejam relativamente modestos, a situação não é diferente.

A Mordor Intelligence, que é uma empresa de consultoria de mercado, aponta que o mercado brasileiro de biopesticidas apresenta um crescimento mais rápido que os agrotóxicos, principalmente devido ao apoio governamental e à crescente demanda por produtos orgânicos (MORDOR INTELLIGENCE, 2017). Espera-se que o mercado brasileiro de biopesticidas registre um crescimento de 17,19% durante 2017-2022, sendo que o valor para 2016 foi de US$ 253,50 milhões. A crescente conscientização sobre os resíduos de pesticidas nos alimentos, juntamente com a crescente demanda por produtos orgânicos para exportação, acelerou a taxa de adoção de biopesticidas no país.

A Conferência Rio+20 (junho 2012) apresentou em seu documento final, intitulado "O futuro que queremos", afirmações importantes que certamente refletirão nas pesquisas agrícolas inseridas no contexto de segurança alimentar e preservação da biodiversidade. Entre os destaques, podem-se citar a importância da agropecuária dentro da estratégia de desenvolvimento sustentável que melhore a segurança alimentar e o acesso ao conhecimento e às tecnologias apropriadas que venham apoiar a agropecuária sustentável. Agropecuária sustentável é aqui considerada aquela que aumenta a segurança alimentar, erradica a fome e é economicamente viável, ao mesmo tempo que conserva a terra, a água, os recursos genéticos de animais e vegetais, a biodiversidade e os ecossistemas, aumentando a resiliência às mudanças climáticas e aos desastres naturais.

Aliada a esse cenário de preocupação da sociedade com o ambiente e a demanda crescente por alimentos, especialmente os alimentos saudáveis e livres de resíduos ou contaminantes, essa agropecuária reflete e altera o cenário agrícola. Resultados dessa alteração são mercados de alimentos produzidos sem o uso de agroquímicos ou aqueles com selos que garantam que tais produtos químicos foram utilizados adequadamente.

O Brasil foi um dos primeiros países a implementar em legislação o acesso e a repartição de benefícios para uso de recursos genéticos e conhecimento tradicional associado de acordo com a Convenção da Biodiversidade (MORAES et al., 2017; MORAES; MORAES; ARRUDA, 2012).

O desenvolvimento tecnológico observado para os biopesticidas microbianos ao longo das últimas décadas possibilitou que centenas de produtos comerciais chegassem ao mercado em diferentes países. No início, grande parte do avanço observado deveu-se a empresas estrangeiras de controle biológico, as quais desenvolveram conhecimentos que possibilitaram a produção economicamente viável de microrganismos em escala comercial. Mais recentemente, tem-se observado considerável contribuição de universidades e outras instituições de pesquisa e desenvolvimento (P&D) em áreas críticas, como disponibilização de cepas microbianas mais eficazes e tecnologias de formulação. Por exemplo, a empresa americana BioWorks transfere anualmente cerca de US$ 800.000 de *royalties* à Cornell University pelo licenciamento de uma única cepa do fungo *Trichoderma harzianum* (HARMAN, 2011), utilizada como princípio ativo de biopesticidas destinados ao controle de patógenos em plantas cultivadas.

A demanda de tecnologias por parte de médias e grandes empresas de controle biológico instaladas no Brasil é uma realidade recente. As principais demandas são voltadas para o controle de pragas generalistas em culturas anuais, pragas específicas em lavouras perenes e semiperenes (sobretudo naquelas onde o emprego de agroquímicos sofre restrições) e nematoides fitopatogênicos. As demandas podem ser classificadas em três categorias:

- cepas microbianas selecionadas;
- avanços em bioprocessos: maior rendimento na produção de estruturas infectivas por unidade de substrato; maior eficiência na extração de estruturas infectivas de substratos utilizados na produção massal; maior eficiência na secagem de estruturas infectivas sem afetar a viabilidade e o vigor delas; formulações inovadoras; e tecnologias que possibilitem a extensão da vida de prateleira (tempo de estocagem);
- estratégias inovadoras para utilização de agentes microbianos: microrganismos com ação endofítica; novas formas de liberação de estruturas infectivas no campo visando à maior persistência ambiental e a níveis de controle consistentes, entre outros.

Enquanto o preço dos orgânicos parece ser no Brasil um dos principais impedimentos para que esse tipo de alimento ganhe adeptos a uma velocidade maior, o próprio varejo começa a perceber que o melhor caminho para popularizar e aumentar o consumo de orgânicos é justamente a redução da margem de lucro, mais como uma estratégia de melhorar a imagem que de agregar faturamento. Embora a agricultura familiar seja o esteio da produção orgânica, temos hoje no Brasil os maiores produtores mundiais de açúcar, suco de laranja e soja orgânicos. Vale lembrar que o acelerado crescimento da indústria de alimentos orgânicos atraiu grandes corporações de alimentos para investimentos nesse setor. Para os alimentos orgânicos, o conceito de segurança alimentar vai além da questão relacionada à quantidade, à qualidade e à disponibilidade. Ela envolve também os aspectos relacionados à qualidade de vida, ou seja, saúde e aspectos ambientais, econômicos, sociais, antropológicos, políticos e culturais.

REFERÊNCIAS

ARRUDA, R. O. M.; MORAES, I. O. Pasteurização de substrato fermentativo com microondas. *Anais de Farmácia e Química*, São Paulo, v. 36, n. 3, p. 28-33, 2003.

ARRUDA, R. O. M. et al. Inovação em métodos de ativação de cultura iniciadora (*starter*) de *Bacillus thuringiensis var israelensis,* obtida por fermentação em estado sólido. In: 13º SIMPÓSIO DE CONTROLE BIOLÓGICO. *Anais*..., Bonito/MS, 2013.

BARÓ, Y. R. et al. Characterization of *Bacillus thuringiensis* strains under the umbrella of Brazil-Cuba cooperation on bioinsecticides. In: MENDEZ-VILAS, A. (Ed.). *Microbes in applied research*: current advances and challenges. Malaga: World Scientific, 2012. p. 505-508.

BRASIL. *Patente BRPI 7608688*. Processo de fermentação submersa para produção de um inseticida bacteriano. [S.l.], 1976.

BRASIL. *Patente BRPI 8500663*. Processo de produção de toxina termoestável de *Bacillus thuringiensis.* [S.l.], 1985.

BRASIL. Instrução Normativa n. 19, de 28 de maio de 2009. Disponível em: https://www.gov.br/agricultura/pt-br/assuntos/sustentabilidade/organicos/legislacao/portugues/instrucao-normativa-no-19-de-28-de-maio-de-2009-mecanismos-de-controle-e-formas-de-organizacao.pdf. Acesso em: 8 nov. 2019.

BRASIL. *Fertilidade do solo*. Brasília, DF, 2016. Disponível em: https://www.gov.br/agricultura/pt-br/assuntos/sustentabilidade/organicos/fichas-agroecologicas/fertilidade-do-solo. Acesso em: 11 ago. 2021.

BRASIL. *Especificações de referência*. Brasília, DF, 2016b. Disponível em: https://www.gov.br/agricultura/pt-br/assuntos/insumos-agropecuarios/insumos-agricolas/agrotoxicos/produtos-fitossanitarios/especificacao-de-referencia. Acesso em: 11 ago. 2021.

BRASIL. Portaria n. 52, de 15 de março de 2021. Estabelece o Regulamento Técnico para os Sistemas Orgânicos de Produção e as listas de substâncias e práticas para o uso nos Sistemas Orgânicos de Produção. *Diário Oficial de União*, Brasília, DF, 23 mar. 2021, seção 1, p. 10.

BRASIL. *Homepage do Planalto*. Brasilia, DF, s.d. Disponível em: http://www4.planalto.gov.br/legislacao. Acesso em: 22 mar. 2019.

CAPALBO, D. M. F. *Contribuição ao estudo de fermentação de Bacillus thuringiensis*. Dissertação (Mestrado) – Faculdade de Engenharia de Alimentos da Universidade Estadual de Campinas, Campinas, 1982. 81 p.

CAPALBO, D. M. F. *Desenvolvimento de processo de fermentação semi-sólida para obtenção de* Bacillus thuringiensis *Berliner*. 2. impr. Tese (Doutorado) – Faculdade de Engenharia de Alimentos da Universidade Estadual de Campinas, Campinas, 1989. 159 p.

CAPALBO, D. M. F. et al. Produção de bactérias entomopatogências na América Latina. In: ALVES, S. B.; LOPES, R. B. (Org.). *Controle microbiano de pragas na América Latina*: avanços e desafios. 1. ed. Piracicaba: FEALQ, 2008a. v. I, p. 239-256.

CAPALBO, D. M. F. et al. Impact assessment of the production and utilization of entomopathogens and its effects on public policies. In: *Crop Improvement and Biotechnology.* India, 2008b. cap. 16, p. 223-229.

CAPALBO, D. M. F. et al. An estrategic tool for integrating farming-food production -based biological control. In: THANGADURAI D. et al. (Org.). *Biotechnology for food, agriculture and environment.* 1. ed. Jadhpur: Agrobios, 2008c. v. I.

CARSON, R. *Primavera silenciosa.* São Paulo: Melhoramentos, 1964.

HARMAN. G. E. Trichoderma: not just for biocontrol anymore. *Phytoparasitica*, v. 39, n. 2, p. 103-108, 2011.

MAPA. Ministério da Agricultura, Pecuária e Abastecimento. *Orgânicos.* Disponível em: http://www.agricultura.gov.br/assuntos/sustentabilidade/organicos. Acesso em: 12 fev. 2017a.

MAPA. Ministério da Agricultura, Pecuária e Abastecimento. *O que são orgânicos.* Disponível em: http://www.agricultura.gov.br/ assuntos/sustentabilidade/organicos/ o-que-sao-organicos. Acesso em: 20 mar. 2017b.

MORAES, I. O. *Obtenção de inseticidas bacterianos por fermentação submersa.* Dissertação (Mestrado) – Faculdade de Engenharia de Alimentos da Universidade Estadual de Campinas, Campinas, 1973.

MORAES, I. O. *Ensaios de fermentação submersa para produção de inseticida bacteriano em minifermentador.* Tese (Doutorado) – Faculdade de Engenharia de Alimentos da Universidade Estadual de Campinas, Campinas, 1976.

MORAES, I. O. *Produção, separação e bioensaio da exotoxina termoestável de* Bacillus thuringiensis, *obtida por fermentação submersa.* Tese (Livre-docência) – Faculdade de Engenharia de Alimentos da Universidade Estadual de Campinas, Campinas, 1981.

MORAES, I. O; CAPALBO, D. M. F. Produção de bactérias entomopatogênicas. In: ALVES, S. B. (Coord.). *Controle microbiano de insetos.* São Paulo: Manole, 1986. p. 296-310.

MORAES, I. O.; CAPALBO, D. M. F; MORAES, R. O. Multiplicação de agentes de controle biológico. In: BETTIOL, W. (Coord.). *Controle biológico de doenças de plantas.* Brasília: Embrapa, 1991. p. 253-272.

MORAES, I. O.; MORAES, R. O.; ARRUDA, R. O. M. Brazilian biodiversity in a culture collection devoted to the identification and preservation of microorganisms useful in environmental, industrial and applied microbiology In: MENDEZ-VILAS, A. (Ed.). *Microbes in applied research*: current advances and challenges. Malaga: Formatex Research Center, 2012. p. 367-371.

MORAES, I. O.; SANTANA, M. H. A; HOKKA, C. O. The influence of oxygen concentration on microbial insecticide production. In: MOO-YOUNG, M.; ROBINSON, C. W.; VEZINA, C. (Ed.). *Advances in Biotechnology.* Toronto: Pergamon Press, 1981. p. 75-79. (Vol. 1: Scientific and Engineering Principles).

MORAES, I. O. et al. Case studies of Bacillus thuringiensis production and biocontrol applications. In: THANGADURAI, D.; TRIPATHI, L.; BENNET, A. (Org.). *Crop improvement and Biotechnology*. 1. ed. Puliyur: Bioscience, 2008a. v. I, p. 241-245.

MORAES, I. O. et al. Bacillus thuringiensis: The Brazilian perspective In: THANGADURAI, W. et al. *Biotechnology for food, environment and agriculture* Jodhpur: Agrobios, 2008b.

MORAES, I. O. et al. Woman entrepreneurship to get bioproducts – the case of *Bacillus thuringiensis* biopesticide. In: 15TH INTERNATIONAL CONFERENCE FOR WOMEN ENGINEERS AND SCIENTISTS. *Anais*... Adelaide, Australia, 2011.

MORAES, I. O. et al. Entrepreneurship to get bioproducts and biodiversity. In: VII INTERNATIONAL CONFERENCE ON ENVIRONMENTAL, INDUSTRIAL AND APPLIED MICROBIOLOGY. *Anais*... Madrid, Spain, 2017.

MORAES, M. D; OLIVEIRA, N. A. M. Produção orgânica e agricultura familiar: obstáculos e oportunidades. *Desenvolvimento Socioeconômico em Debate*, v. 3, n. 1, p. 19-37, 2017.

MORAES, R. O. *Determinação da viabilidade de* Bacillus thuringiensis *após processo de secagem*. Dissertação (Mestrado) – Faculdade de Engenharia Agrícola da Universidade Estadual de Campinas, Campinas, 1993.

MORDOR INTELLIGENCE. *Biopesticides Market*: Brazil industry growth, trends and forecasts (2017-2022). Índia, 2017. Disponível em: https://www.mordorintelligence.com/industry-reports/brazil-biopesticides-market-industry. Acesso em: 12 jan. 2018.

MOUSSA, F. *Les femmes inventeurs existent*: je les ai recontrées. Geneva: MA, 1986.

MOUSSA, F. *Inventive women from the Philippines and selected developing countries*. Geneva: IFIA, 1995.

PARRA, J. R. P. Biological control in Brazil: an overview. *Sci. agric.* Piracicaba, v. 71, n. 5, p. 420-429, Oct. 2014.

REIFSCHNEIDER, F. J. B.; LOPES, C. A. Horticultura brasileira sustentável: sonho eterno ou possibilidade futura? *Revista de Política Agrícola*, v. 24, n. 2, p. 90-101, 2015.

RIO + 20. *O futuro que queremos*. Rio de Janeiro, 2012. Disponível em: http://www.mma.gov.br/port/conama/processos/61AA3835/O-Futuro-que-queremos1.pdf. Acesso em: 18 jan. 2018

ROEL, A. R. A agricultura orgânica ou ecológica e a sustentabilidade da agricultura. *Interações (Campo Grande)*, v. 3, n. 4, p. 57-62, mar. 2002.

SEDIYAMA, M. A. N.; DOS SANTOS, I. C.; LIMA, P. C. Cultivo de hortaliças no sistema orgânico. *Ceres*, v. 61, p. 829-837, dez. 2014.

Sobre os autores

Adriana Cristina Reis Ferreira

Possui formação em Ciências Biológicas, com ênfase em Biomedicina, pela Universidade Estadual de Santa Cruz (Uesc), em Ilhéus (BA). É mestre em Genética e Biologia Molecular e doutora em Biologia e Biotecnologia de Microrganismos. Tem grande experiência em tecnologia de pós-colheita do cacau, boas práticas agrícolas, produção de cacau e chocolate artesanal e análise sensorial de cacau e chocolate. Atua em projetos de pesquisa, extensão e inovação nas áreas relacionadas. Atualmente é gerente de qualidade do Centro de Inovação do Cacau (CIC), em Ilhéus, onde atua coordenando as análises físico-químicas e sensoriais de cacau e chocolate. Auxilia os produtores do Brasil na melhoria da qualidade do produto final e no acesso a mercados especiais.

Aline Teodoro de Paula

Bióloga graduada (2008) pela Universidade Federal de Uberlândia (UFU), em Minas Gerais, com mestrado (2010) e doutorado (2013) em Microbiologia pelo Instituto de Biociências, Letras e Ciências Exatas da Universidade Estadual Paulista "Júlio de Mesquita Filho" (Ibilce-Unesp), em São José do Rio Preto (SP). Realizou doutorado sanduíche (2012-2013) na École Nationale Vétérinaire, Agroalimentaire et de l'Alimentation, em Nantes, França. Tem pós-doutorado (2016-2018) pela UFU. Atuou como docente no ensino superior na Unesp, *campus* de São José do Rio Preto (2010-2012), na União das Faculdades dos Grandes Lagos (Unilago), em São José do Rio Preto (2011-2012), na Unitri – Centro Universitário do Triângulo, em Uberlândia (2014-2016), e na Universidade Presidente Antônio Carlos (2020). Na educação básica, atua desde 2014 no Movimento de Educação Popular. Possui ampla experiência em docência (microbiologia, ecologia, botânica, biossegurança, ética) e em pesquisas científicas: estudo de biomarcadores em neonatos prematuros; efeito antimicrobiano de nanopartículas; identificação da microbiota do leite materno e pasteurizado em fezes de recém-nascidos prematuros; identificação, purificação e produção de bacteriocinas produzidas por bactérias láticas; avaliação do potencial probiótico de bactérias láticas; produção de bebidas lácteas e leites fermentados; e detecção de *Campylobacter* sp. em ovos e queijos.

Ana Lúcia Barretto Penna

Engenheira de alimentos formada pelo Centro Universitário da Fundação Educacional de Barretos (Unifeb), em São Paulo, com mestrado (1994) e doutorado (2000) em Tecnologia Bioquímico-Farmacêutica pela Faculdade de Ciências Farmacêuticas da Universidade de São Paulo (FCF-USP). Realizou pós-doutorado em Engenharia de Alimentos (2004) no Department of Biological Systems Engineering da Washington State University, em Pullman (Estados Unidos). Tem pós-doutorado em Microbiologia (2010) pelo Departamento de Genética, Antropologia e Evolução da Università degli Studi di Parma (Itália). É professora do Departamento de Engenharia e Tecnologia de Alimentos (Deta) do Instituto de Biociências, Letras e Ciências Exatas da Universidade Estadual Paulista "Júlio de Mesquita Filho" (Ibilce-Unesp) desde 1995. Professora assistente doutora (2000) e livre-docente em tecnologia de leite e derivados (2007) pela Unesp. Ocupa o cargo de professora associada nível III no Deta. Atua na área de tecnologia de produtos lácteos, principalmente nos temas: tecnologia de alimentos, produtos lácteos probióticos, leites fermentados e bebidas lácteas, produtos lácteos de baixas calorias, bactérias ácido-láticas e alimentos funcionais.

Arailde Fontes Urben

Possui graduação (1966) em História Natural pela Universidade Federal de Pernambuco (UFPE), mestrado (1979) em Fitopatologia com especialização em Micologia pela Universidade Federal de Viçosa (UFV), em Minas Gerais, e doutorado (1973) em Biologia pela University of Birmingham, na Inglaterra. Publicou mais de 250 trabalhos em revistas especializadas e cinco livros; também ministra cursos e oferece consultoria sobre cogumelos. Em 2017, foi homenageada no IX International Symposium on Mushrooms, em São Paulo (SP), por seu excelente trabalho na fungicultura nacional e internacional.

Camila Pegoraro

Possui graduação (2008) em Agronomia pela Universidade Federal de Pelotas (UFPel), no Rio Grande do Sul. Pela mesma universidade, tem mestrado (2010) em Ciência e Tecnologia de Alimentos, doutorado (2012) em Agronomia (área de concentração em melhoramento genético de plantas), com período sanduíche na Università degli Studi di Padova, na Itália, e pós-doutorado (2015) na área de pós-colheita de frutos, em parceria com Embrapa Uva e Vinho. Durante mestrado e pós-doutorado, atuou na área de qualidade pós-colheita, utilizando ferramentas de biologia molecular para avaliar o efeito de tecnologias de armazenamento na qualidade dos frutos. Especificamente no pós-doutorado, desenvolveu pesquisas relacionadas à elaboração de produtos à base de maçã, como suco e sidra. É professora adjunta na UFPel, atuando na área de melhoramento genético de plantas.

Célia Maria Landi Franco

Possui graduação (1981) em Engenharia de Alimentos pela Universidade Federal de Viçosa (UFV), em Minas Gerais, mestrado (1986) em Tecnologia de Alimentos pela Universidade Estadual de Campinas (Unicamp), em São Paulo, doutorado (1993) em Tecnologia de Alimentos pela Unicamp e livre-docência (2004) pela Universidade Estadual Paulista "Júlio de Mesquita Filho" (Unesp), em São Paulo. Realizou pós-doutorado na Iowa State University, nos Estados Unidos (1998-1999). É professora associada da Unesp. Tem experiência na área de ciência e tecnologia de alimentos, com ênfase em química e tecnologia de cereais, raízes e tubérculos, atuando principalmente em química e tecnologia de amidos. Foi coordenadora do programa de pós-graduação em Engenharia e Ciência de Alimentos da Unesp (2002-2007); membro titular do conselho de pós-graduação em Engenharia e Ciência de Alimentos da Unesp (2008-2019); editora associada da *Revista Ciência e Tecnologia de Alimentos*, da Sociedade Brasileira de Ciência e Tecnologia de Alimentos (sbCTA) no biênio 2011-2012; vice-coordenadora executiva do Centro de Raízes e Amidos Tropicais (Cerat) da Unesp, no período de dezembro de 2011 a dezembro de 2015; e revisora de vários periódicos nacionais e internacionais.

César Luis Girardi

Possui graduação (1991) em Agronomia e mestrado (1994) em Ciência e Tecnologia Agroindustrial pela Universidade Federal de Pelotas (UFPel), no Rio Grande do Sul, e doutorado (2006) em *Qualité et sécurité des Aliments* pela École Nationale Supérieure Agronomique, em Toulouse (França). É pesquisador A da Empresa Brasileira de Pesquisa Agropecuária (Embrapa). Exerceu o cargo de chefe de pesquisa e desenvolvimento (P&D) da Embrapa Uva e Vinho de outubro de 2013 a janeiro de 2018. Tem experiência na área de ciência e tecnologia de alimentos, com ênfase em fisiologia pós-colheita de frutos, atuando principalmente nos seguintes temas: qualidade e conservação de frutos, estudos moleculares da maturação de frutos (genômica, proteômica, bioinformática e transformação genética), produção integrada, rastreabilidade, boas práticas agrícolas, análise de perigos e pontos críticos de controle (APPCC), processamento (sidra e suco).

Eliana Paula Ribeiro

Possui graduação (1984), mestrado (1989) e doutorado (1996) em Engenharia de Alimentos pela Universidade Estadual de Campinas (Unicamp), em São Paulo. É professora titular e coordenadora do curso de graduação em Engenharia de Alimentos do Centro Universitário do Instituto Mauá de Tecnologia, em São Paulo. Tem experiência na área de ciência e tecnologia de alimentos, com ênfase em tecnologia de leite e derivados, atuando principalmente nos seguintes temas: aplicação da tecnologia de membranas em produtos lácteos, química de alimentos, produtos lácteos probióticos e simbióticos. Participa da Rede Passitec como colaboradora nos projetos de aplicação de passifloras silvestres em produtos alimentícios. Professora avaliadora do Instituto Nacional de Estudos e Pesquisas (Inep).

Eugênio Aquarone (*in memoriam*)

Graduado em Farmácia e Odontologia pela Universidade de São Paulo (USP) e pós-graduado em Farmácia pela mesma instituição, fez também doutoramento em Fermentações Industriais, sob orientação de Walter Borzani, em 1955. Foi pesquisador na área de microbiologia técnica na Università di Pisa (Itália), em 1960 e 1961. Foi professor titular da USP e participou ativamente da criação dos departamentos da faculdade, sendo o primeiro chefe do atual Departamento de Tecnologia Bioquímico-Farmacêutica (FBT). Sempre batalhou para conseguir mais espaço para o setor industrial da faculdade. Foi coordenador do programa de pós-graduação, chefe de departamento, presidente da comissão de pós-graduação e vice-diretor da Faculdade de Ciências Farmacêuticas (FCF) da USP de 1992 a 1996. Titular da cadeira de Tecnologia Geral e Químico-Farmacêutica da FCF-USP, criou o programa de pós-graduação em Tecnologia Bioquímico-Farmacêutica e foi seu primeiro coordenador. Com Urgel de Almeida Lima e Walter Borzani, idealizou a *Série Biotecnologia*, editada pela primeira vez em três volumes a partir de 1975 e renovada em 2001 como *Coleção Biotecnologia Industrial*, publicada em quatro volumes. Foi autor de diversos livros na área de biotecnologia industrial e um dos pioneiros na utilização de agentes antimicrobianos em fermentação alcoólica industrial, no uso de processo descontínuo alimentado em fermentação alcoólica e no acoplamento de fermentação alcoólica com produção de microrganismos fotossintetizantes. Faleceu no dia 11 de julho de 2004. Posteriormente, foi homenageado pelo FBT, que deu seu nome à sala de aula da pós-graduação do bloco 16.

Felipe Antonio Fernandes Antunes

Técnico em Eletrônica pela Universidade Estadual Paulista "Júlio de Mesquita Filho" (Unesp), em São Paulo. Formado em Engenharia Industrial Química pela Escola de Engenharia de Lorena da Universidade de São Paulo (EEL-USP). Possui doutorado e pós-doutorado em Ciências pela USP. Iniciou sua formação desenvolvendo iniciação científica na área de biocatálise com os projetos "Avaliação operacional da interesterificação da gordura de leite em reator de leito fixo" e "Modificação da gordura de leite por interesterificação enzimática catalisada por lipase imobilizada em matrizes híbridas obtidas a partir de derivados de materiais naturais", nos quais foi bolsista do Conselho Nacional de Desenvolvimento Científico e Tecnológico (CNPq) e da Fundação de Amparo à Pesquisa do Estado de São Paulo (Fapesp), respectivamente. Desenvolveu seu doutorado em Biotecnologia Industrial pela EEL-USP, onde pesquisou bioetanol de segunda geração com o trabalho "Imobilização celular de *Scheffersomyces shehatae* UFMG-HM 52.2 em gel de alginato de cálcio visando a produção de etanol a partir de hidrolisado hemicelulósico de bagaço de cana-de-açúcar em reator de leito fluidizado"; participou também como pesquisador do projeto temático "Etanol: pesquisa e desenvolvimento visando ao aproveitamento integrado do bagaço de cana-de-açúcar para a produção biotecnológica do etanol lignocelulósico" (processo Fapesp 2008/579264). É pesquisador de pós-doutorado na EEL-USP, onde desenvolve o projeto "Intensificação de processos de produção de bioprodutos a partir de biomassa vegetal em sistemas operados em reator de coluna em configuração de leito fluidizado". Recebeu prêmios referentes a publicações de sua área de pesquisa e já ministrou palestras em diferentes instituições nacionais e internacionais, em países como Itália, Estados Unidos e Espanha.

Guilherme Lorencini Schuina

Engenheiro de alimentos formado pela Universidade Federal do Espírito Santo (Ufes), mestre em Ciência e Tecnologia de Alimentos pela mesma universidade e doutor em Engenharia e Ciência de Alimentos pela Universidade Estadual Paulista "Júlio de Mesquita Filho" (Unesp), em São Paulo. Professor adjunto na Universidade Estadual de Maringá (UEM), no Paraná. Atua na área de ciência e tecnologia de alimentos, com ênfase em tecnologia de bebidas e bioprocessos, principalmente nos seguintes temas: fermentação alcoólica, bebidas fermentadas e cerveja.

Gustavo Bernardes Fanaro

Possui graduação (2006) em Nutrição pelo Centro Universitário São Camilo, em São Paulo. É especialista (2012) em Nutrição Esportiva com ênfase em *Wellness* pela mesma instituição. Tem mestrado (2009) e doutorado (2009) em Ciências pela Universidade de São Paulo (USP) e pós-doutorado (2013-2016) pela Universidade Estadual de Campinas (Unicamp), em São Paulo. É docente adjunto A, classe 2, no Instituto de Saúde e Biotecnologia, *campus* de Coari, da Universidade Federal do Amazonas

(Ufam). É líder do grupo de pesquisa Ciência de Alimentos da Amazônia Ocidental (CAAOC) e vice-líder do grupo Pesquisas em Nutrição na Saúde de Indivíduos e Grupos (PeNSIG), ambos do Conselho Nacional de Desenvolvimento Científico e Tecnológico (CNPq). Na graduação, ministra aulas de ciência e tecnologia dos alimentos, higiene de alimentos, nutrição esportiva e ética profissional. Realiza pesquisas nas áreas de desenvolvimento de produtos utilizando matérias-primas amazônicas, ciências dos alimentos e nutrição esportiva.

Iracema de Oliveira Moraes

Possui graduação em Engenharia de Alimentos (1970) pela Universidade Estadual de Campinas (Unicamp) e em Matemática (1962) pela Pontifícia Universidade Católica de Campinas, ambas em São Paulo. Possui especialização em *Fermentation Technology* (1974) pelo Massachusetts Institute of Technology (MIT), nos Estados Unidos. Mestrado (1973) e doutorado (1976) em Engenharia de Alimentos pela Unicamp. É livre-docente pela Unicamp desde 1981 e professora titular concursada desde 1986. Atua como diretora presidente da Probiom Tecnologia – Pesquisa e desenvolvimento Experimental em Ciências Físicas e Naturais Ltda. É curadora da Coleção de Culturas Tropical da Fundação André Tosello, em Campinas. Foi orientadora de mestrado e doutorado da Faculdade de Engenharia de Alimentos (FEA) da Unicamp, da Universidade Estadual Paulista "Júlio de Mesquita Filho" (Unesp), da Faculdade de Engenharia Química da Unicamp, da Faculdade de Ciências Farmacêuticas da Universidade de São Paulo (FCF-USP) e da Universidade Federal de Lavras (UFLA). Atua como pesquisadora da Fundação André Tosello, da qual é membro fundador. É diretora administrativa da Associação Brasileira de Engenheiras e Arquitetas; membro do comitê internacional Women in Engineering (WiE) da World Federation Engineering Organization; membro, diretora de relações institucionais e ex-presidente (dois mandatos) da Associação Brasileira de Engenheiros de Alimentos (Abea); membro e ex-vice-presidente da Sociedade Brasileira de Ciência e Tecnologia de Alimentos (sbCTA). Atuou como conselheira regional do Conselho Regional de Engenharia, Arquitetura e Agronomia de São Paulo (Crea-SP), por oito mandatos de três anos cada, e como conselheira federal do Conselho Federal de Engenharia, Arquitetura e Agronomia (Confea). Foi presidente da Comissão de Legislação e Normas, diretora de Educação, coordenadora da Comissão Especial Crea Júnior/Crea Jovem, coordenadora do grupo de trabalho Legislação Específica, coordenadora adjunta da Comissão de Relações Públicas e coordenadora da Comissão de Valorização Profissional, todos do Crea-SP. Recebeu a Medalha do Mérito da Engenharia do Confea, em 1993. Tem experiência na área de ciência e tecnologia de alimentos, com ênfase em engenharia de alimentos, atuando principalmente nos seguintes temas: *Bacillus thuringiensis*, processos fermentativos, fermentação submersa, fermentação em estado sólido, substratos e reatores alternativos, bactérias entomopatogênicas e obtenção de inoculantes, enzimas, biopesticidas (bioinseticidas, bio-herbicidas e biofungicidas) e outros bioprodutos, incluindo o cultivo de microalgas e a obtenção de biocombustíveis até terceira geração. Sobre este tema, coordenou quatro cursos internacionais para o Ministério da Ciência, Tecnologia, Inovações e Comunicações (MCTIC) e a Escola Brasileiro-Argentina de Biotecnologia (EBAB). Membro da comissão de avaliadores e especialistas do Ministério da Educação (MEC) e do Conselho Estadual de Educação, onde analisou oferta, implantação e funcionamento de cursos em diferentes áreas de engenharias, ciências agrárias, ciências da saúde e ciências biológicas.

João Carlos Teixeira Dias

Bacharel (1996) em Ciências Biológicas com ênfase em Microbiologia pela Universidade Federal de Minas Gerais (UFMG), com mestrado (1998) e doutorado (2003) em Microbiologia pela UFMG. É professor titular de microbiologia da Universidade Estadual de Santa Cruz (Uesc), em Ilhéus (BA). Tem experiência na área de microbiologia, com ênfase em microbiologia industrial e fermentação, atuando principalmente nos seguintes temas: biorremediação, biorreator de membrana, tratamento termofílico de efluentes industriais, fermentação de cacau, metagenômica para o estudo da diversidade estrutural e funcional microbiana.

Jorge Minoru Hashimoto

Graduado (1988-1992) em Agronomia pela Universidade Estadual de Londrina (UEL), no Paraná, mestre (1994-1996) em Ciências de Alimentos pela UEL e doutor (2005) em Ciência de Alimentos pela Universidade Estadual de Campinas (Unicamp), em São Paulo. Realizou pesquisas na Agência Paulista de Tecnologia dos Agronegócios (APTA) e no Instituto de Tecnologia de Alimentos (Ital) durante o período de 2005 a 2013, atingindo o nível V na carreira de pesquisador científico do estado de São Paulo. Realiza pesquisas na Empresa Brasileira de Pesquisa Agropecuária (Embrapa), unidade Meio-Norte, em Teresina (PI), na área de pós-colheita e industrialização. Tem experiência na área de ciência e tecnologia de alimentos, com ênfase em desenvolvimento de produtos, atuando principalmente nos seguintes temas: engenharia de processos, processos térmicos, métodos combinados de conservação, acidificação, pasteurização, esterilização, boas práticas de fabricação, análise de perigos e pontos críticos de controle, otimização de processos e pós-colheita.

José Santo Goldoni

Agrônomo, tem doutorado (1973) em Ciência – Tecnologia de Produtos Agropecuários pela Universidade Estadual Paulista "Júlio de Mesquita Filho" (Unesp), em São Paulo. É professor titular (voluntário livre-docente) da Faculdade de Ciências Agronômicas (FCA) da Unesp. Publicou 73 artigos em periódicos especializados e 114 trabalhos em anais de eventos. Possui três capítulos de livros publicados. Participou do desenvolvimento de quarenta produtos tecnológicos. Participou de dois eventos no exterior e 126 no Brasil. Orientou oito dissertações de mestrado e co-orientou três, orientou quatro teses de doutorado e co-orientou três; também foi orientador de 38 trabalhos de iniciação cientifica e dezenove trabalhos de conclusão de curso na área de ciência e tecnologia de alimentos. Recebeu quinze prêmios e/ou homenagens. Atua na área de ciência e tecnologia de alimentos, com ênfase em microbiologia de alimentos. Em suas atividades profissionais, interagiu com 76 colaboradores em coautorias de trabalhos científicos.

Júlio César dos Santos

Possui graduação (1999) em Engenharia Industrial Química e doutorado (2005) em Biotecnologia Industrial pela Escola de Engenharia de Lorena da Universidade de São Paulo (EEL-USP). Tem experiência na área de engenharia química, com ênfase em processos bioquímicos, atuando principalmente nos seguintes temas: biorreatores, biorrefinarias, biomassa lignocelulósica, bagaço de cana-de-açúcar, biopolímeros, biopigmentos, etanol, biodiesel, simulação de processos, enzimas e células imobilizadas. É professor do Departamento de Biotecnologia da EEL-USP.

Larissa Pereira Brumano

Farmacêutica (2012) pela Universidade Federal de Juiz de Fora (UFJF), em Minas Gerais, doutora (2017) em Ciências pelo programa de pós-graduação em Biotecnologia Industrial da Escola de Engenharia de Lorena da Universidade de São Paulo (EEL-USP), com doutorado sanduíche no Leibniz Institute for Agricultural Engineering and Bioeconomy (ATB), na Alemanha. Atua como pesquisadora de pós-doutorado na Faculdade de Ciências Farmacêuticas (FCF-USP), com estágio no exterior na Novo Nordisk Foundation Center for Biosustainability (DTU Biosustain), na Dinamarca. Tem experiência na área de biotecnologia industrial e bioprocessos, com ênfase em processos fermentativos e enzimáticos, conversão de biomassa, microbiologia aplicada e produção biotecnológica de biossurfactantes e biofármacos.

Lia Ferraz de Arruda Sucasas

Engenheira agronômica e mestre em Ciências – Ciência e Tecnologia de Alimentos pela Escola Superior de Agricultura "Luiz de Queiroz" da Universidade de São Paulo (Esalq-USP). Doutora em Ciências pelo programa de pós-graduação do Centro de Energia Nuclear na Agricultura (Cena) da USP. Realizou parte do doutorado no Centro Interdisciplinar de Investigação Marinha e Ambiental (CIIMAR) da Universidade do Porto, em Portugal, por meio de bolsa concedida pelo Programa Santander de Mobilidade Internacional de Pós-Graduação. Aprovada no concurso público de provas e títulos da Secretaria de Agricultura e Abastecimento do Estado de São Paulo, trabalhou como pesquisadora científica no Centro Avançado de Pesquisa do Pescado Marinho do Instituto de Pesca, em Santos (SP). Desenvolveu trabalho de pós-doutorado pelo Programa Nacional de Pós-Doutorado (PNPD), em parceria com o Conselho

Nacional de Desenvolvimento Científico e Tecnológico (CNPq), no grupo de pesquisas Beneficiamento do Pescado Cultivado da Esalq-USP. Foi professora de pós-graduação da disciplina gestão de alimentos e bebidas no Senac de São Paulo. É associada profissional do Instituto Pecege e orienta monografias dos cursos de MBA da Esalq-USP.

Ligianne Din Shirahigue

Graduada em Engenharia de Alimentos pela Universidade Norte do Paraná (Unopar). Mestre em Ciência e Tecnologia de Alimentos pela Escola Superior de Agricultura "Luiz de Queiroz" da Universidade de São Paulo (Esalq-USP). Doutora em Ciências pelo programa de pós-graduação do Centro de Energia Nuclear na Agricultura (Cena) da USP. Realizou parte do doutorado na Universidade do Porto, em Portugal, por meio de bolsa concedida pelo Programa Santander de Mobilidade Internacional de Pós-Graduação. É pós-doutoranda em Produção Vegetal e Bioprocessos associados pela Universidade Federal de São Carlos (UFSCar), em Araras (SP), por meio do Programa Nacional de Pós-Doutorado (PNPD), em parceria com a Coordenação de Aperfeiçoamento de Pessoal de Nível Superior (Capes). Tem experiência na área de aproveitamento de resíduos agroindustriais com aplicação na indústria de alimentos e biotecnologia industrial. Realizou trabalhos de pesquisa relacionados à área de ciência e tecnologia de alimentos de origem animal, estabilidade oxidativa de alimentos, avaliação de produtos naturais e resíduos com atividade biológica (antioxidantes e antimicrobianos).

Luana Faria Silva

Bióloga formada (2007) pelo Instituto Luterano de Ensino Superior da Universidade Luterana do Brasil (Iles-Ulbra). Tem mestrado (2010) e doutorado (2015) em Microbiologia pelo Instituto de Biociências, Letras e Ciências Exatas da Universidade Estadual Paulista "Júlio de Mesquita Filho" (Ibilce-Unesp), em São José do Rio Preto. Realizou doutorado sanduíche na Università degli Studi di Parma, na Itália. Tem experiência científica na área de microbiologia dos alimentos, com ênfase em identificação (técnicas de biologia molecular), caracterização e aplicação de bactérias ácido-láticas (aplicação de bactérias láticas autóctones na produção de leites fermentados e queijo como muçarela de búfala). Professora adjunta na Faculdade Estácio de Sá de Campo Grande (FESCG), no Mato Grosso, onde ministra as disciplinas de microbiologia, parasitologia básica e imunologia (2015-2018).

Lúcia Helena Pelizer

Engenheira de alimentos (1993) pela Universidade Estadual Paulista "Júlio de Mesquita Filho" (Unesp), em São Paulo, especialista (2006) em Nutrição Humana e Saúde pela Universidade Federal de Lavras (Ufla), em Minas Gerais, mestre (1997) e doutora (2000) em Tecnologia Bioquímico-Farmacêutica, área de concentração Tecnologia de Fermentações, pela Universidade de São Paulo (USP). Iniciou a carreira de docente em 1997 na Unesp. Fez parte do corpo docente e diretivo da Universidade de Franca (Unifran), em São Paulo, entre 2001 e 2009. Na Faculdade de Medicina de São José do Rio Preto (FAMERP), em São Paulo, integrou o corpo docente de especialização em nutrição na saúde e qualidade de vida (2007-2009). Na Universidade Federal do Triângulo Mineiro (UFTM), em Minas Gerais, fez parte do corpo docente do curso de Engenharia de Alimentos (2010-2015). Ainda na UFTM, foi coordenadora do curso de Engenharia de Alimentos; fez parte do corpo docente permanente; atuou como coordenadora do programa de mestrado profissional em Inovação Tecnológica; também foi coordenadora do Núcleo de Inovação Tecnológica (NIT-UFTM). Além de experiência na área acadêmica, atuou como responsável técnica da Qualitec – Consultoria e Treinamento em Alimentos, no período de 2003 a 2009.

Luiz Antonio de Campos Penteado

Engenheiro agrônomo pela Escola Superior de Agricultura "Luiz de Queiroz" da Universidade de São Paulo (Esalq-USP, 1972). Trabalhou como diretor de departamento na Coordenadoria de Assistência Técnica Integral (Cati) da Secretaria de Agricultura e Abastecimento do Estado de São Paulo, em Registro (SP), até a aposentadoria. É produtor rural em Registro, com ênfase no plantio de banana e benefício de chá, coordenador do Programa Integrado de Banana e membro do conselho consultivo do Ministério da Agricultura. Foi presidente da Associação de Bananicultores do Vale do Ribeira por dez anos e consultor da Sociedade Brasileira de Fruticultura.

Maria Josiane Conti Moraes

Possui graduação (2007) em Ciências dos Alimentos pela Universidade de São Paulo (USP) e mestrado (2013) em Ciência de Alimentos pela Universidade Estadual de Campinas (Unicamp) em São Paulo. É analista microbiológico sênior da Fundação André Tosello, em Campinas. Tem experiência na área de ciência e tecnologia de alimentos, com ênfase em microbiologia.

Marília Oetterer

Graduada em Engenharia Agronômica pela Escola Superior de Agricultura "Luiz de Queiroz" da Universidade de São Paulo (Esalq-USP). Mestre e doutora em Ciências dos Alimentos pela Faculdade de Ciências Farmacêuticas (FCF-USP). Professora visitante no Freshwater Institute da University of Manitoba (Canadá). Tem pós-doutorado em *Food Science* na University of Georgia (Estados Unidos). Vice-presidente da comissão de graduação (2003-2009), coordenadora do curso de graduação em Ciências dos Alimentos (2001-2009), coordenadora do curso de pós-graduação em Ciência e Tecnologia de Alimentos (2004-2007), chefe do Departamento de Agroindústria,

Alimentos e Nutrição (2006-2010) e professora titular da USP, tendo ministrado disciplinas de graduação em Engenharia Agronômica e em Ciências dos Alimentos na Esalq-USP e de pós-graduação em Ciência e Tecnologia de Alimentos na Esalq-USP e no Centro de Energia Nuclear na Agricultura (Cena) da USP. Coordenadora do Grupo de Estudos e Extensão em Inovação Tecnológica e Qualidade de Pescado (Getep). Líder do grupo de pesquisa do Conselho Nacional de Desenvolvimento Científico e Tecnológico (CNPq) sobre beneficiamento e industrialização do pescado cultivado. Membro da congregação da Esalq-USP. Consultora *ad hoc* de USP, CNPq, Fundação de Amparo à Pesquisa do Estado de São Paulo (Fapesp), Coordenação de Aperfeiçoamento de Pessoal de Nível Superior (Capes) e Financiadora de Estudos e Projetos (Finep).

Mário Antônio Alves da Cunha

Possui doutorado (2006) em Biotecnologia Industrial pela Escola de Engenharia de Lorena da Universidade de São Paulo (EEL-USP), mestrado (2002) em Ciências de Alimentos e especialização em Bioquímica Aplicada pela Universidade Estadual de Londrina (UEL), no Paraná. Graduado em Química Industrial (1998) e técnico químico (1990) pelo Instituto Federal de Educação, Ciência e Tecnologia Sul-Rio-Grandense (IFSUL). É professor do Departamento de Química da Universidade Tecnológica Federal do Paraná (UTFPR), no *campus* de Pato Branco. Atua como docente e orientador nos programas de mestrado em Tecnologia de Processos Químicos e Bioquímicos, no *campus* de Pato Branco, e em Biotecnologia, no *campus* de Dois Vizinhos. Na área administrativa, atuou como coordenador do curso técnico integrado em Alimentos, coordenador do programa de mestrado em Tecnologia de Processos Químicos e Bioquímicos e diretor de pesquisa e pós-graduação. Atua como avaliador *ad hoc* da Fundação Araucária. Tem experiência na área de tecnologia de bioprocessos e de ciência e tecnologia de alimentos, atuando no campo de biotecnologia industrial e bioprocessos com ênfase nos seguintes temas: produção e caracterização de biomacromoléculas (glucanas extracelulares), conversão de biomassa, imobilização de biocatalisadores e aproveitamento de resíduos e materiais de baixo custo para produção de produtos de interesse.

Mário Roberto Maróstica Junior

Professor associado, livre-docente, atua no Departamento de Alimentos e Nutrição da Universidade Estadual de Campinas (Unicamp), em São Paulo, desde 2008. Tem doutorado em Ciência de Alimentos pela Unicamp, com estágio na Leibniz Universität Hannover, na Alemanha, e pós-doutorado na Lund University, na Suécia. Os tópicos de sua pesquisa são compostos bioativos e seu papel na saúde e na prevenção de doenças, com foco em obesidade, doença inflamatória intestinal e cognição. Bolsista produtividade Conselho Nacional de Desenvolvimento Científico e Tecnológico (CNPq). Editor associado do *Journal of Functional Foods*.

Marlei Barboza Pasotto

Graduado e mestre em Engenharia Química pela Universidade Federal de São Carlos (UFSCar), doutor em Engenharia de Alimentos pela Universidade Estadual de Campinas (Unicamp), ambas em São Paulo. Foi professor na UFSCar de 2002 a 2010 do curso de Engenharia Química. Foi professor associado da Universidade Federal do Triângulo Mineiro (UFTM), em Minas Gerais, de 2010 a 2015, no curso de Engenharia Química. A experiência profissional no ensino de engenharia química está relacionada às disciplinas de balanço de massa e energia e operações unitárias; na pesquisa, dedicou-se a processos bioquímicos, atuando principalmente nos temas: processos de extração e purificação de produtos biotecnológicos utilizando membranas, extração na fase líquida, adsorção e troca iônica.

Matheus Francisco de Carvalho Rosa Soler

É graduado (2013) em Farmácia pela Universidade Federal do Paraná (UFPR) e mestre (2015) em Ciências pela Escola de Engenharia de Lorena da Universidade de São Paulo (EEL-USP). Na academia, desenvolveu trabalhos relacionados a seleção de microrganismos, produção de enzimas por leveduras e conversão de material lignocelulósico. Possui experiência na indústria farmacêutica, tendo atuado na área de pesquisa e desenvolvimento analítico na empresa Herbarium, em Colombo (PR). Desde 2017, atua como farmacêutico da Secretaria Estadual de Saúde do Estado do Paraná, na Seção de Vigilância Sanitária, Ambiental e Saúde do Trabalhador, da 12ª Regional de Saúde, em Umuarama (PR). Desenvolve atividades de inspeção, treinamento de pessoal e coordenação de ações nas áreas de vigilância sanitária de produtos, serviços e vigilância ambiental.

Maurício Bonatto Machado de Castilhos

Professor doutor nível VI da Universidade do Estado de Minas Gerais (UEMG), unidade Frutal. Possui graduação em Engenharia de Alimentos e mestrado e doutorado em Engenharia e Ciência de Alimentos pelo Instituto de Biociências, Letras e Ciências Exatas da Universidade Estadual Paulista "Júlio de Mesquita Filho" (Ibilce-Unesp), *campus* de São José do Rio Preto (SP). Tem experiência acadêmica no desenvolvimento e no estudo da tecnologia de vinificação de uvas americanas e bebidas fermentadas de outras matrizes, a partir de processos tradicionais e de suas variações, relacionando propriedades enológicas/químicas e aspectos sensoriais. Adicionalmente, realiza pesquisa na área de compostos fenólicos utilizando técnicas de cromatografia líquida de alta eficiência (*high performance liquid chromatography*, HPLC), acoplada à espectrometria de massas (*mass spectrometry*, MS), compostos voláteis por meio da aplicação de cromatografia gasosa (*gas chromatography*, GC) e atividade antioxidante de bebidas fermentadas. Tem experiência na área de controle estatístico de processos e assessora o tratamento de dados científicos a partir da aplicação de métodos estatísticos uni e multivariados.

Mayara de Souza Queirós

Doutora (2019) e mestra (2015) em Tecnologia de Alimentos pela Universidade Estadual de Campinas (Unicamp). Graduada (2012) em Tecnologia de Alimentos pela Faculdade de Tecnologia do Estado de São Paulo (Fatec), unidade de Marília. Técnica (2010) em Nutrição e Dietética pela Escola Técnica Estadual (Etec) Camargo Aranha. Atua na área de ciência e tecnologia de alimentos, com ênfase em tecnologia de leite e derivados e química de lipídeos. Tem experiência em processamento de manteigas, chocolate e *spreads*; características de composição química e propriedades físicas da gordura do leite; desenvolvimento de micro e nanopartículas lipídicas; modificação de óleos e gorduras; cristalização e polimorfismo de lipídeos.

Michele Vitolo

Graduado (1974) em Farmácia e Bioquímica pela Universidade de São Paulo (USP). Possui mestrado (1979) em Tecnologia Bioquímico-Farmacêutica e doutorado (1983) em Bioquímica pela USP. Desenvolveu programa de pós-doutorado na Università Degli Studi di Napoli, na Itália, no período de 1986 a 1987. Livre-docente e professor associado (1989) e professor titular (1992) pela USP. Tem experiência na área de bioquímica, com ênfase em enzimologia e em microbiologia aplicada, atuando principalmente nos seguintes temas: processos fermentativos com leveduras; sistemas multienzimáticos, envolvendo enzimas que requerem cofatores, aplicáveis a reatores descontínuo e contínuo com membrana; enzimas industriais (invertase, glicose oxidase e oxidorredutase) e biotecnologia. Na Faculdade de Ciências Farmacêuticas (FCF-USP), é responsável pelos cursos de graduação em Aplicação de Enzimas na Indústria Alimentícia e Biotecnologia Farmacêutica e pelos cursos do programa de pós-graduação em Tecnologia Bioquímico-Farmacêutica relacionados a uso industrial de enzimas e aplicação de enzimas e células imobilizadas.

Mirna Lúcia Gigante

Engenheira de alimentos (1984) pelo Centro Universitário da Fundação Educacional de Barretos (Unifeb), em São Paulo. Mestra (1991) e doutora (1998) em Tecnologia de Alimentos pela Universidade Estadual de Campinas (Unicamp), em São Paulo. Com pós-doutorado (2001) pela University of Vermont, em Burlington (Estados Unidos). É livre-docente e professora associada no Departamento de Tecnologia de Alimentos da Faculdade de Engenharia de Alimentos (FEA) da Unicamp. Atua na área de ciência e tecnologia de alimentos, com ênfase em tecnologia de produtos lácteos, principalmente produtos lácteos probióticos; processamento e maturação de queijos, em especial proteólise e produção de peptídeos bioativos; e modificações da gordura do leite e sua aplicação em sistemas macro, micro e nanoparticulados.

Paulo Ricardo Franco Marcelino

Pesquisador no Laboratório de Bioprocessos e Produtos Sustentáveis (LBios) e professor de química orgânica e biotecnologia no Colégio Técnico de Lorena (Cotel), em São Paulo. Possui graduação em Química e mestrado em Biotecnologia Agroindustrial pela Universidade Estadual de Londrina (UEL), no Paraná, doutorado em Biotecnologia Industrial pela Escola de Engenharia de Lorena da Universidade de São Paulo (EEL-USP) e pós-doutorado pela Universidad de Murcia, na Espanha. Tem ampla experiência em microbiologia industrial, produtos sustentáveis e caracterização de compostos orgânicos, atuando principalmente em produção, purificação e caracterização de *bio-based products* (biossurfactantes, biopolímeros, biopigmentos e enzimas), a partir de biomassa vegetal e subprodutos agroindustriais, produção de inoculantes agrícolas, desenvolvimento de biopesticidas e interação de bioprodutos com membranas artificiais.

Rachel Passos Rezende

Professora plena da Universidade Estadual de Santa Cruz (Uesc), em Ilhéus (BA). Líder do grupo de pesquisa sobre microbiologia aplicada. Membro permanente dos programas de pós-graduação em Genética e Biologia Molecular e em Biologia e Biotecnologia de Microrganismos da Uesc. Possui pós-doutorado, financiado pela Fundação de Amparo à Pesquisa do Estado de Minas Gerais (Fapemig), pelo Departamento de Química da Universidade Federal de Minas Gerais (UFMG). Doutora e mestre em Microbiologia pela UFMG. Graduada em Ciências Biológicas pela Pontifícia Universidade Católica de Minas Gerais. Tem experiência em microbiologia, com ênfase em microbiologia ambiental, trabalhando principalmente nos seguintes tópicos: diversidade microbiana em solos e fermentação de cacau, biodegradação de petróleo e biodiesel, aplicações de técnicas moleculares para a diversidade estrutural e funcional, eletroforese em gel com gradiente de temperatura (*denaturing gradient gel electrophoresis*, DGGE), produção de biossurfactantes.

Rafael Rodrigues Philippini

Biólogo. Mestre e doutor em Biotecnologia Industrial pela Escola de Engenharia de Lorena da Universidade de São Paulo (EEL-USP). Possui experiência acadêmica nas áreas de microbiologia aplicada (processos fermentativos) e conversão de biomassa (caracterização e conversão da biomassa). Desenvolve trabalhos para a conversão de resíduos agrícolas em produtos microbiológicos de interesse industrial. Possui oito publicações em periódicos internacionais e quatro publicações em capítulos de livro. É inventor-colaborador de uma patente destinada à produção de ração animal enriquecida que utiliza resíduos da agroindústria. Tem participações em diversos eventos, nacionais e internacionais, com várias apresentações de trabalhos. Atuou também como gestor de pessoas, na colaboração, organização e realização de diversos trabalhos relacionados a capacitação e informação de educadores profissionais em ambiente físico e virtual.

Regina de Oliveira Moraes Arruda

Possui graduação (1986) em Engenharia Agronômica pela Faculdade de Agronomia e Zootecnia "Manoel Carlos Gonçalves", no Centro Regional Universitário de Espírito Santo do Pinhal (Unipinhal, SP), mestrado (1993) em Engenharia Agrícola pela Universidade Estadual de Campinas (Unicamp), em São Paulo, e doutorado (1999) em Ciências Farmacêuticas, com ênfase em Tecnologia das Fermentações, pela Universidade de São Paulo (USP). É professora adjunta da Universidade Guarulhos (UNG), em São Paulo, onde coordena o curso de mestrado em Análise Geoambiental e atua nos cursos de graduação em Química, Farmácia e Medicina Veterinária. É consultora técnica da empresa Probiom Tecnologia – Pesquisa e Desenvolvimento Experimental em Ciências Físicas e Naturais Ltda. Tem experiência na área de microbiologia aplicada e biotecnologia industrial, atuando principalmente nos seguintes temas: qualidade microbiológica da água e saúde pública, cianobactérias, *Bacillus thuringiensis*, controle biológico, *Spirulina platensis*, formulação de bioprodutos.

Roberto da Silva

Bacharel (1979) em Engenharia de Alimentos pela Universidade Federal de Viçosa (UFV), em Minas Gerais. Possui mestrado (1986) em Bioquímica pela Faculdade de Medicina de Ribeirão Preto da Universidade de São Paulo (FMRP-USP) e doutorado (1992) em Ciência de Alimentos pela Faculdade de Engenharia de Alimentos da Universidade Estadual de Campinas (FEA-Unicamp). Realizou estágios de pós-doutorado no Department of Food Science and Human Nutrition, da Iowa State University (Estados Unidos), entre 1998 e 1999; no Department of Earth Surface Science, do Institute for Biodiversity and Ecosystem Dynamics, da University of Amsterdam (Países Baixos), em 2011; e na Escola Superior de Biotecnologia da Universidade Católica Portuguesa, em 2018. Atualmente é professor titular no Instituto de Biociências, Letras e Ciências Exatas da Universidade Estadual Paulista "Júlio de Mesquita Filho" (Ibilce-Unesp), *campus* de São Jose do Rio Preto (SP). Tem experiência na área de ciência e tecnologia de alimentos, com ênfase em bioquímica e química de alimentos, atuando em enzimologia microbiana e vegetal. Atua também em identificação e quantificação de peptídeos e compostos fenólicos com propriedades bioativas. É responsável pelas disciplinas de química e bioquímica de processos na graduação em Engenharia de Alimentos e Bioquímica de Alimentos e na pós-graduação em Engenharia e Ciência de Alimentos do Ibilce-Unesp. Foi presidente da Comissão Interna de Biossegurança da Comissão Técnica Nacional de Biossegurança (CIBio-CTNBio). Coordenou mais de 30 projetos de pesquisa financiados por órgãos de fomento. É consultor científico do Conselho Nacional de Desenvolvimento Científico e Tecnológico (CNPq), da Fundação de Amparo à Pesquisa do Estado de São Paulo (Fapesp) e de vários periódicos nacionais e internacionais. Orientou 33 mestres, 27 doutores e 11 pós-doutores. É coordenador de grupo de pesquisa no CNPq. Foi orientador da tese que recebeu o "Prêmio Capes de Tese 2011", na área de ciência e tecnologia de alimentos.

Rodrigo de Oliveira Moraes

Possui graduação (1996) em Engenharia de Alimentos pela Universidade Estadual Paulista "Júlio de Mesquita Filho" (Unesp), mestrado (1999) em Engenharia Química pela Universidade Estadual de Campinas (Unicamp) e doutorado (2004) em Ciências Farmacêuticas pela Universidade de São Paulo (USP). É professor assistente do Centro Universitário de Jaguariúna (UniFAJ); coordenador da Fundação André Tosello, em Campinas; diretor técnico da Probiom Tecnologia – Pesquisa e Desenvolvimento Experimental em Ciências Físicas e Naturais Ltda.; e professor visitante do Instituto de Tecnologia de Alimentos (Ital), todas instituições no estado de São Paulo. Tem experiência na área de engenharias química e de alimentos, com ênfase em biotecnologia.

Sabrina Evelin Martiniano

Bióloga. Tem mestrado e doutorado em Ciências (Microbiologia Aplicada) pelo programa de biotecnologia industrial da Escola de Engenharia de Lorena da Universidade de São Paulo (EEL-USP). Pesquisadora de pós-doutorado na EEL-USP, com experiência em microbiologia aplicada e processos fermentativos, atuando principalmente em processos fermentativos, produção de biomassa de levedura enriquecida com minerais, *single-cell protein*, glucanas fúngicas, etanol de segunda geração e subprodutos associados, pré-tratamento de resíduos agroindustriais e caracterização de biomassa vegetal. Entre suas produções, destacam-se o depósito de um pedido de patente, artigos publicados em periódicos internacionais e capítulos de livros.

Sabrina Neves Casarotti

Bióloga formada pela Universidade Federal de Uberlândia (UFU), em Minas Gerais, e nutricionista graduada pela União das Faculdades dos Grandes Lagos (Unilago), em São Paulo. Tem mestrado (2009) em Microbiologia e doutorado (2013) em Engenharia e Ciência de Alimentos pelo Instituto de Biociências, Letras e Ciências Exatas da Universidade Estadual Paulista "Júlio de Mesquita Filho" (Ibilce-Unesp). Realizou doutorado sanduíche no Teagasc – Agriculture and Food Development Authority, em Cork (Irlanda). Tem pós-doutorado em Engenharia e Ciência de Alimentos pela Unesp (2015-2017). É docente do curso de Medicina da Universidade Federal de Rondonópolis (UFR), no Mato Grosso, e do programa de pós-graduação em Nutrição, Alimentos e Metabolismo da Faculdade de Nutrição da Universidade Federal de Mato Grosso (Fanut-UFMT).

Silvio Silvério da Silva

Professor titular da Universidade de São Paulo (USP), onde também obteve o título de livre-docência. Concluiu doutorado em Tecnologia Bioquímico-Farmacêutica pela USP e pela Gesellchaft Fuer Biotechnologishe Forshung (GBF), na Alemanha. Foi chefe do Departamento de Biotecnologia da Escola de Engenharia de Lorena

(EEL-USP) em duas gestões (2015-2019). É vice-presidente da Comissão de Pesquisa da EEL-USP, professor colaborador nos programas de doutorado da Universidad Autónoma de Tamaulipas e da Universidad Autónoma de Coahuila, ambas no México. Atua como avaliador de instituições de ensino superior e de cursos de graduação para o Sistema Nacional de Avaliação da Educação Superior (Sinaes), do Ministério da Educação (MEC), e para o Sistema de Acreditação Regional de Cursos de Graduação de países do Mercosul (ARCU-SUL). Pesquisador associado do Instituto de Pesquisa em Bioenergia (IPBEN) da Unesp. Recebeu os prêmios: título de cidadão honorário da cidade de Lorena, em São Paulo (2017), Profissional Destaque Educacional (2015), Indústria Destaque – Educação (2015), Ciência de Impacto em Biotecnologia (2014, 2015, 2016, 2017, 2018 e 2020), Prêmio Nacional de Pós-Graduação Brasken-ABEQ (2010), Prêmio Dow Sustainability Innovation (2009), entre outros. Exerce atividades de consultoria *ad hoc* para diversas instituições nacionais e internacionais. É revisor de quarenta periódicos internacionais. Publicou 211 artigos em periódicos especializados, em sua maioria internacionais, e tem 780 trabalhos apresentados em eventos internacionais. Possui 45 capítulos de livros publicados. Tem dois processos tecnológicos registrados (patentes) já concedidos e quatro em depósito. Orientou 103 trabalhos de pesquisa, incluindo trinta dissertações de mestrado e 24 teses de doutorado; orientou ainda 74 trabalhos de iniciação científica nas áreas de microbiologia aplicada, engenharia bioquímica e aproveitamento de resíduos. Recebeu 27 prêmios e/ou homenagens e coordenou 22 projetos de pesquisa financiados; desses projetos, tiveram destaque: o projeto temático do programa de Pesquisa em Bioenergia (BIOEN) da Fundação de Amparo à Pesquisa do Estado de São Paulo (Fapesp), envolvendo USP, Universidade Federal de Juiz de Fora (UFJF), Universidade Federal de Minas Gerais (UFMG), Universidade Estadual Paulista "Júlio de Mesquita Filho" (Unesp) e duas instituições internacionais; o projeto de cooperacão internacional envolvendo a EEL-USP e a Colorado State University (Estados Unidos), financiado pelo Conselho Nacional de Desenvolvimento Científico e Tecnológico (CNPq) e pela National Science Foundation (NSF); e o projeto de cooperação internacional com o Institute of Technology da University of Ontario (Canadá), financiado pela Fapesp e pela universidade canadense, envolvendo bioprodutos e lignocelulósicos. É pesquisador principal em projeto temático aprovado pela Fapesp e coordena dois projetos internacionais aprovados em colaboração com institutos de pesquisa da Índia. Editou cinco livros internacionais e foi *guest editor* do *Journal of Biomedicine and Biotechnology*. Atua na área de biotecnologia com ênfase em microbiologia industrial e de fermentação. Em suas atividades profissionais interagiu com cerca de 185 colaboradores em coautorias de trabalhos científicos. Foi vice-diretor e assessor de pesquisa da antiga Faculdade de Engenharia Química de Lorena (Faenquil), atual EEL-USP. Em seu currículo *lattes*, os termos mais frequentes na contextualização da produção científica, tecnológica e artístico-cultural são: xilitol, *C. guilliermondii*, *xylitol*, bagaço de cana-de-açúcar, fermentação, hidrolisado hemicelulósico, imobilização de células, bioprodutos, bioetanol, biocombustíveis. Possui parceria de colaboração científica com diversas instituições nacionais e internacionais de países como Itália, Espanha, Alemanha, México, Estados Unidos, Canadá, China e Índia.

Sunao Sato

Possui graduação em Farmácia e Bioquímica (1969) pela Faculdade de Ciências Farmacêuticas da Universidade de São Paulo (FCF-USP) e em Administração de Empresas (1972) pela Universidade Mackenzie. Tem mestrado em Tecnologia de Fermentação (1976) e doutorado em Ciência dos Alimentos (1983), além de ser livre-docente (1993) e professor titular (1996) também pela FCF-USP. Tem experiência na área de microbiologia, com ênfase em microbiologia aplicada, atuando principalmente nos seguintes temas: fermentação etanólica, melaços, microalgas, em especial a *Spirulina platensis*. É detentor de quatro patentes. Orientou diversos alunos de iniciação científica, aperfeiçoamento, mestrado e doutorado. Participou de mais de cem comissões julgadoras e de trinta organizações e coordenações de reuniões científicas. Publicou trabalhos completos de pesquisa em revistas de circulação nacional e internacional, apresentou trabalhos em congressos nacionais e internacionais e publicou capítulos de livros. Recebeu prêmios em reconhecimento aos relevantes serviços prestados em defesa da profissão farmacêutica do Conselho Regional de Farmácia (São Paulo, 1986).

Tatiane Timm Storch

Possui bacharelado em Química de Alimentos pela Universidade Federal de Pelotas (UFPel, 2008), mestrado em Ciência e Tecnologia Agroindustrial (2011) e doutorado em Ciência e Tecnologia de Alimentos (2014) pela mesma universidade, tendo atuado em pesquisa na área de pós-colheita de maçã, com ênfase nas modificações transcricionais que ocorrem nos frutos durante o período de armazenamento. O doutorado foi realizado em conjunto entre a universidade e as instituições de pesquisa Embrapa Uva e Vinho e Institut National de la Recherche Agronomique (INRA Angers-Nantes/França). Também possui pós-doutorado na área de pós-colheita de frutas, com atividades realizadas em parceria entre UFPel e Embrapa Uva e Vinho, englobando pesquisas relacionadas ao efeito de tecnologias de armazenamento na qualidade dos frutos, bem como elaboração de produtos à base de maçã como suco e sidra. Atualmente trabalha como professora no Instituto Federal Farroupilha (IFFAR), campus Santo Augusto, ministrando diferentes disciplinas da área de alimentos para cursos de nível técnico e superior.

Thais Suzane Milessi

Professora na Universidade Federal de Itajubá (Unifei), em Minas Gerais. Possui graduação em Engenharia Bioquímica e mestrado em Biotecnologia Industrial, ambos pela Escola de Engenharia de Lorena da Universidade de São Paulo (EEL-USP). Tem doutorado em Engenharia Química pela Universidade Federal de São Carlos (UFSCar), em São Paulo, com período sanduíche na Katholieke Universiteit Leuven (Bélgica). Possui ampla experiência na área de engenharia bioquímica, atuando principalmente com biocombustíveis (com duas patentes depositadas), aproveitamento biotecnológico de subprodutos agroindustriais, imobilização de biocatalizadores (células e enzimas), tecnologia enzimática e de fermentação utilizando microrganismos selvagens e recombinantes e bioprocessos consolidados (*consolidated bioprocessing*, CBP).

Urgel de Almeida Lima

Nascido em 1929, graduou-se em Agronomia pela Universidade de São Paulo (USP), onde também obteve seu doutorado e demais títulos universitários. Fez especialização em destilarias e fermentações industriais na França e na Espanha. Colaborou como professor em suas especialidades na atual Faculdade de Ciências Agronômicas da Universidade Estadual Paulista "Júlio de Mesquita Filho" (Unesp), *campus* de Botucatu (SP). Foi pesquisador e vice-diretor da Escola Superior de Agricultura "Luiz de Queiroz" (Esalq-USP). Lecionou na Faculdade de Ciências Farmacêuticas (FCF-USP), onde também foi orientador de dissertações de mestrado e teses de doutorado. Foi professor na Escola de Engenharia Mauá do Instituto Mauá de Tecnologia, em São Caetano do Sul (SP), onde ministrou aulas de tecnologia dos produtos agropecuários e de fermentações. Foi membro fundador, membro do conselho diretor e, posteriormente, diretor da Fundação de Estudos Agrários Luiz de Queiroz (Fealq), em Piracicaba (SP). Participou de comissões especializadas em desenvolvimento do uso de etanol como combustível alternativo no período de atividade do Programa Nacional do Álcool (Proálcool) e foi consultor de empresas nacionais e estrangeiras em tecnologias agroindustriais. É professor aposentado da USP e continua a dar sua colaboração técnica à Esalq, a outras universidades e a empresas agrozootécnicas. É autor de artigos e livros técnico-científicos.

Vanildo Luiz Del Bianchi

Professor assistente doutor da Universidade Estadual Paulista "Júlio de Mesquita Filho" (Unesp), *campus* de São José do Rio Preto (SP). Possui graduação (1980) em Engenharia Química, graduação (1985) e licenciatura (1986) em Ciências Sociais e mestrado (1990) em Engenharia de Alimentos pela Universidade Estadual de Campinas (Unicamp), em São Paulo. Possui doutorado (1998) em Agronomia (Energia na Agricultura) pela Unesp. Tem experiência na área de ciência e tecnologia de alimentos, com ênfase em engenharia bioquímica, atuando principalmente nos seguintes temas: tratamento (aeróbio e anaeróbio) de águas residuárias agroindustriais (principalmente com manipueira), aproveitamento de resíduos agroindustriais, bioprocessos, fermentação em estado sólido e produção de enzimas, de bioinseticidas, de bebidas fermentadas e de biossurfactantes. Foi chefe do Departamento de Engenharia e Tecnologia de Alimentos (2002-2003 e 2006-2007), vice-presidente (2009) e presidente (2010) do Fórum de Vice-Diretores da Unesp, vice-diretor do IBILCE (2007-2011), vice-coordenador do programa de pós-graduação em Engenharia e Ciência de Alimentos da Unesp (2015-2017) e coordenador, pelo lado brasileiro, dos acordos de cooperação internacional entre a Unesp e o Instituto Tecnológico de Orizaba, no México, e a Universidad de Antioquia, na Colômbia.

Vivian Ribeiro Diamantino

Graduada (2010) em Engenharia de Alimentos pelo Centro Universitário da Fundação Educacional de Barretos (Unifeb), em São Paulo. Mestre (2013) e doutora (2018) em Engenharia e Ciência de Alimentos pelo Instituto de Biociências, Letras e Ciências Exatas da Universidade Estadual Paulista "Júlio de Mesquita Filho" (Ibilce-Unesp), em São Paulo. Professora do Unifeb e das Escolas Técnicas Estaduais (Etecs) Coronel Raphael Brandão e José Carlos Seno Júnior, do Centro Paula Souza, nos cursos de graduação em Engenharia de Alimentos, técnico em Nutrição, técnico em Química e técnico em Cozinha, bem como no ensino médio integrado aos cursos de Nutrição e Química. Atua principalmente nas áreas de ciência e tecnologia de leite e derivados, química dos alimentos, nutrição e análise sensorial.

GRÁFICA PAYM
Tel. [11] 4392-3344
paym@graficapaym.com.br